中国互联网发展报告
2014

中 国 互 联 网 协 会
中国互联网络信息中心 编

電子工業出版社
Publishing House of Electronics Industry
北京·BEIJING

内 容 简 介

《中国互联网发展报告 2014》将客观、忠实记录 2013 年以来中国互联网行业的发展状况，对中国互联网发展环境、资源、重点业务和应用、主要细分行业和重点领域的发展状况进行总结、分析和研究，既有宏观分析和综述，也有专项研究。报告内容丰富、重点突出、数据翔实，图文并茂，对互联网相关从业者具有重要的参考价值。

图书在版编目（CIP）数据

中国互联网发展报告. 2014 / 中国互联网协会，中国互联网络信息中心编. —北京：电子工业出版社，2014.9
ISBN 978-7-121-24104-8

Ⅰ. ①中…　Ⅱ. ①中…②中…　Ⅲ. ①互联网络—研究报告—中国—2014　Ⅳ. ①TP393.4

中国版本图书馆 CIP 数据核字（2014）第 188916 号

责任编辑：赵　娜　　特约编辑：王　纲
印　　刷：涿州市京南印刷厂
装　　订：涿州市京南印刷厂
出版发行：电子工业出版社
　　　　　北京市海淀区万寿路 173 信箱　　邮编 100036
开　　本：787×1092　1/16　印张：36.75　字数：940.8 千字
版　　次：2014 年 9 月第 1 版
印　　次：2014 年 9 月第 1 次印刷
定　　价：1280.00 元

凡所购买电子工业出版社图书有缺损问题，请向购买书店调换。若书店售缺，请与本社发行部联系，联系及邮购电话：（010）88254888。

质量投诉请发邮件至 zlts@phei.com.cn，盗版侵权举报请发邮件至 dbqq@phei.com.cn。

服务热线：（010）88258888。

《中国互联网发展报告》（2014）
编辑委员会名单

田舒斌　　新华网总裁、中国互联网协会副理事长

刘　冰　　中国互联网络信息中心（CNNIC）副主任

刘正荣　　国家互联网信息办公室新闻宣传局局长

刘江锋　　华为技术有限公司副总裁、中国互联网协会副理事长

刘韵洁　　中国工程院院士、中国联合网络通信集团有限公司科技委主任

邵广禄　　中国联合网络通信集团有限公司副总经理、中国互联网协会副理事长

吴建平　　中国教育和科研计算机网网络中心主任、中国互联网协会副理事长

沙跃家　　中国移动通信集团公司副总裁、中国互联网协会副理事长

张朝阳　　搜狐公司董事局主席兼首席执行官、中国互联网协会副理事长

李国杰　　中国工程院院士、中国科学院计算技术研究所所长

李彦宏　　百度公司董事长兼首席执行官、中国互联网协会副理事长

杨小伟　　中国电信集团公司副总经理、中国互联网协会副理事长

汪文斌　　央视国际网络有限公司总经理、中国互联网协会副理事长

赵　波　　中国电子技术标准化研究院院长

熬　然　　电子工业出版社社长

钱华林　　中国科学院计算机网络信息中心首席科学家、中国互联网协会副理事长

高卢麟　　中国互联网协会副理事长

曹国伟　　新浪公司首席执行官兼总裁

曹淑敏　　工业和信息化部电信研究院院长、中国互联网协会副理事长

蒋　伟　　人民邮电出版社副社长

蒋林涛　　工业和信息化部电信研究院原总工程师

韩　夏　　工业和信息化部电信管理局局长、中国互联网协会副理事长

雷震洲　　工业和信息化部电信研究院科技委副主任

熊四皓　　湖南省通信管理局局长、中国互联网协会副秘书长

廖　玒　　人民网总裁兼总编辑

总编辑

卢　卫

副总编辑

黄向阳　　侯自强　　钱华林

执行主编

石现升　　刘冰

责任编辑

胡冰　　陈建功

撰稿人（按章节排序）

侯自强　钟　睿　陈建功　孟　蕊　李　原　苏　嘉　杨　波　陆希玉
朱秀梅　王明华　李　佳　贺　敏　纪玉春　徐　娜　徐　原　何世平
温森浩　赵　慧　李志辉　姚　力　张　洪　朱芸茜　朱　天　高　胜
胡　俊　王小群　张　腾　何能强　摆　亮　陈　阳　李世淙　党向磊
徐晓燕　王适文　刘　婧　饶　毓　赵　宸　许传淇　郝智超　曾宣玮
葛自发　陈晶晶　李　超　杨雪斌　陈　云　严华雯　任　艳　胡　欣
秦　英　张瑞东　毕　涛　朱晓航　陈　侠　张　希　张文娟

前　言

《中国互联网发展报告》(2014)如期与读者见面了，我们感到由衷地高兴和欣慰，因为我们已经认真地坚持了十三年。

自2002年开始，中国互联网协会联合中国互联网络信息中心(CNNIC)，每年组织编撰出版一卷《中国互联网发展报告》(以下简称《报告》)，真实记录每个年度中国互联网行业的发展状况，今年为第十二卷。

回顾2013年全年，我国互联网基础设施建设投入持续规模增长，各项基础资源发展情况良好，各种网络应用继续稳步发展，新技术、新应用、新升级层出不穷，微博影响力令人刮目，网络文化建设稳步推进，各类专业网络信息服务保持持续发展，移动互联网发展突飞猛进，云计算、物联网等新兴领从战略部署走向实施，互联网的影响力与日俱增。

《中国互联网发展报告》(2014)尽可能客观、忠实地记录和描绘了2013年中国互联网行业的发展轨迹，期望能够为互联网管理部门、从业企业和有关单位以及专家学者提供翔实的数据、专业的参考和借鉴。

结构上，本卷《报告》分为综述篇、资源与环境篇、应用与服务篇和附录篇，共24章，5个附录，力求保持《报告》结构的延续性。

内容上，本卷《报告》主要对2013年中国互联网发展环境、资源、重点业务和应用、主要细分行业和重点领域的发展状况进行总结、分析和研究；既有对2013年全年互联网发展情况的宏观分析和综述，也有着重对互联网细分业务和典型应用发展状况的关注和研究，内容丰富、重点突出、数据翔实、图文并茂，是一本对互联网从业者具有重要参考价值的工具书。

本年度《报告》的编写工作继续得到了政府、科研机构、企业等社会各界的关心、支持和参与，来自工业和信息化部、农业部、中国科学院、国家计算机网络应急技术处理协调中心、工业和信息化部电信规划研究院、工业和信息化部电信研究院、中国电子信息产业发展研究院、工业和信息化部信息中心、艾瑞咨询集团、易观国际、中国电信、阿里巴巴、中国互联网协会、中国互联网络信息中心(CNNIC)等诸多部门和单位的专家和研究人员近50人参与了《报告》的撰写工作，编委会各位编委对《报告》内容进行了认真和严格的审核，一如既往地给予充分鼓励和支持，保障了《报告》的质量和水平。在此，编辑部谨向为本《报告》贡献了精彩篇章的各位撰稿人，向支持本《报告》编写出版工作的各有关单位和社会各界表示诚挚的谢意。

由于我们的力量和水平有限，本卷《报告》中难免会存在一些缺陷甚至错误，恳请广大专家和读者予以批评指正，以便在今后的编撰工作中及时改进，使《中国互联网发展报告》的质量和价值不断得到提升。

《中国互联网发展报告》（2014）编委会

2014 年 6 月

目　录

第一篇　综 述 篇

第二篇 资源与环境篇

第三篇 应用与服务篇

第四篇　附录

第一篇

综述篇

2013 年中国互联网发展情况综述

2013 年国际互联网发展情况综述

第 1 章　2013 年中国互联网发展情况综述

1.1　中国互联网发展概况

1.1.1　网民

根据中国互联网络信息中心（CNNIC）统计，截至 2013 年 12 月底，我国网民规模达 6.18 亿，全年共计新增网民 5358 万人。互联网普及率为 45.8%，较 2012 年底提升 3.7 个百分点，如图 1.1 所示。

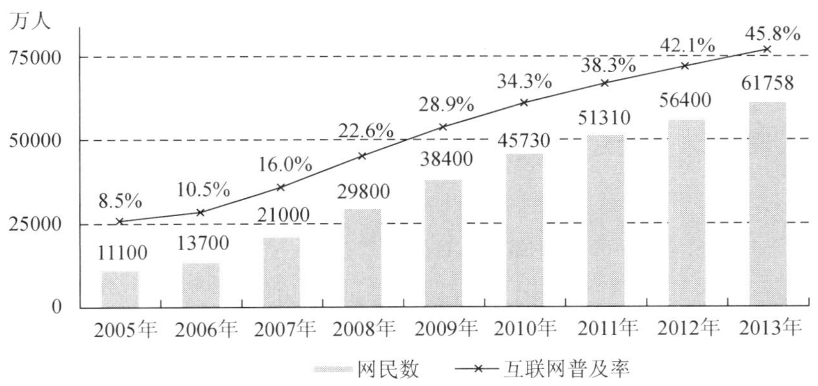

(来源：CNNIC中国互联网络发展状况统计调查)

图1.1　中国网民规模和互联网普及率

截至 2013 年 12 月底，我国手机网民规模达 5 亿，较 2012 年底增加约 8009 万人，网民中使用手机上网的人群占比由 2012 年底的 74.5%提升至 81.0%，如图 1.2 所示。

截至 2013 年 12 月底，我国网民中农村人口占比为 28.6%，规模达 1.77 亿，相比 2012 年增长 2101 万人。2013 年，农村网民规模的增长速度为 13.5%，城镇网民规模的增长速度为 8.0%，城乡网民规模的差距继续缩小，如图 1.3 所示。

2013 年，我国网民中使用手机上网的网民比例继续保持增长，从 74.5%上升至 81.0%，增长 6.5 个百分点。通过台式电脑和笔记本电脑上网的网民比例则略有降低，如图 1.4 所示。

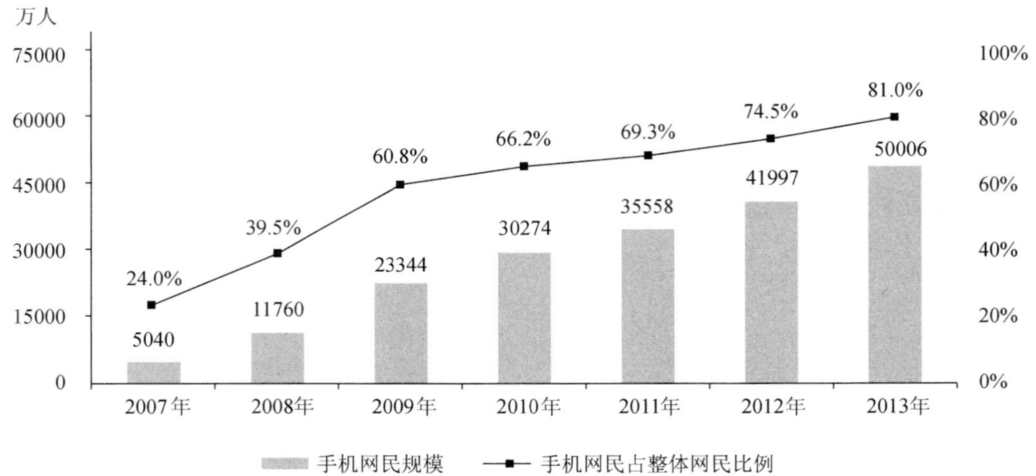

(来源：CNNIC中国互联网络发展状况统计调查)

图1.2　中国手机网民规模及占比

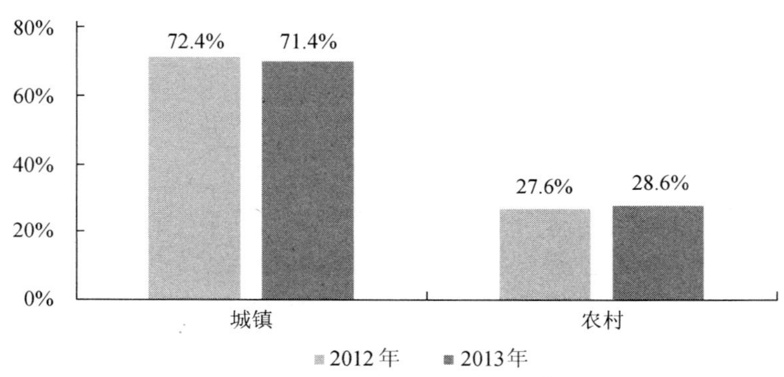

(来源：CNNIC中国互联网络发展状况统计调查)

图1.3　中国网民城乡结构

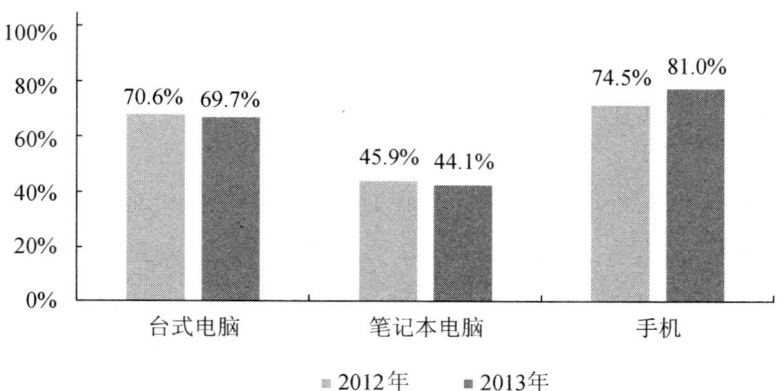

(来源：CNNIC中国互联网络发展状况统计调查)

图1.4　网民上网设备

2013 年，我国网民在家里、网吧和学校等场所通过电脑接入互联网的网民比例均有所下降，下降幅度分别为 1.9、3.7 和 4.4 个百分点。其中，以学校使用电脑接入互联网的网民比例下降幅度最大，主要原因在于智能手机价格的下降和网络资费的降低，使学生通过手机接入互联网的比例增加。随着上网设备的多样性和网络接入的便利性提升，各场所使用电脑上网的比例将进一步下降，如图 1.5 所示。

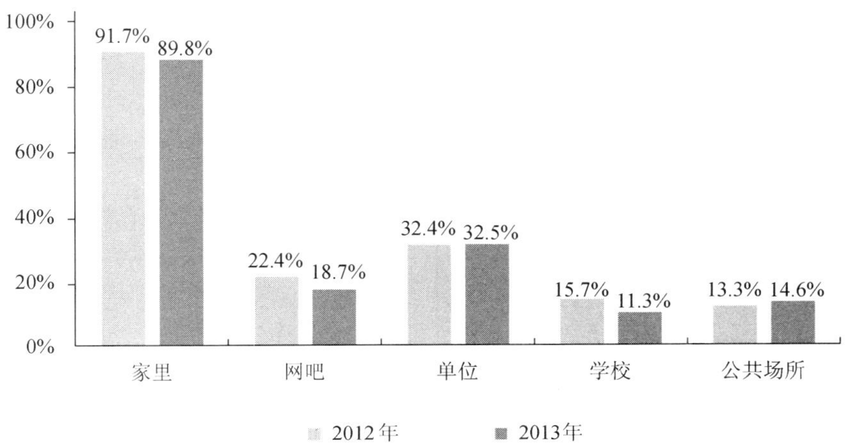

图1.5　网民使用电脑上网场所

2013 年，中国网民的人均每周上网时长达 25.0 小时，相比 2012 年增加了 4.5 个小时。近年来，我国网民上网时长不断增加，尤以 2013 年上网时长增加最多，如图 1.6 所示。

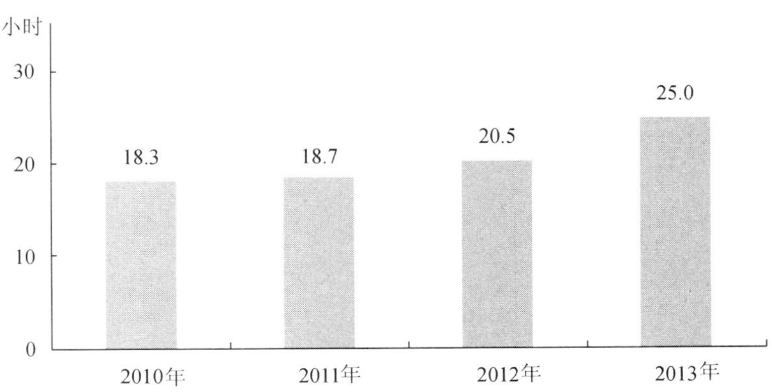

图1.6　中国网民人均周上网时长

1.1.2　基础资源

截至 2013 年 12 月，我国 IPv4 地址数量为 3.30 亿，拥有 IPv6 地址 16670 块/32。我国域名总数为 1844 万个，其中“.CN”域名总数较 2012 年同期增长 44.2%，达到 1083 万，在中国域名总数中占比达 58.7%，见表 1.1 和图 1.7、图 1.8。

我国网站总数为 320 万个，较 2012 年同期增长 19.4%。国际出口带宽为 3 407Gbps，较 2012 年同期增长 79.3%，见表 1.2 和图 1.9～1.11。

表 1.1　中国互联网基础资源

	2012 年 12 月	2013 年 12 月	年增长量	年增长率
IPv4（个）	330 534 912	330 308 096	–226 816	–0.1%
IPv6（块/32）	12 535	16 670	4135	33.0%
域名（个）	13 412 079	18 440 611	5 028 532	37.5%
其中.cn 域名（个）	7 507 759	10 829 480	3 321 721	44.2%
网站（个）	2 680 702	3 201 625	520 923	19.4%
其中.cn 下网站（个）	1 036 864	1 311 227	274 363	26.5%
国际出口带宽(Mbps)	1 899 792	3 406 824	1 507 032	79.3%

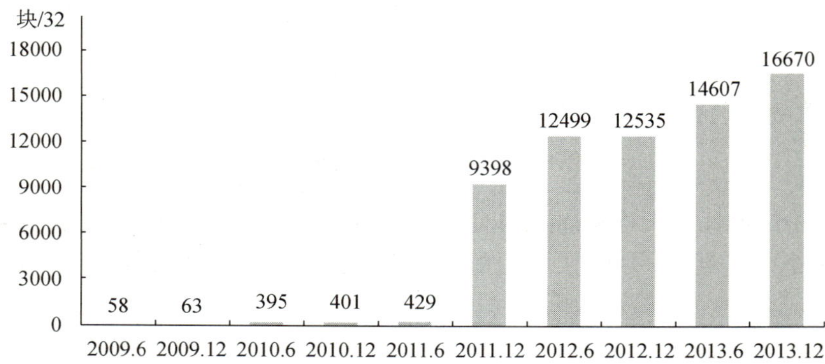

(来源：CNNIC中国互联网络发展状况统计调查)

图1.7　中国IPv6地址数增长情况

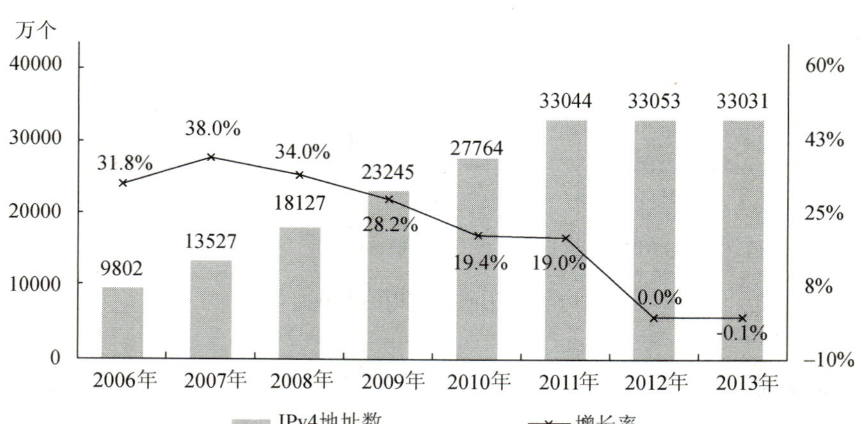

(来源：CNNIC中国互联网络发展状况统计调查)

图1.8　IPv4地址数及增长情况

表 1.2　中国网站数量

	数量（个）	占域名总数比例
CN	10 829 480	58.7%
COM	6 311 480	34.2%
NET	743 996	4.0%
中国	274 553	1.5%
ORG	164 476	0.9%
INFO	64 515	0.3%
BIZ	51 742	0.3%
其他	369	0.0%
总和	18 440 611	100.0%

注：类别顶级域名（gTLD）来源于域名统计机构 WebHosting.Info 12 月 30 日公布数据。

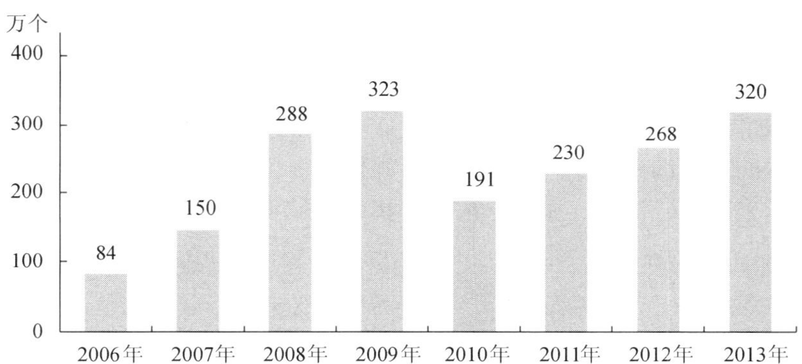

(来源：CNNIC中国互联网络发展状况统计调查)

图1.9　中国网站数量

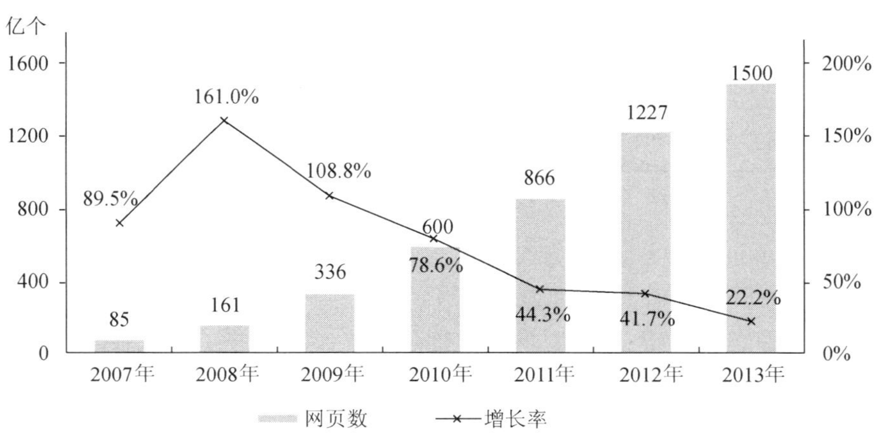

(来源：CNNIC中国互联网络发展状况统计调查)

图1.10　中国网页数

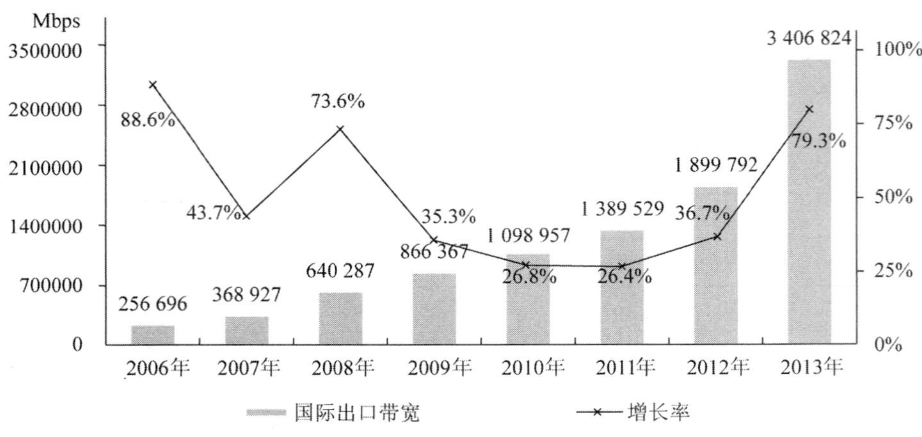

(来源：CNNIC中国互联网络发展状况统计调查)

图1.11　中国国际出口带宽

1.1.3　市场规模

2013 年中国网络经济整体规模达到 6004.1 亿元，预计到 2017 年，网络经济规模将达到 17231.5 亿元，如图 1.12 所示。其中，移动互联网经济增长迅速，2013 年达 1083 亿元，成为网络经济发展的重要助推力。互联网已经对媒体、零售、娱乐产生了深刻影响，并正在变革金融领域，未来医疗、汽车、家居、房产等诸多领域将会迎来互联网化的又一波浪潮。

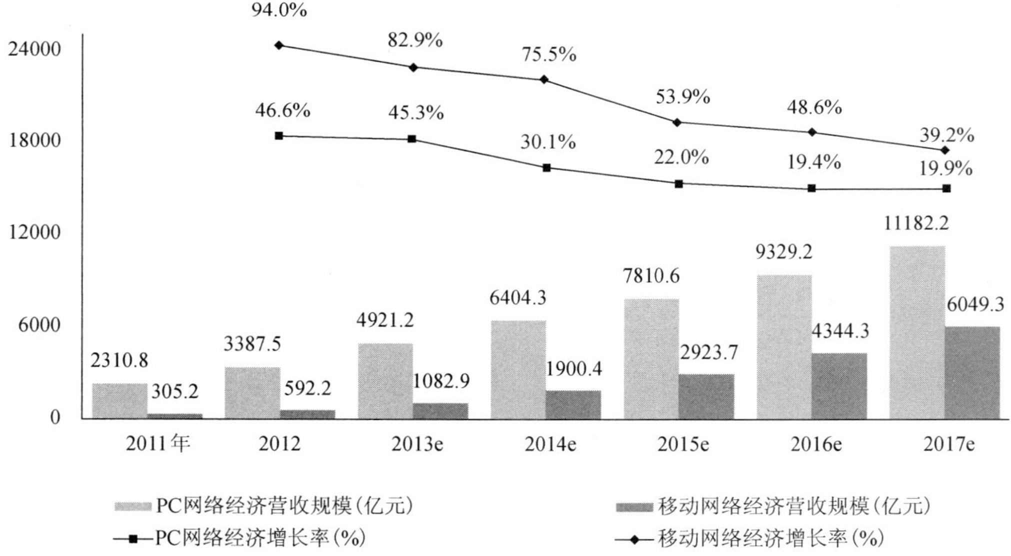

注释：1. 此处指广义网络经济，艾瑞将广义的网络经济定义为PC网络经济与移动网络经济之和，网络经济市场规模统计各细分行业企业的营收规模；2. 从2011Q4开始，移动互联网市场规模包括手机和平板电脑两类移动设备上创造的市场规模总和；3. 电子商务市场包含中小企业B2B电子商务，网络购物和在线旅行预订市场；4. 来考虑通货膨胀因素。
(来源：CNNIC中国互联网络发展状况统计调查)

图1.12　中国互联网网络经济规模

1.1.4　细分行业

2012—2013 年互联网各细分行业的用户人数和网民使用率如表 1.3 所示。

表 1.3　中国互联网细分行业用户规模使用率

	2013 年		2012 年		
应用	用户规模（万）	网民使用率	用户规模（万）	网民使用率	年增长率
即时通信	53215	86.2%	46775	82.9%	13.8%
网络新闻	49132	79.6%	46092	78.0%	6.6%
搜索引擎	48966	79.3%	45110	80.0%	8.5%
网络音乐	45312	73.4%	43586	77.3%	4.0%
博客/个人空间	43658	70.7%	37299	66.1%	17.0%
网络视频	42820	69.3%	37183	65.9%	15.2%
网络游戏	33803	54.7%	33569	59.5%	0.7%
网络购物	30189	48.9%	24202	42.9%	24.7%
微博	28078	45.5%	30861	54.7%	−9.0%
社交网站	27769	45.0%	27505	48.8%	1.0%
网络文学	27441	44.4%	23344	41.4%	17.6%
网上支付	26020	42.1%	22065	39.1%	17.9%
电子邮件	25921	42.0%	25080	44.5%	3.4%
网上银行	25006	40.5%	22148	39.3%	12.9%
旅行预订	18077	29.3%	11167	19.8%	61.9%
团购	14067	22.8%	8327	14.8%	68.9%
论坛/bbs	12046	19.5%	14925	26.5%	−19.3%

2013 年微博、社交网站、论坛等互联网应用的使用率较 2012 年有所下降，但微信等整体即时通信用户规模在移动端的推动下提升至 5.32 亿，较 2012 年底增长 6440 万，使用率达 86.2%。微信这种以移动社交为基础的综合平台不仅拥有更强的通信功能，还增加了信息分享等社交类应用，并为用户提供了诸如支付、金融等内容的综合服务，最大限度地增加了用户黏性，保证了用户规模的持续增长。

2013 年中国网络游戏用户增长速度明显放缓，网民使用率从 2012 年的 59.5%降至 54.7%。网络游戏用户规模为 3.38 亿，增长数量仅为 234 万。但手机网络游戏用户的增长十分迅速：截至 2013 年 12 月，我国手机网络游戏用户数为 2.15 亿，较 2012 年底增长了 7594 万，年增长率达到 54.5%。

2013 年以网络购物、团购为主的商务类应用保持较高的发展速度。中国网络购物用户规模达 3.02 亿，使用率达到 48.9%。团购用户规模达 1.41 亿，团购的使用率为 22.8%。

1.1.5 热点事件

1. 互联网金融异军突起，移动支付发展迅速

2013 年，以“余额宝”为代表的互联网金融概念风起云涌，令很多企业将目光转向了互联网金融领域。6 月，阿里巴巴集团支付宝推出余额宝；8 月，腾讯旗下的微信平台、财付通联手华夏基金推出“活期通”；同月，苏宁投资 1.2 亿元成立保险销售有限公司；9 月，在招商银行“小企业 e 家”金融服务平台上，开始提供类 P2P 贷款的投融资撮合服务；10 月，百度推出在线理财产品“百发”；11 月，众安保险在上海宣布挂牌成立，马云、马化腾和马明哲作为发起方共同出席了挂牌成立仪式；12 月，京东“京保贝——3 分钟融资到账业务”正式上线。

移动支付发展迅速。支付宝钱包用户量迅速提升；微信 5.0 推出了微信支付，导致腾讯与阿里巴巴在移动支付领域产生了竞争的可能性；2 月中国人民银行正式发布《中国金融集成电路（IC）卡规范（V3.0）》金融行业标准。金融 IC 卡规范版本的升级，统一了金融 IC 卡加载公共服务应用标准，为金融 IC 卡进一步扩大应用奠定了基础，对推进金融创新和提升金融服务民生的水平有重要意义。

2013 上半年开始，比特币为代表的虚拟电子货币成为了热门话题，中国成为比特币价格攀升的主要推手。中国人民银行等联合下发《关于防范比特币风险的通知》，要求各金融机构和支付机构不得开展与比特币相关的业务，不得以比特币为产品或服务定价。

2. 电子商务交易活跃，互联网零售进入 O2O 融合新阶段

在电子商务的促销活动推动下，电商交易额不断被刷新纪录：2013“双十一”，支付宝成交额达 350.19 亿元，刷新 2012 年同期创下的 191 亿元的记录；京东订单量达到 680 万单。2013 年，京东交易额突破 1000 亿元大关，是 2004 年交易额的 1 万倍。与此同时，互联网零售进入线上线下融合 O2O 新阶段，无论实体零售还是电子商务企业都纷纷开展线上线下融合。11 月，苏宁举办中国首届 O2O 购物节，活动期间，苏宁全国 1600 多家线下实体店平均每小时涌入 100 万人，苏宁易购同时在线人数突破了 1200 万。

2013 年 11 月 21 日，商务部发布的《关于促进电子商务应用的实施意见》(以下简称《实施意见》) 肯定了“双十一”这类促销方式，鼓励传统零售企业“开网店”，实现线上线下资源互补和应用协同。《实施意见》提出：到 2015 年，要使我国电子商务交易额超过 18 万亿元。

3. 互联网巨头争夺移动入口，跨界布局，融投资和官司不断

2013 年，中国互联网频繁传出并购事件，百度收购 Trustgo、91 无线、投资百分之百数码、阿里巴巴投资或收购了陌陌、新浪微博、高德地图、虾米音乐、UCWEB，快的打车和友盟等。2013 年 12 月 4 日，最高法院公开开庭审理奇虎与腾讯不正当竞争纠纷上诉案，持续 3 年的“3Q 大战”走向最终审理。判例将对互联网产业竞争格局、互联网经济生态系统发展、信息社会竞争规制等产生深远影响。

4. 即时通讯领域活跃，中国进入移动“微”时代

8 月微信 5.0 上线，腾讯正式开始探索微信商业化。10 月，腾讯微信用户超过 6 亿，其中国内用户超过 4 亿，海外用户超过 1 亿。即时通讯市场成为行业新宠。中国电信联合网易共同推出了易信，阿里巴巴发布来往。以移动社交平台为代表的微应用迅速发展，标志着中国已经全面进入移动互联网“微”时代。

1.2　中国互联网应用发展情况

1.2.1　移动互联网

2013 年，中国移动互联网的市场规模为 1059.8 亿元，同比增长 81.2%。2013—2017 年，中国移动互联网市场规模复合增长率为 54.1%，呈现高速增长，如图 1.13 所示。

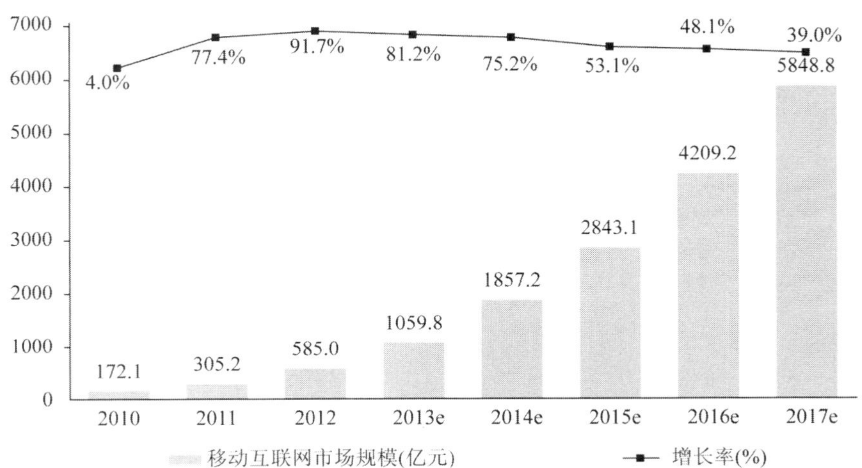

注释：1．中国移动互联网市场规模包括移动增值、移动购物、移动营销、移动游戏等细分领域市场规模总和；2．从2012Q2开始，移动购物统计的市场规模为营收规模；3．从2011Q4开始，移动互联网市场规模包括手机和平板电脑两类移动设备上创造的市场规模总和。
(来源：根据企业公开财报、行业访谈及艾瑞统计预测模型估算，仅供参考。)

图1.13　中国移动互联网市场规模

移动互联网的快速发展得益于智能手机基本普及和移动互联网接入门槛不断降低。2013 年中国智能手机的保有量为 5.8 亿台，同比增长 60.3%，智能机价格不断走低，向三、四线城市渗透，功能机用户加速换机促使智能机的保有量呈现高速增长。“硬件零利润”的小米式的互联网营销策略促进了移动终端更新迭代加速，这将进一步加速移动互联网生态环境的演进。图 1.14 给出中国智能手机保有量的变化。

预计到 2017 年，移动网民将达到 7.5 亿，超过 PC 网民，移动端将成为网民最主要的上网渠道。许多过去在 PC 端才能完成的需求都转移到移动端，导致 PC 端流量也逐渐向移动端转移。许多互联网产品移动端的流量即将超过 PC 端，整个互联网的使用场景产生巨大变迁

下面例举 2013 年中国移动互联网主要应用发展状况。

手机游戏 2013 年市场规模达到 122.5 亿元，一批优秀手机游戏月流水超过 5000 万元，手机游戏成为移动应用重点，如图 1.15 所示。

无线移动音乐市场规模达 397 亿元，第三方手机音乐客户端用户规模超过 3 亿，如图 1.16 所示。

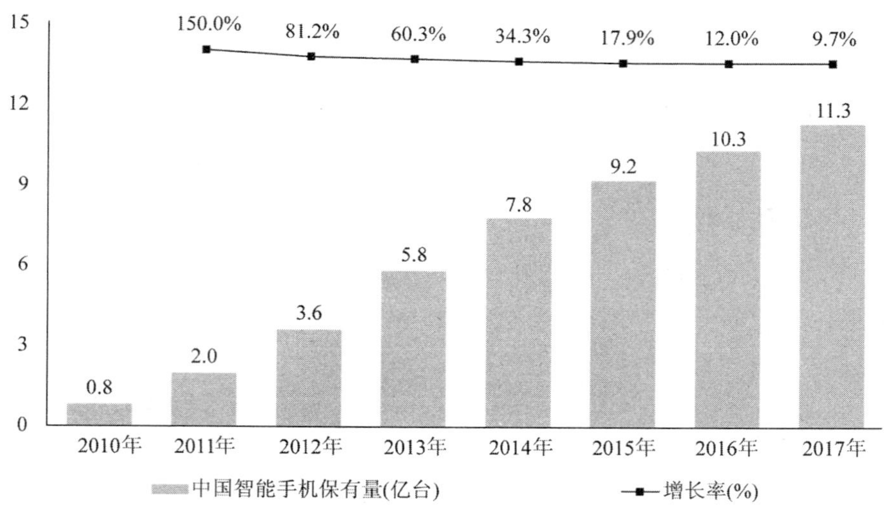

注释：智能手机保有量是指中国地区截止一年年底，市场中处于使用状态的智能手机数量。
来源：根据企业公开财报、行业访谈及艾瑞统计预测模型估算，仅供参考。

图1.14　中国智能手机保有量

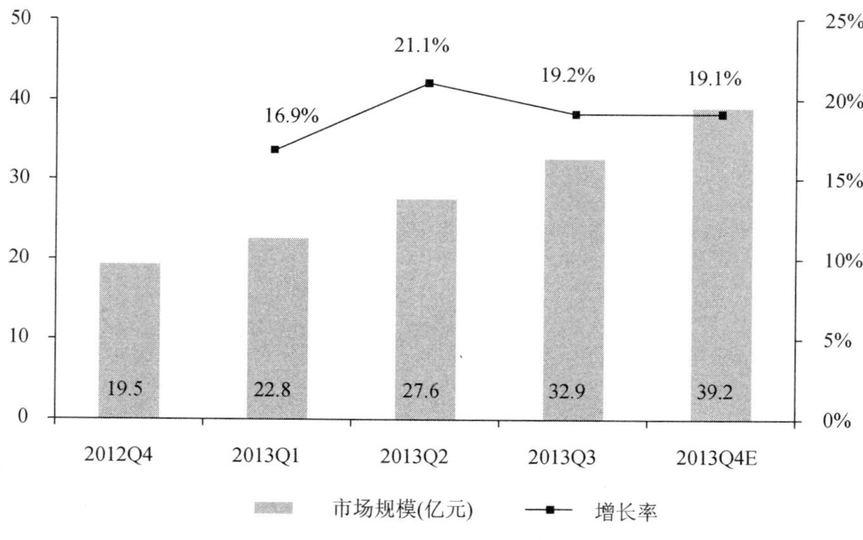

图1.15　中国手机游戏市场规模

2013 手机视频开始规模商业化运营，市场规模达 9 亿元，如图 1.17 所示。随着网速增加和手机性能提高，用手机可以流畅收看高清视频和 3D 视频，可以收看各个视频网站的内容不亚于 PC。通过多屏联动还将视频投放到电视屏幕上，手机成为家庭媒体中心和遥控器。尽管目前 4G 网络可以支持流畅视频播放但价格偏高，用户主要通过 WiFi 网络收看视频。

移动搜索是重要的移动互联网入口之一，竞争较为激烈，2013 年中国移动搜索发展迅速，市场规模达 50 亿元，如图 1.18 所示。

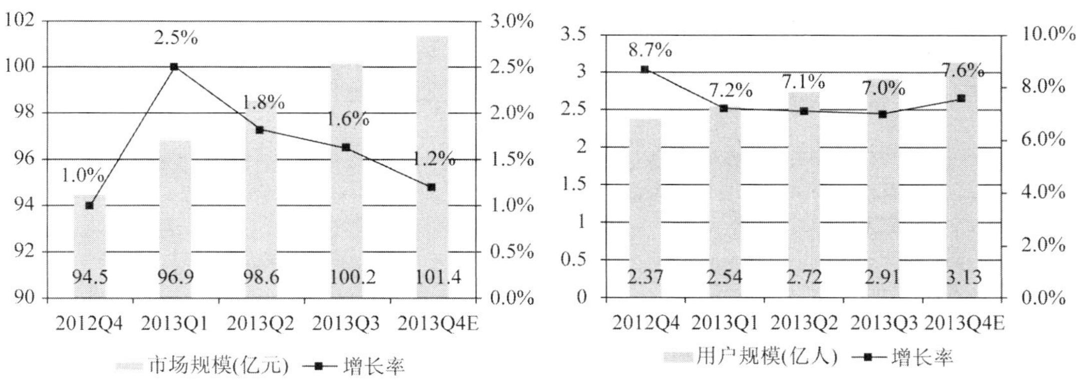

图1.16　中国无线音乐和手机音乐市场规模

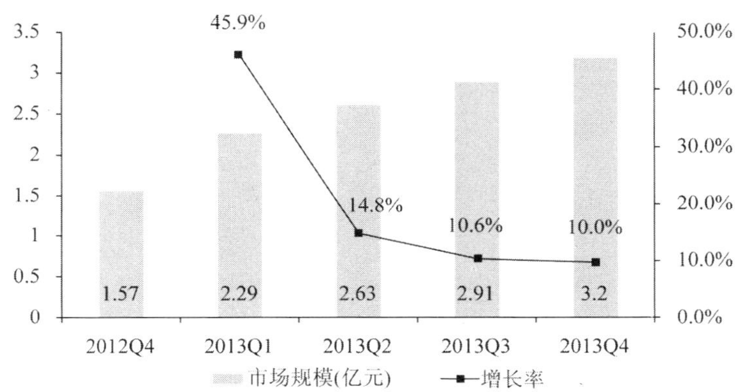

图1.17　2013年中国手机视频市场

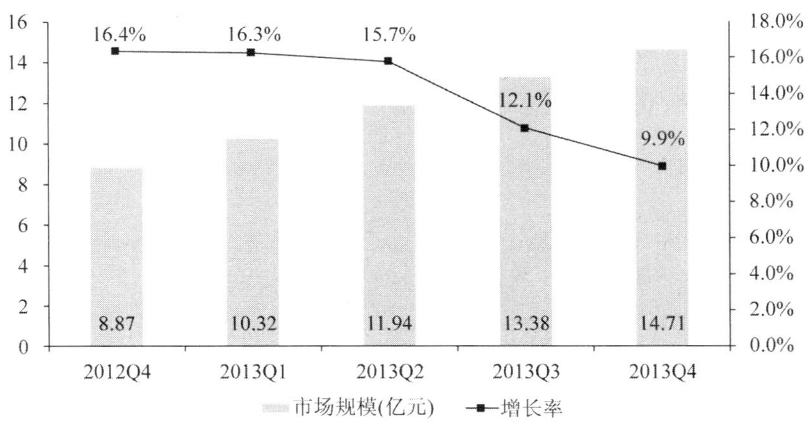

图1.18　2013年中国移动搜索市场规模

可穿戴设备市场是一个新兴市场，还处于发育期，尽管其概念重于实用性，因为其时尚性仍然受到一些用户的青睐，2013 年手环、智能手表等的出货量达 675 万台市场规模达 20.3 亿元，如图 1.19 所示。

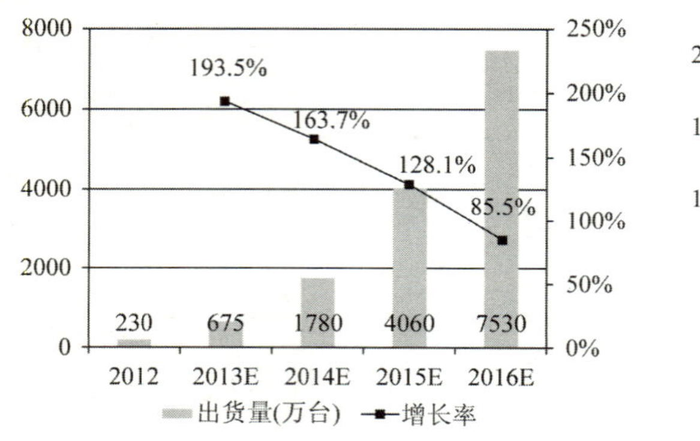

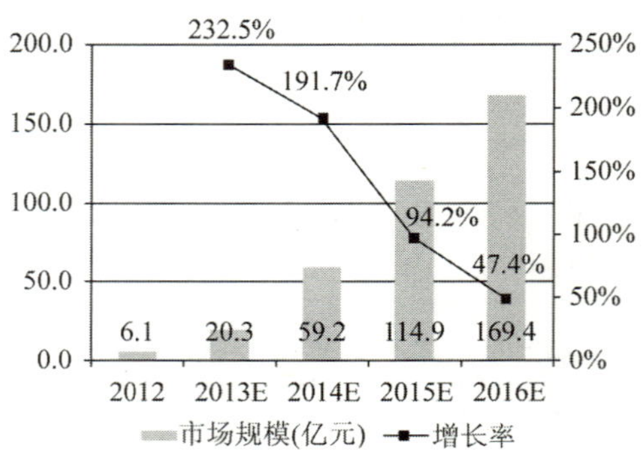

图1.19　可穿戴设备市场规模

移动医疗也是一个新兴市场，2013 年市场规模达 22.1 亿元，增长率 18.8%，今后将步入更加快速发展的轨道，如图 1.20 所示。

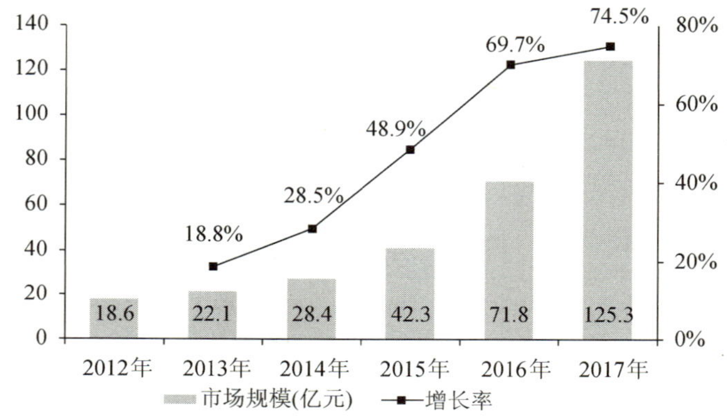

图1.20　移动医疗设备市场

移动教育是在线教育的新增长点，2013 年市场规模为 5.6 亿元，运营商与移动教育配合在校园中发展手机用户促进了移动教育的发展，如图 1.21 所示。

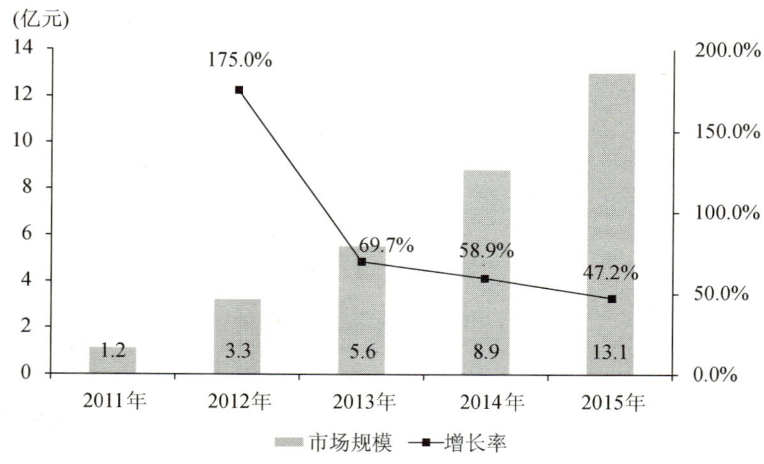

图1.21　移动教育市场规模

手机阅读是一个较成熟的市场，年增长率在逐年下降。2013 年市场规模 68.3 亿元，增长率 22%。相比其他移动应用的增长率低，因此手机阅读所占市场份额在下降，如图 1.22 所示。

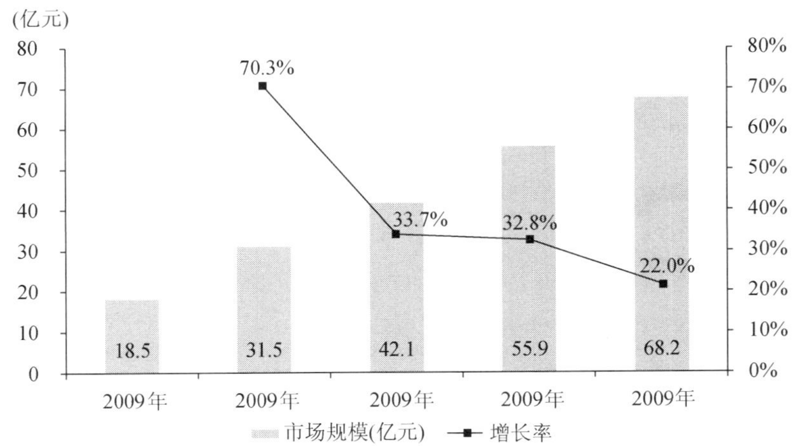

图1.22　手机阅读市场规模

移动互联网的两项重要应用：微信社交网络和移动电子商务将在后续相关章节中介绍。

移动互联网马太效应愈加明显，创业企业寻求传统互联网巨头支持。目前各大传统互联网企业在移动端都进行了基本布局，尤其是腾讯等企业已经拥有微信等用户量几亿的平台级产品，其他的传统互联网企业也在移动端各个领域进行积极尝试，争夺移动端的入口，试图延续其在 PC 端的竞争优势。2014 年各大传统互联网巨头开始在移动端的正面厮杀，各企业均投入了大量的人力物力在移动端进行推广，移动互联网创业企业的处境更加艰难。

目前移动互联网应用主要还是原生应用模式，其占用时间达 78%，通过浏览器上网和网页应用（HTML5）只占 13%，打电话占 5%，短信占 4%，手机自带应用只占 0.2%。网页应用今后仍然有快速发展的趋势，浏览器和搜索作为移动互联网网的入口还是争夺的热点。目前安卓手机每部平均安装应用 72 个，而使用的仅为 13 个，大部分闲置不用。而约 40%的应用在安装当天就被卸载。为解决优质应用和服务与移动用户需求对接的问题，轻应用在 2013 年脱颖而出。轻应用是无需下载、即搜即用的全功能应用，既有媲美甚至超越原生应用的用户体验，又具备网页应用的可被检索与智能分发的特性。

经过几年的发展，移动互联网的竞争格局逐渐开始清晰，商业模式日趋成熟，电商、游戏、营销等领域仍是移动端最主要的盈利来源，未来几年这几大商业模式的变现速度继续加快，而新的模式仍有出现的可能性。

移动应用的普及和发展反映在流量的消耗上目前我国高端手机用户月平均流量消耗月 1.6GB，主要为 WiFi 的贡献。蜂窝移动通信网贡献不足 1/10。中、低端手机月消费流量要低得多，还有很大增长空间，如图 1.23 所示。

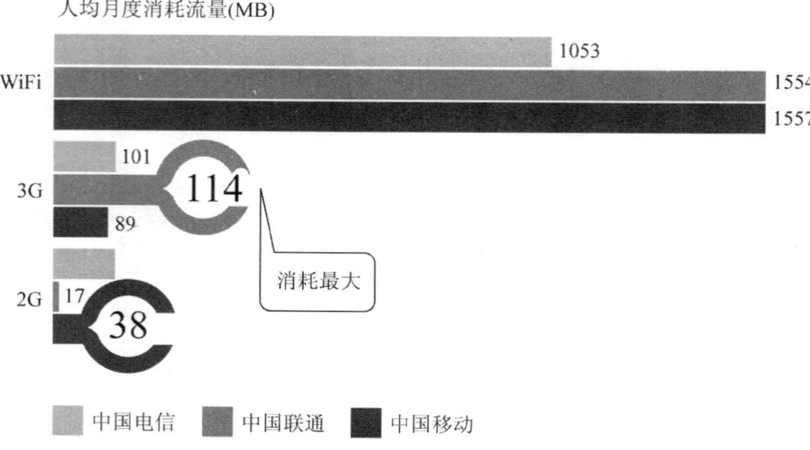

图1.23　高端手机人均月消费流量

1.2.2　网络金融

2013 年，互联网金融的概念进入人们的视野，互联网对于传统经济的影响逐步渗透到传统金融行业，并且全面覆盖支付结算、信贷融资、货币流通、销售渠道等多个细分领域。一方面，互联网公司正在通过互联网的商业模式及创新形式进入金融领域，而另一方面，传统金融企业又基于其对互联网的理解开展自身的互联网创新，期待对传统金融业务起到新的推动作用。在双方的不懈努力和推动之下，互联网金融开始涌现出越来越多的创新业务形态，见表 1.4。

表 1.4　互联网金融服务的主要模式

类别	内容	行业特点
货币基金	余额宝等	通过特定互联网平台进行销售的货币基金产品，收益高
支付结算	第三方支付	独立于商户和银行行为，为商户和消费者提供的支付结算服务
网络融资	P2P 贷款	投资人通过有资质的中介机构，将资金贷给有借款需求的人
	众筹融资	由项目发起人通过网络平台，向有购买产品意向的网友募集项目资金
	电商小额贷款	利用网络平台积累的企业数据，完成小额贷款需求的信用审核并发放贷款
虚拟货币	次级货币 商品货币	以比特币为代表的非主权虚拟货币，目前以提供多种选择和拓展概念为主
渠道业务	金融产品 网上销售	基金、券商等金融或理财产品通过网络平台进行销售
其他	周边产业	金融产品搜索、理财计算工具、金融服务咨询、金融法务援助等

在支付结算方面，表 1.5 中的数据显示，2013 年互联网支付交易规模 53729.8 亿元，其中超过 50%的贡献量来自于网络购物、航空客票、网络游戏、B2B 电子商务四大场景，今后

基金、保险以及传统行业电子商务化所衍生而来的新兴市场将成为互联网支付的主要增长动力。

表 1.5　2014—2017 年中国互联网&移动支付发展趋势

	2010	2011	2012	2013e	2014e	2015e	2016e	2017e
互联网支付								
交易规模（亿元）	10104.8	22038.0	36589.1	53729.8	74368.9	104066.3	141439.6	184804.4
增长率	100.1%	118.1%	66.0%	46.8%	41.6%	39.9%	35.9%	30.7%
交易规模行业结构								
网络购物	47.0%	40.8%	41.5%	35.2%	34.0%	30.9%	26.7%	23.5%
航空客票	13.3%	17.2%	15.3%	13.2%	11.9%	10.2%	8.7%	7.4%
基金申购	—	—	—	10.5%	13.0%	14.6%	15.2%	15.3%
保险行业	—	—	—	—	6.3%	6.4%	6.5%	6.5%
电信缴费	8.0%	5.9%	6.2%	5.2%	4.7%	4.1%	3.6%	3.3%
电商 B2B	3.5%	4.6%	3.9%	3.7%	4.1%	4.1%	4.1%	4.1%
网络游戏	4.6%	3.3%	3.0%	3.0%	2.5%	2.1%	1.7%	1.5%
其他	23.6%	28.1%	30.2%	29.3%	23.6%	27.6%	33.4%	38.5%
移动支付								
交易规模（亿元）	586.1	798.7	1511.4	12197.4	29412.4	52570.6	84576.7	119439.2
增长率	50.4%	36.3%	89.2%	707.0%	141.1%	78.7%	60.9%	41.2%
交易的规模产品结构								
移动互联网支付	6.2%	20.4%	51.7%	93.1%	96.5%	97.2%	96.7%	95.8%
近端支付	1.3%	2.0%	2.6%	0.8%	0.9%	1.3%	2.4%	3.6%
短信支付	92.5%	77.6%	45.7%	6.1%	2.6%	1.5%	0.9%	0.6%

注释：1．互联网支付是指客户通过桌式电脑、便携式电脑等设备，依托互联网发起支付指令，实现货币资金转移的行为；2．移动支付是指基于无线通信技术，通过移动终端实现的非语音方式的货币资金的转移及支付行为；移动支付交易规模统计包括个人用户通过移动终端完成 P2P 资金转移业务或对第三方平台提供的产品和服务进行支付的行为，产品类型包括实物商品、信息化服务、虚拟产品等；3．统计企业类型中不含银行、银联，仅指规模以上非金融机构支付企业；4．艾瑞根据最新掌握的市场情况，对历史数据进行修正。

（来源：综合企业及专家访谈，根据艾瑞统计模型核算）

在互联网支付市场中，支付宝与财付通共同掌控近 70%的交易规模和市场份额；移动支付市场中，支付宝则独自占有 74%的市场份额，而依托于财付通的微信支付则在短短几个月时间中实现了用户规模的快速增长。未来 3～5 年，在巨额投入跑马圈地的大背景下，高度集中的市场格局将很难改变。

2013 年在政策层面确立了第三方支付公司、电子商务平台的合规地位，包括支付宝、财付通、快钱在内的多家第三方支付公司获得了跨境支付牌照，可以发展扩展海外及跨境支付市场，第三方支付牌照也首次向海外资本放开，为整体的支付产业带来了更为丰富的参与主体，也间接推动了国内支付企业的创新和国际化开拓。

2013 年移动支付交易规模达到 12197.4 亿元，其中 93.1%来自移动互联网支付。转账、还款等个人应用则带来了超过 50%的交易规模贡献率。移动支付的高速发展很大程度上得益于在移动互联网支付用于互联网远程交易。包括转账、还款、缴费、游戏乃至网络购物。

在线下支付的移动近场支付方面，虽然央行已经确定 NFC 近场支付的技术标准，产业链间的合作虽形成初步共识，但企业本身主动性不足，对用户尚未形成较强吸引，NFC 近场支付在 2013 年没有取得重大突破。在这种背景下移动远程支付开始进入线下支付，通过远程移动互联网技术实现了对线下支付的方案的变革，虽受制于远程通信技术，但依然获得了一定的用户基础和交易规模层面的突破。今后线下移动支付将成为互联网公司、运营商、银行、银联未来争夺的核心市场。

互联网金融的特征在于大批量、小金额，符合小微企业与中低端个人消费金融市场的需求。这点正好与商业银行互补，将为针对小微企业的数据金融、供应链金融提供支撑，而移动支付的发展也将支撑虚拟信用账户在个人消费金融市场中的应用。

网络融资整体行业风险与机遇并存。2013 年个人对个人 P2P 网贷开始发展。但由于 P2P 网贷还存在灰色地带，央行开始调研互联网金融 P2P 的风险管理。数据资源和征信体系是控制网络融资风险的关键。随着大数据技术的发展，将为征信体系的完善提供新的技术手段。民间征信公司的专业化发展和以电子商务企业为代表的互联网体系也将为征信体系的完善带来大量的数据支撑。

在渠道业务方面，互联网金融创新模式获得政策认可，渠道成为互联网金融的重要属性。2013 年，互联网企业全面介入投资理财市场，余额宝、理财通等产品的相继推出搅动了波澜不惊的投资理财市场。余额宝上线 4 个月，用户规模突破 3000 万，管理资产规模突破 1000 亿元；“双十一”淘宝平台保险网销销售额近 10 亿；百度华夏基金联合推出“百发”理财计划等。渠道创新模式获得成功的原因在于其高效的用户体验和庞大的用户集群，以及由此而带来的巨大渠道优势。在渠道为王的市场环境下，传统商业银行在投资理财产品销售层面的优势被削弱。

2013 年，10 多家淘宝店试水比特币结算；中国已成为仅次于美国的第二大比特币活跃国家。但央行未承认比特币的合法性。2013 年底，比特币价格暴涨，1 比特币价格超过 1 盎司黄金。央行表示，暂不承认比特币的合法性。目前，比特币在全球范围内的投机属性要大于其货币属性，我国比特币投机市场风险很高。

2013 年，互联网金融的周边产业开始发展，集中在金融搜索以及理财类应用方面，如百度金融垂直搜索、融 360 以及挖财、51 信用卡、卡牛等理财类应用。其特点是通过互联网搜索技术及其生态模式带动传统金融的互联网化。如用户带来精确的产品推送，为金融企业带来线上的用户流量。

1.2.3 网络视频

根据 CNNIC 数据显示，截止到 2013 年 12 月，网络视频用户达到 4.2 亿，网民使用率达 69.3%，手机视频用户规模为 2.47 亿，与 2012 年底相比增长了 1.12 亿人，增长率 83.8%。网民使用率为 49.3%。

2013 全年，中国在线视频市场规模达 128.1 亿元，同比增长 41.9%。2013 年，在移动端快速发展以及优质长视频内容的带动下，在线视频市场规模保持较快增长态势，如图 1.24 所示。

网络视频行业营收份额最高的业务类型依然是广告，其占比高达 75%以上，如图 1.25 所示。

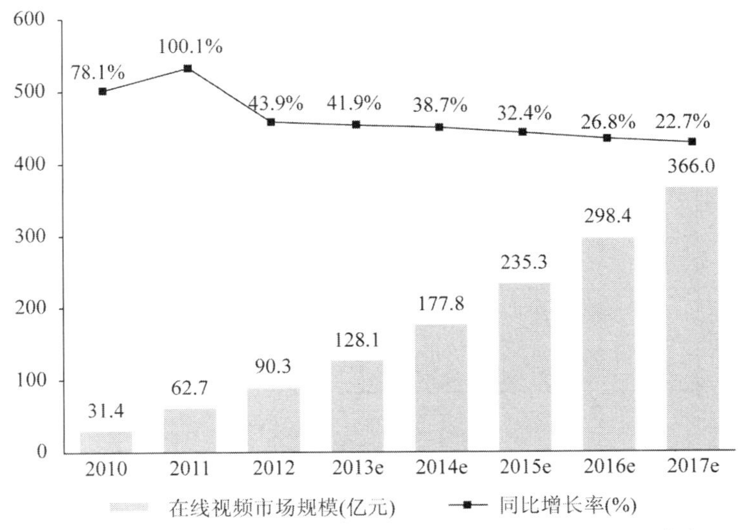

（来源：综合企业财报及专家访谈，根据艾瑞统计模型核算，仅供参考。）

图1.24　2010—2017年中国在线视频行业市场规模

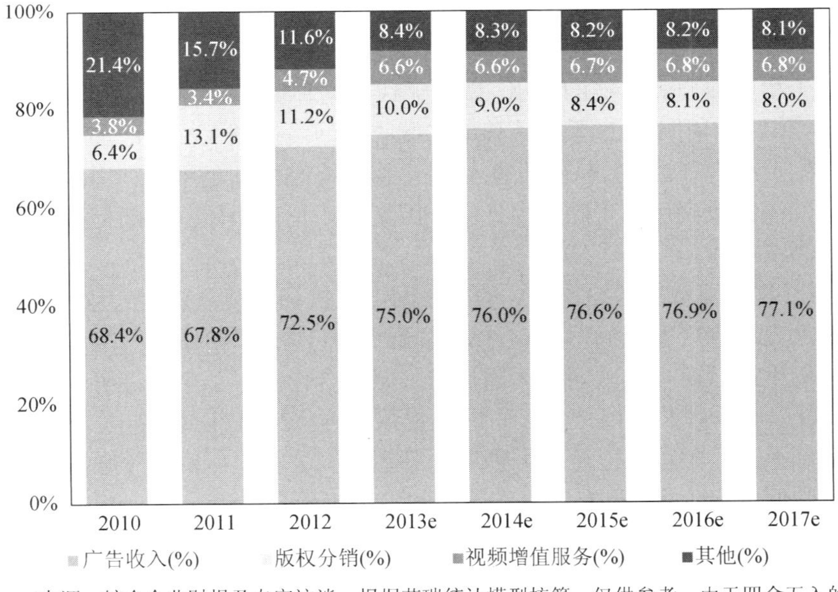

	2010	2011	2012	2013e	2014e	2015e	2016e	2017e
其他(%)	21.4%	15.7%	11.6%	8.4%	8.3%	8.2%	8.2%	8.1%
视频增值服务(%)	3.8%	3.4%	4.7%	6.6%	6.6%	6.7%	6.8%	6.8%
版权分销(%)	6.4%	13.1%	11.2%	10.0%	9.0%	8.4%	8.1%	8.0%
广告收入(%)	68.4%	67.8%	72.5%	75.0%	76.0%	76.6%	76.9%	77.1%

（来源：综合企业财报及专家访谈，根据艾瑞统计模型核算，仅供参考。由于四舍五入的原因，部分年份份额加总不等于100%。）

图1.25　2010—2017年中国在线视频行业收入构成

广告模式也是网络视频行业最为成熟的盈利模式。网络视频行业想要维持广告营收的持续快速增长，必须从版权方购买电视剧、综艺等节目，或自制内容。2013 年包含了优酷/土豆网、爱奇艺等五家视频网站在内的中国主流视频网站在内容版权的投入突破 37 亿元，如图 1.26 所示。网络视频版权支出的不断攀升，一方面凸显了视频网站对内容版权的渴求，另一方面，市场机制与价格作用促使视频网站对影视正版内容交易日趋规范化和市场化，进而使其自身作为影视内容发布重要平台的价值获得认可。

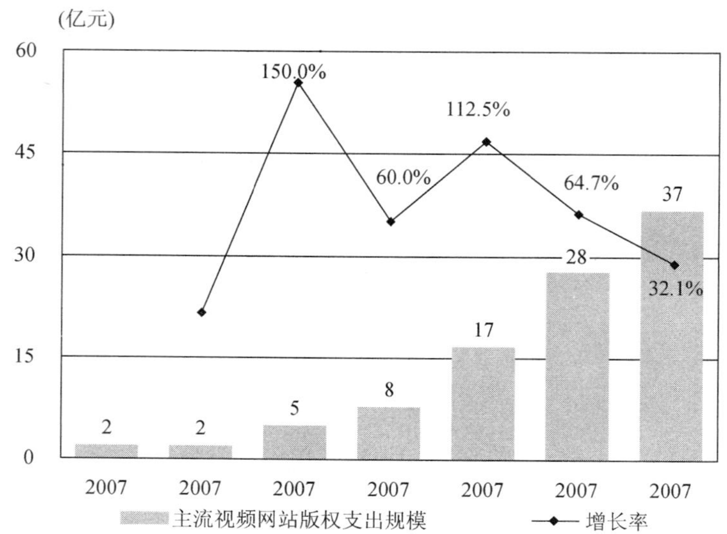

单位：亿元；主流视频网站包括优酷/土豆网、爱奇艺、搜狐视频、腾讯视频、乐视网
(来源：enTVbase电视决策智库及公开统计信息整理)

图1.26 中国网络视频版权支出规模

随着智能手机的普及和性能的提高，以及无线上网环境的改善（3G 和 WiFi 覆盖的改善，价格的降低），2013 年用户通过手机等移动终端收看网络视频大幅度增加，其在有效使用时长份额为 13.0%，三倍于 2012 年 8 月的 4.1%。移动终端能满足用户利用碎片化时间、跨屏连续观看视频的需求收到用户青睐。另外一个因素是用户使用体验不断提高，使用高端手机可以流畅收看高清视频。

2013 年可以收看网络视频 OTT TV 的互联网电视机和机顶盒终端大量涌现，互联网视频大规模进入客厅。尽管广电总局对 OTT TV 终端严格控制，只给中国网络电视台等发了七张牌照，但电视机生产厂商和互联网公司通过与牌照商合作获得了生产许可，而这些终端大多开有“后门”可以收看牌照商以外的互联网上视频内容。2013 年爱奇艺（联合 TCL）乐视等网络视频企业和小米、阿里巴巴（联合创维）等互联网公司先后推出互联网电视。还有一些公司推出了有牌照的机顶盒，更有大量无牌照的山寨机顶盒泛滥上市。另一方面，手机和 Pad 通过安装客户端软件或使用浏览器（HTML5）可以收看视频网站的内容成为移动的 OTT TV 电视机。多屏联动技术的发展使得手机上收看的视频可以推送到电视机屏幕上播放，手机成了遥控器和家庭信息中心。

互联网电视 OTT TV 的快速发展对广播电视媒体将产生巨大冲击。对于电视台而言，传输媒体从频道转向互联网这个双向无国界的新传输媒体，有着更广阔的发展空间。OTT TV 对有线网络公司的冲击更大。目前已经出现发展 DVB+OTT 模式的对策。

2013 年互联网企业进入互联网电视领域，出现了“硬件零利润”模式，大幅度降低互联网电视机价格。互联网企业竞争的核心在于所能为用户提供的内容资源（包括视频内容、游戏及其他各类应用等）以及系统的用户体验。目前互联网电视行业仍处于市场培育期，各企业仍处于迅速积累用户的阶段，盈利模式尚未形成。未来当用户规模达到一定的量级时，其可能的盈利模式包括广告、应用内置收费（向上游提供方收费）、内容（如电影等）收费或应用（如游戏等）收费（向下游使用方收费）等。

1.2.4　电子商务

2013 年电子商务交易额接近 10 万亿元，其中网络购物 1.85 万亿元，在线旅游 940 亿元，O2O 1193 亿元。规模以上企业 B2B 电子商务交易规模 2.6 万亿元，中小企业 B2B 电子商务交易规模 5.14 亿元，见表 1.6。

表 1.6　2013—2017 中国电子商务各细分市场交易规模

大类别	小类别	2013 年规模（亿元）	2017 年规模（亿元）	CAGR（2013—2017）
网络购物（PC 及移动）	网络购物（PC+移动）	18500	41400	22%
	PC 网购	16936	31454	17%
	移动网购	1564	9946	59%
O2O（Online2Offine 为主）	餐饮 O2O	665	2017	32%
	票务 O2O	452	1241	29%
	美容美护 O2O	40	82	19%
	精品类/实物团购	36	162	46%
反向 O2O（Online2Online 为主）	扫码/声波支付等电商	0.6	1743	634%
在线旅游	机票	1318	2381	16%
	酒店	485	897	17%
	度假及其他	401	1372	36%
	在线租车	55	190	36%
B2B 电子商务	中小企业 B2B 电子商务	51474	123702	25%
	规模以上企业 B2B 电子商务	26069	40653	12%
整体	电子商务	99495	215840	21%

根据易观智库数据，2013 年中国电子商务 B2B 市场交易规模达 7.1 万亿元，环比增长 19.7%，而市场收入规模达 169.8 亿元，如图 1.27 所示。

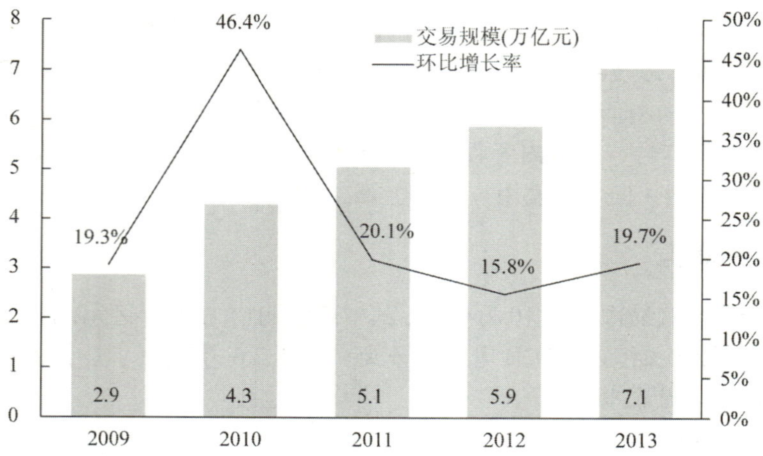

(来源：易观国际·易观智库·中国互联网商情)

图1.27　中国电子商务B2B市场交易规模

2013 年电子商务 B2B 市场格局稳定。9 家核心电子商务 B2B 企业合计占比 70.3%。阿里巴巴一家占比即达 46.4%。核心电子商务 B2B 企业格局保持稳定的同时加强创新能力，新模式的不断呈现增强了市场活力。主要表现在：受互联网金融影响的 B2B 小额信贷模式快速发展；以数据搜集模式为代表的新盈利模式进入市场；以电子商务 B2B 平台为基础、以数据为支撑的整合产业链上下游资源的云存储服务的出现。

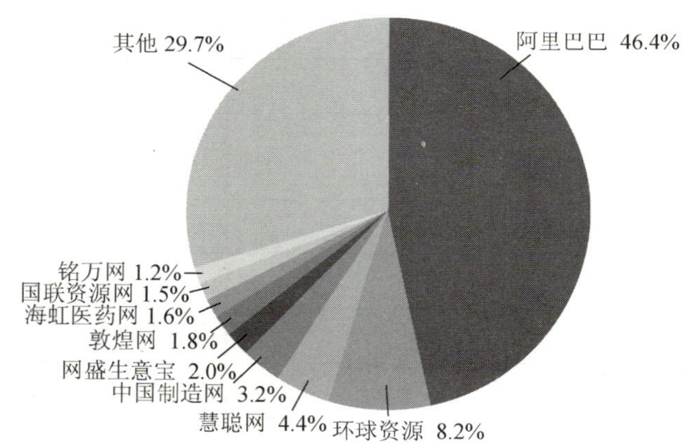

图1.28　2013中国电子商务B2B市场份额

2013 年，中国网络购物市场交易规模达到 1.85 万亿元，增长 42.0%。网络购物交易额占社会消费品零售总额的比重将达到 7.8%，比 2012 年提高 1.6 个百分点。其中移动购物交易规模 1564 万亿元，占比 8.5%，这一占比在未来几年中将迅速攀升，如图 1.29 所示。

2013 年中国网络购物市场中 B2C 交易规模达 6500 亿元，在整体网络购物市场交易规模的比重达到 35.1%。从增速来看，B2C 市场增长迅猛，将成为网络购物行业的主要推动力。未来将有更多的传统企业入驻到开放的 B2C 平台。

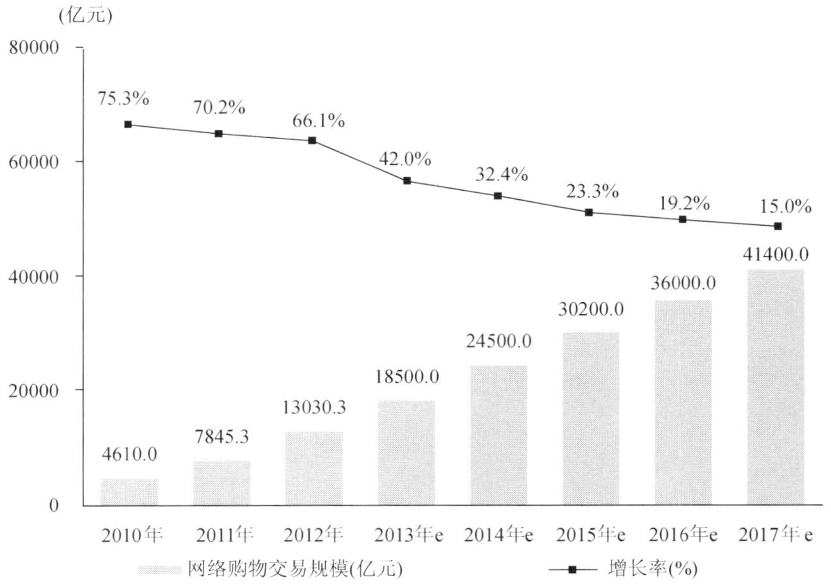

注释：网络购物市场规模为C2C交易额之和。
(来源：综合企业财报及专家访谈，根据艾瑞统计模型核算。)

图1.29　中国网络购物市场交易规模

O2O 具有连接线上线下的天然特征，能很好解决传统行业电子商务化的问题，将成为互联网渗透实体经济的下一个重点。2013 年，以服务业为代表的正向 O2O 行业交易规模 1193 亿元，今后将以 20%～50%不等的复合增长率增长，以传统行业为代表的反向 O2O 行业目前仅为 6000 万元，但未来会以 600%的复合增长率增长，如图 1.30 所示。跨境电商产业链日益完善，在中国政府的政策支持和企业的大力推动下，中国跨境电商将会迎来高速发展时期。

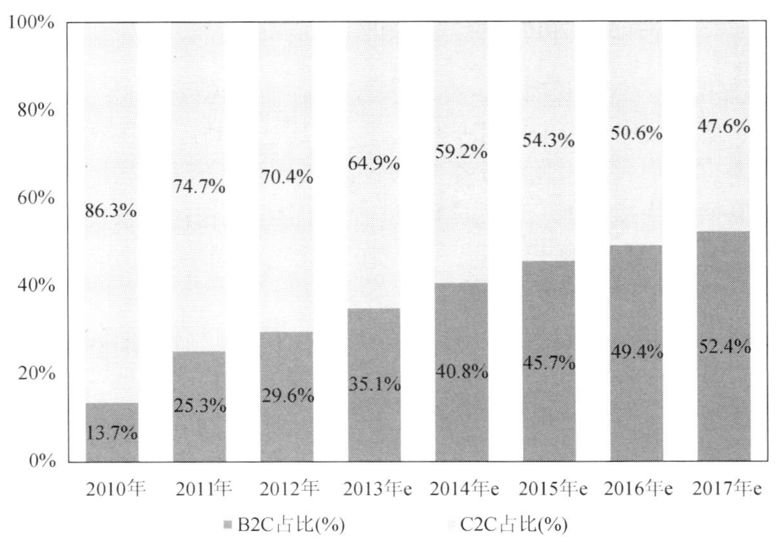

(来源：综合企业财报及专家访谈，根据艾瑞统计模型核算)

图1.30　中国网络购物细分市场架构变化

1.2.5 网络广告

2013 年，国内网络广告市场规模达到 1100 亿元，同比增长 46.1%，与 2012 年保持相当的增长速度，整体保持平稳增长，如图 1.31 所示。

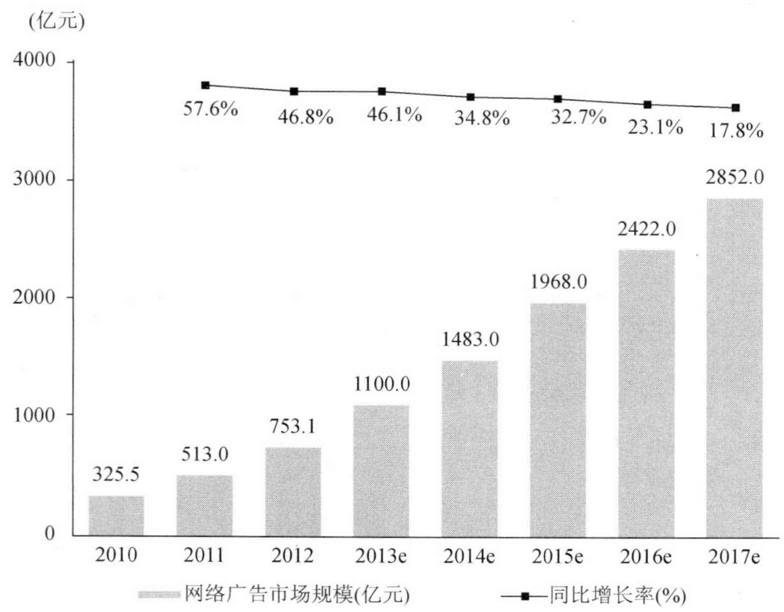

注释：1. 互联网广告市场规模按照媒体收入作为统计依据，不包括渠道代理商收入；
2. 此次统计数据包含搜索联盟的联盟广告收入，也包含搜索联盟向其他媒体网站的广告分成。
(来源：根据企业公开财报、行业访谈及艾瑞统计预测模型估算。)

图1.31　2010—2017年中国网络广告市场规模及预测

2013 年，垂直搜索广告增长明显，占比达 28.9%，超越搜索关键字广告，成为占比最大的网络广告形式；视频贴片广告占比进一步上升，占比达 7.1%。品牌图形广告与搜索关键字广告作为传统网络广告形式，占比相对受到挤压，如图 1.32 所示。

随着移动互联网的快速发展，移动应用广告平台也出现快速增长的势头，在庞大的用户基础和快速变化的移动媒体上增长空间巨大。2013 年第一季度移动应用广告平台市场规模 25.7 亿元，未来几年会保持高增长率。

2013 年是一个行业格局的转变期。随着市场竞争的深入、传统品牌广告主把在移动广告方面的预算占比提升，广告平台的盈利获得提升，其中一些广告平台获得了较大增长，逐渐拉开与其他平台的差距，市场格局逐渐向领先者集中。其中较大者如多盟，截至 2013 年第一季度其移动广告平台应用数量已达到 6.4 万，季度平均增长率为 26%。其中游戏娱乐、图书阅读及影音播放类媒体总体占比为 70%，这三类媒体类型都具备较强的用户使用黏性，从而保证用户对广告的关注度更高，曝光时间更长，更适合品牌广告，如图 1.33 和图 1.34 所示。

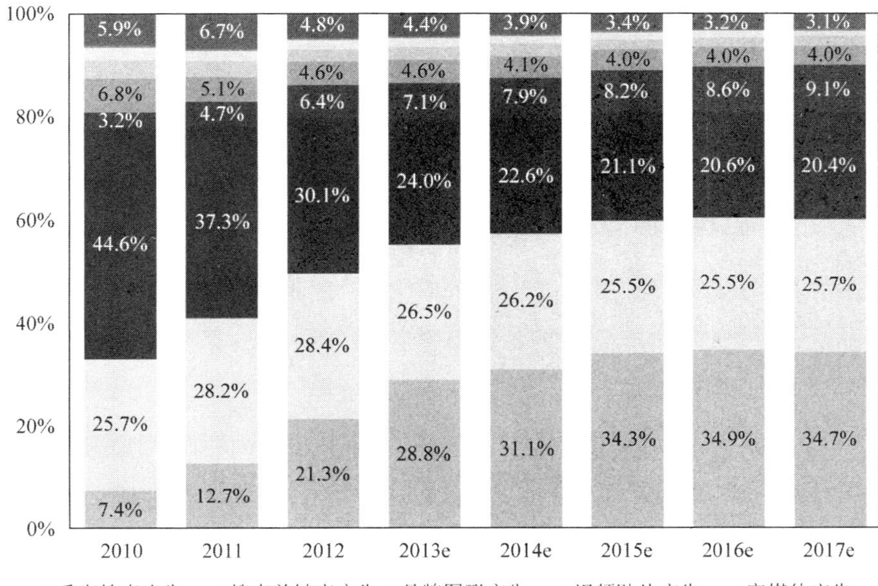

注释：1. 搜索关键字广告指通用搜索引擎基于关键词匹配的广告；2. 垂直搜索广告指垂直搜索网站提供的搜索服务广告，例如淘宝、京东、去哪儿；3. 联盟广告拆分到各品牌图形、富媒体、文字链及其他广告形式当中。

(来源：根据企业公开财报、行业访谈及艾瑞统计预测模型估算。)

图1.32　2010—2017年中国不同形式网络广告市场份额及预测

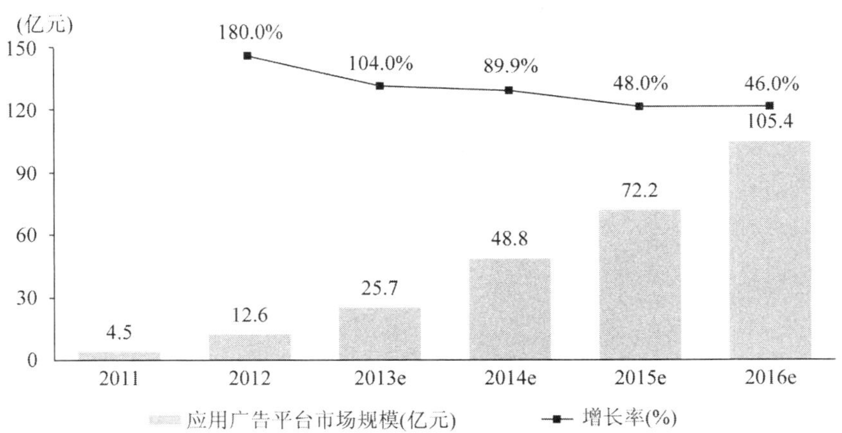

注释：艾瑞统计中国移动应用广告平台营收规模包括在中国的所有拥有移动应用广告投放平台的企业在移动应用广告上的收入流水，是分成前的收入，这里统计的移动终端仅包括智能手机和平板电脑。

(来源：根据行业访谈数据艾瑞统计预测模型所得。)

图1.33　中国应用广告平台市场规模

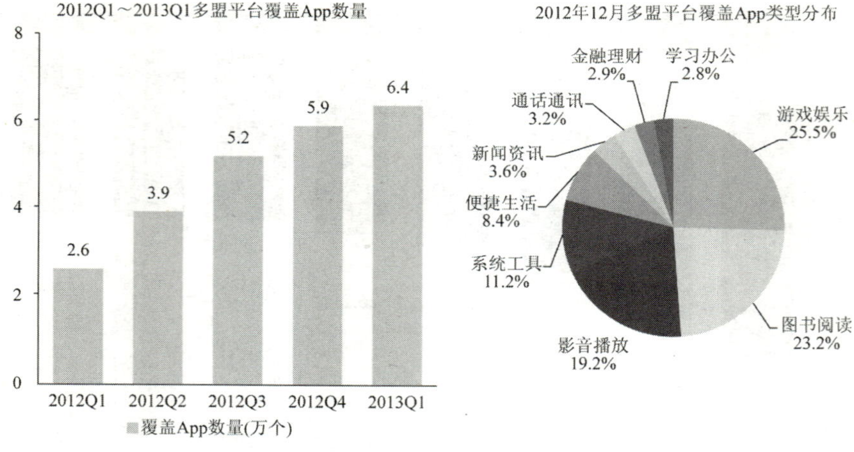

图1.34　多盟移动应用广告平台覆盖应用情况

1.2.6　网络游戏

2013 年中国网络游戏行业总营收 891.6 亿元，同比增长 32.9%。其中移动端游戏营收 148.5 亿元，同比增长 69.3%，占总体收入的 16.6%，如图 1.35 所示。

2013 年中国客户端游戏市场规模达 584.3 亿元，同比增长 20.5%。网页端游戏市场规模达 158.7 亿元，同比增长 61.8%；广告投放金额达 12.5 亿元，同比增长 212.5%。网页端游戏开服数达 54.2 万个，同比增长 426%。

在 2013 年中国网络游戏市场规模中，客户端游戏、网页端游戏及移动端游戏的营收占比分别为 65.5%、17.8 和 16.7%。2013 年网页游戏的高速增长势头开始放缓，取而代之的是移动游戏的爆发式增长，如图 1.36 所示。

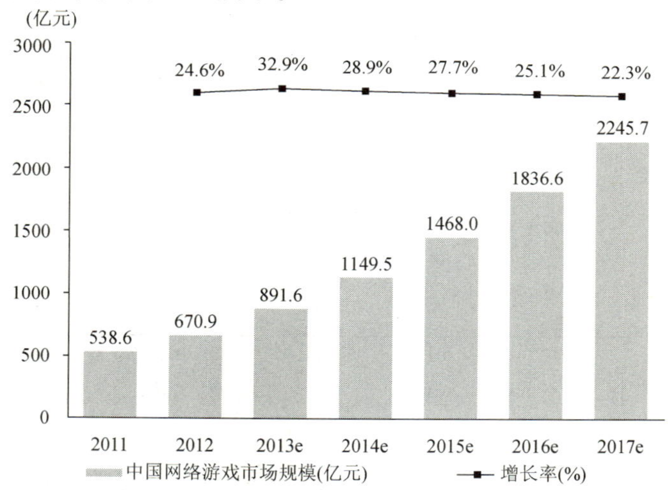

注释：1. 中国网络游戏市场规模统计包括PC客户端游戏、PC浏览器端游戏、移动端游戏；2. 网络游戏市场规模包含中国大陆地区网络游戏用户消费总金额，以及中国网络游戏企业在海外网络游戏市场获得的总营收；3. 部分数据将在艾瑞2014年网络游戏相关报告中做出调整。
(来源：综合企业财报及专家访谈，根据艾瑞统计模型核算。)

图1.35　中国网络游戏市场规模

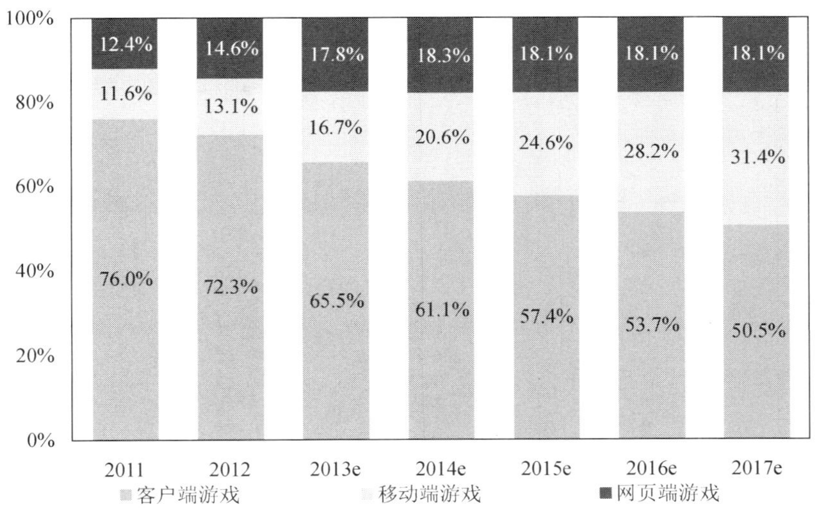

注释：1. 中国网络游戏市场规模统计包括PC客户端游戏、PC浏览器端游戏、移动端游戏；2. 网络游戏市场规模包含中国大陆地区网络游戏用户消费总金额，以及中国网络游戏企业在海外网络游戏市场获得的总营收；3. 部分数据将在艾瑞2014年网络游戏相关报告中做出调整。
(来源：综合企业财报及专家访谈，根据艾瑞统计模型核算。)

图1.36　网络游戏市场规模结构

图 1.37 给出了 2013 年上市游戏公司前 10 名的收入情况。2013 年是中国移动游戏高速发展的一年，市场规模达到 148.5 亿元，其中国内移动游戏市场规模为 133.2 亿元，海外市场规模为 15.3 亿元，如图 1.38 所示。推动移动游戏收入增长的助力主要来自于两个方面：一是智能手机 Pad 等移动终端保有量的大幅上升，用户对移动游戏的接受度明显升高；另一方面是移动游戏的海外出口收入的持续增长。

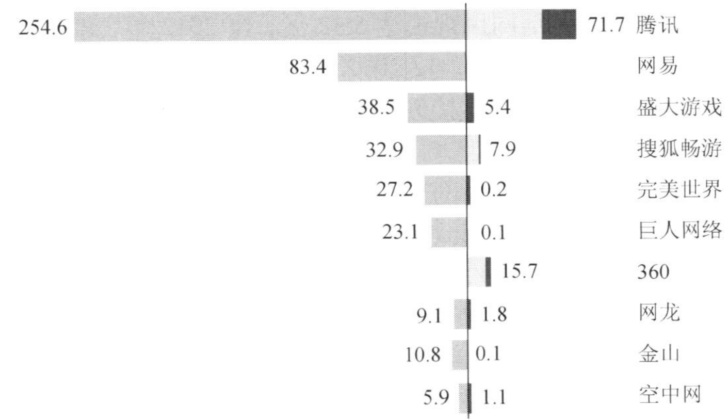

注释：1.中国网络游戏市场规模统计包括PC客户端游戏、PC浏览器端游戏、移动端游戏；2.网络游戏市场规模包含中国大陆地区网络游戏用户消费总金额，以及中国网络游戏企业在海外网络游戏市场获得的总营收；3.部分数据将在艾瑞2014年网络游戏相关报告中做出调整。
(来源：综合企业财报及专家访谈，根据艾瑞统计模型核算。)

图1.37　中国游戏上市企业收入规模

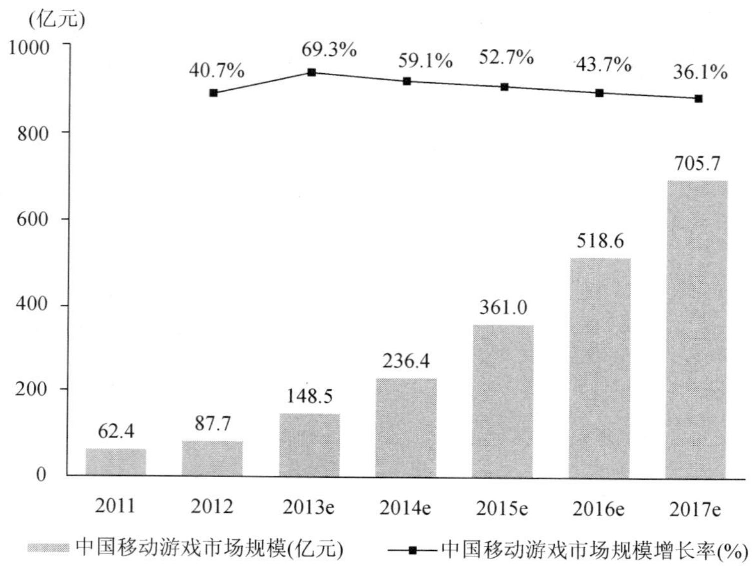

注释：1. 中国移动游戏行业市场规模包括中国大陆地区移动游戏用户消费总额，其中包含App Store的30%分成收入，以及海外游戏公司在中国大陆的相关移动游戏营收，同时包括中国移动游戏企业在海外市场获得的移动；2. 部分数据将在艾瑞2014年网络游戏相关报告中做出调整。

(来源：综合企业财报及专家访谈，根据艾瑞统计模型核算。)

图1.38　中国移动游戏市场规模

1.2.7　社交网络平台

截至 2013 年 12 月，我国即时通信网民规模达 5.32 亿，比 2012 年底增长了 6440 万，年增长率为 13.8%。即时通信使用率为 86.2%，较 2012 年底增长了 3.3 个百分点，即时通信工具一直是网民重要的互联网应用之一。其直接创造商业价值能力有限，更多的来自增值服务的开发。

传统的 QQ、MSN、飞信等是网民互联网交流沟通的重要工具，近年来伴随移动互联网的快速发展，针对移动设备而推出的移动即时通信工具（Mobile Instant Messaging，MIM）也迅速普及，其中微信整体网民覆盖率已经达到了 61.9%，其后市场上又陆续出现了易信、来往等工具，目前该市场较为活跃。

2013 年，微博发展出现转折，用户规模和使用率均出现大幅下降。截至 2013 年 12 月，我国微博用户规模为 2.81 亿，较 2012 年底减少 2783 万，下降 9.0%。网民中微博使用率为 45.5%，较 2012 年底降低 9.2 个百分点。微博产品的功能转型和朋友圈等竞争对手的冲击，使得微博活跃人数持续下降。

截至 2013 年 12 月，我国社交网站用户规模达 2.78 亿，使用率为 45.0%，相比 2012 年底降低 3.8 个百分点。近年来，虽然传统社交网站近年来活跃度呈现下降趋势，用户增长缓慢，但社交已发展成为各种互联网应用的基本元素，如网络购物、游戏、视频等服务纷纷引入社交元素以促进发展，如图 1.39 所示。

	2013 年		2012 年		
应用	用户规模（万	网民使用率	用户规模（万）	网民使用率	年增长率
即时通信	53215	86.2%	46775	82.9%	13.8%
微博	28078	45.5%	30861	54.7%	-9.0%
社交网站	27769	45.0%	27505	48.8%	1.0%

（数据来源：CNNIC 第 33 次互联网发展状况统计报告）

图1.39　2013年中国各社交类应用覆盖率

2013 年，社交产品平台化发展迅速。在社交类应用普及后，网民网上收看新闻资讯的渠道发生了变化。从单一的新闻资讯类媒体转变成以新闻资讯类网站为主体，微信、微博、社交网站并存的格局。此外，社交类应用有较强社交属性，带动了网络购物、视频分享、在线游戏的发展。

过去一年网民使用变化方面，使用社交网站、微博的网民比例有减少的趋势，使用减少的人群比例大于使用增加的人群比例，而微信则有所增加。

过去一年内减少使用社交网站（包括明显减少和略微减少）的网民比例占 23.5%，增加使用（包括明显增加和略微增加）的比例为 12.7%，减少的比例大于增加的比例，社交网站吸引网民的力度赶不上网民活跃度下降的程度；过去一年内使用微博减少的网民比例占 22.8%，使用时间增加的比例为 12.7%，减少的比例也大于增加的比例，如图 1.40 所示。

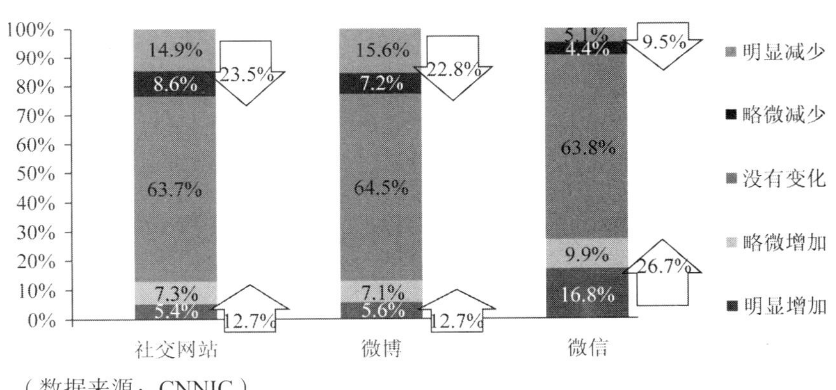

（数据来源：CNNIC）

图1.40　2013—2014年各社交类应用网民使用变化

2013 年，移动互联网生态圈之争激烈。腾讯、阿里、网易、新浪等企业纷纷进军移动即时通讯领域，腾讯推出“微信”、中国电信与网易联合推出了“易信”、阿里巴巴推出了“来往”、新浪投资了“微米”等，力图在占据未来移动互联网生态圈中的有利位置。

微信作为手机端即时通信的代表工具之一，推出后迅速向人群渗透。2013 年 12 月，微信独立用户超过 3.7 亿，整体网民覆盖率超过 60%，用户已超过微博、社交网站整体用户规模。微信 5.0 版本通过引入游戏、电商等增值服务及微信支付功能打通线上线下业务流，形成了完整的 O2O 闭环，打造微信生态圈。微信最大的优势就是强关系链，通过用户间的紧密关系及微信平台上各种业务的逐渐丰富，使用户的黏性更高。

1.2.8 云计算

2013 年在中国云计算市场上最活跃最有影响力的是互联网公司。百度、阿里巴巴和腾讯 BAT 三家都很活跃。

百度在云计算方面累计投资 120 亿元（包括土建，装修，设备购置，运营维护等费用），先后在山西阳泉，内蒙古呼和浩特，北京亦庄建立了三个云计算中心，采用软硬件一体化设计全年约一半时间完全免费冷却。其年均 PUE 1.36，最佳 PUE 1.18 国内第一。百度云提供开放语音、云存储、云推送等服务。截至 2013 年第三季度，百度个人云（包括网盘，相册）用户数突破 1 个亿。

百度云开放平台为移动互联网创业者提供优质创业环境凝聚了 70 万注册中小创业者，开发了 20 多万应用。中小创业者不仅可以通过百度的云开放平台开发、测试、验证和运营自己的应用，提高开发效率，节约成本；还可以借助百度在运营和商业变现上的强大能力，实现经济收入。这极大地促进了社会创新，降低了创业门槛，创造了就业机会。百度云平台共为中小创业者节约 17.6 亿元成本，并带动产业发展和提高就业。例如美图秀秀 2 亿多用户、每天处理 5000 万张图片的图片处理。再如软件滴滴打车用户数 500 万，接入出租车 15 万辆，每天完成 8 万叫车订单。

阿里云在杭州、北京和青岛拥有三个数据中心，并且通过在 IDC 伙伴推广飞天平台的方式更快地扩张云数据中心。将在海外设立云数据中心，向部署海外业务的中国企业以及海外本土企业输出云计算服务能力。2013 年淘宝商家 ERP 系统运行在阿里云上的比例达到 7 成，成功地支持了光棍节的超大流量。阿里云致力于打造云计算的基础服务平台，注重为中小企业提供大规模、低成本的云计算应用及服务。飞天是由阿里云自主研发的云计算平台。云 OS 是融云数据存储、云计算服务和云操作系统为一体的云智能移动操作系统。为用户应用程序提供了计算和存储两方面的接口和服务，包括弹性计算服务、开放存储服务、开放结构化数据服务、关系型数据库服务和开放数据处理服务（Open Data Processing Service，简称 ODPS），并基于弹性计算服务提供了云服务引擎作为第三方应用开发和 Web 应用运行和托管的平台。阿里云与东软集团结盟，将逐渐把传统 IT 服务迁移到阿里云的云计算平台上。

我国云存储在 2013 年实现了大规模普及，各大互联网公司都推出了自己的云产品。其中 360 云盘总注册用户数已经突破 1.6 亿，平均每月保持 1200 万新注册用户增长，位居行业之首，免费为每个用户提供 36TB 存储空间。腾讯的微云注册用户也已经过亿。云存储可以存储各种文件从文字、图片到视频，好像一个移动硬盘。用户的电脑、笔记本、Pad 和手机可以共享其中内容。这大大方便了 Pad 和手机的使用。用户随时随地可以用手机阅读、修改和处理云盘中的文件，不必再随身携带笔记本电脑，有个手机就可以了。此外一些网上的视频文件可以不必下载，可以直接存在云端。目前我国电信运营商人为限制上行传输速率仅为 3-5Mbps，这为云盘使用带来很大不便。

1.2.9 大数据

互联网公司在大数据应用方面在国内也处于领军者的地位，BAT 均有不俗的表现。百度凭借入口优势，拥有了中国最大的消费者行为数据库，覆盖了 95%的中国网民，日均响应 50 亿次搜索，每天处理 100PB 以上的数据，网页数量接近一万亿张。百度已经建成了包括百度指数、司南、风云榜、数据研究中心和百度统计在内的五大数据体系平台，帮助企业实时了解消费者行为、兴趣变化，以及行业发展状况、市场动态和趋势、竞争对手动向等信息，以便适时调整营销策略。

基于大数据技术推出的百度推荐产品上线一年以来，给使用网站整体带来高达 1.4 亿的流量提升，其中小说类网站覆盖流量达 4100 万，流量提升 4.1%。

作为中国最大的电子商务平台，淘宝有海量的商业数据。阿里巴巴建设了大数据平台，提供阿里巴巴金融、淘数据和数据魔方以及一淘、流量分析平台、淘宝指数、阿里妈妈等业务。现今淘宝面临数据量大、内容多样、维度丰富（涵盖近百个不同行业的商品维度，五级商品类目体系、近十万个品牌）、源数据质量不高（非法交易、恶意评价、用于自定义属性）等问题。对于淘宝面临的挑战，分布式存储计算、实时计算、实时流处理、基于云计算的数据挖掘、数据可视化和数据产品实践等是应对大数据浪潮的关键技术。

腾讯拥有超过 8.254 亿 QQIM 活跃账户，6 亿的空间用户，5.4 亿微博注册用户和 5 亿微信用户。这些海量信息汇聚在一起，就能够获取到用户的兴趣爱好、归属地、社会关系链等一系列有价值的信息。利用大数据和关系链，腾讯就能为用户筛选、推荐最适合他的内容。腾讯推出了一款社交效果营销平台产品——广点通，这款植根于 QQ 空间的社交精准广告平台引爆大数据价值。广点通在海量数据里针对细分垂直领域做用户群提炼，提升广告转化效果，并通过社交渠道帮助广告主实现免费的二次社交传播。

1.3 中国互联网投机构融投资和并购情况

2013 年互联网金融、软硬件结合、教育、旅游、微信相关服务、比特币都很热门，带来了新一波的投资创业高潮；这一年，BAT 巨头竞争激烈、投资金额持续增多。2013 年发生的 854 起投资事件投资所覆盖的行业和细分领域如图 1.41 所示，移动互联网、游戏、电子商务依旧最热门。

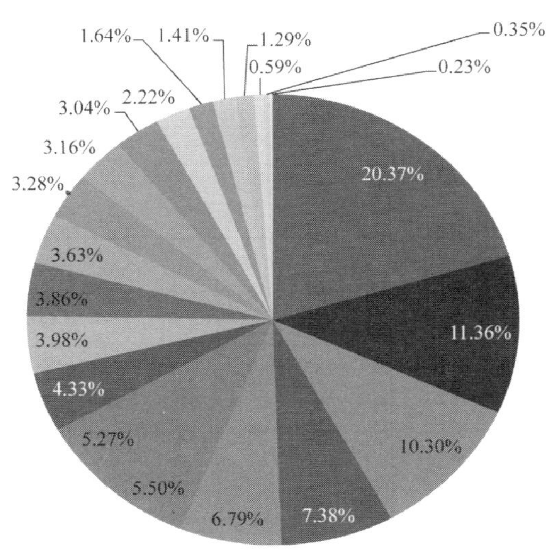

（数据来源：itjuzi.com，截止2013.12.31）

图1.41 2013互联网投资细分领域

其中种子天使投资有 338 起投资占比 39.58%最多；A 轮投资有 296 起案例占比 34.66%居第二位。B 轮投资有 80 个投资事件占比 9.37%位居第四位；C 轮及以后的投资则占比很少，合计才达到 5.62%。投资金额大多数在百万级别。

2013 年移动互联网时代加速到来，使得各个行业间的边界不断消融，互联网市场出现很多并购行为。移动互联网和垂直领域是并购的重点。2013 年，百度通过对 91 无线、百分之百、糯米网、PPS 等投资并购实现了股价的迅速增长，诞生了 14 个过亿的移动产品，完善了移动产业链的布局，迎来了快速发展的时代。阿里巴巴先后获得对新浪微博、UC、高德地图以及多家物流公司的股份。腾讯有微信在手，在注资搜狗外，将更多的目光聚集在海外的创业公司上，谋求国际化发展道路。

从并购资金额上看，百度 19 亿美元收购网龙旗下的 91 无线成为中国互联网有史以来最大的并购案。阿里巴巴 5.68 亿美元砸向新浪微博位列第二。浙报传媒 34.9 亿元收购盛大边锋浩方居第三。第四、第五分别是百度爱奇艺 3.7 亿美元收购 PPS，阿里巴巴以 2.94 亿美元购买高德地图 28%股份。其他还有阿里 8000 万美元收购友盟；百度以超 3000 万美元收购 TrustGo 进军移动端安全领域；第一视频 1.5 亿元收购彩票网（约合 2445 万美元）；阿里巴巴收购虾米网；奇虎 360 收购方研矩行公司的日志宝团队，如图 1.42 所示。

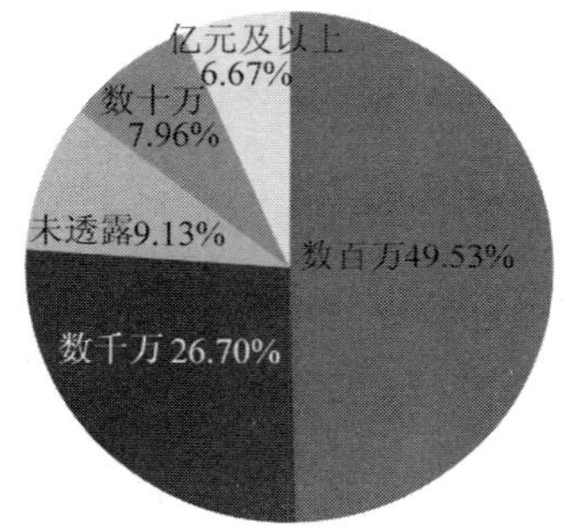

(数据来源：itjuzi.com，截止2013.12.31)

图1.42　2013年互联网投资金额分布

2013 年中国互联网企业 IPO 上市的公司有 16 家，比 2012 年的 7 家多出 9 家，中国企业海外上市行情相对好转，见表 1.7。

表 1.7　2013 中国互联网公司上市表

上市时间	上市企业	上市地点	所属属行业	上市首日股价	2013.12.31 股价	股价涨跌幅	公司背后 VC
2013.12	神州数字	香港主板	游戏	0.9 港元	1.655 港元	65.50%	IDG 资本、银泰资本
2013.12	汽车之家	纽约交易所	汽车交通	30.16 美元	36.59 美元	21.32%	澳洲电讯、兰馨亚洲、蔡文胜、薛蛮子、黄明明
2013.12	金泉网	伦敦 AIM 市场	电子商务	0.7 英镑	0.73 英镑	4.28%	
2013.11	博雅互动	香港主板	游戏	6.75 港元	7.95 港元	17.78%	红杉资本；周鸿祎、戴志康
2013.11	500 彩票网	纽约交易所	电子商务	20 美元	35.37 美元	76.85%	红杉资本；IDG 资本；SIG 海纳亚洲；嘉御基金

（续表）

上市时间	上市企业	上市地点	所属属行业	上市首日股价	2013.12.31 股价	股价涨跌幅	公司背后 VC
2013.11	久邦数码-3G 门户	纳斯达克	移动互联网	14.11 美元	20.53 美元	45.50%	IDG 资本；中经合；集富亚洲；宽带资本
2013.11	去哪儿网	纳斯达克	旅游	28.35 美元	26.53 美元	–6.42%	百度；金沙江；GGV
2013.10	云游控股	香港主板	游戏	61.75 港元	54 港元	–12.55%	启明；TA Associates 等
2013.10	天盟数码 IGG	香港创业板	游戏	4.68 港元	5.15 港元	10.04%	IDG 资本；祥峰投资
2013.10	58 同城	纽约交易所	消费生活	21 美元	38.34 美元	82.57%	华平投资；DCM；赛富基金；蔡文胜等
2013.10	99 无限-上海瀚银	悉尼证交所	金融	N/A	N/A		深创投
2013.10	上海游族	借壳上市	游戏	N/A	N/A		松禾资本、博润投资
2013.9	澜起科技	纳斯达克	多媒体娱乐	10 美元	16.31 美元	63.10%	英特尔投资；永威投资等
2013.8	视觉中国	借壳上市	多媒体娱乐	N/A	N/A		
2013.7	擎天科技	香港主板	工具软件	1.45 港元	2.05 港元	41.38%	阿里巴巴
2013.6	兰亭集势	纽约交易所	电子商务	11.16 美元	8.09 美元	–27.50%	联创策源；挚信资本；金沙江；徐小平；周哲

2013 年上市的 16 家公司，分布在港交所、美国（纽交所/纳斯达克）为主，此外还有 2 家 A 股借壳上市，有 1 家在伦敦 AIM 上市，1 家在悉尼证交所上市。

1.4　中国互联网技术发展情况

云计算和大数据。以前对像人类社会这种复杂的大系统是通过抽样调查的方法来了解其行为特征。随着 IT 技术的发展计算机被应用于各行各业，积累了大量数据。将抽样调查变为对 IT 系统全部数据分析，得到的结果远比抽样调查及时可靠。这些数据来自银行、电信、商业、政府、机构等各个方面，被称为结构化数据。为了存储、处理这种结构化数据发展了数据仓库，数据挖掘等技术。而数据量也不断增大（从 TB 到 PB）。物联网的兴起来自传感器的大量非结构性大量涌现其数量大有超过结构性数据之势，已有的数据仓库和数据挖掘技术已经不足以应对在合理的时间内完成从数据到信息再到知识的处理过程的要求。这就出现了大数据的概念。目前大数据的概念被扩大“通俗化”将传统的结构性数据也包括进来，泛指对整个 IT 系统的数据分析。传统的市场调查精准营销只要不是通过抽样调查而是通过数据分析实现的都称为大数据。

互联网公司是开展大数据分析的先锋，进行大数据分析所需要的云计算硬件平台是自己搭建的，软件是基于开源软件自己开发的，在此基础上 BAT 都结合云计算建设了自己的大数据分析平台，并在此基础上开展了前述的大数据应用。开源软件主要是 Hadoop。Hadoop 是继 Linux 之后最成功的的开源软件。Hadoop 在 2006—2007 年起步，在 2009 年出现了 Cloudera、

MapR 等解决方案。在未来 2—3 年中，将会有重量级的 Hadoop 商业化版本发布。大数据市场开源软件的盛行将会给基础架构硬件、应用程序开发工具、应用、服务等各个方面的相关领域带来更多的机会。

HTML5 和网页应用的发展没有达到一两年前的预期，网页应用有些发展远不能撼动原生应用的主导地位，通过浏览器上网和网页应用（HTML5）的时长只占 13%。为解决优质应用和服务与移动用户需求对接的问题，轻应用在 2013 年脱颖而出。轻应用是无需下载、即搜即用的全功能应用，既有媲美甚至超越原生应用的用户体验，又具备网页应用的可被检索与智能分发的特性。在技术方面随着硬件能力和支持 HTML5 的操作系统和浏览器性能，浏览器支持 3D 图形渲染能力等方面有很大提高，过去 WebGL 水族馆图形测试每秒只能几帧，现在提高到 20 帧以上与 PC 相当。

2013 年年底，中国移动 4G（TD-LTE）网络开始商业化运营，大幅度提升了移动互联网的上网速率，在信号好的地方单用户下行速率可达数十 Mbps。目前中国移动可提供 4G 服务的城市已达 20 余个，计划在 2014 年内建设超过 50 万个 TD-LTE 基站，覆盖面将达到 340 座甚至更多城市。中国电信和中国联通在 2014 年也相继开通。目前的问题是覆盖还待逐步改善。在资费方面调整后仍然偏高，蜂窝移动通信将主要用于广域覆盖和移动中使用，大部分时间还要靠 WiFi。

智能手机进入多核时代，性能提高价格，降低到 600 元促进了智能手机的快速普及，从而推动了移动宽带的发展。互联网终端向消费电子领域扩散，从互联网电视机（机顶盒）OTT TV、家庭无线路由器到各种可穿戴设备纷纷上市。互联网公司的加入出现了“硬件零利润”的商业模式。

1.5 中国网络信息安全与治理情况

据中国互联网应急中心报告，2013 年我国互联网基础信息网络运行总体平稳，域名系统依然是影响安全的薄弱环节：基础网络安全防护水平和防范意识进一步提高，符合性评测达标率在 97%以上。 CNVD 通报基础网络相关漏洞事件 518 起，较 2012 年增长超过一倍，涉及的信息系统超过一半属于基础电信企业省（子）公司。安全漏洞多次引发域名劫持事件，2013 年 8 月 25 日我国国家.CN 顶级域名遭攻击瘫痪。微信断网、宽带接入商路由劫持等事件反映出基础网络承载的互联网业务发展带来的新风险。

公共互联网治理初见成效，打击黑客地下产业链任重道远：我国境内感染木马僵尸网络的主机数量首次下降，降幅 22.5%，治理初见成效。CNVD 分析发现涉及通信网络设备的软硬件漏洞数量较 2012 年增长 1.5 倍，友讯等众多网络设备存在后门，被黑客利用劫持用户流量。 越来越多与人们生活密切相关的信息汇聚到网络，存在严重泄露风险，并可能给传统社会的信任机制带来挑战。

移动互联网环境有所恶化，生态污染问题亟待解决： 安卓平台恶意程序数量呈爆发式增长，2013 年新增移动互联网恶意程序样本达 70.3 万个，较 2012 年增长 3.3 倍，其中 99.5%针对安卓平台。手机应用商店、论坛、下载站点、经销商等生态系统上游环节污染，下游用户感染速度加快。针对上述问题，CNCERT 按照工业和信息化部发布的《移动互联网恶意程序监测与处置机制》组织开展了 8 次移动互联网恶意程序治理行动，累计协调应用商店下架恶意应用软件 37507 个。2013 年，中国反网络病毒联盟（ANVA）建立了“移动互联网应用自律白名单”，以帮助应用商店、移动应用开发人员和广大用户推广或使用安全可信的“白应用”

经济信息安全威胁增加，信息消费面临跨平台风险：跨平台钓鱼攻击出现并呈增长趋势，针对我国银行等境内网站的钓鱼页面数量和涉及的 IP 地址数量分别较 2012 年增长 35.4%和 64.6%，全年接收的钓鱼事件投诉和处置数量高达 10578 起和 10211 起，分别增长 11.8%和 55.3%。互联网交易平台和手机支付客户端等存在漏洞，威胁用户资金安全，安全风险可能传导到与之关联的其他。

政府网站面临的威胁依然严重，地方政府网站成为“重灾区”：地方政府网站是黑客攻击的“重灾区”，2013 年我国境内被篡改和被植入后门的政府网站中，超过 90%是省市级以下的地方政府网站。我国政府网站频繁遭受黑客组织攻击，其中“匿名者”等黑客组织至少入侵我国境内超过 600 个网站。继央行明确不认可比特币后，央行官方网站和新浪官方微博遭受黑客攻击。

国家级有组织攻击频发，我国面临大量境外地址攻击威胁：国家级有组织网络攻击频发，我国部分重要网络信息系统遭受渗透入侵，2013 年 CNCERT 监测发现境内 1.5 万台主机被 APT 木马控制。2013 年，境内 6.1 万个网站被境外通过植入后门实施控制，较 2012 年大幅增长 62.1%；针对境内网站的钓鱼站点有 90.2%位于境外；境内 1090 万余台主机被境外控制服务器控制，主要分布在美国、韩国和中国香港，其中美国占 30.2%，控制主机数量占被境外控制主机总数的 41.1%

CNCERT 不断加强与国际 CERT 组织间的网络安全合作，完善跨境网络安全事件处置协作机制。截至 2013 年底，已与 59 个国家和地区、127 个组织建立联系机制，全年共协调境外安全组织处理涉及境内的安全事件 5498 起，较 2012 年增长 35.3%。

（中国科学院　侯自强）

第 2 章　2013 年国际互联网发展情况综述

2.1　国际互联网发展概况

2013 年是全球互联网深入变革的一年，全球移动宽带领域发展迅速，移动用户数量激增，互联网移动化已是大势所趋。欧美、亚太主要国家不断推进宽带发展战略。同时，“棱镜门”事件的披露引发全球关于互联网安全的思考，各国政府纷纷发布相关发展战略及安全防御措施。

2.1.1　网民

联合国下属机构国际电信联盟年底发布的全球互联网年度报告《2013 年信息社会分析》显示，2013 年，全球移动互联网连接数预计达 68 亿，与当前全球总人口基本一致。而全球预计有 27 亿网民使用固网或移动方式接入互联网，全球移动宽带用户数预计达 20 亿，近 50%人口已被 3G 网络覆盖。

全球约有 11 亿家庭仍没有接入互联网，其中 90%位于发展中国家。不过发展中国家接入互联网的家庭比例已从 2008 年的 12%上升至 2013 年的 28%。在整体的 ICT（信息通信技术）发展排名中，韩国仍排名第一，随后为瑞典、冰岛、丹麦、芬兰和挪威。荷兰、巴西、卢森堡和中国香港也进入前 10 名。中国大陆在这一排名中位居第 78 名，参与排名的国家和地区共有 157 个。

2.1.2　基础资源

1. 域名

根据域名统计机构 WebHosting.info 最新数据，2013 年，全球域名注册总量超 1.35 亿，年净增长 2 681 290 个。即使是在新通用顶级域名陆续公布后，传统.COM、.NET 等域名均未受太大影响。2013 年下半年域名月增量不及上半年，且起伏较为明显。但所幸，域名总量仍呈现上升趋势。（注：此处的域名总量是指.COM、.NET、.ORG、.INFO、.BIZ 五大顶级域名的总量。）自 2012 年 1 月 ICANN 首轮新通用顶级域名申请项目启动至 2013 年 10 月 18 日，全球共有 67 个新顶级域名（New gTLD）已完成签约授权。

2. IPv4 地址分配情况

2013 全年全球 IPv4 地址分配数量为 996B，获得 IPv4 地址数量列前三位的国家/ 地区，分别为美国 381B，巴西 266B，哥伦比亚 58B。

自亚太地区 APNIC，欧洲地区 RIPENCC 的 IPv4 地址池相继耗尽之后，北美地区 ARIN 在 2013 年 8 月宣布其 IPv4 地址池进入耗尽的第三阶段（即可分配地址余量不足 2A）。整体而言，全球 IPv4 地址分配数量增长明显减缓。2013 年度获得地址较多的国家/ 地区，依次是美国、巴西、哥伦比亚、阿根廷、埃及、加拿大、尼日利亚、智利、墨西哥、塞舌尔等，具体如表 2.1 所示。

表 2.1　2013 年全球 IPv4 地址分配情况（/16）

排名	国家/地区	分配数量
1	美国	381
2	巴西	266
3	哥伦比亚	58
4	阿根廷	25
5	埃及	24
6	加拿大	21
7	尼日利亚	18
8	智利	18
9	墨西哥	17
10	塞舌尔	17

截至 2013 年底，全球 IPv4 地址分配总数为 3 537 458 168，折合 210A+217B+83C，地址总数排名前 10 位的国家/ 地区，具体见表 2.2。

表 2.2　地址总数排名前 10 位的国家/地区

排名	国家/地区	地址总数（个）	折合（A+B+C）
1	美国	1581218944	94A+63B+124C
2	中国	330308352	19A+176B+27C
3	日本	201707264	12A+5B+207C
4	英国	123634448	7A+94B+131C
5	德国	119562600	7A+32B+97C
6	韩国	112273152	6A+177B+39C
7	法国	95904112	5A+183B+97C
8	加拿大	80961792	4A+211B+97C
9	巴西	70174208	4A+46B+198C
10	意大利	53216416	3A+44B+4C

（数据来源：CERNET）

3. IPv6 地址分配情况

2013 全年全球 IPv6 地址分配数量为 24 099*/32，与 2012 年相比，有小幅增长，全年获得 IPv6 地址分配数量列前三位的国家/ 地区，分别为美国 12 551*/32，中国 4 135*/32，英国 791*/32，具体见表 2.3。

表 2.3　2013 年全球 IPv6 地址分配情况（/32）

排名	国家/地区	分配数量
1	美国	12551
2	中国	4135
3	英国	791
4	德国	654
5	俄罗斯	529
6	荷兰	489
7	巴西	450
8	法国	430
9	意大利	339
10	波兰	275

截至 2013 年底，全球 IPv6 地址申请（/32 以上）总计 13 274 个，分配地址总数为 138 722*/32，地址数总计获得 4 096*/32（即/20）以上的国家/地区，见表 2.4。

表 2.4　地址总数获得 4 096*/32（即/20）以上的国家或地区

排名	国家/地区	地址总数（/32）	申请数（个）
1	美国	31628	3360
2	中国	16669	271
3	德国	11976	946
4	日本	11215	455
5	法国	9338	505
6	澳大利亚	8650	641
7	欧盟	6251	60
8	意大利	5309	322
9	韩国	5228	137
10	阿根廷	4306	232
11	埃及	4105	10

2.1.3　细分行业

1. 移动互联网进一步发展

自 2007 年以来，全球移动宽带领域年均增长率达到 40%，移动宽带成为全球信息通信技术市场增长最快的领域。

市场研究机构 ABI Research 在其报告中指出，全球移动互联网服务收入 2013 年增长 23.4%，至 3000 亿美金；其中无线宽带用户猛增 28.8%，而智能手机用户比重也增加 6.6%，占手机用户总量的 27.5%。

预计对移动互联网服务收入增长贡献最大的地区将是北美，尽管北美市场已经成熟且其用户只占全球移动用户总量的 5.5%。较高的智能手机普及率与不断增加移动数据消费已经帮助这一地区扭转了每用户平均收入值不断下降的趋势。在 2013 年年底推出 LTE 服务后，中国市场的数据流量预计将在 2014 年激增。而受运营商利用 LTE-A 技术提升网络容量推动，诸如韩国和日本等成熟市场也将继续保持强劲增长的态势。

国外网络媒体 BusinessInsider 发布《移动互联网的未来》报告指出，消费者在移动互联网花费的时间已从 4%跃升为 20%，再次印证移动互联网的时代已悄然而至。与此同时，报告还指出，移动广告从 2012 年到 2013 年已获得 8%的营收增长，远超其他数字广告模式发展速度，潜力被广泛看好。而移动广告市场依然被付费搜索广告主导，Google、百度凭借遥遥领先的市场份额继续受益于这种趋势。

2. 全球 LTE 网络商用化不断提升

全球移动供应商协会（GSA）的报告显示，2013 年，全球已有 263 张 LTE 商用网络遍布于 97 个国家。全球 144 个国家的 508 家运营商正在对 LTE 技术进行投资，其中包括 135 个国家 456 家运营商的 LTE 部署承诺和 52 家运营商在 9 个国家进行的 LTE 试验。GSA 预测，到 2014 年底全球 LTE 商用网络数量将达到 350 张以上。

2013 年，全球共有 112 张商用 LTE 网络推出。LTE 作为一种主流技术，目前正在全球范围内持续快速扩张。

LTE 可以部署在现有的 2G/3G 网络频段，也可以部署在 2.6 GHz 或数字红利频谱（digital dividend spectrum，700/800 MHz，取决于地区）等新频段上。欧洲、亚洲和其他一些地区正在分配新的数字红利频谱，从而使运营商们能够扩大 LTE 网络覆盖范围并提升室内网络表现。

部分商用 LTE 网络使用了 800 MHz （band 20）频谱，这些网络往往针对的是农村宽带需求和室内覆盖。运营商们对重整（re-farming）2G 频谱用于发展 LTE 有着极大的兴趣，尤其是 1800 MHz 和 900 MHz 频谱。许多监管机构采取了技术中立方法。

大多数运营商采用对称频谱部署了 LTE FDD，而 LTE FDD 部署中使用最广泛的频段依然是 1800 MHz 频谱，有 44%的商用 LTE 网络使用了 1800 MHz 频谱。全球有 115 家运营商已经推出了 1800 MHz LTE 网络。其次，2.6 GHz （band 7）也是运营商使用最多的频段之一，有 27%的商用 LTE 网络是部署在 2.6 GHz 频段上。紧随其后的是 800 MHz（band 20）和 AWS（band 4），分别有 12%和 8%的商用网络采用。

除 1800 MHz 频段外，另一个备受关注的频段为 APT700（698-806 MHz），亚太和拉丁美洲的许多国家已经确定采用这一频段，这代表着 LTE 生态系统的全球频谱协调性的一个重要机会，并为确保终端市场的规模效益和移动宽带容量及漫游的发展铺平道路。

3. 社交媒体受到广泛重视

据美国传媒类杂志《MeidaLife》网站显示，2013 年，社交媒体的时代到来。几乎所有的主流品牌都拥有社交媒体账户，同时还在顶级网站上进行广告活动，Twitter 和 Facebook 股票的强劲势头显示，商业世界已经开始重视社交网络。网络广告将更加关注移动，大量采用移动社交网络应用的社交媒体将首当其冲。社交媒体活动将离不开智能手机和平板电脑，而且大多数的社交网站在移动设备上的流量会超过台式机。2013 年移动广告总支出由 43.6 亿美元（折合人民币约 265 亿元）上涨至 96 亿美元（折合人民币约 583 亿元），增长幅度为 120%。

4. 大数据潮流势不可挡

推动大数据市场的主要动力是企业不断升级业务流程、提高性能和效率的需求。据微软公司对美国 280 家大中型 IT 公司开展的调查显示，近 3/4 的受访公司表示将在未来一年内推出大数据项目。受访公司将客户服务、销售、金融、营销列为需要大数据分析服务的几大业务。

电信与媒体市场调研公司 Informa Telecoms & Media 对全球范围内的 120 家运营商进行调查后指出，48%的运营商正在实施大数据业务。

2013 年 5 月，韩国政府表示将建设一个大数据中心，以帮助其科技行业赶上世界顶尖科技公司；8 月，澳大利亚发布了《公共服务大数据战略》，旨在推动公共行业利用大数据分析进行服务改革。

另据相关调查显示，由于 1/3 的英国大企业（6400 家）拟落实大数据分析规划，未来 5 年大数据专业人才需求将上升到 6.9 万个。2013 年至 2018 年全球大数据市场将会出现年均 26%的增长率，即从 2013 年的 148.7 亿美元增长到 2018 年的 463.4 亿美元。

2.1.4 热点事件

1. “棱镜门”事件

2013 年全球互联网领域的热点事件首推“棱镜门”事件。美国前中央情报局职员爱德华·斯诺顿披露给媒体两份绝密资料，揭露美国国家安全局有一项代号为“棱镜”的秘密项目，要求电信巨头威瑞森公司必须每天上交数百万用户的通话记录。此外，美国国家安全局和联邦调查局还通过进入微软、谷歌、苹果等九大网络巨头的服务器，监控美国公民的电子邮件、聊天记录等秘密资料。

随后事态继续延烧，“棱镜”风波从美国延烧至全球，伊朗、俄罗斯、印度、巴西、墨西哥、中国、法国、挪威都登上了“棱镜”监控国家的“受害者名单”。

“棱镜”带来的影响不仅局限于人们对数据的担忧、对美国政府的谴责，反映在 IT 市场中更多的是给美国一些 IT 厂商狠狠泼了一盆冷水，思科、IBM、微软等美国科技公司在海外市场业绩就都大受冲击。

2. 比特币淘金热

比特币源于 2009 年中本聪（化名）发表的一篇论文，该论文中介绍了一种网上支付系统。隔年，该模式被现实化，比特币诞生。比特币采用开源加密算法，在投机者和科技“瘾君子”的炒作下，比特币价格一路从年初的 20 美元疯长至 1200 美元。比特币交易没有手续费，无需个人信息，且都是匿名的，被认为比信用卡支付更安全。比特币的这种特质吸引了一些犯罪分子，其中较为著名的是黑市网站“丝绸之路”。比特币价格波动巨大，风险决定它只能是一个小众支付系统和投机工具。

3. Twitter 纽交所 IPO

Twitter 赴纽交所 IPO 带来三个市场信号：微博网站时代到来；社交网络崛起并成为当代主要文化力量；科技股回温，科技公司再燃 IPO 热潮。

Twitter 最初将首次公开募股发行价定为 26 美元。IPO 当天，Twitter 开盘 45.1 美元，股价最高时达到 50.09 美元，最终收于 44.9 美元。作为一家尚未实现盈利的科技公司，IPO 后 Twitter 市值达 245 亿美元。投资者希望 Twitter 利用 IPO 资金投资技术设施建设和移动和视频技术研发。

2.2　国际互联网应用发展情况

2013 年，国际互联网持续稳步发展，云计算、大数据等领域不断深化，移动应用和服务增长迅猛，不断开辟着互联网发展的新空间。

2.2.1　电子商务

市场研究公司 eMarketer 发布报告预计，2013 年全球 B2C 电子商务销售额将达 1.2 万亿美元，比 2012 年增长 17%，其中亚太等地区的增幅最高；中国今年的网购用户规模将达到 2.7 亿人，B2C 销售增长率为 65%。在未来几年内，B2C 电子商务规模增长的绝大部分由亚太地区贡献。仅 2013 年，亚太地区的 B2C 电子商务销售额预计将增长 23%。其中，中国和印尼的成长速度引领风骚，增长率分别为 65%和 71%。

相比之下，北美和西欧的 B2C 电子商务市场发展成熟。虽然这两个地区的销售增长率在两位数以上，但仍低于 17%的世界平均增长率。

据预测，今年 B2C 电子商务的买家规模将达到 10.3 亿人，其中 44.4%的买家来自亚太地区。今年，中国的网络买家（14 岁或以上，每年至少在网上购物一次的网民）数量将达到 2.694 亿人。美国的网购用户数量将增长到 1.557 亿人，规模保持全球第二。

虽然 B2C 的市场规模不小，但是发展空间巨大，特别是在发展中国家，仍有许多网民没有在网上购物的体验。西欧和北美的 B2C 市场发展成熟，绝大部分的网民已经转化成为网购用户。在亚太地区，今年的网购渗透率将达到 44.6%（网购用户与互联网用户之比），预计到 2017 年将攀升至 54.2%。网购渗透率较低的地区往往也是互联网普及率较低的地区，而不断增长的互联网普及率将不断壮大 B2C 市场。

2.2.2　网络广告

市场研究机构尼尔森发布的全球广告市场调研报告显示，2013 年全球互联网广告市场（涵盖网络、移动互联网和应用内广告）支出增长 32.4%，超出其他任何媒体。随着多屏幕、跨网络和移动等更多方式的呈现，互联网广告市场的强势地位正日益凸显。在“其他”领域广告市场，包括广播、报纸、杂志和电影广告等在内，2013 年的支出都有所下降，而户外广告则成为“其他”类别广告唯一的增长领域，2013 年该领域支出增长为 5.1%。

2.2.3 社交网站

根据市场研究公司 eMarketer 调查报告显示，截至 2013 年底，全球约有 16.1 亿人使用 Facebook、Google+、Instagram、Twitter 等社交网站。虽然社交网络用户的数量在增加，但增长速度在放缓。2012 年的年增长率为 17.6%，2013 年的增长率下降到 14.2%。

荷兰的社交网络用户覆盖率最高，达到 63.5%，挪威其次，美国列第六。增长最快的地区是欠发达市场，例如印度是 2013 年增长幅度最大的国家，用户数量增长了 37.4%。

全球最大的社交网站 Facebook 的月活跃用户突破 10 亿，其中美国的月活跃用户最多，为 1.468 亿。

2.2.4 云计算

在信息技术领域，数据处理、传输和存储能力的突飞猛进已为云计算的发展铺平了道路，云计算在提供公共和私人服务方面变得日益重要。云计算的出现促进了通讯、商业、社会领域的变化，市场研究公司 Gartner 的统计数据显示，在 2013 年全球云计算市值将达到 1310 亿美元。但一些基础设施方面的缺陷，如云计算设备的可靠性、质量、成本以及相对于数据保护和私密性而言不够完善的法律与管理架构等，严重阻碍着许多发展中国家在云计算产业中的收益与发展。另据市场研究中心 IDC 的调查显示，云合作伙伴的云相关收入占其总收入比例超过 50%，其毛利润增长 1.6 倍。

2.2.5 即时通信应用

知名调研公司 Analysys Mason 发布报告称，2013 年全球 OTT 短信发送量为 10.3 万亿条，而同期短信发送量仅为 6.5 万亿条。该机构称，其原因在于使用 OTT 短信应用的智能手机用户比例已达 55%。以 WhatsApp 为例，该应用的使用量在 2013 年 6 月达到了历史新高，日短信发送量达 100 亿条，平均每位用户每日发送 30 条短信。

鉴于 OTT 短信应用相较传统短信已成为很多手机用户的首选，运营商在短信业务领域正面临强大的冲击，且目前尚未找到有效的应对举措，因此眼下应在话音和视频业务等方面倾注更多精力。据德勤公布的数据显示，英国 2013 年的短信发送量减至 1450 亿条，减少 70 亿条，为英国短信量历史上的首次下滑。相比之下，英国同期 OTT 短信发送量则高达 1600 亿条。

另据投行预测，移动通信应用未来几年将出现爆发式增长。与此同时，为了通过快速增长的用户群实行变现，移动通信应用将推出除基本通话之外的多元服务。包括 WhatsApp、日本 Line 以及中国微信在内的全球移动通信应用服务到 2017 年的年营收总量将达到 250 亿美元。据统计，2013 年全球移动通信应用所创营收总额不到 10 亿美元。

2.2.6 移动支付

研究机构 BI Intelligence 发布报告称，2013 年全球移动支付交易总额达到约 2230 亿美元，约占全球信用卡和借记卡交易总额的 4%。相对于亚太和非洲地区移动支付业务发展较快的国家，美国已经落在了后边。2013 年，美国移动支付交易总额仅占到信用卡和借记卡交易总额的 2%。报告指出，智能手机和平板电脑等移动设备的普及，是推动移动支付业务蓬勃发展的主要原因。除去可通过移动设备进行电子商务交易之外，智能手机和平板电脑还能够在实体店通过应用、扫描二维码、以及使用读卡器在收银台进行交易。

另据全球移动通信协会发布的报告显示，截至 2013 年 6 月底，全球的活跃移动支付账户数量超过 6000 万。相关服务所覆盖的区域也在不断扩大：到 2013 年年底，共在 84 个国家/地区推出 219 个服务。各国监管机构正在积极地进行推动移动支付服务的改革，这对该行业相关设施部署数量的增长贡献巨大。

随着移动支付日渐成为越来越多的运营商的主流产品，该领域的竞争也日趋激烈增加。资料显示，截至 2013 年年底，52 个市场拥有两个或两个以上移动支付服务，而 2012 年同期的数字只有 40 个。2013 年 6 月，涉及将移动支付作为一个接收和支付平台的外部公司的交易推动了全球范围内的移动支付增长，占交易总值的 29%。此外，这类交易的增长速度也远远超过通话时间加值及网上转账。2013 年 6 月，共有 53 000 户商家通过移动支付接受付款，16 000 个组织使用移动支付作为接受账单支付或支付薪水的平台。

2.3　2013 年国际互联网投融资并购情况

2013 年，全球商业领域都在经历着一场前所未有的重大变革。传统产业与互联网实现前所未有的深度融合、广泛连接。两者开始你中有我，我中有你，共同走向“新工业革命”。所有传统行业同样在催生重大变革，蕴含着不可忽视的投资机会。

2.3.1　互联网产业风险投资情况

资本实验室发布的《2013 年度风险投资于并购报告》显示，电子商务行业风险投资交易数量 557 起，在各行业中排名第三；披露交易额 60 亿美元，列各行业第四。中国市场交易数量 106 起，占比 19%；其中 44 起披露交易额 16.4 亿美元，占比 27%。与 2012 年度相对低迷的投资动态相比，电子商务风险投资在 2013 年实现了爆发式增长，并以不可抵挡之势，与传统商业/贸易加速融合。南亚、东南亚、拉丁美洲、南非等地区电商巨头强势崛起，带动全球电商投资热潮，生活消费领域 O2O 在为消费者带来更多便利的同时，对众多传统产业造成了强烈冲击。

网络/通信行业投资交易数量 395 起，披露交易额 54 亿美元，交易数量与交易额在各行业中均排名第五。中国市场交易数量 48 起，占比 12%；其中 27 起披露交易额 2.4 亿美元，占比 4%。云计算为基础的网络服务已经成为网络/通讯领域新的生力军，吸引了最大的投资额；“物联网”不再只是概念，众多新成果、新产品开始在工业、智慧城市、智能家居等领域发挥让人惊喜的作用；在“万物互联”时代即将来临之际，与之相关的各种网络安全问题开始提前预警，而网络安全企业在很长一段时间都将成为投资热点；地理/导航技术应用范围日益扩大，并迅速形成新的兵家必争之地。

2.3.2　IT 产业并购情况

***微软 72 亿美元收购诺基亚**

2013 年 9 月 3 日，微软宣布将以 72 亿美元收购诺基亚手机业务，以及大批专利组合的授权。具体内容是，微软将以 37.9 亿欧元收购诺基亚的设备与服务部门，同时以 16.5 亿欧元购买其 10 年期专利许可证，共计 54.4 亿欧元，约折合 71.7 亿美元。

曾经的手机行业巨头以 72 亿美元的价格出售，被业界称为“白菜价”。之所以如此，是因为同样的昔日手机巨头摩托罗拉，在 2011 年被谷歌以 125 亿美元现金收购。微软只付出了大约一半的代价就收购了诺基亚的手机业务。

近年来，智能终端与安卓阵营异军突起，不仅对苹果造成的巨大威胁，对于长期拘泥于功能性终端和 Windows Phone 平台的智能终端产品更是雪上加霜。

***思科 27 亿美元收购网络安全公司 Sourcefire**

2013 年 7 月 23 日，思科与网络安全公司 Sourcefire 公布最终协议称，思科将以每股 76 美元的价格现金收购 Sourcefile，交易总额约 27 亿美元。思科称，这笔收购为思科带来了一支深具安全基因的团队并将加快实行思科防御、发现和修复高级威胁的安全战略。

***雅虎收购轻博客 Tumblr**

雅虎斥资 11 亿美元收购社交微博网站 Tumblr 并不是本年度规模最大的一笔科技收购，但它彰显了 CEO 玛丽莎·梅耶尔（Marissa Mayer）重塑雅虎公司的决心。雅虎是 20 世纪 90 年代最成功的互联网门户网站，但近年来，它的风头渐渐被谷歌、Facebook 等公司盖过。

2.4 国际互联网安全发展情况

2013 年，网络安全形势依然，各类安全事件频频发生。年中被斯诺登曝出的“棱镜门”事件让全球震惊，由此引发各国关于互联网安全的思考，多国纷纷掀起新一轮网络安全“保卫战”，制定共同网络安全规则的呼声四处响起。另一方面，数据泄露依然在各领域频繁上演；在被曝光的漏洞中，Java 漏洞、Struts 漏洞和路由器后门漏洞以其影响面之广危害之大而尤其令人担忧；DDoS 攻击愈演愈烈，互联网史上最大流量 DDoS 攻击出现在反垃圾邮件非盈利组织 Spamhaus，攻击流量达 300Gbps；安卓系统安全问题频出，APT 攻击也渐显普及之势。

2.4.1 网络安全关注点

（1）美国前中央情报局职员爱德华·斯诺顿披露给媒体两份绝密资料，揭露美国国家安全局有一项代号为“棱镜”的秘密项目，要求电信巨头威瑞森公司必须每天上交数百万用户的通话记录。此外，美国国家安全局和联邦调查局还通过进入微软、谷歌、苹果等九大网络巨头的服务器，监控美国公民的电子邮件、聊天记录等秘密资料。

（2）2013 年比特币大受追捧，造就比特币神话的原因之一，就是其宣称的“安全性”。不过最近这一年多时间爆出的几次虚拟货币“大劫案”。根据美国 FBI 查获的案件显示，2013 年 9 月份，FBI 查获毒品交易网站“丝路”（Silk Road）后，有两大比特币网站涉嫌数千万美元以上金额的比特币。其中一家网站拥有 14.4 万个比特币，对应的价值接近 1 亿美元。另外一个包含 3 万个比特币，价值约为 2000 万美元。

（3）2013 年 12 月初，微软公布 12 月份 11 个安全更新补丁，至此 2013 全年微软补丁数量已达到 106 个。微软还宣布，到 2014 年 4 月 8 日为止，将不再为 Windows XP 系统提供漏洞补丁。部分国内安全厂商宣布将继续对 XP 系统漏洞进行保护。

（4）2013 年 1 月，澳大利亚发布《国家安全战略》，计划成立国家网络安全中心；2 月，欧盟委员会发布了新的综合性网络安全战略，就如何预防和应对网络中断和攻击提出全面规划；5 月 10 日，印度发布了《国家网络安全策略》；7 月 24 日，新加坡发布《国家网络安全发展蓝图 2018》，拟在今后五年内提升政府对关键领域网络威胁的防御能力；各国纷纷制定网络安全战略，美国国家标准与技术研究所于 10 月颁布了面向私营企业和基础设施网络的《网络安全框架草案》；11 月 15 日，马来西亚发布了《个人数据保护法令》。

2.4.2　网络安全重大事件

（1）2013 年 1 月 16 日，卡巴斯基的安全研究人员宣布发现了一个有五年历史的大规模网络间谍活动“红色十月行动（Operation Red October）”，该行动以至少 39 个国家的外交使馆、政府和科研机构为攻击目标，目标国家包括美国、巴西、澳大利亚和俄罗斯。红色十月行动的活动始于 2007 年，使用了超过 1000 个可区分的模块。

（2）2013 年 2 月 16 日，Apple、Facebook 和 Twitter 等科技巨头都公开表示被黑客入侵，其中 Twitter 被黑后泄露了 25 万用户的资料。后经披露证实是黑客在某网站的 HTML 中内嵌的木马代码利用 Java 的漏洞侵入了这些公司员工的电脑。

（3）2013 年 3 月，全球互联网经历了一次史上最大的 DDoS 攻击，攻击的最大流量曾经达到每秒 300GB，导致了全球互联网大堵塞。这次 DDoS 的攻击目标，是一家位于欧洲的反垃圾邮件机构 Spamhaus，它维护着一个为垃圾邮件发送方提供服务的 ISP 的黑名单。攻击的最大来源是 DNS 反射攻击。此种攻击手段带来的攻击流量最大，约为 100Gbps。预计利用开放式的 DNS 解析服务进行 DDoS 攻击将会越来越普遍。

（4）2013 年 3 月 22 日，韩国爆发历史上最大规模的黑客攻击，韩国主要银行、媒体、以及个人计算机均受到影响。大量企业，包括国内主流的银行、电视台计算机都被破坏及瘫痪，导致无法提供服务，大量资料被窃取。6 月 25 日，韩国青瓦台总统府在内的 16 家网站遭攻击，并陷入瘫痪。一些被黑网站首页出现“伟大的金正恩领袖”等红色词句。7 月 7 日晚间，韩国总统府、国防部、外交通商部等政府部门和主要银行、媒体网站等再次遭到分布式拒绝服务（DDoS）攻击，瘫痪时间长达 4 小时。

（5）2013 年 12 月 7 日，Google 安全博客发表声明，他们在 12 月 3 日发现一个与法国信息系统安全局（ANSSI）有关系的中级 CA 发行商向多个 Google 域名发行了伪造的 CA 证书。根据分析称，ANSSI 伪造 CA 证书是全球首例曝光的国家级伪造 CA 证书劫持加密通讯事件，在网络安全行业影响恶劣。此伪造 CA 证书被利用监视 Google 流量，劫持 Google 的加密网络服务，例如对 Gmail、Google HTTPS 搜索、Youtube 等进行钓鱼攻击、内容欺骗和中间人攻击。

2.5　国际互联网治理大事件

（1）2013 年 6 月 26 日，国际互联网协会（Internet Society，ISOC）发布了第二批“互联网名人堂”（Internet Hall of Fame）入选者名单，以纪念和感谢那些在互联网的诞生、创新、发展、普及等方面做出杰出贡献的人士。原中国互联网协会理事长胡启恒院士被入选并成为首个获此殊荣的中国人。

（2）2013 年 6 月“棱镜项目”曝光后，美国政府遍及全球的庞大情报侦测系统和信息监控计划被公之于众。

（3）2013 年 10 月 7 日，ICANN 等多家全球互联网技术协调机构在乌拉圭首都蒙得维的亚发表共同宣言，呼吁建立一个包括政府在内所有利益相关方平等参与的平台。

（4）2013 年 10 月 22～25 日，联合国第八届互联网治理论坛（IGF）在印尼巴厘岛召开。

（5）2013 年底，ICANN 成立一个中立的平台——“1NET”以讨论并提出互联网治理相关议题的解决方案，而且宣布成立一个由世界经济论坛、ICANN 和南加州大学共同支持的“互联网治理的未来”高级别专家组，研究并提出关于互联网治理生态系统演进路线图的报告。

2.5.1 国际互联网治理关注点

1. WSIS+10 相关活动

信息社会世界峰会（WSIS）分别在 2003 年和 2005 年召开，会上强调了 ICT 对社会经济发展的重要作用，并制定了指导各国未来 10 年推动 ICT 建设的行动路线。WSIS+10 活动是 WSIS 会议的延伸，旨在根据各参与机构的职责，对 WSIS 成果落实方面取得的进展进行审查，同时在 WSIS 各利益攸关方报告的基础上，清点过去 10 年中取得的成绩，其中包括各国、各行动路线促进方及其他利益攸关方所取得的成绩。希望通过对 WSIS 成果落实情况的评估，对 2015 年之后信息社会建设的新愿景提出建议，包括新目标等。

2. 互联网治理模式

互联网已发展成为全球重要的信息基础设施，由此引发的互联网治理问题日渐成为世界各国共同关注的焦点。其中，各国对于互联网关键基础资源的管理问题存在很大分歧。俄罗斯等国家主张扩展国际电信联盟（ITU）的管辖范围，从多个方面开展互联网治理，建议给予各国管理互联网的平等权利。以美国为首的一些国家则认为扩大政府的干预将为政府限制言论自由、减少匿名性与开展内容审查提供平台，因此反对把互联网管理权交给联合国。

当前，全球主要国家及多数利益相关方普遍支持互联网治理的多利益相关方模式，积极探索基于政府与其他各利益相关方协同合作的互联网治理机制。

2.5.2 国际互联网治理论坛

2013 年 10 月 22～25 日，联合国第八届互联网治理论坛（IGF）在印尼巴厘岛召开，大会主题是“架设桥梁——加强多方参与合作促进增长和可持续发展”。来自 111 个国家的政府、企业、民间社团及学术机构的代表 2000 余人出席大会。大会共有 135 个分论坛，分别围绕互联网接入与多样性、开放性、网络人权与言论自由、网络安全、多方参与原则、互联网治理原则等多个议题展开探讨。

鉴于年初发生的“棱镜门”事件，网络安全问题成为此次 IGF 大会的一个讨论热点，各方围绕如何找到保护网民个人隐私、尊重人权和维护国家安全之间的平衡点展开讨论。参会者一致认为应努力重塑网民对互联网的信任，针对互联网的监控行为必须基于民主的框架内，并确保其受正当程序制约和司法监督。

大会针对“多利益相关方参与互联网治理”的模式进行专场讨论。“IGF 多方参与原则工作组”针对多方模式提出以下原则：一是公开包容，二是共同参与，三是智力贡献，四是透明决策，五是可问责性，六是一致共识。这六大原则仅是一个参考，是从众多原则框架中梳理出来的共通点。

（中国互联网协会　钟睿）

第二篇

资源与环境篇

2013 年中国互联网基础资源发展情况

2013 年中国互联网络基础设施建设情况

2012 年中国互联网设备市场情况

2013 年中国网络资本发展情况

2013 年中国互联网政策法规建设情况

2013 年中国计算机网络与信息安全情况

2013 年中国互联网治理状况

第 3 章　2013 年中国互联网基础资源发展情况

3.1　IP 地址

2011 年 2 月，ICANN 宣布 IPv4 地址分配耗尽；2011 年 4 月，APNIC 宣布其可分配的 IPv4 地址仅剩下最后一组，并决定启动应对 IPv4 资源枯竭的计划，同时启动新的分配政策。自此之后，中国的 IPv4 地址规模停止了快速增长，定格在 3.3 亿。但是根据 CNNIC 统计，截止到 2013 年底，中国的网民规模却达到 6.18 亿，人均 IPv4 地址数约 0.53 个。与此同时，网民使用的上网设备不断多样化，并且持续在线的设备越来越多，这些设备都离不开 IPv4 地址的支持。可以说，IPv4 地址在中国存在严重不足的问题。

根据中国互联网络信息中心（CNNIC）统计，按实际应用，中国各个省份的 IPv4 地址分布见表 3.1。

表 3.1 各省 IPv4 地址占比

省份	百分比	省份	百分比	省份	百分比	省份	百分比
北京	10.75%	河南	3.37%	黑龙江	1.81%	新疆	0.88%
广东	10.69%	四川	3.30%	陕西	1.80%	甘肃	0.71%
浙江	6.07%	湖北	2.99%	山西	1.79%	贵州	0.62%
江苏	6.01%	湖南	2.96%	吉林	1.64%	海南	0.47%
山东	5.78%	福建	2.73%	广西	1.61%	宁夏	0.38%
上海	5.40%	江西	2.22%	天津	1.19%	青海	0.22%
辽宁	5.24%	重庆	2.12%	云南	1.19%	西藏	0.14%
河北	3.43%	安徽	2.07%	内蒙古	0.99%	不确定	9.43%

1. IPv4 地址分配存在“马太效应”

一般而言，经济发达地区，同时也是互联网发达地区。这一特点，在 IPv4 地址分配上，也有表现，甚至表现的更为突出：在互联网发展较快的地区，其 IPv4 地址的占比，甚至超过了网民在全国的占比，如图 3.1 所示。

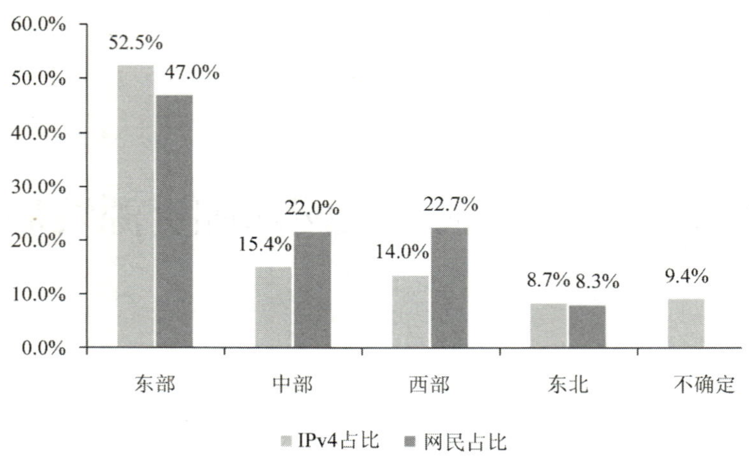

图3.1 东中西部IPv4地址占比与网民占比对比

中国东部地区网民占比为 47%，但是 IPv4 地址占比则达到 52.5%；而在西部地区，当地网民占比为 22.7%，但 IPv4 地址占比却只有 14%。可以说中国的 IPv4 地址分配存在一定的“马太效应”，如图 3.2 所示。

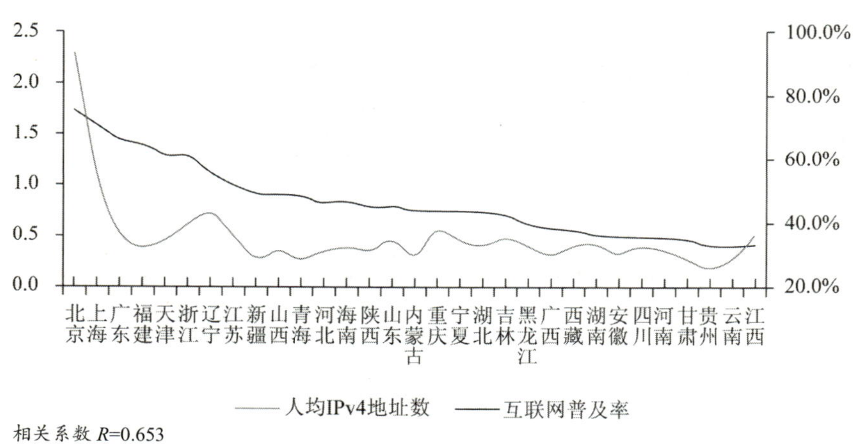

图3.2 各个省份人均IPv4占有率与互联网普及率对比

经济优势、地缘优势、网络活跃度等都是使发达地区获取更多地址资源的重要原因。

2. IPv4 地址的活动规律反映了网民的用网周期

互联网前沿地区：北京、上海、广州、深圳、杭州；其他地区：上述地区之外的中国其他省市（不含港澳台地区），如图 3.3 所示。

休息日 IP 地址的活跃度明显高于工作日，甚至“夜猫子”特征在休息日也比工作日表现的更为明显。而在工作日，从 8 点前后，IPv4 地址的活跃度开始逐渐抬升，12 点前后达到第一个平台期，这一平台期大约持续到 16 点前后（同时在线率 45%上下），在 18 点前后，开始第二次抬升，一直到 20 点前后达到高峰（同时在线率在 50%以上）。

互联网较为发达的北京、上海、广州、深圳、杭州等地区，其在两次活跃度抬升的速度都明显低于其他地区。这可以从城市规模方面进行解释——作为互联网发展前沿地区的北上广深杭，其城市规模较大，人们从工作单位回到家中所需时间也较长。

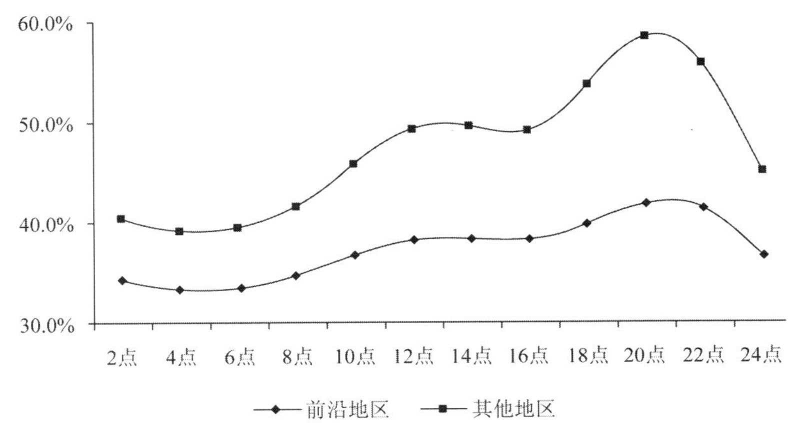

图3.3　不同地区IP使用率的变化对比

3. NAT 技术能够暂时缓解 IPv4 不足问题，但也使网络结构更加复杂

根据 CNNIC 统计，截止到 2013 年底，中国的网民规模达到 6.18 亿，人均 IPv4 地址数约 0.53 个。IPv4 的地址数量与网民规模严重不匹配。与此同时，网民使用的上网设备不断多样化，并且持续在线的设备越来越多，对 IPv4 地址的需求越来越多。在这样的背景之下，NAT 技术获得了广泛应用。NAT 技术在解决 IPv4 地址紧缺上发挥了重要作用。但是，它同时也使网络结构更加复杂，如图 3.4 所示。

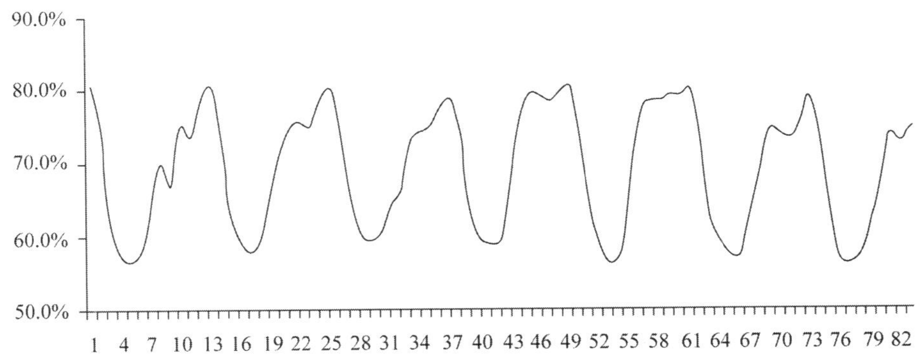

图3.4　某欠发达城市不同时段的IP同时在线率

当前中国的 IPv4 地址的周使用率达到 75.4%。而在一些欠发达地区，其 IPv4 地址的同时在线率甚至达到 80.6%。为缓解地址紧张，这些地区需要搭建更多的 NAT 节点，而这将进一步使网络结构复杂化。

4. 向 IPv6 过渡，任重道远

未来，随着物联网、智慧城市、智能家居的发展，互联网对 IP 地址的需求会呈指数式膨胀，靠 NAT 技术显然不能从根本上解决 IPv4 地址紧缺的问题，而向 IPv6 过渡则成了解决这一问题最有效的方式。

截至 2013 年 12 月底，我国拥有 16670 块/32 大小的 IPv6 地址段，较 2012 年度大幅增长了 33%，中国的 IPv6 地址总量已位列全球第二位。尽管数量巨大，但另一项研究显示，当前中国的各类域名配置 IPv6 的比例均在万分之五以下。可见当前中国向 IPv6 过渡，仍然任重而道远。

3.2 域名

截至 2013 年 12 月底，在“.CN”域名增长带动下，我国域名总数增至 1844 万个，相比 2012 年底增速达 37.5%。其中，.CN 域名总数为 1083 万，相比 2012 年同期增长了 44.2 个百分点，占中国域名总数比例达到 58.7%；.COM 域名数量为 631 万，占比为 34.2%。另外，“.中国”域名总数达到 27 万，占比为 1.5%，如表 3.2 所示。

表 3.2 中国分类域名数

	数量（个）	占域名总数比例
CN	10 829 480	58.7%
COM	6 311 480	34.2%
NET	743 996	4.0%
中国	274 553	1.5%
ORG	164 476	0.9%
INFO	64 515	0.3%
BIZ	51 742	0.3%
其他	369	0.0%
总和	18 440 611	100.0%

3.2.1 .CN 域名

1. .CN 域名概况

.CN 域名是以 CN 作为域名后缀的域名形式，是在全球互联网上代表中国的英文国家顶级域名。2013 年是.CN 域名蓬勃发展的一年，2013 年第四季度保持月均增长近 100 万，截至 2013 年年底，.CN 域名保有量已达到 1083 万，在新注册实名率 100%前提下首次突破千万大关，并一举超过.UK，成为仅次于.DE 的世界第二大 CCTLD，如图 3.5 所示。

2013 年.CN 域名突破千万大关主要是通过持续优化域名政策与规则，改进用户注册使用体验实现的。2013 年 10 月 29 日，CNNIC 利用更加科学、高效和自动化的技术手段建立了国家顶级域名网站备案拨测扫描和处理机制，实施不备案不解析的监督管理工作，取消了域名注册后设置的 Hold 状态，进一步提高了国家域名注册服务质量。该项问题的解决，确保域名在注册实名制的基础上，应用效率得到显著提升。自 2002 年实施部分保留字政策以来，CNNIC 从未间断对保留字保护政策的探索与研究，10 年间经过业界权威专家多次研讨论证，并充分听取上级部门意见后，CNNIC 于 2013 年 10 月底，正式决定将不适宜继续保护的部分保留词汇予以开放注册。开放工作最终确定以设立日升期、抢滩期和开放期三个阶段方式进行，并委托公证机构全程监督以保证开放过程的公开、公正、公平。开放后注册所得及捐赠情况也将由权威会计师事务所审计，以此确保在合理维护商标权益人在先申请权益的前提下，安全有序地开展各项工作。部分保留字国家域名开放，为国内域名市场注入了新的活力，简单、易记的域名资源大大提升了广大网民对于互联网的利用率，.CN 域名的基础性资源优势也得到了最大发挥。

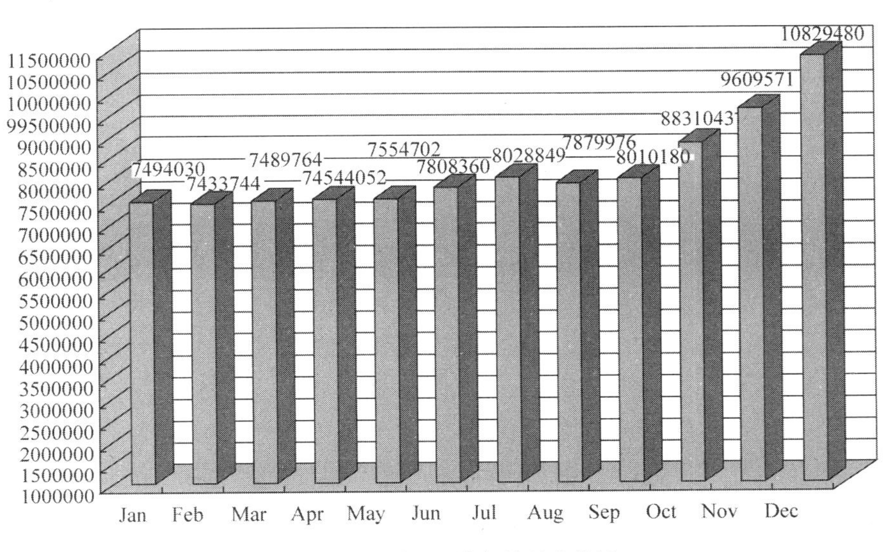

图3.5　2013年CN域名数月度统计

2. .CN 域名管理

自 2011 年以来，国家域名实名率一直保持 99%以上，.CN 域名新注册实名率达到 100%。经过持续治理，2013 年.CN 域名下不良应用举报比例呈下降趋势。

2013 年 CNNIC 配合国家应急安全中心进行 conficker 与 rustock 病毒域名监控的解析监测工作，全年累计监测 171261 个病毒域名。

2013 年 1～12 月，中国反钓鱼网站联盟秘书处共审核处理钓鱼网站 66 296 个，境外域名占处理的钓鱼网站总数的 98.56%，其中.COM 域名高居首位，联盟认定并处理的.CN 域名下钓鱼网站，占联盟全年处理钓鱼网站总量的 1.44%，如图 3.6 所示。

3. .CN 域名应用

从总体应用情况看，.CN 域名是我国网民注册和网站使用的主流域名。截至 2013 年 12 月底，.CN 域名总数为 1083 万，相比 2012 年同期大幅增长了 44.2%，占中国域名总数比例为 58.7%（2012 年占比为 56.0%）；.COM 域名数量为 631 万，占比为 34.2%。在我国互联网中，.CN 域名使用率正逐渐上升。

4. .CN 域名系统运维

2013 年，CNNIC 域名服务平台新增英国伦敦、瑞典斯德哥尔摩、荷兰阿姆斯特丹、美国芝加哥 4 个解析节点，在不断增加境外解析节点规模的同时，CNNIC 针对国内节点的布局与解析策略制定规划，进行深度优化，向国内互联网用户提供更安全更稳定的基础解析服务，如图 3.7 所示。

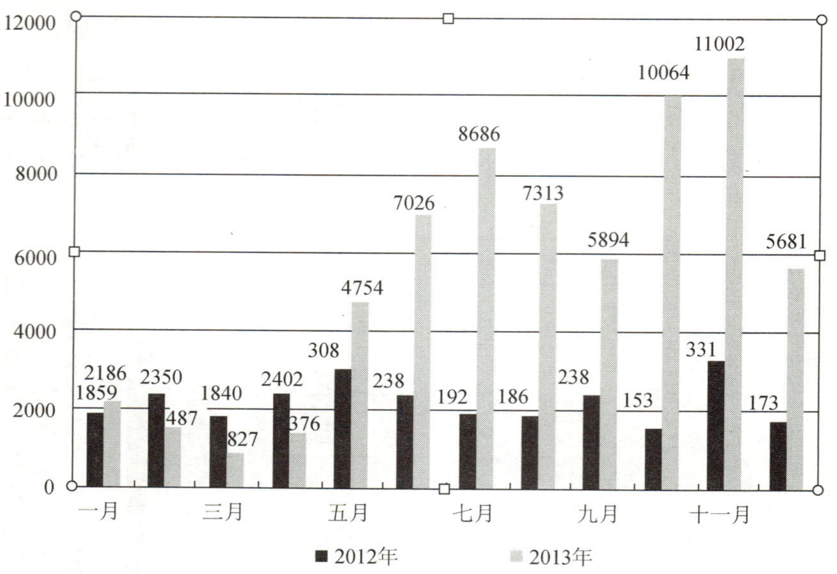

图3.6　2012年—2013年钓鱼网站处理情况对比

图3.7　CN域名平台节点分布图

3.2.2　中文域名

中文域名是指含有中文字符的域名，其中，“.中国”域名是指以“.中国”结尾的中文国家顶级域名，它是在全球互联网上代表中国的中文顶级域名，同英文国家顶级域名“.cn”一样，全球通用，具有唯一性，是用户在互联网上的中文门牌号码和身份标识。

“.中国”域名的全球启用有助于大力促进中华文化软实力的建设，而商标（商号）、企业名称、重大赛会等均可借助“.中国”域名在全球华语网民中实现国际推广。

2013 年是“.中国”域名快速普及的一年，CNNIC 持续推进“.中国”域名的应用普及工作，伴随终端用户的持续加入，“英文、数字.中国”域名的开放，主流搜索引擎的有力支持，应用环境的持续改善，以及“.中国”域名应用合作的开展，“.中国”域名的新注册量继续保持稳定增长。

截至 2013 年 12 月底，“.中国”域名总数为 27 万，占中国分类域名总数 1.5%，如图 3.8 所示。

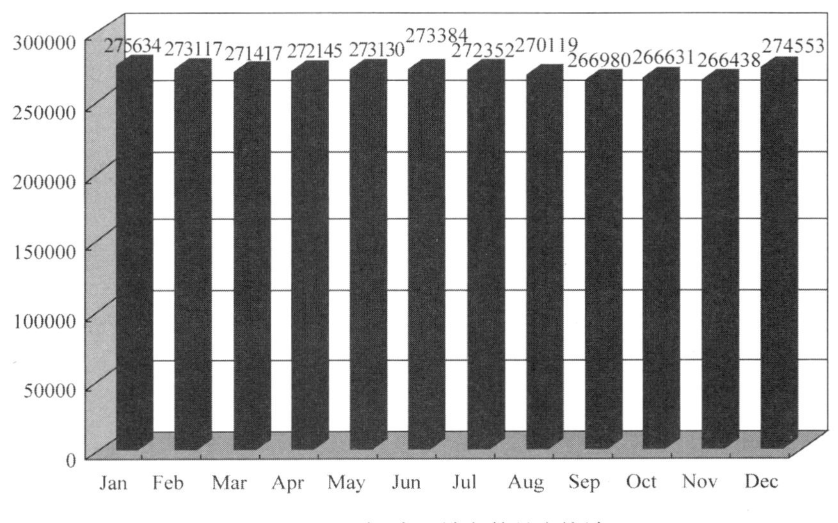

图3.8　2013年.中国域名数月度统计

2013 年，CNNIC 从浏览器、输入法、搜索引擎、超链接，网站备案 5 种不同的应用环境，与行业主要企业强强联合，推动“.中国”域名应用环境的快速改善，取得了良好的效果：IE、Chrome、Firefox、Opera、Safari、QQ、360、搜狗、傲游、百度、阿里云等主流 PC 端、移动端浏览器均支持“.中国”域名的各种形式访问；主流的搜狗输入法支持“.中国”域名的快捷输入，苹果 IOS 系统自带输入法已经开始支持；GOOGLE、360 等主流搜索引擎均支持“.中国”域名的收录和检索；QQ 等主流聊天移动端软件支持“.中国”域名超链接，同英文域名一样使用。

3.3　网站

截至 2013 年 12 月底，中国互联网络信息中心（CNNIC）发布的《第 33 次中国互联网络发展状况统计报告》中显示，中国网站[1]数量共计 320 万个，较 2012 年底的 268 万个增长了 19.4%，如图 3.9 所示。

我国网站总数继续增长。在网站分类上，CN 网站数在整体网站总数中的占比较 2012 年有所提升，如表 3.3 所示。

[1] 指域名注册者在中国境内的网站

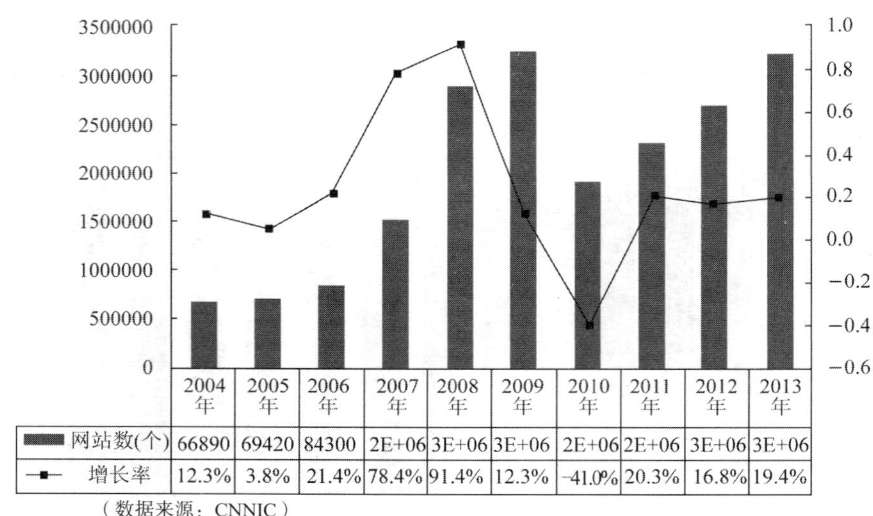

（数据来源：CNNIC）

图3.9　2004—2013年中国网站数

表 3.3　分类网站数量及比例

	CN 网站数		gTLD 网站	
	数量（个）	占网站总数比例	数量（个）	占网站总数比例
2005 年	299 530	43.2%	394 670	56.8%
2006 年	367 418	43.6%	475 582	53.7%
2007 年	1 006 000	66.9%	498 000	33.1%
2008 年	2 216 437	77.0%	661 616	23.0%
2009 年	2 501 308	77.4%	730 530	22.6%
2010 年	1 134 379	59.5%	773 743	40.6%
2011 年	951 609	41.5%	1 343 953	58.6%
2012 年	1 036 864	38.7%	1 639 743	61.2%
2013 年	1 311 227	41.0%	1 890 398	59.0%

（数据来源：CNNIC）

从分省网站数来看，与 2012 年底相比，网站总数前三甲保持不变，广东省仍旧位居第一，北京名列第二位，上海排在第三，如表 3.4 所示。

表 3.4　2013 年我国网站分省数据（前十位）

	网站数量（个）	占网站总数比例
广东	535960	16.7%
北京	439432	13.7%
上海	316862	9.9%

（续表）

	网站数量（个）	占网站总数比例
福建	220671	6.9%
浙江	219693	6.9%
江苏	166267	5.2%
山东	145757	4.6%
河南	111152	3.5%
四川	110127	3.4%
河北	89634	2.8%

（数据来源：CNNIC）

3.4　网络国际出口带宽

截至 2013 年 12 月底中国国际出口带宽为 3 406 824Mbps，年增长率为 79.3%，如图 3.10 所示。

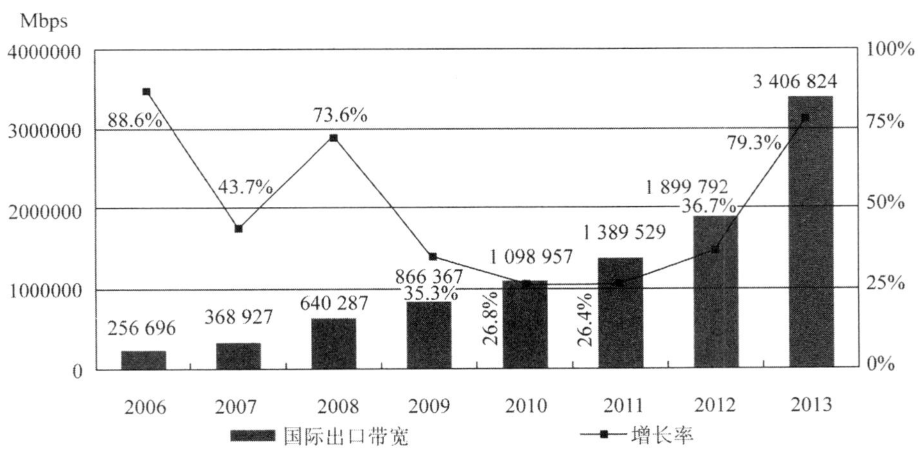

图3.10　中国国际出口带宽变化情况

（中国互联网网络信息中心　陈建功、孟蕊）

第 4 章　2013 年中国互联网络基础设施建设情况

4.1　基础设施建设概况

2013 年，“宽带中国”战略上升为国家战略，宽带首次成为国家战略性公共基础设施。在宽带战略的大力推动下，2013 年，我国共完成信息通信基础设施固定资产投资 3754.7 亿元，较 2012 年同期增长了 3.9%。骨干网间架构近年来首次重大调整，确定了 10 大骨干直联点的全国性布局。多张骨干互联网覆盖全国，通过 3 个国际互联网业务出入口局、4 个区域性国际业务出入口局，与 20 多个国家和地区的多个网络相互链接，总体架构清晰简单、合理高效。

骨干网带宽以超过 50%的速率迅速增长，接入端口数和光缆线路总长度快速增长，全国“光进铜退”趋势明显，基本能够满足我国日益增长的业务和网络发展需求。截止 2013 年底，全国新建光缆线路 265.8 万千米，光缆线路总长度达到 1745.1 万千米，同比增长 17.9%，保持着较快的增长态势。全国 FTTH 覆盖家庭一年新增 7200 万户，较年初目标实现翻番，全国新增宽带接入用户达 1905.6 万户，总体规模达到 1.89 亿户，相对于 2012 年提高了个 11.2 个百分点。新增 3G 用户 1.69 亿户，总量达到 4 亿户。新增了 1.9 万个行政村通宽带，通宽带比例从 2012 年年初的 88%提高到 91%。4M 及以上宽带接入用户占比达到 79%，实现两年翻倍，全国平均下载速率半年内从 2.9Mbps 提升到 3.5Mbps。

总体来看，2013 年，我国互联网规模和覆盖范围持续扩大，带宽迅速增长，接入手段日益丰富便捷，基础设施能力不断完善，服务能力大幅提升。网络基础设施水平的不断提高和技术创新能力的持续提升，直接带动了我国设备制造业和网络信息服务的发展，成为推动社会信息化和经济社会建设的新抓手。

4.2　互联网骨干网络建设情况

4.2.1　骨干网互联互通架构格局突破性调整

国家级互联网骨干直联点是我国互联网的重要通信枢纽和网间互联架构的顶层关键环节，主要用于汇聚和疏通区域乃至全国网间通信流量。近 12 年来，我国骨干网互联互通保持以北京、上海和广州三地直联为主、交换中心为辅的基本架构。面对我国互联网迅猛发展，网络数据快速增长，网络流量、流向及其产业布局发生深刻变化的新形势，2013 年，工业和信息化部明确了“西增东扩、多层次、立体化”网间互联架构优化调整总体方案和新增骨干直联点实施方案，决定对既有的互联互通架构进行根本性调整，在年初确定增设 3～4 个骨干直联点的基础上，为满足相关省、市设立骨干直联点需求，批准启动了成都、武汉、西安、沈阳、南京、重庆、郑州 7 个骨干直联点的设立工作，当前 3 变 10 的互联网通信枢纽建设正在全面展开，我国即将形成网间架构全国性布局，这将有利于改善我国互联网络性能，推动互联网产业向中西部聚集，如图 4.1 所示。

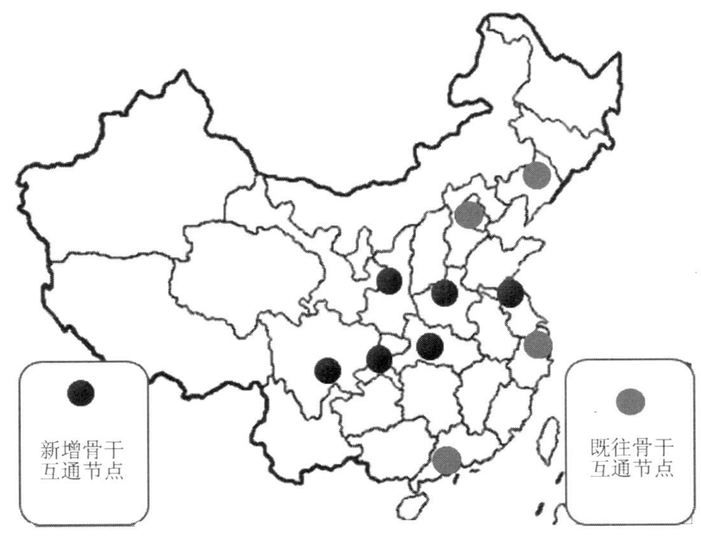

图4.1　我国国家级互联网骨干直联点调整示意图

2013 年，主管部门明确了互联网网间结算关系判定模型，重新确立了中国电信、中国联通、教育网之间免费对等结算关系，有效解决了相关互联单位久拖不决的互联争议问题。此外，我国网间结算价格持续下调。2013 年，我国互联网交换中心结算价从原来每 G 每月 100 万下调 40%到 60 万，并明确每年降幅 30%，如图 4.2 所示。

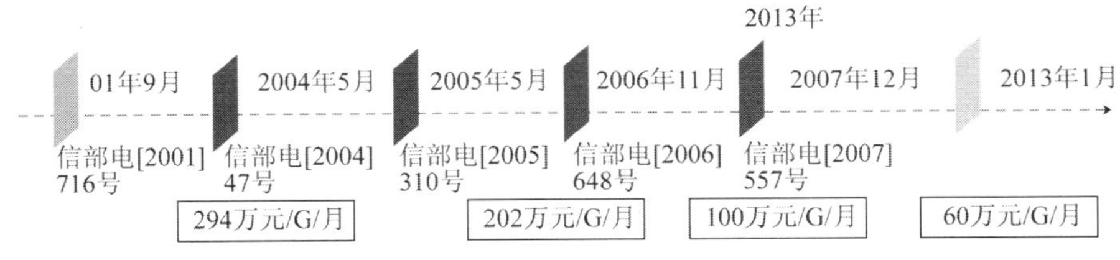

图4.2　我国互联网骨干互联结算价格调整示意图

4.2.2　我国国际互联网建设加快推进

2013 年，我国国际网络布局进一步完善。我国在三个国际出入口局基础上增设了乌鲁木齐国际互联网转接局，截至 2013 年年底，我国已累计设立 55 个国际信道出入口和 10 个边境局，具备 10 条跨境登陆海缆和 35 条跨境陆缆，与中国接壤的 14 个国家中的 10 个主要国家与我国开通了跨境光缆。首次新增尼泊尔方向信道出入口，新增了乌鲁木齐对中亚方向的转接业务出入口和俄罗斯方向信道出入口。2013 年，我国国际出口带宽快速增长，网络通信能力大幅提升。截至 2013 年 12 月，我国国际出口带宽为 3 406.8Gbps，年增长率达 79.3%，如图 4.3 所示。

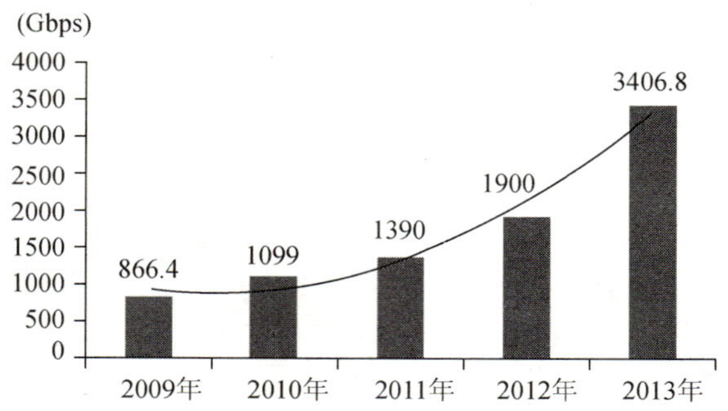

图4.3 我国国际出口带宽逐年增长情况

4.2.3 接入侧网络基础设施总体能力大幅提升

2013 年，互联网基础设施能力大幅提升，我国互联网宽带接入端口数量达 3.6 亿个，比 2012 年净增 9137 万个，同比增长 34.0%。xDSL 端口比 2012 年减少 1111.7 万个，总数达到 1.47 亿个，占互联网接入端口的比重由上年的 49.4%下降至 41%。光纤接入 FTTH/0 端口比 2012 年净增 4215.2 万个，达到 1.15 亿个，占互联网接入端口的比重由上年的 22.7%提升至 32%，如图 4.4 和图 4.5 所示。

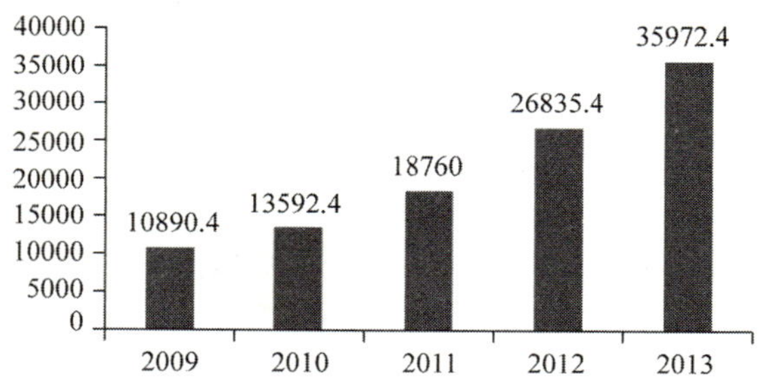

图4.4 我国互联网宽带接入端口增长情况

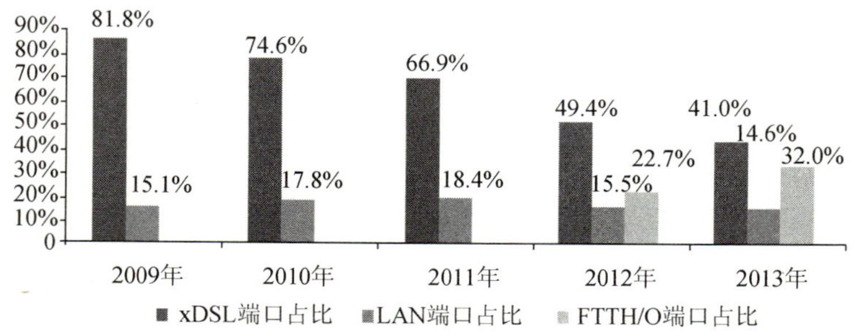

图4.5 我国逐年接入端口情况

4.2.4 互联网企业基础设施建设水平明显加强

受互联网企业自主把控业务意愿，以及云计算、CDN 等互联网新技术和新业务发展等因素的影响，大型互联网企业自建网络和提升自身基础设施的趋势越来越明显。阿里、UCloud、蓝汛、京东、世纪互联等知名互联网企业纷纷提升基础设施建设水平。如阿里推动其 IaaS 服务，云服务器规模超过 10 万台，租出虚拟机超过 20 万台，比 2013 年年初增长了 3 倍；同时，中型企业则一方面提升自身的网络建设水平，另一方面，利用第三方服务强化自身网络的能力。2013 年，中型网站采用第三方 CDN 服务的应用范围与比例快速提升，这反过来也促进了第三方网络服务商基础设施水平的快速提升，我国前两大 CDN 企业——蓝汛和网宿科技在 2013 年的节点增长数均超过 40%。

4.3 中国下一代互联网建设与应用状况

下一代互联网已成为各国推动新的科技产业革命和重塑国家长期竞争力的先导领域，我国政府高度重视下一代互联网产业的发展，近年来通过发布国家战略，积极引导产业各环节全面发展，共同推动 IPv6 的商用部署。

4.3.1 多部委联合开展“国家下一代互联网示范城市”建设工作

2013 年国家发展与改革委员会联合工业和信息化部、科技部、国家新闻出版广电总局联合开展“国家下一代互联网示范城市”建设工作，为推动我国下一代互联网产业加快发展，国家发展改革委、工业和信息化部、科技部、国家新闻出版广电总局决定联合开展“国家下一代互联网示范城市”建设工作，在目前已具备一定基础条件的 22 个城市中，先行支持建设一批具有典型带动作用的示范城市。。各示范城市把建设下一代互联网示范城市作为全面深化改革、培育新兴产业、转变发展方式、服务社会民生的重要抓手，紧密围绕示范城市建设工作方案和我国下一代互联网发展目标，推进具有示范带动作用的项目建设，重点在电子政务、行业应用、公众服务等方面深挖特色应用，充分发挥 IPv6 技术特点，培育新服务、新市场、新业态，切实推动下一代互联网发展。

4.3.2 基础电信运营企业的网络 IPv6 改造全面提速

根据国务院审议通过的《关于下一代互联网“十二五”发展建设意见》中明确的总体发展建设目标，2013 年三大基础电信运营企业的网络 IPv6 升级改造全面提速。中国电信启动了下一代互联网规模商用示范工程，推进 IPv6 技术发展和网络覆盖，结合发改委专项示范工程，完成中东部省份的支撑系统和省内部分城域网的升级改造。中国联通启动了下一代互联网试商用专项网络改造工程，在北京、上海、广州等十个试点城市推进全网 IPv6 化改造，开展移动互联网 IPv6 试验，完成自营业务改造和支撑系统升级。中国移动开展规模试验，启动北京、上海、江苏、福建等 10 个省份多个城市的网络改造。改造 4 个业务基地和 10 余个自有业务平台，发展 300 万 IPv6 用户。中国移动将 IPv6 纳入 TD-LTE 的基本要求，对核心网和终端均已提出具体规范，推出多款 LTE IPv6 终端，5 月起采购的 TD-LTE 终端必须开启 IPv6。

4.4 移动互联网建设情况

4.4.1 2G 网络建设情况

随着技术与市场的发展，特别是 3G/4G 网络以及智能手机的发展，我国和全球 2G 用户总体持续减少。自 2012 年出现负增长开始，我国 2G 移动用户数一直处于下滑趋势。截至 2013 年底，我国移动用户总数达到 12.3 亿，其中 2G 用户数达到 8.3 亿，比去年同期减少 5185 万。目前，我国移动通信网络建设总体处于多种网络并存、相互融合发展的态势，并重点实现从 2G 网络向 3G 网络和 4G 网络全面转移。原有 2G 网络基本停止大规模建设，重点进行网络优化。①中国移动 2G 网络停止规模建设，重点做好 2G 网络的精确管理，充分利用现有资源，加强动态资源优化配置。②中国联通 2G/3G 网络将长时间作为基础网络存在，提供广度和深度语音业务覆盖。③中国电信考虑到 LTE 建设发展预期，在 2G/3G 网络建设上特别是针对 2G 网络严格把握建设投资规模与节奏，优化投资结构，全面挖掘现网资源。

4.4.2 3G 网络建设情况

我国 3G 网络建设基本进入平稳发展期，2013 年，我国 3G 网络建设重点是加强网络深度覆盖，进行网络优化。①中国移动主要加强对城区的 3G 深度覆盖；在农村根据热点需求和终端发展情况，逐步推进覆盖。同时，为向 TD-LTE 的升级演进做好相关的网络准备。②中国联通目前已在全国 330 多个城市建成了 3G 网络，峰值速率达到 21Mbps。2013 年重点在全国主要城市和大部分地区将 HSPA 全网升级支持 DC-HSPA+，提供 42Mbps 的接入能力。③中国电信则坚持 3G 引领移动网络建设，提升 3G 网络覆盖，进一步改造和扩容 3G 网络，保障 3G 用户的业务体验的连续性和稳定性。

4.4.3 4G 网络建设情况

目前，LTE 网络已经成为全球网络部署的主流。从网络制式看，LTE 主要分为 LTE FDD 和 TD-LTE，且都在向 LTE-Advanced 演进。TD-LTE 作为我国具有自主知识产权的技术，目前处于产业规模化起步阶段，经过 5 年试验，TD-LTE 在技术、产品、组网性能和产业链服务支撑能力等方面都得到了验证，取得了突破性进展，目前已形成 10 家系统开发商、14 家芯片开发商、80 多家终端厂商组成的 TD-LTE 产业生态链。2013 年 12 月 4 日，我国为三个运营商发放了 TD-LTE 牌照，并分配了 210MHz 频谱资源，这将极大的推动 TD-LTE 制造产业和运营产业的发展，并大幅拉近与国际上 TD-LTE 与 LTE FDD 发展的差距。随着我国 4G/TD-LTE 牌照的发放，4G 网络开始规模商用部署。①中国移动 4G 网络一期工程计划建设 20.7 万基站，约 55 万载频，预计 2014 年上半年完成，覆盖全国 300 个城市。②中国联通已启动 4G 主设备采购相关工作，将开展 TD-LTE 规模网络建设和 LTE FDD 网络技术试验；2013 年 12 月，中国联通发布 LTE 无线主设备采购招标，采购总共约 5 万个基站，其中 LTE-FDD 制式 4 万个，TD-LTE 制式 1 万个。③中国电信采用 TDD/FDD 混合组网模式，且 TDD 作为独立数据子网存在；目前已完成 4G 主设备采购招标工作，其中 TDD 的份额约为 30%，FDD 的份额约为 70%。

4.4.4　5G 网络技术研究情况

伴随 4G 网络建设，我国及全球的 5G 网络的技术研究工作已同步开启。从 5G 的研究进展来看，未来 5G 的技术演进存在 3 种可能的路线。①LTE-A 后续演进路线。②基于 WLAN 演进路线。③革命性路线。面对 2020 年及未来的业务需求，5G 系统将会在进一步提升频谱效率的基础上，解决超密集组网、异构网络融合、物联网业务增强、终端直通（D2D）和高频段通信等关键技术。

我国已成立 IMT-2020（5G）推进组，制订我国 5G 技术和标准战略，开展 5G 需求、技术、标准、频谱、知识产权等研究。全球已建立了多个 5G 技术研究组织机构。ITU 是全球性的 5G 技术研究组织，其研究体现了全球对 5G 的共识。现阶段，ITU 启动了 5G 标准化的前期研究工作，重点集中于 5G 的建设发展需求、5G 技术研究和 5G 频谱需求研究三个方面。与此同时，各国也正积极推进 5G 技术研究。①欧盟启动了 METIS 研究项目，由爱立信、诺基亚等 29 家电信制造商、运营商、科研机构和高校共同组成，研究主要面向 2020 年的 5G 需求、技术，并将开发测试样机进行验证。②韩国成立了 5G 论坛推进组，提出韩国 5G 国家战略和中长期规划，研究 5G 概念及需求，培育新型工业基础，推动国内外移动服务生态系统建设。此外，各主流电信设备制造企业和运营企业也纷纷启动 5G 研究，从需求和技术等方面展开工作。

4.5　互联网带宽发展情况

4.5.1　国际出入口带宽

经过多年的建设发展，我国国际互联网出口带宽已具备一定的规模，且处于快速增长的态势。根据 TELEGEOGRAPHY 统计，2013 年，我国国际互联网出口带宽（含港澳）达 6.03Tbps，年增长率达 43%，2005—2013 年的年均复合增长率达 57%，如图 4.6 和图 4.7 所示。目前我国互联网出口带宽全球排名第六位，比 2012 年提升 1 位。

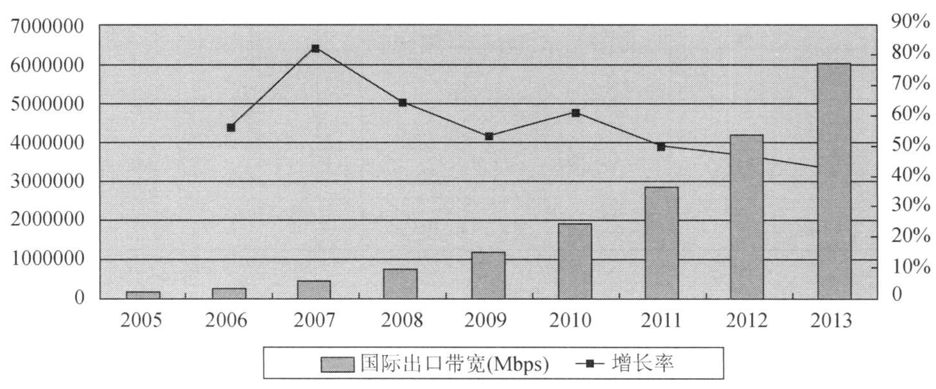

图4.6　2005—2013年我国互联网出口带宽发展情况

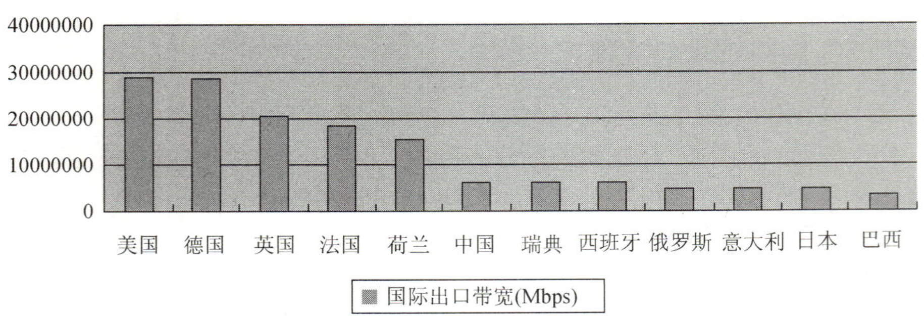

图4.7　2013年国际互联网出口带宽国家/地区排名

4.5.2　国内带宽

近几年，在主管部门的协调下，各骨干互联单位之间的互联互通建设力度显著增强，带宽扩容规模快速增长，有力地支撑了我国互联网产业的发展。2013 年，政府和各运营商继续加大互联互通扩容力度，截至 2013 年底，我国互联网网间互联总带宽由 1044.5G 跃升到 1744.49G，其中网间直联带宽 1567.49G，交换中心互联带宽 177G。全年共扩容 700G，增长 67%。由于互联网网间带宽大幅扩容，网间性能持续优化。中国电信、中国联通和中国移动三家主导骨干互联单位间时延和丢包性能相较 2011 年分别优化了 55%和 279%。2013 年底我国互联网网间直联宽规模见表 4.1。

表 4.1　2013 年我国互联网晚间直联带宽规模（Gbps）

	中国电信	中国联通	中国移动	中国铁通	教育网	科技网	经贸网	长城网	直联合计
中国电信		747	130	7	27.55	5.6	0.14	0.2	917.49
中国联通	747		130	1	28.5	5	0.1	0.3	911.9
中国移动	130	130		430	12.5	2.5			705
中国铁通	7	1	430		8				446
教育网	27.55	28.5	12.5	8		32		0.1	108.65
科技网	5.6	5	2.5		32				45.1
经贸网	0.14	0.1							0.24
长城网	0.2	0.3			0.1				0.6
总计	917.49	911.9	705	446	108.65	45.1	0.24	0.6	1567.49

互联网端到端通信能力的提升，要求在提升骨干网带宽的同时提升用户接入速率。宽带接入速率和用户上网体验速率成为全球各国评判各国宽带发展水平的重要标志，建设宽带测速系统，开展宽带网络发展监测和分析已成为互联网发达国家通信行业监管机构的常态化工作和通行做法。美国、英国、新加坡、巴西等国指定第三方（SamKnows）按照政府的要求进行网络测速，不同国家的测速指标具有很大的差异。

随着我国“宽带普及提速工程”的实施以及“宽带中国战略”的推进，建设宽带测速平台、开展宽带测速工作已成为有效评估我国宽带网络建设和宽带服务的重要工作。当前，我国已经发布了《固定宽带接入速率测试方法》，业界部署了多个各有优势的测速系统。在行业标准的指导下，各基础电信运营企业、大型互联网企业和有影响力的第三方权威机构纷纷建立宽带测速系统，开展一定范围和规模的宽带测速工作。如工业和信息化部电信研究院搭建了覆盖全国的分布式测速平台，开展面向全国各省市的宽带接入速率和用户体验速率测试；宽带发展联盟则建立了由主要互联网企业、三大电信运营商、相关科研机构等共同参与的宽带网速监测体系；蓝汛、360 等企业也凭借各自平台收集了用户实时速率数据。

4.6 互联网交换中心

互联网交换中心作为网间互联的重要网络，在我国已走过十几年的建设发展历程。目前我国骨干互联网单位的互联互通保持着以网间直联为主，国家级交换中心（NAP 点）互联为辅的架构。目前，我国在北京、上海和广州建设了 3 个国家级互联网交换中心。其中，北京 NAP 点接入全部 8 家骨干互联网单位；上海 NAP 点接入中国电信、中国联通、中国移动、中国铁通等 4 家骨干互联单位；广州 NAP 点接入中国电信、中国联通、中国移动、中国铁通和教育网等 5 家骨干互联单位。截至 2013 年底，北京 NAP 点实际开通网间互联带宽达到 77G，上海 NAP 点实际开通网间互联带宽达到 66G，广州 NAP 点实际开通网间互联带宽达到 34G，三大 NAP 点实际开通网间互联带宽合计为 177G。

随着我国互联网建设发展，各地的互联网网络和业务发展的不平衡性日益突出，我国开始探索区域性互联网交换中心的建设。截至 2013 年底，我国已先后在重庆、宁波等地建立了区域性的本地互联网交换中心，对各电信运营企业在本地的网间互联流量进行高速疏导。此外，在 CNGI 项目的推进中，我国还建设了北京和上海 2 个国家级下一代互联网交换中心，实现 6 个主干 IPv6 网络的互联。

为了促进交换中心互通业务发展，2013 年，我国积极推进互联网交换中心结算价格调整，从原来每 G 每月 100 万下调 40%到 60 万，并明确以后每年降低 30%。

为了充分了解我国三大 NAP 点的网间互通质量情况，支撑 NAP 点的建设发展，2013 年，在工信部的指导下，工信部电信研究院在北京、上海和广州三大交换中心开展了互联网网间质量被动监测系统的建设工作，通过采集各 NAP 点的实际互通流量，对互联互通的流量流向和端到端业务质量进行深度分析，支撑网间互联互通的建设扩容和互通业务流量管控。

虽然我国三大 NAP 点建设已有十几年，但是由于价格和市场竞争等因素，交换中心总体疏导的互通流量比例较低，互联互通的作用未得到充分发挥。随着我国互联网业务的快速发展，越来越多的互联网企业产生了直接的互联互通需求，这也为交换中心的转型发展提供了新的机遇。从国际交换中心建设发展经验来看，交换中心可通过接入除电信运营企业之外的其他主体，如互联网企业和有互通接入需求的其他企业等来改变其现有互通格局，有利于更好地发挥互联网交换中心的作用，优化我国互联网互联互通格局，也将进一步促进互联网的整体发展。

此外，从国际上来看，区域性的交换中心建设是互联互通的重要形式之一，很多区域性交换中心发展的很好，对于我国这样网络覆盖广、地区差异大的互联网互联互通有很好的借鉴作用。虽然我国已建设了一些区域性的交换中心，但是总体还是定位于本地的流量疏导，辐射范围有限，且推进效果不佳。未来，根据我国不同区域经济发展的特点以及对互联网互联互通的不同程度需求，可积极探索覆盖不同经济发展区域（多省市）的交换中心建设模式，实现区域内的流量快速疏导，服务区域经济发展。

4.7 内容分发网络发展情况

20 世纪末我国启动 CDN 网络建设，经过十余年的发展，我国 CDN 已具备一定技术和产业基础，CDN 建设规模和市场规模不断增大，实现全国范围覆盖，市场群体日趋广泛，通过满足用户对高速稳定网络的就近、本网访问需求，CDN 网络已大幅提升了我国用户业务质量，CDN 已成为我国互联网不可或缺的组成部分，发挥着巨大的作用。

1. 我国 CDN 网络建设快速发展，基本实现全国大部分覆盖

我国 CDN 系统部署也在不断加快，正在逐步向城域网内推进。CDN 网络覆盖了全国 31 个省份，节点遍及各个基础电信运营商、教育网以及部分宽带接入服务提供企业。已建成各类 CDN 节点数超过 2400 个，带宽储备超 5.5TB，可服务于全国所有互联网用户。根据工业和信息化部电信研究院监测数据显示，2013 年我国 CDN 分发能力快速增长，我国排名 TOP80 的网站，平均 CDN 分发节点数为 40 个，2012 年至 2013 年的平均增长率为 50%。其中，蓝汛公司国内节点数增长 43%，服务器数量增长 25%；网宿公司国内节点数和带宽均以 40%左右的速率增长。

2. 我国 CDN 网络建设得到多方重视，专业 CDN 服务商网络建设水平处于领先地位

与国际类似，我国 CDN 网络建设主要由专业 CDN 服务提供商、基础电信运营企业和互联网内容提供商构成。首先，专业 CDN 服务提供商拥有 CDN 行业最为全面的网络覆盖水平，2012 年-2013 年，网宿和蓝汛是专业 CDN 市场营业收入和带宽容量的领跑者；其次，基础电信运营企业 CDN 建设初期主要用于自营业务，近年来电信运营企业开始研究部署开放式 CDN 体系；再次，大型互联网内容提供商倾向于自建 CDN 网络，CDN 建设的规模和经营主体范围不断扩展。企业自建的 CDN 网络主要承载企业自有业务，CDN 节点承载业务类型和数量较少，但也有些企业开始实现对外部业务的开放，如优酷、乐视、百度等。

虽然我国 CDN 网络建设快速发展，取得了突出的成绩，但受到我国互联网网络基础和发展环境等影响，仍然存在网络架构不完善、电信运营商对外部 CDN 网络建设的支撑力度不足等亟待改善的问题。

4.8 网络技术发展情况

软件定义网络 SDN 将网络控制平面与数据转发平面进行分离，并实现可编程化控制。网络控制层的软件化，打破了设备厂商互通的壁垒，方便了网络设备的统一维护和管理，提升了应用和网络服务部署速度。近年来，中国产业链各个环节对 SDN 解决方案规划、软硬件支持方面有长足进展。华为 2013 年发布了基于 SDN 的移动承载方案，中兴已开展近两年 SDN 商用相关研究，腾讯、百度等已成功商用部署 SDN 网络，中国电信、中国联通、中国移动正在进行 SDN 组网及测试。

网络功能虚拟化 NFV 由全球主流网络运营商于 2012 年 10 月在 ETSI 提出。通过逻辑功能和物理硬件的解耦，NFV 将网络中的各种网元归一成标准的高容量的服务器、存储器和数据交换机。目前，华为公司与爱立信、阿郎等国际公司同步推出了 NFV 解决方案，NFV 将是华为未来 5 年研发创新的焦点，并将推出虚拟的 IMS 和 EPC。以中国移动为代表的网络运营企业更加青睐借助 NFV 快速并简便地进行创新，同时获得网络设施投资的最佳回报。

近年来，我国物联网技术和产业在芯片、通信协议、网络管理等领域取得了一系列的创新成果，形成了包括芯片和元器件厂商、设备商、系统集成商等在内的较多门类的产业，我国主导制定的全球第一个物联网总体技术标准，获国际电信联盟批准通过，交通、物流、环保等领域的试点示范项目扎实推进。我国已初步形成完整的物联网产业体系，部分领域已经形成一定市场规模，与国外差距逐渐缩小。2012 年我国物联网行业规模达到 3650 亿元，同比增长 38.6%；2013 年我国物联网产业规模突破 6000 亿元，同比增长 64.4%。

2013 年我国云计算规模不断扩大，70%左右的年增速远超国际市场 25%的增速水平，创新能力显著增强，产业链的构建速度明显加快。借助云计算的开源化趋势，我国企业已经初步具备了云计算技术和产品的研发能力。通过对 KVM、XEN 等开源技术的应用，国内企业已经具备了服务器虚拟化软件及中间件产品的研发能力，但国内的虚拟化技术基础更多处于应用层面，由于核心芯片等基础产品与技术一直以来都依赖英特尔、AMD 等国外厂商。

（工业和信息化部电信研究院　李原、苏嘉、杨波）

第 5 章　2012 年中国互联网设备市场情况

5.1　市场发展概况

1. 互联网数据通信和传输投资比重提升

据工信部统计数据，2013 年我国移动投资仍是电子信息行业投资的重点，完成投资 1346.4 亿元，同比下降 1.5%，占全部投资 35.9%。其中，数据通信和传输投资比重逐步加大：互联网及数据通信投资完成 511.7 亿元，同比增长 23.0%，占全部投资的比重由 2012 年的 11.6%提升到 13.6%；传输投资完成 951.9 亿元，同比增长 14.9%，占比提升到 25.4%[1,2]，如图 5.1 所示。

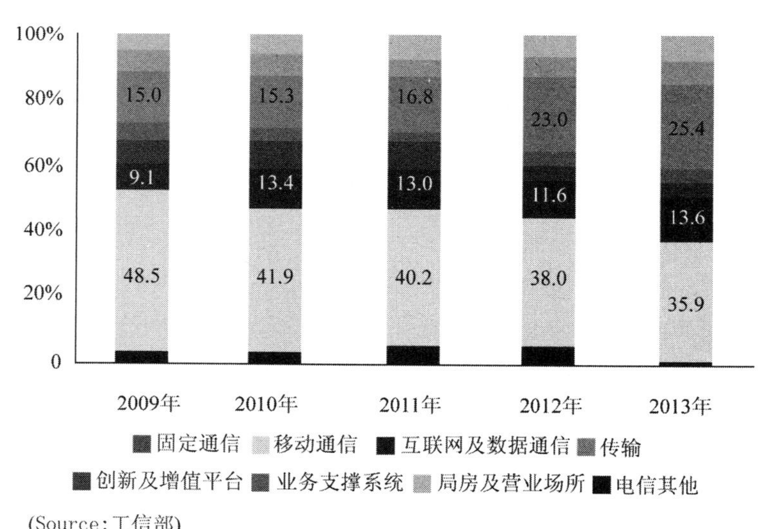

图5.1　2009—2013年固定资产投资主要业务投资变化情况

2. 东部收入和投资占比略有下降

据工信部统计，2013 年，东部省份实现电信业务收入 6585.0 亿元，占全国电信业务收

---

[1]《2013 年计算机行业年度报告》，工信部运行监测协调局，2013.3.11

[2]《2013 年通信运营业统计公报》，工信部运行监测协调局，2014.1.23

入比重为 55.2%，同比下降 0.9 个百分点。东部与中西部收入占比差距分别为 32.6%、33.0%，较 2012 年分别下降 1.3 个百分点、0.8 个百分点。

2013 年，东部地区完成电信固定资产投资 1804.9 亿元，占东中西部固定资产投资的比重为 49.1%，较 2012 年下降 0.3 个百分点。东部与西部投资占比差距为 21.9%，较 2012 年下降 1.8 个百分点，东部与中部投资占比差距为 25.4%，较 2012 年提高 0.9 个百分点。

3. 中西部移动电话增速快于东部

据工信部统计，2013 年，东中西部移动电话用户增速均呈现放缓态势，但中西部用户增速仍高于东部。东部移动电话用户占比持续下降，同比下降 0.2 个百分点，占比为 50.4%，中西部用户占比均提高了 0.1 个百分点。

东部移动电话普及率上升快于中西部。2013 年，东部移动电话普及率领先，较 2012 年提高 9.3 部/百人，中西部移动电话普及率分别提高 6.8 部/百人和 8.2 部/百人。中西部与东部移动电话普及率差距扩大到 36.5 部/百人和 28.8 部/百人，如图 5.2 所示。

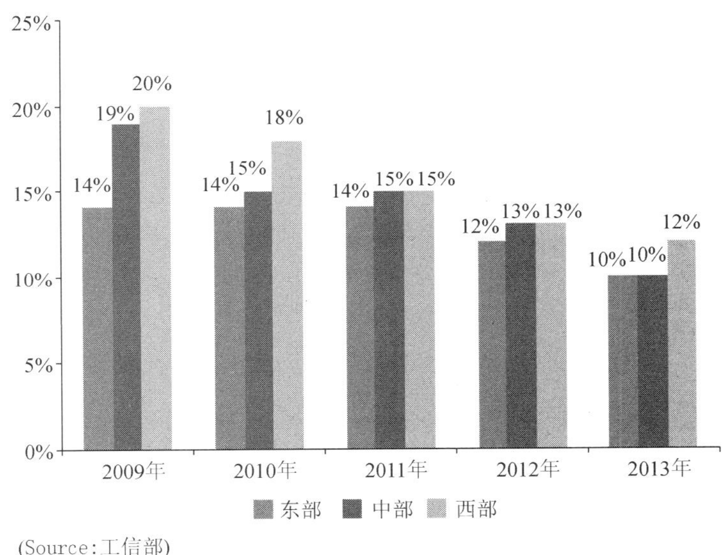

图5.2　2009—2013年东、中、西部地区移动电话用户增长率

4. 手机上网增长迅速，家庭成为主要上网场所

据 KPCB 报告显示，全球范围内移动互联网增长依然非常迅速。平板出货量较 2012 年增长 52%，超过 PC 所有年份的增长率。新兴计算设备的用户数增长迅速，未来移动互联网或出现百亿以上用户。此外，随着千元智能机和互联网电视的普及，屏幕多样化时代来临。智能电视适配器和智能电视将改变互联网的屏幕，Chromecast、Fire TV 等智能电视适配器未来将带来千万级别的用户。

从上网设备来看，网民使用手机上网的比例上升至 81%，使用台式电脑和笔记本电脑上网的比例略有下降。受上网设备多样性和网络接入便利性的影响，各场所使用电脑上网的比例进一步下降，家庭成为网民首选上网场合，如图 5.3 和图 5.4 所示。

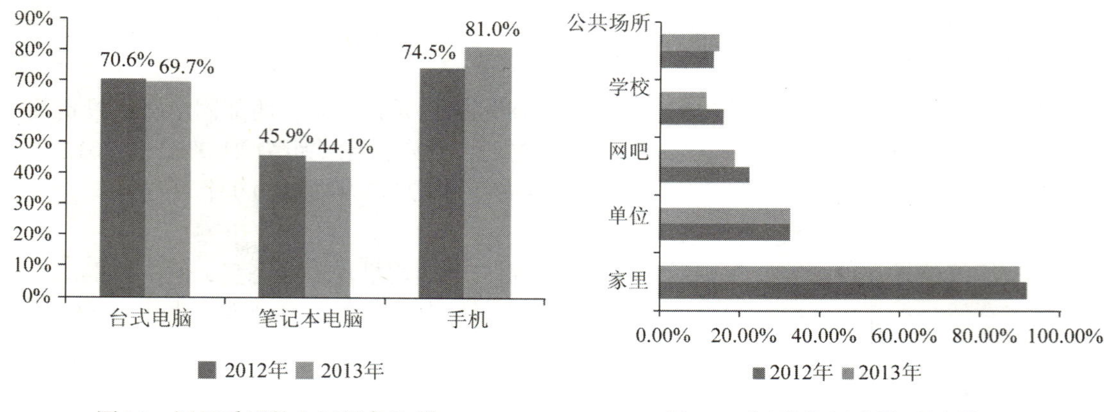

图5.3 网民采用的上网设备比例

图5.4 中国网民上网场所比较

5.2 网络接入

我国互联网国际出口带宽增速显著。截至 2013 年 12 月，我国网络国际出口带宽达到 3.406Tbps，同比增长 79.3%，比 2012 年提高 42.6 个百分点，创下近七年来增速最高点。其中中国电信稳居首位，首次达到 2190878Mbps，如图 5.5 所示。

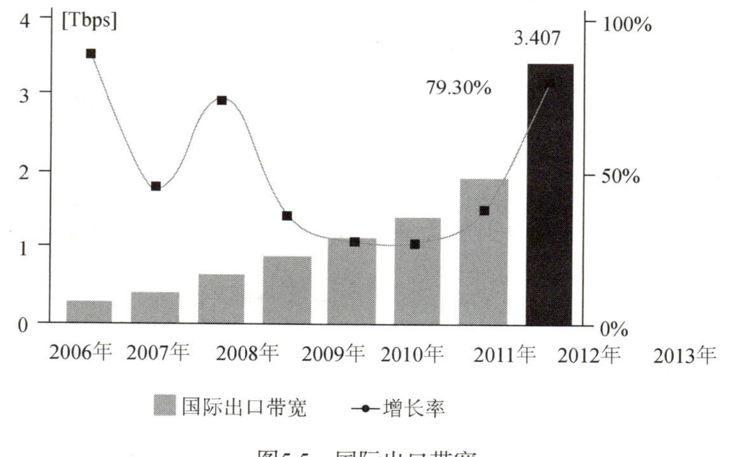

图5.5 国际出口带宽

5.2.1 移动网络接入

1. 移动电话网扩容加快

据工信部统计，2013 年，移动电话网扩容速度有所加快，移动交换机容量同比增长 7.5%，比 2012 年增速提升 0.3 个百分点，达到 19.65 亿户。与固定电话用户下降对应，局用交换机容量比 2012 年下降明显，增速由正转负，全年下降 6.5%，达到 41 052.2 万门。其中，接入网设备容量达到 22 523.7 万门，比 2012 年下降 3.8%。

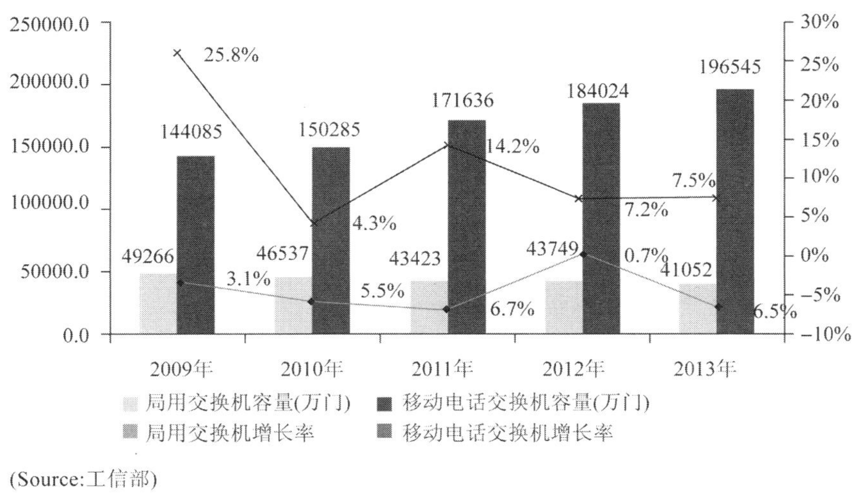

(Source:工信部)

图5.6　2009—2013年局用及移动电话交换机容量发展情况

2. LTE 商用网络蓬勃发展

LTE 自 2009 年商用以来，在全球市场取得了快速发展。根据 GSA 的统计，至 2013 年底，LTE 商用网络达到 260 个，覆盖人口约达到全球人口的 22%。在用户数量方面，LTE 也取得了飞速发展，其发展速度远高于 3G 网络部署之初的记录。2013 年 12 月 4 日，工业和信息化部正式向国内三大运营商发放了 TD-LTE 的运营牌照，并允许中国电信和中国联通进行 LTE FDD 的规模实验。这一举措正式开启了 LTE 在中国商用的大门，使中国市场一跃成为国际 LTE 产业关注的焦点。巨大的用户基数、快速攀升的智能手机普及率以及蓬勃发展的移动互联网市场，都为 LTE 在中国的发展描绘了美好的前景。

LTE 能够有效提升用户的 ARPU 值，将给运营商带来了切实的营收增长。较高的 ARPU 值加上飞速增长的用户数，使 LTE 的业务营收实现了高速增长。Strategy Analytics 预计，在未来 5 年内，全球 LTE 网络的业务营收将实现 66.6%的复合增长率。据 Strategy Analytics 预测，LTE 有望在 2016 年营收超过 WCDMA，成为业务营收最高的移动通信技术；并在 2017 年业务营收占到全球移动通信业务营收的 41%。

3. 资费策略与流量经营渐成竞争焦点

随着 LTE 在全球市场商用的展开，不同技术体制（TDD 与 FDD）之间的竞争逐渐弱化，商业模式竞争成为运营商关注焦点。随着移动视频、移动手机游戏等业务的发展，用户使用数据流量快速增长。在这种情况下，运营商的资费策略和流量经营成为影响运营商商业模式的关键。

4. 2014 年中国将成为全球 LTE 市场最大看点

据市场研究机构 Strategy Analytics 预测，中国的 LTE 用户将在 2017 年超过西欧市场 LTE 用户的总和，成为全球第二大 LTE 用户市场。面向这样庞大用户群来建设和运营 LTE 网络和运营，给中国运营商提出了多方面的挑战。中国运营商不仅要推进 LTE 网络的规模部署，还要推动终端产业链的快速成熟，并精心设计 LTE 的市场启动策略和资费策略。

5.2.2 无线网络接入

1. WiFi 终端市场存量迅速增加，市场零售规模持续增长

据 Strategy Analytics 分析指出，到 2014 年全球市场支持 Wi-Fi 功能的消费电子终端市场存量将超过 26 亿部，而同年市场零售额规模将超过 2500 亿美元。

消费者对于“随时随地”连接到互联网上的需求，将推动 WiFi 在移动互联网终端上的应用。即使已经有了 3G、4G 等高性能的无线通信网络，由于个人的工作时间 70%左右处于家庭、办公室等相对固定区域，以及热点 WiFi 的免费策略，导致 WiFi 仍将是用户的首选。虽然目前支持 WiFi 的终端主要是便携类产品，但是随着网络电视、智能家居等发展，支持 WiFi 接入设备将逐渐成为家庭的主要产品。

2. 商用 WiFi 蓬勃发展

目前商用 WiFi 受到服务类商店的欢迎，成为吸引消费者的一种手段。目前商用 WiFi 的模式主要有三种：硬件模式，通过向用户直接销售相关硬件和网络服务；广告模式，通过在免费提供的 WiFi 进行广告推送实现；增值服务模式，通过免费 WiFi 采集用户行为模式信息，进一步打通线上线下与个体营销。

5.2.3 光纤网络接入

1. 宽带接入端口达 3.6 亿、“光进铜退”趋势明显

据工信部统计，2013 年我国互联网宽带接入端口数量达 3.6 亿个，比 2012 年净增 3864 万个，同比增长 34.0%。互联网宽带接入端口呈现“光进铜退”的态势，xDSL 端口比 2012 年减少 1111.7 万个，总数达到 1.47 亿个，占互联网接入端口的比重由 2012 年的 49.4%下降至 41%。光纤接入 FTTH/O 端口比 2012 年净增 4215.2 万个，达到 1.15 亿个，占互联网接入端口的比重由 2012 年的 22.7%提升至 32%，如图 5.7 和图 5.8 所示。

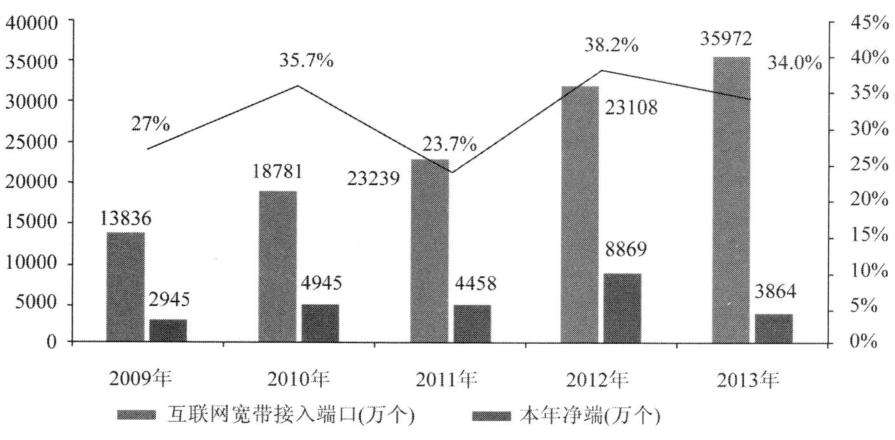

（Source:工信部）

图5.7 2009—2013年互联网宽带接入端口发展情况

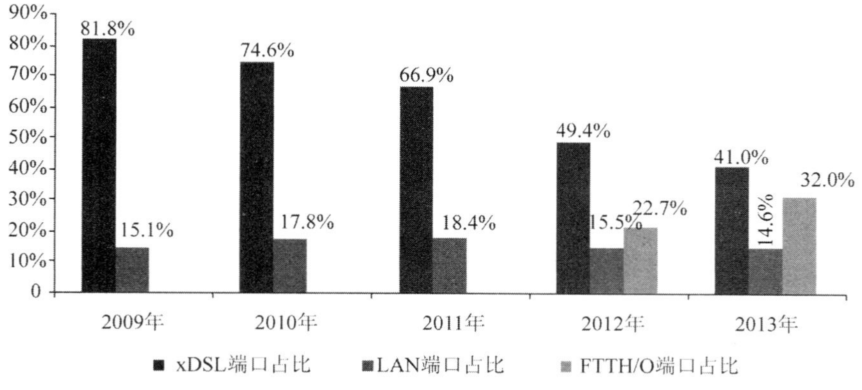

(Source:工信部)

图5.8 2009—2013年互联网宽带接入端口按技术类型占比情况

2. 传输网规模再创新高

2013 年，全国新建光缆线路 265.8 万千米，光缆线路总长度达到 1745.1 万千米，同比增长 17.9%，尽管比 2012 年同期回落 4.2 个百分点，仍保持着较快的增长态势，如图 5.9 所示。

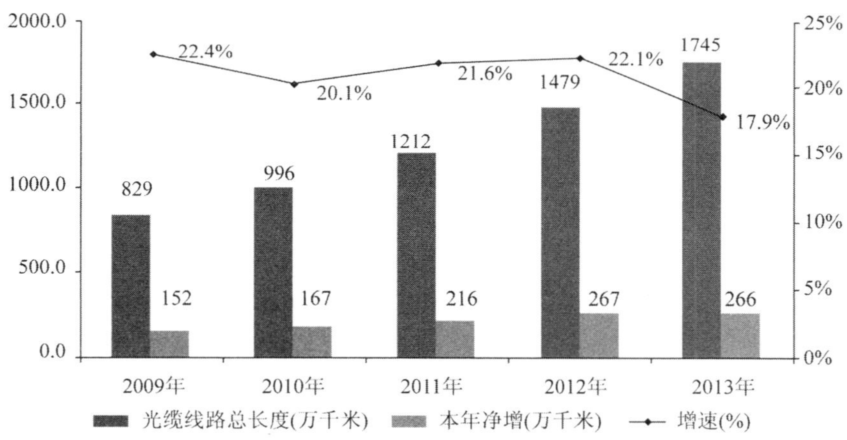

(Source:工信部)

图5.9 2009—2013年光缆线路总长度发展情况

据工信部统计，全国新建光缆中，接入网光缆、本地网中继光缆和长途光缆线路所占比重分别为 47.1%、47.8%和 1.1%。接入网光缆和本地中继光缆长度同比增长 22.6%和 15.2%，分别新建 152.7 万千米和 110.1 万千米；长途光 缆保持小幅扩容，同比增长 3.4%，新建长途光缆长度 3.0 万千米，如图 5.10 所示。

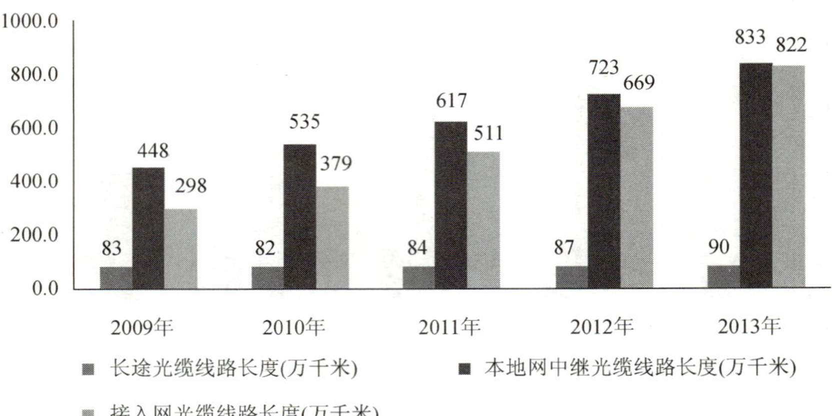

(Source:工信部)

图5.10　2009—2013年各种光缆线路长度对比情况

5.3　网络交换

1. 交换机市场规模稳增、电信交换机需求提速

2013 年中国交换机市场受移动互联网等行业发展影响，继续保持着平稳增长的势头。从 ZDC 进行的产品关注调查数据来看，第一阵营三家品牌（思科、华为、H3C）竞争形势更加激烈，第二阵营相对保持平稳，第三阵营的竞争也在进一步加剧[1]。

经过多年经营，2013 年中国 3G 网络全面发展并进入 4G 商用时代。同时移动互联网的发展在持续加速和渗透，这将在很大程度上带动电信交换机和智能交换机市场的发展。

根据 IDC 发布的全球以太网交换机和路由器季度跟踪报告的初步结果显示，2014 年第一季度，全球以太网交换机市场（2/3 层）收入达 52 亿美元，同比增长 0.4%，环比下滑 12.3%。同时，全球路由器市场表现稍好，同比增长 2.3%，环比下滑 12.5%[2]。

2. 10 Gb 和 40 Gb 以太网交换机是主要推动力

据 IDC 统计，从地区来看，以太网交换机市场在亚太地区表现较好，同比增长 1.9%，在欧洲、中东和非洲（EMEA）以及北美洲都有所下滑，幅度分别为 0.5%和 1.2%。在 2014 年第一季度，10Gb 以太网交换机（2/3 层）收入同比增长 8.1%达到 20 亿美元，而 10Gb 以太网交换机端口出货量同比大幅增长 25.7%达到 490 万端口。40Gb 以太网作为一个独立细分市场正在达到临界点，现在每个季度的收入都超过了 2.5 亿美元[1]。

3. 千兆以太网交换机受青睐，华为产品品牌关注度高

据 ZDC 在 2013 年进行的用户关注度调查情况表明，最受用户关注的十款交换机产品中，四款属于千兆以太网交换机产品，三款为智能交换机。从传输速率来看，10/100/100Mbps 传输速率的产品为主流，占据六席。产品结构方面，采用二层与三层结构的产品各占据五席[3]。

据 ZDC 统计，整体来看，交换机产品的更新换代速度也较慢。从产品类型来看，目前

[1]《2013—2014 中国服务器市场研究年度报告》，ZDC，2014.4.2

[2]《全球以太网交换机和路由器季度跟踪报告》，IDC，2014.6.5

中国交换机市场上，应用最为普遍、价格也较便宜、档次齐全的以太网交换机最受用户青睐，获得 46.3%的关注比例。其次为智能交换机，关注度超两成。预计随着智能时代的到来，智能交换机未来产品数量及用户关注度均会继续呈增长趋势。企业级交换机的用户关注度在一成左右。

据 ZDC 统计，从类型来看，2013 年，交换机市场上，使用范围最广、价格相对便宜的以太网交换机用户关注度呈直线上升态势，第四季度其关注度达到 51.2%，较第一季度增长了近 9 个百分点。智能交换机在前三季度关注度呈小幅上升走势，第四季度则出现小幅下降。企业级交换机、网管交换机、路由交换机的用户关注走势相对平稳，但基本呈稳中微降的态势。

4. SDN、无线环境网络发展对以太网交换机有影响

SDN 及相关行业发展趋势对交换设备产生影响。SDN 网络和商品白盒交换机正在影响知名品牌供应商的销售，根据 Dell'Oro 统计，全球第一季度以太网交换机市场减少了 10 亿美元。此外，受到区域网络对更多无线选择的需求影响，交换设备略有下降。但尽管销量小，40G 和 100G 以太网都有所增长，占整体市场 50 亿元收入的 5%以上。思科、戴尔、惠普和 Juniper 都分别增加了其 40 千兆以太网端口的出货量。

根据 Infonetics 表示，与 2013 年第四季度相比，全球运营商路由器和交换机市场也下降了 13%，为 32 亿美元。在 2014 年第一季度，所有产品类别（IP 边缘和核心路由器以及运营商以太网交换机）下降了两位数。

5. 全球路由器市场持续增长，细分市场差异较大

市场研究公司 Infonetics Research 数据显示，2013 年第一季度，全球运营商级路由器及交换机市场的销售收入为 32 亿美元，排名前四的设备商思科、华为、阿尔卡特朗讯（以下简称阿朗）、Juniper 居主导地位，占据了 85%的市场份额。其中，排在首位的思科同比市场份额下降 2.8%，华为、阿朗、Juniper 份额分别上升 1~2 个百分点。

全球企业和服务提供商路由器市场在 2014 年第一季度同比增长了 2.2%。不过，路由器市场中的主要细分市场表现有很大差异，服务提供商市场同比增 长 4.2%，而企业市场同比减少 2.9%。而路由器市场在不同地区也有不同表现，亚太、拉丁美洲和 EMEA 地区增长稳定，分别同比增长了 13.8%、11.1%和 9.1%。而另一方面，北美洲同比下滑了 9.4%。

6. 核心路由器市场持续增长，本土厂商崛起

另外，Dell'Oro 公司发现核心路由器市场还比较乐观，在第一季度，该市场较去年同期增长 4%，这标志着着连续第四个季度的增长。Dell'Oro 预计在 2014 年，这个市场将会更快地增长，因为 2012 年低投资被压抑的需求，以及对更高容量产品的需求。

前四大供应商（思科、Juniper、华为和阿尔卡特朗讯）占整个市场的 97%。根据 Infonetics 表示，在运营商路由器和交换机市场的前四大供应商分别是思科、Juniper、阿尔卡特朗讯和华为。该公司预测 5 年（2013 年 到 2018 年）年均复合增长率（CAGR）边缘路由器为 4.3%，核心路由器为 2.9%，运营商以太网交换机为 0.7%。

本土厂商如华为等正在凭借其突出的价格优势、快速的市场反应能力以及对国内电信市场的深入理解，在核心路由市场迅速拓展。在同级产品中，华为路由器产品的价格不仅在中国，在全球范围内优势都十分明显，形成了强有力的竞争力。

5.4 网络终端设备

5.4.1 服务器

1. 全球服务器销量及应收持续下滑

IDC 2013 年数据显示，由于全球经济环境疲软，以及客户的服务器整合等原因，2013 年第一至第四连续四个季度，全球服务器产品和业务销量呈下滑走势，营收收入也下降。整体来看，2013 年全球服务器市场支出水平极端低迷且高端市场存在严重缺陷。

由此导致厂商之间竞争加剧。从 IDC 的厂商收入份额来看，惠普在 2013 年第一、三、四季度夺得全球服务器市场收入份额第一。IBM 在 2013 年第二季度夺冠。在出货量方面，前五大厂商中，只有戴尔与思科出货量正增长，其它厂商均负增长。

2. 中国市场本土厂商整体份额大幅增长

随着云计算在中国市场的深入，国内对于 4 路、8 路服务器需求提速。与此同时，电子商务等与人们生活密切相关的服务行业对服务器拉动作用不断提升。受到用户需求快速变化的影响，定制化服务成服务器市场新模式。这些给本土厂商的发展带来了新的机会，其整体份额大幅增长。

3. 机架式服务器产品占主导，产品更新换代慢

据 ZDC 统计，产品结构类型方面机架式服务器占据绝对主流。据 ZDC 用户购买意愿调查，2U 的服务器受到用户青睐。而在产品售价方面，超过一半的用户关注于 1～3 万元的中低端产品。

4. 信息化建设及 4G 发展刺激服务器需求增长

随着信息化建设、移动互联网、电子商务的发展，大数据资源的利用和挖掘成为服务器需求扩大的一个原因。此外，电子政务、O2O 等的发展，也驱动政府、运营商加大信息化建设投入。这些因素将推动服务器市场规模的扩大。

另一方面，随着 IT 技术的发展，传统 IT 架构模式下的服务器往往无法应对业务的迅速变化。为了提高服务器资源利用率、加快应急处理响应时间、降低运营维护成本，虚拟化技术将得到更多的应用。公有云与虚拟化将在 2014 年为服务器市场带来较大的转变，厂商通过这些技术为用户提供定制化的方案。

5.4.2 计算机

据工信部运行监测局统计，2013 年受海外市场需求不振、国内经济增长放缓等因素影响，我国电子计算机行业整体保持低速增长。随着千元以下智能机普及带来的移动互联网应用爆发，对传统电子计算机行业冲击较大。导致市场竞争激烈，产业结构垂直整合剧烈，传统计算机产业向移动化、便携化、平板化趋势转变。

1. 产业规模保持低速增长，外贸出口一路走低

据工信部统计，2013 年我国电子计算机行业实现销售产值 22401 亿元，同比增长 5.5%，低于电子信息制造业平均水平 5.5 个百分点。从各季度销售产值完成情况看，产业规模持续扩大，发展增速震荡回落，销售产值增速连续 16 个月低于制造业平均水平，且差距呈扩大

趋势。从 2013 年年初相差 1.4 个百分点扩大至年末 5.5 个百分点。

2013 年，我国共生产微型计算机 3.37 亿台，同比下降 4.9%，其中笔记本 2.73 亿台，同比增长 7.9%。据海关统计，2013 年，我国台式微机出口 1006.6 万台，出口额 69.5 亿美元，同比增长 24.1%；笔记本电脑出口 32668.2 万台，出口 额 1108.1 亿美元，同比下降 2.6%。从全年走势看，上半年行业出口快速下滑，进入下半年基本趋稳，自 6 月份以来连续 7 个月负增长。

2013 年，计算机行业完成主营业务收入 22 658 亿元，同比增长 5.4%；利润 732.8 亿元，同比增长 12.0%，两个指标增速分别低于电子信息制造业 5 和 9.1 个百分点。计算机行业实现利润率 3.2%，低于电子信息制造业 1.3 个百分点，低于去 年同期 0.2 个百分点。

2013 年，电子计算机行业累计完成固定资产投资 810 亿元，同比增长 1.8%，增速低于电子信息制造业平均水平（12.9%）11.1 个百分点。从走势看，行业投资增速从 5 月出现负增长，且持续 7 个月投资增速呈负增长。

2. 台式机销量下滑，笔记本保持增长，平板电脑激增

随着用户习惯的变化以及智能手机的快速增长影响，台式机、笔记本和平板电脑呈现不同的增长趋势。据统计，2013 年，全球 PC 出货量同比下降 10%，已经连续七个季度下滑。与此对照的是 2013 年全球平板电脑的出货量同比增长 50.6%，但第四季度增速（28.2%）远低于 2012 年同期（87.1%）增速水平。据国内零售市场监测数据显示，2013 年，我国台式机销量同比下滑超过 10%；笔记本电脑销量保持两位数增长；平板电脑销量增速超过 45%。

3. 竞争层次日益提高，企业积极探讨新型营销模式

当前计算机行业的同质化竞争日趋激烈背景下，传统计算机厂商单靠硬件及产品设计已经无法吸引用户，更多的是基于互联网的“平台+应用+内容”的生态系统较量。随着互联网应用的迅速崛起，电子商务的迅猛发展，网络购物已经逐步走进寻常百姓家，传统制造业企业积极探索营销模式、从线下覆盖到线上，通过与京东、天猫、易购 等网络交易平台开展战略合作，实现与用户进行端到端的零距离交互，承接最后一公里配送交付等。

平板电脑以及智能硬件为代表的新形态终端将成为计算机行业增长的主要驱动力量。就平板电脑来看，有三个主要因素：各主流厂商积极推动、新兴市场印度、巴西等市场需求持续高涨与行业应用的爆炸性增长。随着移动互联网的普及，平板电脑在零售、医疗、制造、餐饮等领域已经得到大量应用，未来预期将在一些更加细分的市场如智能交通、智能家居等领域发现新的增长空间。

4. 信息安全受重视，自主可控带来新契机

随着“棱镜门”等一系列安全事件的出现，服务器、存储行业终端领域呼吁实现自主可控的声音高涨，IT 国产化成为长期趋势。未来在政府领域，一场以国家核心、重点、大型、涉密的项目，将带动国产软件、 硬件、运维、服务全面国产化进程，为国产软硬件厂商带来商机。华为、浪潮、联想等厂商不断发力，在产品上不断推陈出新，特别是在云计算、大数据等方面都推 出了各自特色的产品和解决方案。曙光、联想、迈普研发的基于国产 CPU 的服务器、交换机等云计算设备在数据中心和超算中心得到应用。

2014 年，随着 《“宽带中国”战略级实施方案》、《国务院关于促进信息消费扩大内需的若干意见》等一系列产业促进政策逐步推进，同时结合移动互联网、云计算、大数据等引发的新一轮信息产品投资热潮，将为我国电子计算机行业带来新的增长空间与动力。我国电子计算机行业增速下滑趋势有望得到扭转。

5.4.3 移动终端

1. 产量保持较高增速，智能终端市场需求旺盛

以 2013 年第一季度为例，据市场研究机构 Gartner 发布的数据，2013 年第一季度全球手机销量为 4.26 亿部，同比增长 0.7%。其中智能手机达 2.1 亿部，同比增长 42.9%。

据工信部运行监测协调局统计，2013 年我国手机产量达到 14.6 亿部，增长 23.2%。根据 IDC 发布全球同期手机 18 亿部衡量，我国产量占全球出货量的 81.1%，我国全球手机生产制造基地的位置得到进一步稳固。从全年产量走势来看，呈平稳较快增长态势。

2013 年中国智能手机市场依然保持增速发展，全年中国智能手机出货量为 3.18 亿台，同比增长 64.1%，市场保有量为 5.8 亿台，同比增长 60.3%。预计 2014 年智能手机保有量将达到 7.8 亿台，如图 5.11 所示。

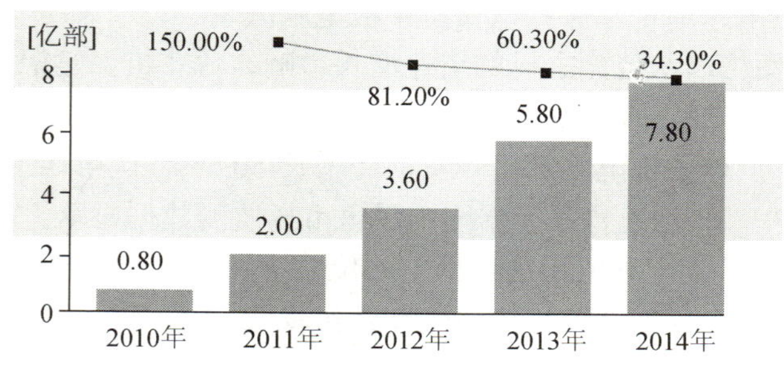

（数据来源：艾瑞咨询）

图5.11 中国智能手机保有量

2. 国内中低端智能手机出货量维持高速增长

以苹果、三星品牌为代表的智能手机出货量剧增，随着智能手机渗透率的逐步提升，未来几年增速可能逐渐下滑。据 IDC 数据显示，2012 年全球智能手机出货 7.175 亿台，同比增长 45%。据估计，2013 年全球智能手机出货量 9.186 亿部。从全球来看，智能手机将开始从高速增长阶段向平稳增长阶段过渡。

3. 中国智能手机出货在未来两年依然将维持较高的增速

据 IDC 统计，仅 2013 年第一季度，我国智能手机出货量达到 6900 万部，同比增长 119%。且占据了全球智能机市场的近三分之一。国内的小米、华为、中兴、酷派、联想等厂商在中低端领域特别是本土市场上占据较高的份额。

据工信部运行监测协调局统计，2013 年，国内手机市场累积出货量为 5.79 亿部，同比增长 24.1%。其中，2G 手机为 1.7 亿部，3G 手机出货量达到 4.08 亿部。国内上市手机新机型 2861 款，同比下降 26.7%。其中，2G 手机新机型 789 款，3G 手机新机型 2055 款，TD-LTE 手机新机型 20 款。

4. 平价化的智能手机和平板电脑，更注重成本控制与服务响应

IDC 统计表明，2013 年第一季度全球智能手机市场份额第一、第二的分别是三星和苹果，两巨头约占市场份额 50%。LG、华为、中兴紧随其后。Strategy Analytics 的数据显示，近 2013 年第一季度，苹果、三星公司分别占全球智能手机营业利润的 57%和 40.8%，共同拿下 97.8%的利润。以小米、华为、中兴为代表的中国厂商虽然获得较高的市场占有率，但是盈利能力仍需提高。且中低端智能手机对成本控制要求更加苛刻，要求供应商能够提供更具成本优势的零组件。

据 TNW 报道，联想已宣布以 29 亿美元收购谷歌旗下的摩托罗拉移动。据 Strategy Analytics 统计，2012 年两家公司全球智能手机市场份额的总和将使他们成为第三大厂商。2012 年联想为第五大智能手机制造商，出货量为 4550 万部，市场份额为 4.6%。

Strategy Analytics 发布的 2013 年统计数据：三星出货量为 3.198 亿部，苹果为 1.534 亿部，华为 5040 万部，LG4760 万部，联想 4550 万部，市场份额分别为 32.3%，15.5%，5.1%，4.8%，4.6%。

5. 安卓手机约占市场四分之三，高清大屏引领潮流

来自腾讯公司的统计数据[1]显示，国内移动终端的安卓市场份额约为 73.3%；iOS 市场份额约为 24.7%。所使用的 Android 操作系统版本来看，版本碎片化程度有所降低，超过 7 成的设备正运行版本 4.0 及以上的 Android 版本。据腾讯公司统计，目前国内安卓市场三星设备达到近 30%，而小米、华为、联想等也拥有较高的市场份额，全部国产安卓机所占份额在 45%以上。目前，五寸高清大屏手机占据主流安卓市场，高清手机成为市场增长的动力之一。

5.5 新兴网络设备

5.5.1 智能电视

1. 电视智能化并成为互联网终端的一种形式

传统电视厂商与互联网企业纷纷推出智能电视（乐视 TV 等）及外接设备（如百度影棒、小米盒子等），智能电视市场异常活跃。2013 年，新发布的电视产品大多具有上网功能。除了传统电视企业，乐视、小米、百度等企业也纷纷推出智能电视，加速智能电视的普及。

2. 网民上网行为从 PC 端向移动端转移

至 2013 年底，网络视频用户达到 4.2 亿，同比增长 15.2%。网民使用率达 69.3%，同比增长 3.4%。2013 年中国网络视频行业市场规模增长迅速，第三季度已达 32.5 亿元，年增长率达 37.3%，如图 5.12 所示。以家庭为基础的网上娱乐逐渐增加，助推网络视频用户增长。截至 2013 年底，我国手机视频用户规模为 2.47 亿，与 2012 年底相比增长了 1.12 亿人，增长率 83.8%。网民使用率为 49.3%，相比 2012 年底增长 17.3 个百分点，如图 5.13 所示。

3. 4K 电视机市场前景看好

市场调研公司 NPD DisplaySearch 此前预计，中国在 2013 年占据了全球 4K 电视市场 87%的份额，尽管今年的份额将会有所下滑，但仍将会高达 78%。

[1]《2013 移动行业数据分析报告（终端篇）》，腾讯公司，2014.2.27

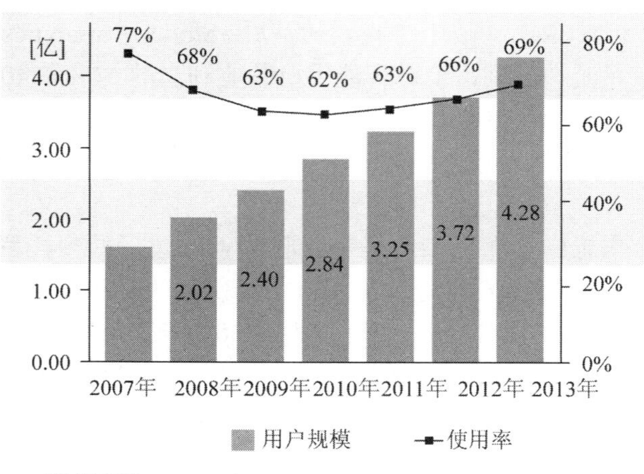

（数据来源：CNNIC）

图5.12　网络视频用户规模比较

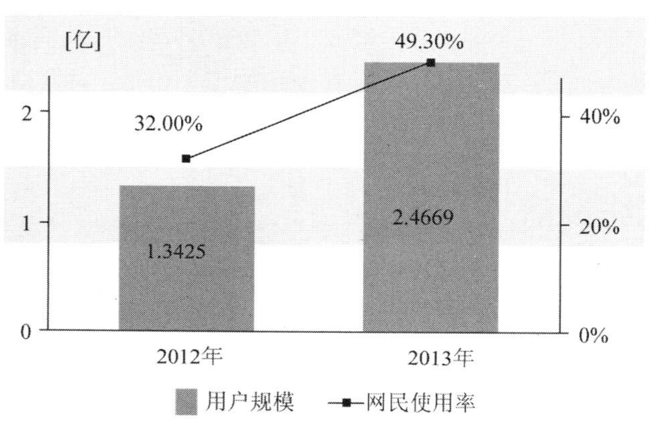

（数据来源：CNNIC）

图5.13　手机视频用户规模

据BI Intelligence最近发布的报告统计，两个因素推动了4K电视机将被消费者迅速采用：可接受的价格，互联网视频服务中4K内容的迅速增加。

（1）4K电视机的售价正在快速下滑。在过去两年的时间里，下滑幅度已经达到了85%。对比全球各国4K电视机的售价，中国目前的售价最低。4K电视机价格的下滑，将会推动该产品的采用。

（2）到2016年年底，4K电视机在全球的出货总量将达到100万台，中国将是4K电视机的采用大国。

（3）4K电视机市场目前主要被低成本的中国厂商统治。

4. 主要互联网企业进入“客厅”争夺战

阿里在智能电视领域牵头成立了SmartTV联盟，同时投资华数、文化中国等内容厂商，推出天猫魔盒电视盒，并且与华数合作推出电视支付，力图构建智能电视生态圈。百度研发出百度影棒等产品；技术之外还与TCL合作力推TV智能电视。小米在智能手机之外，先后推出智能电视、智能电视盒子等产品，力图构建智能家居为中心的硬件生态系统。

5.5.2 可穿戴设备

1. 设备出货量超 500 万部

随着全球可穿戴设备兴起，中国可穿戴设备市场也将迎来高速增长。可穿戴设备将与人们的日常生活应用紧密结合，不同形态的产品将成为市场热点。据艾媒咨询数据显示，2013 年中国可穿戴设备出货量将超过 500 万部，约为 675 万部，预计 2015 年将超过 4000 万部，如图 5.14 所示。

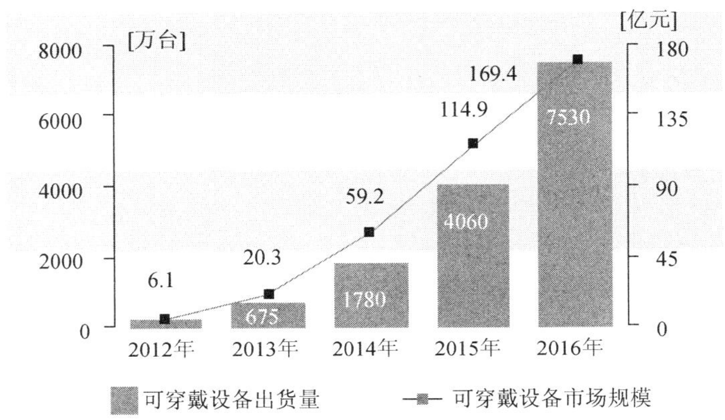

（数据来源：艾瑞咨询）

图5.14 中国可穿戴设备出货量及市场规模预测

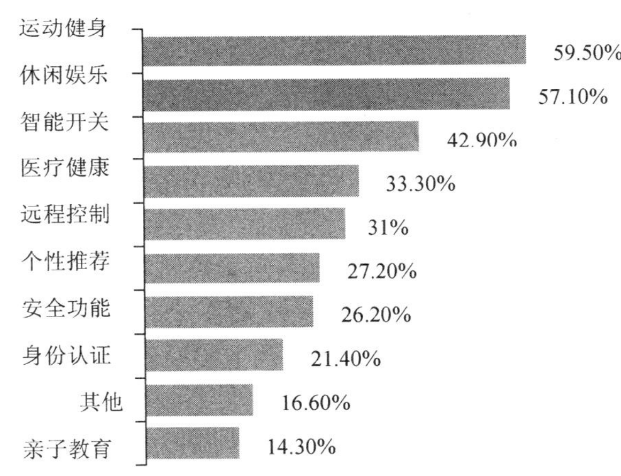

（数据来源：艾瑞咨询）

图5.15 可穿戴设备潜在消费者期望调查

可穿戴设备产品形态各异，主要以非侵入式设备为主，并与其它日常物品结合。据艾媒咨询数据显示，中国消费者对健身和娱乐领域的可穿戴设备最感兴趣，如图 5.15 所示。

2. 移动医疗市场应用前景广阔

硬件创新技术和移动互联网相结合，正在催生更广阔的移动医疗市场。预计我国该市场的销售规模将在 2015 年超过 10 亿元，如图 5.16 所示。

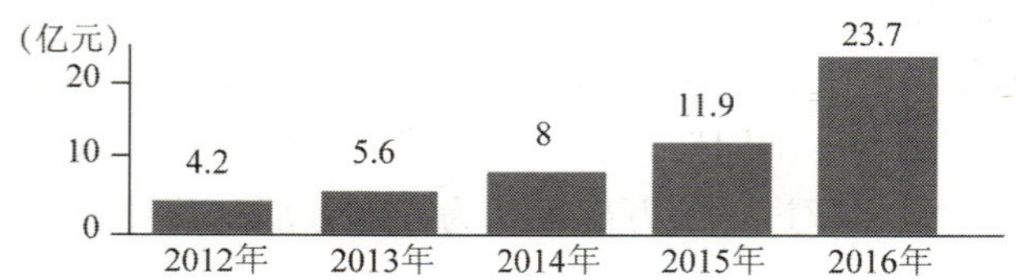

（数据来源：艾瑞咨询）

图5.16 中国可穿戴便携移动医疗设备市场规模

3. 主要互联网企业加大投入

百度公司围绕云计算建立智能硬件开放平台。在 2013 年推出了 Dulife 智能健康设备云，咕咚手环、Boom Band 手环等产品。并在 2014 年推出 Baidu Inside 平台。在技术布局上百度自己还拥有多项智能硬件专利，涵盖智能眼镜、可穿戴设备等领域。在技术之外，百度与京东合作 JD 智能硬件计划，与强势渠道结盟；与 TCL 合作力推 TV 智能电视有望突破 100 万出货量。它还投资了智能家居厂商海眸科技，智能汽车则有 Carnet。

奇虎 360 成立了智能硬件事业部，拥有 360 随身 WIFI、360 智键、360 安全路由、360 防丢卫士、360 安全手环数款独立产品，同时还与 TCL 合作推出了 360 空气卫士。小米在智能手机之外，先后推出智能电视、智能电视盒子、智能路由器、米 WIFI、米键等产品，它正在力推的智能路由器有意做智能家居的中心，围绕 MIUI 形成一个软硬结合的生态。

5.5.3 物联网设备

1. 市场规模迅速扩大

传感器的使用迅速普及，应用越来越广泛，增长迅速，去年全球消费电子设备使用的 MEMS 传感器出货量达到 80 亿部，同比增长 32%。计算、带宽和存储成本都在同步下滑。我国物联网发展处于提速阶段，下游应用领域逐渐增多，市场规模也迅速扩大。相关数据显示，中国的物联网到了关键的发展时期，2013 年市场规模估计突破 6500 亿元。

2. 行业应用成效积极

2013 年我国物联网应用发展稳步推进，充分发挥其渗透性强的特点，在多个行业中得到迅速应用，取得积极成效。具有较大应用的领域有食品溯源、安全防范、智能电网、环保监控、智慧农业、车联网等。

智能家居领域的软硬件结合创新产生了智能家居云计算平台，把智能家居设备商、服务商与家庭用户紧密联系起来。据资本实验室不完全统计，2013 年前 3 季度智能家居领域创投案例共 41 起，已披露融资额 3.66 亿美元，已披露累计融资额 7.7 亿美元。

3. 产品以软硬件一体化为主

百度公司在智能家居领域则投资了海尔，与格力等合作在智能家电中接入了阿里云服务。合作为主，投资为辅是阿里进军智能家庭的策略。腾讯在 2014 年初发布了路宝 APP 路宝盒子切入车联网领域，这款设备插入汽车的接口之后与腾讯云连接，可实现车辆诊断、油耗分析、车友社交等功能。此前百度已与钛马车联网合作推出了车载系统 Carnet，苹果则拥有 Carplay 智能汽车服务，Google 牵头成立了“开放汽车联盟（Open Automotive Alliance）”。海尔基于智能家居路由器推出智能家居安防、 节能环保、家庭健康等清晰定位的产品。

4. 智能路由器竞争激烈

自 2011 年极路由出现以来，以开源平台和第三方应用插件为核心概念的新一代智能路由器纷纷出现。小米路由、360 路由器、小度路由、华为荣耀立方、阿里天猫魔桶等各种智能路由器纷纷登场，各路互联网企业纷纷打出了智能路由器这张牌，智能路由器已然成为互联网巨头们争夺的下一个战场。

（中国互联网协会　陆希玉）

第 6 章　2013 年中国网络资本发展情况

6.1　中国互联网创业投资及私募股权投资市场概况

6.1.1　中国创业投资及私募股权投资（VC/PE）市场概况

2013 年中国创业投资市场继续 2012 年的下滑态势。中外创业投资机构新募集基金 199 支，新增可投资于中国（除台湾地区）的资本量为 69.19 亿美元，单只基金平均募集规模为近 9 年来最低；投资方面，全年共发生 1148 起投资，其中 988 起披露投资金额的投资涉及投资总额 66.01 亿美元，投资金额同比下降，投资活跃度同比有所上升；退出方面，全年共发生 230 笔 VC 退出交易，其中 IPO 退出 33 笔，并购退出和股权转让退出成为本年度最主要退出方式，分别发生 76 和 58 笔。整体来看，2013 年中国创业投资市场处于 2010 年后最低迷的状态。

2013 年，中外创投机构共新募集 199 支可投资于中国（除台湾地区）的基金，同比降低 21.0%；已知募资规模的 193 支基金新增可投资于中国（除台湾地区）的资本量为 69.19 亿美元，同比降低 25.7%。2013 年创投募集为 2010 年来最低水平，全年已披露金额基金平均募集规模为 3585.01 万美元，为近 9 年最低点，如图 6.1 所示。2013 年中国创投募集市场继续 2012 年萎靡之势，募集遇冷主要有以下四个方面的原因：一、宏观经济走势不明朗，境外投资者对中国大陆地区投资萎缩严重；二、2012 年由于华夏银行事件，银监会年初会议决定各银行禁止出售股权投资类产品，使创业投资市场募集渠道受到一定程度堵塞；三、境内 IPO 全年紧闭，退出严重受阻，部分 LP 资金周转遇到一定困难，对于新基金投资步伐放缓；四、2013 年创投市场步入深度盘整期，投资和退出都出现不同程度的困难，在这特殊时期部分机构采取暂缓基金的设立或是基金规模小型化的谨慎募集策略。但在 2013 年募集市场也出现一些新现象，部分机构着手成立并购基金，同时一些机构联合大型上市公司成立产业整合基金，这一态势不仅是创投机构在特殊时期寻求新出路的缩影，也为我国上市公司和股权投资市场进一步合作奠定了一定的基础。

2013 年创投市场从基金币种来看，人民币占绝对优势，新募集 199 支基金中，仅有 10 支基金为美元基金，人民币基金在募集基金支数中占比 95%。从募集金额看，全年创投市场募集的 69.19 亿美元中，美元基金共募集 5.41 亿美元，占全年募集金额的 8%。

2013 年，中国创投市场共发生投资 1148 起，较 2012 年同期增长 7.2%，其中披露的 988

起投资中涉及投资金额 66.01 亿美元，同比下降 9.8%。全年 1148 起投资中 49.1%为初创期项目，为近几年最高占比，拉升了全年的创投市场的投资活跃度，如图 6.2 所示。从创投机构 2013 年投资策略可以看出，在 2013 年退出渠道不畅的大背景下机构适当选择优质初创期项目，拉长投资战线是创投机构普遍选择的方法。

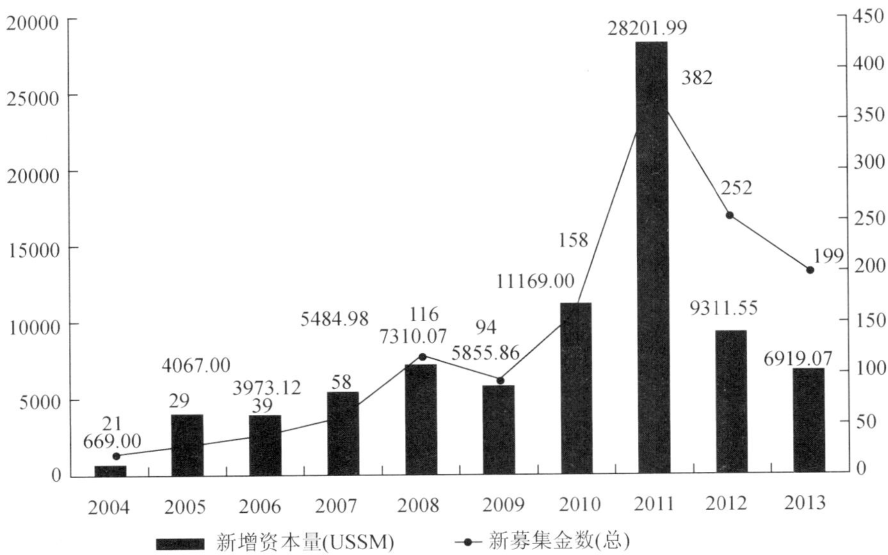

(来源：私募通2014. 1)

图6.1　中国创投机构基金募集情况

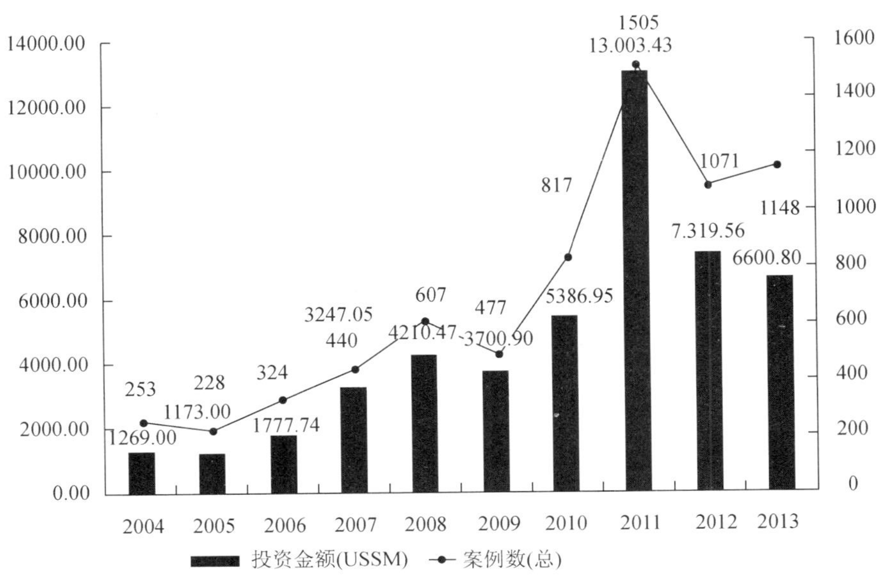

(来源：私募通2014. 1)

图6.2　历年创业投资机构投资情况

2013 年全年，中国创投市场所发生的 1148 起投资分布于 22 个一级行业中。其中互联网、电信及增值业务、生物技术/医疗健康行业获得投资案例数最多，分别为 225、199 和 144 起。投资金额方面，互联网、生物技术/医疗健康行业、电信及增值业务分别为 10.75、8.76 和 6.36 亿美元，位居前三位。

2013 年，中外创投共发生 230 笔退出交易，同比下降 6.5%。从退出方式上来看，2013 年共发生 76 笔并购退出；IPO 退出仅有 33 笔，占比 14.3%，为近 5 年最低点。从全年 VC 支持企业上市情况来看，共有 13 家 VC 支持企业上市，全部为境外上市。2013 年中国创业投资市场以并购退出为主，而我国 2009 年创业板推出后我国境内创投机构数量在近几年疯长，争相寻求 IPO 退出热潮涌动，并购退出基本处于被冷落的状态。伴随着境内 IPO 关闭的这一年，境内机构对并购这一退出方式更加重视，并且一些机构正在积极筹备并购基金，因此长远看并购在退出市场的地位将会有所提升。另外，受 IPO 关闭的影响，一些机构正在积极筹备 VC/PE 二级市场业务。因此，在今年看似萧条的市场大背景下催生了更加多元化退出选择，为我国创业投资市场进一步走向成熟起到一定的促进作用。

2013 年中国私募股权投资市场共新募集完成 349 支可投资于中国大陆地区的私募股权投资基金，募资金额共计 345.06 亿美元如图 6.3 所示，数量与较 2012 年略有下降，金额同比增长 36.3%；从新募基金类型分析，房地产基金表现最抢眼，数量与金额占比均超过总量的三成；从新募基金的币种来看，人民币基金数量仍然占据绝对优势，外币基金募集情况有所回温；与募资情况类似，2013 年中国私募股权投资市场投资交易数量与去年相比有小幅缩水，投资金额同比增长 23.7%，共发生私募股权投资案例 660 起，其中披露金额的 602 起案例共计投资 244.83 亿美元，房地产成为投资最活跃行业；2013 年全年共发生退出案例 228 笔，其中 IPO 退出均发生在境外市场，共计发生 41 笔，并购退出以 62 笔成为机构最主要退出方式，共占全部退出数量的 27.2%。

进入下半年来，美元基金的募集热度出现回升，不少大型外资机构完成了投向中国/亚洲市场的美元基金；此外房地产基金对募资市场的贡献度占到了三成以上；大型机构 LP、国资 LP 在本年度的募集活动中活跃度上升。

2013 年，私募股权投资机构所投行业分布在 23 个一级行业中，房地产行业为最热门行业。生物技术/医疗健康、互联网、电信及增值业务、清洁技术等战略新兴产业为热门投资行业第二梯队。

投资金额方面，房地产行业凭借 5 起超过 2.00 亿美元的大宗交易以 63.16 亿美元居首位，排在 2～4 位的能源及矿产、物流、互联网行业本年度也有大宗交易发生。

2013 年，中国私募股权投资市场共发生退出案例 228 笔，由于境内 IPO 经历了历史上最长的空窗期，在主退出渠道阻塞的情况下，退出市场呈现多元化态势。其中并购退出成为最主要的退出方式，发生案例 62 笔，占全部案例数的 27.2%。全年 IPO 退出案例 41 笔，全部发生在境外，香港主板实现退出 34 笔，成为 IPO 主战场，其中有 18 笔发生在 12 月。此外，本年度股权转让与股东回购各发生 47 笔与 38 笔，管理层收购发生 20 笔，另有以房地产基金退出为主的其他方式退出 17 笔，清算退出 3 笔，如图 6.4 所示。

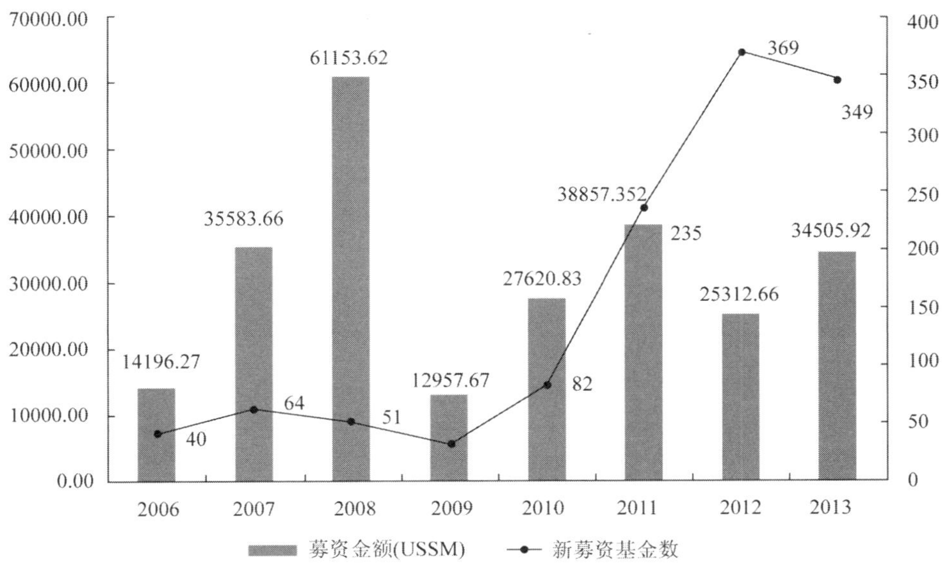

（来源：私募通2014.1）

图6.3　私募股权投资基金募资总量

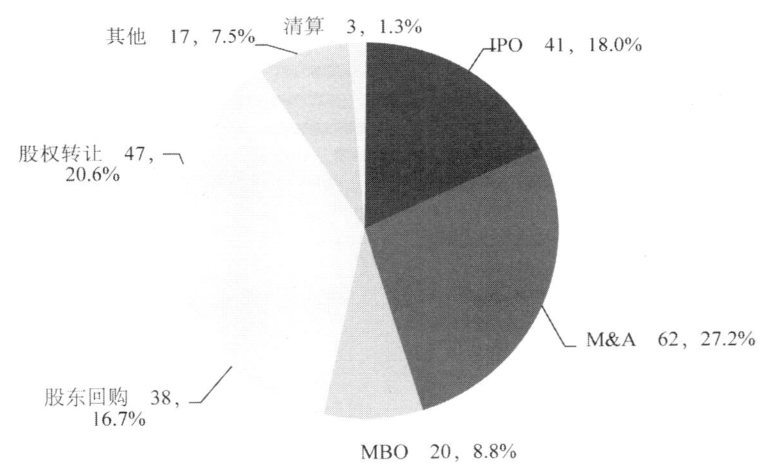

（来源：私募通2014.1）

图6.4　私募股权投资市场推出方式

6.1.2　中国互联网行业创投 VC 投资市场概况

2013 年全年，中国创投市场所发生的 1148 起投资分布于 22 个一级行业中。互联网行业获得投资 225 起位居榜首、电信及增值业务、生物技术/医疗健康行业获得投资案例分别为 199 和 144 起。投资金额方面互联网行业为 10.75 亿美元居第一位、生物技术/医疗健康行业、电信及增值业务分别为 8.76 和 6.36 亿美元，如图 6.5 和图 6.6 所示。

互联网行业位居第一位，2013 年投资案例数和投资金额分别占全年投资总量 19.6%和 16.3%。互联网行业是创业投资市场公认的投资回报最高的行业之一，并且随着互联网的发展不断涌现新的概念产生，同时伴随着产生众多的投资机会。

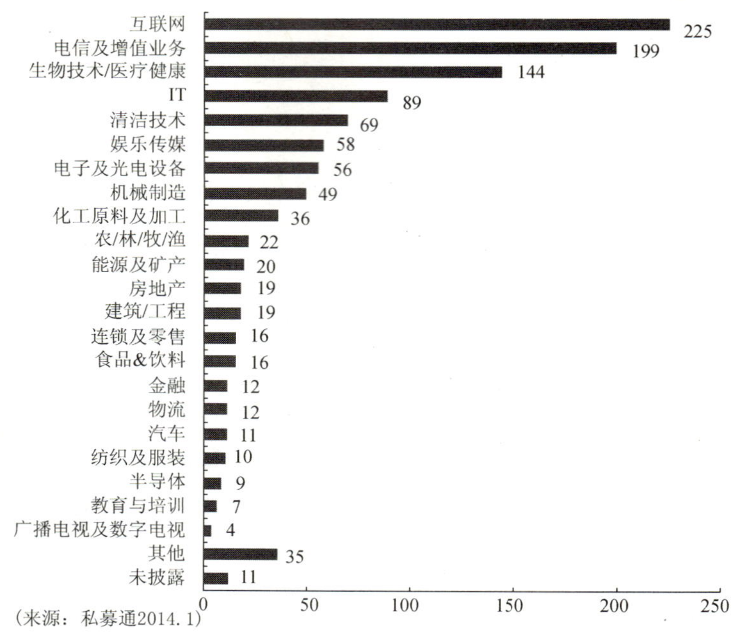

图6.5　创业投资市场一级行业投资案例数分布

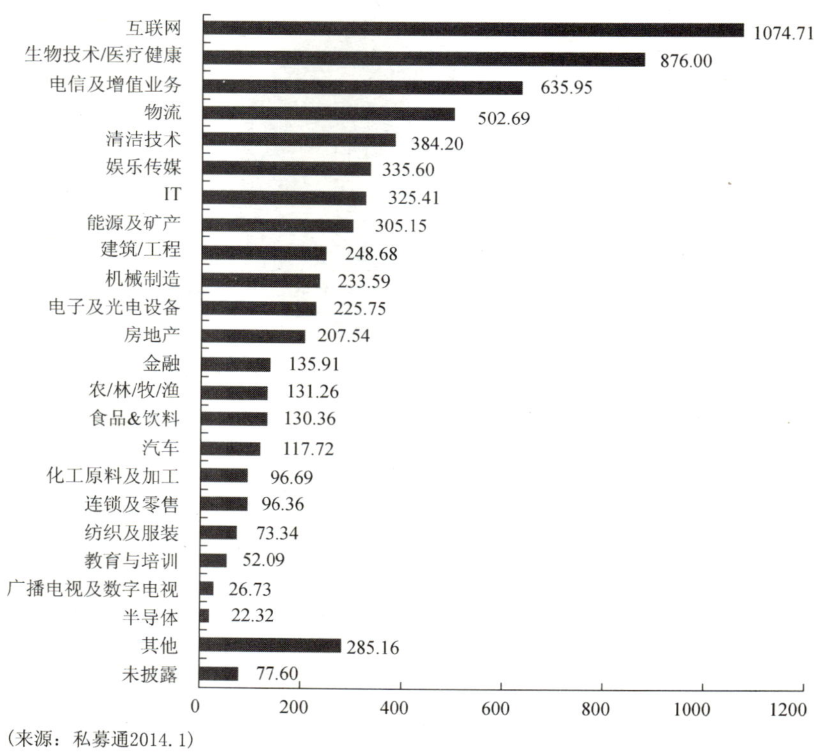

（来源：私募通2014.1）

图6.6　创业投资市场一级行业投资金额分布

6.1.3　中国互联网行业私募股权 PE 投资市场概述

2013 年，私募股权投资机构所投行业分布在 23 个一级行业中，互联网行业获投资 54 起位居第三。房地产行业为最热门行业为第一位。生物技术/医疗健康、互联网、电信及增值业务、清洁技术等战略新兴产业为热门投资行业第二梯队，如图 6.7 所示。

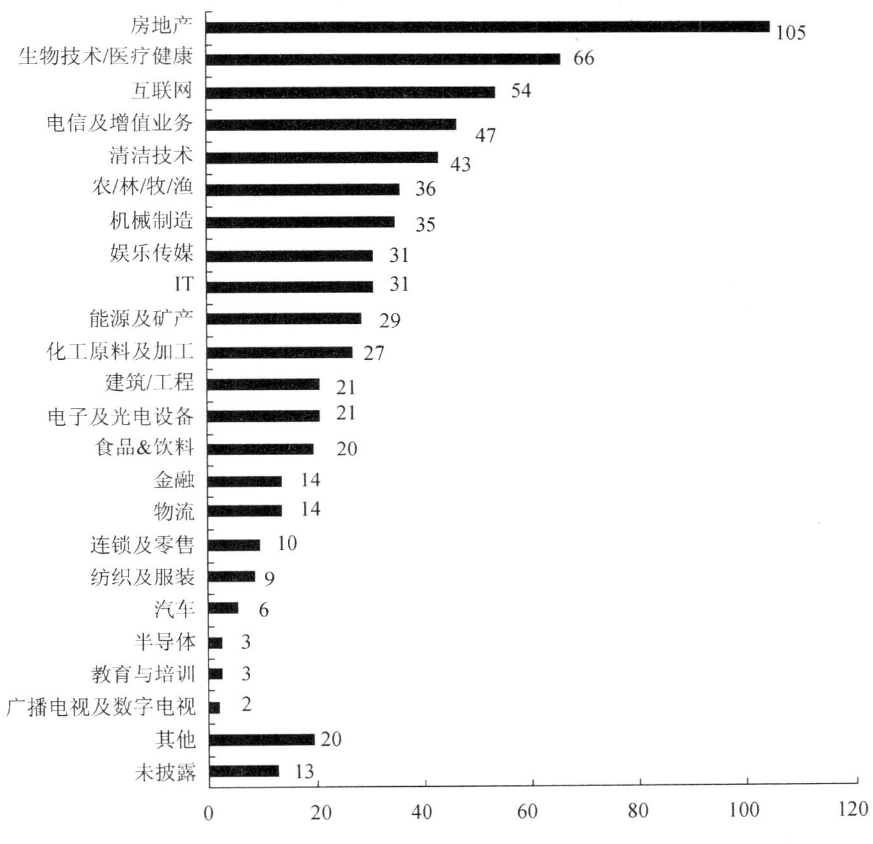

（来源：私募通2014. 1）

图6.7　中国私募股权投资市场一级行业投资案例数分布

投资金额方面，互联网行业获投资 11.53 亿美元位居第四。房地产行业以 63.16 亿美元居首位，如图 6.8 所示。

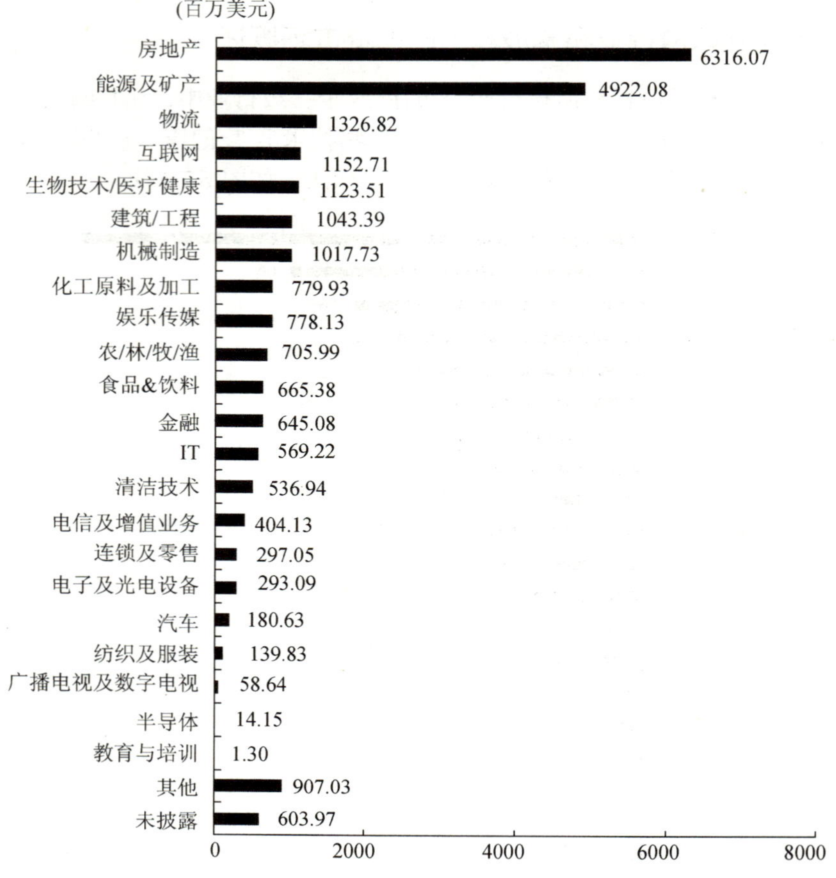

（来源：私募通2014.1）

图6.8 中国私募股权投资市场一级行业投资金额分布

6.2 中国互联网投资概况

2013 年有 854 起互联网投资事件，相比 2012 年 303 个投资数量增长明显，是 2012 年数量的近 2.81 倍。

投资领域方面，各行业投资分布如图 6.9 所示。移动互联网、游戏、电子商务依旧最热门。

移动互联网领域发生 174 起投资案例，占比 20.37%，排名第一；游戏动漫领域有 97 起投资案例，占比 11.36%，居第二位；电子商务领域有 88 起投资案例，位列第三。这三个领域合计占比 42.04%，和 2012 年互联网投资热门领域是一样的，不过合计起来的权重占比相对减弱，今年的投资相对分散一些。

在投资地图方面，北上广仍是重点，合计占比超过 8 成。具体分布如表 6.1 和图 6.10 所示。

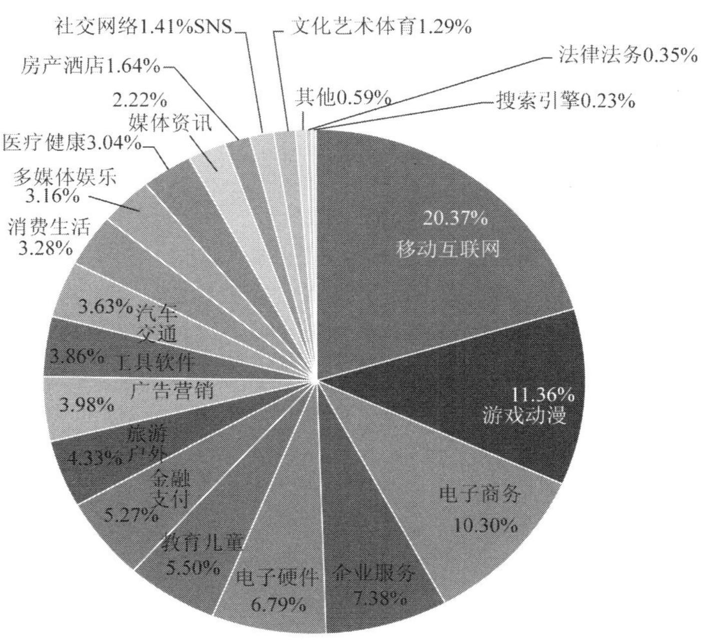

（数据来源：itjuzi.com，截至2013.12.31）

图6.9　互联网投资细分领域投资案例数分布

表 6.1　互联网投资地域分布

占比	数量	投资事件地点	创业公司地点	占比	数量
45.78%	391	北京	北京	2951	38.65%
23.07%	197	上海	上海	1506	19.72%
11.59%	99	广东	广东	1273	16.67%
6.44%	55	浙江	浙江	554	7.26%
2.69%	23	江苏	江苏	319	4.18%
2.58%	22	四川	四川	282	3.69%
2.22%	19	台湾	福建	210	2.75%
1.29%	11	福建	湖北	110	1.44%
0.94%	8	湖北	台湾	105	1.38%
0.70%	6	香港	陕西	85	1.11%
2.69%	23	其他地点	其他地点	240	3.14%

北京以 391 起投资事件占比 46%继续处于首位，不过相比 2012 年的 54%有所缩减；上海以 197 起投资占比 23%居第二位，相比 2012 年的 20%有所增加；广东以 99 起投资占比 12%居于第三位，相比 2012 年的 10%也有所增加。北上广这 3 个地方合计占比达到 81%，相比

2012 年的 84%有所下滑，而且这些下滑几乎都是北京缩减带来的。第二梯队的地点主要是浙江、江苏、四川，这 3 个地方获得投资的公司，合计占比达到 11%，相比 2012 年有所增加，二三线城市获得投资的比例小有提升。

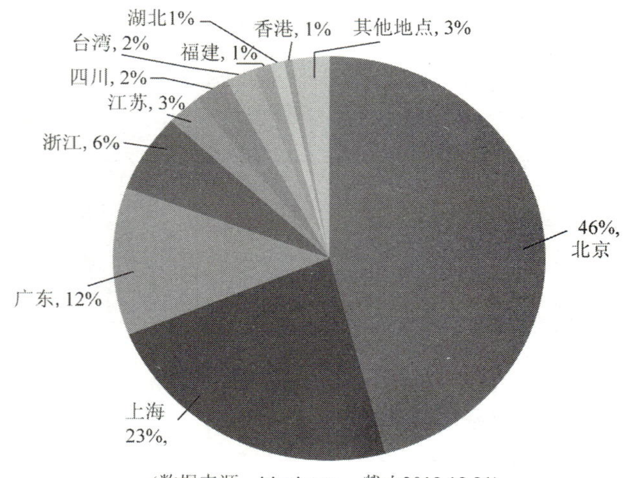

(数据来源：itjuzi.com，截止2013.12.31)

图6.10　互联网投资地域分布饼图

在投资轮次方面，以天使投资及 A 轮投资最多。

种子天使投资有 338 起投资占比 39.58%最多；A 轮投资有 296 起案例占比 34.66%居第二位，两个阶段合计占比达到 74.24%，是当前主要的投资行为。相比 2012 年天使和 A 轮投资占比 69%，2013 年的投资更偏向早期。2013 年发生了 92 起的收购，占比 10.77%位居第三位，相比 2012 年的 7%增资明显，可见收购正在成为 IT 互联网领域越来越重要的退出渠道。B 轮投资有 80 个投资事件占比 9.37%位居第四位；C 轮及以后的投资则占比很少，合计才达到 5.62%，如图 6.11 所示。

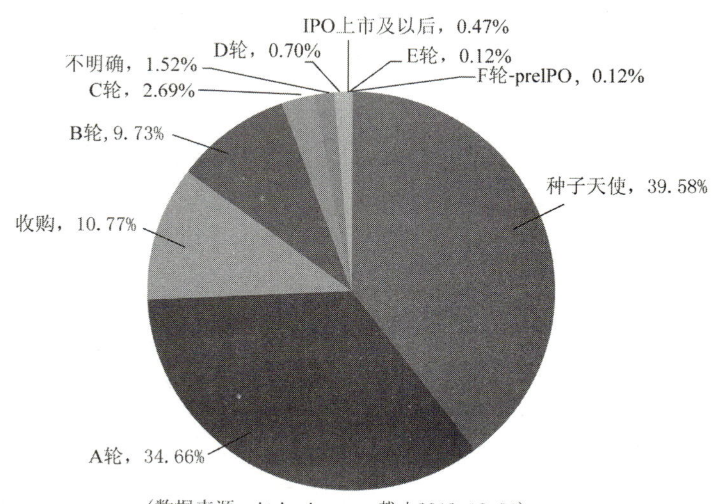

(数据来源：itjuzi.com，截止2013.12.31)

图6.11　互联网投资轮次分布

投资金额方面，金额大多数在数百万级别。如图 6.12 所示。

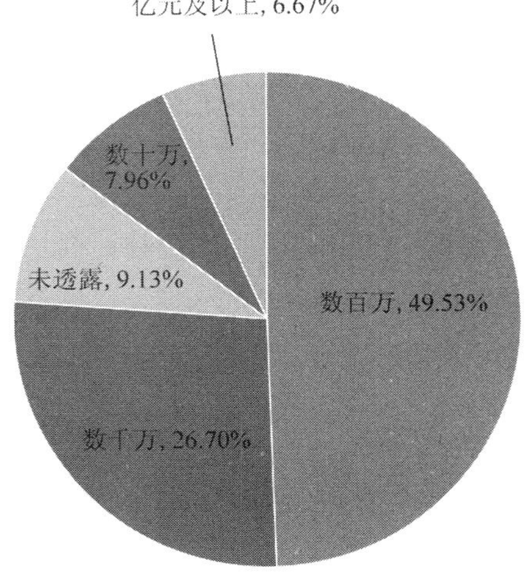

（数据来源：itjuzi.com，截止2013.12.31）

图6.12　互联网投资金额分布

2013 年十大投资事件（不包括收购、上市公司投资信息）如下：①豌豆荚获得 1.5 亿美元 B 轮投资。②人人贷获得 1.3 亿美元 A 轮投资。③嘀嘀打车获得 1 亿美元 B 轮投资。④易到用车获得 6000 万美元 C 轮投资。⑤途牛旅游网获得 6000 万美元 D 轮投资。⑥途家获得近 5000 万美元 B 轮投资。⑦找钢网获得 3480 万美元 C 轮投资。⑧融 360 获得 3000 万美元 B 轮投资。⑨丽芙家居获得 3000 万美元 A 轮投资。⑩优信拍获得 3000 万美元 A 轮投资。

6.3　中国互联网公司上市情况

2013 年中国互联网企业 IPO 上市的公司有 16 家，而 2012 年仅有 7 家。具体情况表 6.2。

表 6.2　2013 年互联网企业 IPO 情况一览表

上市时间	上市企业	上市地点	所属行业	上市首日股价	2013.12.31 股价	肌价涨跌幅	公司背后 VC
2013.12	神州数字	香港主板	游戏	0.9 港元	1.655 港元	65.50%	IDG 资本、银泰资本
2013.12	汽车之家	纽约交易所	汽车交通	30.16 美元	36.59 美元	21.32%	澳洲电讯、兰馨亚洲；蔡文胜、薛蛮子、黄明明
2013.12	金泉网	伦敦 AIM 市场	电子商务	0.7 英镑	0.73 英镑	4.28%	
2013.11	博雅互动	香港主板	游戏	6.75 港元	7.95 港元	17.78%	红杉资本；周鸿祎、戴志康
2013.11	500 彩票网	纽约交易所	电子商务	20 美元	35.37 美元	76.85%	红杉资本；IDG 资本；SIG 海纳亚洲；嘉御基金

（续表）

上市时间	上市企业	上市地点	所属行业	上市首日股价	2013.12.31 股价	肌价涨跌幅	公司背后 VC
2013.11	久邦数码-3G门户	纳斯达克	移动互联网	14.11 美元	20.53 美元	45.50%	IDG 资本；中经合；集富亚洲；宽带资本
2013.11	去哪儿网	纳斯达克	旅游	28.35 美元	26.53 美元	-6.42%	百度；金沙江；GGV
2013.10	云游控股	香港主板	游戏	61.75 港元	54 港元	-12.55%	启明；TA Associates 等
2013.10	天盟数码 IGG	香港主板	游戏	4.68 港元	5.15 港元	10.04%	IDG 资本；祥峰投资
2013.10	58 同城	纽约交易所	消费生活	21 美元	38.34 美元	82.57%	华平投资；DCM；赛富基金；蔡文胜等
2013.10	99 无限-上海瀚银	悉尼证交所	金融	N/A	N/A		深创投
2013.10	上海游族	借壳上市	游戏	N/A	N/A		松禾资本、博润投资
2013.9	澜起科技	纳斯上市	多媒体娱乐	10 美元	16.31 美元	63.10%	英特尔投资；永威投资等
2013.8	视觉中国	借壳上市	多媒体娱乐	N/A	N/A		
2013.7	擎天科技	香港主板	工具软件	1.45 港元	2.05 港元	41.38%	阿里巴巴
2013.6	兰亭集势	纽约交易所	电子商务	11.16 美元	8.09 美元	-27.50%	联创策源；挚信资本；金沙江；徐小平；周哲

2013 年上市的 16 家互联网企业，分布以港交所、美国（纽交所/纳斯达克）为主，此外还有 2 家 A 股借壳上市、有 1 家在伦敦 AIM 上市、1 家在悉尼证交所上市。赴美上市仍是中国互联网上市公司的首选，2013 年有 7 家公司在美国上市，其中纽交所 4 家、纳斯达克 3 家。香港股市对于互联网公司越来越有吸引力，2013 年在香港上市的公司有 5 家，其中 4 家和游戏公司相关，包括云游控股、IGG、博雅互动、神州数字；此外还有软件公司擎天科技，阿里巴巴持有这家公司 25%的股份。国内 A 股在 2013 年关闭了新股上市的大门，有 2 家互联网公司通过借壳上市的方式、实现了变相上市，主要是游戏公司“上海游族”、图片服务商“视觉中国”。

从上市时间看，主要集中在 2013 下半年的 10～12 月份，这是一个美股和港股上市窗口期。此前上市的 3 家公司多在摸索阶段，形成了一个小高潮。

从细分行业来看，16 家上市公司中，游戏领域最为热门，包括 6 家公司；其次是电子商务有 3 家公司；其余分布在移动互联网、汽车、金融等领域。

从股价涨跌幅来看，可以统计到的上市股价到 2013 年 12 月 31 日最后一个交易日股价对比，股价下跌的主要是三家公司：兰亭集势、云游控股、去哪儿网，其中兰亭集势下跌幅度最大达到 27.5%；其余 10 家公司则股价都是上涨的，其中涨幅最大的是 58 同城，涨幅达到 82.57%。

从上市公司背后的投资人来看，16 家公司中有 14 家公司是曾获 VC 机构、战略投资或天使人投资的，风险投资人是有很强的愿望将公司推动到上市、实现退出和回报的。IDG 资本是最大的赢家，有 4 家上市公司背后都有他们的身影，包括久邦股份、500 彩票网、天盟数码 IGG、神州数字。其次是红杉资本和金沙江创投，各有 2 家公司上市。有多位优秀和早期的天使投资人分享了公司上市的回报。

6.4　中国互联网企业并购情况

6.4.1　并购市场规模及统计分析

2013 年互联网企业收购非常活跃，收购有 92 起，在投资/并购事件库占比达到 10.77%，仅次于天使投资和 A 轮投资占比。根据收购金额的大小，盘点 2013 年度的热门和大额收购事件（收购占比持股 51%以上的），可以看到入门门槛在 11 亿元以上。

主要事件有①百度 18.5 亿美元（111.8 亿元）收购 91 无线。②海隆软件拟 27 亿元收购导航网站 2345 公司。③苏宁电器联手弘毅资本 4.2 亿美元（25.4 亿元）收购 PPTV。④百度 3.7 亿美元（22.4 亿元）收购 PPS。⑤顺荣股份 19.2 亿元收购三七玩 60%股份。⑥掌趣科技 17.39 亿元收购玩蟹科技。⑦大唐电信 17 亿元收购广州要玩娱乐。⑧天舟文化拟 12.54 亿元收购神奇时代。⑨神州泰岳宣布 12.15 亿收购壳木软件。⑩阿里巴巴 11.8 亿元收购天弘基金 51%股份。

6.4.2　重大并购事件

2013 年的中国互联网大公司投资并购布局导致竞争非常激烈，几乎覆盖到移动、游戏、硬件、金融、电子商务、O2O 等各个领域。

在 2013 年的大公司投资并购版图上，“BAT+3M”的 5 家公司（百度、阿里、腾讯、奇虎 360、小米）是当前最为活跃的公司，他们之间合纵连横角逐竞争激烈。

百度布下了超过 30 亿美元的投资布局。如表 3 所示。百度成为 2013 年最大的投资并购布局者。围绕着移动、O2O 和 LBS 的生活服务、中间页战略等，百度用 30 亿美元进行了超过 17 起的投资或收购。

表 6.3　2013 百度投资/收购一览表

	时间	公司	领域	融资金额	融资轮次	其他投资方
国内投资	2013.12	YOKA 时尚网	时尚媒体	1500 万美元	C 轮	富达亚洲、赫斯特集团、经纬创投、IDG
	2013.11	百分之百数码	移动互联网	数千万人民币	B 轮	深创投
	2013.6	传课网	教育	1000 万美元	B 轮	
	2013.4	捷通华声	语音	数千万人民币	B 轮	
	2013.3	原点手机	移动互联网	数千万人民币	A 轮	国瑞联合投资
	2013.1	乐彩网	彩票	数千万人民币	A 轮	
国内收购	2013.12	纵横中文网	网络文学	1.915 亿元	收购	
	2013.8	91 无线	移动互联网	18.5 亿美元	收购	

（续表）

	时间	公司	领域	融资金额	融资轮次	其他投资方
国内收购	2013.8	加速乐	安全	N/A	收购	
	2013.8	道道通/长地万方	导航地图-LBS	N/A	收购	
	2013.8	悠悠村 UUCUN	移动互联网	5000 万美元	收购	
	2013.8	糯米网	020-LBS	1.6 亿美元	收购	
	2013.5	PPS 视频	视频	3.7 亿美元	收购	
	2013.2	点心移动	移动互联网	N/A	收购	
	2013.1	积木热门视频	视频	N/A	收购	
	2013.1	Estrongs/ES 文件	移动互联网	数千万人民币	收购	
国外	2013.2	TrustGo	安全	3600 万美元	收购	

移动互联网方面，百度斥资 18.5 亿美元收购 91 无线，是中国互联网最大手笔的并购案，也在移动分发和门票上得到有力位置。除得到 91 无线的 91 助手、91 桌面、安卓市场三款亿级 APP 外，还将其与百度应用商店、百度轻应用、百度移动搜索整合以产生协同效应。百度还收购了创新工场孵化的项目点心移动将其旗下“安卓优化大师”升级为“百度手机卫士”、还收购了移动广告及建站平台“悠悠村”，ES 文件浏览器。围绕百度地图、LBS、O2O 方向，是百度投资收购的另外一大领域。百度 1.6 亿美元战略投资人人旗下的糯米网，围绕其团购、O2O、线下经营能力进行布局。此外百度还收购了一家电子地图和导航服务商“北京长地万方科技”，其主打产品为“道道通”，在基础地图数据、POI 信息上不断增强能力。在视频方面，斥资 3.7 亿美元收购 PPS，并将 PPS 业务与爱奇艺整合成为视频巨头之一，爱奇艺也有望在这几年单独上市。“中间页”方向以 1.915 亿元收购纵横中文网、1500 万美元领投 YOKA 时尚网。在教育领域数百万美元投资了传课。在彩票领域数千万元投资了乐彩网。此外，百度还投资或收购了一些基础服务，首先当然是安全领域 3000 万美元收购移动安全公司 TrustGo、收购了安全公司“知道创宇”旗下的加速乐网站。在语音领域，数千万元入股了语音技术和人机交互技术服务商“捷通华声”。

阿里巴巴从国内到国外，从大公司到创业公司进行了广泛布局，如表 6.4 所示。

表 6.4　2013 阿里巴巴投资收购一览表

	时间	公司	领域	融资金额	融资轮次	其他投资方
国内投资	2013.12	LBE 安全大师	移动互联网	数千万美元	A 轮	
	2013.12	海尔集团	物流	28 亿港元	N/A	
	2013.11	拍拍贷	金融	3500 万美元	B 轮	红杉资本
	2013.10	天弘基金	金融	11.8 亿元	N/A	持有 51%股权
	2013.8	UC 优视	移动互联网	N/A	N/A	晨兴创投等

（续表）

	时间	公司	领域	融资金额	融资轮次	其他投资方
国内投资	2013.7	穷游网	旅游	数千万人民币	B 轮	
	2013.6	淘淘搜	电子商务	数千万美元	B 轮	德同资本领投；鼎晖、阿里跟投
	2013.5	高德地图	地图-020	2.94 亿美元	N/A	持有 28%股权
	2013.4	快的打车	交通出行	400 万美元	A 轮	经纬创投
	2013.4	在路上	旅游	数百万美元	B 轮	红点投资
	2013.4	新浪微博	社交 SNS	5.8 亿美元	N/A	持有 18%股份
	2013.2	众安在线保险	金融	N/A	N/A	平安、腾讯
	2013.1	360Shop 淘店通	电子商务	数千万人民币	A 轮	
	2013.1	墨迹天气	移动互联网	数千万人民币	B 轮	创新工场、盛大
国内收购	2013.12	天天动听	音乐	N/A	收购	
	2013.9	酷盘 Kanbox	云计算	N/A	收购	
	2013.4	友盟	移动互联网	6000 万美元	收购	
	2013.2	声盟	音频广告联盟	N/A	收购	
	2013.1	虾米网	音乐	N/A	收购	
国外	2013.8	ShopRunner	电子商务	7500 万美元	A 轮	
	2013.6	Fanatics	电子商务	1.7 亿美元	N/A	淡马锡等
	2013.1	Quixey	移动互联网	5000 万美元	C 轮	

累计金额：超过 25 亿美元

数据显示，2013 年阿里巴巴投资或收购的事件有 22 起，花费的金额超过 25 亿美元。从战略和布局上看，阿里巴巴投资主要在：移动互联网（O2O）、电子商务生态链、金融三个方向。在移动互联网方面阿里巴巴目几乎在移动的各个环节都来卡位布点，投资或收购的公司特别多，包括社交方面的陌陌、新浪微博；O2O 相关的高德地图、快的打车；旅游领域的穷游网、在路上；数字音乐方面的天天动听、虾米网；安全服务方面的 LBE 安全大师；数据统计服务的友盟；语音广告联盟的声盟等；国外公司移动应用搜索 Quixery 等等。电子商务生态链方面 2013 年提出构建菜鸟网络、28 亿港元战略投资海尔集团（日日顺物流）、7500 万美元投资国外电商物流解决方案服务商 ShopRunner 等。此外阿里还投资了 1 家网店 SAAS 服务提供商“360Shop 淘店通”、美国体育用品电商 Fanatics 等。互联网金融上，阿里斥资 11.8 亿元收购天弘基金 51%的股份、将余额宝抓在自己手里。此外阿里巴巴还和平安、腾讯合作布局在线保险；阿里巴巴投资 P2P 贷款服务拍拍贷等。

腾讯的投资收购主要围绕微信生态链，在国外投资活跃，其主要投资收购项目如表 6.5 所示。

表 6.5　腾讯 2013 年投资收购一览表

	时间	公司	领域	融资金额	融资轮次	其他投资方
国内投资	2013.12	好买财富	金融	N/A	B 轮	君联资本
	2013.12	嘀嘀打车	打车-020	1 亿美元	C 轮	中信产业基金
	2013.10	Roseonly	电子商务	数千万美元	B 轮	
	2013.9	e 家洁	消费生活-020	400 万人民币	种子天使	
	2013.9	搜狗	工具软件	4.48 亿美元	N/A	36.5%股权
	2013.5	金山网络	移动互联网	4698 万美元	N/A	持股 18%
	2013.4	嘀嘀打车	打车-020	1500 万美元	B 轮	金沙江创投
	2013.4	泰捷软件 Togic	移动互联网	数万人民币	A 轮	
	2013.4	优信拍	二手车	3000 万美元	A 轮	君联资本、DCM、贝塔斯曼
	2013.2	JiaThis 加网	SNS	数千万人民币	B 轮	
	2013.2	众安在线保险	金融	N/A	N/A	平安、阿里巴巴
	2013.1	晶合思动	游戏	数千万人民币	A 轮	
	2013.1	任玩堂	游戏	数千万人民币	种子天使	
	2013.1	365 日历网	移动互联网	数千万人民币	B 轮	挚信资本
国内收购	2013.3	枫树浏览器	工具软件	N/A	收购	
	2013.1	迅影网络 Prayaya	工具软件	N/A	收购	
	2013.1	安管佳科技	移动互联网	N/A	收购	
国外投资	2013.12	Plain Vanilla	游戏	2200 万美元	B 轮	Sequoia Capital 等
	2013.12	CyanogenMod	移动互联网	2300 万美元	B 轮	Andreessen Horowitz 等
	2013.10	Loom	云计算	140 万美元	种子天使	Google Ventures 等
	2013.8	Kamcord	游戏	100 万美元	种子天使	创新工场
	2013.7	Watsi	金融	120 万美元	种子天使	Y Combinator 等
	2013.6	Fab.com	电子商务	1.5 亿美元	D 轮	Andreessen Horowitz 等
	2013.6	Snapchat	移动互联网	6000 万美元	B 轮	Benchmark、SV Angel 等

腾讯在 2013 年的投资和收购非常活跃，主要围绕微信投资和布局；搜索等基础工具软件商收购活跃；重点海外投资和实施国际化战略。数据显示，2013 年腾讯投资或收购的公司超过 24 起、公开信息的投资金额超过 10 亿美元。移动互联网上，腾讯围绕 O2O 等持续布局，包括重金投资嘀嘀打车（C 轮 1 亿美元的参与、B 轮 1500 万美元的领投）；2300 万美元参投 Android 第三方 ROM 开发团队 CyanogenMod；本地生活服务领域投资 e 家洁等。可能还有很多围绕微信的 O2O 服务没有曝光。此外腾讯还数千万元投资泰捷软件，在移动视频和智能

电视上努力；投资了 365 日历，在移动工具端获取新的用户群体。在游戏领域，投资任玩堂、晶合思动、Plain Vanilla、Kamcord 等。在搜索和安全等基础服务商方面，腾讯以 4.48 亿美元收购搜狗 36.5%的股权，在搜索领域与百度、奇虎 360 三足鼎立；安全服务上，腾讯继续注资金山网络，增资 4698 万美元，目前持有其 18%的股份，是仅次于金山软件的第二大股东。金融方面，腾讯 2013 年也进行了部署，包括与平安、阿里巴巴合资成立众安在线；战略投资好买财富、人人贷等；此外还在海外投资了金融众筹网站 Watsi 等。海外投资上，除开前面围绕其业务的战略的投资外，腾讯还和海外一些投资基金共同合作、领投或参与投资了很多公司，包括 1.5 亿美元投资闪购网站 Fab.com；6000 万美元参与投资阅后即焚应用 Snapchat；参与投资了一些早期的新兴公司，如云计算公司 Loom 等。

奇虎 360 的投资并购主要偏重移动互联、安全、游戏等领域，如表 6.6 所示。

表 6.6　2013 年奇虎 360 投资收购一览表

	时间	公司	领域	融资金额	融资轮次	其他投资方
国内投资	2013.11	3G 门户	移动互联网	2000 万美元	N/A	上市前
	2013.10	上海小葱网络	多媒体娱乐	N/A	B 轮	平安创新基金
	2013.8	安卓壁纸	移动互联网	N/A	A 轮	
	2013.3	途游游戏	游戏	数百万人民币	A 轮	
	2013.2	安赛科技 AIScanner	企业安全	N/A	A 轮	
	2013.1	轻笔记/行客诺	工具软件	N/A	A 轮	
	2013.1	掌联美视	移动互联网	数百万人民币	种子天使	
	2013.1	生日管家	移动互联网	数百万人民币	A 轮	
	2013.1	OpenXLive	移动互联网	数百万人民币	A 轮	
	2013.1	快用苹果助手	移动互联网	N/A	A 轮	
	2013.1	DoDorid 道卓科技	移动互联网	数百万人民币	种子天使	
	2013.1	安奇智联	移动互联网	数百万人民币	A 轮	
国内收购	2013.6	秒拍/咔咔	移动互联网	N/A	收购	
	2013.2	日志宝	工具软件	N/A	收购	
	2013.1	51MyPC	工具软件	N/A	收购	
国外	2013.12	Psafe	安全服务	3000 万美元	C 轮	Redpoint eVentures 等
	2013.12	Klab	游戏	3530 万元	N/A	

2013 年，来自 360 的投资有 17 起，主要覆盖在 3 个方面：移动互联网、安全业务、游戏。在移动互联网方面，360 从用户和流量角度切入，投资或收购的多数是各个细分方向上的工具，包括安卓壁纸、快用苹果助手、安奇智联（安豆苗）、秒拍/咔咔（阅后即焚应用）、

DoDorid（iDoo 输入法、iDoo 短信）等；在 3G 门户上市时，奇虎 360 也进行了投资。安全业务方面 3000 万美元领投对巴西安全公司 Psafe 的投资，还有收购日志宝、投资企业级安全服务安赛科技 AIScanner 等。游戏领域，3530 万注资日本手机游戏开发商 Klab、数百万元投资途游游戏，此外还投资了小葱网络，布局电视游戏和家庭娱乐游戏等。

小米的投资并购围绕“硬件+软件+服务”主营业务投资，具体见表 6.7。

表 6.7　小米公司投资收购一览表

	时间	公司	领域	融资金额	融资轮次	其他投资方
国内投资	2013.9	WiWide 迈外迪	WiFi	数千万人民币	B 轮	景林投资
	2013.9	加一联创 lmore	硬件	千万美元	A 轮	顺为基金、淡马锡等
	2013.6	跃联互动	移动互联网	数百万美元	A 轮	
	2013.5	雷锋网	媒体	N/A	A 轮	景林投资
	2013.3	智谷睿拓	专利授权	1960 万美元	A 轮	金山软件、顺为基金
国外	2013.8	Pebbles	手势识别	1100 万美元	B 轮	SanDisk、Bosch 等
其他 - 顺为或雷军投资与小米相关的	2013.1	一起作业	教育	数百万美元	A 轮	顺为基金投资
	2013.1	宝宝巴士	教育	数百万美元	A 轮	顺为基金投资
	2013.12	51Talk 无忧英语	教育	1200 万美元	B 轮	顺为领投、DCM 跟投
	2013.1	老年桌面	移动互联网	数百万元	天使投资	雷军个人天使基金
	2013.1	RIGO Design	设计	数百万元	天使投资	雷军个人天使基金
	2013.1	Zealer	硬件媒体	数百万元	天使投资	雷军个人天使基金

小米在快速布局自身业务、不断推出新产品的同时，也进行了一系列的投资，包括小米的投资，还通过顺为资本、雷军个人的天使投资、甚至金山软件的投资都整体联系到一起，是一个大棋盘。2013 年小米公司公开曝光的投资并不是太多，而且基本上都是和主营业务有关联的，投资了 WiFi 方面的 WiWide 迈外迪；围绕硬件业务投资了加一联创，会在 3C 配件围绕小米推出新产品；还投资了 Pebbles，看怎么把手势识别用到小米系硬件的交互体验中。此外智谷睿拓、雷锋网则是战略投资，专利的挖掘、媒体的生态链，都是小米需要的。在小米之外，顺为基金、还有雷军个人的天使投资基金在 2013 年也有一些新动作，顺为基金在教育领域拓展较多，先后投资了一起作业、宝宝巴士、51Talk 等；雷军个人的投资和小米相关的主要有设计机构 RIGO Design，还有另外一家硬件媒体 Zealer。

（中国科学院　侯自强）

第 7 章　2013 年中国互联网政策法规建设情况

7.1　我国互联网政策法规建设情况概述

2013 年，我国互联网领域的政策法规建设在平稳推进中呈现三个亮点：一是确立并实施“宽带中国”战略，加快构建宽带、融合、安全、泛在的下一代国家信息基础设施，以全面支撑经济发展和服务社会民生；二是充分认识到信息消费在有效拉动内需、催生新的经济增长点、促进消费升级、产业转型和民生改善方面的作用，出台了《国务院关于促进信息消费扩大内需的若干意见》，将信息消费作为继房地产、汽车之后的又一消费领域和新的经济增长点来培育；三是强化了网上合法权益保护制度建设，修订后的《消费者权益保护法》和《网络信息传播权保护条例》，新出台的《电信和互联网用户个人信息保护规定》和《最高人民法院、最高人民检察院关于办理利用信息网络实施诽谤等刑事案件适用法律若干问题的解释》等，为网购消费者权益保护、互联网用户个人信息保护、信息网络传播权保护以及网民人身权、财产权保护提供了更加完备的法律制度依据。

7.2　我国互联网主要政策及内容

基于信息技术创新发展态势及其在新一轮技术革命和产业变革中的重要地位，我国明确将宽带网络定位为新时期我国经济社会发展的战略性公共基础设施，并在推动信息化应用领域自主创新、实施“宽带中国”战略、大力培育物联网、下一代互联网、电子商务等产业发展，以及深化电子政务应用和促进信息消费等方面，出台了一系列政策文件。

7.2.1　在鼓励自主创新方面

2013 年 1 月 15 日，《国务院关于印发“十二五”国家自主创新能力建设规划的通知》公布，指出世界进入依靠创新繁荣实体经济的深度调整期，“十二五”也是我国建设创新型国家的关键时期，必须把科技创新作为提高社会生产力和综合国力的战略支撑，摆在国家发展全局的核心位置，以战略眼光和全球视野，抓住机遇，应对挑战，充分利用现有基础，着力加强薄弱环节，以更大力度推进我国自主创新能力建设。其中，有关信息技术领域的创新及应用被放在突出重要的位置，主要内容包括：

一是关于形势判断。当前，信息通信等关系现代化建设进程的重要领域正孕育革命性突破，将催生一批战略性新兴产业，引发以绿色、健康和智能为特征的新产业革命，推动产业结构重大调整。要避免与新科技革命和产业革命带来的重大历史机遇失之交臂，必须实现创新能力质的飞跃。

二是在加强科技创新基础条件建设方面。《通知》要求推动重点领域科技资源平台建设，在信息、生物、新材料等重点领域以及新兴、前沿和交叉学科领域，推动多学科交叉集成、面向社会开放服务的科技资源平台建设；加快科学数据平台建设，实施科研信息化应用推进工程，强化国家重要科研信息化基础设施的综合应用和服务能力。加强中国科技资源共享网建设，构建科技资源从数据获取、存储、处理、挖掘到开放共享的完整信息服务链。

三是在增强重点产业创新能力方面。（一）在制造业领域，要求推动工业化和信息化深度融合，加强生产过程智能化和生产装备数字化应用示范，提升集散控制、数字控制等自动化和信息化技术集成创新能力。推进国家新型工业化产业示范基地建设。实施制造业信息化科技工程。根据行业技术发展要求，培育和发展网络制造等现代制造模式，促进“生产型制造”向“服务型制造”转变。（二）在战略性新兴产业领域，建设重点包括新一代信息技术，即新一代无线通信、卫星移动通信、下一代广播电视网、下一代互联网、云计算、物联网、新型显示技术、半导体照明，信息技术服务。要求依托产业创新资源聚集区，布局建设一批重大成果应用示范基地，支持商业模式创新，探索政府采购支持新方式，发展产业链完善、创新能力强、特色鲜明的创新集群，提升战略性新兴产业关键技术的工程化和产业化能力。

四是在提高重点社会领域创新能力方面。（一）教育领域：①加强教育信息化应用体系建设。推动“宽带网络校校通”、“优质资源班班通”、“网络学习空间人人通”建设，构建和完善网络教学体系。全面推进教育信息化应用，鼓励有条件的学校推进数字化学习中心、数字化校园、数字化图书馆和虚拟实验室建设，促进课堂互动教学、网络互动学习，提升教育教学技术水平。加快发展开放灵活的教育资源公共服务平台，促进优质教育资源普及共享。加大教育信息化培训力度，推广教师信息化教育技术能力标准，加强教师、技术人员和管理人员专业化培训，提高教师应用信息技术的水平。②提高教育信息化的技术支撑能力。开发适应多终端共享要求的内容资源、学习工具和资源生成系统，提高教育信息化技术装备水平。加强数字化教学设施、特殊教育技术手段等技术创新。建设教育信息技术集成推广、教育技术装备与系统、教育支撑软件开发等创新平台，提升教学标准评测认证和教育资源质量审定评测能力。③加强教育管理信息化建设。制定国家教育管理信息标准与编码规范，制定学校信息化管理业务标准与规范等教育信息化标准。搭建安全高效的国家教育管理公共服务平台，建设教育管理信息系统，完善教育基础信息数据库，提高教育管理效率和服务能力。建立健全数字化校园网络信息安全监管机制。（二）医疗卫生领域：加强医疗卫生公共服务技术能力建设。推进医疗卫生信息化，完善国家、省和地市三级卫生信息平台。推进公共卫生、医疗服务、医疗保障、基本药物和综合管理等业务应用系统建设。加快临床信息资源库与数据库建设，促进相互关联与整合。建立城乡居民电子健康档案和电子病历资源库，提高临床路径实用性和电子化水平。推进医疗卫生服务先进适用技术、装备和系统的研发、产业化，并加快推广应用。（三）文化领域：①推进文化科技创新能力建设。着眼现代文化产业体系建设需要，在出版、印刷、传媒、影视、演艺、网络游戏、网络音乐、动漫等领域推动建设技术创新平台和产学研战略联盟，支持数字文化创意、数字出版、数字影视制作、数字投送等创新技术应用，形成一批文化资源数据库，增强文化科技创新基础能力。实施文化科技创新工程，突破一批核心、关键、共性技术，推进相关技术标准研制，充分利用信息技术等先进技术支撑文化装备、材料、工艺、软件、系统的研制和发展，提高科技对传统文化业态的升级改造和对新兴文化业态的培育能力。依托国家高新技术园区、国家可持续发展实验区、国家级文化产业（试验）示范园区、国家文化产业示范基地、国家动漫游戏产业振兴基地等建立国家级文化和科技融合示范基地，促进文化与科技创新资源和要素互动衔接，加快培育和发展文化创意、数字出版、数字印刷、数字媒体、动漫游戏等新兴文化产业。跟踪新媒体发展趋势，充分发挥基于互联网和移动通信技术的新媒体在催生文化新业态、优化文化产业结构、完善文化产业链等方面的重要作用。②创新公共文化服务手段和服务内容。充分利用信息技术，大力开发新型文化产品，增强公共文化产品供给能力，满足人民群众多样化文化需求，使城乡居民平等享受公共文化服务。加快现代科技在图书馆、文化馆（站）等公共文化场馆中的普及和应用，充分发挥信息技术和直播卫星技术在农家书屋、全民阅读、文化信息资源共享、数字图书馆推广、公共电子阅览室、国家公共文化服务体系示范区（项目）创建等重点文化惠民工程建设中的作用，完善公共文化服务网络，构建技术先进、传输快捷、覆盖广泛的现代传播体系。加强国际传播能力建设，构建网络化国际文化交流服务平台，创新中国文化“走出去”方法和手段，提升中国文化的表现力和传播力。

7.2.2　在加强网络基础设施建设方面

2013 年 8 月 1 日，《国务院关于印发“宽带中国”战略及实施方案的通知》指出，宽带网络是新时期我国经济社会发展的战略性公共基础设施，发展宽带网络对拉动有效投资和促进信息消费、推进发展方式转变和小康社会建设具有重要支撑作用，但我国宽带网络仍然存在公共基础设施定位不明确、区域和城乡发展不平衡、应用服务不够丰富、技术原创能力不足、发展环境不完善等问题。对此，《“宽带中国”战略及实施方案》要求加快构建宽带、融合、安全、泛在的下一代国家信息基础设施，全面支撑经济发展和服务社会民生。为此，要求坚持政府引导与市场调节相结合、坚持统筹规划与分步推进相结合、坚持网络建设与应用服务相结合、坚持网络升级与产业创新相结合、坚持宽带普及与保障安全相结合 5 项基本原则，努力实现以下发展目标，即到 2015 年，初步建成适应经济社会发展需要的下一代国家信息基础设施。基本实现城市光纤到楼入户、农村宽带进乡入村，固定宽带家庭普及率达到 50%，第三代移动通信及其长期演进技术（3G/LTE）用户普及率达到 32.5%，行政村通宽带（有线或无线接入方式，下同）比例达到 95%，学校、图书馆、医院等公益机构基本实现宽带接入。城市和农村家庭宽带接入能力基本达到 20Mbps 和 4Mbps，部分发达城市达到 100Mbps。宽带应用水平大幅提升，移动互联网广泛渗透。网络与信息安全保障能力明显增强。到 2020 年，我国宽带网络基础设施发展水平与发达国家之间的差距大幅缩小，国民充分享受宽带带来的经济增长、服务便利和发展机遇。宽带网络全面覆盖城乡，固定宽带家庭普及率达到 70%，3G/LTE 用户普及率达到 85%，行政村通宽带比例超过 98%。城市和农村家庭宽带接入能力分别达到 50Mbps 和 12Mbps，发达城市部分家庭用户可达 1 吉比特每秒（Gbps）。宽带应用深度融入生产生活，移动互联网全面普及。技术创新和产业竞争力达到国际先进水平，形成较为健全的网络与信息安全保障体系。在此基础上，《“宽带中国”战略及实施方案》明确了技术路线、发展时间表和重点任务。

在技术路线方面，统筹接入网、城域网和骨干网建设，综合利用有线技术和无线技术，结合基于互联网协议第 6 版（IPv6）的下一代互联网规模商用部署要求，分阶段系统推进宽带网络发展。一是按照高速接入、广泛覆盖、多种手段、因地制宜的思路，推进接入网建设；二是按照高速传送、综合承载、智能感知、安全可控的思路，推进城域网建设；三是按照优化架构、提升容量、智能调度、高效可靠的思路，推进骨干网建设。

在发展时间表方面，一是全面提速阶段（至 2013 年底）。重点加强光纤网络和 3G 网络建设，提高宽带网络接入速率，改善和提升用户上网体验；二是推广普及阶段（2014—2015 年）。重点在继续推进宽带网络提速的同时，加快扩大宽带网络覆盖范围和规模，深化应用普及；三是优化升级阶段（2016—2020 年）。重点推进宽带网络优化和技术演进升级，宽带网络服务质量、应用水平和宽带产业支撑能力达到世界先进水平。

在重点任务方面：（一）推进区域宽带网络协调发展。支持东部地区先行先试开展网络升级和应用创新；对中西部地区给予政策倾斜，支持中西部地区宽带网络建设，增加光缆路由，提升骨干网络容量，扩大接入网络覆盖范围，与东部地区同步部署应用新一代移动通信技术、下一代广播电视网技术和下一代互联网；农村地区则将宽带纳入电信普遍服务范围，重点解决宽带村村通问题，因地制宜采用光纤、铜线、同轴电缆、3G/LTE、微波、卫星等多种技术手段加快宽带网络从乡镇向行政村、自然村延伸。（二）加快宽带网络优化升级。一是骨干网。加快互联网骨干节点升级，推进下一代广播电视网宽带骨干网建设，提升网络流量疏通能力，全面支持 IPv6。二是接入网和城域网。积极利用各类社会资本，统筹有线、无线技术加快宽带接入网建设。三是应用基础设施。统筹互联网数据中心建设，利用云计算和绿色节能技术进行升级改造，提高能效和集约化水平。扩大内容分发网络容量和覆盖范围，提升服务能力和安全管理水平。增加网站接入带宽，优化空间布局，实现互联网信息源高速接入。同步推动政府、学校、企事业单位外网网站系统及商业网站系统的 IPv6 升级改造。（三）提高宽带网络应用水平。包括经济发展、社会民生、文化建设、国防建设和应用普及等五个领域。如经济建设方面，不断拓展和深化宽带在生产经营中的应用，加快企业宽带联网和基于网络的流程再造与业务创新，利用信息技术改造提升传统产业，实现网络化、智能化、集约化、绿色化发展，促进产业优化升级。不断创新宽带应用模式，培育新市场新业态，加快电子商务、现代物流、网络金融等现代服务业发展，壮大云计算、物联网、移动互联网、智能终端等新一代信息技术产业。行业专用通信要充分利用公众网络资源，满足宽带化发展需求，逐步减少专用通信网数量。（四）促进宽带网络产业链不断完善。重点是关键技术研发、重大产品产业化、智能终端研制和支撑平台建设四个方面，如重大产品产业化方面，要在光通信、新一代移动通信、下一代互联网、下一代广播电视网、移动互联网、云计算、数字家庭等重点领域，加大对关键设备核心芯片、高端光电子器件、操作系统等高端产品研发及产业化的支持力度。支持宽带网络核心设备研制、产业化及示范应用，着力突破产业瓶颈，提升自主发展能力。鼓励组建重点领域技术产业联盟，完善产业链上下游协作，推动产业协同创新等。（五）增强宽带网络安全保障能力。包括加强技术支撑能力、安全防护体系、应急通信系统和安全管理机制建设。如在安全管理机制上，引导和规范新技术、新应用安全发展，构建安全评测评估体系，提高主动安全管理能力。加强信息保护体系建设，制定和完善个人隐私信息保护、打击网络犯罪等方面法律法规，推动行业自律和公众监督，加强用户安全宣传教育，构建全方位的社会化治理体系，着力打造安全、健康、诚信的网络环境等。为完成上述任务，《实施方案》还部署了一系列工程，包括“宽带乡村”工程、宽带网络优化提速工程、中小企业宽带应用示范工程和宽带核心设备研制产业化工程等。

为落实上述目标和任务，《实施方案》还从加强组织领导、完善制度环境、规范建设秩序、加大财税扶持、优化频谱规划、加强人才培养和深化国际合作七个方面，提出了相关政策措施。例如，在完善制度环境方面，一是完善法律法规。加快推动出台相关法律法规，明确宽带网络作为国家公共基础设施的法律地位，强化宽带网络设施保护。依法保护个人信息，营造安全可信的网络环境，促进宽带应用发展。二是健全监管体系。全面推进三网融合，加快电信和广电业务双向进入，建立和完善适应三网融合需要的网络信息安全和文化安全监管机制。健全宽带网络监管制度，加强监管能力建设，推进监管队伍向地市延伸。三是推动开放竞争。逐步开放宽带接入网业务，鼓励民间资本参与宽带网络设施建设和业务运营，推动形成多种主体相互竞争、优势互补、共同发展的市场格局。规范宽带市场竞争行为，保障住宅小区及机场、高速公路、地铁等公共服务区域的公平进入。加强国家骨干网网间通信质量监管，建立网间互联带宽扩容长效机制，完善骨干网网间结算办法，保障网间互联高效畅通和骨干网公平竞争。通过产业联盟、行业协会等各种渠道，引导宽带网络设备制造和信息服务企业加强行业自律，建立竞争机制，共同维护竞争秩序。四是深化应用创新。构建和完善宏观调控、社会管理和公共服务等基础信息资源体系，加快建立公益性信息资源开发应用长效机制，推进农业、科技、教育、文化、卫生、人口、就业和社会保障、国土资源等领域信息资源的公益性利用，建立跨地区、跨部门、跨层级的开放共享机制。

7 月 30 日，《工业和信息化部办公厅关于组织申报 2013 年度宽带网络优化示范项目的通知》针对宽带发展中面临的网速体验速率与接入速率差异大、老旧小区宽带光纤入户难等问题，组织实施宽带网络优化示范项目，明确了项目重点支持的范围和要求。主要包括三类：一是内容分发网络建设升级示范，支持具备全国 CDN 网络的企业，在北京地区，补充建设扩容 CDN 节点、合理布局 CDN 与信息源等，实现示范地区宽带用户上网体验的明显提升；二是利用自建内容分发网络提升用户体验示范，支持具备一定用户规模（日均用户访问量超过 1 亿用户）的大型互联网企业，在北京地区，自行部署扩容 CDN 节点、合理布局 CDN 与信息源或采用软件定义网（SDN）等新技术措施，重点针对视频类、交互类、下载类等业务，实现所选区域内该企业的业务使用用户上网体验的明显提升；三是老旧小区共建共享宽带提速改造示范，支持基础电信企业在 3-5 个省份若干老旧小区，对约 1.5 万用户进行共建共享光纤改造、VDSL 提速改造等技术和模式探索，并采用新型改造工艺减少对居民生活环境的影响，加快宽带提速改造进程。同时，《通知》明确了项目要求、鼓励申报的企业类型、实施期限、申报主体的条件以及申报与审查程序等内容。例如，所有项目申报主体必须符合以下四项条件：（一）具有独立法人资格的基础电信企业、互联网企业；（二）具有健全的财务核算与管理体系，运行管理规范；（三）具备项目实施所需的各项能力、各种设施、技术和人员，自有资金必须落实到位；（四）项目负责人为单位法人代表或具有独立承担项目实施能力并得到授权的人员。《通知》还对三类示范项目的申报主体提出建议，如鼓励具备一定用户规模（日均用户访问量达到 1 亿用户）且具备自有 CDN 网络基础条件的大型互联网企业申报利用自建内容分发网络提升用户体验示范等。

8 月 2 日，国家发展改革委办公厅、工业和信息化部办公厅、科技部办公厅和国家新闻出版广电总局办公厅联合公布了《关于开展国家下一代互联网示范城市建设工作的通知》，重申互联网是我国经济社会发展的重要信息基础设施，为推动我国下一代互联网产业加快发展，四部门决定联合开展“国家下一代互联网示范城市”建设工作，以应用带动下一代互联网发展。《通知》明确以下方面的内容：一是下一代互联网示范城市建设的总体目标：着力探索解决我国下一代互联网发展遇到的突出矛盾和问题；创新发展模式，突出特色应用，树立样板工程，形成有利于更大规模应用的示范效应，促进信息消费；加快基础设施建设和升级改造，为完成我国下一代互联网“十二五”发展目标奠定基础。二是示范城市主要建设任务，包括（一）加强基础设施建设。加快城域网、接入网、互联网数据中心（IDC）、业务系统、支撑系统等基础设施的 IPv6 升级改造，全面提升 IPv6 用户普及率和网络接入覆盖率。（二）推动业务全面升级。积极推动商业网站系统及政府、学校、企事业单位外网网站系统的 IPv6 升级改造，促进各类业务向 IPv6 过渡，并确保平滑演进，积极发展地址需求量大、速率快、移动性高的个性化互动业务。（三）开展行业特色应用。结合物联网、云计算和移动互联网等新兴业务，选择教育、农业、工业、医疗、交通、铁路、水利、环保、社会管理等部分重点领域开发部署一批具有典型示范作用的下一代互联网应用，培育新服务、新市场、新业态。（四）健全产业支撑体系。积极培育下一代互联网骨干企业，初步形成一批下一代互联网产业聚集区域，建立技术研发和产业支撑体系，提升产业规模和创新能力，带动地方就业和经济增长。（五）提高安全保障能力。建立重要网络应用安全评估制度，全面部署网络与信息安全防护体系，提高信息安全技术保障和支撑能力，加强网络信息与安全保障工作。三是相关工作要求，包括（一）建立工作机制。参与创建工作的城市要建立示范城市建设工作协调机制，负责制定工作方案，协调政策措施，组织重点项目建设等。（二）制订工作方案。参与创建工作的城市要结合当地经济和社会发展实际，充分调动基础电信运营企业、广电企业、商业网站、设备制造企业等多方力量，制定国家下一代互联网示范城市建设工作方案，并参照示范城市建设考核体系，确定年度工作目标、重点、步骤，提出具体政策措施和保障机制。（三）凝聚各方资源。示范城市的创建工作要充分调动相关社会资源，联合推进。要切实推动基础电信运营企业与当地应用企业之间开展实质性合作，并充分发挥广电企业、商业网站、设备制造企业等产业链其他环节，以及高等院校、科研机构、行业组织等多方力量的作用。（四）加强统筹协调。示范城市的创建工作要注重与国家实施创新驱动发展战略和培育发展战略性新兴产业的结合，要加强与“宽带中国”战略实施以及 TD-LTE、云计算、物联网、大数据等新兴业务发展的衔接，要努力与国家创新型城市、电子商务示范城市、智慧城市等其他试点工作做好配合，做到点面结合，增强工作的系统性。（五）注重因地制宜。示范城市的创建工作要结合本地区、本城市发展需求，广泛开展调研，充分听取各界意见，要注重政策与投资相结合，切实将创建国家下一代互联网示范城市作为培育产业、发展经济、转变方式、服务民生的重要契机，有效推动地方经济社会发展。（六）确保目标落实。经审核通过后的示范城市要按照既定方案抓紧开展工作，落实各项任务，确保实现工作目标，并定期将进展情况报送国家发展改革委、工业和信息化部、科技部、国家新闻出版广电总局。国家发展改革委将联合工业和信息化部、科技部、国家新闻出版广电总局组织有关专家对建设工作进行定期评估，对于工作目标实现良好的示范城市将给予连续支持。四是组织实施。国家发展改革委将对示范城市下一代互联网建设项目给予支持，根据下一代互联网“十二五”工作安排，采用 3 年滚动支持的方式。各地方发展改革委商工业和信息化、通信、科技、广电主管部门，根据经审核通过的工作方案，负责审批示范城市具体建设项目并组织实施。国家发展改革委进行年度考核后，对符合要求的项目，适时下达年度资金计划。工业和信息化部将加强行业指导，引导和支持电信运营企业和互联网企业等加快示范城市信息基础设施改造，并会同新闻出版广电总局在推进三网融合过程中，加快发展业务应用。科技部将积极支持下一代互联网关键技术研究及在示范城市的试验应用，加速科研成果转化，不断提升自主创新能力。新闻出版广电总局将加快推动广播电视宽带网络的升级改造，促进网络能力与业务创新同步发展，深化下一代互联网在广电领域的应用。《通知》还明确了相关申报程序。

12 月 11 日，国家发展改革委、工业和信息化部等四部门公布了《关于同意北京市等 16 个城市（群）开展国家下一代互联网示范城市建设工作的通知》，原则同意北京、上海、南京、苏州、无锡、杭州、郑州、武汉、广州、成都、西安、克拉玛依、厦门、青岛、深圳等 15 个城市开展国家下一代互联网示范城市建设工作；同意长沙、株洲、湘潭 3 个城市联合开展国家下一代互联网示范城市群建设，并建立相关工作机制，统筹协调推进。同时要求示范城市把建设国家下一代互联网示范城市作为全面深化改革、培育新兴产业、转变发展方式、服务社会民生的重要抓手，重点做好以下六个方面工作：（一）加强统筹协调。各示范城市要在示范城市建设工作领导小组（或其他协调机构）的领导下，结合实际进展情况，因地制宜，不断完善政策环境，加强改革创新，探索方式方法，增进本地区各单位间的协作，推动下一代互联网与新一代移动通信、移动互联网、物联网、云计算、大数据等新兴信息技术融合应用，协调解决工作中存在的问题，确保建设目标的实现。（二）深挖特色应用。各示范城市要结合新形势，强化创新驱动发展，使市场在资源配置中起决定性作用，并更好地发挥政府的作用，在电子政务、行业应用、公众服务等方面深挖特色应用，探索能充分发挥 IPv6 技术特点、具有示范效应、可推广的业务发展模式，积极推广政府购买服务，培育新服务、新市场、新业态，切实推动下一代互联网发展。（三）注重形成合力。各示范城市要加强本地基础电信运营企业、广电企业之间的统筹协调，鼓励企业加大改造投入。要进一步研究和细化配套政策措施，积极创造条件引导商业网站在本地区提供 IPv6 优先访问服务。要促进电信运营企业、广电企业和网站企业之间的衔接配合，努力形成相互配合、协调推进的良好局面。要积极采取措施鼓励支持 IPv6 的终端设备发展及应用。（四）强化安全保障。各示范城市要高度重视网络与信息安全保障工作，认真梳理网络信息安全风险，针对性研究提出安全防护策略和工作方案，全面提升下一代互联网安全保障能力。积极落实安全等级保护、个人信息保护、风险评估、应急响应、安全管理、灾难备份及恢复等制度和标准。按照相关部门要求，加强网络地址的规划和实名制管理，不断完善网络与信息安全保障体系。（五）加强宣传引导。各示范城市要加强对国家下一代互联网示范城市建设工作的宣传力度，在城市政务门户网站公开重要建设指标，提高公众对下一代互联网的认知度，创造有利于下一代互联网发展的环境。（六）形成长效机制。各示范城市要科学分解任务目标，明确责任主体，定期对示范城市建设情况和项目进展进行检查，梳理总结年度工作完成情况和存在的主要问题，形成推进工作的长效机制。相关进展情况经示范城市建设工作领导小组（或其他协调机构）审议后于每年 3 月 20 日前报国家发展改革委、工业和信息化部、科技部、国家新闻出版广电总局。我们将建立检查和评估机制，定期对示范城市建设进展情况进行综合分析。

7.2.3　在推进产业发展方面

2013 年 2 月 5 日，《国务院关于推进物联网有序健康发展的指导意见》出台，指出物联网是新一代信息技术的高度集成和综合运用，具有渗透性强、带动作用大、综合效益好的特点，推进物联网的应用和发展，有利于促进生产生活和社会管理方式向智能化、精细化、网络化方向转变，对于提高国民经济和社会生活信息化水平，提升社会管理和公共服务水平，带动相关学科发展和技术创新能力增强，推动产业结构调整和发展方式转变具有重要意义，且在全球范围内物联网正处于起步发展阶段，物联网技术发展和产业应用具有广阔的前景和难得的机遇。

针对目前我国物联网发展中存在关键核心技术有待突破、产业基础薄弱、网络信息安全存在潜在隐患、一些地方出现盲目建设现象等问题，《意见》要求加强统筹规划，围绕经济社会发展的实际需求，以市场为导向，以企业为主体，以突破关键技术为核心，以推动需求应用为抓手，以培育产业为重点，以保障安全为前提，营造发展环境，创新服务模式，强化标准规范，合理规划布局，加强资源共享，深化军民融合，打造具有国际竞争力的物联网产业体系，有序推进物联网持续健康发展。为此，要求按照统筹协调、创新发展、需求牵引、有序推进和安全可控的原则，实现物联网在经济社会各领域的广泛应用，掌握物联网关键核心技术，基本形成安全可控、具有国际竞争力的物联网产业体系，成为推动经济社会智能化和可持续发展的重要力量的总体目标，近期目标则是到 2015 年，实现物联网在经济社会重要领域的规模示范应用，突破一批核心技术，初步形成物联网产业体系，安全保障能力明显提高。

为此，《意见》提出了发展物联网的九项主要任务：（一）加快技术研发，突破产业瓶颈。以掌握原理实现突破性技术创新为目标，把握技术发展方向，围绕应用和产业急需，明确发展重点，着力突破物联网核心芯片、软件、仪器仪表等基础共性技术，加快传感器网络、智能终端、大数据处理、智能分析、服务集成等关键技术研发创新，推进物联网与新一代移动通信、云计算、下一代互联网、卫星通信等技术的融合发展。充分利用和整合现有创新资源，形成一批物联网技术研发实验室、工程中心、企业技术中心，加强协同攻关，突破产业发展瓶颈。（二）推动应用示范，促进经济发展。对工业、农业、商贸流通、节能环保、安全生产等重要领域和交通、能源、水利等重要基础设施，围绕生产制造、商贸流通、物流配送和经营管理流程，推动物联网技术的集成应用，抓好一批效果突出、带动性强、关联度高的典型应用示范工程。积极利用物联网技术改造传统产业，推进精细化管理和科学决策，提升生产和运行效率，推进节能减排，保障安全生产，创新发展模式，促进产业升级。（三）改善社会管理，提升公共服务。在公共安全、社会保障、医疗卫生、城市管理、民生服务等领域，围绕管理模式和服务模式创新，实施物联网典型应用示范工程，构建更加便捷高效和安全可靠的智能化社会管理和公共服务体系。发挥物联网技术优势，促进社会管理和公共服务信息化，扩展和延伸服务范围，提升管理和服务水平，提高人民生活质量。（四）突出区域特色，科学有序发展。引导和督促地方根据自身条件合理确定物联网发展定位，结合科研能力、应用基础、产业园区等特点和优势，科学谋划，因地制宜，有序推进物联网发展，信息化和信息产业基础较好的地区要强化物联网技术研发、产业化及示范应用，信息化和信息产业基础较弱的地区侧重推广成熟的物联网应用。加快推进无锡国家传感网创新示范区建设。应用物联网等新一代信息技术建设智慧城市，要加强统筹、注重效果、突出特色。（五）加强总体设计，完善标准体系。强化统筹协作，依托跨部门、跨行业的标准化协作机制，协调推进物联网标准体系建设。按照急用先立、共性先立原则，加快编码标识、接口、数据、信息安全等基础共性标准、关键技术标准和重点应用标准的研究制定。推动军民融合标准化工作，开展军民通用标准研制。鼓励和支持国内机构积极参与国际标准化工作，提升自主技术标准的国际话语权。（六）壮大核心产业，提高支撑能力。加快物联网关键核心产业发展，提升感知识别制造产业发展水平，构建完善的物联网通信网络制造及服务产业链，发展物联网应用及软件等相关产业。大力培育具有国际竞争力的物联网骨干企业，积极发展创新型中小企业，建设特色产业基地和产业园区，不断完善产业公共服务体系，形成具有较强竞争力的物联网产业集群。强化产业培育与应用示范的结合，鼓励和支持设备制造、软件开发、服务集成等企业及科研单位参与应用示范工程建设。（七）创新商业模式，培育新兴业态。积极探索物联网产业链上下游协作共赢的新型商业模式。大力支持企业发展有利于扩大市场需求的物联网专业服务和增值服务，推进应用服务的市场化，带动服务外包产业发展，培育新兴服务产业。鼓励和支持电信运营、信息服务、系统集成等企业参与物联网应用示范工程的运营和推广。（八）加强防护管理，保障信息安全。提高物联网信息安全管理与数据保护水平，加强信息安全技术的研发，推进信息安全保障体系建设，建立健全监督、检查和安全评估机制，有效保障物联网信息采集、传输、处理、应用等各环节的安全可控。涉及国家公共安全和基础设施的重要物联网应用，其系统解决方案、核心设备以及运营服务必须立足于安全可控。（九）强化资源整合，促进协同共享。充分利用现有公共通信和网络基础设施开展物联网应用。促进信息系统间的互联互通、资源共享和业务协同，避免形成新的信息孤岛。重视信息资源的智能分析和综合利用，避免重数据采集、轻数据处理和综合应用。加强对物联网建设项目的投资效益分析和风险评估，避免重复建设和不合理投资。

为推动落实上述任务，《意见》要求加强统筹协调形成发展合力、营造良好发展环境、加强财税政策扶持、完善投融资政策、提升国际合作水平和加强人才队伍建设。如在加强统筹协调形成发展合力方面，要求建立健全部门、行业、区域、军地之间的物联网发展统筹协调机制，充分发挥物联网发展部际联席会议制度的作用，研究重大问题，协调制定政策措施和行动计划，加强应用推广、技术研发、标准制定、产业链构建、基础设施建设、信息安全保障、无线频谱资源分配利用等的统筹，形成资源共享、协同推进的工作格局和各环节相互支撑、相互促进的协同发展效应。加强物联网相关规划、科技重大专项、产业化专项等的衔接协调，合理布局物联网重大应用示范和产业化项目，强化产业链配套和区域分工合作。

7.2.4　在促进信息消费方面

2013 年 8 月 8 日，《国务院关于促进信息消费扩大内需的若干意见》指出，近年来，全球范围内信息技术创新不断加快，信息领域新产品、新服务、新业态大量涌现，不断激发新的消费需求，成为日益活跃的消费热点。我国市场规模庞大，正处于居民消费升级和信息化、工业化、城镇化、农业现代化加快融合发展的阶段，信息消费具有良好发展基础和巨大发展潜力。加快促进信息消费，能够有效拉动需求，催生新的经济增长点，促进消费升级、产业转型和民生改善，是一项既利当前又利长远、既稳增长又调结构的重要举措。为此，《意见》要求以深化改革为动力，以科技创新为支撑，围绕挖掘消费潜力、增强供给能力、激发市场活力、改善消费环境，加强信息基础设施建设，加快信息产业优化升级，大力丰富信息消费内容，提高信息网络安全保障能力，建立促进信息消费持续稳定增长的长效机制，推动面向生产、生活和管理的信息消费快速健康增长，为经济平稳较快发展和民生改善发挥更大作用。

《意见》从三个方面提出了促进信息消费的主要目标：一是信息消费规模快速增长。到

2015 年，信息消费规模超过 3.2 万亿元，年均增长 20%以上，带动相关行业新增产出超过 1.2 万亿元，其中基于互联网的新型信息消费规模达到 2.4 万亿元，年均增长 30%以上。基于电子商务、云计算等信息平台的消费快速增长，电子商务交易额超过 18 万亿元，网络零售交易额突破 3 万亿元。二是信息基础设施显著改善。到 2015 年，适应经济社会发展需要的宽带、融合、安全、泛在的下一代信息基础设施初步建成，城市家庭宽带接入能力基本达到每秒 20 兆比特（Mbps），部分城市达到 100Mbps，农村家庭宽带接入能力达到 4Mbps，行政村通宽带比例达到 95%。智慧城市建设取得长足进展。三是信息消费市场健康活跃。面向生产、生活和管理的信息产品和服务更加丰富，创新更加活跃，市场竞争秩序规范透明，消费环境安全可信，信息消费示范效应明显，居民信息消费的选择更加丰富，消费意愿进一步增强。企业信息化应用不断深化，公共服务信息需求有效拓展，各类信息消费的需求进一步释放。

《意见》从五个方面提出了促进信息消费的主要任务。一是加快信息基础设施演进升级。完善宽带网络基础设施，发布实施“宽带中国”战略，统筹提高城乡宽带网络普及水平和接入能力；统筹推进移动通信发展，扩大第三代移动通信（3G）网络覆盖，推动于 2013 年内发放第四代移动通信（4G）牌照，加快推进我国主导的新一代移动通信技术时分双工模式移动通信长期演进技术 （ TD-LTE）网络建设和产业化发展；全面推进三网融合，加快电信和广电业务双向进入，在试点基础上于 2013 年下半年逐步向全国推广。二是增强信息产品供给能力。鼓励智能终端产品创新发展，面向移动互联网、云计算、大数据等热点，加快实施智能终端产业化工程，支持研发智能手机、智能电视等终端产品，促进终端与服务一体化发展，夯实信息消费的产业基础；增强电子基础产业创新能力，实施平板显示工程，大力提升集成电路设计、制造工艺技术水平，支持智能传感器及系统核心技术的研发和产业化；提升软件业支撑服务水平，加强智能终端、智能语音、信息安全等关键软件的开发应用，加快安全可信关键应用系统推广，大力支持软件应用商店、软件即服务（SaaS）等服务模式创新。三是培育信息消费需求。拓展新兴信息服务业态，发展移动互联网产业，鼓励企业设立移动应用开发创新基金，推进网络信息技术与服务模式融合创新，包括加快推动北斗导航核心技术研发和产业化，推动北斗导航与移动通信、地理信息、卫星遥感、移动互联网等融合发展，支持位置信息服务（LBS）市场拓展等；丰富信息消费内容，大力发展数字出版、互动新媒体、移动多媒体等新兴文化产业，促进动漫游戏、数字音乐、网络艺术品等数字文化内容的消费；拓宽电子商务发展空间，完善智能物流基础设施，大力发展移动支付等跨行业业务，加快推进电子商务示范城市建设，支持网络零售平台做大做强，拓展移动电子商务应用，鼓励电子商务“走出去”。四是提升公共服务信息化水平。促进公共信息资源共享和开发利用，挖掘公共信息资源的经济社会效益，有效提高公共服务水平；提升民生领域信息服务水平，加快实施“信息惠民”工程，提升公共服务均等普惠水平。推进优质教育、医疗信息资源共享，加快就业信息全国联网，推进食品药品网上阳光采购，大力推进金融集成电路卡（IC 卡）在公共服务领域的一卡多应用；加快智慧城市建设，加快实施智能电网、智能交通、智能水务、智慧国土、智慧物流等工程。五是加强信息消费环境建设。构建安全可信的信息消费环境基础，大力推进身份认证、网站认证和电子签名等网络信任服务，推行电子营业执照，建设移动金融安全可信公共服务平台，推进国家基础数据库、金融信用信息基础数据库等数据库的协同；提升信息安全保障能力，依法加强信息产品和服务的检测和认证，鼓励企业开发技术先进、性能可靠的信息技术产品，支持建立第三方安全评估与监测机制，落实信息安全等级保护制度，加强网络与信息安全监管，提升网络与信息安全监管能力和系统安全防护水平；加强个人信息保护，落实全国人大常委会关于加强网络信息保护的决定，积极推动出台网络信息安全、个人信息保护等方面的法律制度；规范信息消费市场秩序，依法加强对信息服务、网络交易行为、产品及服务质量等的监管，查处侵犯知识产权、网络欺诈等违法犯罪行为，进一步拓宽和健全消费维权渠道，强化社会监督。

《意见》还明确了促进信息消费的支持政策。一要深化行政审批制度改革。清理涉及信息消费的行政审批事项，消除各种行业性、地区性、经营性壁垒，优化确需保留的行政审批程序，按照“先照后证、宽进严管”思路，降低互联网企业设立门槛。二要加大财税、金融政策支持。完善高新技术企业认定管理办法，落实企业研发费用税前加计扣除政策，积极推进邮电通信业营业税改增值税改革试点，进一步落实鼓励软件和集成电路产业发展的若干政策，研究完善无线电频率占用费政策，支持经济社会信息化建设。三要切实改善企业融资环境，对互联网小微企业予以优先支持，鼓励创新型、成长型互联网企业在创业板等上市，探索发展并购投资基金，规范发展私募股权投资基金、风险投资基金创新产品，完善信息服务业创业投资扶持政策。鼓励金融机构、融资性担保机构针对互联网企业特点创新金融产品和服务方式。四要改进和完善电信服务，建立健全基础电信运营企业与互联网企业、广电企业、信息内容供应商等合作和公平竞争机制，鼓励民间资本参与宽带网络基础设施建设，扩大民间资本开展移动通信转售业务试点，支持民间资本在互联网领域投资，完善电信、互联网监管制度和技术手段，保障企业实现平等接入，用户实现自主选择。五要加强法律法规和标准体系建设，

推动修订商标法、消费者权益保护法、标准化法、著作权法等法律，加快修订互联网信息服务管理办法、商用密码管理条例等行政法规，加快重点及新兴信息消费领域产品、服务标准体系建设，加大知识产权保护力度。六要开展信息消费统计监测和试点示范，科学制定信息消费的统计分类和标准，加强信息平台建设，加强运行分析，合理引导消费预期，鼓励地方各级人民政府因地制宜研究制定促进信息消费的优惠政策。

9 月 22 日,《国家发展改革委办公厅关于组织实施 2013 年移动互联网及第四代移动通信（TD-LTE）产业化专项的通知》,旨在贯彻落实国务院关于促进信息消费扩大内需的若干意见，加快推动移动互联网和 TD-LTE 产业发展。《通知》提出四个专项目标，一是把握全球移动互联网发展机遇，以移动智能终端为着力点，提高移动智能终端核心技术开发及产业化能力；二是加快移动互联网关键技术的研发及应用，培育能够整合产业链上下游资源、具备一定规模的移动互联网骨干企业；三是完善公共服务平台建设，形成综合的移动互联网产业服务能力；四是推进 TD-LTE 技术在重点领域的创新示范应用，带动 TD-LTE 产业快速发展。重点支持八个方面：（一）移动智能终端新型应用系统研发及产业化。面向移动互联网应用服务与新型交互体验，研发具有自主知识产权的移动智能终端新型应用系统，包括应用引擎和与之配套的云端服务系统，支持新型人机交互技术和移动互联网主流应用，支持主要操作系统，具有安全可信的用户信息管理能力，实现应用系统的规模应用。（二）面向移动互联网的可穿戴设备研发及产业化。面向移动互联网应用，研制可规模商用的多类型可穿戴设备，重点支持研发低功耗的可穿戴设备系统设计技术、面向可穿戴设备的新型人机交互技术及新型传感技术、可穿戴设备与智能终端的互联共享技术、可穿戴设备应用程序及配套的支撑系统技术，实现可穿戴设备产品产业化。（三）移动互联网和智能终端公共服务平台建设。支持由

第三方检测机构牵头，联合产业链上下游企业，充分利用已有基础，面向移动互联网新型业务应用和智能终端等关键环节，研发移动互联网和智能终端公共服务平台，形成对关键技术和关键环节的试验、评测能力以及产业链监测和服务能力，为推动移动互联网产业健康快速发展提供有效支撑。（四）移动智能终端开发及产业化环境建设。支持相关企业在已建立的移动智能终端开发环境基础上，以实现面向第四代移动通信多模多频智能手机新型化、高端化、规模化发展为目标，建设和升级智能终端开发综测、一致性测试、生产及检测环境。（五）高速宽带无线接入设备研发及产业化。研发满足规模覆盖应用的安全高速宽带接入与控制设备，支持接入点集中管控及业务区分。支持 1Gbps 以上的高速率可靠通信，支持多频，支持基于数字证书的用户身份无感知认证。（六）高速宽带无线接入技术研发及创新应用示范。研发高速无线局域网设备测试技术，搭建系统互操作测试平台，研究交通、医疗、航空、LTE 政务网等重要行业的高速宽带无线接入应用技术，开展相关技术试验和创新应用示范。（七）移动互联网大数据关键技术研发及产业化。研发基于移动互联网的多源数据采集技术、海量异构数据管理和实时数据挖掘技术、高效资源管理与分析技术等；开发移动大数据应用产品，并规模应用于应用程序商店、移动搜索、移动电商等领域；鼓励建设移动大数据开发平台。（八）基于 TD-LTE 的行业创新应用示范。支持将 TD-LTE 技术应用于应急通信、能源、政务、医疗、公安等领域，通过 TD-LTE 公众移动通信网络或行业专用网络（含 TD-LTE 集群系统），建设业务应用创新体验环境，实现重点区域的覆盖，为 TD-LTE 行业应用树立可推广的创新示范应用方案，带动 TD-LTE 产业发展。《通知》要求项目主管部门应根据投资体制改革精神和《国家高技术产业发展项目管理暂行办法》的有关规定，按照专项实施重点的要求，结合本单位、本地区实际情况，认真做好项目组织和备案工作，组织编写项目资金申请报告并协调落实项目建设资金、环保、土地、规划等相关建设条件。同时，考虑到移动互联网领域的特点，鼓励多家单位、上下游企业联合申报，同一企业牵头申报的项目不超过 3 个。鼓励互联网领域骨干企业整合多个方向报送项目。

7.2.5 在推动电子商务发展方面

2013 年 8 月 21 日，《国务院办公厅转发商务部等部门关于实施支持跨境电子商务零售出口有关政策意见的通知》公布，指出发展跨境电子商务对于扩大国际市场份额、拓展外贸营销网络、转变外贸发展方式具有重要而深远的意义。这里的“跨境电子商务零售出口”是指我国出口企业通过互联网向境外零售商品，主要以邮寄、快递等形式送达的经营行为，即跨境电子商务的企业对消费者出口，不包括我国出口企业与外国批发商和零售商通过互联网线上进行产品展示和交易，线下按一般贸易等方式完成的货物出口。

《意见》从七个环节规定了相关支持政策：（一）确定电子商务出口经营主体（以下简称经营主体）。经营主体分为三类：一是自建跨境电子商务销售平台的电子商务出口企业，二是利用第三方跨境电子商务平台开展电子商务出口的企业，三是为电子商务出口企业提供交易服务的跨境电子商务第三方平台。经营主体要按照现行规定办理注册、备案登记手续。在政策未实施地区注册的电子商务企业可在政策实施地区被确认为经营主体。（二）建立电子商务出口新型海关监管模式并进行专项统计。海关对经营主体的出口商品进行集中监管，并采取清单核放、汇总申报的方式办理通关手续，降低报关费用。经营主体可在网上提交相关电子文件，并在货物实际出境后，按照外汇和税务部门要求，向海关申请签发报关单证明联。

将电子商务出口纳入海关统计。（三）建立电子商务出口检验监管模式。对电子商务出口企业及其产品进行检验检疫备案或准入管理，利用第三方检验鉴定机构进行产品质量安全的合格评定。实行全申报制度，以检疫监管为主，一般工业制成品不再实行法检。实施集中申报、集中办理相关检验检疫手续的便利措施。（四）支持电子商务出口企业正常收结汇。允许经营主体申请设立外汇账户，凭海关报关信息办理货物出口收结汇业务。加强对银行和经营主体通过跨境电子商务收结汇的监管。（五）鼓励银行机构和支付机构为跨境电子商务提供支付服务。支付机构办理电子商务外汇资金或人民币资金跨境支付业务，应分别向国家外汇管理局和中国人民银行申请并按照支付机构有关管理政策执行。完善跨境电子支付、清算、结算服务体系，切实加强对银行机构和支付机构跨境支付业务的监管力度。（六）实施适应电子商务出口的税收政策。对符合条件的电子商务出口货物实行增值税和消费税免税或退税政策，具体办法由财政部和税务总局商有关部门另行制订。（七）建立电子商务出口信用体系。严肃查处商业欺诈，打击侵犯知识产权和销售假冒伪劣产品等行为，不断完善电子商务出口信用体系建设。

《意见》还明确了有关实施要求：（一）自本意见发布之日起，在已开展跨境贸易电子商务通关服务试点的上海、重庆、杭州、宁波、郑州等 5 个城市试行上述政策。自 2013 年 10 月 1 日起，上述政策在全国有条件的地区实施。（二）有关地方人民政府应制订发展跨境电子商务扩大出口的实施方案，并切实履行指导、督查和监管责任，对实施过程中出现的问题做到早发现、早处理、早上报。要积极引导经营主体坚持以质取胜，注重培育品牌；依托电子口岸平台，建立涵盖经营主体和电子商务出口全流程的综合管理系统，实现商务、海关、国税、工商、检验检疫、外汇等部门信息共享；加强信用评价体系、商品质量监管体系、国际贸易风险预警防控体系和知识产权保护工作体系建设，确保电子商务出口健康可持续发展。（三）商务部、发展改革委、海关总署会同相关部门对政策实施进行指导，定期开展实施效果评估等工作，确保政策平稳实施并不断完善。海关总署会同商务部、税务总局、质检总局、外汇局、发展改革委等部门加快跨境电子商务通关试点建设，加快电子口岸结汇、退税系统与大型电子商务平台的系统对接。

7.2.6　在完善电子政务方面

2013 年 10 月 1 日，《国务院办公厅关于进一步加强政府信息公开回应社会关切提升政府公信力的意见》公布，指出随着互联网技术的迅猛发展和信息传播方式的深刻变革，社会公众对政府工作知情、参与和监督意识不断增强，对各级行政机关依法公开政府信息、及时回应公众关切和正确引导舆情提出了更高要求。对此，必须进一步做好政府信息公开工作，增强公开实效，提升政府公信力。《意见》从加强平台建设、加强机制建设和完善保障措施三个方面提出要求。

在加强平台建设方面，一是要求充分发挥政府网站在信息公开中的平台作用。要进一步加强政府网站建设和管理，通过更加符合传播规律的信息发布方式，将政府网站打造成更加及时、准确、公开透明的政府信息发布平台，在网络领域传播主流声音。加强政府信息上网发布工作，对各类政府信息，依照公众关注情况梳理、整合成相关专题，以数字化、图表、音频、视频等方式予以展现，使政府信息传播更加可视、可读、可感，进一步增强政府网站的吸引力、亲和力。涉及群众切身利益的重要决策，要在政府网站公开征求意见；重要政策法规出台后，要针对公众关切，及时通过政府网站发布政策法规解读信息，加强解疑释惑；对涉及政务活动的重要舆情和公众关注的社会热点问题，要积极予以回应，及时通过政府网站发布权威信息，讲清事实真相、有关政策措施以及处理结果等，地方政府和部门负责同志应主动到政府网站接受在线访谈。拓展政府网站互动功能，围绕政府重点工作和公众关注热点，通过领导信箱、公众问答、网上调查等方式，接受公众建言献策和情况反映，征集公众意见建议。完善政府网站服务功能，及时调整和更新网上服务事项，确保公众能够及时获得便利的在线服务。加强政府网站数据库建设，逐步整合交通、社保、医疗、教育等公共信息资源，以及投资、生产、消费等经济领域数据，方便公众查询。二是着力建设基于新媒体的政务信息发布和与公众互动交流新渠道。各地区各部门应积极探索利用政务微博、微信等新媒体，及时发布各类权威政务信息，尤其是涉及公众重大关切的公共事件和政策法规方面的信息，并充分利用新媒体的互动功能，以及时、便捷的方式与公众进行互动交流。开通政务微博、微信要加强审核登记，制定完善管理办法，规范信息发布程序及公众提问处理答复程序，确保政务微博、微信安全可靠。

在加强机制建设方面，要完善主动发布机制，各地区各部门要围绕党和政府中心工作，针对公众关切，主动、及时、全面、准确地发布权威政府信息，特别是政府重要会议、重要活动、重要决策部署，经济运行和社会发展重要动态，重大突发事件及其应对处置情况等方面的信息，以增进公众对政府工作的了解和理解。对发布的政府信息，要依法依规做好保密审查，涉及其他行政机关的，应与有关行政机关沟通确认，确保发布的政府信息准确一致。统筹运用新闻发言人、政府网站、政务微博微信等发布信息，充分发挥广播电视、报刊、新闻网站、商业网站等媒体的作用，扩大发布信息的受众面，增强影响力。

在完善保障措施方面，各地区各部门要把做好政府信息公开、提高信息发布实效摆上重要工作日程，要为信息公开工作人员、新闻发言人、政府网站工作人员、政务微博微信相关人员参加重要会议、掌握相关信息提供便利条件；要建立培训工作常态化机制，经常组织开展面向信息公开工作人员、新闻发言人、政府网站工作人员、政务微博微信相关人员等的专业培训，及时总结交流经验，不断提高相关人员的政策把握能力、舆情研判能力、解疑释惑能力和回应引导能力；国务院办公厅和国务院新闻办公室、国家互联网信息办公室要协同加强对政府新闻发言人制度、政府网站、政务微博微信等平台建设和管理工作的督查和指导，确保平台建设和机制建设的各项工作落实到位。

7.3 我国互联网法制建设总体情况

2013 年，全国人大常委会和国务院分别公布了年度立法计划。在十二届全国人大常委会公布的 68 件立法规划中，电子商务法被列为第二类项目，即需要抓紧工作、条件成熟时提请审议的法律草案，并由全国人大财经委作为提请审议机关或牵头起草单位；网络安全方面的立法项目被列为第三类项目，即立法条件尚不完全具备、需要继续研究论证的立法项目。在国务院办公厅 5 月 17 日印发的《国务院 2013 年立法工作计划》中，将修订《互联网信息服务管理办法》列为力争年内完成的项目；将互联网上网服务营业场所管理条例（修订）列为研究项目。实际工作中，通过修订《消费者权益保护法》、《信息网络传播权保护条例》等现行法律和行政法规，制定《电信和互联网用户个人信息保护规定》等部门规章，结合司法实践出台《最高人民法院、最高人民检察院关于办理利用信息网络实施诽谤等刑事案件适用法律若干问题的解释》，以及相关部门依据管理职责制定并公布《互联网接入服务规范》等规范性文件的形式，不断探索和完善我国互联网法律制度。

7.3.1　法律、行政法规层面

2013 年 10 月 25 日，中华人民共和国主席令第 7 号公布了修改后的《中华人民共和国消费者权益保护法》，其中对网络时代消费市场的新变化、新形势作出回应，进一步明确了相关服务提供者的义务，赋予消费者网购“后悔权”，规定了网络交易平台应当承担的赔偿责任等，并成为此次修法的亮点。

1 月 30 日，《国务院关于修改〈信息网络传播权保护条例〉的决定》公布，加重了对通过信息网络擅自向公众提供他人的作品、表演、录音录像制品等侵权行为的处罚力度。

1 月 30 日，《国务院关于修改〈计算机软件保护条例〉的决定》公布，加大了对侵害软件著作权行为的行政处罚力度。

7.3.2　部门规章层面

2013 年 2 月 25 日，国家税务总局第 30 号令公布了《网络发票管理办法》，对于在中华人民共和国境内使用网络发票管理系统开具发票的单位和个人办理网络发票管理系统的开户登记、网上领取发票手续、在线开具、传输、查验和缴销等事项进行了规范。

7 月 16 日，工业和信息化部令第 24 号公布了《电信和互联网用户个人信息保护规定》，旨在规范在中华人民共和国境内提供电信服务和互联网信息服务过程中收集、使用用户个人信息的活动，保护电信和互联网用户的合法权益，维护网络信息安全。

7.3.3　相关司法解释

2013 年 8 月 29 日，《最高人民法院关于网络查询、冻结被执行人存款的规定》公布，规定了关于网络查询、冻结被执行人存款的条件、程序、相关信息安全要求等。

2013 年 9 月 6 日，《最高人民法院、最高人民检察院关于办理利用信息网络实施诽谤等刑事案件适用法律若干问题的解释》公布，对办理利用信息网络实施诽谤、寻衅滋事、敲诈勒索、非法经营等刑事案件适用法律的若干问题进行了解释。

2013 年 11 月 21 日，《最高人民法院关于人民法院在互联网公布裁判文书的规定》公布，旨在贯彻落实审判公开原则，规范人民法院在互联网公布裁判文书工作，促进司法公正，提升司法公信力。

7.3.4　其他规范性文件层面

涉及互联网管理职能的相关部门如工业和信息化部、国家互联网信息办公室、文化部、公安部、国家工商行政管理总局等，针对网上出现的相关问题和自身管理职责，制定了《互联网接入服务规范》、《关于严厉查处利用互联网销售国家明令禁止销售的商品或服务违法行为的通知》、《网络文化经营单位内容自审管理办法》等规范性文件，进一步完善互联网服务规范，加强违法行为监管和治理。同时，上述规范性文件体现出三个明显特点：一是加强部门联动，实施综合治理，如国家食品药品监督管理总局、国家互联网信息办公室、工业和信息化部、公安部和国家工商行政管理总局五部门联合公布《开展打击网上非法售药行动工作方案》，规定了具体明确的工作分工和协同程序。二是治标与治本相结合，重视探索和建立互联网治理的长效机制。如国家工商行政管理总局《关于严厉查处利用互联网销售国家明令禁止销售的商品或服务违法行为的通知》，不仅对开展网络商品交易非法主体网站专项整治工作进行部署，而且强调要充分利用本次专项整治工作的契机，强化调查分析，充分研究网络商品交易非法主体网站清理整治在法律适用、监管技术、监管机制等方面存在的主要问题，推动法律法规与监管技术的建设与完善，逐步建立针对网络商品交易非法主体网站发现、确定、核实、关闭的工作通道及监管机制。 三是强化自律，体现共同治理理念。如文化部《网络文化经营单位内容自审管理办法》明确要求网络文化经营单位对拟提供的文化产品及服务的内容进行事先审核，并规定了自审的制度要求、人员要求和程序等；五部门关于《开展打击网上非法售药行动工作方案》中，也有发动各大型网站、搜索引擎、电商平台、接入服务商对所管理网站药品广告页面和链接进行自查，清除虚假违法广告的内容。

7.4 我国互联网制度建设的主要内容

7.4.1 加强网络消费者权益保护

2013 年 10 月 25 日，修改后的《中华人民共和国消费者权益保护法》出台，其中针对网络时代消费市场的新变化、新形势，作出了以下制度安排：一是明确了网络经营者的告知义务。《消费者权益保护法》第二十八条规定，采用网络方式提供商品或者服务的经营者，应当向消费者提供经营地址、联系方式、商品或者服务的数量和质量、价款或者费用、履行期限和方式、安全注意事项和风险警示、售后服务、民事责任等信息。二是赋予消费者网购“后悔权”。《消费者权益保护法》第二十五条规定，经营者采用网络方式销售商品，除消费者定作、鲜活易腐、在线下载或者消费者拆封的音像制品、计算机软件等数字化商品以及交付的报纸、期刊和其他根据商品性质并经消费者在购买时确认不宜退货的商品外，消费者有权自收到商品之日起七日内退货，且无需说明理由。同时要求，消费者退货的商品应当完好；经营者应当自收到退回商品之日起七日内返还消费者支付的商品价款，退回商品的运费由消费者承担；经营者和消费者另有约定的，按照约定。三是规定了网络交易平台应当承担的赔偿责任。《消费者权益保护法》第四十四条规定，消费者通过网络交易平台购买商品或者接受服务，其合法权益受到损害的，可以向销售者或者服务者要求赔偿。网络交易平台提供者不能提供销售者或者服务者的真实名称、地址和有效联系方式的，消费者也可以向网络交易平台提供者要求赔偿；网络交易平台提供者作出更有利于消费者的承诺的，应当履行承诺。网络交易平台提供者赔偿后，有权向销售者或者服务者追偿。网络交易平台提供者明知或者应知销售者或者服务者利用其平台侵害消费者合法权益，未采取必要措施的，依法与该销售者或者服务者承担连带责任。

7.4.2 完善互联网用户个人信息保护制度

针对部分互联网信息服务提供者对用户个人信息安全重视不够，安全防护措施不完善，管理制度不健全，信息安全责任落实不到位等问题，落实全国人大常委会《关于加强网络信息保护的决定》，2013 年 7 月 16 日，工业和信息化部公布了《电信和互联网用户个人信息保护规定》，规范在我国境内提供电信服务和互联网信息服务过程中收集、使用用户个人信息的活动。主要内容有：

一是明确了电信和互联网用户个人信息的保护范围。鉴于各行业普遍存在收集、使用个人信息的情况，相应的信息保护工作也涉及众多的部门，工业和信息化部立足于电信和互联网行业管理职责，以“概括加列举”的方式规定了由其负责监督管理的用户个人信息的范围，即电信业务经营者和互联网信息服务提供者在提供服务的过程中收集的用户姓名、出生日期、身份证件号码、住址、电话号码、账号和密码等能够单独或者与其他信息结合识别用户的信息以及用户使用服务的时间、地点等信息。

二是规定了用户个人信息收集和使用原则。要求电信业务经营者、互联网信息服务提供者在提供服务的过程中收集、使用用户个人信息，应当遵循合法、正当、必要的原则，并对用户个人信息的安全负责。

三是明确了用户个人信息收集和使用的具体规则。《规定》要求电信业务经营者、互联网信息服务提供者遵守下列信息收集和使用规则：制定并公布其信息收集和使用的规则；未经用户同意不得收集、使用用户个人信息；明确告知用户其收集、使用信息的目的、方式和范围，查询、更正信息的渠道以及拒绝提供信息的后果等事项；不得收集提供服务所必需以外的用户个人信息或者将信息用于提供服务之外的目的，不得以欺骗、误导或者强迫等方式或者违反法律、行政法规以及双方的约定收集、使用信息；在用户终止使用服务后应当停止对用户个人信息的收集和使用，并提供注销号码或账号的服务；电信业务经营者、互联网信息服务提供者及其工作人员对在提供服务过程中收集、使用的用户个人信息应当严格保密，不得泄露、篡改或者毁损，不得出售或者非法向他人提供等。

四是规定了对代理商的管理要求。《规定》按照“谁经营、谁负责”、“谁委托、谁负责”的原则，根据民法上的委托代理制度，明确规定由电信业务经营者、互联网信息服务提供者负责对其代理商的个人信息保护工作实施管理。第十一条规定：电信业务经营者、互联网信息服务提供者委托他人代理市场销售和技术服务等直接面向用户的服务性工作，涉及收集、使用用户个人信息的，应当对代理人的用户个人信息保护工作进行监督和管理，不得委托不符合本规定有关用户个人信息保护要求的代理人代办相关服务。

五是规定了有关安全保障制度。《规定》从岗位责任、管理制度、权限管理、存储介质、信息系统、操作记录、安全防护等方面，明确了电信业务经营者、互联网信息服务提供者应当采取的防止用户个人信息泄露、毁损、篡改或者丢失的措施，如对工作人员及代理人实行权限管理，对批量导出、复制、销毁信息实行审查，并采取防泄密措施；对储存用户个人信息的信息系统实行接入审查，并采取防入侵、防病毒等措施。同时，规定电信业务经营者、互联网信息服务提供者保管的用户个人信息发生或者可能发生泄露、毁损、丢失的，应当立即采取补救措施；造成或者可能造成严重后果的，应当立即向准予其许可或者备案的电信管理机构报告，配合相关部门进行的调查处理。《规定》还明确了对用户个人信息保护情况自查和培训等制度要求，规定电信业务经营者、互联网信息服务提供者应当对用户个人信息保护情况每年至少进行一次自查，记录自查情况，及时消除自查中发现的安全隐患。

六是规定了监督检查制度。《规定》要求电信管理机构对用户个人信息保护情况实施监督检查，电信业务经营者、互联网信息服务提供者应当予以配合。《规定》还明确规定电信管理机构在电信业务经营许可和年检中应当审查用户个人信息保护的情况，将电信业务经营者、互联网信息服务提供者违反《规定》的行为记入其社会信用档案并予以公布。同时，倡导自律和他律相结合，第二十一条鼓励电信和互联网行业协会依法制定有关用户个人信息保护的自律性管理制度，引导会员加强自律管理，提高用户个人信息保护水平

七是规定了对相关违法行为的法律责任。根据《行政处罚法》和国务院的有关规定，部门规章只能设定警告和最高额为三万元的罚款。遵循了上述规定，《规定》对相关违法行为设定了由电信管理机构依据职权责令限期改正，予以警告，可以并处一万元以上三万元以下的罚款，向社会公告等处罚。

7.4.3 加大对网络侵权行为的行政处罚

2013 年 1 月 30 日，国务院公布了修改后的《信息网络传播权保护条例》，加重了对通过信息网络擅自向公众提供他人的作品、表演、录音录像制品等侵权行为的处罚力度，将原来第十八条、第十九条中的“并可处以 10 万元以下的罚款”，修改为“非法经营额 5 万元以上的，可处非法经营额 1 倍以上 5 倍以下的罚款；没有非法经营额或者非法经营额 5 万元以下的，根据情节轻重，可处 25 万元以下的罚款”。相关违法行为包括：（一）通过信息网络擅自向公众提供他人的作品、表演、录音录像制品的；（二）故意避开或者破坏技术措施的；（三）故意删除或者改变通过信息网络向公众提供的作品、表演、录音录像制品的权利管理电子信息，或者通过信息网络向公众提供明知或者应知未经权利人许可而被删除或者改变权利管理电子信息的作品、表演、录音录像制品的；（四）为扶助贫困通过信息网络向农村地区提供作品、表演、录音录像制品超过规定范围，或者未按照公告的标准支付报酬，或者在权利人不同意提供其作品、表演、录音录像制品后未立即删除的；（五）通过信息网络提供他人的作品、表演、录音录像制品，未指明作品、表演、录音录像制品的名称或者作者、表演者、录音录像制作者的姓名（名称），或者未支付报酬，或者未依照本条例规定采取技术措施防止服务对象以外的其他人获得他人的作品、表演、录音录像制品，或者未防止服务对象的复制行为对权利人利益造成实质性损害的；（六）故意制造、进口或者向他人提供主要用于避开、破坏技术措施的装置或者部件，或者故意为他人避开或者破坏技术措施提供技术服务的；（七）通过信息网络提供他人的作品、表演、录音录像制品，获得经济利益的；（八）为扶助贫困通过信息网络向农村地区提供作品、表演、录音录像制品，未在提供前公告作品、表演、录音录像制品的名称和作者、表演者、录音录像制作者的姓名（名称）以及报酬标准的。

同日公布的《计算机软件保护条例》也加大了对侵害软件著作权行为的行政处罚力度，将第二十四条第二款“有前款第（一）项或者第（二）项行为的，可以并处每件１００元或者货值金额 5 倍以下的罚款；有前款第（三）项、第（四）项或者第（五）项行为的，可以并处 5 万元以下的罚款”，修改为：“有前款第一项或者第二项行为的，可以并处每件 100 元或者货值金额 1 倍以上 5 倍以下的罚款；有前款第三项、第四项或者第五项行为的，可以并处 20 万元以下的罚款”。涉及的违法行为包括：（一）复制或者部分复制著作权人的软件的；（二）向公众发行、出租、通过信息网络传播著作权人的软件的；（三）故意避开或者破坏著作权人为保护其软件著作权而采取的技术措施的；（四）故意删除或者改变软件权利管理电子信息的；（五）转让或者许可他人行使著作权人的软件著作权的。

7.4.4 明确对利用信息网络实施相关犯罪行为的法律适用

由于互联网等信息网络具有公共性、匿名性、便捷性等特点，一些不法分子将信息网络作为新的犯罪平台，恣意实施诽谤、寻衅滋事、敲诈勒索、非法经营等犯罪。2013 年 9 月 6 日，《最高人民法院、最高人民检察院关于办理利用信息网络实施诽谤等刑事案件适用法律若干问题的解释》公布，结合新型犯罪方式的特点，对办理利用信息网络实施诽谤、寻衅滋事、敲诈勒索、非法经营等刑事案件适用刑法相关条文依法进行解释。这里将“信息网络”界定为：包括以计算机、电视机、固定电话机、移动电话机等电子设备为终端的计算机互联网、广播电视网、固定通信网、移动通信网等信息网络，以及向公众开放的局域网络。主要内容有：

在有关诽谤罪方面：一是明确了“捏造事实诽谤他人”的认定问题。具体包括三种行为方式：（一）“捏造并散布”，即捏造损害他人名誉的事实，在信息网络上散布，或者组织、指使他人在信息网络上散布的行为；（二）“篡改并散布”，即将信息网络上涉及他人的原始信息内容篡改为损害他人名誉的事实，在信息网络上散布，或者组织、指使人员在信息网络上散布的行为；（三）“明知虚假事实而散布”，即明知是捏造的损害他人名誉的事实，在信息网络上散布，情节恶劣的行为，以“捏造事实诽谤他人”论。二是明确了利用信息网络实施诽谤行为的入罪标准。（一）同一诽谤信息实际被点击、浏览次数达到五千次以上，或者被转发次数达到五百次以上的；（二）造成被害人或者其近亲属精神失常、自残、自杀等严重后果的；（三）二年内曾因诽谤受过行政处罚，又诽谤他人的；（四）其他情节严重的情形。此外，一年内多次实施利用信息网络诽谤他人行为未经处理，诽谤信息实际被点击、浏览、转发次数累计计算构成犯罪的，应当依法定罪处罚。三是明确了利用信息网络实施诽谤犯罪适用公诉程序的条件。根据刑法规定，诽谤罪是自诉案件，但是“严重危害社会秩序和国家利益”的除外，包括（一）引发群体性事件的；（二）引发公共秩序混乱的；（三）引发民族、宗教冲突的；（四）诽谤多人，造成恶劣社会影响的；（五）损害国家形象，严重危害国家利益的；（六）造成恶劣国际影响的；（七）其他严重危害社会秩序和国家利益的情形，应当认定为“严重危害社会秩序和国家利益”，可以适用公诉程序，由公安机关立案侦查，检察机关提起公诉。

在寻衅滋事罪方面，规定了两种情形：一是利用信息网络辱骂、恐吓他人，情节恶劣，破坏社会秩序的，依照刑法第二百九十三条第一款第（二）项的规定，以寻衅滋事罪定罪处罚；二是编造虚假信息，或者明知是编造的虚假信息，在信息网络上散布，或者组织、指使人员在信息网络上散布，起哄闹事，造成公共秩序严重混乱的，依照刑法第二百九十三条第一款第（四）项的规定，以寻衅滋事罪定罪处罚。

在敲诈勒索罪方面，规定以在信息网络上发布、删除等方式处理网络信息为由，威胁、要挟他人，索取公私财物，数额较大，或者多次实施上述行为的，依照刑法第二百七十四条的规定，以敲诈勒索罪定罪处罚。此类犯罪的表现形式主要有两种，即：“发帖型”敲诈和“删帖型”敲诈，前者是以将要发布负面信息相要挟，要求被害人交付财物；后者则先在信息网络上散布负面信息，再以删帖为由要挟被害人交付财物，实质上是行为人以非法占有为目的，借助信息网络对他人实施威胁、要挟，被害人基于恐惧或者因为承受某种压力而被迫交付财物，符合敲诈勒索罪的构成要件。

在非法经营罪方面，规定违反国家规定，以营利为目的，通过信息网络有偿提供删除信息服务，或者明知是虚假信息，通过信息网络有偿提供发布信息等服务，扰乱市场秩序，具有（一）个人非法经营数额在五万元以上，或者违法所得数额在二万元以上的，或者（二）单位非法经营数额在十五万元以上，或者违法所得数额在五万元以上情形的，属于非法经营行为“情节严重”，依照刑法第二百二十五条第（四）项的规定，以非法经营罪定罪处罚。实施前款规定的行为，数额达到前款规定的数额五倍以上的，应当认定为刑法第二百二十五条规定的“情节特别严重”。

《解释》还规定，明知他人利用信息网络实施诽谤、寻衅滋事、敲诈勒索、非法经营等犯罪，为其提供资金、场所、技术支持等帮助的，以共同犯罪论处。利用信息网络实施诽谤、寻衅滋事、敲诈勒索、非法经营犯罪，同时又构成刑法第二百二十一条规定的损害商业信誉、商品声誉罪，第二百七十八条规定的煽动暴力抗拒法律实施罪，第二百九十一条之一规定的编造、故意传播虚假恐怖信息罪等犯罪的，依照处罚较重的规定定罪处罚。

7.4.5 规范网络查询、冻结存款和公布裁判文书的行为

2013 年 8 月 29 日，《最高人民法院关于网络查询、冻结被执行人存款的规定》公布，规定了以下主要内容：

一是关于网络查询、冻结被执行人存款的条件，即（一）已建立网络执行查控系统，具有通过网络执行查控系统发送、传输、反馈查控信息的功能；（二）授权特定的人员办理网络执行查控业务；（三）具有符合安全规范的电子印章系统；（四）已采取足以保障查控系统和信息安全的措施。

二是明确了相关程序：人民法院实施网络执行查控措施，应当事前统一向相应金融机构报备有权通过网络采取执行查控措施的特定执行人员的相关公务证件。人民法院通过网络查询被执行人存款时，应当向金融机构传输电子协助查询存款通知书；多案集中查询的，可以附汇总的案件查询清单。对查询到的被执行人存款需要冻结或者续行冻结的，人民法院应当及时向金融机构传输电子冻结裁定书和协助冻结存款通知书；对冻结的被执行人存款需要解除冻结的，人民法院应当及时向金融机构传输电子解除冻结裁定书和协助解除冻结存款通知书。人民法院向金融机构传输的法律文书，应当加盖电子印章。作为协助执行人的金融机构完成查询、冻结等事项后，应当及时通过网络向人民法院回复加盖电子印章的查询、冻结等结果。

三是规定了相关文书和行为的法律效力：人民法院出具的电子法律文书、金融机构出具的电子查询、冻结等结果，与纸质法律文书及反馈结果具有同等效力。 人民法院通过网络查询、冻结、续冻、解冻被执行人存款，与执行人员赴金融机构营业场所查询、冻结、续冻、解冻被执行人存款具有同等效力。

四是规定了金融机构的异议权：金融机构认为人民法院通过网络执行查控系统采取的查控措施违反相关法律、行政法规规定的，应当向人民法院书面提出异议，人民法院应当在 15 日内审查完毕并书面回复。

五是规定了信息安全要求：人民法院应当依据法律、行政法规规定及相应操作规范使用网络执行查控系统和查控信息，确保信息安全。人民法院办理执行案件过程中，不得泄露通过网络执行查控系统取得的查控信息，也不得用于执行案件以外的目的。

此外，人民法院与工商行政管理、证券监管、土地房产管理等协助执行单位已建立网络执行查控机制，通过网络执行查控系统对被执行人股权、股票、证券账户资金、房地产等其他财产采取查控措施的，参照本规定执行。

11 月 21 日，为贯彻落实审判公开原则，规范人民法院在互联网公布裁判文书工作，提升司法公信力，最高人民法院出台了《关于人民法院在互联网公布裁判文书的规定》。一是明确了公布原则、形式和责任：人民法院在互联网公布裁判文书，应当遵循依法、及时、规范、真实的原则；最高人民法院在互联网设立中国裁判文书网，统一公布各级人民法院的生效裁判文书；各级人民法院对其在中国裁判文书网公布的裁判文书质量负责。二是规定了公布范围：人民法院的生效裁判文书应当在互联网公布，但有下列情形之一的除外：（一）涉及国家秘密、个人隐私的；（二）涉及未成年人违法犯罪的；（三）以调解方式结案的；（四）其他不宜在互联网公布的。三是规定了信息保护的要求：人民法院在互联网公布裁判文书时，应当保留当事人的姓名或者名称等真实信息，但必须采取符号替代方式对下列当事人及诉讼参与人的姓名进行匿名处理：（一）婚姻家庭、继承纠纷案件中的当事人及其法定代理人；（二）刑事案件中被害人及其法定代理人、证人、鉴定人；（三）被判处三年有期徒刑以下刑罚以及免予刑事处罚，且不属于累犯或者惯犯的被告人。同时，人民法院在互联网公布裁判文书时，应当删除下列信息：（一）自然人的家庭住址、通讯方式、身份证号码、银行账号、健康状况等个人信息；（二）未成年人的相关信息；（三）法人以及其他组织的银行账号；（四）商业秘密；（五）其他不宜公开的内容。四是明确了相关工作要求：承办法官或者人民法院指定的专门人员应当在裁判文书生效后七日内按照本规定的要求完成技术处理，并提交本院负责互联网公布裁判文书的专门机构在中国裁判文书网公布；在互联网公布的裁判文书，除依照本规定的要求进行技术处理的以外，应当与送达当事人的裁判文书一致；人民法院对送达当事人的裁判文书进行补正的，应当及时在互联网公布补正裁定；人民法院在互联网公布的裁判文书，除因网络传输故障导致与送达当事人的裁判文书不一致的以外，不得修改或者更换；确因法定理由或者其他特殊原因需要撤回的，应当由高级人民法院以上负责互联网公布裁判文书的专门机构审查决定，并在中国裁判文书网办理撤回及登记备案手续。

7.4.6　明确网络发票的使用和管理要求

为规范网络发票的开具和使用，保障国家税收收入，2013 年 2 月 25 日，国家税务总局公布了《网络发票管理办法》，主要内容；

一是界定了网络发票的范围，即指符合国家税务总局统一标准并通过国家税务总局及省、自治区、直辖市国家税务局、地方税务局公布的网络发票管理系统开具的发票。

二是规定了税务机关对网络发票的管理职责。包括加强网络发票管理，确保网络发票的安全、唯一、便利，并提供便捷的网络发票信息查询渠道；根据开具发票的单位和个人的经营情况，核定其在线开具网络发票的种类、行业类别、开票限额等内容；根据发票管理的需要，可以按照国家税务总局的规定委托其他单位通过网络发票管理系统代开网络发票，同时应当与受托代开发票的单位签订协议，明确代开网络发票的种类、对象、内容和相关责任等内容。

三是规定了开具网络发票的单位和个人应当遵守的要求。包括开具网络发票应登录网络发票管理系统，如实完整填写发票的相关内容及数据，确认保存后打印发票；需要变更网络发票核定内容的，可向税务机关提出书面申请，经税务机关确认，予以变更；需要开具红字发票的，必须收回原网络发票全部联次或取得受票方出具的有效证明，通过网络发票管理系统开具金额为负数的红字网络发票；作废开具的网络发票，应收回原网络发票全部联次，注明“作废”，并在网络发票管理系统中进行发票作废处理；在办理变更或者注销税务登记的同时，办理网络发票管理系统的用户变更、注销手续并缴销空白发票；必须如实在线开具网络发票，不得利用网络发票进行转借、转让、虚开发票及其他违法活动。

四是对取得网络发票的单位和个人的要求。单位和个人取得网络发票时，应及时查询验证网络发票信息的真实性、完整性，对不符合规定的发票，不得作为财务报销凭证，任何单位和个人有权拒收。

五是其他规定。开具发票的单位和个人在网络出现故障，无法在线开具发票时，可离线开具发票，但开具发票后，不得改动开票信息，并于 48 小时内上传开票信息。省以上税务机关在确保网络发票电子信息正确生成、可靠存储、查询验证、安全唯一等条件的情况下，可以试行电子发票。

7.4.7 进一步规范互联网接入服务

2013 年 7 月 12 日，工业和信息化部印发了关于《互联网接入服务规范》的通知，明确了电信业务经营者向公众用户提供互联网接入服务应当符合的服务质量指标和通信质量指标。

在服务质量指标方面，按照服务提供流程，规定了以下标准和要求：

一是预受理时限，指用户登记后，电信业务经营者进行网络资源确认，答复用户能否开通业务所需要的时间，平均值≤2 个工作日，最长为 5 个工作日。预受理时限。

二是业务开通、移机时限，指自用户和电信业务经营者签订业务开通或移机协议起，到业务开通止所需要的时间。区分不同情况：对于不具备线路条件、但可以进行线路施工的情况，城镇平均值≤10 个工作日，最长为 16 个工作日；农村平均值≤15 个工作日，最长为 20 个工作日；对于已具备线路条件的情况，平均值≤5 个工作日，最长为 7 个工作日（不分城镇和农村）；在不具备线路条件，并且也不具备施工条件的情况下，应在第一条规定的预受理时限内向用户说明。

三是障碍修复时限，指自用户提出障碍申告时起，至障碍排除或采取其他方式恢复用户正常通信所需要的时间，且这里的障碍不包含用户自有或自行维护的接入线路和设备的故障。城镇平均值≤24 小时，最长为 48 小时；农村平均值≤36 小时，最长为 72 小时。

四是服务变更时限，指用户办理更名、过户、暂停、恢复、停机等服务变更项目，自柜台或网络办理完毕登记手续且结清账务时起，至实际变更完成所需要的时间。平均值≤12 小时，最长为 24 小时。对于需要进行资源确认的服务变更，其时限比照本规范第二条“业务开通时限”。

五是客户服务应答时限。其中包含两类：一类是客户服务中心的应答时限，指用户拨号完毕后，自听到回铃音起，至话务员（包括电脑话务员）应答所需要的时间，最长为 15 秒；另一类是人工服务的应答时限，指自用户选择人工服务后，至人工话务员应答所需要的时间，最长为 15 秒，同时，人工服务的应答率≥85%（用户在接入客户服务中心后，实际得到人工话务员应答服务次数和用户选择人工服务总次数之比）。

六是互联网接入服务协议续存时限，指从服务协议（包括纸质的和电子的）终止（服务协议有效期届满或用户与电信业务经营者共同协商解除合同）之时起，电信业务经营者需要继续保存协议的时间，至少 5 个月。

七是计费原始数据保存时限，要求电信业务经营者应根据用户的需要，免费向用户提供收费详细清单（含预付费业务）查询。计费原始数据保存时限至少为 5 个月。

八是户信息保护义务，规定电信业务经营者应依照法律和有关规定对提供服务过程中收集、使用的用户个人信息严格保密，不得泄露、篡改或者毁损，不得出售或者非法向他人提供。

九是电信业务经营者的信息告知义务。包括（一）电信业务经营者提供互联网接入终端的，应同时提供纸质或电子类介质的用户手册或使用说明，至少包括配置方法、使用方法、日常故障的自我诊断方法等。（二）采用无线接入方式提供互联网接入服务的电信业务经营者，应向社会公布其无线网络覆盖范围及漫游范围，并及时更新。（三）电信业务经营者应向用户提供套餐的到量预警、超量提醒、到期提醒等提醒服务。如当用户套餐内互联网接入服务实际使用量接近套餐限量前，要通过短信、语音、互联网等方式，提醒用户本计费周期内业务已使用量、套餐限量等信息等。

在通信质量指标方面，分别针对有线接入和无线接入规定了不同的标准：

一是在有线接入上，规定：（一）有线接入连接建立成功率，指在用户账号、密码正确的前提下，接入服务器的接通次数与用户申请建立连接的总次数之比，有线接入连接建立成功率≥98%。（二）有线接入用户接入认证平均响应时间，指用户申请建立网络连接时，从用户提交完账号和密码起，至接入服务器完成认证并返回响应止的时间平均值，有线接入用户接入认证平均响应时间≤8 秒，最大值为 11 秒。（三）有线接入速率，指从用户终端到接入服务器（BRAS）之间的接入速率，平均值应能达到签约速率的 90%。

二是在无线接入上，要求：（一）无线网络可接入率，在无线接入网络覆盖范围内的 90%位置，99%的时间、在 20 秒内无线终端均可接入网络。（二）无线接入连接建立成功率，指无线终端发起分组数据连接建立请求并成功建立连接的次数与无线终端发起分组数据连接建立请求总次数之比，无线接入连接建立成功率≥95%。（三）无线接入用户接入认证平均响应时间，指从用户提交完数据连接建立请求时起，至网络返回连接响应时止的时间平均值，无线接入用户接入认证平均响应时间≤8 秒，最大值为 11 秒。（四）无线接入中断率，指互联网业务进行过程中发生业务中断的概率，即互联网接入连接中断的次数与用户使用互联网业务总次数之比，无线接入中断率≤5%，这里的中断是在终端正常进行数据传送过程中由于电信业务经营者网络原因造成的接入连接断开。

三是互联网接入计费差错率，指互联网接入计费相关设备出现计费差错的概率，采用如下公式计算：计费差错率=有错误的计费记录条数/总计费记录条数。规定互联网接入计费差错率≤10^{-4}。

7.4.8　依法整治网络违法行为

2013 年 5 月 17 日，《国务院办公厅关于印发 2013 年全国打击侵犯知识产权和制售假冒伪劣商品工作要点的通知》，涉及互联网的内容主要有：一是规范网络商品交易秩序。全面推进网络经营主体数据库建设，对网络交易平台落实自然人实名登记情况开展检查，完善网络交易监管平台功能，推进实现对网络交易行为及有关服务行为的动态监管。打击虚构、冒用合法市场主体名义从事网络商品交易或利用网络销售假冒伪劣商品违法行为。二是打击侵犯著作权违法行为。继续开展打击网络侵权盗版专项治理“剑网行动”，针对网络文学、音乐、视频、游戏、动漫、软件等侵权盗版行为开展专项治理。加强对重点视频网站、网络销售平台的监管工作。开展印刷复制发行监管专项行动。以教材教辅出版物、工具书、畅销书、音像制品为重点，加大出版物市场监管力度。打击假冒他人署名书画作品以及含有著作权的标准类作品的侵权盗版行为。三是加强文化市场监督管理。结合暑假、国庆等重点时段，开展网吧、娱乐、演出、艺术品市场监管专项督查行动。发布违法互联网文化活动“黑名单”，整治网络音乐、网络游戏市场。加强对互联网视听节目服务网站的监管，重点打击非法视听节目网站。四是加强案件审判工作。重点针对基础前沿研究、战略性新兴产业、现代信息技术产业和文化创意、动漫游戏、网络、软件、数据库等新兴文化产业等领域，以及假冒商标、“傍名牌”、侵犯商业秘密等不正当竞争行为，加强相关案件审理工作。

7 月 10 日，国家工商行政管理总局印发了《关于严厉查处利用互联网销售国家明令禁止销售的商品或服务违法行为的通知》，针对一种泛称为“改号软件”的网络电话应用软件或服务在网络上销售泛滥、利用其侵害消费者权益以及实施诈骗的案例频出的问题，工商总局要求提出了三方面的要求：一是认清危害，全面清理。目前类似“改号软件”等国家明令禁止销售的商品或服务充斥网络，在“淘宝”等一些大型网络商品交易平台上较为集中，公开销售，并在销售中刻意诱导非法使用，严重干扰了正常的网络市场秩序。要求各级工商机关应充分认识到此类行为的危害性，立即组织专门力量，通过网络技术手段及专项检查相结合的方式开展对辖区内网络商品交易网站或平台的检查，针对各类销售国家明令禁止销售的商品或服务的经营信息进行收集、甄别，监督网络商品交易平台服务商或经营者立即进行全面清理、整改。二是依法依规，严厉查处。各地工商行政管理机关要依据自身职能要求，除对利用互联网销售国家明令禁止销售的商品或服务信息进行清理外，还应根据此类销售行为所表现出的各种违法形式，依据相关法律进行严厉查处，涉及刑事犯罪的应及时移送公安机关，力争短时间内使这种利用互联网非法销售国家明令禁止的商品或服务的态势得到有效遏制，并及时将相关情况通报公安、工信等相关部门，研究从制度、技术上制定长效可行的对策。三是加大宣传，规范平台。各地工商行政管理机关要结合实际工作情况及案例，通过相关媒体特别是网络媒体加大宣传力度，提高广大群众的辨识能力，震慑网络违法经营者。同时，要通过行政指导、行政告诫、行政处罚等各种行政手段，进一步强化对大型网络商品交易平台的规范化管理与日常监管，切实提高其履行法定义务的自觉性与社会责任意识，进一步加大对平台内相关商品或服务销售信息的审核力度，并注意研究、探索务实长效的针对大型网络商品交易平台的监管方式与工作机制。

7 月 26 日，国家工商行政管理总局又印发了《关于开展网络商品交易非法主体网站专项整治工作的通知》，指出发现大量网络商品交易非法主体网站充斥互联网络，此类网站通常伪造或冒用企业组织形式特别是公司名称租用国内外服务商提供的虚拟空间建立，以经常转换网站名称或域名、编造虚假经营地址等刻意掩盖主体真实身份的方式，从事各类严重侵犯消费者、经营者合法权益的违法活动，严重破坏了网络市场秩序，对消费者和合法经营者的权益损害极大。为此，工商总局决定自本通知下发之日起至 11 月底，开展网络商品交易非法主体网站专项整治工作，重点是搜索发现并初步确定一批伪造或冒用公司名称、网站服务器物理地址在境内、严重侵犯消费者和经营者合法权益的网络商品交易非法主体网站，根据网站服务器物理地址进行分类处理：服务器物理地址为本地的，根据《关于建立境内违法互联网站黑名单管理制度的通知》(工信部联电管〔2009〕371 号）提交并商请当地通信管理局进行核实并予以关闭；服务器物理地址为外地的，核实相关情况并报送工商总局市场司汇总处理。同时，要求各地应充分利用本次专项整治工作的契机，注重协作配合、强化调查分析，充分研究网络商品交易非法主体网站清理整治在法律适用、监管技术、监管机制等方面存在的主要问题，推动法律法规与监管技术的建设与完善，逐步建立起方便高效的针对网络商品交易非法主体网站发现、确定、核实、关闭的工作通道及监管机制，以实现随时发现、随时清理的工作目标。

7 月 29 日，国家食品药品监督管理总局、国家互联网信息办公室、工业和信息化部、公安部和国家工商行政管理总局联合公布了《开展打击网上非法售药行动工作方案》。要求通过侦破一批网上销售假药的大案要案，惩治一批网络销售假药的组织、实施和参与者，整顿、关闭、曝光一批违法售药网站，有效遏制网上销售假药与违法售药活动的高发势头；通过加大网上安全购药的宣传、引导和警示力度，提高公众自我保护能力，形成自觉抵制非法网站药品的社会氛围；通过健全食品药品监管、互联网信息内容管理、工信、公安和工商等部门协作配合的长效机制与有效措施，全面提升网上售药的监管和执法效能。为此，《工作方案》要求开展四个方面的主要工作：

一是监测排查网上非法售药信息，以治疗肿瘤、糖尿病、冠心病、高血压、性功能障碍等病症的药品为重点品种，以互联网搜索引擎为重点监测对象，以投诉举报信息为重点线索，组织对网上售药行为进行监测和排查，发现涉嫌从事网上非法售药活动的网站、网页，列出清单，经食品药品监管部门初步判断属违法违规售药行为后，通过通信管理部门定位其网站所在地，由食品药品监管部门将网站移交其属地省级食品药品监管部门查处，涉嫌假药犯罪的，可以移送网站服务器所在地、网络接入地、网站建立者或者管理者所在地公安机关查处。由被害人举报的网上销售假药案，也可移送被害人所在地公安机关。

二是严厉打击网上非法售药行为：（一）对已取得互联网药品信息服务或药品交易资质，存在发布虚假药品信息和药品违法销售行为的网站，一律责令停业整顿、限期整改；拒不改正或情节严重的，一律由食品药品监管部门吊销其《互联网药品信息服务资格证书》或《互联网药品交易服务资格证书》，并移送通信管理部门对违法网站依法予以关闭。（二）对未取得互联网药品交易资质，非法从事药品销售的网站，由食品药品监管部门汇总提供名单，互联网信息内容管理部门统一协调处置。如属未备案网站，移送通信管理部门依法予以关闭，并追究接入服务商责任；如属已备案网站，应责令整改，拒不改正的，移送通信管理部门依法予以关闭。（三）对销售假药涉嫌犯罪的网站，一律移送公安机关依法追究刑事责任。公安机关根据食品药品监管部门提供的涉嫌销售假药网站清单，深入开展线索经营，依法立案侦查，依法对网站的建立者、管理者、使用者采取相应措施，并加大深挖力度，捣毁假药生产窝点，摧毁假药销售网络，依法严惩犯罪嫌疑人。

三是大力开展宣传、引导和警示活动，主要开展发布专项行动新闻稿、曝光典型案件、组织开展网络访谈活动、发布互联网购药安全警示以及发动各大型网站、搜索引擎、电商平台、接入服务商对所管理网站药品广告页面和链接进行自查等工作。

四是净化网上售药环境。重点开展以下工作：（一）要求搜索引擎对售药网站区别对待。

食品药品监管部门将已取得互联网信息服务和交易资质的网站信息定期提交互联网信息内容管理部门，组织各主流搜索引擎对所呈现药品或售药搜索结果时将有资质网站信息予以前置，并显著设置网上安全购药提示语，保证搜索者首先看到有资质网站信息和提示。同时要求搜索引擎对食品药品监管部门提供的非法售药网站黑名单予以屏蔽，并定期通报食品药品监管部门。（二）加大对违法网上售药行为的日常监督监测力度。五部门将加强部门协同配合，共同加大对互联网发布药品信息和销售药品的监督监测力度，发现违法犯罪行为立即查处或者移送有关部门，及时发布监测信息提示，曝光违法网站。（三）鼓励举报网上违法售药行为。鼓励被假冒药品生产企业、药品经营企业、消费者共同参与维护网上售药的正常秩序，积极向食品药品监管总局投诉举报中心（举报电话：12331）以及互联网违法和不良信息举报中心（举报电话：12377）举报网上违法售药行为。举报一经查实，将按规定给予奖励。（四）完善网上售药管理制度和规范。食品药品监管部门会同相关部门研究修订《互联网药品销售管理办法》，制定网上售药规范，按照现实与虚拟一致原则，合理设置网上售药的管理标准和适用范围。

《工作方案》还规定了专项行动在 2013 年 8～12 月期间分动员部署、集中打击和总结提高三个阶段开展，要求突出查处一批大案要案，对发现的违法违规行为一律从严处理，符合吊销许可情形的一律吊销相应许可，对涉嫌犯罪的一律依法追究刑事责任；坚决曝光一批典型案件，大张旗鼓地揭露违法犯罪行为，对于严重违反法律法规的网站和个人，一律列入黑名单予以行业禁入；明确分工强化联动：食品药品监管总局、国家互联网信息办公室负责打击网上违法售药专项行动的组织协调工作，食品药品监管部门负责监测发现违法售药网站，获取线索和信息，查处违规售药网站；公安机关依法打击网络售药犯罪行为；通信管理部门加强接入服务商管理，定位涉嫌非法售药的网站服务器，根据食品药品监管部门、互联网信息内容管理部门对网上违法售药网站的认定和处罚意见，依法对违法网站进行关闭；工商行政管理部门要加强对利用互联网发布药品广告的监督检查，依法查处利用互联网发布的违法药品广告；互联网信息内容管理部门加强对搜索引擎、论坛、博客、微博客、社交网站等的监管，做好对网上违法售药网站、网页内容的查处工作；健全机制标本兼治，积极探索强化对网上违法售药，特别是销售假药等违法犯罪行为打击力度的有效模式和方式；加强督导检查，对涉及多个省份的特别重大案件，由食品药品监管总局和公安部指导协调涉案地食品药品监管部门、公安部门联合查办，重大案件和突发情况各地要随时上报，对在专项行动中不依法履行职责，造成不良影响并产生严重后果的单位和个人，要予以通报批评，并依法追究责任。

10 月 29 日，国家食品药品监管总局为落实上述《行动方案》，又印发了《关于加强互联网药品销售管理的通知》，从五个方面细化了管理要求：

一是加强药品交易网站资质的管理。药品生产企业、药品经营企业在自设网站进行药品互联网交易，或第三方企业为药品生产企业、药品经营企业提供药品互联网交易服务，必须申请取得《互联网药品交易服务资格证书》后方可开展业务。按该证书服务范围仅可与其他企业和医疗机构进行药品交易的网站或提供药品互联网交易服务的网站，不得擅自超范围提供面向个人消费者的药品交易服务。零售单体药店不得开展网上售药业务。

二是加强药品交易网站销售含麻黄碱类复方制剂的管理。药品零售企业销售含麻黄碱类复方制剂，必须按《关于加强含麻黄碱类复方制剂管理有关事宜的通知》（国食药监办〔2012〕

260 号）要求，查验和登记购买者合法有效的身份证件。鉴于目前互联网药品交易尚不能查验购买者身份证件，药品零售连锁企业一律不得在药品交易网站展示或向个人消费者销售含麻黄碱类复方制剂。发现违反规定的，由所在地食品药品监督管理部门按照《国务院关于加强食品等产品安全监督管理的特别规定》第三条有关规定进行处罚，造成严重后果的吊销许可证照，构成犯罪的依法移送公安机关追究刑事责任；对提供交易服务网站的企业应按照《暂行规定》第二十九条第二种情形和《工作方案》要求依法严肃查处，直至移送通信管理部门关闭其网站。

三是加强药品交易网站销售处方药的管理。要求药品零售连锁企业通过药品交易网站只能销售非处方药，一律不得在网站交易相关页面展示和销售处方药。发现违反上述规定的，对企业自设网站由所在地食品药品监督管理部门按照《药品流通监督管理办法》第四十二条处罚；对提供交易服务网站由所在地食品药品监督管理部门按照《工作方案》要求依法责令停业整顿，限期整改。上述企业拒不改正或情节严重的，吊销其《互联网药品交易服务资格证书》，并移送通信管理部门关闭其网站。同时，在药品交易网站的非交易相关页面展示处方药名称、图片、说明书等信息的，必须在该页面上部加框标示“药品监管部门提示：如发现本网站有任何直接或变相销售处方药行为，请保留证据，拨打 12331 举报，举报查实给予奖励。”所在地省级食品药品监督管理部门应予督促和检查，对违规网站的设立企业，应参照《暂行规定》第二十九条第一种情形和《工作方案》要求依法查处，直至移送通信管理部门关闭其网站。

四是加强网售药品配送环节的管理。药品零售连锁企业通过互联网销售药品时，应当使用本企业符合《暂行规定》等文件要求的药品配送系统自行配送，且符合《药品经营质量管理规范》的有关要求，保证在售药品的质量安全。发现药品零售连锁企业违反规定的，由所在地食品药品监督管理部门参照《暂行规定》第二十九条第二种情形和《工作方案》要求依法查处。

五是加大对互联网非法售药的查处力度。要求各级食品药品监督管理部门要按照《工作方案》的部署，严格落实以上规定，开展监督检查和监测，规范互联网药品交易的主体和行为，严厉打击互联网违法销售药品等行为，切实将各种违法案件查处到位。对违反上述规定被责令整改的企业，11 月 15 日前必须完成整改，否则按照《工作方案》的要求从严处理。对需要予以关闭的网站，应及时移送通信管理部门关闭；对监督检查和监测发现的触犯刑律的案件，应及时移送司法机关依法追究刑事责任。

11 月 12 日，国家食品药品监督管理总局向河北省食品药品监督管理局发出了《关于试点开展互联网第三方平台药品网上零售有关工作的批复》，在依法整治网上违法售药的同时，积极探索药品网上零售试点。《批复》同意河北省食品药品监督管理局以河北慧眼医药科技有限公司 95095 医药平台为试点单位，开展互联网第三方平台上的药品网上零售试点相关工作。并要求其做好试点单位及其交易平台试点整体工作的监督管理，对平台上所发生互联网药品交易行为进行监督，平台上交易药品质量的监管工作仍由各药品零售连锁企业属地食品药品监管部门承担。明确河北省食品药品监督管理局应当要求入驻平台药品零售企业在入驻合同签订后 15 日内向其《药品互联网交易服务资格证书》发证部门进行书面报告，并予以督促检查。同时，不断完善并严格实施试点方案，督促和指导 95095 医药平台规范运营，认真分析和总结试点工作运行情况，为总局研究制定相关规定提供实践经验。未经总局批准，试点单位不得扩大试点范围和内容。

7.4.9 防治未成年人网络游戏成瘾

2013 年 2 月 5 日，文化部印发了关于《未成年人网络游戏成瘾综合防治工程工作方案》的通知，全国网吧和网络游戏管理工作协调小组决定从网络游戏成瘾入手，实施未成年人网络游戏成瘾综合防治工程，以便从根本上缓解我国未成年人网络游戏成瘾日趋严峻的态势。总体要求是：坚持未成年人保护优先原则，充分发挥各级网吧和网络游戏管理工作协调小组作用，以预防、干预、控制网瘾为主线，加强网瘾基础研究，抓紧明确网瘾干预机构及其从业人员的法律地位，完善相关管理制度，全面落实网吧和网络游戏市场的日常监管措施，依法打击违法违规经营活动，净化网络文化环境，减少网瘾对未成年人的危害。同时提出了近期、中期和远期目标，如中期目标是：开展网瘾防治的基础性和应用型研究，争取用 2 至 3 年时间研制有效预防和干预未成年人网瘾的解决方案；开展重点调查，为准确研判未成年人网瘾情况提供数据支持；建立对网瘾干预机构及其从业人员的监管制度，规范市场秩序。

《通知》提出了四项工作重点：一是研制本土化网瘾预测和诊断测评系统，防止由于文化和地域差异等原因在使用外来量表过程中而导致的误诊和误判，并开创性地开展网瘾预测工具的研制工作，在未成年人出现网瘾症状前进行有效的事前干预，减少网瘾危害，降低诊疗成本。二是完善网瘾综合防治制度规范，重点围绕网吧、网络游戏、网瘾干预机构的管理，进一步完善、细化相关制度规范，建立健全网瘾综合防治的法制体系。三是构建网瘾综合防治联动机制，从预防、干预、控制三方面入手，构建企业与家长、家长与学校、未成年人与社区、学校与学术机构之间的联动机制，努力营造有利于未成年人健康成长的学校、家庭和社区环境。四是改进网瘾综合防治舆论工作，基于科研成果加强科学全面的新闻宣传和舆论引导，改变目前媒体多以网瘾的危害和个别严重案例为主的信息传播惯性，积极引导青少年关注和使用网络的正向功能。

在此基础上，《通知》明确了建立健全网瘾综合防治工作机制、开展网瘾综合防治的基础性和应用型研究、强化网络游戏市场监管、规范网吧经营活动、积极预防网瘾发生、提高网瘾干预及控制能力、加大舆论宣传和结对帮扶力度和开展国际交流与合作八项主要措施。例如，针对社会关注的网瘾干预机构服务混乱问题，规定有关部门要积极研究网瘾干预机构的性质，通过立法明确设置条件和管理规定。依法建立监管制度，公布批准的从事网瘾干预服务的机构名单，对违法设立的机构要及时整治，杜绝违法执业和超范围执业。网瘾干预机构的服务涉及精神障碍诊断、治疗的，应当符合《精神卫生法》的要求。又如，在强化网络游戏市场监管方面，除文化行政部门、新闻出版行政部门切实履行管理职责，进一步督促网络游戏经营单位落实“适龄提示”、“网络游戏未成年人家长监护工程”及网络游戏防沉迷系统外，要求公安机关要为“网络游戏未成年人家长监护工程”的身份验证和网络游戏防沉迷系统的实名验证工作提供支持；通信管理部门要根据有关部门的认定和处罚意见，对未经许可擅自运营网络游戏和运营未经审批、审查或备案的网络游戏的网站，依照有关规定要求配合查处；中国人民银行及其分支机构要对为违法网络游戏经营活动提供网络支付服务的非金融支付机构依法进行处理。

7.4.10　完善网络文化治理

2013 年 8 月 12 日，文化部印发了《关于实施〈网络文化经营单位内容自审管理办法〉的通知》，旨在贯彻落实国务院关于进一步转变政府职能和简政放权的要求，规定各级文化行政部门将根据实际情况取消、下放、简化行政审批事项，将管理职责交由企业或社会组织承担，政府部门加强服务和监管。其中，为增强企业自主管理能力和自律责任，保障网络文化健康快速发展，文化部制定了《网络文化经营单位内容自审管理办法》，适用对象是依法取得《网络文化经营许可证》的网络文化经营单位，主要内容是：

一是明确了网络文化经营单位的内容自审义务，即网络文化经营单位在向公众提供服务前，应当依法对拟提供的文化产品及服务的内容进行事先审核，不得提供含有《互联网文化管理暂行规定》第十六条禁止内容的网络文化产品及服务。网络文化经营单位应当通过技术手段对网站（平台）运行的产品及服务的内容进行实时监管，发现违规内容的要立即停止提供，保存有关记录，重大问题向所在地省级文化行政部门报告。

二是规定了内容自审管理要求。在制度方面，网络文化经营单位应当建立健全内容管理制度，设立专门的内容管理部门，配备适应审核工作需要的人员负责网络文化产品及服务的内容管理，保障网络文化产品及服务内容的合法性；网络文化经营单位内容管理制度应当明确内容审核工作职责、标准、流程及责任追究办法，并报所在地省级文化行政部门备案。在审核程序方面，网络文化产品及服务的内容审核工作应当由 2 名以上审核人员实施，审核人员填写审核意见并签字后，报本单位内容管理负责人复核签字；对网络文化产品及服务内容的合法性不能准确判断的，可向省级文化行政部门申请行政指导，接到申请的文化行政部门应当在 10 日内予以回复；网络文化经营单位内容审核记录的保存期不少于 2 年。

三是明确了内容审核人员要求。网络文化经营单位内容审核工作，应当由取得《内容审核人员证书》的人员实施；取得证书的内容审核人员每年至少应当参加 1 次后续培训；内容审核人员地职责是掌握内容审核的政策法规和相关知识，独立表达审核意见以及参加文化行政部门组织的业务培训；审核人员连续 2 年未按规定参加后续培训、玩忽职守造成严重社会影响或者出现重大审核失误的，由发证部门注销其《内容审核人员证书》

四是规定了文化主管部门的相关职责。文化部负责统筹协调网络文化经营单位内容审核人员的培训考核工作，指导制定网络文化产品内容审核工作指引，组织编写培训教材和题库，建立审核人员信息库。省级文化行政部门负责内容审核人员培训考核及检查监督工作。培训工作采取现场和网络相结合的方式进行。对经考核合格者发给《内容审核人员证书》，并纳入审核人员信息库统一管理。对未按本办法实施自审制度的网络文化经营单位，由县级以上文化行政部门或者文化市场综合执法机构依照《互联网文化管理暂行规定》第二十九条的规定予以处罚。

7.5　小结

应当说，互联网领域的技术创新和商业模式创新日新月异，对相关产业的发展和管理提出了许多新问题和新挑战，斯诺登棱镜门事件更是敲响了互联网安全的警钟。十八届三中全会通过的《中共中央关于全面深化改革若干重大问题的决定》明确提出，坚持积极利用、科学发展、依法管理、确保安全的方针，加大依法管理网络力度，加快完善互联网管理领导体制，确保国家网络和信息安全，预示着我国将进一步调整和完善互联网管理体制，并把网络安全与信息化摆在更加重要的战略位置上予以统筹考虑。同时，随着 4G 牌照的发放，移动互联网快速发展，相关商业模式创新活跃，微信支付、滴滴打车等新的服务形态不断涌现，也需要在实践探索的基础上，不断完善相关服务规则和法律制度，引导和规范产业健康发展。

（工业和信息化部政策法规司　朱秀梅）

第 8 章　2013 年中国计算机网络与信息安全情况

8.1　网络安全概况

习近平总书记指出："没有网络安全，就没有国家安全"。以互联网为核心的网络空间已成为继陆、海、空、天之后的第五大战略空间，各国均高度重视网络空间的安全问题。2013 年，斯诺登披露的"棱镜门"事件如同重磅炸弹，更是引发了国际社会和公众对网络安全的空前关注。

在我国，随着"宽带中国"战略推进实施，互联网升级全面提速，用户规模快速增长，移动互联网新型应用层出不穷，4G 网络正式启动商用，虚拟运营商牌照陆续发放，网络化和信息化水平显著提高，极大地促进传统产业转型升级，带动了信息消费稳步增长。

维护互联网网络安全，是保障各领域信息化工作持续稳定发展的先决条件。我国政府相关部门、互联网服务机构、网络安全企业和广大网民对网络安全的重视程度日益提高，不断加强自身防护水平，加大网络安全威胁治理力度，积极参与网络安全国际合作，以期建立安全可信的网络环境，确保基础网络和重要信息系统安全运行，促进产业经济稳定发展。

在各方共同努力下，2013 年我国互联网网络安全状况总体平稳。然而，根据 CNCERT 监测数据和通信行业报送信息，我国互联网仍然存在较多网络攻击和安全威胁，不仅影响广大网民利益，妨碍行业健康发展，甚至对社会经济和国家安全造成威胁和挑战。

8.2　我国互联网网络安全形势

（一）基础信息网络运行总体平稳，域名系统依然是影响安全的薄弱环节。2013 年，我国基础网络安全防护水平有较大提升，但仍然发现较多信息系统安全风险，尤其是域名系统作为互联网运行的关键基础设施，面临安全漏洞和拒绝服务攻击等多种威胁，是影响网络稳定运行的薄弱环节。基础网络承载的互联网业务类型日益增多，引发一些安全风险。

基础网络安全防护水平进一步提高。2013 年，在工业和信息化部指导下，基础电信企业高度重视网络安全防护工作，在全网开展网络单元和业务系统的定级备案调整工作，对 3000 余个三级及以上网络单元开展符合性评测和风险评估，各企业符合性评测达标率均在 97%以上，与 2012 年基本持平。在检测中还侧重加大对用户个人信息保护工作的检查力度，通过对安全隐患的测试和修复，有效降低了通信网络的安全风险。

基础网络信息系统仍存在较多安全风险。2013 年，国家信息安全漏洞共享平台（CNVD）向基础电信企业通报漏洞风险事件 518 起，较 2012 年增长超过一倍。按漏洞风险类型分类，其中通用软硬件、信息泄露、权限绕过、SQL 注入、弱口令等类型较多，分别占比 42.1%，15.3%，12.7%，12.0%和 11.2%。这些漏洞风险事件涉及的信息系统达 449 个，其中基础电信企业省（子）公司所属信息系统占 54.6%，集团公司所属信息系统占 37.2%。对此，各企业均积极响应，及时进行修复加固处理。但是，2013 年仍发现有部分企业的接入层网络设备被攻击控制，网络单元稳定运行以及用户数据安全受到威胁，我国基础网络整体防御国家级有组织攻击风险的能力仍较为薄弱。

域名系统依然是影响互联网稳定运行的薄弱环节。域名解析服务是互联网重要的基础应用服务，其安全问题直接影响网络的稳定运行。由于域名注册服务机构的域名管理系统存在漏洞，攻击者能随意篡改域名解析记录，2013 年曾发生多起由此引发的政府部门网站和提供互联网服务的网站域名被劫持的事件，导致用户访问受到严重影响。此外，域名系统遭受拒绝服务攻击的情况日益严重。2013 年 8 月 25 日，黑客为攻击一个以.CN 结尾的网游私服网站，对我国家.CN 顶级域名系统发起大规模的拒绝服务攻击，导致大量政府网站、新浪微博等重要网站无法访问或访问缓慢。同年 8 月，域名注册服务机构爱民网（22.CN）的域名服务器在一周内连续遭受数十 GBIT/S 级的拒绝服务攻击，数万个域名受到影响。据 CNCERT 监测，2013 年针对我国域名系统的较大规模拒绝服务攻击事件日均约有 58 起。直接针对域名系统发起攻击，不仅能使目标网站瘫痪，还会导致大量无辜网站受到牵连，从而造成严重后果。

对此，CNCERT 联合基础电信企业，积极配合政府部门，大力推进虚假源地址流量整治工作，将我国互联网虚假源地址流量占全部流量的比例控制在 1%以内，有效提高了攻击源追溯能力，为国家.CN 域名系统遭受攻击等重大事件查处提供了有力支撑。但与此同时，还监测发现大量来自境外的虚假源地址攻击流量，这给事件处置和攻击追溯带来很大困难。

2013 年 3 月，国际反垃圾邮件组织 Spamhaus 遭受攻击，攻击峰值达 300Gbps，堪称互联网史上最大流量的拒绝服务攻击。攻击者借助互联网庞大的开放域名解析服务器群，利用 DNS 反射技术发送大量伪造的 DNS 解析请求，使服务器向目标网站发送大量长字节应答包，从而对目标网站形成放大约 100 倍的攻击流量。互联网上大量存在的开放递归查询域名服务器，有可能成为黑客实施攻击的“军火库”。

基础信息网络承载的互联网业务频现安全问题。随着基础网络设施不断完善，其所承载的互联网业务类型日益增多，引入新的安全风险。2013 年 7 月 22 日，腾讯微信业务出现故障，全国多地有 6000 多万用户无法正常使用，用户感知强烈。微信属于目前较为流行的 OTT（Over The Top）业务模式，通过基础电信企业的网络发展自己的音视频和数据服务业务，但其安全保障水平和业务承载级别不匹配，一条线路的故障就能导致涉及多家基础电信企业的用户受到影响。2013 年，部分互联网公司的网站域名在某些地区被劫持，甚至被强行插入广告窗口，某些宽带接入商在小区路由器上对部分网站进行劫持跳转等事件，严重影响用户体验，损害互联网企业和网民利益。CNCERT 收到上述事件投诉后，及时协调相关单位进行处置。互联网业务的不断创新导致安全问题不断演化，如何及时、有效应对，需要互联网服务商和基础电信企业共同努力。

（二）公共互联网治理初见成效，打击黑客地下产业链任重道远。2013 年工业和信息化部组织开展防范治理黑客地下产业链专项行动，及时处置木马僵尸网络等网络攻击威胁，取得一定成效。但网络设备后门、个人信息泄露等事件频繁出现，表明公共互联网环境仍然存在较多安全问题。

近年来我国境内感染木马僵尸网络主机数量首次下降。据 CNCERT 监测，2013 年我国境内感染木马僵尸网络的主机为 1135 万个，控制服务器为 16 万个，分别较 2012 年下降 22.5%和 44.1%，为近 5 年首次出现下降。这反映出我国持续开展的木马僵尸网络专项治理行动和日常处置工作已初见成效。

2013 年，在工业和信息化部组织开展的防范治理黑客地下产业链专项行动中，CNCERT 会同基础电信企业、域名注册服务机构共开展 8 次恶意程序专项打击工作，清理木马僵尸网络控制服务器 3.4 万余台，受控主机近 72 万个，重点处理控制规模较大的僵尸网络 1455 个，切断了黑客对 375 万余台感染主机的控制，有力净化公共互联网环境。虽然我国境内感染主机数量总体有所下降，但感染远程控制类木马的主机数量较 2012 年小幅上涨 4.4%，这类木马能对用户主机实施远程控制、窃取重要文件和敏感信息或发起网络攻击，具有极大的危害性。

分析发现 D-LINK 等众多网络设备存在后门。2013 年，CNVD 共收录各类安全漏洞 7854 个，其中高危漏洞 2607 个，分别较 2012 年增长 15.1%和 6.8%。涉及通信网络设备的软硬件漏洞数量为 505 个，较 2012 年增长 1.5 倍，占 CNVD 收录漏洞总数的比例由 2012 年的 2.9%增长至 6.4%。同时，CNVD 分析验证 D-LINK、Cisco、Linksys、Netgear、Tenda 等多家厂商的路由器产品存在后门，黑客可由此直接控制路由器，进一步发起 DNS 劫持、窃取信息、网络钓鱼等攻击，直接威胁用户网上交易和数据存储安全，使得相关产品变成随时可被引爆的安全“地雷”。以 D-LINK 部分路由器产品为例，攻击者利用后门可取得路由器的完全控制权，CNVD 分析发现受该后门影响的 D-LINK 路由器在互联网上对应的 IP 地址至少有 1.2 万个，影响大量用户。CNVD 及时向相关厂商通报威胁情况，向公众发布预警信息，但截至 2014 年 1 月底，仍有部分厂商尚未提供安全解决方案或升级补丁。路由器等网络设备作为网络公共出口，往往不引人注意，但其安全不仅影响网络正常运行，而且可能导致企业和个人信息泄露。

个人信息泄露问题挑战现有社会信任机制。云计算、移动互联网、社交网络等互联网新技术新业务正在改变个人信息的收集和使用方式，个人信息的可控性逐步削弱，姓名、住址、电话、身份证号、消费记录等重要生活信息越来越多地出现网络泄露问题。

2013 年 10 月，“查开房”网站公开曝光 2000 万条客户酒店入住信息，据比对，该信息是往年泄露的，但其中涉及大量个人隐私信息，严重影响公众生活。该事件发生后，CNCERT 立即联系协调美国计算机应急响应组织（US-CERT）和相关域名注册服务机构对之进行处置，有效阻止了信息进一步泄露和扩散。2013 年 7 月，Apache Struts 2 被披露存在远程代码执行高危漏洞，可直接导致服务器被远程控制或数据被窃取，多家大型电商和互联网企业以及大量政府、金融机构网站受到影响，上亿用户信息面临严重泄露风险。由于信息管理制度不完善，保险订单、航班订单、网购订单和快递物流单据等包含的用户个人信息被大量滥用，甚至公开售卖，也是个人信息泄露的重要原因之一。这些传统社会中的姓名、身份证号、电话等信息的真实性极高，被黑客广泛用来实施欺诈和社会工程学攻击，给现有社会信任机制带来严重挑战。

（三）移动互联网环境有所恶化，生态污染问题亟待解决。2013 年，移动互联网恶意程序数量继续大幅增长，恶意程序的制作、发布、预装、传播等初步形成一条完整的利益链条，移动互联网生态系统环境呈恶化趋势，亟须加强管理。

针对安卓平台的恶意程序数量呈爆发式增长。2013 年，CNCERT 通过自主监测和交换捕获的移动互联网恶意程序样本达 70.3 万个，较 2012 年增长 3.3 倍，其中针对安卓平台的恶意程序占 99.5%。按照恶意程序行为属性统计，恶意扣费类数量仍居第一位，占 71.5%，较 2012 年的 39.8%有大幅增长；其次是资费消耗类（占 15.1%）、系统破坏类（占 3.2%）和隐私窃取类（占 3.2%），与用户经济利益密切相关的恶意扣费类和资费消耗类恶意程序占总数的 85%以上，表明黑客在制作恶意程序时带有明显的逐利倾向。按恶意程序的危害等级分类，高危占 1.0%，中危占 29.0%，低危占 70.0%。其中，高危恶意程序所占比例较 2012 年大幅下降，反映出黑客为降低风险，从制作恶意性明显的木马或病毒转向制作恶意广告、恶意第三方插件等灰色应用，以达到既逃避监管又获取经济利益的目的。

手机恶意程序传播渠道多样化。2013 年 CNCERT 监测发现移动互联网恶意程序传播次数达到 1296 万余次，移动互联网恶意程序下载链接 1207 万个，用于传播移动互联网恶意程序的域名 15 247 个、IP 地址 60 976 个，分别是 2012 年的 23 倍、33 倍、32 倍和 11 倍。这些域名包括移动应用商店、论坛、网盘、博客等众多类型，其中仅移动应用商店的数量就超过 300 家。移动应用商店的审核机制不完善、安全检测能力差等问题，使得恶意程序得以发布和扩散，仅"安丰市场"就有数千个流行的移动应用被植入木马程序，下载次数超过 200 万次。2013 年发现某电商出售的行货手机，被第三方预置隐私窃取类手机病毒，能静默上传手机号、IMEI 号、联网 IP 地址、位置信息、程序列表等，累计感染人数超过两百万。移动应用商店、手机经销商等移动互联网生态系统的上游环节被污染，导致下游用户感染恶意程序的速度加剧。

对此，CNCERT 按照工业和信息化部发布的《移动互联网恶意程序监测与处置机制》，组织开展了 8 次移动互联网恶意程序治理行动，累计协调应用商店下架恶意应用软件 37 507 个。2013 年，中国反网络病毒联盟（ANVA）建立了"移动互联网应用自律白名单"机制，组织安全企业和应用商店成立白名单工作组和应用商店自律组，形成有序的白名单审核流程和执行机制，并公布了首批"移动互联网应用自律白名单"，以帮助应用商店、移动应用开发人员和广大用户推广或使用安全可信的"白应用"。

（四）经济信息安全威胁增加，信息消费面临跨平台风险。2013 年，互联网与金融行业深度融合，以余额宝、现金宝、理财通等为代表的互联网金融产品市场火爆，在线经济活动日趋活跃。但与此同时，钓鱼攻击呈现跨平台发展趋势，在线交易系统防护稍有不慎即可能引发连锁效应，影响金融安全和信息消费。

跨平台钓鱼攻击出现并呈增长趋势。2013 年，在传统互联网的钓鱼网站之外，黑客还结合移动互联网，利用仿冒移动应用、移动互联网恶意程序、伪基站等多种手段，实施跨平台的钓鱼欺诈攻击，危害用户经济利益。2013 年，黑客利用安卓系统的"签名验证绕过"高危漏洞，制作散播大量仿冒国内主流银行等金融机构的移动应用，诱导用户安装，盗取用户银行账户信息。一些钓鱼网站在盗取用户银行账号和密码等信息时，还大量传播仿冒相应手机银行安全插件的恶意程序，劫持用户收到的短信验证码，从而使黑客进一步完成网银支付、转账等交易操作，牟取经济利益。此外，2013 年利用伪基站进行欺诈的活动呈爆发趋势，一类是仿冒金融机构官方服务号码向周围用户发送钓鱼短信，致使一些大型银行被迫调整部分手机银行业务；另一类是冒充基础电信企业客服电话或手机充值号码联系用户，实施充值诈骗。此类事件不仅严重破坏了企业形象，也对相关行业的健康发展造成了不良影响。

2013 年钓鱼网站数量继续迅速增长，CNCERT 共监测发现针对我国银行等境内网站的钓鱼页面 30199 个，涉及 IP 地址 4240 个，分别较 2012 年增长 35.4%和 64.6%。CNCERT 全年接收到网络钓鱼类事件举报 10578 起，处置事件 10211 起，分别较 2012 年增长 11.8%和 55.3%，为广大网民挽回数亿元损失。

在线交易系统安全问题易引发连锁效应。2013 年，互联网金融市场火爆，互联网和移动通信技术降低了使用门槛，在带来便利的同时也引入新的安全风险。2013 年 12 月，支付宝钱包客户端 iOS 版被披露存在手势密码漏洞，连续输错 5 次手势密码后可导致密码失效，使得攻击者可以任意进入手机支付宝账户，免密码进行小额支付。此后淘宝网被披露存在认证漏洞，可登录任意淘宝账户，给用户资金安全造成威胁。此类互联网公司通过所运营的在线交易信息系统，掌握大量用户资金、真实身份、经济状况、消费习惯等信息，系统出现安全问题后，风险也随之传导至关联的银行、证券、电商等其他行业，产生连锁反应。2013 年，CNCERT 监测发现银行、证券等行业联网信息系统的安全漏洞、网站后门、网页篡改等各类安全事件超过 500 起，存在交易信息被篡改、投资信息被泄露等诸多高危风险。此外，银行信息系统本身的故障也可能对经济活动造成影响。2013 年，国内两家主流银行的信息系统先后出现全国性大面积故障，导致柜面、ATM、网银、电话语音系统等瘫痪，相关业务受到严重影响。

（五）政府网站面临威胁依然严重，地方政府网站成为“重灾区”。政府网站因其公信力高、影响力大，容易成为黑客攻击目标。2013 年，我国政府网站被篡改和植入后门的情况依然严重，相对部委网站而言，地方政府网站是遭受攻击的“重灾区”，影响政府形象及电子政务工作。

地方政府网站是黑客攻击的“重灾区”。据 CNCERT 监测，2013 年，我国境内被篡改网站数量为 24 034 个，较 2012 年增长 46.7%，其中政府网站被篡改数量为 2430 个，较 2012 年增长 34.9%；我国境内被植入后门的网站数量为 76 160 个，较 2012 年增长 45.6%，其中政府网站 2425 个，较 2012 年下降 19.6%。在被篡改和植入后门的政府网站中，超过 90%是省市级以下的地方政府网站，超过 75%的篡改方式是在网站首页植入广告黑链。由于地方政府网站存在技术和管理水平有限、网络安全防护能力薄弱、人员和资金投入不足等问题，其网站服务器成为黑客控制的资源节点。2013 年，CNCERT 共通报和处置超过 1600 起涉及政府部门的网站漏洞事件。一些部门收到 CNCERT 预警通报后置之不理，导致安全威胁长期存在；另一些部门则只针对安全事件简单清除，未对网站进行详细检测和加固处理，导致反复多次遭受攻击。相对于地方政府网站，国务院部委门户网站安全状况较好，未监测发现网页篡改和网站后门事件，不过部分子站和业务系统仍然存在较多安全漏洞和风险点，可能成为黑客进一步实施攻击的跳板。

境外黑客组织频繁攻击我国政府网站。2013 年，境外“匿名者”、“阿尔及利亚黑客”等多个黑客组织曾对我国政府网站发起攻击。其中，“反共黑客”组织较为活跃，持续发起针对我国境内党政机关、高校、企事业单位以及知名社会组织网站的攻击，2013 年该组织对我国境内 120 余个政府网站实施篡改。据监测，该组织利用网站漏洞预先植入后门，对网站实施控制后遂发起攻击，目前至少入侵 600 余个境内网站，并平均每三天在其社交网站发布一起篡改事件。另有“匿名者”、“阿尔及利亚黑客”等组织先后篡改我国 187 个政府网站。此外，还出现黑客为报复国家出台的政策，对我国政府网站实施攻击的新苗头。2013 年 12 月 19 日下午，继央行明确宣布不认可比特币，要求国内第三方支付机构停止为比特币交易平台提供充值和支付服务之后，央行官方网站和新浪官方微博遭到黑客网络攻击，出现间歇性访问困难和大量异常评论。

（六）国家级有组织攻击频发，我国面临大量境外地址攻击威胁。国家级有组织网络攻击行为显著增多，给国家关键基础设施和重要信息系统带来严重威胁和挑战。据 CNCERT 监测，我国面临大量来自境外地址的网站后门、网络钓鱼、木马和僵尸网络等攻击。

具有国家背景的有组织攻击频发。2013 年 6 月以来，斯诺登曝光“棱镜计划”等多项美国家安全局网络监控项目，披露美国情报机构对多个国家和民众长期实施监听和网络渗透攻击，引起国际社会强烈反响。根据曝光信息，美国投入巨额资金，分别通过互联网、通信网、企业服务器等多种渠道以及采用网络入侵手段，实施信息监听和收集，监听内容包括互联网元数据、互联网通信内容、社交网络资料、电话和短信息等多种数据类型，监控对象包括多国政要、外交系统、媒体网络、大型企业网络和国际组织等。我国属于其重点监听和攻击目标，国家安全和互联网用户隐私安全面临严重威胁。

2013 年，越来越多的有组织高级持续性威胁（APT）攻击事件浮出水面，APT 攻击成为国家间网络对抗的新型有力武器。2013 年 3 月 20 日，美、韩军事演习期间，韩国多家广播电视台和银行等金融机构遭受历史上最大规模的恶意代码攻击，导致系统瘫痪，引发韩国社会一度混乱。CNCERT 获知消息后，第一时间与韩国计算机应急响应组织（KrCERT）联系，并协助调查，及时消除攻击来自中国的误会。迈克菲公司、卡巴斯基实验室等先后曝光持续多年、具有极强隐蔽性的“特洛伊行动”、“红色十月”、“Icefog”等一系列 APT 攻击，曾大量窃取政府部门、科研机构和重点行业单位的重要敏感信息。我国同样面临严重的 APT 攻击威胁，一些国家利用信息化技术优势，大力推动研发计算机病毒武器，破解互联网加密算法，或直接在标准算法中放置后门，持续对我国实施 APT 攻击。我国政府机构、基础电信企业、科研院所、大型商业机构的网络信息系统遭受攻击和渗透入侵。2013 年，CNCERT 监测发现我国境内 1.5 万台主机被 APT 木马控制，对我国关键基础设施和重要信息系统安全造成严重威胁。

我国仍面临大量来自境外地址的攻击威胁。2013 年，境外有 3.1 万台主机通过植入后门对境内 6.1 万个网站实施远程控制，虽然境外控制主机数量较 2012 年下降 4.3%，但所控制的境内网站数量却大幅增长 62.1%。从所控制的境内网站数量看，位于美国的主机居首位，共有 6215 台主机控制着境内 15 349 个网站，平均每个主机控制 2.5 个境内网站，较 2012 年（约 1.4 个）增长 78.6%。其次是中国香港，控制境内 13 116 个网站，较 2012 年大幅增长 179.5%。排名第三的是韩国，控制境内 7052 个网站，较 2012 年下降 11.1%。

在网络钓鱼攻击方面，针对我国的钓鱼站点有 90.2%位于境外，共有 3823 个境外 IP 地址承载 29 966 个针对我国境内网站的仿冒页面，分别较 2012 年增长 54.3%和 27.8%。从承载的钓鱼页面数量看，美国仍居首位，共有 2043 台主机承载 12 573 个钓鱼页面，中国香港和韩国列第二、三位，分别承载 4500 个和 1093 个钓鱼页面。

在木马僵尸网络方面，我国境内 1090 万余台主机被境外 2.9 万余个控制服务器控制，其中位于美国的 8807 个控制服务器控制了我国境内 448.5 万余台主机，控制主机数量占被境外控制主机总数的 41.1%。从控制服务器占全部境外控制服务器比例来看，美国占比由 2012 年的 17.6%增长至 30.2%，仍居首位；韩国和中国香港分列第二、三位，占比分别为 7.8%和 7.7%。就所控制的境内主机数量而言，美国居首位，葡萄牙和韩国分列第二、三位，分别控制我国境内 398.8 万和 83.9 万台主机。

CNCERT 不断加强与国际 CERT 组织间的网络安全合作，完善跨境网络安全事件处置协作机制。截至 2013 年底，已与 59 个国家和地区、127 个组织建立联系机制，全年共协调境外安全组织处理涉及境内的安全事件 5498 起，较 2012 年增长 35.3%。

8.3　大数据和个人信息安全

随着近年来电子商务、社交网络、物联网、云计算、移动互联网的应用和普及，互联网数据资源呈现多样化、规模化的趋势，用户数据信息存储逐步从终端向云端、服务端转移。互联网依托大数据和大规模用户为载体，形成了对个人信息采集、存储、管理和应用挖掘的应用模式，并逐步渗透到与个人社会生活息息相关的环节。

例如：在公共安全、社会保障、公共设施等领域的一些专有系统对个人身份信息进行采集，如：姓名、社会属性标识 ID 等。另外，在互联网应用中主要产生以下几类个人信息，一是交易信息，以网购和在线支付为代表，二是互动信息，以网络论坛为代表，三是关系信息，以社交网络为代表，四是地理位置信息，以移动互联网 LBS 应用为代表。上述各类信息的聚类关联、时序空间排列可以准确还原并有可能预测和控制个人的社会生活轨迹。在互联网现有的赢利模式下，围绕大数据条件下的个人信息采集、加工、开发、销售的产业链已经悄然形成。例如：基于个人信息开展精准营销、潜在客户挖掘，也可以将个人信息用于金融诈骗、身份窃取等。

在逐利驱使下，一些地下黑（灰）色产业在数据信息采集、存储等上游环节有针对性地进行渗透，主要通过互联网线上、线下两种途径，或综合运用内部管理制度缺陷和信息系统安全漏洞进行信息的非法获取，个人信息安全问题面临日趋严重的安全威胁。例如：2013 年，因个人用户投诉和反映强烈，使得潜藏在电信、金融、保险、房地产、快递、电子商务等行业内部的“内鬼”售卖信息的行为大量被揭露；因信息系统安全漏洞也导致了诸多个人信息泄露典型案例，例如：ADOBE 300 万账户隐私信息泄露、雅虎日本 2200 万用户信息被窃取、2000 万酒店“开房”信息泄露、中国人寿 80 万份保单信息等。

为加强个人信息保护力度，提高全社会和全行业个人信息保护意识，近年来我国加快个人信息安全保护立法和技术标准制定。其中，《刑法修正案（七）》、《侵权责任法》、《居民身份证法（修订）》等法律相继出台，从民事责任、行政责任和刑事责任等完成个人信息保护法律框架三位一体的构筑。2012 年 12 月 28 日，全国人大常委会通过的《关于加强网络信息保护的决定》，进一步强化保护公民个人信息受保护的法律地拉，明确了网络服务提供者的义务和责任，赋予行业主管部门必要的监管依据。2013 年 2 月 1 日，我国首个个人信息保护国家标准《信息安全技术公共及商用服务信息系统个人信息保护指南》正式实施，指南较为全面地规范了个人信息处理的流程和操作规程，规定个人敏感信息在收集和利用之前须获得个人信息主体明确授权。

但是大数据的应用使得立法进度仍然相对缓慢和一些推荐性标准在实施操作阶段面临着新的问题。大数据的应用实现了扁平化的个人信息存储向集中式的转变，相关服务提供商成为个人信息的实际持有者和管理者。这对个人信息的归属主体和保护责任方面提出新的法律和管理命题，同时在个人信息安全保护技术手段方面有别于一般的数据保护要求。现阶段，政府立法和监管部门以及相关行业还必须加强对大数据技术和产业发展趋势的研判，从法律体系、自律机制、管理标准、组织机构、技术应用等多个层面构建立体协同、动态发展的个人信息安全保障体系。首先要进一步完善个人信息安全相关法律细则，强化个人信息在采集、存储和加工的监管，加大对个人信息泄露和侵权的惩治力度；其次要发挥行业自律的灵活性和专业化优势，引导重点行业推出相应的自律规范和公约，从业务合同层面对相关服务提供商的约束监管；三是推行个人信息安全保护的国家和行业标准，引导行业单位开展个人信息安全相关标准的实施认证；四是加强大数据模式下的安全防护技术研究，建立以国家研究机构为核心，安全企业和服务商、个人紧密联动的防护模式。

8.4 网站安全监测情况

在众多的网络攻击方式中，篡改网页是比较浅层的攻击手段。而我国相对滞后的网站建设却使它成为攻击网站的主要手段之一。

依照攻击方式，网页篡改可以分成显式篡改和隐式篡改。通过显式网页篡改，黑客可炫耀自己的技术技巧，或达到声明自己主张的目的；隐式篡改则一般是在被攻击网站的网页中植入暗链，这些暗链往往被链接到色情、诈骗等非法信息，可助黑客谋取非法经济利益。黑客为了篡改网页，一般需提前知晓网站的漏洞，提前在网页中植入后门，并最终获取网站的控制权。

2003 年起，CNCERT/CC 每日跟踪监测我国境内被篡改的网页情况，发现被篡改的网站后及时通知相关分中心或网站负责人进行协调解决，以争取在第一时间内恢复被篡改的网站，减少攻击事件带来的影响。此外，CNCERT/CC 也会跟踪被植入后门的网页情况，及时对可能发生的网页篡改行为进行预警。

8.4.1 网页篡改情况

1. 我国境内网站被篡改总体情况

2013 年，我国境内被篡改的网站数量为 24 034 个，较 2012 年的 16 388 个大幅增长了 46.7%。我国境内被篡改网站月度统计情况如图 8.1 所示。2013 年 11 月开始，CNCERT 加强了对我国境内网站被植入暗链情况的监测，使得 2013 年全年较 2012 年被篡改网站的总数有大幅度增长。

从域名类型来看，2013 年我国境内被篡改网站中，代表商业机构的网站（.COM）最多，占 67.2%，其次是政府类（.GOV）网站和网络组织类（.NET）网站，分别占 10.1%和 6.4%，非盈利组织类（.ORG）网站和教育机构类（.EDU）网站分别占 1.9%和 0.4%。相比 2012 年，我国商业机构类网站被篡改情况有小幅度上升，从 2012 年的 64.5%，上升至 2013 年的 67.2%。2013 年我国境内被篡改网站按域名类型分布情况如图 8.2 所示。

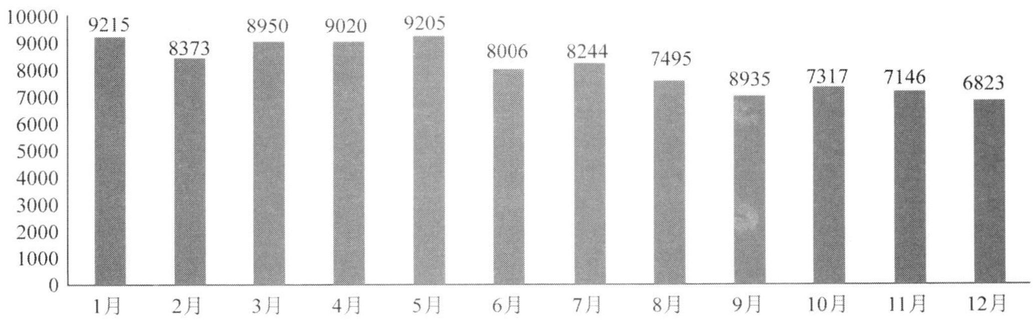

图8.1　2013年我国境内被篡改网站数量月度统计

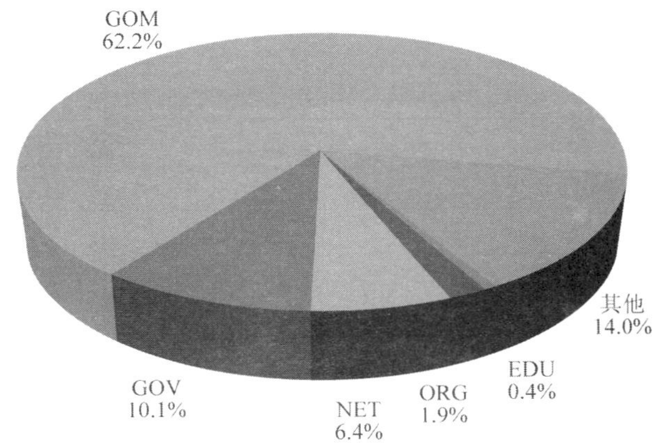

图8.2　2013年我国境内被篡改网站按域名类型分布

如图 8.3 所示，2013 年我国境内被篡改网站数量按地域进行统计，排名前十位的地区分别是：北京市、江苏省、上海市、浙江省、广东省、福建省、河南省、四川省、山东省、安徽省。2013 年的情况与 2012 年类似，仅仅是安徽省代替了湖北省。以上地区均为我国互联网发展状况较好的地区，互联网资源较为丰富，总体上发生网页篡改的事件次数较多。

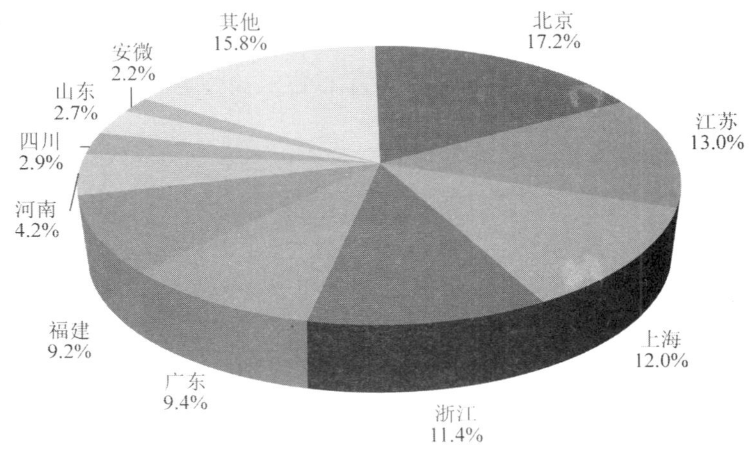

图8.3　2012年我国境内被篡改网站按地区分布

2. 我国境内政府网站被篡改情况

近年来，各级政府逐渐重视信息化建设，许多政府机构都建立了自己的网站。然而目前政府网站还缺乏足够的重视和维护，已成为中国网络安全中最薄弱的一环。同时，由于政府网站不可替代的权威性，对它的攻击严重影响着中国的网络信息安全。

2013 年，我国境内政府网站被篡改数量为 2430 个，较 2012 年的 1802 个大幅度增长 34.9%，占 CNCERT/CC 监测的政府网站列表总数的 4.0%，即平均每 1000 个政府网站中就有 40 个网站遭到了篡改。2013 年我国境内被篡改的政府网站数量和其占被篡改网站总数比例按月度统计如图 8.4 所示。

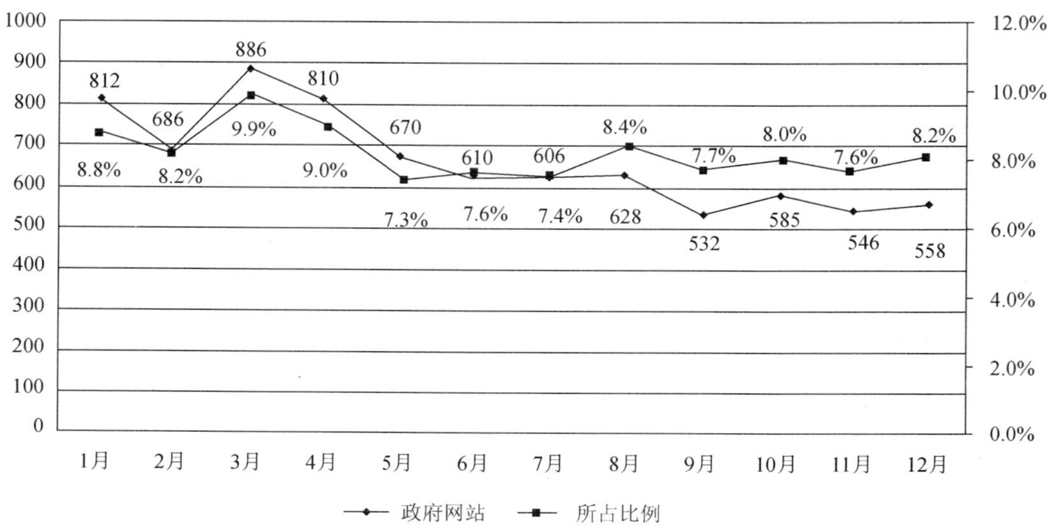

图8.4　2013年我国境内政府网站被篡改数量及所占比例月度统计

8.4.2　网页挂马情况

网页挂马是通过在网页中嵌入恶意程序或链接，致使用户计算机在访问该页面时被植入恶意程序，是黑客传播恶意程序的常用手段。通信行业相关单位在网页挂马和恶意程序传播监测方面开展了大量工作，并与 CNCERT 建立了良好的协作关系。

1. 挂马网站监测情况

如图 8.5 至图 8.7 所示，分别为奇虎 360 公司、网御星云公司、卡巴斯基公司监测发现的中国大陆地区挂马网站数量月度统计情况，可以看到 2013 年网页挂马活动总体上呈现较为平稳但略有波动的态势。随着政府主管部门和通信行业相关单位对传播恶意程序行为的不断治理，实施网页挂马的成本逐渐提高，其生存空间也逐渐缩小。

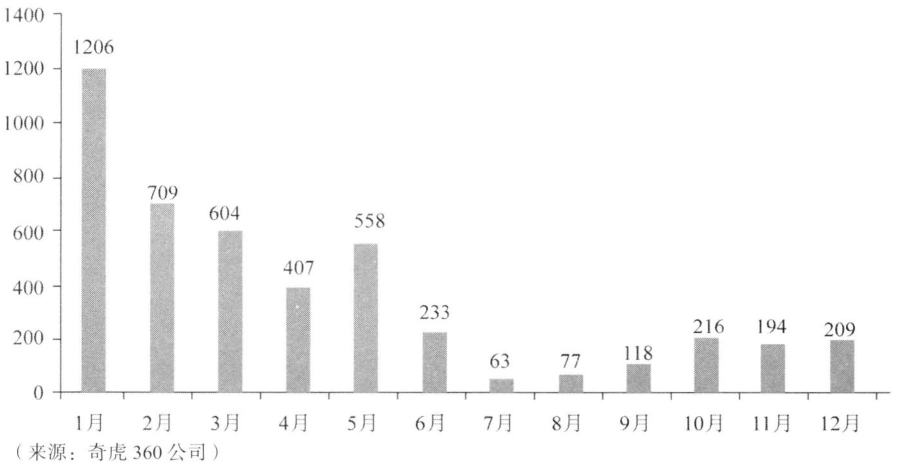

（来源：奇虎 360 公司）

图8.5　2013年中国大陆挂马网站数量月度统计

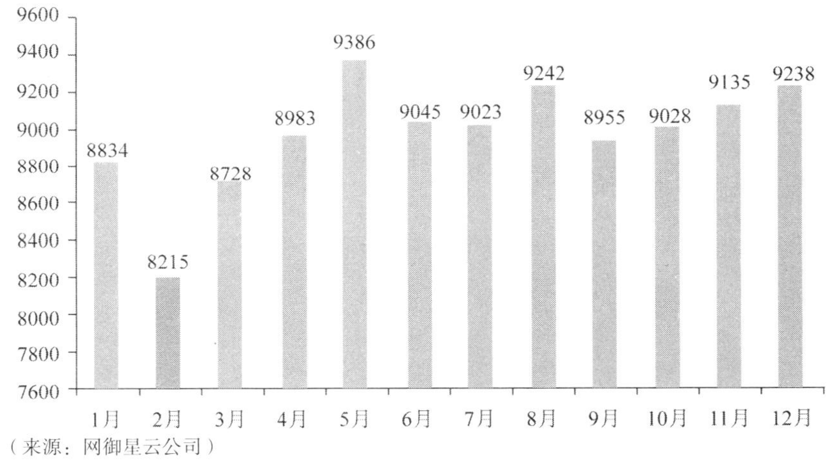

（来源：网御星云公司）

图8.6　2013年中国大陆地区挂马网站数量月度统计

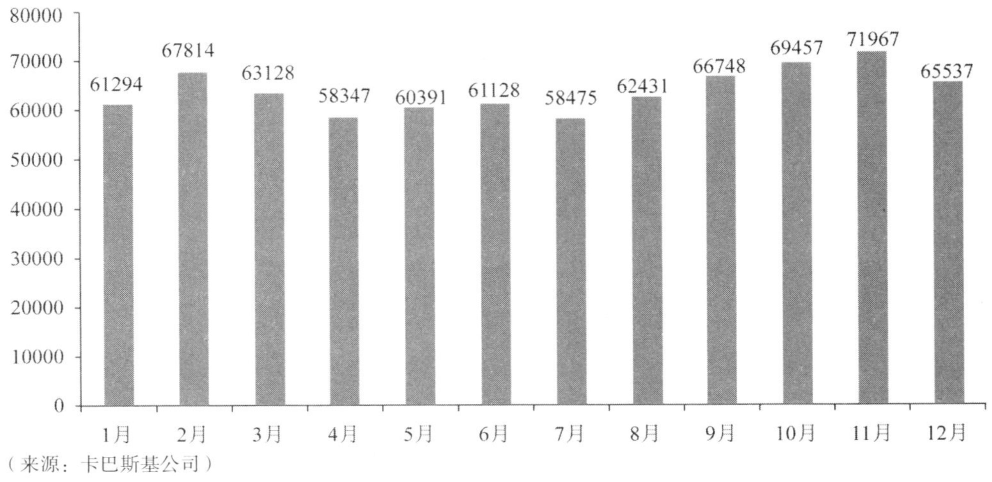

（来源：卡巴斯基公司）

图8.7　2013年中国大陆地区挂马网站数量月度统计

此外，根据奇虎 360 公司、网御星云公司、卡巴斯基公司的监测结果（各公司监测节点分布和检测方式有所不同），中国大陆地区挂马网站较多地集中在广东、江苏、浙江、福建、北京、上海、四川、辽宁、河南、山东、湖南等省份，如图 8.8 至图 8.10 所示。

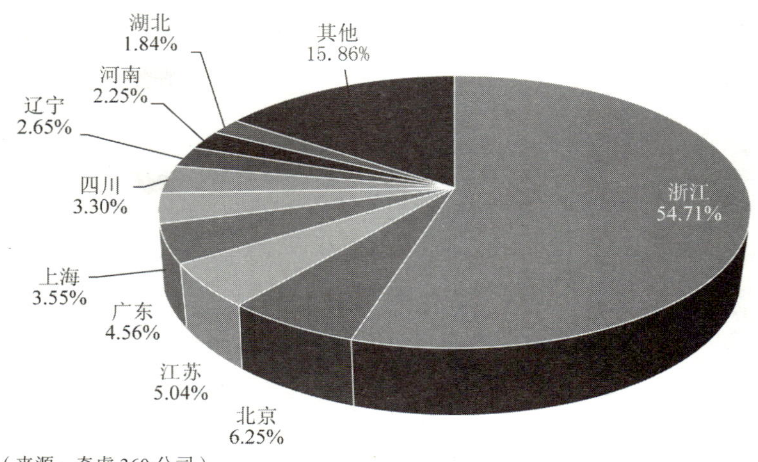

（来源：奇虎 360 公司）

图8.8　2013年中国大陆地区挂马网站按地区分布

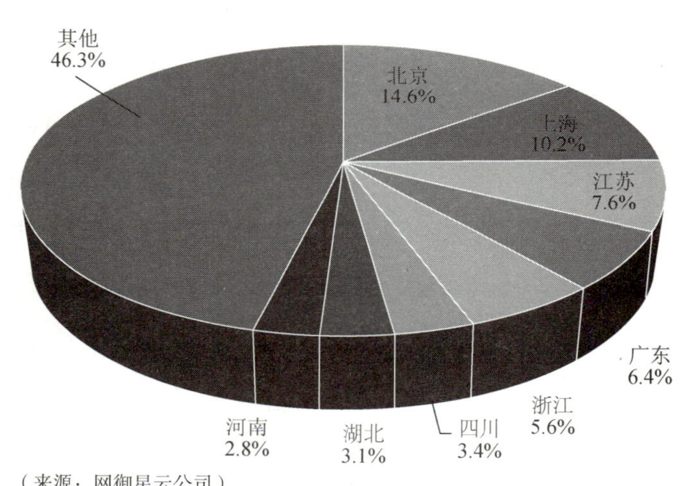

（来源：网御星云公司）

图8.9　2013年中国大陆地区挂马网站按地区分布

2. 恶意域名监测情况

挂马网站数量反映了黑客对网站的入侵和对用户可能带来的威胁情况，而恶意域名的活跃情况反映了黑客实施网页挂马攻击的频繁度和能力。如表 8.1 所示，奇虎 360 公司的监测结果都显示，黑客使用了大量动态域名来传播恶意程序，且大部分是在境外域名注册机构注册的，以提高监测处置的难度，逃避监管。

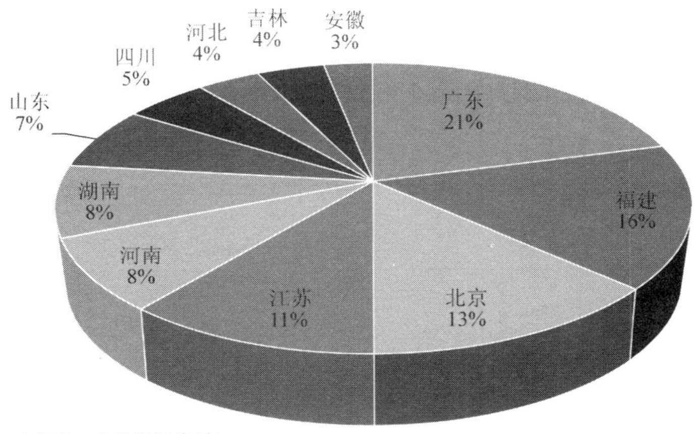

（来源：卡巴斯基公司）

图8.10　2013年中国大陆地区挂马网站按地区分布

表 8.1　用于网页挂马的恶意域名 TOP10（来源：奇虎 360 公司）

挂马网站域名	相关挂马子域名数	部分挂马子域名举例
snda5188.com	1683	www.snda5188.com:88 msfvt.snda5188.com mvfvtu.snda5188.com
jkub.com	147	gy.jkub.com dferfdrf12.jkub.com dcfefrfr567.jkub.com
findhere.org	110	360cd.findhere.org cvsv72v.findhere.org klpm-.findhere.org
12e.asia	5	zx.12e.asia tl.12e.asia xy.12e.asia
12a.asia	3	wd.12a.asia 9yin.12a.asia xy.12a.asia
0412game.com	3	qq.0412game.com mm.0412game.com 2012.0412game.com
100ecg.com	3	xy.100ecg.com wd.100ecg.com zx.100ecg.com
230x.net	3	dd.230x.net 1b.230x.net c.230x.net

（续表）

挂马网站域名	相关挂马子域名数	部分挂马子域名举例
1dd.asia	2	a.1dd.asia s.1dd.asia
8lungu.com	2	test.8lungu.com 2012.8lungu.com

8.4.3 网页仿冒情况

网页仿冒俗称网络钓鱼，是社会工程学欺骗原理结合网络技术的典型应用。2013 年，CNCERT 共监测发现仿冒境内网站的仿冒页面 URL 地址 30 199 个，涉及域名 18 011 个，这些域名分别解析到境内外 4240 个 IP 地址，平均每个 IP 地址承载 4.2 个仿冒网站域名。在这 4240 个 IP 中，有 90.2%位于境外，美国（53.4%）、中国香港（16.6%）和泰国（1.3%）居前三位，分别承载了 12573 个、4500 个和 934 个针对我国境内网站的钓鱼页面，如图 8.12 和 8.13 所示。

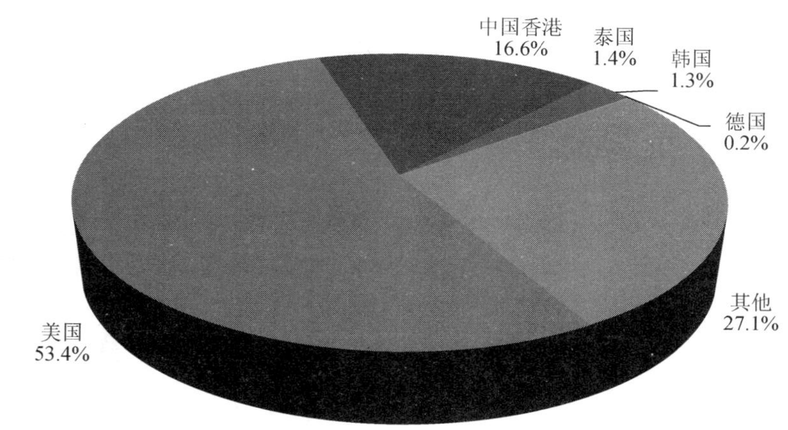

图8.11　2013年仿冒我国境内网站的IP地址按国家和地区分布

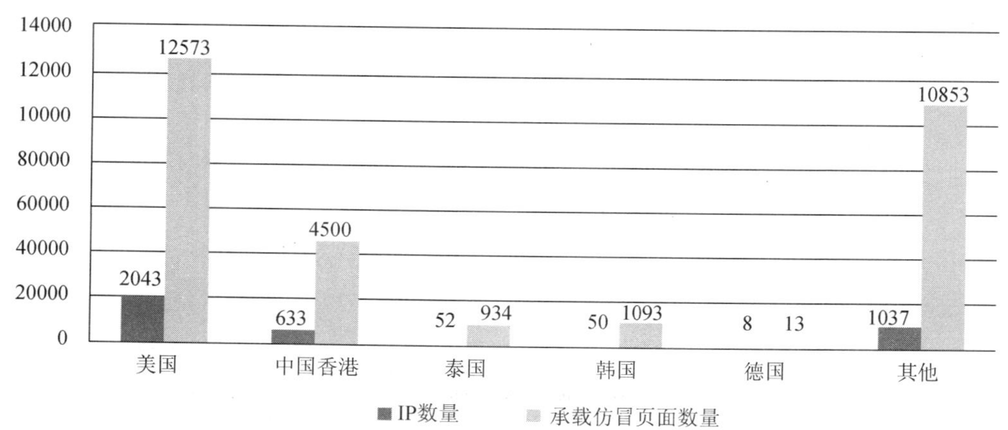

图8.12　2013年仿冒境内网站的境外IP及其承载的仿冒页面数量按国家或地区分布TOP5

从钓鱼站点使用域名的顶级域分布来看，以.COM 最多，占 51.1%，其次是.TK 和.NET，分别占 16.8%和 8.3%。

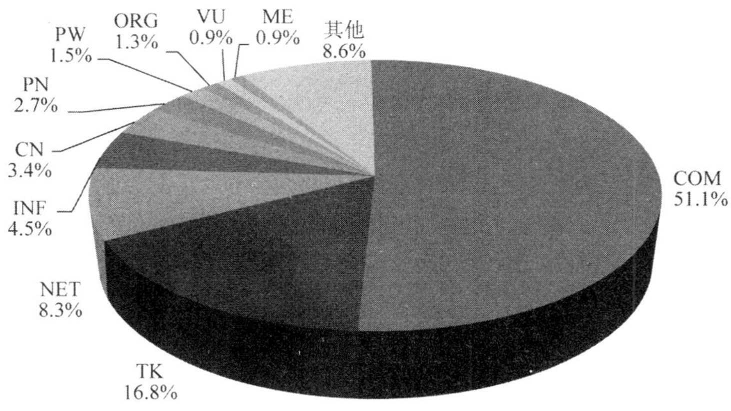

图8.13　2013年CNCERT监测发现的钓鱼站点所用域名按顶级域分布

8.4.4　网站后门情况

网站后门是黑客成功入侵网站服务器后留下的后门程序。通过网站后门，黑客可以上传、查看、修改、删除网站服务器上的文件，可以读取并修改网站数据库的数据，甚至可以直接在网站服务器上运行系统命令。

2013 年 CNCERT 共监测到境内 76 160 个网站被植入网站后门，其中政府网站有 2425 个。我国境内被植入后门网站月度统计情况如图 8.14 所示。

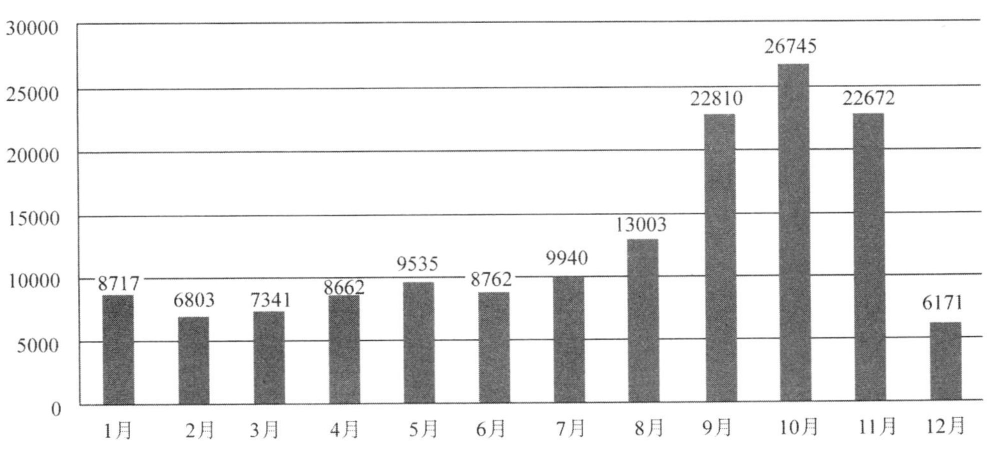

图8.14　2013年我国境内被植入后门网站数量月度统计

从域名类型来看，2013 年我国境内被植入后门的网站中，代表商业机构的网站（COM）最多，占 58.3%，其次是网络组织类（NET）和政府类（GOV）网站，分别占 7.0%和 3.2%。2013 年我国境内被植入后门的网站数量按域名类型分布情况如图 8.15 所示。

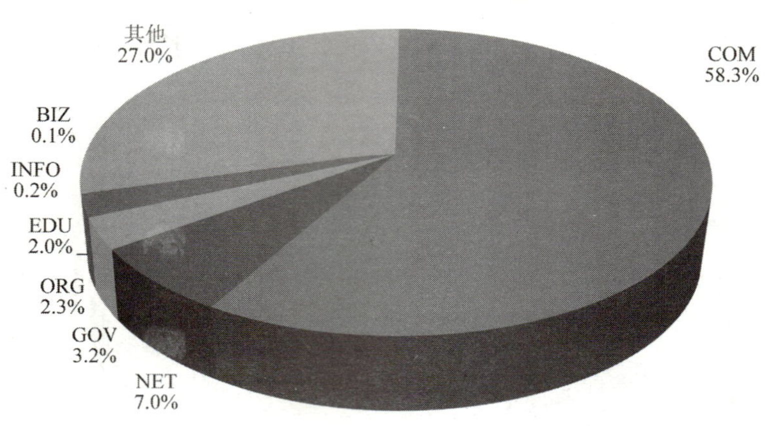

图8.15　2013年我国境内被植入后门网站数量按域名类型分布

如图 8.16 所示，2013 年我国境内被植入后门的网站数量按地域进行统计，排名前十位的地区分别是：北京市、广东省、浙江省、江苏省、上海市、河南省、福建省、四川省、湖北省、山东省。

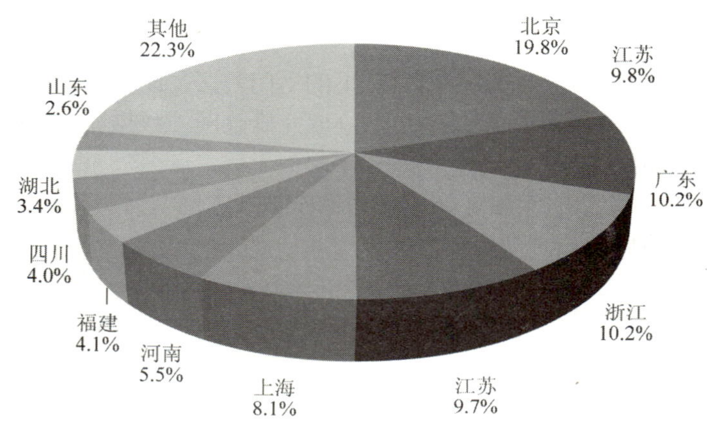

图8.16　2013年我国境内被植入后门网站数量IP按地区分布

向我国境内网站实施植入后门攻击的 IP 中有 30 824 个位于境外，主要位于美国（20.2%）、印尼（11.4%）和韩国（6.5%）等国家和地区。其中，位于美国的 6215 个 IP 地址共向我国境内 15349 个网站植入了后门程序，侵入网站数量居首位，其次是位于中国香港和位于韩国的 IP 地址，分别向我国境内 13 116 个和 7052 个网站植入了后门程序，如图 8.17 所示。

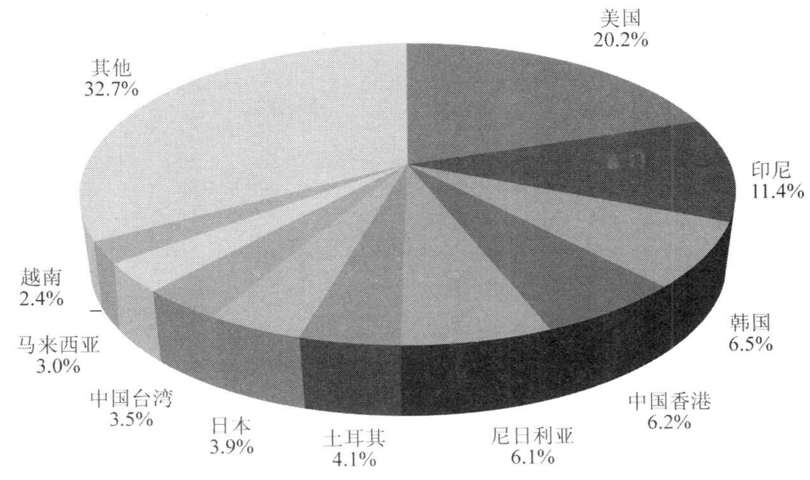

图8.17 2013年向境内网站植入后门的境外IP地址按国家和地区分布

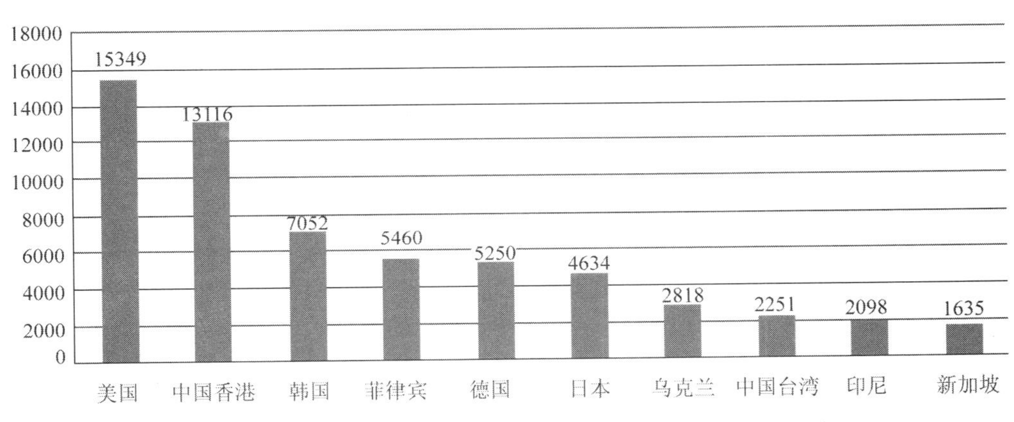

图8.18 2013年境外通过植入后门控制我国境内网站数量TOP10

8.5 移动互联网安全监测情况

移动互联网恶意程序是指在用户不知情或未授权的情况下，在移动终端系统中安装、运行以达到不正当目的，或具有违反国家相关法律法规行为的可执行文件、程序模块或程序片段。移动互联网恶意程序一般存在以下一种或多种恶意行为，包括恶意扣费、信息窃取、远程控制、恶意传播、资费消耗、系统破坏、诱骗欺诈和流氓行为。2013 年 CNCERT/CC 捕获及通过厂商交换获得的移动互联网恶意程序样本数量为 702 861 个。

2013 年 CNCERT 捕获和通过厂商交换获得的移动互联网恶意程序按行为属性统计如图 8.19 所示。其中，恶意扣费类的恶意程序数量仍居首位，为 502 546 个，占 71.5%，流氓行为类 104 069（占 15.1%）、资费消耗类 22 805（占 3.2%）分列第二、三位。结果显示与用户经济利益密切相关的恶意扣费类和资费消耗类恶意程序已占到恶意程序总数的 85%以上，显示了黑客制作恶意程序带有明显的趋利性，2013 年，CNCERT/CC 组织通信行业开展了 8 次移动互联网恶意程序专项治理行动。

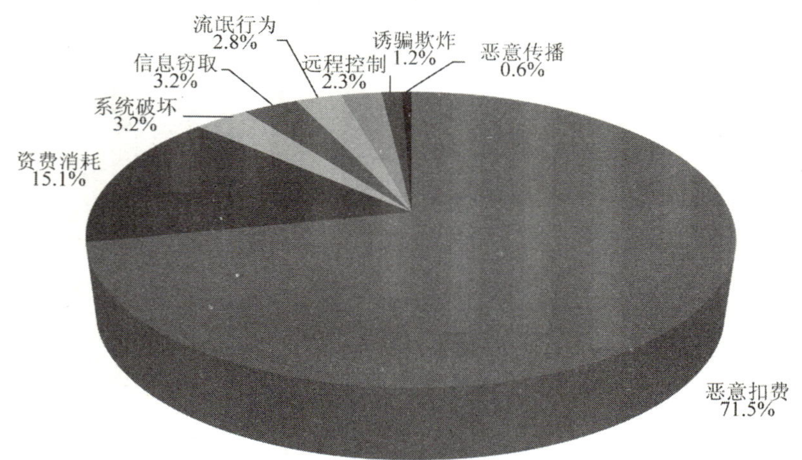

图8.19　2013年移动互联网恶意程序数量按行为属性统计

按操作系统分布统计，2013 年 CNCERT/CC 捕获和通过厂商交换获得的移动互联网恶意程序主要针对 Android 平台，共有 699 514 个，占总数 99%以上，位居第一。其次是 Symbian 平台，共有 3341 个，占 0.48%，此外仍有 6 个针对 J2ME 平台的恶意程序。2013 年，随着 Nokia 宣布对 Symbian 操作系统停止开发，Symbian 手机的市场逐渐萎缩，另一方面 Android 手机的市场不断扩大，Symbian 手机市场和 Android 手机市场的此消彼长，使得 2013 年 Android 恶意程序数量较 2012 年提高了 17%，Symbian 恶意程序数量较 2012 年减少 17%。2013 年移动互联网恶意程序数量按操作系统分布如图 8.20 所示。

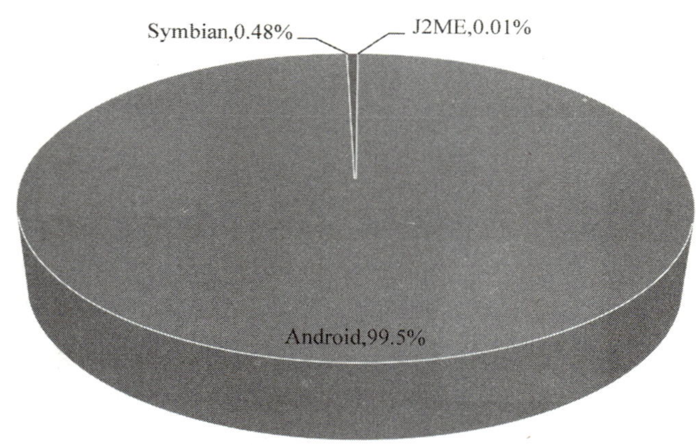

图8.20　2013年移动互联网恶意程序数量按操作系统统计

如图 8.21 所示，按危害等级统计，2013 年 CNCERT/CC 捕获和通过厂商交换获得的移动互联网恶意程序中，高危的为 7028 个，占 1.0%；中危的为 203 830 个，占 29.0%；低危的为 492 003 个，占 70.0%。相对于 2012 年，高危移动互联网恶意程序所占比例有所下降，这反映了黑客为逃避监管逐渐向灰色地带发展，不再制作恶意性明显的手机木马等病毒，开始制作恶意广告、恶意第三方插件等灰色应用，达到既逃避监管又获取经济利益的目的。

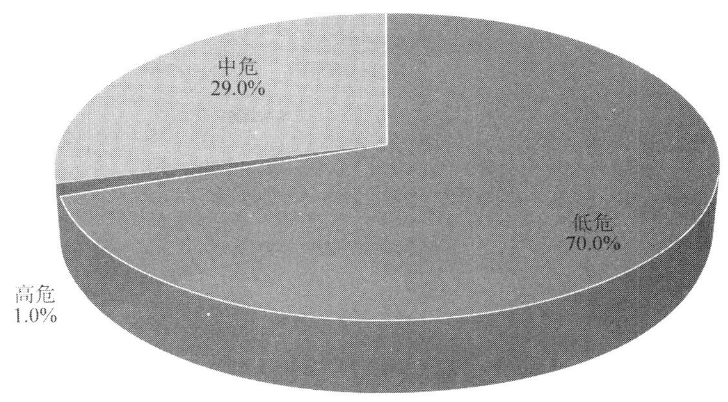

图8.21　2013年移动互联网恶意程序数量按危害等级统计

8.6　恶意程序监测情况

8.6.1　木马和僵尸程序

2013 年 CNCERT 抽样监测结果显示，在利用木马或僵尸程序控制服务器对主机进行控制的事件中，控制服务器 IP 总数为 18.9 万个，较 2012 年下降 47.4%，木马或僵尸程序受控主机 IP 总数为 1870.2 万个，较 2012 年下降 64.5%。

1. 木马和僵尸程序控制服务器分析

2013 年，境内木马或僵尸程序控制服务器 IP 数量为 160 228 个，境外木马或僵尸程序控制服务器 IP 数量为 29 146 个，较 2012 年均有一定程度的下降，降幅分别为 60.2%和 44.2%，具体如图 8.22 所示。

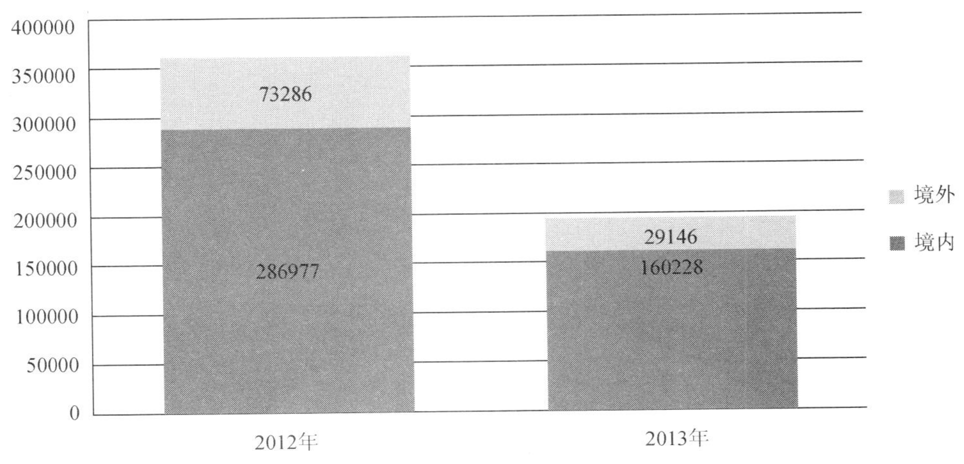

图8.22　2013年与2012年木马或僵尸程序控制服务器数据对比

2013 年，在发现的因感染木马或僵尸程序而形成的僵尸网络[1]中，规模在 100～1000 的占 73.7%以上。控制规模在 100～1000，1000～5000、5000～20000、2～5 万的主机 IP 地址的僵尸网络数量与 2012 年相比分别减少了 2255，88，61、8 和 50 个，控制规模在 5～10 万的僵尸网络数量与 2012 年增加 9 个。分布情况如图 8.23 所示。

2013 年木马或僵尸程序控制服务器 IP 数量的月度统计分别如图 8.24 所示。1 月份控制服务器数量近 6 万个，在 2 月份木马僵尸专项处置行动中 CNCERT 对一批活跃恶意控制域名和控制服务器 IP 地址进行处置，2 月份开始控制服务器 IP 数量大幅下降，3～12 月控制服务器 IP 数量呈总体下降态势。

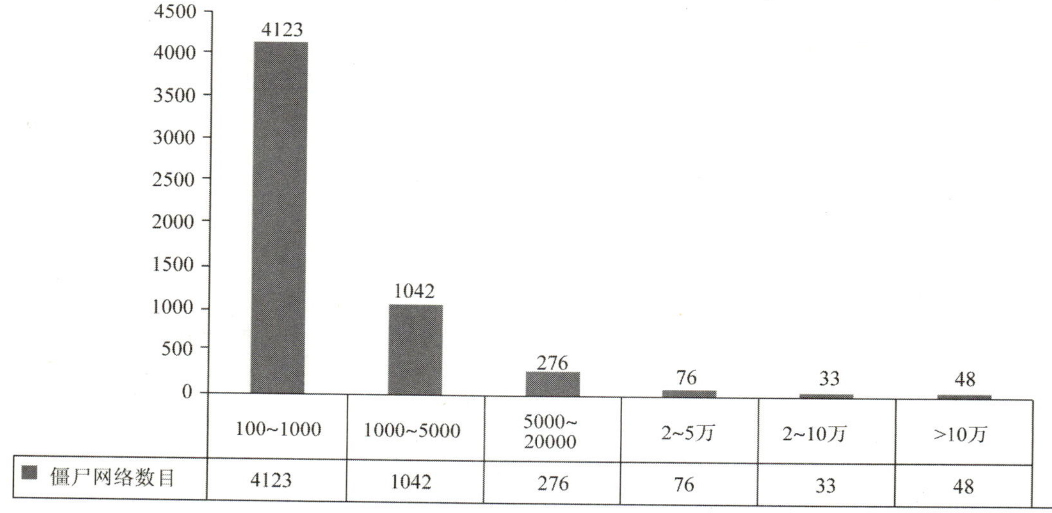

图8.23　2013年僵尸网络规模分布

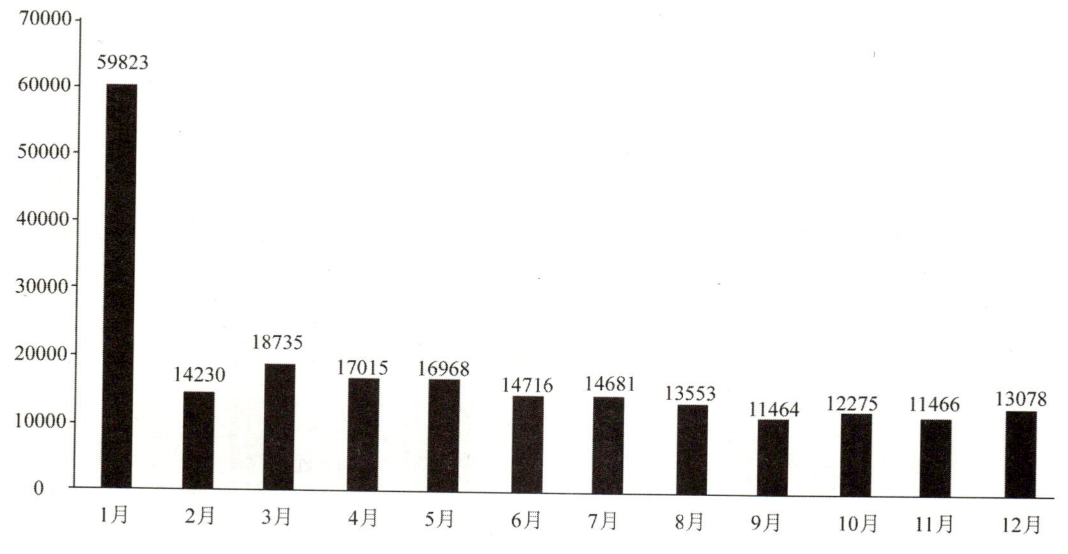

图8.24　2013年木马或僵尸程序控制服务器IP数量月度统计

[1]统计的是受控主机 IP 数量在 100 个以上的僵尸网络。

境内木马或僵尸程序控制服务器 IP 绝对数量和相对数量（即各地区木马或僵尸程序控制服务器 IP 绝对数量占其活跃 IP 数量的比例）前 10 位地区分布如图 8.25 和 8.26 所示，其中：广东省、江苏省、浙江省居于木马或僵尸程序控制服务器 IP 绝对数量前 3 位，广西壮族自治区、广东省、新疆维吾尔自治区居于木马或僵尸程序控制服务器 IP 相对数量的前 3 位。

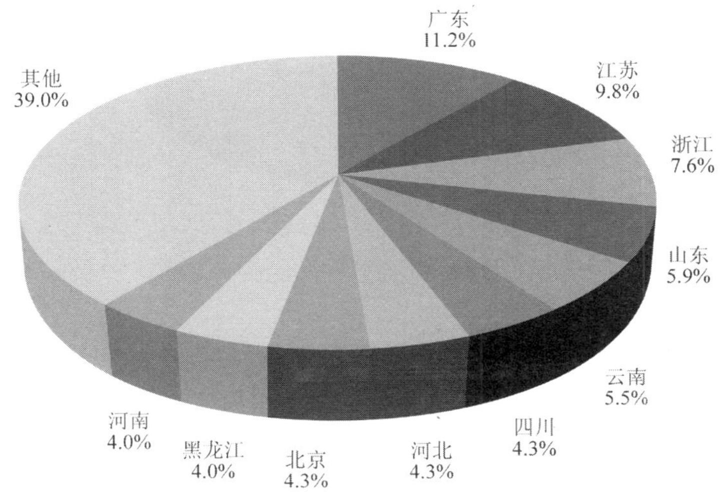

图8.25　2013年境内木马或僵尸程序控制服务器IP按地区分布

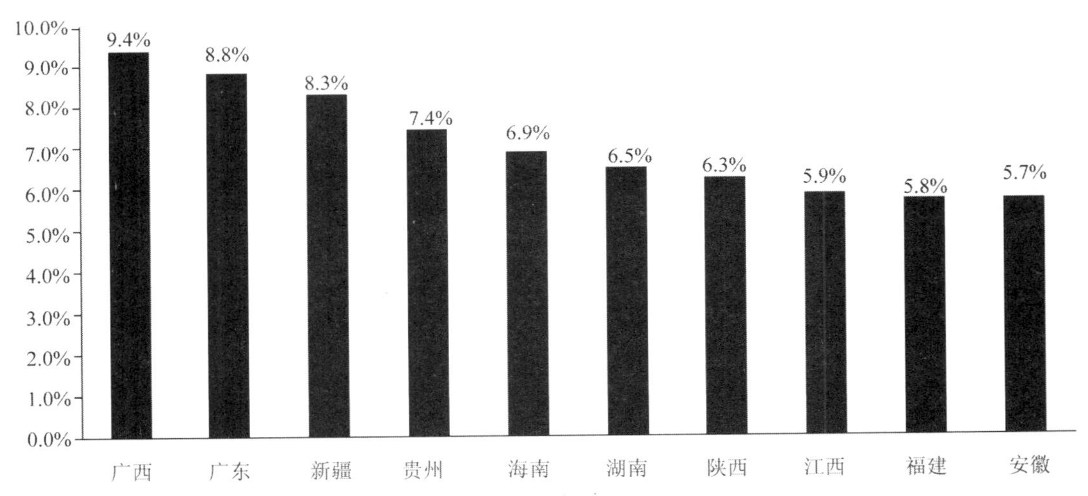

图8.26　2013年境内木马或僵尸程序控制服务器IP数占所在地区活跃IP数比例TOP10

图 8.27 和图 8.28 所示为 2013 年境内木马或僵尸程序控制服务器 IP 数量按运营商分布及所占比例，木马或僵尸程序控制服务器 IP 数量无论是绝对数量，还是相对数量（即各运营商网内木马或僵尸程序控制服务器 IP 绝对数量占其活跃 IP 数量的比例），位于中国电信网内的数量均排名第一，其中位于中国电信网内的木马或僵尸程序控制服务器 IP 数量占据全部境内控制服务器 IP 数量的三分之二以上。

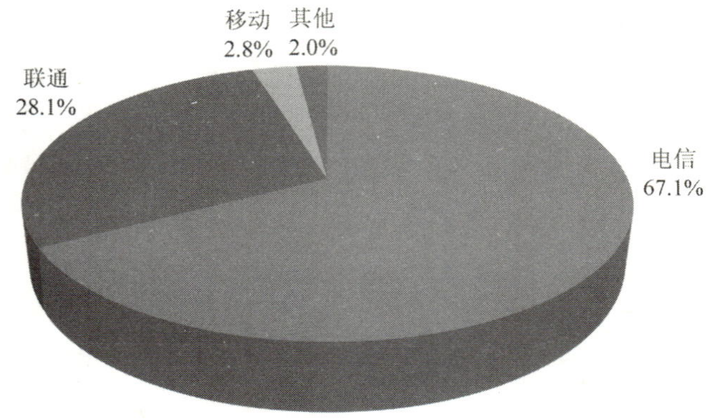

图8.27　2013年境内木马或僵尸程序控制服务器IP按运营商分布

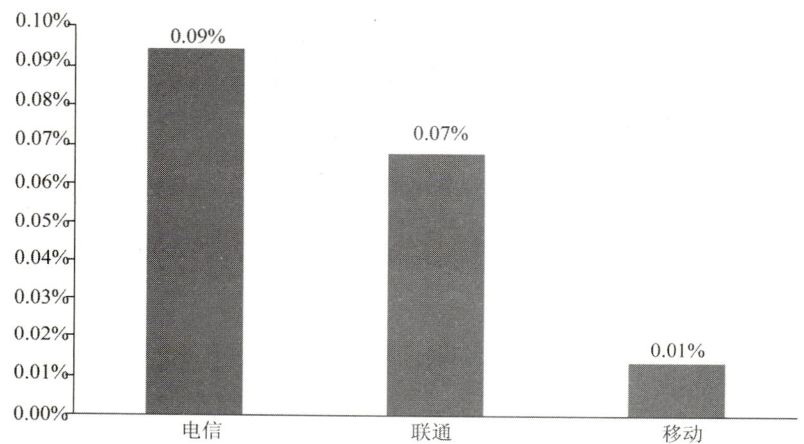

图8.28　2013年境内木马或僵尸程序控制服务器IP数占所属运营商活跃IP数比例

境外木马或僵尸程序控制服务器 IP 数量前 10 位按国家和地区分布如图 8.29 所示，其中美国位居第一，占境外控制服务器的 30.2%，韩国和中国香港分列第二、三位，占比分别为 7.8%和 7.7%。

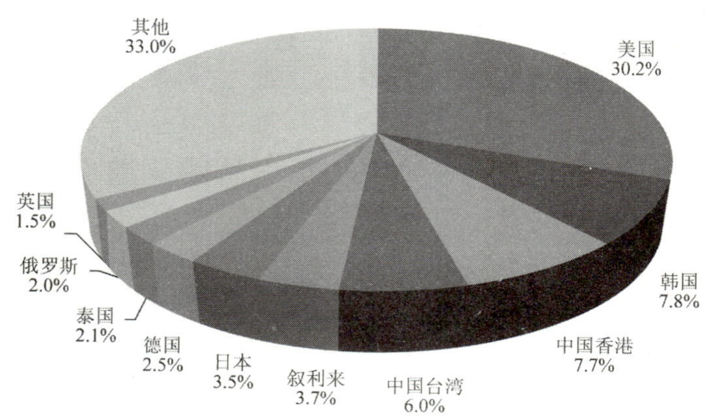

图8.29　2013年境外木马或僵尸程序控制服务器IP按国家和地区分布

2. 木马或僵尸程序受控主机分析

2013 年，境内共有 1135.3 万个 IP 地址的主机被植入木马或僵尸程序，数量较 2012 年减少 22.5%。境外共有 734.9 万个 IP 地址的主机被植入木马或僵尸程序，数量较 2012 年均大幅减少 80.7%。具体如图 8.30 所示。

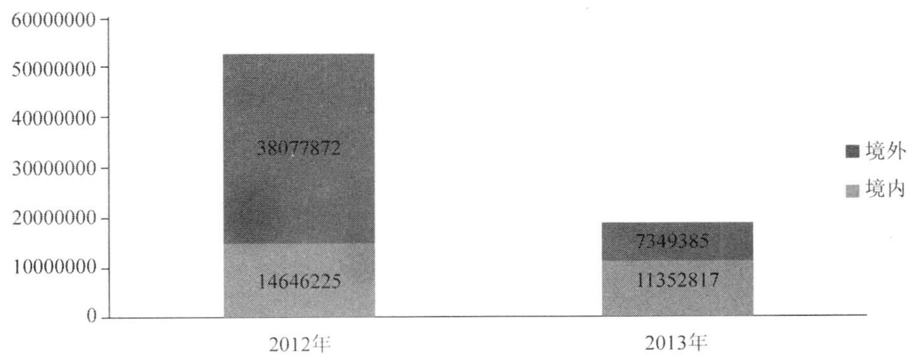

图8.30　2013年与2012年木马或僵尸程序受控主机数量对比

2013 年，CNCERT 持续加大木马或僵尸网络治理力度，木马或僵尸程序受控主机 IP 数量全年总体呈现下降态势，1 月达到最高值 303.1 万个，10 月为最低值 93.2 万个。2013 年木马或僵尸程序受控主机 IP 数量的月度统计如图 8.31 所示。

境内木马或僵尸程序受控主机 IP 绝对数量和相对数量(即各地区木马或僵尸程序受控主机 IP 绝对数量占其活跃 IP 数量的比例) 前 10 位地区分布如图 8.32 和图 8.33 所示，其中：广东省、江苏省、浙江省连续 3 年木马或僵尸程序受控主机 IP 绝对数量分别位于前 3 位，广西壮族自治区、广东省、新疆维吾尔自治区居于木马或僵尸程序受控主机 IP 相对数量的前 3 位，这在一定程度上反映出经济较为发达、互联网较为普及的东部地区因网民多、计算机数量多，该地区的木马或僵尸程序受控主机 IP 绝对数量处于全国前列。

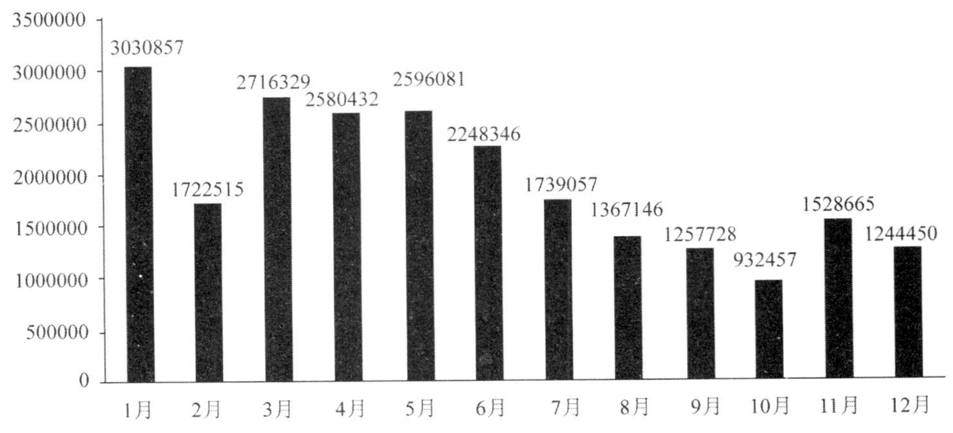

图8.31　2013年木马或僵尸程序受控主机IP数量月度统计

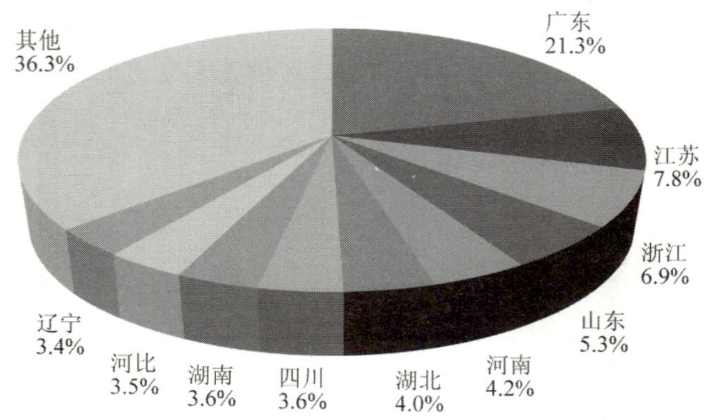

图8.32 2013年境内木马或僵尸程序受控主机IP按地区分布

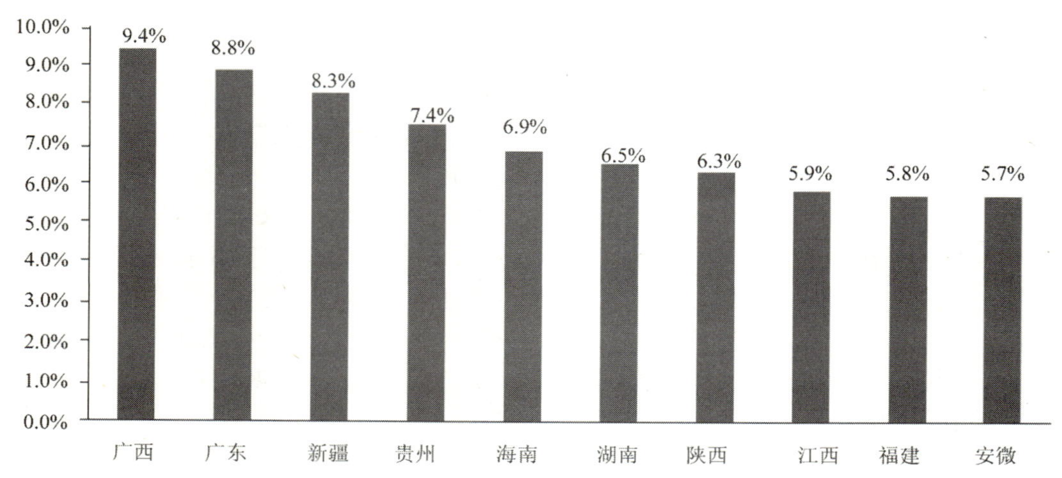

图8.33 2013年境内木马或僵尸程序受控主机IP占所在地区活跃IP比例

图 8.34 和图 8.35 所示为 2013 年境内木马或僵尸程序受控主机 IP 数量按运营商分布及所占比例，木马或僵尸程序受控主机 IP 位于中国电信网内的数量占据总数的三分之二以上。从相对数量（即各运营商网内木马或僵尸程序受控主机 IP 绝对数量占其活跃 IP 数量的比例）上看，中国电信、中国联通网内感染木马或僵尸程序的主机 IP 地址数量占据其活跃 IP 地址数量的比例均超过 4%。

境外木马或僵尸程序受控主机 IP 数量按国家和地区分布前 10 位如图 8.36 所示，其中：伊朗、日本、印度居于木马或僵尸程序受控主机 IP 数量前 3 位。

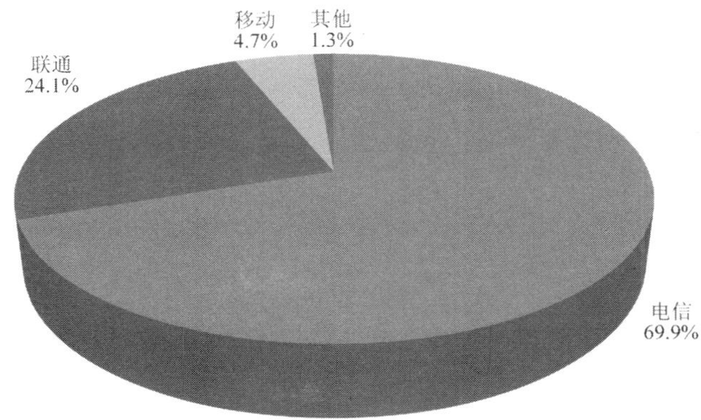

图8.34　2013年境内木马或僵尸程序受控主机IP按运营商分布

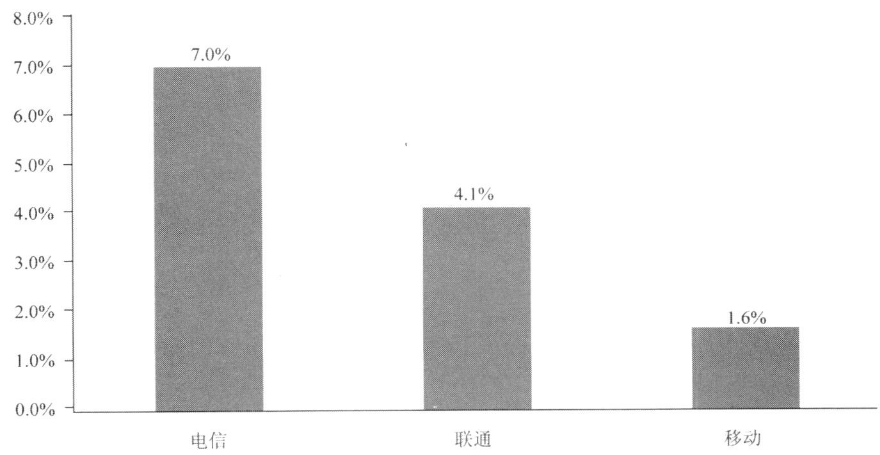

图8.35　2012年境内木马或僵尸程序受控主机IP占所在地区活跃IP比例

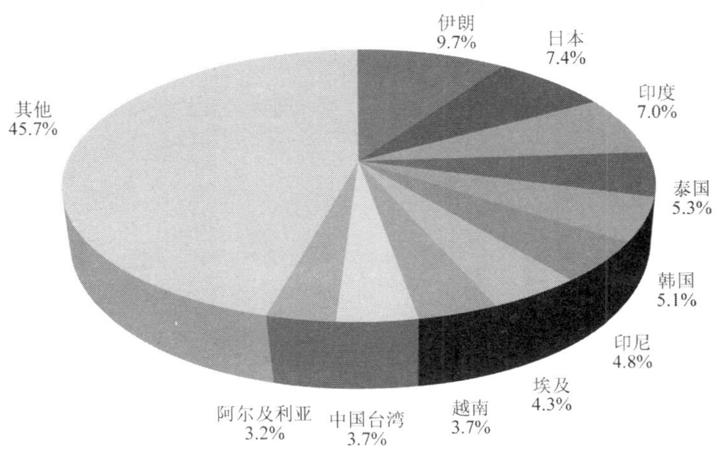

图8.36　2013年境外木马或僵尸程序受控主机IP按国家和地区分布

8.6.2 “飞客”蠕虫

“飞客”（Conficker，Downup，Downandup，Conflicker 或 Kido）是一种针对 Windows 操作系统的蠕虫病毒，最早在 2008 年 11 月 21 日出现。“飞客”蠕虫利用 Windows RPC 远程连接调用服务存在的高危漏洞（MS08-067）入侵互联网上未进行有效防护的主机，通过局域网、U 盘等方式快速传播，并且会停用感染主机的一系列 Windows 服务，自 2008 年以来，“飞客”蠕虫衍生了多个变种，这些变种感染了上亿台主机，构建了一个庞大的攻击平台，不仅能够被用于大范围的网络欺诈和信息窃取，而且能够被利用发动无法阻挡的大规模拒绝服务攻击，甚至可能成为有力的网络战工具。

CNCERT/CC 自 2009 年起对“飞客”蠕虫感染情况进行持续监测。监测数据显示，全球互联网月均感染“飞客”蠕虫的主机数量持续减少，从 2010 年 12 月超过 6000 万台主机，到 2011 年月均 3500 万台主机，到 2012 年月均 2800 万台主机，再到 2013 年月均有 1722 万台主机。2013 年，排名前三的国家或地区分别是中国大陆（13.7%）、巴西（10.0%）和印度（6.5%），具体分布情况如图 8.37 所示。其中，中国大陆感染主机 IP 数量月均超过 175 万个，图 8.38 为 2013 年我国境内主机 IP 感染“飞客”蠕虫的数量月度统计。

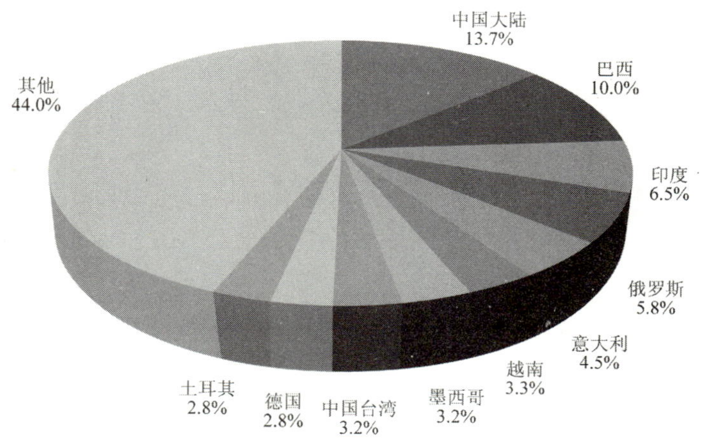

图8.37　2013年全球互联网感染“飞客”蠕虫的主机IP数量按国家和地区分布

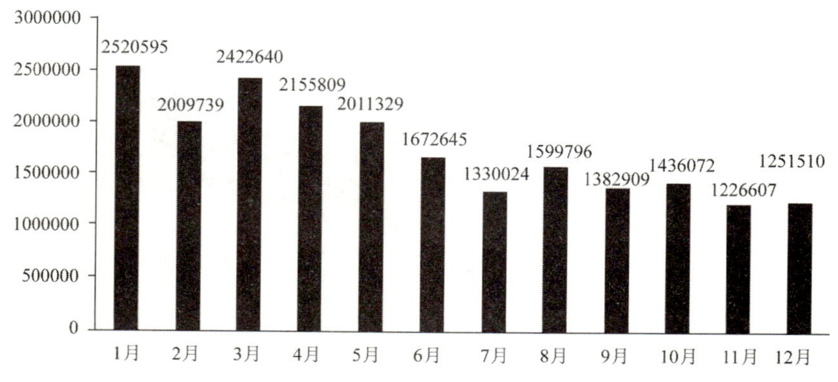

图8.38　013年我国境内感染“飞客”蠕虫的主机IP数量月度统计

8.6.3　恶意程序传播

2013 年，CNCERT 监测发现已知恶意程序[1]的传播事件近 398.1 万次，其中涉及已知恶意程序的下载链接 17 608 个，“放马站点”（指存放恶意程序的网络地址）使用的域名 2648 个，“放马站点”使用的 IP 地址 4788 个。

已知恶意程序传播事件的月度统计如图 8.39 所示，2013 年前 10 个月的恶意程序传播活动频次一直维持在比较低的水平，11 月的恶意程序传播事件数量较前 10 个月出现了暴增，12 月份的恶意程序传播事件数量仍然保持增长的态势。频繁的恶意程序传播活动将使用户上网面临的感染恶意程序的风险加大，除需进一步加大对恶意程序传播源的清理工作外，提高广大用户的安全意识也十分重要。

“放马站点”使用的域名和 IP 数量的月度统计如图 8.40 所示，可以看出，2013 年上半年的恶意域名数量总体较为稳定，但从 7 月开始有了较为明显的下降，下降趋势一直保持到 9 月，从 10 月开始恶意域名数量又开始上升。可通过 IP 地址直接访问的“放马站点”数量的分布与恶意域名数量的分布相似。对恶意域名和 IP 的清理力度应继续保持逐年加大的态势，为广大上网用户营造一个安全有序的互联网环境。

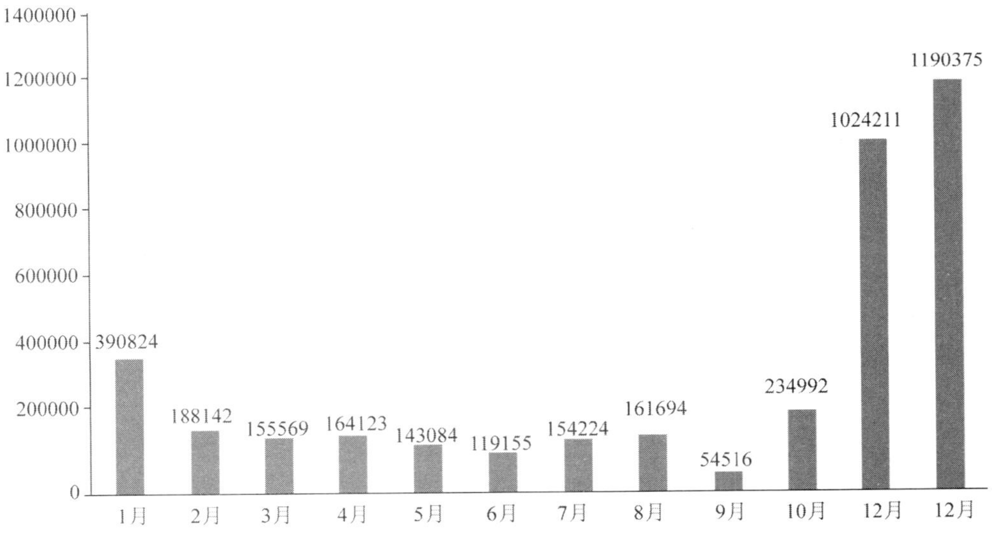

图8.39　2013年已知恶意程序传播事件次数月度统计

[1] “已知恶意程序”是指被主流病毒扫描引擎识别和命名的恶意程序，而“未知恶意程序”是指虽有恶意行为但尚未被主流扫描引擎识别和命名的恶意程序。

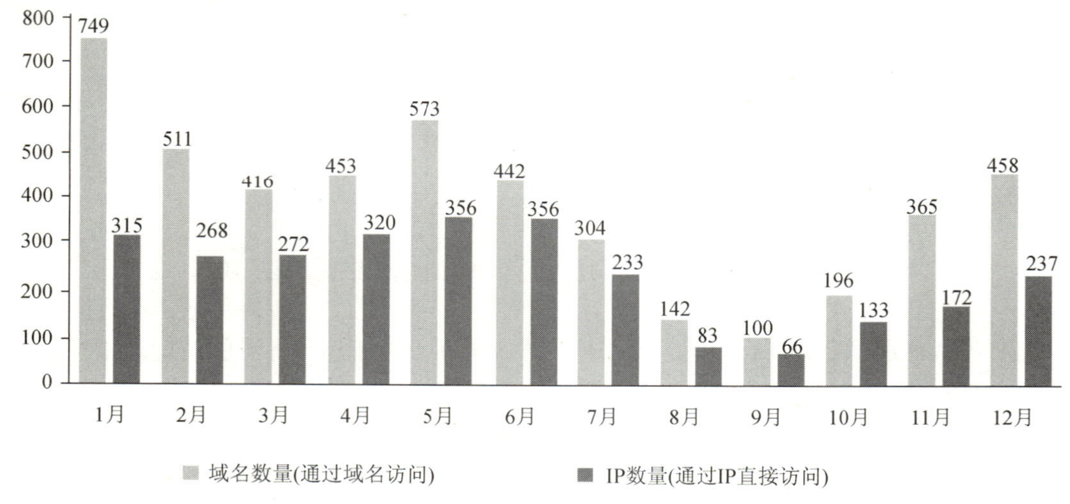

图8.40 2013年“放马站点”使用的域名和IP数量月度统计

监测还发现，恶意程序传播绝大部分都是使用了“8”开头的端口，其中以 HTTP 协议端口，即 80 端口为最多。用户上网一般都会在本机开放对远程主机 80 端口的访问权限，这样恶意程序的下载传播过程就不会受到防火墙设备的阻断，对用户来说防范的难度更高。2013 年 CNCERT 监测到的“放马站点”使用的端口分布前 5 位如图 8.41 所示。

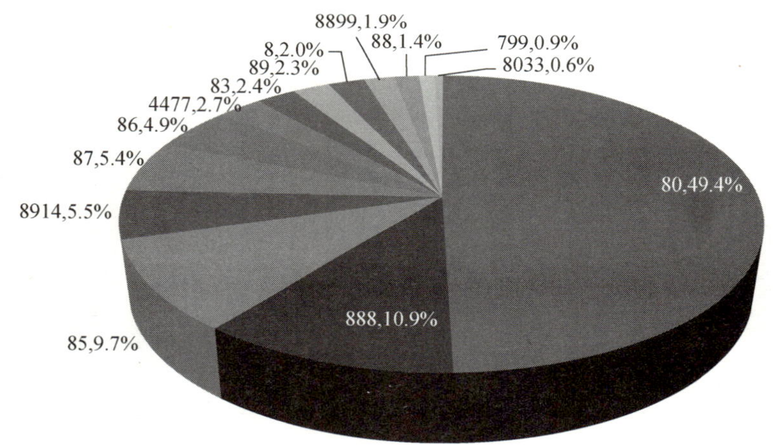

图8.41 2013年“放马站点”使用的端口分布TOP5

8.7 信息安全漏洞公告与处置情况

8.7.1 国家信息安全漏洞共享平台（CNVD）漏洞收录情况

CNVD 自 2009 年成立以来，共收集整理漏洞信息 59 822 个（含补录漏洞 10 112 个）。其中，2013 年新增漏洞 7854 个，包括高危漏洞 2607 个（占 33.2%）、中危漏洞 4467 个（占 56.9%）、低危漏洞 780 个（占 9.9%），如图 8.42 所示。每月收录的各级别漏洞数量如图 8.43 所示。在所收录的上述漏洞中，可用于实施远程网络攻击的漏洞有 6962 个，可用于实施本地攻击的漏洞有 892 个。

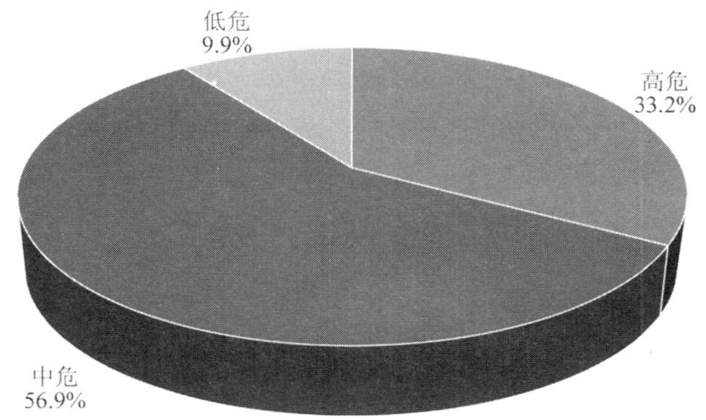

图8.42　2013年CNVD收录漏洞数量按威胁级别统计

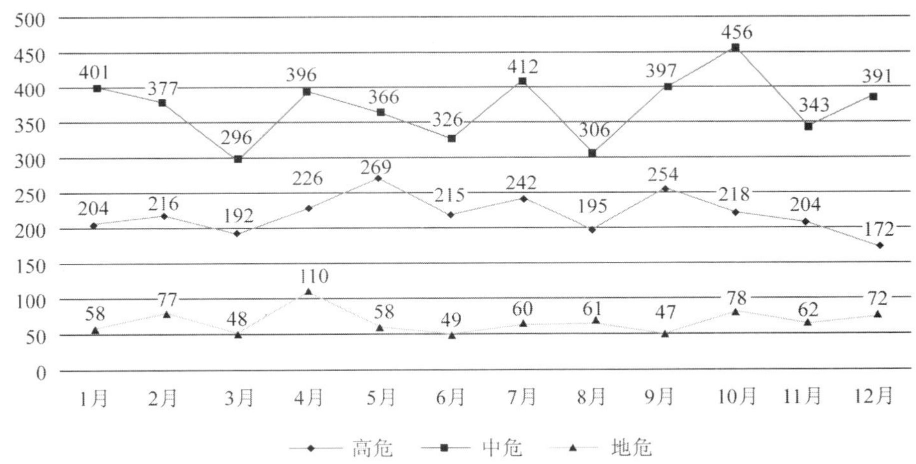

图8.43　2013年CNVD收录漏洞数量按威胁级别月度统计

2013 年，CNVD 共收集、整理了 2607 个高危漏洞，涵盖 Microsoft、IBM、Apple、WordPress、Adobe、Cisco、Mozilla、Novell、Google、Oracle 等厂商的产品。各厂商产品中高危漏洞的分布情况如图 8.44 所示，可以看出，涉及 Oracle 产品的高危漏洞最多，占全部高危漏洞的 6.9%。

根据影响对象的类型，漏洞可分为：操作系统漏洞、应用程序漏洞、WEB 应用漏洞、数据库漏洞、网络设备漏洞（如路由器、交换机等）和安全产品漏洞 （如防火墙、入侵检测系统等）。如图 8.44 所示，在 CNVD 2013 年度收集整理的漏洞信息中，应用程序漏洞占 64.8%，Web 应用漏洞占 18.1%，操作系统漏洞占 7.3%，网络设备漏洞占 6.4%，数据库漏洞 1.7%，安全产品漏洞占 1.6%。

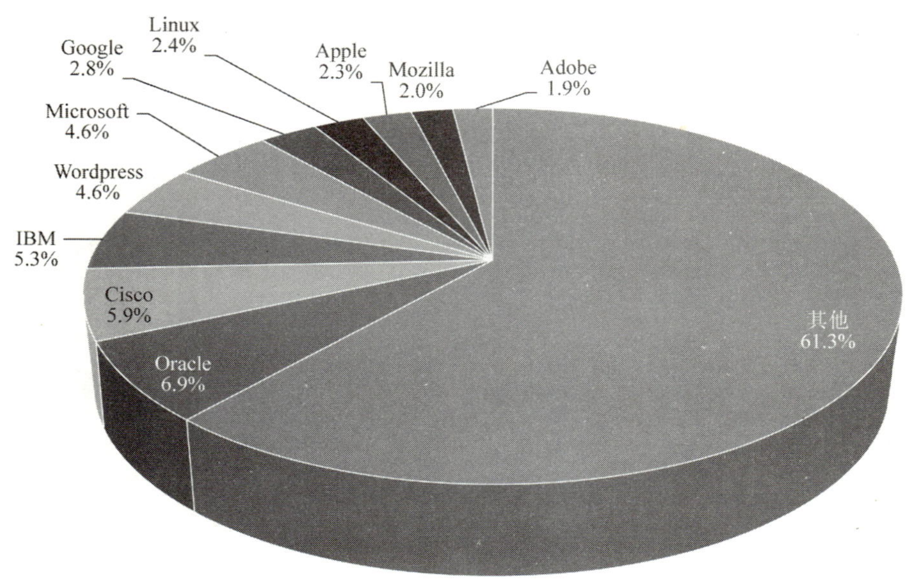

图8.44　2013年CNVD收录漏洞按厂商分布

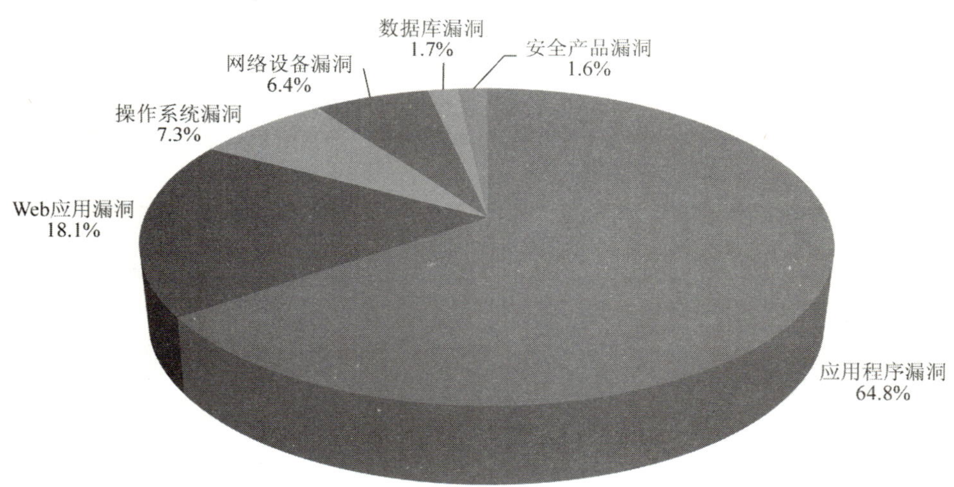

图8.45　2013年CNVD收录漏洞按影响对象类型分类统计

CNVD 对收录的漏洞进行验证，并掌握一些仅在 CNVD 成员单位中知晓、未通过互联网公开披露的攻击代码。CNVD 通过验证和测试攻击代码，对漏洞带来的危害进行了较为全面的分析研判。2013 年，CNVD 共进行了 1246 次验证，其中比较重要的包括 eYou 电子邮件系统网关远程代码执行漏洞、We7 CMS 文件存在多个文件上传漏洞、多个网站 Apache struts 远程命令执行漏洞、Zimbra 邮件系统存在文件包含高危漏洞、Nginx 空格解析安全绕过漏洞、多款 D-LINK 路由器产品存在后门漏洞、Microsoft IE 浏览器存在远程代码执行漏洞、Android 系统存在签名验证绕过漏洞、快客邮件系统（QuarkMail）存在远程代码执行漏洞、TP-LINK 部分路由器存在后门漏洞、UPnP（即插即用）设备相关应用协议存在多个漏洞、Java 7 存在远程代码执行零日漏洞、通达 OA 2011—2013 存在多处远程代码执行漏洞、多个网站 Jboss

权限绕过/文件上传漏洞、多家单位所属深信服 SSL VPN 设备存在应用软件漏洞、国内外多家 vpn 设备文件上传/文件包含漏洞、Foosun（风讯）CMS SQL 注入漏洞、metinfo 企业网站管理系统存在 SQL 注入漏洞等。

漏洞中较危险的是零日漏洞，一旦针对这些漏洞的攻击代码在补丁发布之前被公开或被不法分子知晓，就可能被利用来发动大规模网络攻击。2013 年 CNVD 共收录了 2011 个零日漏洞，主要涉及服务器系统、操作系统、数据库系统以及应用软件等。

2013 年，CNVD 共收录漏洞补丁 5843 个，并为大部分漏洞提供了可参考的解决方案，提醒相关用户注意做好系统加固和安全防范工作。CNVD 发布的漏洞补丁数量按月度统计如图 8.46 所示。

2013 年，CNVD 各成员单位积极报送安全漏洞信息，全年共计报送漏洞 19 639 个（未去重），为 CNVD 的发展做出了积极贡献。各成员单位报送的漏洞数量如图 8.47 所示。

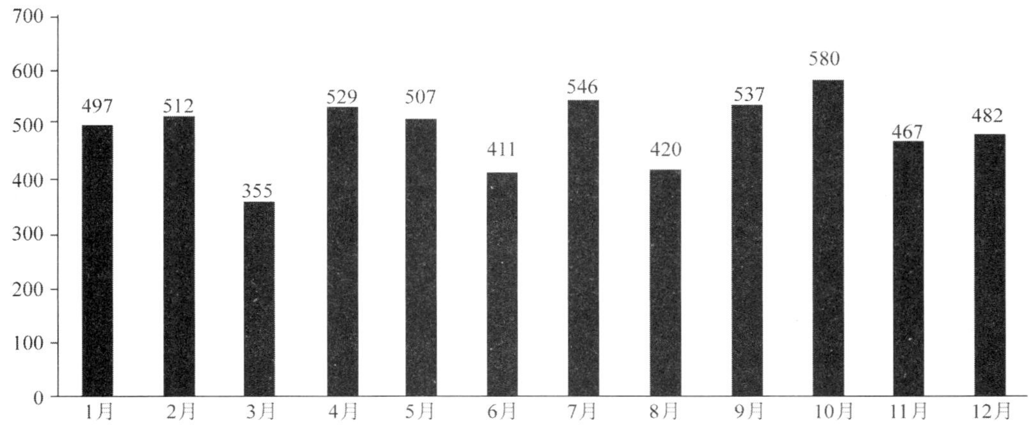

图8.46　2013年CNVD收录的漏洞补丁数量月度统计

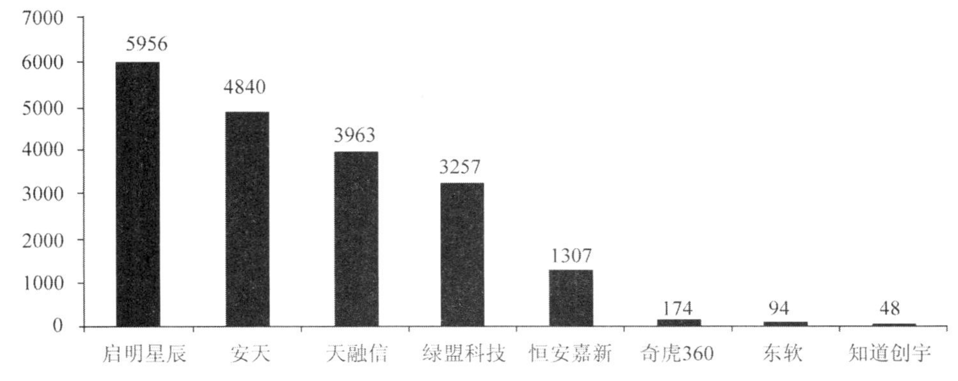

图8.47　2013年CNVD各成员单位报送漏洞数量统计

8.7.2　CNVD 漏洞库情况

2013 年 7 月，CNVD 对现有漏洞进行了进一步的深化建设，建立起基于重点行业的子漏洞库，目前涉及的行业包含：电信、移动互联网、工业控制系统和电子政务。面向重点行业客户包括：政府部门、基础电信运营商、工控行业客户等，提供量身定制的漏洞信息发布服务，从而提高重点行业客户的安全事件预警、响应和处理能力。

CNVD 行业漏洞通过资产和关键字进行匹配。目前行业漏洞库资产总数为：电信：1512 类，移动互联网 135 类，工控系统 174 类，电子政务 95 类。关键词总数为：电信 84 个，移动互联网 42 个，工控系统 59 个，电子政务 11 个。

2011 年至今，CNVD 共收录电信行业漏洞 1082 个，移动互联网行业漏洞 603 个，工控行业漏洞 443 个，电子政务漏洞 592 个。近三年各行业漏洞统计数如图 8.48 所示。

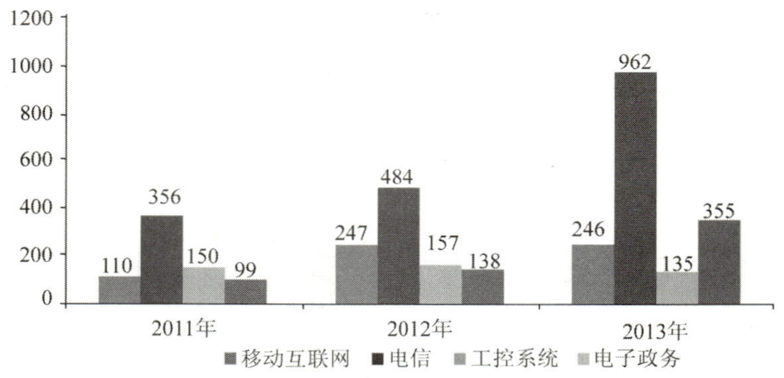

图8.48　2011-2013年CNVD收录行业漏洞对比

移动互联网行业漏洞最为相关的厂商包括：Apple，Adobe，Google，HTC，Research In Motion。厂商分布如图 8.49 所示。

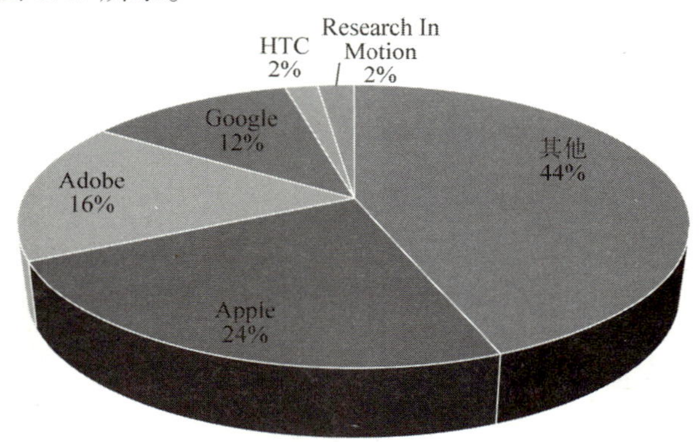

图8.49　2011-2013年CNVD收录移动互联网行业漏洞厂商分布

工控行业漏洞最为相关的厂商包括：SIEMENS，Advantech，Rockwell Automation，Invensys，WellinTech，Schneider Electric。厂商分布如图 8.50 所示。

电信行业漏洞最为相关的厂商包括：Cisco，IBM，Oracle，D-Link，Apache。厂商分布如图 8.51 所示。

电子政务行业漏洞最为相关的厂商包括：Phpcms，Aspcms，DedeCMS，Phpmyadmin，Comsenz。厂商分布如图 8.52 所示。

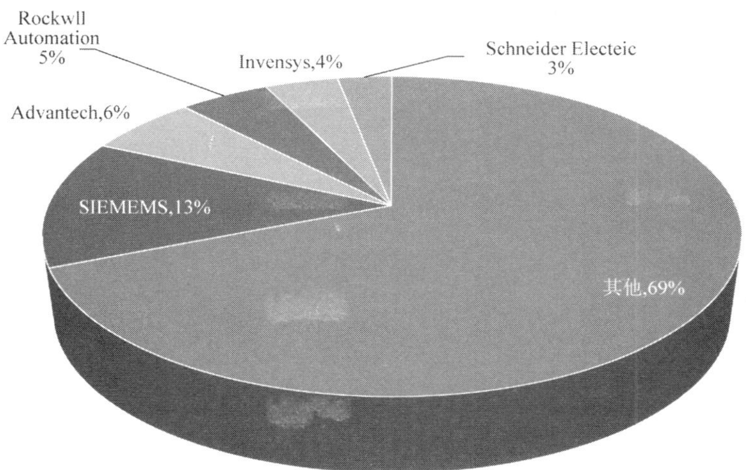

图8.50　2011-2013年CNVD收录工控行业漏洞厂商分布

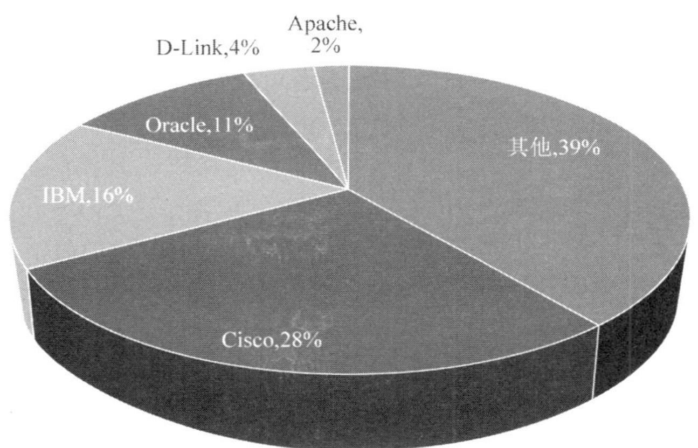

图8.51　2011-2013年CNVD收录电信行业漏洞厂商分布

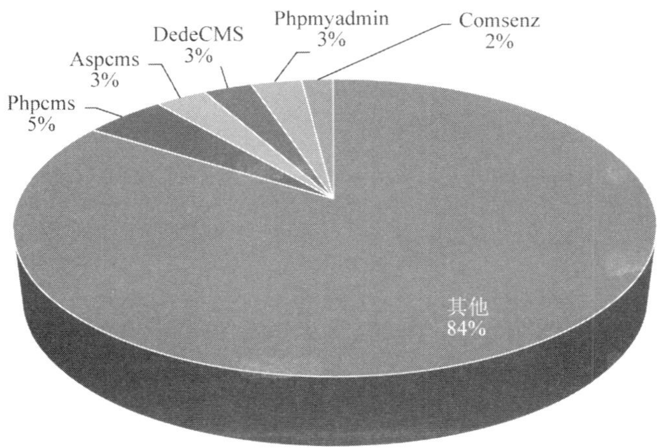

图8.52　2011-2013年CNVD收录电子政务行业漏洞厂商分布

2013 年，CNVD 收录的漏洞中影响移动互联网行业重大漏洞包括：Android 操作系统存在一个签名绕过的高危漏洞（编号：CNVD-2013-08957）和 Android WebView 组件存在远程代码执行漏洞（编号：CNVD-2013-12829 ）。

①Android 是基于 Linux 开放性内核的操作系统。攻击者利用 Android 签名绕过漏洞可修改 APK 代码，不破坏应用的加密签名，将合法应用转变为恶意代码的程序；②此外，Android WebView 组件存在远程代码执行漏洞是由于 android 的 sdk 中封装了 webView 控件。这个控件主要用开控制的网页浏览。其中 webView 下有一个非常特殊的接口函数 ADDJavascriptInterface，能实现本地 Java 和 js 的交互。利用 AddJavascriptInterface 这个接口函数可实现穿透 Webkit 控制 Android 本机。攻击者可以构建恶意 WEB 页，诱使用户解析，可以应用程序上下文执行任意命令。

影响电信行业的重大漏洞包括：友讯（D-Link）多款路由器产品存在后门漏洞（编号：CNVD-2013-13777），TP-LINK 路由器存在的一个后门漏洞（编号：CNVD-2013-01769）。

①D-Link 系列路由器是友讯集团推出的宽带路由器产品。根据漏洞研究者提交的情况，D-LINK 部分路由器使用的固件版本中存在一个人为设置的后门漏洞，攻击者通过修改 User-Agent 值为“xmlset_roodkcableoj28840ybtide”（没有引号）即可绕过路由器 Web 认证机制取得后台管理权限。取得后台管理权限后攻击者可以通过升级固件的方式植入后门，取得路由器的完全控制权。②TP-LINK 部分型号的路由器存在某个无需授权认证的特定功能页面（start_art.html），攻击者访问页面之后可引导路由器自动从攻击者控制的 TFTP 服务器下载恶意程序并以 root 权限执行。攻击者利用这个漏洞可以在路由器上以 root 身份执行任意命令，从而可完全控制路由器。目前已知受影响的路由器型号包括：TL-WDR4300、TL-WR743ND（v1.2 v2.0）、TL-WR941N。 其他型号也可能受到影响。这些产品主要应用于企业或家庭局域网的组建。

影响电子政务行业的重大漏洞包括：Zimbra 邮件系统存在文件包含高危漏洞（编号：CNVD-2013-14944），快客邮件系统（QuarkMail）存在远程代码执行高危漏洞（编号：CNVD-2013-02240），Apache Struts2 远程命令执行高危漏洞（编号：CNVD-2013-09777）。

①Zimbra 是一款企业级邮件系统软件，在国内外应用较为广泛。由于在某处页面中存在文件包含漏洞，攻击者可以利用漏洞绕过限制读取未授权的主机操作系统文件或网站其他目录配置文件，如：Zimbar 默认配置文件/opt/zimbra/conf/localconfig.xml。测试结果表明，从上述配置文件中可获得 Zimbra 用户名和 LDAP 口令。若 Zimbra 服务器集成开放 SOAP 服务和 7071 后台管理端口，则可通过 SOAP 服务可直接添加新的管理权限用户，取得邮件服务器后台控制权。②快客电邮（QuarkMail）是北京雄智伟业有限公司开发的邮件系统软件。相关版本的快客电邮产品采用了 CGI 脚本，存在一处远程代码执行漏洞。攻击者可利用漏洞直接发起恶意 URL 请求，远程执行操作系统指令。通过当前邮件服务器运行用户已有权限，攻击者可逐步渗透并控制邮件服务器主机操作系统。③Struts2 是第二代基于 Model-View-Controller（MVC）模型的 java 企业级 web 应用框架。由于 Apache Struts2 的 action:、redirect: 和 redirectAction:前缀参数在实现其功能的过程中使用了 Ognl 表达式，并将用户通过 URL 提交的内容拼接入 Ognl 表达式中，从而造成攻击者可以通过构造恶意 URL 来执行任意 Java 代码，进而可执行任意命令。

8.8　互联网与移动互联网安全产品情况

从普遍性服务的角度看，目前，互联网安全厂商提供的安全服务可以分为以下三种主要形式：终端安全、企业安全和网站安全。

1. 终端安全

终端安全主要是指 PC 终端和和移动设备的安全。

PC 终端安全产品相对移动安全还较为传统，如今的 PC 终端安全服务已经和之前纯粹的“杀毒软件”有了很大的区别。当今的 PC 安全防护软件，不仅会防护和查杀木马病毒，而且还会识别和拦截钓鱼网站，挂马网站等。同时，安全软件的服务开始越来越多地转向电脑健康服务，或者说是泛安全服务，包括电脑体检、流量监控、开机加速、垃圾清理、痕迹清理、Cookies 清理等功能。用户使用这些功能的频率也远远大于扫毒和杀毒。与此同时，移动设备安全市场目前呈现多家竞争的格局。尽管移动设备安全软件的核心功能仍然是查杀木马病毒，但对于多数用户来说，清理垃圾、手机加速是最常用的“安全”服务，其次是垃圾短信和骚扰电话的拦截。此外，手机的防盗功能和隐私保护功能，都成为用户追捧的新的热点功能。除了独立的手机安全软件之外，安全厂商也在尝试对安全环境需求较高应用软件提供内置安全服务。

此外，2013 年云安全技术、主动防御技术、黑白名单技术等新兴网络安全技术，已经成为安全软件的主流技术。

2. 企业级安全

传统的企业安全产品包括防火墙、入侵检测、IPS 等产品，而现如今的企业安全服务更多强调的是集中管理，统一制定安全策略的保护方式。除传统的个人电脑保护和系统攻击防御之外，企业安全服务还在向另外两个重要的方向发展：一个是面向未知威胁的检测和防御，一个是 BYOD（Bring Your Own Device）解决方案。

针对企业、政府和组织的 APT 攻击，由于其攻击方式和攻击目标都不确定，绝大多数 APT 攻击都属于未知威胁的攻击。检测和防范未知威胁攻击，要比传统杀毒或者使用防火墙困难得多。目前主要的解决方案包括边界安全检测、大数据分析、系统级沙箱等。

BYOD 是指员工会越来越多的使用个人电子设备，特别是无线设备接入企业的办公网络，从而使企业内网的安全边界完全模糊。安全策略需要新的解决方案。

3. 网站安全

据统计，6 成国内网站存在已知的安全漏洞，而近三分之一的网站存在已知的高危安全漏洞，存在高危安全漏洞的网站很容易被入侵、篡改和拖库，网民个人信息也受到严重的威胁，特别是政府网站安全性的严重不足，让人担忧，影响政府形象和电子政务工作。

针对网站漏洞，目前已经可以提供两类安全服务产品：一个是网站安全检测，检测网站是否有安全漏洞；一个是网站安全防护服务，用于帮助网站防范已知的漏洞攻击。此外，网站防护服务另一个重要功能是帮助网站防范流量攻击。流量攻击对于中小网站的危害尤其严重。

8.9 互联网行业安全组织发展情况

8.9.1 网络安全信息通报成员发展情况

2013 年，CNCERT/CC 作为通信行业网络安全信息通报中心，积极贯彻落实工业和信息化部颁布的《互联网网络安全信息通报实施办法》，协调和组织各地通信管理局、中国互联网协会、基础电信企业、域名注册管理和服务机构、非经营性互联单位、增值电信业务经营企业以及安全企业开展通信行业网络安全信息通报工作。CNCERT/CC 及各分中心积极拓展信息通报工作成员单位，并努力规范各通报成员单位报送的数据。

截至 2013 年 12 月，全国共有 432（2012 年是 286 家）家信息通报工作成员单位，形成了较稳定的信息通报工作体系。与 2012 年相比，新拓展安全企业、增值电信企业、域名注册服务机构共 161 家单位成为信息通报工作成员单位；另外，受部分企业的业务变更等因素影响，无法继续进行网络安全信息报送，共有 15 家单位退出了信息通报工作体系。自 2012 年 1 月起，CNCERT/CC 建设并启用了网络安全协作平台，试行开展电子化信息报送工作。2013 年，CNCERT/CC 进一步规范信息报送流程，加强管理，保证信息报送工作效率。全国 432 家信息通报工作成员单位情况见表 8.2。

表 8.2 通信行业互联网网络安全信息通报工作单位（排名不分先后）

各地通信管理局（31 家）	全国 31 个省、自治区、直辖市通信管理局
基础电信运营企业（123 家）	中国电信集团公司及各省分公司、中国联合网络通信集团有限公司及各省分公司、中国移动通信集团公司及各省分公司
域名注册管理和服务机构（18 家）	中国互联网络信息中心、政务和公益域名注册管理中心、北京新网互联科技有限公司、北京新网数码信息技术有限公司、北京万网志成科技有限公司、厦门东南融通在线科技有限公司、厦门易名网络科技有限公司、厦门三五互联科技股份有限公司、厦门市纳网科技有限公司、厦门易名网络科技有限公司（北京）、厦门市中资源网络服务有限公司、广东金万邦科技投资有限公司、广东时代互联科技有限公司、广州名扬信息科技有限公司、广东互易科技有限公司、广东今科道同科技有限公司、深圳市万维网信息技术有限公司、杭州创业互联科技有限公司
增值电信业务经营企业（119 家）	263 网络通信股份有限公司、深圳市腾讯计算机系统有限公司、世纪互联数据中心有限公司、东北新闻网、广东世纪龙信息网络科技有限公司、广东天盈信息技术有限公司、广东茂名市群英网络有限公司、广西英拓网络信息技术有限公司、广西博联信息通信技术有限责任公司、杭州阿里巴巴网络有限公司、淘宝网、杭州世导科技有限公司、华数网通信息港有限公司、辽宁鸿联九五信息产业有限公司、山东大众传媒股份有限公司、山东新潮信息技术有限公司、山东维平信息安全测试有限公司、汕头市恒信科技有限公司、深圳市互联时空科技有限公司、厦门蓝芒科技有限公司、厦门数字引擎网络技术有限公司、厦门鑫飞扬信息系统工程有限公司、厦门翼讯科技有限公司、厦门优通互联科技开发有限公司、泉州商博科技有限公司、泉州市中亿网络科技有限公司、网龙计算机网络技术有限公司、厦门达腾网络科技有限公司、福州哈唐网络科技有限公司、厦门市世纪网通网络服务有限公司、厦门市讯海信息科技有限公司、上海长城宽带网络服务有限公司、上海东方有线网络有限公司、上海科技网络通信有限公司、上海乾万网络科技有限公司、上海世纪互联信息系统有限公司、漳州市比比网络服务有限公司、南昌市秀网信息技术有限公司、南昌天业网络科技有限公司、南昌比翼网络科技有限公司、江西嘉维科技有限公司、江西华邦经济发展有限公司、江西中亚电信技术发展有限公司、南昌利晨科技有限公司、南昌舰网科技有限公司、南昌市恒州科技有限公司、

（续表）

各地通信管理局（31 家）	全国 31 个省、自治区、直辖市通信管理局
增值电信业务经营企业（119 家）	南昌首页科技发展有限公司、南昌引航网络科技有限公司、南昌悦游科技有限公司、萍乡互通信息有限责任公司、南昌艾泰科技有限公司、青岛速科评测实验室有限公司、海南天涯社区网络科技股份有限公司、海南凯迪网络资讯有限公司、海南南海网传媒有限公司、新疆科技网络、长城宽带网络服务有限公司（河北）、广州壹网网络技术有限公司、广州恒汇网络通信有限公司、深圳市容大信息技术有限公司、成都思维世纪科技有限责任公司、郑州紫田网络科技有限公司、河南新飞金信计算机有限公司、河南亿恩科技有限公司、河南电联通信技术有限公司、湖北楚信计算机网络有限责任公司、中电科长江数据股份有限公司、武汉捷讯信息技术有限公司、武汉新软科技有限公司、武汉天楚通信有限公司、武汉华通数码有限公司、东风通信技术有限公司、武汉华通信息产业有限公司、武汉丰网信息技术有限公司、南京太极网络通信有限公司、江西飞天网络科技有限公司、江南都市网、南昌市思锐广告有限公司、大江网、江西人才网、江西中投科信科技有限公司、江西缴费通信息技术有限公司、江西金利达电子商务有限公司、江西省国荣医疗信息股份有限公司、江西新华发行集团有限公司、江西省凯恩科技信息有限公司、江西朗博文通信有限公司、江西省天域星空文化传播有限公司、江西洪城信息自动化有限公司、江西大集供应链管理有限公司、江西中投科信科技有限公司、江西省鸿联九五信息产业有限公司、江西嘀嘀叭叭科技有限公司、南昌资博信息科技有限公司、江西省中亚电信技术发展有限公司、江西华科技术开发有限公司、江西星动传媒网络科技有限公司、江西瑞科投资有限公司、南昌市福克斯科技有限公司、南昌市钦永软件开发有限公司、南昌利晨科技有限公司、南昌市万佳通信息服务有限公司、南昌康庄网络科技有限公司、赣州市拓维信息技术有限公司、赣州久易人力资源发展有限公司、江西今视公众信息技术有限公司、景德镇市瓷都晚报新闻发展有限责任公司、南昌秦歌科技有限公司、江西合纵电脑技术应用有限责任公司、江西利德音像书刊发行有限公司、南昌水牛科技发展有限公司、南昌市鹿台信息技术有限责任公司、吉安万吉物流运输有限公司、江西那时快信息技术有限公司、南昌市天业科技有限公司、江西捷信通通信技术有限公司、江西省宇创网络科技开发有限公司、南昌中天飞华通信有限公司、南昌嘉维科技有限公司
非经营性互联单位（4 家）	中国长城互联网、中国国际电子商务中心（经贸网）、中国教育和科研计算机网、中国科技网
安全企业（131 家）	北京安信华科技有限公司、北京安氏领信科技发展有限公司、北京安氏领信科技发展有限公司（新疆）、北京互联通网络科技有限公司华南分公司、北京启明星辰信息安全技术有限公司、北京启明星辰信息安全技术有限公司广州分公司、北京启明星辰信息安全技术有限公司黑龙江分公司、北京启明星辰信息安全技术有限公司上海分公司、北京启明星辰信息安全技术有限公司江西分公司、北京启明星辰信息安全技术有限公司新疆分公司、北京瑞星信息技术有限公司、北京瑞星信息技术有限公司（江苏）、北京瑞星信息技术有限公司（上海）、北京瑞星信息技术有限公司（成都）、北京瑞星信息技术有限公司（陕西）、北京神州绿盟科技有限公司、北京神州绿盟科技有限公司江西分公司、北京神州绿盟科技有限公司广州分公司、北京神州绿盟科技有限公司河南办事处、北京神州绿盟科技有限公司上海分公司、北京神州绿盟科技有限公司湖北分公司、北京神州绿盟信息安全科技公司新疆分公司、北京神州绿盟科技有限公司陕西分公司、北京神州绿盟科技有限公司江苏分公司、北京天融信科技有限公司、北京天融信科技有限公司成都分公司、北京天融信科技有限公司广州分公司、北京天融信科技有限公司上海分公司、北京天融信科技有限公司江西分公司、北京天融信科技有限公司郑州分公司、北京天融信科技有限公司沈阳分公司、北京天融信科技有限公司内蒙古分公司、北京天融信网络安全技术有限公司济南分公司、北京天融信网络安全科技有限公司重庆分公司、北京天融信网络安全技术有限公司贵州分公司、北京天融信网络安全技术有限公司甘肃分公司、北京天融信网络安全技术有限公司青海分公司、北京天融信科技网络安全技术有限公司新疆分公司、北京天融信网络安全技术有限公司江苏分公司、北京网秦天下科技有限公司、北京知道创宇信息技术有限公司、北京知道创宇信息技术有限公司（沈阳）、北京知道创宇信息技术有限公司江西分公司、北京知道创宇信息技术有限公司（上海）、北京知道创宇信息技术有限公司（江苏）、东软系统集成工程有限公司、东软系统集成工程有限公司沈阳分公司、东软系统集成工程有限公司（重庆）、广东科达信息技术有限公司、广东蓝盾

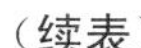

（续表）

非经营性互联单位（4 家）	中国长城互联网、中国国际电子商务中心（经贸网）、中国教育和科研计算机网、中国科技网
	信息安全技术股份有限公司、广东天讯瑞达通信技术有限公司、广州三零盛安信息安全有限公司、哈尔滨安天信息技术有限公司、哈尔滨安天信息技术有限公司（黑龙江）、哈尔滨安天信息技术有限公司（河北）、哈尔滨安天信息技术有限公司（内蒙古）、哈尔滨安天信息技术有限公司（辽宁）、哈尔滨安天信息技术有限公司（上海）、哈尔滨安天信息技术有限公司（江西）、哈尔滨安天信息技术有限公司（湖北）、哈尔滨安天信息技术有限公司（湖南）、哈尔滨安天科技股份有限公司（重庆）、哈尔滨安天科技股份有限公司（甘肃）、哈尔滨安天科技股份有限公司（贵州）、哈尔滨安天科技股份有限公司（新疆）、哈尔滨安天科技股份有限公司（陕西）、哈尔滨安天科技股份有限公司（江苏）、郑州信大捷安信息技术股份有限公司、河南郑州景安计算机网络技术有限公司、华为技术有限公司、金山网络科技有限公司、浪潮集团有限公司、北京网御星云信息技术有限公司、北京网御星云信息技术有限公司（江西）、奇虎 360 软件（北京）有限公司、奇虎 360 软件（北京）有限公司（陕西）、奇虎 360 软件（北京）有限公司（辽宁）、奇虎 360 软件（北京）有限公司（上海）、奇虎 360 软件（北京）有限公司（江苏）、、恒安嘉新（北京）科技有限公司、恒安嘉新（北京）科技有限公司（重庆）、恒安嘉新（北京）科技有限公司（山东）、恒安嘉新（北京）科技有限公司（陕西）、恒安嘉新（北京）科技有限公司（新疆）、恒安嘉新（北京）科技有限公司（河北）、恒安嘉新（北京）科技有限公司（内蒙古）、恒安嘉新（北京）科技有限公司（辽宁）、恒安嘉新（北京）科技有限公司（江苏）、恒安嘉新（北京）科技有限公司（湖北）、青海源创科技有限责任公司、上海三零卫士信息安全有限公司、上海谐润网络信息技术有限公司、上海中科网威信息技术有限公司、上海银基信息安全技术有限公司、上海电信科技发展有限公司、上海金电网安科技有限公司、上海安言信息技术有限公司、深圳安络科技有限公司、深圳任子行网络技术股份有限公司、深圳任子行网络技术股份有限公司（新疆）、深圳任子行网络技术股份有限公司（湖北）、网御神州科技有限公司、福建富士通信息软件有限公司、福建伊时代信息科技股份有限公司、莆田市莆阳网络有限公司、厦门市艾亚网络科技有限公司、厦门百优科技有限公司、厦门乙天科技有限公司、福州创网软件科技有限公司、亚信联创科技（中国）有限公司（新疆）、南京南谷云信息技术有限公司、江苏君立华域信息技术有限公
各地通信管理局（31 家）	全国 31 个省、自治区、直辖市通信管理局
安全企业（131 家）	司、南京翰海源信息技术有限公司、江苏天创科技有限公司、南京铱迅信息技术有限公司、贵州亨达信通网络信息安全技术有限公司、中国电信集团系统集成有限责任公司山东分公司、中国电信集团系统集成有限责任公司（新疆）、长沙雨人网络安全技术有限公司、重庆爱思网安信息技术有限公司、重庆远衡科技发展有限公司、深圳市深信服电子科技有限公司（重庆）、深圳市深信服电子科技有限公司（西宁）、深圳市深信服电子科技有限公司（新疆）、江西神州信息安全评估中心有限公司、成都宇扬科技信息技术有限责任公司、杭州迪普科技有限公司（新疆）、杭州迪普科技有限公司（湖北）、杭州安恒信息技术有限公司（湖北）、江苏国瑞信安科技有限公司、趋势科技中国有限公司
其他（5 家）	国家计算机网络应急技术处理协调中心、中国互联网协会、新疆大学、上海交通大学信息中心、中国电科院南京分院

8.9.2 CNVD 成员发展情况

CNVD 是由 CNCERT/CC 联合国内重要信息系统单位、基础电信企业、网络安全厂商、软件厂商和互联网企业建立的信息安全漏洞信息共享知识库。旨在团结行业和社会的力量，共同开展漏洞信息的收集、汇总、整理和发布工作，建立漏洞统一收集验证、预警发布和应急处置体系，切实提升我国在安全漏洞方面的整体研究水平和及时预防能力，有效应对信息安全漏洞带来的网络信息安全威胁。

2013 年 CNVD 全年新增信息安全漏洞 7854 个，较 2012 年的 6824 个增加 15.0%，其中高危漏洞 2607 个，漏洞收录总数和高危漏洞收录数量在国内漏洞库组织中位居前列。全年发布周报 50 期、月报 12 期，进行了 1200 余次漏洞分析和验证工作。2013 年，CNVD 通过加强与国内外软硬件厂商、安全厂商以及民间漏洞研究者的合作，积极开展漏洞的收录、分析验证和发布工作，协调处置 2100 余起涉及国内政府机构、重要信息系统部门、电信行业和教育机构的漏洞事件，有力地支撑了国家网络信息安全监管工作。CNVD 在工作中建立与超过 300 家国内应用软件生产厂商以及企事业单位的处置联系，并建立与超过 500 位白帽子的协作关系，漏洞和补丁信息的报送、验证、发布等工作机制持续运转，提高了漏洞预警能力和修复速度。2013 年，针对电信、工业控制、移动互联网等特定行业领域，CNVD 依据资产关联和技术分析，建立并开放了电信、工业控制系统、移动互联网三个行业漏洞库。为进一步提升漏洞信息共享，CNVD 向成员单位开放漏洞信息同步、资产关联等数据接口应用。

CNVD 组织架构有何变化

截至 2013 年 12 月底，CNVD 平台体系的成员单位情况见表 8.3。

表 8.3　CNVD 成员单位（排名不分先后）

CNVD 工作委员会（8 家）	国家互联网应急中心 国家信息技术安全研究中心 北京神州绿盟科技有限公司 北京启明星辰信息安全技术有限公司 沈阳东软系统集成工程有限公司 奇虎 360 软件（北京）有限公司
CNVD 工作委员会（8 家）	恒安嘉新（北京）科技有限公司 北京安氏领信科技发展有限公司
CNVD 技术合作单位（10 家）	北京信息安全测评中心 北京天融信科技有限公司 北京网御星云信息技术有限公司 北京安天电子设备有限公司 北京焜安信息技术有限公司 北京知道创宇信息技术有限公司 华为技术有限公司 深圳市腾讯计算机系统有限公司 北京暴风网际科技有限公司 看雪安全网站 杭州安恒信息技术有限公司
CNVD 用户支持组（8 家）	中国工程物理研究院计算机应用研究所 百度在线网络技术（北京）有限公司 新浪网技术（中国）有限公司 北京搜狐互联网信息服务有限公司 网之易信息技术（北京）有限公司 上海盛大网络发展有限公司 北京雷霆万钧网络科技有限责任公司 上海巨人网络科技有限公司

8.9.3 ANVA 成员发展情况

2009 年 7 月，中国互联网协会网络与信息安全工作委员会发起成立了中国反网络病毒联盟，由 CNCERT/CC 负责具体运营管理。联盟旨在广泛联合基础电信企业、互联网内容和服务提供商、网络安全企业等行业机构，积极动员社会力量，通过行业自律机制共同开展互联网网络病毒信息收集、样本分析、技术交流、防范治理、宣传教育等工作，以净化公共互联网网络环境，提升互联网网络安全水平。

2013 年，为应对日益严峻的移动互联网网络安全威胁，ANVA 扩充了移动互联网领域的工作体系，积极吸纳安全管家、赛门铁克等移动互联网安全企业加入联盟，组织 23 家国内主流的应用商店成立 ANVA 应用商店自律组，并大力开展“移动互联网应用自律白名单”工作，成立了由 11 家安全企业组成的白名单工作组。2013 年共新增 6 家企业，截至 2013 年 12 月，ANVA 联盟成员单位数量已达 37 家，成员单位情况见表 8.4。

表 8.4 ANVA 成员单位（排名不分先后）

国家互联网应急中心	北京天融信科技有限公司
中国电信集团公司	北京瑞星信息技术有限公司
中国移动通信集团公司	哈尔滨安天科技股份有限公司
中国联合网络通信集团有限公司	北京网秦天下科技有限公司
中国互联网络信息中心	华为技术有限公司
中国软件测评中心	西门子（中国）有限公司
北京百度网讯科技有限公司	优视科技有限公司
深圳市腾讯计算机系统有限公司	北京西塔网络科技股份有限公司
北京启明星辰信息安全技术有限公司	北京知道创宇信息技术有限公司
北京神州绿盟科技有限公司	北京洋浦伟业科技发展有限公司
奇虎 360 软件（北京）有限公司	趋势科技（中国）有限公司
阿里巴巴（中国）有限公司	恒安嘉新（北京）科技有限公司
金山网络科技有限公司	北京联想软件有限公司
北京江民新科技术有限公司	北京安管佳科技有限公司
北京搜狐互联网信息服务有限公司	赛门铁克软件（北京）有限公司
新浪网技术（中国）有限公司	深圳市深信服电子科技有限公司
网之易信息技术（北京）有限公司	招商银行
北京万网志成科技有限公司	卓望公司
北京世纪互联宽带数据中心有限公司	

8.9.4 CNCERT/CC 应急服务支撑单位

互联网作为重要信息基础设施，社会功能日益增强，但由于本身的开放性和复杂性，互联网面临巨大的安全风险，因此，面向公共互联网的应急处置工作逐步成为公共应急服务事业的重要组成部分，建立高效的公共互联网应急体系和强大的人才队伍，对及时有效地应对互联网突发事件有着重要意义。

为拓宽掌握互联网宏观网络安全状况和网络安全事件信息的渠道，增强对重大突发网络安全事件的应对能力，强化公共互联网网络安全应急技术体系建设，促进互联网网络安全应急服务的规范化和本地化，经工业和信息化部（原信息产业部）批准，2004 年 CNCERT/CC 首次面向社会公开选拔了一批国家级、省级公共互联网应急服务试点单位，随后在 2007 年、2009 年、2011 年，CNCERT/CC 分别举办了第二届、第三届和第四届评选评审会。经过多年发展，应急服务支撑单位已成为我国公共互联网网络安全应急体系的重要组成部分，为维护我国互联网网络安全做出了积极贡献，在国家重大活动期间为保障网络安全发挥了重要的技术支撑作用。

2013 年 5 月，结合互联网网络安全应急工作以及国内网络安全服务行业的发展需要，CNCERT/CC 启动了第五届 CNCERT/CC 网络安全应急服务支撑单位评选工作。评选公告发布后，受到了通信行业和网络安全服务行业相关单位的大力支持和积极响应，申请单位数量较往年有较大幅度增长，也涌现出一些新生的应急响应服务力量。经过两轮细致评估和审查，最终评选出 8 个国家级和 37 个省级网络安全应急服务支撑单位。评选工作有效促进了各单位间的了解和沟通，增强了各单位的竞争和服务意识，推动了我国网络安全服务行业和公共互联网网络安全应急技术体系的发展。

第五届 CNCERT/CC 网络安全应急服务支撑单位列表如表 8.5 所示，所列单位取得该称号的有效时限为 2013 年 7 月 3 日至 2015 年 7 月 3 日。

表 8.5　CNCERT/CC 应急服务支撑单位（排名不分先后）

单位名称	级别	证书编号
北京启明星辰信息安全技术有限公司	国家级	CNCERT-2013-150703GJ001
哈尔滨安天科技股份有限公司	国家级	CNCERT-2013-150703GJ002
北京神州绿盟科技有限公司	国家级	CNCERT-2013-150703GJ003
恒安嘉新（北京）科技有限公司	国家级	CNCERT-2013-150703GJ004
沈阳东软系统集成工程有限公司	国家级	CNCERT-2013-150703GJ005
北京奇虎科技有限公司	国家级	CNCERT-2013-150703GJ006
北京天融信网络安全技术有限公司	国家级	CNCERT-2013-150703GJ007
中国电信集团系统集成有限责任公司	国家级	CNCERT-2013-150703GJ008
北京互联通网络科技有限公司	省级	CNCERT-2013-150703SJ001
北京网秦天下科技有限公司	省级	CNCERT-2013-150703SJ002
北京知道创宇信息技术有限公司	省级	CNCERT-2013-150703SJ003
成都思维世纪科技有限责任公司	省级	CNCERT-2013-150703SJ004
四川无声信息技术有限公司 9	省级	CNCERT-2013-150703SJ005
成都宇扬科技信息技术有限责任公司	省级	CNCERT-2013-150703SJ006
福建富士通信息软件有限公司	省级	CNCERT-2013-150703SJ007
福建网龙计算机网络信息技术有限公司	省级	CNCERT-2013-150703SJ008

（续表）

单位名称	级别	证书编号
福建伊时代信息科技股份有限公司	省级	CNCERT-2013-150703SJ009
广东天盈信息技术有限公司	省级	CNCERT-2013-150703SJ010
贵州亨达信通科技有限公司	省级	CNCERT-2013-150703SJ011
杭州安恒信息技术有限公司	省级	CNCERT-2013-150703SJ012
杭州杨立网络科技有限公司	省级	CNCERT-2013-150703SJ013
杭州思福迪信息技术有限公司	省级	CNCERT-2013-150703SJ014
江苏国瑞信安科技有限公司	省级	CNCERT-2013-150703SJ015
江苏天创科技有限公司	省级	CNCERT-2013-150703SJ016
蓝盾信息安全技术股份有限公司	省级	CNCERT-2013-150703SJ017
南京翰海源信息技术有限公司	省级	CNCERT-2013-150703SJ018
南京南谷云信息技术有限公司	省级	CNCERT-2013-150703SJ019
南京铱迅信息技术有限公司	省级	CNCERT-2013-150703SJ020
青岛速科评测实验室有限公司	省级	CNCERT-2013-150703SJ021
任子行网络技术股份有限公司	省级	CNCERT-2013-150703SJ022
山东维平信息安全测评技术有限公司	省级	CNCERT-2013-150703SJ023
山东新潮信息技术有限公司	省级	CNCERT-2013-150703SJ024
上海金电网安科技有限公司	省级	CNCERT-2013-150703SJ025
上海谐润网络信息技术有限公司	省级	CNCERT-2013-150703SJ026
上海银基信息安全技术有限公司	省级	CNCERT-2013-150703SJ027
上海中科网威信息技术有限公司	省级	CNCERT-2013-150703SJ028
深圳市深信服电子科技有限公司	省级	CNCERT-2013-150703SJ029
太原理工天成电子信息技术有限公司	省级	CNCERT-2013-150703SJ030
天讯瑞达通信技术有限公司	省级	CNCERT-2013-150703SJ031
长沙雨人网络安全技术有限公司	省级	CNCERT-2013-150703SJ032
郑州市景安计算机网络技术有限公司	省级	CNCERT-2013-150703SJ033
郑州信大捷安信息技术股份有限公司	省级	CNCERT-2013-150703SJ034
中国移动通信集团辽宁有限公司	省级	CNCERT-2013-150703SJ035
重庆爱思网安信息技术有限公司	省级	CNCERT-2013-150703SJ036
重庆远衡科技发展有限公司	省级	CNCERT-2013-150703SJ037

8.10 网民网络安全意识状况

2013 年，我国网民的网络安全意识有较大提升。据 CNCERT 抽样监测发现，2013 年我国境内木马或僵尸网络病毒的感染主机数量以及控制服务器数量在 4 年内首次出现下降。另外，微软于 2013 年底发布的《安全情报报告》也印证，我国恶意软件感染率持续下降，在全球计算机数量最多的十个国家中，感染率降幅最大。这反映出，随着近年来我国相关部门对互联网环境治理力度的持续加大，我国网民的网络安全意识有较大提升，类似熊猫烧香、机器狗等感染量过百万的木马病毒已基本绝迹，近年来没有发生过大规模的病毒感染事件。

但是，随着移动互联网及网上支付业务的推广普及，也给网民上网安全带了许多新的挑战。2013 年发生的若干恶性网络安全事件，反映出在当前互联网新形势下我国网民的网络安全意识仍存在诸多薄弱环节，主要集中在手机应用下载、网上支付，以及个人信息保护三个方面。

1. 随意下载手机应用，带来恶意软件隐患

近年来，我国移动互联网应用市场发展迅猛，而网络上传播的相关应用良莠不齐，其中充斥着大量恶意软件。许多网民在下载手机应用时，不注意甄别应用来源，随意下载的应用很可能包含隐私窃取、远程控制、恶意吸费等恶意行为，从而带来安全隐患。2013 年，手机应用商店“安丰市场”就有数千个流行的移动应用被植入木马程序，下载次数超过了 200 万次，给诸多网民造成了相关损失。CNCERT 监测发现，2013 年移动互联网恶意程序传播次数达 1296 万余次，为 2012 年的 23 倍。传播源涉及多个应用商店、论坛、网盘、博客等多种渠道。

2. 不熟网上支付流程，轻信不法分子所言

2013 年，互联网与金融行业深度融合，除传统的网上银行外，以余额宝、现金宝、理财通等为代表的互联网金融产品市场火爆，越来越多的网民开始使用网上支付完成传统的日常经济活动。但与此同时，许多网民对网上支付的流程并不熟悉，使得在线经济活动容易被不法分子蒙蔽，例如，随意在来源不明的链接中提交个人账户信息，或者撇开正规支付流程，按不法分子要求进行线下转账交易等，都存在极大的安全风险。2013 年还出现了不法分子通过伪基站或其他垃圾短信发送工具，批量发布与银行业务有关的欺诈短信，欺骗受害者访问钓鱼网站直接转账，或者骗取网银关键信息的新型支付欺诈事件。

3. 忽视个人信息保护，直面网络欺诈风险

云计算、移动互联网、社交网络等互联网新技术新业务正在改变个人信息的收集和使用方式，个人信息的可控性正逐步削弱，姓名、住址、电话、身份证号、消费记录等重要生活信息越来越多地出现网络泄露问题。许多网民对个人信息的保护不够重视，没有意识到个人信息在网络上传播可能带来的风险。实际上，这些个人身份信息可被黑客广泛利用，并结合社会工程学实施网络欺诈或攻击，给现有社会信任机制带来严重挑战。2013 年发生的诸多新型网络诈骗事件，正是利用传统手段与个人信息的结合，从而增加了普通网民识别骗局的难度。

为应对上述问题，建议网民除在电脑、手机等网络设备中安装杀毒软件，定时清理病毒和木外程序外，也需要进一步重视网上活动中个人信息的保护，以免信息泄露而危及个人隐私及经济安全。另外，建议网民下载安全可信的手机应用，不随意安装网络上传播的应用软件，并尽量安装标定为“移动互联网应用自律白名单”的应用。在进行网上交易活动时，建议网民需要严格按照流程支付，不轻信他人通过各种渠道发来的第三方交易链接等，从而保障在线交易安全。

（国家计算机网络应急技术处理协调中心　王明华、李佳、贺敏、纪玉春、徐娜、徐原、何世平、温森浩、赵慧、李志辉、姚力、张洪、朱芸茜、朱天、高胜、胡俊、王小群、张腾、何能强、摆亮、陈阳、李世淙、党向磊、徐晓燕、王适文、刘婧、饶毓、赵宸）

第 9 章　2013 年中国互联网治理状况

9.1　互联网治理概况

2013 年，中国政府高度重视互联网的建设与发展，陆续出台有关政策措施，不断完善管理体制，坚持依法管理、科学管理和有效管理互联网，努力完善法律规范、行政监管、行业自律、技术保障、公众监督和社会教育相结合的互联网管理体系，不断推动互联网持续健康稳定发展。11 月 15 日，十八届三中全会通过的《中共中央关于全面深化改革若干重大问题的决定》指出，坚持"积极利用、科学发展、依法管理、确保安全"的方针，加大依法管理网络力度，加快完善互联网管理领导体制，确保国家网络和信息安全。在关于《中共中央关于全面深化改革若干重大问题的决定》的说明中提出，要加快完善互联网管理领导体制，目的是整合相关机构职能，形成从技术到内容、从日常安全到打击犯罪的互联网管理合力，确保网络正确运用与安全。

9.2　互联网治理政策

9.2.1　法律规范

2013 年，国家为加强互联网管理，规范互联网秩序，出台了一系列法律法规，不断完善互联网法律规范。

9 月 9 日，《最高人民法院、最高人民检察院关于办理利用信息网络实施诽谤等刑事案件适用法律若干问题的解释》公布，规定"同一诽谤信息实际被点击、浏览次数达到五千次以上，或者被转发次数达到五百次以上的"，应当认定为诽谤行为"情节严重"，该解释为诽谤罪设定了非常严格的量化的入罪标准，为惩治利用网络实施诽谤等犯罪提供了明确的法律标尺，从而规范网络秩序、保护人民群众合法权益。

9 月 29 日，最高人民法院公布关于审理编造、故意传播虚假恐怖信息刑事案件适用法律若干问题的解释，明确规定编造、故意传播虚假恐怖信息罪入罪标准是"严重扰乱社会秩序"，包括扰乱公共场所秩序、破坏公共交通秩序、破坏有关单位的正常工作秩序、破坏居民生活秩序、干扰国家职能部门的正常工作秩序、其他严重扰乱社会秩序等六个方面情形。

10 月 25 日，全国人大常委会表决通过了《全国人民代表大会常务委员会关于修改〈中华人民共和国消费者权益保护法〉的决定》，新增网购产品退货条款，规定“经营者采用网络、电视、电话、邮购等方式销售商品，消费者有权自收到商品之日起七日内退货，且无需说明理由”。

12 月 27 日，全国人大财经委召开电子商务法起草组成立暨第一次全体会议，首次划定中国电子商务立法的“时间表”，即从起草组成立至 2014 年 12 月，进行专题调研和课题研究并完成研究报告，形成立法大纲，2015 年 1 月至 2016 年 6 月，开展并完成法律草案起草。此举标志着中国电子商务法立法工作正式启动。

9.2.2 行政监管

2013 年，党和国家陆续出台有关加强互联网管理的重要文件，切实加强行政管理，规范信息传播秩序，净化网络环境，保障网络安全，推动行业发展。

2 月 1 日起，我国首个个人信息保护国家标准《信息安全技术公共及商用服务信息系统个人信息保护指南》开始实施。标准的出台意味着我国个人信息保护工作正式进入“有标可依”阶段。

3 月 28 日，国务院办公厅下发关于实施《国务院机构改革和职能转变方案》的任务分工和有关要求的通知。通知确定，2014 年上半年将出台并实施信息网络实名登记制度。实名制的实行有利于进一步加强网络安全与管理，保障互联网用户的合法权益，规范互联网信息的流通，维护互联网行业的正常秩序。

7 月 16 日，工业和信息化部公布《电信和互联网用户个人信息保护规定》，对电信业务经营者、互联网信息服务提供者收集、使用用户个人信息的规则和信息安全保障措施等做出明确规定，切实保障电信和互联网用户的合法权益，维护网络信息安全，促进电信和互联网行业的健康发展。两个规定于 9 月 1 日起施行。

8 月 13 日，互联网金融工作委员会在北京宣布成立。该委员会由中国互联网协会发起，目的是加强行业自律，建设诚信金融，促进互联网金融健康有序发展。

8 月 17 日，国务院发布了《“宽带中国”战略及实施方案》，部署未来 8 年宽带发展目标及路径，意味着“宽带战略”从部门行动上升为国家战略，宽带首次成为国家战略性公共基础设施。“战略”的发布，将对互联网的普及和发展起到积极的作用。

11 月 15 日，十八届三中全会通过的《中共中央关于全面深化改革若干重大问题的决定》提出，坚持“积极利用、科学发展、依法管理、确保安全”的方针，加大依法管理网络力度，加快完善互联网管理领导体制，确保国家网络和信息安全。

11 月 21 日，商务部发布《关于促进电子商务应用的实施意见》，其中提出十项措施助力电子商务企业发展。

11 月 26 日，商务部拟制《网络零售第三方平台交易规则管理办法（征求意见稿）》，并向全社会公开征求意见。该管理办法有利于维护网络零售市场秩序，保护网络零售各方合法权益，促进网络零售健康发展。

12 月 3 日，中国人民银行、工业和信息化部、中国银监会、中国证监会、中国保监会联合印发了关于防范比特币风险的通知，明确比特币不具有法偿性与强制性等货币属性，不具有与货币等同的法律地位，不能且不应作为货币在市场上流通使用。

9.2.3　技术保障

2013 年，国家相关部门、科研机构加快互联网管理理论和核心技术的研发，从技术的角度不断完善对互联网的监督和管理。

5 月，国家互联网应急中心（CNCERT/CC）启动针对移动互联网恶意 APP 治理工作，持续监测在移动互联网中传播的恶意 APP，及时处置存在恶意 APP 的应用商店。

6 月，在公安部指导下，阿里巴巴集团发起并联合腾讯、百度、新浪、盛大、网易、亚马逊中国等 21 家互联网企业，成立了“互联网反欺诈委员会”。该委员会的成立将有助于启动统一的用户安全模型机制，建立互通共享机制，形成联防联打机制，明确信息发布渠道、沟通渠道、交易渠道、支付渠道等环节的权利和义务。

9 月，中国互联网协会反网络病毒联盟发布移动互联网应用自律白名单规范；12 月，联盟公布首批移动互联网应用自律白名单，9 家移动互联网企业的 16 款数字证书和 25 款 APP 通过认证，成为首批白名单成员。该活动通过白名单机制引导开发者、应用商店和终端安全企业共同构建健康的移动互联网生态系统，维护网民正当权益，推动移动行业安全有序发展。

9.2.4　专项行动

2013 年，为净化网络环境，加强网络管理，国家多个部委联合开展了多次专项整治行动，收到了良好效果。

3 月，全国“扫黄打非”办公室开展治理网络淫秽色情信息专项治理“净网”行动。行动从 3 月初持续到 5 月底，行动以整治网络文学、网络游戏、视听节目网站等为重点，网上与网下治理相结合。据不完全统计，全国共清理处置网络有害信息 120 余万条，查处违法违规网站 1 万余家；全国共收缴各类非法出版物 560 余万件，其中淫秽色情出版物 18 万件；全国共查办“扫黄打非”案件 2200 余起，其中淫秽色情出版物案件、网上制售传播有害信息案件 300 余起。为进一步提高打击效果，“净网”行动延长至 6 月底，主要任务包括进一步查办重点案件、提高网站备案率和备案准确率等。

4 月，国家互联网信息办公室部署在全国范围内集中打击利用互联网造谣和故意传播谣言行为，对一些经常传播不实信息的网站和微博客账号、微信账号进行深入核查，并会同公安机关依法追究相关人员的责任。

5 月，国家互联网信息办公室部署在全国范围内开展为期两个月的规范互联网新闻信息传播秩序专项行动。专项行动针对当前网站登载新闻存在的突出问题，重点整治新闻来源标注不规范、编发虚假失实报道、恶意篡改新闻标题、冒用新闻机构名义编发新闻等违规行为，以营造良好的网络舆论环境。

6 月，公安部开展集中打击网络有组织制造传播谣言等违法犯罪专项行动，一批制造传播谣言的网络大 V 相继落网，全国各地公安机关查处了一批网络造谣典型案件，一批在网上恶意造谣的人受到了法律制裁。随着秦志晖（“秦火火”）、杨秀宇（“立二拆四”）、周禄宝、傅学胜等通过制造传播谣言、蓄意炒作网络事件、发布不实信息进行敲诈勒索来牟利的一批网络大 V 被公安机关刑拘，网络谣言泛滥状况得到极大改善。

7 月，国家互联网信息办公室联合全国“扫黄打非”办公室、工业和信息化部、公安部、文化部、国家新闻出版广电总局、国家工商总局、共青团中央、全国妇联等部门，组织开展净化暑期网络环境专项行动。专项行动针对当前互联网淫秽色情和低俗信息传播规律以及青少年暑期上网特点，对商业网站、新闻网站、搜索引擎网站、音视频网站等进行全面排查，共依法关闭 274 家违法网站、181 个网站栏目和频道，对 300 多家网站进行了处罚，有效遏制了网上不良信息的传播蔓延，为广大青少年营造良好的暑期网络环境。

8 月，国家食品药品监督管理总局、国家互联网信息办公室、工业和信息化部、公安部和国家工商行政管理总局等 5 部门决定联合开展打击网上非法售药专项行动。通过清理违法有害信息、捣毁窝点、资格审核、宣传引导和鼓励举报等多种途径，联合整治网上违法售药行为，严厉打击利用互联网销售假药的违法犯罪活动。

9 月，国家互联网信息办公室、教育部、共青团中央、全国妇联等四部门，组织百家网站联合开展为期 2 个月的“绿色网络、助飞梦想”网络关爱青少年系列行动。行动主要对象为各类网站、手机软件运营商、移动客户端软件运营商，重点清理淫秽色情和低俗信息，渲染凶杀、暴力、恐怖的信息，侵犯青少年个人隐私的信息，对青少年进行网络攻击、谩骂、诽谤等“网络欺凌”信息，炫富比阔、追求刺激、盲目追星等宣扬腐朽落后价值观的信息等五类不良信息。开展绿色网络行动，旨在巩固和扩大净化暑期网络环境专项行动成果，加大网上不良信息清理力度，使网上环境进一步净化、网上面貌进一步改观，为青少年提供绿色健康、积极向上的网络空间，维护青少年合法权益，促进青少年健康成长。

9 月，中国证券业协会开展整治利用网络等媒体开展非法证券活动宣传月活动。针对不法分子通过网络等媒体发布非法证券信息、从事非法证券活动的情况，证券业协会将发布工作指引并定期公布证券类机构黑名单，通过宣传加强投资者防范意识，保护投资者合法权益。

9.3 互联网行业自律开展情况

2013 年，我国互联网整体保持稳步增长的良好态势，应用服务不断创新和持续深化，在推动经济发展、社会进步和丰富公众生活方面发挥了重要作用，但在过程中也出现了一些影响行业健康发展的不和谐因素，引起了全行业的广泛关注，在中国互联网协会等行业组织的引导和组织下，互联网企业更加重视行业生态环境建设，积极加强行业自律，做出了多方努力，取得了积极的成效，进一步完善了我国各相关方共同参与的互联网治理体系。

1. 组织业界签约《网络营销与互联网用户数据保护自律宣言》

随着移动终端的普及、移动互联网的蓬勃发展和大数据时代来临，网络营销的发展进入新的阶段，基于网民行为数据分析开展精准营销成为新的发展方向，但过程中出现了个别企业恶意收集用户信息、损害用户权益的不规范行为，影响了行业的健康发展。为保护互联网用户合法权益，进一步规范网络营销服务及互联网用户数据研究业务，中国互联网协会组织相关从业企业共同研究起草了《网络营销与互联网用户数据保护自律宣言》。

《自律宣言》本着维护网络营销及互联网行业健康、有序、和谐发展的原则，从遵守法律法规、尊重保护知识产权、尊重用户知情权和选择权、收集和使用用户信息的原则、尊重用户上网体验、保护用户上网安全、维护用户合法权益、健全用户信息安全保护制度、接受社会监督、推动网络营销标准化进程等方面对网络营销服务及互联网数据企业的行为规则进行了约定，对于督促相关企业主动加强自律，提升服务水平，改善用户体验，保护用户合法权益，推动网络营销和互联网用户数据研究业务规范、健康、和谐发展具有重要意义。该《自律宣言》于 2013 年 4 月 8 日在京发布。

2. 牵头研究制订《互联网终端安全服务自律公约》

《互联网终端安全服务自律公约公约》共六章、27 条，倡导遵纪守法、诚实守信、公平竞争、自主创新、优化服务五项原则，以保障用户的知情权、选择权、个人信息安全等为出发点开展安全服务，并明确赋予安全软件对互联网行业公认的病毒、木马、蠕虫等恶意程序的直接处置权，以切实保障互联网用户的上网安全。同时为确保非安全类终端服务企业的平等发展权，《公约》明令禁止恶意排斥、恶意拦截、歧视性对待其他企业的服务或产品的行为，并明确要求对相关软件的评测应客观公正。《公约》还进一步细化了协商、调解、测评及裁定相结合的签约企业间争议和纠纷解决机制，通过倡导行业自律构建良好的网络环境。

2013 年 12 月 3 日，中国互联网协会在京发布《互联网终端安全服务自律公约》，提供互联网终端安全服务的腾讯、百度、奇虎 360、金山、瑞星、江民科技、天融信、网秦天下共同签署了《公约》。

9.4　网络不良与垃圾信息治理情况

2013 年 1 月至 12 月，中国互联网协会 12321 网络不良与垃圾信息举报受理中心共接到用户举报不良与垃圾信息 600.6 万件次。其中举报手机应用安全问题（APP）514.6 万件次；不良与垃圾短信息 59 万件次；淫秽色情网站 9.4 万件次；垃圾邮件 8.3 万件次；骚扰电话 4.8 万件次；钓鱼网站 2.1 万件次；彩信 0.53 万件次；其他举报 1.8 万件次。

经过整理、去重、核查后，将符合处理条件的垃圾短信息、垃圾邮件、不良网站、不良 APP 等数据 84 万件次，移交给各省公安厅、各省协会各基础运营企业、CNNIC、手机应用商店等相关部门处理。

1. 开展“安全百店”行动治理移动互联网恶意程序

为落实工业和信息化部《关于加强智能手机网络安全工作的通知》要求，12321 举报中心组织近百家社会责任感比较强，具有一定知名度，下载量排行比较靠前的应用商店开展自查自纠工作，发起手机应用软件 " 安全百店 " 行动，实现 " 一键举报、百家联动 " 的公众监督机制。希望借此有效加强移动互联网产业的自律工作，保障广大网民的权益，从而推动移动互联网绿色健康的发展。

目前有近百家应用商店加入，涵盖了国内 80%左右的手机软件下载市场。2013 年，共接到手机应用软件举报 520 万件次，去重之后涉及的应用 39 万个。经过开放安全引擎检测，将危害严重的 15 245 个 APP，通知手机应用商店作下架处置，及时遏制了不良行为的传播。

2. 持续跟进“互联网和手机媒体淫秽色情及低俗信息”专项工作

自 2009 年 12 月 4 日开始，截至 2013 年 12 月底，共收到用户举报内容涉嫌淫秽和低俗信息的网站 518 993 件次。经过初查，共移交主管部门处理的淫秽色情及低俗网站 16 360 个，其中，内容涉嫌淫秽色情的 13 209 个有效网站信息转交公安部公众信息网络安全举报机构。内容涉嫌低俗的 3 151 个有效网站信息转交互联网违法和不良信息举报中心处理。截至目前，已累计提报 7 批次专项奖励名单，经审核后，对 120 个举报者进行了奖励，共计发放奖金 12.2 万元。

3. 垃圾邮件治理工作迈向纵深

开展僵尸网络垃圾邮件治理工作，与 SOPHOS 建立了稳定的时时数据信息共享合作机制，为治理僵尸网络垃圾邮件提供了基础数据的保障；按照严重程度，2013 年，已发送需处理垃圾邮件信息 232 批次至各省互联网协会，涉及国内 IP 共计 253 875 个，产生的垃圾邮件数量超 1 亿 5 千万封。目前，已经与 15 个省份建立了较为顺畅的处置流程。

4. 开展网络安全宣传周活动

为进一步培养网民网络安全文化、增强网民网络安全意识、鼓励网民自律网络行为，受工业和信息化部委托，12321 举报中心分别在北京、厦门、上海开展以“网罗正能量，助力中国梦”为主题的网络安全宣传周系列活动。为广大网民建设健康网络安全文化、增强网络安全意识、引导网络自律行为提供服务。12 月 16 日，网络安全宣传周活动正式在北京启动。12321 举报中心在活动现场首次披露了 2013 年网民举报的“十大恶意移动应用名单”、“十大垃圾短信广告主名单”、“2013 中国外发垃圾邮件的十大省份排行榜”及“2013 网民举报的十大涉嫌违法短信类别”。活动启动仪式上还发布了我国首部《中国网民权益保护调查报告》，指出时下“财产安全”和“个人信息受保护”是网民最为关注的权益；诱骗是最主要的侵害方式；而一年内网民在网上的经济损失大约为 1500 亿元。

（北京大学社会学系 许传淇；中国互联网协会 郝智超、曾宣玮；国家计算机网络应急技术处理协调中心 葛自发）

第三篇

应用与服务篇

 2013年中国移动互联网应用发展情况

 2013年中国电子商务发展情况

 2013年中国网络金融服务发展状况

 2013年中国网络广告发展情况

 2013年中国网络视频发展情况

 2013年中国网络游戏发展情况

 2013年中国搜索引擎发展情况

 2013年中国社交网络平台发展情况

 2013年中国网络音乐发展情况

 2013年中国政府在线服务发展情况

 2013年互联网涉农信息服务发展情况

 2013年其他行业网络信息服务发展情况

 2013年中国物联网发展情况

 2013年中国云计算发展情况

 2013年大数据发展情况

第 10 章　2013 年中国移动互联网应用发展情况

10.1　移动互联网基本发展概况

随着智能终端的普及和移动网民的快速增长，移动互联网市场规模呈现高速发展态势。网络基础设施建设的积极推进，为移动网络从 3G 向 4G 升级奠定了基础，数据业务流量从 M 时代进入 G 时代。整个移动互联网行业呈现蓬勃发展态势，吸引了大量企业进入，移动互联网投融资市场逐渐回暖。

10.1.1　移动网民规模增长，流量进入“G 时代”

2013 年中国移动互联网行业持续快速发展，移动网民规模达到 5 亿人，渗透率高达 81%。移动网民的增速为 19.1%，远高于整体网民 9.5%的增速，可见网民的行为正逐渐向移动端转移，预计未来移动网民渗透率将继续提高。随着移动互联网发展的逐渐成熟和网民的不断积累，移动网民同整体网民的增速之差将逐渐缩小，如图 10.1 所示。

随着移动互联网的加速发展，用户对数据业务的需求冲击着传统语音业务，从而促进了 3G 对 2G 的替代，由此产生了移动互联网的新型业态。截至 2013 年底，中国 3G 用户规模为 4.17 亿户，三大运营商的 3G 用户规模均过亿。其中，中国移动 19 163 万户，中国联通 12 260 万户，中国电信 10 311 万户，较 2012 年均有不同程度的增长如图 10.2 所示。中国移动增速最快，逐渐拉开了与其他两家电信运营商的差距，打破了 2012 年中国 3G 市场三足鼎立的竞争格局。中国移动凭借其雄厚的用户基础，增速发展，继续领跑 3G 市场。中国联通采用的是欧洲标准的 WCDMA 技术制式，为 3G 用户规模增长奠定了基础。

网络环境的改善、流量资费的下降是移动互联网得以快速发展的条件，运营商采取大额流量包赠送的营销策略刺激了用户对大流量的消费和需求，也为全国范围内 4G 商用进行市场催熟。随着 2013 年底 4G 牌照的发放，中国移动率先推出 LTE 服务并加强营销推广，对 2G 存量用户转网产生了一定的导向作用，使得市场竞争力得到进一步提升。但目前，流量套餐的资费较高，对于普通用户来说仍是较大的负担，4G 真正深入普通移动网民用户还需一段较长时间的发展。

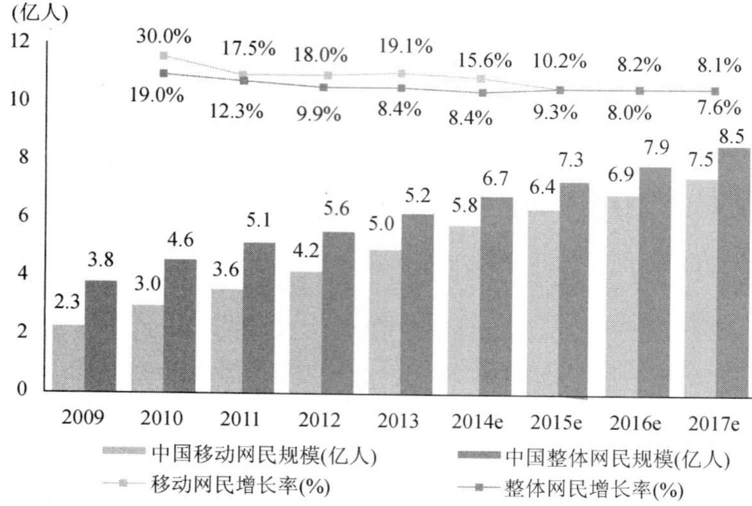

图10.1　中国整体网民及移动网民规模

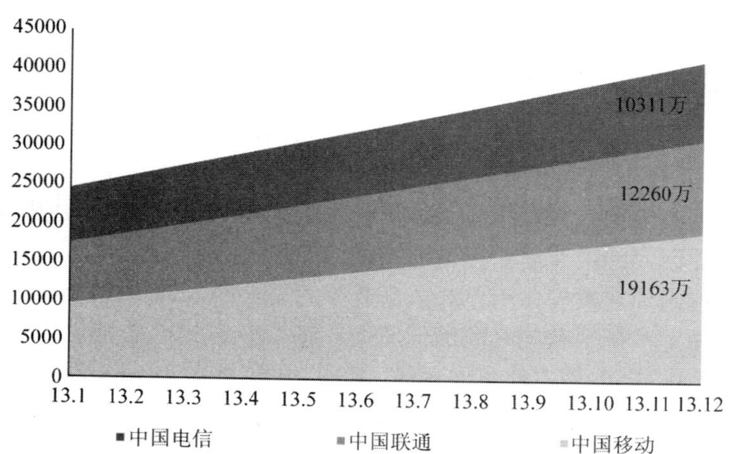

图10.2　2013年中国3G用户规模增长和分布情况

10.1.2　智能手机发展迅猛，Android 系统独霸市场

2013 年中国智能手机市场依然保持增速发展，2013 年中国智能手机出货量为 3.18 亿台，同比增长 64.1%，市场保有量为 5.8 亿台，同比增长 60.3%，如图 10.3 所示。预计 2014 年智能手机保有量将达到 7.8 亿台。艾瑞认为，受到低端 Android 智能手机的推动，智能机价格正不断走低，并逐渐向三、四线城市渗透，加速了智能手机的普及。2011—2012 年智能手机的爆发主要来源于功能手机换机潮，但随着功能手机逐渐退出市场，智能手机之间的差异化

竞争难度大幅提高，新增智能手机用户增速将逐步减小，预计未来几年规模增速将逐渐放缓，保持平稳发展态势。

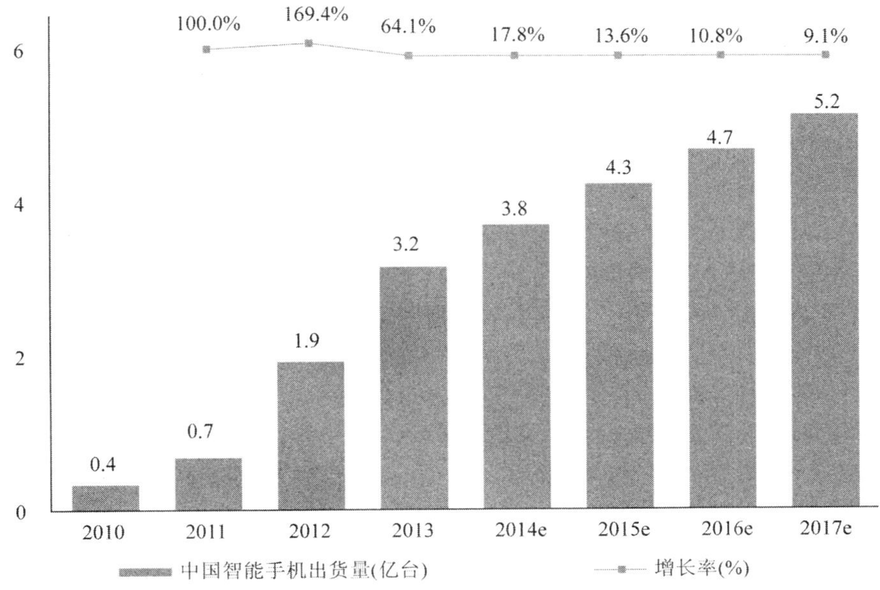

注释：智能手机出货量是指智能手机终端厂商在中国市场的总体出货数量，水货数量未统计在内。
（来源：根据企业公开财报，行业访谈及艾瑞统计预测模型估算，仅供参考）

图10.3　中国智能手机出货量

2013 年中国智能手机操作系统市场 Android 以 68.9%的市场份额稳居第一，iOS 为 28.7%，位居第二，两者份额较 2012 年均有增长，挤压了其他手机操作系统市场份额。其中，随着诺基亚对 Symbian 系统手机的逐步停产，Symbian 系统市场份额较 2012 年迅速下滑，2013 年占比仅为 1.2%。而 WP 的发展尚不成熟，未来竞争将集中于 iOS 和 Android。国内中低端 Android 智能手机的快速发展，进一步扩大了 Android 系统的市场份额，如图 10.4 所示。

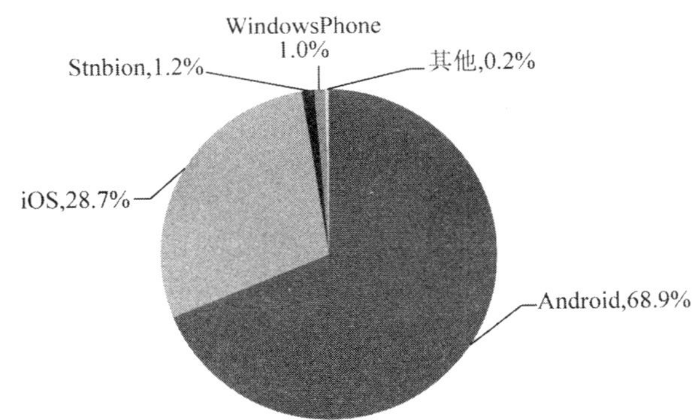

注释：中国智能手机操作系统市场份额是以智能手机保有量指标计算。
（来源：根据公开信息、行业访谈以及艾瑞统计模型估算，仅供参考）

图10.4　2013年中国智能手机操作系统市场份额

10.1.3　2013 年中国移动互联网投融资市场逆势回暖

延续 2012Q4 投资市场的低迷，2013Q1 移动互联网投资活跃度仍处于低位。但 2013Q2 开始，移动互联网领域融资突破 VC/PE 行业寒冬，逆势回暖。2013 年中国移动互联网市场披露的投融资金额为 5.46 亿美元，环比上涨 36%，融资案例为 115 起，环比上涨 64%。移动互联网行业投融资规模最大的交易为新天域资本、北极光创投、思伟投资、红杉中国和纪源资本五家共同注资触控科技和阿里巴巴投资 UC 优视，两起案例的融资金额均为 5000 万美元，如图 10.5 所示。

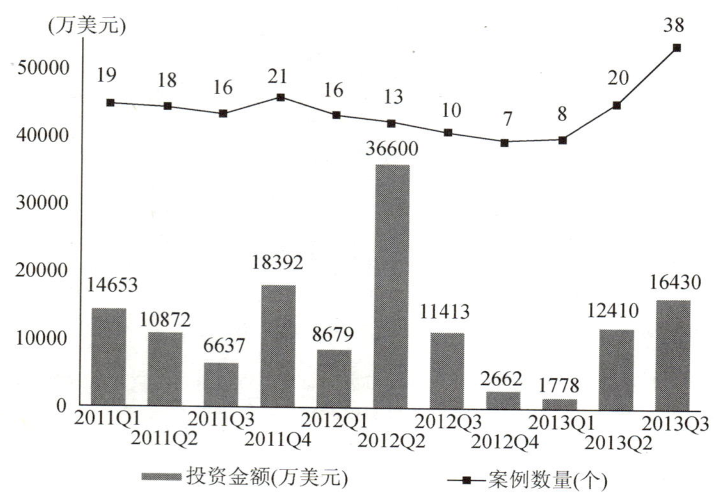

注释：智能手机出货量是指智能手机终端厂商在中国市场的总体出货数量，水货数量未统计在内。
（来源：根据公开信息、行业访谈以及艾瑞统计模型估算，仅供参考）

图10.5　中国移动互联网行业VC/PE投资情况

2013 年 VC/PE 市场回暖，移动互联网行业投资活跃，手机游戏、移动应用、移动营销等领域备受关注。随着首批 4G 牌照的发放，网络速度限制逐渐放开，移动互联网的应用和服务将发生深刻变化，从而带来用户和流量的显著增长，有助于移动联网行业投资提速。2013 年的移动互联网行业投资并购一方面展现出互联网巨头在移动端积极布局和战略卡位的决心，另一方面也显现出移动互联网行业进入者增多，优质应用不断涌现的同时也推动了行业竞争进一步白热化。

10.2　移动互联网应用的发展特点

智能移动终端的快速普及、通信网络设施建设的完善，促使移动互联网迅速发展起来，并与传统经济结合愈加紧密。随着网民在 PC 端向移动端的习惯日渐转移，用户使用手机的程度日渐加深，移动互联网已然吸引多方势力展开一番掘金和角逐。其中新闻阅读、社交、购物、拍摄美化、游戏、支付乃至金融等良好的移动应用正在大范围扩散。目前移动互联网应用主要体现出以下几个发展特点：

1. 移动端投资收购案频发，马太效应日益凸显，创业公司生存艰难

移动端的马太效应比以往 PC 端更为明显，2013 年 BAT 三大互联网巨头投资收购动作频繁。如百度前不久重金收购 91 无线；腾讯先后投资大众点评网、京东等大批在移动端表现优异的企业；而阿里巴巴除了开发自有的手机淘宝，还投资高德地图、快的打车、新浪微博等一批在移动端已经有良好表现的企业。艾瑞咨询认为，这三家公司都在大力抢占移动应用的流量入口，并全盘紧攥核心资源，其整合后形成的优势很难在短时间内被复制，缔造起来三家独大的马太效应日益凸显。随着 BAT 抢占移动端主要的应用后，市场趋势逐步明了，刚踏入移动互联网的创业公司很难在大的方向里寻求突破，为避免与巨头进行直接竞争，建议中国的创业公司在未来的移动互联网道路上尽可能走垂直化发展的方向。

2. 移动应用加速平台化发展

随着近几年很多优秀的移动应用软件浮出水面，很多移动开发商希望延续 PC 端平台化成功的发展案例。诸如移动端最具代表性的腾讯微信 App，是一款集社交、支付、扫码等功能于一身的移动应用开放平台，近两年不断加速商业化进程。其商业化模式类似于 PC 互联网，兼具一定的娱乐、广告和交易元素。目前除了已有的公众账号平台，微信还推出游戏平台以及在“我的银行卡”里开放多种 API 接口，应用开发商可以通过接入这些技术接口在其平台上推出自己的“Web App”，例如已集成的大众点评、团购精选商品、充值卡、理财通、嘀嘀打车等第三方合作商。据业内消息披露，微信用户已突破 6 亿，海内外合并月活跃用户突破 3.5 亿人。2013 年 8 月微信开始正式的商业化过程，微信公众平台及开放平台所可能衍生的商业价值十分值得期待。其他拥有较大流量入口的企业也在加强平台化发展战略，如百度、UC 等搜索引擎开发的移动轻应用平台；支付宝与多家合作厂商成立的“安全支付产业联盟”；以及有强大数据等核心优势的高德地图等企业也在深度布局平台化发展战略；相对于 PC 端的开放平台，移动端开放平台由于其具有的移动特性以及与线下商家的紧密联系，能够给人更为丰富的想象空间。

3. 移动应用全面开启商业化进程，加速流量变现

中国移动互联网应用市场经过多年的跑马圈地以后，移动应用当前的竞争越发激烈。其中最为代表的如微信开始加入游戏、虚拟表情买卖，并在微信支付里面植入嘀嘀打车、理财通等一系列商业行为；手机淘宝逐步演绎的生态链也在为下一步的变现作前期尝试。除了规模较大的应用正在加速开展商业化，中小应用也在探索商业化道路，为加速流量变现作出相应的努力，如娱乐分享应用唱吧正在投入游戏的开发、虚拟礼物的买卖；陌陌的第三方游戏开发商也开始给其贡献了一定的收入。艾瑞咨询认为，现实生活中无论是流量成本、人员成本均属于较为昂贵的沉没成本，在迫于社会竞争等生存环境的压力下，各大应用商家开始回归理性思维，并不断寻求加快流量变现的方法。

4. 中国移动应用开始走出国门

中国传统互联网起步较晚，虽然发展速度较快，但除阿里巴巴外，实际走出国门的产品寥寥无几，而国内许多互联网产品都是模仿国外互联网的舶来品。而国内很多移动应用从前期就定位为国际化的发展方向，如最具代表性的微信产品除了在功能上达到用户体验的极致化，其海外战略也非常值得关注，目前微信海外用户数已经达到 2 亿；“魔力小孩”系列应用在海外深受认可，屡获 App Store 重磅推荐；包括最近上市的博雅互动等，如今已凭借游戏的创新在海外表现出良好的势头。相对于 PC 端，很多移动企业表现出色并开始走出国门，

推动并实现中国应用的国际化战略。

10.3 移动互联网市场分析

手机终端的快速普及、通信网络设施建设日臻完善、各类手机应用几何级数出现，成为中国移动互联网市场快速发展的基础及推动力量。网络环境的逐渐改善，市场秩序的日渐规范促使网络运营商、服务商以及电商企业积极布局移动端，使得移动营销、移动购物、移动游戏及移动增值等细分领域均呈现高速发展。

10.3.1 移动购物占比过半，移动营销稳步提升

2013 年中国移动互联网市场总体规模为 1060.1 亿元，同比增长 81.2%，预计到 2017 年，市场规模将增长约 4.5 倍，接近 6000 亿元。移动互联网保持较快的发展势头，其主要原因在于：一是受到智能终端和移动网民规模增速的推动；二是 3G/4G 的普及迎来了大流量消费时代，催熟了商业化环境；三是移动应用纷纷开始探索商业化道路，使得移动互联网生态环境进一步优化。

2013 年移动购物在移动互联网市场规模中占比为 38.9%，居于首位，并且占比将在未来 4 年继续扩大，预计到 2017 年占比达到 55.0%。移动营销也将稳步提升，预计到 2017 年将达到 21.8%，如图 10.6 所示。未来几年移动购物仍将呈现爆发式增长，在移动互联网整体市场当中扮演越来越重要的角色。随着移动互联网的逐渐成熟、广告主的认知改变，移动营销市场将获得高速增长，如图 10.7 所示。

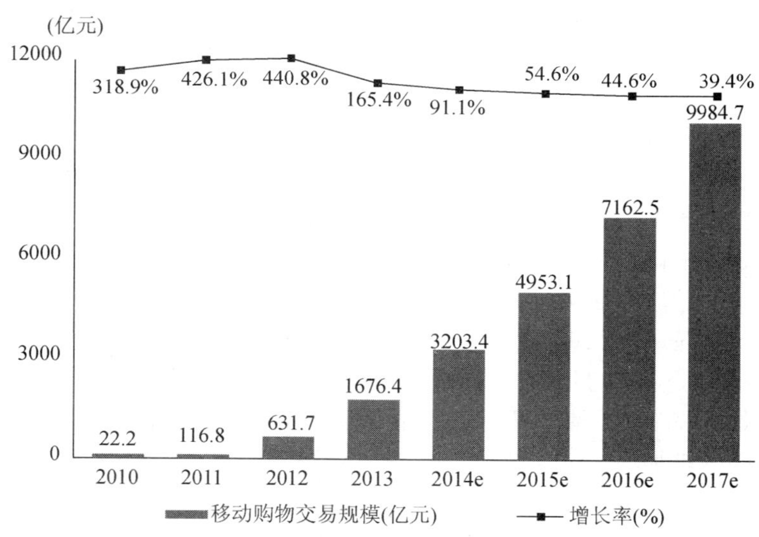

注释：中国移动购物交易规模仅统计了实物交易商品的价值总和，并不包括虚拟物品交易部分。
（来源：根据公开信息、行业访谈以及艾瑞统计模型估算，仅供参考）

图10.6 中国移动购物市场交易规模

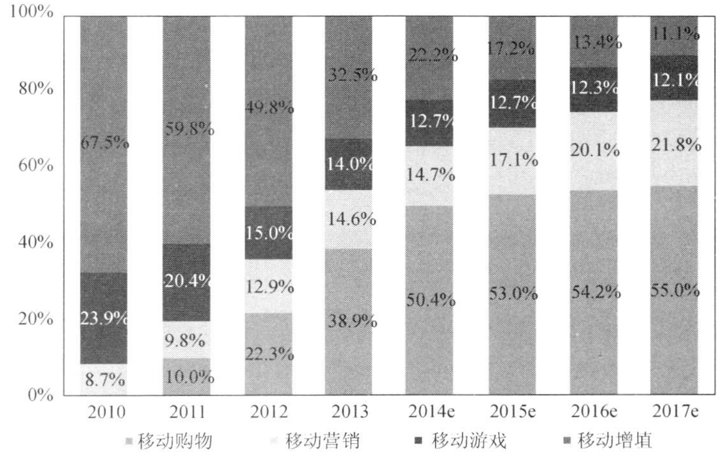

注释：1. 移动营销包括移动搜索、移动应用广告、移动视频广告等；2. 从2012Q2开始，移动购物统计的市场规模为营收规模；3. 2013年中国移动互联网市场规模为1060.1亿元。
（来源：综合企业财报及专家访谈，根据艾瑞统计模型核算）

图10.7　中国移动互联网细分行业结构占比

10.3.2　移动营销市场发展潜力巨大

2013 年中国移动营销市场规模为 155.2 亿元，同比增长 105.0%，预计未来 4 年仍将保持高速增长，如图 10.8 所示。移动营销市场规模包括移动搜索广告、移动应用广告、移动视频广告、移动网页广告以及短彩信、互动营销等多种形式的营销内容。移动互联网市场生态环境和秩序的完善，将进一步加深广告主对移动营销的认可，广告主对移动营销领域的投放比例不断增加，移动营销成为推动移动互联网蓬勃发展的重要动力。

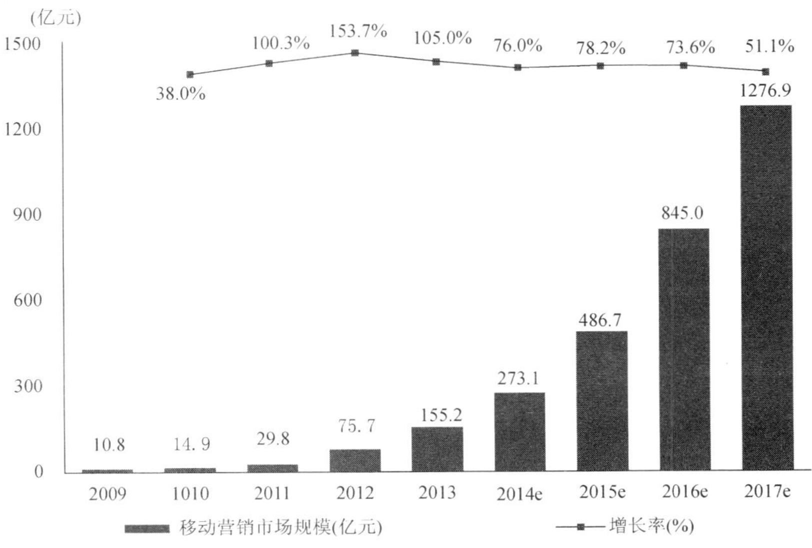

注释：中国移动营销市场规模包括移动搜索广告、手机报刊广告、移动网页、移动客户端广告和其他形式营销的市场规模。这里只统计手机和平板电脑两类移动终端上搭载的营销活动。
（来源：根据企业公开财报、行业访谈以及艾瑞统计模型估算，仅供参考。）

图10.8　中国移动营销市场规模

近几年移动营销市场崛起，移动客户端广告成为移动营销最主要的广告类型，其次是移动搜索广告，两者市场份额的不断增长得益于智能终端设备的推动。新兴的移动视频广告互动性更强、广告体验和效果更好，市场份额持续增长。而传统手机报刊、互动短彩信等营销形式受到新型移动营销的冲击市场份额将逐渐萎缩。艾瑞认为，移动营销的互动性、精准性等特点对广告体验和效果提出了更高要求，更多新型营销方式也将不断涌现，如图 10.9 所示。

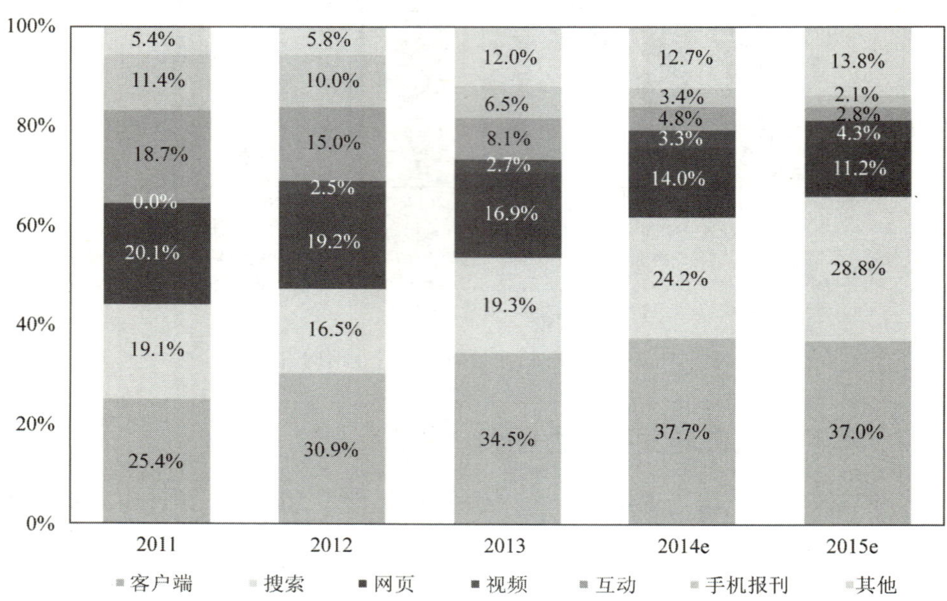

注释：移动客户端包括移动广告平台应用客户端和独立客户端（指浏览器、新闻等客户端，不包括视频客户端）；其他包括整合营销、独立结算案例、微信营销、创新形式等；不包括基于微信微博的电商收入，也不包括在各个公司微信上投入的内部人力成本。
（来源：根据行业专家及企业访谈，艾瑞统计模型估算，仅供参考。）

图10.9　中国移动营销细分结构占比

移动营销的本地化、品牌化、社交化和数据化的趋势越来越明显。

• 本地化：相对于报刊、电视等传统媒体甚至 PC，智能手机的 GPS 定位功能为移动营销提供了很大的发展空间。随着智能机的普及，针对不同地域的细分化营销需求逐渐旺盛，基于 LBS 服务的本地化移动营销（Local Mobile Advertising， LoMA）模式将会诞生新的大规模的市场增长空间。

• 品牌化：从 PC 营销的发展历史来看，行业内广告主最早进入，传统品牌广告主从不了解到了解再到不断加大投放规模经历了一段时间的变化。移动营销的发展类似，当下行业内广告主投放更多，品牌广告主投放规模小并且占其预算比重也非常之小。但随着广告主对移动营销认识的不断深入，以及移动营销品牌宣传形式的多样化，这一现象将得到改善。

• 社交化：基于手机的私密性和高互动性，移动广告更容易引导用户将广告间接或直接的分享到社交网络上。基于熟人的社交更具有口碑传播的特性。当下，微信已经部分显示出这样的趋势。

• 数据化：目前移动营销虽然也在使用数据进行用户的分析和定位，但尚不能充分满足精准化需求。为了将手机比 PC 更加丰富精准的数据优势体现出来，移动营销必然做出相应的进化。DSP、DMP、Exchange 这些概念已经进入移动领域，未来对移动互联网用户数据进行进一步挖掘，将为移动营销提供精准化的有力参考。

10.3.3　移动购物保持迅猛发展

2013 年中国移动购物市场营收规模为 412.3 亿元，较 2012 年增长了 2 倍，交易规模为 1676.4 亿元，同比增幅高达 165.4%。且移动购物在整体网购交易规模（18500 亿元）中占比 9.2%,较 2012 年提高了 4.4 个百分点,可见移动购物市场增速明显快于 PC 端网购,如图 10.10 所示。

移动购物的快速增长一方面是由于智能终端的普及和网络环境的改善，使得移动购物成为移动互联网用户填补碎片时间的一大选择；另一方面，电商企业在移动端的积极推广和促销力度的加强，提升了用户的移动购物体验。

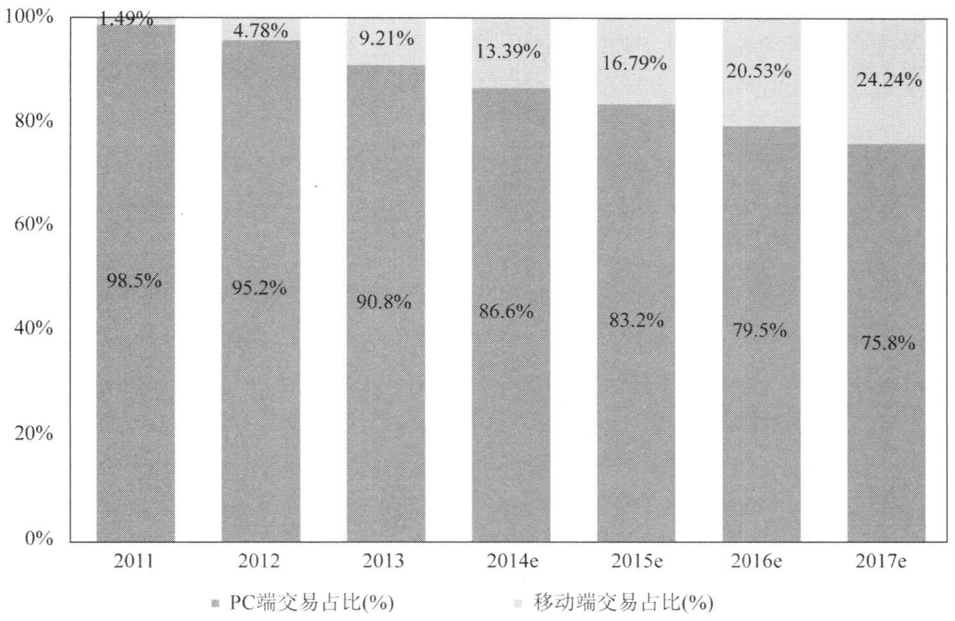

注释：2013年网络整体交易规模为18500.0亿，移动购物交易规模为1676.4亿；
（来源：综合企业财报及专家访谈，根据艾瑞统计模型核算。）

图10.10　中国网购交易额PC端和移动端占比

2014 年，移动电商已成为行业发展的一大趋势。传统互联网企业、PC 端电商企业纷纷加紧移动互联网布局，移动购物、移动支付也将逐渐替代 PC 端的操作，成为网购的主流购物场景。移动电商未来发展将呈现移动化、社会化和垂直化的特点。移动电商主要玩家仍是 PC 互联网电商迁移到移动端的企业，而垂直移动电商所占份额非常少，马太效应显著。

未来 O2O 将成为移动电商的主导力量。O2O 商业模式就是从线上到线下，将实体经济与线上资源贯通融合。线下商业就可以到线上挖掘和吸引客源，消费者则可以方便地在线上筛选商品和服务，再到实体店进行真实消费。O2O 利用移动终端的随身行、用户身份唯一性、用户位置可追踪性等特征，抓住潜在即兴消费客户。线上用户获取成本远远低于门店本身，这会开拓更大的市场空间。O2O 消费群体个性化比较明显，其应用正走向差异化，如高端订制、餐饮、汽车租赁、酒店住宿及旅游等。而用户习惯的培养还需要一段时间。

随着网络信息时代的飞速发展，网民基数逐渐增大，流量和转化率是电商企业永恒的命题。在全网流量成本越来越贵的今天，社会化媒体能够通过低成本获取优质新客户的要求，并获得与用户建立关联的机会。因此社会化媒体与电子商务的结合，所形成的社会化电子商务已经开始崭露头角。社会化电商通过口碑营销、社交推荐进行品牌传播，是一个重要的营销渠道，同时社会化电商的社交属性更强，通过分享功能更是一个免费的营销方式，更适合移动用户碎片化的使用特性。

10.3.4 移动游戏市场规模迅速扩大

2013 年中国移动游戏市场规模为 148.5 亿元，同比增长 69.3%，市场规模迅速扩大，预计在 2014 年将达到 236.4 亿元的规模，如图 10.11 所示。移动互联网商业化发展和智能移动终端的普及为扩大移动游戏市场规模奠定了基础。随着人们消费能力的提升，以及对娱乐休闲的需求增加，移动游戏市场发展前景一片向好。

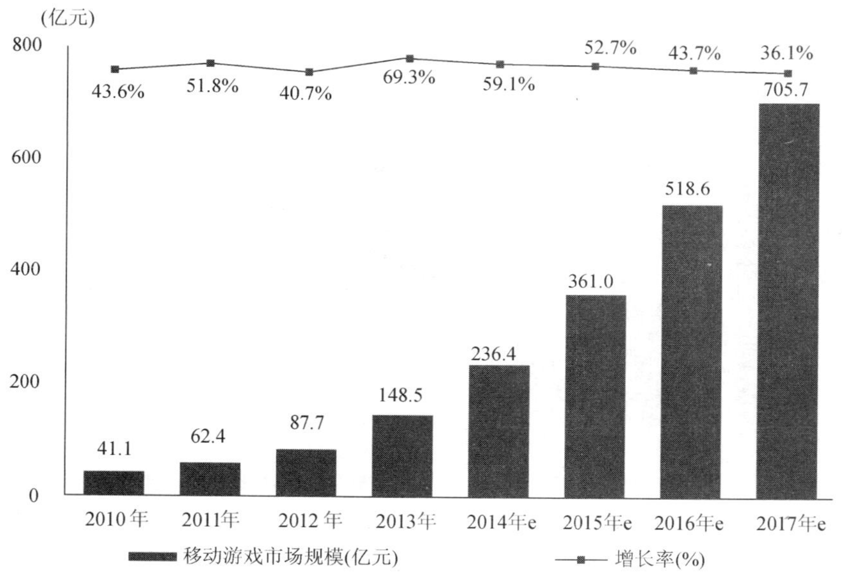

注释：中国移动游戏市场规模即中国内地市场移动游戏用户付费金额的总和，不包括移动游戏企业海外用户付费金额，包括电信运营游戏套餐增值服务产生的用户付费。

（来源：根据企业公开财报、行业访谈及艾瑞统计预测模型估算，仅供参考）

图10.11 中国移动游戏市场规模

艾瑞 mUserTracker 监测数据显示，2014 年 1 月棋牌类游戏的月度有效使用时长在各类移动游戏中占比最高，为 19.9%，益智类游戏紧随其后，使用时长占比为 18.9%，二者引领移动游戏市场的发展，如图 10.12 所示。艾瑞认为，移动游戏的娱乐场景多发生在碎片化时间，而棋牌、益智类游戏对网络要求不高，因此，更能满足用户随时随地的娱乐需求，为用户带来轻松、休闲的游戏体验。

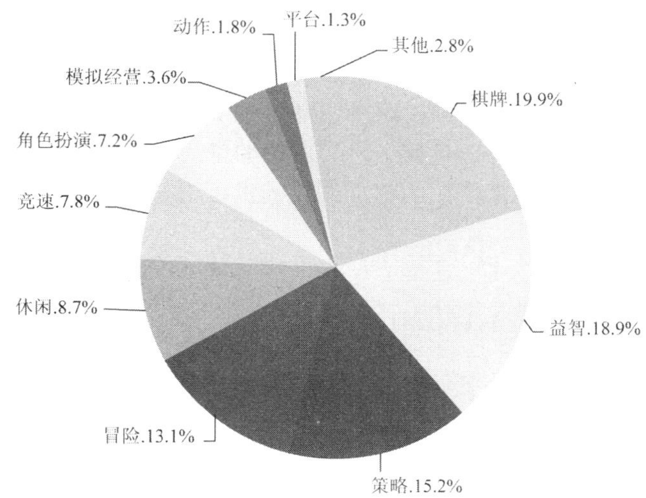

（来源：mUserTracker.2014.1，基于对15万名iOS和Androdi系统的智能终端用户使用行为长期监测获得。）

图10.12　不同类型移动游戏月度有效使用时长占比情况

10.3.5　中国移动增值市场保持稳定增长

2013 年移动增值市场规模为 344.1 亿元，同比增长 18.1%，随着移动互联网整体规模扩张，移动增值市场将保持平稳增长态势，如图 10.13 所示。2010 年以来移动购物、移动营销快速发展，移动增值在移动互联网市场占比越来越小。但随着 3G 业务发展，移动用户基数增加，移动增值市场规模仍将保持稳定增长。

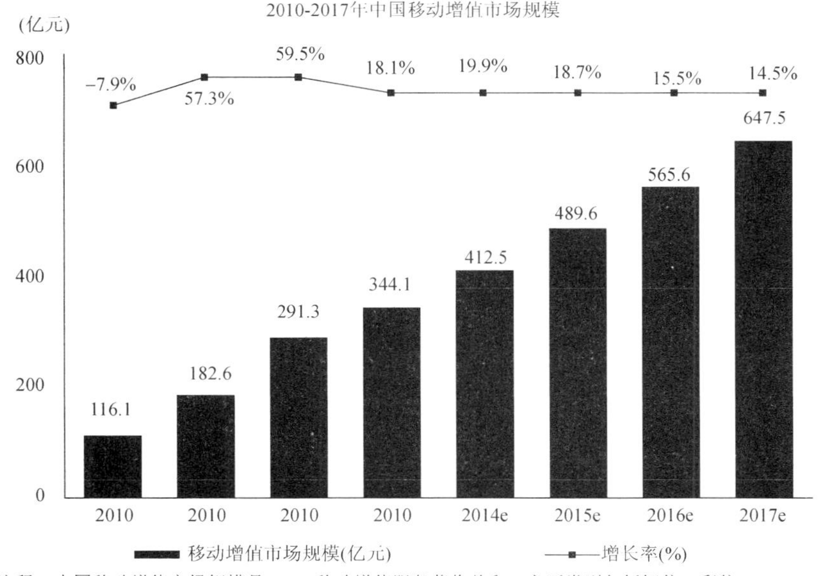

注释：中国移动增值市场规模是SP/CP移动增值服务营收总和，主要类型包括短信、彩信、WAP、IVR和彩铃等产品及服务，电信运营商的移动增值服务营收未统计在内。从细分领域来说，移动增值包括了移动阅读、移动视频、移动音乐、移动IM等

（来源：根据企业公开财报、行业访谈及艾瑞统计预测模型估算，仅供参考。）

图10.13　中国移动增值市场规模

2013 年移动增值细分市场中移动阅读发展迅猛，移动阅读市场规模为 53.7 亿元，同比增长 84%，较 2010 年 4.6 亿元的市场规模增长了近 12 倍。预计 2016 年市场规模可超百亿元，如图 10.14 所示。艾瑞认为，移动阅读市场呈现蓬勃发展的主要原因在于：其一，移动阅读运营商的业务推广和移动阅读 SP 自有平台、应用的推广吸引了大量移动阅读用户；其二，传统出版社向移动阅读领域的拓展，为移动阅读提供了更加丰富的内容资源。

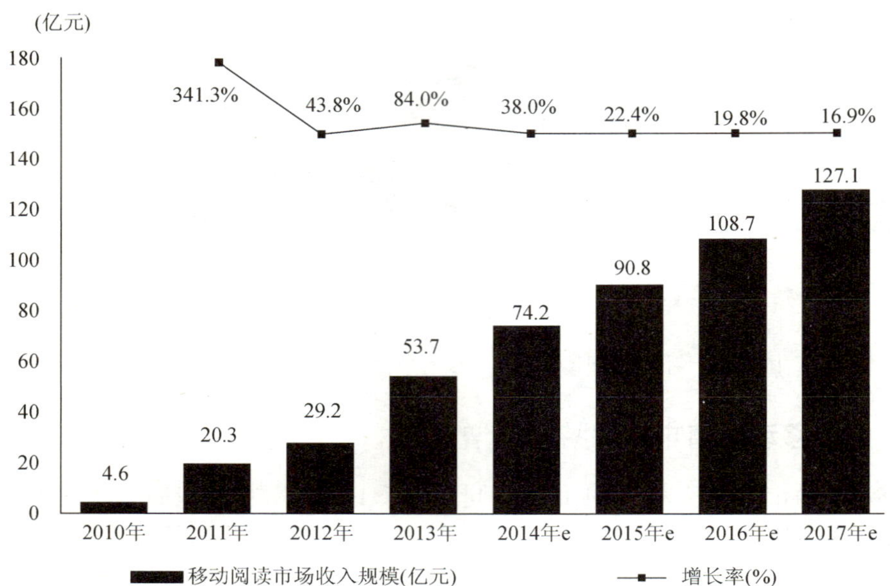

注释：移动阅读市场规模是数字阅读运营商在移动端获得的用户付费、广告、内容合作等营收总和，从内容类型来说，包括电子图书、期刊杂志、原创网络文学以及移动聚合阅读等，不包括手机报收入。
（来源：根据行业专家及企业访谈，艾瑞统计模型估算，仅供参考。）

图10.14 中国移动阅读市场规模

10.4 移动互联网应用的用户分析

随着全球移动互联网发展、移动通信的革新及智能手机的大规模普及，网民的使用习惯发生了翻天覆地的转变。从当前所处的移动互联网初期发展阶段来看，移动用户常用业务和用户主要付费意愿整体呈现良好的趋势；而较移动互联网用户需求及移动应用软件提供现状来看，移动应用的增长仍有巨大的发挥空间。从移动互联网用户层面来看，移动用户对于应用的需求趋势特征可简要归纳为：多元化、整合化、碎片化和合理化。

10.4.1 用户的注意力正在从 PC 端向移动端转移

艾瑞数据显示，2012 年 12 月，PC 客户端日均覆盖人数为 2.9 亿人，PC 端网站为 2.4 亿人，截止到 2014 年 1 月，PC 客户端仅增长了 7.0%，而 PC 端网站由 2.4 亿人下降了 0.2 亿人；对比移动端，移动 App 则波动较大，从 2012 年的 1.4 亿人增长了 53.7%，达 2.1 亿人。移动网站方面，也从 0.4 亿人缓步上升了 16.9%的幅度。从 2012 年年底开始，PC 客户端应用日均覆盖人数增长率开始逐步放缓，下跌最为明显的是 PC 网站日均覆盖人数增长率为 –7.8%；而这部分流量并非单纯流失，而是不断向移动端倾斜，尤其是大部分用户的注意力正在向移动 App 方面转移，如图 10.15 所示。

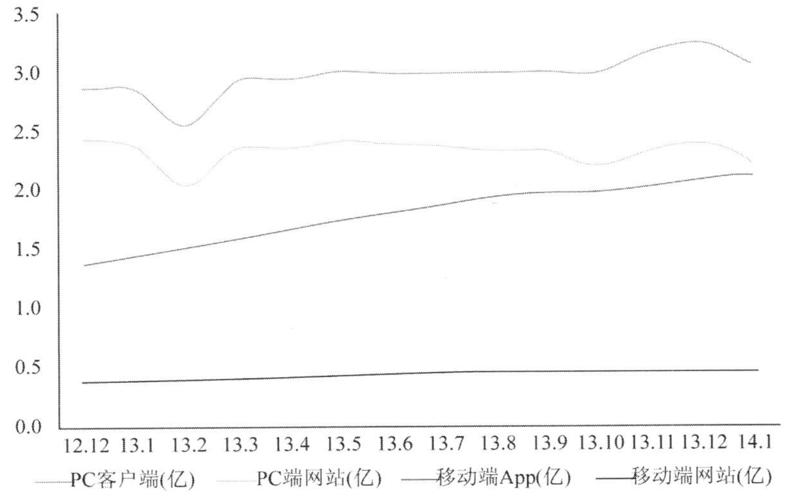

（来源：1. iUseaTracker家庭办公版2014.1，基于对40万名家庭及办公（不含公共上网地点）样本网络行为的长期监测数据获得。2. mUserTracker 2014. 1，基于对15万名iOS和Android的智能终端用户使用行为长期监测获得。）

图10.15　PC端与移动端服务日均覆盖人数

从 PC 端网站与移动客户端的月度有效使用时间占比来看，从 2012 年 12 月起，PC 端服务有效时间占比达 72.7%，随着月度的推移平缓下滑，至 2013 年的 12 月开始出现幅度较大的下跌，截至 2014 年 1 月，PC 端服务有效时间比重仅为 43.3%；而移动端服务则从原先的 27.3%稳步上升为目前的 56.7%，超过了 PC 端使用时间占比。移动 App 抢占用户更多时间，如图 10.16 所示。

种种迹象显示，PC 端网民不断向移动端迁移，由于移动设备多终端、多场景化的属性特征带动了用户的多元化需求。而对于移动互联网的发展要素来看，移动网民规模是构建移动互联网快速发展的重要基础，并逐步推及成为下一代互联网的核心。且 2012 年开始，大部分企业移动化脚步正在加速，一方面 PC 网站提供了手机适配的移动网页，另一方面大多数新兴网站资源开发商开发出各式类别的智能手机第三方应用程序——App。也正是由于 App 产量的暴增，使得 2014 年的移动端 App 有效使用时间首次超过 PC 端网站，并且这一趋势正在扩大。

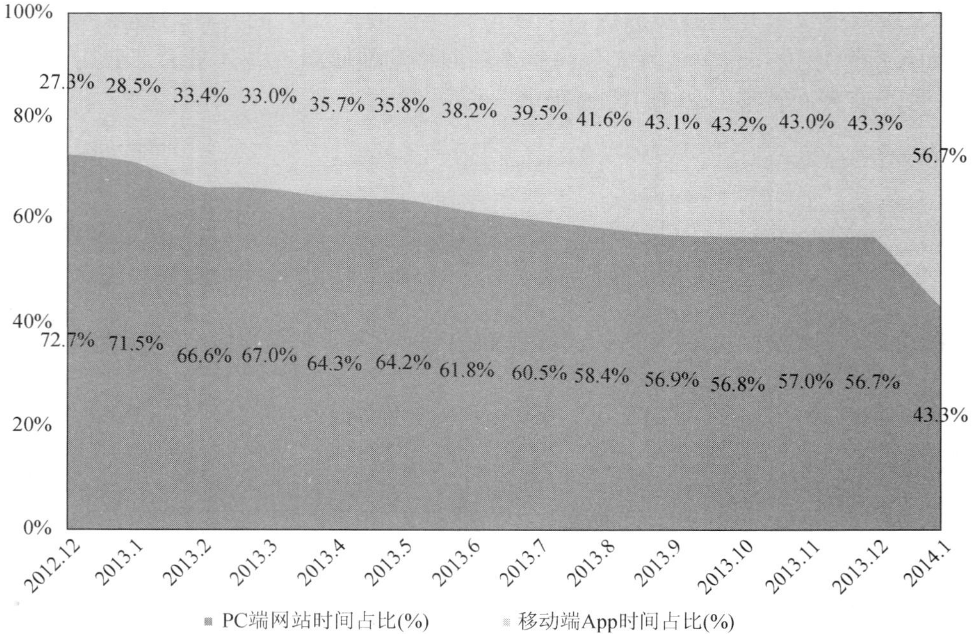

（来源：1. iUseaTracker家庭办公版2014.1，基于对40万名家庭及办公（不含公共上网地点）样本网络行为的长期监测数据获得。2. mUserTracker 2014. 1，基于对15万名iOS和Android的智能终端用户使用行为长期监测获得。）

图10.16　PC端与移动端服务月度有效时间占比

10.4.2　移动端用户更倾向于即时通信类应用，移动视频增长迅猛

艾瑞数据显示，2014 年 1 月用户主要使用的应用类别为即时通信与在线视频，占比分别达 21.0%和 18.7%。与 2012 年 8 月相比，即时通信增长了 5.5%，在线视频增长 10.1%，在十大应用类别里面两者均为用户使用时长较高的应用类别，发展态势良好，而在线视频类应用增长速度十分迅猛，如图 10.17 所示。

2014 年 1 月，用户平均每日使用时长最高的应用类别为腾讯旗下的微信，同为腾讯的 QQ 次之，第三是视频软件优酷，三者日均有效使用时间占比分别为 11.7%、8.4%及 6.2%，如图 10.18 所示。虽然即时通信软件微信和 QQ 份额最高，但看十大主要应用日均有效使用时长占比排名，手机视频软件诸如优酷、爱奇艺视频、PPS 影音、PPTV 网络电视及搜狐视频等应用均进入前十且占据了一半的阵营，与上述提及月度使用时长增长率最高的在线视频类应用相呼应。

除即时通信近几年大受用户欢迎外，在线视频类应用也从 2012 年起迅速崛起。艾瑞咨询认为，随着移动互联网时代的爆发，用户普遍喜好在碎片化时段通过移动设备来充足、愉悦自己的时间，移动视频随之成为各大视频企业的发展战略重心。因此移动视频越来越受到更多用户的关注，发展态势逐渐上升。原因是：首先，近几年国内外影视产业发展迅猛，影视内容不断满足用户的需求；其次，中国视频企业对于购买影视版权内容也表现出极大的热情，各大视频企业均各自具备吸引用户眼球的条件；第三，各方视频用户数大规模增长，驱

使移动视频成为目前广告主在移动端方面最主要的投放载体之一，广告主数量增加所带动的广告营收规模增长也是助推移动视频发展的主要动力因素。

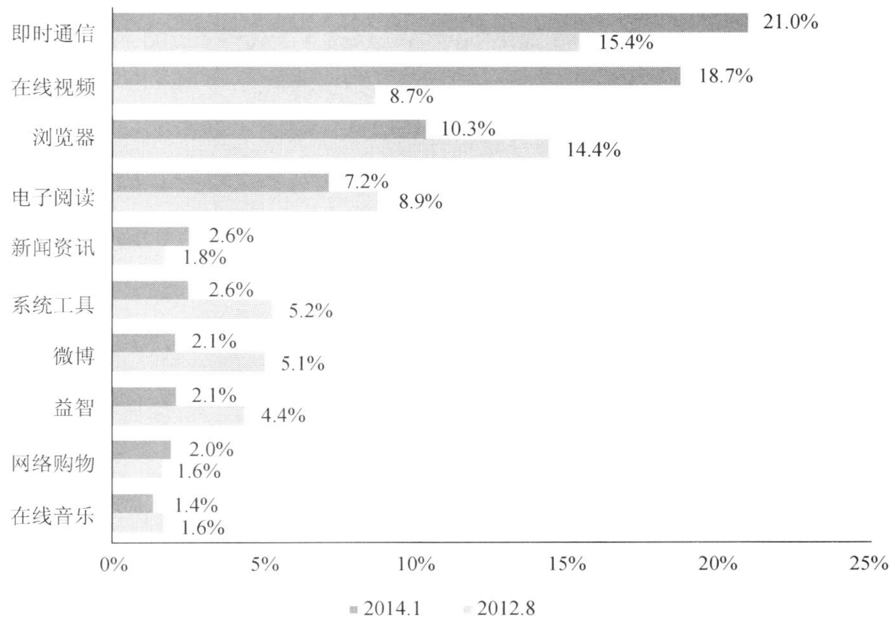

（来源：mUserTracker.2014.1，基于对15万名iOS和Androdi的智能终端用户使用行为长期监测获得。）

图10.17　Top 10主要移动应用类别月度有效使用时长比例对比情况

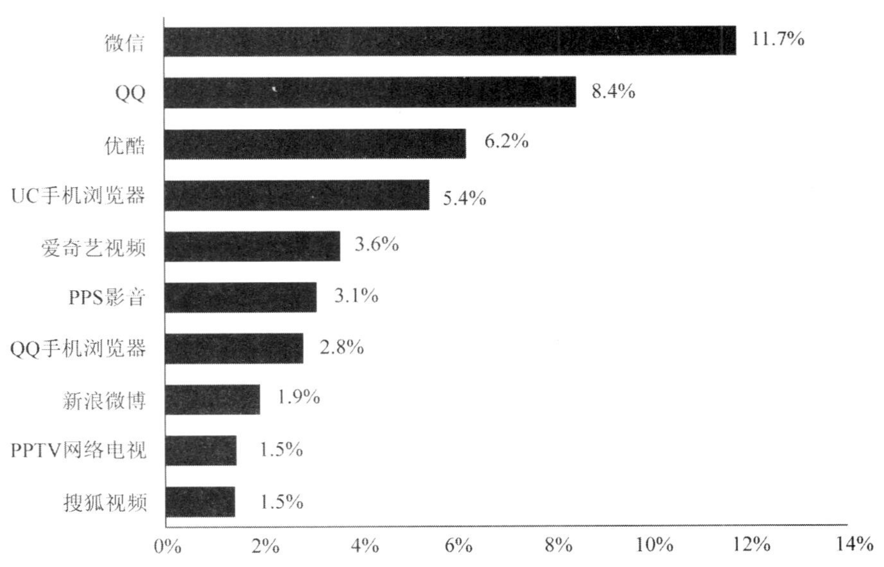

（来源：mUserTracker.2014.1，基于对15万名iOS和Androdi的智能终端用户使用行为长期监测获得。）

图10.18　移动APP日均有效使用时间比例

10.4.3 用户全天使用 App 最活跃时间段在夜间 9 点至 11 点

艾瑞数据显示，在全天 24 小时里面，用户使用 App 时长最高的时间点分布在 20：00 至 23:00，这三个时段总月度使用时长分别为 2070.4、2544.9、2600.8 以及 2605.7 万小时，合计达 9821.8 万小时，为用户使用行为中最活跃时段。其次是在午夜 0 点，使用时长为 1937.2 万小时。而早上 8:00 至夜间 19：00 为用户碎片化时间频繁发生的第二个区间段，如图 10.19 所示。

用户时间和行为已经全面向移动端转移，智能手机碎片化的使用行为虽未完全取代 PC 的地位，但移动用户上网行为已经贯穿用户全天各时间段。白天 8:00 至夜间 19:00 是用户工作时间段，用户使用移动设备多在碎片化时间里进行，如上下班在地铁或公交车途中、等车无聊时、上班休息时、外出游玩时或逛街购物时等多种场景里使用手机或 iPad 设备利用空闲时段享受各类应用所带来的乐趣从而消磨时间或分散注意力；而晚间 19:00 起为用户下班后时间，用户行为开始活跃，到了 21:00 后多为用户晚餐结束的休闲时段，这个时候大多数用户能集中注意力进行自己的移动端活动，或运用手机及平板电脑进行社交、游戏等互动，或享受视频、音乐、浏览新闻资讯、阅读以及网购等服务，从而形成一个晚高峰。

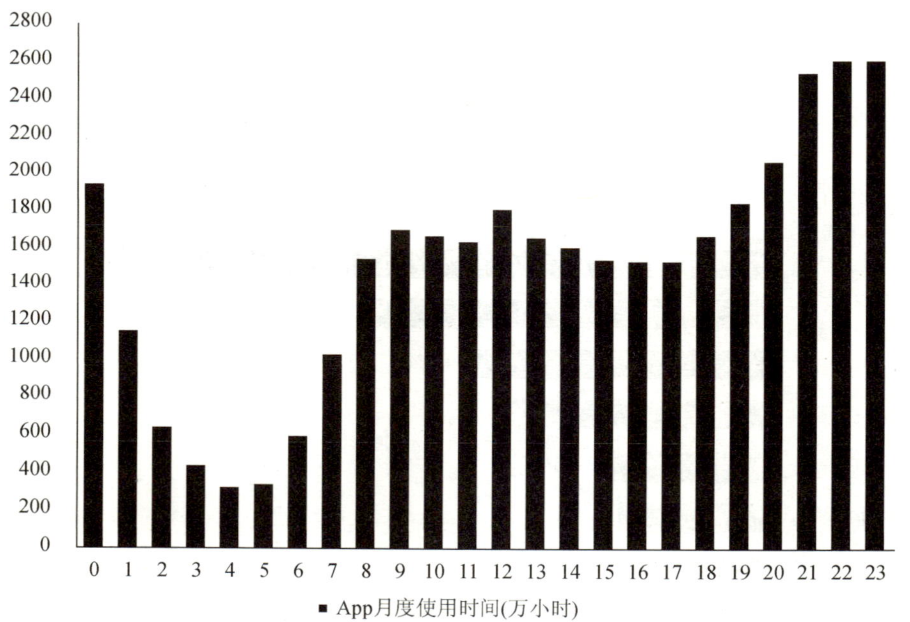

（来源：mUserTracker.2014.1，基于对15万名iOS和Androdi的智能终端用户使用行为长期监测获得。）

图10.18 移动App全天时间段使用时长分布

10.5 应用平台发展情况

移动应用商店即移动应用软件的平台服务，提供免费或付费移动应用软件的浏览和下载服务，同时为应用软件开发者提供开发工具及产品发布渠道，所有发布应用均获得出版机构或出版个人的内容许可，用户可以通过特定的支付方式购买相关应用。

移动互联网还处于发展的早期阶段，市场整体格局未定，各厂商都仍在尝试控制移动互联网的入口以掌握更多的流量。根据移动互联网的入口层次划分，移动应用上位于应用层，控制了 App 的入口。终端层与系统层较为基础，但是与用户距离较远，应用层能够更加直接地影响用户的行为和选择。移动互联网经过数年的发展，仍然以 App 为核心，而移动应用商店是用户获取 App 的最主要渠道。尤其对于新增用户来说，移动应用商店对于其 App 的选择具有非常大的影响力。因此移动应用商店的入口地位非常重要，成为兵家必争之地，如图 10.20 所示。

图10.20　移动互联网入口分布

移动应用商店的模式最早由苹果的 App Store 开创，为第三方应用开发者提供了一个发布、售卖其应用的重要渠道。此后 App Store 的应用商店模式被广泛学习，应用商店成为整个移动互联网生态当中极为重要的一个环节。经过长时间的发展，应用商店拥有了较为稳固的移动互联网入口地位，也掌握了丰富的流量，因此其功能不再仅仅局限于应用的发布渠道，而是承担了更多的功能，逐渐扩展了更为丰富的生态系统，如图 10.21 所示。

应用推广渠道是移动应用商店最基础、最传统的定位。对于用户来说，移动应用商店是其获取应用的第一渠道，对于刚刚从功能机转移到智能机的用户来说，最先接触到的智能机操作就是安装应用程序，而安装哪些应用程序很大程度上取决于应用商店的推荐及排行，因此应用商店对于用户的影响是直接而有效的。目前移动互联网仍然处于快速增长阶段，用户量不断扩张，智能手机保有量也迅速增长，对于移动应用商店来说有足够的增量市场。

由于移动应用商店对于用户有巨大的影响力，开发者对于应用商店的推荐位非常重视。应用商店的各种榜单是其最重要的推广渠道，也因此产生了刷榜等现象。开发者通常以不同渠道上推广所得到的分发量来衡量不同应用商店的分发能力。而在分成方面，分发能力强的大渠道具有更高的话语权。

在移动互联网时代，应用开发者成为珍贵的资源。各大应用商店也通过各种手段吸引应用开发者加入自己的平台。一方面海量的应用开发者能够提供丰富的应用资源，另一方面能够聚集大量开发者的渠道将拥有更高的议价能力和渠道价值。目前如百度、360 等公司都推出了移动端的开放平台，为开发者提供各种服务，服务内容主要可以概括为以下几个方面：

①开发者工具包；②数据监测系统；③应用推广服务；④开发者扶持，如图 10.22 所示。

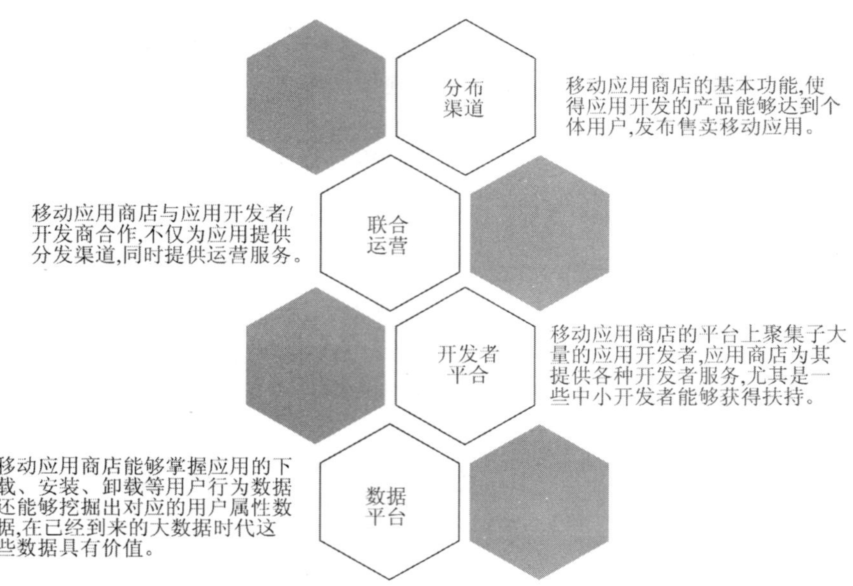

图10.21　移动应用商店的功能架构

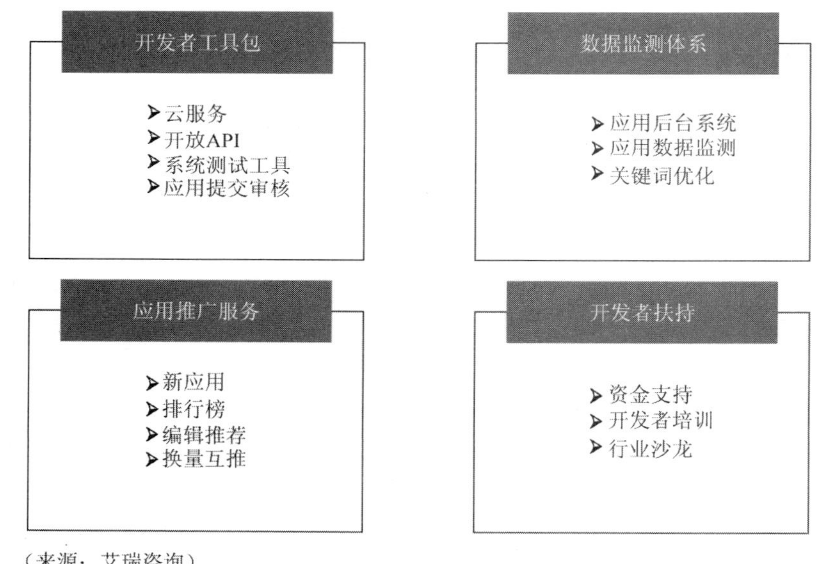

（来源：艾瑞咨询）

图10.22　应用开发者服务体系

移动应用商店在大数据时代能够掌握的数据则对整个移动互联网有着非常大的意义，无论对于投资者、企业开发者和个人开发者、第三方数据检测机构，都具有极大的参考价值。首先移动应用商店和连接开发者和用户的渠道。各种类型的应用商店几乎囊括了用户到达应用本身的所有渠道，而几乎所智能机用户都是应用的使用者，这就决定了移动应用商店能够掌握用户大量的特征，包括人口属性特征、用户偏好、用户的移动互联网使用程度，进一步细化到地理位置等信息，都能够掌握。另外一方面他们又能够接触到开发者，可以了解整个移动互联网的应用分布、开发者状况、盈利状况等信息。这些数据像无数的“茧”一样保存在他们的服务器当中，谁能够抽丝剥茧一般将其中的结构化信息梳理出来，谁就能够掌握更精准的信息，为用户提供更精准的服务，同时掌握了行业内各方都需要的参考信息。作为行业中的一个枢纽环节，移动应用商店掌握了大量珍贵有价值的数据，在未来的大数据时代将可能承担更重要的角色，如图 10.23 所示。

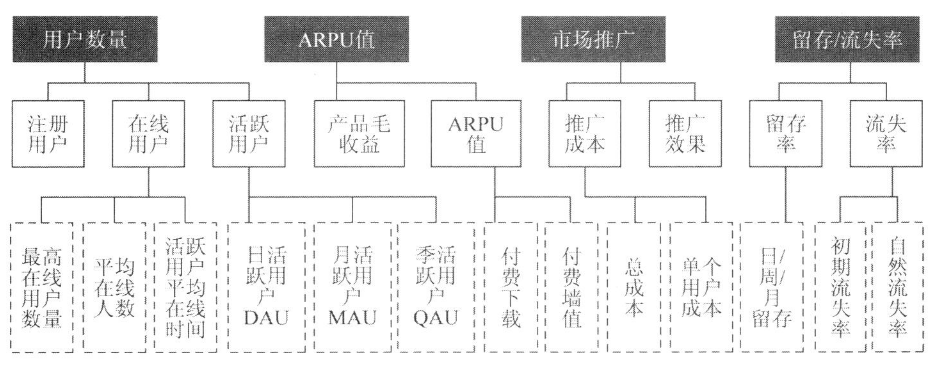

（来源：艾瑞咨询）

图10.23　手机应用运营数据体系

移动应用商店市场构成比较复杂。作为移动端应用分发的最主要渠道，整个移动应用商店市场连接着几十万的应用开发者/开发商和几亿的移动互联网用户。根据针对不同系统，移动应用商店可以分为 iOS 的应用商店和 Android 应用商店；根据用户使用场合的不同，可以分为 PC 端的手机助手和移动端的应用商店，如图 10.24 所示。

注释：本图根据行业发展现状描述，内容由艾瑞咨询整理，并未涵行业内所有应用，仅供参考。
（来源：艾瑞咨询）

图10.24　中国移动应用商店产业链图

用户在 PC 端和移动端均可以使用移动应用商店。PC 端主流的移动应用商店形态为手机助手，一般需要用户使用数据线连接 PC 及移动设备，也可以选择通过无线网络进行连接；而在移动端用户主要通过移动应用商店的 App 来下载和管理各类移动应用。

PC 手机助手是网民从传统互联网转向移动互联网的一个必经过程。在用户接触移动终端的初期，纯移动的应用下载管理习惯还未形成，也尚未习惯在移动端进行一些复杂的操作，因此倾向于选择传统的 PC 操作管理自己的移动设备。此外由于现阶段网络环境的限制，网速和流量问题也是大量用户仍然通过 PC 端进行移动设备管理的一大原因。随着用户移动端操作习惯的形成以及移动 3G 网络和 WIFI 的进一步普及，PC 端手机助手的生存可能遭到挑战。

经过几年的发展，移动应用商店的商业模式基本成熟。移动应用商店已经成为移动端除游戏、电商之外，又一重要的变现领域。目前移动应用商店的商业模式主要包括前向收费和后向收费两部分，前向收费是移动应用需要用户付费，移动应用商店从中获得分成，根据付费方式的不同主要可以分为付费下载和应用内购买（IAP）的部分。而后向收费指向应用开发者/开发商的收费，也可以分为两部分：应用推广费用以及游戏联合运营

无论在 iOS 系统还是 Android 系统，需要用户直接付费进行下载的应用数量都在不断下降。iOS 系统的付费应用整体高于 Android 系统，但也同样呈现出不断下降的趋势。长期的用户付费发展趋势为应用内购买，让用户免费试用应用，而为获得更好的体验为增值服务付费，如图 10.25 所示。

2012年12月App Store免费应用占比

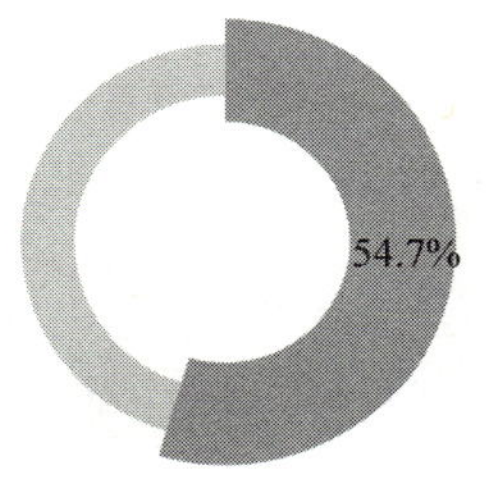

2012年12月Google Play免费应用占比

2013年12月App Store免费应用占比

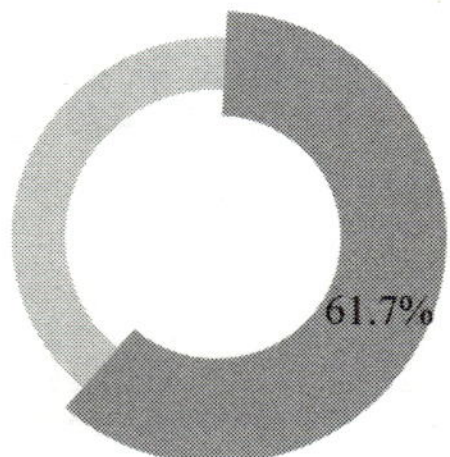

2013年12月Google Play免费应用占比

81.5%

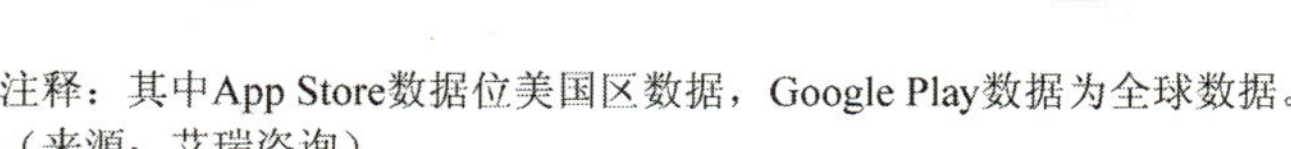
注释：其中App Store数据位美国区数据，Google Play数据为全球数据。
（来源：艾瑞咨询）

图10.25　App store和Google Play免费应用占比

10.6　App 应用情况

10.6.1　移动社交

移动社交是兵家必争之地，市场格局变幻莫测。具体情况如下：

1. 微信

微信从 2011 年 1 月 21 日正式推出，目前已积累海量用户，成为获得移动互联网第一张船票的移动应用，海量用户规模使微信成为移动端最受欢迎和关注的应用。对于微信这样的明星产品，商业化的猜想一直层出不穷，备受行业的关注。2013 年 8 月微信 5.0 版本发布后，在产品形态上产生了重大的变革，其商业化步伐正式迈进，成为 2013 年移动互联网的明星应用。

微信 5.0 之后，整合了腾讯多款移动游戏产品，微信支付上线、微信扫一扫功能更是使微信成为了连接线上和线下的重要入口，微信开始了稳步的商业化进程。腾讯作为老牌游戏企业，微信与移动游戏的结合创造了巨大的想象空间和发展前景。微信作为即时通信工具，是移动用户必备的手机应用，用户对社交的刚性需求使得微信的活跃度和黏性更高。微信朋友圈更是连接用户熟人社交的纽带，大大提升了用户的活跃度。微信支付和扫一扫功能使微信在 O2O 模式上形成了闭环，虽然目前微信支付的使用场景还比较少，腾讯对此的推动力度还不大，但是，海量用户规模的微信无疑已经成为 O2O 的重要玩家。

2. 易信、来往

微信在 2013 年的发展势头也带来了三大运营商对微信的围剿，运营商面对 OTT 的来袭和互联网企业的威胁开始采取了一系列的对抗措施，易信就是在这样的背景下产生的，中国电信联合网易推出了对抗微信的即时通信产品易信。随后，阿里巴巴推出来往，反击微信在支付领域对支付宝的威胁。易信和来往虽承载了运营商以及阿里巴巴对抗微信的重要使命，也吸引了行业的广泛关注和热议，但是从用户规模来看，与微信仍然存在巨大的差距。朋友链条关系建立在微信圈子，用户圈子的转移存在一定的成本和风险，因此，对易信和来往来说，对抗微信之路前途漫漫。

3. 微博

微博通过 140 字的文字量和几张图片的形式，改变了之前传统的用户交流方式和资讯获取方式，微博成为用户获取新闻资讯、分享和传播信息的重要渠道和平台。因此也使得大量的自媒体和各种微博营销活动广泛兴起。微博作为一种媒体属性较强的社交产品，在微信推出之前占据了移动社交领域的重要地位，但是，微信兴起之后，特别是在 2013 年一年里，用户的注意力和时间逐渐向微信转移，从之前的每天必看微博，必发微博到现在每天时刻关注朋友圈的动态，这种用户行为和习惯的转变带来了移动社交平台的转变和用户关系网的转变。微博一对多的关系传播方式并没有建立真正的强社交关系，使微博逐渐沦为媒体平台，而用户的社交圈子逐渐迁移到一对一交流的微信平台，建立了更强的社交关系链。

微博的兴起和发展改变了媒体的生态系统，信息的流动从单级向多级化方向发展，微博新媒体改变了传统信息的传播路径。但是，从社交角度看，用户在微博平台上并没有建立真正属于自己的社交圈子，粉丝和微博大号之间的联系并没有因为微博平台而拉近，因此，用户的社交需求并没有得到满足，使得微博逐渐被强社交关系的微信所取代。

即时通信应用是用户渗透率最高的移动网络服务，用户对社交强烈的刚性需求，使得即时通信领域成为移动互联网的重要入口，成为兵家必争之地。2013 年，微信无疑成为移动社交乃至移动互联网领域最大的赢家，面对微信强劲的发展势头，各大互联网公司、运营商纷纷采取措施抵抗微信的威胁，从目前来看成效甚微。但是，移动社交市场风云变幻，微信是否能独占霸主地位，用户社交关系和圈子将如何发展还未可知。微信的发展方向和移动社交的发展方向都将是 2014 年移动互联网市场备受关注的焦点。

10.6.2 地图应用

2013 年，移动地图应用呈现硝烟弥漫的入口之争。

1. 高德地图

2013 年 5 月 10 日，高德获得阿里巴巴集团 2.94 亿美元投资，同时阿里巴巴将持有高德约 28%的股份成为高德第一大股东。阿里巴巴的入股，进一步坚定了高德在移动互联网发展的决心。至此，高德正式从一个背后的地图数据提供商向移动互联网企业转型，依托高德地图，发展本地生活服务平台，力争抢占移动互联网线下的重要入口。背靠阿里巴巴集团提供的强大资金支持，高德地图更是加大了宣传力度，用户对高德地图产品认知度不断提升，高德地图成为 2013 年少有的用户规模过亿的移动应用产品，完成了早期的用户积累，具备了发展和探讨移动互联网商业模式的重要基础。2013 年，高德地图加快了构建本地生活服务平台的步伐，接入众多第三方生活服务应用，用户可以通过高德地图查找美食、在线预订餐厅、酒店，打车等一系列生活服务，通过地图平台不断提高用户的便利性，将地图打造成为用户线下吃喝玩乐住用行的大平台，抢占移动互联网的重要入口。

2. 百度地图

2012 年底，百度将百度地图从一个出行工具升级为本地生活服务平台，同时成立百度 LBS 事业部，级别与百度云部门看齐，一起成为百度在移动互联网领域的核心部门。百度在移动互联网领域由于没有出现像微信那样的重量级产品，因此，将发展移动互联网的重要任务落在了 LBS 领域，百度地图成为了百度公司级别的核心战略产品。百度地图也不仅局限于传统的搜索定位、路线规划等功能，而是将餐饮、商场、医院、酒店等生活服务信息融合在地图平台，在地图层面提供一站式的生活服务，其野心同样是掌控巨大线下市场的重要入口。

高德地图和百度地图在移动互联网的战略布局都是将地图构建成为本地生活服务的平台，成为移动互联网的重要入口，发展 O2O 市场。同一个战略目标，使得二者在地图入口引发的战争不断。2013 年 8 月，百度突然宣布旗下百度导航完全免费，并且对之前收费用户采取退费政策，这让筹备免费计划的高德措手不及，只得在百度之后宣布高德导航免费，自此，高德和百度硝烟弥漫的地图入口战争正面打响。移动地图领域因为有百度和高德（和其背后的阿里巴巴）两位高手较量，成为移动互联网的热门领域，承载了移动互联网流量变现，发展 O2O 市场的重要梦想。移动地图成为入口之争的主要原因包括以下几个方面：

一是移动地图是刚性需求较强的工具类应用。地图为用户提供地点查询、路线规划、目的地指引等，是用户出行必备的辅助工具，用户刚性需求明显。用户需求的刺激成为地图发展的重要推动力。二是地理位置信息数据是移动互联网的基础数据。移动应用越来越多与地理位置相结合，通过地理位置获取好友信息，根据用户地理位置推荐附近美食、商家等，地理位置已经成为移动互联网应用的标配属性和功能，成为构建移动互联网应用的底层基础数据。越来越多的互联网公司需要获取基础的 POI 信息和用户位置信息，用户在哪里，商机就在哪里。因此，地图数据成为互联网公司大数据库的重要组成部分。三是地图是发展 O2O 流量变现的最好平台。移动互联网市场快速发展的同时也一直对流量变现和商业模式进行无尽的探索和实践，特别是对工具类应用而言，用户黏性和活跃度相对较低，人口红利优势不明显的时候流量如何变现更是困扰其发展的阻碍因素。O2O 发展的关键在于广阔的线下市场，而地图恰恰是连接线上和线下的重要平台，基于地图的 POI 数据，商家信息可呈现在地图平台，地图建立了用户和线下商家之间的联系，发展 O2O 成为地图流量变现的最好方式。

高德和百度在移动地图入口之争还将继续延续到 2014，确切地说是阿里巴巴与百度在 O2O 市场的战争，阿里巴巴的优势在于支付，而这也恰恰是百度的短板。二者谁将是 O2O 地图平台的胜者还不可知，但是，毫无疑问地图应用引起了移动互联网一场硝烟弥漫的战争。

10.6.3 打车应用

2013 年，移动打车应用呈现波澜起伏之态。

1. 嘀嘀打车

2012 年 9 月，嘀嘀打车上线，相比于活跃在市场中的众多打车应用布局稍晚，从 2013 年上半年开始，打车应用开始面临行业的大洗牌，嘀嘀打车依靠大量的广告投放和疯狂的补贴烧钱政策渐渐崭露头角，开始逐渐打败其他竞争对手，几乎占领了北京打车市场。嘀嘀打车在北京取得胜利站稳市场之后开始进攻上海，继续北京的广告投放和大力补贴政策，手握腾讯战略投资的 1500 美金，嘀嘀打车疯狂的烧钱政策在短短两个月的时间就取得了单日订单破万的成绩。此后，嘀嘀打车在保持北京市场优势的同时开始进一步入侵广州、深圳等南方城市，在全国范围内铺开市场。2014 年 1 月 2 日，嘀嘀打车宣布获得 C 轮融资，中信产业领投、腾讯继续跟投 3000 万美金，融资金额为 1 亿美金。1 月 6 日，嘀嘀打车独家接入微信，支持通过微信实现叫车和支付，腾讯借助微信用户的高频使用，进入线下打车市场。

2. 快的打车

2012 年 8 月快的打车正式在杭州上线，2013 年 4 月获得阿里巴巴和经纬创投 1 千万美金的 A 轮融资，在 2013 年上半年打车市场大洗牌时，快的打车同嘀嘀打车在这次浪潮冲击中幸存，全面占领杭州市场，至此，打车市场逐渐形成了“南快的，北嘀嘀”的寡头垄断格局。2013 年 11 月，获得阿里巴巴继续注资支持的快的打车收购了大黄蜂打车，至此，快的打车完成了长三角市场的布局，并且开始大肆入侵北京市场，与嘀嘀打车展开了北京市场份额的争夺。11 月支付宝与快的打车联合推广线下出租车市场，鼓励用户通过支付宝支付车费，乘客和司机均能够获得 10 元补贴，如此大力度的补贴政策使快的打车不断蚕食嘀嘀打车在北京的市场份额。

打车市场嘀嘀打车和快的打车双寡头垄断市场格局的形成，背后是腾讯和阿里巴巴的对决，是微信支付和支付宝在支付领域里的对决。双方在支付领域的战争已经上升到线下打车应用层面，通过绑定打车应用来推广打车场景的支付方式，进一步培养用户的消费习惯。特别是对微信来说，在不断尝试和实践微信支付的使用场景，虽然目前微信支付的使用场景和频度较少，但是，微信的用户量级和高频使用情况让支付宝感受到了威胁，微信支付的前景不容小觑。

打车应用应该是 2013 年移动互联网最热门的创业领域，受到了投资者的大力关注和投资，正是不断的烧钱和砸钱才成就了嘀嘀打车和快的打车目前现在的市场格局。但是，这个格局还远没有形成，2014 年打车应用的战争将进一步升级，同时也是资本层面的较量。在早期用户积累和市场规模形成的阶段，资本的力量成为决定其市场地位的关键因素。

10.6.4 金融市场

互联网金融一词在 2013 年忽然火热起来，越来越多的创业者涌向互联网金融领域，行业内也逐渐关注和探讨互联网金融和传统金融的关系与发展走向，一时之间，互联网金融产品不断涌现，不断将触角伸到广阔的线下金融市场。

1. 余额宝、理财通、零钱宝

2013 年 6 月 13 日，支付宝的余额增值服务产品余额宝上线，与天弘基金合作为用户提供的一款货币基金理财产品，通过余额宝用户不仅能够获得远远高于活期利息的收益（七日年化收益率为 6.696%）还能随时消费和支出无需支付手续费。截至 2013 年 12 月 31 日，余额宝的用户规模已经达到 4303 万人，资金规模为 1853 亿元，余额宝自成立以来已经累计给用户带来了 17.9 亿元的收益。余额宝的兴起，带动了更多的货币基金理财产品涌现。2014 年 1 月 15 日，苏宁云商旗下的易付宝也联合了广发、汇添富基金公司推出类余额宝理财产品“零钱宝”。2014 年 1 月 15 日，微信上线了腾讯与华夏基金合作推出的货币基金“理财通”，一款本质与余额宝完全类似的理财产品，微信与支付宝又一次在互联网金融领域里交火。

2. 好贷网、有利网

2013 年 3 月 25 日，好贷网正式上线运营，是专门为借贷人寻找贷款渠道，同时为银行及金融机构寻找匹配信贷客户的贷款平台。好贷网本身不提供贷款，而是为广大中小企业和个人用户免费提供正规贷款渠道信息。对于银行来说，通过好贷网能够快速获取客户渠道，因此，通过对上游合作金融机构收费的形式获取盈利。

2013 年 2 月 25 日，有利网上线，有利网是一家为有理财需求的个人用户提供安全、有担保的理财项目，这些理财项目基于个人间的小额借贷。其平台上的借款人资源均来源于小额贷款机构中安信业、正大速贷、金融联筛选后的客户，降低用户的理财风险，有利网整合成为小贷公司信息集合的平台。

互联网金融发展的机会在于传统银行不能做和不屑于做的市场，而这部分市场正是广大中小企业和个人用户集中的市场。互联网金融的创新模式在不断改善和提升用户的便利性，弥补了传统银行和金融机构的缺陷和不足。新兴的互联网金融正在一点点蚕食原本属于银行的领地，市场更多闲散资金将不断涌向更具创新的互联网金融机构，势必对银行的业务造成冲击。

10.6.5 移动医疗

移动医疗成移动互联网新兴领域。智能手机的便捷性和智能性给移动医疗的发展创造了机会，移动医疗成为移动互联网的热门创业领域，大量的医疗健康类 App 涌现，同时众多 App 脱颖而出，成为资本市场的新宠。移动医疗类应用比较分散，大致可包括以下几种：一是具有专业医疗服务能力的互联网企业开发的 App，如好大夫在线，快速医生等，通过面向用户提供在线咨询等医疗服务，帮助用户建立与医生之间的联系，搭建了医院门诊信息及用户与医生咨询交流的平台；二是创业公司针对女性用户开发的女性生理周期管理及备孕助孕App，像大姨吗、爱丁医生，针对女性用户月经生理周期特点，为用户提供孕前指导。三是与企业级应用相结合的产品，比如面向医院收费的病例管理系统 App 等。

针对女性用户月经生理周期管理和备孕助孕类应用成为移动医疗比较热门的细分领域，女性用户是移动互联网越来越活跃和重要的群体，女性用户的健康特别是育龄期女性的身体管理成为创业者关注的焦点。其中，大姨吗是一款女性月经生理周期管理助手，其功能包括经期记录、经期预测、易孕期预测等，以女性经期健康为核心，提供生理周期的管理和健康指导。爱丁医生则是一款智能的手机备孕工具，为育龄期内的备孕妈妈提供科学的孕前评估标准及指导建议和方案，帮助用户保持最佳的身体状态，对用户身体数据进行分析，提供有针对性的备孕指导、便捷的孕前服务和科学的优生指导建议。

移动医疗类 App 虽能在一定程度上为用户提供便捷专业的健康指导，帮助用户建立和实施对身体健康的管理，但是作为一个工具类应用，始终面对的是用户规模和盈利模式的问题，目前移动医疗类的应用还没有探索出较好的盈利模式，仍然面临较大的成本压力。同时，工具类应用的用户黏性和活跃度较差，是制约用户规模增长和商业模式实施的关键因素。不过目前移动医疗还处在刚刚起步的早期阶段，无论是国内外整体市场环境都还不完善，移动医疗在产品功能、用户体验等方面还需要更多的完善，之后才是商业模式的探讨，而这些其实都需要移动互联网创业环境的进一步完善。

移动医疗 App 涉足了一个比较特殊和专业的领域，将面临很多其他行业不会面临的政策壁垒、专业限制以及资质门槛等制约，因此，移动医疗的发展需要更完善的社会环境和专业的人员团队。产品定位也应该更明确，相比游戏、社交等休闲娱乐类应用，医疗 App 应是基于问题解决需求的功能型应用，提供专业性、科学性强的健康指导是医疗类应用的核心功能。

除了以上分析的几类移动 App，2013 年移动应用市场还涌现了众多新应用，如拍摄美化类应用魔漫相机，用户可将自拍照制作成各种漫画头像，引来众多明星和用户的追捧；另外，在线教育也成为创业者争相发展和资本市场广泛关注的细分市场。从以上的移动应用类别中，无不看到三大互联网巨头 BAT 的身影，移动社交、打车市场是腾讯与阿里巴巴的竞争、地图领域里百度与阿里巴巴的竞争、支付、互联网金融领域里百度、腾讯、阿里巴巴的竞争，互联网三巨头在移动互联网领域虽不像传统互联网遇到正面竞争，但更多体现在资本市场层面的竞争，通过投资、并购等方式快速进入移动互联网，在社交、支付、线下本地生活服务等多个领域展开了全面的竞争。移动互联网时代，巨头们的渗透更加全面和深入，业务线开始全线向移动互联网布局，同时在不断涉足新领域，移动互联网市场的竞争要比传统互联网更加激烈和残酷。移动互联网的发展模式在不断撼动和挑战其传统互联网业务，必须通过新领域新业务的探索来不断稳固其市场地位。同时，互联网巨头传统的优势业务也不断受到新的挑战，必须不断寻找新的业务增长点以保持长久的发展。

10.7　发展趋势

1. 政策层面：虚拟运营商、4G 牌照引产业变数，移动网络环境进一步优化

工信部一方面酝酿“管制恶意手机程序泛滥，建立长效评估体系”的监管措施，一方面，积极推进虚拟运营商的规则设立，民间资本进入电信行业之门已被打开，国内电信业的又一

次重大改革将至。同时，4G 牌照发放后三大运营商在各地推进 4G 业务试商用也为正式的 4G 商用部署提速。电信产业竞争格局的变动以及 4G 网络的逐渐普及，将为移动互联网提供更好的基础环境。

2. 行业层面：整体网民规模持续增长，智能机得到普及，用户行为充分转移

移动网民的规模将在 2013 年底达到 5.0 亿，增速为 19.1%。预计到 2017 年，移动网民将赶超 PC 网民，成为互联网的第一大用户群体，移动端将成为网民最主要的上网渠道。互联网的加速渗透和全民移动互联有望在下一个 5 年实现。在过去的几年时间里，移动智能设备快速普及，配置迅速提升，许多过去在 PC 端才能完成的需求都转移到的移动端，导致 PC 端流量也逐渐向移动端转移。未来几年许多互联网产品移动端的流量即将超过 PC 端，整个互联网的使用场景产生巨大变迁。

3. 市场层面：移动终端期待革命性产品，三四线城镇用户亟待开发

市场正期待着革命性的产品改变人们既有的生活方式。电视媒体与移动互联网的互动凸显出三、四线城镇用户的价值。相较于一、二线城市的高消费高收入人群，三、四线城市的消费人群生活节奏慢，可支配收入可观，且有旺盛的消费升级欲望，进军三、四线城市将成为在用户规模和商业模式苦苦挣扎的移动互联网从业者的下一个掘金点。

4. 企业层面：移动互联网马太效应愈加明显，创业企业寻求传统互联网巨头支持

目前各大传统互联网企业在移动端都进行了基本布局，尤其是腾讯等企业已经拥有微信等用户量几亿的平台级产品，其他的传统互联网企业也在移动端各个领域进行积极尝试，争夺移动端的船票，试图延续其在 PC 端的竞争优势。2014 年各大传统互联网巨头开始在移动端的正面厮杀，各企业均投入了大量的人力物力在移动端进行推广，移动互联网创业企业的处境更加艰难，众多的移动互联网创业企业都将面对被收购的命运。

5. 技术层面：新的技术手段投入使用，促进移动互联网新模式的产生

HTML5 等新技术将逐渐成熟，进一步运用到移动应用的开发中；更多的移动设备将提高硬件支持能力，促进移动领域的新技术扩大使用范围。穿戴式移动设备已经进入公众视野，未来将有更多公司推出类似设备，并逐渐走入市场，进入普通用户生活。

（艾瑞咨询）

第 11 章　2013 年中国电子商务发展情况

11.1　电子商务发展概况

2013 年，中国的电子商务快速发展，多重利好因素促使电子商务交易额节节攀升。欧美经济缓慢复苏改善了中国的外贸环境，内驱动力拉动中国电商内需增长，电商与实体经济的深度融合加速传统企业网络化转型，种种迹象表明电子商务已经成为促进我国经济增长的新引擎。

11.1.1　发展环境

2013 年政府加大对电子商务的支持力度，明确提出拓展电子商务发展空间，促进信息消费，并出台《国务院关于促进信息消费扩大内需的若干意见》，指明电子商务的发展方向。与此同时，政府以市场为导向，不断改善政策环境，深入电商企业开展实地调研，关注企业发展需要。网络购物的日新月异，促使政府加速电子商务立法进程，2014 年 1 月《电子商务法》立法工作正式启动。

2013 年全社会商品供需继续增长，居民收入水平的提升为网络零售创造了良好的经济环境。据国家统计局初步核算，2013 年全年，国内生产总值 568 845 亿元，按照价格计算，比 2012 年增长 7.7%；我国社会消费品零售总额 234 380 亿元，同比增长 13.1%。2013 年全年城镇居民人均总收入 29 547 元。其中，城镇居民人均可支配收入 26 955 元，扣除价格因素实际增长 7.0%，全年农村居民人均纯收入 8896 元，扣除价格因素实际增长 9.3%。

2013 年消费者的网络交易意识增长，社会化网购因素为网络购物市场注入新的活力。经过多年的宣传推广和习惯塑造，企业、个人对网络销售和购买的认知及了解程度逐渐增强，消费者的网络交易意识提升到较高的水平。截至 2013 年 12 月，我国网络购物用户规模达到 3.02 亿，较 2012 年增加 5987 万，增长率为 24.7%，使用率从 42.9%提升至 48.9%。此外，网购网站赖以生存的基础是流量，社会化导购网站应运而生。阿里先后入股新浪微博、收购蘑菇街即体现出未来社会化网购的发展趋势。CNNIC 数据显示，32.5%的消费者浏览社会化网站商品信息后产生购买行为。

2013 年移动互联网技术和应用的迅猛发展促进移动商务市场爆发出巨大的市场潜力。手机网络购物在移动端商务市场发展迅速，用户规模达到 1.44 亿，手机网购的使用率由 13.2%提升到 28.9%。手机购物正成为 PC 端购物的渠道补充。2013 年 46.1%的网购用户有过手机购物行为。在双十一促销活动中，手机购物交易额达 53.5 亿元。

11.1.2 产业规模

2013 年中国电子商务市场交易额达到 9.9 万亿元，同比增长 21.3%。国内政策的支持与引导，外贸市场环境的好转，电商企业的加速转型，网络购物市场的快速发展是驱动电子商务市场保持快速增长的主要原因，如图 11.1 所示。

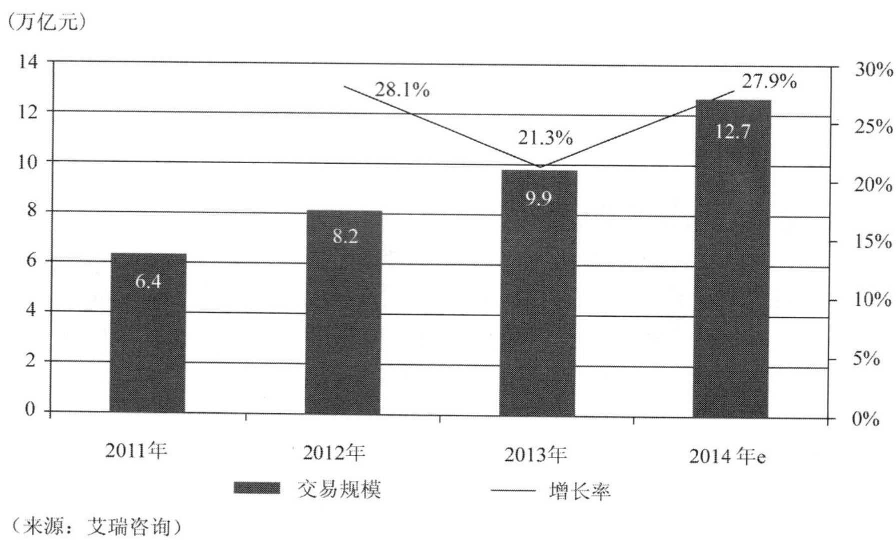

图11.1 2011—2014年中国电子商务市场交易规模

目前，中国电子商务市场呈现寡头垄断的态势，传统企业与电子商务加速融合，特别是网络零售正在颠覆传统的零售模式，以消费者需求为导向重整产业链。随着大数据、社交化、移动化等技术的推动，电子商务必将跨越互联网经济的藩篱，对制造者、服务业、农业等传统产业产生深远影响，促进其加速转型升级。

11.2 细分市场情况

2013 年电子商务市场细分行业结构中，中小企业 B2B 电子商务市场份额最高，达 51.7%；规模以上 B2B 占 26.2%；B2B 电子商务合计占 77.9%；网络购物市场交易额占比 18.6%；在线旅游市场交易规模占比 2.3%；新兴 O2O 模式市场份额占比 1.2%，如图 11.2 所示。

2013 年内外贸易环境逐渐好转，未来几年内，中小企业 B2B 电子商务运营商将着力在平台交易、增值服务、大数据运用等领域发展，B2B 市场随之进入成熟稳定期。2013 年中国网络购物市场交易额持续大幅升高，全社会网民交易意识的提升、网络零售平台推广活动的火爆开展、传统零售企业加速向电子商务的转型、移动网络购物的发展、社会化元素的促进作用等因素，均推动了网络零售市场的发展。

此外，在线旅游预订市场虽然市场份额较低，但是受在线旅游预订运营商的返利促销活动，旅游市场价格的降低，居民收入水平的提高，旅游意愿的增强等多重因素的驱动影响，在电子商务市场中的份额逐渐提升。

O2O 是传统零售企业向电子商务转型过程中的产物，随着移动技术和应用的发展，线上线下零售市场逐渐融合，加速传统企业电商化进程，与本地生活服务的结合彰显出巨大的市场潜力。

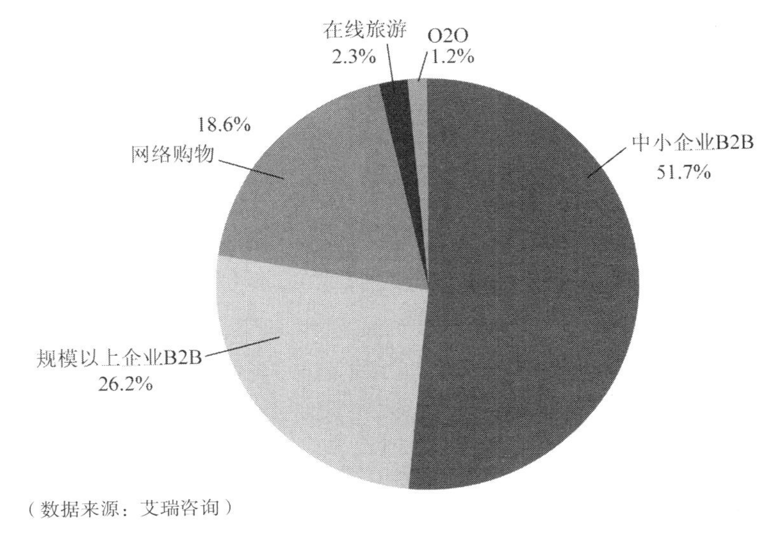

图11.2　2013年中国电子商务市场细分行业构成

注：2013 年中国电子商务整体市场交易规模 9.9 万亿元，为预达值；其中 O2O 定义为广义 O2O，即同时包括 online to offline 的餐饮 O2O、票务 O2O、美容美护 O2O、精品类/实物团购，也包括 offline to online 通过扫码/声波等支付方式的 O2O。

11.2.1　B2B 市场

2013 年中国电子商务 B2B 市场交易规模达 7.1 万亿元，同比增长 19.7%。B2B 交易规模的增长得益于以下几个因素：首先，政策环境的大力支持。政府通过鼓励建设网商产业园，加大对其企业的扶植资金。其次美国的经济缓慢复苏，欧洲的债务危机得到缓解，中国外贸行业的环境好转。再次，B2B 电商企业加大互联网营销比例，增加交易的广度。最后，随着 B2B 电子商务模式的不断成熟，运营商纵深化发展，在平台的基础上拓展多种形式的增值服务，如图 11.3 所示。

2013 年阿里巴巴、环球资源、慧聪网分别以 46.4%，29.7%，8.2%的份额占据市场前三位，如图 11.4 所示。核心电子商务 B2B 企业格局保持稳定的同时创新能力不断加强，创新模式不断涌现，从而增强了市场活力。具体表现为：

阿里通过组织业务架构调整，使阿里逐渐由信息平台转为服务平台。与此同时，阿里巴巴国际站将营收模式由会员费转向按效果付费，免费会员制转变为会员自助服务，从而提升服务效率。2013 年慧聪推出 B2B 线上交易系统，在一定程度上解决了交易安全和交易欺诈等问题。

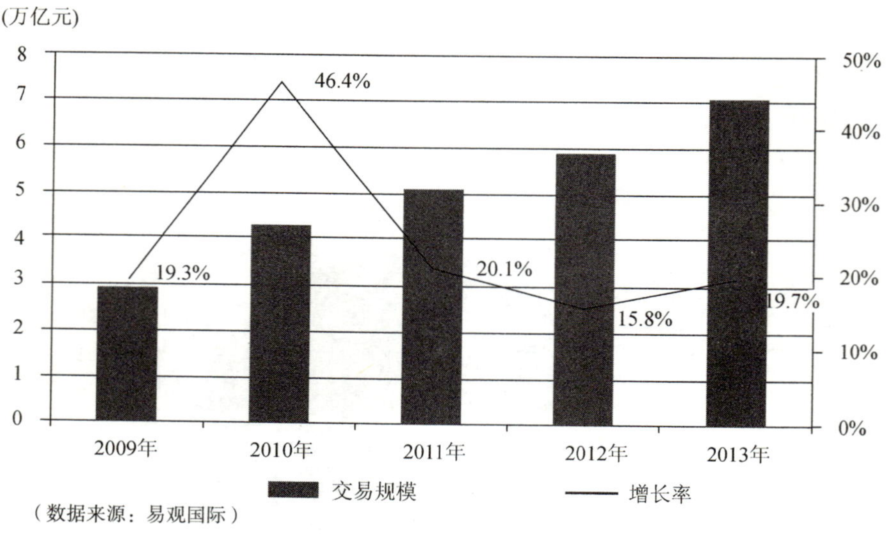

图11.3　2009—2013年中国电子商务B2B市场交易规模

此外，B2B 小额信贷模式的快速发展解决了买卖双方的资金问题。以数据搜集模式为代表的新盈利模式进入市场。以电子商务 B2B 平台为基础、以数据为支撑的整合产业链上下游资源的电商云服务模式迅速发展。

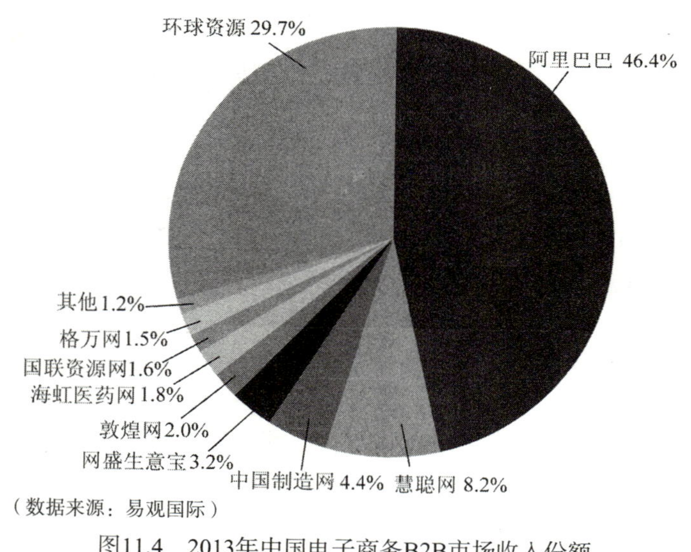

图11.4　2013年中国电子商务B2B市场收入份额

11.2.2　网络零售市场

1. 整体网购市场

（1）交易规模

2013 年，中国网络购物市场交易规模达到 1.85 万亿元，增长 42.0%。根据国家统计局数据显示，2013 年全年社会消费品零售总额 234 380 亿元，网络零售相当于社会消费品零售总额的 7.9%，如图 11.5 所示。

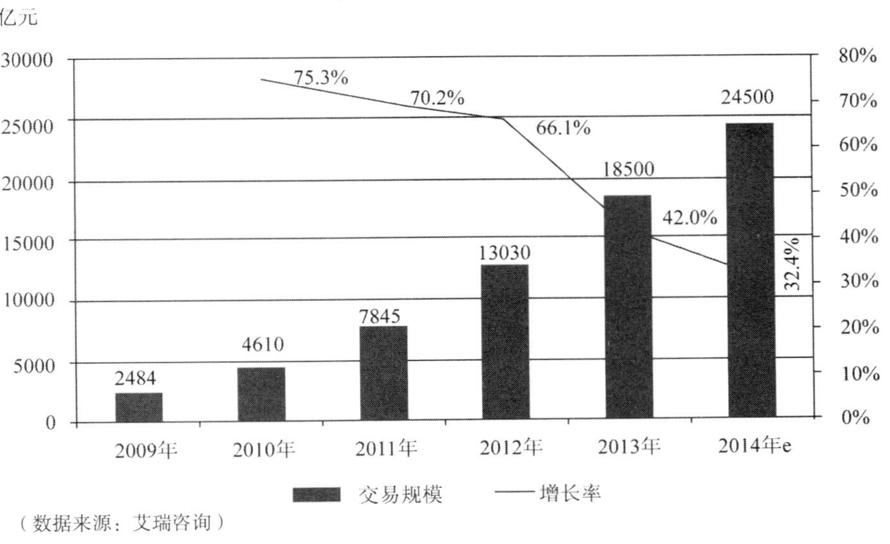

（数据来源：艾瑞咨询）

图11.5　2009—2014年中国网络购物市场交易规模

注：网络购物市场规模为 C2C 交易额和 B2C 交易额之和。

2013 年第一季度，受春节假期影响，网络购物市场销售有所下降，但是节后网络购物市场的热度就迅速回升。2013 年第二季度，中国的网络购物市场增长迅猛。以京东 6.18 店庆为导火索，天猫、苏宁易购、易迅网、当当网、1 号店均开展起促销大战。由于消费者对电商促销的游戏规则有所了解，消费渐趋理性，网络购物市场交易额在高位理性增长。2013 年第三季度，中国的网络购物市场继续增长。商品供应和消费能力的持续增长，消费者网络购物意识的不断强化，推动着网络购物市场的繁荣。随着金九银十“双节”促销大战拉开帷幕，网络购物市场掀起一小波购物热潮。2013 年第四季度，中国的网络零售市场继续快速增长。市场的激烈竞争促使网络零售运营商纷纷加速平台化发展，积极招募第三方商家，拓展品类发展“长尾市场”。与此同时，随着消费者网络零售意识的加强以及对电商平台服务能力的认可，网络零售的活跃度进一步增强。2013 年的“双十一”促销活动更是掀起了一波网购高潮，创造了单天交易额 350 亿元的销售记录。

2013 年网络零售市场依然保持较快发展的主要原因如下：

①**相关政策法规环境的逐步完善。**2013 年国务院出台的《关于促进信息消费扩大内需的若干意见》明确指出，要拓宽电子商务发展空间，培育信息消费需求。国务院办公厅转发商务部等部门《关于实施支持跨境电子商务零售出口有关政策的意见》，对跨境网络零售发展起到促进作用。2013 年 10 月 29 日，十二届全国人大常委会第五次会议通过了已实施近 20 年首次修改的消费者权益保护法。修改后的法律将于 2014 年 3 月 15 日国际消费者权益保护日施行。新消法增添网络购物环节对消费者权益的保护，赋予消协公益诉讼职能，加重对侵害消费者权益违法行为的处罚力度，提升了消费者在网络购物过程中的主导地位和用户体验，对电子商务企业行为起到明显的规范和约束作用。

②**电商由“价格驱动”转向“服务驱动”。**2013 年电商企业从单纯的价格战转向服务竞

争，提升了网络购物的消费体验，从网站商品展示页面的优化到售后服务水平的提升，尤其是物流快递的“极速送达”承诺等，通过细节的完善提升消费者的网络购物意愿。

③网络消费应用的广泛化和智能化。随着智能手机的普及和移动互联网的发展，网络消费日益向线下消费渗透，网络应用的接受程度和使用程度不断加深。微信支付、比价搜索等各种网络购物辅助应用的“人性化”设计大大提升了消费者的购物体验，从而激发消费者的网络购物需求。

（2）用户规模

截至 2013 年 12 月，我国网络购物用户规模达到 3.02 亿，较 2012 年增加 5987 万，增长率为 24.7%，使用率从 42.9%提升至 48.9%，如图 11.6 所示。

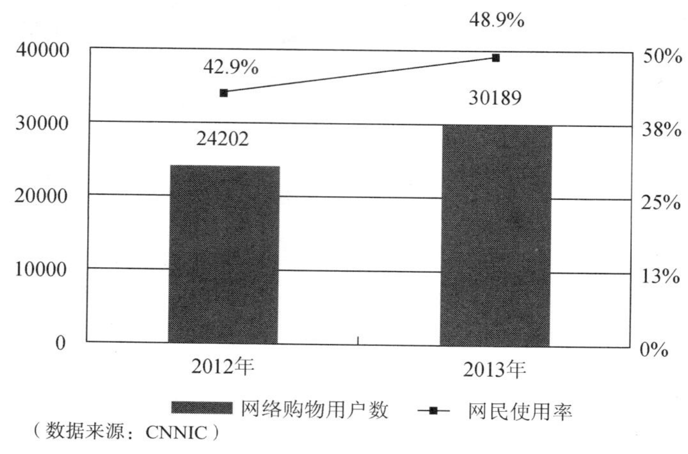

图11.6　2012—2013年中国网络购物用户数及网民使用率

2013 年网络购物用户规模的增长得益于以下三个因素：首先，电商企业开始从“价格驱动”转向“服务驱动”，企业从单纯的价格战转向服务竞争，提升了网络购物的消费体验；其次，整体应用环境的优化，如网络安全环境的改善，移动支付、比价搜索等应用发展，为网络购物创造更为便利的条件；最后，网络购物法规的逐步完善。2013 年政府加快了网络零售市场的立法进程，新《消费者权益保护法》将网络购物相关的个人信息保护、追溯责任等内容纳入，保障了消费者网络购物的基本权益。

2. 移动网购市场

随着我国移动网络环境的改善和智能手机的普及，我国电子商务类应用在手机端发展迅速。2013 年手机网络购物用户规模达到 1.44 亿，年增长率 160.2%，使用率高达 28.9%。此外，网络购物时使用手机浏览查询的用户占比 58.2%，而手机网络购物用户仅占网络购物总体用户的 47.8%。由此可见，手机网络购物已经发展成为网络购物市场重要补充方式，其用户规模未来还在呈现较快增长。

81.8%的手机网络购物用户通过手机上百度等通用搜索查看商品信息，78.8%的手机网络购物用户在手机上输入网址打开网站浏览。用手机上一淘网等购物搜索查看和登录购物网站客户端软件浏览的网络购物用户均占比 54.5%。与 2012 年相比，用户在手机上查看商品信息的各种方式的使用比例均有所增加，消费者对手机购物的认可程度逐渐加深，如图 11.7 所示。

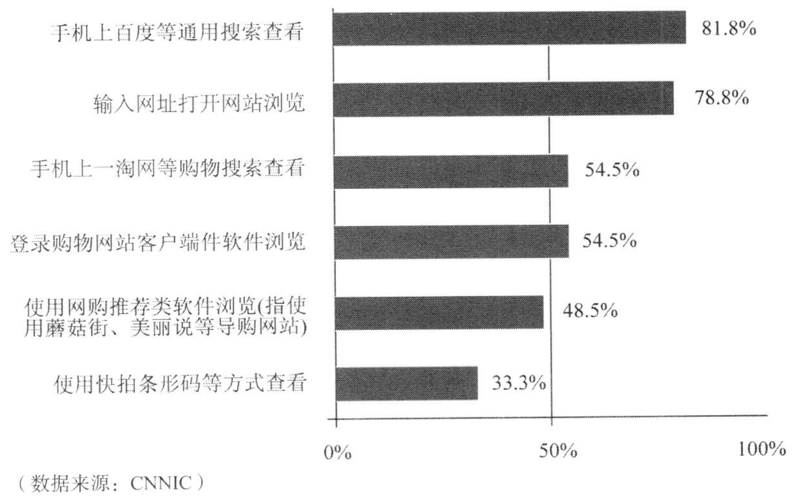

（数据来源：CNNIC）

图11.7　2013年网络购物用户如何在手机上查看商品信息

用户使用手机网络购物的情景较为多元。有 86.7%的用户在家休闲时用手机网络购物，对于部分用户而言，手机已经开始逐步替代家庭电脑在用户网络购物中的地位；有 60.0%的用户是在无法使用电脑联网时使用手机网络购物；20%的用户在上班、上学时用手机网络购物；还有 40.0%和 13.3%的用户是在乘坐公共交通工具和排队等候时用手机网络购物，如图 11.8 所示。

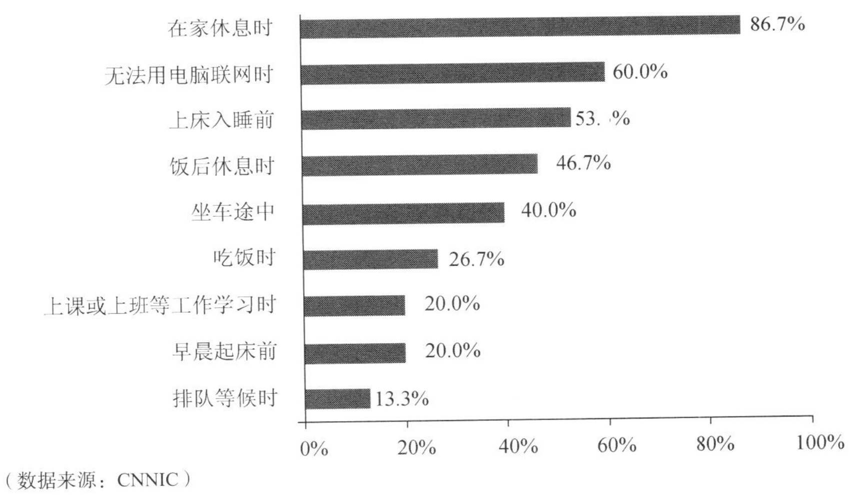

（数据来源：CNNIC）

图11.8　2013年网络购物用户手机购物情景

手机网络购物未来将成为拉动网络购物增长的重要力量，其发展动力主要由以下几点因素促成：第一，设备与网络购物消费模式转变结合。手机的便携性和 WiFi 环境的发展，让交易随时随地发生，打破了传统购物方式的场景限制，激发了更多的冲动型消费行为。第二，功能与手机使用属性结合，二维码、条形码、购物比较等功能的发展，契合了手机的界面和应用场景，促使更多的消费者开始尝试移动网络购物；第三，应用与用户最新需求相结合，社会化导购、购物分享类 App 的发展和手机支付的完善，使得手机端购物操作体验逐渐提高，满足了用户多样化的需求，将持续推动了网络购物市场的增长。

随着智能手机应用的丰富和手机购物体验的完善，手机对 PC 网络购物形成了一定的影响。数据显示：与 PC 端相比，21.2%的网络购物用户更愿意使用手机浏览购物网站，20.5%的网民使用手机浏览购物网站的时间更长，18.5%的网络购物用户使用手机浏览购物网站时下单速度更快，18.2%的网络购物用户更喜欢手机购物体验，如图 11.9 所示。

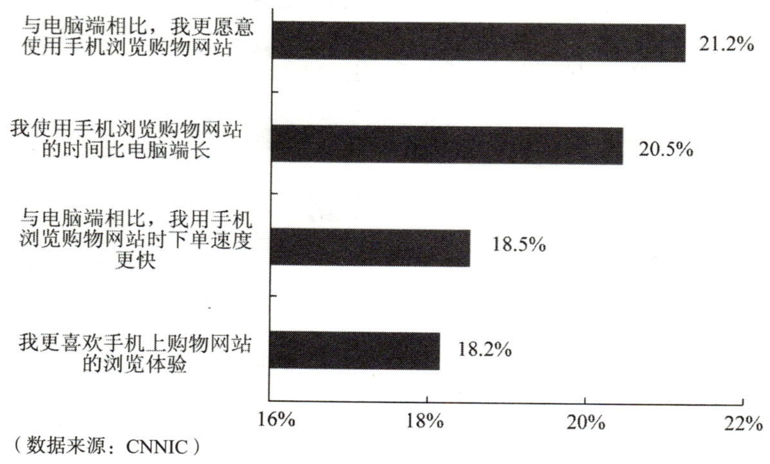

图11.9 2013年网民PC端购物与手机购物意愿和习惯对比

11.3 第三方支付发展情况

11.3.1 第三方支付整体市场

2013 年第三方支付市场快速发展。截至 2013 年 12 月，央行在 2013 年共发放了两批次支付牌照，持有支付牌照的支付企业达到 250 家。2013 年全年中国第三方支付机构各类支付业务的总体交易规模达到 17.9 万亿，同比增长 43.2%。其中，线下 POS 收单占比 59.8%，互联网收单占比 33.5%。

1. 第三方支付互联网收单交易规模

2013 年中国第三方互联网支付市场继续保持高速增长，总体交易规模达到 6.0 万亿元，同比增长 56.9%。与 2010—2011 年 90%以上的增长率及 2012 年 76.0%的增长率相比，2013 年互联网收单规模的增速明显放缓。与此同时，2013 年传统的互联网企业推动线上线下融合，加速拓展移动互联网支付市场，如图 11.10 所示。

2013 年中国第三方支付企业互联网收单的市场格局保持稳定，支付宝、财付通和银联网上支付占据前三位，其交易额份额占比分别为 46.57%、19.29%和 13.75%，三者总体市场份额占比接近 80%，如图 11.11 所示。

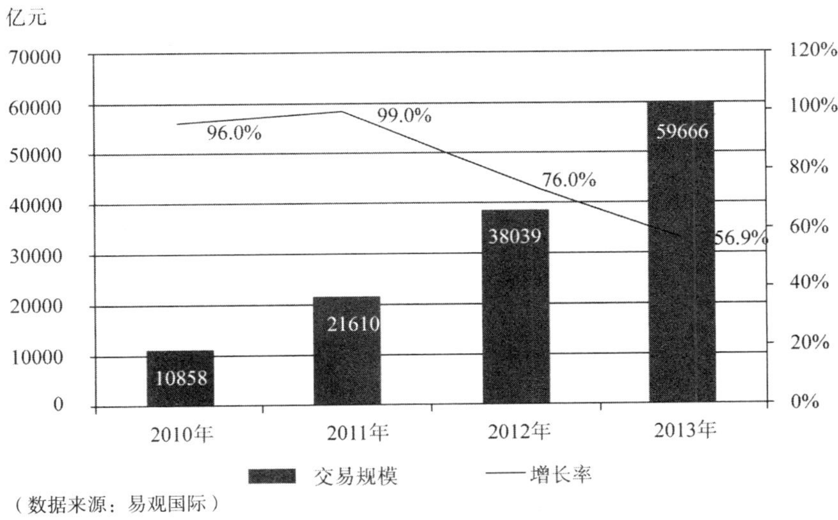

（数据来源：易观国际）

图11.10　2013年中国第三方支付企业互联网收单交易额规模

注：第三方支付企业互联网收单交易额指第三方支付企业为合作商户提供的互联网线上资金支付及计算服务的交易规模。

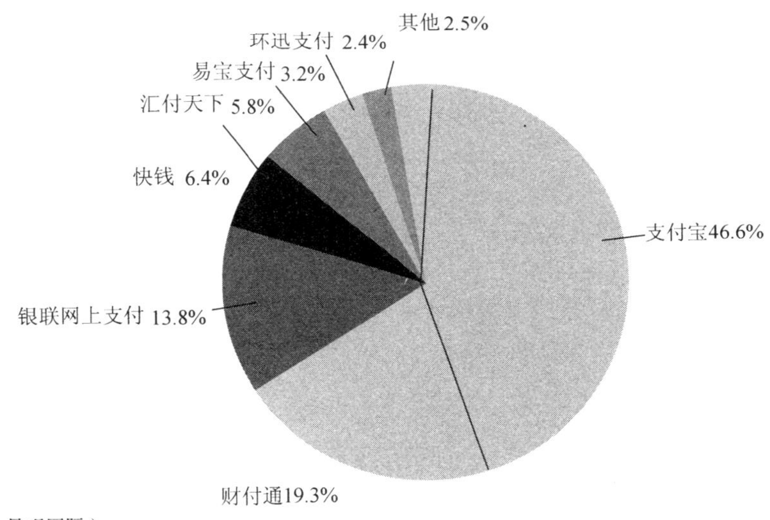

（数据来源：易观国际）

图11.11　2013年中国第三方支付企业互联网收单交易额份额

2. 第三方支付整体用户规模

截至 2013 年 12 月，我国使用网上支付的用户规模达到 2.60 亿，用户年增长 3955 万，增长率为 17.9%，使用率提升至 42.1%，如图 11.12 所示。

网上支付用户规模的快速增长主要基于以下三个原因：第一，网民在互联网领域的商务类应用的增长直接推动网上支付的发展。第二，多种平台对于支付功能的引入拓展了支付渠道。第三，线下经济与网上支付的结合更加深入，促使用户付费方式转变。例如：用支付宝支付打车费用等。

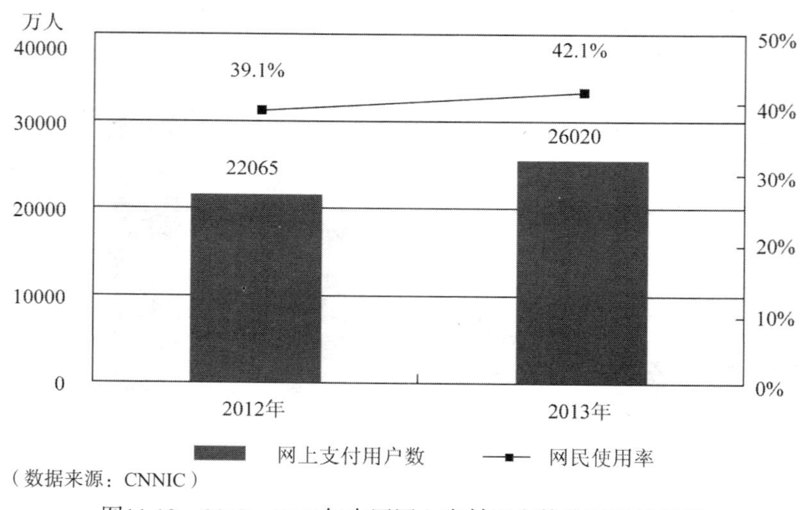

图11.12　2012—2013年中国网上支付用户数及网民使用率

11.3.2　第三方移动支付市场

随着用户的互联网消费行为由 PC 端向移动端的渗透，第三方移动支付发展迅猛，包括支付环境和用户习惯在内的支付生态趋向成熟。面对第三方移动支付的冲击，NFC 加速发展进行，但其涉及的产业链较长，需要银行、手机厂商、银联、运营商等利益方进行协作才能稳步推进，其发展与第三方支付尚存差距。

1. 移动支付交易规模

2013 年第三方移动支付市场交易规模达 12 197 亿元，同比增速提升 707.0%。其中，转账、还款等个人应用成为第三方移动支付主要交易规模来源，移动网购支付在其中份额不高。伴随着移动支付技术和移动应用的发展，移动第三方支付的线下支付场景将成为互联网巨头、收单机构、运营商、银行等多方竞争的核心战场。而随着线上场景与传统产业的不断融合，第三方支付企业将更多的聚焦于 O2O 模式下的支付市场，如图 11.13 所示。

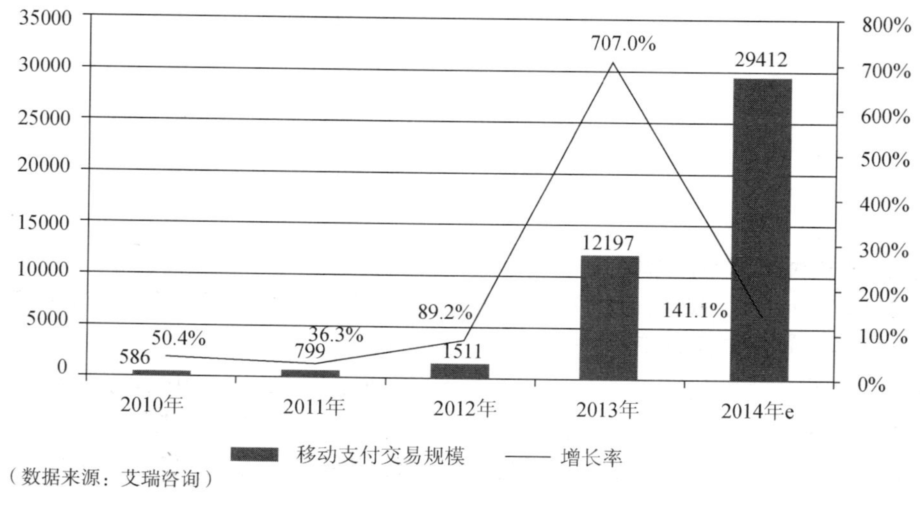

图11.13　2010—2014年中国第三方移动支付市场交易规模

注：①移动支付是指基于无线通信技术，通过移动终端实现的非语音方式的货币资金的转移及支付行为；移动支付交易规模统计包括个人用户通过移动终端完成 P2P 资金转移业务或对第三方平台提供的产品和服务进行支付的行为，产品类型包括实物商品、信息化服务、虚拟产品等；②统计企业类型中不含银行、银联、禁止规模以上非金融机构支付企业；③艾瑞根据最新掌握的市场情况，对历史数据进行修正。

2. 手机支付用户规模

2013 年手机在线支付快速增长，用户规模达到 1.25 亿，使用率为 25.1%，较 2012 年底提升了 11.9 个百分点。推动手机在线支付快速发展的因素主要来自以下三方面：手机网民的高速增长为手机在线支付建立了用户基础；移动电子商务的发展推动了手机端支付的增长；在移动互联网和移动商务应用快速推动下，移动支付相关产业链各方积极布局而产生的联合推动效应。未来，像 NFC 近场通信和蓝牙 Key 等新技术将进一步推动以手机为载体的支付应用发展，如图 11.14 所示。

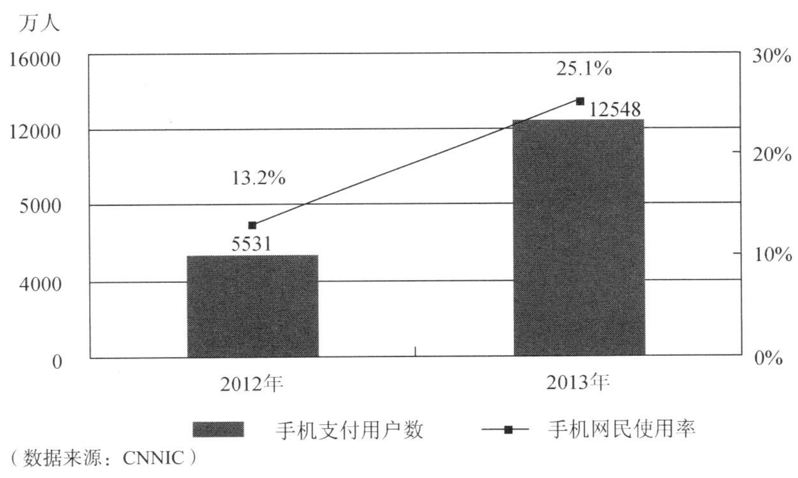

（数据来源：CNNIC）

图11.14　2012—2013年中国手机支付用户数及手机网民使用率

11.4　传统企业电子商务发展情况

2013 年，中国的电子商务市场进入成熟发展阶段，网络购物交易额成功突破万亿级规模，市场特征由“价格驱动”转变为“服务驱动”，增长速度由 50%以上稳定到 30%左右。网络购物市场规模和服务模式的双重进化对传统零售企业产生巨大冲击。面对电子商务的冲击，传统百货业纷纷开展转型，却硕果寥寥。由于零售业态与消费者息息相关，受电子商务冲击的影响较大。本节重点研究传统百货电商转型的情况。

11.4.1　传统百货电商转型面临的困难

传统百货企业向电子商务转型的困难主要来自以下四个方面：首先，传统百货企业已经错过最佳的转型时期，生存空间不足。由于政策的保护，在电子商务刚刚兴起时，传统百货企业并未预感到威胁的存在，未制定相应的发展对策。如今，天猫、京东、易迅等纯电子商务企业已经占据了有力的市场地位，传统百货企业向电商转型的生存空间有限。

其次，传统企业向电商转型的定位模糊不清。传统百货企业向电商转型并不能简简单单做一个网上商城，必须以已有的线下资源为主，整合线上线下资源。这意味着其打造的网上商城必须承载百货集团的整个服务体系。O2O 是一个发展思路，但又不能简简单单地做 Offline to Online，如何定位需要考虑的问题还很多。

再次，缺乏大量专业型人才。传统百货企业向电子商务转型是一个复杂的问题。无论是战略层面、经营层面还是技术层面都缺乏大量的专业人才。其所需的人才既要懂得电子商务，又要懂得传统企业经营，还要把两者有机结合起来。这种专业高端人才的缺乏是传统百货企业向电子商务转型的一个瓶颈。

最后，传统企业对电子商务经营的困难估计不足。一些传统企业诸如王府井百货、苏宁云商等已经推出了电子商务网站。但是正如前文所述，王府井百货网上商城的经营状况不尽如人意。苏宁易购如何做到线上线下同价也面临挑战。

11.4.2　传统百货电商转型思路

传统零售企业向电子商务的转型有两个思路，“电商渠道化”和“电商工具化”。

1. 电商渠道化

“电商渠道化”即借力发力，入驻大型综合电商平台，拓展销售渠道。平台化已经成为电商企业的发展趋势，京东、淘宝、天猫等电商平台已经过十多年的发展历程。传统零售企业因缺少互联网基因，搭建自己的电商平台实属不易，即使建立起自己的电子商务网站也很难与互联网电商企业正面竞争，不如借力发力。传统零售企业“电商渠道化”指将互联网视为实体店销售的补充渠道，入驻京东、天猫等大型综合电商平台，借助现成的流量变现，拓展销售渠道。

“电商渠道化”即打通各种购物终端价格，实现线上线下同价的 O2O 模式。在移动互联网时代，实体店已经不能孤立的发展，电商渠道化需要实现把“体验店”作为实体店的功能之一，实现线上线下同价的 O2O 模式。随着移动互联网的发展，消费者在实体店内购物会通过手机进行网上比价，如果实体店零售不转型，将会受到网购的巨大冲击。未来，消费者的购物途径可以有店面、PC 端、移动端等多种途径。必须将价格打通，才能突出实体店购物的优势，挤出纯电商泡沫。互联网电商靠投资补贴低价的价格驱动策略不会长久，以“服务驱动”的发展理念才是可持续发展之计，因而线上线下同价不会是一个不切实际的目标。

2. 电商工具化

“电商工具化”即利用 WiFi 环境，通过移动智能终端收集用户数据，补齐短板。与传统零售企业相比，电子商务的优势在于掌握了一系列消费者购物行为数据，能够清楚的了解消费者的消费观、行为偏好和态度。传统零售企业“电商工具化”的思路，即借助移动互联网利用移动智能终端收集进入实体店的消费者购物行为数据，补齐短板。例如：在商场为商户统一建立数据分析平台，利用 WiFi 和优惠促销活动吸引用户在商场上网，再抓取移动智能终端手机用户 LBS 等信息，最后开放数据平台供商户各显神通挖掘使用。

“电商工具化”即在大数据时代下，借助移动互联网发展和培育“服务导向型”顾客。无论互联网提供何种低价产品和便捷服务，总有一部分人群不认可互联网的品质和服务，也总有一部分人群不习惯使用也不愿意学着使用互联网。这部分人群构成商场和实体店的忠诚用户。“电商工具化”即在大数据时代下，借助移动互联网的 WiFi 环境，通过智能终端收集这部分用户的消费行为数据，从而发展和培育“服务导向型”顾客。

11.5　团购发展情况

2013 年商务类应用继续保持较高的发展速度，团购行业表现得尤为明显。2013 年全年国内团购市场成交额为 358.8 亿元，较 2012 年增长 67.7%，净增 144.9 亿元;参团人数 6.04 亿人次，较 2012 年增长 32.5%，净增 1.48 亿人次;在售团单 571.5 万期，较 2012 年增长 128.7%，净增 321.6 万期。团购行业出现“逆转”增长，意味着在经历了野蛮增长后的洗牌，团购已经进入理性发展时期。

11.5.1　团购行业季度点评

2013 年第一季度，团购服务商数量进一步下降，据不完全统计，截至 2013 年 2 月，全国维持正常运营的团购网站数量仅剩 943 家，与巅峰时期的 5058 家相比减少了 4115 家。现存团购网站通过增加同时在线销售的产品数量、延长销售周期等提升对用户的吸引力。2013 年 1～2 月主流团购网站总成交额突破 43 亿元，1 月成交额与 2012 年月均成交额相比增长 30.2%。除聚划算以外，用户渗透排名靠前的团购网站分别为美团（20.5%）、拉手网（13.4%）和聚美优品（13.4%）。

2013 年第二季度，团购服务经历了 2012 年的行业洗牌，已经演化到一种常态化的营销模式。消费者的团购行为发生了许多微妙转变，一部分人甚至会在进入影院或者餐厅后才掏出手机查询是否有可用的团购优惠并当场下单购买。而移动互联网将成为推动团购人群增长的新驱动因素，再度拉升消费者的团购参与度。预计到了 2013 年的第二季度，团购来自移动端的交易量占比会达到 40%，甚至与 PC 端追平。

2013 年第三季度，团购服务经过行业的优胜劣汰，形成两条差异化经营路线。以窝窝团为代表的部分网站正向综合电商的方向发展，以团购王为代表的部分网站则实施精细化运营，突出本地化特色。纵观团购行业，团购网站欲可持续发展必须形成差异化竞争优势，严格把关参团产品的服务品质，大力拓展移动端市场渠道。在移动端，产品信息的聚合和比对功能将成为移动端竞争的关键环节。

2013 年第四季度，虽然团购起家的窝窝团等企业加速向产业链延伸，拓展网上商城服务，但是随着传统电商企业的平台化发展，团购企业的生存空间被进一步压缩，传统电商企业拓展的团购频道、尾货模式和闪购模式均对团购企业造成较大威胁。

11.5.2　团购行业用户规模

截至 2013 年 12 月，我国团购用户规模 1.41 亿，同比增长 68.9%，使用率提升至 22.8%，同比增长 8 个百分点。手机端的快速发展推动团购的高速增长，手机团购使用率从 2012 年底的 4.6%增长至 16.3%。以团购为代表的本地生活服务与手机定位等功能深度契合，2013 年团购服务在手机端与地图、旅行、生活信息服务等领域的进一步融合，推动了团购向网民群体的快速渗透，整个行业也在不断地向线下生活服务领域纵深发展，如图 11.15 所示。

在经历了爆发式增长后的整体行业洗牌，团购已经回归理性发展状态。一方面，专业的团购网站通过产品定位和人员优化提高运营效率，包括高收益产品的选择、服务质量的提升、信任度的改善等措施，极大地提升了用户的使用意愿。另一方面，网络购物、旅行预订等电商平台对团购服务的引入和重视进一步促进了团购行业的发展，这得益于平台企业在用户规模和信任度上的优势。

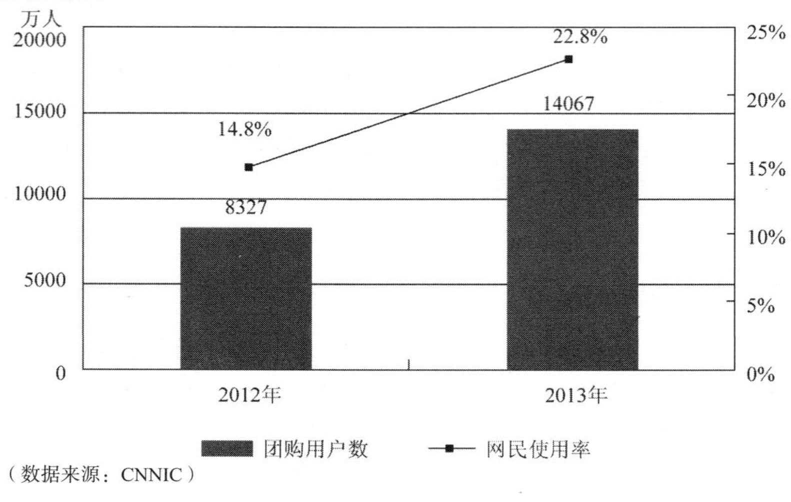

（数据来源：CNNIC）

图11.15　2012—2013年中国团购用户数及网民使用率

11.6　O2O 发展情况

O2O 直译为 Online to Offline，实际上是线上线下取长补短的一种融合发展趋势。无论是传统电商，还是传统零售企业在实现 O2O 的过程中都要迎合消费者思维提升用户体验，利用大数据（巨量规模的数据分析）和小数据（以个人为中心的数据分析），最大限度地整合线上线下资源优势，实现融合发展。

11.6.1　传统企业实现 O2O 的途径

传统电商联手实体店深耕体验/物流。网络购物的特征是通过文字和图片描述对商品进行展示，由于购买前无法接触实物而影响用户体验甚至造成售后纠纷。传统电商的 O2O 思路之一可以从品牌商入手，通过联合实体店做用户体验，就近发货配送在最短的时间内以最低成本完成“最后一公里”物流服务。如果消费者对所购商品不满意，可以就近找到品牌商实体店退换货。虽然传统电商需要通过实体店提升用户体验，但是没有必要自行建店，通过强强联合的方式即可实现双赢的效果。

传统零售深入挖掘用户信息主动营销。传统零售的特征是可以面对面为顾客提供服务，但是在服务的过程中较少捕捉到用户的个人偏好信息。传统零售的 O2O 的思路之一可以利用网络特别是智能终端和 WiFi 收集用户信息实现精准营销。比如在传统百货商场，当顾客打开 WiFi 上网时，自动注册一些偏好信息，在顾客购物的过程中记录行进路线和进店偏好。商场还可以利用微信、微博平台进行促销宣传推广，收集用户的社交和兴趣偏好信息。积累一定数量的用户信息之后，依照大数据思路对用户信息进行分析，可以了解大众偏好，把握流行趋势；依照小数据思路围绕用户 ID 以个人为中心进行分析，可以识别用户需求，而后打电话进行主动营销。

O2O 重塑产业链，催生新的行业增长点。无论传统电商还是传统零售，均在 O2O 的理念下进行着产业链的重塑。传统电商对传统零售的影响早期是销售额分流和定价权争夺；当电商由价格驱动转型服务驱动时，O2O 将促使传统电商和传统零售趋向线上线下价格一致；到移动终端时代，互联网和智能终端开始促使传统电商和传统零售实现功能上的融合发展，并改变盈利模式。谁能率先打造出 O2O 闭环，谁将把握新的行业增长点，进入竞争蓝海。

11.6.2　O2O 市场投融资事件

从投资市场来看，与移动互联网相关的 O2O 模式企业备受青睐。主要集中在团购网站、在线旅游网站、本地生活服务网站等，见表 11.1。

表11.1　2011—2013年O2O市场投资事件统计

融资时间	企业	投资机构	金额
2011.03	安居网	百度	5000 万美元
2011.04	拉手网	麦顿投资、泰山创投等	1.11 亿美元
	大众点评网	挚信资本、红杉资本	1 亿美元
	途牛旅行网	红杉中国、DCM、高原资本	5000 万美元
	逸行旅游网	丸红	3000 万美元
2011.05	艺龙	腾讯	8440 美元
	窝窝团	鼎晖、清科创投等	2 亿美元
2011.06	去哪儿网	百度	3.06 亿美元
2011.07	美团网	红杉中国、阿里巴巴等	5000 万美元
2011.09	新华旅行团	麦顿投资、泰山创投	2300 万美元
	F 团	腾讯	600 万美元
2011.11	悠悠旅游网	今日资本	2000 万美元
2012.05	丁丁网	风和投资管理等	4000 万美元
2012.08	大众点评网	未透露	6000 万美元
2012.11	丁丁网	阿里巴巴、花旗	N/A
2013.01	蚂蚁短租屋	优点资本、红杉资本等	1000 万美元
	新高朋	腾讯、Groupon	4000 万美元
	街库网	华夏摩根	2 亿元
2013.02	途家网	纪源资本、鼎晖投资等	4 亿元
2013.04	蚂蜂窝	启明创投、今日资本	1500 万美元

（续表）

融资时间	企业	投资机构	金额
	去哪儿网	百度、高瓴资本、纪源资本	5700 万美元
	易到用车	宽带资本	1500 万美元
	青芒果	凯旋创投	近千万美元
	快的打车	阿里巴巴	800 万美元
2013.05	滴滴打车	腾讯	1500 万美元
2013.07	立芙家居	今日资本	3000 万美元
	穷游网	阿里巴巴	未透露
2013.08	糯米网	百度	1.6 亿美元
2013.09	途牛旅游	淡马锡、DCM	6000 万美元
2013.10	格瓦拉	鼎晖	2000 万美元
	世界邦	华岩资本、复兴集团	近千万美元
2013.11	八爪鱼	新力特资本、软银中国	1.5 亿人民币
	游多多	戈壁投资	2500 万美元
2013.12	嘀嘀打车	腾讯	1500 万美元

（中国互联网络信息中心　陈晶晶）

第 12 章　2013 年中国网络金融服务发展状况

12.1　发展概况

2013 年是互联网行业加速发展、深度渗透的一年。从最初的信息发布渠道，到影响用户日常生活的电子商务，最终渗透到影响经济运营的金融行业。在这一过程中蕴含着深刻的历史必然。

从互联网行业层面看，由于信息在互联网上传播的高效性，极大地降低了商务贸易的沟通成本，因此使电子商务成为主流商业模式，而金融作为商务贸易活动的基础，必然需要在电子商务环境下进行变革，以适应新的金融业态。

从金融行业层面看，我国金融环境存在一些独特的特性，新中国成立之初无论是实体经济还是金融体系都十分薄弱，需要由政府牵头集合社会财富完成经济建设，因此形成了以银行为绝对核心的金融体系。但是在我们取得巨大经济成就之后，我国基础薄弱的商业环境得到了改变，市场开始呼唤高效率、快节奏且覆盖面更广的金融服务，所以在金融行业内部也在有意发向互联网靠拢，利用网络和数字技术对原有金融服务和产品进行改造。

这两个层面内生的变革力量，驱使着互联网与金融的结合，而这一进程在 2013 年得到了集中体现，截至目前，市场上已经逐渐衍生出五大类网络金融服务：支付结算、网络融资、虚拟货币、渠道业务和其他周边产业，如图 12.1 所示。

这五大类网络金融服务于 2013 年，在各自领域诞生出多种生命力旺盛，且对传统金融市场影响较大的创新金融模式。比如支付结算领域的二维码支付、POS 机贷款、跨行资金归集，网络融资领域的 P2P 贷款、众筹融资以及电商的数据金融，而余额宝的诞生更是搅动了基金及银行两大传统金融行业。

网络金融的火热也对现有的监管体系提出了新的挑战。在网络金融出现之前，我国金融市场化程度相对较低，因此大多数风险都是可以预见并且可评估的，因此我国旧有的监管手段能够有效地进行控制，以保护用户及企业双方的合法权益。而互联网在金融领域的广泛应用，使市场环境逐渐复杂，各种金融模式创新的速度也大为提高。在符合互联网环境下的监管手段还未成熟之前，政府采取的应对方式是本着执政为民的思想，积极发挥主观能动性，在鼓励金融创新的同时，放松对金融企业的管制，转而加强对新产品功能方面的监督，逐步了解网络金融的特性，逐步探索政策法规应该覆盖和规范的核心内容。

类别名称	包含内容	行业特点	所处时期	创新能力
支付结算	第三方支付	独立于商户和银行为商户和消费者提供的支付结算服务。	正规动作期	💡
网络融资	P2O贷款	投资人通过有资质的中介机构,将资金贷给其他有借款需求的人。	行业整合期	💡💡
	众筹融资	搭建网络平台,由项目发起人发布需求;向网友募集项目资金。	萌芽期	💡💡
	电商小贷	利用平台积累的企业数据,完成小额贷款需求的信用审核并放贷。	期望膨胀期	💡💡💡
虚拟货币	次级货币 商品货币	以比特币为代表的非实体货币;以提供多种选择的拓展概念为主。	期望膨胀期	💡
渠道业务	金融网销	基金、券商等金融或理财产品的网络销售。	期望膨胀期	💡💡
其他	周边产业	金融搜索、理财计算工具、金融咨询、法务援助等。	N/A	N/A

（数据来源：艾瑞咨询）

图12.1　2014年中国互联网金融的五类模式

12.2　市场分析

2013 年在我国火热的互联网金融模式中，很多核心内容并非源自于中国，但却一样得到了较好的发展，其本质原因是广大居民对投资理财的刚性需求，这一点和欧美略有不同。欧美地区金融环境的优越，可以孕育出 P2P 贷款、众筹融资等创新金融模式并且有所发展，但是其过于完善的金融环境使用户可以随时随地地得到相应的金融服务，一个普通欧美用户的社交圈中，可以包括税务、法务、证券投资、金融理财等全行业的朋友或者服务人员，因此欧美用户对网络金融的刚性需求并没有中国强烈，这使网络金融在中国可以获得更好的发展空间，如图 12.2 所示。

银行在我国经济发展进程上起到了不可磨灭的重要作用，长期以来储蓄几乎是我国居民唯一的理财手段，储蓄率高居世界第一，大量货币资产停留在银行。2008 年我国人民币贷款占全部社会融资规模的 70.3%，而这一数据在 2002 年高达 92%，到了 2012 和 2013 年，人民币贷款占社会融资规模的比例已经下降到 54%以下，这种特殊的国情，孕育了我国互联网金融发展的两大动因。

从贷款需求方的角度看，银行放贷审核比较严格，满足条件的大型企业融资需求已非常固定，整体市场格局稳定。而中小微型企业由于较难满足放贷条件，因而很少可以得到银行的资金支持。虽然中小微企业以及创业者单体贷款需求量小，但是总量巨大，如果这部分资金需求无法从庞大的居民储蓄中解决，既无益于我国金融体系的活跃，也必然促进资金需求方对新型融资渠道的需求。

从资金供给方的角度看，在面临通胀压力的情况下，高比例的居民储蓄如果得不到相应的回报，则储蓄对用户的重要性就将减弱。而且普通用户放贷资金规模较小，无法通过常规渠道进行投资。这两个原因促使资金供给方也对新型融资渠道产生需求。

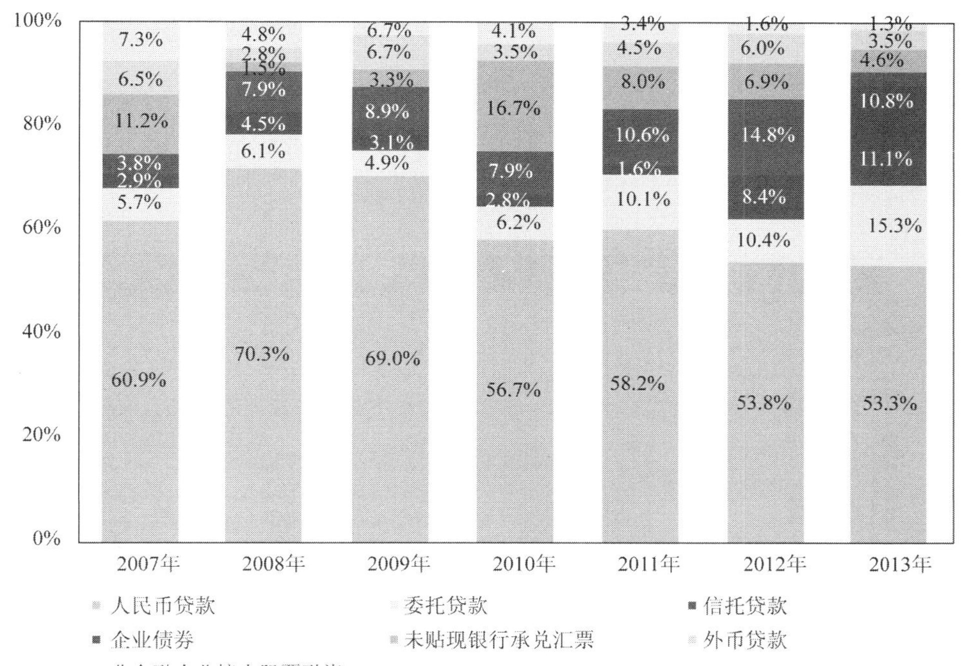

（数据来源：艾瑞咨询）

图12.2　2007—2013年中国社会融资结构

综合这两方面需求，互联网这种高效率、低门槛的创新金融模式，将会伴随其他融资手段扩大在社会融资结构中的占比，市场前景良好。

除此之外，法律监管问题也是影响网络金融的重要因素。金融行业的法律监管一直是世界性的难题，即便在欧美这些法律体系较为发达的国家，也无法妥善地加以解决。在互联网时代，多个不同行业相互渗透交叉是常见现象，因此这就对监管提出了更加严苛的挑战。在原有的分业监管体系下，不但容易形成监管真空，而且还容易产生行业标准不统一、各方争夺市场主导权以及利益分配不均等乱象。央行作为最贴近金融体系运营的监管机构，对网络金融进行监督是最合适的选择。并且我国唯一的信用数据库也在央行，而网络金融独特的网络信用收集体系将是对央行信用数据的一大补充，对于我国未来信用环境的建设大有裨益。

就目前现状看，我国对网络金融监管的阶段性重点在于促进行业发展。自 2012 年至今，许多劣质的网络金融公司不时传出携款跑路等恶性事件，这一度使网络金融的安全问题成为争论的焦点。2013 年有关网络金融的交流活动、行业研讨等活动十分频繁，其间不乏监管层的身影，但是截至目前仅有少量基础法律和临时管理条例对网络金融有所约束，并没有针对网络金融的政策出台。这一方面说明监管层对网络金融行业的重视，另一方面也说明监管层的态度相对谨慎。

实际上，目前我国想出台关于网络金融行业的政策并不容易，原因在于两个方面：

一方面，我国金融体系处于改革的关键时期，从过去粗放式的发展，向精细化、高效化、合理化的方向演变，这个过程中涉及许多政策和制度制定理念上的转变，在这个主基调没有确定之前，任何细分领域的政策都难以落地。

另一方面，网络金融行业尚处于模式创新的活跃期，各种新型融资手段都有可能被应用到该行业内，本着对行业负责的原则，贸然出台新政策有可能封锁其发展空间，使新行业失去生命力。

基于以上两点考虑，我国关于网络金融的法律监管主旨在于对新生市场的培育和维护。但是这不意味着网络金融可以无所禁忌，从各大会议监管层的态度上分析，监管层十分清楚哪些触犯法律的事情是网络金融企业不可以做的，因此现在并不是不监管，而是暗监管，如图 12.3 所示。

比较维度	国家监管	行业自律	企业自律
约束力	最强	较强	较弱
覆盖范围	全部从业者	加入联盟的企业	本企业
介入深度	企业基本登记注册	信用体系及行业标准	交易数据及商业模式
反应速度	慢	快	非常快

（数据来源：艾瑞咨询）

图12.3　2013年中国网络金融三类监管机构的比较

目前 P2P 贷款行业对于国家监管十分配合，纷纷成立行业联盟进行行业自律，从业者们吸取了以往互联网行业和金融行业的经验，意识到一个开放性强、兼容性强、同业间信息可以自由沟通的环境对行业健康发展的重要性。预计 2013—2015 年间，将会有更多 P2P 贷款行业联盟和行业自律组织出现，届时将形成“国家监管、行业联盟、企业自律”由宏观向微观的三级监管体系。

12.3　P2P 贷款分析

P2P 贷款是目前互联网金融模式比较完善的一种，2007 年进入中国，目前正在结合中国的特殊国情，逐渐本土化。2012 年多家 P2P 贷款平台连续发生恶性事件，暴露出该行业在本土化进程中的问题。尽管如此，P2P 贷款依然呈现高速发展的态势。针对其在国内的发展历程来看，目前我国 P2P 贷款正处于行业整合期，如图 12.4 所示。

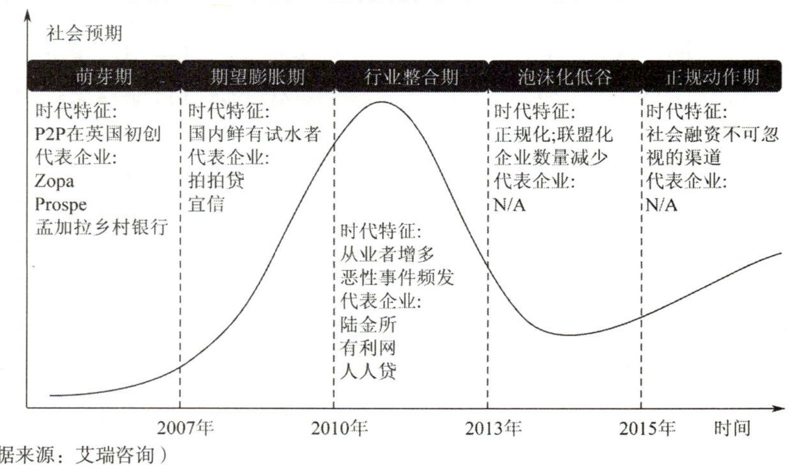

（数据来源：艾瑞咨询）

图12.4　P2P贷款发展历程

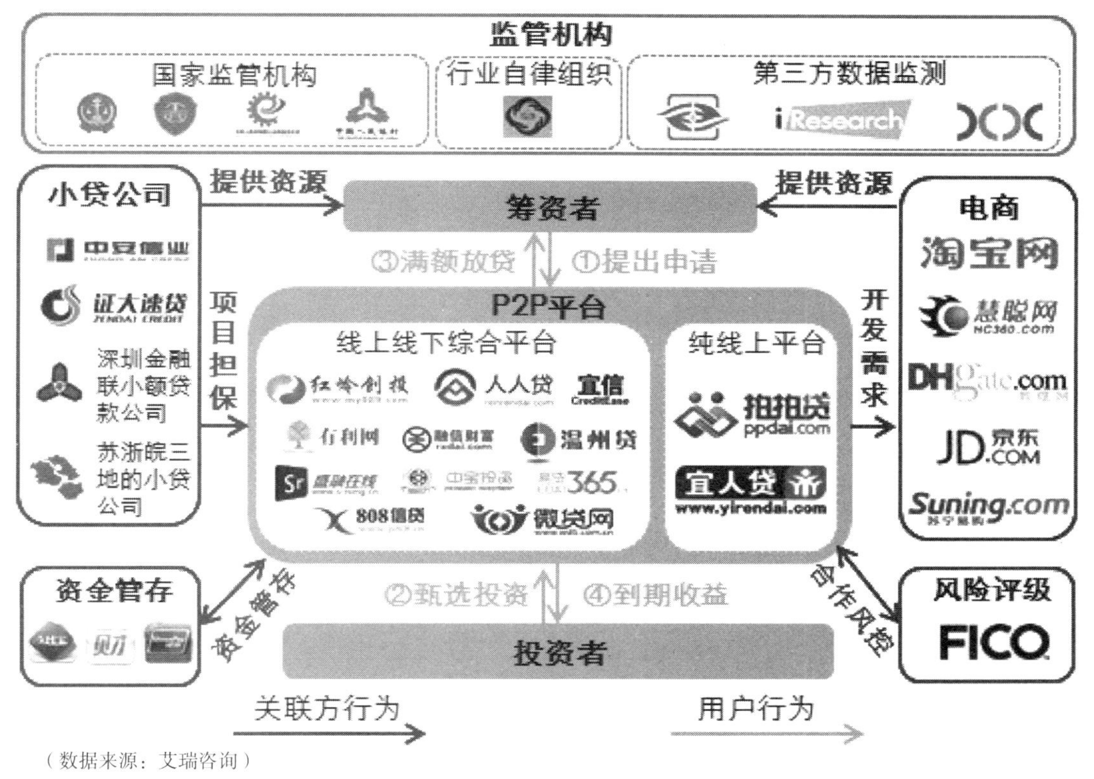

（数据来源：艾瑞咨询）

图12.5　P2P贷款产业链流程图

根据 P2P 贷款的运作流程，现阶段可以将我国 P2P 贷款分为四个具体的运作模式。目前我国 P2P 贷款平台在本土化进程中，很少采取单一模式运营，95%以上的 P2P 贷款平台都是将以下四种模式综合运用的综合型 P2P 贷款平台，如图 12.6 所示。

1. 传统模式

该模式比较简单，仅仅是 P2P 公司搭建网络平台，然后引入投融资需求，撮合交易。该模式是最正规的模式，也是未来 P2P 贷款行业能够蓬勃发展的核心。但是该模式并不涉及抵押和担保，因此投资用户将面临的最大风险是筹资人的道德风险。

不过目前该类 P2P 贷款平台普遍要求用户将投资金额缩小，将一笔数额巨大的本金，分散成多笔数额较小的投资以分散风险，并在该平台上积累数据。随着数据积累的增多，投资者在该平台上的等级也随之提高，等级越高的用户投资上限也就越高。

2. 债权转让模式

债权转让模式是 P2P 贷款中最具争议的一种模式，该模式由线下人员收购债权，再将债权拆分打包成固定收益类的投资产品进行售卖。这种模式在性质上还是不是 P2P 贷款已经在业内引起很大争议，但不可否认的是它对 P2P 贷款整个行业的推动作用是显著的。

该类模式的主要风险是法律风险，《合同法》第 79 条规定，“债权人可以将合同的权利全部或者部分转让给第三人”，第 80 条规定，“债权人转让权利应当通知债务人，未经通知，该转让对债务人不发生效力”，这是债权转让模式能够出现的最主要的法律依据，由此可见，债权转让法律风险的核心在于这些债权的转让是否基于已经形成的债权债务关系，是否是一种信息对称的双方认可的价值交换。笔者认为，如果债权转让能够在一个更加透明、信息更加公开的环境中运营，并且能够在监管机构进行报备，倒也不失为是一种伟大的金融创新。

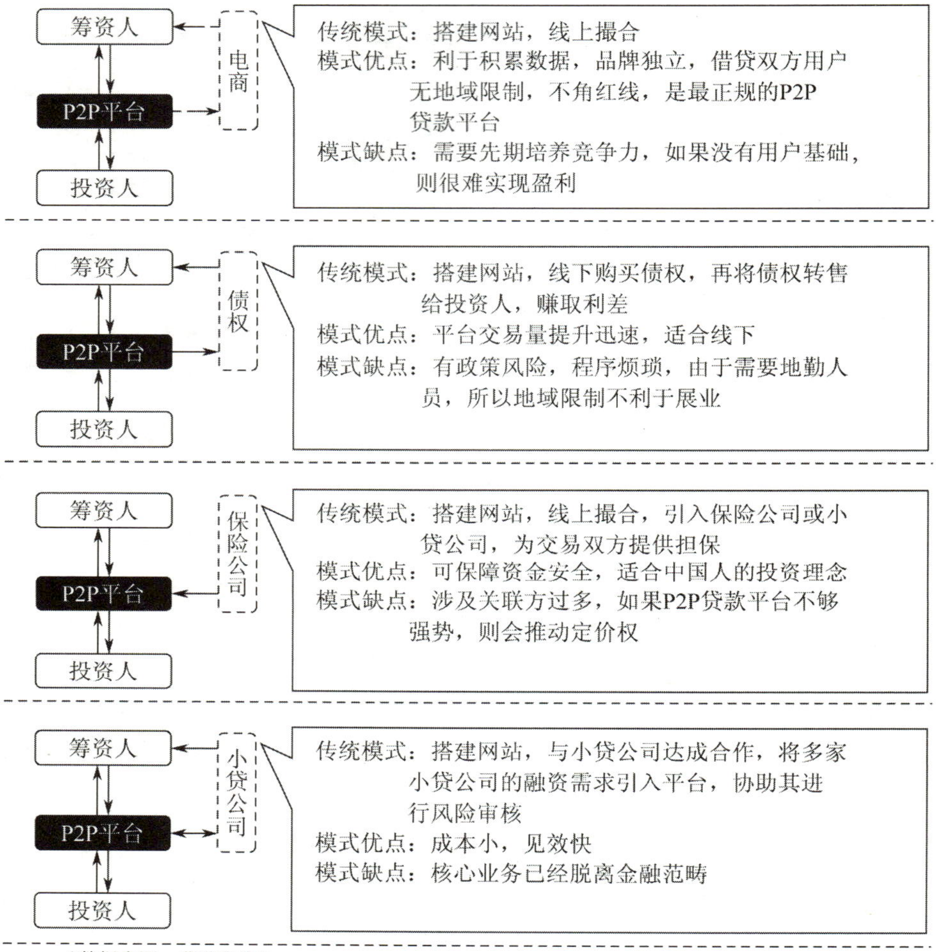

筹资人
P2P平台
投资人
电商

传统模式：搭建网站，线上撮合
模式优点：利于积累数据，品牌独立，借贷双方用户无地域限制，不角红线，是最正规的P2P贷款平台
模式缺点：需要先期培养竞争力，如果没有用户基础，则很难实现盈利

筹资人
P2P平台
投资人
债权

传统模式：搭建网站，线下购买债权，再将债权转售给投资人，赚取利差
模式优点：平台交易量提升迅速，适合线下
模式缺点：有政策风险，程序烦琐，由于需要地勤人员，所以地域限制不利于展业

筹资人
P2P平台
投资人
保险公司

传统模式：搭建网站，线上撮合，引入保险公司或小贷公司，为交易双方提供担保
模式优点：可保障资金安全，适合中国人的投资理念
模式缺点：涉及关联方过多，如果P2P贷款平台不够强势，则会推动定价权

筹资人
P2P平台
投资人
小贷公司

传统模式：搭建网站，与小贷公司达成合作，将多家小贷公司的融资需求引入平台，协助其进行风险审核
模式优点：成本小，见效快
模式缺点：核心业务已经脱离金融范畴

（数据来源：艾瑞咨询）

图12.6　P2P贷款的四种模式

3. 担保模式

担保模式是 P2P 贷款本土化发展的不得已而为之的一步。中国不同于欧美国家，我国居民的投资哲学十分保守，“高风险，高收益”的论调在民间是说不通的逻辑。因此原本清晰透明的 P2P 贷款，才会引入“抵押、担保”等保障本金安全的本土化做法。

很难评估这种做法是否对 P2P 贷款有益，因为它的确促进了行业交易规模的增长，使更多的用户可以参与到 P2P 贷款中来。但从另一个角度看，它对整个投资环境的建设并没有积极的作用，只是将旧有的投融资渠道搬到了网上，而且还间接地增加了本就高昂的融资成本。

4. 平台模式

这类模式是典型的互联网式思维下的产物，它和传统模式有类似的地方，二者的本质都是中介平台，但是平台模式更多地会在线下和已有的大量民间借贷机构、小贷公司甚至担保公司进行合作，将他们的投融资资源引到线上。

在现阶段这类模式投资用户所承担的道德风险要比传统模式小，毕竟民间借贷和小贷公司的发展已经有一定的历史积淀。但是，关于投资环境、信用体系和用户风险教育的促进是一个漫长的过程，不同于银行、信托、保险等传统大型的金融机构，互联网行业发展至今已经形成了一套以用户规模为基础的独特商业文化。传统模式的风险控制能力需要大量的用户行为数据才能做到，而用户规模的提升和用户数据的获取及数据解读都需要长期的时间积累。长久来看，传统模式的发展潜力更大。

2012 年我国 P2P 贷款公司将近 300 家，同比增长 39.3%，如图 12.7 所示。

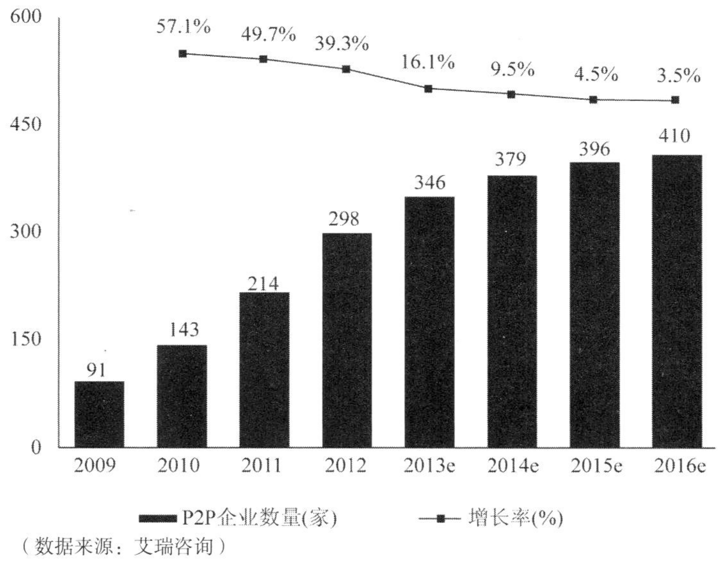

图12.7　2009—2016年中国P2P贷款公司数量

由于 2012 年 P2P 贷款行业已经暴露出风险，全行业面临洗牌，劣质的公司将被淘汰，并且新的进入者将会趋于谨慎，因此未来公司规模增速将进一步放缓；另一方面，未来 P2P 贷款行业或将面临政府加强监管、牌照发放等正规化进程，将导致全行业野蛮拓展的终结，这也会影响从业公司规模的扩张。

截至 2012 年年底，我国共有 P2P 贷款公司近 300 家，放贷规模达到 228.6 亿元，同比增长 271.4%，预计贷款规模未来两年内仍将保持 200%左右的增速，如图 12.8 所示。

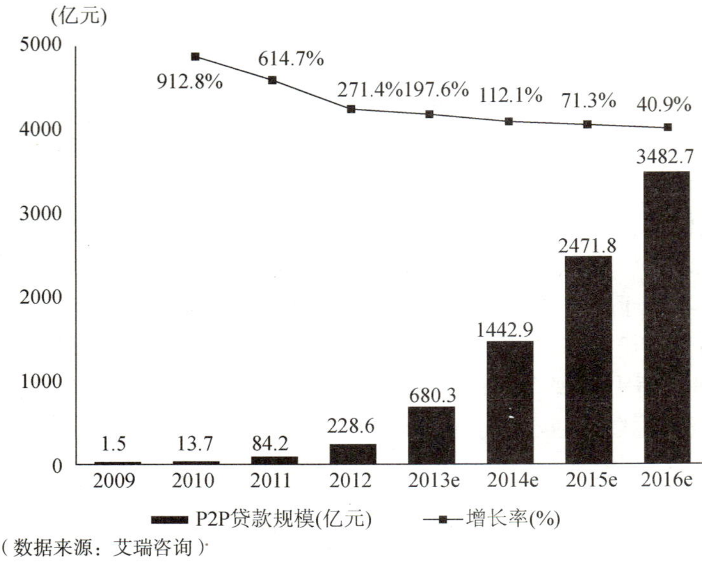

（数据来源：艾瑞咨询）

图12.8 2009—2016年中国P2P贷款交易规模

12.4 众筹融资分析

全球众筹融资产业规模从 2009 年的 36.1 亿元飙升至 2012 年的 173 亿元，3 年增长 380%。但是 2012 年亚洲地区仅占 1.2%。影响亚洲众筹发展的因素主要有两个方面：一是亚洲还没有出现有重要影响力的众筹平台，因此无法形成规模效应；二是亚洲地区用户投资理念趋于保守，创新金融方式的接受能力较弱，如图 12.9 所示。

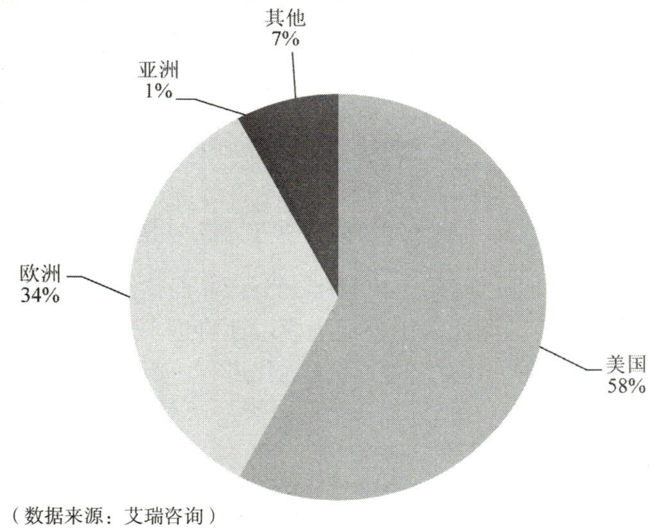

（数据来源：艾瑞咨询）

图12.9 2012年众筹融资产业规模地域分布结构

2012 年全球众筹融资交易规模达到 168 亿元，增长率为 83%。分析认为，未来推动众筹融资交易规模增长的原因有以下两个方面：一是投资理念的成熟，经过 4 年的发展，用户对众筹融资理念接受度更强，促使更多用户进行众筹融资；二是机构投资者的介入，随着众筹逐步正规化，以及平台内项目质量的提升，一些传统金融机构亦会进入寻找投资机会，这将为未来众筹融资交易规模的提升提供重要助力，如图 12.10 所示。

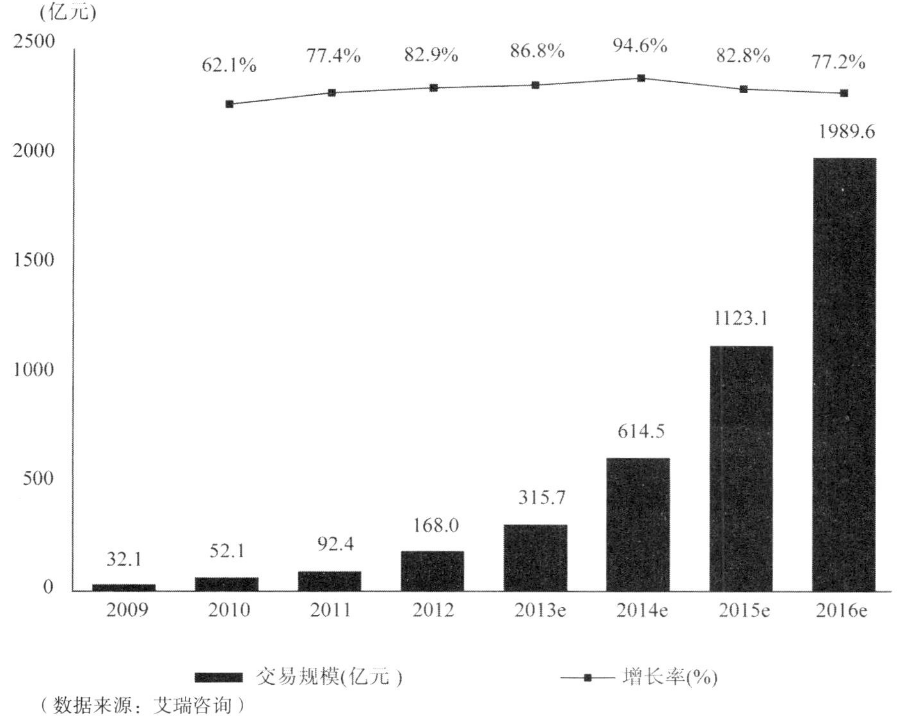

（数据来源：艾瑞咨询）

图12.10　2009—2016年全球众筹融资交易规模及增长率

2012 年全球众筹融资公司规模超过 600 家，增长率为 41%，预计未来依然会缓慢增长。未来推动众筹融资公司规模增长的原因有以下两个方面：一是投资环境的成熟，随着众筹融资概念的进一步深入，用户需求的增多会催生更多众筹公司的创立；二是完善的市场细分程度会提高，更多针对某一特定行业的专业性众筹融资平台将会涌现，如图 12.11 所示。

众筹融资的优势主要体现在以下几个方面：首先，融资速度快。对于项目细节完善，可落地性强，且创意俱佳的项目一旦发布，很容易得到项目支持者认可，融资效率远高于传统金融渠道。其次，增强参与感。相对于传统金融方式来说，众筹模式更加透明，项目支持者能够亲身经历项目完成前的所有流程，增加对项目的认同感。最后，利于宣传推广。由于项目支持者直接使用资金支持，因此缓解了“劣质粉丝”的不利情况。创意好的项目能够迅速借助支持者进行社交网络传播。

众筹融资的缺陷主要体现在以下几个方面：首先，类似团购。由于项目众筹不涉及资金回报问题，这样的模式闭环已经脱离了金融的范畴，更像是一种团购。其次，法律风险。股权众筹、债权众筹面临巨大的法律风险，有非法集资的嫌疑，所以在中国法律体系完善之前，众筹融资的金融属性很难有所体现。最后，服务缺失。一个项目从诞生到落地需要各个不同领域的支持和补足，尽管众筹可以帮助企业融资，但是融资之后企业仍然需要财务管理、企业运营、技术顾问等其他服务，这是众筹无法全部满足的。

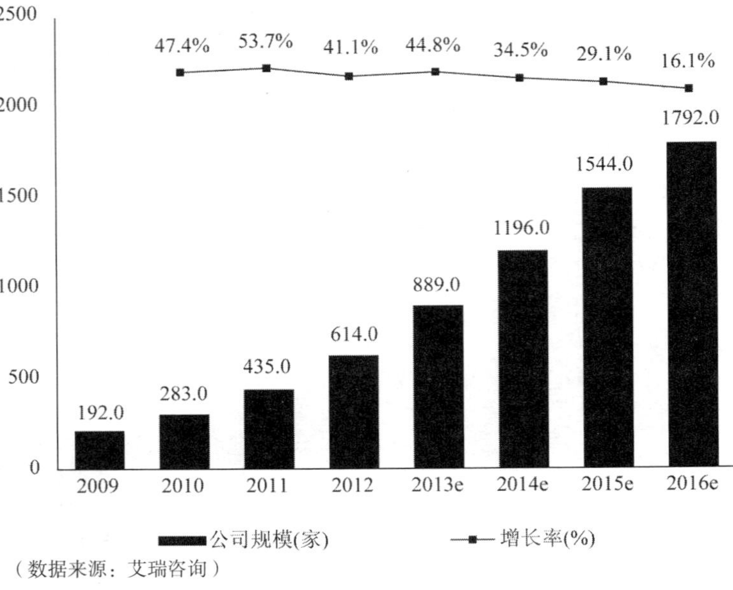

（数据来源：艾瑞咨询）

图12.11　2009—2016年全球众筹融资公司规模及增长率

12.5　渠道业务分析

除了常规的金融服务外，互联网对金融行业的促进作用还体现在销售渠道上，其中尤以保险和基金两大行业受此影响最为突出。

1. 基金行业

互联网金融的蓬勃发展改变了用户投资理财的习惯，开放的态度和用户对财富增长的刚性需求，在电子商务领域得到了良好的对接。尤其阿里巴巴、百度、腾讯等互联网巨头与基金的合作，使余额理财这种模式成为重要的基金推广和销售渠道。而更重要的是，余额理财改变了基金行业的业态，利用余额理财的概念替换货币基金，这使得用户接受程度更高。

整体金融环境的变迁对于基金电子商务主要形成了以下三个方面的影响。

首先，最大的变化在于基金的“去基金化”。在原本用户心中，基金并不是个人或家庭理财的首选投资产品，原因在于用户对于银行的依赖更多，而基金产品在用户心中存在天然的距离感。但是随着互联网金融，尤其第三方支付的兴起，巧妙地金转化成为余额理财产品，改变了传统基金的概念，拉近了基金与用户之间的距离。

其次，互联网金融大潮中，加强了用户在金融行业中的地位。所以目前金融产品能够被用户广泛接受的核心问题就在于满足用户的需求，在满足安全性的基础上，最大限度地增强便捷性。

最后，由于基金的“去基金化”和用户为王的社会文化转变，使得基金在电子商务运营中，势必和其他机构，尤其和互联网公司的合作更加深入。整个行业的合作也更加多样化，截至 2013 年，双方合作还有待加强，前景也十分广阔。

2013 年，中国开放式基金认申购规模高达 49361.7 亿元，同比增长 24.1%。其中基金代销占比为 63.1%，基金直销占 36.9%，如图 12.12 所示。

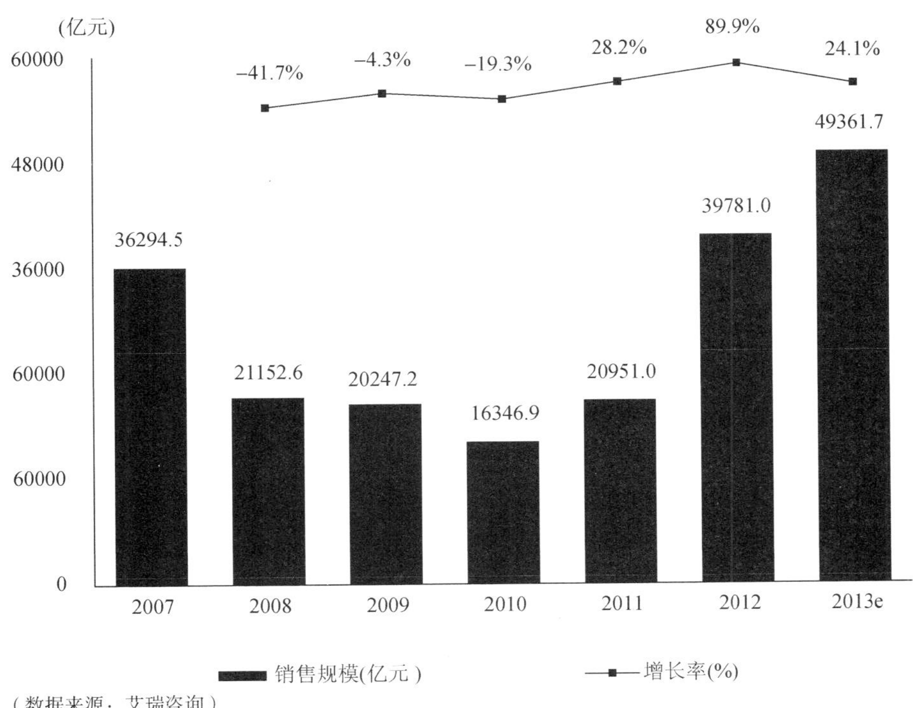

图12.12　2007—2013年中国开放式基金认申购交易规模

货币基金认申购规模最高，占比为 64.3%，其次为债券型基金，占比为 21.6%；股票型基金排名第三，占比为 11.4%；混合型基金占比 1.9%，QDII 占比 0.7%，如图 12.13 所示。

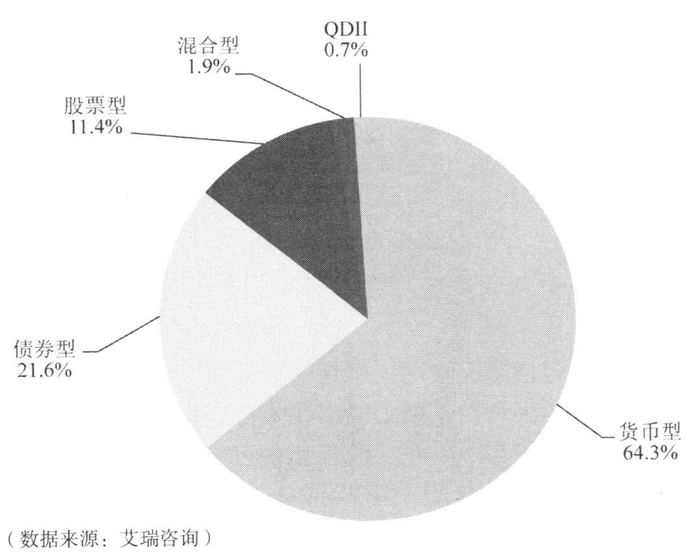

图1.13　2013年中国不同类型基金认申购结构

余额理财模式有效的刺激了货币型基金的发展，不但帮助货币基金扩大了认申购规模，还使基金公司认识到通过互联网直销基金这种销售渠道的优势，打破了传统基金销售领域对代销模式的绝对依赖性，增加了基金直销的重要性。

2013 年，我国基金销售电子商务水平为 46.5%，未来 4 年内依然会继续提升，截至 2017 年，会提高至 64.7%，如图 12.14 所示。

在基金代销领域，我国主要的代销机构为银行和券商，未来银行每年的电子替代率会逐步提高，虽然未来提升幅度有限，但是由于基金代销的特殊性，其电子替代率近几年始终低于银行整体电子替代率，因此未来还有广阔的提升空间。加之未来第三方代销机构以及电子商务平台的兴起，都会对基金代销的电子商务水平形成正向激励。

在基金直销领域，电子商务水平始终是弱项。自天弘基金借助余额宝爆发之后，极大刺激了余额理财这种电子商务直销模式的发展，但由于阿里的迅速壮大，其他基金公司短期内很难有效复制余额宝的模式，使得未来在基金直销领域的电子商务水平增幅较慢，待市场进一步开发后，才有可能转入高速发展阶段。

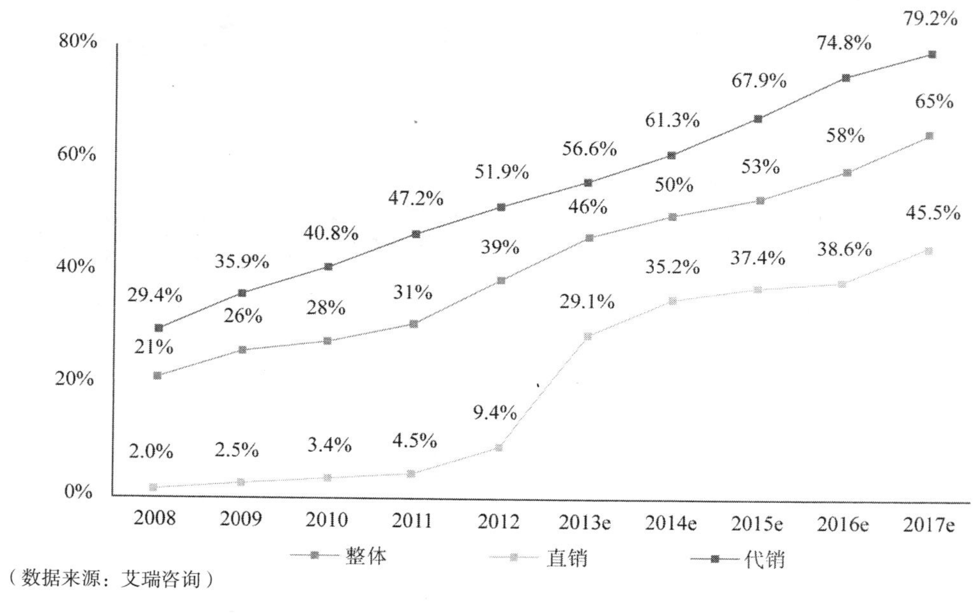

图12.14　2008—2017年中国基金销售电子商务水平

2. 保险行业

广义的保险销售电商化包括了保险网上销售、保险在线营销及信息服务三部分。驱动保险销售电子商务化发展的主要因素在于网上销售在降低销售成本、提高市场效率、提升消费者体验等方面具有不可替代的优势。因此，随着互联网技术的不断提高和网民渗透的进一步提升，保险销售的电子商务化必然成为中国保险销售渠道发展的主力。

2012 年中国保险电子商务市场保费收入规模达到 39.6 亿元，相较 2011 年增长 123.8%，占中国保险市场整体保费收入 0.3%。预计 2016 年中国保险电子商务市场保费收入规模将达到 590.5 亿元，渗透率将达到 2.6%，如图 12.15 所示。

2012 年中国保险电子商务市场的高速增长主要原因来自于以下几方面：首先，经过了 2011 年整体市场的下滑、在整体国民经济企稳后整体保险市场迎来复苏。其次，标准化程度更高的财产险增速超过远超整体市场，为保险电子商务化提供了稳定的产品基础。第三，中国电子商务市场经过了几年的高速增长之后步入成熟期，大型电商平台、第三方支付企业纷纷通过扩展品类以及向传统金融市场的扩张来维持市场增速，这为传统金融的互联网提供了有力的支撑。最后，面对传统渠道增速趋缓、销售成本上升的市场现状，保险公司及中介企业纷纷通过拓展以电销、网销为代表的新渠道来提升增量降低销售成本。

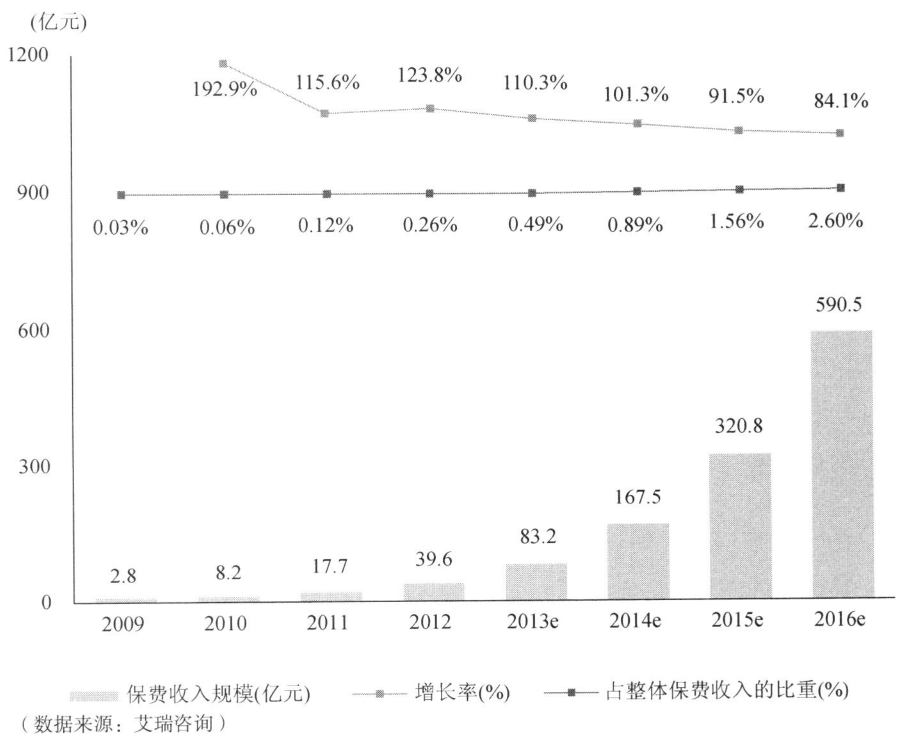

图12.15　2009—2016年中国保险电子商务保费收入规模

12.6　互联网支付市场分析

支付是所有商业活动的基础，是最贴近真实交易的金融环节。2011 年对于第三方支付行业是具有里程碑意义的一年，5 月 18 日，中国人民银行第一次颁发支付业务许可证，截至 2014 年 2 月，一共有 250 家企业获得支付牌照，其中获得互联网支付牌照的企业共计 90 家，包括支付宝、财付通等依托于集团背景，发展较好的大型支付企业，也包括快钱、汇付天下等独立第三方支付机构，除此之外在 2013 年还有百付宝、新浪等互联网巨头企业的新进入者，整个互联网支付行业进入监管和竞争并存的良性发展时代。

2013 年中国第三方互联网支付市场交易规模达 53729.8 亿元，同比增长 46.8%，整体市场持续高速增长，在整体国民经济中的重要性进一步增强。2013 年与金融的深度合作，使第三方互联网支付公司找到了新的业务增长点，目前这种助力还没有完全爆发，预计未来两年互联网金融对于第三方互联网支付的推动作用将会更强，或进一步提高交易规模增速，如图 12.16 所示。

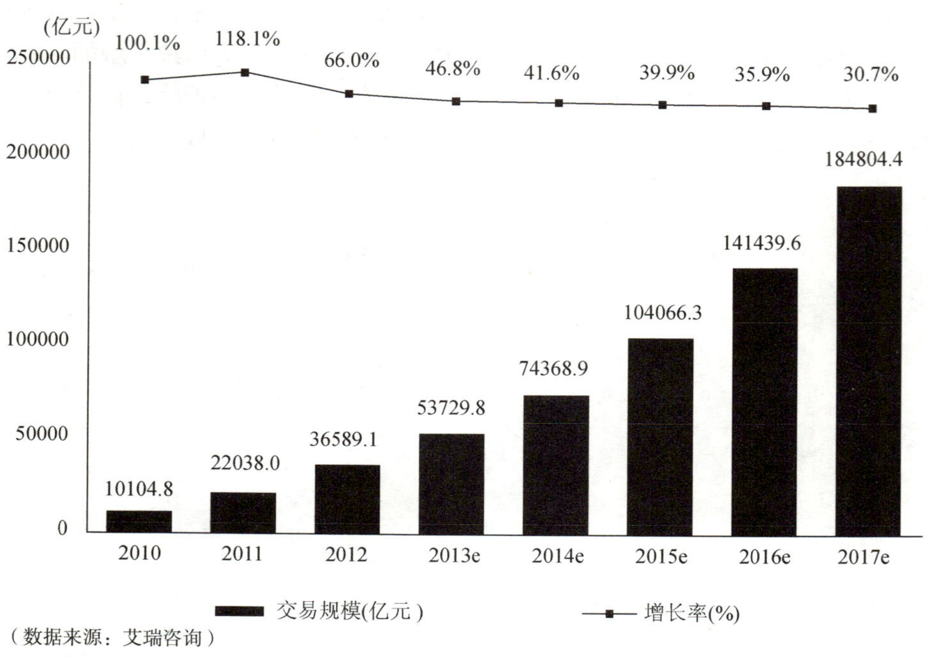

图12.16　2010—2017年中国第三方互联网支付市场交易规模

2013 年中国第三方互联网支付交易规模结构中网络购物依然占据最大份额，为 35.2%；其次是航空客票，占 13.2%；而在互联网金融元年爆发的基金申购市场则一跃成为第三大细分市场，占比为 10.5%，其余传统领域市场占比均有不同程度缩小。

首先，2013 年经过多年市场培养，更多传统零售，包含百货、购物中心以及品牌店等机构涉足电子商务的脚步加快，提高了网络购物的占比；其次，余额理财模式的兴起，使得金融机构更加重视与第三方互联网支付企业间的合作，未来基金申购和保险行业的前景更好；最后，航空客票、电商 B2B 以及电信缴费三个行业比较稳定，增速不及其他行业，份额有所下降，如图 12.17 所示。

2013 年中国第三方互联网支付核心企业交易规模市场份额相对保持稳定。支付宝以 48.7%的占比依然保持领先，财付通占 19.4%，银联在线占 11.2%，快钱占 6.7%，汇付天下占 5.8%，易宝支付占 3.4%，环迅支付占 2.9%，其他占 1.9%，如图 12.18 所示。

2013 年，中国网络购物市场第三方互联网支付企业竞争格局，支付宝市场份额为 90.6%，财付通、银联、快钱分别以 5%、1.4%和 1.4%的市场份额分列二至四位，如图 12.19 所示。

2013 年航空客票互联网支付市场中，支付宝市场份额为 45.3%；其次为汇付天下，占比 19%；财付通、银联、快钱分别以 13%、8.8%和 7.5%的市场份额分列三至五位，如图 12.20 所示。

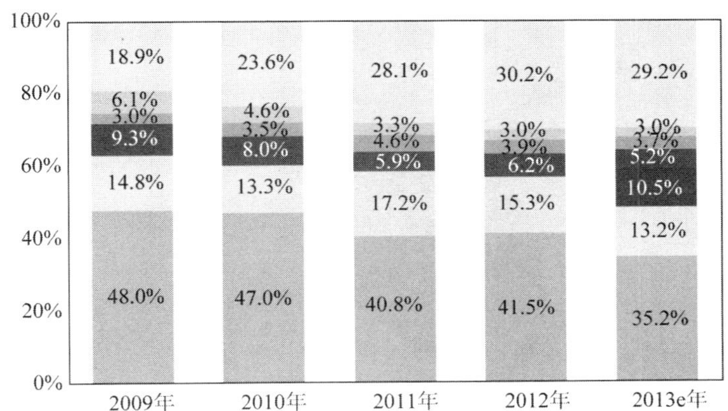

（数据来源：艾瑞咨询）

图12.17　2009—2013年中国第三方互联网支付市场交易规模结构

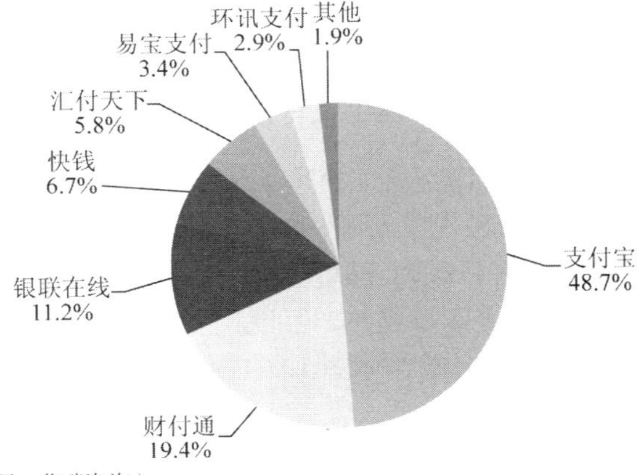

（数据来源：艾瑞咨询）

图12.18　2013年中国第三方互联网支付核心企业市场交易规模市场份额

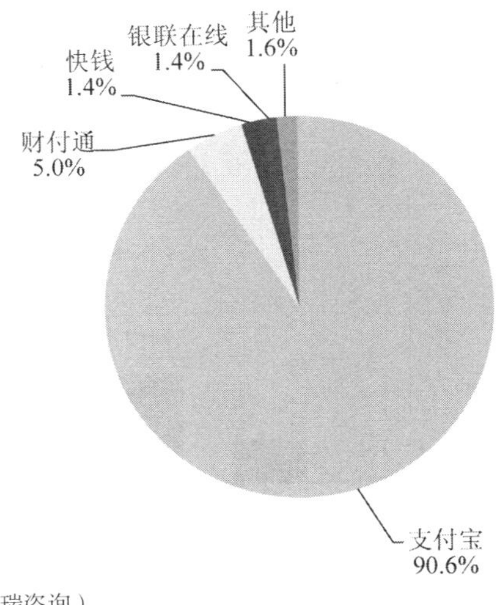

（数据来源：艾瑞咨询）

图12.19　2013年中国第三方互联网支付网络购物市场交易规模市场份额

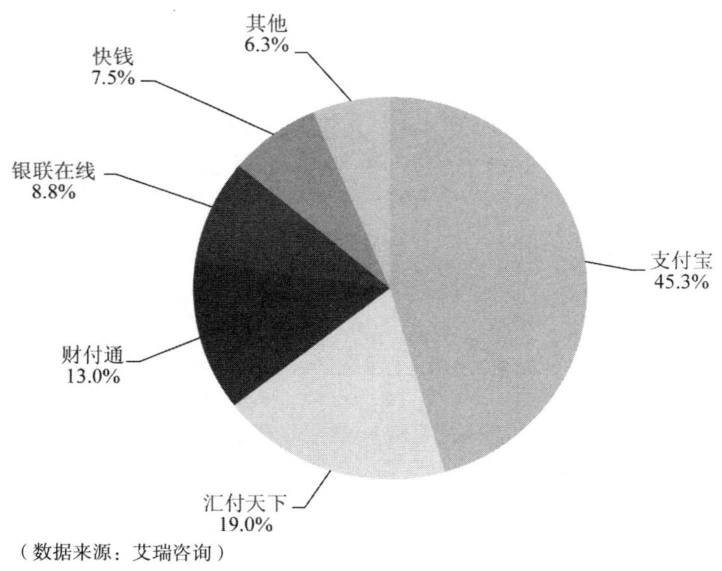

图12.20　2013年中国第三方互联网支付航空客票市场交易规模市场份额

2013 年中国第三方移动支付市场交易规模达 12197.2 亿元，同比增速 707.0%。其中，转账、还款等个人应用成为主要的交易规模来源，移动网购已不再是支撑行业发展的主要场景。伴随着移动支付技术的发展，线下将成为互联网巨头、收单机构、运营商、银行等多方竞争的核心战场，而伴随着线上市场的逐步成熟，互联网支付企业将聚焦于线下到线上的反向 O2O 市场，以期在线下市场中取得突破，如图 12.21 所示。

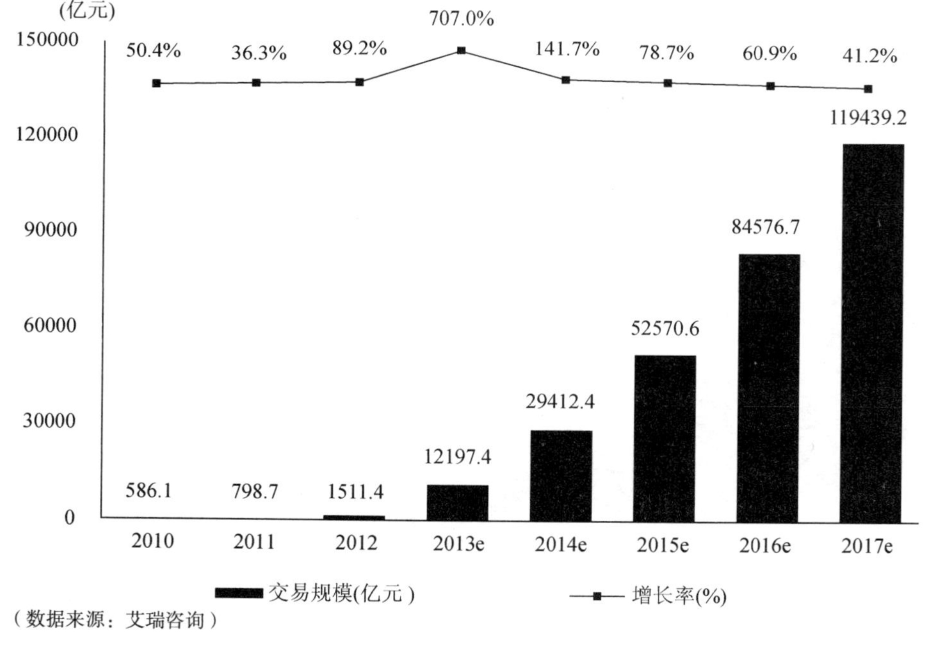

图12.21　2010—2017年中国第三方移动支付市场交易规模

2013 年，远程移动互联网支付在整体移动支付中的占比达到 93.0%，而同样被寄予厚望的以 NFC 为核心驱动的近场支付则未取得较大突破，整体行业占比降至 0.8%。综合产业发展态势、宏观环境、产品形态的突破以及企业的积极开拓，2014 年移动支付市场的核心推动力将来自于以二维码、声波为代表的互联网技术在线下支付场景中的应用；而 NFC 近端支付在终端环境方面的障碍将成为其未来发展的致命枷锁，且近年内很难出现较大改观，如图 12.22 所示。

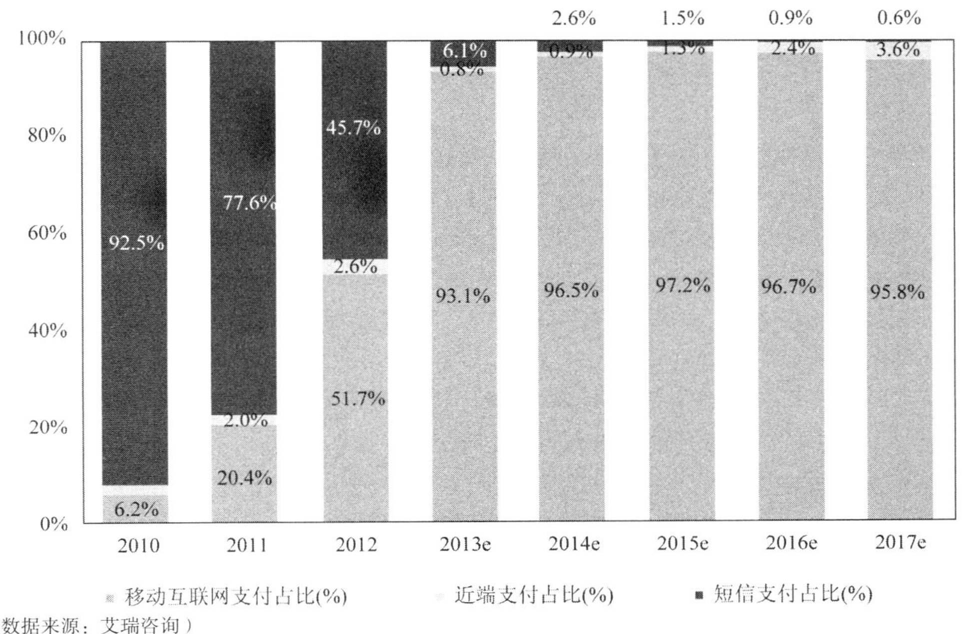

（数据来源：艾瑞咨询）

图12.22　2010—2017年中国第三方移动支付市场交易规模结构

2013 年，支付宝占据整体中国移动支付市场份额 74.3%，移动互联网支付的 79.7%，位于市场第一位，移动支付用户规模超过 1 亿人；拉卡拉则分别以 10.4%、11.1%的市场份额占据整体移动支付市场及移动互联网支付市场的第二位；财付通则依靠于微信支付在 2013 年下半年取得了较大的突破，全年市场份额分别位居整体移动支付市场和移动互联网支付市场的第四位和第三位，如图 12.23 所示。

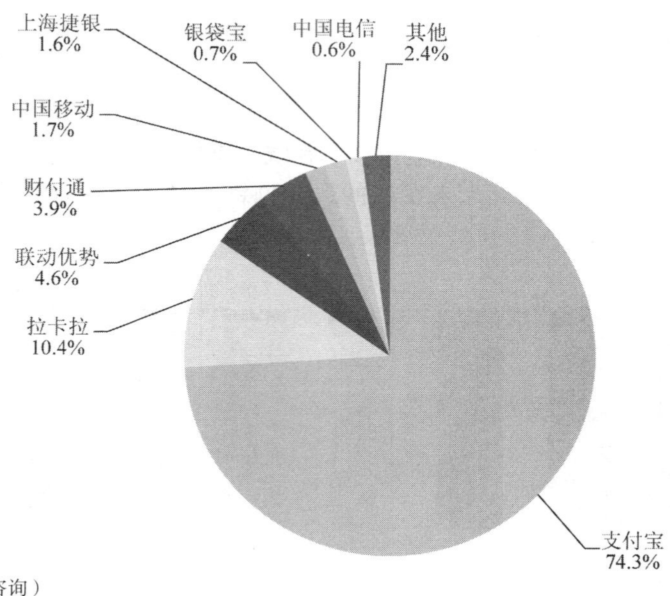

（数据来源：艾瑞咨询）

图12.23　2013年中国第三方移动支付市场交易规模市场份额

12.7　发展趋势

分析认为，互联网金融对生活的冲击主要反映在以下三个方面：首先，互联网生态覆盖了制造商、分销商、电商平台、物流和最终消费者等多个产业链节点。这一庞大的体系对于金融服务的需求也迅速提升，为传统金融机构提供了新的利润增长点。其次，传统金融服务业主要依托于人员布局及线下物理网点进行业务拓展和客户服务。电子化手段极大地提升了金融业务的服务效率，降低了传统金融机构的成本，优化了用户的体验。最后，互联网金融的出现使旧有的市场格局发生了剧变，不断衍生出的金融服务模式，正在蚕食传统金融机构的原有市场。未来传统金融机构面临的最大危险并非来源于业内而在业外。基于这三大变化，未来互联网金融的发展会呈现出以下几大趋势。

1. 行业自律组织重要性凸显

基于国内信用环境和用户投资意识的局限性，互联网金融行业是“零起步、自生长”的发展路径，一方面要在发展过程中，逐步普及投资知识，培养投资环境；另一方面还要在公司运营的过程中从零起步，完善信用体系。虽然取得了一定的成绩，但随着 2012 年业内不断有恶性事件传出，也使得网络金融的行业生存环境有所恶化。

作为国内互联网金融发展最完善的 P2P 贷款，自 2007 年登陆中国以后，只经历了 5 年的时间，就形成了第一个地方性的行业联盟，这说明 P2P 贷款从业者们吸取了以往互联网行业和金融行业的经验，意识到了一个开放性强、兼容性强、同业间信息可以自由沟通的环境对行业健康发展的重要性。

因此预计 2013—2015 年间，将会有更多 P2P 贷款行业联盟和行业自律组织出现，形成针对不同地域、不同贷款行业、不同营运模式等多维度的自监管体系。而且随着这种行业自律组织的增多，其他网络金融模式也会纷纷加入，或者成立不同模式的自律组织，如图 12.24 所示。

维度	具体措施	带来益处
收费标准	根据联盟要求，设定费率佣金的上下限，根据市场情况及时调整	规范市场行为，防止价格战
纠纷仲裁	对联盟内企业的商业摩擦进行仲裁，并提供司法程序帮助	避免恶性竞争，最大程度恶性事件对社会的负面影响，维护行业形象
信用共享	使各家风控体系在建立之初就考虑与联盟内企业的兼容性问题	提高联盟内所有企业的风控水平
对外谈判	与其他联盟、企业、政府机构达成协议，实现多赢	提高话语权
用户保护	受理联盟内企业注册用户的维权申请，必要时提供司法帮助	维护联盟形象，提高用户体验

（数据来源：艾瑞咨询）

图12.24　P2P行业联盟主旨

2. 政府监管的方向转变

近些年金融行业的整体环境发生了一些变化，使得传统的监管手段在面对新环境时略显无力，其环境变化主要体现在以下三个方面。

首先，风险因素从可预见向不可预见转变。传统的监管手段可以预测大部分可能发生的风险，而随着金融行业开放程度逐渐提高，市场的变化已无法预测。其次，互联网化程度提高，由于余额理财模式的兴起，使得渠道业务成为互联网金融的又一热点，未来新产品的出现会更加频繁，目前的监管手段还很难对互联网进行监管。最后，营销推广手段越来越丰富。在互联网背景下营销与推广手段变得异常丰富，这对于严肃的基金行业来讲是种挑战，尤其在风险预警和收益真实性方面。

基于此行业在变化，监管措施也在共同进步，预计未来政策监管层面的方向会向两个方向转变，即鼓励创新、加强监督，并且会形成国家监管、行业联盟、公司自律的三级监管体系。

首先，行业标准。随着以 P2P 贷款行业联盟为主的行业自律组织出现，业内标准逐步趋向统一，并且随着各联盟内企业交易数据的积累，风险控制体系的完善度将会大幅提升。这种变化将会受到政府监管机构的欢迎，工商管理部门、司法机关、网络管理等相关监查机构可以将已有的监控体系与联盟内的普遍共识顺利对接，方便管理。

其次，社会征信体系。目前地方性行业联盟正在积极争取与央行的信用体系数据库进行对接，这种积极的态度对于未来我国信用体系建设十分有益。由于现在互联网金融企业在信用评价环节得不到央行的支持，因此它们所构建的信用评级方法和所收集到的数据也是央行所缺失的。在这个层面，央行应该以积极的态度，挑选业内声誉良好的企业或联盟，与它们的信用数据库对接，实现共享。

最后，牌照发放。业务许可是我国金融行业由来已久的运作体系，这种体系在银行脱媒之前对我国金融稳定做出了巨大贡献。未来在面对金融脱媒的背景下，更多非传统的金融机构将会大量涌现，因此金融牌照的类型也应该根据市场情况增加相应的类型。未来互联网金融牌照将成为国家监管的主要手段。

3. 由数据组成的企业新资产

目前我国信用数据分布在不同的机构手上，并没有统一的机构将其进行整合，导致企业所承担的风险和其所能获得的收益并不匹配，优势资源分布极不平均。

未来随着互联网金融对用户数据的进一步整合，全社会的数据壁垒有望打破，形成统一信用环境，使用户可以得到更好的服务。这也使得用户的信用数据，成为未来互联网金融企业的核心竞争力。

更为重要的是，互联网行业发展至今已经形成了一套以用户规模为基础的独特商业文化，能够在最短的时间内，积累用户规模的企业，就能够掌握市场主动权。在这种商业文化中，用户的价值得到了空前的提高，这造成了用户规模与商业模式创新之间的互相促进。

在企业创立之初，一种能够有效满足用户需求的创新商业模式必然能够吸引到最大规模的用户。在此之后，由于竞争对手的进入和用户需求的进一步挖掘，迫使企业必须继续专注于商业模式的创新，进而形成双向促进，螺旋式上升。

4. 金融产品设计理念转变

传统金融机构业务重心长期向高利润的优质资金集团偏离，而对于普通企业及个人用户有所疏忽，从而导致现今互联网金融的火热。过去用户只能被动地接受金融机构提供的一切服务，没有选择权，而现在互联网蕴含的大量信息缓解了过去用户与金融机构之间的信息不对称问题。不但让用户有了更多选择，更加了解市场，而且深刻地改变了以往的用户习惯。

在互联网背景下，用户在产生金融服务需求后，会先选择自行在网上收集信息，而后才会去找相应的金融机构咨询，主动权的变化使得未来金融机构必须改变思路，将现有的金融产品拆分成多个元素，让用户自行选择需要的元素，以满足其需求，并且价格必须更加公开透明。

效率的提高、影响力的扩大，使相对保守的金融行业意识到，互联网已经成了促进企业发展的重要助力，未来传统金融与互联网的联系会更加紧密。能够在新环境里得到良好发展的企业，则需要做到以下五点：

第一，利用数字技术实现自动投融资需求对接，降低人工成本；第二，注重个性化、定制化的金融服务，注重长尾效应；第三，提供金融服务的方案更清晰、更透明；第四，最大程度简化用户操作；第五，降低用户参与资金门槛。

（艾瑞咨询　李超）

第 13 章　2013 年中国网络广告发展情况

13.1　发展概况

2013 年，中国网络广告市场进入快速发展期，全年市场规模超千亿元。其中，社交、视频、搜索各领域投融资频发，美股市场回暖上升；综艺、时事引发“热点营销”风潮，深度播报、实时互动成为重点诉求；超级电视、互联网盒子铸就“视频营销”新看点，多屏互动、台网协同成为热门趋势；大数据、受众购买直指“精准营销”，RTB、DSP 市场蓬勃发展；用户行为转移，移动渗透加强，巨头纷纷入局，“移动营销”战火一触即发。

1. 并购频发，上市迭起，资本市场迎来回暖新浪潮

2013 年，互联网企业并购频发，上市迭起，资本市场迎来回暖新浪潮。其中，以新浪微博为代表的社会化媒体继续稳健发展，爱奇艺、PPS、PPTV 等视频企业开始并购重组，整合后的搜搜、搜狗带来搜索领域新看点，58 同城、去哪儿、汽车之家等垂直媒体的营销价值受到认可。网络广告行业已经进入发展成熟期，而其中企业多元化的发展，资本市场的持续渗透，或将带动行业整体的快速增长。

2. 植根热点，互动播报，优质内容缔造新闻深耕点

新闻客户端一度被认为是继微博、微信之后的第三张移动互联网门票，三家新闻客户端作为门户向移动端转移的产品，凭借着良好的门户媒体基础和不同的资源优势，为行业洗牌提供了一次绝好的机会。网易、搜狐、腾讯在门户时代都积累了良好的媒体业务基础，在新闻资讯类移动产品的发展上也可谓全力以赴，但移动背景下，未来的前景还取决于能否更好地变现，照搬门户的盈利模式恐怕不会有想象空间。

2013 年，新闻网站聚力报道 NFL（National FootballLeague）美国职业橄榄球联赛“超级碗”、NBA 赛事、欧洲杯、欧冠联赛、中网公开赛、恒大亚冠决赛等热门赛事以及全国两会、十八届三中全会等重大社会事件，通过内容深度播送、系列专题策划及实时评论互动等方式，获得了网站流量的提升和广告效益的增长。

在话题互动方面，新浪微博设置热门话题榜，并于 2013 年暑期着力推广“#疯狂综艺季#”，汇集 73 档热门综艺节目的相关话题，根据观众参与人数形成话题的热度值，实时反映“爸爸去哪儿”、“中国好声音”、“快乐男声”、“我是歌手”、“中国梦之声”、“中国最强音”等节目在“综艺话题榜”上的排名和人气。此外，新浪微博在“咱们结婚吧”、“辣妈正传”、“小爸爸”等节目热播时，加入互动分享元素，获得用户好评，互动效果也获得广泛认可。

在新闻客户端方面，搜狐率先推出自媒体平台，通过“央视新闻”、“中国之声”、“参考消息”等多家媒体及温如军、曹林等自媒体人的强势入驻，打造“先知道”品牌特色。网易最早进入新闻客户端领域，将“有态度”的品牌优势从门户继承到移动端，有着良好的粉丝基础；独有的积分系统为其构建起最大的活跃用户群；在商业化上率先宣布收入破亿。腾讯方面则启动“自媒体精品百人计划”，上线自媒体订阅和互动直播功能，深化“事实派”行事风格；在内容生产方面，腾讯采取“精品栏目+专业内容生产（PGC）+用户内容生产（UGC）”三管齐下的策略。目前腾讯网的基础报道快速丰富，除今日话题、贵圈等 PC 端的精品栏目同步分享到智能手机端外，还推出了新闻哥等一批适配移动端的特色栏目，满足用户的深度阅读需求。

3. 地图定位，微信分发，巨头入驻带来移动新机遇

随着用户媒介使用行为的转移和互联网巨头的纷纷入驻，移动营销在未来较长一段时间内都将保持快速发展态势，基于地图位置和用户关系等数据的营销势必受到关注。

2013 年，BAT 三巨头先后蓄力移动端，抢占移动互联网船票。腾讯以手机 QQ、微信在移动端拔得头筹，随后上线移动广告平台和移动游戏平台补充其战略图景。阿里的移动端布局基于手机淘宝、支付宝和 UC 浏览器，后续友盟、新浪微博、高德地图加入助阵。百度在移动端借力 91 助手、上线轻应用，同时加大移动搜索和地图的扶持力度，移动战火一触即发。

4. 多屏互动，台网协同，互联网电视开启新视界

2013 年，视频广告成为网络广告整体市场增长的核心驱动力之一，2013Q3 视频贴片广告在网络广告中的份额接近 8%，在网络展示广告中的份额接近 25%，市场规模较去年同期有较大幅度提升，广告主对优质视频内容的认可度越来越高。各视频企业着力推广自制剧，加大版权内容的采买力度，同时发挥台网协同效应，很大程度上聚焦了用户注意力、提高了用户忠诚度，预计未来成长性见好。此外，超级电视、互联网盒子等视频硬件的变革也成为 2014 年重大看点。

5. 巨头纷纷布局 RTB 市场，广告产业链进入新阶段

2013 年，巨头纷纷布局 RTB 市场，核心 ADX 及 DSP 产品陆续上线。1 月 11 日，腾讯正式对外发布 TencentAdExchange 广告实时交易平台，并在后续推出“腾果”DSP；3 月 14 日，新浪推出私有广告交易平台 SAX（SinaAdExchange）。5 月，阿里推出了 Tanx SSP 平台。8 月 22 日，百度正式推出流量交易服务 BES（Baidu Exchange Service）。11 月，京东推出专属 DSP 广告平台——JD 商务舱。自此，RTB 市场进入发展新阶段。

随着精准投放和受众营销概念被市场接受程度的不断提升，基于实时竞价 RTB（Real-Time Bidding）和 Audience Buy（受众购买）的 DSP 企业逐渐被市场认可。

在 AdExchange 发展壮大的过程中，程序化购买（Programmatic Buying）的优势逐步显现。各互联网巨头在 RTB 市场上的布局日渐完善，DSP 领域的投融资活动也日益活跃，但 DMP（Data Management Platform，数据管理平台）的匮乏及“跨端、跨屏”底层数据的打通问题仍亟待解决。

13.2　市场发展概况

13.2.1　市场整体规模

2013 年，国内网络广告市场规模达到 1100 亿元，同比增长 46.1%，与 2012 年保持相当的增长速度，整体保持平稳增长。国内网络广告市场规模在突破千亿大关之后，随着市场的成熟度不断提高，将在未来几年放缓增速，平稳发展，如图 13.1 所示。

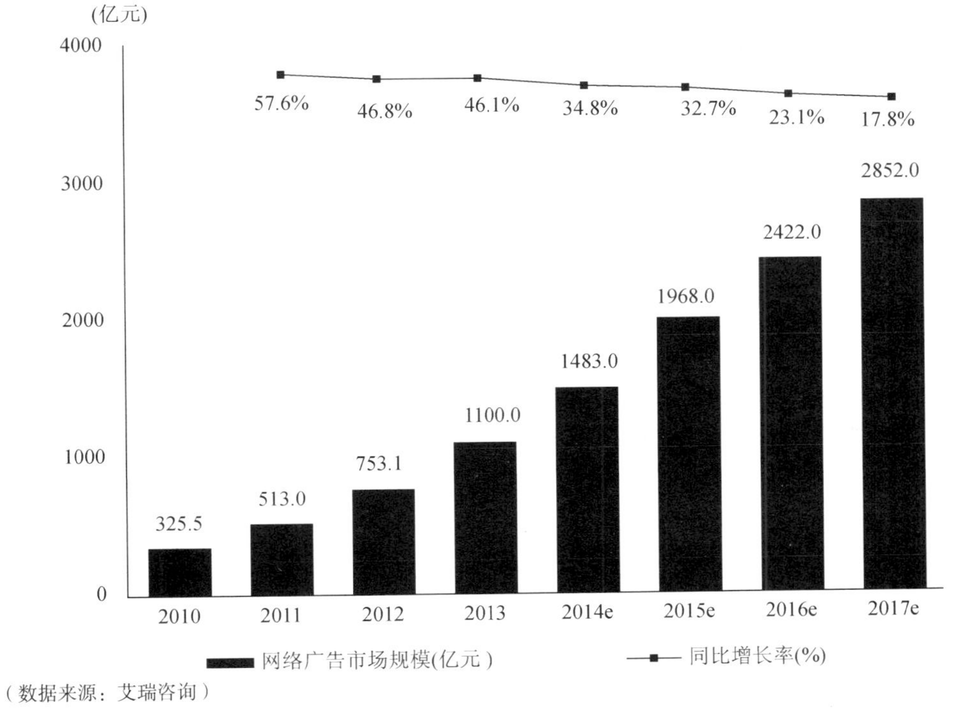

（数据来源：艾瑞咨询）

图13.1　2010—2017年中国网络广告市场规模

2013 年国内整体经济形势保持平稳运行，投资、消费与出口均保持温和态势。网络广告市场与实体经济趋势息息相关，同比增长保持稳定。未来几年，随着整体经济进入结构性改革阶段，经济增速将放缓，网络广告市场也受其影响，增速降低。此外，从互联网整体环境来看，PC 端用户增长进入平台阶段，移动端流量迅速增长但营销模式还有待完善。网络广告经过十余年发展，进入成熟阶段，增速相对放缓。

2013 年全年四个季度网络广告市场规模不断攀升，同比呈不断加速增长态势，发展良好。网络广告发展呈现季节性周期变化，一季度受传统假期影响，环比下降 13.6%，同比增长 36.0%。四季度市场规模达到 344.4 亿元，同比增长 54.4%，如图 13.2 所示。

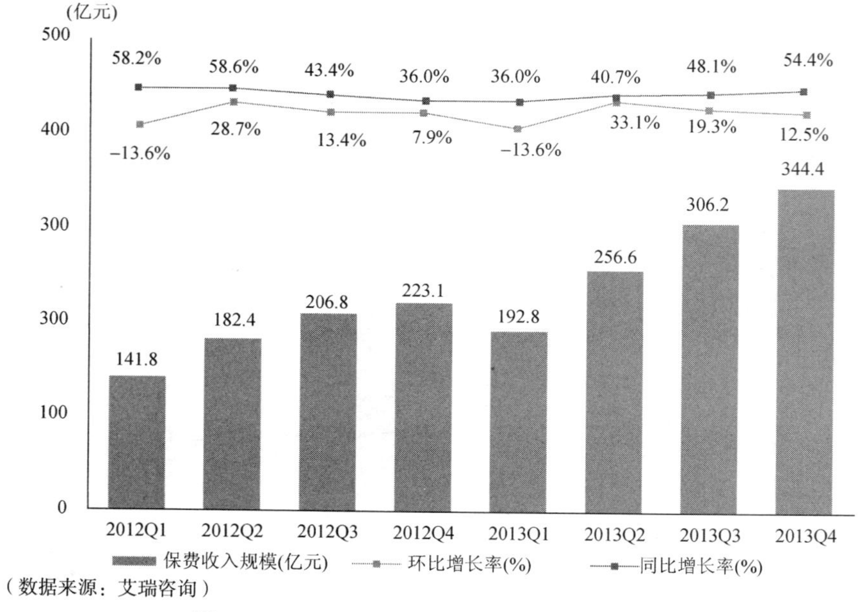

图13.2　2012Q1～2013Q4中国网络广告市场规模

13.2.2　移动营销发展概况

2013 年移动营销市场规模达到 155.2 亿元，同比增长翻一番，增长率达 105.0%，发展迅速。移动营销的整体市场增速远远高于网络广告市场增速，如图 13.3 所示。

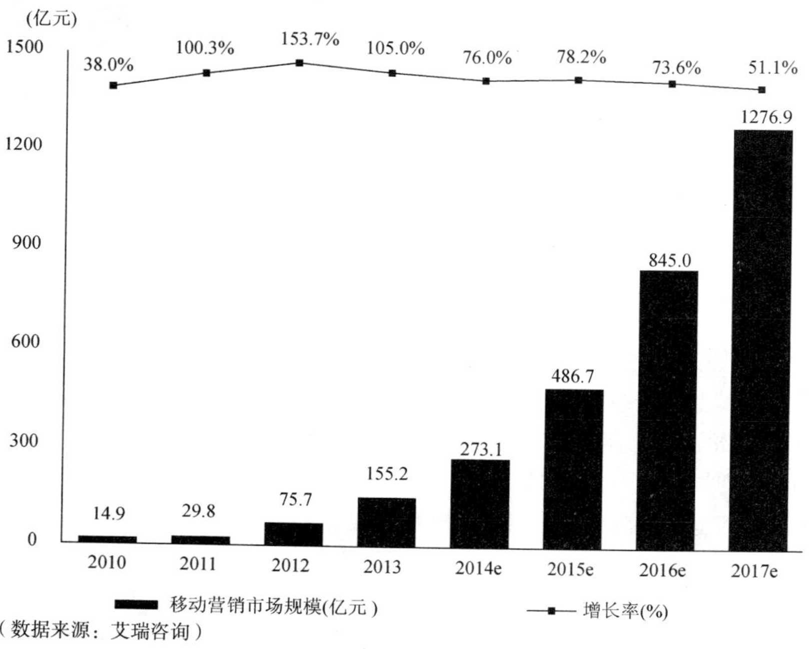

图13.3　2010—2017年中国移动营销市场规模

2013 年以来，移动营销市场四个季度均保持了环比的不断增长，且全年四个季度同比增长均超过 90%。增长态势良好。2013 第四季度，移动营销市场规模达到 52.8 亿元，达到新的高度，如图 13.4 所示。

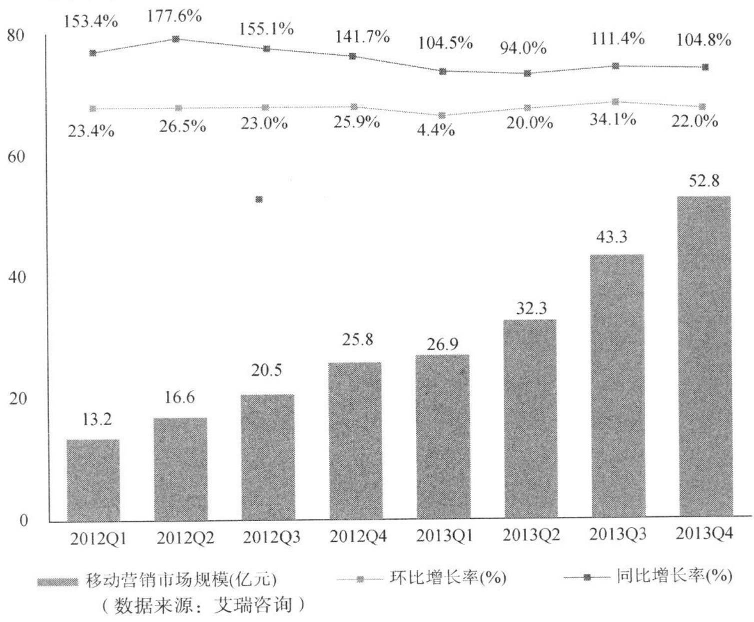

图13.4　2012Q1～2013Q4中国移动营销市场规模

2013 年，移动营销市场规模为 155.2 亿元，预计到 2017 年达到 1276.9 亿元，年平均复合增长率为 69.4%。在整体互联网广告中的占比将持续增大。互联网广告向移动端迁移进一步加速，如图 13.5 所示。

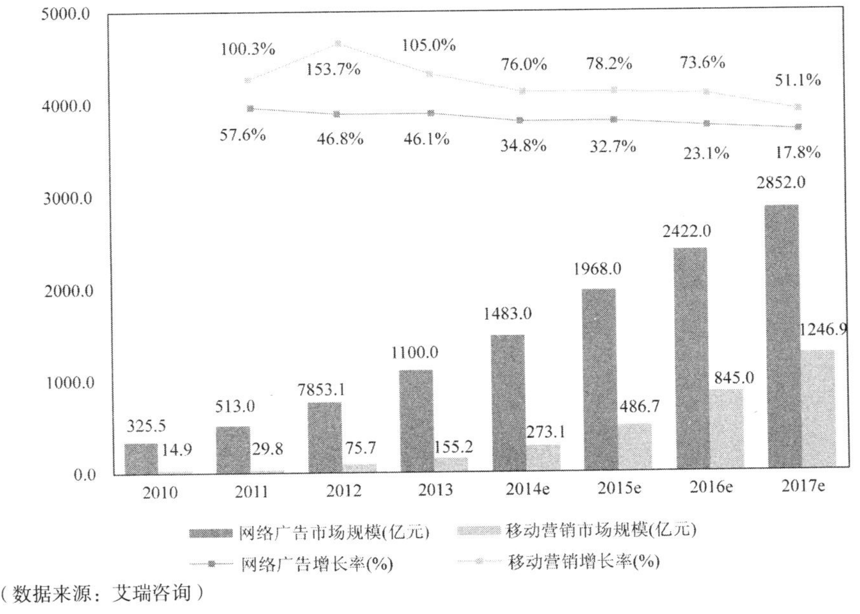

（数据来源：艾瑞咨询）

图13.5　2010—2017年中国网络广告&移动营销市场规模对比

13.3 细分市场情况

13.3.1 各类网络广告形式概况

2013 年关键字搜索及垂直搜索等搜索类广告的份额继续快速增长，占比达 55.4%。品牌图形广告、富媒体广告、视频贴片广告等展示类广告份额占比为 38.2%，呈下降趋势。未来搜索类广告将持续增长，不断挤压展示类广告的市场份额，如图 13.6 所示。

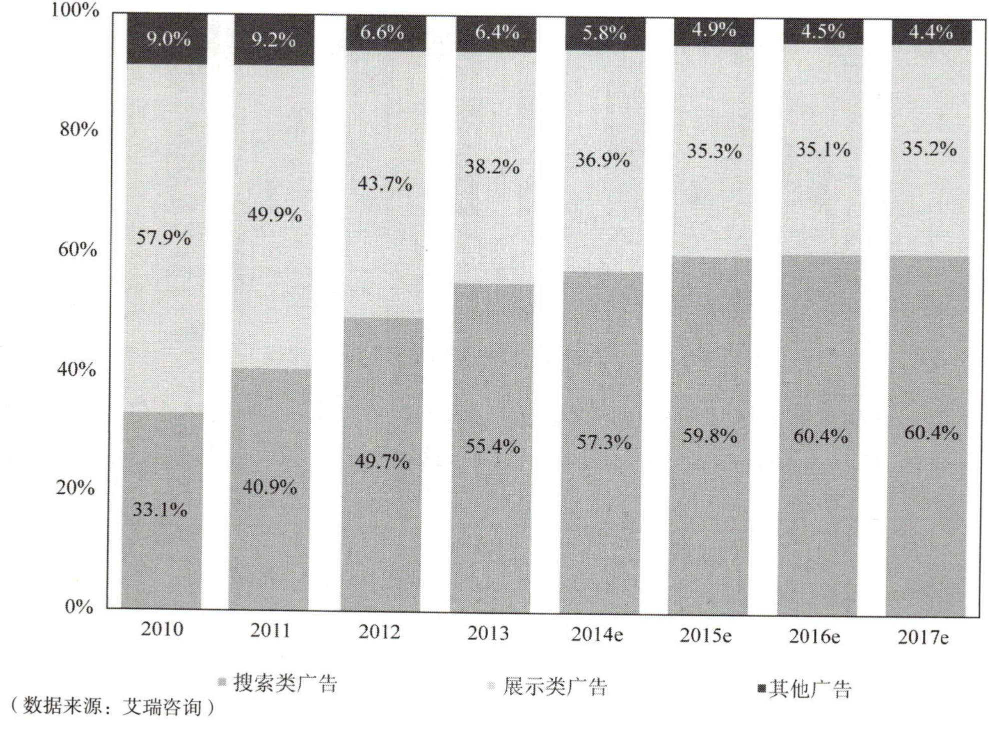

（数据来源：艾瑞咨询）

图13.6 2010—2017年中国不同形式广告市场结构趋势

2013 年，垂直搜索广告增长明显，占比达 28.9%，超越搜索关键字广告，成为占比最大的网络广告形式；视频贴片广告占比进一步上升，占比达 7.1%。品牌图形广告与搜索关键字广告作为传统网络广告形式，占比相对受到挤压。

以电商媒体为主的垂直搜索广告发展态势良好，占比不断上升，预计在 2017 年将达到 34.7%的市场份额。电子商务行业高速发展，网络购物交易规模再创新高，在线旅游市场也保持较为迅速的增长，电商广告主依赖网络营销进行曝光与导流，是垂直搜索广告增长的源动力；淘宝、京东、去哪儿等广告平台不断演进，为入驻平台商家提供了更多营销机会，推动了垂直搜索广告市场规模，如图 13.7 所示。

视频贴片广告也成为新的增长亮点，网络视频服务在整体网民中渗透率超过 90%，是网民最常使用的网络服务之一，网络视频营销价值潜力巨大。以快消、交通为代表的大品牌广告主青睐视频贴片广告，以此作为电视广告的有益补充，广告主有持续营销的需求，且有线上投入加强的意向。此外，视频网站在内容方面和产品方面不断加大投入：内容上，加大优质内容的独家购买力度，纷纷开始自制节目以加强品牌特性；产品层面，视频行业并购频发，增强自身实力，在 PC 端和移动端均有重要布局。以上均推动了视频贴片广告的份额不断上升。

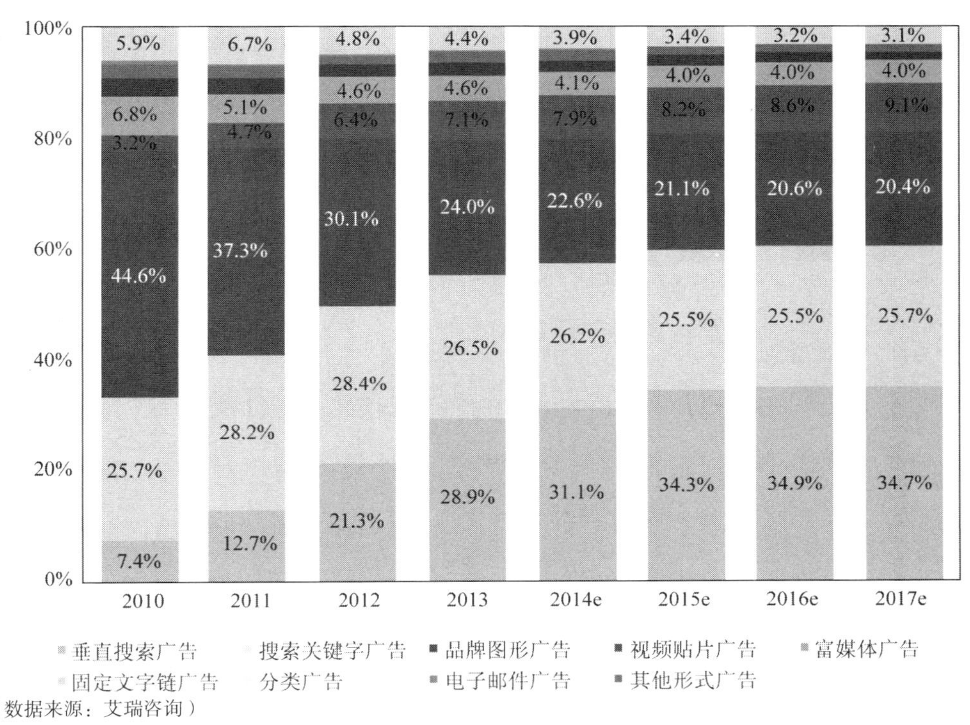

（数据来源：艾瑞咨询）

图13.7　2010—2017年中国不同形式网络广告市场份额

13.3.2　搜索广告

2013 年，关键字搜索市场规模达到 291.5 亿元，同比增长达 36.3%。增速低于整体网络广告市场。目前，关键字搜索广告仍然是最主要的网络广告形式之一。近年来，关键字搜索市场受到广告主数量增长变缓，以及移动端流量变现困难的影响，增速逐渐变慢。中小企业客户的进一步拓展与提高单个用户的 ARPU 值是提高关键字搜索市场规模的关键，如图 13.8 所示。

2013 年垂直搜索广告市场规模达到 318.0 亿元，同比增长达 98.1%，继续保持高速增长。垂直搜索市场的高速增长主要受到淘宝等电子商务领域中垂直搜索的带动，特别以淘宝直通车为代表的搜索广告，促进了垂直搜索广告市场的发展。去哪儿等以酒店机票预订为主要业务的垂直搜索广告也呈现出良好的发展势头，如图 13.9 所示。

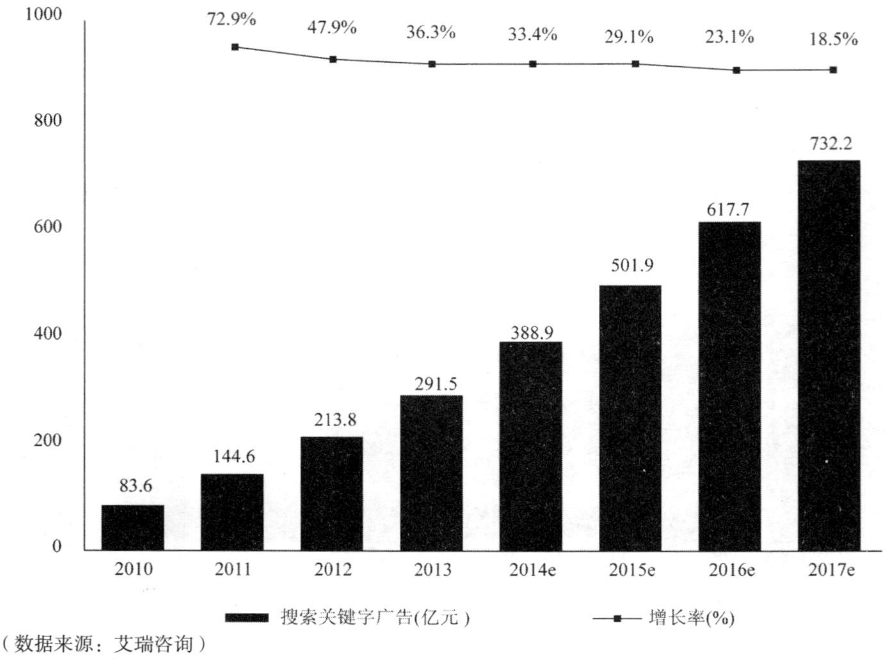

（数据来源：艾瑞咨询）

图13.8　2010—2017年中国关键字搜索类网络广告市场规模

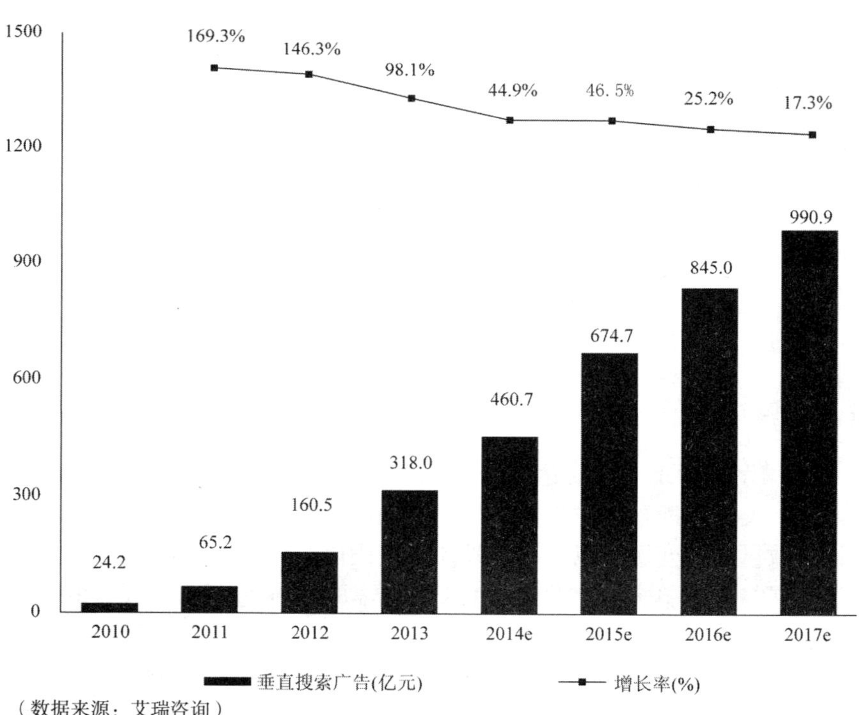

（数据来源：艾瑞咨询）

图13.9　2010—2017年中国垂直搜索类网络广告市场规模

13.3.3　展示广告

展示类广告包括品牌图形广告、视频贴片广告、富媒体广告和文字链广告。2013 年展示广告市场规模达到 419.8 亿元，同比增长 27.6%。展示类广告主要受到品牌广告主的青睐，随着部分广告主更加偏重效果营销，展示广告增速放缓。但大品牌广告主的持续投入以及 DSP 等广告技术的发展，还将促进展示广告的发展，如图 13.10 所示。

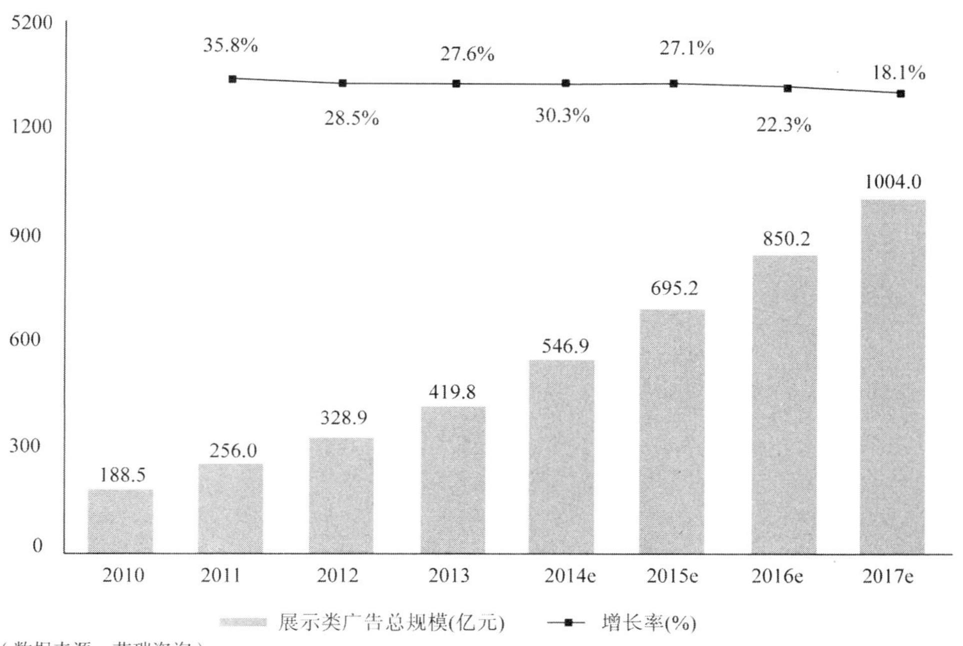

（数据来源：艾瑞咨询）

图13.10　2010—2017年中国展示类网络广告市场规模

展示类广告中，品牌图形广告占比依然最大，为 62.9%，但其占比逐渐降低，预计到 2017 年，比重将降到 58.0%。品牌图形广告一般属于核心媒体，品牌广告主对其认可度较高。视频贴片广告占比进一步提高，占比为 18.7%。视频贴片广告增长迅速，未来市场份额将进一步提高。富媒体广告近几年增长较慢，份额基本维持在 11%水平，未来增长性较其他两种形式稍低，如图 13.11 所示。

2013 年，品牌图形广告市场规模达到 264.1 亿元，同比增长 16.3%，增速低于整体展示类广告增长。品牌图形广告作为最成熟的网络广告形式，增长速度逐渐放缓。未来随着 RTB、DSP 产业链的快速发展，使得图形广告朝着实时与精准方向发展，未来品牌图形广告将会爆发新的增长点，如图 13.12 所示。

2013 年富媒体广告市场规模为 50.3 亿元，同比增长 46.4%。富媒体广告在广告表现方面较为丰富，创意性与互动性较强。富媒体广告目前在展示广告中体量较小，未来将保持较为平稳的增长，如图 13.13 所示。

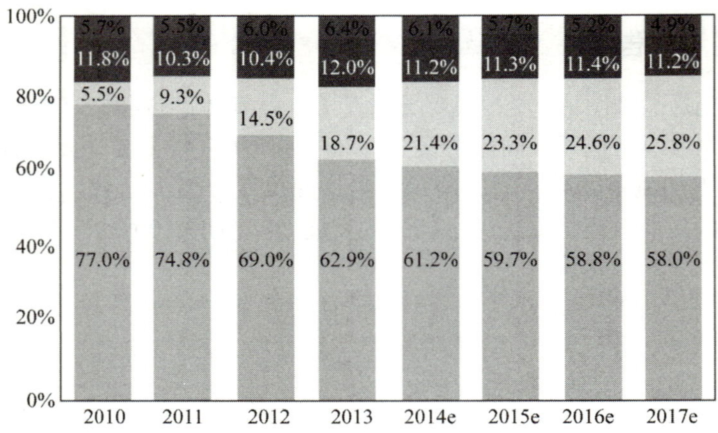

图13.11　2010—2017年中国展示类网络广告不同形式广告份额

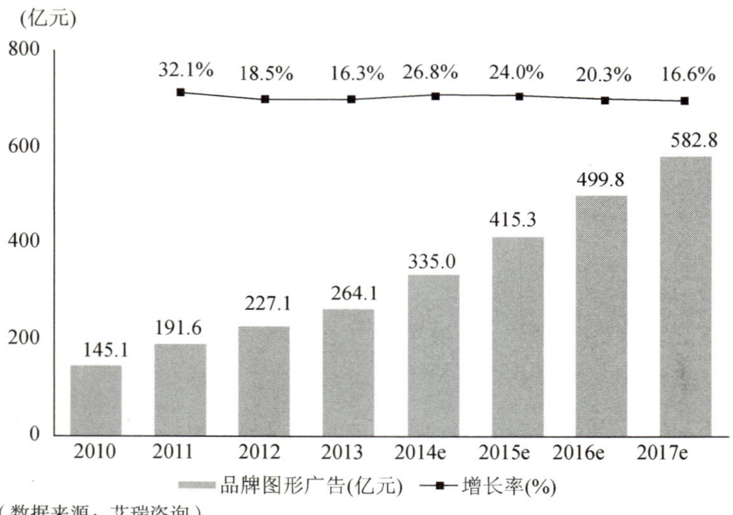

图13.12　2010—2017年中国品牌图形类网络广告市场规模

2013 年视频贴片广告市场规模为 78.5 亿元，同比增长 64.1%，目前仍然处于迅速增长阶段，未来随着市场进一步成熟，增速将有所放缓。电视广告资源逐渐减少，价格不断提高，视频贴片广告作为最接近电视广告的形式，受到品牌广告主，特别是快消类广告主的青睐，广告主预算将进一步从电视广告上转移到视频贴片广告，如图 13.14 所示。

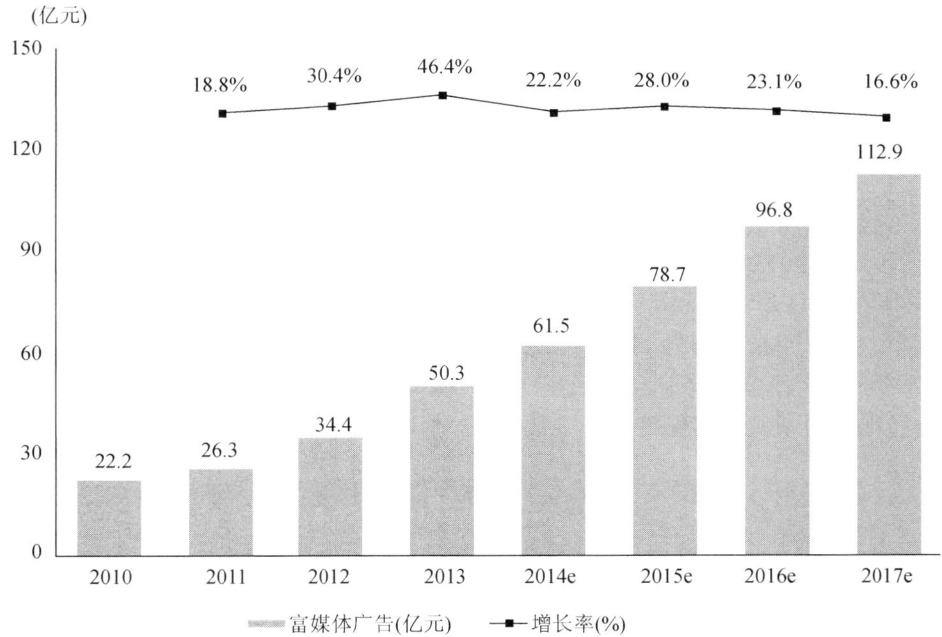

图13.13　2010—2017年中国富媒体类网络广告市场规模

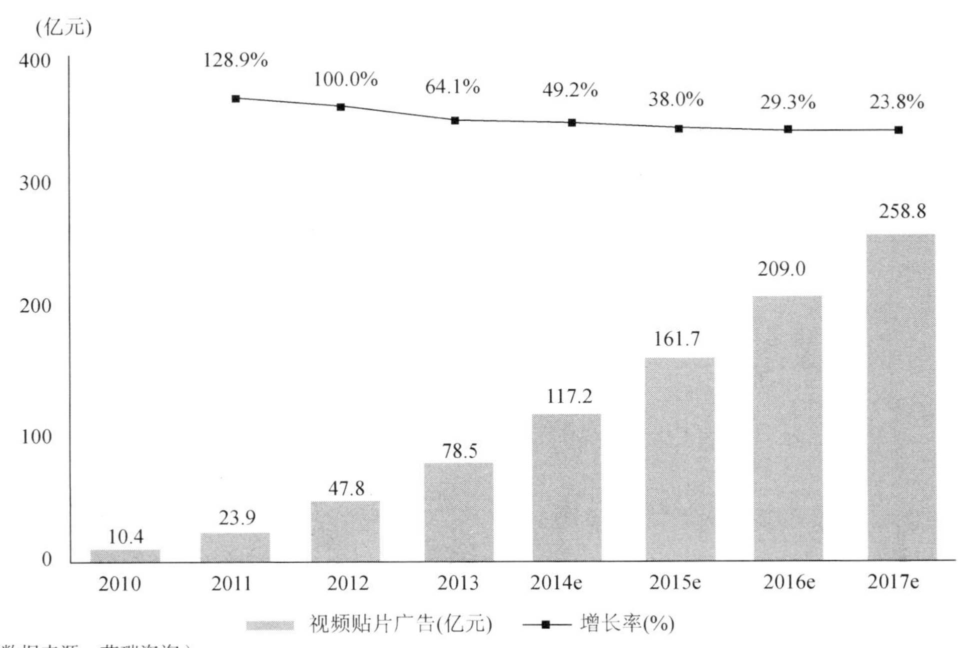

图13.14　2010—2017年中国视频贴片类网络广告市场规模

13.4 网络媒体发展情况

13.4.1 不同形式网络媒体市场概况

2013 年搜索引擎是占据最大份额的媒体形式，占比达 31.4%。电商网站紧随其后，占比为 28.4%。预计到 2015 年，电商网站将成为最大份额的媒体形式，占比达 38.7%，成为最具营销潜力的网络媒体形式之一。

2013 年，门户网站占比为 11.8%，其中的社交、视频业务是门户网站广告增长亮点，预计到 2017 年占比有小幅下降。独立视频网站占比为 7.2%，整体视频网站竞争加剧，预计到 2017 年独立视频网站占比将保持平稳，如图 13.15 所示。

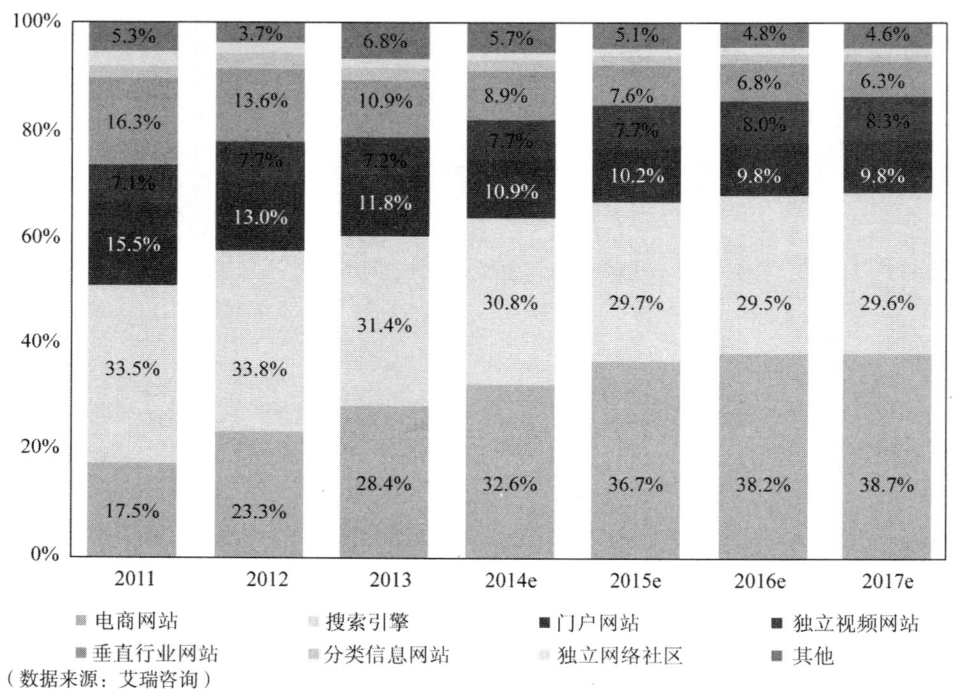

图13.15 2011—2017年中国网络媒体市场份额

13.4.2 搜索引擎网站广告规模

2013 年搜索引擎广告（仅含关键词广告与联盟展示广告）市场规模达到 345.2 亿元，同比增长达到 35.5%，如图 13.16 所示。

关键词广告与联盟广告是搜索引擎网站最核心的业务，未来将会保持较为稳定的增长。搜索引擎广告作为成熟的网络广告模式，基于用户的主动搜索行为，能够提供良好的曝光率与较高的 ROI，未来仍将持续受到广告主的青睐。

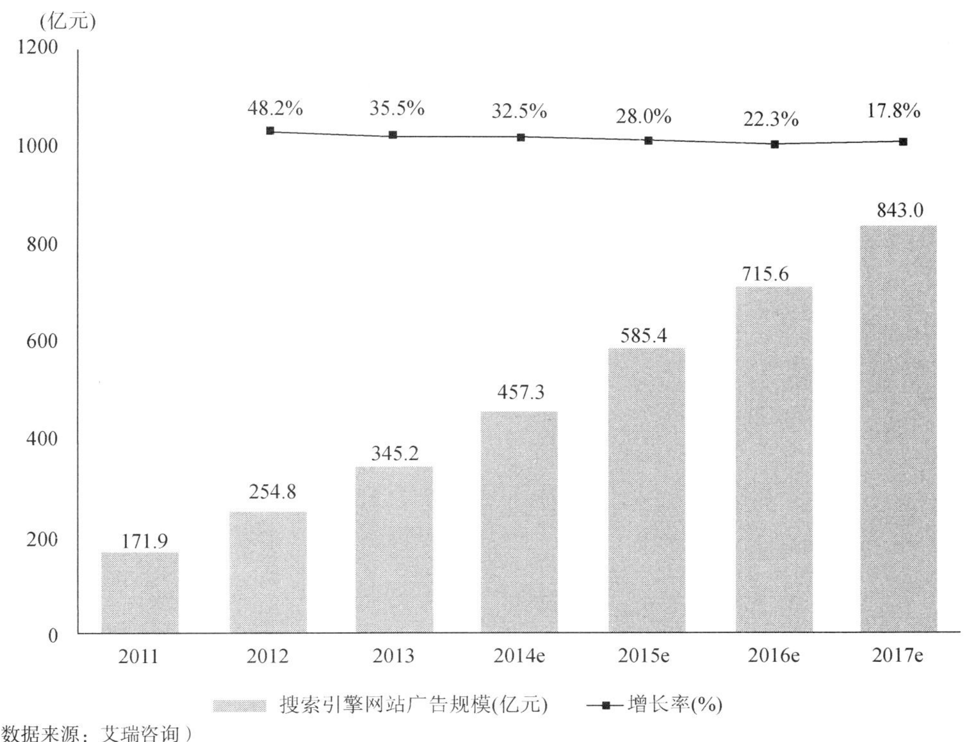

（数据来源：艾瑞咨询）

图13.16　2011—2017年中国搜索引擎网站广告规模

13.4.3　门户网站广告规模

2013 年门户网站广告市场规模为 129.8 亿元，同比增长 32.2%，增速较 2012 年有所上升，如图 13.17 所示。

各门户网站处于不断寻找新的广告增长点的阶段中。腾讯在社交广告与视频广告方面不断发力；搜狐在视频方面加大投入，新浪微博带动了新浪整体广告收入上升。网易在门户网站上积极树立品牌形象与品牌认知度。各家门户网站正在呈现差异化的发展。

13.4.4　电商网站广告规模

2013 年电子商务网站广告营收达到 312.0 亿元，同比增长达 77.6%。电子商务网站广告包括搜索广告和展示广告，其中淘宝广告收入占据了绝大部分份额，如图 13.18 所示。

随着阿里巴巴（尤其是淘宝及天猫）的网络广告收入的快速增长，各大电商也纷纷推出网络广告产品或服务，其媒体属性商业化日渐提升。电商广告主营销需求的旺盛，为电子商务网站高速发展网络营销提供了基础。

其中，京东在 2010 年年底推出广告平台，当年广告收益是 1000 万元；2011 年京东广告收入为 4000～5000 万元，2012 年接近 2 亿元，艾瑞预计京东在 2013 年广告收入为 6 亿元左右。

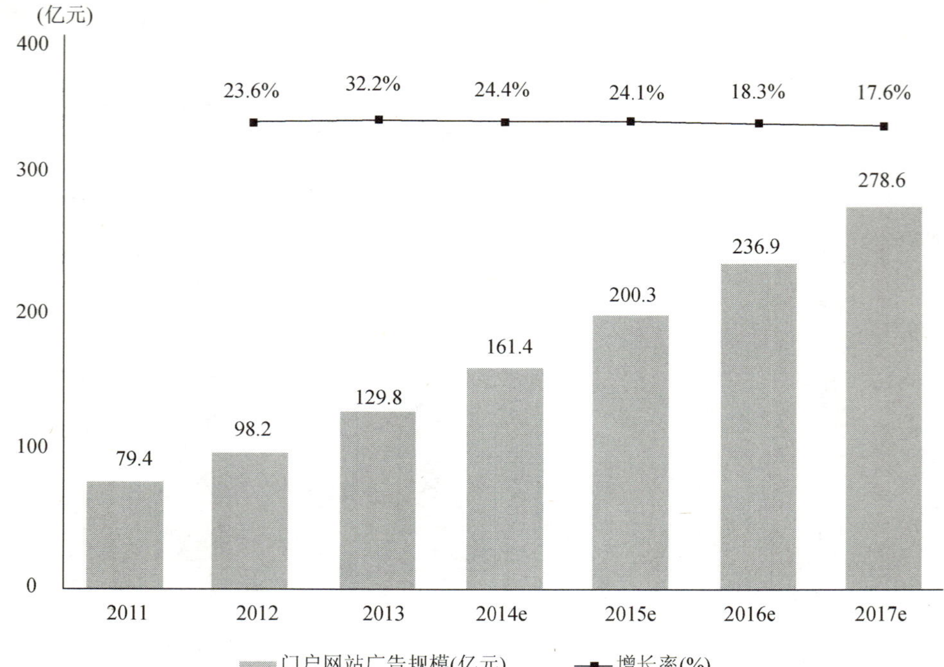

（数据来源：艾瑞咨询）

图13.17　2011—2017年中国门户网站广告规模

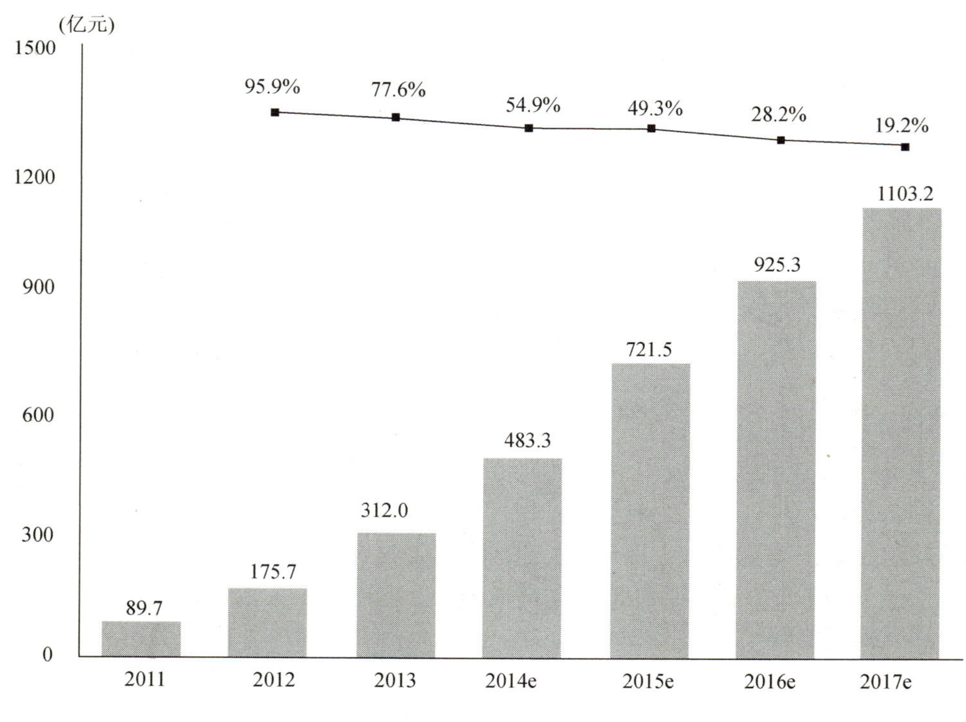

（数据来源：艾瑞咨询）

图13.18　2011—2017年中国电子商务网站广告规模

13.4.5　垂直行业网站广告规模

2013 年垂直行业网站广告规模为 119.6 亿元，同比增长 17.1%。垂直网站数量众多，覆盖面广，如图 13.19 所示。由于其在垂直领域较为专业，因此用户规模较为稳定。汽车类、房产类、IT 产品类等网站，受到垂直领域广告主青睐，广告收入增长稳健。

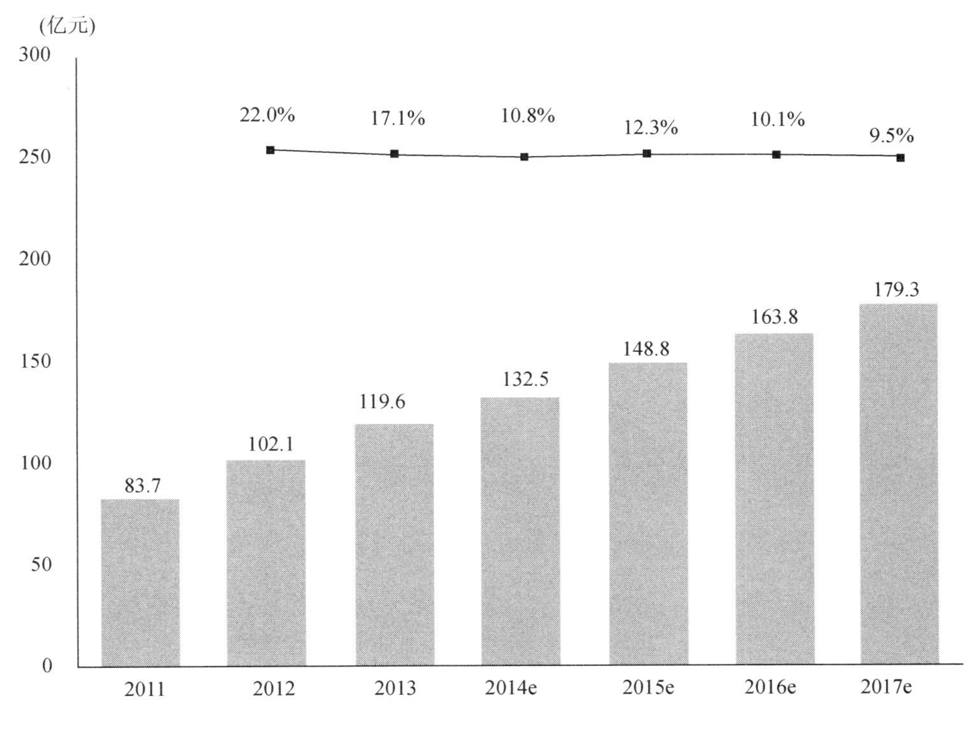

图13.19　2011—2017年中国垂直行业网站广告规模

13.4.6　独立视频网站广告规模

2013 年，独立视频网站网络广告规模达到 78.7 亿元，同比增速为 36.3%，如图 13.20 所示。预计未来几年，独立视频网站将保持高于整体网络市场的增速发展。目前网络视频市场竞争激烈，各大门户的视频网站纷纷通过自制剧、独家版权节目，加强自身实力，这加剧了视频网站市场的竞争度。独立视频网站未来将面临着强劲对手。

13.4.7　独立社区网站广告规模

2013 年独立网络社区市场规模达到 17.4 亿元，同比增长 11.7%，如图 13.21 所示。目前 PC 端社交服务市场竞争较为激烈，门户网站的社交服务用户量庞大，占据主要市场份额，独立社区网站更多定位于特定细分市场。此外，整体用户向移动端转移也对独立网络社区产生了较大的影响，而独立社区网站在移动端的商业化目前还处于起步阶段。预计未来几年，独立社区网站的整体广告营收增速将低于整体网络广告市场。

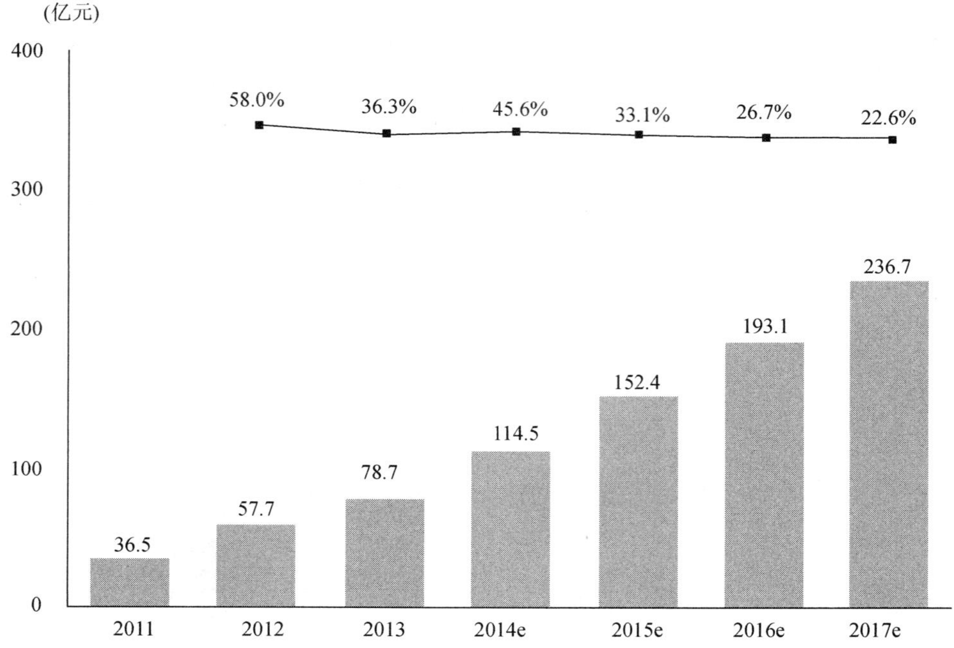

（数据来源：艾瑞咨询）

图13.20　2011—2017年中国独立视频网站广告规模

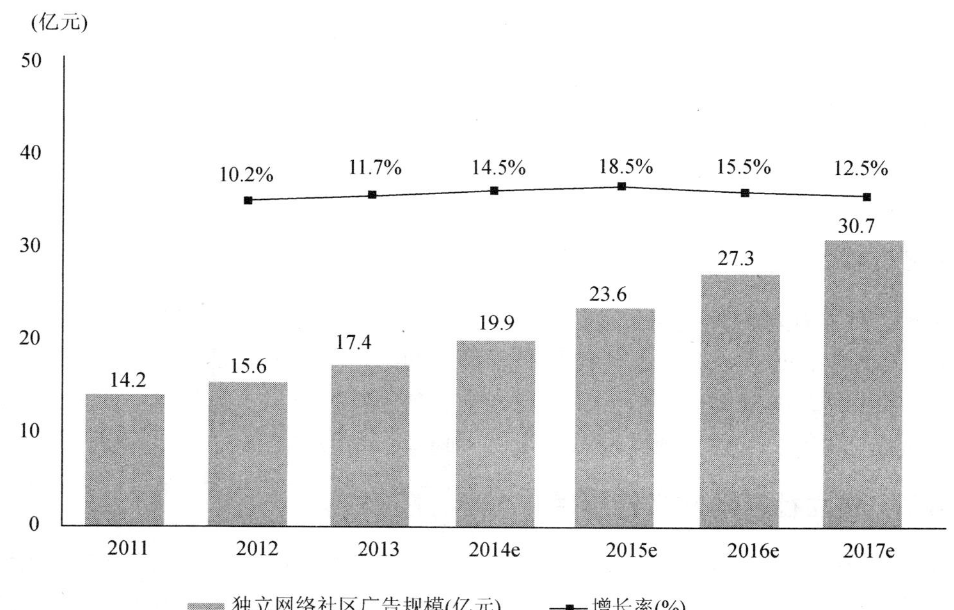

（数据来源：艾瑞咨询）

图13.21　2011—2017年中国独立网络社区网站广告规模

13.5 核心企业分析

13.5.1 媒体广告营收排名

2013 年互联网企业广告营收排位基本保持不变。百度、淘宝作为第一梯队，营收遥遥领先，均超过 280 亿元；谷歌中国、腾讯、搜狐、新浪、优酷土豆、搜房和奇虎 360 为第二梯队，营收在 20 亿元以上。其余企业位列第三阵营。

以爱奇艺 PPS、乐视网为代表的视频媒体广告营收增长迅速。奇虎 360 随着搜索及移动商业化进一步推进，广告营收增长显著。淘宝的媒体营销价值巨大，媒体营收进一步增长，如图 13.22 所示。

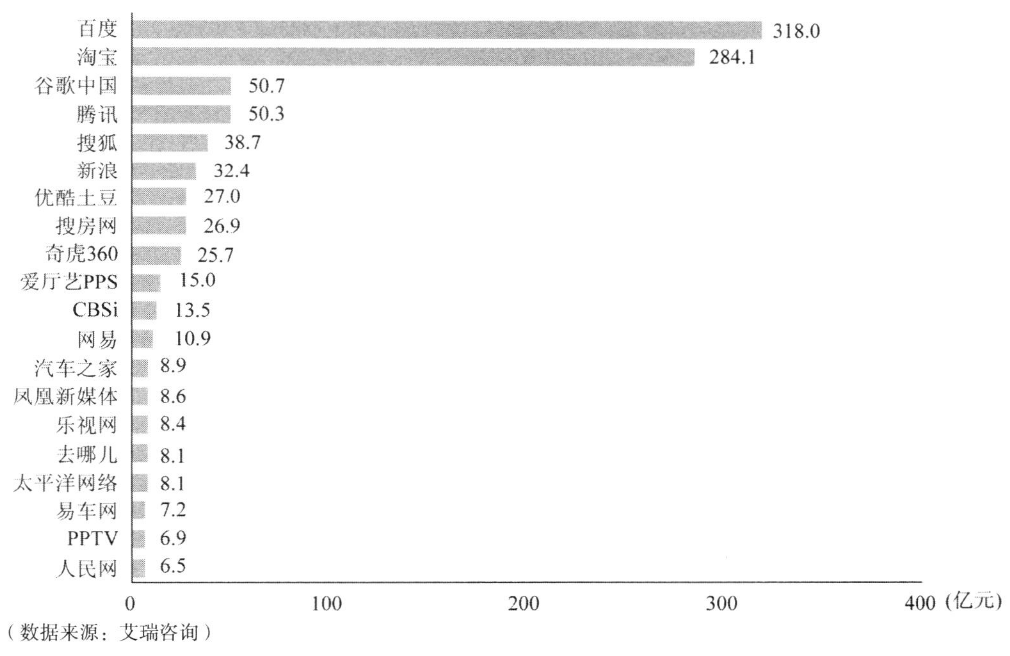

图13.22　2013年中国网络广告媒体营收规模排行

13.5.2 重点媒体市场份额分析

2013 年，网络广告市场集中度进一步提高。百度份额首次出现下降，从 2012 年的 29.5% 下降至 28.9%。淘宝占比有明显上升，占比为 25.8%，占比超过四分之一。腾讯、搜狐占比较去年均上升 0.1 个百分点。谷歌中国、新浪和网易占比继续下降。独立视频企业和垂直媒体的媒体价值迅速爆发是传统网络广告核心企业占比受到挤压的重要原因。

主要核心媒体中，百度在移动搜索方面持续投入，稳固其在搜索领域的地位；淘宝广告高速增长，众多中小商家的营销诉求强烈是其广告营收进一步提高的保证；腾讯在社交广告与视频广告方面成绩突出，这两项广告业务增长高于其门户广告收入增长；搜狐和新浪各自在其视频业务与微博业务方面持续投入，促进其广告营收增长，如图 13.23 所示。

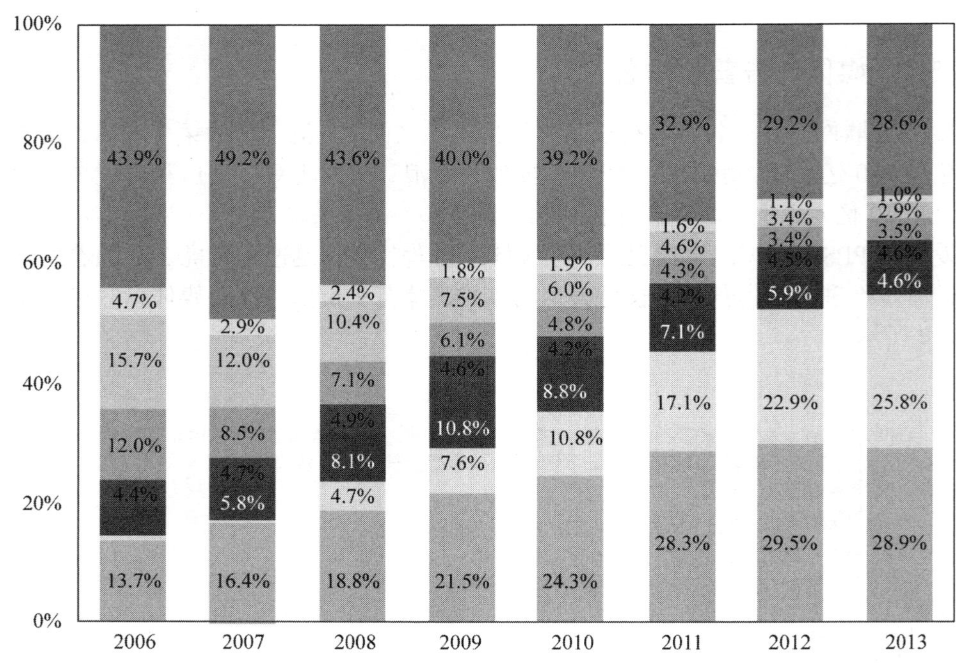

（数据来源：艾瑞咨询）

图13.23　2006—2013年中国网络广告市场核心媒体广告收入结构

13.5.3　重点媒体增长性分析

2013 年网络广告市场核心企业中，百度、淘宝、腾讯、搜狐、奇虎 360、爱奇艺 PPS、汽车之家与乐视网，都保持了与整体网络广告市场相当或以上的增速。

门户企业中，腾讯和搜狐各自依靠社交广告与视频广告的增长带动整体广告增长；爱奇艺 PPS 与乐视网增长明显，视频媒体的营销价值获得爆发；淘宝商家旺盛的营销需求继续推动淘宝广告收入增长；此外，奇虎 360 由于用户流量增长、搜索和移动商业化的推进，广告营收增长迅速；汽车之家作为垂直媒体代表也表现亮眼，如图 13.24 所示。

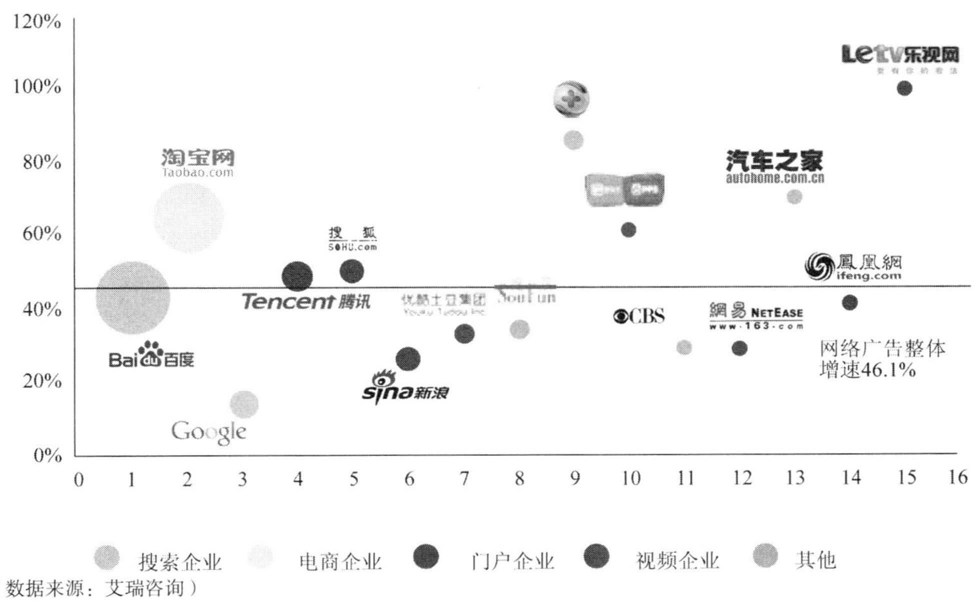

（数据来源：艾瑞咨询）

图13.24　2013年中国网络广告企业增长同比

13.6　主要行业网络展示广告媒体投放分析

2013 年展示类广告中，交通、网络服务与房地产三大行业继续领跑，占比分别为 19.9%、14.4%与 12.1%。与 2012 年相比，交通类广告占比略有下降，降幅为 1.2%；网络服务类有所上升，上升幅度为 1.1%；房地产市场占比小幅上涨，增长了 0.5%。

Top10 行业广告主中，增幅排名依次为：食品饮料类、网络服务类、化妆品浴室用品类与房地产类，降幅最大的是金融服务类。艾瑞咨询分析认为，食品饮料类与化妆品浴室用品类增长明显，体现出快消类广告主对网络营销认可增强，预算向线上逐步倾斜，如图 13.25 所示。

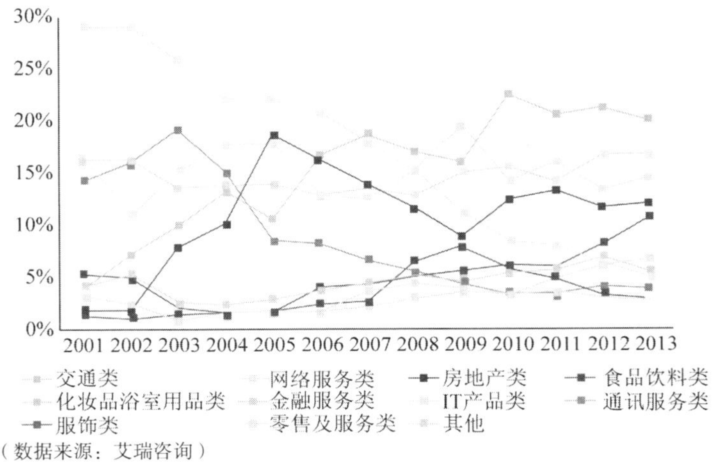

（数据来源：艾瑞咨询）

图13.25　2001—2013年中国展示类体广告市场份额排行

2013 年展示类广告的行业广告主中，交通类、网络服务类、房地产类、食品饮料类与化妆品浴室用品类展示广告投放规模均超过 20 亿元。前五类投放规模总计占比达整体市场规模的 63.7%，投放集中度较强，如图 13.26 所示。

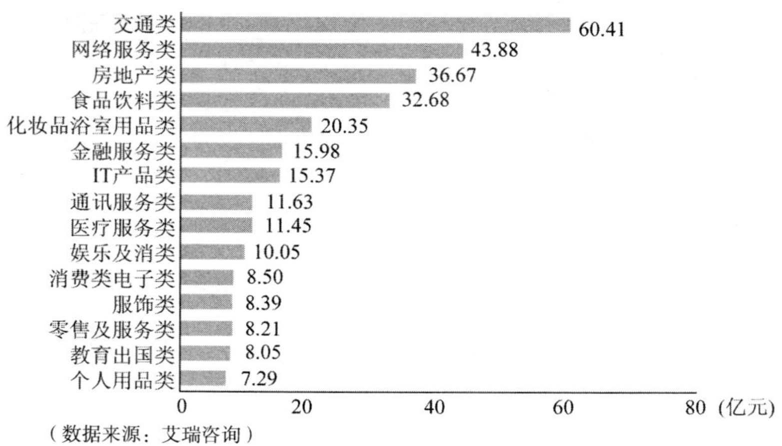

图13.26 2013年中国主要行业广告投放规模排行

在展示广告投放广告主 Top20 中，投放规模均超过 2 亿元，总计为 62.86 亿元。Top20 投放规模较去年有较大提升。其中，交通类广告主占据 6 家，快消类广告主占据 5 家，如图 13.27 所示。

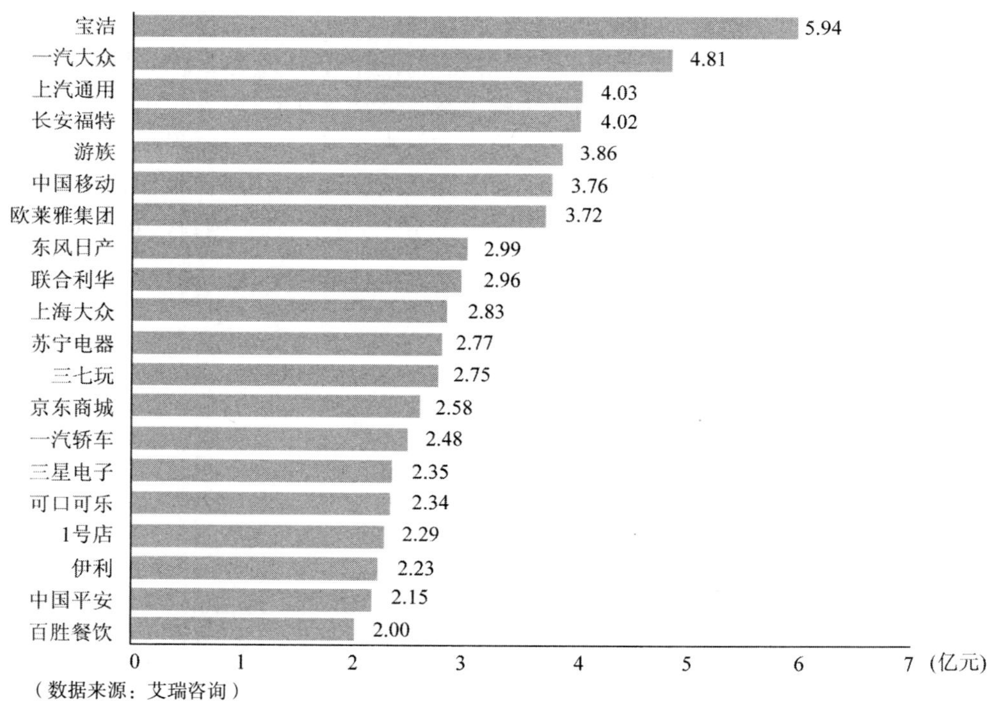

图13.27 2013年中国广告主广告投放规模排行

13.6.1　交通类广告

交通类广告主投放规模为 60.4 亿元，同比增长 11.7%。从 2011 年以来，交通类展示广告投放规模增幅降低趋势明显。2013 年国内大城市汽车限购力度加大，对整体汽车市场有一定影响；而日系汽车销售有所恢复，豪华汽车本土化进程加快等因素一定程度上促进了交通类广告投放，如图 13.28 所示。

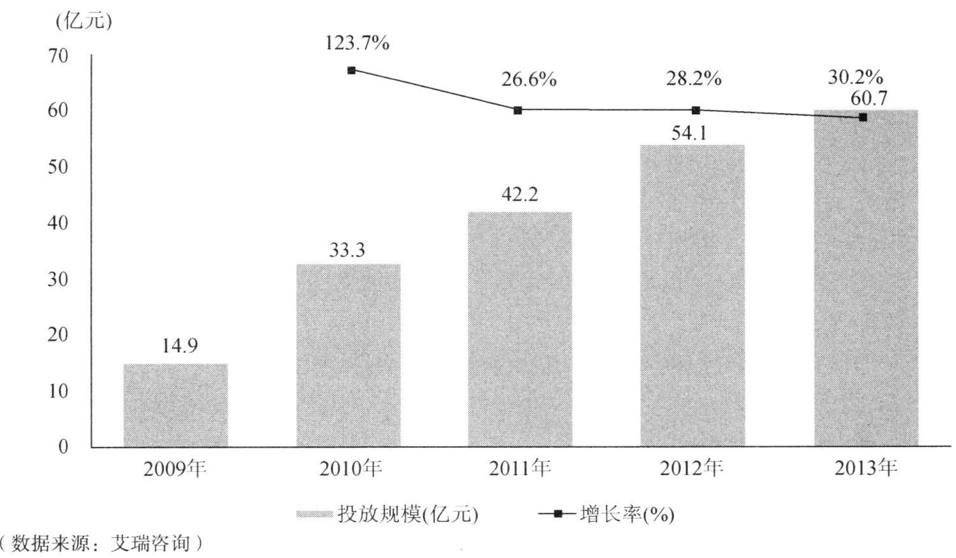

图13.28　2013年中国交通类广告投放规模

一汽大众投放规模最高，投放规模为 4.81 亿元。其余广告主投放规模均在 1 亿元以上。合资品牌成为投放主力。与去年相比，前三位排名未变，一汽大众位列第一，投放规模为 4.81 亿元，上汽通用与长安福特投放规模均为 4.02 亿元，并列第二位。前三名投放规模均超过 4 亿元，如图 13.29 所示。

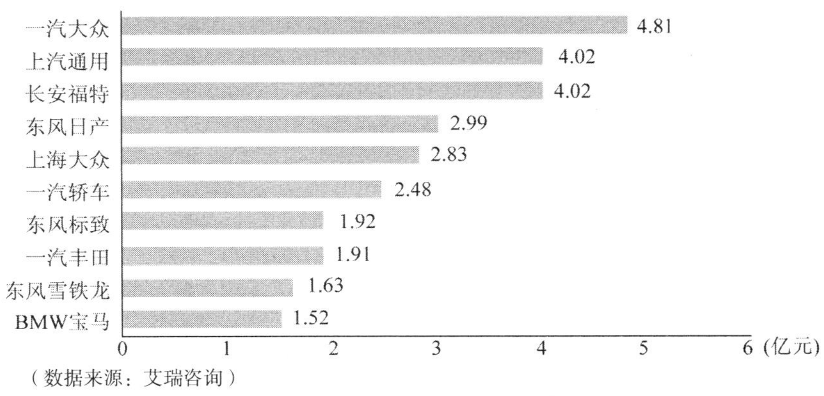

图13.29　2013年中国交通类广告主投放排行

门户网站与汽车网站成为交通类广告主最重要的投放媒体，其中门户网站占比为 47.6%，超过汽车网站的 34.2%。广告主更多地选择门户网站，主要原因为其目标消费者与门户网站的主体受众有较高契合度，如图 13.30 所示。

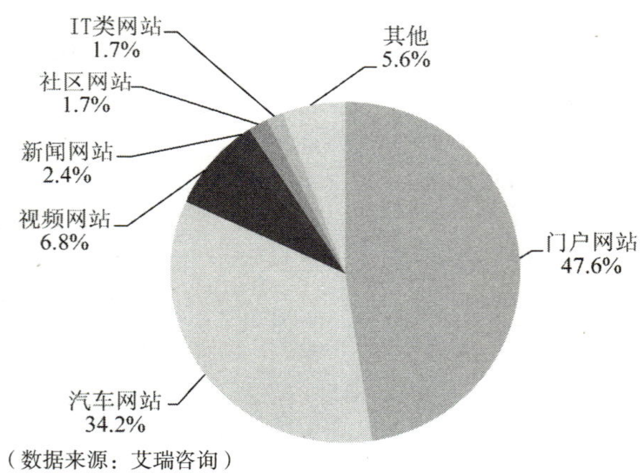

图13.30　2013年中国交通类广告主媒体投放选择

13.6.2　房地产类广告

2013 年房地产行业投放规模为 36.7 亿元，同比增长 23.6%。较 2012 年增幅有较大提升。受政策因素影响，2013 年房地产市场有所回暖，直接促进广告主投入规模同比有较大提升，如图 13.31 所示。

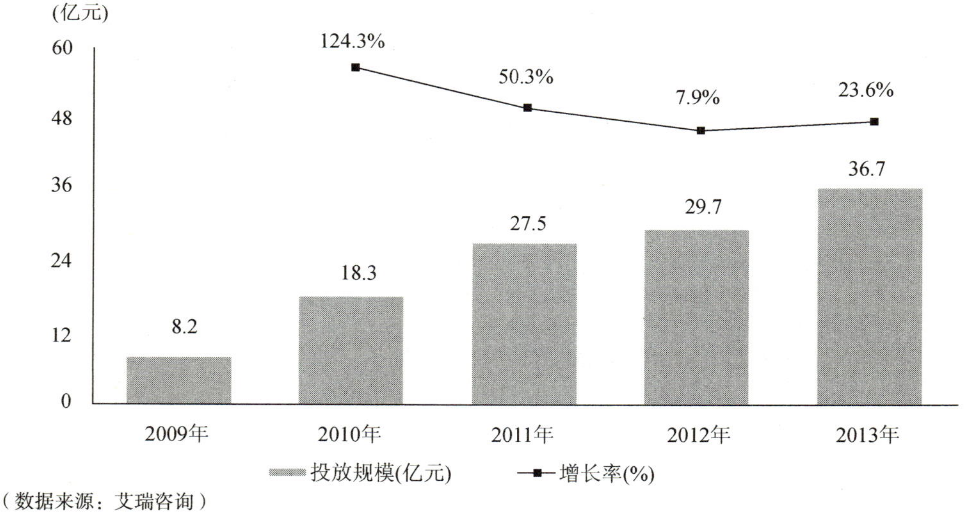

图13.31　2013年中国房地产广告投放规模

在广告主方面，Top10 广告主投放规模较为相近，差距不大。保利地产成为投入最多的广告主，投放规模达到 0.72 亿元，如图 13.32 所示。

2013 年房地产类细分行业广告主中，楼盘宣传占据最主要的部分，占比达 89.0%，这与楼市整体回暖，促进销量上升直接相关。商务出租、房地产企业形象与装潢出租等其他服务占比较小，均低于 5%，如图 13.33 所示。

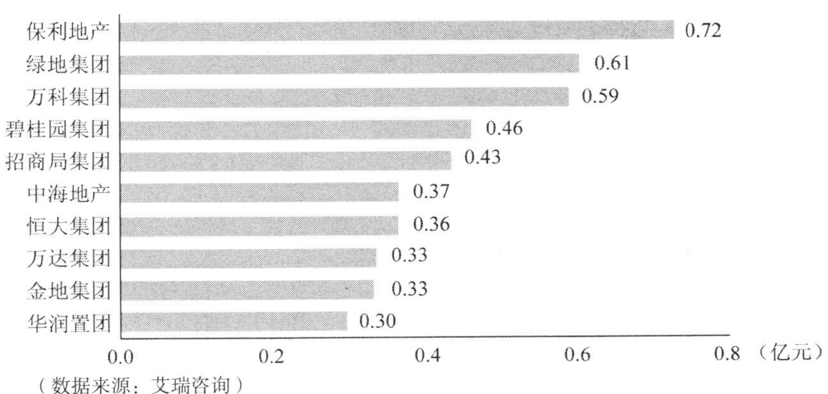

图13.32　2013年中国房地产广告主投放排行

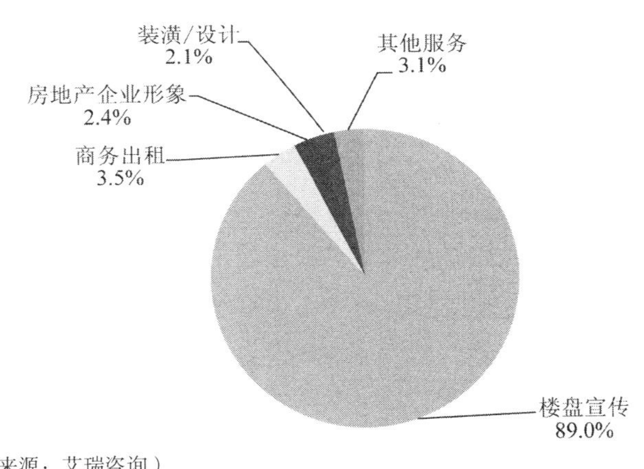

图13.33　2013年中国房地产广告主投放细分

在投放媒体选择方面，房地产商目标客户相对较为集中，房产网站占比达 77.2%，占据绝对优势。门户网站与地方网站及其他媒体则作为补充。房产等非标准化商品购买频率低，单次消费金额高，因此消费者往往愿意选择在专业的垂直网站上寻找相关信息，如图 13.34 所示。

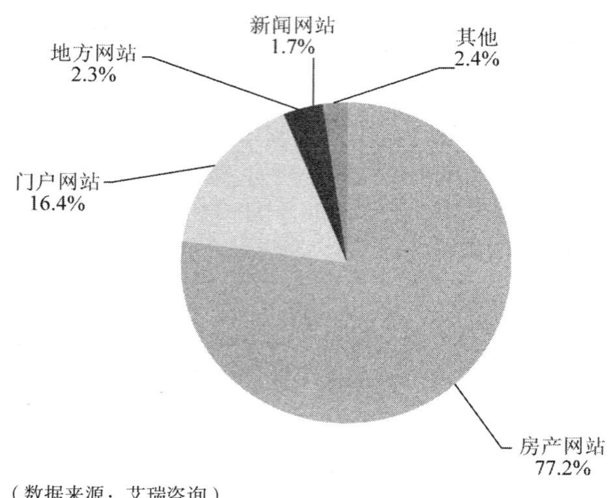

（数据来源：艾瑞咨询）

图13.34　2013年中国房地产广告主媒体投放选择

13.6.3　金融服务类广告

2013 年金融服务类广告投放总规模为 16 亿元，同比下降 8.4%，近四年来首次出现同比下降，如图 13.35 所示。金融服务类与实体经济息息相关，受其影响明显，具有先行效应。

在广告主方面，Top10 广告主差距较大，中国平安投放规模达 2.15 亿元，较去年有大幅度下降，如图 13.36 所示。银行类广告主投放金额依然保持平稳增长。

2013 年保险/投资服务在广告投放中占比达 52.2%，较 2012 年的 47.6%有一定幅度上升，如　图 13.37 所示。保险/投资服务成为金融服务类中第一大细分投放行业。而银行服务类广告主占比有小幅下降。这两类是金融服务类最主要的广告主。

在投放媒体上，门户网站是最主要的媒体，占比达 61.2%。财经网站与新闻网站排名第二三位，占比分别为 14.6%与 6.2%，如图 13.38 所示。金融服务类目标客户群主要为社会中层阶级以上人士，与门户、财经、新闻类网站主要用户较为契合。

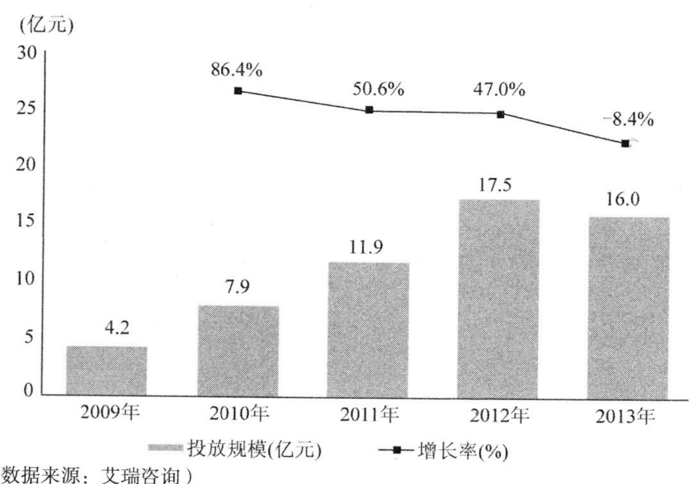

（数据来源：艾瑞咨询）

图13.35　2013年中国金融服务类广告投放规模

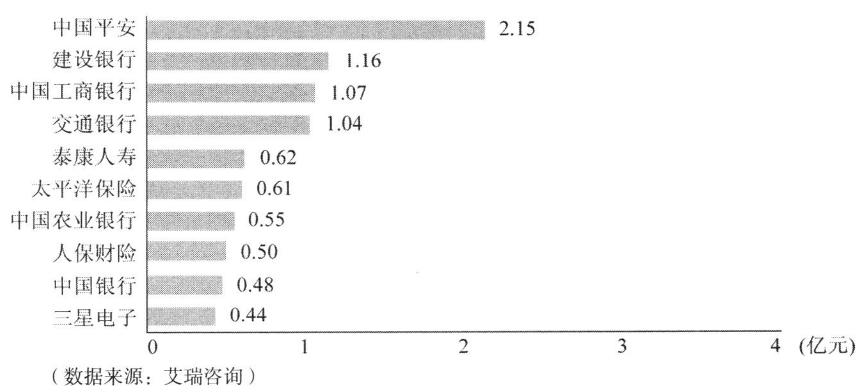

（数据来源：艾瑞咨询）

图13.36　2013年中国金融服务类广告主投放排行

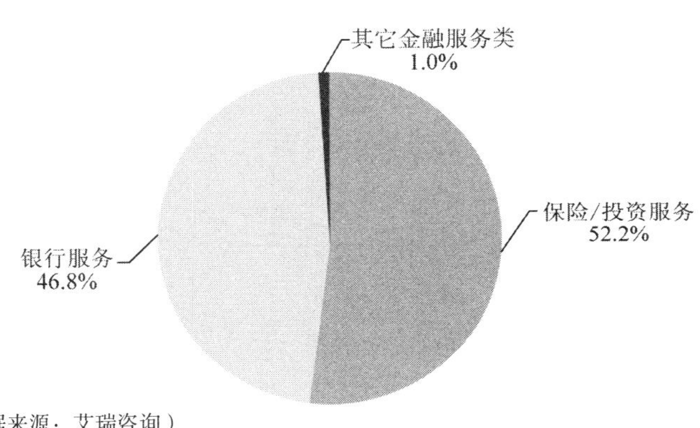

（数据来源：艾瑞咨询）

图13.37　2013年中国金融服务类广告投放细分

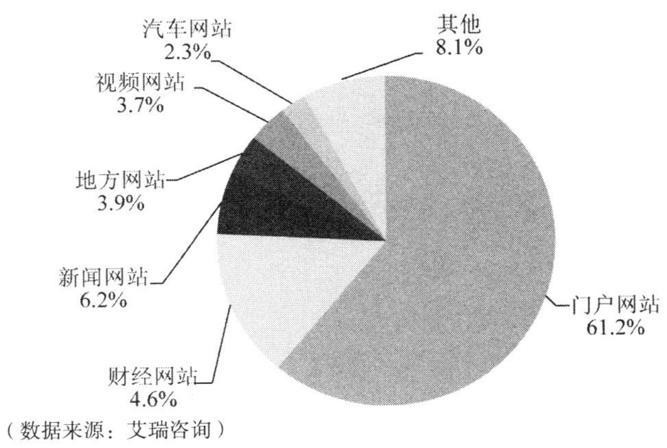

（数据来源：艾瑞咨询）

图13.38　2013年中国金融服务类广告主媒体投放选择

13.6.4 IT 类广告

2013 年 IT 类广告投放规模达到 15.4 亿元，同比下降 2.0%。IT 类广告主曾经是网络广告第一大行业广告主，但是这几年其广告投放增长较其他主要行业低。近三年 IT 类广告主广告投放规模份额为 8.0%、6.1%、5.0%，比重逐年下降，如图 13.39 所示。

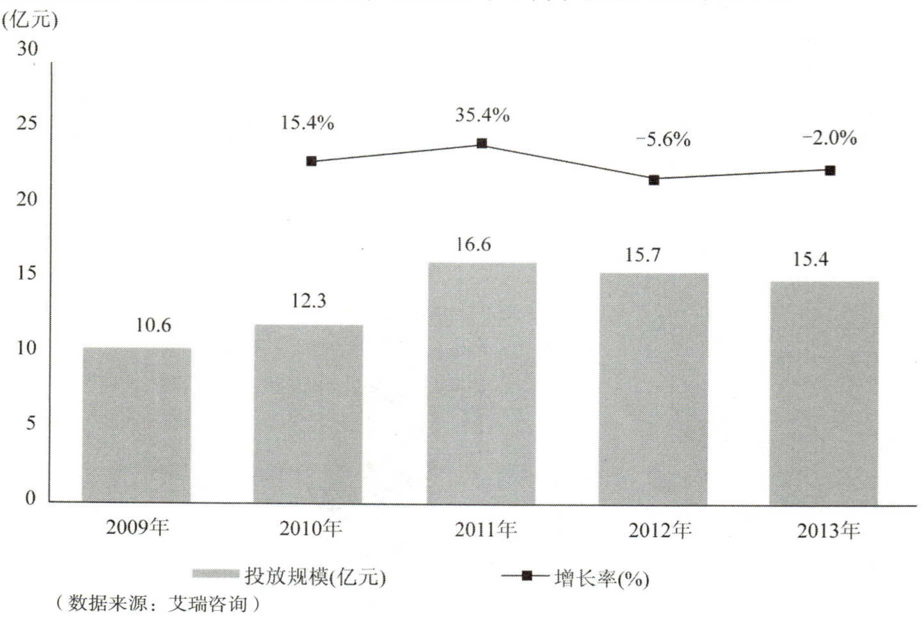

图13.39 2009—2013年中国IT类广告主投放规模

在广告主投放方面，投放前五名为英特尔、壹人壹本、微软、IBM 和联想，投放规模均超过 1 亿元。其中，英特尔超越壹人壹本，成为 2013 年 IT 产品类最大广告主，投放金额达 1.82 亿元。微软与 IBM 在广告投入方面与去年相比有小幅上升，壹人壹本与联想则有小幅下降，如图 13.40 所示。

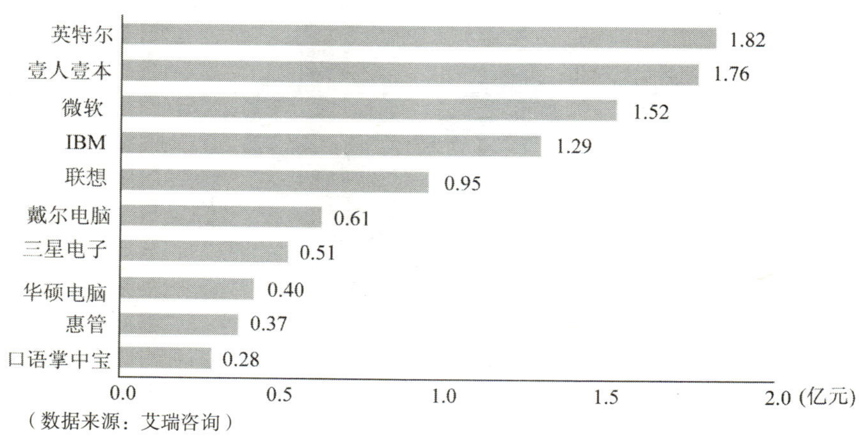

图13.40 2013年中国IT类广告主投放排行

2013 年平板电脑/掌上电脑投放占比达 22.5%，成为 IT 类产品广告投放中占比最大的细分行业。而此类产品在 2012 年占比仅为 16.4%，排名第三。随着移动互联网的蓬勃发展，智能移动设备出货量大幅上升，其营销需求也愈加旺盛。电脑与电脑配件投放规模排名第二位与第三位，占比分别为 21.7%与 21.4%。其中，电脑类产品投放规模同比下降明显，下降幅度超过 10%，如图 13.41 所示。

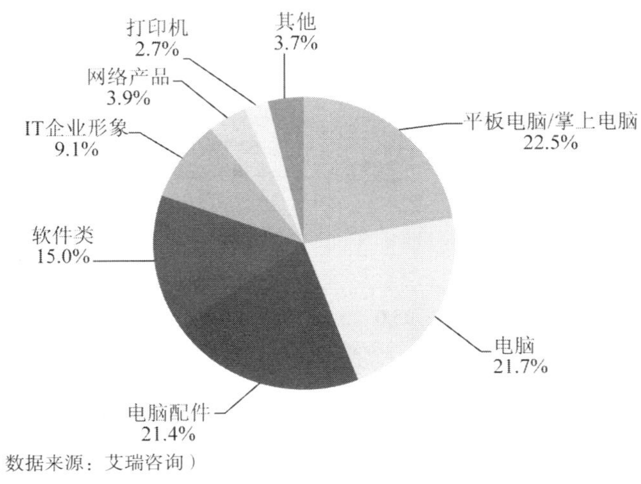

图13.41　2013年中国IT类广告投放细分

广告投放的媒体选择上，IT 类广告主首选 IT 类网站，其次是门户网站，投放费用分别占 42.0%和 35.9%，与 2012 年相比，IT 类网站投放小幅下降，门户网站投放略有上升。视频网站投放占比为 6.7%，与 2012 年相比，也有小幅上升。其他类型网站的投放较少，比例分配较均匀，但比例相对下降，如图 13.42 所示。

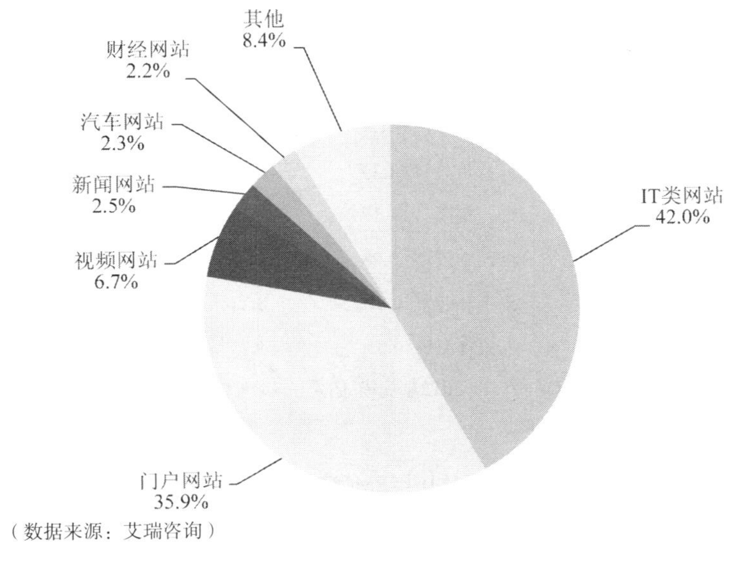

图13.42　2013年中国IT类广告主媒体投放选择

13.6.5 FMCG 类广告

2013 年 FMCG 类广告主在网络展示广告上投放规模为 59.5 亿元，同比增长 46.3%，增幅较去年有所下降，如图 13.43 所示。从整体情况来看，快消类广告主逐渐认可网络营销的效果，将把预算更多地向网络营销方面倾斜。

2013 年，FMCG 类广告主中，宝洁、欧莱雅集团、联合利华、可口可乐与伊利投入均超过 2 亿元，其中宝洁投入达到 4.78 亿元，逐年上升，如图 13.44 所示。

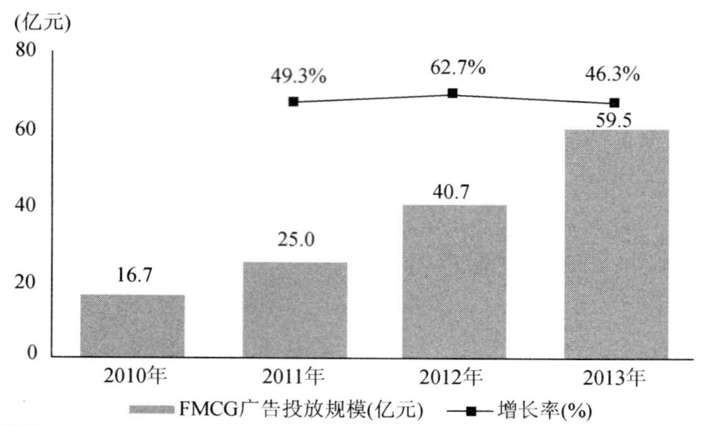

（数据来源：艾瑞咨询）

图13.43　2010—2013年中国FMCG广告投放规模

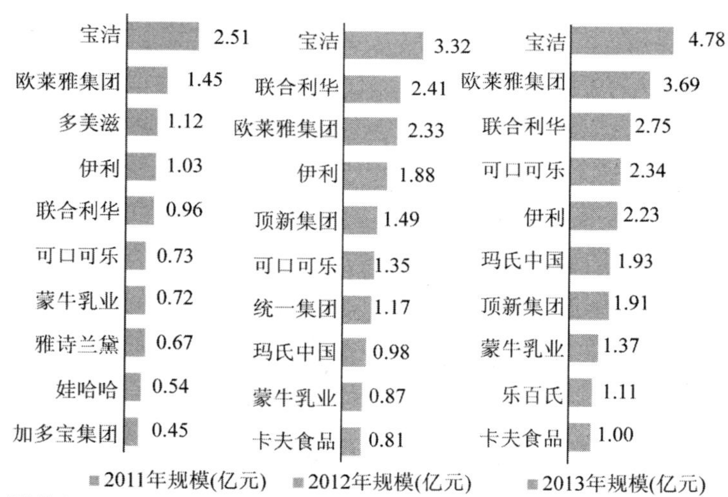

（数据来源：艾瑞咨询）

图13.44　2011—2013年中国FMCG类广告主投放排行

2013 年，FMCG 广告主主要投放媒体集中在门户网站与视频网站，其中视频网站占比由去年的 28.6%上升到 30.2%，如图 13.45 所示。视频贴片广告作为 TVC 广告的重要补充，受到 FMCG 类广告主的青睐。

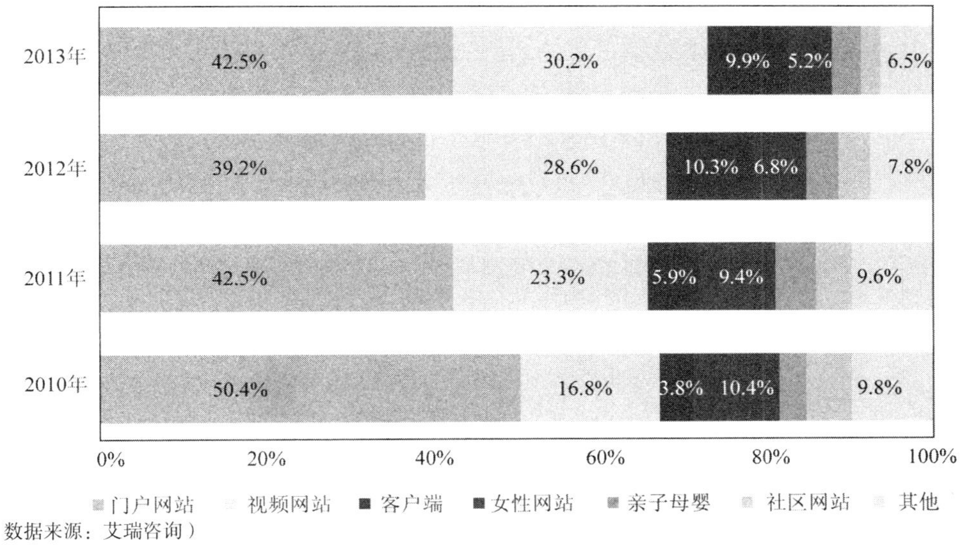

（数据来源：艾瑞咨询）

图13.45　2010—2013年中国FMCG类广告媒体投放比例

13.6.6　电子商务类广告

将广告主细分行业拆分后合并分析电子商务行业的网络展示广告市场规模。2013 年电子商务行业广告主投放规模为 8.0 亿元，同比下降 15.6%，如图 13.46 所示。电子商务行业在展示广告方面投入下降主要由于电商企业对于广告促进销售效果的诉求进一步加强，将预算转移到搜索、导航与联盟网站上投放。

2013 年电子商务行业广告主展示广告投放中，在门户网站上投入占比达 63.0%，较去年进一步上升。在视频网站中的投放有较为明显的下降，占比为 6.6%，如图 13.47 所示。

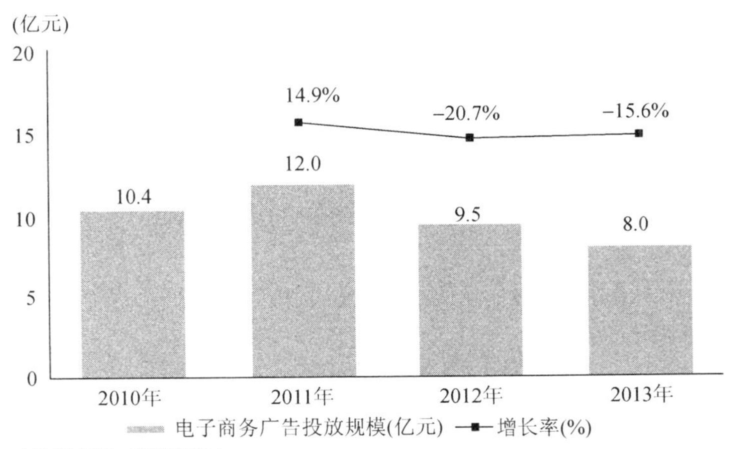

（数据来源：艾瑞咨询）

图13.46　2010—2013年中国电子商务广告投放规模

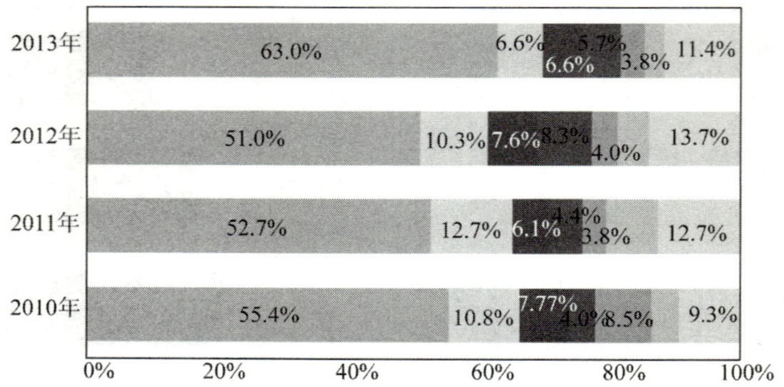

图13.47　2010—2013年中国电子商务广告媒体投放比例

（艾瑞咨询　杨雪斌）

第 14 章 2013 年中国网络视频发展情况

14.1 发展概况

14.1.1 版权保护力度加大

首先，国家进一步加大版权保护力度，打击盗版行为。2013 年，国务院组建国家新闻出版广播电影电视总局，统筹规划新闻出版广播电影电视事业产业发展，监督管理新闻出版广播影视机构和业务以及出版物、广播影视节目的内容和质量，负责著作权管理等。在信息技术日新月异的今天，网民能方便快捷地获取内容资源，但这同时也导致盗版横行，严重影响了出版、电影、音乐等产业的健康发展。新机构将强化版权保护的监管职责，从新闻出版、广播影视、网络新媒体全方面打击盗版侵权行为，促进文化产业健康、快速发展。

其次，民间机构和企业对版权保护也非常重视。例如，2013 年 12 月，由百度视频、爱奇艺、PPS、酷 6 网、华数 TV、浙江卫视、江苏卫视、东方卫视、湖南卫视等众多机构联合发起的“正版视频助推行动”，通过多方协作来一起推进网络视频行业的正版化发展。2013 年 12 月底，首都版权产业联盟在北京召开发布会，宣布从 2014 年开始针对网络侵权行为实施“清源行动”，呼吁国内互联网顶尖的广告联盟断开对盗版网站的广告支持，从收入源头打击盗版网站。此外，2013 年针对网络版权的诉讼也时有发生。

14.1.2 经济稳步发展助力网络视频产业发展

据国家统计局公布的 2013 年宏观经济数据显示[1]，2013 年全年中国国内生产总值 568845 亿元，按可比价格计算，比上年增长 7.7%。全年城镇居民人均总收入为 29547 元。其中，城镇居民人均可支配收入 26955 元，比上年名义增长 9.7%，扣除价格因素实际增长 7.0%。全年农村居民人均纯收入 8896 元，比上年名义增长 12.4%，扣除价格因素实际增长 9.3%。

居民收入稳步增长，带动居民在手机、电脑方面的消费日益上升。根据国家统计局公布数据显示，我国 2013 年微型计算机产量达 33661 台，家庭电脑拥有率继续提升。根据工信部公布的数据显示[2]，2013 年，移动电话用户净增 11695.8 万户，总数达 12.29 亿户，移动

---

[1] 国家统计局《中华人民共和国 2013 年国民经济和社会发展统计公报》

[2] 中华人民共和国工业和信息化部公布的《2013 年通信运营业统计公报》

电话用户普及率达 90.8 部/百人，比上年提高 8.3 部/百人。新增 3G 移动电话用户 1.69 亿户，总规模突破 4 亿户，在移动用户中的渗透率达到 32.7%，同比提高 11.8 个百分点。

居民在个人电脑、智能手机等终端设备以及宽带接入方面的提升，直接带动互联网网民增加，为网络视频使用率的提升打下了坚实的基础。

14.1.3 用户观看视频的习惯正在改变

网民上网行为从 PC 端向移动端转移。根据 CNNIC 调查统计[1]，截至 2013 年 12 月，我国网民规模达 6.18 亿，年增长 9.5%。与此同时，手机网民继续保持良好的增长态势，规模达到 5 亿人，年增长率为 19.1%，手机继续保持第一大上网终端的地位。而新网民较高的手机上网比例也说明了手机在网民增长中的促进作用。2013 年中国新增手机网民中使用手机上网的比例高达 73.3%，远高于其他设备上网的网民比例，手机依然是中国网民增长的主要驱动力。不仅使用手机上网的人群增长，人均手机上网使用频次和时长也在逐年增长。

此外，以家庭为基础的网上娱乐逐渐增加，助推网络视频用户增长。具体表现在电视上网开始向普通家庭渗透，以家庭为单位的网络视频收看行为增加。2013 年，新发布的电视产品大多具有上网功能，为网络视频在电视端的普及提供了硬件条件。除了传统企业，乐视、小米、百度等企业也纷纷推出智能电视，加速智能电视的普及，为网络视频进入客厅创造了基本条件。网络视频通过两个方式拓展用户：一方面，网络视频进入电视端后，能拓展上网人群。在电脑和手机上收看网络视频，需要专业上网知识，操作相对复杂，而网络视频通过机顶盒、客户端等方式展现在电视端，用户通过遥控器收看视频，操作相对简单，这使得部分原本不会上网的用户也能通过电视收看网络视频。另一方面，网络视频进入电视端，会使得部分非网民也能接触到网络视频。电视屏幕较大，能聚集多名观众一起收看视频，突破电脑与移动设备由于屏幕较小而导致一起观看的人偏少的限制，即便是不会上网的电视观众，也能看到网络视频。

14.1.4 新技术、新产品丰富了网络视频产业

（1）终端设备日渐丰富。具体表现在智能手机屏幕扩大，分辨率提升，智能电视上网，通过机顶盒上网收看网络视频的家庭比例提升。

手机方面，2013 年，主流品牌纷纷发布大尺寸高清屏幕的旗舰手机，手机屏幕大部分在 5 英寸以上，完全突破了因手机屏幕小带给用户视觉体验不足的局限。手机分辨率也有了大幅度提升，几乎都是 1080P 的高清屏幕，不仅能满足普通视频的播放要求，而且能满足高清电影的播放。这批手机的显示体验已可与平板电脑媲美，而且携带比平板更方便，用户用手机观看视频的时间和意愿都将会增加。从以往看，2011—2012 年随着 4 英寸智能手机的普及，带动了手机视频使用率的快速提升，本次 5 英寸以上高性能手机上市，必将推动手机视频增长。此外，此次密集发布的手机不论在操作系统上还是处理器上都有了较大的提升，为用户手机播放视频提供了保证。

电视方面，电视智能化，成为互联网终端重要的一块屏幕，多屏时代正式到来。不仅传统电视厂商纷纷推出能接通网络的智能电视，互联网企业也纷纷推出智能电视，智能电视市

[1] 中国互联网络信息中心（CNNIC）发布的《第 33 次中国互联网络发展状况统计报告》

场异常活跃。此外，通过电视盒子连接电视收看网络视频，也是 2013 年网络视频产业的重要内容之一。

（2）网络环境日益改善。2013 年，基础电信企业固定互联网宽带接入用户净增 1905.6 万户，总数达 1.89 亿户。其中，2M 以上、4M 以上和 8M 以上宽带接入用户占宽带用户总数的比重分别达到 96.2%、78.8%、22.6%，比上年分别提高 1.9、14.3、9.5 个百分点。家庭宽带逐渐提速，50M、100M 网速的宽带已进入普通家庭。此外，家庭 WiFi、城市 WiFi 覆盖面持续扩展，3G 用户快速增加。2013 年年底，4G 手机服务正式推出，为户外移动视频业务奠定了坚实的基础。

（3）视频内容日新月异。2013 年，以用户原创内容（User Generated Content，UGC）为核心的微视频得到了快速发展，社交化的网络平台促进了 UGC 内容的分享与收看。比如腾讯微视等网站，将 UGC 内容引入社交网络，很好地促进了 UGC 资源的发展。

（4）网络自制节目反哺电视台。进军内容制作，台网联动，反向输出成热潮。此前，各大网站为争夺热播剧版权，在内容成本上居高不下，不少视频网站为走差异化，开始注重自制内容，包括微电影、自制节目、投拍影视剧等，或与电视台合作制作剧目。随后，自制节目植入广告，承担部分营收任务，出色的节目也向电视台输入。2013 年，视频网站反哺电视台这种模式已初见成效。

14.2　市场发展状况

截至 2013 年 12 月，中国网络视频用户规模达 4.28 亿人，较上年年底增加 5637 万人，增长率为 15.2%。网络视频使用率为 69.3%，与 2012 年年底相比增长 3.4 个百分点（见图 14.1）。

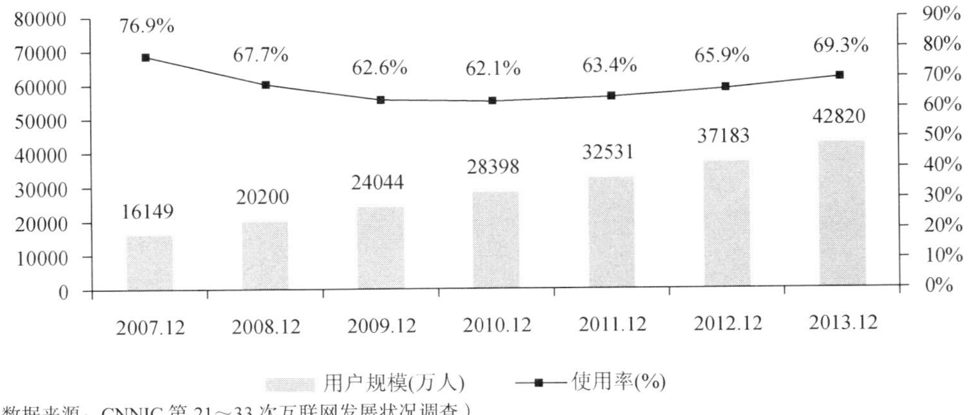

（数据来源：CNNIC 第 21～33 次互联网发展状况调查）

图14.1　2007.12—2013.12中国网络视频用户规模和使用率

网络视频用户数继续呈现快速增长趋势，得益于以下几方面的改善：首先，网络建设和视频设备为网络视频提供了更好的使用条件；其次，网络视频内容更为丰富，吸引更多网民在线收看视频；最后，网络视频与传统电视媒体的深入合作，带动了网络视频的播放。

2013 年，中国网络视频行业发生显著变化：战略层面上，视频网站并购和整合力度加大，出现跨行业、线上线下等方面的整合，不断改变着网络视频行业格局。产品层面上，视频企业不但加强了 PC 端和移动端产品的优化升级，而且加强了与客厅娱乐相关的业务推进，围绕“家庭娱乐”推出了与网络视频相关的机顶盒、路由器、互联网电视等硬件产品，力求打赢“客厅争夺战”。网站内容层面上，不少视频企业一方面加大自制剧的开发，以降低版权购买成本、减少亏损，另一方面加强线下热播剧目的购买力度，以吸引新客户、增加广告收入。

14.3 主要视频服务类型发展情况

14.3.1 视频点播

1. 终端设备使用率

用户主要通过 PC（台式机/笔记本）上网看视频，使用比例达 96%，但使用移动设备（手机/平板）上网看视频的比例也达到了 49.4%。随着移动设备性能提高、无线网速加快，以及视频客户端操作设计的优化，移动网络视频也渐渐被人们接受（见图 14.2）。

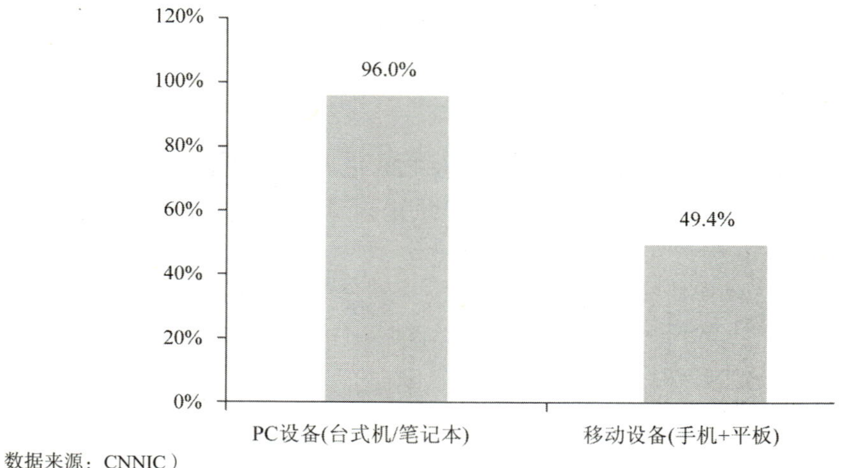

（数据来源：CNNIC）

图14.2 网络视频用户终端设备使用率

从用户所用设备重合情况来看，50.6%的用户只用 PC（笔记本电脑+台式机）上网看视频，另有 45.5%的用户既通过 PC 也通过手机或平板上网看视频，仅有 3.9%的用户只通过手机或平板上网看视频（见图 14.3）。

当前主流智能手机、平板电脑性能已基本能满足在线看视频的需求，但由于其在操作系统上与PC差异较大，以及PC在高清播放和桌面播放方面表现更优秀等原因，移动设备还不能完全替代PC。大多数使用移动设备看视频的用户同时也使用PC观看，他们在不同场景使用不同设备观看视频。

2013 年，移动终端设备性能提升较快，其中手机表现在：部分手机屏幕尺寸扩展至 5.5 英寸及以上，屏幕分辨率最高达 1920×1080，手机 CPU 提升至 4 核甚至 8 核等，高端手机性能已经与普通 PC 没有太大差别；平板电脑也推出 Windows Pro 版本，使用 Intel 酷睿 i5/i7 第三代处理器，硬盘容量达到了 256GB，配上可拆卸键盘，性能已与高端笔记本电脑差别不大。高速发展的移动设备，使其以后完全替代普通 PC 成为了可能。

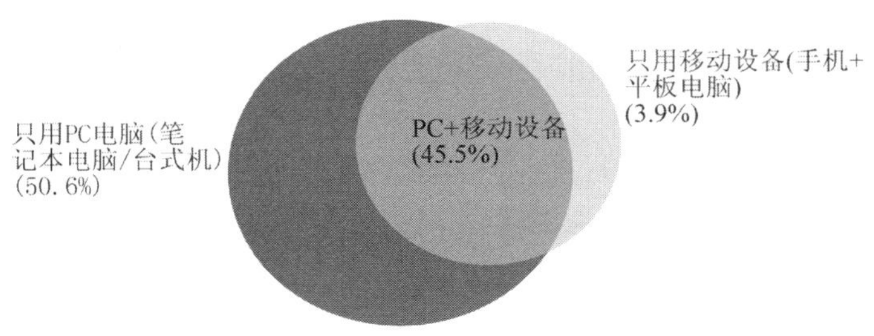

图14.3　网络视频终端设备重合度

由于 3G 移动流量资费较高，当前移动设备收看视频大多是通过 WiFi 网络进行，随着移动资费下调以及移动网速加快，移动视频市场仍有较大增长空间。

2. 收看频率

当前通过 PC（台式机+笔记本电脑）收看网络视频的频率明显高于移动设备（手机+平板电脑）。30.8%的用户每天通过 PC 收看视频，远高于移动设备的 12.5%；有 51.5%的用户每周至少 3 天通过 PC 收看视频，也大大高于移动设备（22.7%）。当前移动设备普及率快速提升，但受限于普及率、网络以及设备性能等因素，使用其观看视频的频率还不如 PC（见图 14.4）。

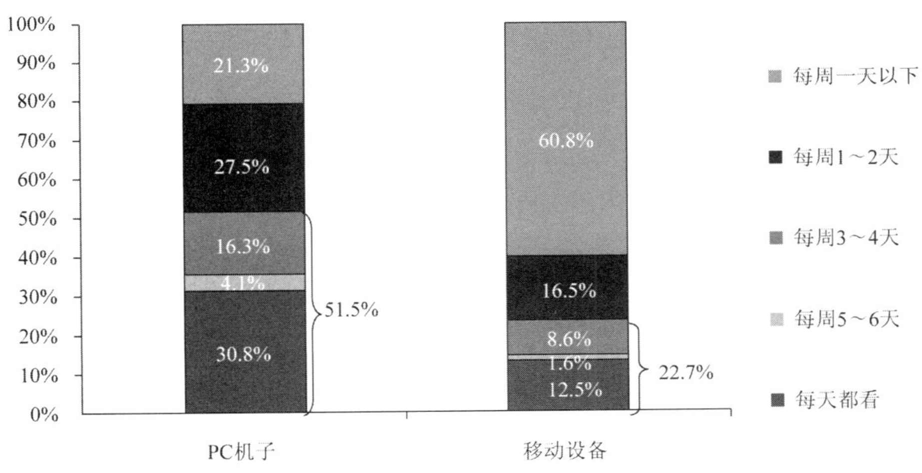

（数据来源：CNNIC）

图14.4　网络视频用户收看频率

3. 用户黏性影响因素

在用户选择网站的决策因素中，35.2%的用户选择了“播放流畅、速度快”，位居第一，看视频不卡仍然是用户选择网站的最主要因素；“广告时间短”、“清晰度高”位居第二、三位，选择的比例分别为 23.9%、23.2%。

与上年相比，选择“广告时间短”的比例增加，且上升了一位，表明随着视频广告越来越长，广告长短已逐渐成为影响用户选择的最重要原因之一。而“清晰度高”在考虑因素中下降了一位，因为当前视频网站普遍提供了“高清”、“普清”、“流畅”等清晰度档次供选择，用户可以根据自己的网络情况选择相应的清晰度，因此用户选择视频网站时，对清晰度的考虑已经逐渐减少（见图 14.5）。

此外内容更新速度、查询方便程度、内容丰富度等也是影响用户黏性的重要原因。

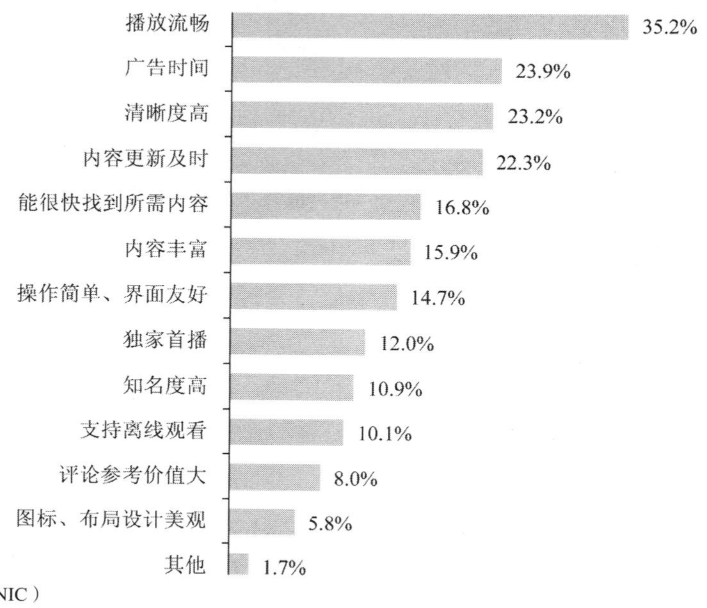

图14.5　用户选择视频网站的因素

14.3.2　视频分享

有近一半的视频用户分享过视频，比例达到 49.0%（见图 14.6）。由于当前大部分视频网站、SNS 网站以及微博都有方便快捷的分享功能，使得用户对所感兴趣的视频进行分享的积极性较高。

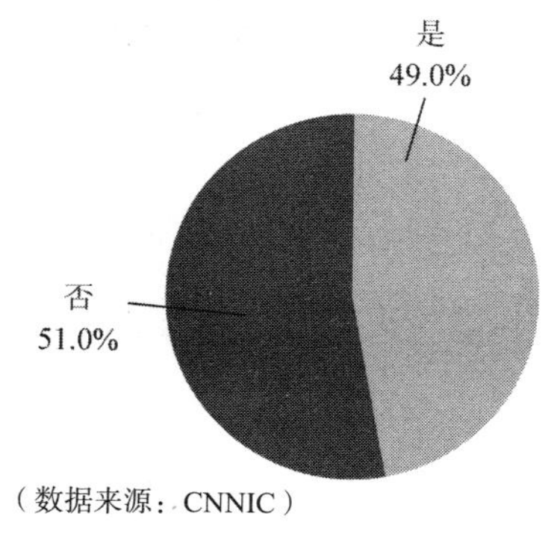

图14.6　网络视频用户视频分享情况

在分享视频至其他网站的人群中，73.3%的用户分享至博客或者个人空间，另有 60.4%的用户会分享至微博，47.2%的用户会分享至社交网站（见图 14.7）。博客或空间仍然是个人最主要的分享目的地，但经过几年迅速发展，微博已成为用户较为重要的分享目的地。

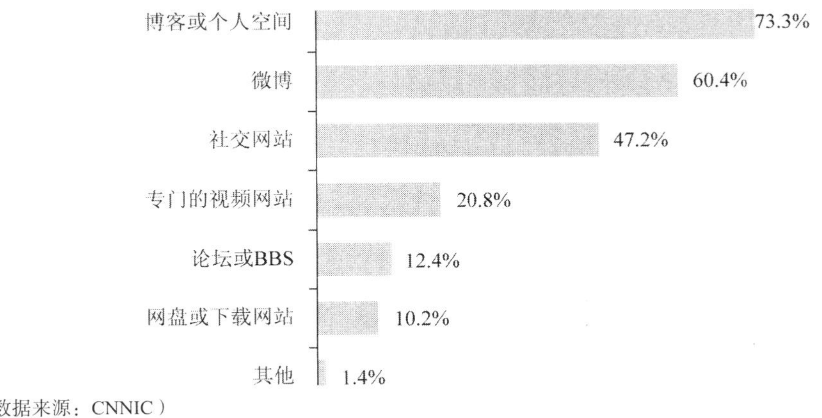

图14.7　视频分享目标站点

14.3.3　付费视频

1. 付费视频用户使用比率

中国付费视频业务刚刚起步，只有 8.1%的视频用户有过付费收看视频的经历，比例仍然较低（见图 14.8）。当前视频清晰度相对不高、盗版横行、用户习惯等因素影响了用户的付费意愿，使得视频企业的营收仍以广告收入为主，但放眼未来，随着网速加快，网站能提供高清及时的影视资源，用户的付费意愿必然会提升，付费视频行业潜力巨大。

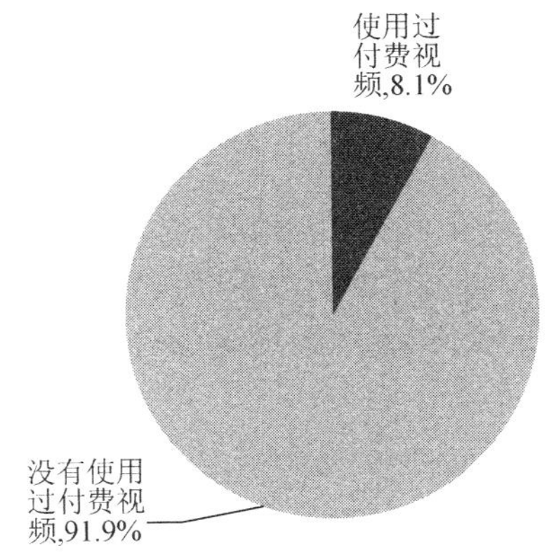

（数据来源：CNNIC）

图14.8　网络视频用户付费视频使用比例

2. 付费视频用户使用频率

有过付费经历的用户中，偶尔用过一两次的比例占 66.7%，几个月一次的比例为 6.3%，使用频率较低，这部分用户还未真正形成付费习惯。但也有 18.4%的付费用户每周至少一次付费经历，8.6%的用户平均每月至少一次付费经历，此类用户的付费习惯已经养成（见图 14.9）。

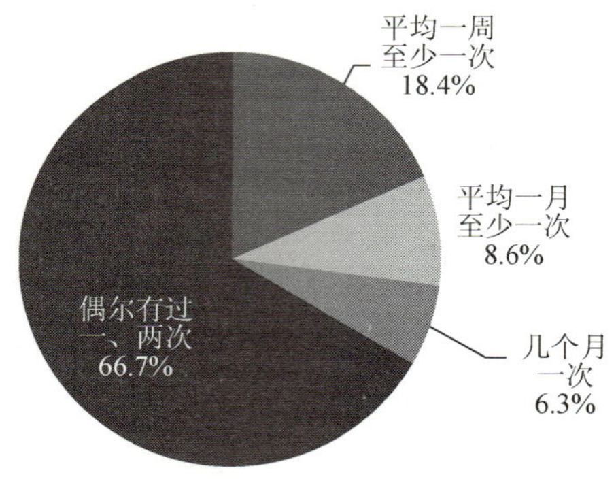

（数据来源：CNNIC）

图14.9　付费视频用户使用频率

3. 付费驱动因素

用户之所以付费，首先因为“付费后能看到更多的资源”，选择比例为 43.3%，其次为“找不到免费的”，比例为 39.1%。这表明，很大一部分用户还是因为网络上找不到同样免费的资源才被动付费，知识产权保护对于视频付费至关重要（见图 14.10）。

与此同时，“付费后清晰度高”、“付费后没有广告”在用户选择中位居第三、第四位，表明一部分用户已经形成了为获取更好的体验和服务而付费的习惯。

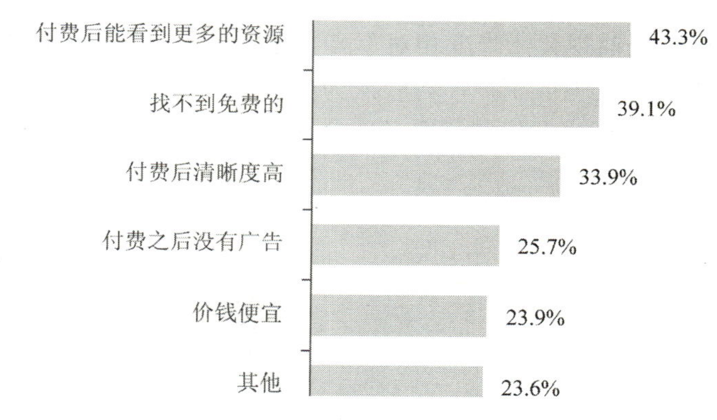

（数据来源：CNNIC）

图14.10　网络视频用户付费原因

根据用户付费频率，把用户划分为两类人群：高频付费用户（平均每月付费至少一次）和低频付费用户（平均每月付费少于 1 次），两类人群付费原因有很大不同。

高频付费用户之所以付费，主要因为“付费后能看到更多的资源”（选择比率为 58.9%），其次为“付费之后清晰度高”（选择比率为 56.0%），再次为“付费之后没有广告”（选择比例为 45.6%），从这些驱动因素中可以看出，高频用户为了追求丰富高清无广告的视频资源而付费，显示出了良好的付费习惯（见图 14.11）。

而低频用户付费最主要原因是“找不到免费的资源”， 因为无法找到所需资源才被迫付费，并未接受正常的付费模式，考虑到低频用户占据了付费用户的 70%以上，中国网络视频要普及付费模式，任重而道远。

4. 付费模式

在付费用户的付费模式方面，单次点播付费者居多，比例达 75.7%，而包月用户仅占 19.6%，包年用户仅占 8.3%（见图 14.12）。由于大部分用户之所以付费，是因为找不到免费的资源，只能通过单次点播付费购买，所以单次点播比重较大。包月和包年用户仅在月均付费一次以上的用户中较为普及。

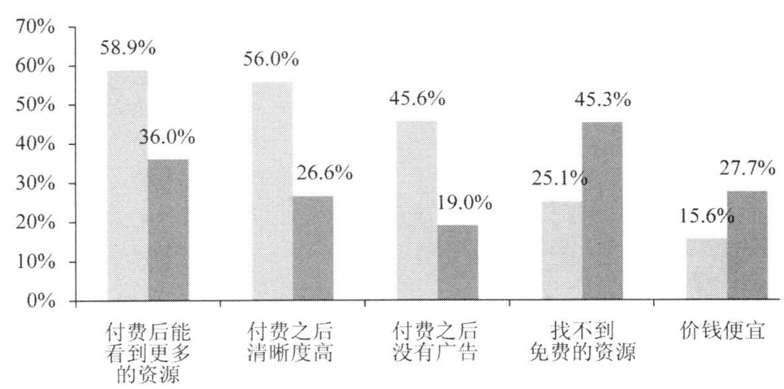

（数据来源：CNNIC）

图14.11 付费用户细分群体的付费原因

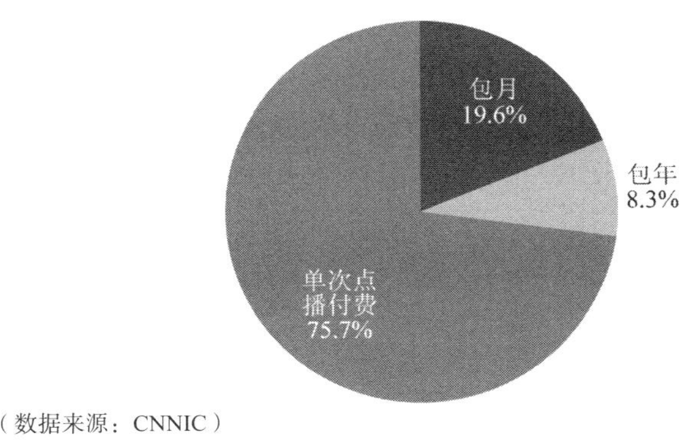

（数据来源：CNNIC）

图14.12 网络视频用户付费模式

5. 费用支出

包月用户每月支出呈现两极分化的局面，主要集中在 10～19 元和 50 元以上两个区域，其中 10～19 元/月的用户占 30.5%，50 元以上/月的用户占 47.6%（图 14.13）。用户支出呈现两极分化，与用户的经济支出能力和网站定价模式都有较大的关系。

包年用户支出与包月用户类似，集中在 100～199 元（平均每月十几元）和 500 元以上（平均每月五十元以上）两个区间，其中 100～199 元/年的用户占 33.0%，500 元以上/年的用户占 44.5%（见图 14.14）。

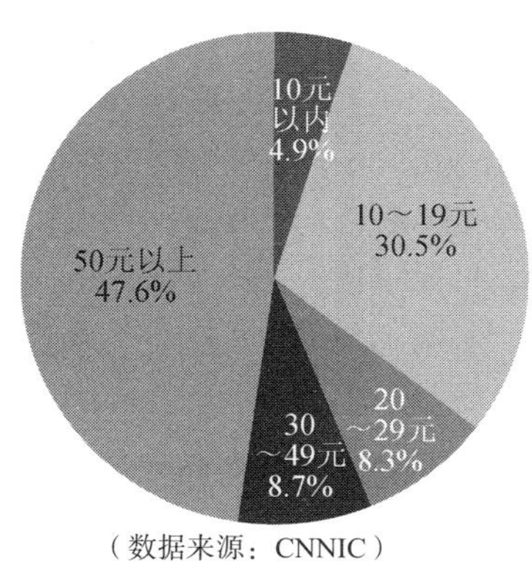

（数据来源：CNNIC）

图14.13　包月用户付费金额

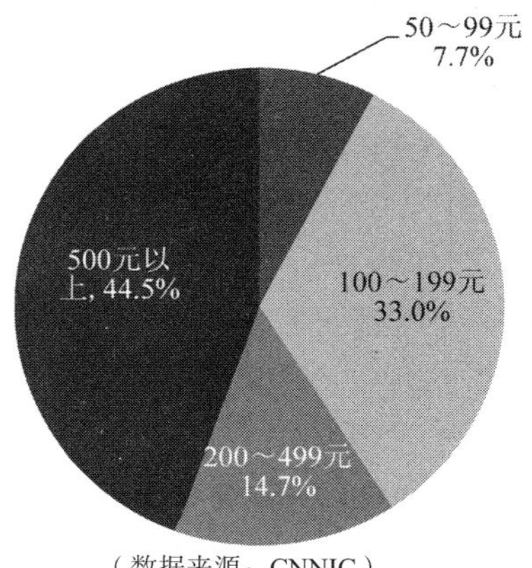

（数据来源：CNNIC）

图14.14　包年用户付费金额

单次点播可接受费用方面，33.6%的用户只能接受 1～5 元，34.7%的用户只能接受 6～10 元，只有 9.8%的用户能接受 11～20 元，21.8%的用户能接受 20 元以上（见图 14.15）。

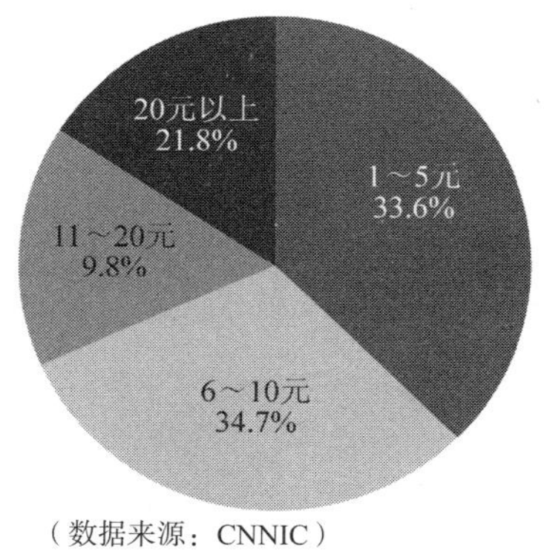

（数据来源：CNNIC）

图14.15　单次点击付费支出可承受额度

14.3.4　移动视频

截至 2013 年 12 月，我国手机视频用户规模为 2.47 亿人，与 2012 年年底相比增长了 1.12 亿人，增长率为 83.8%。网民使用率为 49.3%，相比 2012 年年底增长 17.3 个百分点（见图 14.16）。

手机视频快速增长主要由三方面原因促成：首先，整体网民互联网使用行为正在向手机端转换，庞大的移动网民规模为手机视频的使用奠定了用户基础；其次，手机视频的使用环境逐步完善，具体包括智能手机的发展、WiFi 使用率的提升以及未来 4G 网络的落地，都成为了手机视频增长的促进因素；最后，视频厂商在客户端的大力推广，提升了网民对于移动视频的认知，进而吸引更多网民使用手机视频。

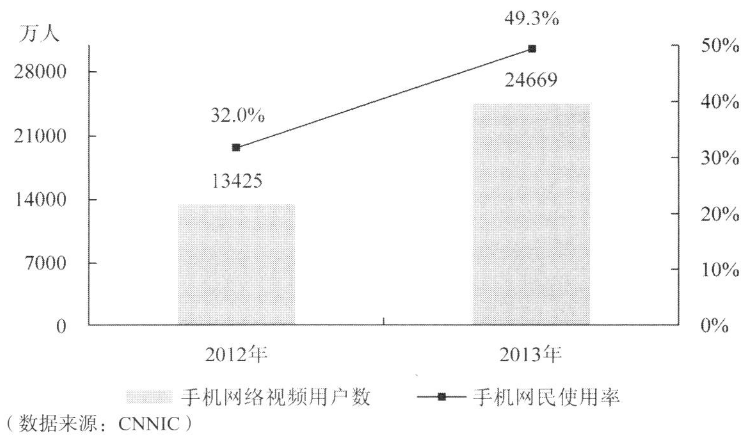

（数据来源：CNNIC）

图14.16　2012—2013年中国手机网络视频用户数及手机网民使用率

手机视频网民规模的持续增长，得益于 3G 的普及、无线网络的发展和智能手机的价格持续走低。上述软硬件的提升为手机上网奠定了较好的使用基础，促进了网民对各类手机应用的使用，尤其为对硬件和网速要求都高的手机视频的发展提供了必要条件。

14.3.5　智能电视

1. 电视上网比率

当前网民家庭通过电视上网的比例还比较低，仅有 11.4%的用户过去半年通过电视上过网，但另有 13.9%的用户表示未来一年内可考虑电视上网，而有 74.7%的网络用户表示未来一年内仍不会考虑电视上网（见图 14.17）。

由于一部分家庭仍然使用模拟电视，或使用数字电视但不具备上网功能，绝大部分家庭并未体验过电视上网所带来的好处，致使大部分人未来通过电视上网的意愿仍然不强。

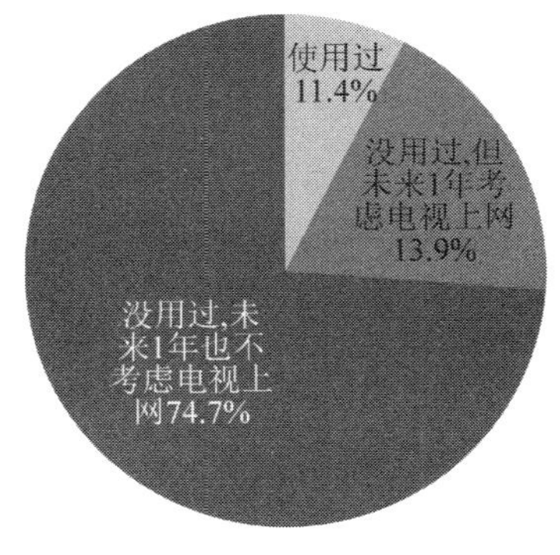

（数据来源：CNNIC）

图14.17　网络视频用户通过电视上网情况

2. 电视上网活动内容

相比于电脑上网，通过电视上网的活动更加集中，目的性更强。其中有 72.7%的用户通过电视在线看视频，37.3%的用户通过电视看新闻，其他活动使用比例均在 20%以下（见图 14.18）。电视由于屏幕大，视觉效果好的特点，使其在观看视频时，拥有电脑所不具备的视觉优势，网络与电视的结合，提升了受访者通过电视收看在线视频的兴趣。

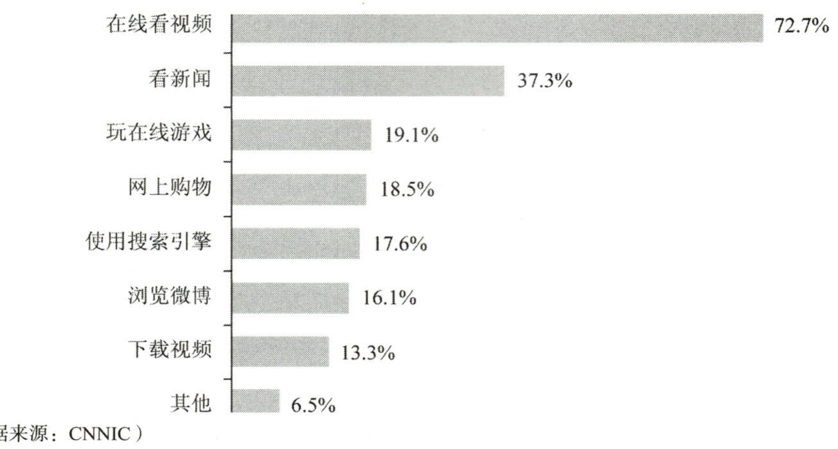

（数据来源：CNNIC）

图14.18　电视上网用户上网内容

14.4　电视盒子发展情况

在已通过电视上网的用户中，22.8%通过机顶盒上网，其他方面为：36.1%通过自带操作系统的智能电视上网，另有 18.7%的用户通过自带上网功能的电视上网，17.6%通过外接电脑上网（见图 14.19）。电视的高清化智能化以及机顶盒的兴起，促进了用户电视上网的行为。

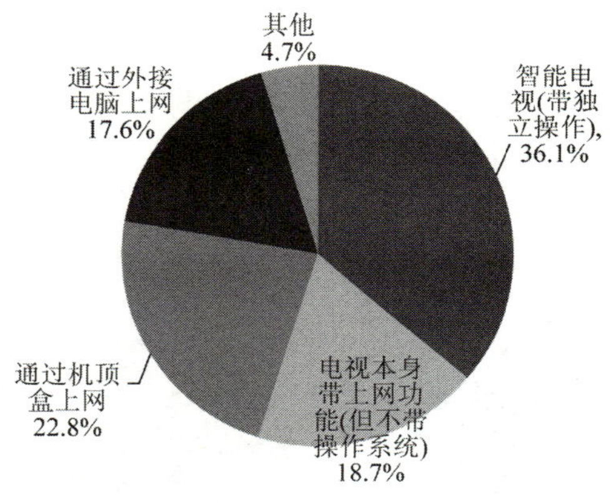

（数据来源：CNNIC）

图14.19　电视用户上网类型

14.5　网络视频用户分析

14.5.1　性别结构

网络视频用户中，男性网民占 57.9%，高出整体网民 2.1 个百分点。女性网民占 42.1%，稍低于整体网民女性比例（见图 14.20）。

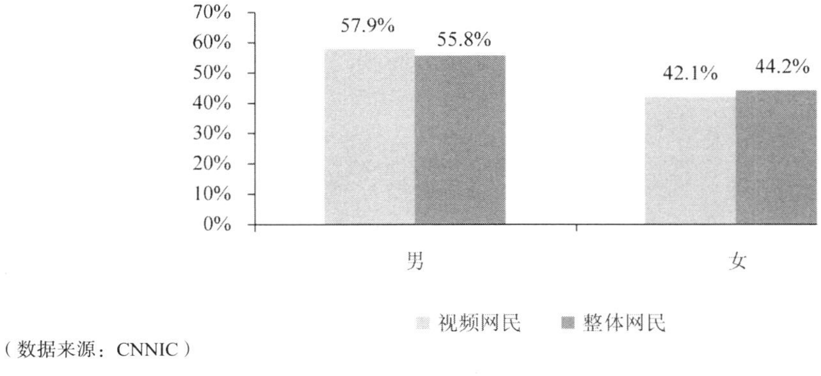

（数据来源：CNNIC）

图14.20 网络视频用户性别结构

14.5.2 年龄结构

网络视频用户主要集中在 10～39 岁之间，占比达 80.6%，其中 10～19 岁占 23.5%，20～29 岁占 32.3%，30～39 岁占 24.8%。相比整体网民年龄结构，网络视频用户呈现年轻化的态势，20～29 岁的比例高出整体网民同龄段 1.9 个百分点（见图 14.21）。

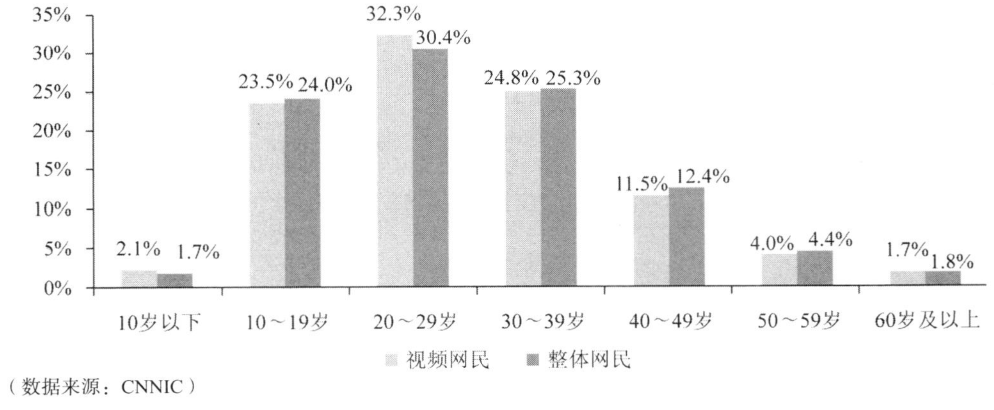

（数据来源：CNNIC）

图14.21 网络视频用户年龄结构

14.5.3 学历结构

相比整体网民，网络视频用户受教育程度更高，高中及以上学历的比例都要高于整体网民，其中大学本科以上学历高出整体网民 2.9 个百分点（见图 14.22）。

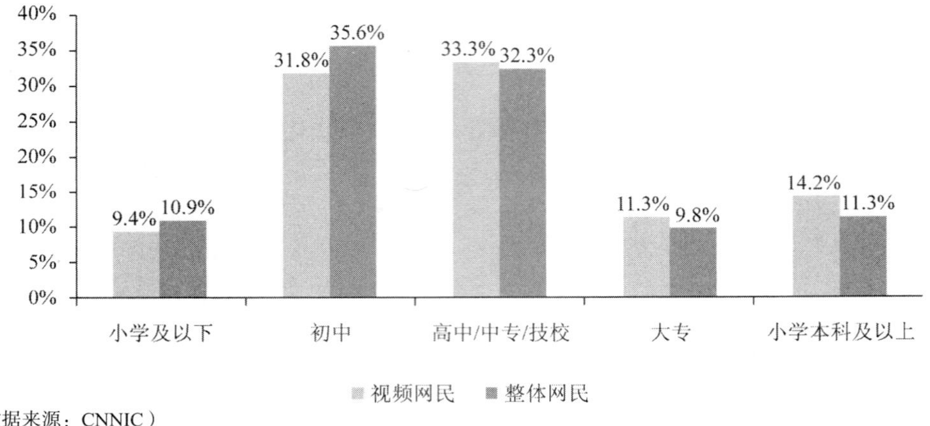

（数据来源：CNNIC）

图14.22 网络视频用户学历结构

14.5.4 收入结构

网络视频用户收入主要集中在“2001～3000 元”和“3001～5000 元”两个区间，收入结构与整体网民相似，但高收入比例更大，2001 元以上各收入段比例均高于整体网民（图 14.23）。

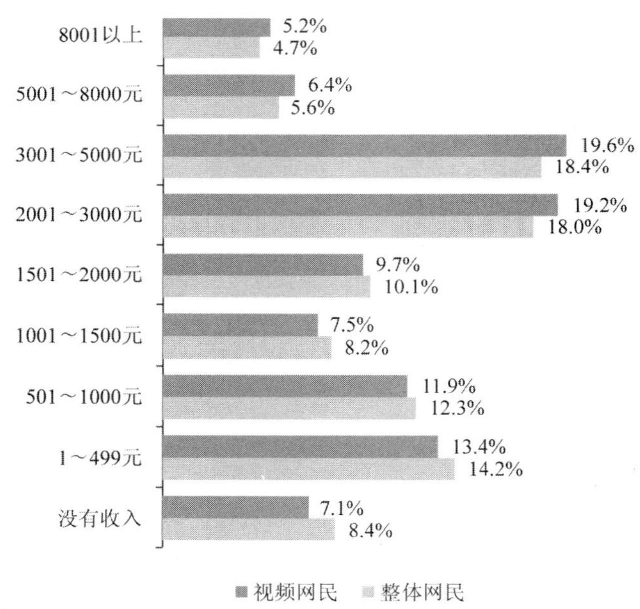

（数据来源：CNNIC）

图14.23 网络视频用户个人收入结构

14.6 发展趋势

14.6.1 网络视频企业并购将继续

视频行业虽然已有“优酷+土豆”以及“爱奇艺+PPS”两宗较大的并购，但此类交易还将继续下去。多方面因素决定视频网站并购整合行为会继续：背靠着雄厚财力的视频网站面对优酷土豆和爱奇艺 PPS 的竞争，必然会想法通过并购来壮大自己的用户规模，降低购买热播剧等视频资源成本。被并购网站的投资方，在注入资本多年后，也希望以被收购的方式，卖个好价钱退出。而对于被并购网站来说，长期看很难与财力人力雄厚、用户规模较大的网站竞争，如果不能发展壮大，通过与财力雄厚的视频网站结合，寻找生存空间，也不失为一条理想的发展道路。

14.6.2 围绕视频硬件的竞争将更加激烈

视频网站与硬件结合，既能争取到用户的播放入口，又可以借助硬件盈利，使自己的经营更加多元化。2013 年视频网站已开始推出硬件产品，乐视网继机顶盒后，又推出了超级电视；PPTV 也与华数传媒推出了机顶盒产品；优酷土豆集团与美国高通宣布就 H.265 技术达成合作协议，宣布用户在使用带高通骁龙处理器的移动终端时，能够享受高质量画面的优酷视频内容。其他网站预计今后也会陆续与硬件结合，进军硬件领域。

良好的视频播放平台，是网络视频赢得受众的重要方式。视频网站与硬件结合，既能争取到用户的播放入口，又可以借助硬件盈利，使自己的经营更加多元化。此前，已有不少网络视频企业在硬件方面推出机顶盒等产品，2013 年第三季度，不仅爱奇艺和 TCL 联合推出互联网电视，百度、阿里、小米等企业也纷纷推出智能电视、路由器等产品，围绕视频相关的硬件产品竞争将越来越激烈。

14.6.3 客厅争夺战打响

网络视频进入电视屏幕，将是一个较大的盈利机会点，客厅是网络视频企业下一个争夺焦点。首先，新发布的电视产品大多具有上网功能，为网络视频在电视端的普及提供了硬件条件。其次，电视广告规模大，能解决当前网络视频广告规模较小的问题。最后，网络视频进入电视端，能拓展网络视频用户，表现在以下两方面：一方面，网络视频进入电视端后，能拓展上网人群。另一方面，网络视频进入电视端，会使得部分非网民也能接触到网络视频。电视屏幕较大，能聚集多名观众一起收看视频，突破电脑与移动设备由于屏幕较小使得一起观看的人偏少的限制，即便是不会上网的电视观众，也能看到网络视频。

14.6.4 电视节目网络播放版权购买争夺战重新打响

2013 年年底，围绕综艺节目网络播放权的战争夺重新打响，各热播节目纷纷易主，被实力更强的视频企业以更高的价格夺走。乐视网拿下 2014 年《我是歌手》第二季独家版权，并成为《爸爸去哪儿》合作伙伴；爱奇艺买下《爸爸去哪儿》的播放权；腾讯视频购买了 2014 年《中国好声音》的播放权；PPTV 则获得《非诚勿扰》等江苏卫视旗下所有节目两年独播权。版权费一直网络视频企业主要的成本之一，各企业也通过扩大资源共享、加大自制剧的制作等方式来降低版权成本。但由于线下热播节目不仅能给视频企业带来更多的广告资源，增加企业收入，还能给企业带来宝贵的新客户，扩展网络视频的受众覆盖率。因此，围绕热播综艺节目的播放权的资源争夺，重新成为网络视频争夺的焦点。一些背靠雄厚财力的视频企业，往往更有能力拿下热播节目的播放权。2014 年，综艺节目争夺方式将会更加多元化。

14.6.5 移动 4G 网将推动视频用户向移动端转移

此前，由于网络速度问题，移动端非 WiFi 环境下的在线播放视频速度受限，而 4G 技术彻底解决了移动互联网在线播放速度的瓶颈，使得网民可以在移动的环境下播放高清视频。2013 年 12 月 4 日，4G 牌照发放，网络视频企业也做了相应的准备，优酷土豆、乐视、爱奇艺等多家视频网站在移动端布局早已开展，以获得大量用户。如果 4G 覆盖范围扩大、资费下调，将促进移动视频以更快的速度增长。4G 时代的到来，让视频网站在移动端的发展步伐进一步加快，促使用户在线观看视频的习惯发生变化，向移动端转移。

14.6.6 “内容营销，多屏联动”渐成主流

热播内容在电视端取得高收视率的同时，也能带动网络视频的热播，比如《中国好声音》、《爸爸去哪儿》、《甄嬛传》等，这些内容能为广告主赢得电视和网络视频双线收益。中国的网络视频行业市场经过多年发展，竞争依然很激烈，入口之争多元化，入口从传统 PC 延伸至电视、手机、平板、OTT 及智能电视等多屏。广告主方面，更多地考虑如何实现与优质的内容捆绑，整合多屏联动，以提升受众覆盖率，更广泛地传达其营销理念。

（CNNIC　陈云）

第 15 章　2013 年中国网络游戏发展情况

15.1　发展环境

1. 宏观政策为网络游戏发展提供新的机遇

2013 年 8 月，国务院印发的《关于促进信息消费扩大内需的若干意见》明确指出，要大力发展数字出版、互动新媒体、移动多媒体等新兴文化产业。2013 年 11 月，中国共产党十八届三中全会继续强调了“文化强国”概念，并指出将完善文化市场体系，提高文化开放度。网络游戏作为文化产业的一部分，在此大政策环境下将会面临新的发展机遇。

2. 大部制调整给游戏产业带来积极影响

2013 年 3 月 22 日，国家新闻出版广电总局挂牌成立。部委合并调整后，作为新闻出版广电领域的重要组成部分的游戏出版产业将有望获得更大的支持力度。

2013 年 7 月，国务院公布国家新闻出版广电总局“三定”方案。在机构设置上国家新闻出版广电总局加强了产业融合、新兴业态的管理力度，推动数字出版、三网融合、新媒体、文化与科技融合方面的发展。这些举措将在产业链整合、多元化经营以及产业链间互动方面带来积极影响。

3. 人才的充分供给

人才供给充足主要体现在以下两个方面。①游戏从业人员的精英化：网络游戏发展十余年，锻炼了广泛的游戏从业人员，使得人才的技术和经验都得到大幅度提升。②游戏行业后备军充足：目前在大力发展文化产业的政策指引下，越来越多的学校开设动漫游戏专业，教授理论知识的同时也有条件加大和日韩欧美等游戏发达国家的交流，使得游戏产业的后备人才准备充足。

4. 多样化的融资环境

网络游戏企业的融资环境呈现多样化。①海内外 IPO 环境：早期成长起来的大型网络游戏企业选择在美国或中国香港上市。2014 年国内 IPO 开闸，游戏企业又多了一条融资之路。②行业内外大型企业的并购或投资意愿：由于网络游戏产业特别是移动游戏产业的高速增长，吸引了不少大型企业进行并购和投资，未来资本进入网络游戏行业的态势将保持。

5. 用户游戏习惯和付费能力提升

从用户需求环境上讲，用户的付费意愿和付费能力都在提升。①用户游戏习惯：网络游戏的持续发展培养了用户良好的游戏习惯，主要表现在用户黏性和付费习惯上，用户花更多的时间在网络游戏上，同时对虚拟物品的付费意愿也更强。②用户付费能力：随着国民经济水平的提升，用户对于网络游戏的付费能力也有所增长。

所以中国网络游戏的需求环境较为良好，对网络游戏的增长产生了积极的意义。

6. 硬件设备的普及和网络环境的提升

硬件设备和网络环境的提升对网络游戏行业产生积极意义：①对客户端游戏来说，PC 性能的提升优化了游戏体验，网络下载速度的加快降低了用户的尝试成本。②对移动游戏来说，智能移动设备的普及扩大了潜在用户群体，3G、4G 的覆盖扩大给移动网游创造了更多机会。

7. 多屏互动环境的成熟

多屏互动有利于用户资源的横向转移，也有利于提升用户黏性和付费意愿。在电子设备领域日新月异的今天，多屏互动的环境已经成熟。首先，移动智能设备的快速普及，使得移动互动条件已经成熟；其次，电视机盒子的大力推广、主机游戏的解禁，使得客厅娱乐的互动条件成熟；再次加上 PC 端游戏，形成三屏互动，大大增加了游戏社交性、随时性、IP 重复利用的想象空间。

8. 知识产权环境的日趋完善

网络游戏作为内容产业，知识产权的保护对于保护行业的创新能力尤为重要。而日前随着国家对各行各业知识产权保护的重视，已经大大提升了文化创意、技术驱动行业的创新环境。尽管知识产权保护仍然在发展之中，但是相比从前已经有了明显的进步。行业内外对知识产权的重视，将会引导网络游戏行业迈入更加远大的未来。

15.2 市场发展状况

15.2.1 中国网络游戏总体发展现状

1. 中国网络游戏市场规模

2013 年中国网络游戏行业总营收 891.6 亿元，同比增长 32.9%，如图 15.1 所示。2013 年中国网络游戏保持了较为快速的增长，主要得益于三个方面：首先，从构成来看，组成网络游戏市场的 PC 客户端游戏、PC 浏览器端游戏、移动端游戏三者都保持较快增长；其次，从海内外市场来看，中国网络游戏企业积极开拓海外市场，同时积极维护国内新兴用户市场；最后，从企业经营来看，创新型的商业模式与运营模式也为行业带来了更多渠道。

2. 中国网络游戏市场结构

在 2013 年中国网络游戏市场规模中，PC 客户端游戏、PC 浏览器端游戏及移动端游戏的营收占比分别为 65.5%、17.8 和 16.7%。2013 年 PC 浏览器端游戏的高速增长势头开始放缓，取而代之的是移动端游戏的爆发式增长；反观市场的另外一头，PC 客户端游戏仍然是网络游戏中的最重要组成部分，如图 15.2 所示。

2013 年的中国网络游戏市场已经逐步形成三驾马车的发展趋势，由 PC 客户端游戏牵头，PC 浏览器端游戏和移动端游戏跟随其后。PC 客户端游戏以重度游戏人群为主，高消费、高集中度；PC 浏览器端游戏也以重度游戏为主，但题材上现在已经呈现出明显的差异化，其消费能力也依然强劲，而移动端游戏则以类型多样化为特点，在人群的普及性上与 PC 端游戏相抗衡。不同的终端游戏拥有不同的市场，相互之间有所互补，带动整个网络游戏市场保持高速的增长。

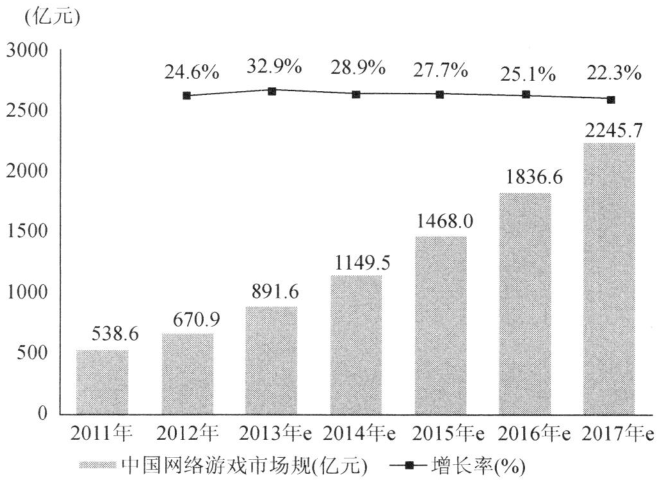

（数据来源：艾瑞咨询）

图15.1　2010—2017年中国网络游戏市场规模

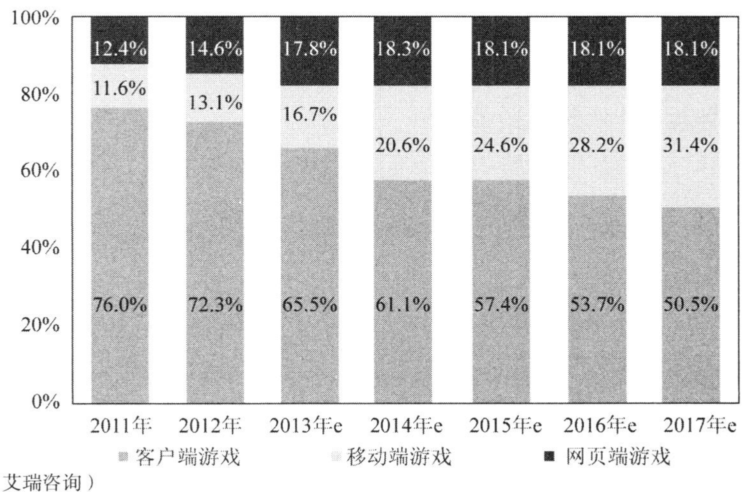

（数据来源：艾瑞咨询）

图15.2　2011—2017年中国网络游戏市场规模结构

3. 中国网络游戏上市企业 TOP10

2013 年中国网络游戏上市企业收入 TOP10 的榜单排名较 2012 年稍有变化，排名第一的腾讯公司是唯一一家业务结构与整个网络游戏行业相近的企业，即客户端、网页与移动游戏三线齐头并进的企业。2013 年下半年，百度收购了网龙旗下业务 91，2014 年 1 月初，阿里巴巴也宣布要进入智能移动终端游戏分发市场。2012 年凭借网页游戏的联运平台，非游戏类企业奇虎 360 成功进入了 TOP10，2013 年奇虎 360 在页游市场继续平稳增长，并凭借其智能移动终端游戏分发业务的高速增长，在 TOP10 的排名中较 2012 年提升了 2 位，位于第 7 位。综合来看，未来的智能移动终端游戏市场已不仅仅是传统网络游戏公司角逐的战场，随着非传统游戏企业的加入，争夺将会越发激烈，如图 15.3 所示。

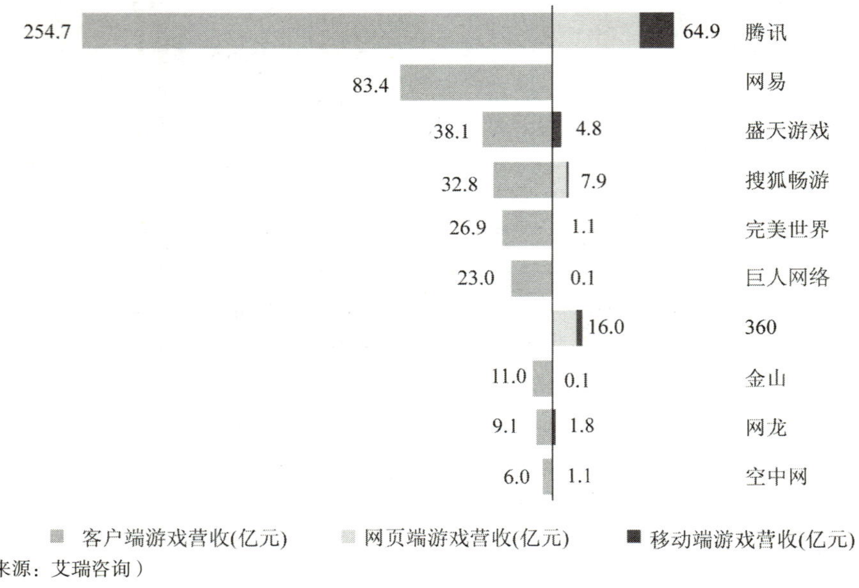

图15.3　2013年中国网络游戏上市企业游戏收入规模TOP10

4. 中国网络游戏在线广告投放规模

2013 年网络游戏的广告主数量从 2012 年的 449 个降至 416 个，如图 15.4 所示，但是网络游戏的广告投放金额从 2012 年的 8.7 亿元增长至 16.7 亿元，同比增长了 90.8%，如图 15.5 所示，投放天次从 2012 年的 39.9 万天次增长至 61.0 万天次，同比增长了 52.7%。平均投放金额从 2012 年的 194 万元/每广告主，增长到了 2013 年的 401 万元/每广告主。说明网络游戏的行业集中度正在向大型游戏企业集中，这些大型企业的广告投放力度也越发增强。对于投放广告端游企业来说，客户端游戏产品日益大作化和精品化，其产品的营销、推广策略呈现出多元化的结构，会有更多与玩家互动的活动，也会在传统电视、平面广告上增加广告的投放，而对于单纯的在线广告投放则会有所下降。在页游企业方面，页游平台需要用户流量来保持平台运转，对于非自有流量平台来说，营销广告是最有效的途径，页游的广告营销投入当然也会随之升高。

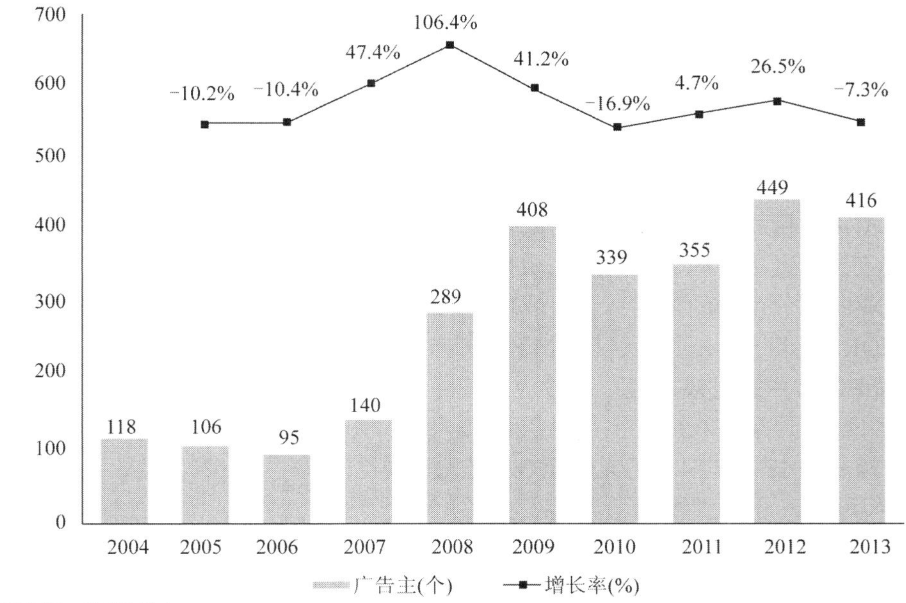

（数据来源：艾瑞咨询）

图15.4　2004—2013年中国网络游戏广告主数量

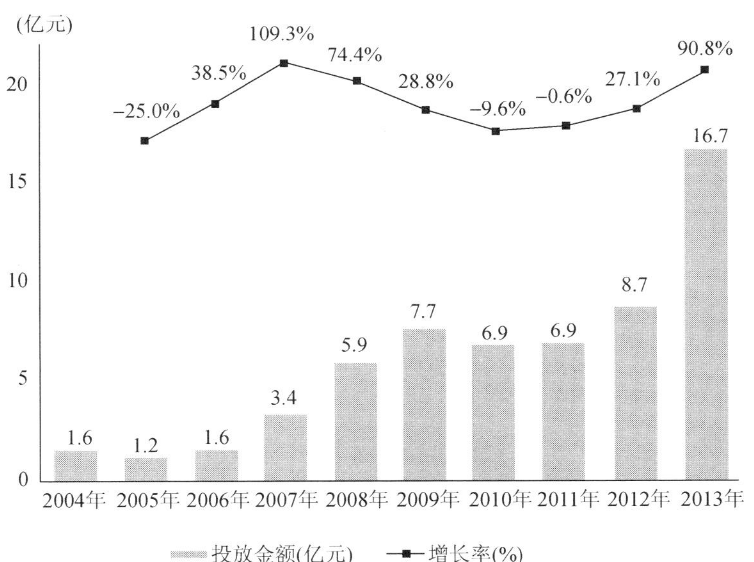

（数据来源：艾瑞咨询）

图15.5　2004—2013年中国网络游戏广告投放金额

15.2.2 中国网络游戏各细分领域发展现状

1. 中国客户端游戏市场规模

2013 年中国客户端游戏市场规模达到 584.3 亿元，同比增长 20.5%，如图 15.6 所示。客户端游戏市场增长较为平稳，企业的竞争注意力转向产业内部，市场将会呈现两大趋势。

（1）大作化和精品化：伴随市场的成熟，用户的选择也日益成熟，加上企业间市场份额的争夺，企业投入更多资源，提高产品质量的意愿会加强。

（2）企业向细分市场的拓展：企业战略层面上，加快产品差异化是较为合理的选择，除了传统 MMORPG 市场之外，通过探索 FPS 或 MOBA 等细分市场建立新的增长点。

2. 中国 PC 客户端游戏在线广告投放规模

2013 年 PC 客户端游戏广告主数量从 2012 年的 190 家降至 156 家，同比降低了 17.9%，广告投放金额从 2012 年的 4.6 亿元降至 3.7 亿元，同比降低了 19.6%，投放天次从 14.5 万天次降至 12.0 万天次，同比降低了 17.2%，如图 15.7 所示。

从 2009 年至今，PC 客户端游戏的市场规模一直保持着稳定的增长，而 PC 客户端游戏的广告投放金额及投放次数却在逐年降低，在线广告业务对于 PC 客户端游戏市场规模的拉动作用有限。

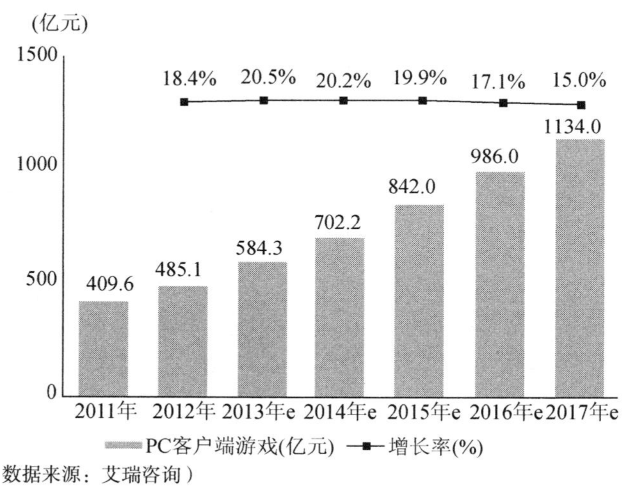

（数据来源：艾瑞咨询）

图15.6　2011—2017年中国PC客户端游戏市场规模

3. 中国 PC 浏览器端游戏市场规模

2013 年中国 PC 浏览器端游戏市场规模达到 158.7 亿元，同比增长 61.8%，如图 15.8 所示。2013 年越来越多的平台参与到网页游戏中来，产品更加丰富，用户的选择更加多，整体行业的竞争性加强，同时强势平台和游戏的优势难以撼动。2013 年的 PC 浏览器端游戏发展有两个特点：

（1）网页游戏产品走向精细化运营，学习客户端游戏成功的运营经验，比如举办吸引玩家关注的线下运营活动、增加游戏互动性较强的竞技类线上活动及派送各类与众不同的游戏奖励等。

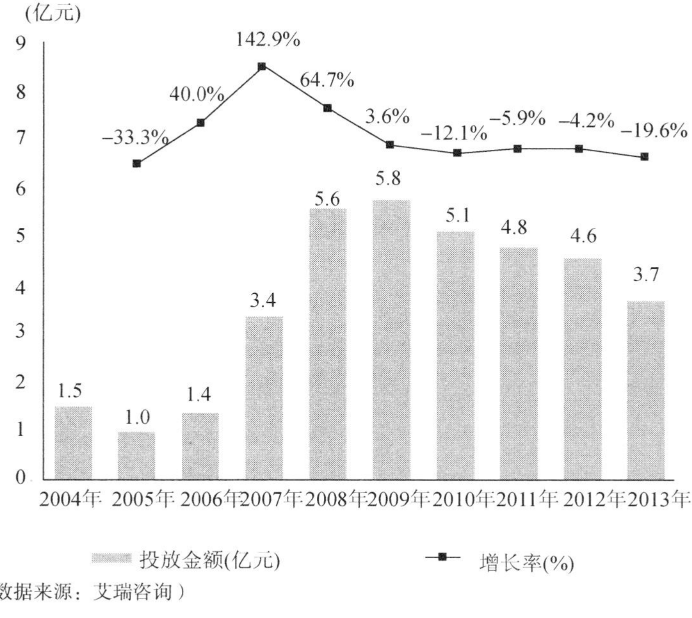

（数据来源：艾瑞咨询）

图15.7　2004—2013年中国PC客户端游戏广告投放金额

（2）新增用户规模放缓，企业间竞争呈现零和效应，基于新增用户的规模增长已经难以持续，因此越来越多的厂商趋向于开拓海外市场。

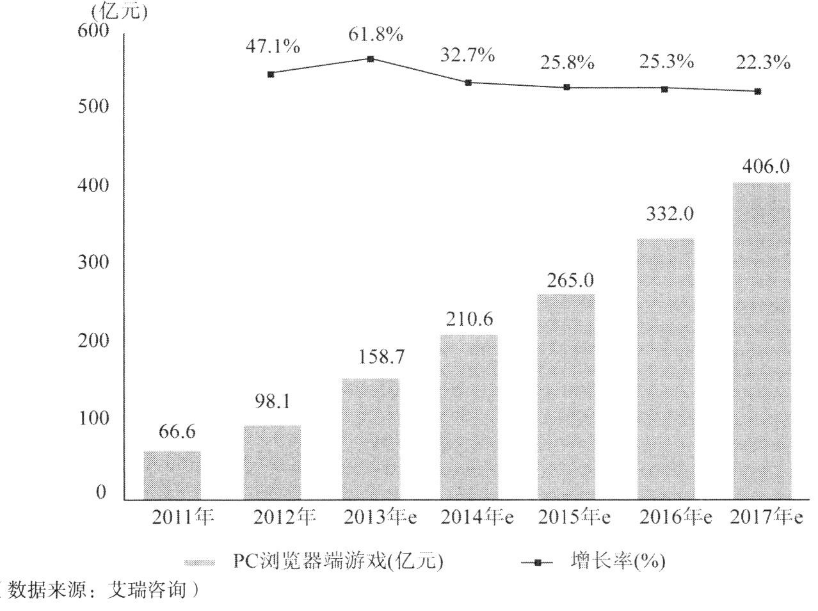

（数据来源：艾瑞咨询）

图15.8　2011—2017年中国PC浏览器端游戏市场规模

4. 中国网页游戏在线广告投放规模

2013 年网页游戏广告主数量从 2012 年的 265 家降至 263 家，同比降低了 0.8%，广告投放金额从 2012 年的 4.0 亿元增至 12.5 亿元，同比增长了 212.5%，如图 15.9 所示，投放天次从 24.4 万天次增至 46.1 万天次，同比增长了 88.9%。

2013 年网页游戏市场规模的增长，有很大一部分是依靠网络广告的拉动，当然这也是目前网页游戏运营商及研发商们运营网页游戏的主要方式，2013 年页游市场规模的高速增长也说明了目前页游这种运营策略依然可以有所作为。从广告主数量上来看，2013 年与 2012 年基本持平，这也说明了网页游戏的市场热度并未有所消退。

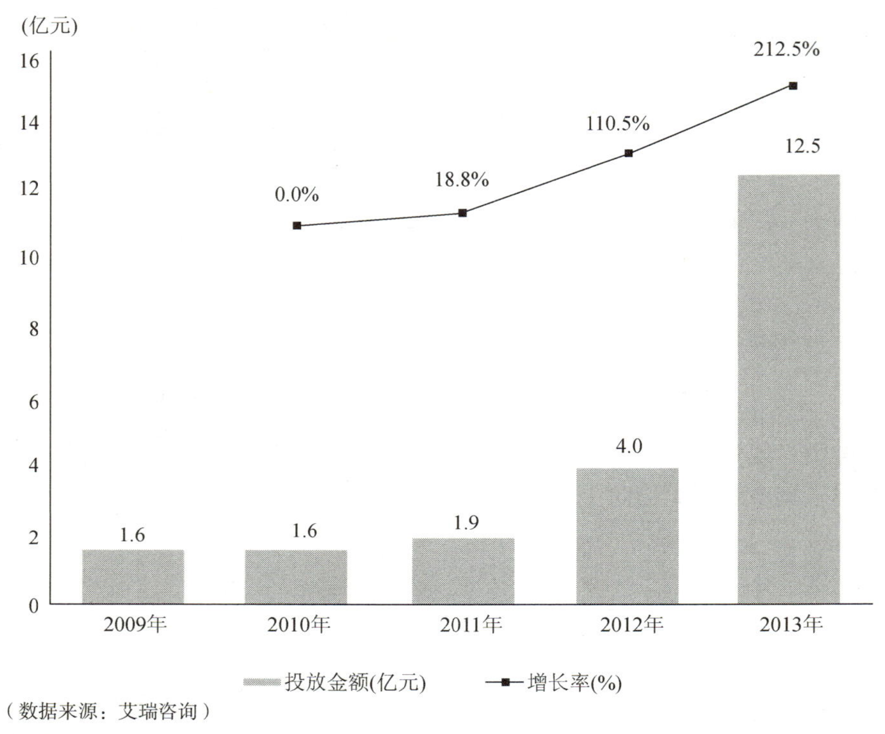

（数据来源：艾瑞咨询）

图15.9　2009—2013年中国网页游戏广告投放金额

5. 中国移动端游戏市场规模

2013 年中国移动游戏市场规模达到 148.5 亿元，同比增长 69.3%，占总体收入的 16.6%，其中国内移动游戏市场规模为 133.2 亿元，海外市场规模为 15.3 亿元，如图 15.10 所示。推动移动游戏收入增长的助力主要来自于两方面：一方面是智能移动终端保有量的大幅上升，智能移动终端游戏收入量级达到了一定的规模后，用户对移动游戏的接受度明显升高。另一方面是移动游戏的海外出口收入的持续增长，原因主要有两个：

（1）随着国内的从业企业和产能的增长，国内的用户需求被逐渐满足，海外将会成为从业企业新的增长机遇。

（2）随着国内移动游戏行业的发展，从业企业的竞争力和游戏品质都有所提升，在海外的竞争力也会加强，从而获得更多的营收。

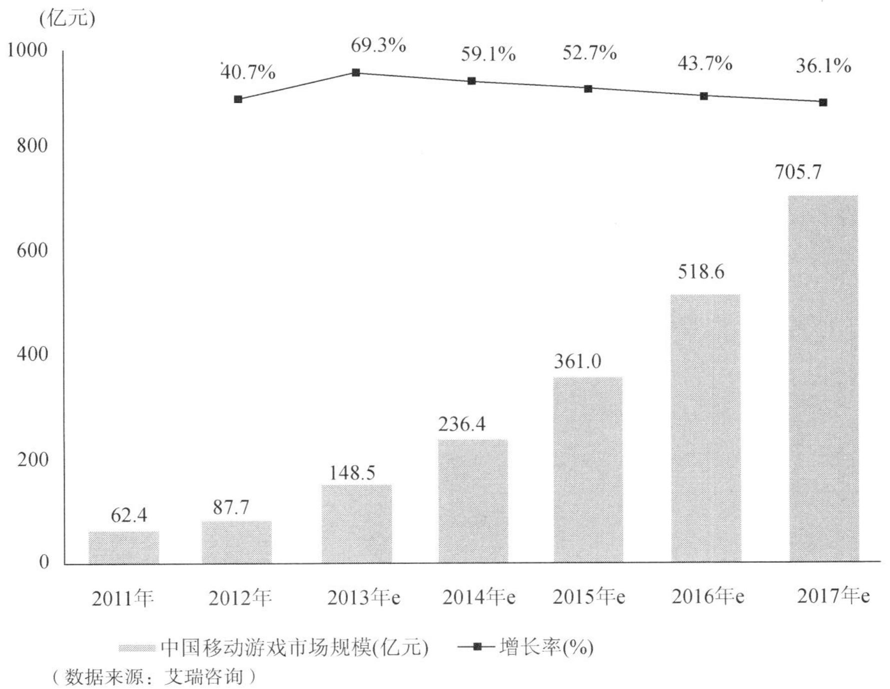

（数据来源：艾瑞咨询）

图15.10　2011—2017年中国移动游戏市场规模

6. 中国移动端游戏市场结构

移动游戏市场目前主要由两部分组成，分别为智能移动终端游戏、功能机游戏，2013 年智能移动终端游戏的增长达到了 373.8%，在移动游戏市场规模上的占比为 69.4%，如图 15.11 所示。

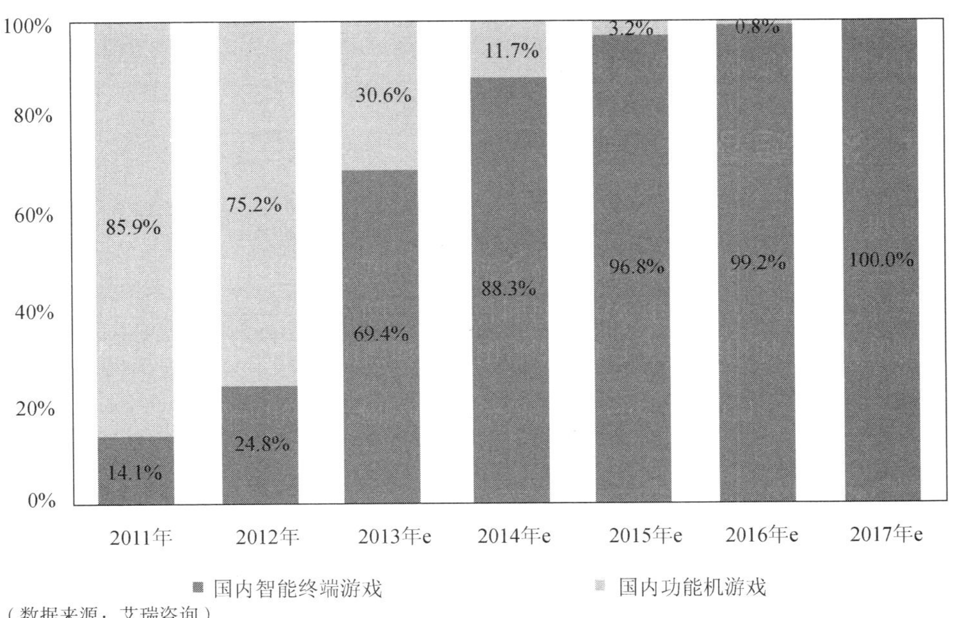

（数据来源：艾瑞咨询）

图15.11　2011—2017年中国移动游戏市场规模结构

15.3 用户情况分析

15.3.1 中国 PC 端网络游戏用户性别结构

截至 2013 年 12 月，女性在 PC 端网络游戏用户中占 40.4%，男性比例为 59.6%，如图 15.12 所示。

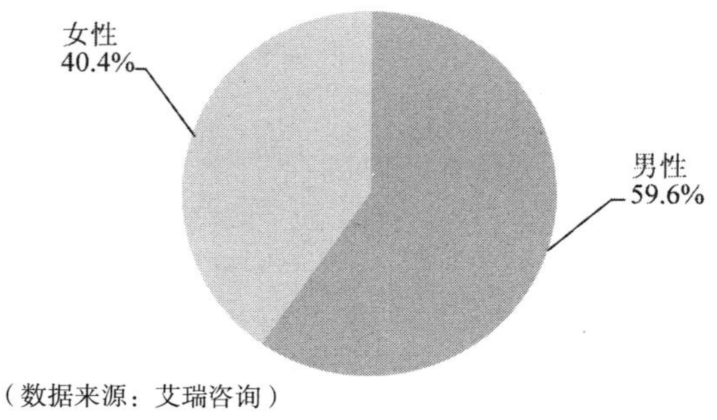

图15.12 2013年中国PC端网络游戏用户性别结构

15.3.2 中国 PC 端网络游戏用户年龄结构

截至 2013 年 12 月，PC 端网络游戏用户中，19～24 岁以下年龄段用户群体最大，用户比例达 28.9%，18 岁及以下、25～30 岁、31～35 岁以及 36～40 岁年龄段用户比例分别为 11.4%、20.1%、15.1%和 12.2%，40 岁以上游戏用户比例为 12.2%，如图 15.13 所示。

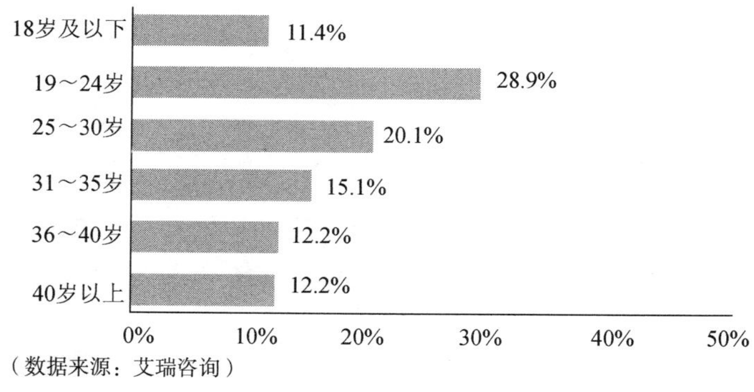

图15.13 2013年中国PC端网络游戏用户年龄结构

19～24 岁年龄段多为在校大学生，其可支配时间充裕，因此成为 PC 端网络游戏的主要用户。其次是 25～30 岁，这个年龄段多为刚踏上工作岗位的上班族，有较为固定的下班时间为网络游戏所用，所以占比相对较大。此外，相较于 2012 年同期，30 岁以上的网络游戏用户呈现小幅上升的趋势，这是由于 80 后群体仍属于网络游戏用户所致。

15.3.3　中国 PC 端网络游戏用户教育程度结构

截至 2013 年 12 月，PC 端网络游戏用户中，游戏用户普遍的教育程度为本科学历，占到总人数的 49.1%，其次为大专学历，占到 26.5%，初中、高中、硕士及以上学历比例分别为 3.6%、14.7%和 6.1%。艾瑞分析认为，从数据中不难看出，PC 端网络游戏的主要用户仍集中于大学学历和低学历群体；硕士及以上的高学历人群的用户占比依然较低，如图 15.14 所示。

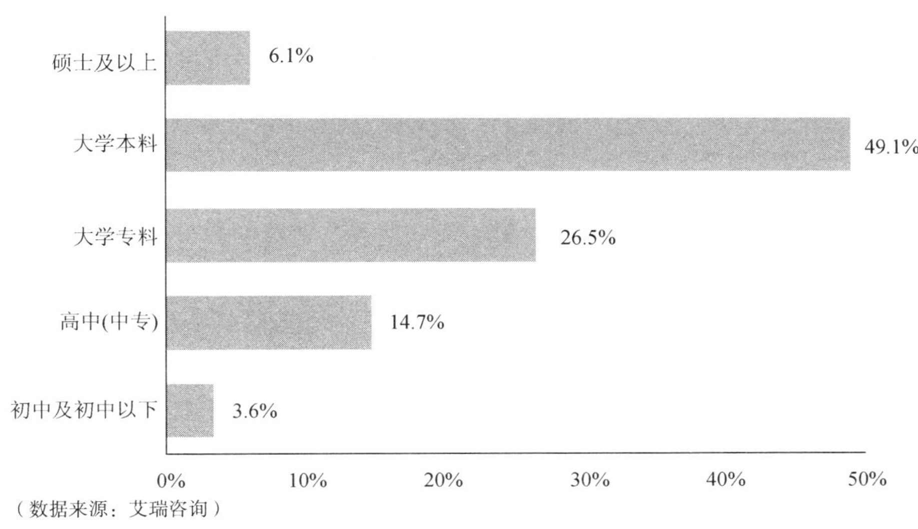

图15.14　2013年中国PC端网络游戏用户教育程度结构

15.3.4　中国 PC 端网络游戏用户收入结构

截至 2013 年 12 月，PC 端网络游戏用户中，无收入人群占到 13.9%，有收入人群中，月收入为 2000～3000 元的人群占比最多，达到 23.2%，月收入 1000 元以下的人群占比最少，仅为 11.3%，如图 15.15 所示。

月收入在 2000～3000 元的用户属于中低收入人群，这部分人群既有一定的收入基础，也有较为富裕的可支配时间进行游戏。而收入在 5000 元以上的人群，其业余时间的娱乐项目更为丰富，游戏对其的吸引力不大。

15.3.5　中国 PC 端网络游戏用户职业结构

截至 2013 年 12 月，PC 端网络游戏用户中，在校学生构成最大 PC 端网络游戏用户群体，占比达到 18.6%；文职/办事人员构成第二大用户群体，用户比例为 12.9%。艾瑞分析认为，学生群体以及公司职员均有较为固定的游戏时间可以支配，因此也比较容易成为 PC 端网络游戏的忠实玩家，如图 15.16 所示。

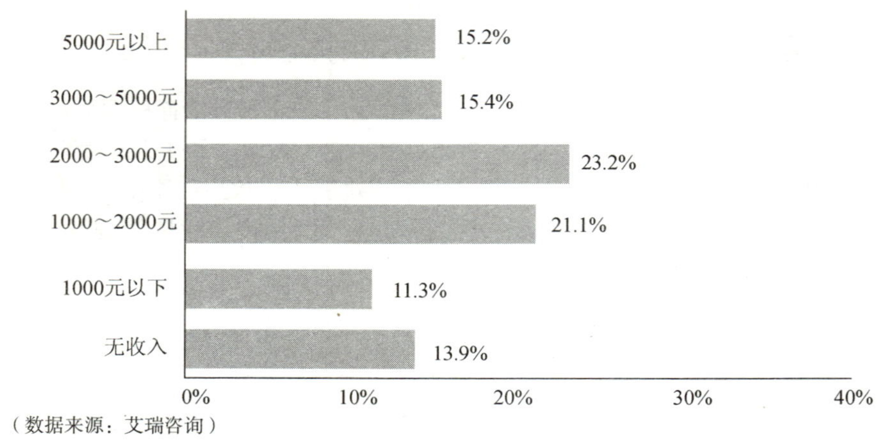

图15.15　2013年中国PC端网络游戏用户收入结构

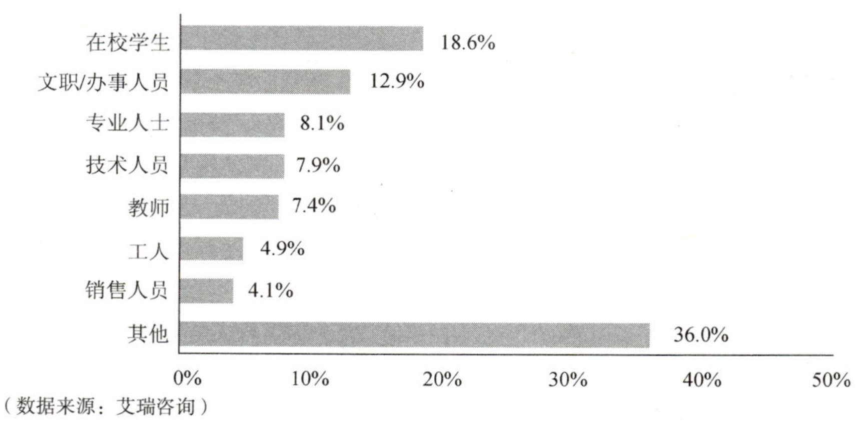

图15.16　2013年中国PC端网络游戏用户职业结构

15.3.6　中国 PC 端网络游戏用户覆盖人数

截至 2013 年 12 月，中国网络游戏月度覆盖人数为 3.6 亿人，较 2012 年 12 月的 3.7 亿人小幅下降 2.7%。中国网络游戏日均覆盖人数为 8308 万人，较 2012 年 12 月的 9189 万人下降 9.6%。中国网络游戏人均月度使用时间为 6.4 小时，较 2012 年 12 月下滑 8.6%，如图 15.17 所示。

随着中国网络游戏发展的时间加长，PC 端网络游戏发展已经较为成熟，由于市场缺乏精品游戏的带动，市场用户规模出现逐步的衰退。此外，由于平板及智能手机等移动设备的兴起，PC 端游戏用户黏性降低，呈现多端化发展。因此，PC 端网络游戏将在未来几年承受更大的冲击。

指标	2012.12	2013.12
月度覆盖人数(亿人)	3.7	3.6
日均覆盖人数(亿人)	0.9	0.8
人均月度使用时间(小时)	7.0	6.4

（数据来源：艾瑞咨询）

图15.17　2012年与2013年中国PC端网络游戏用户对比

15.3.7　中国移动端网络游戏用户性别结构

截至 2013 年 12 月，女性在移动端网络游戏用户中占 40.1%，男性比例为 59.9%。目前移动端游戏用户中，仍以男性用户为主，但女性游戏用户占比有逐年缓慢上升的趋势；因移动网络游戏中，休闲益智及社交性质的轻度游戏占比较大，这些类型的游戏吸引了一定数量的女性玩家，如图 15.18 所示。

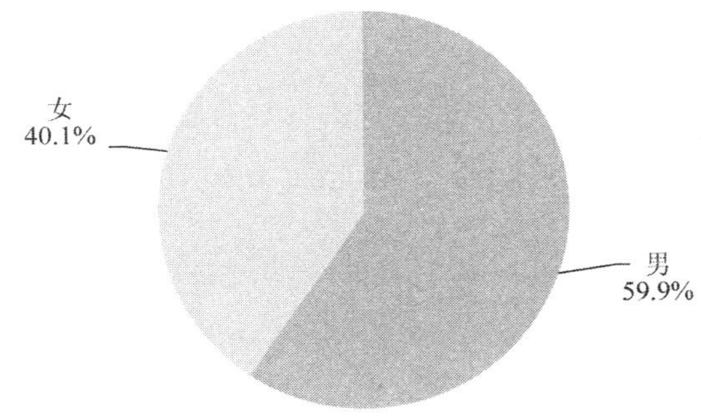

（数据来源：艾瑞咨询）

图15.18　2013年中国移动端网络游戏用户性别结构

15.3.8　中国移动端网络游戏用户年龄结构

截至 2013 年 12 月，移动端网络游戏中，24 岁以下年龄段用户群体最大，用户比例达 33.0%，25～30 岁、31～35 岁以及 36～40 岁年龄段用户比例分别为 27.7%、17.1%和 13.0%，40 岁以上游戏用户比例为 9.2%，如图 15.19 所示。

移动端游戏用户多集中于 30 岁及以下，偏向于年轻化。这部分人群对于娱乐游戏等服务有较强的需求，而因为移动网络游戏的便捷性以及具有社交属性，目前也吸引了数量可观的 30～40 岁群体的用户，同时值得注意的是，这部分人群的消费能力较高。目前移动网络游戏几乎覆盖了整个年龄群体的用户。

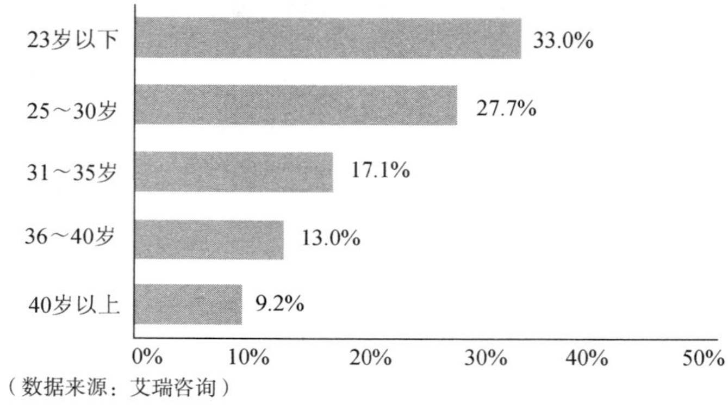

图15.19　2013年中国移动端网络游戏用户年龄结构

15.3.9　中国移动端网络游戏用户教育程度结构

截至 2013 年 12 月，移动端网络游戏中，游戏用户普遍的教育程度为本科学历，占到总人数的 54.6%，其次为大专学历，占到 23.3%，高中、硕士及以上学历比例分别为 10.6%、8.4%。高学历用户成为移动端网络游戏用户的主要构成群体，如图 15.20 所示。

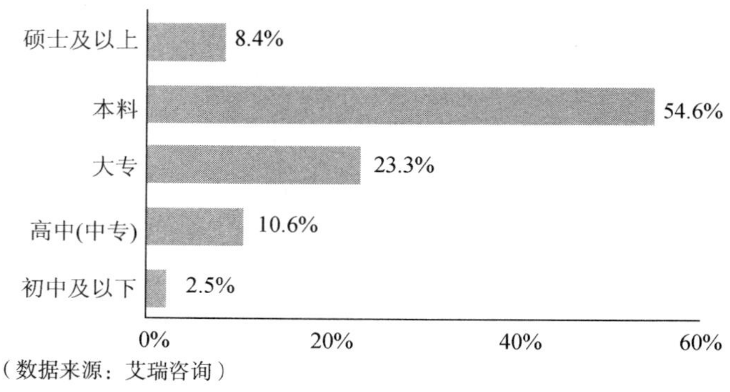

图15.20　2013年中国移动端网络游戏用户教育程度结构

15.3.10　中国移动端网络游戏用户收入结构

截至 2013 年 12 月，移动端网络游戏中，无收入人群占到 10.2%，有收入人群中，月收入 5000 元以上人群占比最多，达到 29.7%，月收入 1000 元以下的人群占比最少，仅为 3.5%，如图 15.21 所示。

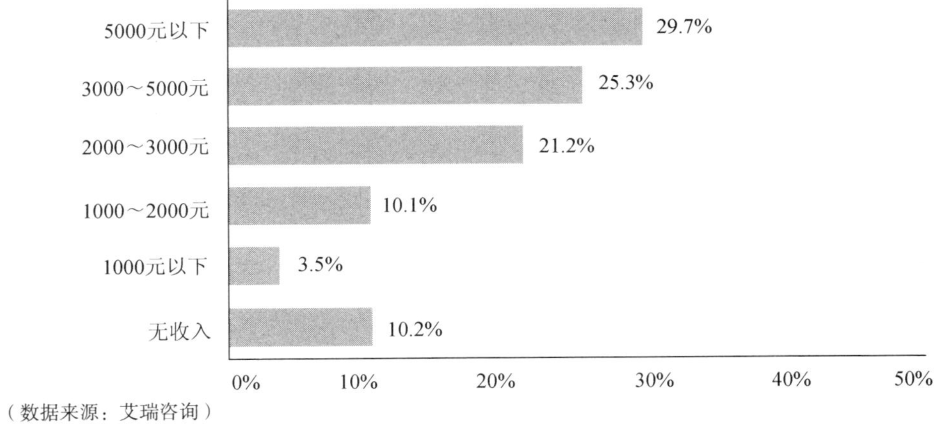

（数据来源：艾瑞咨询）

图15.21　2013年中国移动端网络游戏用户收入结构

随着中国人均收入水平的逐年提高，目前移动端网络游戏用户的人群收入亦在逐年上升。

15.3.11　中国移动端网络游戏用户覆盖人数

截至 2013 年 12 月中国移动游戏月度覆盖人数为 1.8 亿人，较 2012 年 12 月的 1.2 亿人大幅上涨 33.3%。中国网络游戏日均覆盖人数为 6741 万人，较 2012 年 12 月的 4101 万人大幅上涨 64.4%。中国网络游戏人均月度使用时间为 4.1 小时，较 2012 年 12 月的 3 小时上涨 36.7%，如图 15.22 所示。

指标	2012.12	2013.12
月度覆盖人数(亿人)	1.2	1.8
日均覆盖人数(亿人)	0.4	0.7
人均月度使用时间(小时)	3.0	4.1

（数据来源：艾瑞咨询）

图15.22　2012年与2013年中国移动端网络游戏用户对比

随着中国智能手机的普及和移动互联网的发展，再加上近些年游戏研发商在移动端不断推出高品质的网络游戏，移动端网络游戏用户量正处于大幅增长的阶段。手机游戏以其便利性，满足了用户使用碎片时间进行游戏的需求。随着移动端游戏平台的逐渐成熟和国内外游戏巨头纷纷布局手机游戏市场，中国移动端游戏市场将会继续保持高速发展。

15.3.12　中国 PC 端游戏用户与移动游戏用户对比情况

截至 2013 年 12 月，移动端游戏用户人均使用次数达到 57.1 次，略高于 PC 端的 53.8 次；而 PC 端游戏用户人均有效使用时间为 14.7 小时，远高于移动端的 4.1 小时，如图 15.23 所示。

指标	PC端	移动端
人均使用次数(次)	53.8	57.1
人均使用天数(天)	8.3	11.8
人均有效使用时间(小时)	14.7	4.1
人均单日有效使时间(分钟)	29.4	12.4
人均单次有效使时间(分钟)	18.1	4.0

（数据来源：艾瑞咨询）

图15.23　2013年PC端游戏与移动端网络游戏用户对比

移动端游戏用户使用次数高于 PC 端是因为移动端用户可在任何地点和时间，利用碎片时间进行游戏，用户会在一天中多次、时间长短不一的登录游戏。而 PC 端用户在人均使用时长上远高于移动端是因为 PC 端的游戏多为大型、沉浸式的网络游戏，用户需要花费更多的时间进行游戏。

15.4　发展趋势

目前中国的网络游戏主要分为客户端游戏、网页游戏和移动游戏。网络游戏行业的发展越来越成熟，市场也越来越有序，总体规模也在较为稳定地增长。同时客户端游戏、网页游戏、移动游戏目前分别处于不同的发展时期，所以在未来趋势上也呈现百花齐放的状态。

1. 大型客户端游戏企业进入网页游戏领域

2013 年完美世界、金山软件、巨人网络、网龙分别通过自主研发进入网页游戏市场。客户端游戏市场增速放缓，而网页游戏增速高于客户端游戏，大型客户端厂商为寻求新的增长点，从而进入网页游戏领域是一个选择。同时大型客户端厂商在网页游戏领域具有一定的优势，主要体现在与客户端游戏的协同效应中。

（1）研发：端游的研发积累用于页游开发。

（2）品牌：端游创造的品牌口碑，同时在页游上取得积极的影响。

（3）IP 的共享可能性：端游 IP 转移到页游。

（4）其他无形资产的共享。

2. 客户端游戏网游电竞化，电竞网游化

电竞网优化和网游电竞化是未来客户端游戏的一大趋势。电竞网游化的主要驱动因素有：

（1）增加用户覆盖，不再成为小众游戏；

（2）增强商业化程度，增加营收。

网游电竞化的驱动因素：

（1）增加社会影响力。

（2）通过电竞化，使得游戏更轻快，吸引新生代网游用户；

（3）电竞化有助于增强用户黏性，使用户更多地参与和观看。

3. 客户端游戏市场细分市场将更为明显

客户端游戏市场中的细分市场将更为明显，主要驱动力有：

（1）大型客户端游戏厂商在大型多人在线角色扮演游戏之外，开始寻求新的增长点，而诸如射击类、多人在线联机竞技类、体育类客户端游戏存在市场需求，同时市场竞争成员还不多，进入客户端游戏细分市场将会较快速地获得新用户。

（2）客户端游戏用户有较强的社交性，用户间的社交关系容易形成用户对同类产品的转换成本，所以在客户端游戏细分市场中，厂商建立一定的先发优势是竞争内容之一，这点也促使厂商尽快进入细分市场的意愿加强。

4. 客户端游戏市场竞争放缓

客户端游戏市场增长放缓，部分企业退出或者向页游和手游等细分领域转移，从而导致市场集中度提升，使得客户端游戏市场产品同质化、集中化问题得以缓解，竞争更为有序，行业内的竞争放缓。

5. 老客户端游戏道具及功能进一步免费化

大型厂商的核心客户端游戏进入生命周期较为成熟的阶段，对于这些老游戏，厂商将会减少商业化程度：

（1）减少付费点的设置。

（2）推出更多免费功能和免费道具，尽管降低了付费率，但是将有利于减小流失率，延长产品的生命周期。

从行业整体看，大部分生命周期较为成熟的游戏将会呈现更为免费化的倾向。

6. 客户端游戏大作化、精品化

客户端游戏人才的积累，使得行业整体游戏品质提升；行业增速放缓，在经历了自然的竞争淘汰以及部分竞争者转向页游或者手游之后，剩下的企业具备较高的资金和开发实力，所以在以后的竞争中，客户端游戏的产品质量会有所上升；客户端游戏受到网页游戏、移动游戏的竞争，依靠品质上的优势，和其他细分领域形成差异化是竞争需要。

7. 网页游戏的运营竞争从线上延伸到线下

目前页游已经进入相对较为成熟的发展阶段，众页游运营商们该开始考虑游戏产品产生现金流的问题了。经过页游初期的“野战军”成长，众页游运营商们也该开始走“正规军”路线了。只有开始考虑、注重用户体验的页游运营商们通过经常举办吸引玩家关注的线下运营活动、增加游戏互动性较强的竞技类线上活动及派送各类与众不同的游戏奖励等精细化的运营活动，才能在以后的页游市场上脱颖而出。

8. 自有流量平台运营网页游戏的发展机会较好

网页游戏行业发展初期以非自有流量平台为主，而当行业规模量级扩大之后，自有流量平台也纷纷参与到网页游戏的联运中来，非自有流量平台获取用户的成本不断上涨，迫于盈利压力，非自有流量平台会将流量资源集中导入变现能力较高的产品，新产品难以得到更多的流量，平台用户周期性运转以及产品内容的丰富多样性将受到挑战，而中小平台盲目跟风，获取明星产品的成本也将更高。自有流量平台运营网页游戏具备更强的流量资源优势，在导入明星产品变现的同时，有更多的流量能去挖掘新的产品，整个平台运营情况较为健康。随着网页游戏行业的发展，市场会趋于资源集中化，未来非自有流量平台会受到更多的市场挤压，而后入行的企业机会不大，反观自有流量平台运营网页游戏的发展机会将会更好。

9. 网页游戏获取新增用户的成本上涨

随着网页游戏用户市场规模的增长趋于稳定，新增用户的推广成本明显上涨，同页游研发商一样，页游运营商们也都纷纷开始探索新的营销增长点和不一样的用户服务，以期在新一轮市场竞争中赢得页游玩家们的青睐。

10. 移动游戏重度化、连网化

中重度网游成为未来游戏研发重点，目前市场高流水产品以网游为主，随着市场趋利导向的影响，未来网游产品将会出现数量多竞争激烈的局面；网络游戏市场潜力还有极大的提升空间，网络游戏无论从目前产品市场占有率上，还是用户覆盖方面均有提升空间，中国用户在 PC 端上养成的重度习惯将会向移动端转移。

11. 移动游戏资本市场由并购转向 IPO

资本市场活跃度持续，2014 年移动游戏市场将继续爆发，由此催生的大量高利润企业，必然吸引资本市场的追逐，包括投资、并购等活动将日益频繁。并购转向 IPO：由于 2014 年 1 月将开放 IPO，并且逐步推进注册制，未来游戏企业的上市门槛将有所降低，IPO 将取代并购成为主流。

12. 轻度休闲游戏用户付费能力被激活

社交游戏平台爆发，微信游戏目前抢占游戏排行榜前列，随后如陌陌等社交平台也纷纷推出游戏计划，更加吸引了易信、来往等加入战局，但微信的强势地位将很难在短时间被取代；社交平台将激活轻度游戏用户的付费能力，游戏中更多的社交功能将增强用户的黏性和扩大用户潜在规模，从而激活轻度游戏用户的付费能力。

（艾瑞咨询　严华雯）

第 16 章　2013 年中国搜索引擎发展情况

16.1　发展概况

16.1.1　整体搜索引擎用户稳步增长

截至 2013 年 12 月，我国搜索引擎用户规模达 4.90 亿人，与 2012 年年底相比增长 3856 万人，增长率为 8.5%，使用率为 79.3%（见图 16.1）。

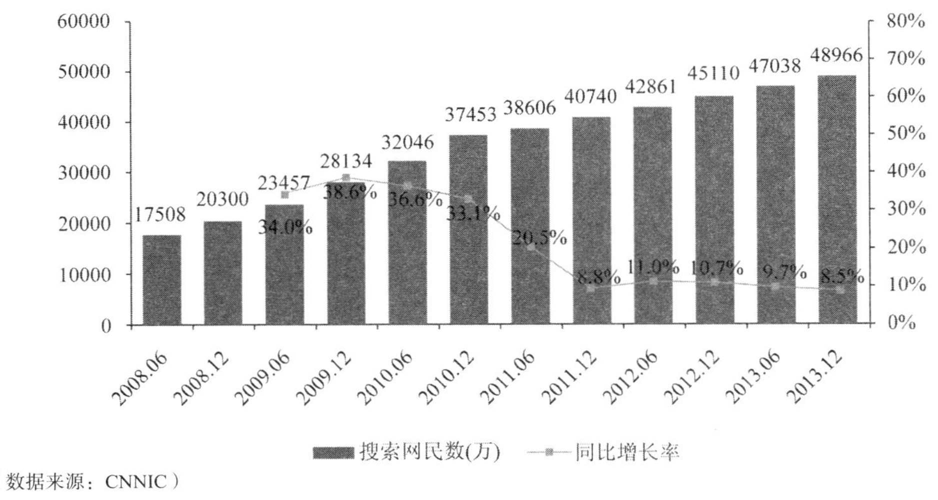

（数据来源：CNNIC）

图16.1　中国历年搜索引擎用户规模和增长率

搜索引擎作为互联网基础服务之一，虽然行业已经发展成熟，但行业内部依然存在变化：行业层面上，搜索引擎企业之间整合加速，通过并购或入股等形式提升自身竞争力；企业层面上，手机网民的增长促使移动端入口争夺更为激烈；技术层面上，基于自然语言、语音、图片、二维码等搜索形式的技术逐步发展。在整体搜索行业进入成熟期的背景之下，未来搜索引擎的持续发展还将取决于搜索结果安全性和用户信任度。

16.1.2 手机搜索迅速增长，成为企业争夺的焦点

截至 2013 年 12 月，我国手机搜索用户数达 3.65 亿人，较 2012 年年底增长 7365 万人，增长率为 25.3%；手机搜索使用率为 73.0%，与 2012 年年底相比提升 3.6 个百分点（见图 16.2）。随着移动互联网快速增长，网民部分搜索行为从 PC 端向移动端转移。

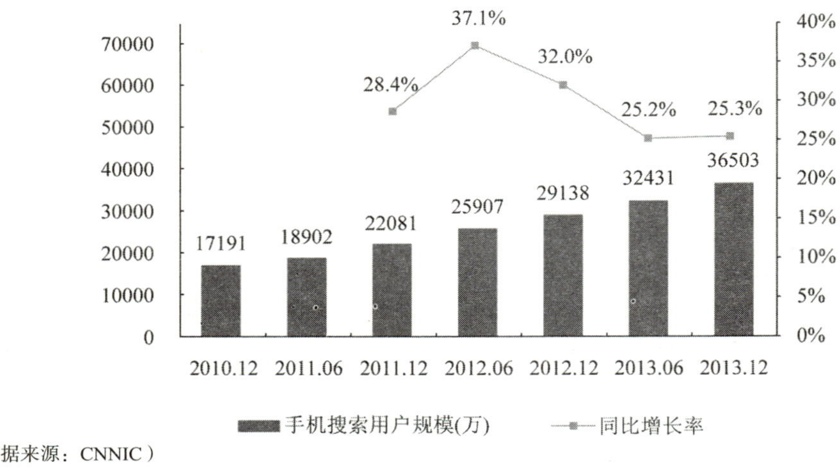

（数据来源：CNNIC）

图16.2 中国历年手机搜索引擎网民规模和增长率

网民手机端搜索行为与 PC 端有所差异：搜索方式上，手机搜索输入方式更加多样化，除了文字输入外，还有语音、二维码扫描等输入方式，且使用率快速增加。搜索内容上，除娱乐和阅读等内容外，用户在手机端搜索本地生活服务类信息和应用信息的需求更大，手机搜索已成为应用分发的重要渠道之一。

16.2 市场分析

16.2.1 百度一家独大，第二之争激烈

2013 年中国搜索引擎市场格局依然是百度一家独大的局面。搜索引擎新贵——360 搜索凭借浏览器和导航的导流作用，短期内份额快速上升，位居第二位。腾讯搜搜和搜狗搜索紧随其后，二者在 2013 年进行了合并，此举有望使得第二位置之争更加激烈。除此之外，搜索引擎行业还有谷歌搜索、微软必应等外资品牌以及国内众多搜索引擎企业。

16.2.2 搜索引擎行业整合加速

2013 年搜索引擎整合加速：首先，腾讯向搜狗注资 4.48 亿美元，并将旗下的腾讯搜搜业务和其他相关资产并入搜狗；其次，网易有道宣布正式放弃通用搜索业务，其网页、图片、视频、热闻搜索转用 360 搜索引擎；最后，即刻搜索转由盘古搜索提供搜索结果，即刻搜索内容完全由盘古搜索提供。

搜索行业营业收入的“二八”原则非常明显，排名靠后的企业盈利很困难，但搜索引擎行业企业众多，大部分搜索引擎投入产出并不高。国内成规模的综合搜索网站就不下 20 个，还有垂直搜索等其他搜索引擎。经过十多年的发展，除了专业搜索引擎企业外，门户网站、即时通信、输入法、视频网站、浏览器以及媒体都纷纷进入搜索引擎行业，企图分得一杯羹。但搜索引擎是一个对技术要求较高的行业，要想在这个行业取得竞争优势，必须在人力、物力、财力上投入大量资金研发或推广，或者依靠其他搜索入口导流，才可能取得成功。当前很多搜索引擎企业并不具备持续投入大量资金的能力，而且在对搜索引擎有导流作用的其他入口方面，也无优势，被合并或者出局的结局从一开始就已经注定。

16.2.3 中国搜索引擎产业半闭环状态正在形成

搜索引擎产业半闭环状态是指搜索引擎一部分搜索结果指向自身相关内容，而非外部网站资源。随着搜索引擎行业竞争加深，各搜索引擎正加快相关内容产品的研发，同时利用自身搜索引擎优势导入流量，以扩大业务规模，提高进入壁垒，取得竞争优势。

搜索引擎产业半闭环状态具体表现：第一，搜索引擎企业利用自身优势，开发搜索结果类产品。当前不少搜索引擎已经推出了百科、知道、文库、经验、问答、知识图谱等产品，让用户搜索后直接转向这些产品，找到所需信息。第二，搜索引擎企业开发垂直产品，并利用搜索引擎导入流量。主要搜索引擎中，不少企业推出了音乐频道、地图频道、阅读频道、旅游频道、应用频道、游戏频道、贴吧、空间、软件、购物、素材等产品，利用搜索引擎导流优势，取得了较高的市场份额。第三，通过并购或控股其他垂直产业扩大自身闭环产业范围。主要搜索引擎中，已相继并购了网址导航、在线旅游、应用分发、音乐、视频、文学等行业网站，通过自身搜索力量导入流量以实现双赢。

搜索引擎产业半闭环状态形成由三方面原因促使：首先，拓展业务范围以扩大业务规模是最主要的原因。虽然搜索引擎流量变现能力强，但规模有限，企业要想进一步发展，在自身条件允许的情况下，适当向其他垂直行业延伸，布局新业务，是非常有必要的。其次，搜索网民需求的推动，也是重要原因。搜索引擎最主要目的是帮助用户找到所需信息，而通过抓取其他网站网页内容而简单呈现的搜索结果很难满足网民需求，因此需要人工整理和编辑，才能让搜索网民更快找到所求。最后，行业竞争也是重要原因，通过完善自身的系列产品，阻止其他搜索引擎抓取，提高行业进入壁垒，是搜索引擎发展自身产品的重要动力之一。

16.2.4 搜索引擎向智能化、移动化方向发展

2013 年，较大的搜索引擎更加注重搜索的智能化，同时重视应用搜索、LBS 等业务。百度上线代表第三代搜索引擎技术的“知识图谱”、“知心搜索”，同时收购糯米网等业务，力图将商务与地图搜索结合，百度还收购 91 无线，在抢占手机入口的同时，也为自己的移动搜索布局；360 推出“我的搜索”，使搜索更贴近个人需求与特点，同时上线雷电搜索，企图在移动搜索端占据有利地位；搜狗推出浏览器智慧版，将浏览器与搜索深度整合。

百度在保持 PC 端搜索领先的同时，也开始在移动搜索上大力投入。百度不仅重点进行移动搜索技术研发，而且重视各种能为移动搜索带来流量的应用入口，如手机管家、输入法等。百度还通过扩大投资并购范围、加大市场营销投入等方式，力求在移动互联网竞争中脱颖而出。此外，百度还成立“前向收费业务群组”，由原先分管销售的王湛副总裁负责此类

业务，显示了百度对面向用户收费业务的重视。

16.2.5 语音、二维码扫描成为重要的搜索入口

根据 CNNIC《2013 年中国搜索引擎市场研究报告》显示，相比 2012 年，2013 年网民在手机端搜索时使用的输入方式有明显的变化，表现在使用二维码扫描输入和语音输入进行搜索的网民比例大幅度上升。其中使用过二维码扫描输入进行搜索的手机网民比例从 7.9%上升到了 25.1%，上升了 17.2 个百分点；使用过语音输入进行搜索的手机网民比例从 12.7%上升到了 22.1%，上升了 9.4 个百分点（图 16.3）。2013 年部分输入法集成了语音以及二维码扫描输入功能，加上很多即时通信、微博等 APP 也都聚集了这些输入功能，带动了网民使用这些新的输入方式，并在搜索信息时使用。

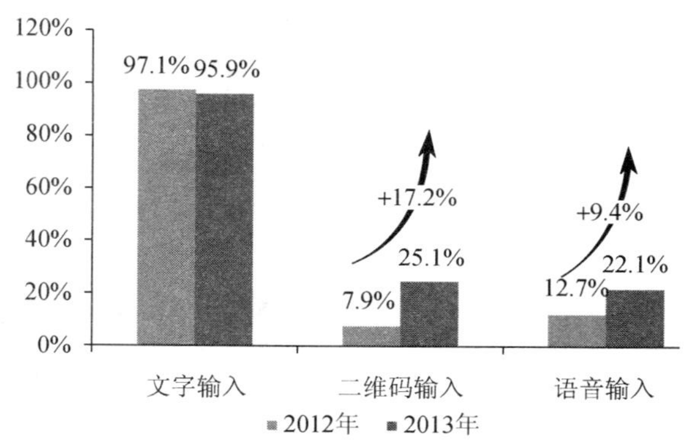

（数据来源：CNNIC）

图16.3 手机搜索的输入方式

16.3 用户分析

2013 年，国内搜索行业呈现多元化的发展趋势，新进入的搜索引擎企业和现有搜索企业竞争激烈，而不断细分的搜索市场和性能持续提升的终端设备正改变着用户的搜索习惯。根据 CNNIC《2013 年中国网民搜索行为研究报告》显示，2013 年，综合搜索引擎仍然是网民最基本的搜索工具，过去半年，搜索网民使用过综合搜索网站的比例达 98.0%。

16.3.1 网民使用搜索引擎数量

由于搜索需求、上网环境、上网设备等的不同，同一网民在一定期间内会同时使用两个及以上的搜索引擎来进行搜索。整体上，网民平均使用搜索引擎数量为 2.7 个，其中在电脑上使用 2.6 个，在手机上使用 1.7 个。

近七成搜索网民使用两个及以上搜索引擎，仅使用一个的网民仅占 32.3%。分设备来看，在电脑端使用一个搜索引擎的比例为 32.7%，而手机端高达 66.7%，手机端使用搜索引擎的数量较少，排他性较强（见图 16.4）。

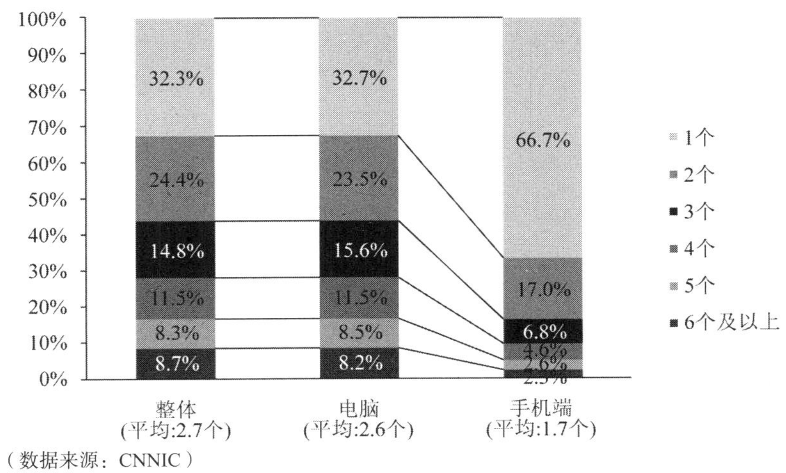

（数据来源：CNNIC）

图16.4　网民使用搜索引擎的数量

网民使用搜索引擎的数量与学历呈正相关性，学历越高，使用的搜索引擎个数越多。平均搜索引擎使用数量，小学及以下学历为 2.1 个，初中学历为 2.2 个，高中/中专/技校学历为 2.6 个，大专学历为 2.8 个，而大学本科、硕士以上学历平均使用搜索引擎个数分别达 3.1、3.7 个。学历越高，搜索需求越多，因此对搜索引擎的要求也更高，更容易同时使用多个搜索引擎。

从搜索引擎使用个数分段来看，上述趋势也很明显。小学及以下学历人群中，仅使用一个搜索引擎的比例高达 46.3%，而硕士及以上这一比例仅为 17.9%。相反，使用 6 个及以上搜索引擎的人群比例，小学及以下仅占了 4.6%，而硕士及以上学历人群却占了 22.1%（见图 16.5）。

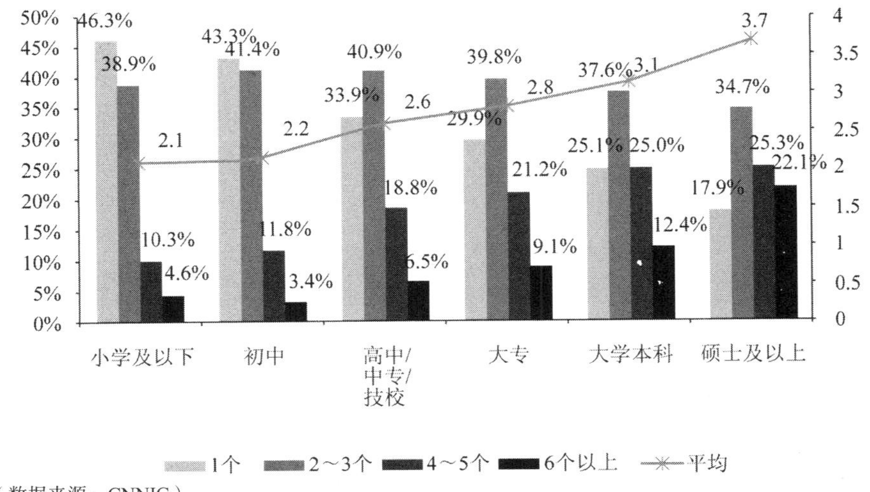

（数据来源：CNNIC）

图16.5　不同学历网民使用搜索引擎数量

16.3.2 网民电脑端搜索引擎决策行为

1. 首选搜索引擎原因

决定网民首选搜索引擎的因素有五类，分别为习惯因素、搜索体验因素、工具导流因素、品牌情感因素以及其他因素，如图 16.6 所示。

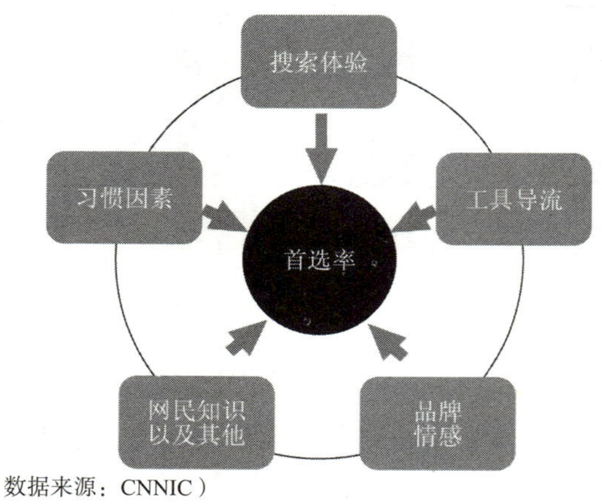

图16.6 网民首选某个搜索引擎的因素

习惯性因素。一旦使用某个搜索引擎久了，如果使用过程中没有特别的负面因素，就会一直使用下去。

搜索体验因素。指网民使用搜索引擎的总体体验，包括搜索结果匹配度高，能找到所需信息；搜索操作便捷，符合人体工学习惯；搜索速度快以及搜索安全性高、无广告等。

工具导流因素。指借助浏览器、导航、输入法以及即时通信等工具内置搜索引擎的导流来获取搜索流量。工具导流减少了网民从搜索需求到搜索行为过程中的环节，因此受到部分网民的热爱。但通过工具导流带来的搜索流量常常是用户无意识的行为，此类方法对企业品牌建设作用相对较小。

品牌情感因素。包括知名度、企业品牌形象、民族情感等因素。这些因素都可能影响网民对首选搜索引擎的选择。

网民知识及其他因素。包括网民知识多寡、使用搜索引擎频率等因素。如果网民网络知识匮乏、使用搜索引擎次数较少，则搜索引擎忠诚度较低。

根据以上几类细分因素，网民选择如下：首选，习惯性因素是网民首选某搜索引擎的最重要因素，选择比例达到了 84.0%；其次为搜索体验因素，其中又以搜索结果匹配度高（55.0%）、体验好（54.5%）、速度快（51.9%）为最主要因素；工具导流因素也很重要，其中浏览器导流（45.7%）、导航网站导流（42.5%）、电脑预装（41.9%）等作用最为明显，选择比例都在四成以上；品牌因素中，企业可信度高（44.3%）和知名度高（41.2%）尤其重要；此外，还有三成左右的网民很少使用搜索引擎或者只使用某一个搜索引擎，品牌选择随意性较大（图 16.7）。

2. 第二选择搜索引擎原因

接近七成的网民在电脑上使用两个及以上搜索引擎，仅仅一个搜索引擎无法满足大部分网民的搜索需求。网民常将第二搜索引擎与首选搜索引擎交替使用，但大多是在首选搜索引擎不能满足需要的时候才使用，或者用于特定的搜索。

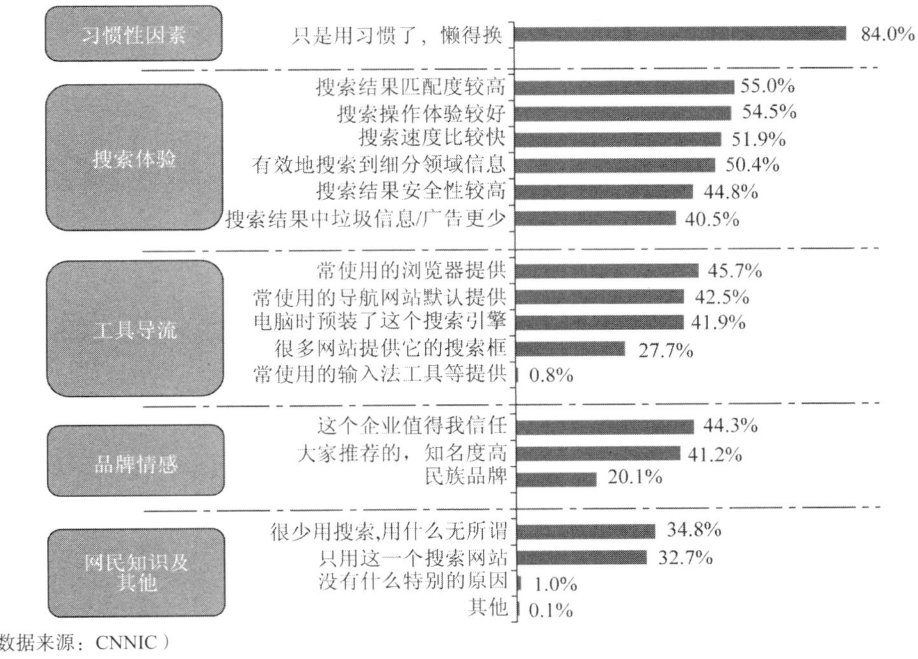

图16.7　网民首选某个搜索引擎的详细因素及比例

使用两个及以上搜索引擎的人群中，67.2%的人基本上是和首选搜索引擎交替使用，64.7%在首选搜索引擎不能满足需要的时候才使用，主要用于软件、音乐等垂直搜索以及英文等特定语言搜索（图 16.8）。

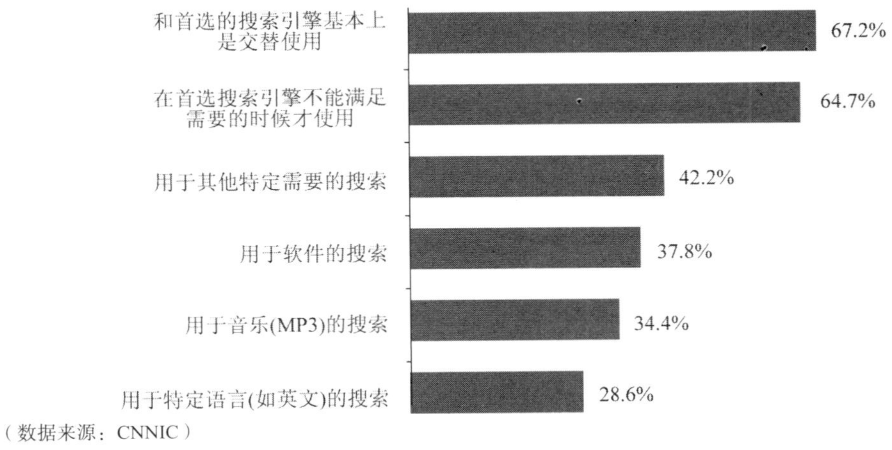

图16.8　网民使用第二个搜索引擎的原因

3. 网民更换常用搜索引擎的比例及原因

网民一旦对某个搜索引擎形成忠诚度，习惯之后就很难更换。过去半年内，网民更换常用搜索引擎的比例为 2.2%，更换比例相对较低（见图 16.9）。由于企业争取一个用户成本非常高，这小部分流失的用户也不容忽视。

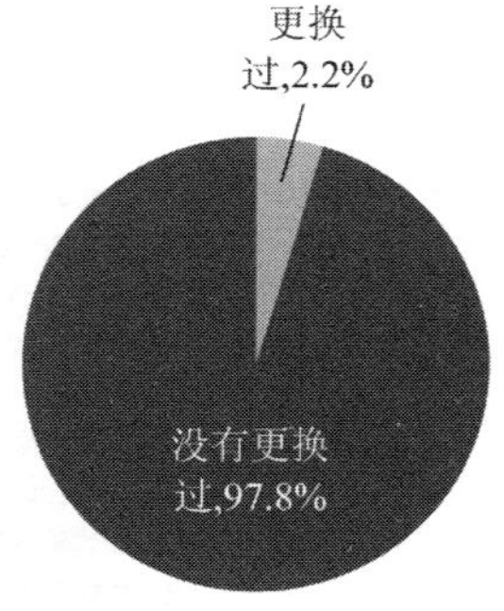

（数据来源：CNNIC）

图16.9　2013年网民更换常用（首选）搜索引擎比例

网民更换首选搜索引擎主要原因有以下四类。

（1）新搜索引擎吸引了网民；

（2）搜索引擎导流工具发生改变；

（3）原搜索引擎的体验不好；

（4）他人推荐。

这些原因并非独立存在，可能会同时影响网民决策。例如，如果网民对原搜索的体验不好，可能去试用新的搜索引擎，觉得不错后就会更换。

更换首选搜索引擎的网民中，偶然试用了新的搜索引擎，因体验较好而继续使用的人占了一半；因导流工具改变而更换首选搜索的比例也很高，其中因浏览器或导航网站默认搜索引擎变化而更换的比例超过 40%，浏览器或导航网站更换以致搜索引擎改变的比例超过了 25%；搜索体验方面，搜索网站不稳定、搜索结果不准确、搜索过程体验不好的占比都在 28.8% 以上；此外，朋友推荐也占了 32.7%（见图 16.10）。

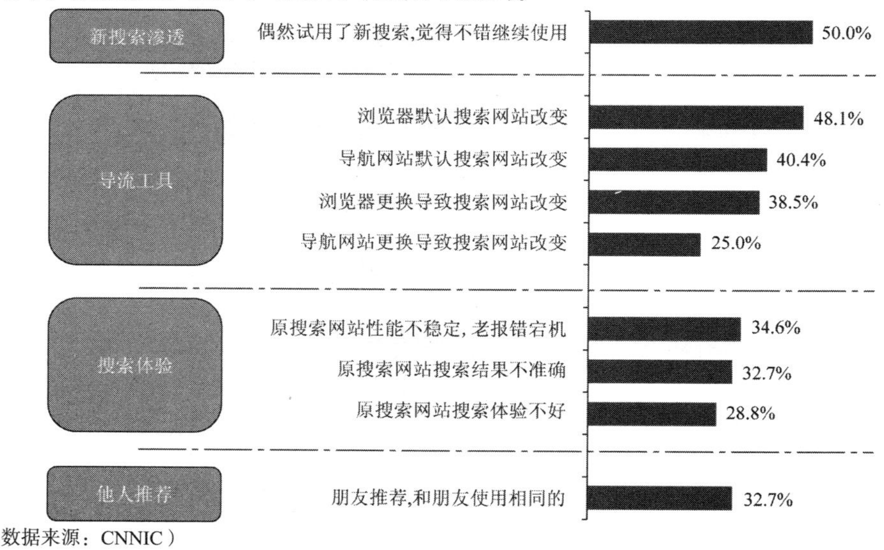

（数据来源：CNNIC）

图16.10　网民更换常用（首选）搜索引擎原因

16.3.3　网民电脑端搜索引擎使用行为分析

1. 使用搜索引擎的渠道

当前网民电脑端搜索行为主要在浏览器上进行，桌面工具和其他工具作为补充。浏览器进入搜索引擎包括多个渠道：①通过浏览器直接进入搜索引擎进行搜索，其中又包括浏览器首页默认为搜索引擎、将搜索引擎添加至浏览器首页常用网站、在浏览器地址栏里直接输入网址、从浏览器的收藏夹里打开搜索引擎等；②借助浏览器的搜索入口进行搜索，如在地址栏、搜索框里直接输入搜索关键字等；③借助浏览器的导航网站或其他网站进入（见图 16.11）。

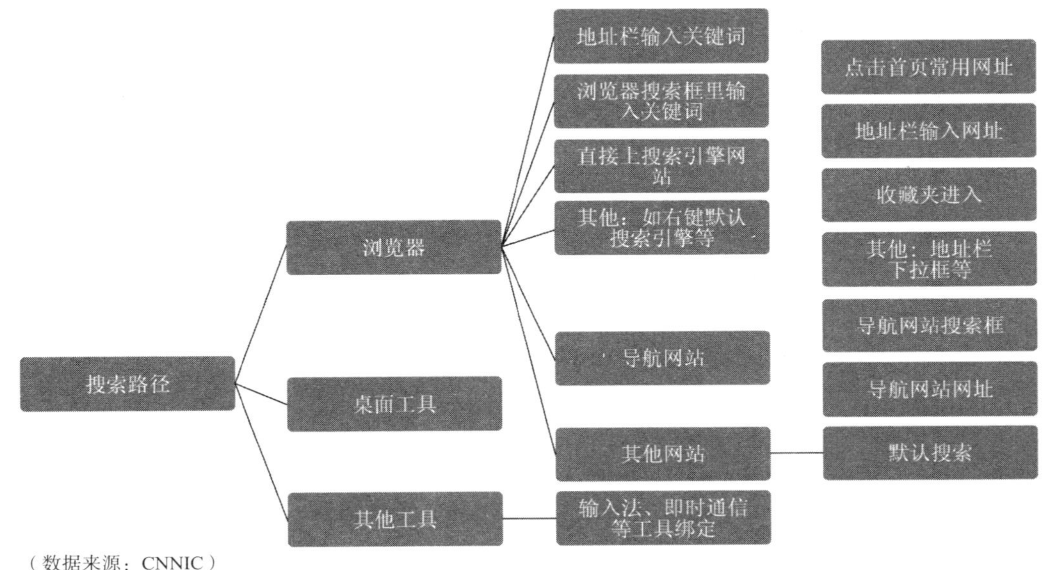

图16.11　网民电脑端搜索路径图

在搜索网民使用过的搜索路径中，借助浏览器直接上搜索引擎首页进行搜索的人占了 79.1%，是网民最主要的搜索方式；曾经在浏览器地址栏里输入关键词进行过搜索、使用浏览器上的搜索框进行搜索的网民也分别达 62.8%、57.1%，表明浏览器上的搜索入口也很重要；此外，一半搜索网民使用过导航网站提供的搜索框，四成网民使用过常访问的网站提供的搜索功能。其他方面，使用过桌面搜索、输入法、聊天工具提供的搜索功能的比例相对较小（见图 16.12）。

2. 进入搜索主页的渠道

2013 年，在直接进入搜索引擎主页进行搜索的网民中，浏览器默认搜索引擎仍然是最主要的渠道，占比为 29.4%，但相比 2012 年已大幅度减少 19.8 个百分点（见图 16.13）。而通过导航网站、浏览器首页搜索框、浏览器首页常用网址进入的比例都有较大幅度增长，分别提升了 5 个以上百分点。

2013 年，针对浏览器以及浏览器首页默认导航网站的竞争非常激烈，不少浏览器在首页做了较大的改变，突出了首页搜索框和常用网站的添加功能，改变了搜索网民进入搜索引擎网站的行为。

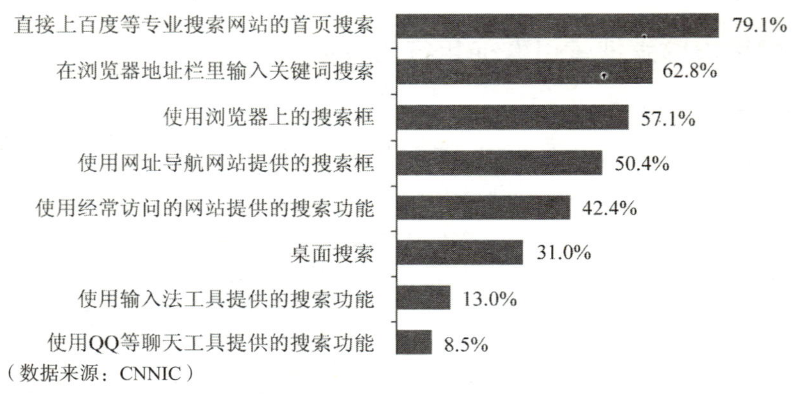

图16.12　网民电脑端使用搜索引擎的渠道

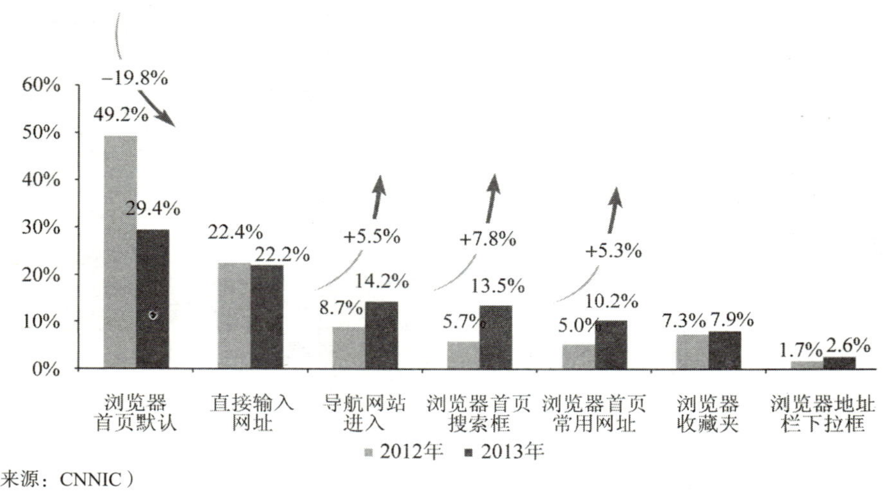

（数据来源：CNNIC）

图16.13　网民电脑端进入搜索引擎主页的渠道

16.3.4　手机搜索用户行为

1. 搜索偏好原因

网民之所以把某搜索网站列为首选手机搜索，主要包括习惯性、搜索体验、工具导流、品牌情感以及其他因素。其中，电脑端的品牌选择对手机端选择影响最大，有 74.3%的手机网民回答了“电脑上用习惯了，懒得换”；其次为搜索体验，包括搜索匹配度高、操作体验较好、搜索速度快、安全性高、广告少等，选择比例在 44%以上；再次为工具导流，包括浏览器、手机预装、导航网站提供搜索框等，选择比例大多在四成以上；最后，企业形象、品牌知名度、民族情感以及其他因素对手机网民的选择都有一定的影响（见图 16.14）。

手机网民在电脑端与手机端的首选搜索趋于一致，高达 85.0%的网民电脑端和手机端首选搜索相同，只有 15.0%的网民不同（见图 16.15）。网民在电脑端的选择对手机端影响较大。

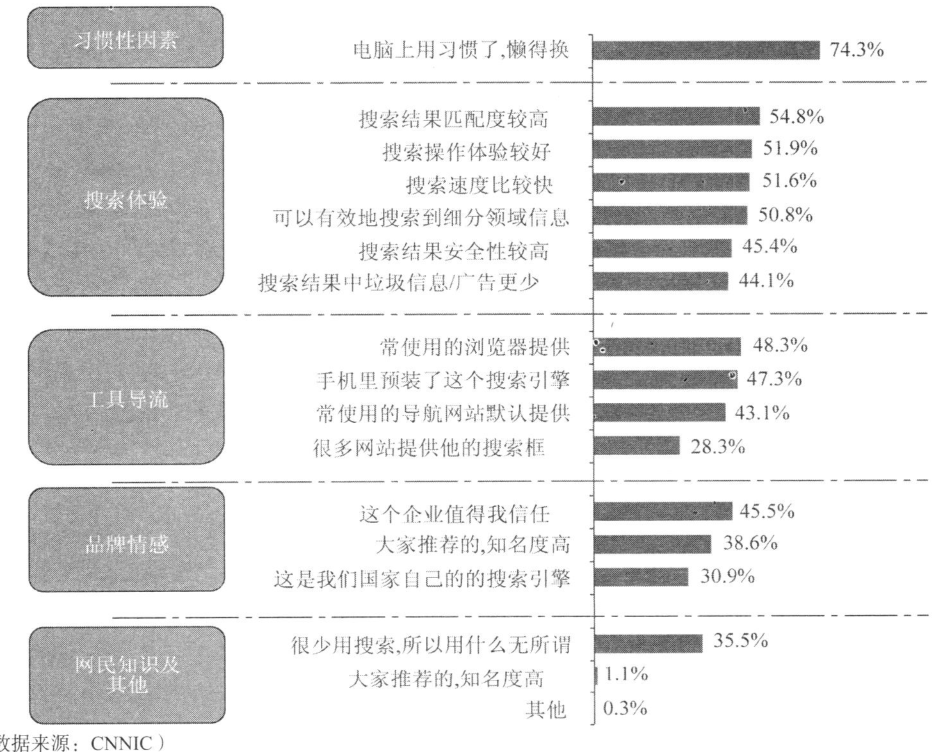

（数据来源：CNNIC）

图16.14　手机搜索网民首选某个搜索引擎的详细因素及比例

2. 手机使用搜索引擎的渠道

手机搜索网民最常进入搜索引擎的渠道依次为：手机浏览器、手机搜索应用（APP）、手机内置搜索框，占比分别为 44.3%、36.9%、18.1%（见图 16.16）。

手机浏览器和搜索 APP 是网民在手机上使用搜索引擎最常用的两个入口，而应用商店、手机管家等对这些应用分发起着重要作用，因此，手机搜索引擎之争在前端应用分发层面也较为激烈。

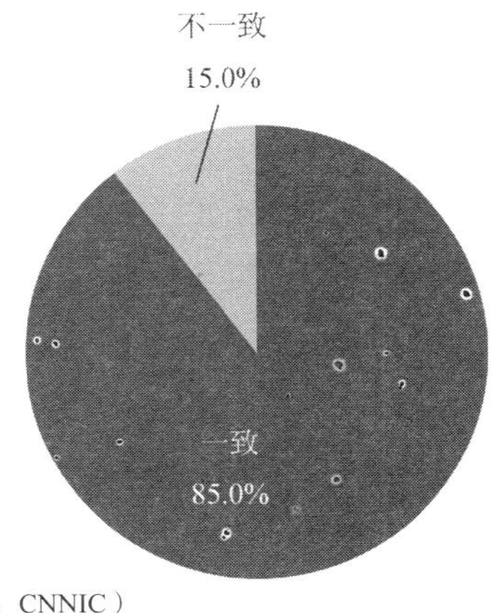

（数据来源：CNNIC）

图16.15　网民手机首选搜索与电脑端一致性

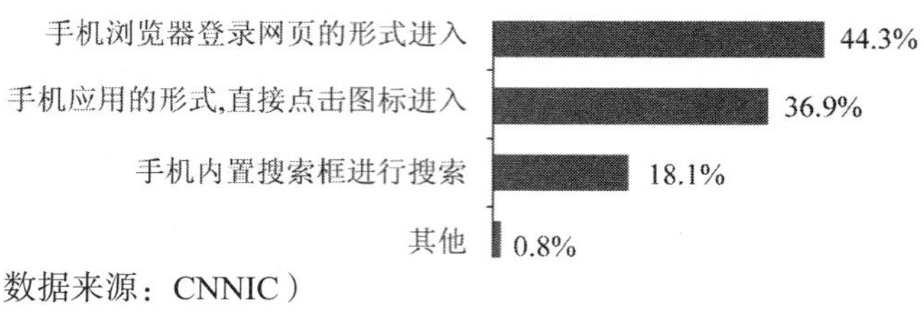

图16.16 手机使用搜索引擎的渠道

3. 通过浏览器进入搜索引擎的渠道

网民在手机上通过浏览器进入搜索引擎的渠道较为分散，主要为浏览器首页推荐搜索网站、浏览器网址栏输入搜索网址、浏览器网址栏输入搜索引擎中文名称、直接在浏览器上的搜索框里搜索、通过手机浏览器书签打开搜索引擎、选择关键字后使用默认的搜索引擎搜索等，占比为 10～24%（见图 16.17）。

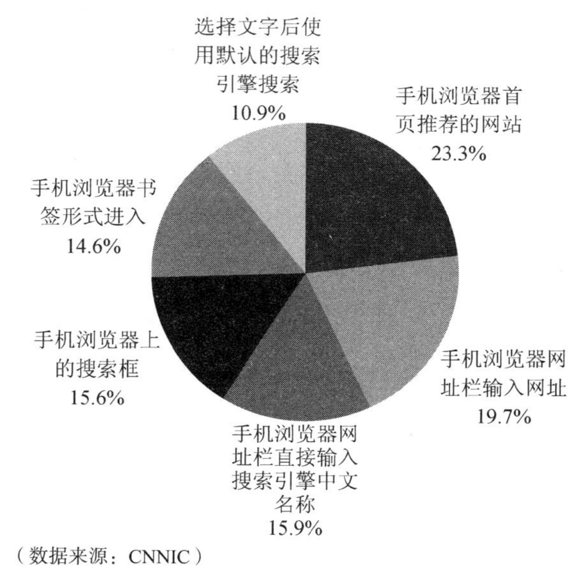

图16.17 通过手机浏览器进入搜索引擎的渠道

4. 手机搜索的黏性

根据网民在手机上进行搜索的频率来评估其黏性，相比 2012 年，2013 年网民使用手机搜索的黏性增加。2013 年，每天使用手机搜索一次及以上的手机网民占了 54.5%，比上一年提升了 5.1 个百分点（见图 16.18）。

手机搜索黏性的提升，带来的是手机搜索次数、点击率的提升，这对手机搜索产业发展打下了流量基础。

5. 查看搜索结果时的最大翻页数

网民在浏览手机搜索结果时，38.3%的人最大翻页数量在 1～2 页，18.6%在 3～4 页，7.2%在 5～6 页，仅有 22.1%最大翻页数量大于 6 页（见图 16.19）。如果信息显示在第七页及以后，接近 80%的手机网民无法接触到。

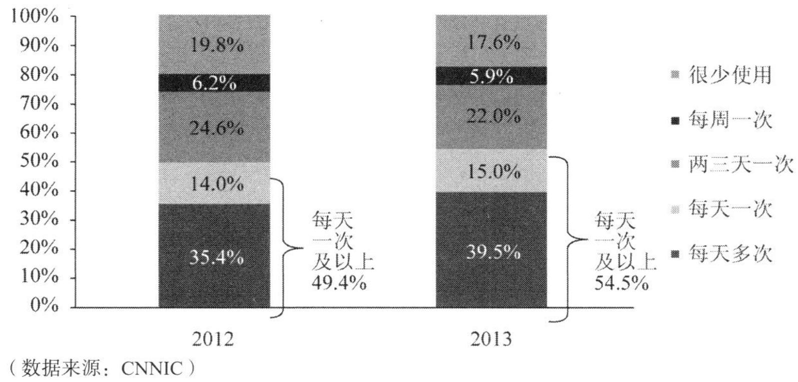

图16.18　手机搜索的使用黏性

由于手机屏幕较小，每屏显示的搜索结果信息条数远低于 PC 端的显示数量，因此手机网民往下翻看的页数非常重要，这对搜索企业的产品设计、广告主的投放策略都有较大的影响。

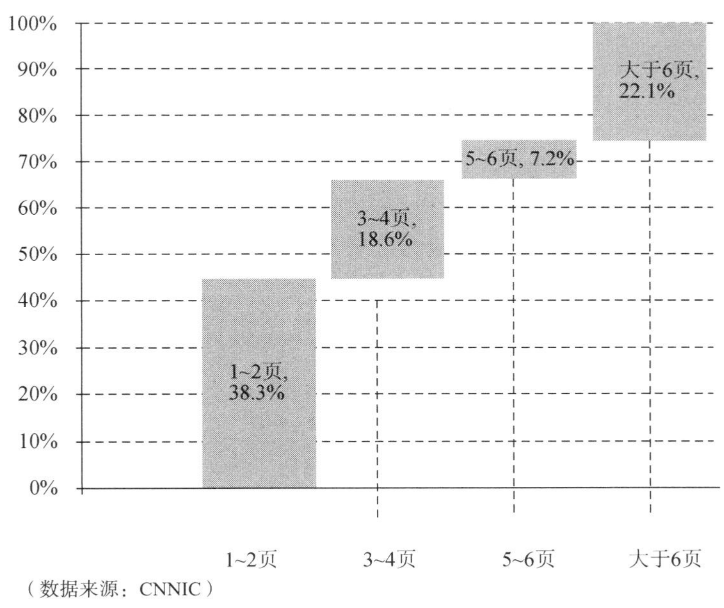

图16.19　手机搜索结果的最大翻页数

6. 网民手机搜索的时间点

网民通过手机在网上搜索信息，最常发生在饭后休息时以及上床后临睡前这两个时间段，使用比例都在 60.7%；其次为坐车途中，使用比例为 56.5%；学习工作时、排队等候时的使用比例也分别达 49.6%、45.9%（见图 16.20）。

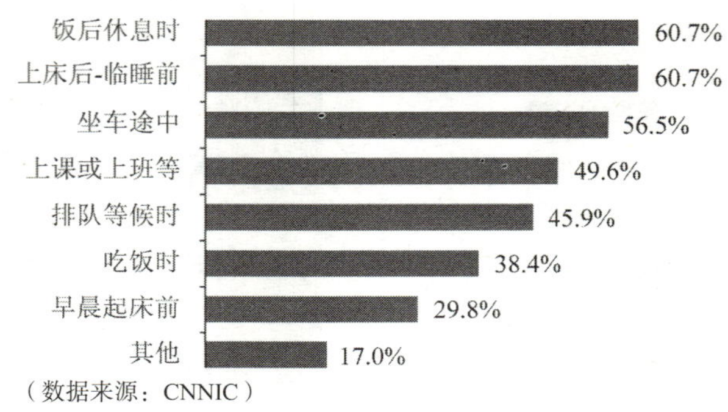

图16.20 网民使用手机搜索的时间点

16.3.5 手机端与 PC 端网民搜索使用差异

1. 搜索情景差异

从电脑和手机的搜索情景来看，通过电脑搜索情况最多的是在“了解工作学习相关内容时”，其次为“了解感兴趣的信息时”。而通过手机搜索最多的是在“了解感兴趣的信息时”，手机搜索以碎片时间使用为主，因此手机搜索的信息与电脑端相比，与工作学习关系相对较小，而与生活娱乐的关系相对较大（见图 16.21）。

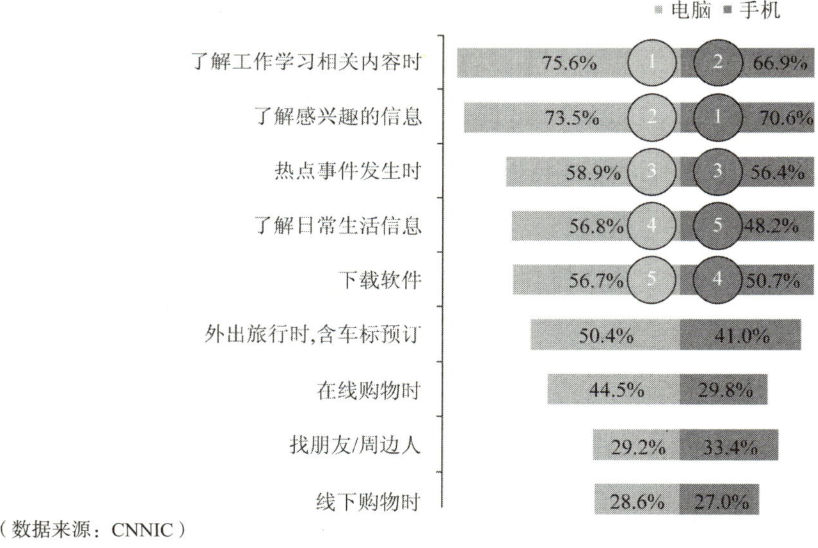

图16.21 2013年PC端与手机端网民搜索情景对比

此外，在找周边人/朋友时，手机搜索使用比例比电脑搜索比例要高，主要因为手机搜索独有的定位功能，使得部分搜索网民常在手机上通过定位查看周边朋友，使得该项功能使用比例相对较高。

2. 搜索内容差异

新闻搜索在电脑和手机上都位居第一，新闻仍然是网民最常搜索内容，但网民在电脑端搜索音乐和视频的比例要高于手机端，主要在于音乐和视频搜索之后，要在线收听或收看，耗费流量较多，网速要求较高（见图 16.22）。

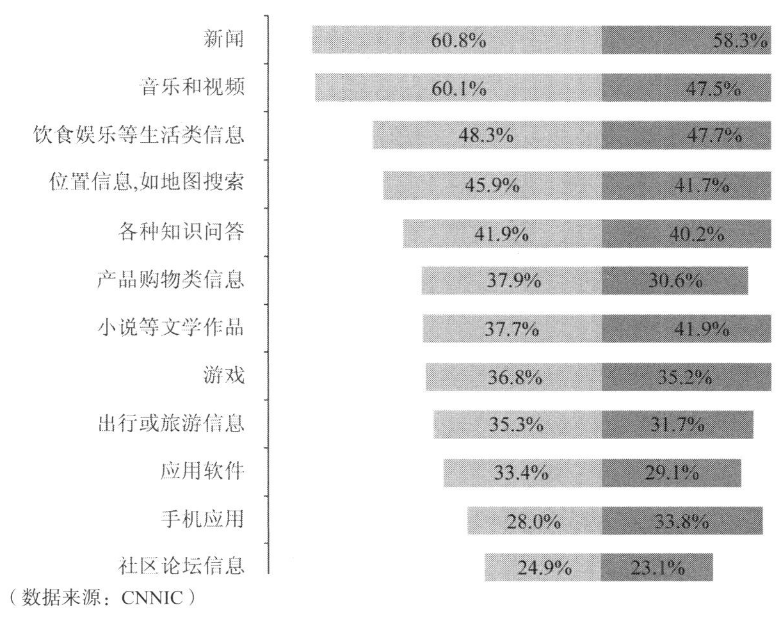

图16.22　2013年PC端与手机端网民搜索内容对比

网民在手机端搜索小说等文学作品的比例高于电脑端，小说等文学作品适合在碎片时间里使用小屏手机观看，因而得到了手机网民的青睐。

值得一提的是，虽然网民在手机上搜索手机应用的比例高于电脑端，但仍有 28.0%的网民通过电脑搜索手机应用，并通过手机助手等软件直接从电脑上安装手机应用。

16.4　搜索引擎营销

搜索引擎由于具有精准定位的特点，成为最受欢迎的网络营销工具之一。一直以来，搜索排名、品牌专区以及联盟广告是最受广大广告主钟爱的广告产品，尤其备受网络服务、网络游戏、医疗等行业广告主欢迎，这使得搜索引擎企业获得了巨额的广告收入。

16.4.1　整体市场规模

2013 年中国全年搜索广告规模达 421 亿元。第四季度中国搜索引擎市场整体规模达 124.5 亿元，环比增长 6.6%（见图 16.23），同比增长了 30.1%，增速虽然进一步回落，但仍然保持着较高速度增长。主要原因：首先，电脑端广告搜索流量增长放缓，但广告主通过提高广告价格、开发新客户等方式，保持了广告收入的稳定增长；其次，移动搜索进入了收获期，移动搜索广告收入呈现快速增长的趋势。

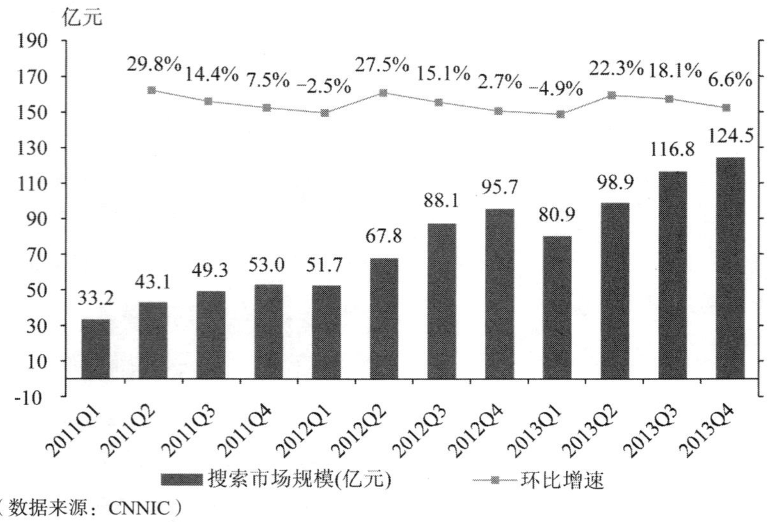

（数据来源：CNNIC）

图16.23 历年各季度中国搜索引擎广告市场规模

16.4.2 移动广告营收增加

2013 年全年移动搜索广告规模达 31.8 亿元。第四季度移动搜索市场规模为 11.2 亿，环比增幅 32.0%（见图 16.24），同比增长 138.5%（见表 16.1）。2013 年移动互联网迅速发展为移动广告收入迅速增长创造了基础条件：首先，智能手机显示性能和运行速度都有了较大的提升，价格进一步降低，快速向网民渗透。其次，3G 业务网民覆盖率提升、流量资费下调、家庭 Wi-Fi 的普及，使得网民使用移动搜索的积极性提高。

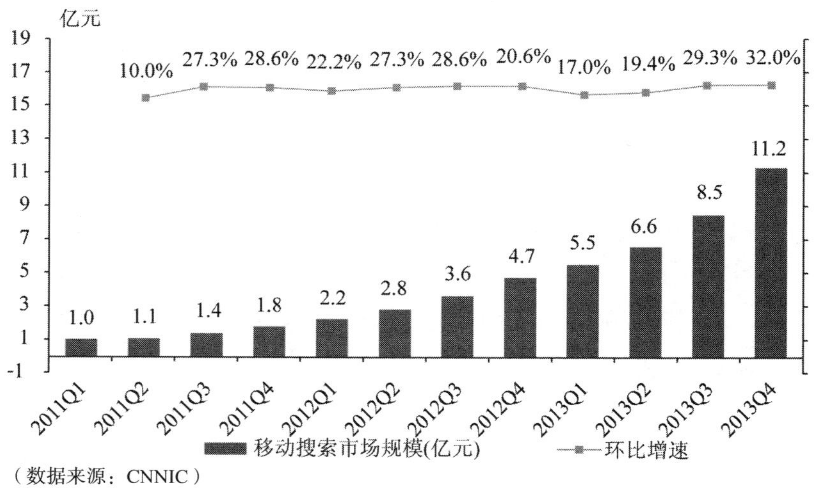

（数据来源：CNNIC）

图16.24 历年各季度中国移动搜索广告市场规模

表 16.1 国内移动搜索市场规模

季度	移动搜索市场规模（亿元）		
	当季市场规模	环比增速	同比增长率
2011Q1	1.0		
2011Q2	1.1	10.0%	
2011Q3	1.4	27.3%	
2011Q4	1.8	28.6%	
2012Q1	2.2	22.2%	120.0%
2012Q2	2.8	27.3%	154.5%
2012Q3	3.6	28.6%	157.1%
2012Q4	4.7	30.6%	161.1%
2013Q1	5.5	17.0%	150.0%
2013Q2	6.6	19.4%	134.6%
2013Q3	8.5	29.3%	135.9%
2013Q4	11.2	32.0%	138.5%

16.5 发展趋势

16.5.1 搜索行业整合事件将继续

2013 年 8～10 月 3 个月内，搜索引擎行业发生了三起整合事件：

（1）网易有道放弃通用搜索业务，由 360 提供搜索结果；

（2）搜狗和搜搜搜索结合；

（3）即刻搜索转由盘古搜索提供搜索结果。原因：第一，“马太效应”在搜索引擎行业非常明显，搜索引擎行业高度集中，排名靠前的企业占据了业内绝大部分资源，靠后的长尾企业生存较为艰难。第二，其他工具导流对搜索引擎起着重要作用，排名靠后的企业，如无强大的工具引导用户使用自己的搜索引擎，提升市场份额会比较困难。预计在今后相当长一段时间内，搜索引擎企业整合将继续。

16.5.2 移动搜索将成为网上搜索的主要方式

过去一年内，网民使用手机设备进行搜索的频率增加，相比 2012 年，2013 年中国手机搜索网民使用手机的黏性增加：2013 年，每天使用手机搜索一次及以上的手机网民占了 54.5%，比上一年提升了 5.1 个百分点。移动搜索伴随着移动互联网的成长而成长，而移动互联网在今后相当长一段时间内将会以较快的速度发展，带动移动搜索快速成长，搜索的形式更加多样，使得移动搜索逐渐发展成为人们网上搜索的主要方式。

16.5.3 搜索智能化加速发展

搜索过程中，除了输入、搜索方式的智能化发展外，今后的搜索结果将会更贴近个体特点来呈现，免去用户人工从海量数据库中检索、分析、整理，从根本上改善搜索效率。当前百度、360 搜索等企业已经在从方向努力，不论是百度的“知识图谱”还是 360 搜索的“我的搜索”，都以个体特征或对人工语言理解更为透彻的结果展示。

（CNNIC　陈云）

第17章 2013年中国社交网络平台发展情况

17.1 发展概况

17.1.1 社交类应用定义

“社交”指社会上人与人的交际往来，是人们运用一定的方式传递信息、交流思想，以达到某种目的的社会活动。互联网诞生后，人们的部分社交活动从线下转移到了线上，针对人们的社交需求而推出的互联网应用不断推出。当前，以社交网络为基础的网上平台较多，包括社交网站、微博、即时通信工具、博客、论坛等。

本章提及的“社交网站”是指狭义的社交网站概念，即与Facebook形态和功能类似、基于用户线下社交关系而诞生、旨在为用户提供一个沟通交流平台的社交网站，在中国这类网站主要包括朋友网、人人网、开心网、搜狐白社会等。此外，QQ空间经过改版，与一般意义上的社交网站相似，也是网民进行社交活动的主要网站之一。

本章提及的“微博”即微博客（MicroBlog）的简称，是一个基于用户关系的信息分享、传播以及获取平台，用户可以通过Web、WAP以及各种客户端组建个人社区，以140字左右的文字更新信息，并实现即时分享。本报告把微博从一般意义上的社交网站中分离，单独进行分析，主要因为微博诞生晚于一般意义上的社交网站，其发展速度以及使用行为与社交网站相比都有较大的不同，放在一起分析难以反应各自发展趋势。

本章提及的“即时通信工具”又称聊天软件、聊天工具等，英文为Instant messaging，简称IM，指能够通过有线或者无线设备登录互联网，实现用户间文字、语音或者视频等实时沟通方式的软件。随着即时通信工具的发展，部分工具已经从传统满足人们聊天社交功能的基础上，发展成为用户全方位的社交活动平台。此外，专门针对移动设备开发的移动即时通信工具（Mobile Instant Messaging，MIM）也应运而生，并且产生了巨大影响，如微信等。

17.1.2 社交类应用的整体覆盖率[1]

整体网民覆盖率最高为即时通信（IM），在整体网民中的覆盖率达到了86.2%，即时通信工具一直是网民重要的互联网应用之一，传统的QQ、MSN、飞信等是网民通过互联网交

[1] 覆盖率：指过去半年使用过某互联网应用的人数占整体网民数的百分比。

流沟通的重要工具，近年来伴随移动互联网的快速发展，针对移动设备而推出的移动即时通信工具（Mobile Instant Messaging，MIM）也迅速普及，其中微信整体网民覆盖率已经达到了 61.9%，其后市场上又陆续出现了易信、来往等工具，目前该市场较为活跃。即时通信工具中，QQ 等传统工具推出时间较长，用户行为较为稳定，而微信推出后发展迅速，影响较大，所以本报告在即时通信工具一块侧重研究微信。

社交网站（不包括 QQ 空间）覆盖率为 45.0%，尽管传统社交网站近年来活跃度呈现下降趋势，用户增长缓慢。

微博覆盖率为 45.5%，微博用户经过三年的爆炸性增长后，当前也面临用户流失、活跃度下降等问题（见表 17.1）。

表 17.1　2013 年中国各社交类应用覆盖率

	2013 年		2012 年		
应用	用户规模（万）	网民使用率	用户规模（万）	网民使用率	年增长率
即时通信	53215	86.2%	46775	82.9%	13.8%
微博	28078	45.5%	30861	54.7%	-9.0%
社交网站	27769	45.0%	27505	48.8%	1.0%

（数据来源：CNNIC 第 33 次互联网发展状况统计报告）

2013 年，以社交为基础的综合平台类应用发展迅速。微博、社交网站及论坛等互联网应用使用率均下降，而类似即时通信等以社交元素为基础的平台应用发展稳定。从具体数字分析，2013 年微博用户规模下降 2783 万人，使用率降低 9.2 个百分点。而整体即时通信用户规模在移动端的推动下提升至 5.32 亿人，较 2012 年年底增长 6440 万人，使用率高达 86.2%，继续保持第一的地位。移动即时通信发展迅速的原因一方面由于即时通信与手机通信的契合度较大，另一方面是由于在社交关系的基础之上，增加了信息分享、交流沟通、支付、金融等应用，极大地提升了用户黏性。

17.1.3　社交类应用用户流失分析

1. 各类社交应用用户流失率[1]

整体网民中，有 2.54%的网民半年前使用社交网站而现在不用了，这部分用户已经流失，而微博流失率达 6.32%，微信的流失率为 2.62%（见图 17.1）。微博从诞生后，普及率较高，但之后的流失率也较高。

2. 不使用社交类应用的原因

用户之所以不使用上述社交类应用，认为相关应用无用、知识缺乏、空闲时间不足等是较为重要的原因。其中，不使用社交网站的人群中，33.6%的人认为社交网站没什么用处，不使用微博的人持同样想法的比例也达 32.8%，不使用微信的用户也有 20.7%认为微信没什么用处，“认为相关应用无用”是所有三类应用未被使用的首要原因（见图 17.2）。

[1] 流失率：过去使用但最近半年没有使用某应用的比例占整体网民比例的百分比，此流失率对于社交网站和微博来说，仅代表大类的流失率，并非代表其中某个网站的流失率。

对于企业来说，加强产品品牌和功能宣传，普及相关应用知识和使用常识，以提升产品认知度、美誉度和实用度，才能继续提升用户使用该应用的比例。

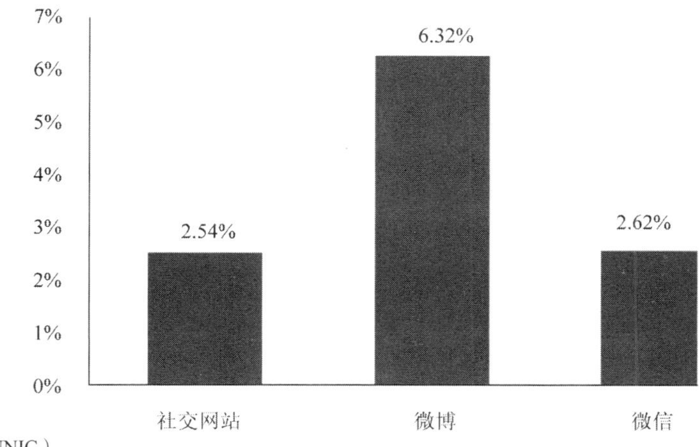

（数据来源：CNNIC）

图17.1　各社交类应用用户流失率

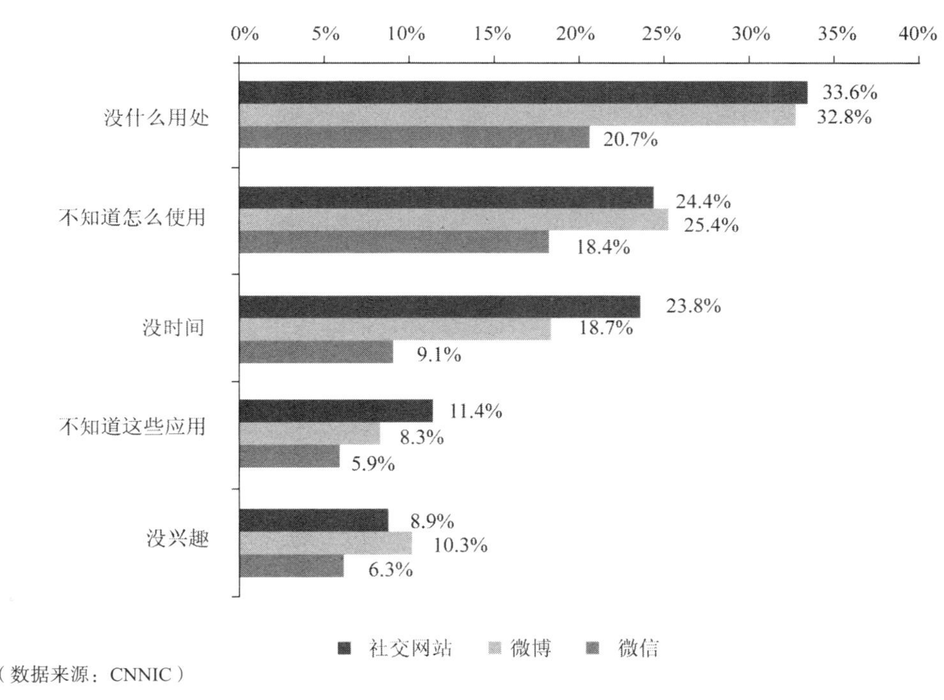

（数据来源：CNNIC）

图17.2　网民不使用某个社交类应用的原因

17.1.4　各类社交应用用户黏性变化

过去一年网民使用变化方面，使用社交网站、微博的网民比例有减少的趋势，使用减少的人群比例大于使用增加的人群比例，而微信则有所增加。

过去一年内减少使用社交网站（包括明显减少和略微减少）的网民比例占 23.5%，增加使用（包括明显增加和略微增加）的比例为 12.7%，减少的比例大于增加的比例，社交网站吸引网民的力度赶不上网民活跃度下降的程度；过去一年内使用微博减少的网民比例占 22.8%，使用时间增加的比例为 12.7%，减少的比例也大于增加的比例（见图 17.3）。

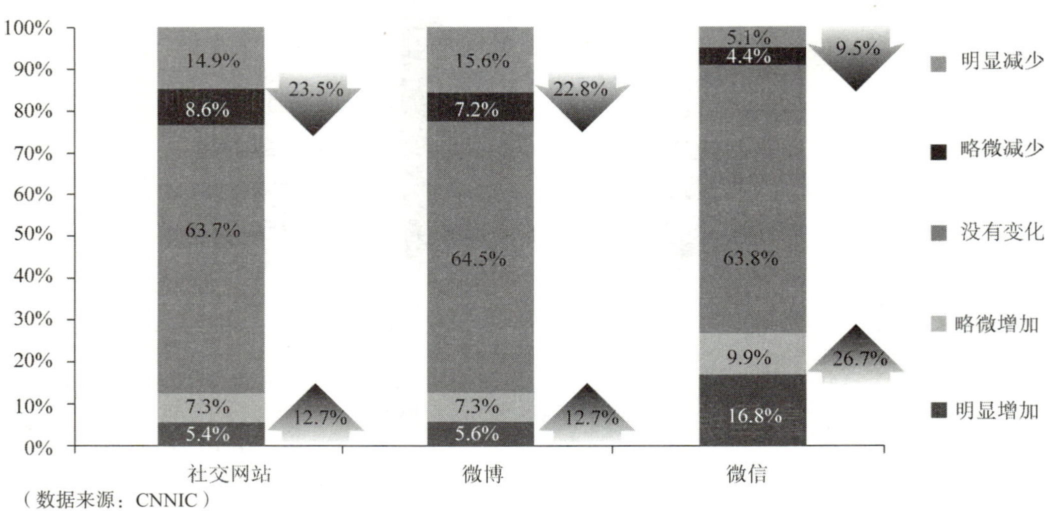

图17.3 过去一年各社交类应用网民使用变化

从网民特征来看，社交网站网民的学历和收入结构有走低的趋势，收入和学历越高，过去一年内减少使用社交网站的网民比例越高，反之收入和学历越低，过去一年增加使用社交网站的比例越高。

过去一年减少使用社交网站的网民中，月收入 5000 元（不包括 5000 元）以上的网民比例达 26.0%，而月收入 3000～5000 元（不包括 3000 元）的网民减少使用的比例为 25.1%，月收入 3000 元以下的网民减少使用的比例最少（22.0%）。过去一年中，月收入 5000 元以上的网民增加使用社交网站的比例仅为 10.1%，月收入 3000-5000 元的网民则为 11.7%，月收入 3000 元以下的网民增加使用的比例达 14.7%（见图 17.4）。

过去一年减少使用社交网站的网民中，大专学历以上的网民比例达 25.7%，而高中/中专学历以下的网民减少使用的比例为 21.1%，相对较低。与此相反，大专学历以上的网民增加使用社交网站的比例仅为 11.8%，高中/中专学历以下的网民则为 14.3%，相对较高。

微博用户变化中，高学历、高收入的用户使用时间增减变动较为剧烈，高学历/高收入的用户不仅增加使用微博的比例最高，减少使用的比例也最高。微博吸引了部分高学历/高收入的用户增加使用，但也面临着较大比例高学历/高收入群体流失的问题。

月收入 5000 元以上的用户，最近一年减少使用微博的比例高达 26.1%，增加使用的比例也有 14.3%，均高于其他收入段的微博用户（见图 17.5）。

大专以上学历的用户，最近一年减少使用微博的比例高达 23.7%，增加使用的比例也有 13.2%，均高于其他学历段的微博用户。

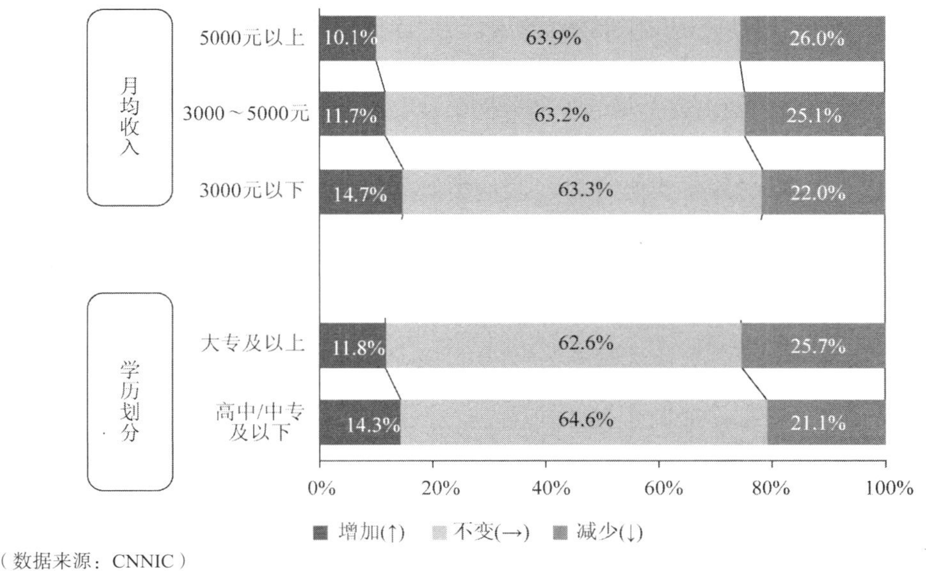

（数据来源：CNNIC）

图17.4　过去一年使用社交网站发生变化的网民特征

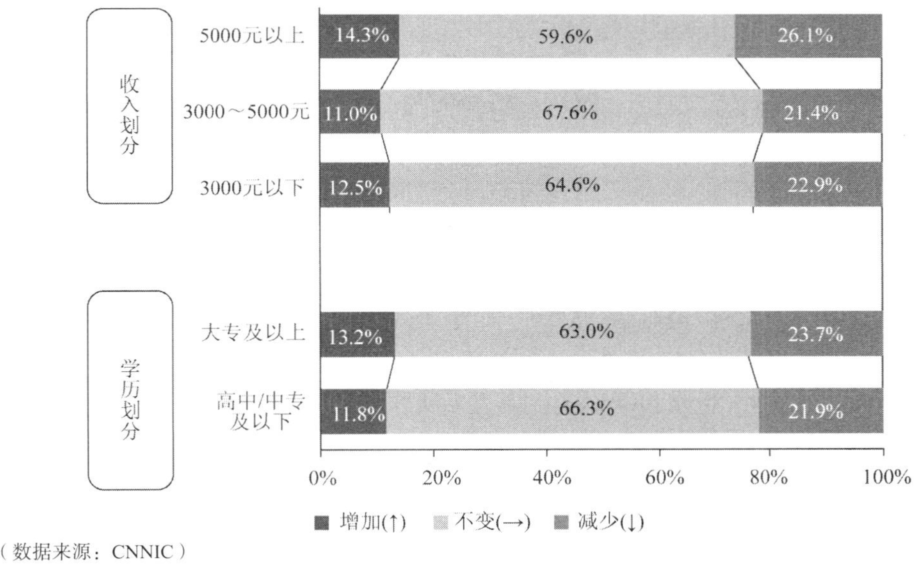

（数据来源：CNNIC）

图17.5　过去一年使用微博发生变化的网民特征

17.1.5　社交类网站用户活跃度下降原因

社交类网站（包括狭义的社交网站和微博）满足了现代人部分社交需求，已成为人们在网上进行社交和其他活动最重要的平台之一，但也面临用户流失的问题，近年来用户活跃度下降比例较高。多方面因素导致社交类网站活跃度下降，具体表现在以下几方面。

第一，认为“社交类网站浪费时间” 是网民活跃度下降的首要原因。在活跃度下降的人群中，之所以减少使用社交网站，43.1%的人认为太浪费时间，微博为 40.1%。当部分用户认为此类应用不是必需品时，就会减少使用，导致活跃度下降。

第二，其他替代应用的出现，降低了部分网民社交类网站的使用时间。减少使用社交网站的网民中，32.6%的人转而使用微信，20.3%的人转而去上微博；减少使用微博的人中，37.4%的转移到了微信（见图 17.6）。除此之外，其他类似应用出现，也对社交类应用有着替代作用。

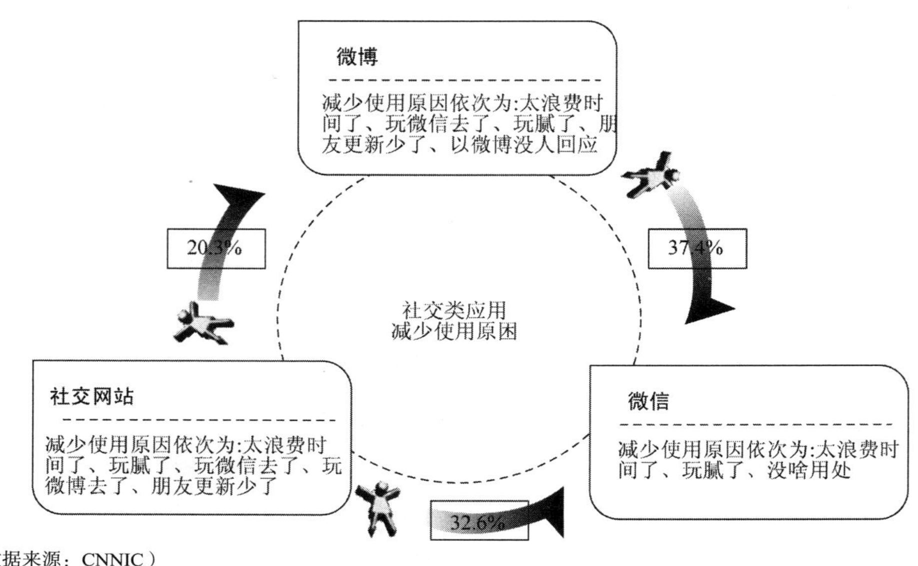

（数据来源：CNNIC）

图17.6　网民减少使用某社交应用的分流去向

第三，网民长期使用社交类网站会缺乏新鲜感，从而减少使用。此类原因占了减少使用社交网站的网民的 35.2%，微博则为 33.2%。对于个人来说，使用任何应用时间长了都可能缺乏新鲜感，使用热度下降。

第四，与朋友互动减少也是重要原因。朋友更新较少，或者发信息无人回应，会降低网民使用社交网站和微博的积极性。

17.1.6　社交类应用对相关产业的影响

1. 社交类应用与新闻资讯类网站

社交类应用普及后，网民网上收看新闻资讯的渠道发生了变化。从单一的新闻资讯类媒体转变成以新闻资讯类网站为主体，微信、微博、社交网站并存的格局。

当用户网上浏览新闻资讯时，除了新闻资讯类网站以及新闻客户端外，41.4%的网民会通过微信接触新闻，30.7%的网民会通过微博关注新闻，21.2%的网民会通过社交网站关注时下发生的热点问题（见图 17.7）。

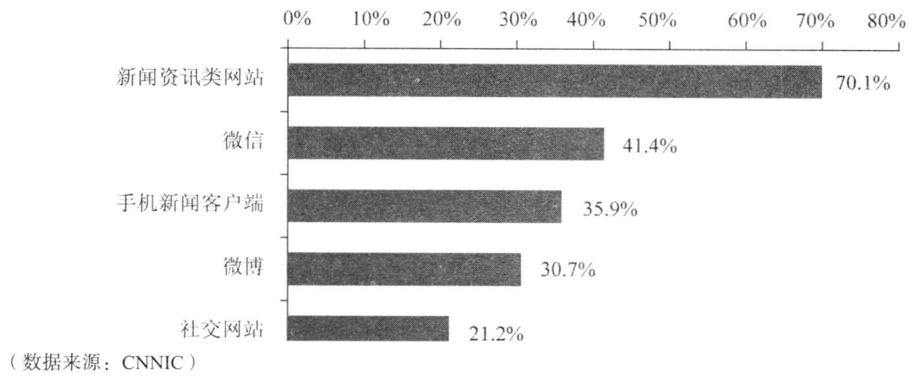

图17.7　网民网上获取新闻资讯的渠道

网民之所以通过社交类应用收看新闻资讯，是因为社交类应用能从多方面满足网民接触新闻的需求。首先，74.1%的网民表示“喜欢看大家都关注的热点新闻”，社交类应用的属性决定了很多热点话题必然首先在社交类应用上出现，如微博搜索热点、微信朋友圈推荐、社交网站热点话题推荐等，网民通过这些渠道能更快的接触到正在发生的热点事件。其次，60.4%的网民喜欢看短新闻，微博能很好地满足网民此类需求。最后，还有 35.7%的网民喜欢看别人转发的新闻，25.4%的网民喜欢看新闻后评论，22.5%的人喜欢看到新闻后转发到社交类应用上，而社交类应用能很好地满足网民这些需求（见图 17.8）。

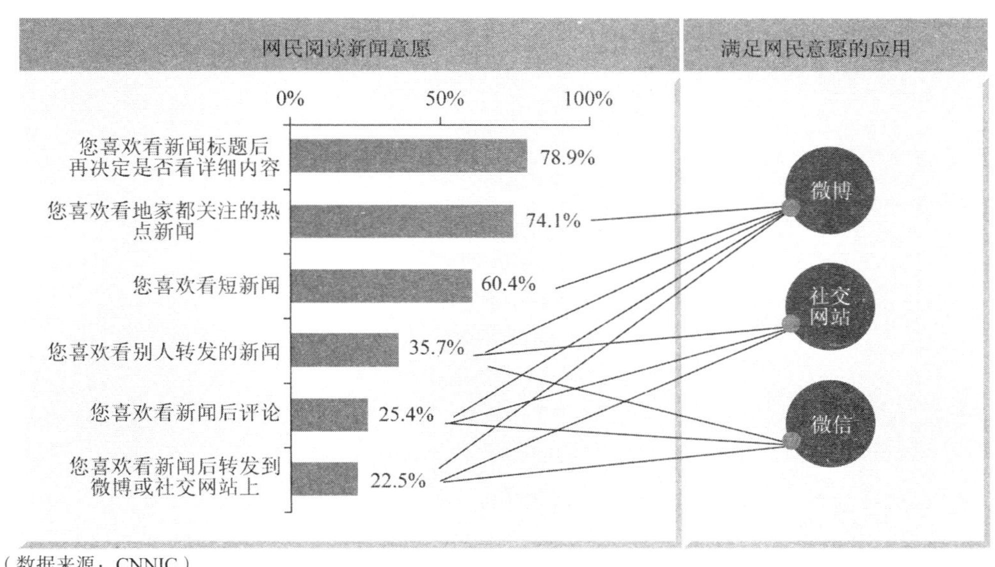

图17.8　社交类应用满足网民新闻资讯需求情况

2. 社交类应用与网络购物

由于社交类应用有较强社交属性，给商家利用社交网站促进在线购物提供了可能。电商企业通过网民推荐或分享传播购物信息，进而带动整个社交圈子里的人前来购物。然而，当前的网民社交购物意愿和习惯还无法大规模实现社交购物，原因如下。

首先，当前网民分享购物信息的比例较低，导致通过购物分享传递购物信息的力度下降。在有过网上购物经历的网民人群中，仅有 1.7%的网络购物网民常常分享购物信息，18.6%的人偶尔分享购物信息，二者之和仅占 20.3%，高达 79.7%的网络购物网民从不分享购物信息（见图 17.9）。

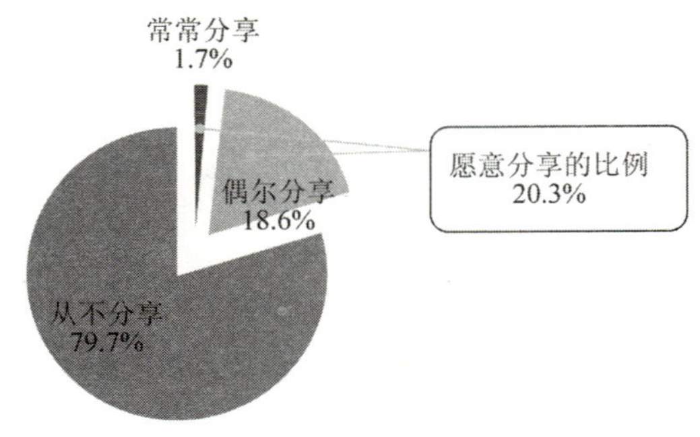

（数据来源：CNNIC）

图17.9 网购用户分享购物信息意愿

其次，网民愿意分享的信息类型受限。在分享过购物信息的人群中，服装鞋帽产品是最愿意分享的购物产品，但也仅有 29.9%的人愿意分享此类信息；其次为家电数码产品，愿意分享的比例为 22.2%；其他产品愿意分享的比例都在 20%以下，愿意分享保健品、药品等产品信息的比例最低，几乎可以忽略不计（见图 17.10）。购物分享类型受限，影响了很多类型的产品通过社交渠道推广。

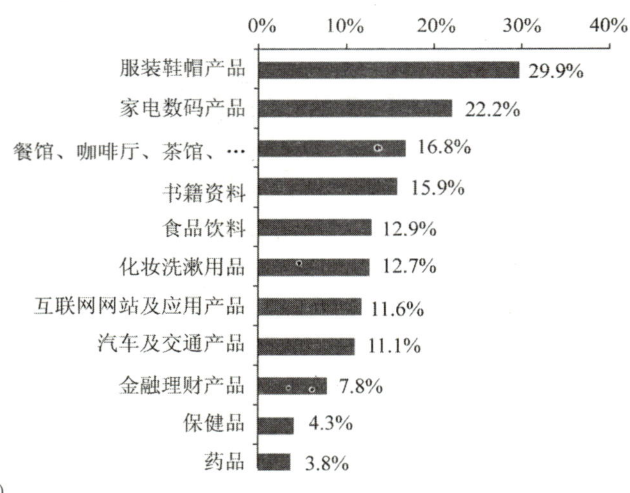

（数据来源：CNNIC）

图17.10 网购用户愿意分享的信息类型

最后，当前网民购买别人推荐的产品的意愿不高。仅有 28.2%的网络购物网民表示会购买别人推荐的产品，71.8%的人不会购买（见图 17.11）。

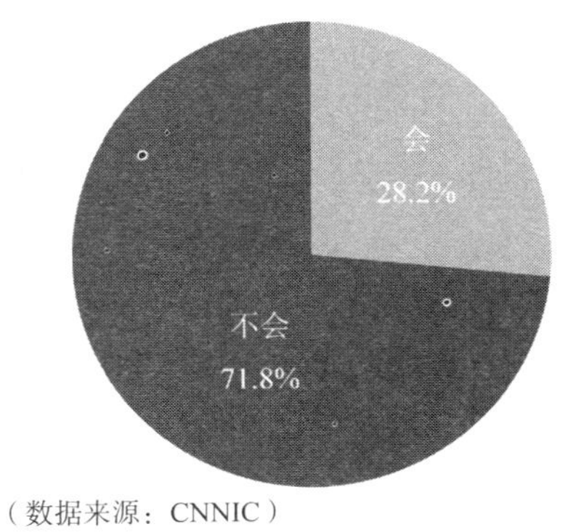

（数据来源：CNNIC）

图17.11　网购用户接受别人推荐产品程度

此外，强关系的社交圈子分享效果更佳，关系较强的现实生活中的朋友、同学、亲戚或亲人、同事等圈子分享的信息最可信，比例都在 70%以上；老师或领导、行业专家推荐的信息受信任的比例不高，明星、企业、网友、陌生人推荐的产品被信任的比例都在 20%以下（见图 17.12）。

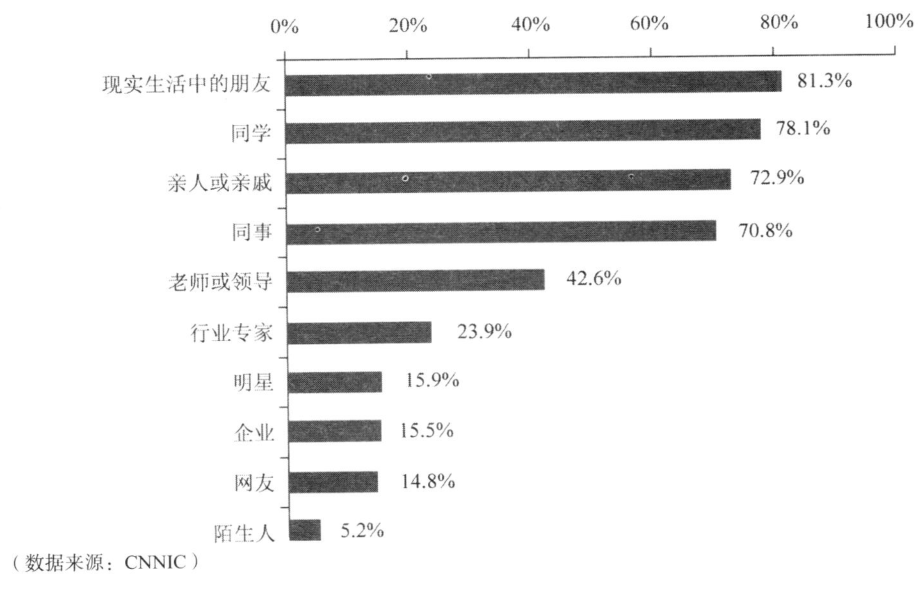

（数据来源：CNNIC）

图17.12　接受别人推荐的网购用户对他人推荐的接受度

3. 社交类应用与网络视频

社交应用的社交属性和娱乐属性，使之成为网络视频传播的渠道之一。通过社交应用扩大网络视频的收看群体，到达更多的受众，是不少网络视频企业努力的方向。根据用户的分享意愿，社交应用是网络视频推广的重要渠道，表现在以下几方面。

首先，当前已有部分网民通过社交网站分享或转发视频。网络视频用户中，有 32.7%的人分享或转发过网络视频，其中 5.2%的人常常分享网络视频，27.5%的人偶尔分享，分享过的网络视频的用户比例高于分享过购物信息的比例（见图 17.13）。

其次，愿意在微博或社交网站里收看别人推荐的视频比例较高，超过一半的网络视频用户会在社交网站或微博里收看别人推荐的视频（见图 17.14）。

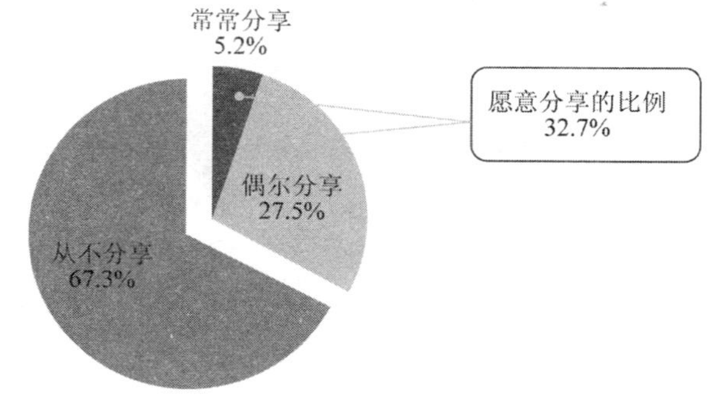

（数据来源：CNNIC）

图17.13　网络视频用户视频分享情况

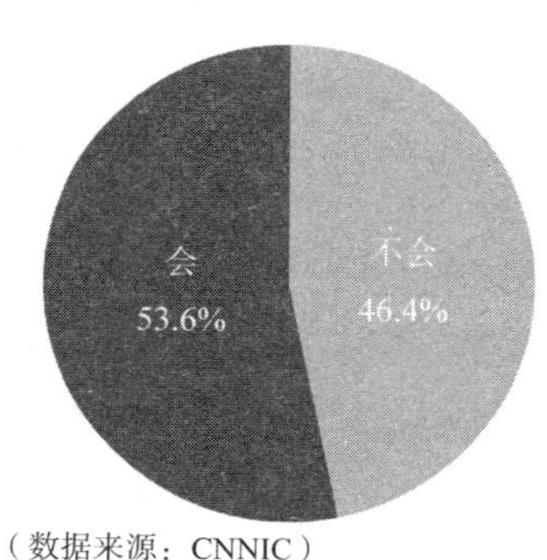

（数据来源：CNNIC）

图17.14　网络视频用户收看他人分享的视频的情况

最后，愿意在微博或社交网站里点击进入视频网站收看视频的比例也较高，达到了 49.1%，接近一半（见图 17.15）。

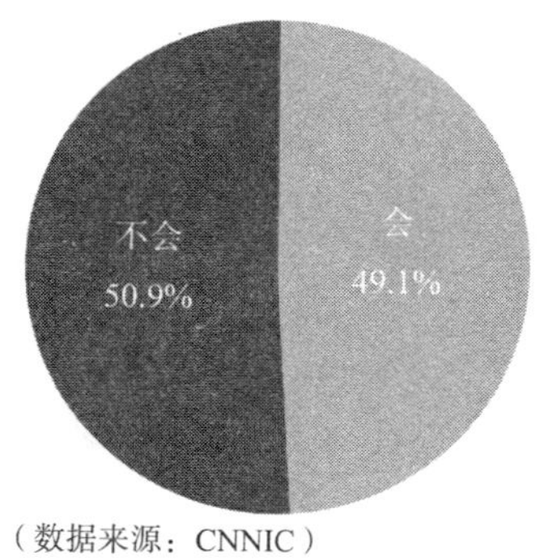

（数据来源：CNNIC）

图17.15　网络视频用户从社交网站点击进入视频网站的意愿

由于网民在社交网站或微博里分享和收看视频的积极性较高，网络视频企业可通过视频推荐或者其他方式促进用户在社交网站里收看视频，从而增加视频的覆盖率、点击率，提升网络视频网站的流量。

4. 社交类应用与手机在线游戏

社交应用（尤其是微信）兴起，促进了手机在线游戏的发展。以微信为例，44.6%的微信游戏用户因为微信游戏才开始在手机上玩在线游戏，占整体网民的 11.3%；46.4%的微信游戏用户因为微信出现增加了在手机上玩在线游戏的时间，占整体网民的 11.5%（见图 17.16）。

社交应用中的社交元素能促进部分网民使用游戏，通过与社交圈子联系人互动，传播游戏或者交流玩游戏的结果，并且通过游戏排名提升网民玩游戏的积极性。接近一半（48.7%）的微信游戏用户关注自己在游戏中的排名，占了整体网民的 12.4%。

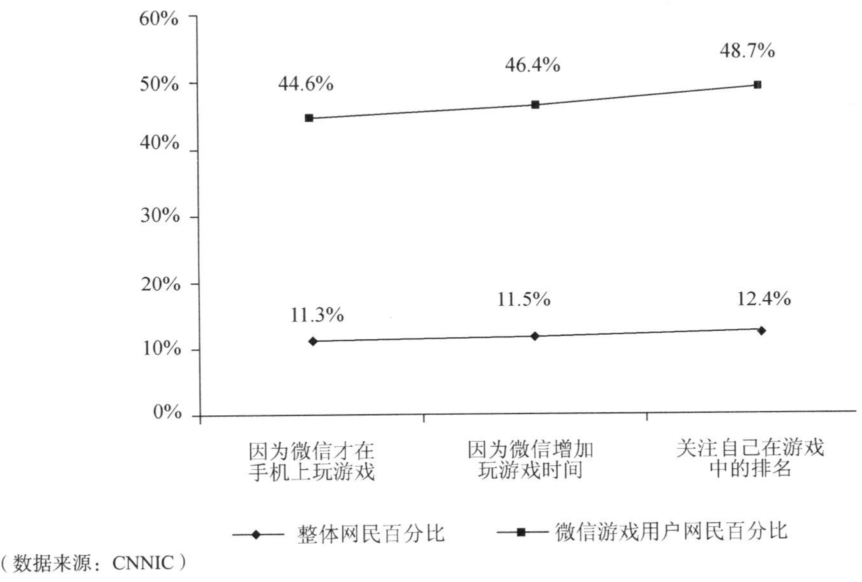

（数据来源：CNNIC）

图17.16　社交因素对手机游戏的促进作用

17.2　社交网站（SNS）发展情况

17.2.1　整体规模

截至 2013 年 12 月，我国社交网站用户规模达 2.78 亿人，使用率为 45.0%，相比 2012 年年底降低 3.8 个百分点（见图 17.17）。近年来，虽然社交网站用户使用率下降，但社交已发展成为各种互联网应用的基本元素，如网络购物、游戏、视频等服务纷纷引入社交元素以促进发展。

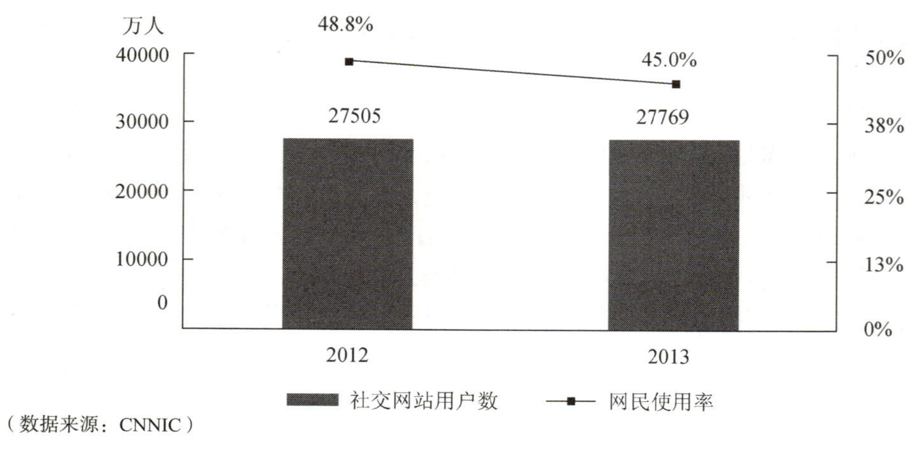

（数据来源：CNNIC）

图17.17　2012-2013年中国社交网站用户数及网民使用率

17.2.2　行业格局

根据中国互联网数据平台（http://www.cnidp.cn）显示，朋友网、豆瓣网、人人网、51.com、开心网名列覆盖网民数量前五位；在总访问次数上则是朋友网、人人网、开心网位居前三，豆瓣网、51.com 位居第四、第五位；在总浏览页面、总访问时长上，前两位分别为人人网和开心网。

社交网站仅靠游戏等方式，难以吸引用户长期使用，而且受其他具有社交功能的应用冲击，社交网站的活跃度持续下降。目前社交网站受到的最大威胁不是来自于业内竞争对手，而是来自于其他具有社交功能的替代应用，比如微博、微信等，因此如何在其他替代应用兴起的现状下，维系自身的发展，是社交网站当前面临的首要课题。

社交网站也通过为数不多的方式来吸引新客户和提升现有用户的黏性。开心网新版应用带来“涂鸦”工具的全面优化，增加了“照片活动”、“语音状态”、“全站搜索好友”等多项功能。还通过一些活动，如“致六一”，80 后集体回忆童年，来增加网民的黏性。而人人网则与优酷土豆达成战略合作，双方将在流量、用户、内容等领域深度合作，让用户在人人网的网站与移动客户端上获得来自优酷土豆网的视频内容。

17.2.3　用户使用行为

1. 使用时间

使用社交网站用户在上床入睡前、饭后休息的时间里最常访问社交网站，二者的选择比例分别达 69.9%、68.7%，在上课/上班等学习工作时使用的比例也接近一半（42.2%）。

随着移动互联网的发展，网民在碎片时间里上社交网站的比例也在增加，其中在早晨起床前使用社交网站的比例为 19.4%，坐车途中使用比例达 36.5%，排队等候时使用比例达 34.1%（见图 17.18）。

2. 使用内容

社交和娱乐是网民上社交网站最主要的目的。用户在社交网站上使用较多的内容分别为分享/转发信息、看视频/听音乐、发布日志/日记/评论、上传照片、发布/更新状态，这些内容的使用比例都在 60%以上（见图 17.19）。

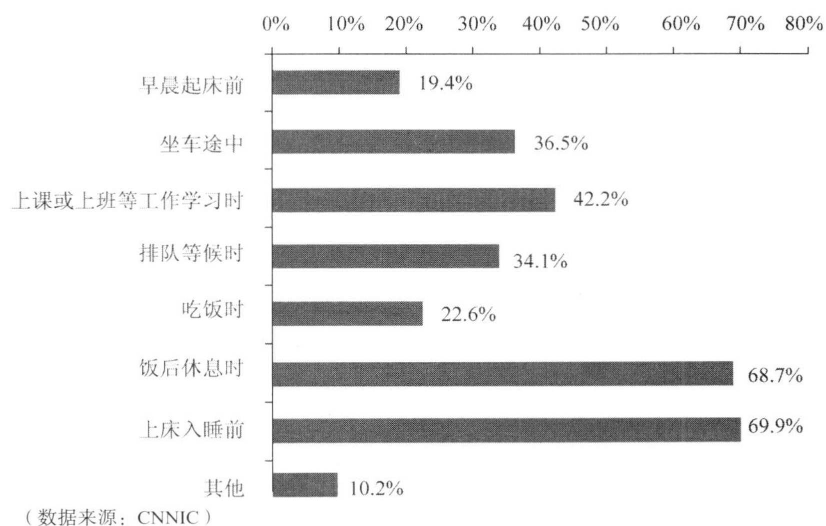

图17.18　网民使用社交网站时间点

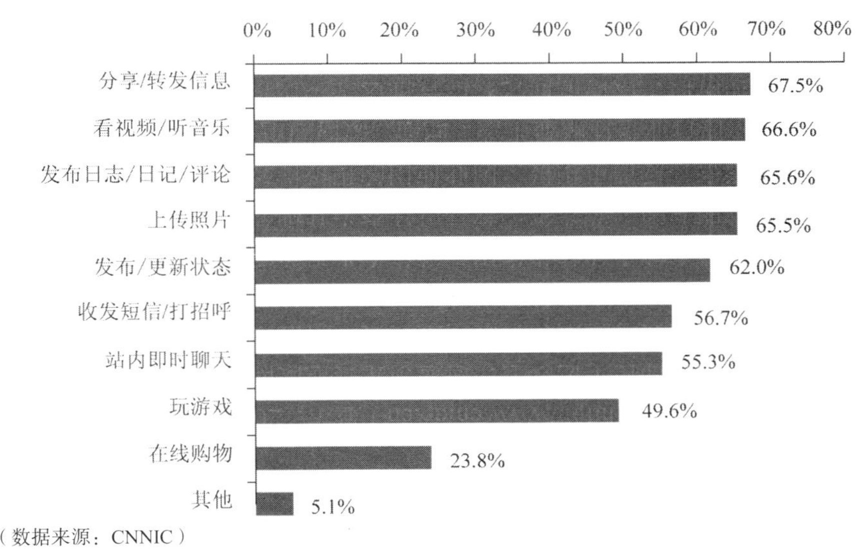

图17.19　网民使用社交网站内容

17.2.4　社交网站竞争力

从上面的数据可以看出，社交网站面临的流失和威胁较大，利用波特五力模型分析，不难发现中国社交网站面临的困难如图 17.20 所示。

当前，很多新应用的出现，分流了部分社交网站的用户，社交网站用户增长缓慢，使用活跃度下降；由于社交网站内容供应商和网络运营服务商的议价能力较强，社交网站在降低游戏服务成本和带宽成本上较为困难；由于互联网广告媒体较多，而且强势广告媒体如搜索、视频等广告较受欢迎，广告主的议价能力较强，社交网站在广告价格的定价上并无太大的余地；由于中国网民的付费使用习惯尚未形成，并且互联网游戏的选择面较广，对在社交网站上付费使用游戏和其他项目的接受度不大，社交网站在面向用户方面的收费定价权力也不太大。

综上原因，社交网站在中国面临的挑战较大，行业吸引力有走弱的趋势。

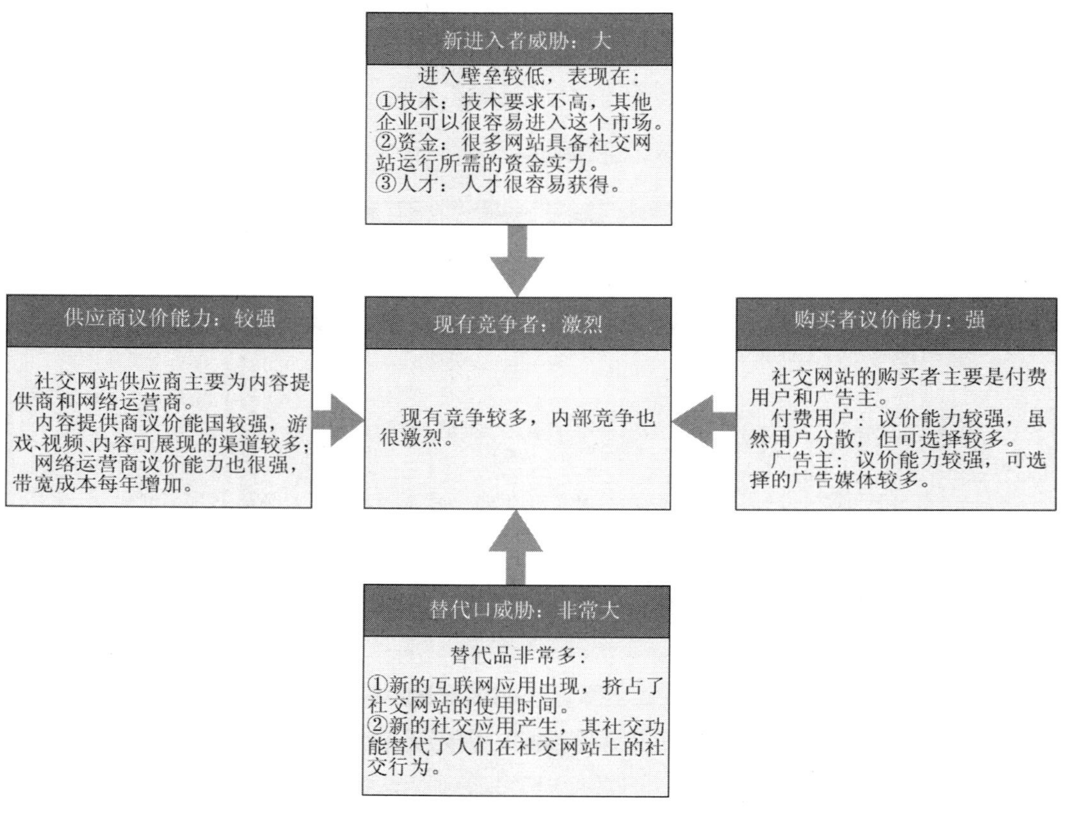

图17.20　社交网站行业竞争吸引力分析

17.3　即时通信发展情况

17.3.1　整体规模

截至 2013 年 12 月，我国即时通信网民规模达 5.32 亿人，比 2012 年年底增长了 6440 万，年增长率为 13.8%。即时通信使用率为 86.2%，较 2012 年年底增长了 3.3 个百分点，使用率位居第一（见图 17.21）。即时通信服务一直是网民最基础的应用之一，其直接创造商业价值能力有限，更多来自于增值服务的开发。

即时通信已经从最初的连接人与人的交流沟通工具，发展成为将人与多种服务紧密联合起来的综合平台。即时通信企业利用产品的社交关系进而发展其他业务领域，而其他领域的企业意识到了社交元素的重要性，也开启即时通信服务，希望借助社交关系增强用户黏性，并带来新的用户。即时通信成为了平台及应用，覆盖了游戏、社交、地图、搜索、电商、金融各个领域，大而全的即时通信产品囊括了人们市场生活的所有需求，将用户牢牢黏着在上面。因此即时通信产品始终保持着使用率第一。

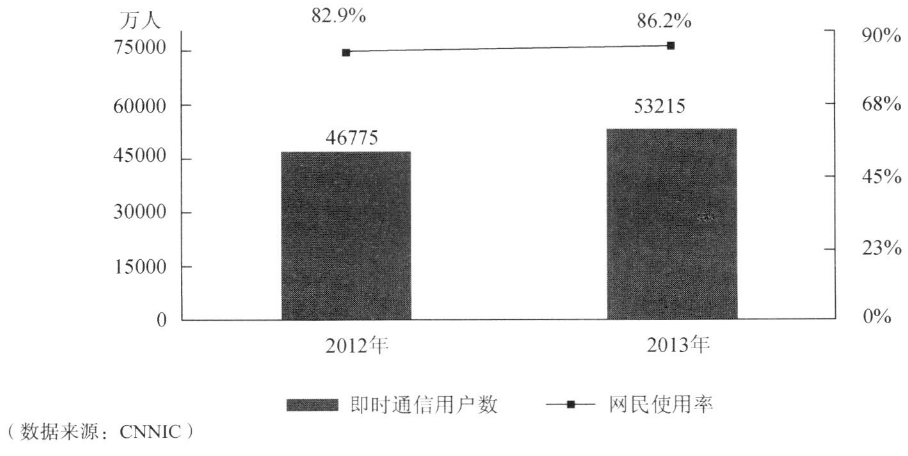

（数据来源：CNNIC）

图17.21　2012—2013年中国即时通信用户数及网民使用率

17.3.2　行业格局

中国即时通信领域 PC 端格局稳定，QQ 地位坚固，不可动摇。手机端随着移动互联网的发展和智能终端的快速普及，手机即时通信产品发展迅猛。手机端即时通信产品中除了手机 QQ，最大赢家为腾讯旗下的微信。微信的胜利源于两点：第一，QQ 庞大用户基数，为微信提供了坚实的后盾，使微信起点远高于其他产品。第二，微信一直很关注用户体验，不断进行产品创新，满足用户需求。

17.3.3　发展特点

1. 新产品新功能不断出现

虽然 PC 端即时通信工具较为稳定，但移动即时通信工具蓬勃发展。伴随着微信 5.0 的上线，游戏、电商等增值服务的引入，微信实现了盈利。而微信支付功能的引入更是真正地打通了线上线下，形成了完整的 O2O 闭环，打造了一个微信生态圈。微信最大的优势就是强关系链，用户间的紧密关系，可以将用户牢牢地黏在微信上，而随着微信平台上各种业务的丰富，使用户更加固着。微信的关系链力量已被其他互联网企业看到，并引起了他们的重视，带来了跨行业、跨领域的竞争。阿里、网易这类互联网巨头也都想建立自己的关系链，开创特色功能，以吸引用户的加入。中国电信与网易联合推出了“易信”、阿里巴巴推出了“来往”、新浪投资了“微米”等，为手机即时通信市场掀起一波波竞争热潮。移动互联网生态圈之争开始了。

以易信和来往为例，“易信”向三大运营商用户全方位开放注册，可以免费向跨运营商用户发送短信，这是易信最大的特点。据称易信正预在未来推出三网流量全免和移动支付的功能，将之前的电信用户流量全免的计划扩充为移动、联通、电信三家运营商流量全免，并采取通过扣除手机话费来进行移动支付的方式。“来往”作为电商类的社交产品，引入了用户手机关系链和淘宝关系链，最大的特点是“阅后即焚”，更具有私密性。在马云的大力推动下，这款产品预努力在手机端搭建一个完整的阿里生态圈。

2. 手机即时通信产品向综合平台发展

手机即时通信产品已不再只是单纯的聊天工具，而是发展成为手机综合平台，融入了交流沟通、信息获取、商务交易、网络娱乐等各类互联网服务。对于企业来说，在这个平台上，利用社交元素，企业产品可以得到快速、广泛传播，营销作用巨大。对于手机即时通信产品来说，产品集交流沟通、信息获取、社交、游戏、电子商务、支付于一身，更是在手机即时通信产品中形成一个闭环生态，一切服务都可在其中完成，为手机即时通信产品自身带来了巨大的商业价值，使手机即时通信产品走向商业化道路。而这也将带来更多的用户，并不断提升用户黏性。

17.4 微信发展情况

微信作为手机端即时通信的代表工具之一，推出后迅速向人群渗透。2013 年 12 月，微信独立用户超过 3.7 亿人，整体网民覆盖率超过 60%，用户已超过微博、社交网站整体用户规模。 2013 年，市场上出现了诸多手机即时通信产品，如来往、易信等。

17.4.1 网民使用行为

1. 使用时间

由于微信使用载体为移动设备，微信用户不仅在饭后休息、上床入睡前的时间段使用较多（二者的选择比例分别达 73.7%、73.1%），而且在坐车途中、上课/上班等学习工作时、排队等候的比例也超过一半（见图 17.22）。

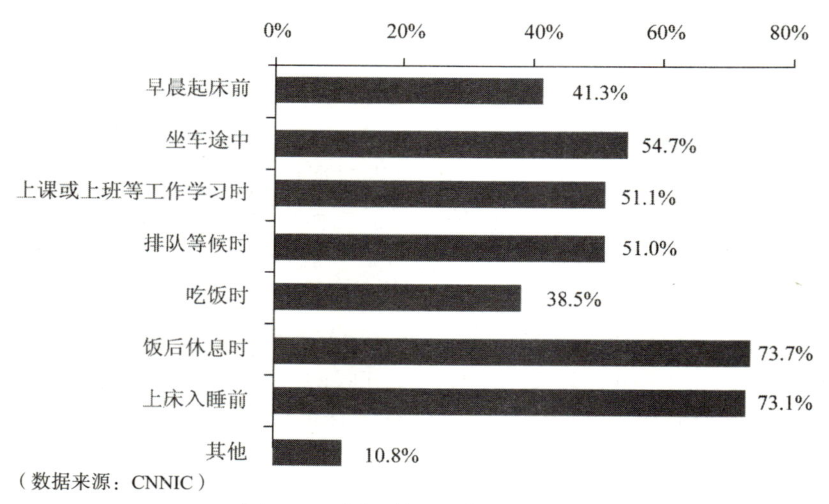

图17.22 网民使用微信的时间点

2. 使用内容

与他人交流沟通是微信用户最主要的目的，网民在微信上使用较多的内容分别为文字聊天、语音聊天，二者使用比例达到 90%以上。此外，使用朋友圈、群聊天、玩游戏的使用比例也超过了 40%，社交因素在这些应用内容里较强，手机社交游戏也因此得以活跃起来（见图 17.23）。

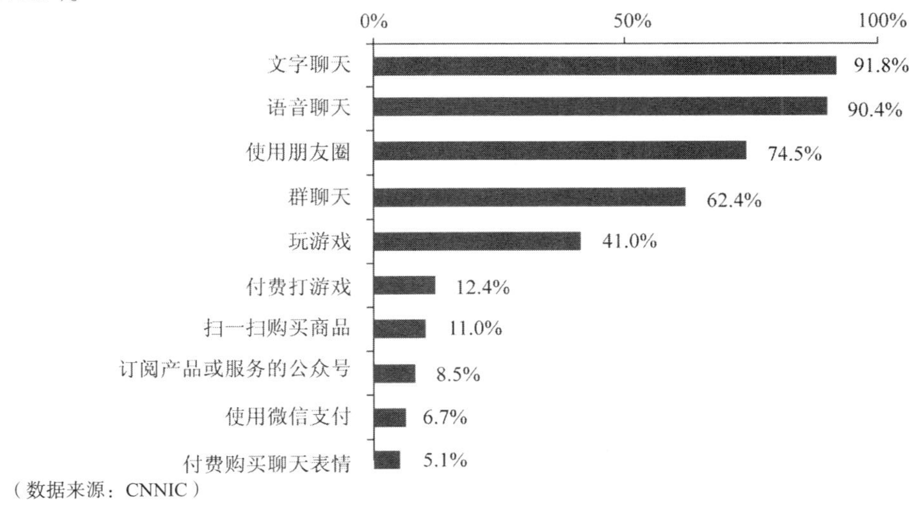

（数据来源：CNNIC）

图17.23　网民使用微信内容

17.4.2　微信的比较优势

1. 微信在移动环境使用率更高

当前微信用户活跃度较高，在各时段的使用率都高于社交网站和微博，由于微信的强移动特征，网民在早晨起床前、坐车途中、排队等候等几个时段的使用率都要更高一些（见图 17.24）；由于微博用户逐渐从 PC 端向移动端转移，移动特征越来越强。相对来说，“上班或上课等工作学习时”上社交网站的比例在所有使用社交网站的时间段中名列第三位，在所有时间段中的地位高于微博和微信。

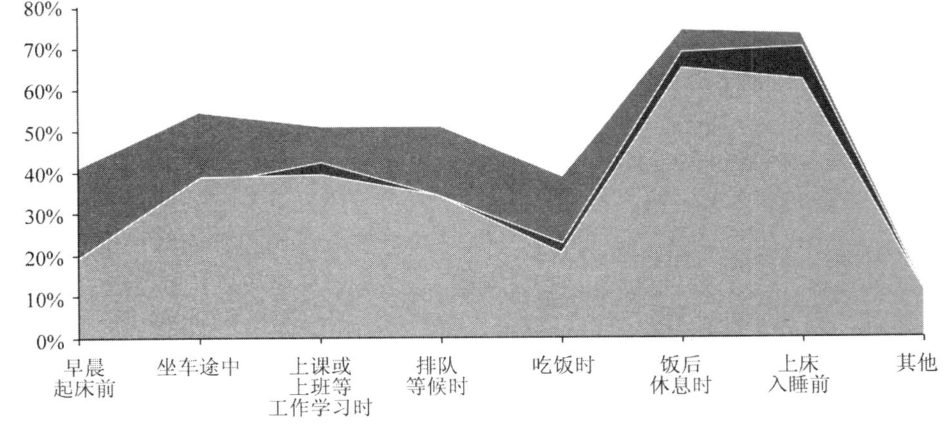

（数据来源：CNNIC）

图17.24　各社交类应用使用时间点差异

整体上来讲，三类应用在各个时段的使用率趋势较为一致，也表明在使用时间上，三类应用呈现出较强的替代关系。

2. 微信更偏向于强关系社交

根据美国社会学家格兰诺维特提出的人际关系理论，人际关系网络可以分为强关系网络和弱关系网络两种。强关系是指个人的社会网络同质性较强，即交往的人群从事的工作、掌握的信息都是趋同的，并且人与人的关系紧密，有很强的情感因素维系着人际关系。反之，弱关系的特点是个人的社会网络异质性较强，即交往对象可能来自各行各业，因此可以获得的信息也是多方面的，并且人与人关系并不紧密，也没有太多的感情维系。格兰诺维特认为，关系的强弱决定了个人获得信息的性质以及个人达到其行动目的的可能性。

依据这种理论，把互联网网民的社交网络各联系人区分如下：依据掌握信息的同质性程度和双方情感关系的紧密程度两个维度，把社交应用中的各类联系人划分成强关系社交圈子（灰色图块）和弱关系社交圈子（白色图块），如图 17.25 所示。

强关系社交圈子有：现实生活中的朋友、亲人/亲戚、老师/领导、同学、同事等，这些圈子个人关系较为紧密，或者接触的人群或掌握信息较为相似。

弱关系的圈子有：陌生人、明星、网友（仅限于网上接触并未在现实生活中接触的朋友）等群体。

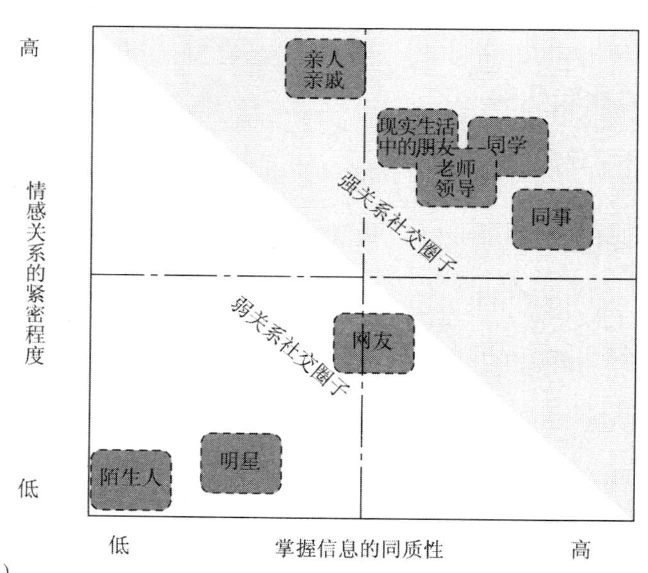

（数据来源：CNNIC）

图17.25 社交应用中各类联系人关系图

依据上面的划分，三种社交应用里不同人群出现的比例如图 17.26 所示。

从社交关系的强弱来看，微信的联系人更倾向于强关系，其次为社交网站，最后为微博。

微信的强关系体现在：强关系联系人出现的比重都高于社交网站和微博，其中现实生活中的朋友、同学出现在联系人名单中的比例高达 90%以上，同事、亲人/亲戚出现的比例在 80%以上，老师/领导出现的比例为 50%～60%。

社交网站的较强关系体现在：现实生活中的朋友、同学出现在联系人名单中的比例接近

90%，同事、亲人/亲戚出现的比例 70%～80%，老师/领导出现的比例在 50%左右。

微博的弱关系体现在：现实生活中的朋友、同学等强关系联系人出现比例远低于微信和社交网站，而明星、陌生人等极弱关系联系人出现的比例又较高。

社交关系的强弱对于信息传播质量、传播可信度、社交圈子的紧密程度都有影响。社交关系越弱，信息传播质量越低，可信度也越低，进而会影响信息传播的质量，降低通过此类应用进行关系营销的效果。

社交关系较强，信息传播可信度会提升，而且引起的共鸣也会更大，通过此渠道进行关系营销推广的效果也就会越好。

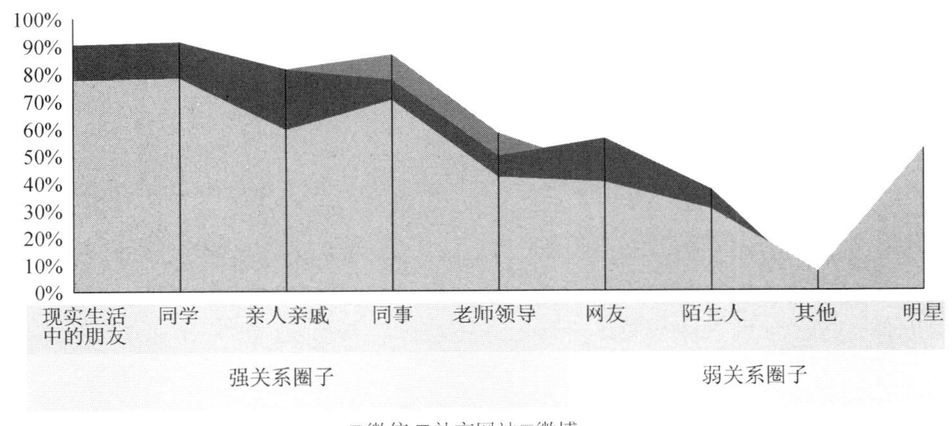

（数据来源：CNNIC）

图17.26　三类社交应用中各类联系人覆盖率

17.5　微博发展情况

17.5.1　整体规模

2013 年，微博发展出现转折，用户规模和使用率均出现大幅下降。截至 2013 年 12 月，我国微博用户规模为 2.81 亿人，较 2012 年年底减少 2783 万，下降 9.0%。网民中微博使用率为 45.5%，较上年年底降低 9.2 个百分点（见图 17.27）。微博产品的功能转型和朋友圈等竞争对手的冲击，使得微博活跃人数持续下降。

平台化是 2013 年微博发展的特点，微博的功能拓展将会是今后各企业的重点，开放平台是微博保持生命力的重要举措。经过几年的培育，微博已经积累了大量的用户，但随着其他社交工具或具有社交元素的应用的兴起，微博仅靠满足用户基本社交需求来留住用户会非常困难，微博的功能拓展势在必行。当前主要微博已经开发了游戏、扫描等功能，并与影音、资讯、地图、生活娱乐等捆绑在一起，微博未来的功能将会进一步拓展，主要微博企业都想把微博做成人们移动互联网生活的主要入口，虽然各微博侧重有所不同，但功能扩展将是不变的趋势。

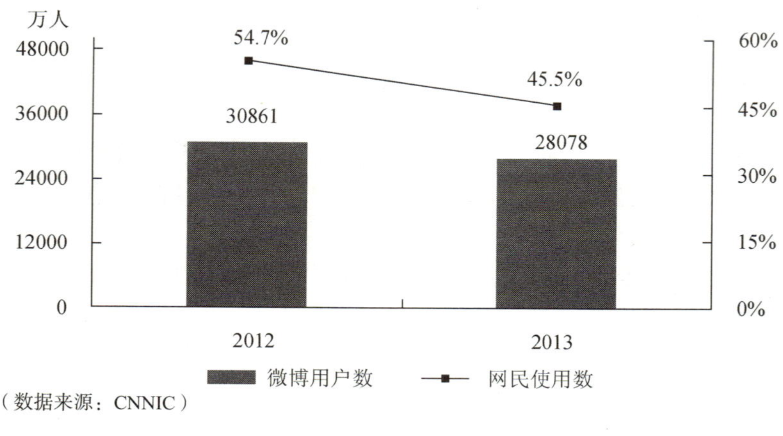

图17.27　2012—2013年中国微博用户数及网民使用率

17.5.2　行业格局

根据中国互联网数据平台（http://www.cnidp.cn）显示，2013 年新浪微博、腾讯微博活跃人数仍然位居前两位，人数都在 1 亿以上，遥遥领先其他微博。搜狐微博位居第三、网易微博位居第四位，二者活跃人数与腾讯、新浪差距较大。新浪微博用户在总访问次数、总页面浏览量、总浏览时长方面都大大高于其他微博，显示出了较强的活跃度和黏性。

微信的崛起，对微博有较大的替代作用。微信作为强关系社交工具，不仅有即时通信功能，还有社交功能，其朋友圈、游戏等，都是以社交为基础的应用。比起微博，微信的社交功能更密切，圈子更紧密，反馈更积极，因此使用的积极性较高。第三季度，与微信 5.0 发布造成的轰动相比，微博行业整体略显平淡。此前，微博与电商平台、视频网站等合作之后，第三季度进入具体操作阶段，微博电商化、广告推送等步伐较以往有所加快。此外，部分微博还跨界合作，增强微博的黏性，如新浪微博与海信进行跨界合作，推出两款接入新浪微博的智能空调，用户可通过微博操控空调。

2013 年，微博商业化仍然是企业运作的重点。新浪微博在其移动客户端上正式推出了聚合用户兴趣爱好、社交关系数据的综合展示页面——Page。除此之外，还与阿里巴巴联姻，阿里巴巴 4 月底宣布以 5.86 亿美元购入新浪微博 18%的股份，双方在用户账户互通、数据交换、在线支付、网络营销等领域进行合作。除新浪微博外，腾讯微博企业服务“微空间”也在二季度上线了一款新的广告产品，还在多地召开了主题为“微关系大生意”的腾讯微博企业服务发布会，大力推介其针对企业推广的产品服务，同时尝试垂直领域的商业化。整体来说微博企业第二季度较为平静，微博行业受微信等其他应用的冲击，整体有走淡趋势。

17.5.3　用户使用行为

1. 使用时间

微博网民在饭后休息、上床入睡前的时间里使用微博的比例较高，分别达 64.6%、61.8%，在上课/上班等学习工作时使用的比例也达到了 39.2%（见图 17.28）。

随着移动互联网的发展，网民在碎片时间里上微博的比例也在增加，其中在早晨起床前使用微博的比例为 19.2%，坐车途中使用比例达 38.4%，排队等候时使用比例达 34.0%，上微博成为网民在碎片时间里上网的重要内容。

2. 使用内容

社交和阅读信息是网民上微博最主要的目的。网民在微博上使用较多的内容分别为分享/转发信息、搜索新闻/热点话题、发微博等，这些内容的使用比例都在 60%以上。

70%的微博网民通过微博搜索新闻/热点话题，微博已经成为一个大众舆论平台，成为人们了解时下热点信息的主要渠道之一。但主动发微博的比例为 64.6%，低于搜索新闻/热点话题和分享/转发信息，由于普通网民发微博后被反馈较少，导致主动发微博的积极性下降（见图 17.29）。

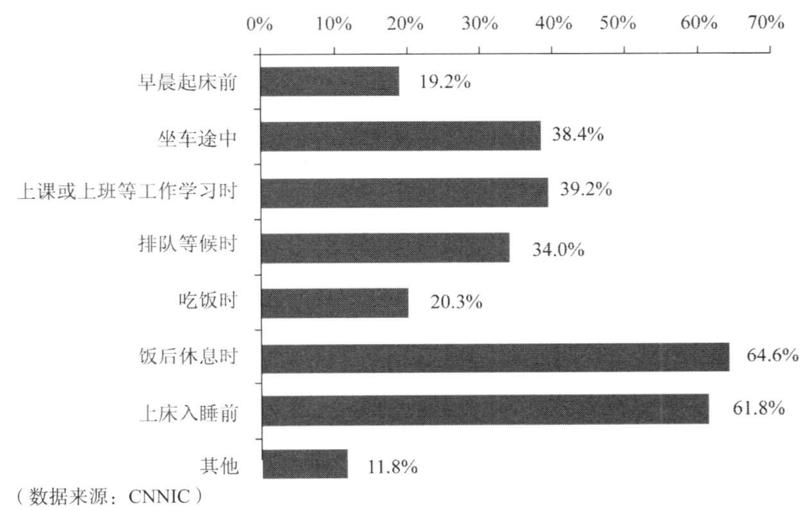

图17.28　网民使用微博的时间点

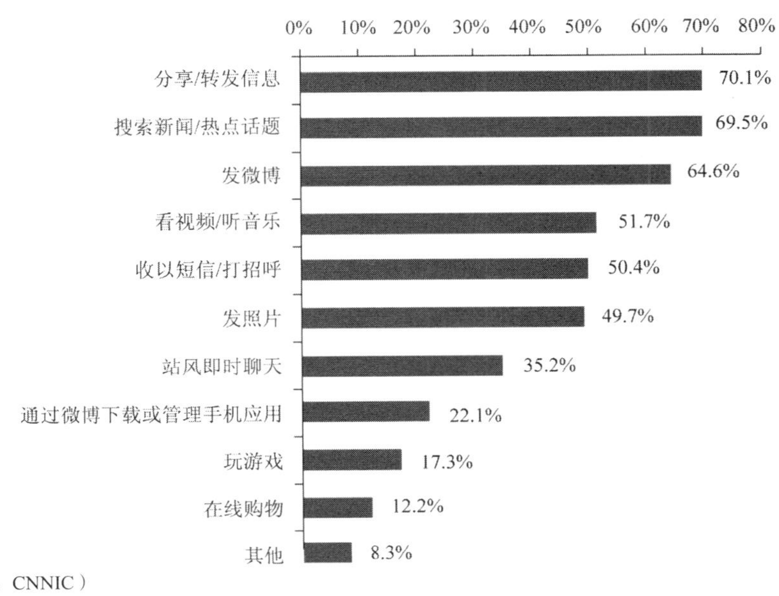

图17.29　网民使用微博内容

17.6 发展趋势

17.6.1 即时通信发展趋势

1. 即时通信产品平台化

即时通信主要是以 PC 端的 QQ 和移动端的手机 QQ 以及微信为代表。微信本是一款基于 IM 的通信工具，但是现在的微信已不再只是一款单纯的即时通信产品。微信是以沟通和分享为核心的，这种强关系有助于平台上产品的推广，因此未来会有越来越多的产品汇集其中。微信 5.0 版的扫一扫功能，不仅可以对二维码进行扫描，还可以扫描条形码、图片等。通过扫描商品用户可以进行在线比价，并完成在线购买行为。用户通过微信比价并完成商品购买后，在朋友圈分享自己的购买渠道及购买价格，通过朋友关系的传播势必会以滚雪球的方式为商家带来更大的盈利。

2. 即时通信产品差异化

由于即时通信产品中，PC 端有 QQ、移动端有微信，两款产品推出时间较早，如果想在熟人社交上与其竞争很困难，因此差异化的服务是同类互联网产品的突破口。就像在 PC 端，用户使用 MSN 更倾向于工作类沟通，YY 和阿里旺旺这两个垂直即时通信产品由于用途的不同使用户更具有针对性，一个是针对网络游戏用户，另一个是针对电商用户。手机端微信是基于熟人社交网络，依靠的是强关系链，而陌陌则是基于陌生人交友的弱关系链，填补的是微信陌生人交友的空缺，这也就是陌陌在微信占据手机端领先地位时，仍旧能够拥有自己稳定的用户群的原因。

手机即时通信产品想在强关系链挑战微信是很难的，更多的还是需要去寻求不同的受众群体，寻求产品功能上的快速创新，以提供差异化产品。

3. 与电信运营商关系从竞争变为竞合

移动即时通信的茁壮成长对电信运营商产生了越来越大的影响。一方面，微信等移动即时通信对运营商的语音、短信和彩信等传统业务带来了巨大的冲击。另一方面，微信等即时通信产品的 OTT 业务对于信令资源的占用，也引起了运营商们的担忧。

未来运营商和互联网企业之间应当形成一种竞合关系，而不仅仅是竞争关系。一方面，运营商发展下一代通信技术，提升网络建设和覆盖，为互联网应用的发展提供更为稳定的基础设施；另一方面，运营商和互联网企业需要共同应对挑战，维护 OTT 业务的发展，或共同推出即时通信等相关服务，方便网民的同时找到共赢之路。

4. 即时通信倒逼运营商改变传统商业模式

微信“收费门”已平息，尽管最终运营商并未对微信进行单独收费，但此次事件足以证明，微信业务对传统运营商带来了巨大的冲击，打破了运营商原有的商业模式，迫使运营商“传统语音+短信”的商业模式必须改变。面对虚拟运营商带来的挑战，传统运营商应当考虑或者增加增值服务，或者发展流量业务，以应对目前的形式。

17.6.2　社交网站发展趋势

1. 社交网站分众化发展

社交网站再度走向分众化道路，依靠独特的功能和社交产品锁定特定群体，留住群体；未来社交网站的形式将会更加多元化。通过网络实现社交功能，是人们重要的网络活动之一，此类需求不会随着时间流逝而消失，但网络社交的形式不会一成不变。有时候人们倾向于建立弱关系的社交网络，但有时候人们则需要强关系的社交网络。因此，大而全的社交网站不一定适合现阶段网民的需求。

2. 社交网站与其他功能结合

社交网站不再独立作为一个产品存在，而是与即时通信、网络购物、网络视频以及手机通讯录等其他应用结合出现，通过人们固有的互联网应用需求，来锁定用户群体，用户在使用其他互联网应用的同时，通过关系网络满足人们的社交需求。

社交网站用户群体扩大后，如何维持用户的黏性、扩大盈利是企业关注的重点，因此未来社交网站主要重点仍然是拓展社交网站功能、与其他新兴业务结合以维持用户使用，同时开发广告、游戏、电商等产品，增加企业收入。现阶段微博、微信等其他方式的网络应用，或多或少的都有社交功能，而随着移动互联网的发展，各种新出现的应用，很容易把手机里的联系人或者周边的人汇聚在一起，替代现有社交网站的部分功能。因此仅在现有社交网站上进行创新或开发吸引用户的内容，很难减少用户流失，必要时需要顺应互联网发展趋势，开发出新的社交应用，才能避免企业大起大落，在激烈的竞争中列于不败之地。

17.6.3　微博发展趋势

1. 微博用户结构下沉

微博用户结构下沉，即微博用户向低收入、低学历、农村人群渗透。随着智能手机价格进一步下降，网民上网门槛降低，互联网人群进一步下沉，微博的群体结构也会逐渐下沉。

2. 微博商业化进一步加深

微博今后将成为企业推广的重要渠道，微博是企业发布新产品、进行商品销售以及舆情监测与调查的理想渠道之一。微博的功能拓展将会是今后各企业的重点，开放平台是微博保持生命力的重要举措。经过几年的培育，微博已经积累了大量的用户，但随着其他社交工具或具有社交元素的应用的兴起，微博仅靠满足用户基本社交需求来留住用户会非常困难，微博的功能拓展势在必行。当前主要微博已经开发了游戏、扫描等功能，并与影音、资讯、地图、生活娱乐等捆绑在一起，微博未来的功能将会进一步拓展，主要微博企业都想把微博做成人们移动互联网生活的主要入口，虽然各微博侧重有所不同，但功能扩展将是不变的趋势。

3. 微博将与更多的互联网资源连通

微博平台将与更多的互联网资源连通，微博扮演的角色将会扩展。微博作为一个重要的移动应用入口，与其他行业合作互通，是微博扩大影响和增加用户黏性的重要方式之一。第二季度新浪微博分别与优酷视频、阿里巴巴合作，通过账户互通和资源共享来实现业务范围的拓展。这种过程，使微博从社会化媒体平台向社会化与生态化结合的商业平台转变。

（CNNIC　陈云）

第 18 章　2013 年中国网络音乐发展情况

18.1　发展概况

2013 年，中国网络音乐保持了平稳发展的态势，市场规模和用户规模实现了持续增长。阿里巴巴、百度和网易等企业相继涉足音乐业务，借助自身特色获取特定的用户，在整合 PC 端业务的基础上逐渐向移动端发力。随着智能手机的广泛普及，音乐类移动应用的比率越来越高，移动端市场竞争日益激烈。与此同时，还出现了喜马拉雅音乐电台、考拉 FM 等有声电台提供多元化声音服务。此外，《我是歌手》、《中国好声音》等音乐电视节目的热播使内容价值在音乐市场产业链中的重要性愈发显现。

网络音乐市场整体虽取得了较大发展，但仍面临版权保护不力、盈利模式单一、融资困难等众多挑战。

18.2　市场情况

18.2.1　市场规模

根据《IFPI2014 数字报告》，2013 年全球音乐产业的数字收入增长了 4.3%，达 59 亿美元。

据艾媒咨询数据显示，2013 年年底中国无线音乐市场规模达 397.1 亿元，同比增长 6.1%，预计 2014 年无线音乐市场规模将达到 421.6 亿元（见图 18.1）。经历了 2012 年的持续增长之后，无线音乐市场规模在 2013 年进入了平台期，增长率呈现出下降的趋势。

由图 18.2 可以看出，在手机网民各类手机应用中网络音乐的使用率为 58.2%，与 2012 年年底的 50.9%相比有较大提升。虽然排在即时通讯、网络新闻、手机搜索之后，但手机音乐成为手机用户主要的网络应用之一已是不争的事实。

随着移动互联网的迅速扩张和智能手机用户规模的增加，移动互联网用户规模快速增长，2013 年，中国移动互联网网民规模达 6.52 亿人。电信运营商无线音乐业务的发展带动了整个无线音乐市场的稳定增长。随着智能手机的快速普及，音乐客户端市场规模仍有较大的提升空间。

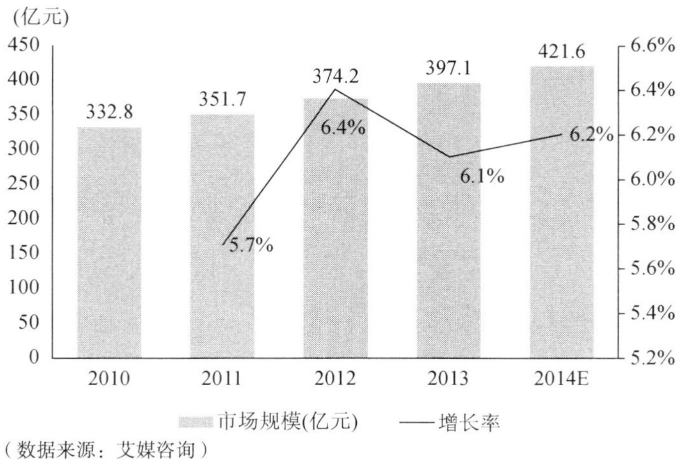

图18.1　中国无线音乐市场规模发展状况

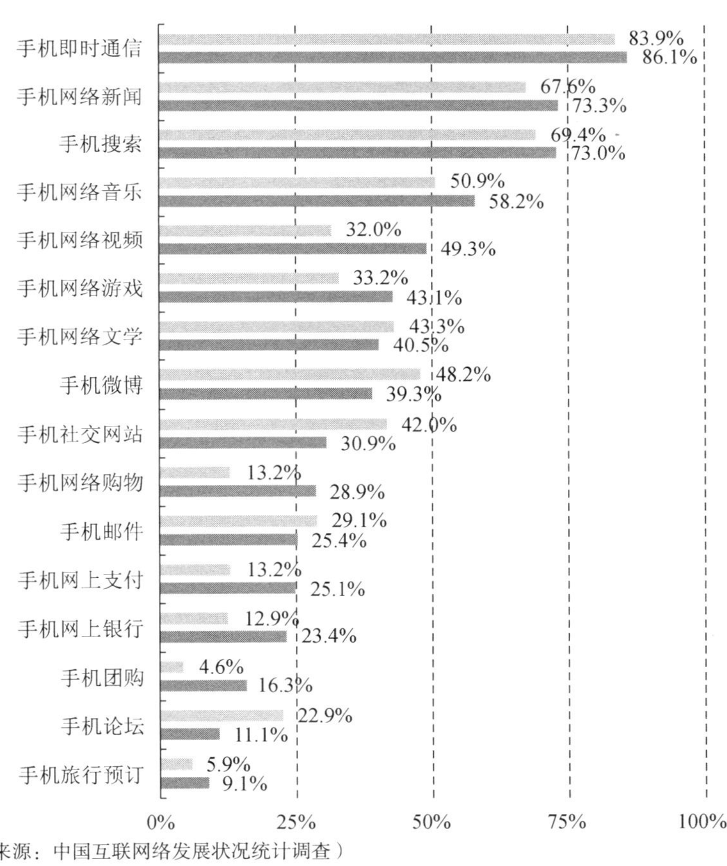

图18.2　2012—2013年中国手机网民网络应用

18.2.2　市场格局

近年来，网络音乐市场格局呈现多元化的发展态势。专业音乐网站、移动音乐客户端保持稳定增长，社区类与视频类音乐产品得到快速发展，音乐 MV 网站、网络音乐电台也受到越来越多用户的关注和喜爱。

以酷狗音乐、多米音乐、百度音乐、虾米音乐、豆瓣 FM 为代表考察不同的网络音乐形式的受关注度可以发现，2011 年至 2014 年 3 月网络音乐的搜索指数整体呈现持续上升的趋势。其中，酷狗音乐、百度音乐在 2013 年后受关注度的提升幅度居于前列。多米音乐在 2012 年相继推出了安卓、WP7 等新版本，在 DCCI（互联网数据中心）发布的 APP100 中国移动应用潜力榜榜单中，被评为全球最省流量、音质最好、体积最小的专业手机音乐播放器，受关注度也因此在相应时期有了大幅提升（见图 18.3）。

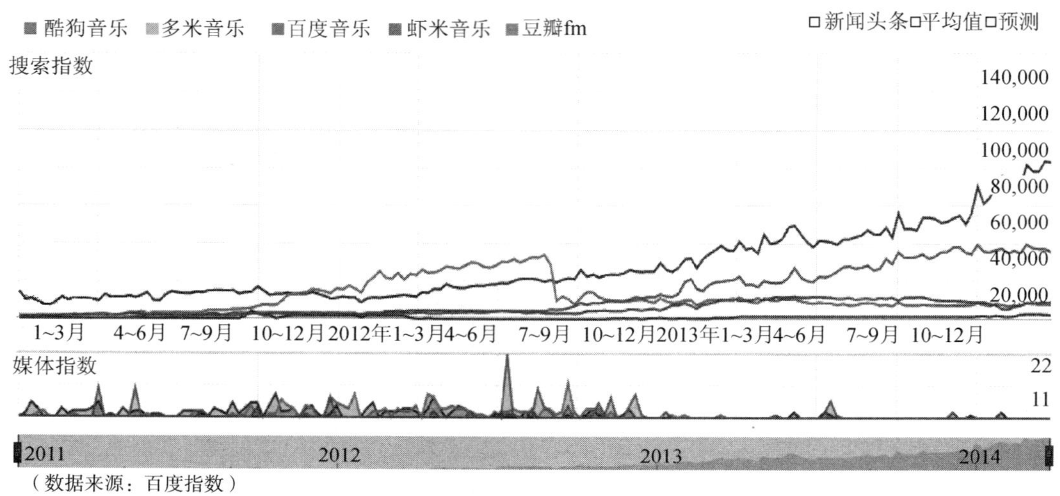

（数据来源：百度指数）

图18.3　网络音乐搜索指数整体趋势

18.3　用户情况

18.3.1　用户规模

根据中国互联网信息中心发布的第 33 次《中国互联网络发展状况统计调查报告》显示，2013 年网络音乐用户达到 4.5 亿人，网民使用率达到了 73.4%，已成为仅次于即时通信、网络新闻、搜索引擎的第四大网络应用（见图 18.4）。

从无线音乐用户规模方面来看，2013 年年底中国无线音乐市场用户规模达 9.12 亿人，同比增长 9.6%，预计 2014 年将达到 9.28 亿人。目前中国无线音乐用户仍以彩铃等业务的用户为主。从图 18.5 中可以看出，虽然无线音乐市场用户规模自 2010 年起呈现逐年递增的趋势，但增长率明显放缓，由 2011 年的 21.6%下降至 2013 年的 9.6%，2014 年预计将继续下降到 1.8%。无线音乐市场在经历了高速增长阶段之后进入了增长的平台期。

	2013 年		2012 年		
应用	用户规模（万）	网民使用率	用户规模（万）	网民使用率	年增长率
即时通信	53215	86.2%	46775	82.9%	13.8%
网络新闻[4]	49132	79.6%	46092	78.0%	6.6%
搜索引擎	48966	79.3%	45110	80.0%	8.5%
网络音乐	45312	73.4%	43586	77.3%	4.0%
博客/个人空间	43658	70.7%	37299	66.1%	17.0%
网络视频	42820	69.3%	37183	65.9%	15.2%
网络游戏	33803	54.7%	33569	59.5%	0.7%
网络购物	30189	48.9%	24202	42.9%	24.7%
微博	28078	45.5%	30861	54.7%	-9.0%
社交网站	27769	45.0%	27505	48.8%	1.0%
网络文学	27441	44.4%	23344	41.4%	17.6%
网上支付	26020	42.1%	22065	39.1%	17.9%
电子邮件	25921	42.0%	25080	44.5%	3.4%
网上银行	25006	40.5%	22148	39.3%	12.9%

（来源：第 33 次中国互联网络发展状况统计报告）

图18.4　2013年网络音乐用户规模

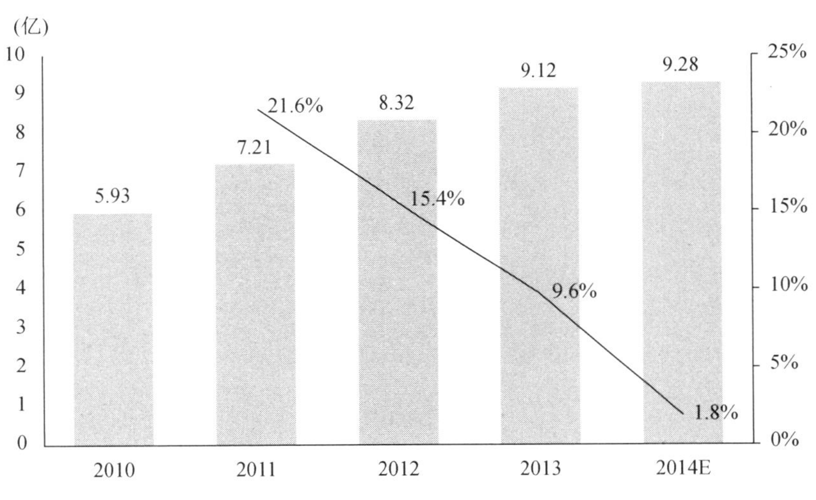

（数据来源：艾媒咨询《2013—2014 中国无线音乐市场年度报告》）

图18.5　2013年年底中国无线音乐市场用户规模

从手机音乐客户端用户规模方面来看，2013 年年底中国手机音乐客户端用户规模达 3.13 亿人，同比增长 32.1%。预计 2014 年用户规模将达到 3.95 亿人。虽然增长率由 2012 年的 63.4%

降至2013年的32.1%，但手机音乐客户端市场用户规模未来仍有较大的提升空间(见图18.6)。

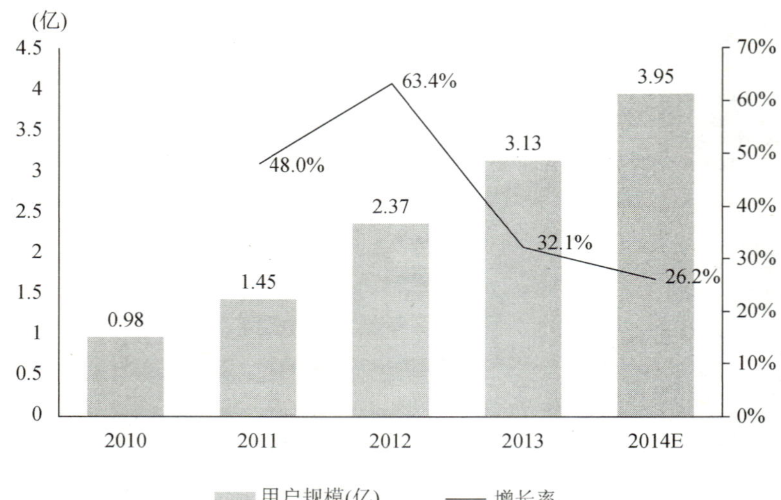

（数据来源：艾媒咨询《2013—2014中国无线音乐市场年度报告》）

图18.6　2010—2014年中国手机音乐客户端用户规模

18.3.2　用户性别

截至2013年12月，中国网民男女比例为56:44，男性网民占据了过半人数。据CNNIC数据平台显示，网络音乐用户的性别则呈现出女多男少的分布情况。由图18.7可以看出，2013年中国网络音乐的女性用户占比较高，达到54%，男性用户占比为46%，体现出女性用户对于网络音乐有较高的需求。

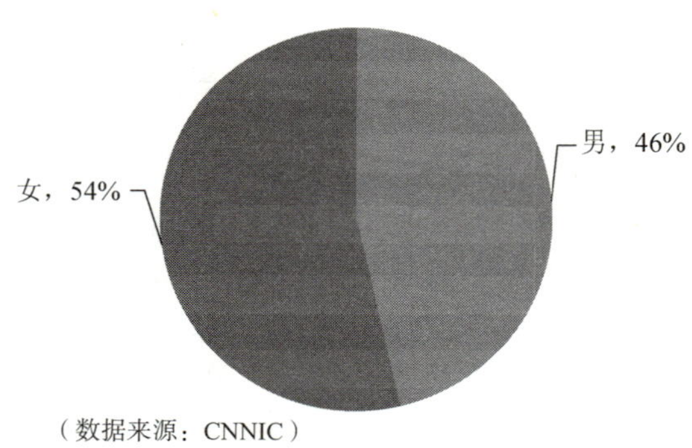

（数据来源：CNNIC）

图18.7　2013年中国网络音乐用户性别分布

18.3.3　用户年龄

从图18.8来看，中国网络音乐用户中，19岁以下的用户占比最高，达到63.5%，位列第二和第三的是20~29岁的用户和30~39岁的用户，占比分别为14.5%和12.3%。

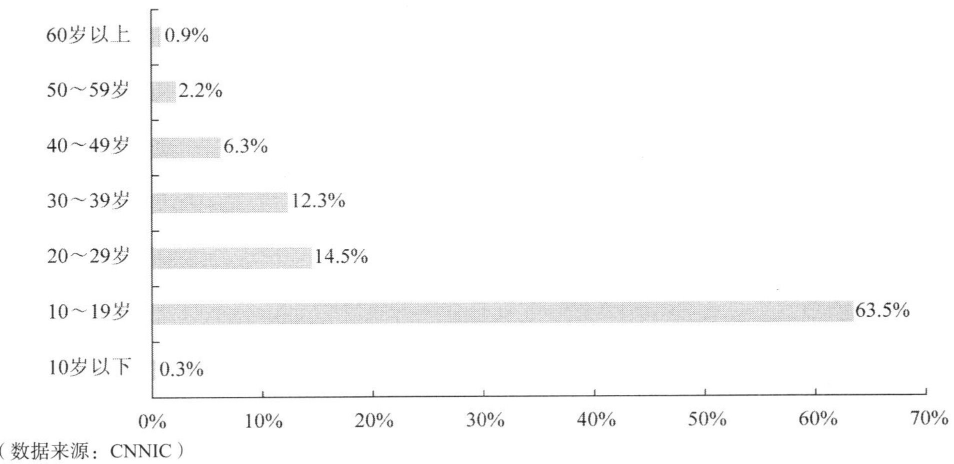

图18.8　2013年中国网络音乐用户年龄分布

29 岁以下的年轻用户占到总人数的八成以上，是中国网络音乐的主要用户群体。这一年龄段的用户通常为在校大学生和职场年轻人，对互联网娱乐应用关注较多，喜欢尝试新鲜事物，对音乐、游戏等产品有较高的热情。

18.3.4　用户收入

从 2013 年中国网络音乐用户收入分布（见图 18.9）中可以看出，2001～3000 元的用户占比最高，达到 28.3%。其次是月收入在 3001～5000 元的用户，占比为 19.3%。排名第三的是月收入在 500 元以下的用户，占比为 16.7%。

月收入 5000 元以下的用户占到了总人数的近九成，这些用户通常对音乐娱乐产品有较高的需求，且有充足的时间使用网络音乐服务，因此成为网络音乐用户中的主力军。

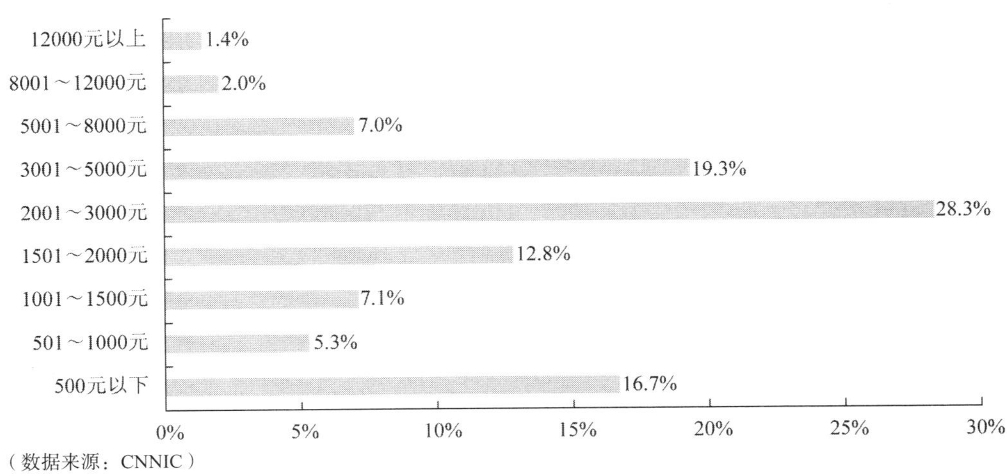

图18.9　2013年中国网络音乐用户收入分布

18.3.5 用户受教育程度

从 2013 年中国网络音乐用户受教育程度来看（见图 18.10），高中及以下文化水平用户是网络音乐的主要使用人群。其中，初中及以下学历用户占比为 43.2%，高中/中专/技校学历用户占比为 36.3%，大学专科用户占比为 10.1%，硕士及以上学历用户仅占 1.1%。

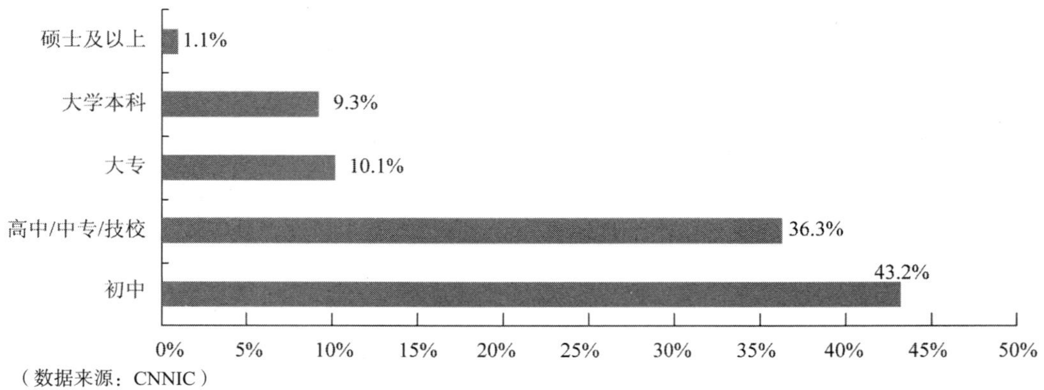

图18.10　2013年中国网络音乐用户受教育程度分布

由此可以看出，受教育程度对音乐的欣赏和消费影响较小，这些用户一般拥有较多的娱乐时间，对音乐类娱乐产品接受和喜爱程度较高。

18.4 音乐网站发展情况

2013 年中国网络音乐网站月度覆盖人数总体呈现出较为平稳的发展态势。2012 年，多个新兴音乐网站通过推出个性化的产品和服务显著提高了用户的黏性，其月度覆盖人数也因此取得了持续的增长。但 2013 年随着阿里巴巴、奇虎 360、网易开始涉足网络音乐，音乐网站的发展进入整合期。相比 2012 年涌现出唱吧、Jing.FM 等多个创新型产品引发的用户增长热潮，2013 年显得相对平静，网络音乐市场趋于平稳发展。

2013 年 6 月，虾米音乐、百度音乐、QQ 音乐、酷狗音乐、多米音乐、酷我音乐等音乐网站试行全面收费，过渡期为两个月。这一举措对音乐网站的使用率造成了一定影响，6 月份用户覆盖人数达到全年最低水平，仅有 7149.1 万人（见图 18.11）。

据 CNNIC 对八家网络音乐网站（酷我、酷狗、虾米、一听、九酷、搜狗、中国原创音乐基地、豆瓣 FM）月度覆盖人数的统计（见图 18.12），酷我音乐全年保持了领先的优势。其用户数达 2 亿人，iPhone 和 Android 平台下载量均在千万级以上，是最受用户欢迎的数字音乐平台之一。

月度覆盖人数位列第二的酷狗音乐从 2011 年起相继推出酷狗 7、酷狗官网、酷狗音乐 iOS 版、酷狗音乐 Android 版等产品，打通 PC 端、手机端、网页端三个平台资源，为原创音乐提供展示平台，云音乐和关联性强的资讯频道内容带动用户在网站形成环形流动，这些举措都有效提高了酷狗音乐的月度覆盖人数。

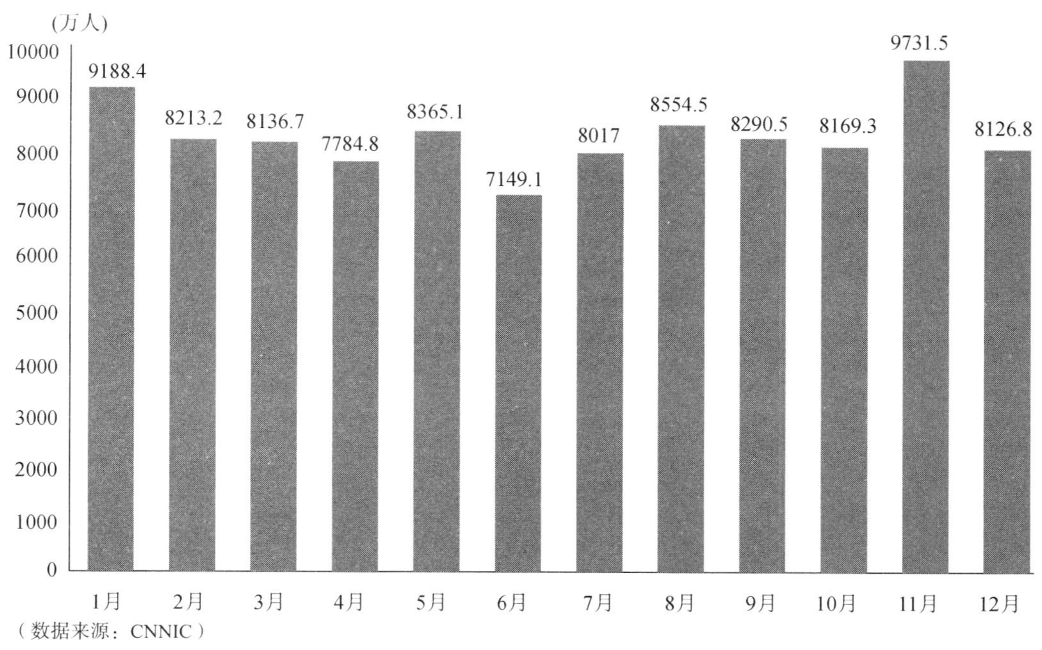

（数据来源：CNNIC）

图18.11　中国网络音乐网站月度覆盖人数情况

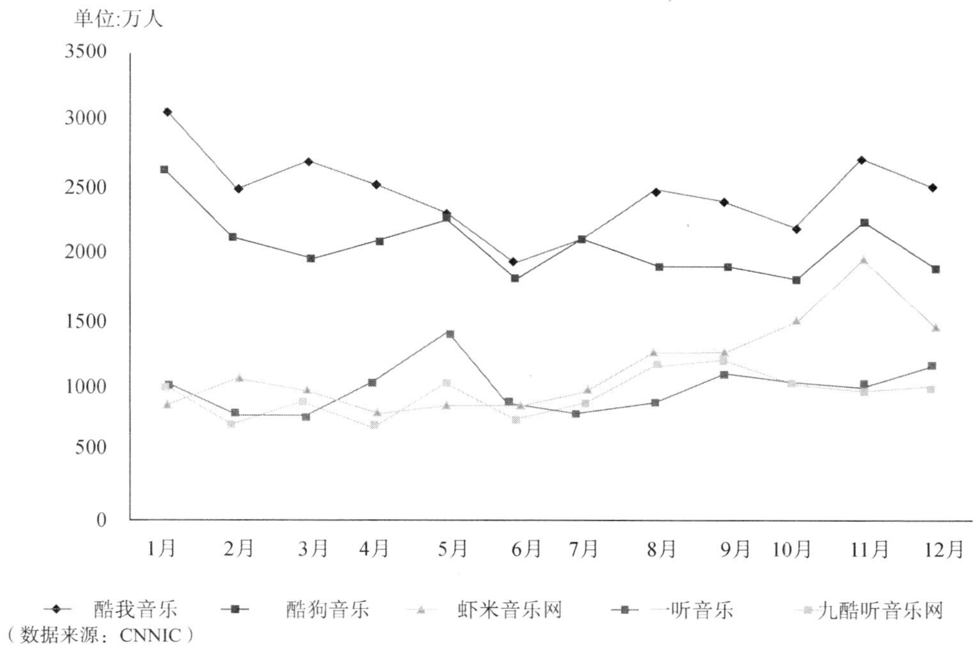

（数据来源：CNNIC）

图18.12　中国网络音乐网站月度覆盖人数TOP5

18.5 网络音乐案例分析

18.5.1 中国移动

2012 年，中国移动无线音乐基地收入占中国数字音乐市场 75%的份额，旗下的音乐服务产品“咪咕特级会员”人数突破 5000 万，成为国内规模最大的付费音乐会员体系。

2013 年，中国移动无线音乐品牌咪咕音乐用户规模超过 4.5 亿人，咪咕特级会员人数突破 9000 万。

中国移动无线音乐基地的主要战略和盈利模式如下。

1. 音乐能力开放平台

通过 20 多个 API 接口向开发者开放包括海量正版曲库、彩铃、手机铃声、MP3 歌曲的计费下载等基础音乐服务，并提供包括音乐标签、用户数据分析与推荐、语音识别、高品质音乐在内的多项音乐服务。已与新浪、搜狐、豆瓣、华为等 700 多家互联网企业和个人实现合作，上线应用超过 360 款，安装量超过 1000 万，月均信息费收入超过 1500 万元。

2. 中国原创音乐创业计划

2012 年 9 月，中国移动无线音乐基地开启个人音乐内容合作的创新业务模式，启动“咪咕音乐人”项目，帮助音乐人发布原创作品、演出信息，将音乐人和作品推送至大型平台和赛事，为其提供落地活动平台演出机会并组织与粉丝互动。现已与逾 3000 位原创音乐人建立合作关系，收录优质歌曲达 1.5 万余首，下载量已超过 100 万次。截至 2013 年 12 月，咪咕音乐人收入新增 1000 万元。

3. 新增“第三方支付”

2013 年 9 月初，在咪咕音乐客户端、WWW、WAP 网站，原有的话费支付方式上新增了“支付平台”的功能选项，可选择包括银联、支付宝、财付通，和中国移动手机支付在内的四大第三方支付平台进行音乐产品购买，购买方式从以往单一的话费支付，拓展为先兑换“咪咕币”再购买产品的互联网模式。这是产业内首次将第三方支付应用于音乐业务，也意味着其他运营商用户购买中国移动来电铃声、歌曲下载等产品的支付壁垒不复存在。

18.5.2 酷我音乐

酷我音乐是集歌曲和 MV 搜索、在线播放、同步歌词为一体的一站式网络音乐服务平台，为用户提供实时更新的曲库和 MV、K 歌服务。2013 年用户总覆盖人数达到 1.66 亿，占到音乐网站总覆盖人数的 38%，位列同类音乐网站第一。

酷我音乐盈利的渠道主要包括：桌面端的常规广告、收费会员、游戏、专区合作（酷我和《中国好声音》合作开辟了专区）。酷我音乐的活跃用户目前已经达到了 2.5 亿人，而移动端用户则达到 4000 万人。

酷我音乐 2013 版覆盖了 PC、Mac、网页、HTML5、iPhone、iPad、Android Phone、Android Pad、Windows Phone、Windows 8、互联网电视以及车载设备等智能终端设备，实现了多平台的全面覆盖。

据易观智库《2012 年中国移动音乐行业年度研究报告》数据显示，酷我音乐年收入在 1

亿元左右，商业模式为依靠 PC 端的收入贴补移动端。目前，酷我音乐在 PC 端通过以广告为主和游戏联运的方式已经实现盈利。主要盈利方式为向商家收费的 B2B 模式，其中广告模式仍然以行业内广告为主，占到了总体盈利的 70%～80%，其次为游戏联运（20%），移动端暂无盈利模式。

酷我音乐正在探索用户付费的模式，目标是 10%的付费用户。未来将趋向于采取“免费+增值”的模式，普通用户仍然可免费收听音乐，付费用户将享受高品质下载以及与明星互动等其他增值服务。

（国家计算机网络应急技术处理协调中心　任艳）

第 19 章　2013 年中国政府在线服务发展情况

19.1　发展概况

2013 年，网络问政、网络反腐持续受到关注，国务院办公厅发布了《关于进一步加强政府信息公开回应社会关切提升政府公信力的意见》，中央纪委监察部网站也正式开通上线。各级政府更加重视网络舆情的引导，加大信息公开力度，提升在线服务品质。政府在线服务形式更趋多样化，从最初的门户网站、政务微博，越来越多的政府部门开始建立微信平台、移动 APP，公众可以更加方便快捷地获取相关信息、办理相关事务。

中国软件评测中心发布的 2013 年中国政府网站绩效评估结果显示，我国政府网站日常运维保障机制进一步完善，部委、省、副省级、省会政府网站的首页链接全年可用性达到 99.1%。在网站评估的各项指标中，部委网站在信息公开和政策引导方面相对较好，地方政府网站在信息公开和互动交流上更加突出。整体上看，2013 年各级政府网站在信息公开方面均有显著成效（见图 19.1 和图 19.2）。

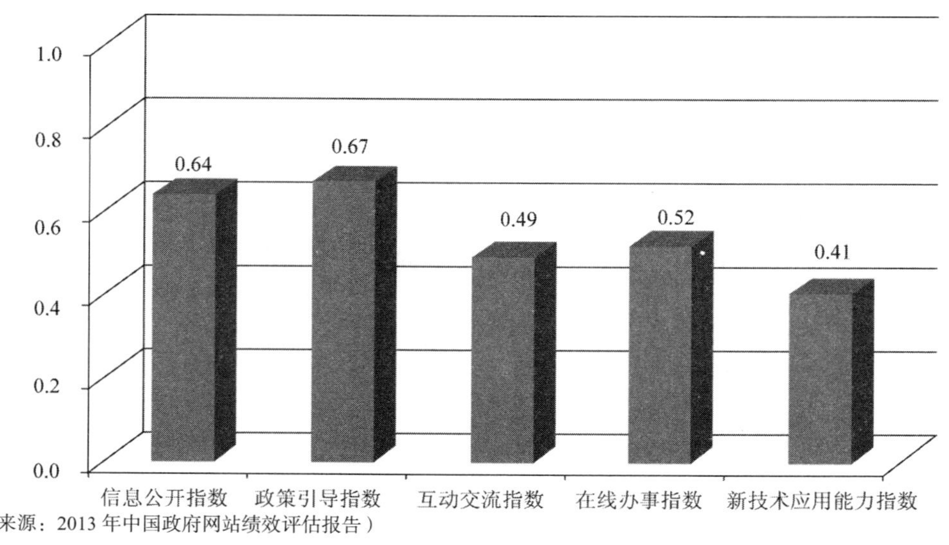

图19.1　部委网站各项评估结果

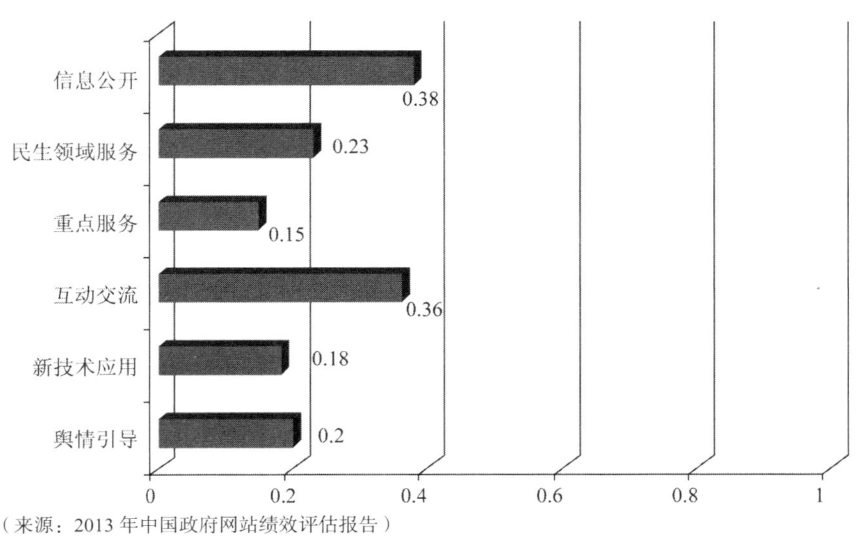

（来源：2013 年中国政府网站绩效评估报告）

图19.2　地方网站各项评估结果

政务微博方面，截至 2013 年 10 月底，新浪、腾讯两家微博平台的政务微博总数已达 26 万余个，其中政府机构官方微博近 16 万个，公职人员微博 10 万余个。仅新浪平台，政务微博发博总数已达 4290 余万条，平均每个政务微博发博数约为 600 余条，转发及评论共计 2.1 亿余次。其中，公安、交警、共青团、旅游和地方发布五类政务微博较为普遍。政务微博群生态圈基本形成。

移动政务方面，2013 年微信取得了迅猛发展，政务微信也开始起步。截至 10 月 30 日，微信平台经过认证的公众账号已超 5 万个，其中政务微信超过 3000 个，占 6%。部分政府部门开始通过微信实现快速的信息推送以及公众问答、网上调查等实时互动。一些政府部门还建立了专用的移动 APP，虽然比例仍较低，部委、省级、地市和区县政府建成比例分别为 25%、31%、11%和 3.8%，但不少 APP 取得了良好效果。移动政务刚刚起步，方兴未艾。

19.2　政府门户网站建设情况

19.2.1　整体情况

我国政府网站已经进入平稳发展期，无论是网站数量和服务质量都相对平稳。整体来说，部委网站和省级网站水平较高，地市和区县分化严重、整体偏弱。2013 年中国政府网站绩效评估显示，部委网站平均得分为 54.61，比 2012 年的 51.19 分提升了 6.7 个百分点。其中，23 家部委网站得分超过了平均分，占网站数的 44.23%。但仍有 11 家网站由于信息公开程度较浅、服务覆盖不全面、交流互动效果不强等原因，得分低于 40 分，两极分化情况仍然存在（见图 19.3）。

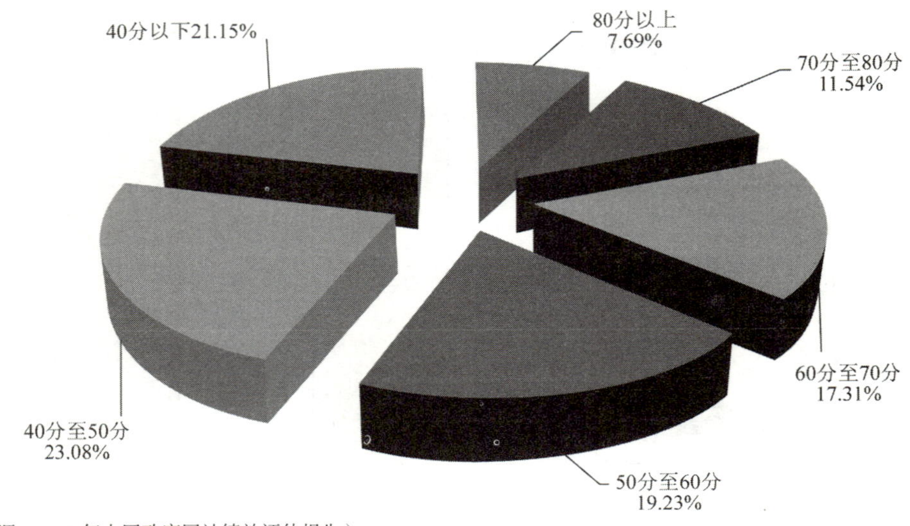

（来源：2013 年中国政府网站绩效评估报告）

图19.3 部委网站得分情况

地方网站仍呈现阶梯式发展且较 2012 年没有明显提升。省级政府网站相对较好，绩效水平达到 0.45；地市级政府网站居中，整体水平为 0.36；区县政府网站较差为 0.23。

在国际化程度方面，中国社会科学院公布的 2013 中国政府网站国际化程度测评结果（见图 19.4 和图 19.5）显示，地级市政府网站英文版拥有率上升，其他级别稍有下降。从内容上看，各级政府网站的招商引资内容普遍较多，说明现阶段我国政府网站英文版建设以招商引资为主，而不是对其他国家民众的信息展示和服务。

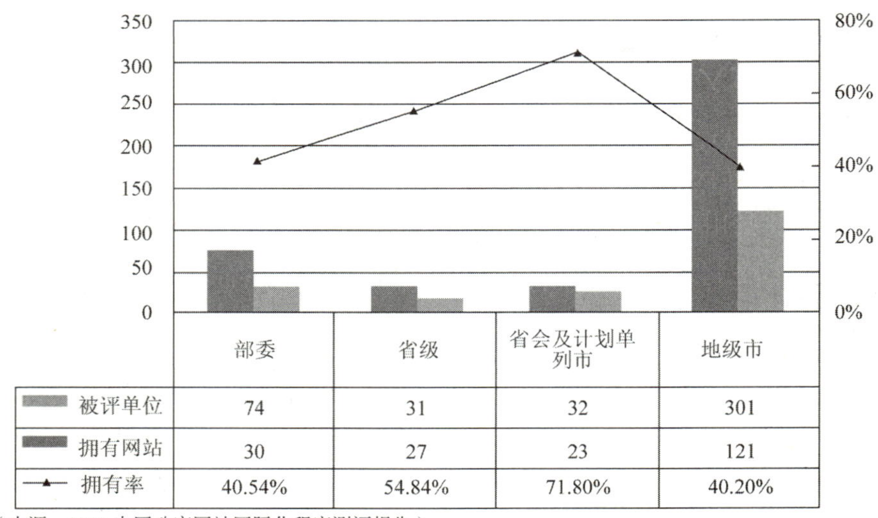

	部委	省级	省会及计划单列市	地级市
被评单位	74	31	32	301
拥有网站	30	27	23	121
拥有率	40.54%	54.84%	71.80%	40.20%

（来源：2013 中国政府网站国际化程度测评报告）

图19.4 2013年各级政务网站英文版数量

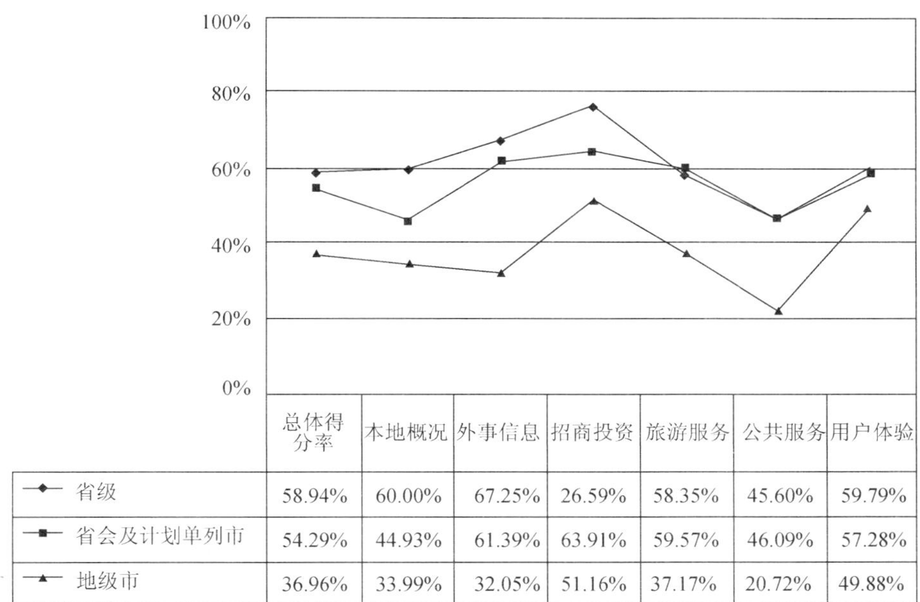

	总体得分率	本地概况	外事信息	招商投资	旅游服务	公共服务	用户体验
省级	58.94%	60.00%	67.25%	26.59%	58.35%	45.60%	59.79%
省会及计划单列市	54.29%	44.93%	61.39%	63.91%	59.57%	46.09%	57.28%
地级市	36.96%	33.99%	32.05%	51.16%	37.17%	20.72%	49.88%

（来源：2013 中国政府网站国际化程度测评报告）

图19.5　2013年各级政务网站英文版建设分

19.2.2　主要特点

一是网站信息资源不断丰富，整合力度增强，群体效应逐渐显现。评估显示，超过 60%的政府网站进一步加大了对通知公告、政策文件、统计信息、基层（企事业）信息等信息的公开力度，以及信息公开目录的维护。各级政府门户网站越来越重视顶层设计和平台作用，将所属企事业单位的信息资源有机整合，从政府政策、通知公告，到老百姓关心的衣食住行，信息内容丰富多样，提供一站式资讯平台，以专业化的网站群共同支撑综合平台的建设和维护。

二是更加注重民生服务，网站从指导型向服务型转变。各级政府网站在民生领域、企业办事服务领域的服务覆盖面进一步拓展。评估显示，47%的地方网站能够按照主题整合服务资源，并及时扩充和丰富服务功能。新一届政府执政以来，大力推进政府职能转变，把政府工作重点转到创造良好发展环境、提供优质公共服务、维护社会公平正义上来。政府网站也更加注重服务性建设，但对涉及面广、办理量大、政策规定不定期调整、业务逻辑相对复杂的办事服务还相对较少，在收费标准、示范文本提供等方面也存在不足。

三是更加注重舆论引导，互动交流更趋多样化。越来越多的政府网站拓展政务微博、微信、移动 APP 等多渠道，通过多平台联动加大与民众的沟通互动力度，注重关注和引导网络舆论。在互动交流上，逐渐开始开展参与性更强、喜闻乐见的活动，如北京市旅游委通过网站、微信、APP 等多种渠道开展景区门票免费发放活动，增加网民关注度，加深民众对北京的了解，促进北京旅游发展。但在网站的咨询投诉、在线访谈、意见征集等传统方式互动方式中，仍然存在互动保障机制不完善、回复时间较长、答复缺少实质内容等现象，影响了政府形象。

四是英文、无障碍网站建设水平有待提升。目前我国的各级政府网站仍以服务国内普通民众为主，对其他人群缺少关注。英文网站建设数量不多，水平普遍不高，在网站无障碍技术应用上也存在明显不足，新技术应用整体滞后，不利于政府信息和服务资源惠及特殊人群。

19.3 政务微博建设情况

19.3.1 整体情况

经过 2011 年、2012 年的爆发期，2013 年我国政务微博进入平稳发展期，并保持了一个较高的发展速度。在《国务院办公厅关于进一步加强政府信息公开回应社会关切提升政府公信力的意见》中明确指出各地区各部门应积极探索利用政务微博、微信等新媒体。截至 10 月底，腾讯微博平台上的政务微博达 160068 个，比 2012 年翻了一番，其中党政机构 92130 个，党政官员 67938 个；新浪微博平台上的政务微博有 100151 个，其中党政机构 66830 个，党政官员 33321 个，比 2012 年增长近 60%。

《2013 年新浪政务微博报告》称，从政务微博总量上看，影响力在“Top1000”以内的机构微博和官员微博 2013 年度共发微博 8609428 条，平均每个官员账号发博 3057 条，平均每个机构账号发博 5553 条。从机构分布看，团委微博占比较 2012 年有较大提升，已超过公安系统成为党政机构中占比最高的部门，比例为 29.2%；其次为公安部门，占 21%；政府微博占 13.4%，列第三。从政府级别上看，省部级微博 103 个，同比增长 49.3%；厅局级 1898 个，同比增长 47.1%；县处级 10256 个，同比增长 29.7%；县处级以下 54573 个，同比增长 110%（见图 19.6）。

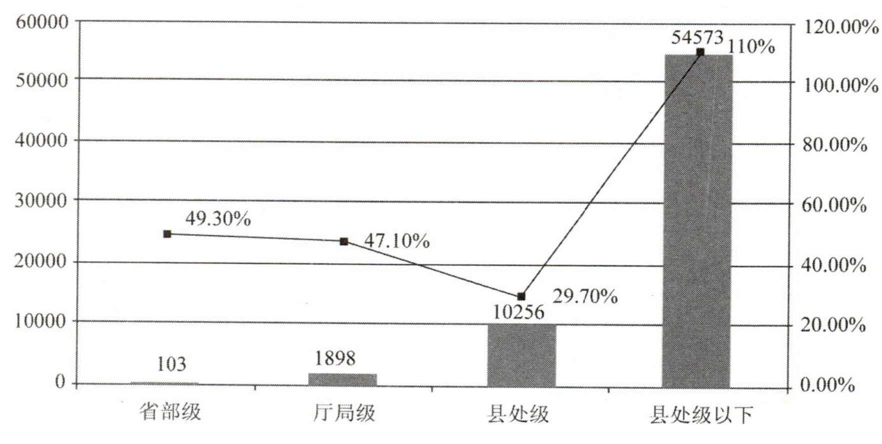

图19.6 2013年各级政府新浪政务微博数量及同比增长率

19.3.2 主要特点

一是中央部委微博数量显著增加。2013 年以来，中国人民银行、国资委、国土资源部、证监会、保监会、中科院等一批“国字头”官方微博陆续开通。12 月 18 日，国务院办公厅政府信息公开办公室在新浪开通“中国政府网”政务微博，引发舆论关注。据《2013 年新浪政务微博报告》统计，截至 2013 年 12 月份，共有 77 家中央部门或其直属机构在新浪开通政务微博。更多中央部委微博的开通为政府信息公开起到了良好的表率作用，也为更多基层政务微博提供经验借鉴，将推动和引领各垂直领域政府部门政务微博的发展。

二是政法微博进入快速发展，庭审直播成为新亮点。2013 年 11 月，最高人民法院官方微博开通，“全国法院微博发布厅”也同时上线，最高人民法院、31 个省级高院及 150 余个地方中院全部开通官方微博。有评论称这是“传统司法公开制度的一次巨大革命”。直播案件庭审已成为政务微博亮点，引起广泛关注。2013 年有关微博直播庭审的报道达 9 万余条。2013 年 6 月和 7 月，王书金强奸杀人案在河北省邯郸市中院两次开庭审理，河北省高院通过官方微博进行了庭审直播，诸多媒体微博以河北省高级人民法院微博为权威信息源，对案件审理进行了报道。济南中院官方微博直播薄熙来案审理更是引起高度关注，庭审当天新浪微博平台济南中院微博的粉丝数从早上 8：00 的 4.7 万迅猛增加到 17：00 的 30 万，截至当天 18：00 共发微博 65 条，微博转发总量达 228573 条。

三是基层政务微博群体庞大，折射政府在线服务水平。2013 年以来，基层政务微博保持了高速发展，并形成了庞大的基层微博群。我国政务微博呈现“金字塔”形，微博层级越高，开博数量越少，而基层政务微博则是“底座”和“基石”，基层政务微博运营水平给了广大公众最直接的政务服务水平体验。相较部委微博，基层政务微博服务更有针对性，一方面为广大群众提供最务实的咨询与帮助，另一方面从身边小事做起也易于激发群众网络问政的热情。但一般而言，基层微博因覆盖人群少、内容受限、功能单一等存在先天性的影响力不足，可能需要较长时间积攒人气，但最忌讳觉得“没意思”而不重视、不管理，反而应给予基层微博更多关心。深化政务公开、加强政务服务重点在基层，难点在基层。

四是各级政务微博“合力”效应初步形成。2013 年，政务微博群建设不断完善，既有以政府新闻办为主导的“城市政务微博发布厅”，也有以具体职能部门联合起来的“部门微博发布厅”。截至 2013 年，全国（除港澳台地区）31 个省级团委均完成了开通微博工作，共青团成为我国首个完成省级机构全面开博的垂直系统，形成了覆盖团中央、省、市、县四级格局的微博体系。“全国法院微博发布厅”实现了上至国家级别下涵全国 31 个省级机构的微博发布厅。微博“集群化”发展有利于政务微博共同应对热点舆情，扩大信息传播力、覆盖面，有效引导舆论走向。

19.4　移动政务建设情况

19.4.1　整体情况

随着微信应用的流行，政务微信也开始成为党政机构创新服务的新模式，成为信息发布和交流互动的新窗口。人民网舆情监测室联合腾讯微博共同发布的《2013 年腾讯政务微博和政务微信发展报告》显示，截至 2013 年 10 月 30 日，政务微信总数已超 3000 个，约占认证公众账号的 6%。作为公众账号的政务微信，一天只能发 3～4 条重点内容，但它是点对点发送，目标性强，而且通过一些应用功能可实现个性化沟通、活动参与、数据调查和收集等，与网站和微博相比，微信灵活性更强，沟通效率也更高。虽然，目前政务微信还处于刚刚起步的阶段，与政务微博的数量相差较多，但 2013 年 1 月，微信用户已突破 3 亿，相信政务微信也将迎来他的爆发期。

在移动 APP（移动客户端）方面，2013 年专项评测显示，我国部委、省、地市、区县政府的政务 APP 建成比例分别为 25%、31%、11%和 3.8%。相比美国、中国香港等一些发达国家和地区，我们还处在起步阶段。已建成的政务 APP 中也存在一些问题，如部分部委和地方政府 APP 的系统适配性差、推广不够、下载率低等。从内容上看，部委和省级政府 APP 对政务公开信息的覆盖度相对较好，能较为完善地覆盖到基本政务类信息、机构概览类信息和实时动态信息类等方面，地市和区县政府 APP 的内容覆盖度稍差。各级政府 APP 在服务功能和交流互动上普遍较为欠缺。

19.4.2 主要特点

一是政务微信的随时性、互动性更易受关注。目前微信已经成为移动客户端的主要应用之一，有报道称，目前微信用户已突破 6 亿人，国内用户有 5 亿。另据统计，截至 2013 年 9 月底，我国手机上网用户达 7.88 亿户。微信在手机上网用户的覆盖率较广，通过政务微信人们可随时随地获取政务信息。同时，微信可以精确表达，实时反馈，可以方便地实现“一对一”、“一对多”以及“多对多”的实时互动。例如政府信息公开具体效果如何，就可以通过政务微信互动来解决。不少政府部门通过政务微信实现公众问答、网上调查、信息推送等功能，做到“听”民声、“答”民疑、“解”民忧，建立起新媒体环境下政府信息公开互动机制。

二是实现社会管理的创新。通过移动政务打造快捷服务平台和互动平台，能够更好地发挥政府的服务职能，实现创新管理。“平安梅州”是广东省梅州市公安局的官方微信，提供 24 小时全天候咨询。关注该微信的市民通过输入数字即可了解 110 工作、交通管理、户政业务等方面的问题。有网友称，“平安梅州”微信成了身边的“随身小秘书”。国家税务总局 APP 除了推送相关信息外，还建设了纳税咨询平台，用户可以登录平台进行税务相关信息咨询，易用性较强，切实为百姓在税收业务方面的问题答疑解惑。移动政务可利用自身特性打造个性服务，让数据多跑腿，让群众少跑腿，是创新社会管理的重要举措。

三是移动政务建设任重道远。目前我国移动政务建设还处在起步阶段，不但建成率较低，本身的服务内容也较为匮乏，与不断高涨的移动应用需求相比仍存在较大差距，多数以信息公开为主，在互动交流、基于地理位置服务等创新功能的应用上都存在不足，还须不断完善和提升。

19.5 政府信息公开情况

2013 年 10 月 1 日国务院办公厅发布了《关于进一步加强政府信息公开回应社会关切提升政府公信力的意见》。《意见》指出，为进一步做好政府信息公开工作，增强公开实效，提升政府公信力，要进一步加强平台建设和机制建设，完善各项保障措施。可见，信息公开越来越受到国家以及各级政府的重视，在政府在线服务中，信息公开也是成效最突出、效果最好的，但也存在信息深度不够、受关注高的信息公开力度不够等问题。

19.5.1 部委在线服务

1. 信息公开内容丰富，渠道多样，但公众关注度较高信息的公开力度有待加强

2013 年政府网站绩效评估结果显示，42 家部委网站能够围绕业务需求和公众关注的热点建设公开专题，信息内容丰富，更新及时；七成以上网站能够主动公开规章文件，部分网站还对政策文件进行解读，便于公众查阅和理解；随着国家大力推进“三公”经费的公开，网站财政性资金公开效果十分明显，80%部委网站公开了财政预算和决算信息，70%部委网站公开了 2012 年“三公”经费决算，60%部委网站公开了 2013 年“三公”经费预算。同时，部分已建成微博、微信、APP 的部委能够多平台互通，通过多渠道公开信息，扩大信息覆盖范围。但对行政权力等公众关注的信息，公开力度还有待加强。评估显示，七成以上部委网站行政权力公开情况不够理想，仅提供了行政许可、非行政许可的行政主体、依据和程序，缺少对行政处罚、行政强制、行政给付等行政权力事项的公开。在移动政务方面，实时动态类信息的覆盖度基本达到 100%，更新及时，但以基本政务类信息为主，深度信息和热点信息较少。

2. 舆情引导日益受到重视，新媒体应用效果明显

政府网站评估显示，不少部委网站能够围绕当前工作重点和社会关注热点策划专题专栏集中发布相关内容；通过新闻发布会直播、在线访谈等方式对重要政策法规进行解读、回应公众质疑。同时，通过政务微博、微信、移动 APP 等新媒体，及时发布各类权威政务信息。2013 年，部委以及部委级组织落户的官方微博达 77 个，移动政务虽然刚刚起步，但在信息公开和舆情引导方面也取得了显著效果。最高人民法院微博自 2013 年 11 月建立以来，《关于建立健全防范刑事冤假错案工作机制的意见》及答记者问、“长春杀婴案”罪犯被执行死刑的消息、第五批指导性案例的具体案件情况、最高法院院长周强在一些重要活动中的讲话、曾成杰案的判决结果与答记者问等均成为网民关注的焦点，将信息公开与司法解释同步进行，很好地起到了舆论引导的作用，有网友评论，这些信息的及时全面公开有效地“堵住了疑问”。渠道的多样性方便了公众随时获取、传播权威信息，政府舆情引导的力度和效果显著增强。

19.5.2 地方政府在线服务

1. 信息公开有所突破，但重点领域仍显不足

2013 年政府网站评估显示，大多数地方政府网站能够主动公开政府信息、建立政府信息公开目录体系、提供依申请公开政府信息渠道。九成以上地方政府网站对概况信息、工作动态、通知公告等方面的基础类政府信息公开及时，内容丰富，财政资金、采购招投标、行政收费等重点信息公开有所突破，将近四成地方政府网站主动公开了财政预决算、“三公”经费、采购招投标、行政事业性收费等重点信息，在公开范围、更新维护及时性上有所提升。虽然地方政府对信息公开重视程度不断提高，但涉及公众切身利益的、需要公众广泛知晓的、反映政府办事职能的重点领域信息没有得到有效公开。如大多数地方政府网站仅公开食品药品安全、保障性住房、征地拆迁、安全生产、环境保护等方面的工作动态信息，对于分配结果、违法名单、补偿方案等公众关注度较高的内容公开力度不足。在移动政务方面，虽然地市和区县政府的微信和 APP 整体建成比例仍然较低，但在已建成的地方政府中，信息公开内容更新相对比较及时，发挥了重要作用。如 2013 年 4 月 20 日，四川芦山发生强烈地震，地震发生 19 分钟后，成都市政府新闻办管理的“微成都”微信公众账号发出一条包含地震震级、震源、影响范围等信息的微信，13 万关注了“微成都”的民众第一时间收到了官方权威消息，并进行转发传播，效果显著。

2. 信息公开水平参差不齐，从县级、地市级和区县级总体呈阶梯式发展

在网站方面，评估显示，我国地方政府网站的信息公开平均得分为 0.38，是所有地方政府网站评估指标中得分最高的。从具体结果看，省级、副省级平均为 0.61、省会城市也为 0.61，地市级为 0.58，均高于平均 0.38 的水平，只有区县级远低于平均水平，呈明显的阶梯式，水平差距较大，尤其是区县级政府网站，前 100 名的信息公开平均分也能达到 0.6，而水平落后的网站得分则非常低。在移动 APP 建设中，省级、地市和区县政府建成比例分别为 31%、11%和 3.8%。省级政府移动政务客户端对实时动态类信息和基本政务类信息的覆盖度达到 100%，实时动态类信息更新较快；地市移动政务客户端对实时动态类信息、基本政务类信息提供率分别为 90%、87%，其中凉山州、唐山、泰州等地方的移动政务客户端存在详情页打不开的情况；区县移动政务客户端的基本政务和实时动态类信息覆盖率均为 88%。总体来看也呈现出阶梯式趋势。

19.6 政府在线办事情况

与 2012 年相比，2013 年各级政府在民生领域、企业基本办事服务领域的在线办事服务覆盖面进一步拓展。评估显示，八成以上的部委网站能够按照统一的规范要求提供办事指南，整合了办理依据、办理程序、所需材料、收费标准与依据、办理时限、联系方式等信息，方便用户办事；47%的地方网站能够按照主题整合资源，并及时扩充和丰富服务内容。但针对涉及面广、办理量大、业务逻辑相对复杂的办事服务还较为欠缺。在创新管理上，2013 年“青岛车管所淘帮办”开业，成为全国第一家在网上开店办理业务的政府机构，开启了政府机构运用电子商务进行服务的新尝试。在移动政务上，已建成的政府微信和 APP 仍然以信息公开和咨询为主，在线办事的功能相对欠缺。

19.6.1 部委在线服务

1. 部委网站基本办事服务较为全面，网上全流程办理程度仍须提升

评估显示，部委网站梳理整合办事资源整体呈上升趋势，在线办事服务的内容全面性、导航人性化和服务实用程度较 2012 年进一步提升。八成以上的部委网站能够按照统一的规范提供办事指南，四成以上部委网站能够提供示范文本和样表下载或填写说明，指导用户填写。同时，各部委网站结合业务职能，整合服务资源，提供了一些实用性较强的业务查询服务，但在覆盖范围上还有较大提升空间。部分公众关注度较高、办理量较大的服务事项并没有实现全流程的网上办理，仅有不足 30%的部委网站针对办理量大、公众关注度高的事项实现了在线预约、网上预审、在线申报等服务。

2. 移动政务指南服务较全面，查询等功能服务须提高

部委在移动政务的办事服务建设方面，指南服务实现比例相对较高。外交部、交通运输部、商务部、税务总局、林业局等的政务 APP 均提供了便捷完善的办事指南服务，方便民众随时查询相关业务的办事信息。但在运用相关功能方面较为落后，仅税务总局、工商总局、林业局等提供了在线查询服务。政务微信的基于地理信息的服务等新技术在办事服务上的应用也较为匮乏（见图 19.7）。

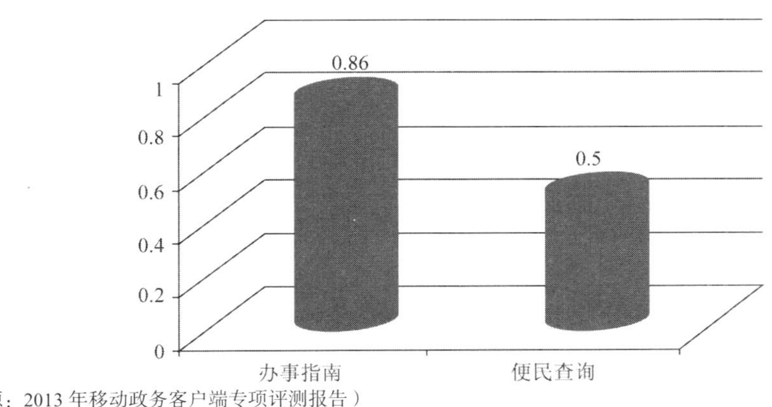

（来源：2013 年移动政务客户端专项评测报告）

图19.7　2013年部委APP办事服务建设情况

19.6.2　地方政府在线服务

1. 地方政府网站服务资源不断充实，但实用性仍须大力提升

2013 年评估结果显示，八成以上地方政府网站能够围绕用户和企业需求，在不同程度上整合教育、健康、交通、就业、社保、住房、公用事业、婚育收养、证件办理、资质认定、企业开办、经营纳税、招商引资等领域的相关政策、指南信息、业务表格、名单名录、业务查询、常见问题等资源，方便用户和企业使用，整体水平有所提升。六成以上地方政府网站开通了场景式服务，按照办事流程细化导航场景，整合相关资源，为公众提供人性化的办事服务。但公众需求最为迫切的教育、社保、就业、医疗、住房、交通、企业开办等服务的覆盖率仍较低，绝大多数网站服务覆盖率不足 50%，最低仅为 13.86%。大多数网站的办事指南服务缺少对承诺时限、收费标准与依据、联系电话、办理地址、办公时间等关键信息的整合，一些指南只是简单地从政策文件提炼出“共性化的、原则性的”办事指引，未能从办事实际出发针对细分用户类别提供个性化、实用化、人性化的办事服务。服务性信息的实用性有待提升。

2. 移动政务的服务功能相对匮乏，有待后续完善提升

移动政务开启了指尖服务的创新管理手段，人们通过政府微信可以享受 24 小时全天候的咨询服务，了解办事流程和规定；上海嘉定区、佛山禅城区等地方的移动 APP 均提供了较为丰富的办事指南信息和便民查询等服务。但无轮政务微信还是 APP 都处于发展初期，相关服务领域和查询内容还十分有限，统计显示，约三分之二的地方政府 APP 没有提供交通、民生、公共等领域的便民查询类服务。服务内容的匮乏，降低了移动政务的实用性，完善服务类功能将成为政府建设移动政务的下一步重点工作。

19.7 政府在线服务公众参与情况

越来越多的政府部门将门户网站与政务微博、微信、APP 等互连，加大与网民的沟通互动力度，政府形象也更加亲民。但是，包括咨询投诉、在线访谈和意见征集等传统方式在内的互动保障机制仍不够完善，部分网站存在咨询回复时间较长、答复推诿或语焉不详等现象，影响了政府形象。在已上线的政务微信和 APP 中，也存在以信息公开为主，互动交流功能不足的问题。

19.7.1 部委在线服务

1. 部委网站网上交流形式多样，互动效果有所提升

部委网站普遍建立了多样化的互动渠道，能够通过咨询投诉、在线访谈、意见征集、网上调查等方式与公众开展互动交流活动。商务部、税务总局等多数网站均能够在规定时间内对用户留言给予有效答复，答复内容有针对性，全面细致，质量较高；海关总署、交通运输部等网站能够围绕社会公众较为关注的建设美丽交通、服务两岸交流等话题，邀请有关领导、专家与网民进行网上交流；法制办、农业部等网站能够围绕重大政策制定、社会公众关注热点开展意见征集活动。部委网站在互动渠道的应用、选题的确立和交互质量上普遍较好，互动效果较 2013 年有所提升，但也有少数部委网站存在答复不及时、没有开展意见征集和调查活动、访谈效果不明显、与公众需求差距大等问题，互动实效有待提升。

2. 初步建立新媒体环境下的多形式互动机制，但受关注的互动活动相对欠缺

部分部委已开始通过政务微信、政务 APP 等移动政务手段，实现公众问答、网上调查、信息推送、评论互动等，建立起了新媒体环境下政民多种互动机制。外交部、发展改革委、气象局等部委的 APP 提供了第三方平台、用户评论等功能，气象局和地震局的 APP 还提供了基于地理位置的服务。但目前来看，还缺少能调动民众积极参与的互动活动，如何将新媒体、新技术发挥更大的作用和效果，还须深入研究和探讨。

19.7.2 地方政府在线服务

1. 地方政府网站互动交流渠道日益完善，保障机制有待进一步加强

2013 年政府网站评估显示，90%以上的地方政府网站建立了有效的公众参与渠道，同比提高了 5 个百分点。咨询投诉类渠道建设最为突出，85.7%的地方政府网站开通了咨询投诉类渠道，同比增长 12.5%；65.4%的地方政府网站了建立并完善了网上调查功能，同比增长 8.6%；21.6%的政府网站组织了在线访谈，同比增长 30%。随着互动渠道的日趋完善，公众参与的积极性也显著提升，据不完全统计，2013 年地方政府网站公开反馈各类信件、留言超过 60 万封；组织在线访谈 5000 余次，整理访谈实录 1200 万余字；百余万人次参与了网上调查和民意征集活动；近万份帖子为政务工作出谋划策、对政府行为进行监督。但从整体情况看，地方政府网站互动交流机制有待进一步加强，仍有近半数的单位没有开展民意征集和在线交流活动，存在和公众关注热点有差距、部分网站互动机制不健全等问题，仍须进一步提高。

2. 移动政务拓展互动新形式，相关技术应用有待加强

通过微信、APP 等新手段，地方政府与民众互动更容易，形式也更丰富，如有奖问题、

微信转发派发奖品、意见征集等。如北京市政府的 APP 提供了政务互动平台，用户可以反馈意见和建议，提供了信息分享、评论等功能，方便用户发表自己的看法。评估显示，在已建成的地方政府 APP 中，提供了第三方应用的信息共享与互动的比例仅为省级 44%、地市级 13%、区县级 35%，而运用地理位置服务等新技术的 APP 寥寥无几，亟待加强。

19.8　政府在线服务的特点和趋势

2013 年，政府在线服务在运用新媒体、新技术方面取得了显著进展，网站、微博、微信、APP 等建设均取得了显著成效，但微信、APP 等新技术的运用还处在起步阶段，未来将引来快速发展期。

1. 舆情引导日益受到重视，官方权威渠道日益被民众接受

我国政府部门对舆情引导工作日益重视，在重要和突发事件发生时，网站、微博及微信等形成相对于传统媒体的又一快速有效的传播渠道，在信息传播和舆情引导方面效果明显。互联网媒体包括移动互联网具有快速、开放、自由等特点，多点对多点的传播消解了信息发送者与接收者之间的界限，且公众有巨大的信息反馈、拓展空间，人们可以通过跟帖、评论、转发、第三方分享等形式，各自寻找感兴趣的“爆点”，广泛积极地参与舆论传播。但网络媒体由于缺少“把关人”成为部分虚假信息的温床，有时一些还未确定的信息传播会产生过激影响，甚至形成网络舆情危机。因此政府有效的舆情引导就显得尤为重要，而随着政府在网络舆情工作上的经验愈加丰富，也有越来越多的人了解并乐于从官方渠道获取信息。交通运输部、海关总署等部委网站通过“网上直播”、“新闻发布会”等栏目，以文字、图片、视频等方式进行重要政策法规解读、妥善回应公众质疑、及时澄清不实传言、权威发布重大突发事件信息。公安部的“微博打拐”和“打四黑除四害”、气象局的“气象微博”、商务部的“商务微新闻”等都已成为广大公众普遍关注的信息渠道。一些地方政府网站也利用政务微博及时发布各类权威政务信息，与公众进行互动交流。

2. 政府在线服务深化“服务型”与“平台化”

随着网络技术的发展以及移动互联网的普及，新技术、新应用层出不穷。微博、微信、APP 等的出现，不但丰富了过去政府网站单一提供在线服务的渠道，也促进政府网站向服务型转变，向平台化转型。在线服务已经成为政府塑造亲民形象的有效渠道和手段，网民可以随时了解政府动向，发表自己的看法，甚至实时互动。同时新媒体时代，各级政府更加注重在线服务的顶层设计和基础工程支撑，打造“大平台”。例如，中国香港政府通过顶层设计，将整个中国香港政府的资源做了一次全面整合，政府网站成为“一站通”，进入“平台化”时代。中国政府网也开通了官方微博和微信，通过综合平台深化服务建设，提高服务实用性，通过网站与行政服务中心间的一体化建设，确保系统连通、数据共享，积极推进网上办理审批、在线缴费、实时咨询、网上监督等服务的建设。

3. 持续推动更多互动和深化服务类型

只有互动才能检验传播效果，只有互动才能获得更大影响力，各级政府也一直在丰富互动形式、提升公众参与的积极性方面进行努力，通过积极听取意见，鼓励公众建言献策提升服务品质；通过建立多种渠道，提高易用性降低公众参与互动的成本；通过关注社会热点问题，开展群众喜闻乐见的活动，调动参与热情。中央纪委监察部网站 2013 年正式上线，标

志着网络反腐地位的确立，网络举报的合法性得到承认。可以说民众通过网络获得的“服务”进一步深化，从简单的建言献策，到开展监督和举报，深入政府权力的行驶过程。服务类型的不断深化必然是未来政府在线服务的发展趋势，开放的网络平台，将在建立国家民主、深化政府改革中发挥更加重要的作用。

4. 建立移动化公共服务门户和管理平台将是政府在线服务下一步发展重点

移动互联网的发展势不可挡，传统互联网服务向移动互联网的融合已不可逆转，我国政府在线服务处于内容导向向服务导向阶段发展的关键时期，把握互联网发展的趋势，利用移动互联网的特点和优势，进一步完善网站服务、满足公众需求，建立移动化服务是对我国各级政府的挑战，更是机遇。政府移动互联网门户的建立，将大大降低政府服务的门槛，扩大政府服务的对象。但移动门户绝不能仅仅做成已有互联网门户的翻版，要结合移动互联网上重互动、社区化、互连互通等特点，加强精华内容的编辑、互动内容的设计、服务功能的应用，提升使用实效。而如何有效管理和利用是政府网在移动互联时代走出“低访问量”的关键，有效的做法是连通互联网门户网站和移动门户，建立统一的管理平台，从信息发布、互动活动、政府对民众的感知力，以及政府对网络舆情的监控和导向力等方面整体设计不同渠道的不同发布方式，从而达到建立全面覆盖的在线服务的目的，提升政府整体满意度。

19.9 典型案例

19.9.1 中国南京——南京市政府网站

2013 年，南京市政府为了改变各区、各部门在网站发布信息的同步性、关联性、完整性和及时性不够，网上服务和网上办事功能较弱，群众满意度不高的问题，专门出台了《整合建设“中国南京”网站群的实施意见》(宁委办发〔2013〕67 号)，创新工作机制，综合“智慧南京”建设成果，整合了全市党政机关门户网站，建设“中国南京”网站群，整体提升各级网站服务公众的能力(见图 19.8)。

图19.8　中国南京网站首页

1. 建立统一平台，统一管理，加强信息共享

通过统一的建设和管理标准，形成了以“中国南京”门户网站为中心，各区网站群为支撑，资源互补、服务协同、服务高效的“中国南京”网站群，整合了包括市（区）党委、人大、政府、政协及其各部门、直属单位、派出机构、人民团体在互联网上建立的门户网站及站群共 126 个。同时，结合网站群建设，按照垂直到底的原则，从市、区部署到街镇，建设全市统一的政府信息公开和依申请公开系统管理平台，包含市政府、部门、市直单位、区政府及所属部门、街镇、公共企事业单位，共 1600 多家。同时建立全市行政权力事项信息公开唯一的核心数据库，进驻各级政务服务中心的权力事项的公开信息由市综合政务管理系统提供，其余未进驻各级政务服务中心的事项由市法制监督系统提供，包括中国南京、各部门、各区政府的网站以及相关专栏中涉及与权力事项信息公开的有关的内容，均调用此数据，实现了全站群行政权力数据的同源，有效支撑了相关的法制监督系统的建设及权力公开透明运行专栏等项目的建设。

2. 整合网上服务事项，丰富互动手段

“中国南京”门户网站整合了全市 35 个部门及公共企事业单位的近 2100 项服务事项，构建了教育、社保、就业、健康、住房、交通、婚育、公用事业、证件办理、企业开办、资质认定、经营纳税、招商引资 13 个服务专题，为社会提供 100 多类行政及公共服务，所有的服务资源保障通过部门共建的工作机制实现。网站首页以“政府”、“企业”、“市民”三种不同角色定制不同页面，整合特定服务，体现人性化设计。在互动交流方面，整合书记信箱、市长信箱、12345 政府服务热线、官方微博、微信等各种互动渠道，进一步加强与群众之间互动的便利性。

19.9.2　“国资小新”微博及国资微博发布厅

“国资小新”是国务院国资委新闻中心官方微博，主要发布国资委及下属的国有企业动态，于 2012 年 6 月上线。截至 2013 年 12 月 15 日，在新浪平台共有粉丝超过 116 万。“国资小新”的微博原创率高达 80%，发挥“微发布”、“微互动”和“微公益”三大功能，已经建立了良好的运营机制。由“国资小新”统领的国资微博发布厅于 2013 年 11 月上线，主要设有直播、信息公开与监管、便民利民服务、企业与媒体平台等内容，微博直播时滚动“国资小新”及 31 家中央企业和数省市国资委官方微博的最新微博内容。

1. 风格清新，定位准确

微博不同于传统媒体，有自己独特的语言和内容风格。“国资小新”作为部委微博却在风格把握上独特准确，被网友亲切地称为“小清新”。内容上以社会热点为重点，关注国企改革与发展，关注国企监督，每一条微博都与国资有关，又与公众关注点契合，更易引起网民关注，更能加深政府与百姓之间的沟通和感情，收到了良好的效果。

2. 建立微博群，发挥合力作用

“国资小新”内容丰富，也得益于强大的群体支撑，“国资小新”运行一年多以后，国资微博发布厅亮相，在上面不仅可以看到国资监管部门的政策文件和央企公开招标等内容，还可以方便地找到 113 家中央企业和地方重点国有企业的网站或官方微博，并提供网上办事服务等项目，是一个更加丰富、覆盖面更广的综合平台（见图 19.9），清华大学国情研究院院长胡鞍钢评论称，国资微博发布厅将为国资系统和国有企业提供与社会沟通和信息发布的平

台，也将是展现国有企业不断技术创新、制度创新、理念创新的平台，发挥合力，将更有助于国资系统和国企与社会公众的互动和沟通。

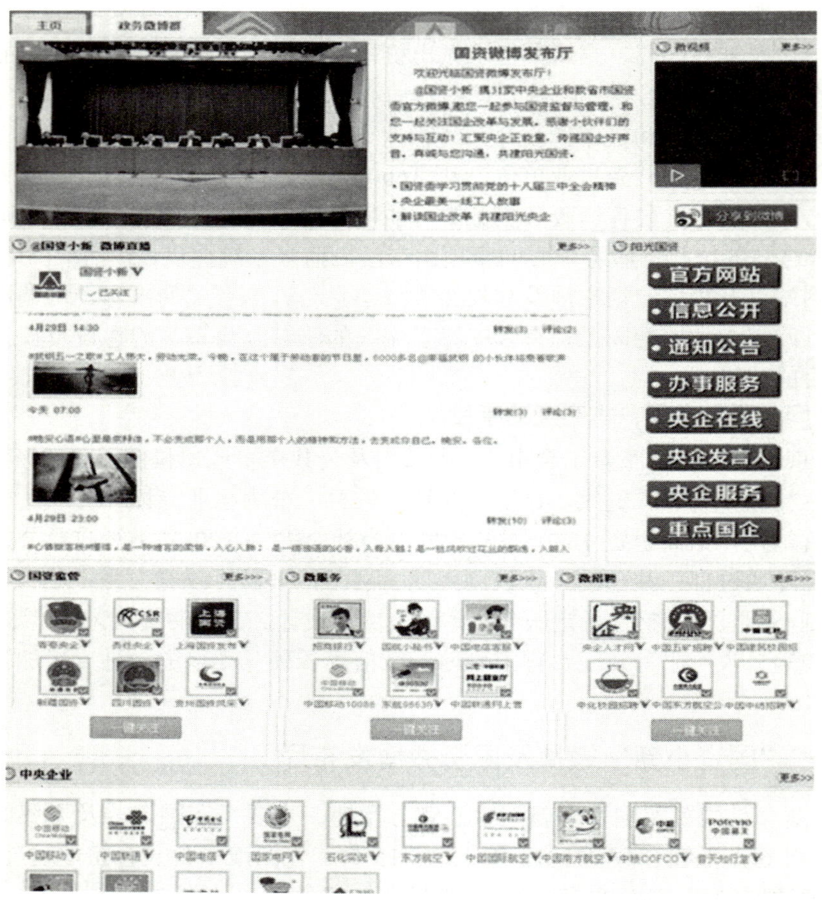

图19.9 国资微博发布厅

19.9.3 美国政府官方网站

美国政府十分重视电子政务的建设，其政府官方网站于 2000 年开通，网站的口号是：政府提供方便。经过几年的发展，网站完成了从最初的信息发布平台到交互办事平台的转变。目前，美国政府已建成了基于门户网站的网上政府体系，连接了 2.2 万多个网站，集成了联邦政府和地方政府机构及议员、代表的网页，超过 1.8 万个，信息丰富，服务全面，每周访问量超过 1000 万次（见图 19.10）。

1. 页面简洁，突出服务

不同于我国政府的大部分门户网站栏目多、信息多、页面复杂的设计，美国政府门户网站首页非常简洁，只显示了一些热门服务和主题，以及主要分类，主页上没有过多的工作动态、领导活动等，而是将服务摆在突出位置，体现了以提供服务为核心的理念。通过信息资源的整合和共享，美国民众在网站上可办理的业务包括各个层面，从参与政策制定到申请政府资助、申请驾照、办理保险、求职等生活服务，均可在线完成。美国政府网站设计采用冰山原理，用户根据自己角色不同，进入政府、企业、公民等相应分类，可发现儿童、妇女、退休人员、退伍军人等不同的子类，网站提供的各项服务都会划归到相应的分类的下面，并根据不同角色显示相对应的内容。用户一般进入 3 层网页后就能够找到所需的服务。用户不用在茫茫信息海洋中通过猜测所需服务的分类来找到相应内容，使用更便利。

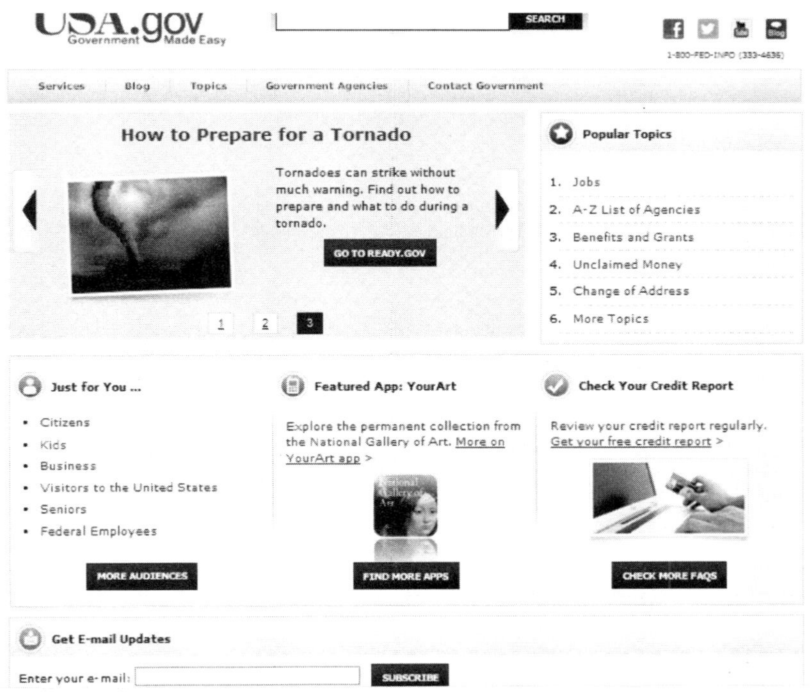

图19.10 美国政府门户网站首页

2. 沟通渠道健全，互动方便

美国政府网站“Contact Government”设在很显眼的位置，作为一个重要分类呈现在首页上，用户不但能找到联邦政府的多种联系方式，还可以通过自己所在不同区域与当地政府部门取得联系，甚至可以很方便地联系本地区的议员个人，网站沟通方式包括电子邮件、电话、常见问题、在线聊天等，还可通过邮件订阅网站的更新内容。此外，在很多服务的后面都留有类似的联系方式，可以让公民更有针对性地与相关部门沟通。网站首页上也列出了 Facebook、Twitter、Youtube、Blog 等公众常用的其他平台，在这些平台上公众均可以与政府进行不同形式的沟通，政府也可以运用多平台的综合作用与公众互动、引导社会舆论。可以说，美国政府与公众的的沟通渠道是十分畅通的，这不但是一个国家、一个部门电子政务建设的需要，广纳言论，不断改进；更是民主建设的需要，政府在线服务应在此方面发挥更重要的作用，美国在线服务的部分成功经验值得我们借鉴。

（工业和信息化部信息中心　胡欣）

第 20 章　2013 年互联网涉农信息服务发展情况

20.1　发展概况

根据中国互联网络信息中心统计，截至 2013 年 12 月，我国网民中农村人口占比 28.6%，规模达 1.77 亿人，相比 2012 年增长 2101 万人（见图 20.1）。2013 年，农村网民规模的增长速度为 13.5%，城镇网民规模的增长速度为 8.0%，城乡网民规模的差距继续缩小。近年来，随着中国城镇化进程的推进，我国农村人口在总体人口中的占比持续下降，但我国农村网民在总体网民中的占比却保持上升，反映出农村互联网普及工作的成效。

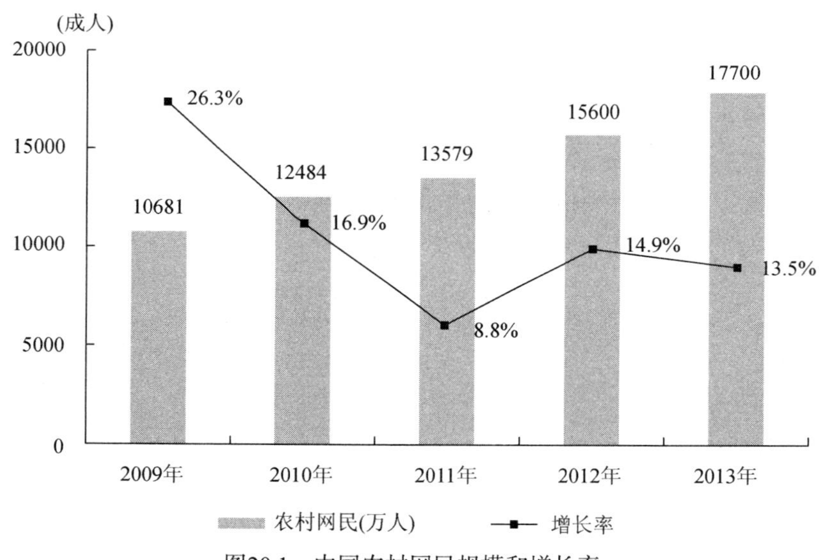

图20.1　中国农村网民规模和增长率

2013 年，中国农村互联网普及率为 27.5%，延续了 2012 年的增长态势（见图 20.2），城乡互联网普及差距进一步减少，农村地区依然是目前中国网民规模增长的重要动力。

传统通过电脑接入互联网的上网方式，受到网络线路铺设成本较高、终端设备昂贵、设备操作相对复杂、使用场所固定等因素的限制，使得人口密集的城镇在互联网普及方面有着先天优势，而农村由于地广人稀，有线宽带入户成本较高，给互联网普及带来巨大的难题，使得城乡互联网普及率差距较大。

虽然农村互联网普及率低于城镇的现状将长期存在，但农村居民对互联网的需求并不亚于城镇居民，长远看城乡互联网普及率差距将逐步缩小。农村居民居住分散，通过传统方式进行交流沟通、信息搜寻以及商务交易类活动的成本要大大高于城镇居民，因而方便快捷且成本较低的互联网沟通方式，是提高农村工作和生活效率的最佳选择之一。随着中国农村信息化的推进，农民对获取信息的渠道不再局限于电话和电视，互联网也渐渐成为较为重要的渠道之一，部分农村网民已开始利用网络出售产品或寻找市场机会。

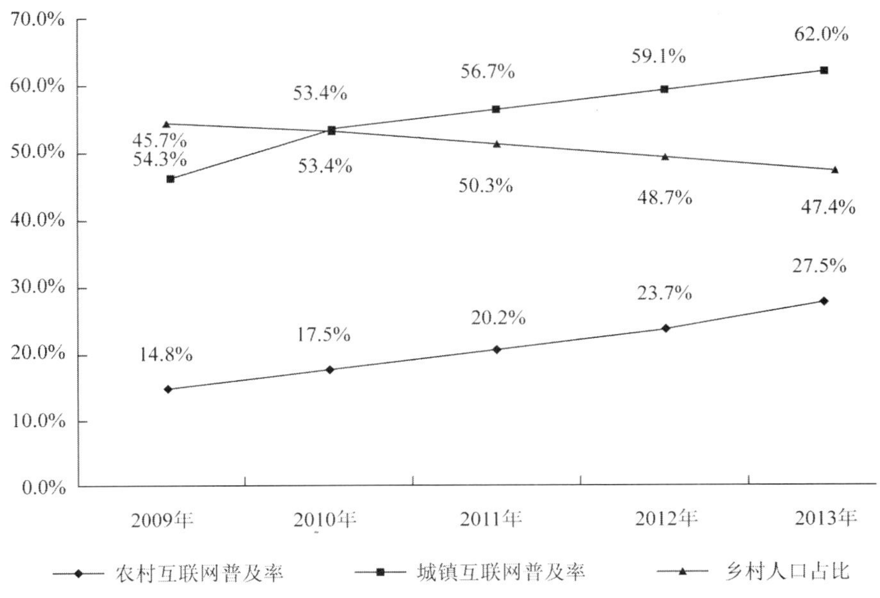

图20.2　中国城乡居民互联网普及率和城镇化进程

20.2　农村互联网发展机遇

1. 商务交易应用发展潜力

2012 年，中国互联网络信息中心根据农村网民各类应用的增长率（与 2011 年相比）和使用率（2012 年）两个维度，绘制出了“增长–使用率”矩阵图（见图 20.3）。根据研究预测，商务交易类应用虽然使用率较低，但增长率非常高，是农村网民未来应用增长的潜力点。

2. 网上农产品贸易发展机遇

新农村群体崛起，他们活跃在各类社交平台上，成为领域内最具活力的群体，在各类电商平台上积极推动着农产品电商的实践；其次，各类电商平台都认识到农产品电商将是下一片蓝海，进行了积极的谋划和布局，各类专业 B2C 网站更是努力做深做强，欲将多年的积累化为先发优势；再次多种农产品在网络热销，“褚橙、柳桃、潘苹果”成为了健康与市场的代名词，也使得更多的优质农产品原产地看到了电商的力量，开始积极研发产品上网销售。这一年对于农产品电商是一个从草莽到规范化、品牌化、平台化转型的一年。

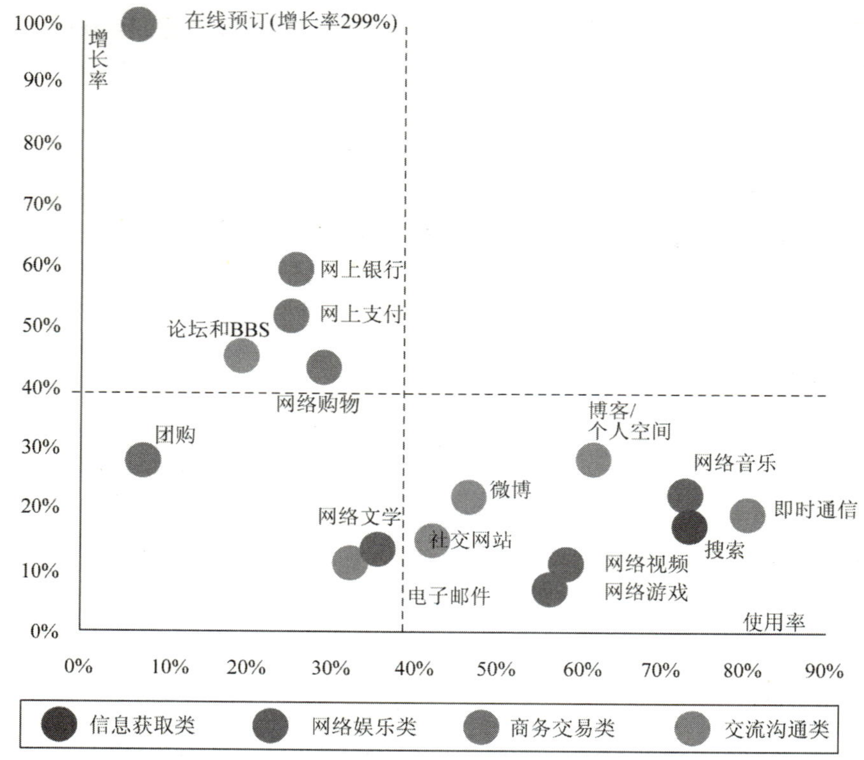

图20.3　农村网民各类应用增长率–使用率矩阵图

行业的火热也带来更多的服务商进入农产品电商领域。针对农村电商人才欠缺现状，各类专业培训机构纷纷在中西部布点并研发相关课程；客服代理等新型的服务商开始出现，为解决农村客服难招问题提供了新的选择；同时，以菜鸟网络、顺丰快递为首的物流企业也开始在农业领域发力，探索解决生鲜农产品的物流及配送难题的方案；随着淘宝网特色中国项目的遍地开花，针对地方土特产网络营销的本地服务商兴起，他们不仅为农产品草根网商提供了急需的服务，更是促进了当地电商生态的健康发展。

各级政府对于农产品电子商务也是愈发重视。2012 年年底，商务部发布《关于加快推进鲜活农产品流通创新的指导意见》，提出要鼓励利用互联网、物联网等现代信息技术，发展线上线下相结合的鲜活农产品网上批发和网上零售；2013 年 5 月，汪洋副总理向农业部和商务部指示，要“把握农产品电商制高点”；2014 年 1 月，中共中央、国务院印发《关于全面深化农村改革加快推进农业现代化的若干意见》，提出要启动农村流通设施和农产品批发市场信息化提升工程，加强农产品电子商务平台建设。除了中央层面政策上的关注，各个省区也出台了多部地方政策来助力当地农产品电子商务的发展。

2013 年中国各地自然环境遇到前所未有的挑战，食品安全危机也在各地频发，“十面霾伏”成为常态，“江中漂猪”成为一景，这些都促使人们环保与食品安全意识获得提升。同时经过各地网商与服务商的悉心研发，各地美食各类生鲜，通过电子商务的渠道，送上千家万户的餐桌，为人们提供了一个健康有效的选择。越来越富裕的中国人对安全、绿色、优质的食品需求，与食品安全、食品品质问题形成严重落差，成为驱动农产品流通模式升级、农产品电子商务蓬勃发展的内动力之一。

20.3　网上农产品贸易发展概况

1. 农村卖家数与农产品卖家数

互联网在中国农村地区的普及和渗透，不仅仅表现在对生活的影响方面，更深层的价值体现在对农村经济、农产品产销模式的影响。2013 年是农产品电子商务飞速发展的一年。根据阿里巴巴《2013 年农产品电子商务白皮书》显示：2013 年阿里平台上的涉农网站店数量继续保持发展和增长。注册地址在乡镇的农村卖家约为 72 万家，其中淘宝网（含天猫）卖家接近 48 万家，阿里巴巴诚信通账户为 24 万户。

阿里平台上经营农产品的卖家数量为 39.40 万。其中淘宝网卖家 37.79 万个，相较 2012 年的 26.06 万个，有了 45%的增幅。而在阿里巴巴 B2B 平台，经营农产品的中国供应商和诚信通账号约为 1.6 万个。

从淘宝网农产品卖家的地域分布来看，广东省的农产品卖家数量最多，为 4.66 万，浙江、江苏排在二、三位。从增幅来看，港澳台及海外因基数较小同比变化较大，各省区中安徽增幅最快，达 24%，而贵州则呈负增长，为-15%。

2013 年，作为农产品流通多元化主体中的一支生力军，“新农人”悄然崛起。新农人的构成多样化，有本地农村人口，有外出一段时间的返乡者，也有大量的外来者，他们或来自外乡，或来自城市，其中较多的人具有其他职业背景，尤其包括了一批新知青。新农人从事农产品生产经营活动，主要依托种养大户、家庭农场、专业合作社、企业、协会等为组织载体，而以淘宝网为首的第三方市场化平台成为了他们电商实践的主战场。

作为农产品流通的主力军，个体农户和农民专业合作社经过电子商务的赋能，逐渐在新型流通方式中展现力量。通过淘宝农业的努力和拓展，2013 年各类合作社通过淘宝网进行农产品网络销售，已经从零星变为趋势。截至年底，申请入驻淘宝生态农产的合作社数量为 452 家，完成认证并入驻的 338 家，这些合作社以水果和粮油米面品类为主，分布在全国 25 个省市区。

2. 农产品电子商务的交易情况

数据表明，2013 年阿里农产品销售在 2012 年的基础上继续保持快速增长，同比增长 112.15%。其中淘宝网平台占 97.25%的比重，1688 平台约占 2.71%（见图 20.4）。

1688 平台在农产品网络批发领域进行了积极探索，2013 年较 2012 年同比增长 301.78%，为阿里巴巴农产品电子商务的一大亮点。

3. 农产品电子商务的交易特点

从具体类目来看，淘宝网平台上，零食/坚果/特产类目为最大农产品类目，占比 35.19%，其次为茶/咖啡/冲饮和传统滋补营养品类目（见图 20.5）。而从增长趋势来看，相关生鲜类目（水产肉类/新鲜蔬果/熟食）在 2012 年之后依然保持了最快增长率，同比增长 194.58%，这也映证了 2013 年生鲜是整个行业的热点（见图 20.6）。

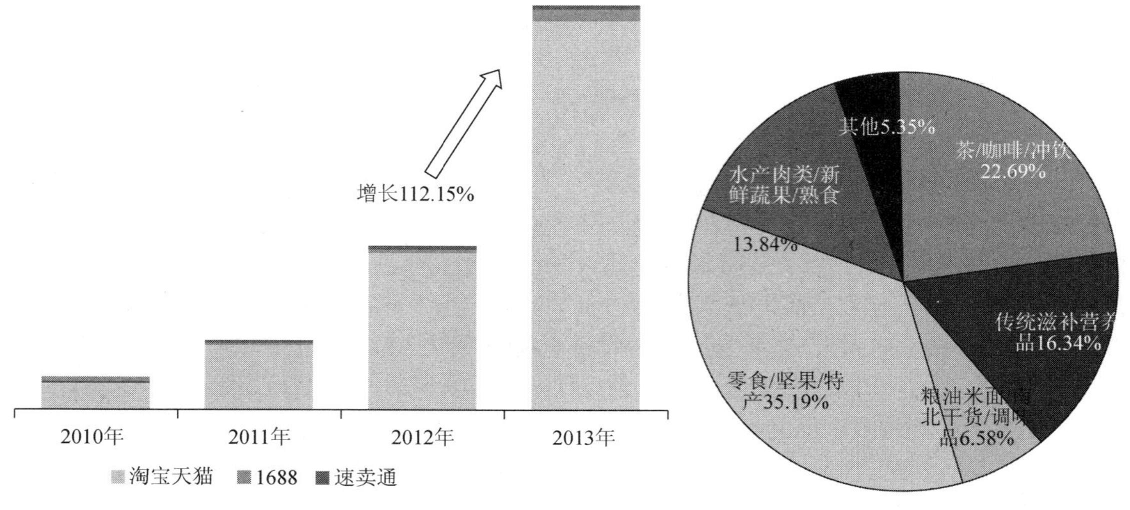

图20.4　电子商务平台农产品销售增长情况　　　　图20.5　淘宝网农产品交易分布

从具体的农产品单品来看，淘宝网平台上，枣类为销量最大单品，2013 年支付宝交易额超过 13 亿元；乌龙茶、普洱等也排名前列。

同时，枣类也是网销最普及的农产品，遍布除澳门外所有省份。

增幅最快的单品为莲藕，其次为龙眼、橙子、李子等水果类。

从农产品销售的地域分布来看，在淘宝网平台上，2013 年浙江、福建、江苏的销售额排在全国的前三位。

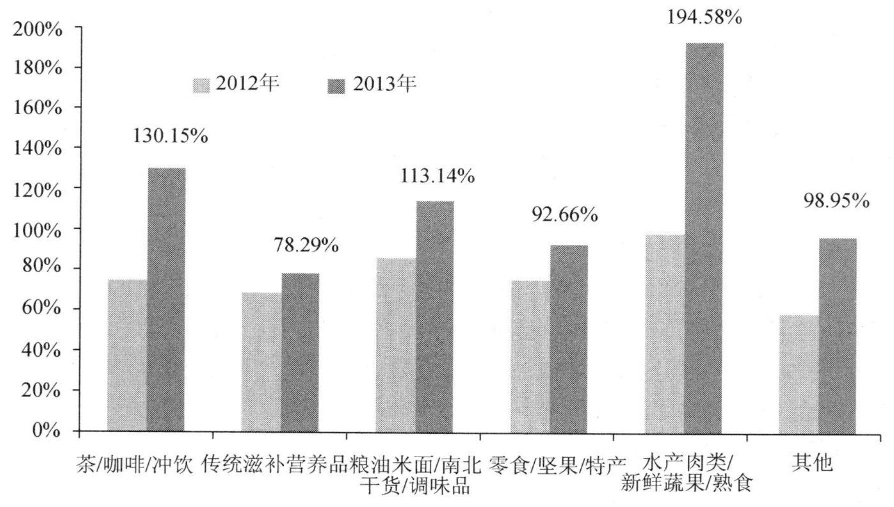

图20.6　淘宝网农产品交易分布增长情况

安徽、陕西增幅位居前列，分别达到 273%和 219%。内蒙古则呈负增长–22%。

从产品我们可以看到，江南地区的绿茶、干果、水产，华北的枣类，黄渤海的海鲜，东北的人参、大米，西北的干果、传统滋补品，西南的普洱、药食同源食品，闽台的乌龙茶，沪港粤的进口食品，在 2013 年均有不俗销量，共同构成了淘宝网土特产地图（见图 20.7）。

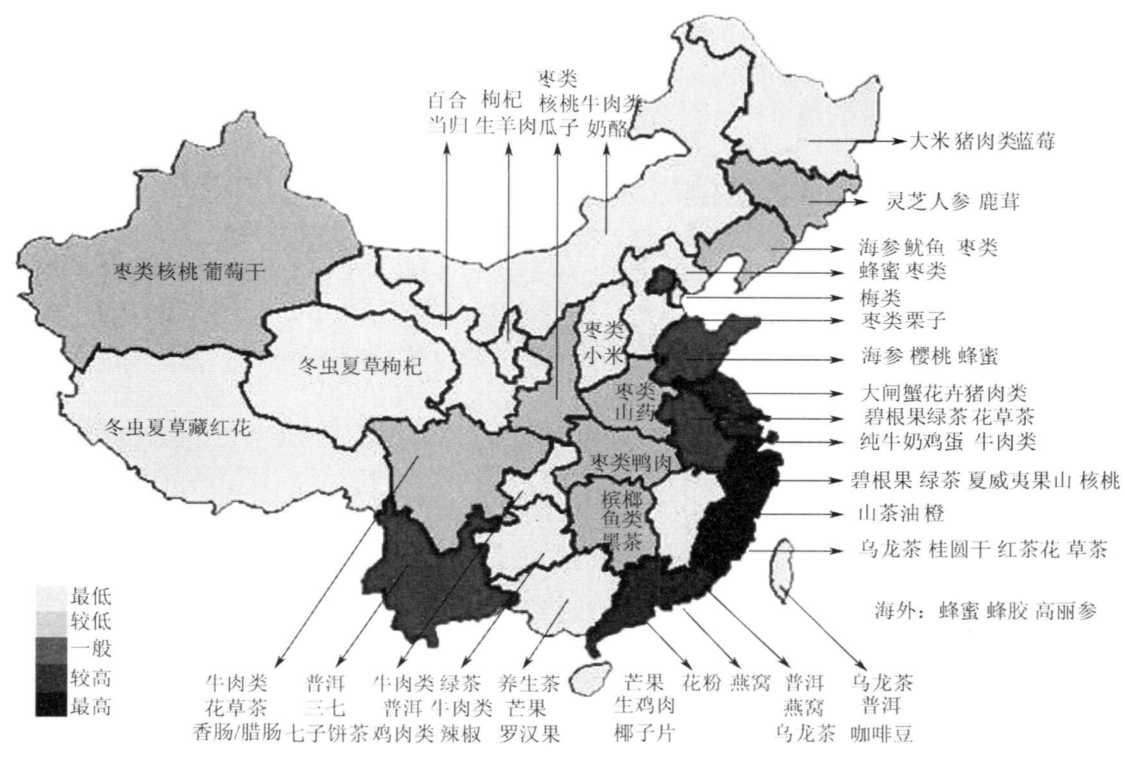

图20.7　淘宝网农产品交易地域分布情况

从农产品消费的地域分布来看，在淘宝平台上，全国呈东、中、西三个阶梯，排名基本与经济发展水平相当，广东、浙江、江苏分列全国前三位。

在增速方面，中部地区位居前列，山西最高，达到 161%。

20.4　农产品电子商务相关服务业的发展情况

1. 专业化涉农服务商的出现

行业的火热也带来更多的服务商进入农产品电子商务领域，这其中包括传统服务商向涉农领域的转型，也包括许多新服务商的出现。

2013 年，许多具有传统农业资源或背景的企业开始涉足电商领域，也有许多在其他行业（如服装、电器等）摸爬滚打的电商服务商开始试水农业，如浙江乾祐，形成了农产品电商的专业服务商，发挥各自优势，弥补短板，借助淘宝网等社会化大平台为农产品网商提供专业化的服务。

同样在涉农服务商领域，许多新型服务商也被不断生长出的需求而催生，如针对农村电商人才欠缺现状，专注于客服外包的电商服务商应运而生，集中的客服管理，高效的客服专业跨训练，很好地解决了农村网商的客服需求。

2. 本地化综合服务商兴起

淘宝网特色中国项目是淘宝网倾力打造的中国地方消费门户网站，主打地方农特产品和旅游资源，通过开放的运营方式和地方馆运营商、地方政府、行业协会共同打造。2013 年该项目在全国遍地开花，到 2014 年 2 月底，已经开设 25 家特色馆，遍布全国 14 个省，包含省级馆、市级馆、县级馆等多种形态。在这些特色馆成功开设并运行的背后，是一批本地化综合服务商的兴起。

这些本地化综合服务商熟悉当地的农特产品资源，能够提炼或挖掘出这些产品的优良特性和文化内涵；他们了解当地的电商生态，能够不遗余力地帮助其健康发展，如举办培训、沙龙等活动；他们依照市场运作，但同时得到政府或行业协会的支持，可以协调当地农业、旅游、媒体等相关资源为农产品电商发展服务；当然他们还谙熟各个电商平台的规则和门槛，掌握各种互联网营销工具和手段。正是这个本地化综合服务商群体的兴起，为地方土特产网销市场打开了局面。

2013 年 7 月，来自全国的 50 多家本地化综合服务商成立了“淘宝特色中国 TP 联盟”，之后联合策划了淘宝网“双 12”的推广活动，取得了不俗的成绩。

3. 物流服务商创新与探索

2013 年淘宝网平台上，从县域发出的包裹约 14 亿件，增长 133.83%；发往县域的包裹约为 18 亿件，增长 105.68%；同样；2013 年农产品相关的包裹数量达到 1.26 亿件，增长 106.16%。

快递包裹井喷的背后，是农产品专业物流企业的迅速成长与不断创新。2013 年，以菜鸟网络、顺丰快递为首的物流企业也开始在农业领域发力，探索和尝试各种生鲜农产品的物流及配送方案。

20.5 农产品电子商务的创新与亮点

1. 原产地农产品直销呈热点

在传统的农产品流通模式中，流通环节烦琐、流通效率低是突出问题。我们目前大部分的农产品都经由“经纪人–产地批发商–销地批发商–零售商”的模式到达消费者手中，烦琐的环节使得农产品的流通成本逐级增加。

流通环节的烦琐也导致农产品流通领域耗损严重，我国果蔬、肉类、水产品流通腐损率分别达到 30%、12%、15%，仅果蔬一类每年损失就达 1000 亿元以上，蔬菜流通成本占总成本的比重达 54%，蔬菜在流通环节的成本是世界平均水平的 2～3 倍。

从农产品流通产业链结构来看，我国农民大多分散生产，缺乏组织，谈判地位弱，往往只能被动接受运销商提出的价格，在整个流通链条中处于弱势地位。同样在传统流通体系的另一端，消费者对于商品的生产信息、流通信息也了解有限，只能被动依赖中间商披露的信息。

以电子商务为载体的原产地农产品直销，在 2013 年成为一大热点。原产地农产品直销，通过将农业生产者转变为网商，或者由电商运营商操盘，将农产品从原产地直接发货到消费者所在地，在很大程度上克服了传统流通模式流通环节烦琐、流通效率低、损耗严重的缺点，同时，也建立起了消费者与生产者互动的平台，促进了信息对称。

2. 跨境交易活跃，进口农产品成农产品电商新热点

根据美国食品工业协会预测，到 2018 年，中国将成为全球最大的进口食品消费国，届时中国大陆进口食品市场规模将高达 4800 亿元。另根据国家统计局数据显示：近 5 年来，中国进口食品平均每年的增长速度在 15%左右，2012 年，中国进口常规食品销售量达 630 亿元人民币。

以天猫为例，截至 2013 年年末，天猫喵鲜生已经与 12 个国家政府相关部门就农产品进口建立直接合作关系，2014 年春节前，共有来自 25 个国家的进口农产品在天猫上售卖（见图 20.8）。

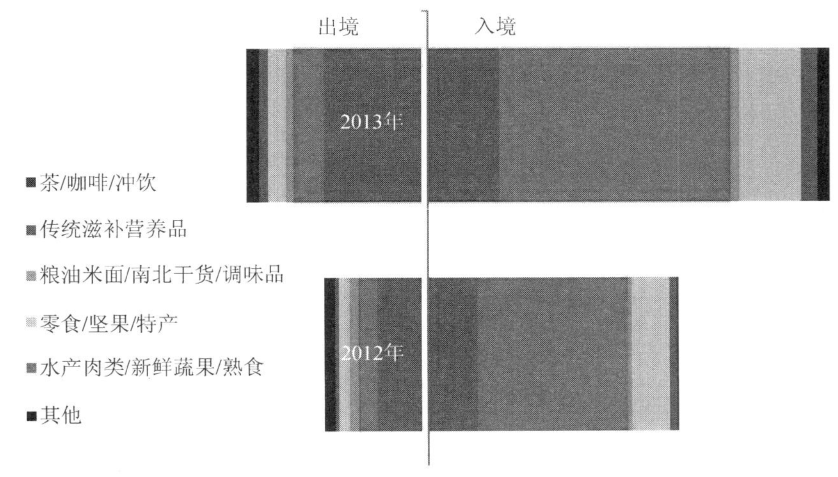

图20.8　天猫农产品跨境交易情况

根据淘宝及速卖通平台上的跨境数据，2013 年在两个平台上农产品出境交易同比增长 81%，农产品入境交易同比增长 60.97%。出境交易量最大的是茶叶类目，单品种则是普洱、蜂蜜、山参、乌龙茶、七子饼茶、苹果等；入境交易量最大的类目是传统滋补品，单品则是蜂蜜、蜂胶、乌龙茶、高丽参、蜂王浆等。

适当进口部分农产品，可以优化资源配置，更好地满足国内消费。但对于国内农产品生产者而言，进口农产品的不断加大，也意味着竞争压力越来越大。如何持续改善国内农产品生态环境，提升国内农产品质量和品牌化程度，已经成为从政府到农业生产者的共同责任。

3. 生鲜农产品电子商务快速发展

生鲜农产品一直是农产品流通领域的重点和难点。2013 年是生鲜农产品电子商务迎来爆发式增长的一年，在淘宝网上，生鲜相关类目连续两年保持最快增长，2012 年同比增长 99%，2013 年呈现加速态势，增速更是高达 194.58%。

4. 非标准化产品探索新标准

从标准化程度来看，关系国计民生的大宗农产品，大多已经形成了规模化的生产和自身的标准体系，它们与工业化的流通体系相适应，并借之走入生产与生活消费当中。而另一类特色农产品则大多仍以非标准的状态存在，这类产品的销售问题时常发生。

经过 60 多年发展，我国农产品流通在大宗农产品领域形成了适应工业化流通体系的标准体系，如面粉、玉米、棉花、菜籽等，已经很少发生滞销现象；但对于包括蔬菜、水果在内的生鲜产品，大多数以非标准化的状态存在，滞销现象相对容易发生。

在电子商务的新模式下，非标准/特色农产品爆发出了更强的契合性，建立起一套适应这些农产品的品牌和标准体系。一方面，由于标准欠缺，草根网商和服务商正在用自己的努力建立新的标准，而这样的标准又恰恰被新型的流通方式所接纳。另一方面，农产品的品牌不再仅是工业化的标识，地域也可以成为品牌，生产者也可以成为品牌。

5. 农产品预售模式渐热

在传统农产品流通模式下，生鲜类农产品由于距离的阻隔和供应链影响，到达消费者手中不仅价格昂贵，而且失去了最佳的新鲜味道。

以销定产的 C2B 预售模式显示出了优越性。基于电子商务的预售模式汇聚了全国乃至全世界各地的原产地农产品，并通过网络预售定制模式减少农产品中间环节，对生产者和消费者都不无裨益。当生鲜农产品尚未收获的时候，就提前在网上售卖，收集完订单之后，农民才开始采摘、安排发货——这样的预售模式让产地能够按需供应配送，大大降低农产品的库存风险、生产成本和损耗。消费者由此也能够获得最新鲜、性价比最高的原产地农产品。

以天猫预售平台为例，2013 年完成农产品销售 2.60 亿元；生鲜类目是使用预售方式最多的农产品，销售 1.98 亿元，占比 76%；车厘子/樱桃为最大预售单品，完成 4532 万元销售。除此之外，聚划算、淘宝特色中国等平台也密集开展了各类生鲜农产品的预售活动，包括新疆葡萄、云南鲜花和松茸、山东樱桃、贵州茶叶、千岛湖有机鱼等区域性特色农产品也都创下了惊人的销量。

6. 农产品成县域电子商务的关键抓手

县域经济在中国具有举足轻重的作用，GDP 占全国约 50%、人口占全国约 70%。随着县域企业和消费者应用电子商务日益广泛和深入，电子商务对于县域经济和社会发展的战略价值日益显现。

农产品正成为县域电子商务的关键抓手。农业是我国县级区域的基础产业，尤其是在中西部，县域对农业的依赖度更高。在发展县域电子商务的过程中，如何充分挖掘区域特色农产品的价值，是一个关键节点。

2013 年，全国涌现了一批以农产品为特色的县域电子商务案例，如依托网店协会成功开展农产品电子商务的浙江省遂昌县，大力发展核桃电子商务的甘肃省成县，依靠运营商打造本地五谷杂粮品牌的吉林省通榆县等。这些地方的案例表明，发展农产品电子商务离不开地方政府的支持，而农产品则是县域电子商务的最佳抓手，两者相得益彰。

20.6 农产品电子商务的挑战与趋势

1. 未来农产品电子商务的主要挑战

2013 年，中国农产品电子商务取得了迅猛的发展，无论交易总额、交易品类还是农产品网站数量都有快速成长，农产品也成为继图书、服装、数码、家居产品之后又一网购热门产品。

不过，由于农产品自身的特殊性，方兴未艾的农产品电子商务依然面临许多困难和挑战，主要集中在碎片化、运营、冷链物流和人才方面。

第一，农产品生产碎片化现象严重，品牌化程度低。从生产方式来看，小规模、分散种植是我国农产品生产的基本格局。过于碎片化的小农经济，集中凸显了农业小生产与现代市场经济大流通之间的矛盾，因而容易造成局部滞销、“卖难”的问题。同时，这种生产的碎片化，也对农产品的质量安全监管提出了更高挑战。

生产碎片化也造成我国农业品牌化程度低。我国农业生产者的知识结构和品牌保护意识较低，同种产品品牌多、规模小，很多农产品企业和农户各自为战，品牌没有得到整合，农产品竞争力低。

在解决途径上，农民专业合作社给统一的农业生产模式提供了组织基础，电子商务平台则在建立全新的农产品流通模式、打造农产品品牌方面提供了快捷通道。

第二，农产品电子商务运营亟待提升。从整体来看，我国电子商务已经跨越了初期的货源、营销等层次的竞争，而进入以运营为核心的阶段。同服装、数码等成熟网购产品相比，农产品电子商务的运营水平还处于落后水平。

究其原因，一方面，国内专业的农产品电子商务服务商数量总体比较缺乏，另一方面，由于东西部电子商务发展水平的差异，也造成了对发展农产品电子商务需求更为迫切的中西部地区，更加缺少专业本地服务商的支撑。

第三，冷链物流仍是重要的瓶颈。在未来相当长的时间内，物流，尤其是冷链物流依然是制约农产品电子商务的一大瓶颈。据统计，美国、日本及西欧国家的食品冷链运输率达80%～90%，东欧国家约 50%，而我国只有 10%左右。

近年来，由于居民消费结构的转变和电子商务的迅猛发展，冷链物流的需求处于井喷阶段。目前，各大物流公司之间开始进行跨区域的冷链业务合作，并自发形成企业联盟，在同盟中，合理利用资源来共同支撑全国性的冷链物流业务。

不过，由于冷链物流投资巨大，加上中国幅员辽阔，要想短时间内建立起覆盖全国的冷链物流体系依然任务艰巨。对于中西部地区来说，想要把生鲜牛肉通过电子商务销售到东部大城市居民的餐桌上，冷链物流体系是最大的障碍。

第四，农产品电商人才短缺。随着电子商务的超常规发展，我国电商人才短缺现象日益严重。根据淘宝大学的电商人才调查，在淘宝网上的企业中，24.86%的企业最缺美工，24.29%的企业最缺运营，22.6%的企业最缺推广，19.77%的企业认为最缺客服。未来三年，中国电商人才缺口将达到 4.57 万人。

相比之下，农产品电子商务人才更加短缺。不同于通用电子商务对人才的需求，农产品电子商务要求人才必须了解农业、农产品，同时又具备电商技能，而国内目前的教育和培训体系中，缺少这种专业化人才的培养机制。农产品电子商务的迅猛发展和农产品电商人才的短缺，形成鲜明的对比，相关的人才培养已经到了刻不容缓的地步。

2. 农产品电子商务的发展趋势

展望 2014 年，农产品电子商务的基础设施将持续完善，更多的创新模式不断涌现，中国农产品电子商务将会继续高歌猛进，向前发展。

2014 年，中国农产品电子商务将呈现如下发展趋势：

第一，农产品电子商务的交易额将继续扩大，有望在 2013 年的基础上再度实现翻番增长，生鲜农产品的比重进一步增加。

第二，专业化的农产品电商服务商崛起。在全国各地发展原产地农产品电子商务的强烈需求拉动下，一批专业化的农产品电商服务商将涌现，他们将成为连接地方政府、地方传统产业和第三方电子商务平台的有力纽带。

第三，跨境农产品电子商务崭露头角。更多优质的海外农产品将通过电子商务平台进入中国家庭的餐桌，同时，借助速卖通等平台，部分特色农产品的出口量也将显著提升。

第四，无线和 O2O 向农产品电子商务加强渗透。交易终端无线化，已经是我国电子商务的重要发展趋势，农产品面临同样的发展趋势，如何通过无线互联网拉近农业生产者和消费者的距离，以 O2O 的方式增强消费者体验，是农产品电子商务的重要方向。

（CNNIC　秦英、张瑞东）

第 21 章　2013 年其他行业网络信息服务发展情况

21.1　网络教育发展情况

21.1.1　市场动向

国家对教育产业的政策扶持和引导，家庭对教育重视程度的日益增加，加上在职人员继续深造的迫切需求，三大因素促进中国教育行业持续迅速发展。2013 年是贯彻落实《国家中长期教育改革和发展规划纲要（2010—2020 年）》（简称《教育规划纲要》）第三年，据教育部、国家统计局、财政部发布的全国教育经费统计公告显示，2012 年国家财政性教育经费支出 2.2 万亿元，占 GDP 的比例达到 4.28%，超额完成，《2012 年政府工作报告》中提出的 4% 的目标，未来将保持这一趋势。中国青少年研究中心家庭教育研究所调查结果显示，中国城市家庭教育支出超过家庭总收入的三成，教育消费占家庭消费的比重居首位且有日益增加趋势。此外，在职人员通过进行学历教育、职业技能培训、专业认证考试培训的需求十分旺盛。

中国网络教育市场发展空间巨大，2013 年我国人口数量达到 13.5 亿，其中，5～24 岁的学龄人口约 3.3 亿人，占人口总量的 24.5%；网民规模 2013 年已达 6.04 亿人，互联网普及率为 45%，40 岁以下接受教育的主体人群中，这一普及率更高；随着我国信息化程度的不断提高，网络教育市场规模呈现加速增长的态势。相关数据显示，2004 年，我国网络教育市场规模约 143 亿元，2013 年中国网络教育市场规模预计将达到 981 亿元，到 2015 年将超过 1600 亿元，可实现了 21.2%的年均复合增长率（见图 21.1）。

与 2012 年相比，网络教育市场发展迅猛，比较突出的两个热点是在线教育市场和移动智能终端网络教育市场的快速发展。2013 年，在线教育市场迎来投资和开发热潮。百度、阿里巴巴、腾讯、网易、新浪、360、金山等互联网公司纷纷推出自己的在线教育产品，如百度推出的百度教育、阿里巴巴的淘宝同学、腾讯推出的 QQ 教育和腾讯大学等。除了直接开展在线教育业务外，互联网公司和各方资本也试图通过投资的方式分享在线教育行业的成长。综合媒体数据，2013 年至今，我国在线教育领域投资案例共 25 笔，总金额约 1.97 亿美元。而 2012 年投资案例数目仅 8 笔，涉及投资金额为 1700 万美元。据统计，2013 年有数十亿元资金进入在线教育行业，平均每天新增 2.6 家企业，全年新增近千家。根据互联网行业公司数据库收录的 338 家在线教育创业公司数据，目前在线教育行业投资比较集中的领域分为：早教/儿童、K12、大学生/考试考证、语言学习、出国留学、IT 培训、兴趣技能、综合/

其他八大领域。分析显示，新成立的在线教育网站主要集中在儿童/早教、语言学习、K12 阶段三大领域。

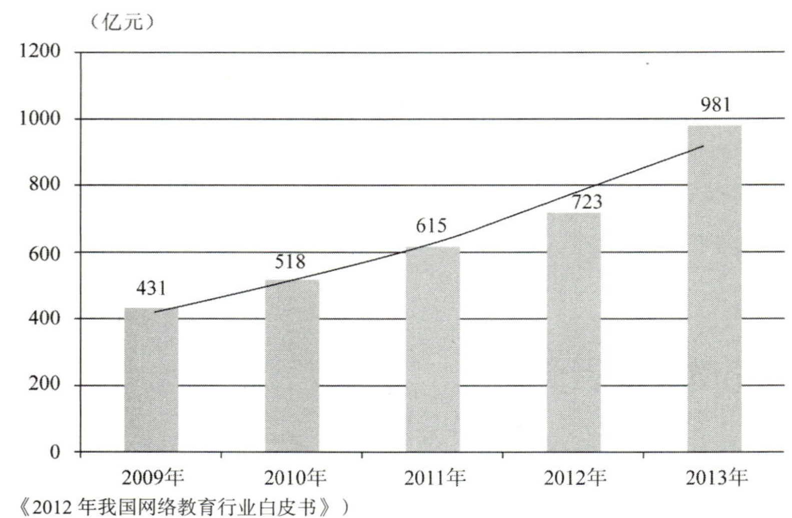

图21.1　2009—2013年中国网络教育市场规模

移动智能终端网络教育市场因其便捷、灵活、可操作性强、成本低等优势发展迅速。据《网易 2013 年在线教育趋势报告》调查数据显示，在线学习经常使用的设备是 PC（90%）和手机（62%），PC 端虽仍是使用主力，但移动端的使用率在逐渐赶超电脑；在学生群体中，使用手机的用户比例甚至超过了 PC，分别为 90.5%和 71.5%；在业余学习的在职用户中，这两个比例都在 80%左右。

21.1.2　网站情况

网络教育网站按照业务领域可以细分为分类信息与门户服务、语言教育类、考试考证培训等。具体而言，2013 年各业务领域比较有代表性的网站如下：分类信息与门户服务，中国考研网、教育在线、厚学网、淘课网等；语言教育类，91 外教、沪江网校等；K12 阶段教育，学而思网校、一起作业等；考试考证培训，嗨学网等；技能提升和成人学习，网易公开课、邢帅网络学院、天下网校等；公务员考试与出国资询，华图网校等；儿童兴趣培养与早教，61 时光网、宝宝巴士等；营销与推荐服务，决胜网、360 教育等；在线学习工具、海词、拓词、有道翻译等。

在网络教育网站排名方面，根据 Alexa 数据显示，2013 年 12 月新浪教育、网易教育、中国教育在线三家网站覆盖人数相对较多。分析覆盖度排名前 10 名的网站，教育信息与门户网站排名较为靠前；中华会计网校等考试考证网站、沪江英语等语言教育类网站覆盖人数也相对较多（见图 21.2）。

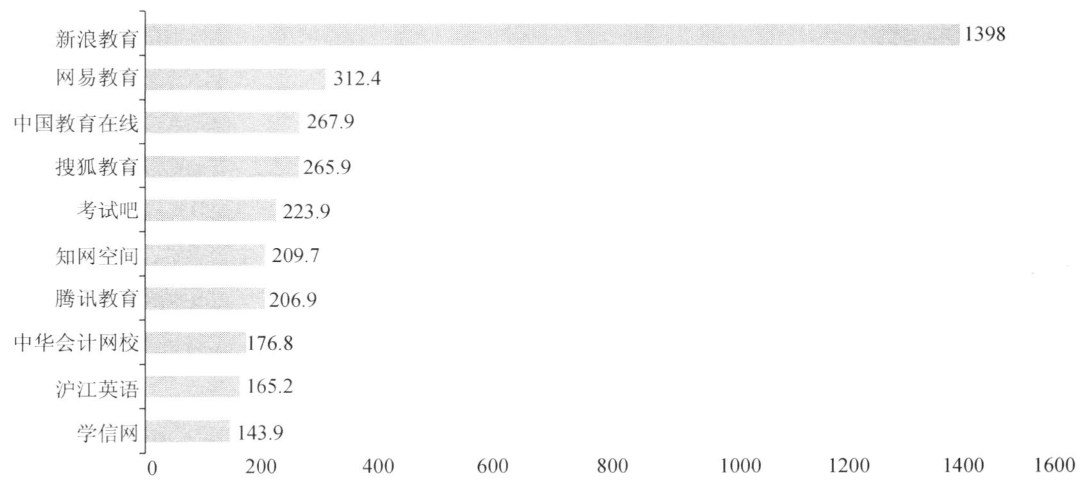

图21.2　2013年12月教育行业综合月度日均覆盖数统计情况

21.1.3　用户情况

尼尔森和新浪教育近期对 2946 名网民调查数据显示，1150 名网民接受过网络教育，占比近 40%，其中 61%为男性教育信息使用者，女性占 39%（见图 21.3）。

		总体	在线教育
	样本量	2946	1150
性别	男	62.4%	61.0%
	女	37.6%	39.0%
年龄	12--18	10.8%	7.5%
	19-25	36.9%	35.7%
	26-35	32.6%	34.2%
	35岁以上	19.7%	22.6%
区域	一线城市	33.5%	35.0%
	二线城市	29.0%	27.3%
	三四线城市	37.5%	37.7%
学历	初中及以下	3.8%	2.5%
	高中/中专	13.3%	8.2%
	大专	15.4%	14.0%
	本科	52.7%	58.6%
	研究生及以上	14.8%	16.7%

（数据来源：尼尔森和新浪教育《新浪 2013 中国在线教育调查报告》）

图21.3　网络教育用户情况统计

分析认为，男性在数字化运用上更有优势，倾向于利用最新科技手段获取知识和提升自我；而随着竞争的压力蔓延至女性领域，促使更多的女性关注出国留学、学习外语等网络教育领域。

从年龄阶层来看，35 岁以上用户对教育信息服务的需求最高，参与率达 44.9%，26～35 岁以上人群占比也有较高关注，参与率有 40.9%。同时，网络教育用户的学历与其使用率关联较大，用户中 44.1%学历为研究生及以上，43.4%学历为本科（见图 21.4）。

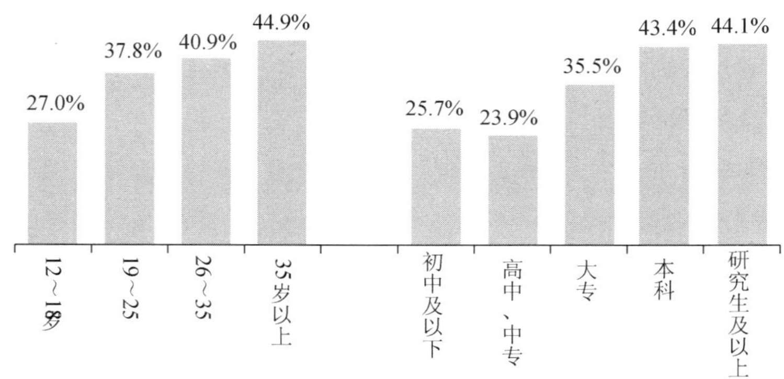

（数据来源：尼尔森和新浪教育《新浪 2013 中国在线教育调查报告》）

图21.4 在线教育使用率同网民年龄和学历关联情况

21.2 房地产信息服务发展情况

21.2.1 市场动向

国家统计局数据显示，2013 年，全国房地产开发投资 86013 亿元，比上年名义增长 19.8%，比 2012 年提高 3.6 个百分点。虽然 2013 年我国房地产市场受宏观调控政策因素影响增速有所下滑，但是总体看还是保持了较快的发展速度。在房地产行业健康稳定发展的背景下，2013 年房产信息服务行业整体发展态势良好，主流房产网络企业仍然引领主导行业快速发展。艾瑞咨询报告显示，2013 年全行业年度市场规模达 99.9 亿元，其中乐居互联网及电商集团占比达 28.7%，搜房网占比达 27.1%。2013 年房产电商和房地产移动互联网取得了较快的发展，可以说是 2013 年房地产信息服务行业发展的亮点。

2013 年是房产电商发展的第三个年头，房产电商的持续快速增长推动了房地产信息服务行业的发展。2013 年房产电商逐渐发展成为集广泛引流、精准营销、促成销售的全方位的房地产服务平台；随着开发商和购房者对房产电商的进一步接受，房产电商成为房地产销售主流的、不可替代的营销模式，房产电商业务也逐渐成为房产网络主流企业新的业务收入增长点。2013 年房产电商的发展典型包括乐居互联网、电商集团推出的“E 信通”平台及搜房网推出的“新房通”平台。

2013 年被称为房地产移动互联网元年，在大数据时代潮流冲击下，房地产移动互联网发展呈现出燎原之势。随着移动互联网的快速发展，移动终端设备成为了现在人们上网的主要工具，房产信息服务网站也顺势开发了众多的房产类 APP 用于房产信息、优惠团购促销信息的展示。根据易观智库数据显示，移动互联网-房屋租赁类 APP 排行榜，搜房网 APP 活跃用户数达到 217.3 万，排在第二位的安居客有 50.9 万。新浪乐居发布的《移动互联网房产用户调研分析报告》显示，70%的移动互联网房产用户认为移动平台是获取房产信息的重要渠道，移动平台与 PC 平台的差距已经很小。移动互联网房产用户访问时段由碎片时间向连续的空闲时间转变，访问频率显著提升，每天至少访问一次的用户占总体的 79%。房地产移动互联网正逐渐成为房产信息服务行业发展的重要一环。

21.2.2　网站情况

据统计，全国有房地产内容的网站近 7000 家，部分综合网站的房地产栏目访问量亦较大，如 58 同城、新浪乐居、腾讯房产等。全国每年新增租售房源 3500～5000 万套，新增购房者 1000～2000 万人，每日访问房地产网站的用户总数为 300～500 万。房地产网站的有效浏览量主要集中在房地产政策法规新闻、新楼盘信息、二手房信息、租房信息。目前房地产网站的访问者也开始关注房产数据，个人关注房产数据的主要是购房投资和出售、出租定价，房地产开发商关注房产市场趋势，银行用户关注贷款房产的市场价值。

DCCI 互联网数据中心 2013 年第四季度中国房产行业专项数据监测报告显示，整体而言，大型房地产类网站在行业中地位基本保持不变，搜房网综合实力继续大幅领跑房产网站领域。根据 Alexa2013 年 12 月份统计数据显示，从网站覆盖度指标看，全国房地产排名在前三位的分别为网易房地产、腾讯房产、新浪乐居，搜狐焦点网、搜房网等大型房产网站也排在前十名之内（见图 21.5）。

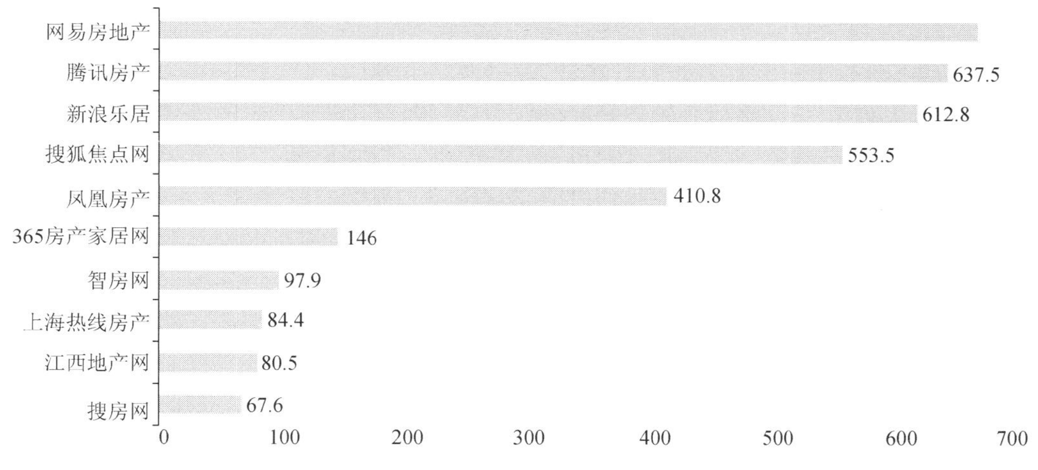

图21.5　2013年12月房地产行业综合月度日均覆盖数统计情况

21.2.3　用户情况

DCCI 互联网数据中心 2013 年网络监测数据显示，在 2013 年第四季度中国房产信息服务网站季度月均总访问次数中，主要房产信息网站季度月均总访问次数总体上升。第四季度，搜房网月均总访问次数明显上升，达 30.5 千万次，大幅高于其他主要房产信息网站，位居第一；腾讯房产继续上升，达 15.7 千万次，位列第二；位居第三的焦点房地产的月均总访问次数保持平稳，达 6.8 千万次；新浪乐居小幅回升，位居第四，达 6.0 千万次（见图 21.6）。

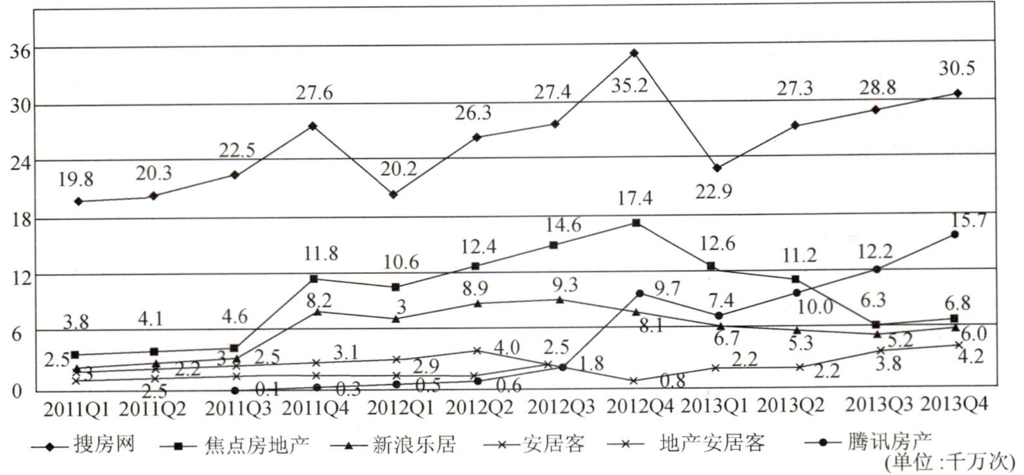

图21.6 房产信息服务网站受众季度月均总访问次数统计

21.3 IT 产品信息服务发展情况

21.3.1 市场情况

IT 产品信息服务网站主要提供 IT 数码产品资讯、IT 相关技术、IT 软件下载等服务。以太平洋电脑网、中关村在线、新浪科技为代表的网站，提供 IT 数码产品的新闻、评测、价格等方面信息，是 IT 产品网络信息服务企业的佼佼者；以 CSDN、博客园为代表的技术社区网站，提供 IT 专业人员所需的编程技术资讯；以站长之家为代表的网站，提供个人站长和企业网络所需的资讯、技术、资源和服务；以华军软件园、天空软件园为代表的网站，提供 IT 数码产品所需软件；各 IT 数码产品生产厂商的官方网站也是 IT 产品信息服务网站的重要组成部分。

IT 产品信息服务网站营收主要来源于 IT 数码产品广告收入，广告投入者主要是 IT 数码产品厂商。2013 年互联网电子商务持续发展，其便捷性、安全性、可选性日益提高，传统电脑城受到很大冲击，同时，相关厂商产品的利润下滑必然导致对于此类网站广告的投入持续减少，IT 产品网络信息服务网站特别是 IT 垂直网站流量、用户和盈利能力增长缓慢，部分 IT 垂直网站深陷亏损泥潭，甚至出现裁员和倒闭情况。相对于门户网站内容的广泛而全面，IT 垂直网站的问题在于业务模式比较固定，主要是通过资讯加广告的形式，增加有限，在资本市场的想象力也比较有限。如何从靠专业领域广告投放为主要盈利来源的业务模式转变为既高速增长，又不耗损元气的可持续发展模式，是摆在所有 IT 垂直网站面前的难题。此外，为应对门户网站子频道的挤压，IT 专业网站的精准化服务水平亟待提高；在社交网络爆炸发展的潮流中，如何将社交互动和垂直网站紧密结合也是移动互联网时代亟待思考的问题。

21.3.2 网站情况

根据艾瑞咨询推出的网民连续用户行为研究系统 iUserTracker 最新数据显示，2013 年 12

月，垂直 IT 网站日均覆盖人数达 2445.9 万人。其中，中关村在线日均覆盖人数达 609 万人，网民到达率为 2.6%，位居第一；太平洋电脑网日均覆盖人数达 414 万人，网民到达率为 1.7%，位居第二；CSDN 日均覆盖人数达 180 万人，网民到达率为 0.8%，位居第三（见图 21.7）。

排名	网站	日均覆盖人数	日均网民到达率	排名变化
		万人	%	
1	中关村在线	609	2.6%	→
2	太平洋电脑网	414	1.7%	→
3	CSDN	180	0.8%	→
4	中国站长站	150	0.6%	→
5	泡泡网	127	0.5%	↑
6	IT168	124	0.5%	→
7	天极-chinabyte	115	0.5%	↑
8	电脑之家	109	0.5%	↓
9	驱动之家	96	0.4%	↑
10	天极-Yesky	94	0.4%	↓

注：日均网民到达率=该网站日均覆盖人数/所有网站总日均覆盖人数

Source：iUserTracker.家庭办公版 2013.12，基于对40万名家庭及办公（不含公共上网地点）样本网络行为的长期监测数据获得。

©2014.1 iResearch Inc.　www.iresearch.com.cn

图21.7　2013年12月垂直IT网站日均覆盖人数排名

艾瑞 iUserTracker 最新数据显示，2013 年 12 月，垂直 IT 网站有效浏览时间达 4954 万小时。其中，中关村在线有效浏览时间达 1211 万小时，占总有效浏览时间的 24.4%；太平洋电脑网有效浏览时间达 686 万小时，占总有效浏览时间的 13.9%；cnBeta 有效浏览时间达 301 万小时，占总有效浏览时间的 6.1%（见图 21.8）。

排名	网站	月度有效浏览时间	月度有效浏览时间比例	排名变化
		万小时	%	
1	中关村在线	1211	24.4%	→
2	太平洋电脑网	686	13.9%	→
3	cnBeta	301	6.1%	→
4	CSDN	222	4.5%	→
5	驱动之家	158	3.2%	→
6	泡泡网	158	3.2%	↑
7	中国站长站	144	2.9%	↓
8	IT168	144	2.9%	→
9	脚本之家	134	2.7%	→
10	51CTO	114	2.3%	↑

注：月度有效浏览时间比例=该网站月度有效浏览时间/该类别所有网站总月度有效浏览时间

Source：iUserTracker.家庭办公版 2013.12，基于对40万名家庭及办公（不含公共上网地点）样本网络行为的长期监测数据获得。

©2014.1 iResearch Inc.　www.iresearch.com.cn

图21.8　2013年12月垂直IT网站有效浏览时间排名

21.3.3　用户情况

数据显示，2013 年，中国 IT 产品信息服务网站月度覆盖人数总体呈现下降趋势，上半年基本一路下滑，8、9、10 月剧烈反弹，最高点出现在 9 月，达到 42239.1 万人，11 月下探至全年最低点，达到 16515.6 万人。12 月月度覆盖人数 22979.6 万人，比 1 月份 27608.6 万人降低 16.7%，与 2012 年同期相比下降 41.9%（见图 21.9）。月度覆盖人数排名靠前的网站为 IT、数码资讯类网站（包括综合门户网站的 IT、数码频道和垂直类 IT、数码资讯网站）。分析认为，四季度 IT 数码网站月度覆盖人数达到全国最高，与新生入学和新毕业入职人员需要掌握更多 IT 信息有关。总体来看，IT 数码网站月度覆盖人数逐年下滑，整体的用户规模呈萎缩态势。

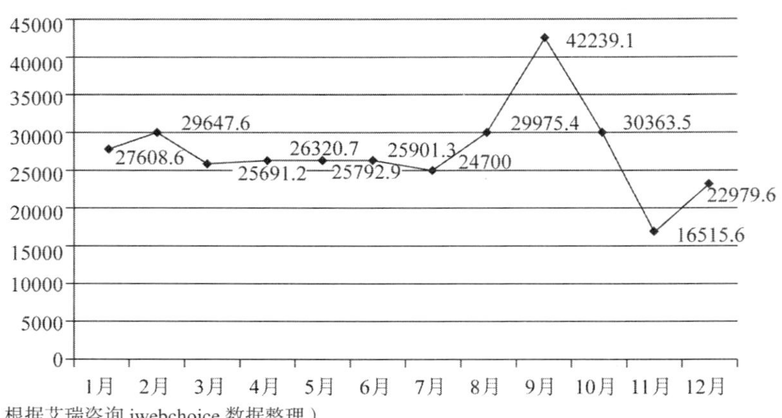

（数据来源：根据艾瑞咨询 iwebchoice 数据整理）

图21.9　2013年中国IT信息服务网站月度用户覆盖人数趋势图

21.4　网络招聘发展情况

21.4.1　市场分析

随着智联招聘、前程无忧、中华英才网等公司的飞速发展，网络招聘网站的数量开始增多。同时，随着我国网民数量的日益增多，越来越多的网民选择通过使用网络来进行求职，DCCI 的统计数据显示网络招聘网站已逐步成为我国求职者获取招聘信息和面试机会的最主要渠道，网络招聘市场得到进一步扩大。据统计，随着招聘网站的成熟，2013 中国网络招聘市场营收规模达到 33.4 亿元，预计 2014 年中国网络招聘市场营收 40.1 亿元，预计 2015 年中国网络招聘市场营收 49.3 亿元（见图 21.10）。

2013 年我国网络招聘市场有两个显著特征。一是招聘行业细分化。专业化趋势明显与综合门户类招聘网站相对应，行业类招聘网站从行业角度对网络招聘市场进行细分，以一览英才网、英才网联等为代表的行业类招聘网站在经营理念上突出迎合企业对专业人才的需求。行业招聘网站以细分行业平台为集合点，将市场、招聘顾问、客服等部门协同为客户提供服务，解决客户招聘的“流程化”管理难题。这种“平台化”的设计，使得细分招聘网站可以将招聘的每个环节标准化。每个独立的行业平台又可以专注于细分行业板块的精细化，由此也将“行业招聘”规模化，将某一行业经验推广到其他行业，带动所有行业平台的齐头并进。行业招聘网站的优势在于其行业性、专业性，以企业和求职者的行业背景作为服务诉求，强调提供招聘服务的专业化，以求职的精准化和招聘的高效化作为竞争核心。传统的综合性招聘网站单纯依靠信息量大而全已经无法满足需求日益多样化的求职者，网络招聘市场上一些垂直细分类行业招聘网站日渐兴起，并逐渐得到求职者的认同。细分类的招聘市场正在逐渐完善和规范，在经历了市场的洗礼后，一些优秀的网站已经脱颖而出，如百才招聘网、一览英才网、36 人才网等，发挥出其专注、专业优势。

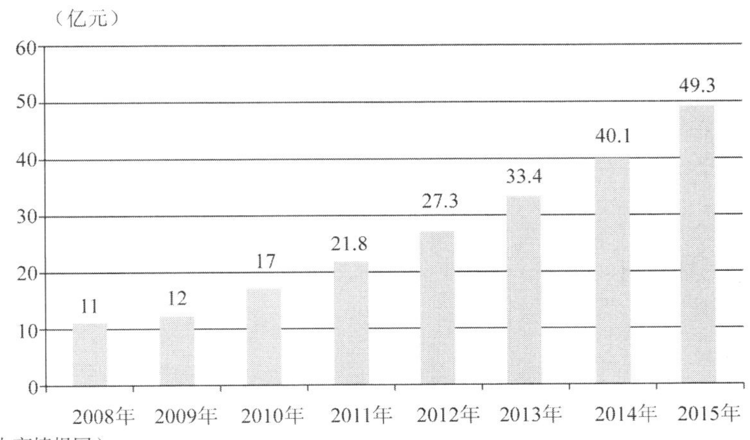

（数据来源：中商情报网）

图21.10　中国招聘网站市场规模趋势图

二是招聘区域细分化。在未来，以行业为特征的人才招聘网站和区域特征较强的区域性人才招聘网站将会有较大的发展机会。网络招聘用户数量的快速增长使得市场需求结构发生了转变，用户本身具备的行业属性和区域属性必然会导致其选择有行业和区域的特性。因而行业细分和区域细分将是网络招聘市场发展的一个重要趋势，目前即使综合性网站对个人求职也首先选择所在区域和行业。区域性人才招聘网站，其发展受区域经济水平、网络普及与应用程度以及该地区传统的求职招聘模式影响较大。目前来看，珠三角和长三角的区域性招聘网站发展机会较大。网络招聘市场将结合当地需求特点，通过与传统招聘渠道进行更紧密的融合，线上线下结合，发挥各种渠道的优势，为企业提供更全面、更深层次的招聘服务将是网络招聘市场发展的趋势。

21.4.2　网站情况

我国网络招聘市场经过近几年的快速发展，目前呈现综合性网站中少数网站领先，其他地方性、行业性、搜索型和社交型等多种网站并存发展的局面。大型综合人才网站凭借品牌积累以及庞大信息量优势明显。前程无忧、智联招聘和中华英才网三大招聘网站营收份额占网络招聘行业营业收入远超其他网络招聘机构，形成了我国网络招聘市场的第一阶梯。一批行业人才网站和立足地方向外辐射的人才网站迅速崛起后来居上，构成了我国网络招聘市场的第二阶梯；其中，行业网站以一览英才网为代表，地方网站以英才网联、中国人才热线、南方人才网等为代表，其他一些中小网站也占据了一定的市场份额，但规模小、实力弱、竞争激烈，面临较大的生存压力。此外，随着新兴社交网站不断涌现，以校内网、大街网、微博为代表的 SNS 网站也开始进入网络招聘领域，共同构成了网络招聘行业竞争格局的第三阶梯。

根据 Alexa2013 年 12 月份统计数据显示，从网站覆盖度指标看，全国网络招聘网站排名在前三位的分别为智联招聘、前程无忧、36 人才。建筑英才网、英才网联、职友集、应届毕业生求职网、应届生求职网、中华英才网、九博人才网分列四至十位（见图 21.11）。

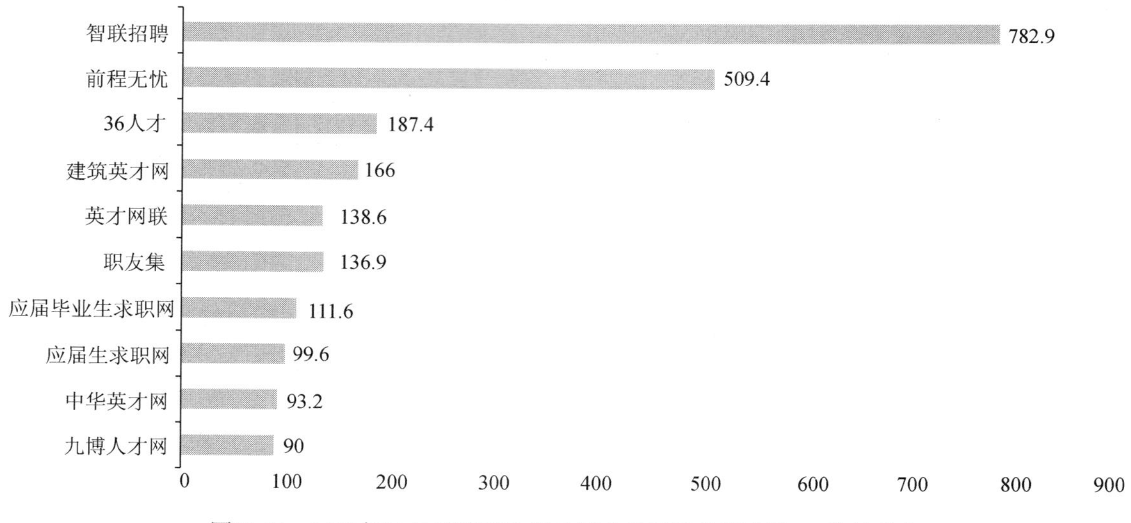

图21.11　2013年12月招聘猎头行业综合月度日均覆盖数UV统计排名

21.4.3　用户情况

图 21.2 中数据显示，2013 年，中国网络招聘网站月度覆盖人数总体上呈现前高后低的趋势，并且表现出较为明显的季节性特征。上半年网络招聘网站月度覆盖人数明显高于下半年的数据，用户月度覆盖人数最高点出现在 3 月份，达到了 8457.6 万人。分析认为，每年春节前后为应届生招聘和在职人员“跳槽”的高峰期，网络招聘网站用户覆盖度和浏览量都随之升高；随着下半年招聘活动的减少，相关网站的用户覆盖度和浏览量也随之下降。

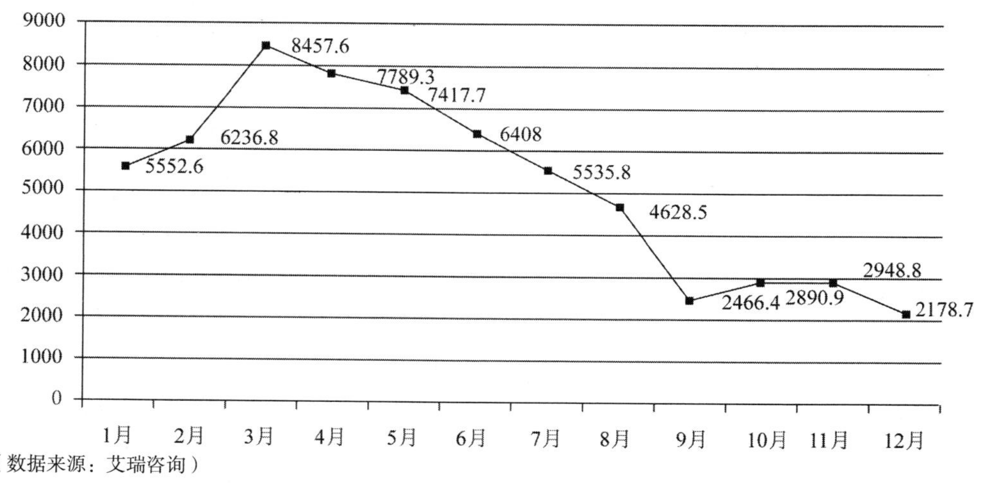

（数据来源：艾瑞咨询）

图21.12　2013年中国网络招聘网站月度用户覆盖人数趋势图

21.5 旅游/旅行信息服务发展情况

21.5.1 市场动向

2013 年，随着新《旅游法》的发布，传统线下旅行社受到了较大的冲击，而在线旅游拥有价格透明、产品多样化等优势，形成了游客线下到线上转移的趋势。目前国内旅游/旅行信息服务商家积极布局在线度假市场，度假业务增长成为行业核心看点。在线旅游价格战涉及面更广，酒店价格战没有放缓趋势，机票价格战继续上演，旅游票务上的竞争继续升级。另外，随着移动互联网的高速发展，在线旅游市场普遍认为得移动旅游市场者得天下，无线旅游市场被看好。移动旅游在行业的地位在快速升级，未来其必将成为旅游预定的核心渠道。

艾瑞数据显示，2013 年中国在线旅游市场交易规模 2204.6 亿元，同比增长 29.0%。预计 2017 年市场规模 4650.1 亿元，复合增长率为 20.5%，在线渗透率约 8.6%（见图 21.13）。艾瑞分析认为，在线旅游的增长主要取决于在线机票、酒店和度假业务的增长。在线机票预订业务趋于成熟，未来将保持相对较慢增长；酒店和度假业务迎来爆发增长期，度假业务在整体在线旅游市场中所占比重也逐年升高。另外，随着在线短租、在线租车和打车业务的兴起，在线旅游市场将迎来新增长点。

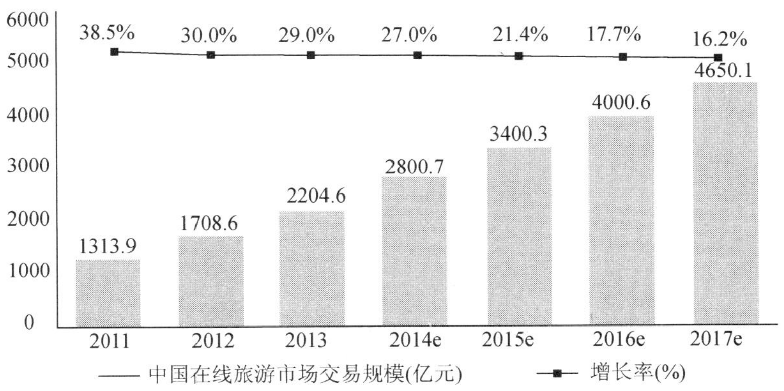

图21.13　中国在线旅游市场交易规模

21.5.2 网站情况

艾瑞数据显示，2013 年在线旅游用户最常使用的在线旅游网站前三位的是携程旅行网、去哪儿网、淘宝旅行网（见图 21.14）。分析显示，携程网的已有用户价值度最高，该网站中 70 后、80 后、90 后中高收入高学历企业/个体男性人群最多。但是携程网中等收入社会新生力量族在五大网站中占比最小，后备力量略显不足。去哪儿网已有用户的未来发展潜力最大，中等收入社会新生力量族占比最多；该网站 80 后、90 后中等收入中等偏上学历人群体规模最大。淘宝旅行等网站具有较大的发展后劲，中等收入社会新生力量占比在 50%以上（见图 21.15）。

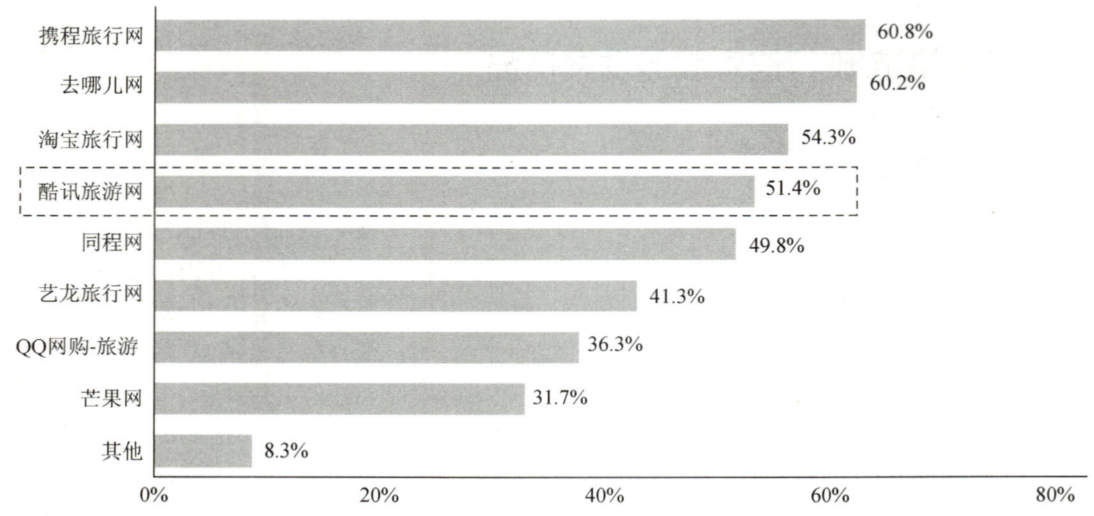

图21.14　2013年中国网民使用过的旅游网站

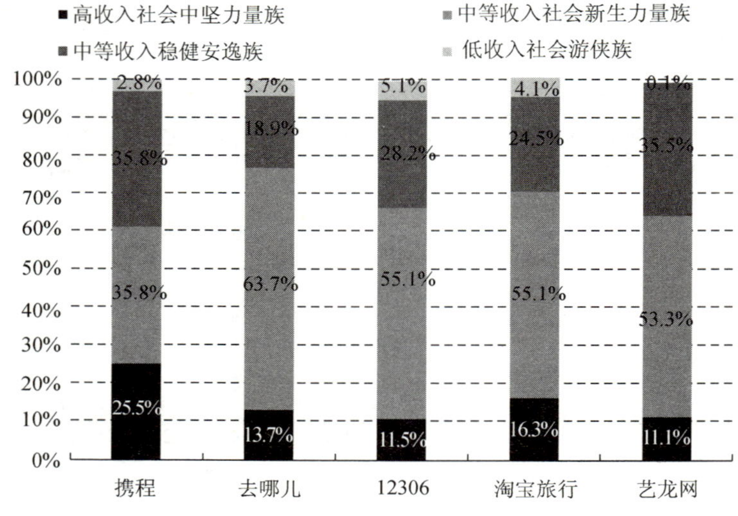

图21.15　中国旅游网站使用人群分布情况

21.5.3　用户情况

艾瑞数据显示，在线旅游网站男性用户比例近六成（见图 21.16），用户年龄段集中在 25～30 岁（33.7%）和 31～35 岁（33.4%），总计占 67.1%（见图 21.17）。

分析显示，年轻人熟练运用网络、智能终端外出旅游的能力更强，更易于接受科技发展带来的旅游便利；20～25 岁年轻人家庭负担、社会负担和个人负担都不大，空闲时间较多，利用旅游网络便捷出行的愿望强烈。50 岁以上及 18 岁以下人群因出行习惯、空闲时间少等条件限制，利用在线旅游网站的意愿较低。

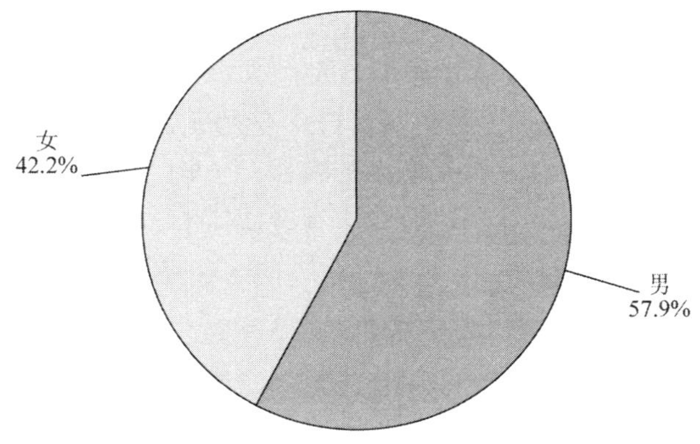

图21.16　在线旅游网站性别比例

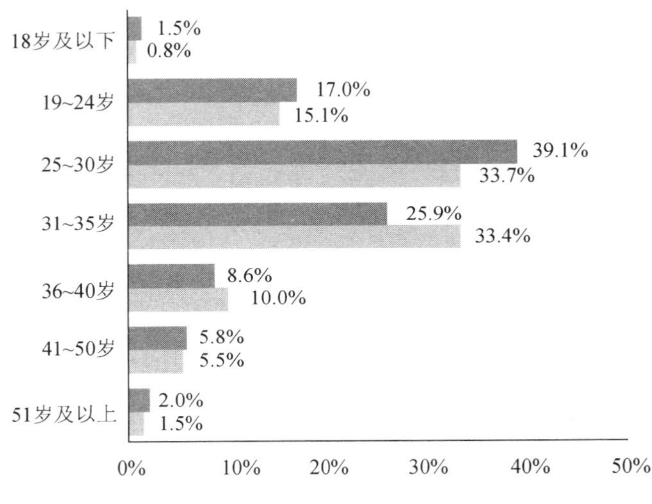

图21.17　在线旅游网站年龄分布

21.6　汽车信息服务发展情况

21.6.1　市场情况

随着网络信息技术的快速发展，互联网成为消费者了解汽车产品和品牌的主要渠道之一。消费者通过汽车信息服务网站来了解车市行情、选择车型和商家，用户数量进一步增加。与此同时，移动互联网的快速发展正在分流部分汽车信息服务网站互联网用户，仅汽车之家一家的移动互联网日活跃用户量就已超过 250 万，而这一数字已超过爱卡汽车网的互联网日均用户量。

汽车信息服务网站主要盈利来源为汽车广告业务和经销商广告业务。从 2009 年至今，汽车广告市场规模不断上扬，每年上升比例维持在 10%。2009 年市场规模为 22.3 亿美元，2010 年市场规模为 26.2 亿美元，2011 年市场规模为 29.1 亿美元。

2012 年市场规模为 31.4 亿美元，2013 年市场规模达到 36.5 亿美元。随着汽车信息服务网站广告业务量大幅度上升，仅依靠互联网汽车广告等业务就已经出现了两家赴美上市公司，分别是汽车之家（31 亿美元）、易车网（11.9 亿美元）。国内汽车的销售量每年都在呈 20%的增长，随着行业不断发展以及营销意识的增长，汽车广告市场的规模将会进一步提升。速途研究院分析汽车广告市场对用户购买决策的影响数据显示，互联网对用户购买汽车决策占比为 91%，电视 54%，杂志 41%，报纸 32%，户外广告 26%，广播 11%，汽车信息服务网站已成为消费者购买汽车的重要参考（见图 21.18）。

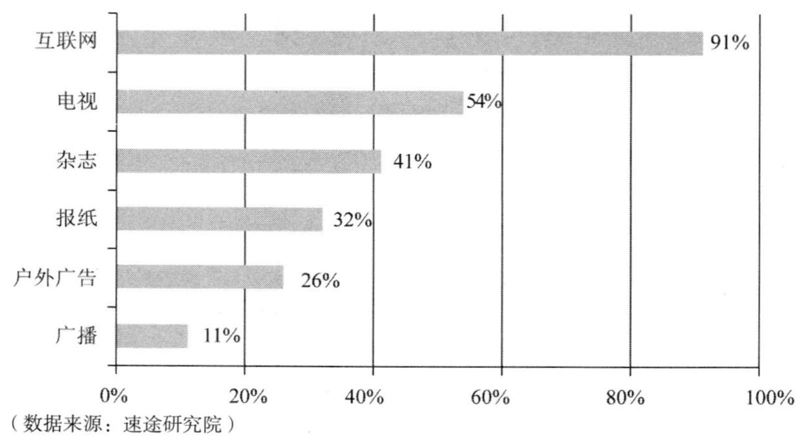

图21.18 在线汽车信息服务来源

21.6.2 网站情况

根据 Alexa 数据显示，2013 年 12 月易车网日均覆盖度排名第一，新浪汽车和汽车点评网紧随其后。爱卡汽车、车讯网、网易汽车、车问网、腾讯网汽车、中国网汽车、汽车口碑网分列四至十位（见图 21.19）。

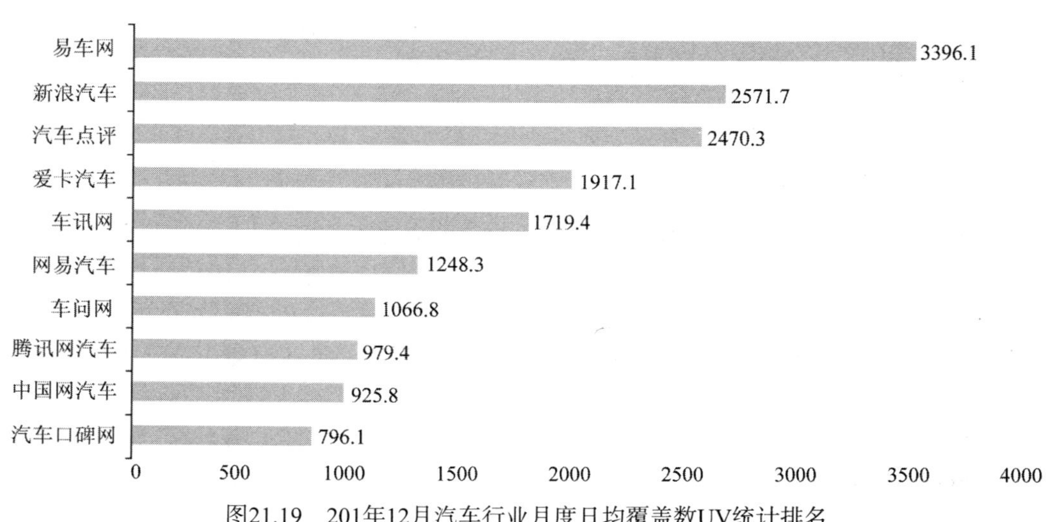

图21.19 201年12月汽车行业月度日均覆盖数UV统计排名

从汽车厂商和经销商发布广告途径来看，2013 年汽车类行业网站仍然为在线汽车广告投放主流。汽车类网站/频道如汽车之家、易车网、新闻门户中的汽车频道等，占比达 49%。其次是搜索引擎的关键词或者类似百度推广这样的工具等等，占比为 15%。新闻门户的富广告、弹窗广告占比为 13%。社交/视频网站的广告占比为 12%，其他类型的在线广告占比为 11%。各网站广告投放比例如图 21.20 所示。

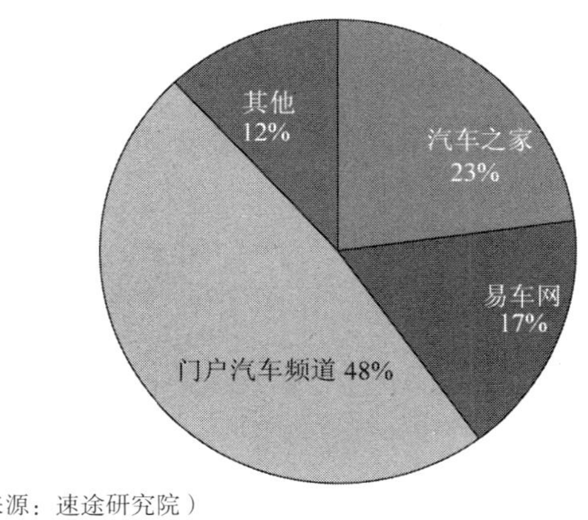

（数据来源：速途研究院）

图21.20　2013年汽车广告投放比例

21.6.3　用户情况

数据显示，2013 年中国汽车信息服务网站月度覆盖人数变化较为平稳，月平均覆盖用户人数为 18241.56 万人（见图 21.21），最高峰值出现在 9 月为 20245.7 万人，2 月份覆盖用户人数也达到了 20318.4 万人。分析认为，汽车信息服务网站月度覆盖人数变化与汽车消费周期强相关，春节前期及 9 月份为购车旺季，相应的网站覆盖度和浏览量也出现上升趋势。

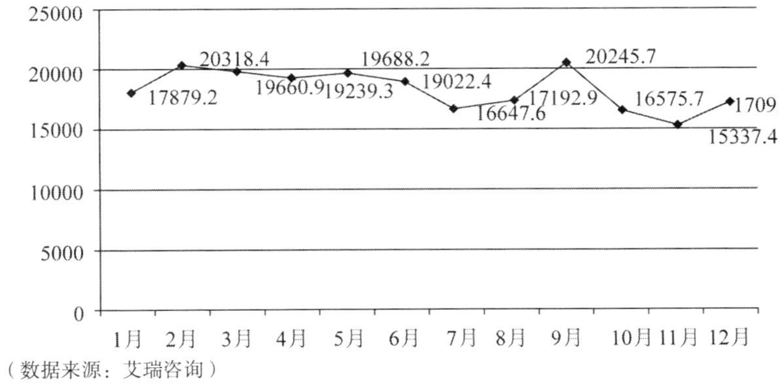

（数据来源：艾瑞咨询）

图21.21　2013年中国汽车信息服务网站月度用户覆盖人数趋势图

调查数据显示，汽车信息服务网站用户以男性为主，特点为高学历、高收入，年龄分布为 25～35 岁，平均年龄为 28 岁（见图 21.22）。

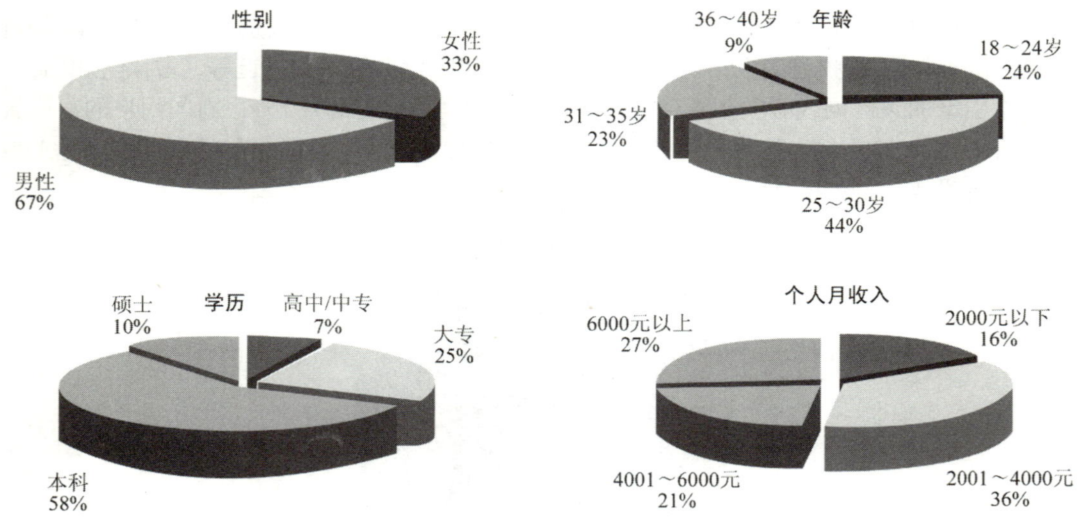

图21.22　2013年中国汽车信息服务网站用户特点

21.7　体育信息服务发展情况

21.7.1　市场情况

目前体育网络信息服务主要是提供体育资讯、体育数据和体育讨论区。体育资讯又包括体育相关新闻、体育赛事直播等服务，其收入以广告为主；体育数据主要以国际体育数据为基础，提供体育彩票等服务，收入主要来自彩票销售、付费推介和广告；体育社区则为广大体育爱好者提供交流信息场所，营收规模较低。2013 年体育信息服务网站营收规模持续增加，增长率回归理性。行业总体发展状况良好。随着移动互联网的普及和智能终端用户的持续增加，纵观体育类 APP 榜单，排名领先的多出自长期耕耘体育媒体资源的互联网公司，如虎扑看球、3G 体育、新浪体育及腾讯的看比赛。继 PC 互联网的多年角力，又快速将战场扩展到移动互联网平台。

21.7.2　网站情况

据 Alexa 数据显示，2013 年中国体育信息服务网站的月度覆盖人数最高的是新浪体育，峰值在 12 月，达到 16126.3 万人，较 1 月份的 5161 万人大幅上涨 212%。网易体育、腾讯体育、搜狐体育的月度覆盖人数分别是 9324 万人、2003.9 万人、1946.2 万人，分列二、三、四位（见图 21.23）。其中，网易体育 12 月的覆盖人数较 1 月上涨了 265%，腾讯体育 12 月的覆盖人数较 1 月下降了 24.8%，搜狐体育 12 月的覆盖人数较 1 月下降了 8.3%。

2013 年，垂直类体育资讯网站中用户规模最高的是虎扑体育网，其 12 月的月度覆盖人数为 985 万人，12 月的覆盖人数较 1 月下降了 28.3%，与主要综合门户网站的体育频道用户规模差距拉大。此外，凤凰体育覆盖人数迅速增加，成长为有影响力的体育网站，直播吧、21CN 体育等网站覆盖人数大幅下滑。

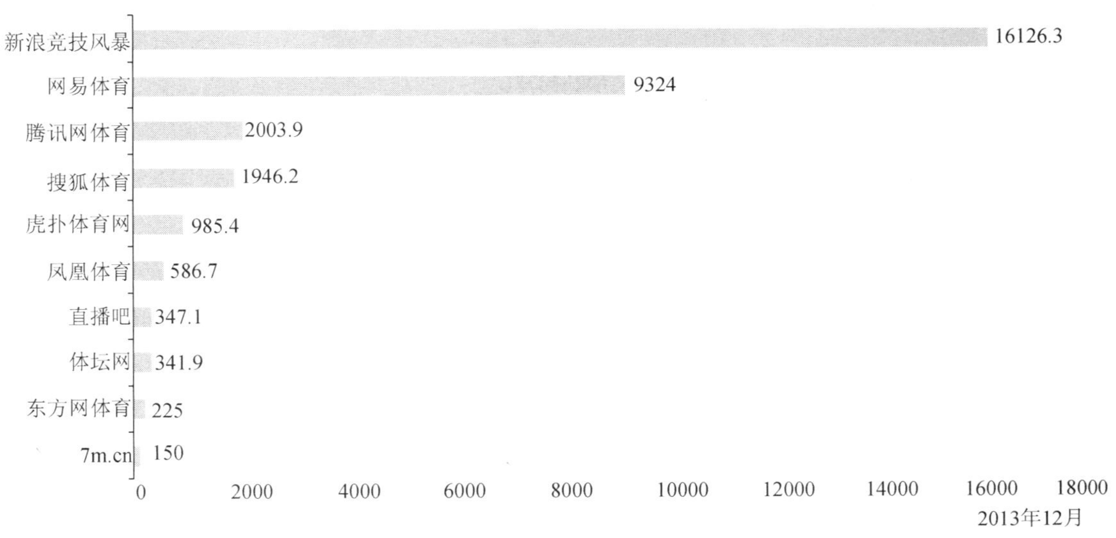

图21.23　2013年12月体育网站月度日均覆盖数UV统计排名

21.7.3　用户情况

体育类网站的月度覆盖人数变化受大型体育赛事的影响很大。数据显示，2013 年中国体育信息服务网站的月度覆盖人数峰值出现月份与往年不同（往年一般在 6 月欧洲杯前后），2013 年 12 月是年度覆盖人数峰值，达到 32036.5 万人，主要受到 2013 年亚冠联赛广东恒大足球俱乐部进入决赛并夺冠的影响（见图 21.24）。在各大体育资讯网站中，综合门户网站的体育资讯频道在用户规模上有较大优势，重要原因是综合门户网站的体育资讯频道越来越专业化，挤压体育专业网站的发展空间，以丰富的体育信息、专业的评论文章和大量的体育视频获得更多的用户。

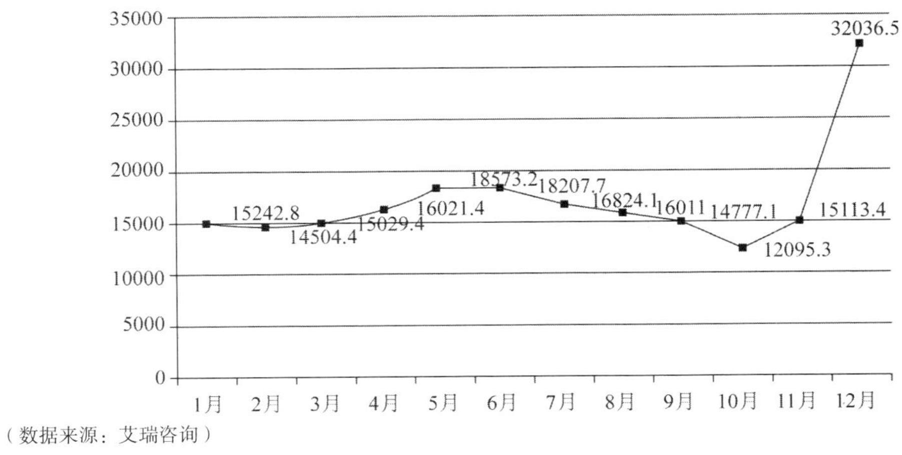

（数据来源：艾瑞咨询）

图21.24　2013年中国体育信息服务网站月度用户覆盖人数趋势图

21.8 婚恋交友信息服务发展情况

21.8.1 市场动向

艾瑞数据显示，2013 年中国网络婚恋市场规模超过 20 亿元，其中线上业务占据 84.2%，依然为行业主要营收来源，线下业务从 2012 年的 13.0%，增长至 15.7%，预计 2014 年线下业务在整体网络婚恋市场营收中的占比会持续上升（见图 21.25）。长远来看，4G 技术催生的快速移动、大数据演化出的“数据红娘”、O2O 领导的线下发展，这些都为市场革新注入了诸多变数，同样，也预示着网络婚恋市场未来的蓬勃发展。

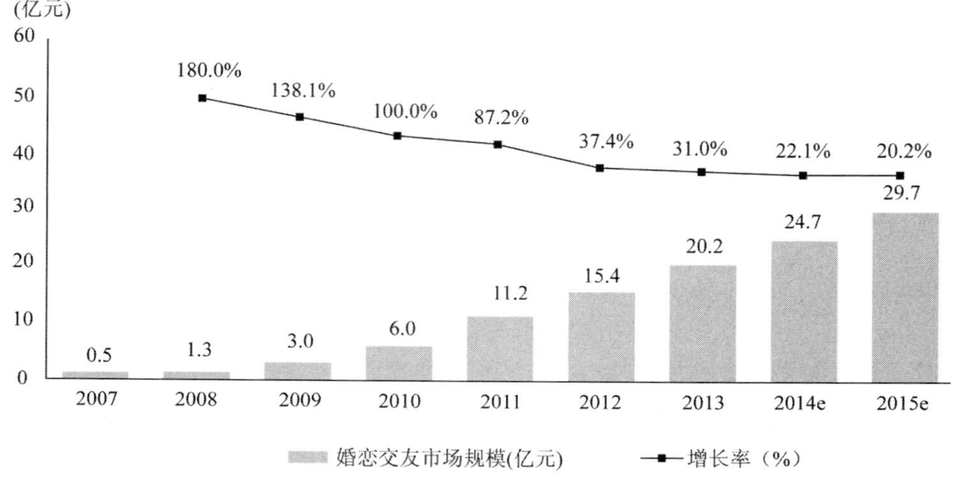

图21.25 中国网络婚恋市场规模

艾瑞数据显示，中国网络婚恋交友市场营收结构中，线上会员付费部分依然为营收主力，但是随着线上服务的普及，用户覆盖逐渐下降，线下高端猎婚、一对一红娘服务开始受到关注，从 2012 年开始，线下部分增速已经超过线上，2015 年，线下营收将超过 7 亿元。

艾瑞数据显示，移动端的快速发展重新开启了婚恋市场的新增长，截至 2013 年年底，中国移动婚恋交友市场用户规模已达 2.1 亿人，未来移动婚恋交友还会继续增加，移动端已经成为婚恋交友行业未来主要发力点（见图 21.26）。

21.8.2 网站情况

艾瑞数据显示，2013 年婚恋交友网站无提示提及认知中，百合网、世纪佳缘、珍爱网三家认知率最高，无提示第一提及占比 74.8%（见图 21.27）。无提示提及整体占比 66.5%；其中，无提示第一提及率表现上，43.9%的用户第一个想到的婚恋交友网站为百合网，百合网市场认知度高。注册用户百分比，世纪佳缘略微领先，占比 19.5%，百合网居第二位，占比 18.6%；1 年以内注册用户，珍爱网占比 73.0%，百合网占比 71.2%，世纪佳缘占比 67.9%。

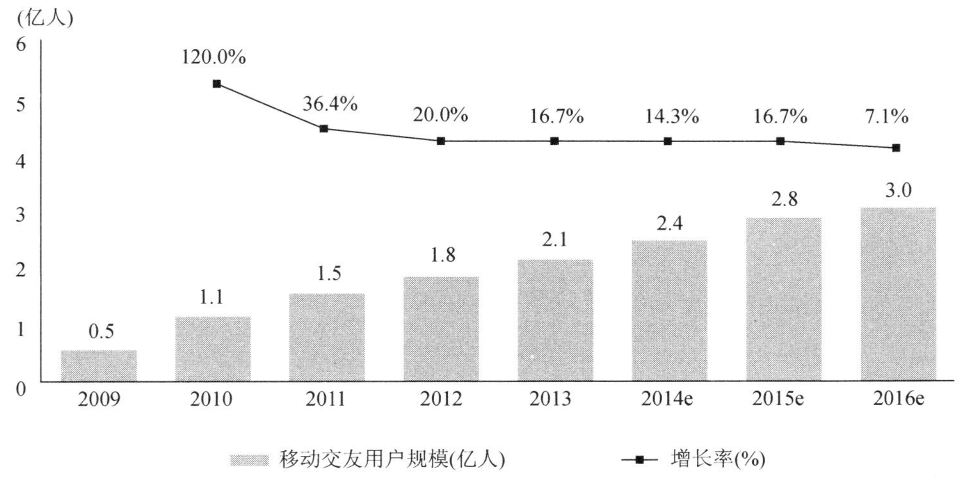

图21.26　中国移动婚恋交友市场用户规模

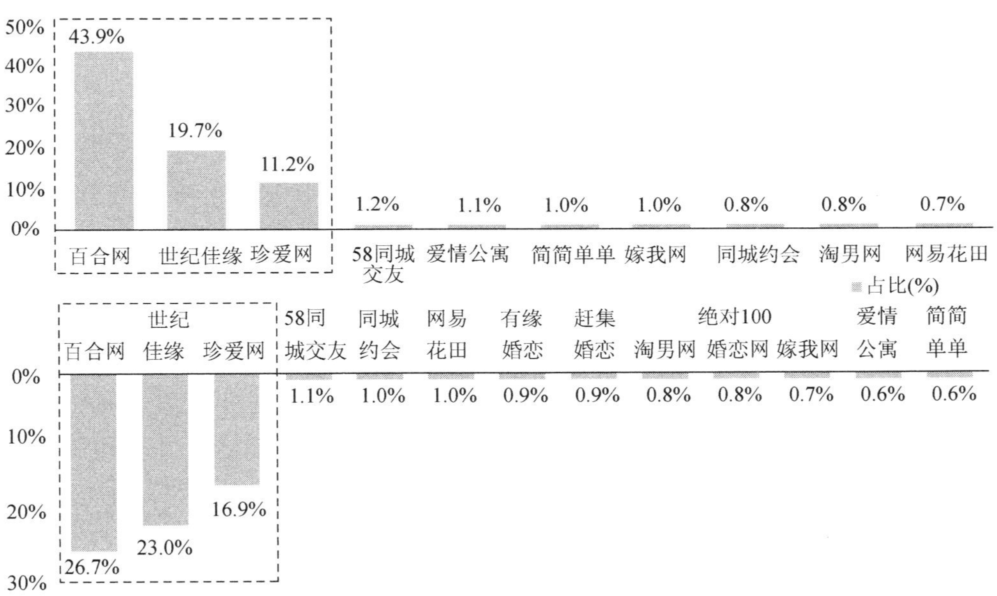

图21.27　中国婚恋交友网站无提示第一品牌提及率及品牌提及率

用户经常使用的婚恋网站排名中，百合网、世纪佳缘、珍爱网位居前三，超过 50%用户会经常使用百合网；前三家注册及使用的排名一致。婚恋交友网站影响力分析，户经常使用的婚恋网站排名中，百合网、世纪佳缘、珍爱网位居前三，百合网品牌提示后认知度为 88.0%，认知度最高（见图 21.28）。

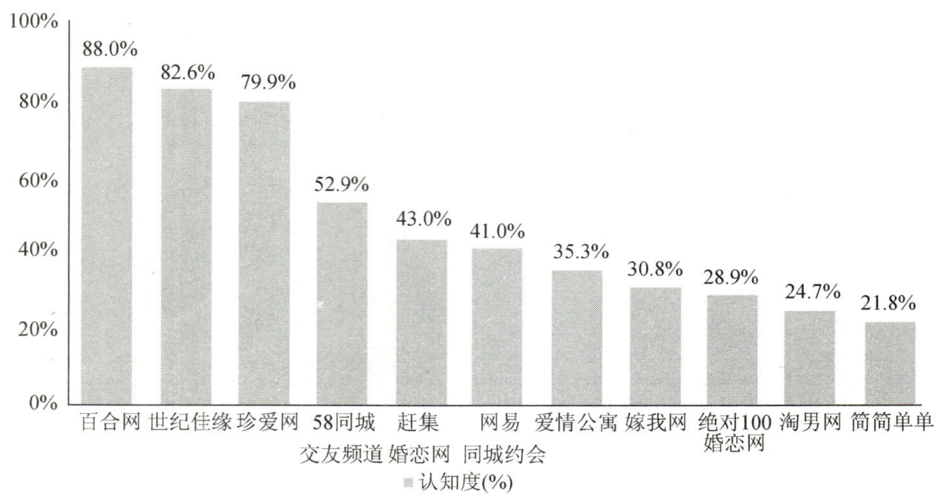

图21.28 2013年中国婚恋交友网站品牌提示后认可度

21.8.3 用户情况

婚恋交友网站用户根据寻找交友/约会对象的迫切程度分为婚恋需求用户及交友需求用户，婚恋需求为当前婚恋网站核心目标人群，交友需求用户使用婚恋网站更多是为了满足交友需求，未来可能会向婚恋需求迁移。学历分布上，婚恋用户高学历比例明显高于交友用户，本科以上用户占比 78.9%； 个人月收入分布上，有婚恋需求用户个人月收入平均 6061.8 元，而交友需求的用户平均个人月收入 4931.6 元。用户职业分布上，公务员、党政机关干部、企业中高层管理人员等职位，婚恋需求用户人群分布比例明显高于有交友需求的用户。

根据调研数据，拥有婚恋需求的用户占比 61.2%，比例较高；婚恋网站能够吸引到更多需要结婚的严肃婚恋者。超过 4 成用户为婚恋网站付费用户，线上付费依然是主流付费方式。整体婚恋网站用户付费行为分布中，41.2%的用户为付费用户，付费比例高。在付费用户中，仅参与线上付费的用户占整体用户的 29.9%，线上与人工服务同时付费的用户占总体用户的 11.3%（见图 21.29）。

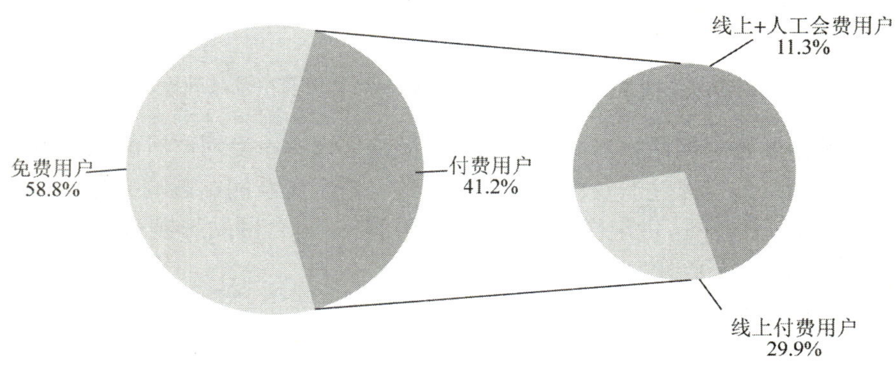

图21.29 2013年中国婚恋交友网站品牌提示后认可度

21.9　母婴网络信息服务发展情况

21.9.1　网站情况

根据 2013 年 12 月开元网络与品牌研究最新研究结果，在母婴行业网站综合影响力评估中，太平洋亲子网的综合影响力最强，排名第一，其次是宝宝树和育儿网，分别位居第二、三名。新浪育儿、妈妈说育儿、丫丫网、亲贝网、妈妈网、搜狐母婴、中国婴童网 7 家网站紧随其后。其中，宝宝树 2013 年 4 月超过美国老牌在线母婴社区宝宝中心（BabyCenter），成为全球 UV 独立用户和 PV 页面浏览量最大的母婴垂直网站（见图 21.30）。

网站名称	域名	2013年11月		2013年12月		排名变化
		综合得分	排名	综合得分	排名	
太平洋亲子网	pcbaby.com.cn	83.47	1	83.42	1	→←
宝宝树	babytree.com	79.92	2	81.73	2	→←
育儿网	ci123.com	73.50	4	74.16	3	↑1
新浪育儿	baby.sina.com.cn	74.27	3	73.96	4	↓1
妈妈说育儿	0-6.com	73.30	5	73.30	5	→←
丫丫网	iyaya.com	69.97	6	70.35	6	→←
亲贝网	qinbei.com	69.47	7	68.94	7	→←
妈妈网	mama.cn	68.02	8	68.44	8	→←
搜狐母婴	baobao.sohu.com	66.57	9	67.86	9	→←
中国婴童网	baobei360.com	51.35	11	52.46	10	↑1

图21.30　母婴行业网站综合影响力评估

21.9.2　用户情况

数据显示，2013 年中国母婴网络信息服务网站月度覆盖人数总体上呈现出上升的趋势，2013 年下半年网站覆盖用户人数有较大幅度增加，最高峰值出现在 9 月份，为 16200.3 万人（见图 21.31）。分析认为，2013 年下半年母婴网络信息服务网站覆盖用户人数的大幅攀升与母婴电商网站的快速发展有关。9 月份至 12 月份为电商销售旺季，天猫、京东、苏宁等电商组织的促销活动极大吸引了母婴产品消费者的兴趣，母婴网络信息服务网站覆盖用户数也随之升高。

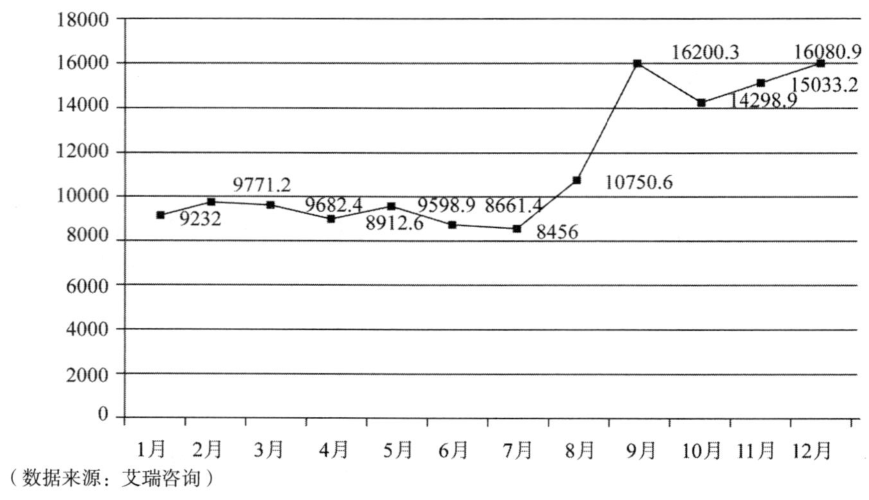

（数据来源：艾瑞咨询）

图21.31　2013年中国母婴网络信息服务网站月度用户覆盖人数趋势图

21.10　网络文学服务发展情况

21.10.1　市场情况

移动互联网及移动智能终端的快速普及，为网络文学提供了高速发展的条件，用户对数字阅读的需求潜力不断被挖掘，网络文学市场逐渐引起投资者的关注。目前网络文学已形成了内容生产、发行、推广、消费一整套产业链，健康高速发展的生态体系初步建立。根据EnfoDesk易观智库预测，2013年中国网络文学市场规模达46.3亿元，较2012年环比大幅增长66.7%（见图21.32）。预计在2015年，整体市场规模将突破70亿元。

网络文学产业合作发展趋势明显，中文在线、盛大文学和腾讯文学三大“市场领先者”合作意图明显，融合举措频出；网络文学终端向多屏全网跨平台发展，多厂商推出的云服务，可实现多终端、多平台、多网络中无缝切换；市场由渠道为王在向内容为王过渡，互联网服务提供商日益重视版权资源，意图形成全媒体内容运营商；此外，高端阅读市场进入开发者眼界，传统出版社互联网化或试运营网络文学业务，将促进高端用户网络文化市场的活跃和发展。

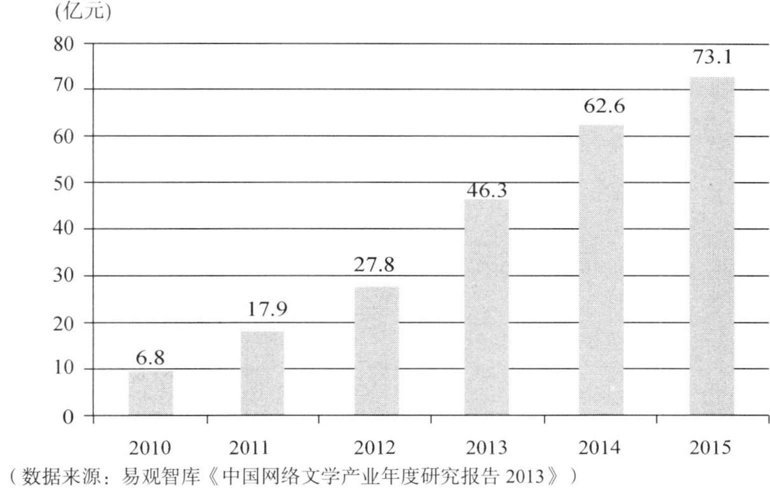

图21.32　2010—2015中国网络文学市场收入规模

21.10.2　网站情况

易观智库发布的《中国网络文学产业年度研究报告 2013》显示，中国网络文学网站的品牌认知，起点中文网排名第一，占比 32.8%；17K 小说网排名第二，占比 20.5%；小说阅读网排名第三，占比 8.3%（见图 21.33）。网络文学内容提供商实力矩阵显示，中文在线、盛大文学位于领先者象限，腾讯文学处于创新者位置。

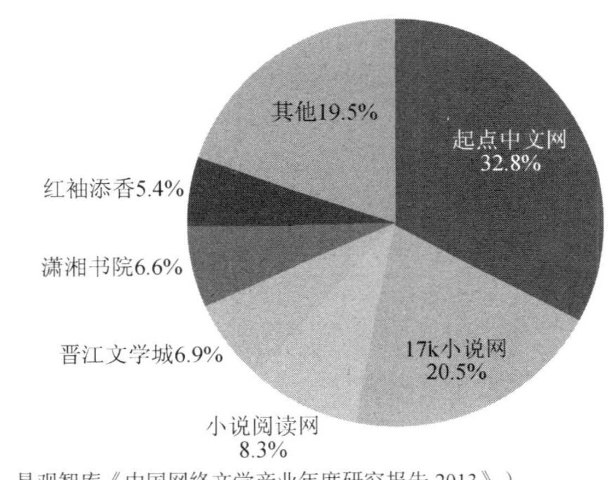

（数据来源：易观智库《中国网络文学产业年度研究报告 2013》）

图21.33　中国用户网络文学品牌认知

21.10.3　用户情况

自 2011 年起，网络文学市场进入高速发展期，截至 2013 年年底，网络文学活跃用户达到 4.3 亿人，2015 年达预计 6.2 亿人（见图 21.34）。

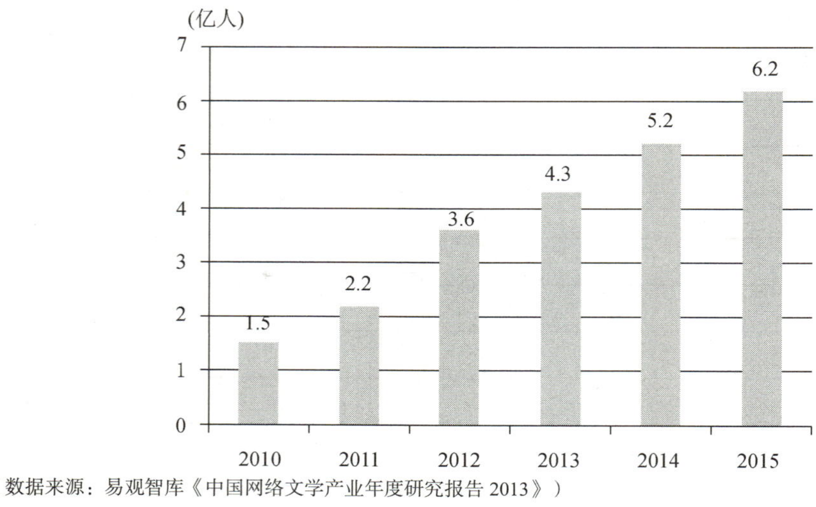

（数据来源：易观智库《中国网络文学产业年度研究报告 2013》）

图21.34　2010—2015年中国网络文学市场用户规模

从性别来看，中国网络文学用户男性占 63.4%，是主要的消费群体。分析显示，网络热门小说中关于盗墓、探险、玄幻等题材的作品均大受欢迎，此类作品与男性偏好猎奇、寻求刺激等心理契合；此外，网络文学与网络游戏融合也是男性用户超过女性的原因(见图 21.35)。

网络文学用户以 18～35 岁用户为主，占比超过 80%；但是随着智能机向低龄用户渗透，18 岁以下网络文学用户占比较之前有所提高（见图 21.36）。分析认为，智能手机、iPad、电子书等便携式设备在年轻网民群体的高度普及，技术门槛和长年阅读习惯的影响，让年逾 40 岁的用户群体可能更倾向于纸质化书籍。

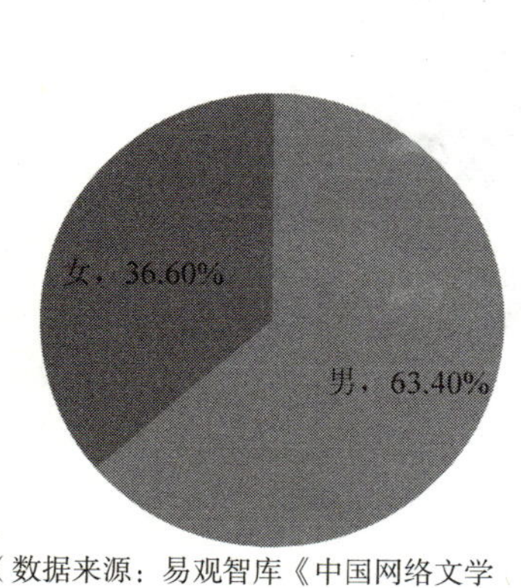

（数据来源：易观智库《中国网络文学产业年度研究报告 2013》）

图21.35　中国网络文学用户性别比例

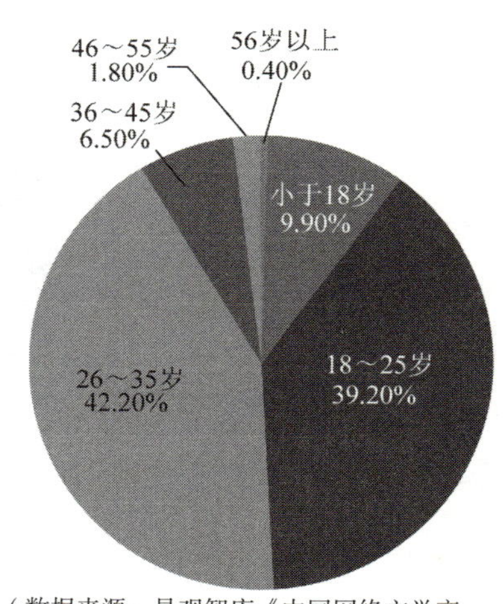

（数据来源：易观智库《中国网络文学产业年度研究报告 2013》）

图21.36　中国网络文学用户年龄结构

网络文学用户依然以低学历用户为主，高中及以下用户占 50%以上（见图 21.37）；与之前数据相比，网络文学用户逐渐向较高学历渗透，高端网络文学市场开发逐渐发力。分析认为，低学历用户对文学阅读的需求明显高于高学历用户，其中又以在校学生和年轻上班族为主，他们在工作学习的闲暇时间较为充裕，对大量的修真玄幻或都市生活题材作品都容易产生兴趣或共鸣，而学历过低和过高的用户这方面的需求则不强烈。

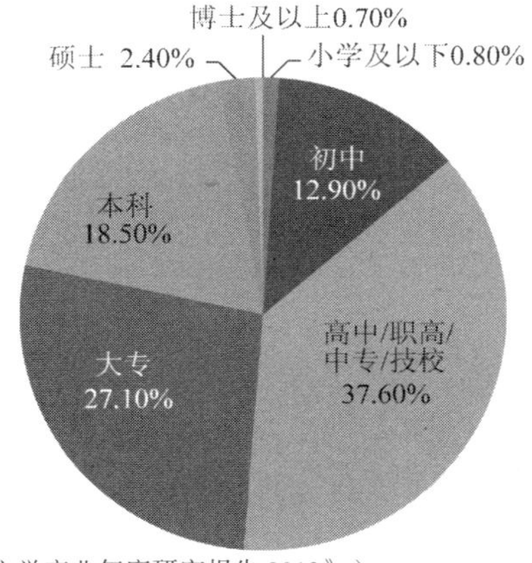

（数据来源：易观智库《中国网络文学产业年度研究报告 2013》）

图21.37　中国网络文学用户学历结构

（国家计算机网络应急技术处理协调中心　毕涛）

第 22 章　2013 年中国物联网发展情况

2013 年，我国物联网行业继续迅速发展壮大。在政府部门密集出台多项支持政策、大量资金进入物联网行业的环境下，我国物联网技术取得多项突破，市场规模迅速扩大，物联网企业大量涌现并快速成长，市场前景广阔。物联网技术在越来越多的领域得到应用和推广，对社会生产和群众生活发挥着日益深刻的影响，大幅提高了企业生产效率和人民生活质量。

22.1　发展环境

2013 年，国家陆续出台了多项促进物联网产业发展的政策和措施，进一步为物联网产业发展营造了良好的政策环境。在政策的引导下，大量资金流入物联网行业，为物联网的迅速发展提供了强有力的资金支持。此外，政产学研的密切合作，也为物联网的发展创造了优质的技术环境。

22.1.1　政策环境

2013 年，国家密集出台推动物联网发展的政策，一方面重视政策支持、规范、指导，另一方面逐步放开市场，推动资本市场对接物联网产业发展。在政策的双向加码下，我国物联网的发展更加务实，相应的激励和扶持政策更加细致完善。

2 月，国务院发布《关于推进物联网有序健康发展的指导意见》。《意见》提出：到 2015 年，我国要实现物联网在经济社会重要领域的规模示范应用，突破一批核心技术，培育一批创新型中小企业，打造较完善的物联网产业链，初步形成满足物联网规模应用和产业化需求的标准体系，并建立健全物联网安全测评、风险评估、安全防范、应急处置等机制，以期初步形成物联网产业体系。2 月，国务院办公厅发布《贯彻实施质量发展纲要 2013 年行动计划》提出，推进乳制品、大米、面粉、食用油、白酒、特种设备等重点产品质量安全追溯物联网应用示范工程建设。3 月，《国家重大科技基础设施建设中长期规划（2012—2030 年）》正式发布，规划明确未来 20 年我国重大科技基础设施发展方向和“十二五”时期建设重点，强调为突破未来网络基础理论和支撑新一代互联网实验，建设未来网络试验设施，主要包括：原创性网络设备系统，资源监控管理系统，涵盖云计算服务、物联网应用等。4 月，工业和信息化部发布《2013 年食品安全重点工作安排》提出，加快食品安全信息化建设，支持婴幼儿配方乳粉、酒类生产企业运用物联网技术建立产品质量可追溯体系。5 月，农业部印发《农业物联网区域试验工程工作方案》，以实现推动农业现代化深入发展的目标。6 月，国家标准委向公安部、国家林业局，全国信息技术标准化技术委员会、全国智能运输系统标准化技术委员会、全国物品编码标准化技术委员会下达了物联网等 47 项国家标准计划。8 月，国务院发布《关于促进信息消费扩大内需的若干意见》，提出进一步推动物联网技术的应用。9 月，国家发展改革委、工业和信息化部等物联网发展部际联席会议相关成员单位联合印发 10 个物联网发展专项行动计划，包括顶层设计、标准制定、技术研发、应用推广、产业支撑、商业模式、安全保障、政府扶持措施、法律法规保障和人才培养专项行动计划。10 月，工信部电子工业标准化研究院发布了首个 RFID 国家标准《信息技术射频识别 800MHz/900MHz 空中接口协议》，标志着我国物联网行业标准体系基本形成。10 月，国家发展改革委启动 2014—2016 年国家物联网重大应用示范工程区域试点工作，并发布《关于请报送 2013 年国家物联网应用示范工程工作方案的通知》。通知指出，为推进重点领域的物联网应用示范工程建设，按照“重民生、树典型、有保障”的工作思路，将重点选择警用装备管理、监外罪犯管控、特种设备监管、快递可信服务、智能养老、精准农业、水库安全运行、远洋运输管理、危化品管控 9 个重点领域，推进实施 2013 年国家物联网应用示范工程。

22.1.2　资金支持

国务院发布的《关于推进物联网有序健康发展的指导意见》指出，为实现目标，国家将在物联网的应用和产业发展方面，加强财税政策扶持、完善投融资政策，鼓励金融资本、风险投资和民间资本投向物联网产业领域。保障措施包括：加强财税政策扶持，支持符合现行软件和集成电路税收优惠政策条件的物联网企业按规定享受相关税收优惠政策，经认定为高新技术企业的物联网企业按规定享受相关所得税优惠政策；鼓励金融资本、风险投资及民间资本投向物联网应用和产业发展；加快建立包括财政出资和社会资金投入在内的多层次担保体系，加大对物联网企业的融资担保支持力度；对技术先进、优势明显、带动和支撑作用强的重大物联网项目优先给予信贷支持；积极支持符合条件的物联网企业在海内外资本市场直接融资。《意见》的出台缓解了部分企业资金链难题，给物联网产业发展注入了新的活力。

4 月，工业和信息化部、财政部启动 2013 年物联网发展专项资金项目的申报工作，继续通过专项资金的方式推动物联网产业发展，并确定了智能工业、智能农业、智能环保、智能物流、智能交通和智能安防六大重点发展领域。据多家机构研报分析，此举将利好超过 40 家 A 股上市公司，并使众多物联网企业获得发展资金，推动新一轮产业发展。

9 月，山西环保物联网建设项目被列入世界银行 2014—2016 财年规划新增贷款项目名单，标志着国际组织开始关注物联网在环保领域的应用。

22.1.3　技术环境

国务院发布的《关于推进物联网有序健康发展的指导意见》提出，将突破关键技术作为物联网发展的核心，从物联网感知、网络通信、信息处理等三大关键环节提出相应目标，明确了研发攻关的主要任务。

5 月，工业和信息化部电信研究院发表《物联网标识白皮书》。目前，物联网标识研究已经成为国际和国内的研究热点之一，各领域出现了成熟程度不一、应用范围不等的多种标识体系，也呈现了众多标识技术共存且应用现状复杂的状态。白皮书对物联网标识的概念、标识的解析以及标识的管理进行了分析，总结提出了物联网标识体系。在对标识发展现状和趋势进行研究的基础上，分析了我国物联网标识发展面临的挑战，提出了我国物联网标识发展思考与建议。

7 月，“物联网技术创新与产业应用论坛”在北航科技园举行。此次论坛由工信部软件与集成电路促进中心（CSIP）和北京航空航天大学共同指导，北航科技园主办。论坛期间，CSIP 与北航科技园共建的国家软件与集成电路公共服务平台——北航科技园物联网技术创新中心举行了揭牌仪式。CSIP 副主任高松涛表示，在政府大力扶持下，经过了几年的技术和市场培育，我国物联网产业即将进入高速发展期。北航和 CSIP 各自在相关领域都积累了一定的资源和优势。双方将以创新中心为载体，共同促进物联网相关科技成果转化、高新技术企业孵化、创新创业人才培养等，共同推动中国物联网产业健康、持续、快速发展。

9 月，工信部软件与集成电路促进中心（CSIP）宣布成立物联网教育培训中心，并授权慧科教育运营该培训中心。CSIP 主任邱善勤介绍，物联网教育培训中心将聚焦智慧城市、车联网、可穿戴计算三大应用领域，并通过与高校、政府、企业联合，为各行业输送物联网人才。慧科教育创始人兼 CEO 方业昌介绍，针对目前物联网课程设置“重理论、少应用”的现状，CSIP 物联网教育培训中心设法弥补此中不足，聘任了来自产业、研究一线的 20 多位物联网工程师，并与爱立信、华为、海尔、福田汽车等企业合作，为该中心提供行业应用平台。

10 月，首个国家级物联网产业联盟“物联网产业技术创新战略联盟”成立大会在北京召开，国家发展改革委、工信部等物联网发展部际联席会议 14 个部委作为联盟指导单位参会，来自 40 家联盟发起单位的代表参加了会议。组建“物联网产业技术创新战略联盟”是国务院关于推动物联网有序健康发展的专项任务之一，联盟按照“战略引领、协同创新、产业推动、合作共赢”的原则组建，由中国电子科技集团公司率先发起，联盟成员包括中国电信、清华大学等 40 家涵盖产、学、研、用的在物联网技术各领域有影响力和代表性的企业和单位。联盟将在 2015 年前滚动组织实施国家物联网重大应用示范工程、应用推广，构建物联网应用推广服务体系，建立具有成熟商业模式的案例库；培育和发展物联网特色产业基地和产业园区，建设面向全国和重点物联网产业聚集区的检测、认证服务平台；设立物联网创业投资基金，研究制定物联网个人信息保护办法等。联盟的成立对于加强物联网产学研紧密结合、开展物联网重大技术协同创新、形成产业核心技术和标准、推动物联网及相关产业实现重大科技突破和转型升级具有重要意义。

22.2 发展概况

2013 年，我国物联网市场供求延续旺盛态势，物联网技术进步迅速，新应用、新产品不断出现，各个细分市场需求强劲，盈利模式不断创新，市场规模迅速扩大。

22.2.1 市场规模

当前，我国物联网发展正处于提速阶段，下游应用领域逐渐增多，市场规模也迅速扩大。中国移动首席科学家杨景表示，中国的物联网到了关键的发展时期，2012 年已经发展到 3650 亿元的规模，比上年增长 38.6%，预计 2013 年市场规模可以突破 6500 亿元。赛迪智库信息化研究中心副主任杨春立指出，随着我国物联网技术的研发和产业发展，未来三年我国物联网市场增长率将保持在 30%以上。安信国际认为，我国物联网发展的近期目标是逐渐实现物联网在经济社会重要领域的规模示范应用，物联网的需求将不断扩大，其远景是“万物连网”的状态，国内厂商机会很大。

在 2014 年年初的美国消费电子展上，思科首席执行长钱伯斯表示，物联网理念将驱动未来十年的全球创新，并带来规模高达 19 万亿美元的巨大市场。

22.2.2　市场格局

从供给方面来看，我国技术整体落后的局面仍未有明显改善。发达国家（美欧日韩等）掌握核心技术，产业链条成熟，少数大公司的产品在全球应用市场实现了垄断。而国内大部分企业不掌握核心技术，大多处于产业链低端。我国传感器技术、射频识别（RFID）超高频芯片设计和集成技术、信息处理与决策分析技术、基础电子制造技术、嵌入式系统等技术相对落后，不能满足大规模应用对物联网产品低成本、低能耗、高智能、高可靠性的要求。如国内从事传感器科研、生产、应用的单位超过 1500 余家，但中高档传感器产品几乎 100%从国外进口，90%芯片从国外进口，传感器技术水平比国外要落后 10～15 年，可靠性指标低 1、2 个数量级，而且国产传感器的产业化率不到 5%。

从需求方面来看，细分市场需求强劲，民生应用受到关注。随着生产生活和社会管理方式加快向智能化迈进，相关行业对物联网的需求显著提升，智能卡技术、二维码识别、传感器等细分行业市场需求强劲释放。走进生活、惠及民生成为物联网发展的重要趋势。2013 年以来，各地物联网应用示范工程加快推动惠民应用，以民生为导向成为共识。此外，我国工业化程度低，农业生产还处于小农经济，城市快速发展要求管理水平提升等都为物联网创造了广阔市场空间。

22.2.3　盈利模式

目前，国内物联网行业尚未出现较为成熟的盈利模式。在运营服务方面，目前主要由集成商或者软件提供商等企业在承担着运营服务的角色，电信运营商也在积极布局这一市场，但总体用户规模不大。国内物联网行业存在的商业模式主要有以下几种。

一是政府投资推动模式。目前国内物联网项目多数由政府投资驱动，因为目前物联网应用正在逐步进入电力、工业、交通等民生工程、公共服务领域，处于发展初期，需要政府为物联网产业的发展提供安全保障。政府选择具有战略性、全局性、示范性的物联网项目和工程，并投入资金，有助于加强产业化过程中各行业各部门之间的互动与协调，能有效地保障物联网产业的顺利发展。

二是政企合作模式。政企合作模式能充分发挥政府强大的资金实力与企业掌握的先进技术的优势，推动物联网产业的发展。政企双方可以广泛开展示范项目合作，在公共服务等多个领域推广物联网应用项目，由点到面，逐步推广，形成产业重点化突破和规模扩大化增长格局，以推动物联网产业链的健康成长。

三是厂商用户与科研机构联合推动模式。这种盈利模式的推动力来自众多科研成果转化生产、生活应用的需求，科研机构充分发挥自身技术优势，将科研专利出售给有需要的厂商用户，合作开发出实用性的智能化方案。

22.2.4 技术发展

近年来，我国物联网技术陆续在部分领域取得新突破。我国光纤传感器技术达到世界先进水平，微机电系统（MEMS）传感器技术取得一定突破；在 RFID 技术领域，我国中高频 RFID 技术接近国际先进水平，超高频和微波 RFID 技术方面取得一定进展；在近距离无线通信方面，我国提出了自主创新的工业无线通信技术（WIA-PA），重庆邮电大学推出了全球首款基于 WIA-PA 的工业物联网核心芯片——渝“芯”一号，打破了工业物联网技术发展的芯片瓶颈。

信息、通信和技术（ICT）深度融合将推动物联网快速发展。ICT 的快速发展正加剧行业的变革，尤其是移动互联网的爆炸式发展，不断催生新的业态出现。集成传感器、自动识别技术、指纹认证、运动感应、增强现实等技术的智能终端大量出现，已经在手机支付、移动医疗等领域展开应用。新形态的集成智能终端不断涌现。物联网借助移动互联网快速发展之势，首先通过终端层面的有效融合，带动了以面向行业为主的应用向面向个人用户的应用过渡，其次通过行业信息资源的开放程度不断深化，将更多的信息开放给用户，融合大数据技术，推动了物联网应用的创新，带动了物联网规模发展。

22.3 应用分析

2013 年，我国物联网发展稳步推进，取得了积极成效。物联网充分发挥渗透性强的特点，在各个行业的应用全面开展。

22.3.1 食品溯源

2013 年，我国大力开展了食品安全溯源体系建设，肉菜、酒类、乳制品溯源系统等纷纷建立，快速发展。全国肉菜流通追溯体系建设试点已经分三个批次在 35 个城市开展了体系建设。基于 RFID 技术的动物电子耳标试点工作在多个城市启动。国家重点食品质量安全追溯物联网应用示范工程已经开始了全面建设。

无锡市是我国商务部首批肉菜流通追溯体系建设试点城市之一。作为该建设项目系统集成首批入围供应商，中科软科技股份有限公司近年来应用物联网技术，在无锡建立具有经营主体管理、流通信息汇总、数据统计分析、应急事件处置、流通信息追溯等功能的肉菜流通及特产农产品质量追溯系统。该系统在无锡数十家肉菜市场应用，实现从生产养殖到零售终端的全过程、全方位追溯，为业界提供了保障食品安全的物联网解决方案。以蔬菜为例，所有在追溯系统内进行蔬菜交易的供应商、批发商、零售商均须在无锡市蔬菜准入备案中心进行备案，合格者将得到一张属于自己的“交易卡”，卡中包含了持卡人姓名、联系方式、住址等个人信息，实现交易“实名制”。

7 月，工信部正式批准锡林郭勒盟开展肉制品质量安全追溯体系建设试点工作。试点工作运用物联网技术以及数据库等现代信息技术手段，2013 年的试点目标是建立盟级追溯管理平台，实现肉羊养殖、屠宰加工、物流配送、消费终端等全产业链的无缝监管，做到来源可追溯、去向可查证、责任可追究，统一打造“锡林郭勒羊肉”品牌，确保锡林郭勒羊肉产业质量安全、优质优价、牧民增收，并借此保护锡林郭勒草原生态环境。

安徽省黄山市茶叶企业充分利用物联网科技实行茶业生产环节的信息全部可追溯，方便消费者辨别真伪、放心购物。茶叶是黄山市主要的经济作物，每年出口总量占全省的三分之二，无论是到茶业原产地还是全国各地的茶叶专卖店，能否买到称心如意、安全质优的茶叶一直是顾客关心的问题。通过物联网技术的应用，很快就可检测出产品的真伪，并能获得厂家信息、生产批号等。消费者在购买茶叶时，只需要通过手机、查询机或条码扫描仪，对外包装上的二维码或条形码进行扫描，即可得到有关茶叶种植、采摘、加工、仓储、传输、销售等全过程信息。

22.3.2 安全防范

近年来，我国不断促进物联网技术在安全防范领域的应用，推动智能管理、安全生产物联网的技术进步，一批先进适用技术成果和产品得到推广应用。

我国武警部队通过智能管理系统，实现了从武警部队后勤部到各个总队、支队、中队的四级联管联控。智能军械管理系统依托物联网技术，整合指纹门禁、视频监控和仓储可视等信息技术，通过智能安防、感知和管理等多种功能，实现了人防、物防、技防相结合，提升了军械物资管理效能。

北京市运用现代的科技手段提升安全生产监管的精细化程度。采用物联网技术，接入生产企业的数据，研究建立风险源分级预警处置管理模式。如在烟花爆竹的零售网点运用音视频监控，在批发仓库运用物联网技术监管等。此外，北京市在 2013—2014 年度取暖季重点推出物联网型报警器，可以同时发送无线信号报警或手机短信给用户的多名亲属和企业监控站点，有效解决因不接电话、产品故障、老人儿童不会应对造成的事故。

福建省首个电梯安全物联网技术规范——“厦门市电梯安全物联公共服务平台技术规范（标准）”通过由国家质检总局特种设备安全监察局、中国物品编码中心等组成的专家组审查。专家一致认为，该系列技术标准引导企业运用物联网技术对电梯安全进行管理，体现了企业落实主体责任、政府创新监管模式的管理特色；总结了国内有关城市电梯安全物联公共服务平台的建设经验，结合厦门区域特点制定，具有一定的先进性、科学性和实用性。

福建省依托物联网和云计算技术，建立起省、市、县、煤矿四级连网的“煤矿远程安全监管监察系统”，实现了安全监管由单一“人防”向“人机联防”结合的转变，推动全省煤矿安全生产形势逐步向好。煤矿远程安全监管监察系统融合了安全生产连网监控、动态监管、应急指挥三大功能，实现了对井下瓦斯、一氧化碳、温度、水位等参数和矿区工作场景的实时监控。该系统利用物联网技术，在井下各个作业面和关键部位安装传感器，要求每一位工作人员佩戴感应卡，通过传感和感应设备，可实时显示井下作业人员数量和动态分布状况，实施定位、跟踪、考勤、禁区报警、历史轨迹查询等动态管理。

22.3.3 智能电网

研究公司彭博新能源财经发布研究报告称，2013 年中国在智能电网方面的投资超过 43 亿美元，投资规模首次超过美国，成为全球最大智能电网市场。报告显示，去年中国在智能电网方面的投资大部分用于 6200 万个智能电表的安装，使得智能电表的总安装数量达到 2.5 亿个，约为美国家庭总数量的两倍多。彭博新能源财经预计，2014—2015 年，中国的配电自动化投资将增加，而日本、韩国、印度和东南亚国家的智能电网投资活动也会升温。美国将进入智能电网项目的第二阶段，即信息集成阶段，利用电网新数据在停电管理、客户细分和防盗管理等领域进行改进。

智能变电站作为智能电网建设的重要环节之一，是电网最为重要的基础运行参量采集点、管控执行点和未来智能电网的支撑点。2013 年，北京未来科技城 220 千伏新一代智能变电站的开工建设让这片坐落在北京昌平区的智能电网示范项目驶入了"快车道"。该站作为智能电网综合示范工程的重要组成部分，以"占地少、造价省、可靠性高"为目标，构建以"集成化智能设备+一体化业务系统"应用为特征的新一代智能变电站，节约工程造价 1200 多万元。同时，设计人员围绕"新型设备、新式材料、新兴技术"，构建基于电力电子技术和超导技术应用的新一代智能变电站，推动智能变电站创新发展。更值得一提的是，以未来科技城智能电网示范项目为依托，北京公司牵头负责 863 项目"主动配电网关键技术研究及示范"研究也于 9 月份启动研究。项目实施后，未来科技城智能电网将具有主动调节能力，在安全、可靠、优质、高效、兼容、互动六方面的效益优势突出，供电可靠性具备 99.9999% 的能力，供电电压合格率超过 99%，支持分布式电源的大量接入，即插即用，还可以实现能量互动。

22.3.4 环保监控

随着环保物联网应用的全面展开，该领域内的解决方案供应商不断聚集、壮大。

在科技部、湖南省的支持下，力合科技（湖南）股份有限公司历经 4 年攻关，成功研制了基于物联网技术的智能水质自动监测系统。这一系统克服了当前水质自动监测系统存在的监测参数可扩展性差、缺少在线质控手段、对异常数据智能化识别能力不足等瓶颈问题，可实现温度、色度、浊度、pH 值、悬浮物、溶解氧、化学需氧量以及酚、氰、砷、铅、铬、镉、汞等 86 项参数的在线自动监测。值得一提的是，科研人员利用发光细菌法，可对突发性污染事件进行预警。这一系统在长江、闽江、东江等流域以及南水北调中线工程得到应用，在多起重大水污染事件中发挥了作用。

西安交大长天软件股份有限公司开发的污染源自动监控解决方案，从架构上分为三个层次：感知层与控制层（现场数据采集）、平台服务层（环境在线监控中枢系统）以及应用服务层（基于在线监控系统的业务应用与决策系统）。该方案可实现对各污染源污染治理设施、自动监测设备状态的实施监控，及排污数据的实施监测与超标报警；可对监控数据进行查询、处理、分析，为排污信息统计与决策提供支撑；可对数据采集设备实现远程精确控制；可将业务信息与地理信息系统（GIS）平台有效结合，实现污染源静/动态显示等功能，为环保执法、应急等工作提供直观支持手段；可实现排污现场数据从现场数采仪到指定监控中心的直传。

22.3.5 智慧农业

2013 年 1 月，中共中央、国务院印发《关于全面深化农村改革加快推进农业现代化的若干意见》提出，加强以分子育种为重点的基础研究和生物技术开发，建设以农业物联网和精准装备为重点的农业全程信息化和机械化技术体系，推进以设施农业和农产品精深加工为重点的新兴产业技术研发，组织重大农业科技攻关。农业物联网技术是对农业信息化技术的集成创新，通过高新技术的集成应用，对农业生产、加工、物流、交易、消费各环节进行有效的改进和提升，最终实现“绿色、智能、可持续”的现代农业发展目标。

我国“南菜北运”的重要基地广西百色市 2013 年 3 月正式启动打造农产品质量安全全流程信息服务系统。此系统以移动互联网和物联网技术为基础，通过系统的建设，监管部门将随时监管农产品质量安全信息，为农民全过程全覆盖解决质量安全问题，并提供互动式新技术培训。同时，系统提供“二维码”溯源，提供准确定位，实现产销两地无缝对接。

安徽省淮北市首个农业物联网在濉溪县五铺农场建成并投入使用，标志着该市向“智慧农业”领域迈出重要一步。五铺农场此次构建的物联网系统包含大田综合环境采集、温室控制、室内综合环境采集、自动虫情测报、无线传感通讯等设备，不仅可以供大面积田地使用，也可供温室、养殖场等使用。通过农业物联网，该农场可实时掌握土壤养分、水分、农作物病虫害、农产品质量等信息。

福建烟草相关主管部门与物联网科技公司合作，引进先进的物联网技术，为烟草种植基地提供气象检测、采集和信息传输等服务。例如，安装于福建邵武烟草种植基地的物联网系统，可检测大气温湿度、风速与风向、光照强度、太阳总辐射、土壤温湿度等参数，并通过气象站管理软件，实现气象站设备的查看和管理、气象信息统计和查询、异常气象信息的短信发送等功能。

2013 年 5 月，在国家林业局信息办和北京市园林绿化局的共同努力下，首片“中国信息林”基本建成。中国信息林的建立，标志着中国第一片“智慧森林”正式建立。它不仅集中展示了中国林业物联网的应用，也将进一步加快推动营造林实现标准化、数字化和网络化，推动管理实现信息化和现代化。

22.3.6　车联网

车联网是移动汽车物联网的简称，是指装载在车辆上的电子标签通过无线射频识别技术，实现在信息网络平台上对所有车辆的属性信息和动态信息进行提取和有效利用，并根据不同功能需求对车辆运行状态进行有效监管和提供综合服务。车联网是物联网的重要组成部分，是新一代信息技术在交通运输领域的应用。在世界范围内，车联网系统在交通安全、交通服务、交通缓堵、节能减排、物流运输、应急救援、智能收费、城市管理等领域应用广泛。在我国，机动车的快速增长带来了交通拥堵、环境污染、能源消耗、交通事故等诸多问题，车联网技术的出现为解决这些问题提供了新的思路和手段。此外，作为物联网最具应用前景的组成部分之一，车联网带来的社会与经济效应将在我国经济转型、培育新型产业过程中扮演重要角色。我国已成为世界上最大的汽车市场，这为我国今后车联网技术和服务行业的发展提供了巨大的空间，未来几年，我国有望迎来车联网时代。

2013 年 4 月，由交通运输部和北京市政府合作共建的国家车联网产业基地正式落户北京市通州区的北京环渤海高端总部基地。国家车联网产业基地由中国交通通信信息中心、北京千方科技集团有限公司牵头建设，以车辆监管、运营服务为核心，聚集一批相关领域的研究中心、重点实验室和工程中心等创新机构，监测中心、认证中心等职能机构，以及上下游核心企业，打造包括汽车电子、芯片、车载终端生产、电子地图、导航服务、民用北斗、3G 通信、金融支付、车辆保险、油品能源、应急救援、物流服务等上下游贯通的车联网产业链。

22.4 发展趋势

1.政府相关政策与行业标准将大幅度完善

2013 年政府出台了诸多相关物联网行业的政策、指导意见，但从行业角度来说，这些政策只是起着辅助与指导的作用。物联网行业仍旧需要更多实实在在的政府支持，尤其是在行业相关的标准的制定上，物联网行业涉及我们生产生活的各个行业，所需要规范的标准也千条万缕，相信在 2014 年物联网产业更多的标准将会逐渐完善与出台，为我国物联网产业的发展奠定良好的基石。中共中央政治局委员、国务院副总理马凯在 2014 年 2 月 18 日召开的全国物联网工作电视电话会议上指出，要抢抓机遇，应对挑战，以更大决心、更有效措施，扎实推进物联网有序健康发展，努力打造具有国际竞争力的物联网产业体系，为促进经济社会发展做出积极贡献。可以预见，未来我国将继续大力健全和完善支持物联网发展的各项政策和措施。

2.物联网务实产品涌现

物联网这几年经过了一轮轮热炒，概念升温迅速，但也在一些领域得到了不同程度的应用。进入 2013 年以来，基于物联网的应用已经如雨后春笋般出现在我们眼前，云端应用、智能产品、可穿戴设备已经慢慢走出科研院所，涌入了老百姓的工作生活中。不可否认，现阶段的“物联网产品”仍旧有着诸如价格、技术、网络等的限制，但预计未来将会涌现出越来越多的深刻影响民众生活的物联网产品，物联网技术和应用将逐步深入民生领域，真正改变大家的日常生活。

3.物联网从 1.0 时代开始向 2.0 时代过渡

从 1998 年物联网概念提出以来，物联网已经走过了 15 年的光景，从一开始等同于 RFID 的物联网到集传感器、网络、应用平台于一身的物联网，再到今天的各种智能产品为代表的物联网，物联网开始慢慢走出自己的应用孤岛。而随着物联网应用的深入、移动智能终端特别是穿戴式终端的兴起，物联网已经来到了 2.0 时代的大门前。物联网势必将突破孤岛、实现各种应用的互连，从行业驱转化为到消费市场驱动。

4.更多企业进军物联网

物联网可以说是个火热的行业，数字光鲜无所不在，政府报告、媒体新闻里经常出现，而另一方面，创业者很少涉猎，企业实力也相对薄弱。从 2013 年诸多大企业纷纷涉足物联网行业来看，未来将会有更多的企业跨界、融合到物联网的大潮中来。众多实力雄厚的公司也将物联网作为下一个争逐的焦点。而对于物联网行业的中小企业来说，也会面临日益增多的并购融合和竞争挑战，在不远的将来物联网也将迸发出与互联网行业相仿的态势和行业面貌。

（国家计算机网络应急技术处理协调中心　朱晓航）

第 23 章　2013 年中国云计算发展情况

23.1　行业发展概况

2013 年以来，我国云计算市场发展保持快速增长，商业模式逐渐清晰，产业规模增速远超国际水平，新服务新业态不断涌现，创新能力显著增强。数据显示，中国云计算的市场规模从 2010 年的 167.31 亿元增长到 2013 年的 1174.12 亿元，三年的复合年均增长率（CAGR）高达 91.5%。展望 2014 年，随着我国云计算发展培育期的基本结束，快速成长期将随之到来，预计到 2015 年以后，中国云计算产业发展将趋于成熟。

中国是目前全球竞争最为激烈的云计算市场之一。一方面微软、IBM、亚马逊等跨国巨头继续采取与国内企业合作等方式，加速进入国内市场。作为全球最大的公有云服务提供商，2013 年 12 月，亚马逊直接与北京市政府及宁夏回族自治区政府签署谅解备忘录，借助当地的基础设施和现有资源，加快在中国市场的部署速度。另一方面，国内以阿里巴巴、百度、腾讯为代表的互联网服务企业，华为、中兴、用友等传统软硬件企业，以及其他云服务提供商继续加大市场及业务开拓。2013 年 6 月，在北京召开的第五届中国云计算大会上，中国三大电信运营商集体表态，云计算将会是他们转型的重要方向。中国移动甚至将云计算提升至运营商“核心网”的地位，关注“云计算的制高点”问题，这预示着未来中国云计算市场的竞争将愈加多元、复杂及激烈。

与此同时，国际云计算市场也是如火如荼，云计算已经成为全球 ICT 产业最具活力的领域之一。根据市场研究机构 Gartner 数据，2013 年全球公有云服务市场规模将从 2012 年的 1110 亿美元，增长至 1317 亿美元，继续成为全球 ICT 产业增长最快的领域之一。北美依然是公有云服务普及率最高的地区，Gartner 预测，2013—2016 年间，北美市场的公有云服务支出将占到所有新增云计算服务支出的 59%。西欧市场的公有云普及率将继续保持第二的位置，公有云在所有云计算支出中占到 24%的比例。但是，公有云服务增长最快的依然是新兴市场，尤其是亚洲的中国、印度尼西亚、印度和拉丁美洲的阿根廷、墨西哥和巴西。数据显示，2012 年、2013 年中国公有云市场规模分别为 35 亿元、47.6 亿元，增长率为 70%、26%，远高于同期国际市场 25%、18%的增速。调研机构 IDC 预测，到 2016 年，中国公有云市场将达到 246 亿元，复合年均增长率（CAGR）高达 38.6%。

23.1.1 产业环境分析

中国云计算产业正式起步于 2007 年，与国际主流发展态势不同的是，我国云计算产业是在政府政策、规划主导，以及优惠措施的推动下快速发展起来的。初期商业模式不成熟，主要以政府主导建设云计算中心，也就是公有云建设为主。2010 年之后，国内云计算产业逐渐步入发展阶段，政策、产业、环境、商业模式等市场环境逐渐完善，预计到 2015 年后，中国云计算产业发展将趋于成熟。

2013 年以来，在中央政府的大力支持和地方政府的积极推动下，业界的资金、技术等资源大量投入云计算市场，我国云计算产业结构不断优化，规模不断扩大，产业链日趋完善，环境也进一步优化。

首先，中央政府在支持和推动云计算产业发展方面不遗余力，对云计算的支持与推动逐步从战略层面的重视开始走向战术层面的落实。自国务院关于加快培育和发展战略性新兴产业的“决定”将云计算列为战略性新兴产业重点以来，政府连续出台、制定了一系列的指导政策及规划，积极推动云计算市场的发展。2012 年，在财政部发布的政府采购品目分类“目录”中，增加了软件运营服务（SaaS）、平台运营服务（PaaS）、基础设施运营服务（IaaS）等三类具备云计算特征的服务内容。2013 年年初，工信部等五部委联合发布关于数据中心建设布局的“指导意见”，对我国数据中心，特别是大型数据中心的合理布局和健康发展进行了积极规范。2013 年 5 月，发改委发布了关于加强和完善国家电子政务工程建设管理的“意见”，强调要推进包括云计算在内的新技术在电子政务项目建设中的应用。展望 2014 年，政府将积极出台有关云计算发展的指导性、规划性文件，进一步优化我国云计算发展环境，推动产业快速成长。

其次，地方政府继续对云计算产业保持着较高的发展热情，目前全国已有 30 多个省区市发布了有关云计算的战略规划及实施行动的方案。如广东等省制定发布《广东省云计算发展规划（2013—2020 年）》；天津市在《国民经济和社会发展计划》中提出重点发展“六云（云感知、云计算、云存储、云安全、云方案、云灾备）”产业的概念；福建厦门市发布了《闽台云计算产业示范区总体规划（2013—2020 年）》。此外，由于北京、上海、深圳、杭州等已于先期开展云计算建设的一线城市，在技术服务、产品结构、基础设施等方面取得了一定优势，加上一批二三线城市也制定、启动类似云计算发展规划及相关计划，未来我国云计算市场布局将进一步优化，相关云应用在国民经济和社会发展各领域中的作用将越来越大。

最后，在用户需求和市场利益的双重刺激下，我国云计算产业格局和企业群体已初步形成，行业的技术研发及产业化能力明显提高。2013 年以来，随着云计算应用服务的不断创新及加速落地，以及基于企业和个人用户需求的迅猛增长，我国云计算相关企业已经超过 200 多家。百度、腾讯、奇虎等企业的云服务平台的用户量，均已超过 1 亿，阿里巴巴和金蝶云服务支持的中小企业数量也超过 70 万。与此同时，阿里巴巴、盛大、百度、腾讯等大型互联网企业自研的云平台已经在自身云服务中投入运行，并实现了对数千台服务器集群的统一控制与管理；华为、浪潮、曙光、中国移动等企业均推出了能够实现大规模计算、存储资源、集群管理的云平台软件产品，并在部分企业私有云中得到应用，我国云计算行业在技术研发及产业化能力方面已基本形成。

23.1.2　市场规模统计

随着国内用户对云计算认知水平的不断提高，我国云计算市场规模不断膨胀，保持着较高的增长速度。据 Gartner 2013 年 12 月发布的数据，2013 年中国云计算的市场规模为人民币 1174.12 亿元。有市场人士预测，到 2015 年，我国云计算产业链规模将达到人民币 7500 亿至 1 万亿元，在战略性新兴产业中所占的份额有望达到 15%以上。另据工信部电信研究院总工程师余晓晖的数据，国内企业对云计算的了解程度也正在进一步提升，有 79%的受访企业表示对云计算有一定了解，而 37.5%已经开始部署云计算应用，受访企业中部署 SaaS 用户占比最小，仅为 16%，但市场规模却最大，达到人民币 28.05 亿元，主要以企业管理软件和在线办公软件为主；PaaS 用户占比为 28%，但市场规模最小，为 1.84 亿元，以免费互联网应用开发为主；IaaS 层面应用虽拥有 56%用户数量，但市场规模仅为 5.11 亿元，主要集中在虚拟机、云存储等资源出租。

从国内云计算服务的发展现状及产业特点分析来看，目前 IaaS、PaaS、SaaS 市场局面分别可用“寡头并进”、“逐步发展”、“群龙无首”等词汇来形容。其中，云平台提供商和云应用服务提供商渐成为市场生态系统的主流。根据 CSDN 网站 2013 年 5 月发布的《2013 • 中国云计算大势• 平台榜》，中国云计算市场主要运行主体包括阿里云、腾讯开放平台、百度云、新浪等 15 个主要平台（见图 23.1），以及蓝汛、瑞星、安全宝、金山云等 300 余家创新云服务商。

序号	公司名称	主要产品	官方微博	印象
1	阿里云	云服务器，开放存储等	@阿里云	自主研发，体系完整云平台
2	腾讯	云服务器，云数据库等	@腾讯	基础+CDN、监控等增值服
3	百度	PCS、BAE、西米露	@百度	移动建站+集成开发+测试等
4	新浪	SAE、MAE等	@新浪	PaaS云计算机平台
5	世纪互联	数据中心/Azure	@世纪互联	Azure中国落地合作方
6	京东	京东开放服务	@京东	自成一系的云应用平台
7	盛大	盛大云	@盛大云	支持酷六，自主研发云平台
8	奇虎360	云+CDN	@奇虎360	安全、电商、手机、游戏等平台
9	中国电信	云托管、天翼云	@中国电信	基础资源、平台应用，解决方案
10	中国移动	大云	@中国移动	在开源软件上自主开发云平台
11	中国联通	智慧城市云平台	@中国联通	56个城市节点构建的平台
12	华为	计算、存储、托管、桌面	@华为	ICT推动中的平台与生态战略
13	中兴	CloudPlatform	@中兴	硬件产品+解决方案
14	品高	品高云	@品高	商用IaaS平台
15	UCloud	云主机(Uhost)	@UCloud	startup公司做IaaS的典范

图23.1　2013年中国云计算大势平台榜[1]

从国际市场分析，云计算已经进入务实发展阶段，全球云计算市场保持平稳增长态势。

[1] CSDN 网站：《2013 中国云计算榜单之一：15 云平台，谁主沉浮？》

据 Gartner 数据显示，2013 年全球广义云服务市场规模高达 1317 亿美元，年增长率为 18%，2017 年预计将达到 2442 亿美元，未来几年内将继续保持 15%以上的增速（见图 23.2）。同时，IaaS、PaaS 及 SaaS 市场也从 2012 年的 222.7 亿美元扩大到 2013 年的 333 亿美元，增长率高达 33%。但是，各个区域市场主体的地位和角色并没有因为整体市场的快速发展而产生太大变化，与 2012 年相比，全球云服务市场依然保持不均衡状态，主要区域的市场占有率整体变化不大。其中，美国依然一枝独秀，比例高达 50%以上；西欧和日本的占比有所下滑，分别为 23.5%及 4.5%；中国的比例占到 4%，以中国为代表的新兴市场主体份额逐步上升。

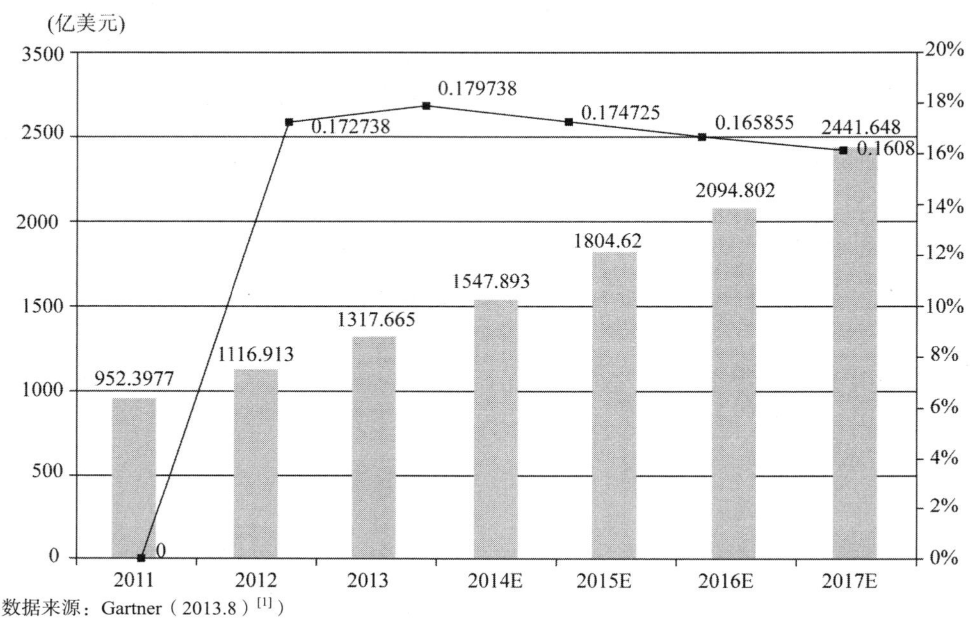

（数据来源：Gartner（2013.8）[1]）

图23.2　全球广义云服务市场

23.2　行业热点动向

2013 年，在云计算市场高速发展的大背景下，大数据、公有云服务、私有云、混合云、面向个人的云计算服务、开源云平台及工具类软件、桌面云部署等行业热点频出。云计算已经成为我国互联网创新创业的基础平台，其广度、深度及细度进一步扩展，积极推动市场容量的不断扩大。

1. 大数据的快速发展加速云计算生态系统的形成

2013 年以来，中国的大数据发展延续了 2012 年如火如荼的势头，越来越多的大数据项目走出概念验证阶段，步入生产和实施阶段。根据中国 ICT 研究咨询机构计世资讯的研究数据，2012 年中国大数据市场规模为 4.5 亿元，2013 年则增长到 11 亿元左右，增长率高达 59%。大数据已使得企业从“业务驱动”转变为“数据驱动”，从而改变了企业的业务架构。大数

[1] C114 中国通信网：《工信部解读国内云计算发展：重建设轻服务亟待转变》

据时代的到来，加快了云计算应用模式的发展，为产业带来更大的市场需求。在此背景下，硬件、软件、集成、运营、内容服务等领域的主要厂商纷纷借势转型发展，基于已有的产品及技术优势，推出云计算服务及解决方案，这使云计算产业链得以构建，以软硬件制造商、基础设施服务商、云计算服务提供商及相关支持服务提供商构成的云计算生态系统加速形成。

2. 公有云服务市场竞争进一步加剧

2013 年被云计算行业内人士定义为中国的“公有云元年”。全球排名前两位的微软、亚马逊公有云服务商都在这一年进入中国，而国内不断成长起来的公有云服务商也在这一年有不俗的发展和进步。2009 年成立的阿里云，在亚马逊入驻中国之前，已经发展成为中国第一大云计算公共服务平台。随着云计算市场竞争的加剧，阿里云最近推出了开发者服务平台及大规模市场优惠等一系列策略来应对竞争。此外，阿里云还计划在海外设立云数据中心，向部署海外业务的中国企业以及海外本土企业输出云计算服务能力。另外，腾讯继阿里和百度之后，正式进入开发者云市场；华为旗下云服务业务正式商用；中国电信和中国联通正式推出名为“天翼云”和“沃云”的云计算品牌，推出云存储等面向用户的全系列产品；苏宁电器拟将公司名称变更为“苏宁云商集团股份有限公司”，以便更好地向云服务模式转型。展望 2014 年，进军公有云服务领域的云计算企业数量将进一步增多，服务种类将进一步丰富，面向中小企业的 IaaS 服务和 SaaS 服务，以及地理、交通、金融等领域的个人应用将快速发展，使得服务环节在云计算产业链中的比重持续增大。

3. 大中型企业将积极关注、规划和部署私有云、混合云

私有云提供了对数据、安全性和服务质量的最有效控制，企业可以控制在基础设施上部署应用程序的方式，既可部署在企业数据中心的防火墙内，又可以部署在一个安全的主机托管场所。而混合云提供了一种能够融合企业内部资源与公共服务的改进的方法，具有灵活性、按需付费、精准的时间安排、更多的资源、更好的控制、更好的 SLA、有保障的安全等优势。调查数据显示，2013 年以来，预计有超过半数以上的我国大中型企业关注规划和部署私有云，积极采购面向云的软硬件及相关服务，在整合 IT 资源、降低维护成本方面取得了显著效果。Gartner 预测，虽然混合云目前的实际部署率较低，但目标期望很高。预计到 2016 年，私有云开始让路给混合云，到 2017 年年底将有接近半数的大型企业部署混合云。

4. 面向个人的云计算服务开始普及并继续发展

从 2008 年开始，世界上众多企业都推出了以云计算为基础的个人云计算服务。2013 年，Gartner 将面向个人的云计算服务评为 2014 年十大战略性技术之一。个人云计算服务一方面包含大量图片、视频等多媒体信息，另一方面又要面对大多数非专业使用者，因此要求个人云计算具有傻瓜化、大容量、高安全、可扩展等特征。近年来，我国面向个人的云计算服务开始普及，国内外已有一些企业提供了异彩纷呈、面向个人的云计算服务，改变了消费者工作、生活、学习、娱乐的习惯。相关服务如云存储、云视频、云阅读、云音乐等，具备共享、同步、面向移动、动态获取、多终端应用等特点。与此同时，移动设备的快速发展也继续推动着个人云的发展。根据中国互联网络信息中心的数据，截至 2013 年 12 月底，国内手机网民规模为 5 亿人，网民中使用手机上网用户占比达 81.0%。移动互联网的快速发展正促使个人计算的终端正在向着移动化、轻便化方向发展，使得消费者可通过网络快速进行分享、存储、备份、同步。这意味着将来跨平台操作系统的个人云计算中心将取代以往的操作系统，成为数字生活的中心，并不断地推动个人云计算服务的发展。

5. 开源云平台和工具类软件快速发展

2013 年，开源云平台市场正在步入全面繁荣期。早在 2012 年，世界知名开源平台 CloudStack 就在国内成立了 CloudStack 中国社区；2013 年，CloudStack 进行了强劲的市场推广。2013 年 6 月，另一世界知名开源云平台 OpenStack 在中国的首个服务中心正式推出，当年 10 月，易云捷讯发布易云 TM 云操作系统最新版本 EayunOS 3.2，这标志着国内首款基于 OpenStack 的商业化云计算平台成功落地。未来，基于开源技术来构建云基础设施将成为新的流行，开源云技术将继续朝着多元化的目标向前推进。与此同时，开源云技术相应的工具类软件也快速发展，并在国内得到广泛应用。这主要得益于三个方面：一是国内开源软件社区的推动，以及云计算相关软件开发的快速和高效；二是采用开源软件能够显著降低企业成本，与中国企业的短期诉求相一致，同时又与云计算发展的大方向相一致；三是国际领先企业的云计算大部分部署在开源平台上，国内企业通过学习国际企业先进经验和做法，间接促进了开源云平台和相关工具类软件的发展。

6. 国内桌面云部署的兴起预示着云端时代的到来

桌面云，即可以通过瘦客户端或者其他任何与网络相连的设备来访问跨平台的应用程序，以及整个客户桌面。桌面云系统，实现了对原本分散的众多用户桌面环境与数据的集中管理，使升级维护更高效、数据使用更安全、接入更灵活、业务处理能力更强、系统可靠性更高，改变了传统的企业工作环境和信息系统部署方式。在国际上，IBM、惠普、SUN 等大公司投入巨资，积极推动桌面云的发展。在国内，华为公司上海研究所采用了办公云，每个员工面前只有一个华为研发的瘦客户端和一台显示器，办公系统中所有的处理工作都集中在数据中心进行，节约了大量的办公资源。此外，2014 年年初，广东东莞政府某部门档案室部署了 SUNDE 桌面云方案，成为首个政府机构档案室的桌面云案例。随着国内桌面云系统提供商技术水平的提升和成功实施案例的增加，桌面云部署的兴起预示着云端时代正在到来。

23.3 各种云服务形式的发展情况

23.3.1 PaaS

从国内用户群和规模来看，PaaS 在我国的发展目前还处在初期发展阶段。就其未来发展来看，多数的专家和数据都预示着 PaaS 的发展前景广阔，价值有待进一步挖掘。诺达咨询《PaaS 市场分析及研究报告 2013》显示，我国 PaaS 市场将在 2013 年迎来规模化发展，增长率高达 118.1%，将超过 IaaS 市场的 92.3%。未来一到两年将是 PaaS 平台部署的密集期，有 36%的潜在企业用户计划部署 PaaS 服务，PaaS 服务将迎来高速发展期。

另据北京中关村宁夏科技园“中卫西部云基地”公布的数据，到 2014 年 IaaS 市场规模将达 994.85 亿元，年均增长 50%以上；PaaS 的市场规模为 7.39 亿元，年均增长 120%以上；SaaS 的市场规模将达 150.84 亿元，年均增长 80%以上。PaaS 的高增长率预示着其在未来几年将奋力前进。另据市场研究机构 IDC 最新研究数据，2016 年中国公有云市场规模将达到 246.7 亿元，其中 PaaS 需求占比最高，达到 43%；其次为 IaaS，占比为 36%。

国外各大 IT 企业也密切关注中国的 PaaS 市场。2013 年 5 月，微软高调在中国市场推出 Azure 平台，提供 PaaS、IaaS 及 SaaS 服务。而实际上，与微软持同样想法的公司不在少数。

2012 年以来，阿里云、腾讯、百度等中国企业也纷纷投资 PaaS。这些无疑预示着 PaaS 正在成为云计算市场竞争的新热点。

但是，仍有不少声音在唱衰 PaaS。有观点认为，在技术层面上，IaaS 和 SaaS 供应商完全可以打造出具有 PaaS 功能的一站式云服务应用，而不必专门为 PaaS 开辟平台。这就预示着未来某一天，PaaS 服务将最终将被合并到 IaaS 和 SaaS 中。此外，近年在云计算领域，在众多服务云供应商收购案件中，PaaS 服务商占大多数，这也给全球 PaaS 供应商带来了威胁。Gartner 数据显示，在云计算市场份额中，PaaS 仅仅占据了其中的 1%，而 SaaS 坐拥 14.7%，IaaS 也占到了 5.5%。随着时间的推移，PaaS 会逐渐冷淡，IaaS 和 SaaS 市场则开始呈爆炸式增长（见图 23.3）。

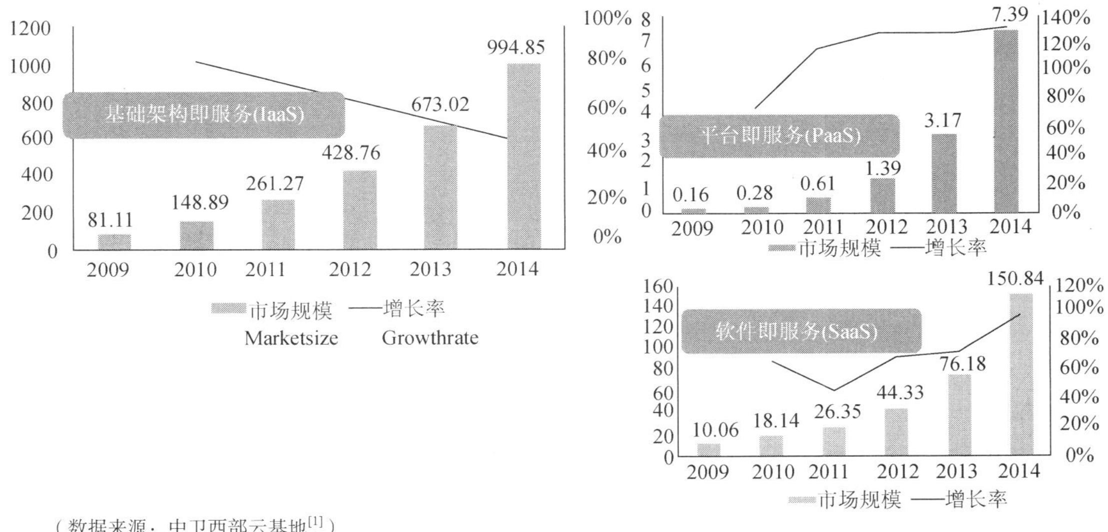

（数据来源：中卫西部云基地[1]）

图23.3 中国云计算市场规模分类预测

另据诺达咨询《PaaS 市场分析及研究报告 2013》数据分析，整体上国内的 PaaS 平台发展尚不成熟，未来国外 PaaS 商将会采取积极行动进军国内市场，凭借其技术优势及招商引资契机，积极与国内企业合作。对于国内企业而言，要想保持市场竞争优势，一方面要突破 PaaS 山寨国外的发展模式，积极落实本土化。另一方面须加大人力、物力和资本，实现技术平台突破、产品业务拓展、运营模式构建和产品营销策划，以求在市场中占据有利地位。

23.3.2 SaaS

SaaS 被业界认为是软件科技发展的最新趋势。由于具有部署简单、初始成本低、访问便捷等优点，相对其他服务形式 SaaS 明显具有优势。现阶段几乎所有的 SaaS 供应商都提供免费试用。随着 3G 的深入、4G 网络的放开和普及，以及接入问题、基础设施影响等的改善。SaaS 应用的爆发被认为只是时间的问题。Gartner 数据预测，2013 年全球 SaaS 收入将达到 121 亿美元，较 2012 年 100 亿美元增长 20.7%，预计至 2015 年，收入达到 213 亿美元。而

[1] 北京中关村宁夏科技园“中卫西部云基地”官方网站。

另一方面，企业对 SaaS 云服务的信任度也逐渐增强。2013 年数据显示，在企业已采用的 SaaS 服务类型，排在前五名的分别为企业邮件（9.9%）、个人储存空间（7.3%）、Office/在线文书（6.2%）、协作平台（6.0%），以及视频会议（4.4%），企业已逐渐习惯将非核心系统的内容逐渐转换至云端之上。另据不完全统计，过去一两年，在云和 SaaS 市场产生的合并与收购量多达 450～500 个，包括甲骨文以 19 亿美元收购人力资源管理公司 Taleo，9.56 亿美元收购市场自动化 SaaS 提供商 Eloqua；德国软件巨头 SAP 斥资 45 亿美元收购基于云的采购软件提供商 Ariba；IBM 以 13 亿美元价格收购专注于招聘和人才管理软件的 SaaS 提供商 Kenexa。

从 2004 年 SaaS 进入中国市场起，每一年都经历不同变化，在经过 2007 年、2008 年概念、模式的热炒，到 2009 年，媒体、用户、政府开始对 SaaS 真正关注，纷纷推出了各种 SaaS 扩张计划。2012 年是 SaaS 的转折年，尤其是在云计算得到了用户的普遍认可，同时也得到了众多厂商认同的背景下，根据《2013—2017 年中国云计算产业发展前景与投资战略规划分析报告》数据，2011 年，中国 SaaS 市场规模达到 584.3 亿元，增长率为 30.2%，2012 年市场规模有望突破 720 亿元。与此同时，SaaS 市场是中国云计算产业占比最大的市场，SaaS 层应用市场规模远超 PaaS 及 IaaS 层面应用。

但与国际市场相比，国内 SaaS 市场发展则逊色不少。目前在国内，云主机、云存储等资源租用云服务是当前的主要应用形式，尽管有阿里巴巴、用友、金山、金蝶等软件企业开始耕耘 SaaS 市场，但总体来看应用服务仍不够丰富。另外，虽然有国际 IT 巨头携带其 SaaS 服务开始进入中国市场，客观上积极推动国内云计算及 SaaS 服务的发展，但国内本土的软件服务及技术的缺失，使得国内企业的本土需求难以得到满足，而本土供应商才理应是国内 SaaS 市场真正壮大的中坚力量。

根据《2013 年 SaaS 应用现状及发展调查报告》，未来三年将成为 SaaS 的关键年。未来三年是 4G 网络铺设的关键阶段，直观地说是移动化从趋势变现实的关键阶段。因此各个领域对于“SaaS+移动”的模式将会有爆发性的需求，而与早前“云+端”模式不同的是，未来的企业的 SaaS 将更加多样化，不再拘泥于终端形式，更能够发挥出新技术带来的突破。而且通过调查发现，无论是 OA 还是财务，抑或是 ERP 或电子商务应用，这些都渴望通过 SaaS 模式进行改善，而且是在 IT 预算范围内希望得到更多改善的重点方向。另外，无论是 IT 选型的角度，还是从市场的角度，SaaS 模式已经经受了近两年的考验，而这两年的技术进步也为 SaaS 模式的探索提供了很好的条件和基础。SaaS 模式的互联网属性将会让更多的企业更快地拥抱互联网，并成为这些企业创新最直接的技术途径。

23.3.3 IaaS

虽然目前 IaaS 平台的发展还在初期阶段，但自从亚马逊推出 EC2 服务以来，IaaS 市场便一发而不可收拾，目前 IaaS 模式在整云计算市场份额中所占的比例超过一半。市场调研机构 Synergy Research Group 的调查数据也证实，在 2013 年第二季度中，IaaS 和 PaaS 为厂商带来了 22.5 亿美元的营收，但 IaaS 市场占据了绝大部分，高达 64%。除所占比重高之外，IaaS 市场的增速也非常迅猛。Gartner 数据显示，IaaS 公有云服务和云存储是增长最快的公有云服务类别，2012 年的增长速度就高达 42.4%，规模达到了 61 亿美元，而 2013 年 IaaS 的增长幅度提高到 47.3%，市场规模达到 90 亿美元。目前国际上领先的 IaaS 服务有亚马逊的 AWS 服务、CSC、Dimension Data、Savvis 与 Verizon 的 Terremark 服务。

尽管 IaaS 在国际市场大放异彩，但在国内的发展一直以来都较为缓慢。目前，仅有亚马逊、微软、IBM 等几家国外巨头在中国提供 IaaS 服务，而国内厂商中，仅有阿里云一家。相较国外 IaaS 市场的发展情况，国内市场虽发展迅速但在 Iaas 技术、商业模式等方面还需要一定时间的成长，而国内最具 Iaas 发展潜力的是移动、联通、电信三大运营商。在 2013 年中国云计算大会上，中国联通正式发布了沃云品牌及沃云 V2.0 全系列云计算产品，沃云服务网站也同步上线。其中，沃云 V2.0 平台采用开源的 OpenStack 技术架构、高性能定制化的硬件技术，具备成本低廉、快速部署、灵活扩容、安全可靠等技术优势。中国联通云数据公司研发部负责人陈清金表示，该公司正在积极整合 ICT 资源优势，为已经发布的公有云服务“沃云”提供 IaaS 资源能力保障。陈清金还透露了中国联通 IaaS 基础资源能力保障目标，到 2014 年年底，在基础计算能力方面，形成 40 万核的计算能力；在基础存储能力方面，形成 30 万 TB 的存储能力；在网络能力方面，形成 2000GB 的网络能力。另外，中国移动自 2007 年开始进行 Big Cloud 平台搭建，计划建设公众云、业务云和支撑云，基于云计算技术对现有 IT 系统实施以南北基地为中心的集中化整合与改造。中国电信则在多地进行云计算试点，发布“天翼”云计算战略、品牌及解决方案，准备在 2014 年正式运营天翼云主机、云存储等产品，一期可提供高性能虚拟主机 2 万台，存储容量达 2 万 TB。

总体来看，国内运营商发展方向较为明确，战略定位也较为适当，但进展速度稍缓，与国外领先的运营商相比存在 2～3 年的差距。在传统模式下，运营商在服务方面处于相对弱视，但是在云环境下，正因为运营商有了网络优势，在云的环境下将占领更高的位置。

23.3.4　IDC

随着信息化进程的加速，云计算技术将成为 IDC 应用部署的主流模式、主要技术的实现方式，成为解决数据中心 IT 资源配置、快速应对业务需求的重要技术手段。但是，云计算高能耗、高密度的部署环境对 IDC 来说却是一大挑战。未来，建立一个与云计算相匹配的高效 IDC 仍是云计算乃至互联网行业发展的关键因素。具体来看，新型 IDC 需要根据云计算业务的特点部署，即提高集成度以及单机架功耗，进行大规模集中化建设，根据业务发展需要提供弹性扩展能力，提供集中监控、统一运维、联动管理等功能，使其高效运维等。以仓储式 IDC 为例，模块化的部署使得资源得到充分利用，解决了传统 IDC 面临的 PUE 过高、电流成本高等问题，真正实现最优的能效化，做到了绿色环保。另外，云计算数据中心服务器、存储、网络等资源将以资源池形态出现，应用按需从资源池中提取或释放，资源利用率高，可实现快速高效弹性扩展；采用模块化建设模式大大减少了数据中心的建设周期。在云计算管理平台方面采用统一的管理界面，实现业务自动部署和 IT 系统主动管控，提供更多的用户需要的服务等。

目前，新型 IDC 虽在一定程度上优于传统的 IDC，但是其在运用中仍然存在问题。与传统机房相比新型机房设计标准还不够完善，供电和制冷空调技术的成熟度都还有待提高。相对于新技术而言，其成本优势不够诱人。除此以外，目前国外大部分“云计算中心”都是云计算和传统模式共存，因而还需要重点考虑如何协调两种模式的发展。

在未来发展趋势方面，为了充分发挥新型 IDC 的优势，并为云计算提供高效承载，助力其发展，新型 IDC 将根据云计算业务的特点，改变当前现有机房再确定业务的传统建设模式，选择一个合适的等级标准（T4、T3、T2、T1）以解决建设和运维成本。而且，数据中心的选址应选择在具有大量廉价电力供应、绿色、可再生能源丰富，靠近河流湖泊的区域，力争实现最优的资源配置和最高的使用效率。

23.4 云计算行业发展趋势及展望

展望 2014 年，我国云计算将结束发展培育期，步入快速成长的新阶段。未来，云计算产业有望继续成为业界及政府的投资重点，云计算和大数据处理能力的提升将进一步加深与产业的结合，移动互联网等新型业态与云计算深度融合的趋势也将更加明显，这些发展趋势将不断推动我国云计算市场空间的进一步拓展。与此同时，云计算安全问题也将日益提上日程，成为业界不得不着力解决的重大问题之一。

1. 云计算产业将成为未来投资重点，加深对各行各业的影响

随着国内云计算产业蓬勃兴起，其广阔的市场空间将进一步吸引大量来自政府及产业界资本的注入，相关投资形式主要包括政府投资与产业资本联合、政府专项扶持基金、科研机构单独投资、产业资本单方注入等方式。其中，政府及公共事业机构将继续成为云计算的重要用户。云计算相关的硬件制造、软件开发、运营服务等领域将是相关资本关注的重点。另外，各地方政府也将云计算产业作为战略性新兴产业的增长点，各地相关产业园区将不断聚集及兴起。

从国际潮流来看，政府带头推动云计算服务也是目前各国政府的通行做法。美欧日等为推动本国云计算市场的发展，都实施了政策性措施，甚至是建立了专门的组织机构，制定标准规范及制度流程。随着我国公有云服务市场规模的扩大和影响力的提高，以及国际云服务巨头的不断涌入，我国政府对于云计算市场的认识已经逐步清晰，未来将从标准制定、制度规范，以及市场准入等方面逐渐加大对云服务的监管力度，也将对地方政府主导的云计算产业园区的发展及资产投入进行调控和规范。

2. 云计算和大数据处理能力的不断提升加深相关服务与产业的结合

大数据主要面向业务应用，强调非结构化数据的挖掘，云计算主要面向 IT 管理，强调资源高效利用。在云计算技术和大数据处理能力不断提升的情况下，市场上提供给大中小型企业的大数据系统和云服务正在让数据的可获取性达到前所未有的水平，企业已可通过大数据来获得有关业务运营的实时信息。与此同时，电子商务交易平台、社交网络、金融企业、电信运营商等拥有海量数据资源的实体，一方面产生了规模巨大、形态多样、实时性要求高的“大数据”，另一方面加深了对大数据的运用和分析。此外，国内部分城市在交通、政务、教育、医疗等领域开展了云计算建设的探索，并且初见成效。因此可以判断，云计算正好适应了大数据的需要。根据预测，2015 年一半以上的数据中心都会用到云计算，连增 22%。

3. 移动云计算的深入将推动以云计算为核心的移动市场的发展

2009 年 7 月，市场研究机构 ABI Research 推出一份研究报告，提出了“移动云计算”的概念，移动互联网与云计算的结合越来越受到各方的关注。目前，移动通信市场正经历着剧烈的创新和变革，用户对移动设备新功能的需求，不断刺激着大量功能丰富的新应用程序的出现，手机的个性化应用日益丰富。而移动智能终端在计算能力上的局限性，需要云端强大的计算能力来互补。

根据市场研究机构 Juniper Research 的数据，移动云计算的用户数量在今后的五年当中将会出现急剧增长，以云计算为核心的移动市场将在 2014 年为我们创造出 95 亿美元的年收入，而 2009 年的这一数字仅为 4 亿美元。移动互联网和云计算的相辅相成表明了整个 IT 互联网未来的发展趋势。未来，每个人都可以通过智能化的计算模式获得更多的信息资源，整个社会的结构会更加扁平化，各种矛盾冲突可以被更加及时地发现和化解。

4. 云计算的安全问题更加需要业界引起重视

云计算市场的快速发展，一方面提供了便利的计算资源服务，另一方面必然伴随着业界对云服务安全方面的质疑。业界普遍认为，安全逐渐成为制约未来云计算发展的瓶颈。据云计算安全联盟 CSA 于 2013 年 2 月发布的关于云计算安全的调查报告，网络犯罪分子和黑客造成的混乱是云计算领域面临的最大的威胁。2012 年 6 月，亚马逊在美国的一个数据中心遭遇停电，虽然网络服务中断约 6 个小时，但造成的不良影响却是不可估量的，直接打击了用户的信心。2012 年 8 月，苹果公司的 iCloud 服务遭到黑客攻击，致使用户数据丢失以及个人社交网络账户被盗的事件发生……这些安全事件进一步加剧了用户、尤其是重要企业客户对云计算安全风险的担忧。

根据云计算安全联盟 CSA 相关报告，目前云计算行业面临着九大安全威胁，排序依次为数据泄露、数据丢失、账户劫持、不安全的 API、拒绝服务攻击、内部人员的恶意操作、云计算服务的滥用、云服务规划不合理，以及共享技术的漏洞问题。在云计算安全上，目前更多倾向于通信、Web 安全和远程漏洞评估，不过预计在未来将会出现诸如数据丢失防护、加密、身份验证等更多的技术来支持云计算的成熟发展。

（国家计算机网络应急技术处理协调中心　陈侠）

第 24 章　2013 年大数据发展情况

24.1　大数据的特点

24.1.1　大数据的特点

大数据并非一个确切的概念，并不是所有的数据都可以被称为大数据。公认的大数据定义具有三个维度，Volume，Variety，Velocity，由“3V”表示，即数据量、数据类型和处理数据的速率。只有满足数据体量巨大、数据类型繁多以及处理速度快三个条件，才能被称为大数据。

1. 数据体量巨大

随着数字化信息的发展，人类产生和存储的数据量呈现爆发式增长，全球的总存储数据量的量级已突破艾字节（EB）甚至泽字节（ZB）（1ZB=1024EB，1EB=1024PB，1PB=1024TB）。根据马丁·希尔伯特在《世界存储、传输与计算信息的技术能力》中的统计，2000 年，数字存储信息只占全球数据量的 25%，75%的信息存储在报纸、书籍、胶片、磁带等媒介上。到 2007 年，人类共存储超过 300EB 的数据，其中数字数据占到 93%。预计 2013 年全球总存储数据量将达到 1.2ZB，其中数字数据占比将超过 98%。移动互联网的快速发展也是推动全球数据量增长的重要助力。根据 Cisco VNI Mobile 的统计和预测，2012 年全球每月移动流量数据达到 1.3EB，增长率达到 116.7%。2013 年全球每月移动数据量预计为 2.4EB。预计到 2016 年，全球每月移动数据流量将超过 10.8EB，如图 24.1 所示。

2. 数据类型繁多

随着物联网的发展，人类产生和存储的数据类型越来越多样化。若按照数据产生与接收的主体来进行分类，数据类型包括人与人之间产生的数据，人与机器之间产生的数据，以及机器与机器间产生的数据。人与人之间产生的数据包括社交网络、即时通讯等信息；人与机器之间产生的数据包括电子商务、网络浏览等信息；机器与机器间产生的数据则包括 GPS、监控摄像等。若按照数据的结构化程度来进行分类，那么大数据除了包括以往便于存储的以文本为主的结构化数据，也包括网络日志、音频、视频、图片、地理位置信息等大量的非结构化数据。据 Gartner 预计，全球信息量中的 85%由各种非结构化数据组成。

3. 处理速度快

大数据不仅需要大体量和多类型，数据的处理速度也至关重要。要从浩如繁星且结构零散的数据之中挖掘出有价值的信息，必须要依赖于快速的数据处理和分析能力。

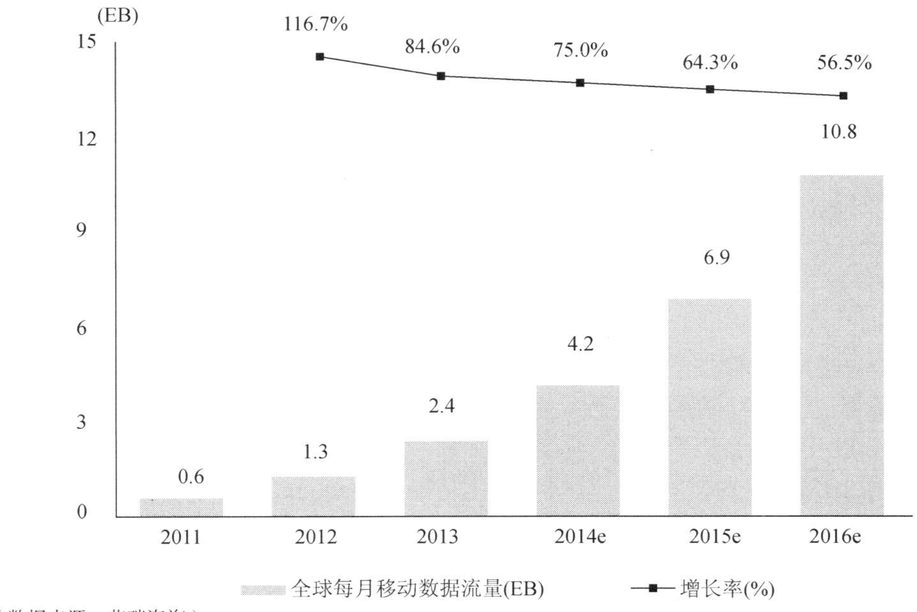

图24.1　2011—2016年全球移动数据流量增长概况

24.1.2　大数据的价值体现

数据本身并不具有价值，只有当合适的数据经过合适的分析，被应用于合适的场景当中，大数据所蕴含的价值才能真正释放出来，其价值体现主要在于数据结构的复杂性及其关联性两点。

24.2　大数据在网络营销中的应用

24.2.1　大数据的应用方向

部分全球的领先企业甚至已经将数据的重要性提升到公司战略层面。对于传统的大型企业，经过多年的线下经营，通过门店、渠道、现场活动、呼叫中心、线上网站乃至于电子商务等途径，已经收集到大量的客户数据，甚至在此基础上已经建立有企业内部的 CRM 系统来对客户数据进行管理。企业通过线上线下的广告投放、市场调研等方式，也能够获取大量的受众的数据。这些数据相对于以客户身份为核心的 CRM 数据而言更为模糊、非结构化，但通过合理运用，仍然能为企业带来很大的价值。

而对于互联网媒体以及数字营销企业而言，收集数据更具有先天的优势。百度、淘宝、腾讯等互联网巨头均已积累了大量的用户浏览数据，同时还分别拥有大量的用户搜索数据、购物数据、社交数据，海量的数据为网络媒体提供了巨大的价值变现潜力。而网络广告公司通过与网络媒体合作获取数据、为广告主投放广告并从中获取数据等方式，也积累了大量的用户数据。如果能够合理利用，这些数据将产生大量的价值。

事实上，在当前的环境下，大数据的存在已经是既有的事实，许多企业都已经拥有大量数据。当前围绕大数据的讨论重心并非如何获取大数据，而在于大数据应当如何被应用。需要明确的是，数据本身并不产生价值，只有当数据在合适的领域得到适当的运用，数据的价值才能得到体现，为企业带来真正的效益。

目前，大数据已经在众多的领域当中逐渐得到广泛的应用。通过对大数据的存储、挖掘与分析，大数据在营销、企业管理、数据标准化与情报分析等领域大有作为，从实力雄厚的传统 IT 企业及互联网公司到基于 Hadoop 平台初创公司纷纷进入大数据领域中掘金。当前，全球对于大数据的应用热点主要集中在大数据营销、大数据管理咨询、大数据标准化以及大数据情报分析等方向。大数据营销是指利用对海量数据的挖掘和分析，实现对用户精准化、个性化的营销，代表性的企业包括谷歌及亚马逊等。大数据管理咨询是指为企业进行大数据获得、组织、分析及决策，提供建模、规划、预测和预测性分析，帮助企业加快业务决策，代表性企业包括 IBM、甲骨文等。大数据标准化是指让 Hadoop 的配置标准化，帮助企业安装、配置、运行 Hadoop 以达到对企业大规模数据的处理和分析，代表性的企业包括 Cloudera 等。大数据情报分析则是指梳理所有可以获得的数据库，对相关信息进行确认，并将其整合起来，代表性企业如 Palantir 等。

尽管大数据的应用方向繁多，但当前在国内，尤其是在互联网领域，大数据的应用主要集中在精准营销上。

24.2.2 大数据推动精准营销

精准营销是指通过精准定位技术，向精准的目标受众投放广告。精准营销是近年来互联网广告领域新兴的一种营销方式，由于其能够针对目标受众进行精准投放，从而节省广告主预算，提升 ROI，因此受到广告主的欢迎。实现精准营销的基础在于对数据的整合与分析，只有基于对大数据的处理、对受众的精准定位才能够得以实现。

大数据是精准定位技术的基础，而不同类型的数据可以为不同的定向方式提供支持。整体而言，网络数据可以划分为属性数据、行为数据、社交数据、即时数据等几类数据。从细化的角度来说，包括了人口属性数据、地域数据、搜索关键词数据、行为数据、媒体环境数据等各方面。基于这些不同类别的数据，可以在广告推送中实现地域定向、需求定向、偏好定向、关系定向等定向方式，实现精准化、个性化营销，从而提高广告的有效到达率，提升 ROI，如图 24.2 所示。

利用大数据进行精准营销的方式包括搜索引擎精准营销、RTB 实时竞价广告、重定向精准营销等。搜索引擎精准营销即是搜索引擎运营商整合受众的搜索关键词、访问页面等数据，进而描绘受众的人口属性、长期兴趣爱好与短期特定行为，在其广告联盟网站上针对受众呈现精准广告内容。RTB 精准竞价广告则是利用用户的浏览行为等数据，实现行为定向等定向方式，通过广告交易平台进行精准投放。重定向精准营销关注的是如何产生网站或广告的“回头客”，试图让那些曾经访问过某个网站但没有产生购买或有效行为的网民产生二次访问或实际购买。

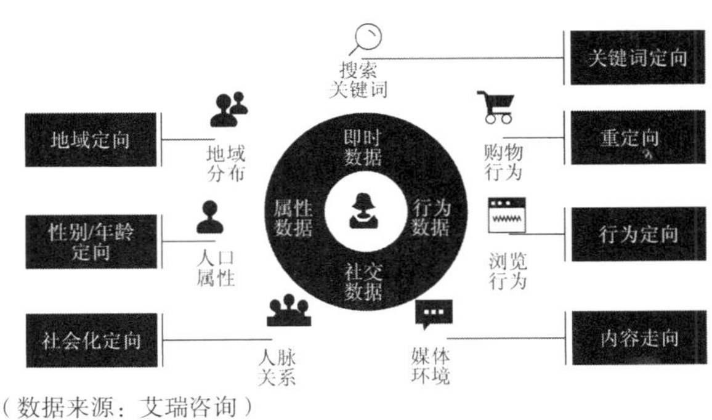

（数据来源：艾瑞咨询）

图24.2　大数据精准定位分解图

24.2.3　大数据推动网络广告产业链变革

RTB 实时竞价广告是利用大数据进行精准营销的重要方向之一。通过进行 RTB 广告投放，广告主可以在广告交易平台上实时竞购自己所需的受众，并且这一过程可以完全实现自动化、数字化，而无须经过任何的人工谈判。大数据是实现 RTB 实时竞价广告的基础，而正因为大数据使得 RTB 广告投放方式得以实现，导致整个网络营销产业链发生了重要的变革。新的角色不断涌现。在广告主、4A 广告公司、广告网络、广告联盟等传统网络广告产业链角色之外，与 RTB 有关的广告交易平台 AdExchange、需求方平台 DSP、供应方平台 SSP、数据管理平台 DMP、数据交易平台 DataExchange 等新的角色开始出现，中国网络广告投放模式也随之而发生改变。

过去，广告主通过媒体购买的方式，对广告位进行包断，广告曝光的对象是浏览广告位所在页面的网民，但往往并非所有浏览该广告位的网民都是该广告的目标受众。利用 RTB 技术，广告主可以通过 DSP 在广告交易平台上购买不同的广告位，以追踪不同的受众。在 RTB 的环境下，不同的受众群体在浏览同一个广告位时，看到的有可能是不同的广告。

RTB 模式使广告主和媒体能够同时受益。对于广告主而言，RTB 模式使其能够实现从媒体购买到受众购买的转变，能够更精准地针对目标受众进行广告投放，在同样的预算前提下，一方面可以覆盖到更多的广告位，另一方面可以提升广告的转化率。同时，由于通过 RTB 方式可以实时购买广告位，而无须事先与媒体进行框架协议，因此投放形式、投放时间、预算分配均更加灵活，可以提升广告投放效率，减少人力谈判成本。对于媒体而言，由于同一广告位可以被不同的广告主竞买，也能够提升广告位的售卖率和利用效率，如图 24.3 所示。

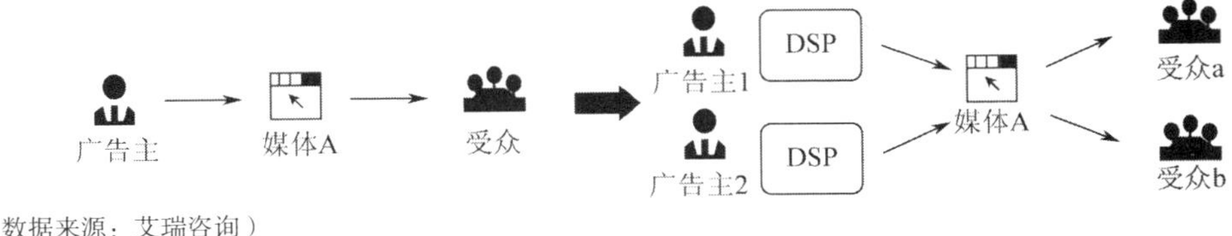

（数据来源：艾瑞咨询）

图24.3　RTB广告投放模式流程

传统的广告投放模式中，广告主可以通过以下渠道进行广告投放。

（1）广告主直接购买媒体：广告主直接在媒体上购买广告位。搜索引擎关键字广告或广告联盟展示广告均可进行自助投放。此外，广告主也可通过门户等媒体的直销团队，直接购买其优质广告位。

（2）广告主通过代理商购买媒体：代理商为广告主进行代理投放，并协助其进行预算分配。除可同样进行搜索引擎及广告联盟的广告投放之外，代理商还可以通过广告网络为广告主购买媒体资源。

基于 RTB 的广告投放方式既包含了传统的广告投放方式，又连接了 DSP、SSP、广告交易平台等产业链上新出现的角色，拓展了新的投放方式。除传统的广告投放渠道之外，广告主或代理商还可以通过 DSP 进行投放，DSP 帮助广告主或代理商通过搜索引擎、广告网络以及广告联盟进行投放，同时 DSP 可以接入多个广告交易平台或可以接入多个 SSP 来获取媒体受众资源，而广告主则通过 DSP 对广告交易平台中的流量进行基于受众的购买。

在 RTB 广告投放模式下，从广告主、4A 广告公司，到广告交易平台 AdExchange、需求方平台 DSP、供应方平台 SSP，再到媒体和受众，数据在产业链上下游各个角色之间的流动是支撑整个广告投放流程顺利进行的基础保障。如果没有数据，整个广告投放模式将无法运转。而在整个产业链当中，对所有数据进行聚集和分析的数据管理平台 DMP，正是这一体系的核心。正是由于 DMP 汇集了大量数据，并且对数据进行结构化的处理，使得广告主、广告公司和 DSP 得以对受众打上特定的标签，从而实现对受众的精准定位，使得精准营销成为现实，如图 24.4 所示。

自 2011 年 RTB 模式进入中国以来，各大互联网巨头纷纷试水，相继推出自有的广告交易平台及配套的 DSP，推动了整个 RTB 市场的发展。谷歌于 2011 年 6 月在中国试运营其广告交易平台 Double Click,并在 2012 年 4 月宣布正式上线。阿里于 2011 年 9 月推出了 TANX。盛大于 2012 年 9 月推出了其私有广告交易平台。2013 年 1 月，腾讯正式对外发布 Tencent AdExchange 广告实时交易平台，并在后续推出 “腾果”DSP。2013 年 3 月，新浪推出私有广告交易平台 SAX（Sina AdExchange）。2013 年 5 月，阿里推出了 Tanx SSP 平台。2013 年 8 月，百度正式推出流量交易服务 BES（Baidu Exchange Service）。2013 年 11 月，京东推出专属 DSP 广告平台——JD 商务舱。互联网媒体及电商巨头的不断进入为 RTB 市场提供了资源数量保障，并推动了整个 RTB 市场资源质量的提升以及标准化进程，越来越多的广告主开始接受 DSP 及 RTB 的概念，尝试将更多的预算通过 DSP 及 RTB 进行投放。

百度、谷歌、淘宝、腾讯等互联网媒体巨头在推出广告交易平台的同时，也纷纷推出或筹划推出自有的 DSP 或 SSP，试图在产业链的各个环节上进行布局。与此同时，一些第三方的广告代理公司如好耶、易传媒等也开始纷纷涉足 DSP 及 SSP 业务。此外，也有如品友互动等公司抛弃了原有业务，专注于 DSP 服务。而一些新成立的 DSP 公司如晶赞科技、新数网络等也纷纷涌现。一时间，RTB 广告产业链热闹非凡。2012 年，RTB 相关的企业仅寥寥数家，2013 年则呈现井喷式爆发。可以预见的是，随着 RTB 技术的不断成熟以及巨头的相继进入，未来产业链上的企业还会不断增多。

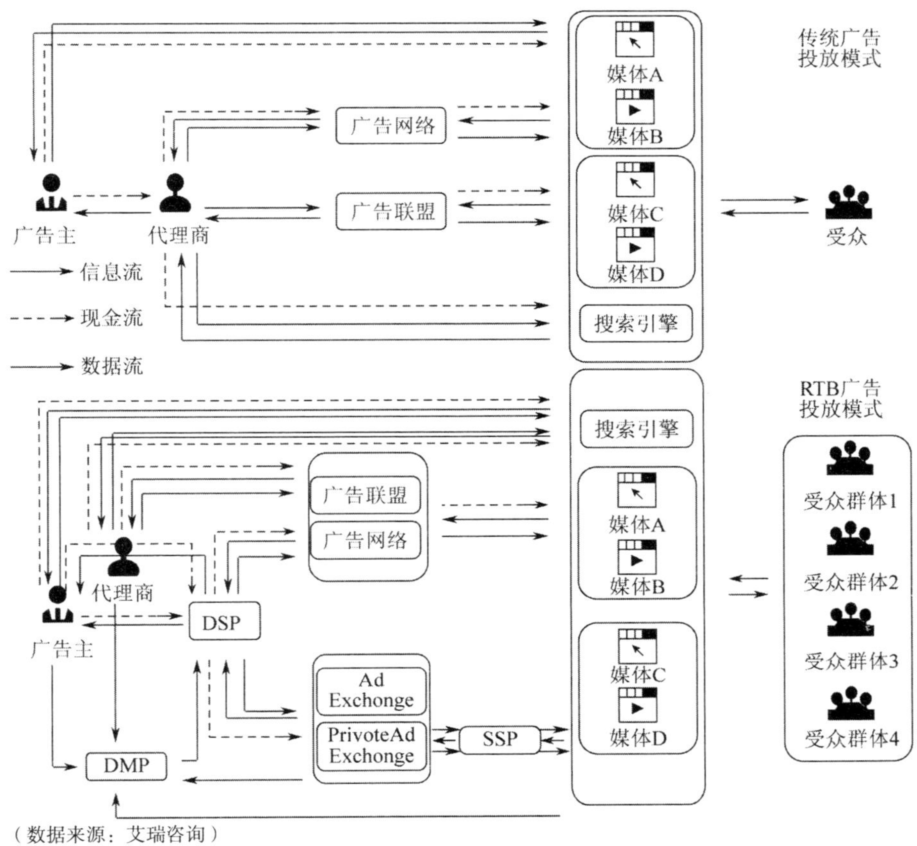

（数据来源：艾瑞咨询）

图24.4　RTB广告与传统广告投放模式对比

24.2.4　数据管理平台 DMP 的价值

在投放广告时，要实现对受众的精准定位，通常需要涉及三类数据：其一是第一方数据，即广告主内部运营数据以及通过在官网等网站布码获得的数据。其二是第二方数据，即广告代理商、服务商以及第三方广告平台等通过广告投放所获取的用户和投放数据。其三是第三方数据，即由第三方数据监测公司所监测到的数据，或是媒体自身的监测数据。对于网络广告投放而言，第一方数据具有最高的利用价值，同时第一方数据也是进行重定向广告投放所必需的数据。

单一数据源可能存在数据结构片段化、零散化的问题。数据来源越多元，则整体的数据结构更加完整，能够更好地进行分析。但当数据来自多个渠道时，则会出现一些问题。通常每个数据源对于受众的数据都会有自己的管理方式，在收集来自各个不同渠道的数据时，不能只是简单地加总，而需要更深地加工和处理，否则汇总的数据也无法得到有效的利用。一方面，由于各个数据源的分类方式不同，无法使用统一的分类标准来为所有的数据进行分类；另一方面，由于数据间分类方式的混乱，有可能来自同一受众的数据无法被辨识，而被认为是不同的受众，在进行广告投放时该受众被重复购买，从而使广告预算被浪费。

要聚合来自不同渠道的数据，同时解决不同数据源分类标准不统一的问题，就需要依靠数据管理平台 DMP。DMP 的作用一方面在汇总数据，将尽量多来源的数据纳入同一个数据库，另一方面在于打通数据，将不同来源的数据按照统一的标准进行分类，以受众身份为核心，厘清哪些数据属于同一个受众，并为其打上标签，进而将数据以标签库的方式进行呈现，例如中国网民预购意向特征标签库、中国网民收视内容特征标签库、中国网民用户属性特征标签库等。

在网络广告投放的产业链当中，DMP 尤其是独立的第三方 DMP 对于上下游的角色都有着巨大的价值。

4A 广告公司及 DSP 由于有长期的广告投放活动以及一些媒体合作伙伴，其自身通常都已经积累了较多的网民数据，往往都拥有自建 DPM，以此作为精准广告投放的基础。但是广告公司及 DSP 拥有的往往是第二方数据，以及部分第一方数据，其数据类型相对而言存在一些局限。而第三方 DMP 由于可以整合多个数据源，其数据的来源和类型都更加丰富，因此可以为 4A 广告公司及 DSP 提供良好的数据补充，使其受众定位更加精准。

而对于广告主而言，在进行广告投放时往往存在一些顾虑。一方面许多广告主尤其是一些大型的企业，往往并不愿意将自己内部的运营数据或客户数据完全开放给广告公司，因为其中可能会涉及商业秘密。另一方面，由于所有的广告投放数据都掌握在广告公司手中，广告主缺乏渠道去验证广告的效果。第三方 DMP 可以单独为广告主建立独立的定制数据库，从而解决这些顾虑。一方面，为企业单独定制的 DMP 可以对企业内部的数据进行全面的管理以及梳理，并且以适当的方式将数据开放给广告公司。另一方面，企业定制 DMP 可以通过对内部的数据进行分析，从而了解广告投放的效果。

企业在进行广告投放时，往往有这样的一些问题：通过广告公司进行传统的网络广告投放，人力及沟通成本高，广告投放以媒体购买为主，广告策略更改不易，受众精准度不够，该如何解决？通过利用定制化的 DMP，以 RTB 的方式来进行精准营销，可以为广告主解决以上问题。

除了进行精准营销，定制化的第三方 DMP 还可以为企业解决进行营销活动时的其他问题。例如，随着互联网以及移动互联网的快速发展，跨屏整合营销已成为当前营销的大趋势。企业在制定广告活动计划时，往往需要将电视、电脑、手机、平板等多块屏幕同时纳入考虑范围，以期能最大限度地使广告触达更多受众。但是，这其中潜藏着一个问题，即有多少广告预算被浪费在了重复受众的触达上？在广告投放活动当中，通过对数据进行分析，可以发现某个潜在的目标受众，继而通过精准定位针对其推送广告。如果该名受众在电视端、PC 端、移动端均被判定为目标受众，那么该受众有可能分别接受三次品牌曝光。在一些情况下，广告主为给受众造成深刻的品牌印象，乐于对目标受众进行多次曝光；但在另一些情况下，广告主可能会认为对同一个受众进行重复触达是对广告预算的浪费。针对后一种情况，第三方 DMP 可以提供解决方案。通过打通不同屏幕的受众数据，第三方 DMP 可以判别同一受众的跨屏行为。从而在进行跨屏广告投放时，在保障受众覆盖量的情况下，尽量减少单个受众被重复触达的次数，从而节省广告预算。

总而言之，DMP 可以为企业进行受众管理。但是不仅如此，DMP 不仅可以将营销活动中的受众数据打通，还可以将企业内部的所有数据如 CRM 数据等与外部数据打通，将已有的消费者数据与营销数据进行整合，将企业所有的相关数据纳入同一个大的数据库中，从而使得这些数据能够被更加深入地挖掘，使其能在企业战略决策等方面发挥出更大的价值，这也是当前全球 DMP 的一个大的发展方向。

24.3 发展趋势

尽管这一两年来大数据的发展和落地非常快，但当前中国大数据的挖掘和应用也还存在一些问题，而如何解决这些问题正是未来大数据产业发展的方向。

1. 数据的安全性问题

大数据建立在对互联网、物联网等渠道数据资源收集的基础上，随着大量用户个人属性及行为数据的收集、存储和使用，用户的个人信息存在被泄露的风险。如何合法合规地获取数据、分析数据和应用数据，是大数据价值实现要考虑的问题。

2. 数据的互补及流通问题

由于企业定位及业务类型的差异，不同企业掌握不同的数据，如百度掌握搜索数据，阿里掌握交易、信用和社交数据，腾讯掌握用户关系和社交数据。不同的数据仅能体现用户特征的一个方面，只有实现数据的共享互通，才能最大化地实现精准营销。因此，数据交易平台的出现将是未来的一个重要发展趋势。未来更多的第三方 DMP 及数据交易平台的出现，将会带动整个中国网络营销产业链的发展。

3. 数据挖掘的深度问题

当前 DMP 的技术可以协助企业实现受众管理，但如何更进一步地挖掘数据的价值，使得数据不仅在企业的营销及运营层面，而是能更进一步地在企业的战略决策层面上发挥更大的作用，这将是未来 DMP 发展的一个重要方向。

（艾瑞咨询　张希）

第四篇

附录

2013 年中国互联网发展大事记

2013 年中国互联网政策法规

2013 年通信运营业统计公报

2013 年中国互联网发展状况数据表

附录A　2013年中国互联网发展大事记

1．1月4日，国家广播电影电视总局下发了2013年1号文《广电总局关于促进主流媒体发展网络广播电视台的意见》，要求将网络广播电视台提升到与电台、电视台发展同等重要的地位，鼓励电台、电视台与宽带互联网、移动通信网等新兴媒体结合，发展新形态广播电视播出机构——网络广播电视台，经过3～5年的努力，确立网络广播电视台在新媒体传播格局中的主流地位。

2．1月25日，国家税务总局第1次局务会议审议通过《网络发票管理办法》，自2013年4月1日起施行。这将对保障国家税收、规范网络发票的开具和使用产生重要作用。

3．2013年我国个人信息安全保护问题受到重视。2月1日，我国首个个人信息保护国家标准《信息安全技术公共及商用服务信息系统个人信息保护指南》实施，标志着我国个人信息保护工作进入法制阶段。7月16日，工信部公布《电信和互联网用户个人信息保护规定》，保护电信和互联网行业用户信息，维护网络信息安全。

4．2月17日，国务院公布《关于推进物联网有序健康发展的指导意见》，提出到2015年，打造物联网产业链，形成物联网产业体系。按照《意见》要求，国家发展改革委等联合印发了《物联网发展专项行动计划（2013—2015）》，制定了10个物联网发展专项行动计划，对2015年物联网行业将要达到的总体目标做出了规定。

5．6月25日，在公安部指导下，阿里巴巴、腾讯、百度、新浪、盛大、网易、亚马逊中国等21家互联网企业，成立了“互联网反欺诈委员会”，以推进全网联合，打击网络诈骗，共建交易安全生态圈。

6．2013年6月，美国“棱镜门”事件中美国政府对本国公民以及海外公民数据信息隐私权的侵犯行为，引起了我国对信息安全保障的重视。我国将加快自主可控的信息安全建设，以提升防护能力。

7．中美两国确定在中美战略安全对话框架下设立网络安全工作组。7月8日，第一次网络安全工作组会议在华盛顿举行，双方就网络工作组机制建设、两国网络关系、网络空间国际规则、双边对话合作措施以及其他共同关心的问题进行了交流。此前，外交部在6月14日举行的记者会上宣布，外交部近日已设立网络事务办公室，负责协调开展有关网络事务的外交活动。

8．8月1日，国务院印发《“宽带中国”战略及实施方案》，指出宽带是我国经济社会发展的战略性公共基础设施，强调加强战略引导和系统部署，推动我国宽带基础设施快速健康发展，制定了2015年和2020年两阶段发展目标。

9．8 月 14 日，国务院印发《关于促进信息消费扩大内需的若干意见》，提出到 2015 年，信息消费规模超过 3.2 万亿元，年均增长 20%以上，带动相关行业新增产出超过 1.2 万亿元；基于互联网的新型信息消费规模达到 2.4 万亿元，年均增长 30%以上。

10．2013 年中国互联网企业出现并购热潮，阿里巴巴以 5.86 亿美元入股新浪微博，百度以 3.7 亿美元收购 PPS 视频业务，苏宁云商与联想控股旗下弘毅资本共同出资 4.2 亿美元战略投资 PPTV，腾讯以 4.48 亿美元注资搜狗等。其中，8 月 14 日，百度全资子公司百度（香港）有线公司以 18.5 亿美元收购 91 无线网络有限公司 100%股权，成为中国互联网最大并购案。

11．自 9 月 1 日起，为了进一步规范互联网接入服务，工业和信息化部制定的《互联网接入服务规范》正式实施，对电信业务经营者向公众用户提供互联网接入服务规定了服务质量指标和通信质量指标。

12．9 月 9 日，最高人民法院和最高人民检察院公布《关于办理利用信息网络实施诽谤等刑事案件适用法律若干问题的解释》（9 月 10 日起施行）。

13．10 月 25 日，最新《中华人民共和国消费者权益保护法》发布，规定经营者采用网络、电视、电话、邮购等方式销售商品，消费者有权自收到商品之日起七日内退货。此外还明确了个人信息的保护，以及规定了网络交易平台的责任等。这是消费者权益保护法实施近 20 年来的首次大改。

14．11 月 9 日至 12 日，中国共产党十八届三中全会在北京召开，全会决定要求加大依法管理网络力度，加快完善互联网管理领导体制，形成从技术到内容、从日常安全到打击犯罪的互联网管理合力，确保国家网络和信息安全，以维护国家安全和社会稳定。

15．11 月 19 日，国家统计局与百度、阿里巴巴等 11 家企业签订了大数据战略合作框架协议。目的在于共同推进大数据在政府统计中的应用，增强政府统计的科学性和及时性。

16．12 月 4 日，我国正式发放首批 4G 牌照，中国移动通信集团公司、中国电信集团公司和中国联合网络通信集团有限公司获颁“LTE/第四代数字蜂窝移动通信业务（TD-LTE）”经营许可。

17．中国互联网络信息中心（CNNIC）第 33 次《中国互联网络发展状况统计报告》显示，截至 2013 年 12 月，中国网民规模为 6.18 亿人，互联网普及率达到 45.8%。手机网民保持增长态势，已达 5 亿人。随着互联网普及率的逐渐饱和，中国互联网发展主题已经从“普及率提升”转换到“使用程度加深”。

18．2013 年 12 月 26 日，工信部颁发了首批“移动通信转售业务”运营试点资格，包括分享在线、话机世界、万网志成、乐语通讯、天音通信、华翔联信、京东、北纬通信、浙江连连科技、巴士在线、迪信通在内的 11 家中资民营企业获得虚拟运营商牌照。

19．2013 年电子商务快速发展，网络零售交易额达到 1.85 万亿元。中国超过美国（根据 eMarketer 数据显示，2013 年美国网络零售交易额达到 2589 亿美元，约合人民币 1.566 万亿元）成为全球第一大网络零售市场。

20. 2013 年互联网金融兴起，阿里巴巴在支付宝的基础上推出在线存款业务产品余额宝，百度推出百发在线理财产品，新浪推出微博钱包，腾讯推出微支付、基金超市，京东推出京保贝，互联网金融产品丰富了人们投融资的渠道与方式，使传统金融业受到冲击。

［中国互联网络信息中心（CNNIC）］

附录B　2013年中国互联网政策法规

1. 中华人民共和国消费者权益保护法（1993年10月31日第八届全国人民代表大会常务委员会第四次会议通过，1993年10月31日中华人民共和国主席令第十一号公布，自1994年1月1日起施行）

第一章　总则

第一条　为保护消费者的合法权益，维护社会经济秩序，促进社会主义市场经济健康发展，制定本法。

第二条　消费者为生活消费需要购买、使用商品或者接受服务，其权益受本法保护；本法未作规定的，受其他有关法律、法规保护。

第三条　经营者为消费者提供其生产、销售的商品或者提供服务，应当遵守本法；本法未作规定的，应当遵守其他有关法律、法规。

第四条　经营者与消费者进行交易，应当遵循自愿、平等、公平、诚实信用的原则。

第五条　国家保护消费者的合法权益不受侵害。

国家采取措施，保障消费者依法行使权利，维护消费者的合法权益。

第六条　保护消费者的合法权益是全社会的共同责任。

国家鼓励、支持一切组织和个人对损害消费者合法权益的行为进行社会监督。

大众传播媒介应当做好维护消费者合法权益的宣传，对损害消费者合法权益的行为进行舆论监督。

第二章　消费者的权利

第七条　消费者在购买、使用商品和接受服务时享有人身、财产安全不受损害的权利。

消费者有权要求经营者提供的商品和服务，符合保障人身、财产安全的要求。

第八条　消费者享有知悉其购买、使用的商品或者接受的服务的真实情况的权利。

消费者有权根据商品或者服务的不同情况，要求经营者提供商品的价格、产地、生产者、用途、性能、规格、等级、主要成份、生产日期、有效期限、检验合格证明、使用方法说明书、售后服务，或者服务的内容、规格、费用等有关情况。

第九条　消费者享有自主选择商品或者服务的权利。

消费者有权自主选择提供商品或者服务的经营者，自主选择商品品种或者服务方式，自主决定购买或者不购买任何一种商品、接受或者不接受任何一项服务。

消费者在自主选择商品或者服务时，有权进行比较、鉴别和挑选。

第十条 消费者享有公平交易的权利。

消费者在购买商品或者接受服务时，有权获得质量保障、价格合理、计量正确等公平交易条件，有权拒绝经营者的强制交易行为。

第十一条 消费者因购买、使用商品或者接受服务受到人身、财产损害的，享有依法获得赔偿的权利。

第十二条 消费者享有依法成立维护自身合法权益的社会团体的权利。

第十三条 消费者享有获得有关消费和消费者权益保护方面的知识的权利。

消费者应当努力掌握所需商品或者服务的知识和使用技能，正确使用商品，提高自我保护意识。

第十四条 消费者在购买、使用商品和接受服务时，享有其人格尊严、民族风俗习惯得到尊重的权利。

第十五条 消费者享有对商品和服务以及保护消费者权益工作进行监督的权利。

消费者有权检举、控告侵害消费者权益的行为和国家机关及其工作人员在保护消费者权益工作中的违法失职行为，有权对保护消费者权益工作提出批评、建议。

第三章 经营者的义务

第十六条 经营者向消费者提供商品或者服务，应当依照《中华人民共和国产品质量法》和其他有关法律、法规的规定履行义务。

经营者和消费者有约定的，应当按照约定履行义务，但双方的约定不得违背法律、法规的规定。

第十七条 经营者应当听取消费者对其提供的商品或者服务的意见，接受消费者的监督。

第十八条 经营者应当保证其提供的商品或者服务符合保障人身、财产安全的要求。对可能危及人身、财产安全的商品和服务，应当向消费者作出真实的说明和明确的警示，并说明和标明正确使用商品或者接受服务的方法以及防止危害发生的方法。

经营者发现其提供的商品或者服务存在严重缺陷，即使正确使用商品或者接受服务仍然可能对人身、财产安全造成危害的，应当立即向有关行政部门报告和告知消费者，并采取防止危害发生的措施。

第十九条 经营者应当向消费者提供有关商品或者服务的真实信息，不得作引人误解的虚假宣传。

经营者对消费者就其提供的商品或者服务的质量和使用方法等问题提出的询问，应当作出真实、明确的答复。

商店提供商品应当明码标价。

第二十条 经营者应当标明其真实名称和标记。

租赁他人柜台或者场地的经营者，应当标明其真实名称和标记。

第二十一条 经营者提供商品或者服务，应当按照国家有关规定或者商业惯例向消费者出具购货凭证或者服务单据；消费者索要购货凭证或者服务单据的，经营者必须出具。

第二十二条 经营者应当保证在正常使用商品或者接受服务的情况下其提供的商品或者服务应当具有的质量、性能、用途和有效期限，但消费者在购买该商品或者接受该服务前已经知道其存在瑕疵的除外。

经营者以广告、产品说明、实物样品或者其他方式表明商品或者服务的质量状况的，应当保证其提供的商品或者服务的实际质量与表明的质量状况相符。

第二十三条 经营者提供商品或者服务，按照国家规定或者与消费者的约定，承担包修、包换、包退或者其他责任的，应当按照国家规定或者约定履行，不得故意拖延或者无理拒绝。

第二十四条 经营者不得以格式合同、通知、声明、店堂告示等方式作出对消费者不公平、不合理的规定，或者减轻、免除其损害消费者合法权益应当承担的民事责任。

格式合同、通知、声明、店堂告示等含有前款所列内容的，其内容无效。

第二十五条 经营者不得对消费者进行侮辱、诽谤，不得搜查消费者的身体及其携带的物品，不得侵犯消费者的人身自由。

第四章 国家对消费者合法权益的保护

第二十六条 国家制定有关消费者权益的法律、法规和政策时，应当听取消费者的意见和要求。

第二十七条 各级人民政府应当加强领导，组织、协调、督促有关行政部门做好保护消费者合法权益的工作。

各级人民政府应当加强监督，预防危害消费者人身、财产安全行为的发生，及时制止危害消费者人身、财产安全的行为。

第二十八条 各级人民政府工商行政管理部门和其他有关行政部门应当依照法律、法规的规定，在各自的职责范围内，采取措施，保护消费者的合法权益。

有关行政部门应当听取消费者及其社会团体对经营者交易行为、商品和服务质量问题的意见，及时调查处理。

第二十九条 有关国家机关应当依照法律、法规的规定，惩处经营者在提供商品和服务中侵害消费者合法权益的违法犯罪行为。

第三十条 人民法院应当采取措施，方便消费者提起诉讼。对符合《中华人民共和国民事诉讼法》起诉条件的消费者权益争议，必须受理，及时审理。

第五章 消费者组织

第三十一条 消费者协会和其他消费者组织是依法成立的对商品和服务进行社会监督的保护消费者合法权益的社会团体。

第三十二条 消费者协会履行下列职能：

（一）向消费者提供消费信息和咨询服务；

（二）参与有关行政部门对商品和服务的监督、检查；

（三）就有关消费者合法权益的问题，向有关行政部门反映、查询，提出建议；

（四）受理消费者的投诉，并对投诉事项进行调查、调解；

（五）投诉事项涉及商品和服务质量问题的，可以提请鉴定部门鉴定，鉴定部门应当告知鉴定结论；

（六）就损害消费者合法权益的行为，支持受损害的消费者提起诉讼；

（七）对损害消费者合法权益的行为，通过大众传播媒介予以揭露、批评。

各级人民政府对消费者协会履行职能应当予以支持。

第三十三条 消费者组织不得从事商品经营和营利性服务，不得以牟利为目的向社会推荐商品和服务。

第六章 争议的解决

第三十四条 消费者和经营者发生消费者权益争议的，可以通过下列途径解决：

（一）与经营者协商和解；

（二）请求消费者协会调解；

（三）向有关行政部门申诉；

（四）根据与经营者达成的仲裁协议提请仲裁机构仲裁；

（五）向人民法院提起诉讼。

第三十五条 消费者在购买、使用商品时，其合法权益受到损害的，可以向销售者要求赔偿。销售者赔偿后，属于生产者的责任或者属于向销售者提供商品的其他销售者的责任的，销售者有权向生产者或者其他销售者追偿。

消费者或者其他受害人因商品缺陷造成人身、财产损害的，可以向销售者要求赔偿，也可以向生产者要求赔偿。属于生产者责任的，销售者赔偿后，有权向生产者追偿。属于销售者责任的，生产者赔偿后，有权向销售者追偿。

消费者在接受服务时，其合法权益受到损害的，可以向服务者要求赔偿。

第三十六条 消费者在购买、使用商品或者接受服务时，其合法权益受到损害，因原企业分立、合并的，可以向变更后承受其权利义务的企业要求赔偿。

第三十七条 使用他人营业执照的违法经营者提供商品或者服务，损害消费者合法权益的，消费者可以向其要求赔偿，也可以向营业执照的持有人要求赔偿。

第三十八条 消费者在展销会、租赁柜台购买商品或者接受服务，其合法权益受到损害的，可以向销售者或者服务者要求赔偿。展销会结束或者柜台租赁期满后，也可以向展销会的举办者、柜台的出租者要求赔偿。展销会的举办者、柜台的出租者赔偿后，有权向销售者或者服务者追偿。

第三十九条 消费者因经营者利用虚假广告提供商品或者服务，其合法权益受到损害的，可以向经营者要求赔偿。广告的经营者发布虚假广告的，消费者可以请求行政主管部门予以惩处。广告的经营者不能提供经营者的真实名称、地址的，应当承担赔偿责任。

第七章 法律责任

第四十条 经营者提供商品或者服务有下列情形之一的，除本法另有规定外，应当依照《中华人民共和国产品质量法》和其他有关法律、法规的规定，承担民事责任：

（一）商品存在缺陷的；

（二）不具备商品应当具备的使用性能而出售时未作说明的；

（三）不符合在商品或者其包装上注明采用的商品标准的；

（四）不符合商品说明、实物样品等方式表明的质量状况的；

（五）生产国家明令淘汰的商品或者销售失效、变质的商品的；

（六）销售的商品数量不足的；

（七）服务的内容和费用违反约定的；

（八）对消费者提出的修理、重作、更换、退货、补足商品数量、退还货款和服务费用或者赔偿损失的要求，故意拖延或者无理拒绝的；

（九）法律、法规规定的其他损害消费者权益的情形。

第四十一条 经营者提供商品或者服务，造成消费者或者其他受害人人身伤害的，应当支付医疗费、治疗期间的护理费、因误工减少的收入等费用，造成残疾的，还应当支付残疾者生活自助具费、生活补助费、残疾赔偿金以及由其扶养的人所必需的生活费等费用；构成犯罪的，依法追究刑事责任。

第四十二条 经营者提供商品或者服务，造成消费者或者其他受害人死亡的，应当支付丧葬费、死亡赔偿金以及由死者生前扶养的人所必需的生活费等费用；构成犯罪的，依法追究刑事责任。

第四十三条 经营者违反本法第二十五条规定，侵害消费者的人格尊严或者侵犯消费者人身自由的，应当停止侵害、恢复名誉、消除影响、赔礼道歉，并赔偿损失。

第四十四条 经营者提供商品或者服务，造成消费者财产损害的，应当按照消费者的要求，以修理、重作、更换、退货、补足商品数量、退还货款和服务费用或者赔偿损失等方式承担民事责任。消费者与经营者另有约定的，按照约定履行。

第四十五条 对国家规定或者经营者与消费者约定包修、包换、包退的商品，经营者应当负责修理、更换或者退货。在保修期内两次修理仍不能正常使用的，经营者应当负责更换或者退货。

对包修、包换、包退的大件商品，消费者要求经营者修理、更换、退货的，经营者应当承担运输等合理费用。

第四十六条 经营者以邮购方式提供商品的，应当按照约定提供。未按照约定提供的，应当按照消费者的要求履行约定或者退回货款，并应当承担消费者必须支付的合理费用。

第四十七条 经营者以预收款方式提供商品或者服务的，应当按照约定提供。未按照约定提供的，应当按照消费者的要求履行约定或者退回预付款，并应当承担预付款的利息、消费者必须支付的合理费用。

第四十八条 依法经有关行政部门认定为不合格的商品，消费者要求退货的，经营者应当负责退货。

第四十九条 经营者提供商品或者服务有欺诈行为的，应当按照消费者的要求增加赔偿其受到的损失，增加赔偿的金额为消费者购买商品的价款或者接受服务的费用的一倍。

第五十条 经营者有下列情形之一，《中华人民共和国产品质量法》和其他有关法律、法规对处罚机关和处罚方式有规定的，依照法律、法规的规定执行；法律、法规未作规定的，由工商行政管理部门责令改正，可以根据情节单处或者并处警告、没收违法所得、处以违法所得一倍以上五倍以下的罚款，没有违法所得的，处以一万元以下的罚款；情节严重的，责令停业整顿、吊销营业执照：

（一）生产、销售的商品不符合保障人身、财产安全要求的；

（二）在商品中掺杂、掺假，以假充真，以次充好，或者以不合格商品冒充合格商品的；

（三）生产国家明令淘汰的商品或者销售失效、变质的商品的；

（四）伪造商品的产地，伪造或者冒用他人的厂名、厂址，伪造或者冒用认证标志、名优标志等质量标志的；

（五）销售的商品应当检验、检疫而未检验、检疫或者伪造检验、检疫结果的；

（六）对商品或者服务作引人误解的虚假宣传的；

（七）对消费者提出的修理、重作、更换、退货、补足商品数量、退还货款和服务费用或者赔偿损失的要求，故意拖延或者无理拒绝的；

（八）侵害消费者人格尊严或者侵犯消费者人身自由的；

（九）法律、法规规定的对损害消费者权益应当予以处罚的其他情形。

第五十一条　经营者对行政处罚决定不服的，可以自收到处罚决定之日起十五日内向上一级机关申请复议，对复议决定不服的，可以自收到复议决定书之日起十五日内向人民法院提起诉讼；也可以直接向人民法院提起诉讼。

第五十二条　以暴力、威胁等方法阻碍有关行政部门工作人员依法执行职务的，依法追究刑事责任；拒绝、阻碍有关行政部门工作人员依法执行职务，未使用暴力、威胁方法的，由公安机关依照《中华人民共和国治安管理处罚条例》的规定处罚。

第五十三条　国家机关工作人员玩忽职守或者包庇经营者侵害消费者合法权益的行为的，由其所在单位或者上级机关给予行政处分；情节严重，构成犯罪的，依法追究刑事责任。

第八章　附则

第五十四条　农民购买、使用直接用于农业生产的生产资料，参照本法执行。

第五十五条　本法自 1994 年 1 月 1 日起施行。

2. 中华人民共和国国务院令第 632 号《国务院关于修改〈计算机软件保护条例〉的决定》（2013 年 1 月 16 日国务院第 231 次常务会议通过，自 2013 年 3 月 1 日起施行）

国务院关于修改《计算机软件保护条例》的决定

国务院决定对《计算机软件保护条例》作如下修改：

将第二十四条第二款修改为“有前款第一项或者第二项行为的，可以并处每件 100 元或者货值金额 1 倍以上 5 倍以下的罚款；有前款第三项、第四项或者第五项行为的，可以并处 20 万元以下的罚款”。

本决定自 2013 年 3 月 1 日起施行。《计算机软件保护条例》根据本决定作相应修改，重新公布。

3. 中华人民共和国国务院令第 634 号《国务院关于修改〈信息网络传播权保护条例〉的决定》(2013 年 1 月 16 日国务院第 231 次常务会议通过，自 2013 年 3 月 1 日起施行)

国务院关于修改《信息网络传播权保护条例》的决定

国务院决定对《信息网络传播权保护条例》作如下修改：

将第十八条、第十九条中的“并可处以 10 万元以下的罚款”修改为“非法经营额 5 万元以上的，可处非法经营额 1 倍以上 5 倍以下的罚款；没有非法经营额或者非法经营额 5 万元以下的，根据情节轻重，可处 25 万元以下的罚款”。

本决定自 2013 年 3 月 1 日起施行。

《信息网络传播权保护条例》根据本决定作相应修改，重新公布。

4. 国家税务总局令第 30 号《网络发票管理办法》(2013 年 1 月 25 日国家税务总局第 1 次局务会议审议通过，自 2013 年 4 月 1 日起施行)

网络发票管理办法

第一条 为加强普通发票管理，保障国家税收收入，规范网络发票的开具和使用，根据《中华人民共和国发票管理办法》规定，制定本办法。

第二条 在中华人民共和国境内使用网络发票管理系统开具发票的单位和个人办理网络发票管理系统的开户登记、网上领取发票手续、在线开具、传输、查验和缴销等事项，适用本办法。

第三条 本办法所称网络发票是指符合国家税务总局统一标准并通过国家税务总局及省、自治区、直辖市国家税务局、地方税务局公布的网络发票管理系统开具的发票。

国家积极推广使用网络发票管理系统开具发票。

第四条 税务机关应加强网络发票的管理，确保网络发票的安全、唯一、便利，并提供便捷的网络发票信息查询渠道；应通过应用网络发票数据分析，提高信息管税水平。

第五条 税务机关应根据开具发票的单位和个人的经营情况，核定其在线开具网络发票的种类、行业类别、开票限额等内容。

开具发票的单位和个人需要变更网络发票核定内容的，可向税务机关提出书面申请，经税务机关确认，予以变更。

第六条 开具发票的单位和个人开具网络发票应登录网络发票管理系统，如实完整填写发票的相关内容及数据，确认保存后打印发票。

开具发票的单位和个人在线开具的网络发票，经系统自动保存数据后即完成开票信息的确认、查验。

第七条 单位和个人取得网络发票时，应及时查询验证网络发票信息的真实性、完整性，对不符合规定的发票，不得作为财务报销凭证，任何单位和个人有权拒收。

第八条 开具发票的单位和个人需要开具红字发票的，必须收回原网络发票全部联次或取得受票方出具的有效证明，通过网络发票管理系统开具金额为负数的红字网络发票。

第九条 开具发票的单位和个人作废开具的网络发票，应收回原网络发票全部联次，注明“作废”，并在网络发票管理系统中进行发票作废处理。

第十条 开具发票的单位和个人应当在办理变更或者注销税务登记的同时，办理网络发票管理系统的用户变更、注销手续并缴销空白发票。

第十一条 税务机关根据发票管理的需要，可以按照国家税务总局的规定委托其他单位通过网络发票管理系统代开网络发票。

税务机关应当与受托代开发票的单位签订协议，明确代开网络发票的种类、对象、内容和相关责任等内容。

第十二条 开具发票的单位和个人必须如实在线开具网络发票，不得利用网络发票进行转借、转让、虚开发票及其他违法活动。

第十三条 开具发票的单位和个人在网络出现故障，无法在线开具发票时，可离线开具发票。

开具发票后，不得改动开票信息，并于 48 小时内上传开票信息。

第十四条 开具发票的单位和个人违反本办法规定的，按照《中华人民共和国发票管理办法》有关规定处理。

第十五条 省以上税务机关在确保网络发票电子信息正确生成、可靠存储、查询验证、安全唯一等条件的情况下，可以试行电子发票。

第十六条 本办法自 2013 年 4 月 1 日起施行。

5. 中华人民共和国工业和信息化部令第 24 号《电信和互联网用户个人信息保护规定》（2013 年 6 月 28 日中华人民共和国工业和信息化部第 2 次部务会议审议通过，现予公布，自 2013 年 9 月 1 日起施行）

电信和互联网用户个人信息保护规定

第一章 总则

第一条 为了保护电信和互联网用户的合法权益，维护网络信息安全，根据《全国人民代表大会常务委员会关于加强网络信息保护的决定》、《中华人民共和国电信条例》和《互联网信息服务管理办法》等法律、行政法规，制定本规定。

第二条 在中华人民共和国境内提供电信服务和互联网信息服务过程中收集、使用用户个人信息的活动，适用本规定。

第三条 工业和信息化部和各省、自治区、直辖市通信管理局（以下统称电信管理机构）依法对电信和互联网用户个人信息保护工作实施监督管理。

第四条 本规定所称用户个人信息，是指电信业务经营者和互联网信息服务提供者在提供服务的过程中收集的用户姓名、出生日期、身份证件号码、住址、电话号码、账号和密码等能够单独或者与其他信息结合识别用户的信息以及用户使用服务的时间、地点等信息。

第五条 电信业务经营者、互联网信息服务提供者在提供服务的过程中收集、使用用户个人信息，应当遵循合法、正当、必要的原则。

第六条 电信业务经营者、互联网信息服务提供者对其在提供服务过程中收集、使用的用户个人信息的安全负责。

第七条 国家鼓励电信和互联网行业开展用户个人信息保护自律工作。

第二章 信息收集和使用规范

第八条 电信业务经营者、互联网信息服务提供者应当制定用户个人信息收集、使用规则，并在其经营或者服务场所、网站等予以公布。

第九条 未经用户同意，电信业务经营者、互联网信息服务提供者不得收集、使用用户个人信息。

电信业务经营者、互联网信息服务提供者收集、使用用户个人信息的，应当明确告知用户收集、使用信息的目的、方式和范围，查询、更正信息的渠道以及拒绝提供信息的后果等事项。

电信业务经营者、互联网信息服务提供者不得收集其提供服务所必需以外的用户个人信息或者将信息用于提供服务之外的目的，不得以欺骗、误导或者强迫等方式或者违反法律、行政法规以及双方的约定收集、使用信息。

电信业务经营者、互联网信息服务提供者在用户终止使用电信服务或者互联网信息服务后，应当停止对用户个人信息的收集和使用，并为用户提供注销号码或者账号的服务。

法律、行政法规对本条第一款至第四款规定的情形另有规定的，从其规定。

第十条 电信业务经营者、互联网信息服务提供者及其工作人员对在提供服务过程中收集、使用的用户个人信息应当严格保密，不得泄露、篡改或者毁损，不得出售或者非法向他人提供。

第十一条 电信业务经营者、互联网信息服务提供者委托他人代理市场销售和技术服务等直接面向用户的服务性工作，涉及收集、使用用户个人信息的，应当对代理人的用户个人信息保护工作进行监督和管理，不得委托不符合本规定有关用户个人信息保护要求的代理人代办相关服务。

第十二条 电信业务经营者、互联网信息服务提供者应当建立用户投诉处理机制，公布有效的联系方式，接受与用户个人信息保护有关的投诉，并自接到投诉之日起十五日内答复投诉人。

第三章 安全保障措施

第十三条 电信业务经营者、互联网信息服务提供者应当采取以下措施防止用户个人信息泄露、毁损、篡改或者丢失：

（一）确定各部门、岗位和分支机构的用户个人信息安全管理责任；

（二）建立用户个人信息收集、使用及其相关活动的工作流程和安全管理制度；

（三）对工作人员及代理人实行权限管理，对批量导出、复制、销毁信息实行审查，并采取防泄密措施；

（四）妥善保管记录用户个人信息的纸介质、光介质、电磁介质等载体，并采取相应的安全储存措施；

（五）对储存用户个人信息的信息系统实行接入审查，并采取防入侵、防病毒等措施；

（六）记录对用户个人信息进行操作的人员、时间、地点、事项等信息；

（七）按照电信管理机构的规定开展通信网络安全防护工作；

（八）电信管理机构规定的其他必要措施。

第十四条 电信业务经营者、互联网信息服务提供者保管的用户个人信息发生或者可能发生泄露、毁损、丢失的，应当立即采取补救措施；造成或者可能造成严重后果的，应当立即向准予其许可或者备案的电信管理机构报告，配合相关部门进行的调查处理。

电信管理机构应当对报告或者发现的可能违反本规定的行为的影响进行评估；影响特别重大的，相关省、自治区、直辖市通信管理局应当向工业和信息化部报告。电信管理机构在依据本规定作出处理决定前，可以要求电信业务经营者和互联网信息服务提供者暂停有关行为，电信业务经营者和互联网信息服务提供者应当执行。

第十五条 电信业务经营者、互联网信息服务提供者应当对其工作人员进行用户个人信息保护相关知识、技能和安全责任培训。

第十六条 电信业务经营者、互联网信息服务提供者应当对用户个人信息保护情况每年至少进行一次自查，记录自查情况，及时消除自查中发现的安全隐患。

第四章 监督检查

第十七条 电信管理机构应当对电信业务经营者、互联网信息服务提供者保护用户个人信息的情况实施监督检查。

电信管理机构实施监督检查时，可以要求电信业务经营者、互联网信息服务提供者提供相关材料，进入其生产经营场所调查情况，电信业务经营者、互联网信息服务提供者应当予以配合。

电信管理机构实施监督检查，应当记录监督检查的情况，不得妨碍电信业务经营者、互联网信息服务提供者正常的经营或者服务活动，不得收取任何费用。

第十八条 电信管理机构及其工作人员对在履行职责中知悉的用户个人信息应当予以保密，不得泄露、篡改或者毁损，不得出售或者非法向他人提供。

第十九条 电信管理机构实施电信业务经营许可及经营许可证年检时，应当对用户个人信息保护情况进行审查。

第二十条 电信管理机构应当将电信业务经营者、互联网信息服务提供者违反本规定的行为记入其社会信用档案并予以公布。

第二十一条 鼓励电信和互联网行业协会依法制定有关用户个人信息保护的自律性管理制度，引导会员加强自律管理，提高用户个人信息保护水平。

第五章 法律责任

第二十二条 电信业务经营者、互联网信息服务提供者违反本规定第八条、第十二条规定的，由电信管理机构依据职权责令限期改正，予以警告，可以并处一万元以下的罚款。

第二十三条 电信业务经营者、互联网信息服务提供者违反本规定第九条至第十一条、第十三条至第十六条、第十七条第二款规定的，由电信管理机构依据职权责令限期改正，予以警告，可以并处一万元以上三万元以下的罚款，向社会公告；构成犯罪的，依法追究刑事责任。

第二十四条　电信管理机构工作人员在对用户个人信息保护工作实施监督管理的过程中玩忽职守、滥用职权、徇私舞弊的，依法给予处理；构成犯罪的，依法追究刑事责任。

第六章　附则

第二十五条　本规定自2013年9月1日起施行。

6. 最高人民法院关于网络查询、冻结被执行人存款的规定（法释〔2013〕20号，2013年8月26日由最高人民法院审判委员会第1587次会议通过，自2013年9月2日起施行）

最高人民法院关于网络查询、冻结被执行人存款的规定

为规范人民法院办理执行案件过程中通过网络查询、冻结被执行人存款及其他财产的行为，进一步提高执行效率，根据《中华人民共和国民事诉讼法》的规定，结合人民法院工作实际，制定本规定。

第一条　人民法院与金融机构已建立网络执行查控机制的，可以通过网络实施查询、冻结被执行人存款等措施。

网络执行查控机制的建立和运行应当具备以下条件：

（一）已建立网络执行查控系统，具有通过网络执行查控系统发送、传输、反馈查控信息的功能；

（二）授权特定的人员办理网络执行查控业务；

（三）具有符合安全规范的电子印章系统；

（四）已采取足以保障查控系统和信息安全的措施。

第二条　人民法院实施网络执行查控措施，应当事前统一向相应金融机构报备有权通过网络采取执行查控措施的特定执行人员的相关公务证件。办理具体业务时，不再另行向相应金融机构提供执行人员的相关公务证件。

人民法院办理网络执行查控业务的特定执行人员发生变更的，应当及时向相应金融机构报备人员变更信息及相关公务证件。

第三条　人民法院通过网络查询被执行人存款时，应当向金融机构传输电子协助查询存款通知书。多案集中查询的，可以附汇总的案件查询清单。

对查询到的被执行人存款需要冻结或者续行冻结的，人民法院应当及时向金融机构传输电子冻结裁定书和协助冻结存款通知书。

对冻结的被执行人存款需要解除冻结的，人民法院应当及时向金融机构传输电子解除冻结裁定书和协助解除冻结存款通知书。

第四条　人民法院向金融机构传输的法律文书，应当加盖电子印章。

作为协助执行人的金融机构完成查询、冻结等事项后，应当及时通过网络向人民法院回复加盖电子印章的查询、冻结等结果。

人民法院出具的电子法律文书、金融机构出具的电子查询、冻结等结果，与纸质法律文书及反馈结果具有同等效力。

第五条 人民法院通过网络查询、冻结、续冻、解冻被执行人存款，与执行人员赴金融机构营业场所查询、冻结、续冻、解冻被执行人存款具有同等效力。

第六条 金融机构认为人民法院通过网络执行查控系统采取的查控措施违反相关法律、行政法规规定的，应当向人民法院书面提出异议。人民法院应当在 15 日内审查完毕并书面回复。

第七条 人民法院应当依据法律、行政法规规定及相应操作规范使用网络执行查控系统和查控信息，确保信息安全。

人民法院办理执行案件过程中，不得泄露通过网络执行查控系统取得的查控信息，也不得用于执行案件以外的目的。

人民法院办理执行案件过程中，不得对被执行人以外的非执行义务主体采取网络查控措施。

第八条 人民法院工作人员违反第七条规定的，应当按照《人民法院工作人员处分条例》给予纪律处分；情节严重构成犯罪的，应当依法追究刑事责任。

第九条 人民法院具备相应网络扣划技术条件，并与金融机构协商一致的，可以通过网络执行查控系统采取扣划被执行人存款措施。

第十条 人民法院与工商行政管理、证券监管、土地房产管理等协助执行单位已建立网络执行查控机制，通过网络执行查控系统对被执行人股权、股票、证券账户资金、房地产等其他财产采取查控措施的，参照本规定执行。

7. 最高人民法院、最高人民检察院关于办理利用信息网络实施诽谤等刑事案件适用法律若干问题的解释（法释〔2013〕21 号，2013 年 9 月 5 日最高人民法院审判委员会第 1589 次会议、2013 年 9 月 2 日最高人民检察院第十二届检察委员会第 9 次会议通过，自 2013 年 9 月 10 日起施行）

最高人民法院　最高人民检察院关于办理利用信息网络实施诽谤等刑事案件适用法律若干问题的解释

为保护公民、法人和其他组织的合法权益，维护社会秩序，根据《中华人民共和国刑法》《全国人民代表大会常务委员会关于维护互联网安全的决定》等规定，对办理利用信息网络实施诽谤、寻衅滋事、敲诈勒索、非法经营等刑事案件适用法律的若干问题解释如下：

第一条 具有下列情形之一的，应当认定为刑法第二百四十六条第一款规定的“捏造事实诽谤他人”：

（一）捏造损害他人名誉的事实，在信息网络上散布，或者组织、指使人员在信息网络上散布的；

（二）将信息网络上涉及他人的原始信息内容篡改为损害他人名誉的事实，在信息网络上散布，或者组织、指使人员在信息网络上散布的。

明知是捏造的损害他人名誉的事实，在信息网络上散布，情节恶劣的，以“捏造事实诽谤他人”论。

第二条　利用信息网络诽谤他人，具有下列情形之一的，应当认定为刑法第二百四十六条第一款规定的“情节严重”：

（一）同一诽谤信息实际被点击、浏览次数达到五千次以上，或者被转发次数达到五百次以上的；

（二）造成被害人或者其近亲属精神失常、自残、自杀等严重后果的；

（三）二年内曾因诽谤受过行政处罚，又诽谤他人的；

（四）其他情节严重的情形。

第三条　利用信息网络诽谤他人，具有下列情形之一的，应当认定为刑法第二百四十六条第二款规定的“严重危害社会秩序和国家利益”：

（一）引发群体性事件的；

（二）引发公共秩序混乱的；

（三）引发民族、宗教冲突的；

（四）诽谤多人，造成恶劣社会影响的；

（五）损害国家形象，严重危害国家利益的；

（六）造成恶劣国际影响的；

（七）其他严重危害社会秩序和国家利益的情形。

第四条　一年内多次实施利用信息网络诽谤他人行为未经处理，诽谤信息实际被点击、浏览、转发次数累计计算构成犯罪的，应当依法定罪处罚。

第五条　利用信息网络辱骂、恐吓他人，情节恶劣，破坏社会秩序的，依照刑法第二百九十三条第一款第（二）项的规定，以寻衅滋事罪定罪处罚。

编造虚假信息，或者明知是编造的虚假信息，在信息网络上散布，或者组织、指使人员在信息网络上散布，起哄闹事，造成公共秩序严重混乱的，依照刑法第二百九十三条第一款第（四）项的规定，以寻衅滋事罪定罪处罚。

第六条　以在信息网络上发布、删除等方式处理网络信息为由，威胁、要挟他人，索取公私财物，数额较大，或者多次实施上述行为的，依照刑法第二百七十四条的规定，以敲诈勒索罪定罪处罚。

第七条　违反国家规定，以营利为目的，通过信息网络有偿提供删除信息服务，或者明知是虚假信息，通过信息网络有偿提供发布信息等服务，扰乱市场秩序，具有下列情形之一的，属于非法经营行为“情节严重”，依照刑法第二百二十五条第（四）项的规定，以非法经营罪定罪处罚：

（一）个人非法经营数额在五万元以上，或者违法所得数额在二万元以上的；

（二）单位非法经营数额在十五万元以上，或者违法所得数额在五万元以上的。

实施前款规定的行为，数额达到前款规定的数额五倍以上的，应当认定为刑法第二百二十五条规定的“情节特别严重”。

第八条　明知他人利用信息网络实施诽谤、寻衅滋事、敲诈勒索、非法经营等犯罪，为其提供资金、场所、技术支持等帮助的，以共同犯罪论处。

第九条 利用信息网络实施诽谤、寻衅滋事、敲诈勒索、非法经营犯罪，同时又构成刑法第二百二十一条规定的损害商业信誉、商品声誉罪，第二百七十八条规定的煽动暴力抗拒法律实施罪，第二百九十一条之一规定的编造、故意传播虚假恐怖信息罪等犯罪的，依照处罚较重的规定定罪处罚。

第十条 本解释所称信息网络，包括以计算机、电视机、固定电话机、移动电话机等电子设备为终端的计算机互联网、广播电视网、固定通信网、移动通信网等信息网络，以及向公众开放的局域网络。

8. 最高人民法院关于人民法院在互联网公布裁判文书的规定（法释〔2013〕26 号，已于 2013 年 11 月 13 日由最高人民法院审判委员会第 1595 次会议通过，自 2014 年 1 月 1 日起施行）

最高人民法院关于人民法院在互联网公布裁判文书的规定

为贯彻落实审判公开原则，规范人民法院在互联网公布裁判文书工作，促进司法公正，提升司法公信力，根据《中华人民共和国刑事诉讼法》、《中华人民共和国民事诉讼法》、《中华人民共和国行政诉讼法》等相关规定，结合人民法院工作实际，制定本规定。

第一条 人民法院在互联网公布裁判文书，应当遵循依法、及时、规范、真实的原则。

第二条 最高人民法院在互联网设立中国裁判文书网，统一公布各级人民法院的生效裁判文书。

各级人民法院对其在中国裁判文书网公布的裁判文书质量负责。

第三条 各级人民法院应当指定专门机构负责互联网公布裁判文书的管理工作。该机构履行以下职责：

（一）组织、上传裁判文书；

（二）发现公布的裁判文书存在笔误或者技术处理不当等问题的，协调有关部门及时处理；

（三）其他相关的指导、监督和考评工作。

第四条 人民法院的生效裁判文书应当在互联网公布，但有下列情形之一的除外：

（一）涉及国家秘密、个人隐私的；

（二）涉及未成年人违法犯罪的；

（三）以调解方式结案的；

（四）其他不宜在互联网公布的。

第五条 人民法院应当在受理案件通知书、应诉通知书中告知当事人在互联网公布裁判文书的范围，并通过政务网站、电子触摸屏、诉讼指南等多种方式，向公众告知人民法院在互联网公布裁判文书的相关规定。

第六条 人民法院在互联网公布裁判文书时，应当保留当事人的姓名或者名称等真实信息，但必须采取符号替代方式对下列当事人及诉讼参与人的姓名进行匿名处理：

（一）婚姻家庭、继承纠纷案件中的当事人及其法定代理人；

（二）刑事案件中被害人及其法定代理人、证人、鉴定人；

（三）被判处三年有期徒刑以下刑罚以及免予刑事处罚，且不属于累犯或者惯犯的被告人。

第七条　人民法院在互联网公布裁判文书时，应当删除下列信息：

（一）自然人的家庭住址、通讯方式、身份证号码、银行账号、健康状况等个人信息；

（二）未成年人的相关信息；

（三）法人以及其他组织的银行账号；

（四）商业秘密；

（五）其他不宜公开的内容。

第八条　承办法官或者人民法院指定的专门人员应当在裁判文书生效后七日内按照本规定第六条、第七条的要求完成技术处理，并提交本院负责互联网公布裁判文书的专门机构在中国裁判文书网公布。

第九条　独任法官或者合议庭认为裁判文书具有本规定第四条第四项不宜在互联网公布情形的，应当提出书面意见及理由，由部门负责人审查后报主管副院长审定。

第十条　在互联网公布的裁判文书，除依照本规定的要求进行技术处理的以外，应当与送达当事人的裁判文书一致。

人民法院对送达当事人的裁判文书进行补正的，应当及时在互联网公布补正裁定。

第十一条　人民法院在互联网公布的裁判文书，除因网络传输故障导致与送达当事人的裁判文书不一致的以外，不得修改或者更换；确因法定理由或者其他特殊原因需要撤回的，应当由高级人民法院以上负责互联网公布裁判文书的专门机构审查决定，并在中国裁判文书网办理撤回及登记备案手续。

第十二条　中国裁判文书网应当提供操作便捷的检索、查阅系统，方便公众检索、查阅裁判文书。

第十三条　最高人民法院负责监督和指导地方各级人民法院在互联网公布裁判文书的工作。

高级人民法院负责组织、指导、监督和检查辖区内各级人民法院在互联网公布裁判文书的工作。

第十四条　各高级人民法院在实施本规定的过程中，可以结合工作实际制定实施细则。中西部地区基层人民法院在互联网公布裁判文书的时间进度由高级人民法院决定，并报最高人民法院备案。

第十五条　本规定自2014年1月1日起实施。最高人民法院2010年11月8日制定的《关于人民法院在互联网公布裁判文书的规定》（法发〔2010〕48号）同时废止。最高人民法院以前发布的司法解释和规范性文件与本规定不一致的，以本规定为准。

9. 国务院关于印发《“十二五”国家自主创新能力建设规划》的通知（国发〔2013〕4号）

各省、自治区、直辖市人民政府，国务院各部委、各直属机构：

现将《“十二五”国家自主创新能力建设规划》印发给你们，请认真贯彻执行。

国务院

2013 年 1 月 15 日

（此件有删改）

“十二五”国家自主创新能力建设规划

为贯彻落实《中华人民共和国国民经济和社会发展第十二个五年规划纲要》、《国家中长期科学和技术发展规划纲要（2006—2020 年）》和《中共中央国务院关于深化科技体制改革加快国家创新体系建设的意见》（中发〔2012〕6 号），引导创新主体行为，指导全社会加强自主创新能力建设，加快推进创新型国家建设，制定本规划。本规划主要涉及创新基础设施、创新主体、创新人才队伍和制度文化环境等方面。

一、建设基础与面临形势

（一）建设基础

“十一五”期间，我国坚持把增强自主创新能力作为科学技术发展的战略基点和提高综合国力的关键，大力推进科技进步和创新，强化了对经济社会发展和国家安全保障的支撑。

1．激励自主创新的法律和政策效果初步显现。修订了科学技术进步法和专利法，公布实施反垄断法、企业所得税法等法律法规，为自主创新提供了有力的法律制度保障。国家中长期科技发展规划纲要配套政策及其实施细则逐步落实，财政科技投入和全社会研发投入年均增长超过 20%，全社会研究开发投入占国内生产总值的比例由 1.39%提高到 1.76%。国家中长期人才规划纲要和教育规划纲要颁布实施，高层次、高技能人才队伍不断壮大，从事研发活动人员数量跃居世界首位。国家知识产权战略纲要颁布实施，发明专利授权量大幅增长，上升到世界第三位。

2．自主创新基础条件不断完善。实施《国家自主创新基础能力建设“十一五”规划》和《2004—2010 年国家科技基础条件平台建设纲要》，建设了一批达到或接近国际先进水平的重大科技基础设施，构建了科技资源开放共享的全国大型科学仪器设备协作共用网，国家重点实验室和野外观测台站（网）分别达到 327 家和 105 个，国家工程中心、国家工程实验室、国家认定企业技术中心分别达到 391 家、91 家、729 家，各类国家检测中心、产品检测实验室等加快发展，科技进步和创新的物质技术基础进一步夯实。

3．创新主体发展能力明显提升。技术创新工程有效推进，以企业为主体的技术创新体系建设取得积极进展，企业研发经费、研发人员和发明专利授权量年均分别增长 25%、15% 和 30%，涌现出一大批具有国际竞争力的创新型企业。知识创新工程、“211 工程”和“985 工程”加快实施，公益类科研机构改革进一步深化，高等院校和科研院所的原始创新能力显著增强。国家技术转移示范机构、国家大学科技园、生产力促进中心和科技孵化器等科技中介服务机构不断壮大，分别达到 134 家、86 家、2200 多家和 1000 多家，创新创业服务能力明显提升。

4．创新驱动经济社会发展的作用不断增强。超级计算机、移动通信、高速列车、大型飞机和核能等领域取得一批标志性创新成果并实现产业化，形成了若干新的经济增长点。新一代可循环钢铁流程工艺、清洁煤电成套装备、特高压输变电、新能源汽车和半导体照明等一批核心关键技术取得突破，为提升产业竞争力和促进节能减排降耗作出了积极贡献。超级稻、矮败小麦、禽流感疫苗、肿瘤靶向治疗、抗肝炎新药以及生产安全、食品安全和污染控制等领域的重大技术研发与推广应用，为农业增产和民生改善提供了技术保障。

（二）面临形势

“十二五”是我国建设创新型国家的关键时期，全面建成小康社会、加快转变经济发展方式对自主创新能力建设提出了更高、更紧迫的要求。

1．加强创新能力建设是提升国家竞争力的迫切要求。国际金融危机影响深远，主要国家纷纷调整创新战略，不断优化创新政策环境，加大创新基础设施建设投入，世界进入依靠创新繁荣实体经济的深度调整期。创新全球化加速了人才、技术等创新要素的国际流动，为各国提升创新能力带来了重大机遇和严峻挑战。要在全球经济大调整、大变革中掌握主动权，必须加快提升创新能力，抢占科技发展制高点，构筑国际竞争新优势。

2．加强创新能力建设是实现重大科技突破的重要举措。当前，能源资源、信息通信、人口健康、现代农业和先进材料等关系现代化建设进程的重要领域正孕育革命性突破，将催生一批战略性新兴产业，引发以绿色、健康和智能为特征的新产业革命，推动产业结构重大调整。要避免与新科技革命和产业革命带来的重大历史机遇失之交臂，必须实现创新能力质的飞跃。

3．加强创新能力建设是加快转变经济发展方式的重要支撑。当前经济、产业的竞争已前移到科技进步和创新能力的竞争，特别是随着我国工业化迅速推进，劳动力、原材料和环境保护等成本持续上升，经济社会发展面临的资源能源和生态环境约束压力进一步加大，迫切需要依靠创新实现转型发展。我国经济总量已跃居世界第二位，主要产业面临由大转强的艰巨任务，迫切需要以提高经济增长质量和效益为中心，强化创新驱动，加快实现产业结构优化升级和经济发展方式转变。

4．加强创新能力建设是破解社会发展难题的客观需要。解决好人民群众普遍关心的基本公共服务问题，构建和谐社会，迫切需要加快教育、医疗卫生、文化和公共安全等重要社会服务领域创新能力建设，构筑惠及全民的低成本、高质量、广覆盖的社会服务保障体系，缩小城乡、区域间基本公共服务保障水平的差距，满足国民基本公共服务需求。

当前，我国自主创新能力建设仍存在一些突出问题，主要表现在：创新能力建设缺乏系统前瞻布局，与世界先进水平相比还有较大差距；创新资源配置重复分散、使用效率不高、共享不足；企业创新动力和活力不足，技术创新的主体作用没有得到充分发挥；投入不足与结构不合理并存，持续投入机制尚未形成；知识产权保护等创新环境有待完善。面对新形势和新要求，必须把科技创新作为提高社会生产力和综合国力的战略支撑，摆在国家发展全局的核心位置，以战略眼光和全球视野，抓住机遇，应对挑战，充分利用现有基础，着力加强薄弱环节，以更大力度推进我国自主创新能力建设。

二、指导思想、建设目标和总体部署

（一）指导思想

以邓小平理论、“三个代表”重要思想、科学发展观为指导，着眼国家全局性和长远性发展需求，实施创新驱动发展战略，以体制机制改革为保障，统筹创新能力建设布局，加强自主创新的物质技术基础和人才队伍建设，促进创新资源合理配置，增强创新主体动力和全社会创新活力，更加注重协同创新，全面提升原始创新、集成创新和引进消化吸收再创新的能力和水平，加快创新型国家建设，为经济社会发展提供有力保障。

（二）建设目标

到“十二五”末，我国自主创新能力建设的目标是：

——创新基础条件建设布局更加合理。投入运行和在建的重大科技基础设施总量接近 50 个，形成一批世界一流的科学中心。重点建设和完善 100 家国家工程中心，新建若干家国家工程（重点）实验室，认定一批国家级企业技术中心，产业技术创新、重大技术装备研制和重点工程设计的支撑条件更加完善。

——重点领域创新能力明显提升。农业、制造业、战略性新兴产业、能源和综合交通运输等产业创新能力大幅提升，教育、医疗卫生、文化和公共安全等社会领域创新能力建设取得重要进展。

——创新主体实力明显增强。企业技术创新主体地位进一步强化，大中型工业企业研发投入占主营业务收入比例达到 1.5%，一批创新型企业进入世界 500 强。建成若干一流科研机构，创新能力和研究成果进入世界同类科研机构前列；建设一批高水平研究型大学，一批优势学科达到世界一流水平，关键核心技术的有效供给能力明显提升。

——区域创新能力布局不断优化。初步形成东中西部分工协作、功能互补、多层次合作的区域创新体系。区域性创新服务平台建设得到加强。

——创新环境更加完善。创新人才队伍结构更加合理，涌现一批高端创新人才、工程技术人才和创新服务人才，每万名就业人员的研发人力投入达到 43 人年。知识产权保护得到切实加强。每万人发明专利拥有量提高到 3.3 件，专利质量和专利技术实施率明显提高。

（三）总体部署

“十二五”时期，我国自主创新能力建设的总体部署是：加强政府统筹规划指导，更加发挥市场在资源配置中的基础性作用，引导社会创新主体积极参与，重点推进科学研究实验设施和各类创新基地建设，加强科技资源整合共享和高效利用，健全国家标准、计量、检测和认证技术体系，支撑科技跨越发展；加快推进重点产业关键核心技术研发和工程化能力建设，提升重点社会领域创新能力和公共服务水平，构建各具特色、协调发展的区域创新体系，支撑经济社会创新发展；加强创新主体能力、人才队伍和制度等创新环境建设，深化国际交流与合作，强化知识产权创造、运用、保护和管理能力，激发全社会创新活力，提高创新效率和效益。

三、加强科技创新基础条件建设

（一）科学研究实验设施

1. 规划建设国家重大科技基础设施。瞄准科技前沿和国家重大战略需求，坚持有所为、有所不为，以能源科学、生命科学、地球系统与环境科学、粒子物理和核物理科学、空间和天文科学、材料科学、工程技术科学 7 个领域为重点，统筹国家重大科技基础设施建设布局。“十二五”时期，综合考虑科学目标、技术基础、科研需求和工程队伍等因素，优先安排海底科学观测网、转化医学研究设施、中国南极天文台等 16 项重大科技基础设施建设。

2. 加强国家重点实验室建设。按照明确定位、完善布局、规范管理、共建共享的原则，进一步加强国家（重点）实验室建设。围绕重大科技任务、重大科学工程、重大科学方向探索开展国家实验室建设。加强高等学校和科研院所国家重点实验室建设，打造国际一流水平的基础研究骨干基地。在明确定位标准、系统规划设计的基础上建设企业国家重点实验室，引领和带动行业技术进步。积极推进港澳地区国家重点实验室伙伴实验室建设。围绕部门、地方优势和特色，培育国家重点实验室。

3．提高科研装备水平。加强科学规划和系统设计，改善科研装备条件，进一步提高现有科研仪器设备的使用效率。继续推进重大科研装备自主研制，探索科研装备自主开发有效模式。强化重大科学仪器设备开发和应用，增强科研条件资源的自主装备能力。

4．稳步推进国家野外科学观测研究站（网）建设。加强农业、气象、生态、环保、交通、水利等领域野外科学观测研究站（网）建设。加快推进野外科学观测研究站（网）的信息化，改善观测环境和科研条件，形成一批联网运行和资源共享的综合性、专业性野外科学观测研究基地。

（二）科技资源与信息平台

1．加强自然科技资源库建设。继续开展自然科技资源的搜集、保藏和安全保护，整合和完善科学植物园、动植物种质资源库、微生物菌（毒）种和人类遗传资源库、临床样本和疾病信息资源库、实验材料和标准物质资源库、岩矿化石和生物标本资源库。

2．推动重点领域科技资源平台建设。在信息、生物、新材料、航空航天、能源、海洋、节能减排等重点领域以及新兴、前沿和交叉学科领域，推动多学科交叉集成、面向社会开放服务的科技资源平台建设。

3．加快科学数据平台建设。实施科研信息化应用推进工程，强化国家重要科研信息化基础设施的综合应用和服务能力。加强中国科技资源共享网建设，构建科技资源从数据获取、存储、处理、挖掘到开放共享的完整信息服务链。建设集中与分散相结合的国家科学数据中心群，形成国家科学数据分级分类共享服务体系。抢救濒临丢失的重要科学数据。继续加强专利、工艺、标准、科技报告等科技文献资源的整合和开放。

（三）标准计量检测认证平台

1．加强标准和认证认可体系建设。完善国家和行业技术标准资源服务平台，加强标准化与科技创新、产业升级协同发展，加快关键技术标准研制，提高参与制定国际标准的能力。推进科技基础条件平台标准化工作，加强科技资源标准化整理工作，提高数字化表达水平。完善信息安全产品国家认证制度，突破食品安全、碳排放、新能源、节能环保、交通运输工具、再制造、农业和生物、医药、现代服务业等领域认证认可关键技术，提升标准和认证认可技术支撑能力。

2．加强检验检测平台建设。整合资源，构建以国家级机构为龙头、区域性机构为基础、企业及社会检测资源为补充的检验检测体系。重点支持战略性新兴产业、现代服务业、现代农业等产业和领域检验检测能力建设，研制关键检测技术、方法和装备。在产业集聚地和主要进出口口岸规划建设一批综合性检验检测平台，增强适应产业创新和国际化发展的检验检测能力。

3．积极推进计量测试平台建设。掌握基本物理常数、量子基准关键技术及精确测量先进方法、国际关键比对技术与方法，前瞻布局建设和完善计量基标准和重大精密测量基础设施，构建产业发展急需的计量测试平台；在新材料、新能源、智能电网、生物与食品安全、先进制造、应对气候变化、环境保护、城市矿产、医药安全和国防建设等领域形成满足需求的有效测量和溯源能力，健全高端分析仪器量值溯源体系，构建满足国内需求并与国际接轨的国家计量基标准和量值传递体系。

四、增强重点产业持续创新能力

（一）农业创新能力

1．加强农业技术创新平台建设。围绕我国粮食安全、种业发展、主要农产品供给、农产品质量安全、生物安全、农林生态保护等，加强农业重点实验室、农业应用研究示范基地、科学观测实验站、品种改良中心、种质库（圃）等创新基地和平台建设。依托公益性行业科研专项等国家科技计划，围绕动植物良种、生态林业、生态农业、海洋农业、农机装备、新型肥药、农产品精深加工、高效栽培、绿色种植、健康养殖、节本降耗、节水灌溉、植物病虫害统防统治、动物疫病防控、农业防灾减灾、农业农村信息化、水文水资源监测、水土流失防控、河口海岸滩涂开发治理和保护等方面重大技术需求，建设和完善一批关键共性技术创新平台。开展农业面源污染监测、防治科技攻关，提升农业可持续发展的能力。结合实施转基因生物新品种培育科技重大专项、粮食丰产科技工程和种业科技创新工程等，建设产学研结合、育繁推一体化的现代种业创新体系，增强良种良法开发和推广应用能力。

2．推进农业创新资源集聚。推进现代农业产业技术体系建设，完善以产业需求为导向、以农产品为单元、以产业链为主线、以综合试验站为基点的新型农业科技资源组合模式。积极培育以企业为主导的农业产业技术创新战略联盟，推进国家农业高新技术产业示范区和国家农业科技园区建设，构建适应高产、优质、高效、生态、安全农业发展要求的技术体系。

3．加快农业技术推广体系建设。健全乡镇或区域性农业技术推广、动植物疫病防控、农产品质量监管等公共服务机构，构建以国家农技推广机构为主导，农业科研单位、有关学校、农民专业合作社、涉农企业、群众性科技组织、农民技术人员广泛参与的多元化农技推广体系，促进农业科技信息传播和成果推广应用。加快重大关键农业技术推广应用和农机农艺融合。大力实施科技特派员农村科技创业行动，鼓励创办领办科技型企业和技术合作组织，继续完善农业科技专家大院、星火科技 12396 等科技服务模式。继续实施星火计划、科技富民强县专项行动计划、科普惠农兴村计划，全面提升现代农业专业化、社会化技术服务和推广应用能力。

（二）制造业创新能力

1．加强制造业共性技术创新平台建设。以制造业结构调整和优化升级必需的基础工艺、基础材料、基础元器件、关键零部件和软件系统为重点，集聚、整合产业链各环节的创新资源，创新组织模式，搭建一批关键共性技术研发和工程化平台，为提升制造业新技术和新产品开发能力提供有力支撑。

2．提高重大成套技术装备开发能力。围绕重大成套技术装备设计验证以及节能减排、资源综合利用和循环经济等关键技术开发，完善和提升产业技术创新、检测检验和系统验证服务等平台，培育发展专业化的工业设计、研发机构。完善相应的研发和推广应用体系，提升重大成套技术装备的系统设计能力和集成创新能力、配套产业的新技术和新产品开发能力。

3．推动工业化和信息化深度融合。加强生产过程智能化和生产装备数字化应用示范，提升集散控制、数字控制等自动化和信息化技术集成创新能力。推进国家新型工业化产业示范基地建设。实施制造业信息化科技工程。根据行业技术发展要求，培育和发展网络制造等现代制造模式，促进“生产型制造”向“服务型制造”转变。

专栏1　制造业创新能力建设重点	
1	装备制造 机械基础零部件、基础工艺、高端仪器仪表、先进实用农机装备、煤机装备、海洋技术装备等设计、实验及检测，制造信息化、快速制造和再制造。
2	船舶 散货船、油船、集装箱船等传统船型升级换代，船用中低速柴油机、船用电站，高技术船舶、绿色船舶设计制造，数字化船型设计数据库。
3	汽车 高效内燃机、高效传动与驱动、材料与结构轻量化、整车优化、普通混合动力、汽车节能技术等研发试验平台。
4	钢铁 新一代钢铁可循环流程工艺技术，高性能、高质量及升级换代关键钢材品种。
5	有色金属 高效、低耗、低污染新型冶炼、共伴生矿高效利用、矿山尾矿综合利用、有色金属短流程低能耗加工等技术与装备。
6	石化 大型特大型石化技术装备。
7	建材 无机非金属材料、非金属矿精深加工及节能减排、资源综合利用。
8	轻工 新型电池、农用新型塑料、酶制剂、食品加工、节能环保电光源、绿色智能家电。
9	纺织 高新技术纤维和新一代功能性、差别化纤维，高效节能纺纱、织造和印染以及产业用纺织品。

（三）战略性新兴产业创新能力

1．加强战略性新兴产业创新平台和标准化建设。前瞻部署一批前沿技术研发平台，完善一批产业关键核心技术创新平台，重点建设一批工程化验证平台，为培育战略性新兴产业提供有力支撑。强化战略性新兴产业知识产权与技术标准前瞻布局，支持以企业为核心的专利战略联盟和技术标准联盟建设，掌握一批主导产业发展的知识产权和有国际影响力的技术标准，抢占战略性新兴产业技术发展制高点。

2．推进战略性新兴产业创新成果应用示范。实施战略性新兴产业创新成果应用示范工程。依托产业创新资源聚集区，布局建设一批重大成果应用示范基地，支持商业模式创新，探索政府采购支持新方式，发展产业链完善、创新能力强、特色鲜明的创新集群，提升战略性新兴产业关键技术的工程化和产业化能力。

专栏2　战略性新兴产业创新能力建设重点	
1	节能环保 高效节能、低耗零排、环境安全、资源循环利用。
2	新一代信息技术 新一代无线通信、卫星移动通信、下一代广播电视网、下一代互联网、云计算、物联网、新型显示技术、半导体照明、信息技术服务。
3	生物 新药创制、高性能诊疗设备，合成生物与先进生物制造，医药、重要农作物及畜禽、微生物菌（毒）种等基因资源信息库。
4	高端装备制造 航空产品、卫星载荷研制、智能控制系统、高档数控机床、轨道交通装备、深海运载和探测技术装备、深部矿产资源探测装备。

（续表）

5	新能源 新一代核电装备、大型风电机组系统集成及零部件设计试验平台、新型太阳能发电、智能电网、下一代生物燃料、大规模储能。
6	新材料 新型功能材料、先进结构材料、高性能复合材料、分离膜材料、有机硅材料、纳米材料、共性基础材料。
7	新能源汽车 插电式混合动力汽车、纯电动汽车、燃料电池汽车、车用动力电池、驱动电动机、动力总成、管理控制系统。

（四）现代服务业创新能力

1．加强服务业公共技术创新平台和标准体系建设。在金融服务、现代物流、商贸服务、高技术服务等领域，加强公共技术创新平台建设，开发和推广应用新技术，发展服务新产品，推进服务业结构优化升级。围绕发展信息系统集成服务、互联网增值服务、信息安全服务和数字内容服务等，建立和完善新兴服务业标准体系，加快形成先进服务业标准创制能力，提升专业化服务水平。

2．加快服务业创新基地建设。依托有比较优势区域，建设主体功能突出、创新基础较好的区域性服务业创新中心和产业化基地，利用信息化技术手段，大力发展新兴业态，促进服务业规模化、品牌化和网络化发展。引导推动国家高技术服务业发展试点省（市）和国家高技术服务产业基地加强技术创新平台建设，延伸和完善产业链，促进高技术服务业集群发展。推动有条件城市加快发展各类高技术服务组织和机构，支撑服务业创新发展。

（五）能源产业和综合交通运输创新能力

1．推进能源产业和综合交通运输绿色发展。加快形成和提升新型煤化工、油气勘探、农村水电开发等重大节能减排技术创新能力，研究推广动力煤配制新技术，加强电力需求侧管理技术、电网资源优化技术等开发与推广能力，提高资源综合开发利用水平。实施低碳技术创新及产业化示范工程，加强碳捕集、利用和封存等技术研发和应用能力。加快建设智能化数字交通管理、综合交通运输和绿色交通等领域中带动性强的关键技术研发平台；建设全国交通数据中心，构建综合交通信息服务平台。

2．提高能源生产运行和交通运输安全的技术保障能力。在能源产业领域，重点围绕煤矿、电站、油气田生产安全和电网、油气管网运行安全等，完善一批研发和工程化设施，提升安全防控技术支撑能力；在综合交通运输领域，构建覆盖设计、建设、运行、管理等环节的安全技术创新体系，重点加强铁路、公路、水运和航空等重大基础设施耐久性评价与安全保障技术创新平台建设，提高安全事故主动防控能力。

3．强化能源和交通重大工程建设的技术支撑。集聚整合行业优势创新资源，加强关键技术、装备和工艺创新能力建设，加速创新成果转化，保障国家煤炭基地、大型水（核）电站、智能电网、近海海域和深水油气田勘探开发、高速铁路、高速公路、大型公路桥梁、航道整治、沿海深水港口、干线机场、综合交通枢纽等重大工程顺利建设。

专栏3　能源产业和综合交通运输创新能力建设重点	
1	电力 特高压输电、高效清洁燃煤电站、核电站安全。

（续表）

2	煤炭 褐煤综合利用、煤制芳烃、煤制天然气、煤制乙二醇、煤炭液化、煤制烯烃。
3	石油天然气 三次采油、海洋深水工程、石油地球物理、高含硫气藏开采、测井技术、非常规天然气开发。
4	铁路 高速铁路勘察设计、轨道交通通信信号、重载机车车辆、高速铁路基础设施耐久性评价、高速铁路产品质量检测检验。
5	公路 公路养护技术装备、新型道路材料、公路长大桥建设、桥梁结构安全、公路隧道建设、陆地交通灾害防治、交通安全应急。
6	水运 港口水工建筑、疏浚技术装备。
7	民航 新一代空管系统、技术及装备，适航审定、航空运输信息系统，低空飞行监视、指挥和信息系统。
8	综合交通枢纽 客运一体化服务系统、货运联程集疏运系统、运营管理信息共享系统、防灾救灾和应急疏散系统。

五、提高重点社会领域创新能力

（一）教育领域

1．加强教育信息化应用体系建设。推动“宽带网络校校通”、“优质资源班班通”、“网络学习空间人人通”建设，构建和完善网络教学体系。全面推进教育信息化应用，鼓励有条件的学校推进数字化学习中心、数字化校园、数字化图书馆和虚拟实验室建设，促进课堂互动教学、网络互动学习，提升教育教学技术水平。加快发展开放灵活的教育资源公共服务平台，促进优质教育资源普及共享。加大教育信息化培训力度，推广教师信息化教育技术能力标准，加强教师、技术人员和管理人员专业化培训，提高教师应用信息技术的水平。

2．提高教育信息化的技术支撑能力。开发适应多终端共享要求的内容资源、学习工具和资源生成系统，提高教育信息化技术装备水平。加强数字化教学设施、特殊教育技术手段等技术创新。建设教育信息技术集成推广、教育技术装备与系统、教育支撑软件开发等创新平台，提升教学标准评测认证和教育资源质量审定评测能力。

3．加强教育管理信息化建设。制定国家教育管理信息标准与编码规范，制定学校信息化管理业务标准与规范等教育信息化标准。搭建安全高效的国家教育管理公共服务平台，建设教育管理信息系统，完善教育基础信息数据库，提高教育管理效率和服务能力。建立健全数字化校园网络信息安全监管机制。

（二）医疗卫生领域

1．加强医疗卫生公共服务技术能力建设。推进医疗卫生信息化，完善国家、省和地市三级卫生信息平台。推进公共卫生、医疗服务、医疗保障、基本药物和综合管理等业务应用系统建设。加快临床信息资源库与数据库建设，促进相互关联与整合。建立城乡居民电子健康档案和电子病历资源库，提高临床路径实用性和电子化水平。推进医疗卫生服务先进适用技术、装备和系统的研发、产业化，并加快推广应用。

2．推进医疗卫生技术基础能力建设。加强基础性卫生信息标准研发，统一卫生领域术语信息标准和代码标准，研究制订公共卫生和医院信息化功能规范及业务流程规范。研究制订适应业务需求的数据标准、交换标准和技术标准及临床决策智能知识库。推进中医药标准建设和中药质量认证。建立和完善重大公共卫生、传染病和高等级生物安全实验室监测预警体系。

3．强化疾病防治技术能力建设。加强心脑血管病、肿瘤、糖尿病、慢性呼吸系统疾病等慢性病、地方病和职业病早期预警、预防干预与诊断治疗共性关键技术研发能力建设，加强病因、致病机理等相关基础研究，健全“预防—诊断—治疗”技术体系。围绕常见病、多发病、传染病和地方病，加快新型诊疗技术、装备、诊断试剂、疫苗和药物的开发与工程化能力建设，建立和完善相关标准，提高“发生—甄别—处置”系统诊疗能力。加强中医药研究体系建设，提高中医药防病治病能力。建立精神疾病与心理健康等临床诊疗标准，完善基础与临床医学研究体系。加强妇幼保健技术能力建设，预防和减少出生缺陷。加强中国人群特有的营养健康、慢性疾病以及生殖健康、老年健康等的预测、预防和干预研究，健全综合防治体系。

（三）文化领域

1．推进文化科技创新能力建设。着眼现代文化产业体系建设需要，在出版、印刷、传媒、影视、演艺、网络游戏、网络音乐、动漫等领域推动建设技术创新平台和产学研战略联盟，支持数字文化创意、数字出版、数字影视制作、数字投送等创新技术应用，形成一批文化资源数据库，增强文化科技创新基础能力。实施文化科技创新工程，突破一批核心、关键、共性技术，推进相关技术标准研制，充分利用信息技术等先进技术支撑文化装备、材料、工艺、软件、系统的研制和发展，提高科技对传统文化业态的升级改造和对新兴文化业态的培育能力。依托国家高新技术园区、国家可持续发展实验区、国家级文化产业（试验）示范园区、国家文化产业示范基地、国家动漫游戏产业振兴基地等建立国家级文化和科技融合示范基地，促进文化与科技创新资源和要素互动衔接，加快培育和发展文化创意、数字出版、数字印刷、数字媒体、动漫游戏等新兴文化产业。跟踪新媒体发展趋势，充分发挥基于互联网和移动通信技术的新媒体在催生文化新业态、优化文化产业结构、完善文化产业链等方面的重要作用。

2．创新公共文化服务手段和服务内容。充分利用信息技术，大力开发新型文化产品，增强公共文化产品供给能力，满足人民群众多样化文化需求，使城乡居民平等享受公共文化服务。加快现代科技在图书馆、文化馆（站）等公共文化场馆中的普及和应用，充分发挥信息技术和直播卫星技术在农家书屋、全民阅读、文化信息资源共享、数字图书馆推广、公共电子阅览室、国家公共文化服务体系示范区（项目）创建等重点文化惠民工程建设中的作用，完善公共文化服务网络，构建技术先进、传输快捷、覆盖广泛的现代传播体系。加强国际传播能力建设，构建网络化国际文化交流服务平台，创新中国文化“走出去”方法和手段，提升中国文化的表现力和传播力。

（四）公共安全领域

1．增强突发事件监测预警技术能力。健全地质地震灾害、气象灾害、水旱灾害、生态环境灾害、海洋灾害、生物灾害和森林草原火灾等自然灾害监测体系和预警预报信息发布平台，完善食品安全、突发急性传染病、群体性不明原因疾病、动物疫情和职业危害等公共卫生事件信息平台和监测预警网络，建立社会安全基础数据库，形成统一指挥、功能齐全、反应灵敏、运转高效的监测预警体系。完善国家重大工程和公共基础设施监测监控平台，建立和完善水利水电工程、区域及跨区域电网、油气管线、高速铁路、机场、道桥、隧道、港口、发电厂、核设施、城市大型复杂建筑和国家基础信息网络等监测监控及信息安全保障技术体系。

2．提高应急管理技术水平。进一步加强国家应急平台建设，完善公共安全网络和信息技术标准与应用规范，强化跨部门、跨区域协同处置突发事件的技术支撑能力。加快应急管理基础数据库建设，推进重要技术资料、历史资料收集管理和共享，为妥善应对各类突发公共事件提供可靠基础数据。在重大事故灾难与应急救援、职业危害预防控制、自然灾害防治、公共卫生保障、社会安全防范等领域，加强安全保障关键共性技术开发与转化，加大公共安全关键技术和装备的攻关力度，增强防范和处置突发事件的能力。

专栏4　公共安全保障能力建设重点	
1	自然灾害 水旱灾害等重大自然灾害防御和应对，应急物资调度、应急广播。
2	事故灾难 煤矿重大事故预防与应急技术，环境污染事故应急处置技术。
3	公共卫生 食品安全快速检测溯源，食品安全信息监测，食品安全科研基础数据共享，食品药品安全风险评估。
4	信息安全 信息安全测试评估、存储、监控、实时防护。
5	生物安全 转基因生物安全，药品安全及监控，高等级生物安全实验室。

六、强化区域创新发展能力

（一）加快建设各具特色的区域创新体系

结合区域经济社会发展的特色和优势，加快区域创新能力布局建设，构建运行高效的区域创新网络，鼓励创新资源密集的区域率先实现创新驱动发展，支持具有特色创新资源的区域加快提高创新能力。东部地区要发挥开放和科教资源密集优势，集聚国际创新资源，重点提升长江三角洲、珠江三角洲、京津冀等区域的自主创新能力，支撑产业高端化、国际化发展。中部地区要发挥承东启西区位和产业技术基础齐全的优势，强化与东西部地区的人才、技术和设备等创新要素对接，加强产业配套创新能力建设。西部地区要发挥特色资源和产业优势，加快产业技术研发与产业化能力建设，形成若干有较强创新能力的特色优势资源综合利用加工基地、新能源基地和先进装备制造基地。东北地区等老工业基地要发挥产业和科技基础较强的优势，强化现代产业科技支撑体系，推动高端装备制造业发展和传统制造业转型升级，加快新型工业化进程。以交通、水利、农业、气象、质检、环保等为重点，推进跨区域公共技术创新和服务平台建设，探索建立有效的跨区运行机制和模式，着力解决水污染控制、大气污染防治、污染土壤修复、农业面源污染防治、公共安全等综合性问题。

（二）推进重点创新集聚区建设与发展

加强北京中关村、武汉东湖、上海张江等国家自主创新示范区建设，推进体制机制创新和政策先行先试，加快创新支撑条件建设，探索创新驱动发展的新思路、新模式。推动国家高新技术产业开发区和国家经济技术开发区以提升自主创新能力为核心的“二次创业”，加快建立服务于知识技术密集型产业发展的共性技术创新平台和公共服务平台，优化创新创业环境，增强园区自主创新和持续发展能力。推进国家创新型试点城市建设，带动形成一批各具特色、充满活力的省级创新型城市，构建特色鲜明、优势互补的创新型城市群，培育若干有国际影响力的区域经济增长极。

七、推进创新主体能力建设

（一）加强企业技术创新基础能力建设

1. 深入实施国家技术创新工程。鼓励产业技术创新战略联盟按产业发展需求构建创新链，推进创新型企业建设，加大对企业创新基础能力建设支持力度，促进创新资源向企业集聚。鼓励符合条件的企业承担或参与企业国家重点实验室、工程实验室、工程中心以及中试和技术转移平台建设，鼓励企业承担国家和地方科技计划项目。深化转制院所改革，增强行业关键共性技术开发服务能力和技术辐射能力。

2. 加强企业研发机构建设。采取有效政策措施，引导企业加大产业发展前沿技术研发力度。实施企业技术创新百强工程，重点建设一批国家认定企业技术中心，大力发展省市、行业认定企业技术中心，完善重大新产品研发与技术升级支撑体系。鼓励有条件的企业在海外建立研发中心，提升企业新产品、新工艺和新技术开发能力。

3. 推进中小企业创新服务体系建设。在中小企业集聚区布局建设一批技术创新服务平台，增强产品创新、工艺创新和服务创新支撑能力。实施中小企业信息化推进工程，完善第三方信息化应用服务平台，搭建行业应用平台，加快中小企业信息化建设步伐。

专栏 5　企业技术创新基础能力建设重点	
1	国家技术创新工程 以提升企业自主创新能力和产业核心竞争力为主旨，促进政产学研用紧密结合，进一步创新管理，着力建立企业主导产业技术研发创新的体制机制，引导和支持创新要素向企业集聚。构建一批支撑经济结构战略性调整的产业技术创新战略联盟，建设完善一批面向企业的技术创新服务平台，培育形成一批具有较强国际竞争力的创新型企业，推动一批重大科技成果产业化应用，培育一批高端化、集约化、专业化的创新型园区。
2	企业技术创新百强工程 选择高技术产业、国民经济支柱产业和我国具有比较优势的重点产业的行业排头兵企业，培育百家在产业自主创新中具有领军作用的大企业集团和创新优势企业，培育一批组织健全、实力雄厚的企业研究开发机构。

（二）提升高等院校和科研院所创新能力

深入实施“211 工程”、“985 工程”和“高等学校创新能力提升计划”，重点完善基础研究、应用基础研究平台，整合高等院校优势创新资源，建设一批高水平研究型大学，加强跨学科交叉研究机构、跨校研究中心建设，增强高等院校创新人才培养能力、基础研究和前沿技术创新能力。持续稳定支持基础研究类和社会公益类科研机构，实施中科院“创新 2020”，在重点领域形成国际一流的优势学科和研究基地，大幅提升科研院所原始创新能力和重大技术系统集成能力。依托具有较强研究开发和技术辐射能力的科研院所，利用现有基础条件和综合优势，合理布局一批国家重大公益性科技基础设施。大力推动协同创新，建立与产业、区域经济紧密结合的技术研发和成果转化机制，提升高校和科研院所服务国家重大需求、支撑产业结构调整和促进区域协调发展的能力。

专栏 6　高等院校和科研院所创新能力建设重点	
1	高等学校创新能力提升计划 瞄准科学前沿和国家发展重大需求，加强重点学科建设，有效整合创新资源，构建协同创新的新模式与新机制，认定并支持一批“2011 计划协同创新中心”，集聚和培养一批拔尖创新人才，取得一批重大标志性成果，提高高等学校创新能力。

（续表）

2	中科院“创新2020” 建设基础前沿科学中心、战略高技术研发中心和重大公益性科技综合研究中心以及国家宏观决策科技支持系统，组织实施战略性先导科技专项，优化布局建设区域创新集群和开放共享的创新基础设施，着力解决关系国家全局和长远发展的基础性、战略性、前瞻性重大科技问题。

（三）增强科技中介机构创新服务能力

1．积极推进各类科技中介服务机构发展。引导科技中介服务机构向服务专业化、功能社会化、组织网络化、运行规范化方向发展。加强骨干中介机构技术服务能力建设，提升技术服务设备水平，培养高水平人才和从业人员。推动中介机构应用现代科学技术，创新服务方式与手段，推动业务向技术集成、产品设计、工艺配套以及管理咨询等领域拓展。发挥行业协会、学会和产业组织作用，加强对科技咨询、技术评估、信息服务和创业投资服务等中介服务机构的指导，增强中介机构专业化服务能力。

2．提高科技中介机构服务创新的水平。以提高创业服务能力为重点，大力推进大学科技园、留学人员创业园、科技企业孵化器发展，为科技型初创企业提供优质、高效、全方位服务。以加速创新成果转移扩散为目标，增强国家技术转移中心、生产力促进中心和技术交易中心等组织专业化服务能力。大力发展创业投资服务机构，吸引社会资金支持创新活动。加强科技信息机构的信息采集与综合加工能力建设，提升政策咨询与评估机构的决策咨询与技术支撑能力，面向社会提供科技信息和决策咨询服务以及第三方技术评估服务。

（四）进一步深化企业主导的产学研合作

加强协同创新，积极探索推进产学研相结合的有效模式。鼓励行业骨干企业与高等院校、科研院所、上下游企业、行业协会等共建研发组织，建设产业关键共性技术创新平台。支持企业牵头组织高等院校和科研院所共同承担国家科技计划项目，探索企业选题、共同研发的新模式。建立企业主导的产业技术创新战略联盟，强化其组织技术创新合作、创新平台建设、技术转移扩散、人才联合培养等功能。

八、加强创新人才队伍建设

（一）科技创新领军人才

实施创新人才推进计划和青年人才开发计划，设立科学家工作室，依托高等院校、科研院所和大型骨干企业，加快建设一批创新人才培养示范基地和国家青年英才培养基地，培养造就一批世界水平的科学家、中青年科技创新领军人才、科技创新创业人才和青年拔尖人才等。统筹实施“千人计划”等引才引智计划，在前沿技术和新兴产业领域建设一批海外高层次人才创新创业基地，为引进的世界科技发展前沿战略科学家、学术带头人和优秀创新团队提供研发条件保障。推荐优秀科学家参与国际科技组织和重大国际科技合作计划并担任重要职务，增强我国科技创新领军人才运用国内外科技资源的能力。

（二）产业创新紧缺人才

以国家科技计划和重大工程为平台，以产业技术创新战略联盟和产学研合作项目为纽带，建设一批工程创新实训基地，实施专业技术人才知识更新工程，加快培养经济社会发展重点领域紧缺专门人才。实施国家高技能人才振兴计划，依托大型骨干企业、职业院校和职业培训机构，加快国家级高技能人才培养和实训基地建设。深入实施“卓越工程师教育培养计划”，推行校企合作、工学结合和顶岗实习等高技能人才培养模式，造就一大批工程技术领军人才和具有创新意识的高技能人才。加快工程教育和工程师资格国际互认进程，培养专业化、国际化、复合型工程技术人才队伍。加强基层农业技术推广人才队伍建设。鼓励支持生产一线人员立足本职岗位开展技术创新，提升科学素质和劳动技能。

（三）创新创业服务人才

加强服务于创新创业的各类人才培养。以服务科研开发为目标，培养一批具有较高专业技能的科研支撑人员。着眼产业技术发展需求，培养一批了解产业科技前沿和市场需求的信息分析专门人才。围绕提高创业服务水平，培养一批人事代理、人才测评、心理咨询、人才选拔、就业指导等方面专业人才。依托国家知识产权人才培训基地，加快国家（地方）知识产权人才库和专业人才信息网络建设，重点培养社会急需的企业知识产权管理和中介服务人才。实施科普人才队伍建设工程，加强科普人才培养与在职培训，壮大科普人才队伍。

（四）完善创新人才使用激励机制

改进科技成果管理制度，鼓励探索知识、技术、管理、技能等要素参与分配的机制，探索有利于创新人才发挥作用的多种分配方式，支持企业创新人才以股权、期权等多种形式参与收益分配。鼓励非职务创新。逐步完善政府奖励、用人单位奖励和社会奖励互为补充的多层次创新奖励体系，按照国家有关规定规范和鼓励社会力量设立创新奖项，表彰在创新活动中作出突出贡献的公民或者组织。布局建设一批人才特区，探索创新人才培养、使用、流动、评价制度，为创新创业人才开发提供示范。建立创业基地，通过创业辅导、资助启动资金、税收减免等多种方式，支持创新创业人才开发。

九、完善创新能力建设环境

（一）整合共享创新资源

积极推进体制机制改革，促进创新资源有效共享、高效利用，加强科技资源和科技产出调查，统筹创新资源配置，深化跨部门、跨区域和跨行业开放合作，完善公共科技资源共建共享机制。完善财政资金支持的科技基础设施运行管理和绩效评估机制，推进高等院校和科研院所构建多种模式的创新资源开放共享机制，鼓励和引导创新资源向社会开放。加强国家、行业、地方的重点实验室、工程中心、工程实验室和公共技术服务平台的统筹衔接，完善部省会商、院地合作、部门共建等协同机制，促进中央与地方创新资源优化配置及有效整合。

（二）加强知识产权创造、运用、保护和管理

加快构建以国家知识产权数据中心为核心、区域（行业）知识产权信息服务中心为支撑、知识产权中介服务机构与维权援助机构为基础的知识产权信息服务体系，提升知识产权信息公共服务能力。强化国家科技重大专项、国家科技计划的知识产权前瞻布局，加强重大科技项目知识产权全过程管理。落实完善国家资助开发的科研成果授权和利益分享机制。建立重大经济活动知识产权审议机制，构建知识产权分析预警体系，提高知识产权创造和布局针对性。深入开展企事业单位知识产权试点示范工作，实施中小企业知识产权战略推进工程和知识产权优势企业培育工程，增强企事业单位的知识产权运用能力。加强知识产权专业服务机构、知识产权维权援助机构的技术支撑能力和知识产权价值评估能力建设，促进知识产权转移转化。大力推进使用正版软件。完善知识产权保护措施，依法惩治侵犯知识产权的违法犯罪行为，为科技创新营造良好环境。

（三）推进科学普及能力建设

构建开放程度高、延伸范围广的信息化、网络化全国科普设施体系，合理规划科技馆、

自然科学博物馆等科普设施建设。推进科研机构、高等院校向社会开放，开展科普活动。引导社会加大科普投入，繁荣科普创作。推进科技计划成果科普化，推动科普网站、虚拟博物馆和虚拟科技馆建设，利用手机、互联网和移动电视等新媒体技术和手段，创新科普传播方式方法，提升科学资源的普及效率和水平。完善全国科普信息资源共享和交流平台，完善国家科普统计制度，集成国内外科普信息资源，健全科普资源配送体系。

（四）大力培育创新文化

营造“尊重知识、尊重人才、鼓励探索、宽容失败”的创新文化氛围，开展创新方法培训，强化科学精神、创造性思维和创新能力教育培训。拓宽创新文化传播渠道，支持产业组织、社会公益组织和有关国际组织联合搭建创新交流平台，打造若干具有国际影响的创新论坛，加强自主创新成果展示；引导和支持电视台、电台、网络、手机、报刊等传播创新理念，宣传创新案例，报道创新动态，普及创新知识。

（五）提升国际合作水平

根据我国发展需要，制定科技发展国际化战略，积极开展全方位、多层次、高水平的科技国际合作。加大引进国际科技创新资源的力度。加强我国科研机构、高等院校、企业与国外科研机构的合作交流，合理规划、有序推进联合实验室、联合研究中心建设。在具备条件的地方和行业，建立与发展需求密切结合的国际技术转移中心，形成不同层次、不同形式的国际科技合作平台。积极参与气候变化、重大疾病、公共安全等全球性重大科技合作，大力推进政府间合作和科研项目合作，不断探索合作新模式。加强内地与港澳台地区科技交流，建立更加紧密的科技合作关系。

十、规划实施

（一）加强组织领导

各相关部门要高度重视，充分发挥积极性和主动性，抓紧制定具体措施，分解任务，明确责任，创新机制，确保规划提出的各项任务落到实处。各地区要结合本地区特点和发展需求，制订相应专项规划，切实推进本地区自主创新能力建设。建立部门之间、中央与地方之间的工作会商制度和协调机制，加强相关规划的有机衔接，形成共同推进规划落实的良好局面。

（二）完善支持政策措施

深入贯彻落实科学技术进步法等相关法律法规，进一步完善促进国家自主创新能力建设的法律法规和政策，加强产业政策、财税政策、金融政策等与创新能力建设的衔接协调。根据世界贸易组织的有关规定，进一步研究并完善支持企业创新和科研成果产业化的财税金融政策，全面落实企业研发费用加计扣除、企业研究开发仪器设备加速折旧、进口国内不能生产的研发设施税收减免等税收激励政策，加快建立和完善知识产权质押贷款、风险投资等投融资政策。鼓励采用和推广具有自主知识产权的技术标准。建立健全技术产权交易市场。

（三）保障资金投入

进一步完善和落实促进全社会研发经费逐步增长的相关政策措施，探索建立多元化、多渠道、多层次的科技投入体系。发挥政府在科技投入中的引导作用，鼓励和吸引全社会加大对自主创新能力建设的投入力度。推进金融机构、社会团体、企业、个人以及国外投资者参与高水平的研发设施建设。

（四）强化监督评估

强化规划实施的监测、评估和督促检查，采取有效措施解决规划实施中遇到的问题，根据实际情况及时调整和完善规划的具体任务部署。建立综合评价和第三方评价制度，完善考核指标体系和监督机制，鼓励社会各界积极参与规划实施的监督

10. 国务院关于推进物联网有序健康发展的指导意见（国发〔2013〕7号）

各省、自治区、直辖市人民政府，国务院各部委、各直属机构：

物联网是新一代信息技术的高度集成和综合运用，具有渗透性强、带动作用大、综合效益好的特点，推进物联网的应用和发展，有利于促进生产生活和社会管理方式向智能化、精细化、网络化方向转变，对于提高国民经济和社会生活信息化水平，提升社会管理和公共服务水平，带动相关学科发展和技术创新能力增强，推动产业结构调整和发展方式转变具有重要意义，我国已将物联网作为战略性新兴产业的一项重要组成内容。目前，在全球范围内物联网正处于起步发展阶段，物联网技术发展和产业应用具有广阔的前景和难得的机遇。经过多年发展，我国在物联网技术研发、标准研制、产业培育和行业应用等方面已初步具备一定基础，但也存在关键核心技术有待突破、产业基础薄弱、网络信息安全存在潜在隐患、一些地方出现盲目建设现象等问题，亟须加强引导加快解决。为推进我国物联网有序健康发展，现提出以下指导意见：

一、指导思想、基本原则和发展目标

（一）指导思想

以邓小平理论、“三个代表”重要思想、科学发展观为指导，加强统筹规划，围绕经济社会发展的实际需求，以市场为导向，以企业为主体，以突破关键技术为核心，以推动需求应用为抓手，以培育产业为重点，以保障安全为前提，营造发展环境，创新服务模式，强化标准规范，合理规划布局，加强资源共享，深化军民融合，打造具有国际竞争力的物联网产业体系，有序推进物联网持续健康发展，为促进经济社会可持续发展作出积极贡献。

（二）基本原则

统筹协调。准确把握物联网发展的全局性和战略性问题，加强科学规划，统筹推进物联网应用、技术、产业、标准的协调发展。加强部门、行业、地方间的协作协同。统筹好经济发展与国防建设。

创新发展。强化创新基础，提高创新层次，加快推进关键技术研发及产业化，实现产业集聚发展，培育壮大骨干企业。拓宽发展思路，创新商业模式，发展新兴服务业。强化创新能力建设，完善公共服务平台，建立以企业为主体、产学研用相结合的技术创新体系。

需求牵引。从促进经济社会发展和维护国家安全的重大需求出发，统筹部署、循序渐进，以重大示范应用为先导，带动物联网关键技术突破和产业规模化发展。在竞争性领域，坚持应用推广的市场化。在社会管理和公共服务领域，积极引入市场机制，增强物联网发展的内生性动力。

有序推进。根据实际需求、产业基础和信息化条件，突出区域特色，有重点、有步骤地推进物联网持续健康发展。加强资源整合协同，提高资源利用效率，避免重复建设。

安全可控。强化安全意识，注重信息系统安全管理和数据保护。加强物联网重大应用和系统的安全测评、风险评估和安全防护工作，保障物联网重大基础设施、重要业务系统和重

点领域应用的安全可控。

（三）发展目标

总体目标。实现物联网在经济社会各领域的广泛应用，掌握物联网关键核心技术，基本形成安全可控、具有国际竞争力的物联网产业体系，成为推动经济社会智能化和可持续发展的重要力量。

近期目标。到 2015 年，实现物联网在经济社会重要领域的规模示范应用，突破一批核心技术，初步形成物联网产业体系，安全保障能力明显提高。

——协同创新。物联网技术研发水平和创新能力显著提高，感知领域突破核心技术瓶颈，明显缩小与发达国家的差距，网络通信领域与国际先进水平保持同步，信息处理领域的关键技术初步达到国际先进水平。实现技术创新、管理创新和商业模式创新的协同发展。创新资源和要素得到有效汇聚和深度合作。

——示范应用。在工业、农业、节能环保、商贸流通、交通能源、公共安全、社会事业、城市管理、安全生产、国防建设等领域实现物联网试点示范应用，部分领域的规模化应用水平显著提升，培育一批物联网应用服务优势企业。

——产业体系。发展壮大一批骨干企业，培育一批“专、精、特、新”的创新型中小企业，形成一批各具特色的产业集群，打造较完善的物联网产业链，物联网产业体系初步形成。

——标准体系。制定一批物联网发展所急需的基础共性标准、关键技术标准和重点应用标准，初步形成满足物联网规模应用和产业化需求的标准体系。

——安全保障。完善安全等级保护制度，建立健全物联网安全测评、风险评估、安全防范、应急处置等机制，增强物联网基础设施、重大系统、重要信息等的安全保障能力，形成系统安全可用、数据安全可信的物联网应用系统。

二、主要任务

（一）加快技术研发，突破产业瓶颈。以掌握原理实现突破性技术创新为目标，把握技术发展方向，围绕应用和产业急需，明确发展重点，加强低成本、低功耗、高精度、高可靠、智能化传感器的研发与产业化，着力突破物联网核心芯片、软件、仪器仪表等基础共性技术，加快传感器网络、智能终端、大数据处理、智能分析、服务集成等关键技术研发创新，推进物联网与新一代移动通信、云计算、下一代互联网、卫星通信等技术的融合发展。充分利用和整合现有创新资源，形成一批物联网技术研发实验室、工程中心、企业技术中心，促进应用单位与相关技术、产品和服务提供商的合作，加强协同攻关，突破产业发展瓶颈。

（二）推动应用示范，促进经济发展。对工业、农业、商贸流通、节能环保、安全生产等重要领域和交通、能源、水利等重要基础设施，围绕生产制造、商贸流通、物流配送和经营管理流程，推动物联网技术的集成应用，抓好一批效果突出、带动性强、关联度高的典型应用示范工程。积极利用物联网技术改造传统产业，推进精细化管理和科学决策，提升生产和运行效率，推进节能减排，保障安全生产，创新发展模式，促进产业升级。

（三）改善社会管理，提升公共服务。在公共安全、社会保障、医疗卫生、城市管理、民生服务等领域，围绕管理模式和服务模式创新，实施物联网典型应用示范工程，构建更加便捷高效和安全可靠的智能化社会管理和公共服务体系。发挥物联网技术优势，促进社会管理和公共服务信息化，扩展和延伸服务范围，提升管理和服务水平，提高人民生活质量。

（四）突出区域特色，科学有序发展。引导和督促地方根据自身条件合理确定物联网发展定位，结合科研能力、应用基础、产业园区等特点和优势，科学谋划，因地制宜，有序推进物联网发展，信息化和信息产业基础较好的地区要强化物联网技术研发、产业化及示范应用，信息化和信息产业基础较弱的地区侧重推广成熟的物联网应用。加快推进无锡国家传感网创新示范区建设。应用物联网等新一代信息技术建设智慧城市，要加强统筹、注重效果、突出特色。

（五）加强总体设计，完善标准体系。强化统筹协作，依托跨部门、跨行业的标准化协作机制，协调推进物联网标准体系建设。按照急用先立、共性先立原则，加快编码标识、接口、数据、信息安全等基础共性标准、关键技术标准和重点应用标准的研究制定。推动军民融合标准化工作，开展军民通用标准研制。鼓励和支持国内机构积极参与国际标准化工作，提升自主技术标准的国际话语权。

（六）壮大核心产业，提高支撑能力。加快物联网关键核心产业发展，提升感知识别制造产业发展水平，构建完善的物联网通信网络制造及服务产业链，发展物联网应用及软件等相关产业。大力培育具有国际竞争力的物联网骨干企业，积极发展创新型中小企业，建设特色产业基地和产业园区，不断完善产业公共服务体系，形成具有较强竞争力的物联网产业集群。强化产业培育与应用示范的结合，鼓励和支持设备制造、软件开发、服务集成等企业及科研单位参与应用示范工程建设。

（七）创新商业模式，培育新兴业态。积极探索物联网产业链上下游协作共赢的新型商业模式。大力支持企业发展有利于扩大市场需求的物联网专业服务和增值服务，推进应用服务的市场化，带动服务外包产业发展，培育新兴服务产业。鼓励和支持电信运营、信息服务、系统集成等企业参与物联网应用示范工程的运营和推广。

（八）加强防护管理，保障信息安全。提高物联网信息安全管理与数据保护水平，加强信息安全技术的研发，推进信息安全保障体系建设，建立健全监督、检查和安全评估机制，有效保障物联网信息采集、传输、处理、应用等各环节的安全可控。涉及国家公共安全和基础设施的重要物联网应用，其系统解决方案、核心设备以及运营服务必须立足于安全可控。

（九）强化资源整合，促进协同共享。充分利用现有公共通信和网络基础设施开展物联网应用。促进信息系统间的互联互通、资源共享和业务协同，避免形成新的信息孤岛。重视信息资源的智能分析和综合利用，避免重数据采集、轻数据处理和综合应用。加强对物联网建设项目的投资效益分析和风险评估，避免重复建设和不合理投资。

三、保障措施

（一）加强统筹协调形成发展合力。建立健全部门、行业、区域、军地之间的物联网发展统筹协调机制，充分发挥物联网发展部际联席会议制度的作用，研究重大问题，协调制定政策措施和行动计划，加强应用推广、技术研发、标准制定、产业链构建、基础设施建设、信息安全保障、无线频谱资源分配利用等的统筹，形成资源共享、协同推进的工作格局和各环节相互支撑、相互促进的协同发展效应。加强物联网相关规划、科技重大专项、产业化专项等的衔接协调，合理布局物联网重大应用示范和产业化项目，强化产业链配套和区域分工合作。

（二）营造良好发展环境。建立健全有利于物联网应用推广、创新激励、有序竞争的政策体系，抓紧推动制定完善信息安全与隐私保护等方面的法律法规。建立鼓励多元资本公平进入的市场准入机制。加快物联网相关标准、检测、认证等公共服务平台建设，完善支撑服务体系。加强知识产权保护，积极开展物联网相关技术的知识产权分析评议，加快推进物联网相关专利布局。

（三）加强财税政策扶持。加大中央财政支持力度，充分发挥国家科技计划、科技重大专项的作用，统筹利用好战略性新兴产业发展专项资金、物联网发展专项资金等支持政策，集中力量推进物联网关键核心技术研发和产业化，大力支持标准体系、创新能力平台、重大应用示范工程等建设。支持符合现行软件和集成电路税收优惠政策条件的物联网企业按规定享受相关税收优惠政策，经认定为高新技术企业的物联网企业按规定享受相关所得税优惠政策。

（四）完善投融资政策。鼓励金融资本、风险投资及民间资本投向物联网应用和产业发展。加快建立包括财政出资和社会资金投入在内的多层次担保体系，加大对物联网企业的融资担保支持力度。对技术先进、优势明显、带动和支撑作用强的重大物联网项目优先给予信贷支持。积极支持符合条件的物联网企业在海内外资本市场直接融资。鼓励设立物联网股权投资基金，通过国家新兴产业创投计划设立一批物联网创业投资基金。

（五）提升国际合作水平。积极推进物联网技术交流与合作，充分利用国际创新资源。鼓励国外企业在我国设立物联网研发机构，引导外资投向物联网产业。立足于提升我国物联网应用水平和产业核心竞争力，引导国内企业与国际优势企业加强物联网关键技术和产品的研发合作。支持国内企业参与物联网全球市场竞争，推动我国自主技术和标准走出去，鼓励企业和科研单位参与国际标准制定。

（六）加强人才队伍建设。建立多层次多类型的物联网人才培养和服务体系。支持相关高校和科研院所加强多学科交叉整合，加快培养物联网相关专业人才。依托国家重大专项、科技计划、示范工程和重点企业，培养物联网高层次人才和领军人才。加快引进物联网高层次人才，完善配套服务，鼓励海外专业人才回国或来华创业。

各地区、各部门要按照本意见的要求，进一步深化对发展物联网重要意义的认识，结合实际，扎实做好相关工作。各部门要按照职责分工，尽快制定具体实施方案、行动计划和配套政策措施，加强沟通协调，抓好任务措施落实，确保取得实效。

国　务　院

2013 年 2 月 5 日

11. 国务院办公厅关于印发《2013 年全国打击侵犯知识产权和制售假冒伪劣商品工作要点》的通知（国办发〔2013〕36 号）

各省、自治区、直辖市人民政府，国务院各部委、各直属机构：

《2013 年全国打击侵犯知识产权和制售假冒伪劣商品工作要点》已经国务院同意，现印发给你们，请认真贯彻执行。

国务院办公厅

2013 年 5 月 17 日

2013 年全国打击侵犯知识产权和制售假冒伪劣商品工作要点

2013 年全国打击侵犯知识产权和制售假冒伪劣商品工作的重点任务是，围绕严重侵害人民群众切身利益和影响创新驱动发展的突出问题，继续深入开展专项整治，积极探索治本之策，为促进科学发展、构建和谐社会提供有力保障。

一、打击制售假冒伪劣商品违法行为

（一）开展农资打假专项整治。继续开展放心农资下乡进村、红盾护农、农资打假下乡等专项行动，加强种子、苗木、农药、肥料、兽药、饲料和饲料添加剂、农机等重点农资产品专项治理。严把市场准入关，加大经常性市场检查和生产经营企业整顿力度。对农资批发零售市场、种子苗木交易市场和集散地、邮寄快递渠道等进行重点监督检查，严厉打击制售假冒伪劣农资行为。

（二）整治假冒伪劣食品药品。严厉打击非法添加或使用非食品原料、饲喂不合格饲料、滥用农兽药、超范围超限量使用食品添加剂、肉类掺假售假等违法行为。坚决取缔生产假冒伪劣食品药品的“黑窝点”，打击通过互联网、邮寄快递等渠道销售假药的违法行为，查处药品生产经营企业恶意制假售假、偷工减料、非法接受委托加工等违法行为。建设中药材追溯体系，治理中药材和中药饮片制假售假、掺杂使假、增重染色、以劣充好等问题。

（三）开展生产流通环节治理整顿。深入开展生产源头专项治理，全面开展质量安全风险排查活动，打击各类质量违法行为。围绕农资、食品、建材、汽车配件等重点产品继续开展“质检利剑”行动。强化流通领域商品质量监管，针对消费者反映集中的家用电器、手机、儿童用品、玩具和电动工具质量以及假冒有机产品的突出问题，开展专项整治，加大日常监督检查和质量监测力度。狠抓城乡结合部等重点区域的执法打假。整顿报废汽车市场。打击虚假违法广告。整治过度包装。规范特许经营市场秩序。

（四）开展进出口环节治理整顿。以食品、药品、汽车配件和对非洲出口商品以及邮寄快递渠道为重点，打击进出口侵权货物违法行为。打击假冒检验检疫证书行为。做好进出口农产品风险分析，严控劣质农产品进出口。以婴幼儿护肤用品等为重点，做好化妆品质量安全风险监测。

（五）规范网络商品交易秩序。全面推进网络经营主体数据库建设，对网络交易平台落实自然人实名登记情况开展检查，完善网络交易监管平台功能，推进实现对网络交易行为及有关服务行为的动态监管。打击虚构、冒用合法市场主体名义从事网络商品交易或利用网络销售假冒伪劣商品违法行为。

二、打击侵犯知识产权违法行为

（六）打击侵犯商标权违法行为。以驰名商标、涉外商标为重点，打击侵犯商标权违法行为。综合运用排查、提前审理、并案集中审理等措施，遏制违反诚实信用原则、恶意攀附他人商标声誉或占用公共资源等抢注商标行为。开展打击“傍名牌”专项执法行动。

（七）打击侵犯著作权违法行为。继续开展打击网络侵权盗版专项治理“剑网行动”，针对网络文学、音乐、视频、游戏、动漫、软件等侵权盗版行为开展专项治理。加强对重点视频网站、网络销售平台的监管工作。开展印刷复制发行监管专项行动。以教材教辅出版物、工具书、畅销书、音像制品为重点，加大出版物市场监管力度。打击假冒他人署名书画作品以及含有著作权的标准类作品的侵权盗版行为。

（八）打击侵犯专利权违法行为。集中开展知识产权执法维权“护航”专项行动，加大对涉及民生、重大项目及涉外等领域专利侵权行为的打击力度。做好专利侵权调处和假冒专利查处工作。加强重要展会的执法维权工作。

（九）打击其他领域侵权违法行为。依法重点打击以盗窃、利诱、胁迫等不正当手段侵犯商业秘密的违法行为。依法加大对侵犯植物新品种权、地理标志、集成电路布图设计等知识产权违法行为的打击力度。

（十）加强文化市场监督管理。结合暑假、国庆等重点时段，开展网吧、娱乐、演出、艺术品市场监管专项督查行动。发布违法互联网文化活动“黑名单”，整治网络音乐、网络游戏市场。加强对互联网视听节目服务网站的监管，重点打击非法视听节目网站。

（十一）做好软件正版化工作。巩固中央和省级政府软件正版化工作成效，完成市县两级政府软件正版化检查整改工作，一并抓好同级党委、人大、政协等机关的软件正版化检查整改工作。以中央企业和国有大型金融机构为重点，推进企业使用正版软件工作。加大新出厂计算机预装正版操作系统工作力度。发挥正版软件采购网作用，积极推进正版软件区域联合采购。督促软件开发商、供应商规范对政府采购的定价行为，明确授权模式，改善售后服务。加强软件正版化工作长效机制建设，制定政府机关使用正版软件管理办法，出台政府机关办公通用软件资产配置标准。

三、保持刑事司法打击高压态势

（十二）加强侵权假冒犯罪案件侦办工作。以危害创新发展、危害扩大内需和就业、危害人民群众生命健康、危害生产生活安全、危害粮食安全和农民利益的犯罪行为为重点，大力侦办侵权假冒犯罪案件。

（十三）加强刑事犯罪案件检察工作。依法及时批捕、起诉涉嫌侵权假冒犯罪案件。加强对行政执法机关移送涉嫌犯罪案件的监督，强化立案监督和审判监督。加大对职务犯罪的查办力度，坚决打掉侵权假冒犯罪的“保护伞”。

（十四）加强案件审判工作。重点针对基础前沿研究、战略性新兴产业、现代信息技术产业和文化创意、动漫游戏、网络、软件、数据库等新兴文化产业等领域，以及假冒商标、“傍名牌”、侵犯商业秘密等不正当竞争行为，加强相关案件审理工作。

四、推进长效机制建设

（十五）健全法律法规体系。推进商标法、著作权法、专利法、种子法、食品安全法和反不正当竞争法修订工作。加快修订商标法实施条例和专利代理条例。明确行政执法机关在查办侵权假冒案件过程中收集的物证、书证、视听资料、电子数据等证据材料作为刑事诉讼证据使用的规范。深入开展打击侵权假冒相关检验鉴定技术方法研究，探索建立成果共享机制，推进成果转化应用。

（十六）积极推进行政执法与刑事司法衔接。加强统筹协调，建立完善联席会议、案件咨询、走访检查、统计通报、监督考核等制度，规范线索通报、案件移送、案件受理和证据转换等业务流程，采取专线互联、定期拷贝等方式，完善网上移送、受理和监督机制。2013年年底前完成打击侵权假冒领域行政执法与刑事司法衔接信息共享平台建设任务。

（十七）健全考核与监督机制。完善打击侵权假冒绩效考核体系，推动地方政府将打击侵权假冒工作逐级纳入考核，强化各级领导干部责任意识。建立健全考评制度，做好2013年度打击侵权假冒综合治理考核工作。加大行政监察和问责力度。开展案件移送和办理专项督查，指导和督促下级机关依法移送、受理、办理案件，纠正有法不依、执法不严、违法不究等问题，强化层级监督。

（十八）推动案件信息公开。将侵权假冒行政处罚案件纳入政府信息公开范围，将案件信息公开情况纳入打击侵权假冒统计通报内容。抓紧出台行政执法机关依法公开侵权假冒行政处罚案件信息的意见，2013 年下半年有关行政执法机关要出台本系统公开相关案件信息的实施细则，并及时公布打击侵权假冒案件相关信息。2013 年年底前组织一次全面督查，检查案件信息公开情况。

（十九）加快诚信体系建设。编制社会信用体系建设规划纲要。加快质量信用征信体系建设，逐步完善全国企业质量信用档案、产品质量信用信息平台，加快推进国家重点产品质量安全追溯物联网应用示范工程建设，推动质量信用信息社会共享。推进企业信用分级分类监管。公布违法违规的生产经营企业及其法人代表、相关责任人的“黑名单”，探索建立行业禁入制度。引导行业协会做好行业信用评价。举办“诚信兴商宣传月”、“质量月”等活动。

五、加强基础工作

（二十）深入开展宣传教育。加大正面宣传力度，及时报道打击侵权假冒工作进展和成效，营造良好舆论氛围。加强互联网管理和舆论引导，积极推动舆论监督，主动回应社会关切，曝光大案要案。结合国际舆论关注点，有针对性地开展对外宣传。利用中国打击侵权假冒工作网站等平台，加强政府与企业、消费者的互动交流。加强与知识产权权利人的沟通。举办“知识产权宣传周”活动。发布中国知识产权保护状况白皮书。制作发布打击侵权假冒公益广告。落实“六五”普法规划，深入开展知识产权保护法制宣传教育活动。

（二十一）加强执法能力建设。加大基层执法体系和现场快速检测能力建设，充实必要的人员、装备和设备。加强执法打假举报投诉处置指挥平台建设。做好侵权假冒商品环境无害化销毁工作，加强分类处理指导，保障销毁经费。加强对律师开展侵权假冒犯罪案件辩护代理工作的指导，规范执业行为，提供优质服务。

（二十二）积极开展国际合作。加强与美、日、欧发达国家和有关新兴市场国家的执法信息交流和执法协作，打击跨境侵权假冒违法犯罪行为。健全知识产权海外维权机制，鼓励和支持企业海外维权。进一步做好涉外知识产权应对工作。

12. 国务院关于印发《“宽带中国”战略及实施方案》的通知（国发〔2013〕31 号）

各省、自治区、直辖市人民政府，国务院各部委、各直属机构：

现将《“宽带中国”战略及实施方案》印发给你们，请认真贯彻执行。

国务院

2013 年 8 月 1 日

“宽带中国”战略及实施方案

宽带网络是新时期我国经济社会发展的战略性公共基础设施，发展宽带网络对拉动有效投资和促进信息消费、推进发展方式转变和小康社会建设具有重要支撑作用。从全球范围看，宽带网络正推动新一轮信息化发展浪潮，众多国家纷纷将发展宽带网络作为战略部署的优先行动领域，作为抢占新时期国际经济、科技和产业竞争制高点的重要举措。近年来，我国宽带网络覆盖范围不断扩大，传输和接入能力不断增强，宽带技术创新取得显著进展，完整产业链初步形成，应用服务水平不断提升，电子商务、软件外包、云计算和物联网等新兴业态蓬勃发展，网络信息安全保障逐步加强，但我国宽带网络仍然存在公共基础设施定位不明确、区域和城乡发展不平衡、应用服务不够丰富、技术原创能力不足、发展环境不完善等问题，亟须得到解决。

根据《2006—2020 年国家信息化发展战略》、《国务院关于大力推进信息化发展和切实保障信息安全的若干意见》(国发〔2012〕23 号)和《"十二五"国家战略性新兴产业发展规划》的总体要求，特制定《"宽带中国"战略及实施方案》，旨在加强战略引导和系统部署，推动我国宽带基础设施快速健康发展。

一、指导思想、基本原则和发展目标

(一)指导思想

以邓小平理论、"三个代表"重要思想、科学发展观为指导，围绕加快转变经济发展方式和全面建成小康社会的总体要求，将宽带网络作为国家战略性公共基础设施，加强顶层设计和规划引导，统筹关键核心技术研发、标准制定、信息安全和应急通信保障体系建设，促进网络建设、应用普及、服务创新和产业支撑的协同，综合利用有线、无线技术推动电信网、广播电视网和互联网融合发展，加快构建宽带、融合、安全、泛在的下一代国家信息基础设施，全面支撑经济发展和服务社会民生。

(二)基本原则

坚持政府引导与市场调节相结合。坚持市场配置资源的基础性作用，发挥政府战略引领作用，完善政策措施。系统研究解决网络建设、内容服务、应用创新、产业发展等环节体制机制问题，营造良好环境，促进市场公平竞争和资源有效利用。

坚持统筹规划与分步推进相结合。从战略性、全局性和系统性出发，适度超前，明确宽带发展的总体目标、路线图和时间表。遵循客观发展规律，因地制宜，统筹城乡和区域宽带协调发展，统筹军民宽带网络融合发展。

坚持网络建设与应用服务相结合。统筹有线、无线技术手段协同发展，协调推进宽带接入网、骨干网和国际出入口能力建设，形成适度超前的宽带网络发展格局。促进网络能力提升与应用服务创新相结合，深化宽带在各行业、各领域的集成应用，推动信息消费，培育新服务、新市场、新业态。

坚持网络升级与产业创新相结合。加强宽带网络发展与产业支撑能力建设的协同，加快建立以企业为主体、市场为导向、产学研用紧密结合的技术创新体系，促进国内外优势资源的整合利用，提升自主创新能力，实现产业链上下游协调发展，提高产业配套能力。

坚持宽带普及与保障安全相结合。强化安全意识，同步推进网络信息安全和应急通信保障能力建设，不断增强基础网络、核心系统、关键资源的安全掌控能力以及应急服务能力，实现网络安全可控、业务安全可管、应急保障可靠。

(三)发展目标

到 2015 年，初步建成适应经济社会发展需要的下一代国家信息基础设施。基本实现城市光纤到楼入户、农村宽带进乡入村，固定宽带家庭普及率达到 50%，第三代移动通信及其长期演进技术(3G/LTE)用户普及率达到 32.5%，行政村通宽带(有线或无线接入方式，下同)比例达到 95%，学校、图书馆、医院等公益机构基本实现宽带接入。城市和农村家庭宽带接入能力基本达到 20Mbps 和 4Mbps，部分发达城市达到 100Mbps。宽带应用水平大幅提升，移动互联网广泛渗透。网络与信息安全保障能力明显增强。

到 2020 年，我国宽带网络基础设施发展水平与发达国家之间的差距大幅缩小，国民充分享受宽带带来的经济增长、服务便利和发展机遇。宽带网络全面覆盖城乡，固定宽带家庭普及率达到 70%，3G/LTE 用户普及率达到 85%，行政村通宽带比例超过 98%。城市和农村家庭宽带接入能力分别达到 50Mbps 和 12Mbps，发达城市部分家庭用户可达 1Gbps。宽带应用深度融入生产生活，移动互联网全面普及。技术创新和产业竞争力达到国际先进水平，形成较为健全的网络与信息安全保障体系。

二、技术路线和发展时间表

遵循宽带技术演进规律，充分利用现有网络基础，围绕经济社会发展总体要求和宽带发展目标，加强和完善总体布局，系统解决宽带网络接入速度、覆盖范围、应用普及等关键问题，强化产业发展和安全保障，不断提高宽带发展整体水平，全面提升支撑经济社会可持续发展的能力。

（一）技术路线

统筹接入网、城域网和骨干网建设，综合利用有线技术和无线技术，结合基于互联网协议第 6 版（IPv6）的下一代互联网规模商用部署要求，分阶段系统推进宽带网络发展。

按照高速接入、广泛覆盖、多种手段、因地制宜的思路，推进接入网建设。城市地区利用光纤到户、光纤到楼等技术方式进行接入网建设和改造，并结合 3G/LTE 与无线局域网技术，实现宽带网络无缝覆盖。农村地区因地制宜，灵活采取有线、无线等技术方式进行接入网建设。

按照高速传送、综合承载、智能感知、安全可控的思路，推进城域网建设。逐步推动高速传输、分组化传送和大容量路由交换技术在城域网应用，扩大城域网带宽，提高流量承载能力；推进网络智能化改造，提升城域网的多业务承载、感知和安全管控水平。

按照优化架构、提升容量、智能调度、高效可靠的思路，推进骨干网建设。优化骨干网络架构，完善国际网络布局，全面推广超高速波分复用系统和集群路由器技术，提升骨干网络容量和智能调度能力，保障网络高速高效和安全可靠运行。

（二）发展时间表

1. 全面提速阶段（至 2013 年底）。重点加强光纤网络和 3G 网络建设，提高宽带网络接入速率，改善和提升用户上网体验。

城市地区着力推进光纤化成片改造，农村地区灵活采用有线和无线方式加快行政村宽带接入网建设，提高接入速度和网络使用性价比。进一步提升城市 3G 网络质量，扩大农村 3G 网络覆盖范围，做好时分双工模式移动通信长期演进技术（TD-LTE）扩大规模试验工作。加快下一代广播电视网建设，推进“光进铜退”和网络双向化改造，促进互联互通。同步推进城域网扩容升级。以网间互联为重点优化互联网骨干网。推动网站升级改造，提高网站接入速率。

到 2013 年底，固定宽带用户超过 2.1 亿户，城市和农村家庭固定宽带普及率分别达到 55%和 20%。3G/LTE 用户超过 3.3 亿户，用户普及率达到 25%。行政村通宽带比例达到 90%。城市地区宽带用户中 20Mbps 宽带接入能力覆盖比例达到 80%，农村地区宽带用户中 4Mbps 宽带接入能力覆盖比例达到 85%。城乡无线宽带网络覆盖水平明显提升，无线局域网基本实现城市重要公共区域热点覆盖。全国有线电视网络互联互通平台覆盖有线电视网络用户比例达到60%。

2. 推广普及阶段（2014—2015年）。重点在继续推进宽带网络提速的同时，加快扩大宽带网络覆盖范围和规模，深化应用普及。

城市地区加快扩大光纤到户网络覆盖范围和规模，农村地区积极采用无线技术加快宽带网络向行政村延伸，有条件的农村地区推进光纤到村。持续扩大3G覆盖范围和深度，推动TD-LTE规模商用。继续推进下一代广播电视网建设，进一步扩大下一代广播电视网覆盖范围，加速互联互通。全面优化国家骨干网络。加强光通信、宽带无线通信、下一代互联网、下一代广播电视网、云计算等重点领域新技术研发，在部分重点领域取得原始创新成果。

到2015年，固定宽带用户超过2.7亿户，城市和农村家庭固定宽带普及率分别达到65%和30%。3G/LTE用户超过4.5亿户，用户普及率达到32.5%。行政村通宽带比例达到95%。城市家庭宽带接入能力基本达到20Mbps，部分发达城市达到100Mbps，农村家庭宽带接入能力达到4Mbps。3G网络基本覆盖城乡，LTE实现规模商用，无线局域网全面实现公共区域热点覆盖，服务质量全面提升。互联网网民规模达到8.5亿人，应用能力和服务水平显著提高。全国有线电视网络互联互通平台覆盖有线电视网络用户比例达到80%。互联网骨干网间互通质量、互联网服务提供商接入带宽和质量满足业务发展需求。在宽带无线通信、云计算等重点领域掌握一批拥有自主知识产权的核心关键技术。宽带技术标准体系逐步完善，国际标准话语权明显提高。

3. 优化升级阶段（2016—2020年）。重点推进宽带网络优化和技术演进升级，宽带网络服务质量、应用水平和宽带产业支撑能力达到世界先进水平。

到2020年，基本建成覆盖城乡、服务便捷、高速畅通、技术先进的宽带网络基础设施。固定宽带用户达到4亿户，家庭普及率达到70%，光纤网络覆盖城市家庭。3G/LTE用户超过12亿户，用户普及率达到85%。行政村通宽带比例超过98%，并采用多种技术方式向有条件的自然村延伸。城市和农村家庭宽带接入能力分别达到50Mbps和12Mbps，50%的城市家庭用户达到100Mbps，发达城市部分家庭用户可达1Gbps，LTE基本覆盖城乡。互联网网民规模达到11亿人，宽带应用服务水平和应用能力大幅提升。全国有线电视网络互联互通平台覆盖有线电视网络用户比例超过95%。全面突破制约宽带产业发展的高端基础产业瓶颈，宽带技术研发达到国际先进水平，建成结构完善、具有国际竞争力的宽带产业链，形成一批世界领先的创新型企业。

“宽带中国”发展目标与发展时间表

指标	单位	2013年	2015年	2020年
1. 宽带用户规模				
固定宽带接入用户	亿户	2.1	2.7	4.0
其中：光纤到户（FTTH）用户	亿户	0.3	0.7	—
其中：城市宽带用户	亿户	1.6	2.0	—
农村宽带用户	亿户	0.5	0.7	—
3G/LTE用户	亿户	3.3	4.5	12

（续表）

“宽带中国”发展目标与发展时间表				
指标	单位	2013 年	2015 年	2020 年
2．宽带普及水平				
固定宽带家庭普及率	%	40	50	70
其中：城市家庭普及率	%	55	65	—
农村家庭普及率	%	20	30	—
3G/LTE 用户普及率	%	25	32.5	85
3．宽带网络能力				
城市宽带接入能力	Mbps	20（80%用户）	20	50
其中：发达城市	Mbps	—	100（部分城市）	1000（部分用户）
农村宽带接入能力	Mbps	4（85%用户）	4	12
大型企事业单位接入带宽	Mbps	—	大于 100	大于 1000
互联网国际出口带宽	Gbps	2500	6500	—
FTTH 覆盖家庭	亿个	1.3	2.0	3.0
3G/LTE 基站规模	万个	95	120	——
行政村通宽带比例	%	90	95	>98
全国有线电视网络互联互通平台覆盖有线电视网络用户比例	%	60	80	>95
4．宽带信息应用				
网民数量	亿人	7.0	8.5	11.0
其中：农村网民	亿人	1.8	2.0	—
互联网数据量（网页总字节）	太字节	7800	15000	
电子商务交易额	万亿元	10	18	—

三、重点任务

（一）推进区域宽带网络协调发展

东部地区。支持东部地区先行先试开展网络升级和应用创新。积极利用光纤和新一代移动通信技术、下一代广播电视网技术，全面提升宽带网络速度与性能，着力缩小与发达国家的差距；加快部署基于 IPv6 的下一代互联网；鼓励东部地区结合本地经济社会发展需要，积极开展区域试点示范，创新宽带应用服务，培育发展新业务、新业态。

中西部地区。给予政策倾斜，支持中西部地区宽带网络建设，增加光缆路由，提升骨干网络容量，扩大接入网络覆盖范围，与东部地区同步部署应用新一代移动通信技术、下一代广播电视网技术和下一代互联网。加快中西部地区信息内容和网站的建设，推进具有民族特色的信息资源开发和宽带应用服务。创造有利环境，引导大型云计算数据中心落户中西部条件适宜的地区。

农村地区。将宽带纳入电信普遍服务范围，重点解决宽带村村通问题。因地制宜采用光纤、铜线、同轴电缆、3G/LTE、微波、卫星等多种技术手段加快宽带网络从乡镇向行政村、自然村延伸。在人口较为密集的农村地区，积极推动光纤等有线方式到村。在人口较为稀少、分散的农村地区，灵活采用各类无线技术实现宽带网络覆盖。加快研发和推广适合农民需求的低成本智能终端。加强各类涉农信息资源的深度开发，完善农村信息化业务平台和服务中心，提高综合网络信息服务水平。

专栏1 “宽带乡村”工程
根据农村经济发展水平和地理自然条件，灵活选择接入技术，分类分阶段推进宽带网络向行政村和有条件的自然村延伸。较发达地区在完成行政村通宽带的基础上推进光纤到行政村、宽带到自然村，欠发达地区重点解决行政村宽带覆盖。对建设成本过高的边远地区、山区以及海岛等，可以采用移动、卫星等无线宽带技术解决信息孤岛问题；对幅员宽广、居住分散的牧区，推进无线宽带覆盖；对新规划建设的成片新农村、农牧民安居工程，积极推进光纤到楼和光纤到户建设。

（二）加快宽带网络优化升级

骨干网。加快互联网骨干节点升级，推进下一代广播电视网宽带骨干网建设，提升网络流量疏通能力，全面支持IPv6。优化互联网骨干网间互联架构，扩容网间带宽，保障连接性能。增加国际海陆缆通达方向，完善国际业务节点布局，提升国际互联带宽和流量转接能力。升级国家骨干传输网，提升业务承载能力，增强网络安全可靠性。

接入网和城域网。积极利用各类社会资本，统筹有线、无线技术加快宽带接入网建设。以多种方式推进光纤向用户端延伸，加快下一代广播电视网宽带接入网络的建设，逐步建成以光纤为主、同轴电缆和双绞线等接入资源有效利用的固定宽带接入网络。加大无线宽带网络建设力度，扩大3G网络覆盖范围，提高覆盖质量，协调推进TD-LTE商用发展，加快无线局域网重要公共区域热点覆盖，加快推进地面广播电视数字化进程。推进城域网优化和扩容。加快接入网、城域网IPv6升级改造。规划用地红线内的通信管道等通信设施与住宅区、住宅建筑同步建设，并预先铺设入户光纤，预留设备间，所需投资纳入相应建设项目概算。探索宽带基础设施共建共享的合作新模式。

应用基础设施。统筹互联网数据中心建设，利用云计算和绿色节能技术进行升级改造，提高能效和集约化水平。扩大内容分发网络容量和覆盖范围，提升服务能力和安全管理水平。增加网站接入带宽，优化空间布局，实现互联网信息源高速接入。同步推动政府、学校、企事业单位外网网站系统及商业网站系统的IPv6升级改造。

专栏2 宽带网络优化提速工程
光纤城市建设。支持城市新建区域以光纤到户方式为主部署宽带网络，已建区域采用多种方式加快“光进铜退”改造，推进政府、学校、医疗卫生、科技园区、商务楼宇、宾馆酒店等单位的光纤宽带接入部署，提高接入速率。 无线宽带网络建设。支持城市地区以3G/LTE网络为主，辅以无线局域网建设无线宽带城市，持续扩大农村地区无线宽带网络的覆盖范围，加大高速公路、高速铁路的无线网络优化力度。 下一代广播电视宽带网建设。采用超高速智能光纤和同轴光缆传输技术建设下一代广播电视宽带网，通过光纤到小区、光纤到自然村、光纤到楼等方式，结合同轴电缆入户，充分利用广播电视网海量下行带宽、室内多信息点分布的优势，满足不同用户对弹性接入带宽的需要，加快实现宽带网络优化提速，促进宽带普及。 互联网骨干网优化。推进网络结构扁平化，扩展骨干链路带宽，提升承载能力。优化骨干网间直连点布局，探索交换中心发展模式，加强对网间互联质量和交换中心的监测，保障骨干网间互联质量，提高互联网服务提供商的接入速度。 骨干传输网优化。适度超前建设超高速大容量光传输系统，持续提升骨干传输网络容量。适时引入和推广智能光传输网技术，提高资源调度的智能化水平。增加西部地区光缆路由密度，推进光缆网向格状网演进，提高国家干线网络安全性能。

（三）提高宽带网络应用水平

经济发展。不断拓展和深化宽带在生产经营中的应用，加快企业宽带联网和基于网络的流程再造与业务创新，利用信息技术改造提升传统产业，实现网络化、智能化、集约化、绿色化发展，促进产业优化升级。不断创新宽带应用模式，培育新市场新业态，加快电子商务、现代物流、网络金融等现代服务业发展，壮大云计算、物联网、移动互联网、智能终端等新一代信息技术产业。行业专用通信要充分利用公众网络资源，满足宽带化发展需求，逐步减少专用通信网数量。

社会民生。着力深化宽带网络在教育、医疗、就业、社保等民生领域的应用。加快学校宽带网络覆盖，积极发展在线教育，实现优质教育资源共享。推动医疗卫生机构宽带联网，加速发展远程医疗和网络化医疗应用，促进医疗服务均等化。加快就业和社会保障信息服务体系建设，实现管理服务的全覆盖，推进社会保障卡应用，加快跨区域就业和社会保障信息互联互通。加强对信息化基础薄弱地区和特殊群体的宽带网络覆盖和服务支撑。

文化建设。加快文化馆（站）、图书馆、博物馆等公益性文化机构和重大文化工程的宽带联网，优化公共文化信息服务体系，大力发展公共数字文化。提升宽带网络对文化事业和文化创意产业的支撑能力，促进宽带网络和文化发展融合，发展数字文化产业等新型文化业态，增强文化传播能力，提高公共文化服务效能和文化产业规模化、集约化水平，推动文化大发展大繁荣。

国防建设。依托公众网络增强军用网络设施的安全可靠、应急响应和动态恢复能力。利用关键技术研发成果，提升军用网络的技术水平和能力。为军队遂行日常战备、训练演习和非战争军事行动适当预置接入和信道资源。完善公众网络和军用网络资源共享共用、应急组织调度的领导机制和联动工作机制。

应用普及。大力推进信息技术在教育教学中的应用，推进优质教育资源普遍共享，加强网络文明与网络安全教育，引导学生形成良好的用网习惯和正确的网络世界观。设立农村公共宽带互联网服务中心，开展宽带上网及应用技能培训。面向中小企业开展宽带应用技能培训及电子商务、网上营销等指导，鼓励企业利用宽带开展业务和商业模式创新。研发推广特殊人群专用信息终端和应用工具。

专栏 3　中小企业宽带应用示范工程
支持中小企业宽带上网，推动企业将互联网融入其生产经营流程。支持建设面向中小企业的第三方电子商务平台，鼓励开展在线销售、采购、客户关系管理等活动。

专栏 4　贫困学校和特殊教育机构宽带应用示范工程
支持灵活选用不同宽带接入技术，因地制宜为农村地区（尤其是贫困地区和少数民族地区）中小学和残疾人特殊教育机构建设宽带网络设施，开发简便易用的上网终端，丰富特色应用，加大信息助教、助残和扶贫力度，缩小数字鸿沟。

专栏 5　数字文化宽带应用示范工程
建设可智能适配不同宽带接入网络和终端的广播影视、文化馆、图书馆、博物馆等数字文化内容平台，提高数字文化内容平台的宽带联网和互联互通水平，结合宽带网络能力提升创新数字文化服务业态，丰富各类数字文化应用，开发数字文化应用智能终端，开展各类数字文化宽带应用示范，促进宽带网络和文化发展融合，增强文化传播能力。

（四）促进宽带网络产业链不断完善

关键技术研发。推进实施新一代宽带无线移动通信网、下一代互联网等专项和 863 计划、科技支撑计划等。加强更高速光纤宽带接入、超高速大容量光传输、超大容量路由交换、数字家庭、大规模资源管理调度和数据处理、新一代万维网（Web）、新型人机交互、绿色节能、量子通信等领域关键技术研发，着力突破宽带网络关键核心技术，加速形成自主知识产权。进一步完善宽带网络标准体系，积极参与相关国际标准和规范的研究制定。

重大产品产业化。在光通信、新一代移动通信、下一代互联网、下一代广播电视网、移动互联网、云计算、数字家庭等重点领域，加大对关键设备核心芯片、高端光电子器件、操作系统等高端产品研发及产业化的支持力度。支持宽带网络核心设备研制、产业化及示范应用，着力突破产业瓶颈，提升自主发展能力。鼓励组建重点领域技术产业联盟，完善产业链上下游协作，推动产业协同创新。

智能终端研制。充分发挥无线和有线宽带网络能力，面向教育、医疗卫生、交通、家居、节能环保、公共安全等重点领域，积极发展物美价廉的移动终端、互联网电视、平板电脑等多种形态的上网终端产品。推动移动互联网操作系统、核心芯片、关键器件等的研发创新。加快 3G、TD—LTE 及其他技术制式的多模智能终端研发与推广应用。

支撑平台建设。充分整合现有资源，在宽带网络相关技术领域，推动国家工程中心、实验室等产业创新能力平台建设。研究制定宽带网络发展评测指标体系，构建覆盖全国的宽带网络信息测试与采集系统，实现宽带网络性能常态化监测。

专栏 6 宽带核心设备研制产业化工程
光纤宽带接入核心设备研制与示范。突破大容量、高带宽、长距离的新一代光纤接入网关键技术，研制光接入网设备核心器件芯片，推动智能光分配网络和海量数据管理系统的成熟与产业化，开发测试平台，开展示范应用。 骨干光传输和路由交换设备研制和试点。研制下一代光网络体系架构、超高速波分复用传输和智能组网、分组光传送网、高精度时间同步、超大容量路由交换等核心设备，突破相关核心芯片和高端光电器件技术，实现产业化。完善相关国际国内标准，开展技术试验和试点应用。 宽带接入智能终端研发和产业化。面向智能手机、智能电视、智能机顶盒、平板电脑等多类型终端和数字家庭网关，组织开展自主操作系统和配套应用的规模商用。突破智能终端处理器芯片、新一代 Web、多模态人机交互、多模智能终端和多屏智能切换等关键技术。

专栏 7 “宽带中国”地图建设工程
建立宽带发展监测体系和评价指标体系，建设覆盖全国的宽带发展测评系统，实现对网络覆盖、接入带宽、用户规模、主要网站接入速率等信息的动态监测，建立宽带发展状况报告和宽带地图发布机制。

（五）增强宽带网络安全保障能力

技术支撑能力。加强宽带网络信息安全与应急通信关键技术研究，提高基础软硬件产品、专用安全产品、应急通信装备的可控水平，支持技术产品研发，完善相关产业链，提高宽带网络信息安全与应急通信技术支撑能力。

安全防护体系。加快形成与宽带网络发展相适应的安全保障能力，构建下一代网络信息安全防护体系，提高对网络和信息安全事件的监测、发现、预警、研判和应急处置能力，完善网络和重要信息系统的安全风险评估评测机制和手段，提升网络基础设施攻击防范、应急响应和灾难备份恢复能力。

应急通信系统。提高宽带网络基础设施的可靠性和抗毁性，逐步实现宽带网络的应急优先服务，提升宽带网络的应急通信保障能力。加强基于宽带技术的应急通信装备配备，加快应急通信系统的宽带化改造。

安全管理机制。引导和规范新技术、新应用安全发展，构建安全评测评估体系，提高主动安全管理能力。加强信息保护体系建设，制定和完善个人隐私信息保护、打击网络犯罪等方面法律法规，推动行业自律和公众监督，加强用户安全宣传教育，构建全方位的社会化治理体系，着力打造安全、健康、诚信的网络环境。

四、政策措施

（一）加强组织领导

建立“宽带中国”战略实施部际协调机制，加强统筹和配合，协调解决重大问题，务实推进战略的贯彻实施。各部门要充分整合、有效利用现有资源和政策，抓紧制定出台配套政策，确保各项任务措施落到实处。地方各级人民政府要将宽带发展纳入地区经济社会和城镇化发展规划，加强组织领导，结合实际适度超前部署，加大资金投入和政策支持力度，避免重复建设，推进本地区宽带快速健康发展。

（二）完善制度环境

完善法律法规。加快推动出台相关法律法规，明确宽带网络作为国家公共基础设施的法律地位，强化宽带网络设施保护。依法保护个人信息，营造安全可信的网络环境，促进宽带应用发展。

健全监管体系。全面推进三网融合，加快电信和广电业务双向进入，建立和完善适应三网融合需要的网络信息安全和文化安全监管机制。健全宽带网络监管制度，加强监管能力建设，推进监管队伍向地市延伸。

推动开放竞争。逐步开放宽带接入网业务，鼓励民间资本参与宽带网络设施建设和业务运营，推动形成多种主体相互竞争、优势互补、共同发展的市场格局。规范宽带市场竞争行为，保障住宅小区及机场、高速公路、地铁等公共服务区域的公平进入。加强国家骨干网网间通信质量监管，建立网间互联带宽扩容长效机制，完善骨干网网间结算办法，保障网间互联高效畅通和骨干网公平竞争。通过产业联盟、行业协会等各种渠道，引导宽带网络设备制造和信息服务企业加强行业自律，建立竞争机制，共同维护竞争秩序。

深化应用创新。构建和完善宏观调控、社会管理和公共服务等基础信息资源体系，加快建立公益性信息资源开发应用长效机制，推进农业、科技、教育、文化、卫生、人口、就业和社会保障、国土资源等领域信息资源的公益性利用，建立跨地区、跨部门、跨层级的开放共享机制。

（三）规范建设秩序

严格落实宽带网络建设规划和规范。按照城乡规划法、土地管理法和城市通信工程规划规范等法律法规和规范规定，将宽带网络建设纳入各地城乡规划、土地利用总体规划。切实执行住宅小区和住宅建筑宽带网络设施的工程设计、施工及验收规范。做好宽带网络与高速公路、铁路、机场等交通设施规划和建设的衔接。

保障宽带网络设施建设与通行。政府机关、企事业单位和公共机构等所属公共设施，市政设施、公路、铁路、机场、地铁等公共设施应向宽带网络设施建设开放，并提供通行便利。对因征地拆迁、城乡建设等造成的光缆、管道、基站、机房等宽带网络设施迁移和毁损，严格按照有关标准予以补偿。

深化网络设施共建共享。在城市地下管线规划、控制性详细规划中，统筹安排通信工程综合管道网和相关设施，加强宽带网络设施与城市其他通信管线、居住区、公共建筑等管线的协调。深化光缆、管道、基站等电信基础设施的共建共享，创新合作模式，探索应用新技术，促进资源节约。

（四）加大财税扶持

加大财政资金支持。完善电信普遍服务补偿机制，形成支持农村和中西部地区宽带发展的长效机制。充分利用中央各类专项资金，引导地方相关资金投向宽带网络研发及产业化，以及农村和老少边穷地区的宽带网络发展。对西部地区符合条件的国家级开发区宽带建设项目贷款予以贴息支持。

加强税收优惠扶持。将西部地区宽带网络建设和运营纳入《西部地区鼓励类产业目录》，扶持西部地区宽带发展。结合电信行业特点，在营业税改增值税改革中，制定增值税相关政策与征管制度，完善电信业增值税抵扣机制，支持宽带网络建设。

完善投融资政策。将宽带业务纳入《中西部地区外商投资优势产业目录》。推进专利等知识产权质押融资工作，加大对宽带应用服务企业的融资支持力度，积极支持符合条件的宽带应用服务企业在海内外资本市场直接融资。完善基础电信企业经营业绩考核机制，进一步优化基础电信企业经济增加值考核指标，引导宽带网络投资更多地投向西部和农村地区。

（五）优化频谱规划

明确国家无线频谱路线图。尽快研究确定国家宽带无线发展各阶段的频谱需求，梳理无线频谱分布和利用状况。加快研究频谱规划方案，制定频谱中长期规划，明确无线频谱综合利用的时间表和路线图。

促进频谱资源高效利用。支持动态频谱分配等高效利用频谱资源新技术的开发运用，支持消除干扰技术和设备的研发和利用，促进不同无线业务类型频率的共用共享，提高频率资源整体利用率。

加强公共频段上无线设备的监管。统筹无线局域网等无线通信网络的部署，鼓励无线设备共建共享，避免频率干扰，提高频谱资源使用效益。加强无线电发射设备研制、生产、进口、销售、使用等环节的监管，维护空中电波秩序。

（六）加强人才培养

优先保障人才发展投入。争取国家重大人才工程加大对宽带人才队伍建设的支持力度，加强宽带领域专业技术人才继续教育。依托重大科研、工程、产业攻关等项目开展人才培养工作，重视发挥企业作用，在实践中聚集和培养人才。

加大高层次人才引进和培养。加强宽带重点领域创新型人才引进，将所需人才纳入国家海外高层次人才引进计划，大力吸引海外高层次人才在华创新创业。鼓励采用合作办学、定向培养、继续教育等多种形式，创新宽带相关专业人才培养模式，建立科研机构、高校创新人才向企业流动的机制。

（七）深化国际合作

加强网络基础资源国际合作。探索建立适应互联网域名、网址和网际协议地址（IP 地址）资源全球化发展要求的地区和国家间的协调与合作机制。加强无线频谱、卫星轨道等资源分配使用的国际协作。借鉴国外先进经验，推动开展资源技术联合研究，提高资源利用效率。加强互联网骨干网的国际互联合作，进一步提升我国互联网骨干网企业的国际地位。

深化网络空间国际合作。加强国际交流，推动双边、多边协调和对话，建立多层次的沟通交流平台，提升参与网络空间国际治理和规则制定的话语权。加强网络空间规则、资源、安全等国际合作，积极参与国际社会互联网公共政策与规则的制定，推动国际互联网健康发展。

加大知识产权国际合作。完善知识产权保护制度，强化数字内容和互联网应用的知识产权保护，加强打击互联网领域侵权盗版行为的国际合作。加强宽带相关技术和产品的专利布局、专利预警、海外维权和争端解决，提升企业依法应对知识产权纠纷的能力。

13. 国务院关于促进信息消费扩大内需的若干意见（国发〔2013〕32 号）

各省、自治区、直辖市人民政府，国务院各部委、各直属机构：

近年来，全球范围内信息技术创新不断加快，信息领域新产品、新服务、新业态大量涌现，不断激发新的消费需求，成为日益活跃的消费热点。我国市场规模庞大，正处于居民消费升级和信息化、工业化、城镇化、农业现代化加快融合发展的阶段，信息消费具有良好发展基础和巨大发展潜力。与此同时，我国信息消费面临基础设施支撑能力有待提升、产品和服务创新能力弱、市场准入门槛高、配套政策不健全、行业壁垒严重、体制机制不适应等问题，亟须采取措施予以解决。加快促进信息消费，能够有效拉动需求，催生新的经济增长点，促进消费升级、产业转型和民生改善，是一项既利当前又利长远、既稳增长又调结构的重要举措。为加快推动信息消费持续增长，现提出以下意见：

一、总体要求

（一）指导思想。以邓小平理论、“三个代表”重要思想、科学发展观为指导，以深化改革为动力，以科技创新为支撑，围绕挖掘消费潜力、增强供给能力、激发市场活力、改善消费环境，加强信息基础设施建设，加快信息产业优化升级，大力丰富信息消费内容，提高信息网络安全保障能力，建立促进信息消费持续稳定增长的长效机制，推动面向生产、生活和管理的信息消费快速健康增长，为经济平稳较快发展和民生改善发挥更大作用。

（二）基本原则。市场导向、改革发展。加快政府职能转变和管理创新，充分发挥市场作用，打破行业进入壁垒，促进信息资源开放共享和企业公平竞争，在竞争性领域坚持市场化运行，在社会管理和公共服务领域积极引入市场机制，增强信息消费发展的内生动力。

需求牵引、创新发展。引导企业立足内需市场，强化创新基础，提高创新层次，鼓励多元发展，加快关键核心信息技术和产品研发，鼓励业务模式创新，培育发展新型业态，提升信息产品、服务、内容的有效供给水平，挖掘和释放消费潜力。

完善环境、有序发展。建立和完善有利于扩大信息消费的政策环境，综合利用有线、无线等技术适度超前部署宽带基础设施，运用信息平台改进公共服务，完善市场监管，规范产业发展秩序，加强个人信息保护和信息安全保障，建设安全、诚信、有序的信息消费市场环境。

（三）主要目标。信息消费规模快速增长。到 2015 年，信息消费规模超过 3.2 万亿元，年均增长 20%以上，带动相关行业新增产出超过 1.2 万亿元，其中基于互联网的新型信息消费规模达到 2.4 万亿元，年均增长 30%以上。基于电子商务、云计算等信息平台的消费快速增长，电子商务交易额超过 18 万亿元，网络零售交易额突破 3 万亿元。

信息基础设施显著改善。到 2015 年，适应经济社会发展需要的宽带、融合、安全、泛在的下一代信息基础设施初步建成，城市家庭宽带接入能力基本达到 20Mbps，部分城市达到 100Mbps，农村家庭宽带接入能力达到 4Mbps，行政村通宽带比例达到 95%。智慧城市建设取得长足进展。

信息消费市场健康活跃。面向生产、生活和管理的信息产品和服务更加丰富，创新更加活跃，市场竞争秩序规范透明，消费环境安全可信，信息消费示范效应明显，居民信息消费的选择更加丰富，消费意愿进一步增强。企业信息化应用不断深化，公共服务信息需求有效拓展，各类信息消费的需求进一步释放。

二、加快信息基础设施演进升级

（四）完善宽带网络基础设施。发布实施“宽带中国”战略，加快宽带网络升级改造，推进光纤入户，统筹提高城乡宽带网络普及水平和接入能力。开展下一代互联网示范城市建设，推进下一代互联网规模化商用。推进下一代广播电视网规模建设。完善电信普遍服务补偿机制，加大支持力度，促进提供更广泛的电信普遍服务。持续推进电信基础设施共建共享，统筹互联网数据中心（IDC）等云计算基础设施布局。各级人民政府要将信息基础设施纳入城乡建设和土地利用规划，给予必要的政策资金支持。

（五）统筹推进移动通信发展。扩大第三代移动通信（3G）网络覆盖，优化网络结构，提升网络质量。根据企业申请情况和具备条件，推动于 2013 年内发放第四代移动通信（4G）牌照。加快推进我国主导的新一代移动通信技术时分双工模式移动通信长期演进技术（TD-LTE）网络建设和产业化发展。

（六）全面推进三网融合。加快电信和广电业务双向进入，在试点基础上于 2013 年下半年逐步向全国推广。推动中国广播电视网络公司加快组建，推进电信网和广播电视网基础设施共建共享。加快推动地面数字电视覆盖网建设和高清交互式电视网络设施建设，加快广播电视模数转换进程。鼓励发展交互式网络电视（IPTV）、手机电视、有线电视网宽带服务等融合性业务，带动产业链上下游企业协同发展，完善三网融合技术创新体系。

三、增强信息产品供给能力

（七）鼓励智能终端产品创新发展。面向移动互联网、云计算、大数据等热点，加快实施智能终端产业化工程，支持研发智能手机、智能电视等终端产品，促进终端与服务一体化发展。支持数字家庭智能终端研发及产业化，大力推进数字家庭示范应用和数字家庭产业基地建设。鼓励整机企业与芯片、器件、软件企业协作，研发各类新型信息消费电子产品。支持电信、广电运营单位和制造企业通过定制、集中采购等方式开展合作，带动智能终端产品竞争力提升，夯实信息消费的产业基础。

（八）增强电子基础产业创新能力。实施平板显示工程，推动平板显示产业做大做强，加快推进新一代显示技术突破，完善产业配套能力。以重点整机和信息化应用为牵引，依托国家科技计划（基金、专项）和重大工程，大力提升集成电路设计、制造工艺技术水平。支持地方探索发展集成电路的融资改革模式，利用现有财政资金渠道，鼓励和支持有条件的地方政府设立集成电路产业投资基金，引导社会资金投资集成电路产业，有效解决集成电路制造企业融资瓶颈。支持智能传感器及系统核心技术的研发和产业化。

（九）提升软件业支撑服务水平。加强智能终端、智能语音、信息安全等关键软件的开发应用，加快安全可信关键应用系统推广。面向企业信息化需求，突破核心业务信息系统、大型应用系统等的关键技术，开发基于开放标准的嵌入式软件和应用软件，加快产品生命周期管理（PLM）、制造执行管理系统（MES）等工业软件产业化。加强工业控制系统软件开发和安全应用。加快推进企业信息化，提升综合集成应用和业务协同创新水平，促进制造业服务化。大力支持软件应用商店、软件即服务（SaaS）等服务模式创新。

四、培育信息消费需求

（十）拓展新兴信息服务业态。发展移动互联网产业，鼓励企业设立移动应用开发创新基金，推进网络信息技术与服务模式融合创新。积极推动云计算服务商业化运营，支持云计算服务创新和商业模式创新。面向重点行业和重点民生领域，开展物联网重大应用示范，提升物联网公共服务能力。加快推动北斗导航核心技术研发和产业化，推动北斗导航与移动通信、地理信息、卫星遥感、移动互联网等融合发展，支持位置信息服务（LBS）市场拓展。完善北斗导航基础设施，推进北斗导航服务模式和产品创新，在重点区域和交通、减灾、电信、能源、金融等重点领域开展示范应用，逐步推进北斗导航和授时的规模化应用。大力发展地理信息产业，拓宽地理信息服务市场。

（十一）丰富信息消费内容。大力发展数字出版、互动新媒体、移动多媒体等新兴文化产业，促进动漫游戏、数字音乐、网络艺术品等数字文化内容的消费。加快建立技术先进、传输便捷、覆盖广泛的文化传播体系，提升文化产品多媒体、多终端制作传播能力。加强数字文化内容产品和服务开发，建立数字内容生产、转换、加工、投送平台，丰富信息消费内容产品供给。加强基于互联网的新兴媒体建设，实施网络文化信息内容建设工程，推动优秀文化产品网络传播，鼓励各类网络文化企业生产提供健康向上的信息内容。

（十二）拓宽电子商务发展空间。完善智能物流基础设施，支持农村、社区、学校的物流快递配送点建设。各级人民政府要出台仓储建设用地、配送车辆管理等方面的鼓励政策。大力发展移动支付等跨行业业务，完善互联网支付体系。加快推进电子商务示范城市建设，实施可信交易、网络电子发票等电子商务政策试点。支持网络零售平台做大做强，鼓励引导金融机构为中小网商提供小额贷款服务，推动中小企业普及应用电子商务。拓展移动电子商务应用，积极培育城市社区、农产品电子商务。建设跨境电子商务通关服务平台和外贸交易平台，实施与跨境电子商务相适应的监管措施，鼓励电子商务“走出去”。

五、提升公共服务信息化水平

（十三）促进公共信息资源共享和开发利用。制定公共信息资源开放共享管理办法，推动市政公用企事业单位、公共服务事业单位等机构开放信息资源。加快启动政务信息共享国家示范省市建设，鼓励引导公共信息资源的社会化开发利用，挖掘公共信息资源的经济社会效益。支持电信和广电运营企业、互联网企业、软件企业和广电播出机构发挥优势，参与公共服务云平台建设运营。加快推进国家政务信息化工程建设，建立完善国家基础信息资源和政府信息资源，建立政府公共服务信息平台，整合多部门资源，提高共享能力，促进互联互通，有效提高公共服务水平。

（十四）提升民生领域信息服务水平。加快实施“信息惠民”工程，提升公共服务均等普惠水平。推进优质教育信息资源共享，实施教育信息化“三通工程”，加快建设教育信息基础设施和教育资源公共服务平台。推进优质医疗资源共享，完善医疗管理和服务信息系统，普及应用居民健康卡、电子健康档案和电子病历，推广远程医疗和健康管理、医疗咨询、预约诊疗服务。推进养老机构、社区、家政、医疗护理机构协同信息服务。建立公共就业信息服务平台，加快就业信息全国联网。加快社会保障公共服务体系建设，推进社会保障一卡通，建设医保费用中央和省级结算平台，推进医保费用跨省即时结算。规范互联网食品药品交易行为，推进食品药品网上阳光采购，强化质量安全。提高面向残疾人的信息无障碍服务能力。大力推进广播电视“户户通”工程，提升广播电视公共服务水平。推进地理信息公共服务平台建设。完善农村综合信息服务体系，加强涉农信息资源整合。大力推进金融集成电路卡（IC卡）在公共服务领域的一卡多应用。

（十五）加快智慧城市建设。在有条件的城市开展智慧城市试点示范建设。各试点城市要出台鼓励市场化投融资、信息系统服务外包、信息资源社会化开发利用等政策。支持公用设备设施的智能化改造升级，加快实施智能电网、智能交通、智能水务、智慧国土、智慧物流等工程。鼓励各类市场主体共同参与智慧城市建设。在国务院批准发行的地方政府债券额度内，由各省、自治区、直辖市人民政府统筹考虑安排部分资金用于智慧城市建设。鼓励符合条件的企业发行募集资金用于智慧城市建设的企业债。

六、加强信息消费环境建设

（十六）构建安全可信的信息消费环境基础。大力推进身份认证、网站认证和电子签名等网络信任服务，推行电子营业执照。推动互联网金融创新，规范互联网金融服务，开展非金融机构支付业务设施认证，建设移动金融安全可信公共服务平台，推动多层次支付体系的发展。推进国家基础数据库、金融信用信息基础数据库等数据库的协同，支持社会信用体系建设。

（十七）提升信息安全保障能力。依法加强信息产品和服务的检测和认证，鼓励企业开发技术先进、性能可靠的信息技术产品，支持建立第三方安全评估与监测机制。加强与终端产品相连接的集成平台的建设和管理，引导信息产品和服务发展。加强应用商店监管。加强政府和涉密信息系统安全管理，保障重要信息系统互联互通和部门间信息资源共享安全。落实信息安全等级保护制度，加强网络与信息安全监管，提升网络与信息安全监管能力和系统安全防护水平。

（十八）加强个人信息保护。落实全国人大常委会关于加强网络信息保护的决定，积极推动出台网络信息安全、个人信息保护等方面的法律制度，明确互联网服务提供者保护用户个人信息的义务，制定用户个人信息保护标准，规范服务商对个人信息的收集、储存及使用。

（十九）规范信息消费市场秩序。依法加强对信息服务、网络交易行为、产品及服务质量等的监管，查处侵犯知识产权、网络欺诈等违法犯罪行为。加强从业规范宣传，引导企业诚信经营，切实履行社会责任，抵制排挤或诋毁竞争对手、侵害消费者合法权益等违法行为。强化行业自律机制，积极发挥行业协会作用，鼓励符合条件的第三方信用服务机构开展商务信用评估。完善企业争议调解机制，防止企业滥用市场支配地位等不正当竞争行为。进一步拓宽和健全消费维权渠道，强化社会监督。

七、完善支持政策

（二十）深化行政审批制度改革。严格控制新增行政审批项目。对现有涉及信息消费的审批、核准、备案等行政审批事项评估清理，最大限度缩小范围，着重减少非行政许可审批和资质资格许可，着力消除阻碍信息消费的各种行业性、地区性、经营性壁垒。在已取消部分行政审批项目的基础上，年底前再取消或下放电信资费、计算机信息系统集成企业资质认定、信息系统工程监理单位资质认证和监理工程师资格认定等一批行政审批事项和行政管理事项。优化确需保留的行政审批程序，推行联合审批、一站式服务、限时办结和承诺式服务。按照“先照后证、宽进严管”思路，加快推进注册资本认缴登记制度，降低互联网企业设立门槛。

（二十一）加大财税政策支持力度。完善高新技术企业认定管理办法，经认定为高新技术企业的互联网企业依法享受相应的所得税优惠税率。落实企业研发费用税前加计扣除政策，合理扩大加计扣除范围。积极推进邮电通信业营业税改增值税改革试点。进一步落实鼓励软件和集成电路产业发展的若干政策。加大现有支持小微企业税收政策落实力度，切实减轻互联网小微企业负担。研究完善无线电频率占用费政策，支持经济社会信息化建设。

（二十二）切实改善企业融资环境。金融机构应当按照支持小微企业发展的各项金融政策，对互联网小微企业予以优先支持。鼓励创新型、成长型互联网企业在创业板等上市，稳步扩大企业债、公司债、中期票据和中小企业私募债券发行。探索发展并购投资基金，规范发展私募股权投资基金、风险投资基金创新产品，完善信息服务业创业投资扶持政策。鼓励金融机构针对互联网企业特点创新金融产品和服务方式，开展知识产权质押融资。鼓励融资性担保机构帮助互联网小微企业增信融资。

（二十三）改进和完善电信服务。建立健全基础电信运营企业与互联网企业、广电企业、信息内容供应商等合作和公平竞争机制，规范企业经营行为，加强资费监管。基础电信运营企业要增强基础电信服务能力，实现电信资费合理下降和透明收费。鼓励民间资本参与宽带网络基础设施建设，扩大民间资本开展移动通信转售业务试点，支持民间资本在互联网领域投资，加快落实民间资本经营数据中心业务相关政策，简化数据中心牌照发放审批程序，鼓励民间资本以参股方式进入基础电信运营市场。完善电信、互联网监管制度和技术手段，保障企业实现平等接入，用户实现自主选择。

（二十四）加强法律法规和标准体系建设。推动修订商标法、消费者权益保护法、标准化法、著作权法等法律，加快修订互联网信息服务管理办法、商用密码管理条例等行政法规。加快重点及新兴信息消费领域产品、服务标准体系建设，发挥标准对产业发展的支撑作用。加大知识产权保护力度，引导标准、专利等产业联盟健康有序发展。

（二十五）开展信息消费统计监测和试点示范。科学制定信息消费的统计分类和标准，开展信息消费统计和监测。加强信息平台建设，保证统计数据的可用性、可信性和时效性。加强运行分析，实时向社会发布相关信息，合理引导消费预期。在有条件的地区开展信息消费试点示范市（县、区）建设，支持新型信息消费示范项目建设，鼓励地方各级人民政府因地制宜研究制定促进信息消费的优惠政策。

各地区、各部门要按照本意见的要求，进一步认识促进信息消费对扩大内需的积极作用，切实加强组织领导和协调配合，明确任务，落实责任，尽快制定具体实施方案，完善和细化相关政策措施，扎实做好相关工作，确保取得实效。

国务院

2013 年 8 月 8 日

14. 国务院办公厅转发商务部等部门《关于实施支持跨境电子商务零售出口有关政策的意见》的通知（国办发［2013］89 号）

各省、自治区、直辖市人民政府，国务院各部委、各直属机构：

商务部、发展改革委、财政部、人民银行、海关总署、税务总局、工商总局、质检总局、外汇局《关于实施支持跨境电子商务零售出口有关政策的意见》已经国务院同意，现转发给你们，请认真贯彻执行。

附：关于实施支持跨境电子商务零售出口有关政策的意见

中华人民共和国国务院办公厅

2013年8月21日

关于实施支持跨境电子商务零售出口有关政策的意见

商务部　发展改革委　财政部　人民银行

海关总署　税务总局　工商总局　质检总局　外汇局

发展跨境电子商务对于扩大国际市场份额、拓展外贸营销网络、转变外贸发展方式具有重要而深远的意义。为加快我国跨境电子商务发展，支持跨境电子商务零售出口（以下简称电子商务出口），现提出如下意见：

一、支持政策

（一）确定电子商务出口经营主体（以下简称经营主体）。经营主体分为三类：一是自建跨境电子商务销售平台的电子商务出口企业，二是利用第三方跨境电子商务平台开展电子商务出口的企业，三是为电子商务出口企业提供交易服务的跨境电子商务第三方平台。经营主体要按照现行规定办理注册、备案登记手续。在政策未实施地区注册的电子商务企业可在政策实施地区被确认为经营主体。

（二）建立电子商务出口新型海关监管模式并进行专项统计。海关对经营主体的出口商品进行集中监管，并采取清单核放、汇总申报的方式办理通关手续，降低报关费用。经营主体可在网上提交相关电子文件，并在货物实际出境后，按照外汇和税务部门要求，向海关申请签发报关单证明联。将电子商务出口纳入海关统计。

（三）建立电子商务出口检验监管模式。对电子商务出口企业及其产品进行检验检疫备案或准入管理，利用第三方检验鉴定机构进行产品质量安全的合格评定。实行全申报制度，以检疫监管为主，一般工业制成品不再实行法检。实施集中申报、集中办理相关检验检疫手续的便利措施。

（四）支持电子商务出口企业正常收结汇。允许经营主体申请设立外汇账户，凭海关报关信息办理货物出口收结汇业务。加强对银行和经营主体通过跨境电子商务收结汇的监管。

（五）鼓励银行机构和支付机构为跨境电子商务提供支付服务。支付机构办理电子商务外汇资金或人民币资金跨境支付业务，应分别向国家外汇管理局和中国人民银行申请并按照支付机构有关管理政策执行。完善跨境电子支付、清算、结算服务体系，切实加强对银行机构和支付机构跨境支付业务的监管力度。

（六）实施适应电子商务出口的税收政策。对符合条件的电子商务出口货物实行增值税和消费税免税或退税政策，具体办法由财政部和税务总局商有关部门另行制订。

（七）建立电子商务出口信用体系。严肃查处商业欺诈，打击侵犯知识产权和销售假冒伪劣产品等行为，不断完善电子商务出口信用体系建设。

二、实施要求

（一）自本意见发布之日起，在已开展跨境贸易电子商务通关服务试点的上海、重庆、杭州、宁波、郑州 5 个城市试行上述政策。自 2013 年 10 月 1 日起，上述政策在全国有条件的地区实施。

（二）有关地方人民政府应制订发展跨境电子商务扩大出口的实施方案，并切实履行指导、督查和监管责任，对实施过程中出现的问题做到早发现、早处理、早上报。要积极引导经营主体坚持以质取胜，注重培育品牌；依托电子口岸平台，建立涵盖经营主体和电子商务出口全流程的综合管理系统，实现商务、海关、国税、工商、检验检疫、外汇等部门信息共享；加强信用评价体系、商品质量监管体系、国际贸易风险预警防控体系和知识产权保护工作体系建设，确保电子商务出口健康可持续发展。

（三）商务部、发展改革委、海关总署会同相关部门对政策实施进行指导，定期开展实施效果评估等工作，确保政策平稳实施并不断完善。海关总署会同商务部、税务总局、质检总局、外汇局、发展改革委等部门加快跨境电子商务通关试点建设，加快电子口岸结汇、退税系统与大型电子商务平台的系统对接。

三、其他事项

（一）本意见所指跨境电子商务零售出口是指我国出口企业通过互联网向境外零售商品，主要以邮寄、快递等形式送达的经营行为，即跨境电子商务的企业对消费者出口。

（二）我国出口企业与外国批发商和零售商通过互联网线上进行产品展示和交易，线下按一般贸易等方式完成的货物出口，即跨境电子商务的企业对企业出口，本质上仍属传统贸易，仍按照现行有关贸易政策执行。跨境电子商务进口有关政策另行研究。

15. 国务院办公厅关于进一步加强政府信息公开回应社会关切、提升政府公信力的意见（国办发〔2013〕100 号）

各省、自治区、直辖市人民政府，国务院各部委、各直属机构：

依法实施政府信息公开是人民政府密切联系群众、转变政风的内在要求，是建设现代政府，提高政府公信力，稳定市场预期，保障公众知情权、参与权、监督权的重要举措。《中华人民共和国政府信息公开条例》施行以来，政府信息公开迈出重大步伐，取得显著成效。随着互联网技术的迅猛发展和信息传播方式的深刻变革，社会公众对政府工作知情、参与和监督意识不断增强，对各级行政机关依法公开政府信息、及时回应公众关切和正确引导舆情提出了更高要求。与公众期望相比，当前一些地方和部门仍然存在政府信息公开不主动、不及时，面对公众关切不回应、不发声等问题，易使公众产生误解或质疑，给政府形象和公信力造成不良影响。为进一步做好政府信息公开工作，增强公开实效，提升政府公信力，经国务院同意，现提出以下意见。

一、进一步加强平台建设

（一）进一步加强新闻发言人制度建设。要以主动做好重要政策法规解读、妥善回应公众质疑、及时澄清不实传言、权威发布重大突发事件信息为重点，切实加强政府新闻发言人制度建设，提升新闻发言人的履职能力，完善新闻发言人工作各项流程，建立重要政府信息及热点问题定期有序发布机制，让政府信息发布成为制度性安排。国务院新闻办公室要围绕国务院常务会议等重要会议内容、国务院重点工作、公众关注热点问题，及时组织新闻发布会，把国务院新闻办公室新闻发布厅建设成中央政府重要信息发布的主要场所。与宏观经济和民生关系密切以及社会关注事项较多的相关职能部门，主要负责同志原则上每年应出席一次国务院新闻办公室新闻发布会，新闻发言人或相关负责人至少每季度出席一次。国务院各部门要建立健全例行新闻发布制度，利用新闻发布会、组织记者采访、答记者问、网上访谈等多种形式发布信息，增强信息发布的实效；与宏观经济和民生关系密切以及社会关注事项较多的相关职能部门，要进一步增加发布的频次，原则上每季度至少举办一次新闻发布会。各省（区、市）人民政府要建立政府主要负责同志依托新闻发布平台和新媒体发布重要信息的制度，并指导本级政府各部门和市、县级政府加强新闻发布工作，进一步增强信息发布的权威性、时效性，更好地回应公众关切。

（二）充分发挥政府网站在信息公开中的平台作用。各地区各部门要进一步加强政府网站建设和管理，通过更加符合传播规律的信息发布方式，将政府网站打造成更加及时、准确、公开透明的政府信息发布平台，在网络领域传播主流声音。加强政府信息上网发布工作，对各类政府信息，依照公众关注情况梳理、整合成相关专题，以数字化、图表、音频、视频等方式予以展现，使政府信息传播更加可视、可读、可感，进一步增强政府网站的吸引力、亲和力。涉及群众切身利益的重要决策，要在政府网站公开征求意见；重要政策法规出台后，要针对公众关切，及时通过政府网站发布政策法规解读信息，加强解疑释惑；对涉及政务活动的重要舆情和公众关注的社会热点问题，要积极予以回应，及时通过政府网站发布权威信息，讲清事实真相、有关政策措施以及处理结果等，地方政府和部门负责同志应主动到政府网站接受在线访谈。拓展政府网站互动功能，围绕政府重点工作和公众关注热点，通过领导信箱、公众问答、网上调查等方式，接受公众建言献策和情况反映，征集公众意见建议。完善政府网站服务功能，及时调整和更新网上服务事项，确保公众能够及时获得便利的在线服务。加强政府网站数据库建设，逐步整合交通、社保、医疗、教育等公共信息资源，以及投资、生产、消费等经济领域数据，方便公众查询。

（三）着力建设基于新媒体的政务信息发布和与公众互动交流新渠道。各地区各部门应积极探索利用政务微博、微信等新媒体，及时发布各类权威政务信息，尤其是涉及公众重大关切的公共事件和政策法规方面的信息，并充分利用新媒体的互动功能，以及时、便捷的方式与公众进行互动交流。开通政务微博、微信要加强审核登记，制定完善管理办法，规范信息发布程序及公众提问处理答复程序，确保政务微博、微信安全可靠。

此外，要进一步加强政府热线电话建设和管理，清理整合有关电话资源，确保热线电话有人接、能及时答复公众询问。

二、加强机制建设

（四）健全舆情收集和回应机制。各地区各部门要建立健全舆情收集、研判和回应机制，密切关注重要政务相关舆情，及时敏锐捕捉外界对政府工作的疑虑、误解，甚至歪曲和谣言，加强分析研判，通过网上发布消息、组织专家解读、召开新闻发布会、接受媒体专访等形式及时予以回应，解疑释惑，澄清事实，消除谣言。回应公众关切要以事实说话，避免空洞说教，真正起到正面引导作用。有关主管部门要进一步加大网络舆情监测工作力度，重要舆情形成监测报告，及时转请相关地方和部门关注、回应。

（五）完善主动发布机制。各地区各部门要围绕党和政府中心工作，针对公众关切，主动、及时、全面、准确地发布权威政府信息，特别是政府重要会议、重要活动、重要决策部署，经济运行和社会发展重要动态，重大突发事件及其应对处置情况等方面的信息，以增进公众对政府工作的了解和理解。对发布的政府信息，要依法依规做好保密审查，涉及其他行政机关的，应与有关行政机关沟通确认，确保发布的政府信息准确一致。统筹运用新闻发言人、政府网站、政务微博微信等发布信息，充分发挥广播电视、报刊、新闻网站、商业网站等媒体的作用，扩大发布信息的受众面，增强影响力。

（六）建立专家解读机制。重要政策法规出台后，各地区各部门要及时组织专家通过多种方式做好科学解读，让公众更好地知晓、理解政府经济社会发展政策和改革举措。有关部门可根据工作需要，组建政策解读的专家队伍，提高政策解读的针对性、科学性、权威性和有效性，让群众“听得懂”、“信得过”。

（七）建立沟通协调机制。各地区各部门要加强与新闻宣传部门、互联网信息内容主管部门以及有关新闻媒体的沟通联系，建立重大政务舆情会商联席会议制度，建立政务信息发布和舆情处置联动机制，妥善制定重大政务信息公开发布和传播方案，共同做好政府信息发布和舆论引导工作。

三、完善保障措施

（八）加强组织领导。各地区各部门要把做好政府信息公开、提高信息发布实效摆上重要工作日程，做到政府经济社会政策透明、权力运行透明，让群众看得到、听得懂、能监督，不断把人民群众的期盼融入政府决策和工作之中，努力增强提升政府公信力、社会凝聚力的“软实力”。地方政府和部门主要负责人要亲自过问，分管负责人要直接负责，逐级落实责任，确保各项工作措施落实到位。要加强工作机构建设，已经设置专门机构的，要加强力量配置，把专业水平高、责任心强的人员配置到关键岗位，特别是要选好配强新闻发言人；尚未设置专门机构的，要明确专人负责，确保在应对重大突发事件以及社会热点事件时不失声、不缺位，有条件的应尽快成立专门机构，保障必要的工作经费。同时，要为信息公开工作人员、新闻发言人、政府网站工作人员、政务微博微信相关人员参加重要会议、掌握相关信息提供便利条件。

（九）加强业务培训。各地区各部门要建立培训工作常态化机制，经常组织开展面向信息公开工作人员、新闻发言人、政府网站工作人员、政务微博微信相关人员等的专业培训，及时总结交流经验，不断提高相关人员的政策把握能力、舆情研判能力、解疑释惑能力和回应引导能力。有关部门要把政府信息公开工作列为公务员培训内容，进一步加大培训力度，扩大培训范围。

（十）加强督查指导。国务院办公厅和国务院新闻办公室、国家互联网信息办公室要协同加强对政府新闻发言人制度、政府网站、政务微博微信等平台建设和管理工作的督查和指导，进一步完善相关措施和管理办法，加强工作考核，加大问责力度，定期通报有关情况，切实解决存在的突出问题，确保平台建设和机制建设的各项工作落实到位。

国务院办公厅

2013 年 10 月 1 日

16. 关于印发《未成年人网络游戏成瘾综合防治工程工作方案》的通知（文市发[2013]9号）

各省、自治区、直辖市文化厅（局）、互联网信息办公室、工商行政管理局、公安厅（局）、通信管理局、教育厅（教委）、财政厅（局）、监察厅（局）、卫生厅（局）、法制办、新闻出版局、文明办、综治办、团委，中国人民银行上海总部、各分行、营业管理部、各省会（省府）城市中心支行、副省级城市中心支行，教育部部属各高等学校，北京市、天津市、上海市、重庆市文化市场行政执法总队，西藏自治区文化市场综合行政执法总队：

为贯彻落实党的十七届六中全会和十八大精神，发展健康向上的网络文化，坚持未成年人保护优先原则，全国网吧和网络游戏管理工作协调小组决定以网络游戏为重点，实施未成年人网络游戏成瘾综合防治工程，努力减少网瘾对未成年人的危害。现将《未成年人网络游戏成瘾综合防治工程工作方案》印发给你们，请遵照执行。

特此通知。

2013 年 2 月 5 日

全国网吧和网络游戏管理工作协调小组未成年人网络游戏成瘾综合防治工程工作方案

随着我国互联网使用日益低龄化、便捷化，未成年人沉迷网络游戏直至成瘾已成为一个严重的社会问题，严重影响未成年人的学习生活和身心健康，甚至成为青少年违法犯罪的重要诱因之一。中央领导对此高度重视，相关部门出台了一系列旨在保护未成年人健康上网的政策法规。近年来，学校和家庭不断加大对未成年人上网监督和管束，取得了积极成效，但仍未从根本上缓解我国未成年人网络游戏成瘾日趋严峻的态势。

为贯彻落实党的十七届六中全会、十八大精神和中央领导同志有关网瘾综合防治的批示精神，发展健康向上的网络文化，坚持未成年人保护优先原则，努力减少网瘾对未成年人的危害，全国网吧和网络游戏管理工作协调小组决定从网络游戏成瘾入手，实施未成年人网络游戏成瘾综合防治工程。

一、总体要求

未成年人网络游戏成瘾综合防治工程的总体要求是：坚持未成年人保护优先原则，充分发挥各级网吧和网络游戏管理工作协调小组作用，以预防、干预、控制网瘾为主线，加强网瘾基础研究，抓紧明确网瘾干预机构及其从业人员的法律地位，完善相关管理制度，全面落实网吧和网络游戏市场的日常监管措施，依法打击违法违规经营活动，净化网络文化环境，减少网瘾对未成年人的危害。

在工程实施过程中，以分步实施为原则，科学设置近、中、远期目标。着力建立健全长效防治机制，防控治并举，预防为先，实施综合治理；着力推动向基层延伸，拓展网瘾防治覆盖范围；着力运用法律、行政、经济、教育等多种手段，强化家庭、学校的教育监护责任和企业的社会责任。

近期目标：2012—2013 年，建立未成年人网络游戏成瘾综合防治工作机制；推动出台本土化预测和诊断测评系统，明确网瘾干预机构的法律地位和监管职责；进一步完善、落实网吧和网络游戏市场管理制度规范，加强对网络游戏研发、运营单位的引导。

中期目标：开展网瘾防治的基础性和应用型研究，争取用 2～3 年时间研制有效预防和干预未成年人网瘾的解决方案；开展重点调查，为准确研判未成年人网瘾情况提供数据支持；建立对网瘾干预机构及其从业人员的监管制度，规范市场秩序。

远期目标：建立健全各项工作制度，调动各方力量，形成政府部门主导、全社会共同参与的未成年人网瘾综合防治的联动格局，有效遏制我国未成年人网瘾趋势。

二、工作重点

（一）研制本土化网瘾预测和诊断测评系统。针对目前我国尚无符合国情的网瘾诊断测评量表的现状，要调动研究机构、精神卫生机构各方的力量，研制本土化的网瘾诊断测评系统，防止由于文化和地域差异等原因在使用外来量表过程中而导致的误诊和误判。同时，开创性地开展网瘾预测工具的研制工作，在未成年人出现网瘾症状前进行有效的事前干预，减少网瘾危害，降低诊疗成本。

（二）完善网瘾综合防治制度规范。按照综合防治的要求，重点围绕网吧、网络游戏、网瘾干预机构的管理，进一步完善、细化相关制度规范，建立健全网瘾综合防治的法制体系。要保持对网吧违规接纳未成年人的高压态势，督促网络游戏经营单位切实落实各项未成年人保护措施。

（三）构建网瘾综合防治联动机制。充分调动企业、家长、学校、社区等社会各方力量，从预防、干预、控制三方面入手，构建企业与家长、家长与学校、未成年人与社区、学校与学术机构之间的联动机制，增加未成年人学习和生活的多样性、丰富性、自主性，努力营造有利于未成年人健康成长的学校、家庭和社区环境。

（四）改进网瘾综合防治舆论工作。基于科研成果加强科学全面的新闻宣传和舆论引导，改变目前媒体多以网瘾的危害和个别严重案例为主的信息传播惯性，积极引导青少年关注和使用网络的正向功能。

三、主要措施

（一）建立健全网瘾综合防治工作机制。依托全国网吧和网络游戏管理工作协调小组，文化部牵头组织开展未成年人网瘾综合防治工作，加强协调配合，各负其责，各尽其能，形成长效机制。

（二）开展网瘾综合防治的基础性和应用型研究。卫生、教育部门要依托精神卫生机构、高校等，开展网瘾防治的基础性和应用型研究。在全国范围内开展一次抽样调查，全面客观地研判我国未成年人网瘾情况，借鉴国外防治经验及做法，研制本土化网瘾预测和诊断测评系统，研究未成年人网瘾形成及发展机制，制定有效预防和干预未成年人网瘾的解决方案，提升我国未成年人网瘾综合防治的科研水平和服务质量。

（三）强化网络游戏市场监管。文化行政部门、新闻出版行政部门要按照“三定”规定及中央编办发[2009]35 号文件要求，在各自职权范围内，切实履行好网络游戏管理职责，规范网络游戏市场秩序，进一步督促网络游戏经营单位落实“适龄提示”、“网络游戏未成年人家长监护工程”及网络游戏防沉迷系统，为未成年人健康游戏提供良好氛围。公安机关要为“网络游戏未成年人家长监护工程”的身份验证和网络游戏防沉迷系统的实名验证工作提供支持。通信管理部门要根据有关部门的认定和处罚意见，对未经许可擅自运营网络游戏和运营未经审批、审查或备案的网络游戏的网站，依照有关规定要求配合查处。中国人民银行及其分支机构要对为违法网络游戏经营活动提供网络支付服务的非金融支付机构依法进行处理。

（四）规范网吧经营活动。文化行政部门和文化市场综合执法机构要以网吧违规接纳未成年人为重点，进一步规范网吧市场经营秩序，运用网吧市场监管平台实现网吧用户消费时长提示功能。工商行政部门、公安机关对黑网吧要做到露头就打，通信管理部门要根据有关部门提供的黑网吧名单，通知并监督互联网接入服务者立即终止或暂停接入服务。发挥学校、社区、文化馆、图书馆等公益性上网场所服务功能，为未成年人提供绿色文明上网环境。

（五）积极预防网瘾发生。综治、教育、卫生、共青团等部门要互相配合，重视发挥学校与家庭的积极功能和社区环境的教育功能，丰富青少年的社区生活，引导未成年人科学使用网络，提高网瘾早期识别和干预能力。

（六）提高网瘾干预及控制能力。有关部门要积极研究网瘾干预机构的性质，通过立法明确设置条件和管理规定。依法建立监管制度，公布批准的从事网瘾干预服务的机构名单，对违法设立的机构要及时整治，杜绝违法执业和超范围执业。网瘾干预机构的服务涉及精神障碍诊断、治疗的，应当符合《精神卫生法》的要求。

（七）加大舆论宣传和结对帮扶力度。互联网信息办、文明办要积极开展各类宣传活动，扩大网瘾综合防治各项措施的社会影响，营造有利于防止未成年人沉迷网络的良好社会氛围。共青团组织要发挥少先队辅导员、青年志愿者以及专业社会工作人员的帮扶作用，加强对未成年人及其监护人健康上网的指导，结对帮扶有网络沉迷倾向的未成年人。

（八）开展国际交流与合作。文化、卫生、教育等部门要依托各自的对外交流平台，针对未成年人网瘾防治开展国际学术交流与合作，相互借鉴，提高管理服务水平。

四、工作要求

各地区、各部门要提高对网瘾防治工作必要性和紧迫性的认识，按照方案要求抓好各项任务的落实。

（一）加强组织领导。要将未成年人网瘾防治工作作为一项民心工程和保护未成年人成长的希望工程抓紧抓好。各级网吧和网络游戏管理工作协调小组要继续把整治网吧作为净化社会文化环境的重要内容，可根据实际情况增设网瘾综合防治工作组。

（二）加强协调配合。网吧和网络游戏管理工作协调小组各成员单位要相互协作、密切配合，加强纵向和横向的信息传递、情况沟通，做到信息共享、行动协调，努力形成整体防治的工作格局。

（三）加强经费保障。网瘾综合防治工作是政府履行市场监管和社会管理职能的重要方面，各部门要按职责做好经费保障工作。

17. 工商总局关于严厉查处利用互联网销售国家明令禁止销售的商品或服务违法行为的通知（工商市字〔2013〕105 号）

各省、自治区、直辖市、计划单列市及副省级市工商行政管理局、市场监督管理局：

近期，通过开展网络商品交易行为检查及相关社会媒体反映发现，一种泛称为“改号软件”的网络电话应用软件或服务在网络上特别是“淘宝”等大型网络商品交易平台销售泛滥。由于“改号软件”所具有的任意更改显示号码、无法查找呼叫原号码、隐蔽性强的特点，利用其侵害消费者权益以及实施诈骗的案例频出。此事表明，一些大型网络商品交易平台销售国家明令禁止销售的商品或服务现象相当严重，社会影响极坏。为规范网络商品交易市场秩序，维护广大消费者的合法权益，工商总局就关于严厉查处利用互联网销售国家明令禁止销售的商品或服务违法行为通知如下:

一、认清危害，全面清理

通过检查表明，目前类似“改号软件”等国家明令禁止销售的商品或服务充斥网络，在“淘宝”等一些大型网络商品交易平台上较为集中，公开销售，购买方便。此类商品或服务在销售中刻意诱导非法使用，严重干扰了正常的网络市场秩序。

鉴于此项工作的紧迫性，各级工商机关在工作中应充分认识到此类行为的危害性，认真研究，积极应对。要立即组织专门力量，通过网络技术手段及专项检查相结合的方式开展对辖区内网络商品交易网站或平台的检查，强化网络交易平台经营者的义务履行和社会责任。针对各类销售国家明令禁止销售的商品或服务的经营信息进行收集、甄别，监督网络商品交易平台服务商或经营者立即进行全面清理、整改。

二、依法依规，严厉查处

各地工商行政管理机关要依据自身职能要求，除对利用互联网销售国家明令禁止销售的商品或服务信息进行清理外，还应根据此类销售行为所表现出的各种违法形式，依据相关法律进行严厉查处，涉及刑事犯罪的应及时移送公安机关，力争短时间内使这种利用互联网非法销售国家明令禁止的商品或服务的态势得到有效遏制。在工作中，应及时将相关情况通报公安、工信等相关部门，研究从制度、技术上制定长效可行的对策，加大对利用互联网开展经营行为的日常监督、管理，从源头上进行安全防范。

三、加大宣传，规范平台

各地工商行政管理机关要结合实际工作情况及案例，通过相关媒体特别是网络媒体加大宣传力度，提高广大群众的辨识能力，震慑网络违法经营者。与此同时，要通过行政指导、行政告诫、行政处罚等各种行政手段，进一步强化对大型网络商品交易平台的规范化管理与日常监管，切实提高其履行法定义务的自觉性与社会责任意识，进一步加大对平台内相关商品或服务销售信息的审核力度。

各地工商行政管理机关在开展查处利用互联网销售国家明令禁止销售的商品或服务违法行为工作中，应加强调查研究，注意分析总结，研究、探索务实长效的针对大型网络商品交易平台的监管方式与工作机制。

请各地在年底前将此项工作的工作总结以及相关意见和建议，书面报送工商总局市场司。

工商总局

2013 年 7 月 10 日

18. 工业和信息化部关于印发《互联网接入服务规范》的通知（工信部电管[2013]261号）

各省、自治区、直辖市通信管理局，中国电信集团公司、中国移动通信集团公司、中国联合网络通信集团有限公司，相关单位：

为进一步规范互联网接入服务规范，工业和信息化部制定了《互联网接入服务规范》。

现给予印发，自 2013 年 9 月 1 日起实施。

工业和信息化部
2013 年 7 月 12 日

互联网接入服务规范

电信业务经营者向公众用户提供互联网接入服务，应符合本规范所规定的服务质量指标和通信质量指标。

本规范适用于电信业务经营者和用户之间签订的服务协议中约定的互联网接入服务。其中因特网拨号接入业务应遵守《电信服务规范》附录 3.1“因特网拨号接入业务的服务标准”。

一、服务质量指标

第一条　预受理时限

平均值≤2 个工作日，最长为 5 个工作日。

预受理时限指用户登记后，电信业务经营者进行网络资源确认，答复用户能否开通业务所需要的时间。

第二条　业务开通、移机时限

对于不具备线路条件、但可以进行线路施工的情况：

城镇：平均值≤10 个工作日，最长为 16 个工作日；

农村：平均值≤15 个工作日，最长为 20 个工作日。

对于已具备线路条件的情况，平均值≤5 个工作日，最长为 7 个工作日（不分城镇和农村）。

业务开通、移机时限指自用户和电信业务经营者签订业务开通或移机协议起，到业务开通止所需要的时间。在不具备线路条件，并且也不具备施工条件的情况下，应在第一条规定的预受理时限内向用户说明。

第三条　障碍修复时限

城镇：平均值≤24 小时，最长为 48 小时；

农村：平均值≤36 小时，最长为 72 小时。

障碍修复时限指自用户提出障碍申告时起，至障碍排除或采取其他方式恢复用户正常通信所需要的时间。

本规范所指障碍不包含用户自有或自行维护的接入线路和设备的故障。

第四条　服务变更时限

平均值≤12 小时，最长为 24 小时。

服务变更时限指用户办理更名、过户、暂停、恢复、停机等服务变更项目，自柜台或网络办理完毕登记手续且结清账务时起，至实际变更完成所需要的时间。对于需要进行资源确认的服务变更，其时限比照本规范第二条“业务开通时限”。

第五条　客户服务应答时限

客户服务中心的应答时限最长为 15 秒。人工服务的应答时限最长为 15 秒。人工服务的应答率≥85%。

客户服务中心的应答时限指用户拨号完毕后，自听到回铃音起，至话务员（包括电脑话务员）应答所需要的时间。人工服务的应答时限指自用户选择人工服务后，至人工话务员应答所需要的时间。人工服务的应答率指用户在接入客户服务中心后，实际得到人工话务员应答服务次数和用户选择人工服务总次数之比。

第六条　用户信息保护义务

电信业务经营者应依照法律和有关规定对提供服务过程中收集、使用的用户个人信息严格保密，不得泄露、篡改或者毁损，不得出售或者非法向他人提供。

第七条　互联网接入服务协议续存时限

互联网接入服务协议（包括纸质的和电子的）续存时限为至少 5 个月。

互联网接入服务协议续存时限指从服务协议终止（服务协议有效期届满或用户与电信业务经营者共同协商解除合同）之时起，电信业务经营者需要继续保存协议的时间。

互联网接入服务电子协议指电信业务经营者与用户通过短信、客服电话、互联网等形式约定的业务订制或变更关系。

第八条　计费原始数据保存时限

电信业务经营者应根据用户的需要，免费向用户提供收费详细清单（含预付费业务）查询。计费原始数据保存时限至少为 5 个月。

第九条　互联网接入终端用户手册/使用说明

电信业务经营者提供互联网接入终端的，应同时提供纸质或电子类介质的用户手册或使用说明，至少包括配置方法、使用方法、日常故障的自我诊断方法等。

第十条　无线接入网络覆盖范围及漫游范围

采用无线接入方式提供互联网接入服务的电信业务经营者，应向社会公布其无线网络覆盖范围及漫游范围，并及时更新。

第十一条　提醒服务

电信业务经营者应向用户提供套餐的到量预警、超量提醒、到期提醒等提醒服务。

到量预警指用户套餐内互联网接入服务实际使用量接近套餐限量前，通过短信、语音、互联网等方式，提醒用户本计费周期内业务已使用量、套餐限量等信息。

套餐超量提醒指实际使用量达到套餐限量时，及时通知用户，并告知超出套餐外继续使用该业务的收费标准和收费查询方式。

套餐到期提醒指在套餐有效期届满前的一个合理的提前时段内，提醒用户现行套餐到期日，并告知用户套餐到期后终止或延续服务的方式，以及相应的收费标准。

二、通信质量指标

第十二条　有线接入连接建立成功率

有线接入连接建立成功率≥98%。

有线接入连接建立成功率指在用户账号、密码正确的前提下，接入服务器的接通次数与用户申请建立连接的总次数之比。

第十三条　有线接入用户接入认证平均响应时间

有线接入用户接入认证平均响应时间≤8 秒，最大值为 11 秒。

有线接入用户接入认证平均响应时间指用户申请建立网络连接时，从用户提交完账号和密码起，至接入服务器完成认证并返回响应止的时间平均值。

第十四条 有线接入速率

有线接入速率的平均值应能达到签约速率的90%。

有线接入速率指从用户终端到接入服务器（BRAS）之间的接入速率。

第十五条 无线接入网络可接入率

在无线接入网络覆盖范围内的90%位置，99%的时间在20秒内无线终端均可接入网络。

第十六条 无线接入连接建立成功率

无线接入连接建立成功率≥95%。

无线接入连接建立成功率指无线终端发起分组数据连接建立请求并成功建立连接的次数与无线终端发起分组数据连接建立请求总次数之比。

第十七条 无线接入用户接入认证平均响应时间

无线接入用户接入认证平均响应时间≤8秒，最大值为11秒。

无线接入用户接入认证平均响应时间指从用户提交完数据连接建立请求时起，至网络返回连接响应时止的时间平均值。

第十八条 无线接入中断率

无线接入中断率≤5%。

无线接入中断率指互联网业务进行过程中发生业务中断的概率，即互联网接入连接中断的次数与用户使用互联网业务总次数之比。本规范所指中断是在终端正常进行数据传送过程中由于电信业务经营者网络原因造成的接入连接断开。

第十九条 互联网接入计费差错率

互联网接入计费差错率≤10^{-4}。

互联网接入计费差错率指互联网接入计费相关设备出现计费差错的概率，采用如下公式计算：

计费差错率=有错误的计费记录条数/总计费记录条数。

19. 工商总局关于开展网络商品交易非法主体网站专项整治工作的通知（工商市字〔2013〕116号）

各省、自治区、直辖市、计划单列市及副省级市工商行政管理局、市场监督管理局：

随着全国工商系统网络经营主体数据库建设工作的不断深入，目前发现大量网络商品交易非法主体网站充斥互联网络。此类网站通常伪造或冒用企业组织形式特别是公司名称租用国内外服务商提供的虚拟空间建立，以经常转换网站名称或域名、编造虚假经营地址等刻意掩盖主体真实身份的方式从事各类严重侵犯消费者、经营者合法权益的违法活动，严重破坏了网络市场秩序，对消费者和合法经营者的权益损害极大。为积极贯彻落实全国工商行政管理局长座谈会议精神，尽职尽责、依法行政、依法规范，防止职能“缺位”、“越位”、“错位”，进一步规范网络市场秩序、净化网络市场环境，工商总局决定开展网络商品交易非法主体网站专项整治工作。现将有关事宜通知如下：

一、工作目的

通过本次专项整治工作，查处一批违法行为，关闭一批从事各种严重侵害消费者和经营者合法权益、社会危害程度较深的网络商品交易非法主体网站，进一步营造健康有序的网络市场环境。同时，各地要通过本次专项整治工作检验利用网络商品交易监管平台及相关技术手段的工作能力与水平，积累工作经验。

二、工作重点及内容

此次专项整治工作的重点是伪造或冒用公司名称、网站服务器物理地址在境内、严重侵犯消费者和经营者合法权益的网络商品交易非法主体网站。

具体工作内容为搜索发现并初步确定一批伪造或冒用公司名称、标称行政区划为本辖区、严重侵犯消费者和经营者合法权益的网络商品交易非法主体网站，并根据网站服务器物理地址进行分类处理：服务器物理地址为本地的，根据《关于建立境内违法互联网站黑名单管理制度的通知》（工信部联电管〔2009〕371 号）提交并商请当地通信管理局进行核实并予以关闭；服务器物理地址为外地的，核实相关情况并报送工商总局市场司汇总处理。

三、工作时间安排

此次专项整治工作时间为自本通知下发之日起至 11 月底。

各地提交当地通信管理局关闭网络商品交易非法主体网站工作应在 11 月 20 日前完成，报工商总局市场司汇总处理的网络商品交易非法主体网站名单应在 10 月底前提交。

四、工作要求

（一）务实高效，依法行政。本次专项整治工作是工商总局承担网络商品交易及有关服务行为监管职责以来首次开展的以清理网络商品交易非法主体网站为主要工作内容的集中行动，是工商部门开展网络市场环境净化所进行的具有深远意义的探索与实践。各地要高度重视，要结合本地工作实际与网络商品交易的行为特点，制定具体实施方案、明确工作职责、严格依法行政。同时积极研究利用技术手段提高专项搜索准确率的方式方法，力求本次专项整治工作高效务实。

（二）加强研究，注重长效。各地应充分利用本次专项整治工作的契机，注重协作配合、强化调查分析，充分研究网络商品交易非法主体网站清理整治在法律适用、监管技术、监管机制等方面存在的主要问题，推动法律法规与监管技术的建设与完善，实现与通信管理部门监管信息的互通、监管资源的共享和监管行动的协同。逐步建立起方便高效的针对网络商品交易非法主体网站发现、确定、核实、关闭的工作通道及监管机制，以实现随时发现、随时清理的工作目标。

（三）认真总结，及时反馈。请各地于 2013 年 11 月底前将本辖区内专项整治工作的基本情况、处理结果以及工作建议等形成报告，通过工商总局网络商品交易监管平台报送工商总局市场司。

工商总局

2013 年 7 月 26 日

20. 国家食品药品监督管理总局等部门关于印发《开展打击网上非法售药行动工作方案》的通知（食药监药化监〔2013〕123 号）

各省、自治区、直辖市食品药品监督管理局、互联网信息办公室、通信管理局、公安厅（局）、工商行政管理局：

为进一步加强互联网药品销售和发布药品信息的监管，严厉打击网上销售假药和违法售药行为，整顿和规范网上售药秩序，针对当前互联网药品销售存在的突出问题，国家食品药品监督管理总局、国家互联网信息办公室、工业和信息化部、公安部和国家工商行政管理总局联合制定了《开展打击网上非法售药行动工作方案》。现印发给你们，请认真组织实施。

国家食品药品监督管理总局　国家互联网信息办公室
中华人民共和国工业和信息化部　中华人民共和国公安部
中华人民共和国国家工商行政管理总局
2013年7月29日

开展打击网上非法售药行动工作方案

为进一步加强互联网药品销售和发布药品信息的监管，严厉打击网上销售假药犯罪与违法售药行为，整顿和规范网上售药秩序，国家食品药品监督管理总局、国家互联网信息办公室、工业和信息化部、公安部、国家工商行政管理总局决定联合开展打击网上非法售药行动，特制定本工作方案。

一、工作目标

通过侦破一批网上销售假药的大案要案，惩治一批网络销售假药的组织、实施和参与者，整顿、关闭、曝光一批违法售药网站，形成打击违法犯罪的高压态势，有效遏制网上销售假药与违法售药活动的高发势头。

通过加大网上安全购药的宣传、引导和警示力度，提高公众自我保护能力，形成自觉抵制非法网站药品的社会氛围，营造互联网药品正当交易的良好环境。

通过健全食品药品监管、互联网信息内容管理、工信、公安和工商等部门协作配合的长效机制与有效措施，全面提升网上售药的监管和执法效能，保证网上售药的良好秩序的长治久安。

二、工作重点和任务分工

（一）监测排查网上非法售药信息。重点开展以下工作：

1. 以治疗肿瘤、糖尿病、冠心病、高血压、性功能障碍等病症的药品为重点品种，以互联网搜索引擎为重点监测对象，以投诉举报信息为重点线索，组织对网上售药行为进行监测和排查，发现涉嫌从事网上非法售药活动的网站、网页，列出清单。

2. 要求主要搜索引擎、电商平台对违法网上售药行为进行主动搜索，发现无资质从事网上售药活动的网站、网页，列出清单，通过国家互联网信息办公室转交食品药品监管部门。

3. 组织食品药品监管总局药品投诉举报中心以及互联网违法和不良信息举报中心梳理受理的网上非法售药举报，列出清单，移交同级食品药品监管部门。

4. 对上述网站清单，经食品药品监管部门初步判断属违法违规售药行为后，通过通信管理部门定位其网站所在地，由食品药品监管部门将网站移交其属地省级食品药品监管部门查处，涉嫌假药犯罪的，可以移送网站服务器所在地、网络接入地、网站建立者或者管理者所在地公安机关查处。由被害人举报的网上销售假药案，也可移送被害人所在地公安机关。

（二）严厉打击网上非法售药行为。重点开展以下工作：

1. 对已取得互联网药品信息服务或药品交易资质，存在发布虚假药品信息和药品违法销售行为的网站，一律责令停业整顿、限期整改；拒不改正或情节严重的，一律由食品药品监管部门吊销其《互联网药品信息服务资格证书》或《互联网药品交易服务资格证书》，并移送通信管理部门对违法网站依法予以关闭。

2．对未取得互联网药品交易资质，非法从事药品销售的网站，由食品药品监管部门汇总提供名单，互联网信息内容管理部门统一协调处置。如属未备案网站，移送通信管理部门依法予以关闭，并追究接入服务商责任；如属已备案网站，应责令整改，拒不改正的，移送通信管理部门依法予以关闭。

3．对销售假药涉嫌犯罪的网站，一律移送公安机关依法追究刑事责任。公安机关根据食品药品监管部门提供的涉嫌销售假药网站清单，深入开展线索经营，依法立案侦查，依法对网站的建立者、管理者、使用者采取相应措施，并加大深挖力度，捣毁假药生产窝点，摧毁假药销售网络，依法严惩犯罪嫌疑人。

（三）大力开展宣传、引导和警示活动。重点开展以下工作：

1．发布新闻稿。在专项行动启动后，五部门统一发布新闻稿，对专项行动的目标和任务进行解读，对网上售药的规范予以重申，表明监管部门坚决打击网上售药违法犯罪行为的态度。同时，对公众网上购药行为进行引导和警示，鼓励社会各界举报不法行为。

2．曝光典型案件。专项行动期间，五部门联合对查实的大要案件及时进行公开曝光，形成持续宣传高潮。大张旗鼓地揭露不法行为，将已查实案件的违法违规情节、危害及处罚情况在五部门网站予以公开。典型案件邀请中央电视台、新华社等主流媒体跟踪案件查处进展，制作视频资料予以曝光，形成有效震慑。

3．组织开展网络访谈活动。在重点新闻网站举办网络访谈活动，通过与网民的互动，大力宣传网上售药及其监管的法律法规，提示网上购药风险，倡导网上安全购药。

4．发布互联网购药安全警示。在食品药品监管总局网站“互联网购药安全警示”专栏定期发布《互联网购药安全警示公告》，建立和公开已被取缔的非法售药网站名单，提醒广大公众及时了解非法网站信息，网上谨慎购药，自觉抵制非法网站药品，避免上当受骗。

5．发动各大型网站、搜索引擎、电商平台、接入服务商对所管理网站药品广告页面和链接进行自查，清除虚假违法广告。

（四）净化网上售药环境。重点开展以下工作：

1．要求搜索引擎对售药网站区别对待。食品药品监管部门将已取得互联网信息服务和交易资质的网站信息定期提交互联网信息内容管理部门，组织各主流搜索引擎对所呈现药品或售药搜索结果时将有资质网站信息予以前置，并显著设置网上安全购药提示语，保证搜索者首先看到有资质网站信息和提示。同时要求搜索引擎对食品药品监管部门提供的非法售药网站黑名单予以屏蔽，并定期通报食品药品监管部门。

2．加大对违法网上售药行为的日常监督监测力度。五部门将加强部门协同配合，完善监督监测机制和技术手段，充分发挥社会力量作用，共同加大对互联网发布药品信息和销售药品的监督监测力度，发现违法犯罪行为立即查处或者移送有关部门，及时发布监测信息提示，曝光违法网站。

3．鼓励举报网上违法售药行为。鼓励被假冒药品生产企业、药品经营企业、消费者共同参与维护网上售药的正常秩序，积极向食品药品监管总局投诉举报中心（举报电话：12331）以及互联网违法和不良信息举报中心（举报电话：12377）举报网上违法售药行为。举报一经查实，将按规定给予奖励。

4．完善网上售药管理制度和规范。食品药品监管部门会同相关部门研究修订《互联网药品销售管理办法》，制定网上售药规范，按照现实与虚拟一致原则，合理设置网上售药的管理标准和适用范围。

三、工作安排

专项行动在2013年8～12月期间分三个阶段开展：

（一）动员部署阶段（从文件下发日起至8月下旬）。下发专项行动工作方案，并召开视频会议，对专项行动进行动员部署和提出工作要求，做好宣传发动。联合召开主要商业网站、搜索引擎、电商平台负责人会议，提出配合工作、自查自纠要求。

（二）集中打击阶段（9~11月）。采取集中行动和专案经营相结合的方式，查处一批大要案件，清理一批窝点，摧毁一批网上销售假药团伙，曝光一批违法网站，大力开展规范网上购销药品的宣传引导工作。

（三）总结提高阶段（12月）。认真总结专项行动情况，评估工作成效，建立健全各项规章规范。对在专项行动中贡献突出，查办重大案件到位的单位和个人，予以通报嘉奖。

四、工作要求

（一）突出查处一批大案要案。各地、各部门要通过群众举报、全面监测、重点排查等方式，主动发现网上违法售药线索，做好个案查处工作。对各种线索要抓住不放、深挖到底，直至查清造假售假窝点；对发现的违法违规行为一律从严处理，符合吊销许可情形的一律吊销相应许可；对涉嫌犯罪的一律依法追究刑事责任，绝不姑息，形成震慑。

（二）坚决曝光一批典型案件。各地、各部门要坚持案件查办公正、公开的原则，大张旗鼓地揭露违法犯罪行为，将已查实案件的违法违规情节、危害及处罚情况予以公开曝光。其中典型案件应及时向上级部门报告，食品药品监管总局、国家互联网信息办公室、公安部、工业和信息化部将对典型案件通过主流媒体予以曝光。对于严重违反法律法规的网站和个人，一律列入黑名单予以行业禁入。

（三）明确分工强化联动。各级食品药品监管、互联网信息内容管理、公安、通信管理、工商行政等部门要加强协调配合，及时互通情况，强调统一行动，强化联合治理的威慑作用和打击力度。食品药品监管总局、国家互联网信息办公室负责打击网上违法售药专项行动的组织协调工作。食品药品监管部门负责监测发现违法售药网站，获取线索和信息，查处违规售药网站；公安机关依法打击网络售药犯罪行为；通信管理部门加强接入服务商管理，定位涉嫌非法售药的网站服务器，根据食品药品监管部门、互联网信息内容管理部门对网上违法售药网站的认定和处罚意见，依法对违法网站进行关闭；工商行政管理部门要加强对利用互联网发布药品广告的监督检查，依法查处利用互联网发布的违法药品广告；互联网信息内容管理部门加强对搜索引擎、论坛、博客、微博客、社交网站等的监管，做好对网上违法售药网站、网页内容的查处工作。各部门要及时将涉嫌犯罪的案件线索和相关证据移送公安机关。公安机关要及时进行核查，涉嫌犯罪的要依法立案侦查。

（四）健全机制标本兼治。各地、各部门要按照整顿和规范相结合、专项行动和日常监管相结合的原则，立足建立长效管理机制，实现对网上售药监管工作的制度化、经常化和规范化。通过专项行动的开展，认真总结经验，积极探索强化对网上违法售药，特别是销售假药等违法犯罪行为打击力度的有效模式和方式。

（五）加强督导检查。各省（区、市）有关部门对发现的涉案金额巨大、性质恶劣、危害严重以及跨地区的网上销售假药案件要及时上报，加强督导，组织协调好案件的查办工作。对涉及多个省份的特别重大案件，由食品药品监管总局和公安部指导协调涉案地食品药品监管部门、公安部门联合查办。重大案件和突发情况各地要随时上报。食品药品监管总局、国家互联网信息办公室、公安部、工业和信息化部、国家工商总局在专项行动期间适时对各地专项行动开展情况进行督导检查。对在专项行动中不依法履行职责，造成不良影响并产生严重后果的单位和个人，要予以通报批评，并依法追究责任。

21. 工业和信息化部办公厅关于组织申报 2013 年度宽带网络优化示范项目的通知（工信厅通函[2013]535 号）

相关企业：

为探索解决宽带发展中面临的网速体验速率与接入速率差异大、老旧小区宽带光纤入户难等问题，2013 年工业和信息化部将组织实施宽带网络优化示范项目，现就有关事项通知如下：

一、项目重点支持范围和要求

针对宽带发展中面临的网速体验速率与接入速率差异大、老旧小区宽带光纤入户难等问题，通过在项目示范地区部署内容分发网络（CDN）节点、优化信源分布等方式，改善用户实际体验；通过对典型老旧小区的光纤改造、VDSL 升级等手段，加快宽带提速改造进程。

（一）内容分发网络建设升级示范

支持范围：支持具备全国 CDN 网络的企业，在北京地区，补充建设扩容 CDN 节点、合理布局 CDN 与信息源等，实现示范地区宽带用户上网体验的明显提升。

项目要求：项目完成时，在北京地区，申报企业的平均每 1 万宽带网络用户 CDN 服务带宽在现有基础上提升 250Mbps 以上，特别是对流量、用户等排名前 20～30 位网站应用的内容分发和网络加速能力大幅改善，本地访问请求命中率（观测时间段内 CDN 响应次数与终端用户请求次数的比率）大幅提升；北京地区宽带用户访问该 CDN 网络所服务网站应用的平均体验速率较项目启动初期提升 15 个百分点以上，并在部分区域能实现平均体验速率 30 个百分点以上的明显提升。

鼓励具备全国性 CDN 网络的互联网企业申报，拟支持不超过 3 家企业，实施期限为 2013 年 9 月至 2013 年 12 月。

（二）利用自建内容分发网络提升用户体验示范

支持范围：支持具备一定用户规模（日均用户访问量超过 1 亿用户）的大型互联网企业，在北京地区，自行部署扩容 CDN 节点、合理布局 CDN 与信息源或采用软件定义网（SDN）等新技术措施，重点针对视频类、交互类、下载类等业务，实现所选区域内该企业的业务使用用户上网体验的明显提升。

项目要求：项目完成时，在北京地区，申报企业的平均每 1 万宽带网络用户的自建 CDN 服务带宽在现有基础上提升 30Mbps 以上，北京地区宽带用户访问该企业示范服务业务的平均体验效果较项目启动初期提升 15 个百分点以上。

鼓励具备一定用户规模（日均用户访问量达到 1 亿用户）且具备自有 CDN 网络基础条件的大型互联网企业申报，拟支持不超过 3 家企业，实施期限为 2013 年 9 至 2013 年 12 月。

（三）老旧小区共建共享宽带提速改造示范

支持范围：支持基础电信企业在3～5个省份若干老旧小区，对约1.5万用户进行共建共享光纤改造、VDSL提速改造等技术和模式探索，并采用新型改造工艺减少对居民生活环境的影响，加快宽带提速改造进程。

项目要求：对示范住宅小区实施共建共享光纤改造、VDSL升级等提速改造，每小区实际用户规模应达到1000户（含1000户）以上；采用新型改造技术，减少对居民生活环境的影响。进行光纤改造的，设计、施工、验收应遵从国标《住宅区和住宅建筑内光纤到户通信设施工程设计规范》和《住宅区和住宅建筑内光纤到户通信设施工程施工及验收规范》。

鼓励从事固定宽带接入业务的基础电信企业申报，拟支持2～3家基础电信企业，实施期限为2013年9月至2013年12月。

二、项目申报主体基本要求

项目申报主体须符合以下各项条件：

（一）具有独立法人资格的基础电信企业、互联网企业；

（二）具有健全的财务核算与管理体系，运行管理规范；

（三）具备项目实施所需的各项能力、各种设施、技术和人员，自有资金必须落实到位；

（四）项目负责人为单位法人代表或具有独立承担项目实施能力并得到授权的人员。

三、项目申报与审查程序

（一）项目申报单位应严格按照本通知要求，认真填写《宽带网络优化示范项目申请表》，编制《宽带网络优化示范项目申请报告》，向工业和信息化部申报。其中，“老旧小区共建共享宽带提速改造示范”须经当地省（区、市）通信管理局签署意见。

（二）工业和信息化部组织专家进行评审，公开择优确定项目承担单位和补贴金额。

四、申报材料要求

（一）项目申报材料包括《宽带网络优化示范项目申请表》和《宽带网络优化示范项目申请报告》（具体要求详见附件1和附件2）。申报材料纸质一式2份（同时需须电子文档光盘1份）。

（二）受理项目申报截止时间为2013年8月19日。申报材料邮寄地址：北京市西长安街13号工业和信息化部通信发展司，邮编：100804。联系电话：010-68206158。

附件：1．宽带网络优化示范项目申请表（略）

　　　2．宽带网络优化示范项目申请报告（略）

工业和信息化部办公厅

2013年7月30日

22．关于开展国家下一代互联网示范城市建设工作的通知（发改办高技[2013]1884号）

有关省、直辖市、自治区及计划单列市发展改革委、工业和信息化主管部门、通信主管部门、科技主管部门、广播影视局，中国电信集团公司、中国联合网络通信集团有限公司、中国移动通信集团公司：

互联网是我国经济社会发展的重要信息基础设施。根据国务院审议通过的《关于下一代互联网“十二五”发展建设的意见》（发改办高技[2012]705号），为推动我国下一代互联网产业加快发展，国家发展改革委、工业和信息化部、科技部、国家新闻出版广电总局决定联合开展“国家下一代互联网示范城市”建设工作，在目前已具备一定基础条件的 22 个城市（名单见附件 1）中，先行支持建设一批具有典型带动作用的示范城市。现就有关工作事项通知如下：

一、总体目标和主要任务

（一）总体目标

着力探索解决我国下一代互联网发展遇到的突出矛盾和问题；创新发展模式，突出特色应用，树立样板工程，形成有利于更大规模应用的示范效应，促进信息消费；加快基础设施建设和升级改造，为完成我国下一代互联网“十二五”发展目标奠定基础。

（二）示范城市主要建设任务

1. 加强基础设施建设。加快城域网、接入网、互联网数据中心（IDC）、业务系统、支撑系统等基础设施的 IPv6 升级改造，全面提升 IPv6 用户普及率和网络接入覆盖率。

2. 推动业务全面升级。积极推动商业网站系统及政府、学校、企事业单位外网网站系统的 IPv6 升级改造，促进各类业务向 IPv6 过渡，并确保平滑演进，积极发展地址需求量大、速率快、移动性高的个性化互动业务。

3. 开展行业特色应用。结合物联网、云计算和移动互联网等新兴业务，选择教育、农业、工业、医疗、交通、铁路、水利、环保、社会管理等部分重点领域开发部署一批具有典型示范作用的下一代互联网应用，培育新服务、新市场、新业态。

4. 健全产业支撑体系。积极培育下一代互联网骨干企业，初步形成一批下一代互联网产业聚集区域，建立技术研发和产业支撑体系，提升产业规模和创新能力，带动地方就业和经济增长。

5. 提高安全保障能力。建立重要网络应用安全评估制度，全面部署网络与信息安全防护体系，提高信息安全技术保障和支撑能力，加强网络信息与安全保障工作。

二、工作要求

（一）建立工作机制。参与创建工作的城市要建立示范城市建设工作协调机制，负责制定工作方案，协调政策措施，组织重点项目建设等。协调机制要明确主管市领导、牵头部门及参与部门，并将相关工作任务纳入有关部门考核指标，明确责任，形成各方相互配合、通力合作的良好工作局面。

（二）制定工作方案。参与创建工作的城市要结合当地经济和社会发展实际，充分调动基础电信运营企业、广电企业、商业网站、设备制造企业等多方力量，制定国家下一代互联网示范城市建设工作方案（工作方案的编制要点参见附件 2），并参照示范城市建设考核体系（参见附件 3），确定年度工作目标、重点、步骤，提出具体政策措施和保障机制。

（三）凝聚各方资源。示范城市的创建工作要充分调动相关社会资源，联合推进。要切实推动基础电信运营企业与当地应用企业之间开展实质性合作，并充分发挥广电企业、商业网站、设备制造企业等产业链其他环节，以及高等院校、科研机构、行业组织等多方力量的作用。

（四）加强统筹协调。示范城市的创建工作要注重与国家实施创新驱动发展战略和培育发展战略性新兴产业的结合，要加强与“宽带中国”战略实施以及 TD-LTE、云计算、物联网、大数据等新兴业务发展的衔接，要努力与国家创新型城市、电子商务示范城市、智慧城市等其他试点工作做好配合，做到点面结合，增强工作的系统性。

（五）注重因地制宜。示范城市的创建工作要结合本地区、本城市发展需求，广泛开展调研，充分听取各界意见，要注重政策与投资相结合，切实将创建国家下一代互联网示范城市作为培育产业、发展经济、转变方式、服务民生的重要契机，有效推动地方经济社会发展。

（六）确保目标落实。经审核通过后的示范城市要按照既定方案抓紧开展工作，落实各项任务，确保实现工作目标，并定期将进展情况报送国家发展改革委、工业和信息化部、科技部、国家新闻出版广电总局。国家发展改革委将联合工业和信息化部、科技部、国家新闻出版广电总局组织有关专家对建设工作进行定期评估，对于工作目标实现良好的示范城市将给予连续支持。

三、组织实施

（一）国家发展改革委将对示范城市下一代互联网建设项目给予支持。根据下一代互联网"十二五"工作安排，采用3年滚动支持的方式。各地方发展改革委商工业和信息化、通信、科技、广电主管部门，根据经审核通过的工作方案，负责审批示范城市具体建设项目并组织实施。国家发展改革委进行年度考核后，对符合要求的项目，适时下达年度资金计划。具体工作安排另行通知。

（二）工业和信息化部将加强行业指导，引导和支持电信运营企业和互联网企业等加快示范城市信息基础设施改造，并会同新闻出版广电总局在推进三网融合过程中，加快发展业务应用。

（三）科技部将积极支持下一代互联网关键技术研究及在示范城市的试验应用，加速科研成果转化，不断提升自主创新能力。

（四）新闻出版广电总局将加快推动广播电视宽带网络的升级改造，促进网络能力与业务创新同步发展，深化下一代互联网在广电领域的应用。

四、申报程序

（一）请相关省市发展改革委商工业和信息化、通信、科技、广电主管部门，于2013年9月16日前将经申报城市人民政府批准同意的"国家下一代互联网示范城市建设工作方案"（纸质材料一式两份，附电子版光盘）报送国家发展改革委。

（二）国家发展改革委将联合工业和信息化部、科技部、国家新闻出版广电总局组织专家对工作方案进行评审。根据材料审查、方案答辩和实地考察结果，形成综合意见，确定国家下一代互联网示范城市名单。

附件：1．基础电信运营企业已开展基础网络改造的城市名单（略）

2．国家下一代互联网示范城市建设工作方案编制要点（略）

3．"国家下一代互联网示范城市"建设考核体系（略）

国家发展改革委办公厅
工业和信息化部办公厅
科技部办公厅
国家新闻出版广电总局办公厅（代章）
2013年8月2日

23. 文化部关于实施《网络文化经营单位内容自审管理办法》的通知（文市发〔2013〕39 号）

各省、自治区、直辖市文化厅（局），新疆生产建设兵团文化广播电视局，北京、天津、上海、重庆市文化市场行政执法总队，西藏自治区文化市场综合执法总队：

为贯彻落实国务院关于进一步转变政府职能和简政放权的要求，各级文化行政部门将根据实际情况取消、下放、简化行政审批事项，将管理职责交由企业或社会组织承担，政府部门加强服务和监管。根据《互联网文化管理暂行规定》，结合网络文化建设与管理的现实和发展需要，文化部制定了《网络文化经营单位内容自审管理办法》（以下简称《办法》），目的是增强企业自主管理能力和自律责任，保障网络文化健康快速发展。现予印发，并请按照以下要求贯彻实施：

一、文化部文化市场司组织编写网络文化管理培训教材，编印《网络音乐内容审核工作指引》、《网络游戏内容审核工作指引》，建立培训师资库和题库，为各地培训工作服务。

二、各地文化厅（局）应当在《办法》施行前对辖区内实际从事网络文化经营单位的内容审核人员进行培训。受训人员数量以满足企业实际工作需求为标准由企业决定。

三、培训采取现场与网络相结合的方式，网络培训平台由文化部建立。首次参加培训的人员应当参加现场培训，考核合格者发给《内容审核人员证书》。

自 2009 年以来，凡参加过文化部及省级文化行政部门组织的培训并考核合格的内容审核人员，由所在地省级文化行政部门在《办法》施行前补发《内容审核人员证书》。

四、各地文化厅（局）可自行组织或委托行业协会、中介机构开展培训工作。网络文化经营单位少的地区，可以与周边地区联合培训。对规模大、审核人员多的公司也可进行定点专项培训。

五、文化部建立全国网络文化经营单位内容审核人员信息库，各地文化厅（局）建立本级信息库，并将内容审核人员信息及时报文化部入库。

特此通知。

附件：《网络文化经营单位内容自审管理办法》

文化部

2013 年 8 月 12 日

网络文化经营单位内容自审管理办法

第一条 为加强网络文化内容建设与管理，规范网络文化经营单位产品及服务内容自审工作，根据《互联网文化管理暂行规定》，制定本办法。

第二条 依法取得《网络文化经营许可证》的网络文化经营单位，适用本办法。

第三条 网络文化经营单位在向公众提供服务前，应当依法对拟提供的文化产品及服务的内容进行事先审核。

第四条 网络文化经营单位不得提供含有《互联网文化管理暂行规定》第十六条禁止内容的网络文化产品及服务。

第五条 网络文化经营单位应当建立健全内容管理制度，设立专门的内容管理部门，配备适应审核工作需要的人员负责网络文化产品及服务的内容管理，保障网络文化产品及服务内容的合法性。网络文化经营单位内容管理制度应当明确内容审核工作职责、标准、流程及责任追究办法，并报所在地省级文化行政部门备案。

第六条　网络文化经营单位经营的网络文化产品及服务的内容审核工作，应当由取得《内容审核人员证书》的人员实施。

第七条　内容审核人员的职责：

（一）掌握内容审核的政策法规和相关知识；

（二）独立表达审核意见；

（三）参加文化行政部门组织的业务培训。

第八条　网络文化产品及服务的内容审核工作应当由2名以上审核人员实施，审核人员填写审核意见并签字后，报本单位内容管理负责人复核签字。对网络文化产品及服务内容的合法性不能准确判断的，可向省级文化行政部门申请行政指导，接到申请的文化行政部门应当在10日内予以回复。

第九条　网络文化经营单位内容审核记录的保存期不少于2年。

第十条　网络文化经营单位应当通过技术手段对网站（平台）运行的产品及服务的内容进行实时监管，发现违规内容的要立即停止提供，保存有关记录，重大问题向所在地省级文化行政部门报告。

第十一条　文化部负责统筹协调网络文化经营单位内容审核人员的培训考核工作，指导制定网络文化产品内容审核工作指引，组织编写培训教材和题库，建立审核人员信息库。

第十二条　省级文化行政部门负责内容审核人员培训考核及检查监督工作。培训工作采取现场和网络相结合的方式进行。对经考核合格者发给《内容审核人员证书》，并纳入审核人员信息库统一管理。取得证书的内容审核人员每年至少应当参加1次后续培训。

第十三条　内容审核人员有下列情形之一的，由发证部门注销其《内容审核人员证书》：

（一）连续2年未按规定参加后续培训的；

（二）玩忽职守造成严重社会影响的；

（三）出现重大审核失误的。

第十四条　对未按本办法实施自审制度的网络文化经营单位，由县级以上文化行政部门或者文化市场综合执法机构依照《互联网文化管理暂行规定》第二十九条的规定予以处罚。

第十五条　按照法规规章规定应当报文化行政部门审查或者备案的网络文化产品及服务，自审后应当按规定办理。

第十六条　本办法自2013年12月1日起施行。

24．国家发展改革委办公厅关于组织实施2013年移动互联网及第四代移动通信（TD-LTE）产业化专项的通知（发改办高技〔2013〕2330号）

各省、自治区、直辖市及计划单列市、新疆生产建设兵团发展改革委，国务院有关部门、直属机构办公厅（室），有关中央管理企业：

为贯彻落实国务院关于促进信息消费扩大内需的若干意见（国发〔2013〕32号），加快推动移动互联网和 TD-LTE 产业发展，我委将组织实施移动互联网及第四代移动通信（TD-LTE）产业化专项。现就有关事项通知如下：

一、专项目标

把握全球移动互联网发展机遇，以移动智能终端为着力点，提高移动智能终端核心技术开发及产业化能力。加快移动互联网关键技术的研发及应用，培育能够整合产业链上下游资源、具备一定规模的移动互联网骨干企业。完善公共服务平台建设，形成综合的移动互联网产业服务能力。推进 TD-LTE 技术在重点领域的创新示范应用，带动 TD-LTE 产业快速发展。

二、支持重点和要求

（一）移动智能终端新型应用系统研发及产业化。面向移动互联网应用服务与新型交互体验，研发具有自主知识产权的移动智能终端新型应用系统，包括应用引擎和与之配套的云端服务系统，支持新型人机交互技术和移动互联网主流应用，支持主要操作系统，具有安全可信的用户信息管理能力，实现应用系统的规模应用。

（二）面向移动互联网的可穿戴设备研发及产业化。面向移动互联网应用，研制可规模商用的多类型可穿戴设备，重点支持研发低功耗的可穿戴设备系统设计技术、面向可穿戴设备的新型人机交互技术及新型传感技术、可穿戴设备与智能终端的互联共享技术、可穿戴设备应用程序及配套的支撑系统技术，实现可穿戴设备产品产业化。

（三）移动互联网和智能终端公共服务平台建设。支持由第三方检测机构牵头，联合产业链上下游企业，充分利用已有基础，面向移动互联网新型业务应用和智能终端等关键环节，研发移动互联网和智能终端公共服务平台，形成对关键技术和关键环节的试验、评测能力以及产业链监测和服务能力，为推动移动互联网产业健康快速发展提供有效支撑。

（四）移动智能终端开发及产业化环境建设。支持相关企业在已建立的移动智能终端开发环境基础上，以实现面向第四代移动通信多模多频智能手机新型化、高端化、规模化发展为目标，建设和升级智能终端开发综测、一致性测试、生产及检测环境。

（五）高速宽带无线接入设备研发及产业化。研发满足规模覆盖应用的安全高速宽带接入与控制设备，支持接入点集中管控及业务区分。支持 1Gbps 以上的高速率可靠通信，支持多频，支持基于数字证书的用户身份无感知认证。

（六）高速宽带无线接入技术研发及创新应用示范。研发高速无线局域网设备测试技术，搭建系统互操作测试平台，研究交通、医疗、航空、LTE 政务网等重要行业的高速宽带无线接入应用技术，开展相关技术试验和创新应用示范。

（七）移动互联网大数据关键技术研发及产业化。研发基于移动互联网的多源数据采集技术、海量异构数据管理和实时数据挖掘技术、高效资源管理与分析技术等；开发移动大数据应用产品，并规模应用于应用程序商店、移动搜索、移动电商等领域；鼓励建设移动大数据开发平台。

（八）基于 TD-LTE 的行业创新应用示范。支持将 TD-LTE 技术应用于应急通信、能源、政务、医疗、公安等领域，通过 TD-LTE 公众移动通信网络或行业专用网络（含 TD-LTE 集群系统），建设业务应用创新体验环境，实现重点区域的覆盖，为 TD-LTE 行业应用树立可推广的创新示范应用方案，带动 TD-LTE 产业发展。

三、申报要求

（一）项目主管部门应根据投资体制改革精神和《国家高技术产业发展项目管理暂行办

法》的有关规定，按照专项实施重点的要求，结合本单位、本地区实际情况，认真做好项目组织和备案工作，组织编写项目资金申请报告并协调落实项目建设资金、环保、土地、规划等相关建设条件。

（二）项目主管部门应对资金申请报告及相关附件（如银行贷款承诺、自有资金证明等）进行认真核实，并负责对其真实性予以确认。

（三）项目承担单位原则上应为企业法人。在制定建设方案时，应实事求是，严格控制征地、新增建筑面积和投资规模。

（四）考虑到移动互联网领域的特点，鼓励多家单位、上下游企业联合申报，同一企业牵头申报的项目不超过3个。鼓励互联网领域骨干企业整合多个方向报送项目。

（五）请项目主管部门于2013年12月31日前，将项目的资金申请报告和有关附件、项目及项目单位基本情况表、项目的备案材料等一式两份（同时须附各项目简介及所有项目汇总表的电子文本）报送我委（高技术产业司）。

（六）在项目主管部门申报的基础上，我委将按照公正、公平的原则，组织专家评审，择优支持。

特此通知。

附件：1．移动互联网及第四代移动通信（TD-LTE）产业化专项指标要求（略）

2．资金申请报告编制要点（略）

3．项目单位基本情况表（略）

国家发展改革委办公厅

2013年9月22日

25. 食品药品监管总局关于加强互联网药品销售管理的通知（食药监药化监〔2013〕223号）

各省、自治区、直辖市食品药品监督管理局：

为规范互联网售药行为，落实《关于印发打击互联网非法售药行动工作方案的通知》（食药监药化监〔2013〕123号，以下简称《工作方案》）的工作部署，确保药品“两打两建”行动取得实效，现将有关工作要求通知如下：

一、加强药品交易网站资质的管理

药品生产企业、药品经营企业在自设网站进行药品互联网交易，或第三方企业为药品生产企业、药品经营企业提供药品互联网交易服务，必须按照原国家食品药品监督管理局印发的《互联网药品交易服务审批暂行规定》（国食药监市〔2005〕480号，以下简称《暂行规定》），申请取得《互联网药品交易服务资格证书》后方可开展业务。按该证书服务范围仅可与其他企业和医疗机构进行药品交易的网站或提供药品互联网交易服务的网站，不得擅自超范围提供面向个人消费者的药品交易服务。零售单体药店不得开展网上售药业务。各省级食品药品监督管理部门应加强药品生产和经营企业网上售药监督监测，发现违反上述规定的药品交易网站（包括自设网站和提供交易服务的网站，下同），应对设立企业按照《暂行规定》和《工作方案》要求依法严肃查处，直至移送通信管理部门关闭其网站。

二、加强药品交易网站销售含麻黄碱类复方制剂的管理

药品零售企业销售含麻黄碱类复方制剂，必须按原国家食品药品监督管理局、公安部、原卫生部联合印发的《关于加强含麻黄碱类复方制剂管理有关事宜的通知》（国食药监办〔2012〕260 号）要求，查验和登记购买者合法有效的身份证件。鉴于目前互联网药品交易尚不能查验购买者身份证件，药品零售连锁企业一律不得在药品交易网站展示或向个人消费者销售含麻黄碱类复方制剂。发现违反规定的，由所在地食品药品监督管理部门按照《国务院关于加强食品等产品安全监督管理的特别规定》第三条有关规定进行处罚，造成严重后果的吊销许可证照，构成犯罪的依法移送公安机关追究刑事责任；对提供交易服务网站的企业应按照《暂行规定》第二十九条第二种情形和《工作方案》要求依法严肃查处，直至移送通信管理部门关闭其网站。

三、加强药品交易网站销售处方药的管理

《暂行规定》要求药品零售连锁企业通过药品交易网站只能销售非处方药，一律不得在网站交易相关页面展示和销售处方药。发现违反上述规定的，对企业自设网站由所在地食品药品监督管理部门按照《药品流通监督管理办法》第四十二条处罚；对提供交易服务网站由所在地食品药品监督管理部门按照《工作方案》要求依法责令停业整顿，限期整改。上述企业拒不改正或情节严重的，吊销其《互联网药品交易服务资格证书》，并移送通信管理部门关闭其网站。

在药品交易网站的非交易相关页面展示处方药名称、图片、说明书等信息的，必须在该页面上部加框标示“药品监管部门提示：如发现本网站有任何直接或变相销售处方药行为，请保留证据，拨打 12331 举报，举报查实给予奖励”。所在地省级食品药品监督管理部门应予督促和检查，对违规网站的设立企业，应参照《暂行规定》第二十九条第一种情形和《工作方案》要求依法查处，直至移送通信管理部门关闭其网站。

四、加强网售药品配送环节的管理

药品零售连锁企业通过互联网销售药品时，应当使用本企业符合《暂行规定》等文件要求的药品配送系统自行配送，且符合《药品经营质量管理规范》的有关要求，保证在售药品的质量安全。发现药品零售连锁企业违反规定的，由所在地食品药品监督管理部门参照《暂行规定》第二十九条第二种情形和《工作方案》要求依法查处。

五、加大对互联网非法售药的查处力度

各级食品药品监督管理部门要按照《工作方案》的部署，严格落实以上规定，开展监督检查和监测，规范互联网药品交易的主体和行为，严厉打击互联网违法销售药品等行为，切实将各种违法案件查处到位。对违反上述规定被责令整改的企业，11 月 15 日前必须完成整改，否则按照《工作方案》的要求从严处理。对需要予以关闭的网站，应及时移送通信管理部门关闭；对监督检查和监测发现的触犯刑律的案件，应及时移送司法机关依法追究刑事责任。

对打击互联网非法售药行动中涉事企业的整顿处理结果，省级食品药品监督管理部门要按照药品“两打两建”工作要求按期报送总局。对总局投诉举报中心移交的违法违规销售药品的网站，省级食品药品监督管理部门要按时将查处结果及时反馈总局投诉举报中心。任何单位和个人如发现从事互联网药品交易服务的企业违反上述规定，均可向食品药品监督管理部门举报（举报电话12331）。

国家食品药品监督管理总局
2013年10月29日

26. 食品药品监管总局关于试点开展互联网第三方平台药品网上零售有关工作的批复（食药监药化监函〔2013〕163号）

河北省食品药品监督管理局：

你局《关于开展互联网药品交易B2C第三方平台试点工作的请示》（冀食药监市〔2013〕82号）、《关于进一步完善〈互联网药品交易B2C第三方平台试点工作实施方案〉的请示》（冀食药监〔2013〕20号）和《关于报送新修订〈互联网药品交易B2C第三方平台试点工作实施方案〉的报告》（冀食药监〔2013〕34号）收悉。经研究，现批复如下：

一、同意你局以河北慧眼医药科技有限公司95095医药平台为试点单位，开展互联网第三方平台上的药品网上零售试点相关工作。你局应当不断完善并严格实施试点方案，督促和指导95095医药平台规范运营，认真分析和总结试点工作运行情况，为总局研究制定相关规定提供实践经验。

二、你局应当负责做好试点单位及其交易平台试点整体工作的监督管理，并对平台上所发生互联网药品交易行为进行监督，平台上交易药品质量的监管工作仍由各药品零售连锁企业属地食品药品监管部门承担。你局应当要求入驻平台药品零售企业在入驻合同签订后15日内向其《药品互联网交易服务资格证书》发证部门进行书面报告，并予以督促检查。

三、未经总局批准，试点单位不得扩大试点范围和内容。试点期间总局如有政策调整或发布有关规定，你局应当监督试点单位严格执行。试点工作为期一年，期中请将试点进展情况定期报告总局，期满请提交全面总结报告。遇到新情况、新问题应及时报告，并提出意见和建议。

国家食品药品监督管理总局
2013年11月12日

27. 关于同意北京市等16个城市（群）开展国家下一代互联网示范城市建设工作的通知（发改办高技〔2013〕3017号）

北京市、上海市、江苏省、浙江省、河南省、湖北省、湖南省、广东省、四川省、陕西省、新疆自治区、厦门市、青岛市、深圳市发展改革委、工业和信息化主管部门、科技主管部门、广播影视主管部门：

你们报来国家下一代互联网示范城市建设工作方案均悉。经研究，现通知如下。

一、经研究，原则同意北京、上海、南京、苏州、无锡、杭州、郑州、武汉、广州、成都、西安、克拉玛依、厦门、青岛、深圳15个城市开展国家下一代互联网示范城市建设工作；同意长沙、株洲、湘潭3个城市联合开展国家下一代互联网示范城市群建设，并建立相关工作机制，统筹协调推进。

二、请各示范城市把建设国家下一代互联网示范城市作为全面深化改革、培育新兴产业、转变发展方式、服务社会民生的重要抓手，重点做好以下六个方面工作：

（一）加强统筹协调。各示范城市要在示范城市建设工作领导小组（或其他协调机构）的领导下，结合实际进展情况，因地制宜，不断完善政策环境，加强改革创新，探索方式方法，增进本地区各单位间的协作，推动下一代互联网与新一代移动通信、移动互联网、物联网、云计算、大数据等新兴信息技术融合应用，协调解决工作中存在的问题，确保建设目标的实现。

（二）深挖特色应用。各示范城市要结合新形势，强化创新驱动发展，使市场在资源配置中起决定性作用，并更好地发挥政府的作用，在电子政务、行业应用、公众服务等方面深挖特色应用，探索能充分发挥 IPv6 技术特点、具有示范效应、可推广的业务发展模式，积极推广政府购买服务，培育新服务、新市场、新业态，切实推动下一代互联网发展。

（三）注重形成合力。各示范城市要加强本地基础电信运营企业、广电企业之间的统筹协调，鼓励企业加大改造投入。要进一步研究和细化配套政策措施，积极创造条件引导商业网站在本地区提供 IPv6 优先访问服务。要促进电信运营企业、广电企业和网站企业之间的衔接配合，努力形成相互配合、协调推进的良好局面。要积极采取措施鼓励支持 IPv6 的终端设备发展及应用。

（四）强化安全保障。各示范城市要高度重视网络与信息安全保障工作，认真梳理网络信息安全风险，针对性研究提出安全防护策略和工作方案，全面提升下一代互联网安全保障能力。积极落实安全等级保护、个人信息保护、风险评估、应急响应、安全管理、灾难备份及恢复等制度和标准。按照相关部门要求，加强网络地址的规划和实名制管理，不断完善网络与信息安全保障体系。

（五）加强宣传引导。各示范城市要加强对国家下一代互联网示范城市建设工作的宣传力度，在城市政务门户网站公开重要建设指标，提高公众对下一代互联网的认知度，创造有利于下一代互联网发展的环境。

（六）形成长效机制。各示范城市要科学分解任务目标，明确责任主体，定期对示范城市建设情况和项目进展进行检查，梳理总结年度工作完成情况和存在的主要问题，形成推进工作的长效机制。相关进展情况经示范城市建设工作领导小组（或其他协调机构）审议后于每年 3 月 20 日前报国家发展改革委、工业和信息化部、科技部、国家新闻出版广电总局。我们将建立检查和评估机制，定期对示范城市建设进展情况进行综合分析。

三、为做好示范城市创建工作，我们将邀请下一代互联网领域相关专家参与建设工作，为各示范城市建设提供服务和技术指导（详见附件），协助解决示范城市建设中出现的问题。同时，委托下一代互联网示范工程（CNGI）专家委员会编制下一代互联网网络和网站改造指南，供各示范城市参考。

四、请相关省、自治区、直辖市发展改革委在示范城市推荐基础上，紧紧围绕下一代互联网发展，进一步梳理示范城市重点建设项目，并报国家发展改革委审核。经审核同意后，请相关省、自治区、直辖市发展改革委按照成熟一批批复一批的原则，对已形成一定工作量的相关重点项目资金申请报告予以批复，并向国家发展改革委提出申请国家补助资金的请示。国家发展改革委进行年度考核后，适时下达年度资金计划。

附件：国家下一代互联网示范城市责任专家联系表（略）

国家发展改革委办公厅
工业和信息化部办公厅
科技部办公厅
新闻出版广电总局办公厅（代章）
2013 年 12 月 11 日

（工业和信息化部政策法规司　朱秀梅；
国家计算机网络应急技术处理协调中心　张文娟　整编）

附录 C　2013 年通信运营业统计公报

2013 年，我国通信运营业认真贯彻党的十八大和十八届三中全会精神，积极落实“宽带中国”战略，加大 3G 网络和宽带基础设施建设力度，加快发展新技术新业务，不断提升电信服务水平，全行业保持健康稳定发展。

一、综合

1. 行业保持平稳增长

经初步核算，2013 年电信业务收入实现 11689.1 亿元，同比增长 8.7%，比上年回落 0.2 个百分点，连续 3 年高于同期 GDP 增速。电信业务总量实现 13954 亿元，同比增长 7.5%，比上年回落 3.2 个百分点（见图 C.1）。

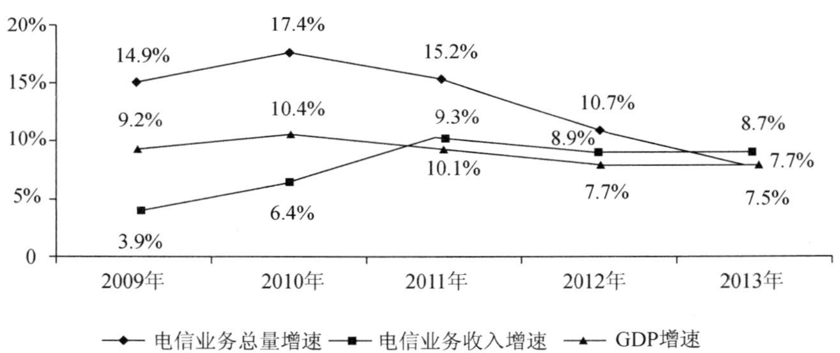

图C.1　2009—2013年电信业务总量与业务收入增长情况

2. 行业转型步伐加快

2013 年，行业发展对话音业务的依赖持续减弱，非话音业务收入占比首次过半，达 53.2%；移动数据及互联网业务收入对行业收入增长的贡献从上年的 51%猛增至 75.7%（见图 C.2）。用户结构进一步优化，3G 移动电话用户在移动用户中的渗透率达到 32.7%，比上年提高 11.8 个百分点；光纤接入 FTTH/0 用户占宽带用户总数的比重突破 20%，达 21.6%。融合业务发展逐渐成规模，截至 2013 年 12 月末，IPTV 用户和物联网终端用户分别达 2842.5 万户和 3200.4 万户。

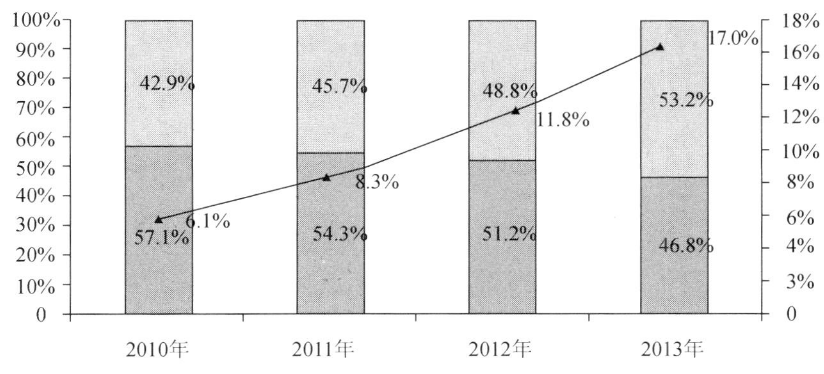

图C.2　2010—2013年话音业务和非话音业务收入占比变化情况

二、用户规模

1. 移动电话普及率突破90部/百人

2013年，全国电话用户净增10579万户，总数达到14.96亿户，增长7.6%，电话普及率达110部/百人。其中，移动电话用户净增11695.8万户，总数达12.29亿户，移动电话用户普及率达90.8部/百人，比上年提高8.3部/百人。全国共有8省（区、市）的移动电话普及率超过100部/百人，分别为北京、辽宁、上海、江苏、浙江、福建、广东、内蒙古，其中辽宁、江苏首次突破100部/百人。固定电话用户总数为2.67亿户，比上年减少1116.8万户，普及率降低至19.7部/百人（见图C.3和图C.4）。

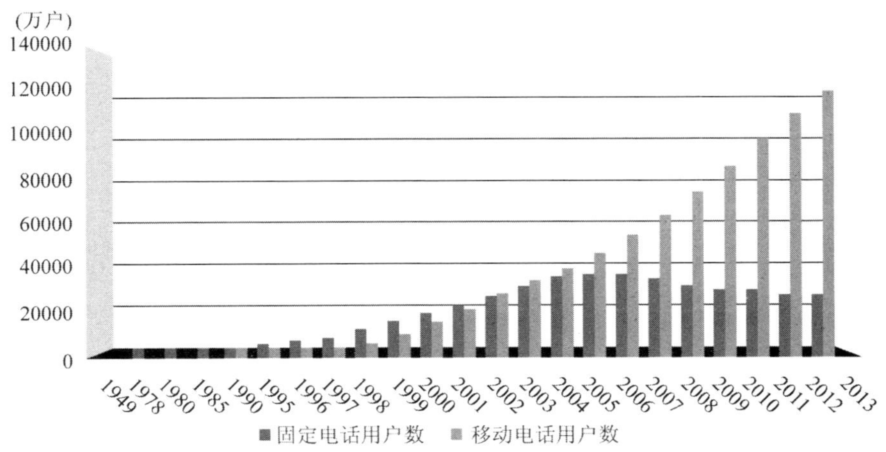

图C.3　1949—2013年固定电话、移动电话用户发展情况

2. 2G用户加速向3G迁移

2013年，2G移动电话用户减少5185万户，占移动电话用户的比重下降至67.3%。新增3G移动电话用户1.69亿户，总规模突破4亿户，在移动用户中的渗透率达到32.7%，同比提高11.8个百分点。其中TD-SCDMA用户净增突破1亿户，达到1.03亿户，在3G用户增

量、总量市场中的份额达到 61.2%和 47.6%，分别比上年提高了 26.1 和 9.8 个百分点（见图 C.5 和图 C.6）。

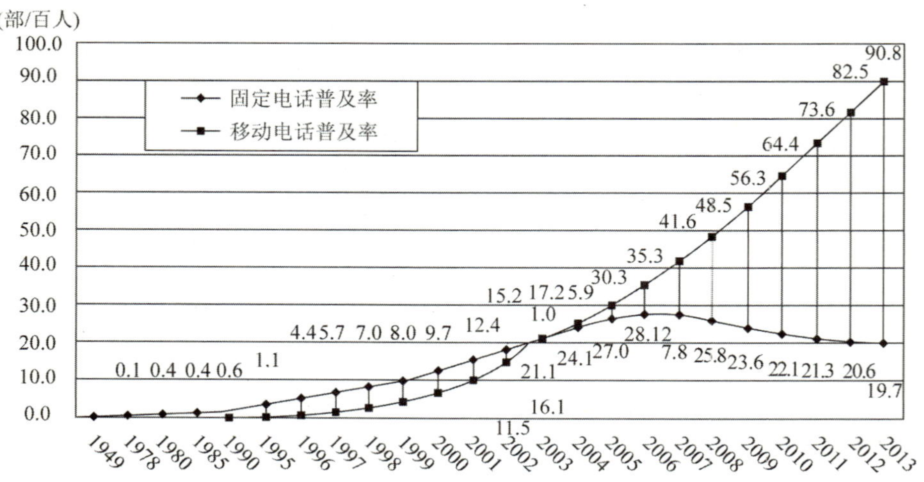

图C.4　1949—2013年固定电话、移动电话普及率发展情况

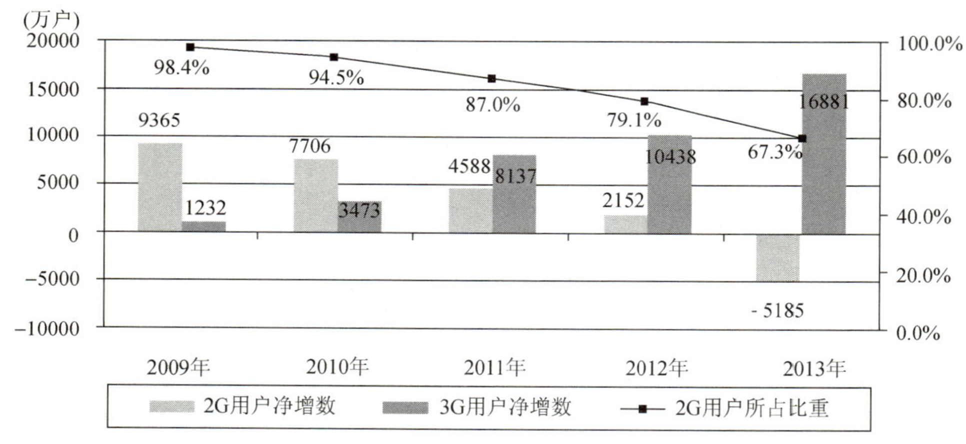

图C.5　2009—2013年2G移动电话用户占比发展情况

3. 固定宽带用户接入速率加快提升

2013 年，基础电信企业固定互联网宽带接入用户净增 1905.6 万户，比上年净增减少 612.6 万户，总数达 1.89 亿户。其中，2M 以上、4M 以上和 8M 以上宽带接入用户占宽带用户总数的比重分别达到 96.2%、78.8%、22.6%，比 2012 年分别提高 1.9、14.3、9.5 个百分点（见图 C.7）。

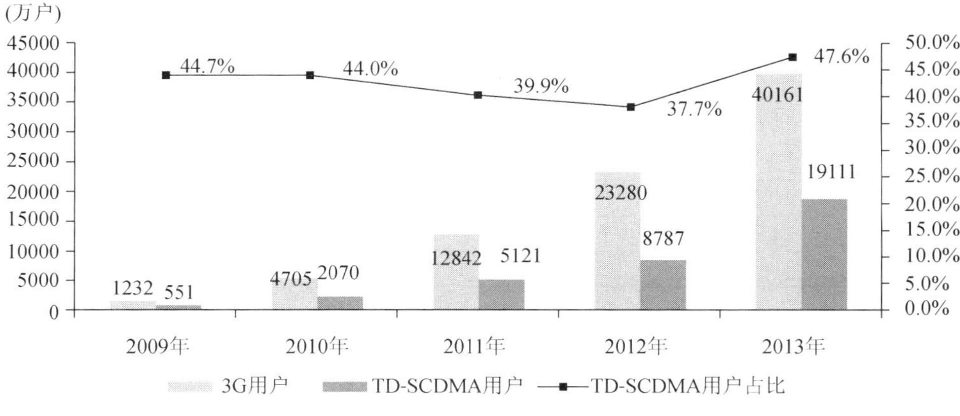

图C.6 2009—2013年3G用户和TD用户发展情况

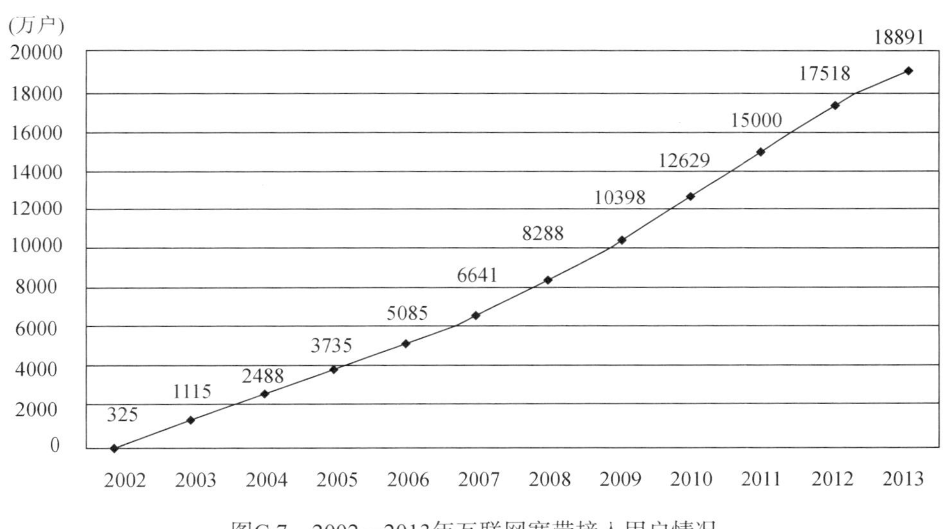

图C.7 2002—2013年互联网宽带接入用户情况

4. 手机网民渗透率大幅提升

2013年，我国互联网网民数净增5358万人，达6.81亿人，互联网普及率达到45.8%，比上年提高3.7个百分点。手机网民规模达到5亿人，比上年增加8009万人，网民中使用手机上网的人群占比由上年的74.5%提升至81%。手机即时通信、手机搜索、手机视频和手机网络游戏用户规模，比上年分别增长 22.3%、25.3%、83.8%、54.5%。电子商务应用在手机端应用发展迅速，手机在线支付用户在手机网民中的占比由上年末的13.2%上升至25.1%（见图C.8和图C.9）。

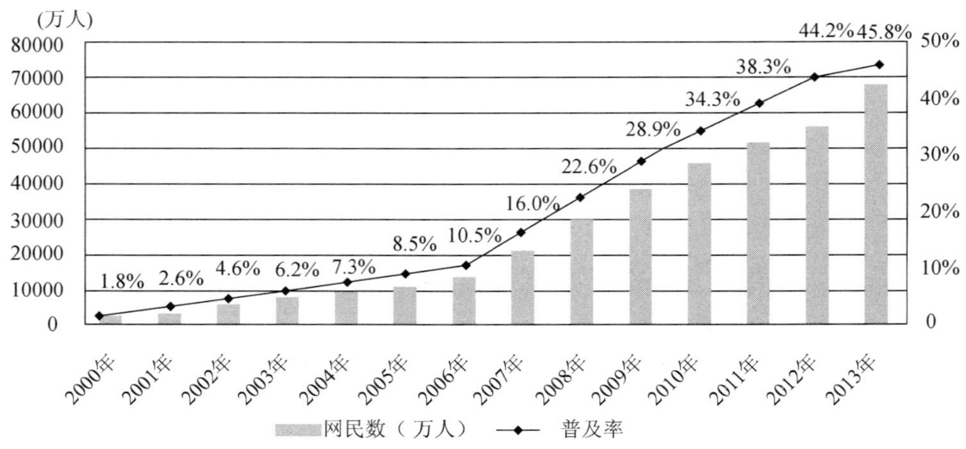

图C.8　2000—2013年互联网网民数和普及率发展情况

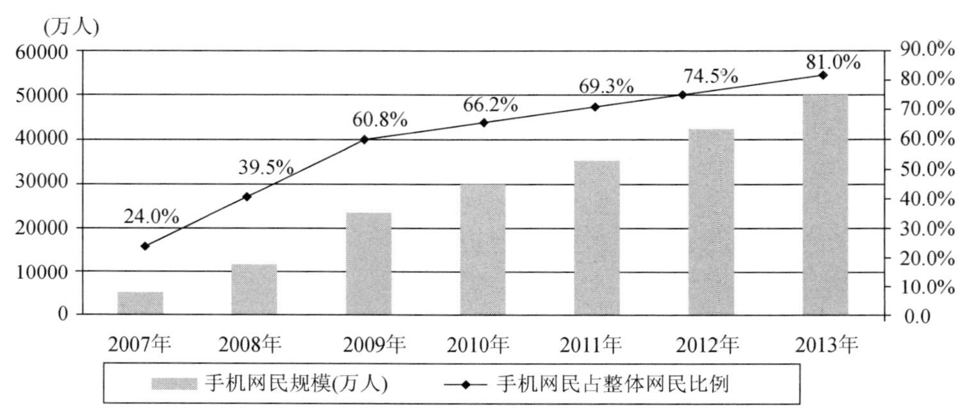

图C.9　2007—2013年手机网民规模和网民比例发展情况

三、业务使用

1. 固定电话 ARPU 持续下滑

2013 年，固定本地电话通话时长为 3023.1 亿分钟，同比下降 15.2%，下降幅度基本与上年同期持平。固定本地电话 MOU 为 92.2 分钟/（月·户），同比降低 12.3%。固定长途电话通话时长为 590.5 亿分钟，同比下降 15.7%，比上年同期降幅收窄 2.5 个百分点。固定长途电话 MOU 同比下降 14.3%，达到 18.0 分钟/（月·户）。固定本地电话和长途电话语音 ARPU（户月均收入贡献值）加速下滑，分别降至 12.1 元/（月·户）和 5.0 元/（月·户），同比下降 18.2% 和 8.3%（见图 C.10 和图 C.11）。

2. 移动电话 MOU 和 ARPU 双双下降

2013 年，全国移动电话去话通话时长为 28987.7 亿分钟，同比增长 5.0%，增长率下降 7.4 个百分点。其中，移动本地去话和长途通话时长分别增长 4.8%和 5.8%，MOU 分别达 157.8 分钟/（月·户）、47.9 分钟/（月·户），同比降低 6.4%、5.4%； ARPU 分别达 22.4 元/（月·户）、6.8 元/（月·户），同比降低 10.1%、7.7%（见图 C.12）。

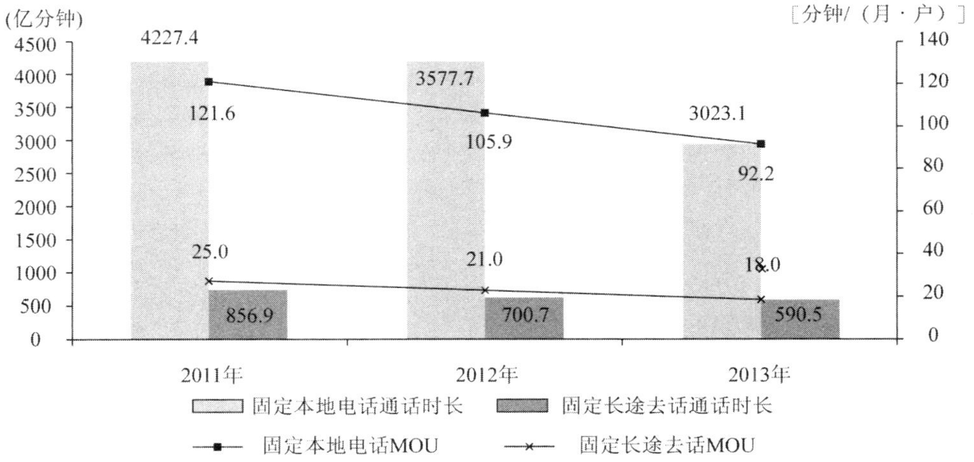

(亿分钟)
[分钟/（月·户）]
4500 4000 3500 3000 2500 2000 1500 1000 500 0
140 120 100 80 60 40 20 0
4227.4
3577.7
3023.1
121.6
105.9
92.2
25.0
21.0
18.0
856.9
700.7
590.5
2011年　2012年　2013年
固定本地电话通话时长　固定长途去话通话时长
固定本地电话MOU　固定长途去话MOU

图C.10　2011—2013年移动通话量下降情况和MOU各年比较

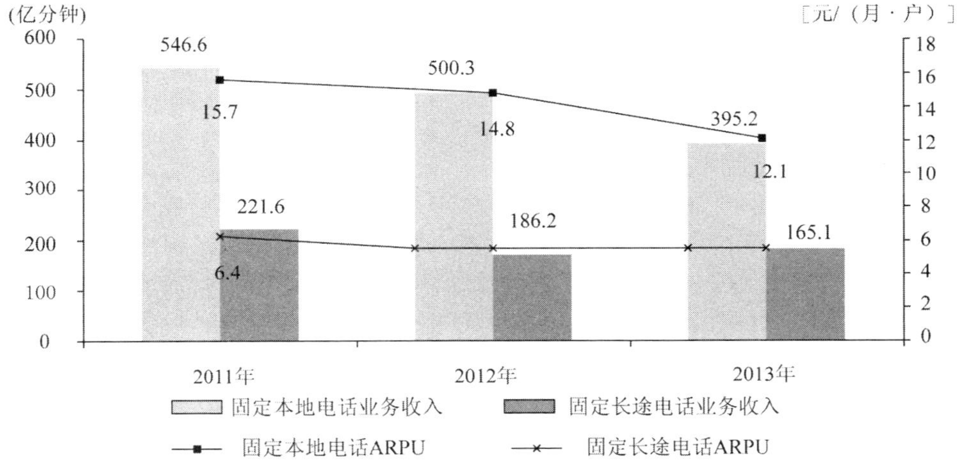

(亿分钟)
[元/（月·户）]
600 500 400 300 200 100 0
18 16 14 12 10 8 6 4 2 0
546.6
500.3
395.2
15.7
14.8
12.1
221.6
186.2
165.1
6.4
2011年　2012年　2013年
固定本地电话业务收入　固定长途电话业务收入
固定本地电话ARPU　固定长途电话ARPU

图C.11　2011—2013年移动话音户均收入贡献值各年比较

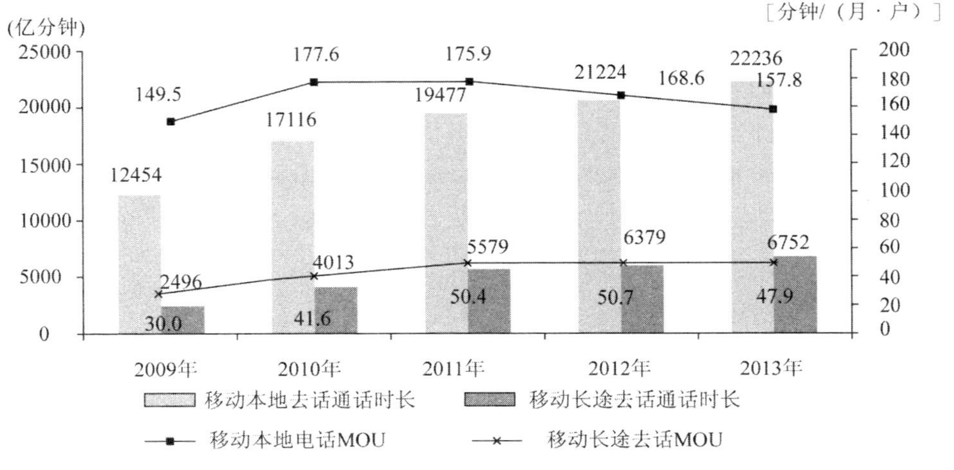

图C.12　2009—2013年移动话音户均收入贡献值各年比较

3. 移动点对点短信业务量下降明显

2013 年，由移动用户主动发起的点对点短信量加剧下滑，规模达到 4313.4 亿条，同比下降 13.7%，降幅同比扩大了 6.8 个百分点（见图 C.13）。

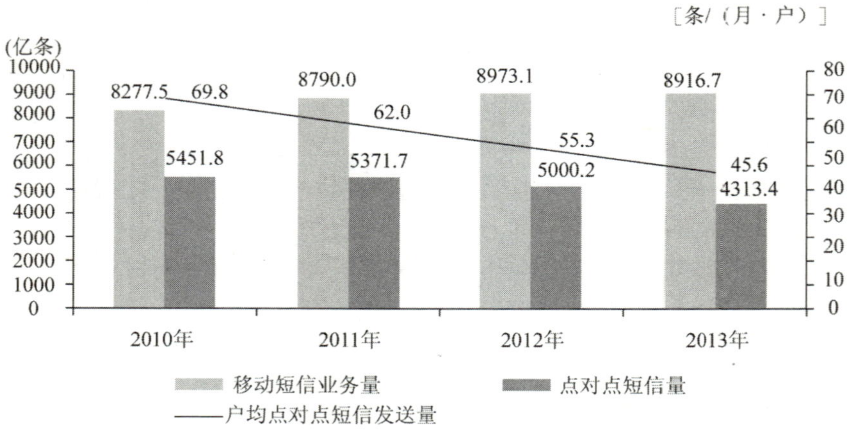

图C.13 2010—2013年移动短信量和点对点短信量各年比较

4. 移动互联网流量同比增长 71.3%

2013 年，移动互联网流量达到 132138.1 万 GB，同比增长 71.3%，比上年提高 31.3 个百分点。月户均移动互联网接入流量达到 139.4M，同比增长 42%。其中手机上网是主要拉动因素，占移动互联网接入流量的比重达到 71.7%。移动互联网用户月户均 ARPU 同比增长 47.1%，达到 20.4 元/（月·户）（见图 C.14 和图 C.15）。

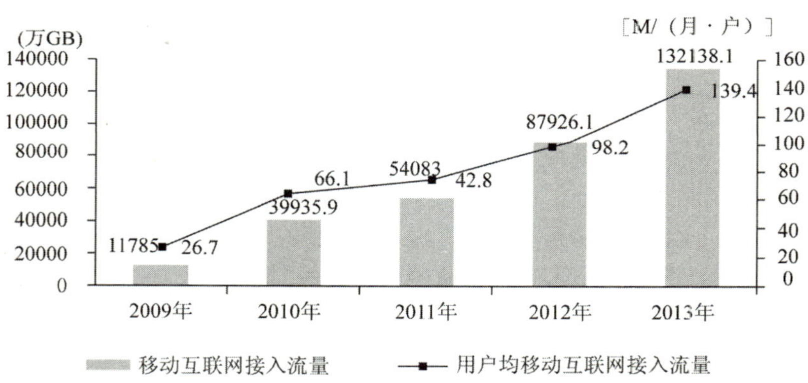

图C.14 2009—2013年移动互联网流量发展情况比较

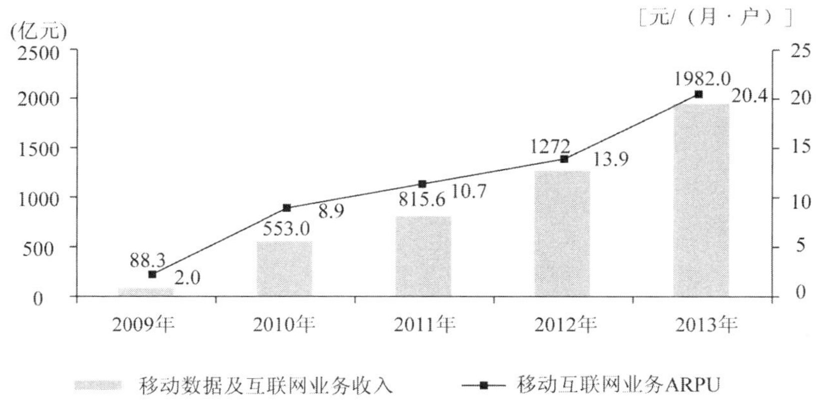

图C.15　2009—2013年移动互联网业务收入发展情况比较

四、网络基础设施不断完善

1. “光进铜退”趋势明显

2013年，互联网宽带接入端口数量达3.6亿个，比上年净增3864万个，同比增长34.0%。互联网宽带接入端口呈现“光进铜退”的态势，xDSL端口比上年减少1111.7万个，总数达到1.47亿个，占互联网接入端口的比重由上年的49.4%下降至41%。光纤接入FTTH/0端口比上年净增4215.2万个，达到1.15亿个，占互联网接入端口的比重由上年的22.7%提升至32%（见图C.16和图C.17）。

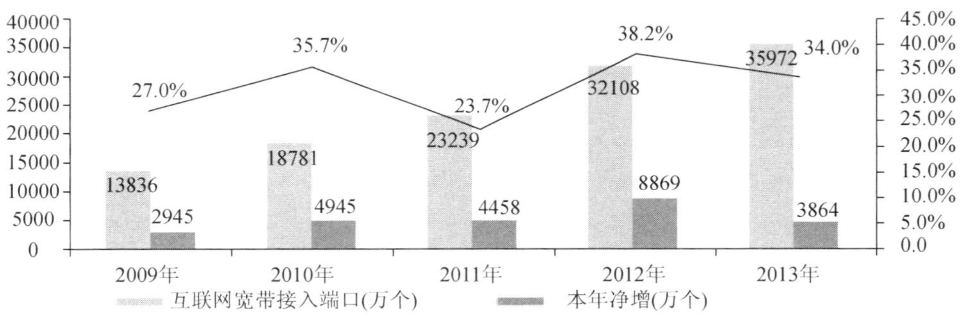

图C.16　2009—2013年互联网宽带接入端口发展情况

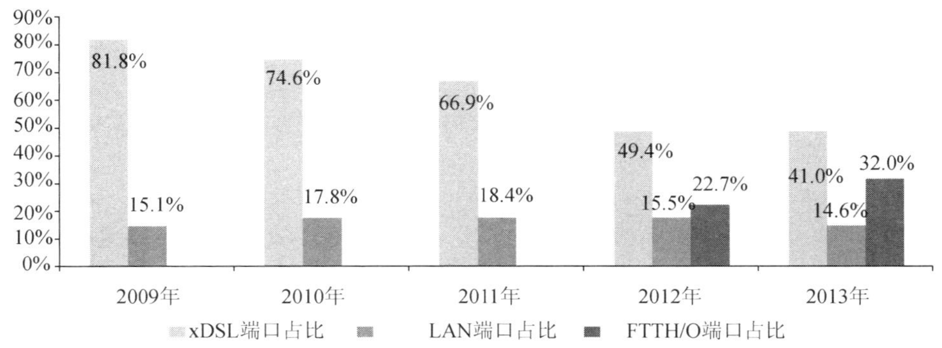

图C.17　2009—2013年互联网宽带接入端口按技术类型占比情况

2. 移动电话网扩容步伐加快

2013 年，移动电话网扩容速度有所加快，移动交换机容量同比增长 7.5%，比上年增速提升 0.3 个百分点，达到 19.65 亿户。与固定电话用户下降对应，局用交换机容量比上年下降明显，增速由正转负，全年下降 6.5%，达到 41052.2 万门。其中，接入网设备容量达到 22523.7 万门，比上年下降 3.8%（见图 C.18）。

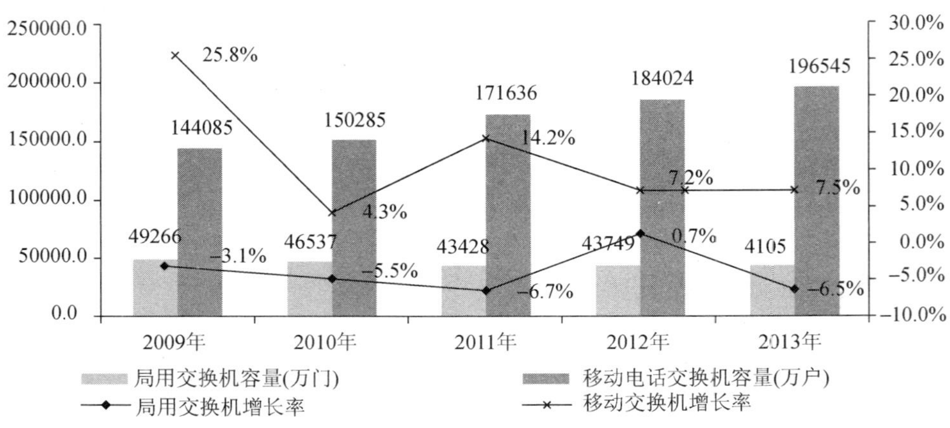

图C.18 2009—2013年局用及移动电话交换机容量发展情况

3. 互联网国际出口带宽增速显著

截至 2013 年 12 月，我国网络国际出口带宽达到 3406824Mbps，同比增长 79.3%，比上年提高 42.6 个百分点，创下近七年来增速最高点。其中中国电信稳居首位，首次突破 2000G 大关，达到 2190878Mbps。

4. 传输网规模再创新高

2013 年，全国新建光缆线路 265.8 万千米，光缆线路总长度达到 1745.1 万千米，同比增长 17.9%，比上年回落 4.2 个百分点，仍保持较快的增长态势（见图 C.19）。

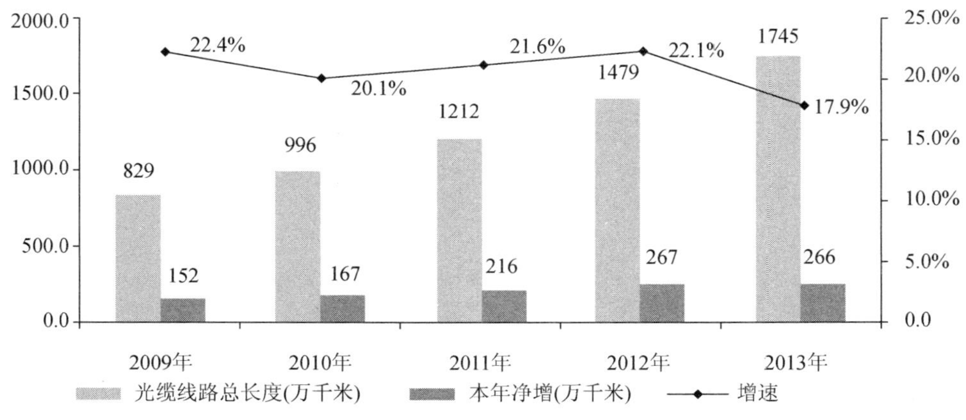

图C.19 2009—2013年光缆线路总长度发展情况

全国新建光缆中，接入网光缆、本地网中继光缆和长途光缆线路所占比重分别为 47.1%、47.8%和 1.1%。接入网光缆和本地中继光缆长度同比增长 22.6%和 15.2%，分别新建 152.7 万千米和 110.1 万千米；长途光缆保持小幅扩容，同比增长 3.4%，新建长途光缆长度 3.0 万千米（见图 C.20）。

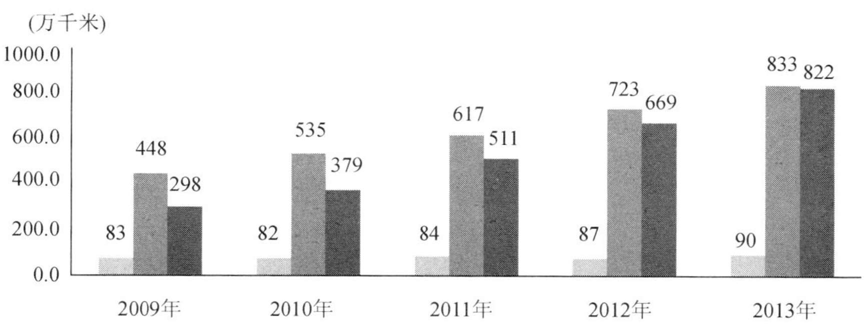

图C.20　2009—2013年各种光缆线路长度对比情况

五、固定资产投资

1. 投资完成额小幅增长 3.9%

2013 年，全行业固定资产投资规模完成 3754.7 亿元，达四年来投资水平高点。投资完成额比上年小幅增加 138.5 亿元，同比增长 3.9%，比上年回落 3 个百分点（见图 C.21）。

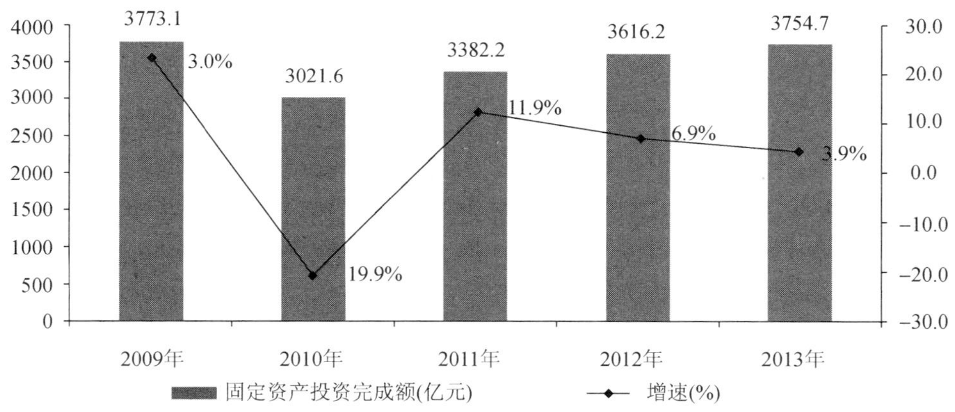

图C.21　2009—2013年电信固定资产投资完成情况

2. 互联网数据通信和传输投资占比提升

2013 年，移动通信仍是投资的重点，完成投资 1346.4 亿元，同比下降 1.5%，占全部投资的 35.9%。数据通信和传输投资比重逐步加大，其中，互联网及数据通信投资完成 511.7 亿元，同比增长 23.0%，占全部投资的比重由上年的 11.6%提升到 13.6%；传输投资完成 951.9 亿元，同比增长 14.9%，占比提升到 25.4%（见图 C.22）。

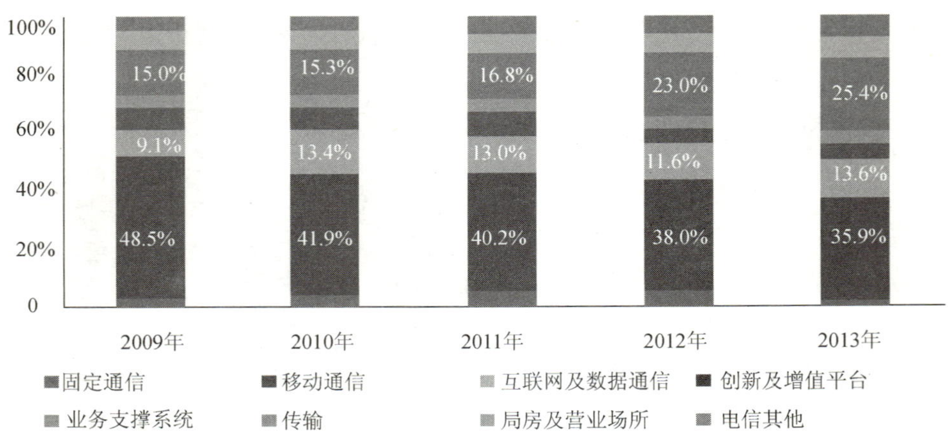

图C.22 2009—2013年固定资产投资主要业务投资变化情况

六、区域发展

1. 中、西部移动电话增速快于东部

2013 年，东、中、西部移动电话用户增速均呈现放缓态势，但中、西部用户增速仍高于东部。东部移动电话用户占比持续下降，同比下降 0.2 个百分点，占比为 50.4%，中、西部用户占比均提高了 0.1 个百分点（见图 C.23 和图 C.24）。

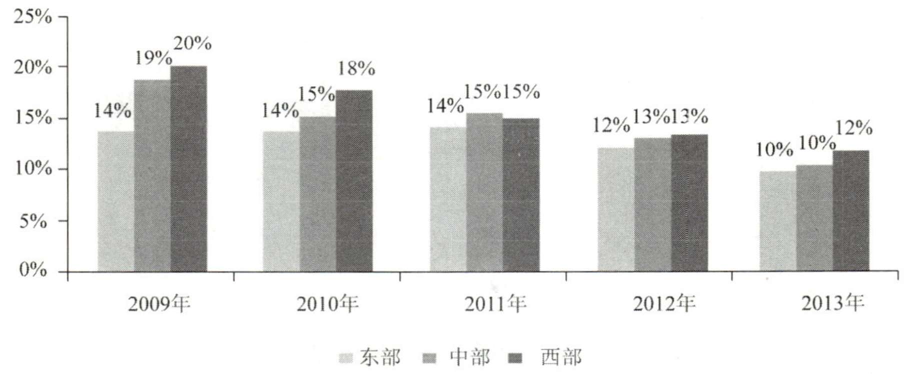

图C.23 2009—2013年东、中、西部地区移动电话用户增长率

东部移动电话普及率上升快于中、西部。2013 年，东部移动电话普及率领先，较上年提高 9.3 部/百人，中、西部移动电话普及率分别提高 6.8 部/百人和 8.2 部/百人。中、西部与东部移动电话普及率差距扩大到 36.5 部/百人和 28.8 部/百人（见图 C.25）。

2. 东部收入和投资占比略有下降

2013 年，东部省份实现电信业务收入 6585.0 亿元，占全国电信业务收入的比重为 55.2%，同比下降 0.9 个百分点。东部与中西部收入占比差距分别为 32.6%、33.0%，较 2012 年分别下降 1.3 个百分点和 0.8 个百分点（见图 C.26）。

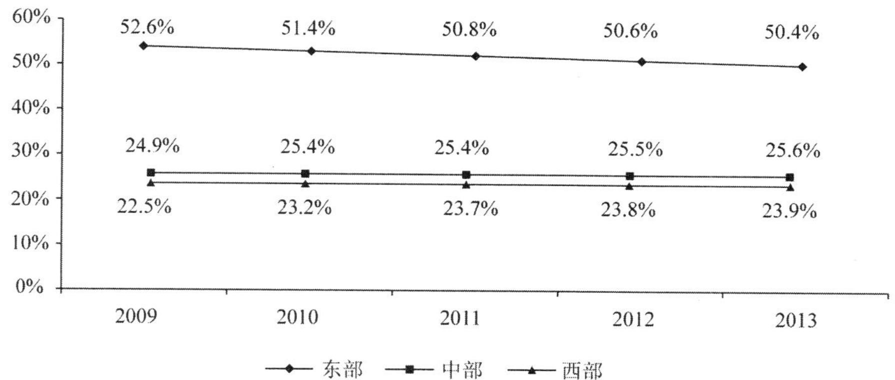

图C.24 2009—2013年东、中、西部地区移动电话用户比重

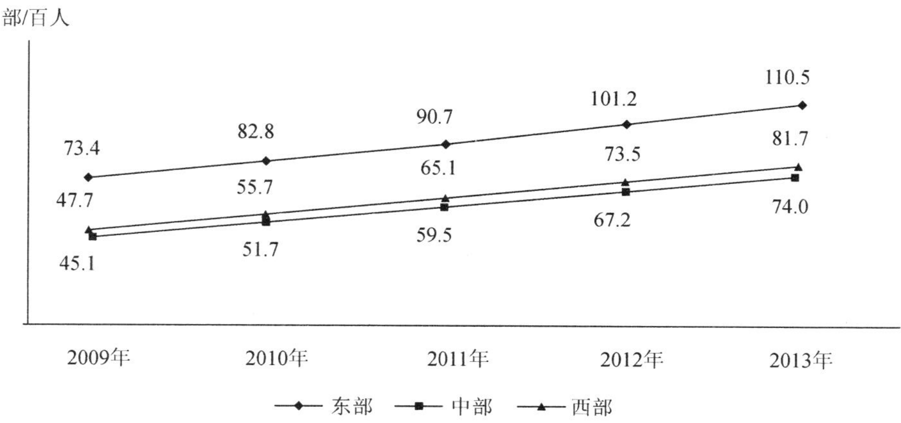

图C.25 2009—2013年东、中、西部地区移动电话普及率

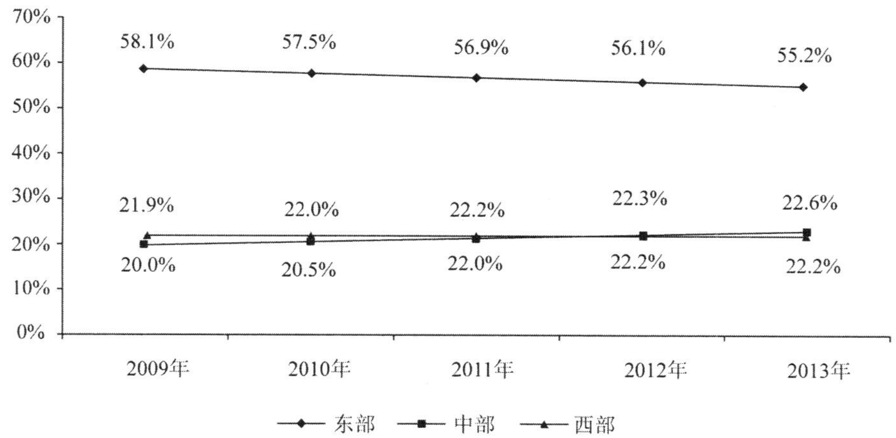

图C.26 2009—2013年东、中、西部地区电信业务收入比重

2013 年，东部地区完成电信固定资产投资 1804.9 亿元，占东、中、西部固定资产投资的比重为 49.1%，较上年下降 0.3 个百分点。东部与西部投资占比差距为 21.9%，较上年下降

1.8 个百分点；东部与中部投资占比差距为 25.4%，较上年提高 0.9 个百分点（见图 C.27）。

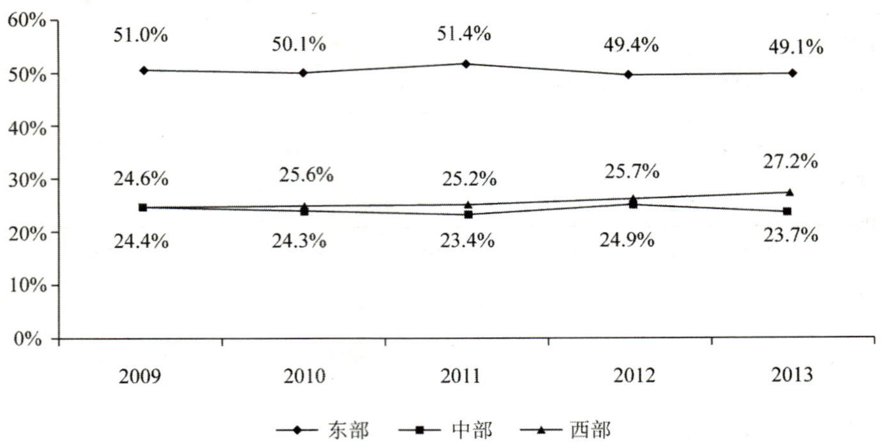

图C.27　2009—2013年东、中、西部地区电信投资比重

（工信部运行监测协调局）

附录 D　2013 年中国互联网发展状况数据表

表 D.1　2013 年中国内地各省（市、自治区）网民规模和互联网普及率

	网民数（万人）	普及率	网民增速	普及率排名
北京	1556	75.2%	6.7%	1
上海	1683	70.7%	4.8%	2
广东	6992	66.0%	5.5%	3
福建	2402	64.1%	5.4%	4
天津	866	61.3%	9.2%	5
浙江	3330	60.8%	3.4%	6
辽宁	2453	55.9%	11.6%	7
江苏	4095	51.7%	3.6%	8
新疆	1094	49.0%	13.7%	9
山西	1755	48.6%	10.4%	10
青海	274	47.8%	15.1%	11
河北	3389	46.5%	12.7%	12
海南	411	46.4%	7.0%	13
陕西	1689	45.0%	8.9%	14
山东	4329	44.7%	12.0%	15
重庆	1293	43.9%	8.2%	16
内蒙古	1093	43.9%	13.3%	17
宁夏	283	43.7%	9.7%	18
湖北	2491	43.1%	7.9%	19
吉林	1163	42.3%	9.5%	20
黑龙江	1514	39.5%	13.9%	21

（续表）

	网民数（万人）	普及率	网民增速	普及率排名
广西	1774	37.9%	11.9%	22
西藏	115	37.4%	13.9%	23
湖南	2410	36.3%	9.5%	24
安徽	2150	35.9%	15.0%	25
四川	2835	35.1%	10.7%	26
河南	3283	34.9%	15.0%	27
甘肃	894	34.7%	12.5%	28
贵州	1146	32.9%	15.6%	29
云南	1528	32.8%	15.7%	30
江西	1468	32.6%	15.9%	31
全国	61758	45.8%	9.5%	--

表 D.2　中国各地区 IPv4 地址数

地区	地址量	折合数
中国大陆	330 308 096	19A+176B+26C
中国台湾地区	35 404 544	2A+28B+59C
中国香港特区	11 717 376	178B+203C
中国澳门特区	324 864	4B−245C

表 D.3　中国大陆 IPv4 地址分配表

单位名称	地址量	IPv4 地址总量
中国电信集团公司	125761280	7A+126B+247C
中国联合网络通信有限公司	69835008	4A+41B+153C
CNNIC IP 地址分配联盟会员	52081664	3A+26B+180C
中国移动通信集团公司	51088384	3A+11B+140C
中国教育和科研计算机网	16649728	254B+14C
其他	14892032	227B+60C
合计	330308096	19A+176B+26C

数据来源：亚太互联网络信息中心、中国互联网络信息中心

注：1. 中国联合网络通信有限公司的地址包括原联通和原网通的地址，其中原联通的 IPv4 地址 6316032（96B+96C）个经 CNNIC 分配；

2. CNNIC 作为经 APNIC 和国家主管部门认可的中国国家级互联网注册机构（NIR），召集国内有一定规模的互联网服务提

供商和企事业单位，组成 IP 地址分配联盟，目前 CNNIC IP 地址分配联盟会员的 IPv4 地址总持有量为 74192896 个，折合 4A+108B+24C；上表中所列 IP 地址分配联盟会员的 IPv4 地址数量不含已分配给原联通和铁通的 IPv4 地址数量。

3. 中国移动通信集团公司的地址包括原中国移动和中国铁通的地址，其中中国铁通的 IPv4 地址 15795200（241B+4C）个经 CNNIC 分配；

4. 以上数据统计截止日期为 2013 年 12 月 31 日。

表 D.4　中国各地区 IPv6 地址数

地区	地址量
中国大陆	16670 块/32
中国台湾地区	2345 块/32
中国香港特区	135 块/32
中国澳门特区	3 块/32

表 D.5　中国大陆 IPv6 地址分配表

单位名称	IPv6 数量（/32）
中国电信集团公司	4099
中国联合网络通信有限公司	4097
中国移动通信集团公司	4097
CNNIC IP 地址分配联盟会员	2261
中国铁通集团有限公司	2049
中国科技网	17
中国教育和科研计算机网	16
其他	34

数据来源：亚太互联网络信息中心、中国互联网络信息中心

注：1. IPv6 地址分配表中的/32 是 IPv6 的地址表示方法，对应的地址数量是 $2^{(128-32)}=2^{96}$ 个。

2. 目前 CNNIC IP 地址分配联盟会员的 IPv6 地址总持有量为 4327 块/32；上表中所列 IP 地址分配联盟会员的 IPv6 地址数量不含已分配给中国铁通和中国科技网的 IPv6 地址数量；

3. 中国铁通集团有限公司的 IPv6 地址经 CNNIC 分配；

4. 中国科技网的 IPv6 地址经 CNNIC 分配；

5. 以上数据统计截止日期为 2013 年 12 月 31 日。

表 D.6　各省（市、自治区）IPv4 地址数比例

	比例		比例
北京	25.65%	广西	1.41%
广东	9.62%	重庆	1.71%
浙江	5.31%	吉林	1.24%
江苏	4.81%	天津	1.05%
上海	4.48%	江西	1.77%

（续表）

	比例		比例
山东	4.94%	山西	1.30%
河北	2.89%	云南	0.99%
辽宁	3.39%	内蒙古	0.79%
河南	2.67%	新疆	0.62%
湖北	2.43%	海南	0.48%
四川	2.82%	贵州	0.44%
福建	1.96%	甘肃	0.48%
湖南	2.41%	宁夏	0.24%
陕西	1.66%	青海	0.18%
安徽	1.68%	西藏	0.13%
黑龙江	1.23%	其他	9.22%
合计	100.00%		

数据来源：亚太互联网络信息中心、中国互联网络信息中心

注：1．以上统计的是 IP 地址所有者所在省份；

2．以上数据统计截止日为 2013 年 12 月 31 日。

表 D.7　各省（市、自治区）域名数、.CN 域名数、.中国域名数及比例

	域名		.CN 域名		.中国域名	
	数量（个）	占域名总数比例	数量（个）	占.CN 域名总数比例	数量（个）	占.中国域名总数比例
山东	4323922	23.5%	3441396	31.8%	16177	5.9%
广东	3553649	19.3%	2330704	21.5%	47759	17.4%
北京	1857328	10.1%	808940	7.5%	31477	11.5%
黑龙江	857496	4.7%	675489	6.2%	15518	5.7%
上海	782976	4.2%	289583	2.7%	14777	5.4%
浙江	691006	3.7%	285142	2.6%	17774	6.5%
福建	661253	3.6%	257664	2.4%	12937	4.7%
江苏	648607	3.5%	210254	1.9%	21627	7.9%
河南	367511	2.0%	80321	0.7%	4793	1.7%
四川	340263	1.8%	92170	0.9%	10793	3.9%
河北	253335	1.4%	73055	0.7%	6998	2.5%
辽宁	223388	1.2%	68041	0.6%	11209	4.1%
安徽	211612	1.1%	65066	0.6%	3560	1.3%

（续表）

	域名		.CN 域名		.中国域名	
	数量（个）	占域名总数比例	数量（个）	占.CN 域名总数比例	数量（个）	占.中国域名总数比例
湖北	210035	1.1%	68767	0.6%	5050	1.8%
湖南	179771	1.0%	64236	0.6%	4035	1.5%
重庆	140436	0.8%	44906	0.4%	6132	2.2%
海南	136061	0.7%	13652	0.1%	538	0.2%
陕西	132080	0.7%	38738	0.4%	3953	1.4%
天津	115133	0.6%	32963	0.3%	2951	1.1%
江西	96139	0.5%	34072	0.3%	2405	0.9%
广西	92273	0.5%	34807	0.3%	2899	1.1%
云南	83572	0.5%	33417	0.3%	4992	1.8%
山西	81775	0.4%	23840	0.2%	2982	1.1%
吉林	76449	0.4%	21322	0.2%	3023	1.1%
内蒙古	45576	0.2%	14763	0.1%	1696	0.6%
贵州	42906	0.2%	17835	0.2%	1425	0.5%
新疆	40747	0.2%	15918	0.1%	868	0.3%
甘肃	29295	0.2%	10663	0.1%	627	0.2%
宁夏	16049	0.1%	4479	0.0%	339	0.1%
青海	11134	0.1%	2452	0.0%	212	0.1%
西藏	4989	0.0%	1307	0.0%	222	0.1%
其他	2129695	11.6%	1669368	15.4%	14805	5.4%
合计	18436461	100.0%	10825330	100.0%	274553	100.0%

注：各省（市、自治区）域名总数不含 EDU.CN。

表 D.8 各省（市、自治区）网站数

	网站数量（个）	占网站总数比例
广东	535960	16.7%
北京	439432	13.7%
上海	316862	9.9%
福建	220671	6.9%

（续表）

	网站数量（个）	占网站总数比例
浙江	219693	6.9%
江苏	166267	5.2%
山东	145757	4.6%
河南	111152	3.5%
四川	110127	3.4%
河北	89634	2.8%
辽宁	86480	2.7%
湖北	63882	2.0%
湖南	49592	1.5%
安徽	37903	1.2%
陕西	37467	1.2%
天津	36617	1.1%
山西	34628	1.1%
重庆	31347	1.0%
黑龙江	27141	0.8%
广西	24966	0.8%
江西	22404	0.7%
吉林	20783	0.6%
云南	14475	0.5%
内蒙古	12289	0.4%
海南	12105	0.4%
贵州	9642	0.3%
新疆	7595	0.2%
甘肃	7137	0.2%
宁夏	3840	0.1%
青海	2216	0.1%
西藏	912	0.0%
其他	302649	9.5%
合计	3201625	100.0%

数据来源：中国互联网络信息中心

注：各省（市、自治区）网站总数不含 EDU.CN 下网站。

（中国互联网络信息中心）

附录 E　2013 年中国互联网发展状况分析报告

一、网民规模与结构特征

（一）网民规模

1. 总体网民规模

截至 2013 年 12 月，我国网民规模达 6.18 亿人，全年共计新增网民 5358 万人。互联网普及率为 45.8%，较 2012 年年底提升 3.7 个百分点，整体网民规模增速保持放缓的态势（见图 E.1）。

（数据来源：CNNIC 中国互联网络发展状况统计调查）

图E.1　中国网民规模与互联网普及率

近来年，中国网民规模增长主要源于以下四个因素：第一，政府持续加强网络基础设施建设，提供了较好的网络接入环境平台；第二，平台商和应用开发方积极推动互联网应用发展，加快网络应用对社会生活的渗透，如打车、支付等应用与线下结合紧密，增强互联网应用的粘着力；第三，传统媒体和新媒体的联动加强，提升整体社会对互联网的认知；第四，网络应用的社交性和即时沟通的便捷性，在增加网民使用黏性的同时加大了网民对非网民同伴的连带影响，促进非网民向网民转化。这一系列因素共同推动互联网用户规模的增长，尤其推动了移动互联网用户规模的持续增加。2013 年中国新增网民中使用手机上网的比例高达 73.3%，高于其他设备的使用比例，这意味着移动互联网依然是中国网民增长的主要驱动力

（见图 E.2）。

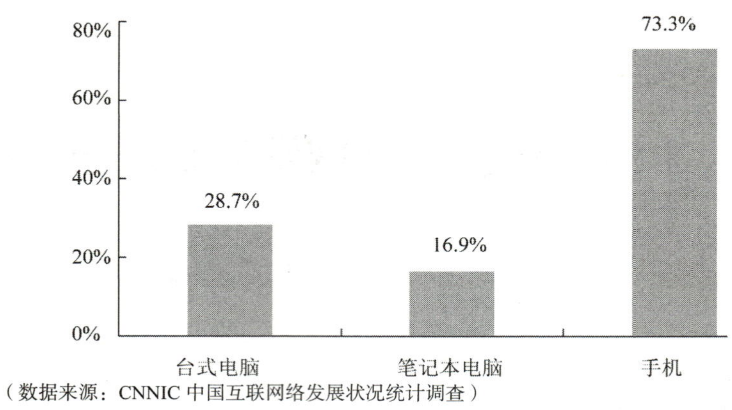

（数据来源：CNNIC 中国互联网络发展状况统计调查）

图E.2　新增网民上网设备使用情况

随着互联网普及率的逐渐饱和，中国互联网的发展主题已经从“普及率提升”转换到“使用程度加深”，而近几年的政策和环境变化也对互联网使用深度的提升提供有力保障：首先，国家政策支持，2013 年国务院发布了《国务院关于促进信息消费扩大内需的若干意见》，说明了互联网在整体经济社会的地位；其次，互联网与传统经济结合越加紧密，如购物、物流、支付乃至金融等方面均有良好应用；再次，互联网应用塑造全新的社会生活形态，对人们日常生活中的衣食住行均有较大改变。

对非网民未来上网意愿进行分析显示：2013 年非网民中表示半年内肯定上网或可能上网的比例为 11.9%，与 2012 年年底基本持平，说明非网民中原本就有上网意向的潜在网民已逐步完成向网民的转变。非网民中未来不一定与说不清是否上网的比例为 13.7%，相比 2012 年年底有所上升，肯定不上与可能不上的比例则有所下降，说明非网民中倾向不上网的用户开始逐渐改变其上网意向，这部分人也将成为下一阶段互联网网民规模增长的重要来源（见图 E.3）。

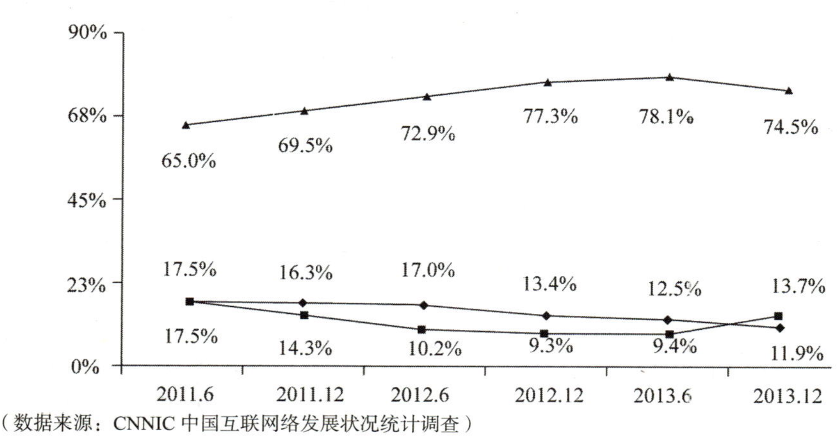

（数据来源：CNNIC 中国互联网络发展状况统计调查）

图E.3　非网民未来上网意向

互联网基础设施建设的逐步完善、网络接入便利性以及上网终端费用的逐步下降，使网络设备和网络条件等影响非网民上网的因素比重不断减少，而“年龄太大/太小”及“不懂电脑和网络”这两个因素比重则不断增大，这种情况一方面说明未来互联网的普及难度不断加大，易转化人群已逐步达到饱和，另一方面说明ICT使用能力依然是互联网深入普及的重点，未来还应进一步加大互联网教育普及（见图E.4）。

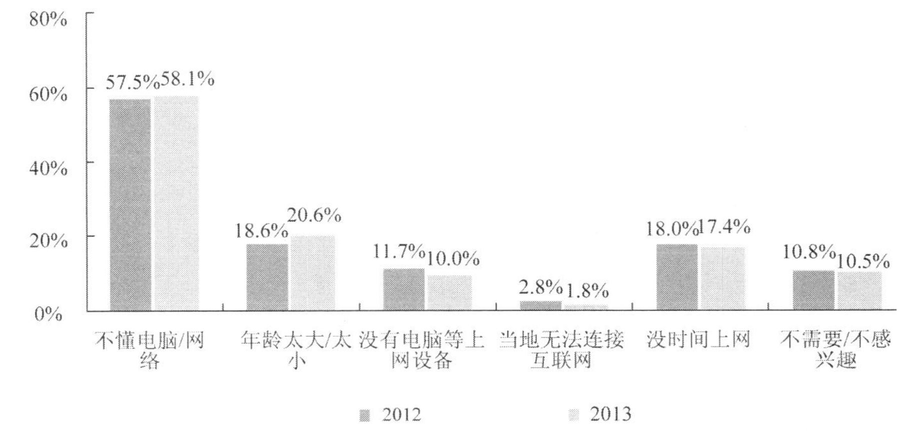

（数据来源：CNNIC中国互联网络发展状况统计调查）

图E.4 非网民不使用互联网的原因

未来，手机上网依然是带动中国网民增长的重要因素。手机相对电脑的技术门槛更低，是互联网向农村地区、低收入群体渗透的重要途径。在手机上网普及过程中，运营商的推动作用还将继续存在，通过网络套餐和3G号码的推广宣传活动促进手机用户向手机网民用户的转换。尤其针对农村等相对落后地区居民，在加大手机上网宣传的同时还应开发更多和农村生活相关联的应用，提高农村居民对互联网的兴趣，从而促进其对互联网的使用。

2013年8月1日，国务院印发《“宽带中国”战略及实施方案》，强调加强战略引导和系统部署，推动我国宽带基础设施快速健康发展，加大光纤到户、农村宽带进入乡村、公益机构宽带接入力度。可以预见，未来网络基础设施建设还将继续加强，网络基础设施服务能力也将进一步提升，全方位多维度的网络接入支持将推动中国网民规模的持续增长和网络应用的普及深化。

2. 手机网民规模

截至2013年12月，我国手机网民规模达5亿人，较2012年底增加8009万人，网民中使用手机上网的人群占比由2012年年底的74.5%提升至81.0%，手机网民规模继续保持稳定增长（见图E.5）。

手机网民规模的持续增长，得益于3G的普及、无线网络的发展和智能手机的价格持续走低，为手机上网奠定了较好的使用基础，同时为网络接入、终端获取受限的人群提供接入互联网的可能。根据工信部公布的数据，2013年1月至10月，我国智能手机出货量达到3.48亿部，销量保持快速增长；2013年11月3G移动电话用户达3.86亿户，较上年同期增长1.54亿户。另一方面得益于手机应用服务的多样性和深入性，尤其是在新型即时通信工具和生活类应用的推动下，手机上网对日常生活的渗透进一步加大，在满足网民多元化生活需求的同时提升了手机网民的上网黏性。

在智能终端快速普及、电信运营商网络资费下调和 Wi-Fi 覆盖逐渐全面的情况下，手机上网成为了互联网发展的主要动力，不仅推动了中国互联网的普及，更催生出更多新的应用模式，重构了传统行业的业务模式，带来互联网经济规模的迅猛增长。

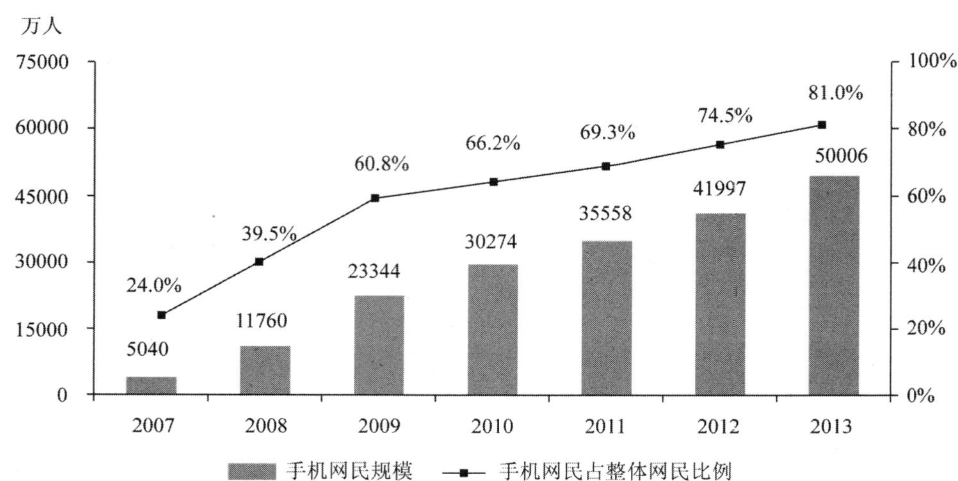

（数据来源：CNNIC 中国互联网络发展状况统计调查）

图E.5　手机网民规模

3. 农村网民规模

截至 2013 年 12 月，我国网民中农村人口占比 28.6%，规模达 1.77 亿人，相比 2012 年增长 2101 万人。2013 年，农村网民规模的增长速度为 13.5%，城镇网民规模的增长速度为 8.0%，城乡网民规模的差距继续缩小（见图 E.6）。

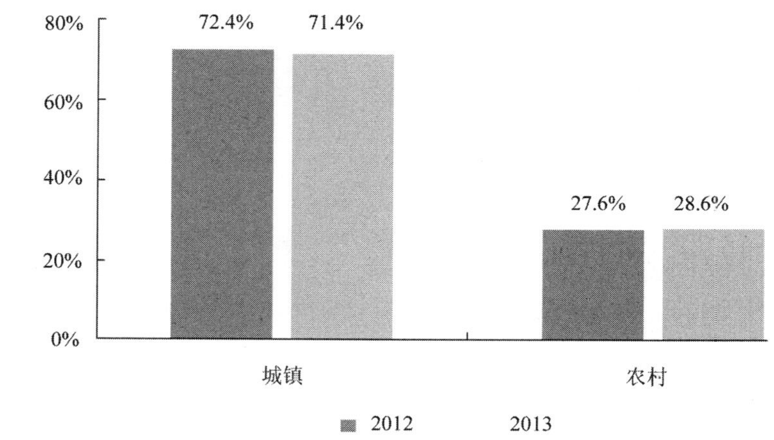

（数据来源：CNNIC 中国互联网络发展状况统计调查）

图E.6　中国网民城乡结构

近年来，随着中国城镇化进程的推进，我国农村人口在总体人口中的占比持续下降，但我国农村网民在总体网民中的占比却保持上升，反映出农村互联网普及工作的成效。2013年，中国农村互联网普及率为27.5%，延续了2012年的增长态势，城乡互联网普及差距进一步减少，农村地区依然是目前中国网民规模增长的重要动力（见图E.7）。

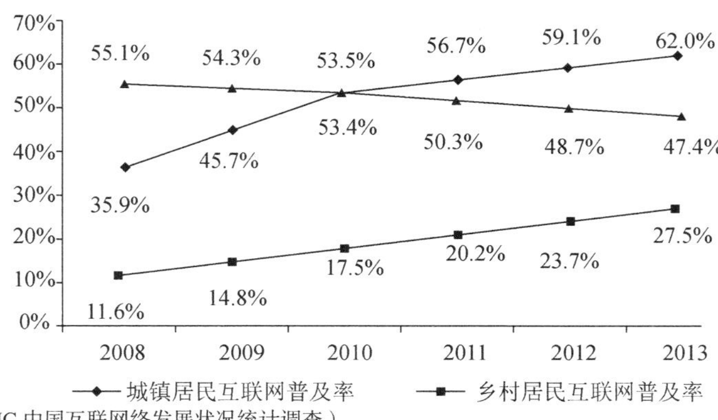

（数据来源：CNNIC中国互联网络发展状况统计调查）

图E.7　中国城乡居民互联网普及率和城镇化进程

（二）网民属性

1. 性别结构

截至2013年12月，中国网民男女比例为56:44，与2012年情况基本保持一致。庞大的网民基数影响下中国网民性别比例保持基本稳定（见图E.8）。

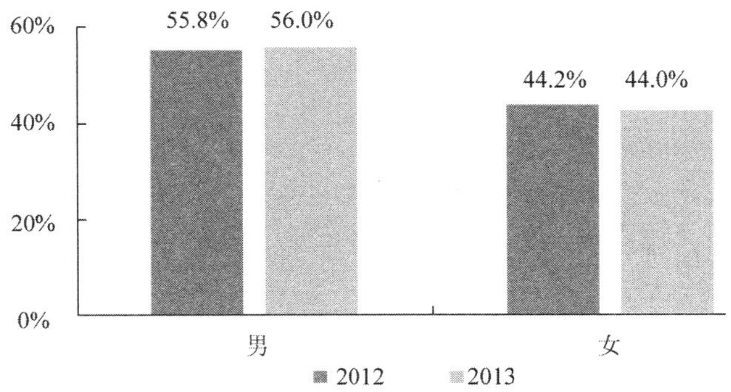

（数据来源：CNNIC中国互联网络发展状况统计调查）

图E.8　中国网民性别结构

2. 年龄结构

截至2013年12月，我国20～29岁年龄段网民的比例为31.2%，在整体网民中占比最大，和2012年年底网民结构一致。而低龄和高龄网民略有提升，这意味着互联网的普及继续深入（见图E.9）。

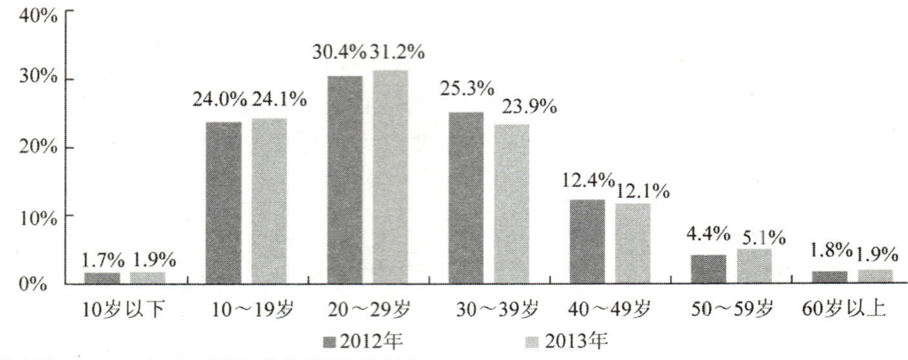

（数据来源：CNNIC 中国互联网络发展状况统计调查）

图E.9 中国网民年龄结构

3. 学历结构

截至 2013 年 12 月，高中及以上学历人群中互联网普及率已到较高水平，未来进一步增长空间有限。2013 年，小学及以下学历人群的占比为 11.9%，相比 2012 年有所上升，保持增长趋势，中国网民继续向低学历人群扩散（见图 E.10）。

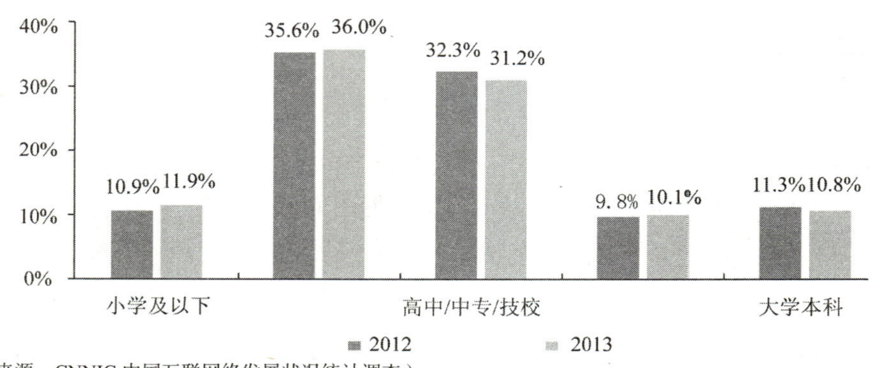

（数据来源：CNNIC 中国互联网络发展状况统计调查）

图E.10 中国网民学历结构

4. 职业结构

学生依然是是中国网民中最大的群体，占比为 25.5%，互联网普及率在该群体中已经处于高位。个体户/自由职业者构成网民第二大群体，占比 18.6%。企业公司中管理人员占比为 2.1%，一般职员占比为 11.4%（见图 E.11）。

5. 收入结构

月收入[1]为 2001～3000 元和 3001～5000 元的上网群体规模最大，在总体网民中占比分别为 17.8%和 15.8%。500 元以下及无收入人群占比为 20.8%（见图 E.12）。

[1] 其中学生收入包括家庭提供的生活费、勤工俭学工资、奖学金及其他收入，农民收入包括子女提供的生活费、农业生产收入、政府补贴等收入，无业、下岗、失业群体收入包括子女给的生活费、政府救济、补贴、抚恤金、低保等，退休人员收入包括子女提供的生活费、退休金等。

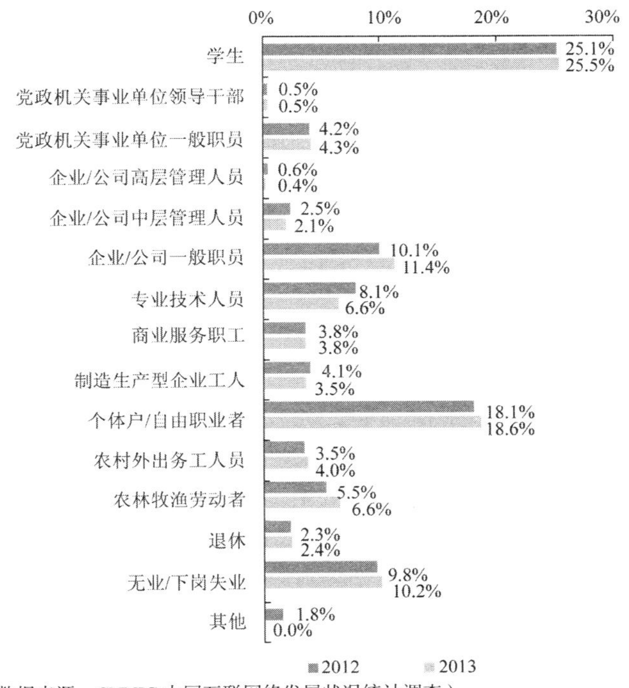

（数据来源：CNNIC中国互联网络发展状况统计调查）

图E.11 中国网民职业结构

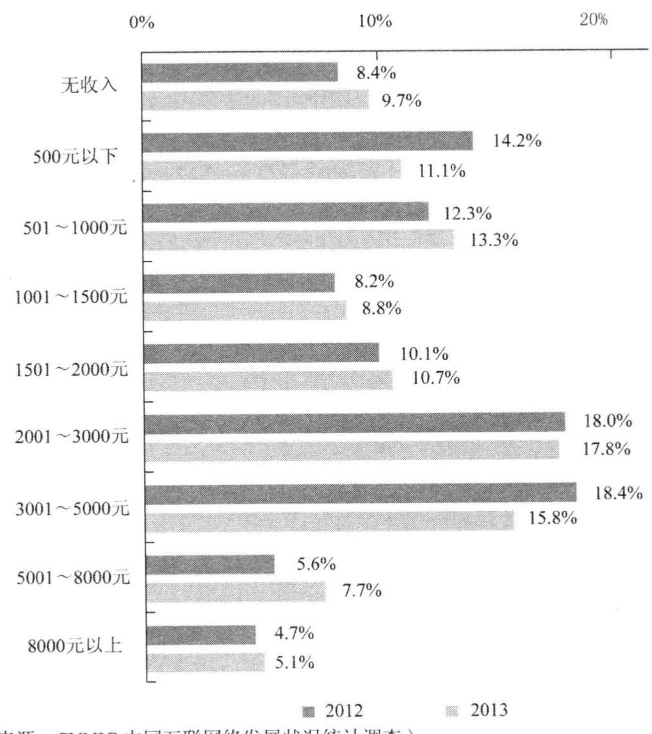

（数据来源：CNNIC中国互联网络发展状况统计调查）

图E.12 中国网民个人月收入结构

（三）接入方式

1. 上网设备

2013 年，我国网民中使用手机上网的网民比例继续保持增长，从 74.5%上升至 81.0%，增长 6.5 个百分点。通过台式电脑和笔记本电脑上网的网民比例则略有降低（见图 E.13）。

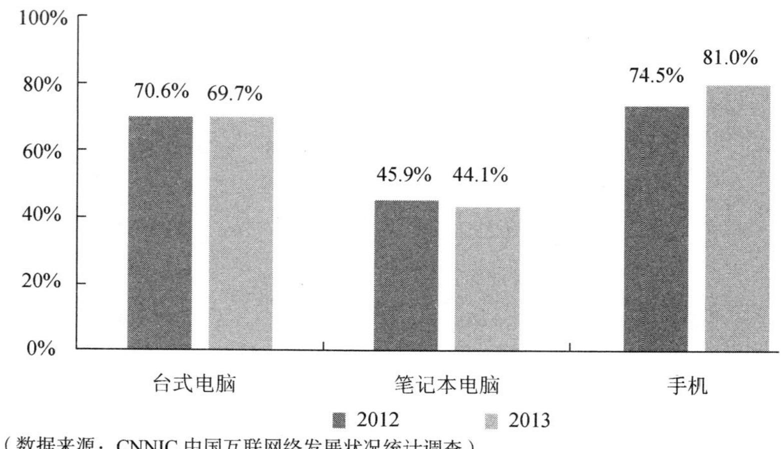

（数据来源：CNNIC 中国互联网络发展状况统计调查）

图E.13　网民上网设备

2. 上网地点

2013 年，我国网民在家里、网吧和学校等场所通过电脑接入互联网的比例均有所下降，下降幅度分别为 1.9、3.7 和 4.4 个百分点。其中，以学校使用电脑接入互联网的网民比例下降幅度最大，主要原因在于智能手机价格的下降和网络资费的降低，使学生通过手机接入互联网的比例增加。随着上网设备的多样性和网络接入的便利性，各场所使用电脑上网的比例将进一步下降（见图 E.14）。

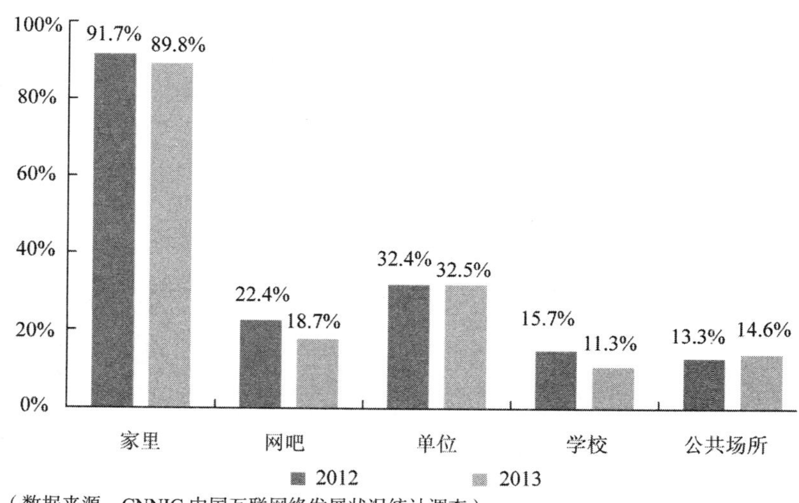

（数据来源：CNNIC 中国互联网络发展状况统计调查）

图E.14　网民使用电脑上网场所

3. 上网时长

2013 年，中国网民的人均每周上网时长达 25.0 小时，相比上年增加了 4.5 个小时。近年来，我国网民上网时长不断增加，尤以 2013 年上网时长增加最多。2013 年，Wi-Fi 和 3G 网络的快速发展，更好地满足了网民对各类应用的使用需求，尤其像视频等大流量应用的使用，从应用使用深度上提升了网民对各类应用的使用时长。此外，互联网应用的丰富性，使手机网民逐渐从碎片化的阅读、新闻等相对简单的应用向时长较长、黏性较大的社交、生活服务类应用发展，在应用使用广度上提升了对互联网的整体使用时长（见图 E.15）。

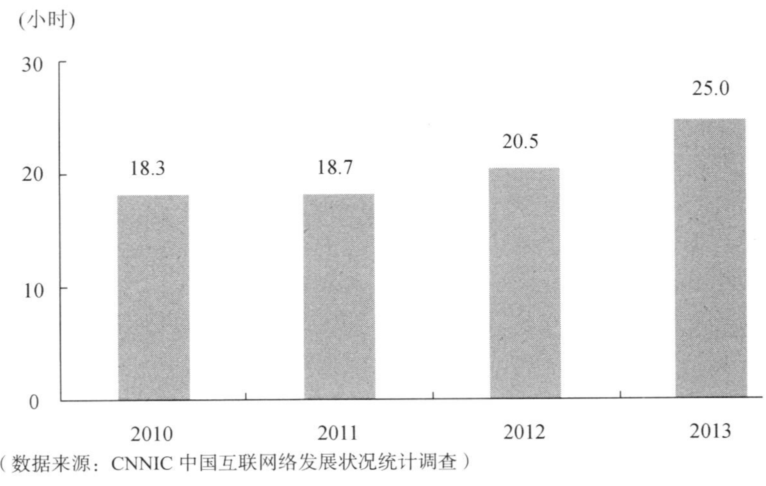

（数据来源：CNNIC 中国互联网络发展状况统计调查）

图E.15网民平均每周上网时长

二、网民互联网应用状况

（一）整体互联网应用状况

2013 年，在移动互联网的推动下，契合手机使用特性的网络应用进一步增长。即时通信作为第一大上网应用，其用户使用率继续上升，微博等其他交流沟通类应用使用率则持续走低；电子商务类应用继续保持快速发展，网络购物用户规模大量增长；对网络流量和用户体验要求较高的手机视频和手机游戏等应用使用率看涨（见表 E.1）。

1. 高流量手机应用的发展

2013 年，手机端视频、音乐等对流量要求较大的服务增长迅速，其中手机视频用户规模增长明显，截至 2013 年 12 月，我国在手机上在线收看或下载视频的用户数为 2.47 亿，与 2012 年年底相比增长了 1.12 亿人，增长率高达 83.8%。手机视频跃升至移动互联网第五大应用。手机端高流量应用的使用率增长主要由三方面原因造成，首先是用户向手机端的转移，整体网民对于电脑的使用率持续走低；其次是使用基础环境的完善，如智能手机和无线网络的发展；最后是上网成本的下降，如视频运营商和网络运营商的包月合作等。

2. 以社交为基础的综合平台类应用发展迅速

2013 年，微博、社交网站、论坛等互联网应用使用率均下降，而类似即时通信等以社交为基础的平台应用发展稳定。从具体数字分析，2013 年微博用户规模下降 2783 万人，使用率降低 9.2 个百分点。而整体即时通信用户规模在移动端的推动下提升至 5.32 亿人，较 2012 年年底增长 6440 万人，使用率高达 86.2%，继续保持第一的地位。移动即时通信发展迅速的原因一方面由于即时通信与手机通信的契合度较大，另一方面由于在社交关系的基础之上，增加了信息分享、交流沟通甚至支付、金融等应用，极大限度地提升了用户黏性。

3. 网络游戏用户增长乏力，手机网络游戏增长迅猛

2013 年中国网络游戏用户增长明显放缓。网民使用率从 2012 年的 59.5%降至 54.7%。网络游戏用户规模为 3.38 亿人，网络游戏用户规模增长仅为 234 万人。与整体网络游戏用户规模趋势不同，手机端网络游戏用户增长迅速。截至 2013 年 12 月，我国手机网络游戏用户数为 2.15 亿，较 2012 年年底增长了 7594 万，年增长率达到 54.5%。整体行业用户的增长乏力以及手机端游戏的高速增长意味着游戏行业内用户从电脑端向手机端转换加大，手机网络游戏对于 PC 端网络游戏的冲击开始显现。

4. 网络购物用户规模持续增长，团购成为增长亮点

商务类应用继续保持较高的发展速度，其中网络购物以及相类似的团购尤为明显。2013 年，中国网络购物用户规模达 3.02 亿人，使用率达到 48.9%，相比 2012 年增长 6.0 个百分点。团购用户规模达 1.41 亿人，团购的使用率为 22.8%，相比 2012 年增长 8.0 个百分点，用户规模年增长 68.9%，是增长最快的商务类应用。商务类应用的高速发展与支付、物流的完善以及整体环境的推动有密切关系，而团购出现“逆转”增长，意味着在经历了井喷式增长后的洗牌，团购已经进入理性发展阶段。

表 E.1 2012—2013 中国网民对各类网络应用的使用率

	2013 年		2012 年		
应用	用户规模（万）	网民使用率	用户规模（万）	网民使用率	年增长率
即时通信	53215	86.2%	46775	82.9%	13.8%
网络新闻[1]	49132	79.6%	46092	78.0%	6.6%
搜索引擎	48966	79.3%	45110	80.0%	8.5%
网络音乐	45312	73.4%	43586	77.3%	4.0%
博客/个人空间	43658	70.7%	37299	66.1%	17.0%
网络视频	42820	69.3%	37183	65.9%	15.2%
网络游戏	33803	54.7%	33569	59.5%	0.7%
网络购物	30189	48.9%	24202	42.9%	24.7%
微博	28078	45.5%	30861	54.7%	-9.0%

[1] 网络新闻：2012 年 12 月份未调查网络新闻的网民数，此处为 2013 年 6 月份数据。

（续表）

	2013年		2012年		
应用	用户规模（万）	网民使用率	用户规模（万）	网民使用率	年增长率
社交网站	27769	45.0%	27505	48.8%	1.0%
网络文学	27441	44.4%	23344	41.4%	17.6%
网上支付	26020	42.1%	22065	39.1%	17.9%
电子邮件	25921	42.0%	25080	44.5%	3.4%
网上银行	25006	40.5%	22148	39.3%	12.9%
旅行预订[1]	18077	29.3%	11167	19.8%	61.9%
团购	14067	22.8%	8327	14.8%	68.9%
论坛/bbs	12046	19.5%	14925	26.5%	-19.3%

（二）信息获取

截至2013年12月，我国搜索引擎用户规模达4.90亿人，与2012年年底相比增长3856万人，增长率为8.5%，使用率为79.3%（见图E.16）。

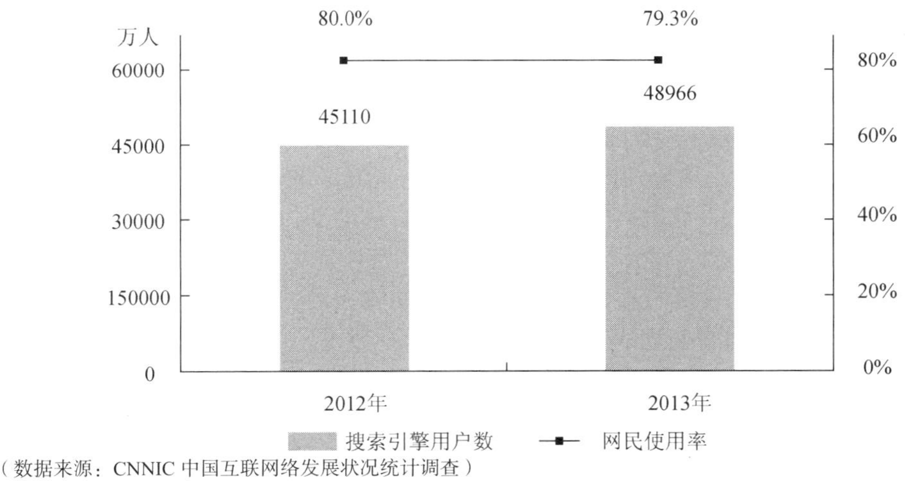

图E.16　2012—2013年中国搜索引擎用户数及网民使用率

搜索引擎作为互联网基础服务之一，虽然行业已经发展成熟，但行业内部依然存在变化：行业层面上，搜索引擎企业之间整合加速，通过并购或入股等形式提升自身竞争力；企业层面上，手机网民的增长促使移动端入口争夺更为激烈；技术层面上，基于自然语言、语音、图片、二维码等搜索形式的技术发展。在整体搜索行业进入成熟期的背景之下，未来搜索引擎的持续发展还将取决于搜索结果安全性和用户信任度。

[1] 旅行预订：本报告中旅行预订定义为最近半年在网上预订过机票、酒店、火车票或旅行行程。

（三）商务交易

1. 网络购物

截至 2013 年 12 月，我国网络购物用户规模达到 3.02 亿人，较上年增加 5987 万人，增长率为 24.7%，使用率从 42.9%提升至 48.9%（见图 E.17）。

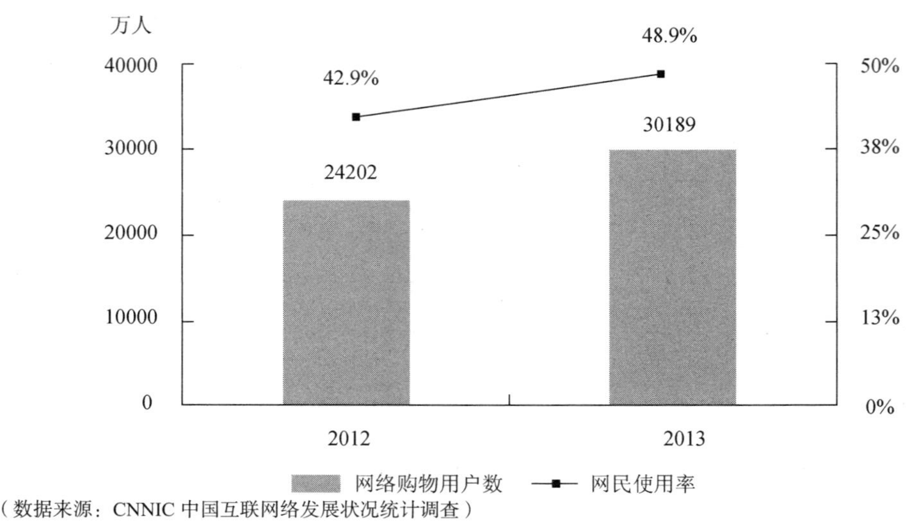

（数据来源：CNNIC 中国互联网络发展状况统计调查）

图E.17　2012—2013年中国网络购物用户数及网民使用率

2013 年网络购物用户规模的增长得益于以下三个因素：首先，电商企业开始从“价格驱动”转向“服务驱动”，企业从单纯的价格战转向服务竞争，提升了网络购物的消费体验。其次，整体应用环境的优化，如网络安全环境的改善，移动支付、比价搜索等应用发展，为网络购物创造更为便利的条件。最后，网络购物法规的逐步完善。2013 年政府加快了网络零售市场的立法进程，新《消费者权益保护法》将网络购物相关的个人信息保护、追溯责任等内容纳入，保障了消费者网络购物的基本权益。

2. 团购

团购成为增长最快的网络应用。截至 2013 年 12 月，我国团购用户规模 1.41 亿人，同比增长 68.9%，使用率提升至 22.8%，同比增长 8 个百分点（见图 E.18）。

手机端的快速发展推动团购的高速增长，手机团购使用率从 2012 年年底的 4.6%增长至 16.3%。以团购为代表的本地生活服务与手机定位等功能深度契合，2013 年团购服务在手机端与地图、旅行、生活信息服务等领域的进一步融合，推动了团购向网民群体的快速渗透，整个行业也在不断地向线下生活服务领域纵深发展。

在经历了爆发式增长后的整体行业洗牌，团购已经回归理性发展状态。一方面，专业的团购网站通过产品定位和人员优化提高运营效率，包括高收益产品的选择、服务质量的提升、信任度的改善等措施，极大地提升了用户的使用意愿。另一方面，网络购物、旅行预订等电商平台对团购服务的引入和重视进一步促进了团购行业的发展，这得益于平台企业在用户规模和信任度上的优势。

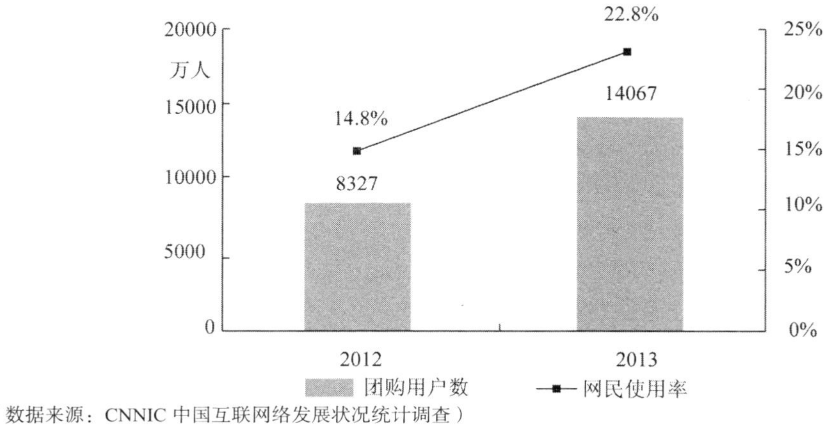

（数据来源：CNNIC 中国互联网络发展状况统计调查）

图E.18　2012—2013年中国团购用户数及网民使用率

3. 网上支付

截至 2013 年 12 月，我国使用网上支付的用户规模达到 2.60 亿人，用户年增长 3955 万人，增长率为 17.9%，使用率提升至 42.1%（见图 E.19）。

网上支付用户规模的快速增长主要基于以下三个原因：第一，网民在互联网领域的商务类应用的增长直接推动网上支付的发展。第二，多种平台对于支付功能的引入拓展了支付渠道。第三，线下经济与网上支付的结合更加深入，促使用户付费方式转变。例如，用支付宝支付打车费用等。

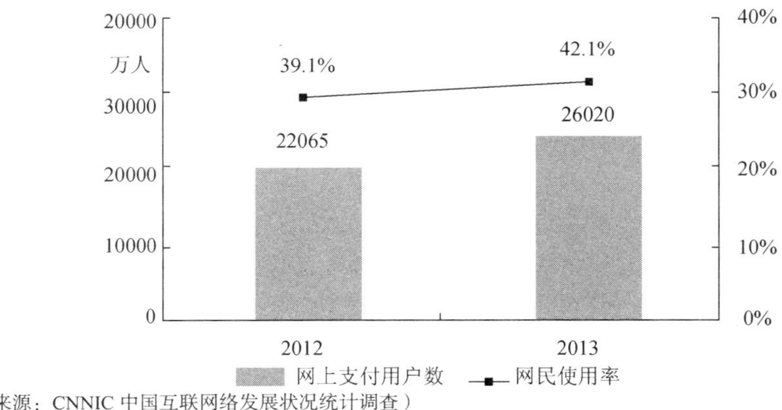

（数据来源：CNNIC 中国互联网络发展状况统计调查）

图E.19　2012—2013年中国网上支付用户数及网民使用率

4. 旅行预订[1]

截至 2013 年 12 月，在网上预订过机票、酒店、火车票或旅行行程的网民规模达到 1.81 亿人，年增长 6910 万人，增幅 61.9%，使用率提升至 29.3%。2013 年在网上预订火车票、机票、酒店和旅行行程的网民分别占比 24.6%，12.1%，10.2%和 6.3%。火车票网上预订比例上

[1] 本报告中在线旅行预订定义为最近半年在网上预订过机票、酒店、火车票或旅行行程。

升最快，提升了 10.6 个百分点，成为整体在线旅行预订用户规模增长的主要贡献力量（见图 E.20 和图 E.21）。

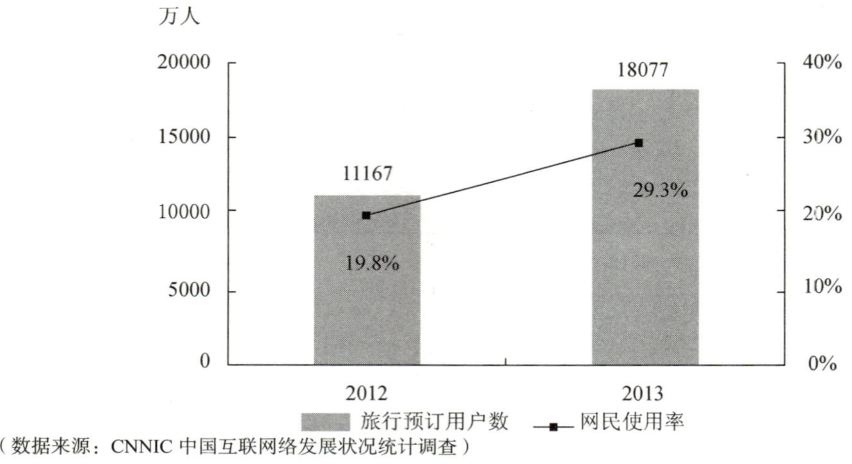

（数据来源：CNNIC 中国互联网络发展状况统计调查）

图E.20 2012—2013年中国在线旅行预订用户数及网民使用率

在线旅游预订用户规模的增长主要归结为以下因素：第一，国民经济与旅游需求的联动效应。研究显示，当人均 GDP 达到 5000 美元时，旅游行业步入成熟的度假旅游经济。2012 年中国人均 GDP 超过 6000 美元，已进入观光游、休闲游、度假游多元化发展阶段，居民的旅游预订需求全面释放。第二，旅游预订网站景区信息的丰富性，媒介旅游攻略的实用性以及支付方式的便捷性极大地提升了在线旅游预订的用户体验。第三，用户互联网使用程度的深化、企业的营销推广活动和手机 APP 的丰富促使线下预订[1]用户逐渐向线上转移。

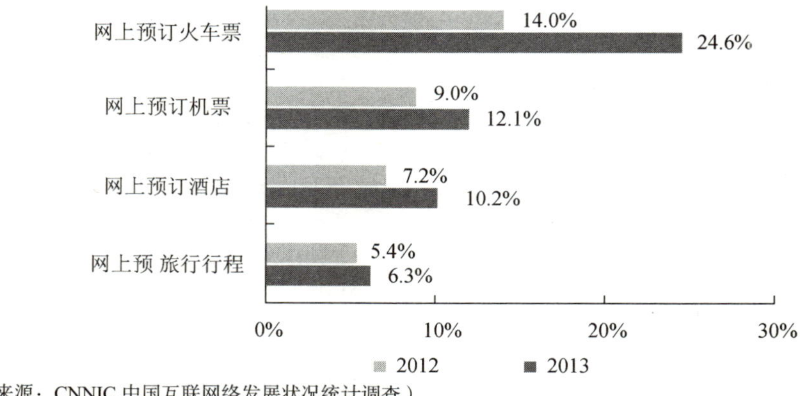

（数据来源：CNNIC 中国互联网络发展状况统计调查）

图E.21 2012—2013年中国网民各类在线旅行预订服务使用率

[1]线下旅行预订：主要通过电话和实体店进行旅游预订的方式。

（四）交流沟通

1. 即时通信

截至 2013 年 12 月，我国即时通信网民规模达 5.32 亿人，比 2012 年年底增长了 6440 万人，年增长率为 13.8%。即时通信使用率为 86.2%，较 2012 年年底增长了 3.3 个百分点，使用率位居第一。即时通信服务一直是网民最基础的应用之一，其直接创造商业价值能力有限，更多来自增值服务的开发（见图 E.22）。

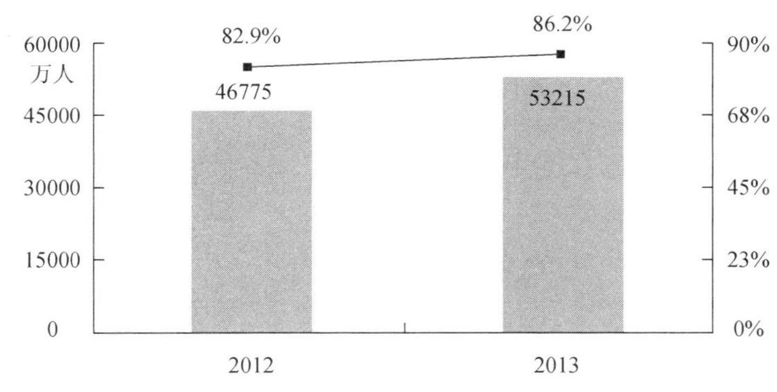

图E.22 2012—2013年中国即时通信用户数及网民使用率

2. 博客/个人空间

截至 2013 年 12 月，我国博客和个人空间用户数量为 4.37 亿人，较上年年底增长 6359 万人。网民中博客和个人空间用户使用率为 70.7%，较上年年底上升 4.6 个百分点（见图 E.23）。2013 年年底，博客用户在网民中的占比为 14.2%，相比 2012 年年底下降 10.6 个百分点，用户规模不断减少，且用户活跃度持续下降，根据 CNNIC 中国互联网数据平台（www.cnidp.cn）显示，2013 年下半年，博客总访问次数同比下降 27.2%，总浏览页面下降 22.3%。

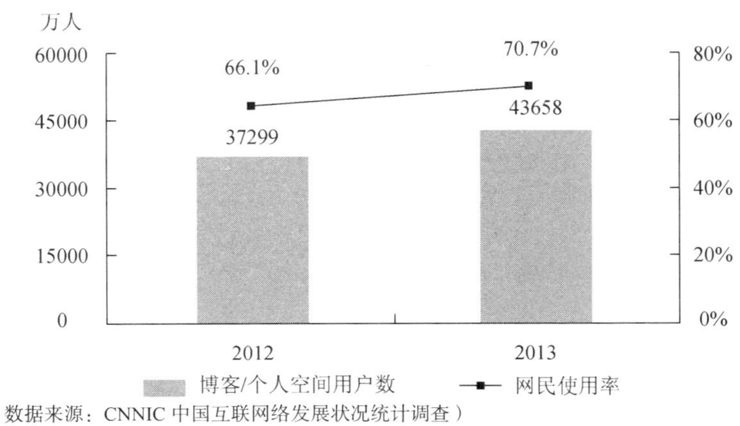

图E.23 2012—2013年博客/个人空间用户数及网民使用率

3. 微博

2013 年，微博发展出现转折，用户规模和使用率均出现大幅下降。截至 2013 年 12 月，我国微博用户规模为 2.81 亿人，较 2012 年年底减少 2783 万人，下降 9.0%。网民中微博使用率为 45.5%，较上年年底降低 9.2 个百分点。微博发展并不乐观：一方面，基于社交网络营销的商业化并不理想，盈利能力有限；另一方面来自于竞争对手的冲击导致微博用户量下降（见图 E.24）。

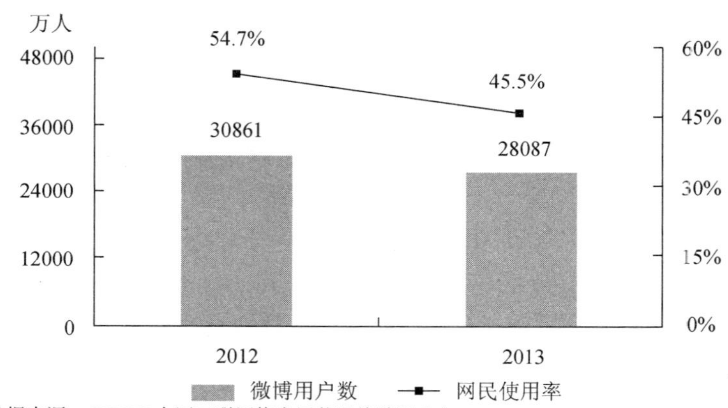

（数据来源：CNNIC 中国互联网络发展状况统计调查）

图E.24　2012—2013年中国微博用户数及网民使用率

4. 社交网站

截至 2013 年 12 月，我国社交网站用户规模达 2.78 亿人，使用率为 45.0%，相比 2012 年年底降低 3.8 个百分点。近年来，虽然社交网站用户使用率下降，但社交已发展成为各种互联网应用的基本元素，如网络购物、游戏、视频等服务纷纷引入社交元素以促进发展（见图 E.25）。

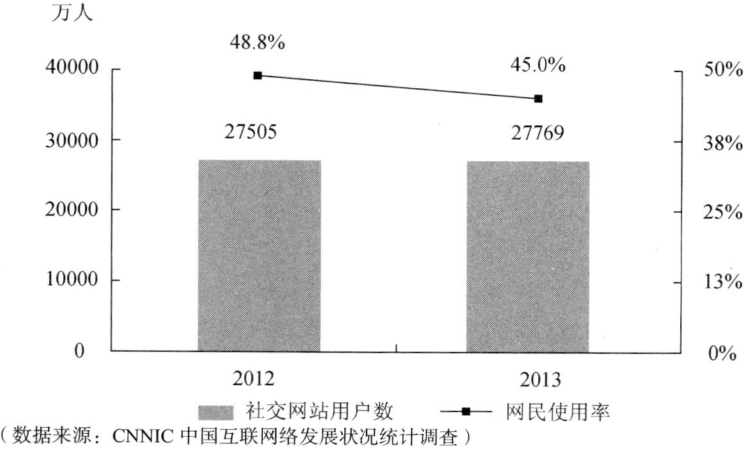

（数据来源：CNNIC 中国互联网络发展状况统计调查）

图E.25　2012—2013年中国社交网站用户数及网民使用率

（五）网络娱乐

1. 网络游戏

截至 2013 年 12 月，中国网络游戏用户规模达到 3.38 亿人，网民使用率从 2012 年的 59.5% 降至 54.7%。与上年相比，网络游戏用户规模增长仅为 234 万人，增长空间有限。但是与整体网络游戏用户发展规模不同，手机网络游戏用户呈现快速增长趋势，这意味着中国网络游戏行业内用户向手机端转化进一步提升（见图 E.26）。

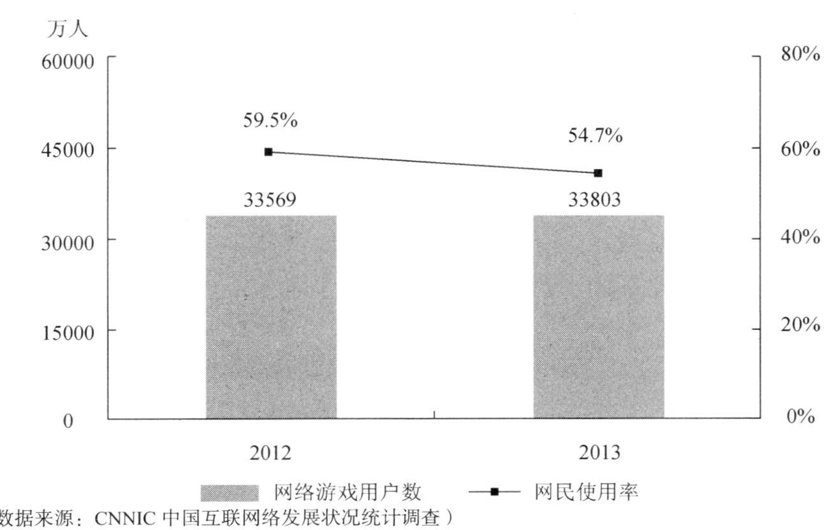

（数据来源：CNNIC 中国互联网络发展状况统计调查）

图E.26　2012—2013年中国网络游戏用户数及网民使用率

2. 网络文学

截至 2013 年 12 月，我国网络文学用户数为 2.74 亿人，较 2012 年年底增长 4097 万人，年增长率为 17.6%。网民网络文学使用率为 44.4%，较 2012 年年底增长了 3 个百分点（见图 E.27）。

网络文学发展环境逐步完善取决于两个原因：一方面，版权保护力度加大，促进网络文学行业健康发展。三中全会政策条文强调对知识产权及版权的保护，加大打击网络文学盗版力度，有利于提升正版网络文学企业的盈利能力。另一方面，大众对网络文学的认可，提升了网络文学作品的价值，进而提升网络文学的盈利能力，盈利方式从早期的用户付费、线下出版，进一步扩展到游戏、动漫、影视等行业。

3. 网络视频

截至 2013 年 12 月，中国网络视频用户规模达 4.28 亿人，较上年年底增加 5637 万人，增长率为 15.2%。网络视频使用率为 69.3%，与上年年底相比增长 3.4 个百分点（见图 E.28）。

网络视频用户数继续呈现快速增长趋势，得益于以下几方面的改善：首先，网络建设和视频设备为网络视频提供了更好的使用条件；其次，网络视频内容更为丰富，吸引更多网民在线收看视频；最后，网络视频与传统电视媒体的深入合作，带动了网络视频的播放。

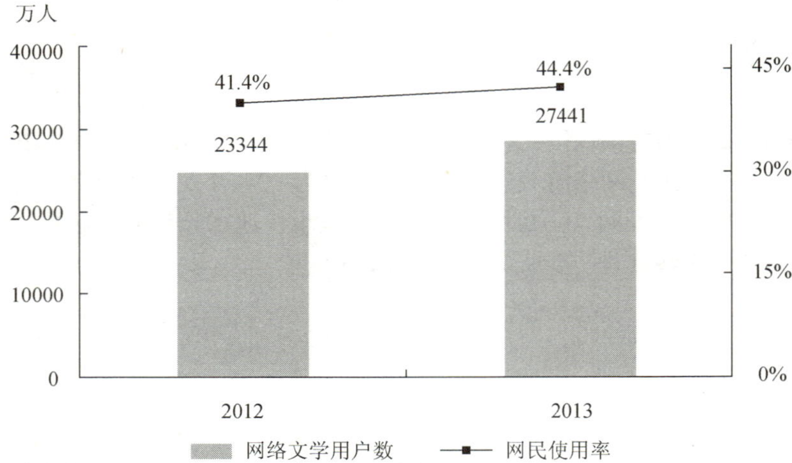

（数据来源：CNNIC 中国互联网络发展状况统计调查）

图E.27　2012—2013年中国网络文学用户数及网民使用率

（数据来源：CNNIC 中国互联网络发展状况统计调查）

图E.28　2012—2013年中国网络视频用户数及网民使用率

2013 年，中国网络视频行业发生显著变化：战略层面上，视频网站并购和整合力度加大，出现跨行业、线上线下等方面的整合，不断改变着网络视频行业格局。产品层面上，视频企业不但加强了 PC 端和移动端产品的优化升级，而且加强了与客厅娱乐相关的业务推进，围绕“家庭娱乐”推出了与网络视频相关的机顶盒、路由器、互联网电视等硬件产品，力求打赢“客厅争夺战”。网站内容层面上，不少视频企业一方面加大自制剧的开发，以降低版权购买成本、减少亏损，另一方面加强线下热播剧目的购买力度，以吸引新客户、增加广告收入。

（六）手机网民应用状况

2013 年，中国移动互联网整体行业保持强劲发展态势，移动终端的特性进一步体现，行业内应用发展呈现新的特点。其中，交流沟通类应用依然是手机的主流应用，在所有应用中的用户规模和使用率均第一，但用户主要集中在手机即时通信上，微博、社交网站、论坛等应用的使用率均有所下降；休闲类娱乐应用发展迅速，手机游戏、手机视频和手机音乐等应用的用户规模大幅上升，增长态势良好；手机电子商务类应用渗透率虽然相对较低，但领域内所有应用的使用率全部呈现快速增长（见图E.29）。

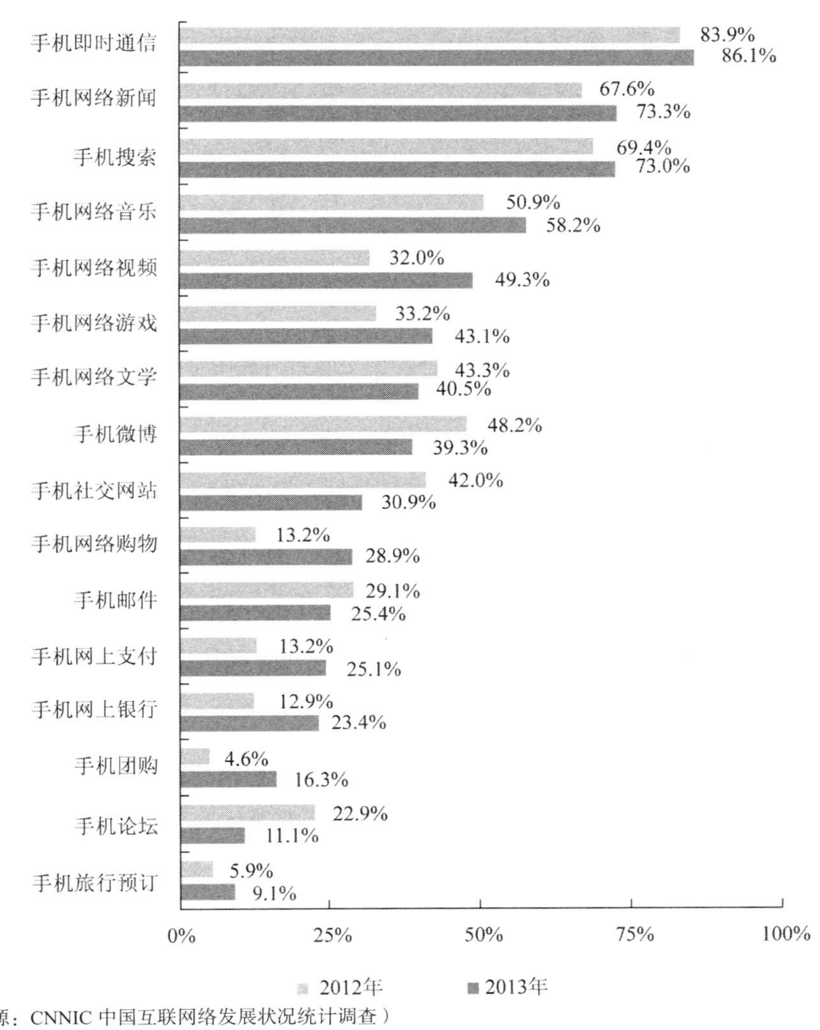

（数据来源：CNNIC中国互联网络发展状况统计调查）

图E.29　2012—2013年中国手机网民网络应用[1]

1．手机即时通信保持快速发展，新厂商竞争难度较大

截至2013年12月，我国手机即时通信网民数为4.31亿，较2012年年底增长了7864万，年增长率达22.3%。手机即时通信使用率为86.1%，较2012年年底提升了2.2个百分点（见图E.30）。

手机端即时通信凭借其服务特性与手机特性的高度契合发展迅速。从内部分析，相比于PC端而言，中小手机即时通信工具发展难度更大，造成这种状况的原因：一方面由于手机

[1] 2012年12月未调查手机网络新闻的用户数据，此处为2013年6月份调查的数据。

特性的限制导致增值服务开发力度有限；另一方面，排名首位的即时通信工具通过线上线下服务和应用的结合极大提升了用户黏性，平台化竞争壁垒已经形成。

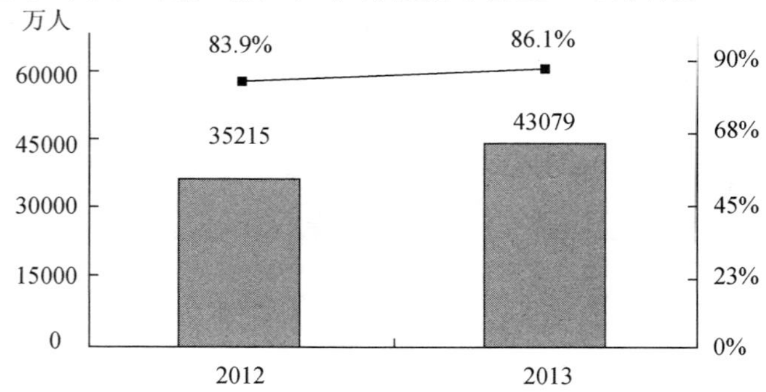

图E.30　2012—2013年中国手机即时通信用户数及手机网民使用率

2. 手机搜索迅速增长，成为企业争夺的焦点

截至 2013 年 12 月，我国手机搜索用户数达 3.65 亿，较 2012 年年底增长 7365 万人，增长率为 25.3%；手机搜索使用率为 73.0%，与 2012 年年底相比提升 3.6 个百分点。随着移动互联网快速增长，网民部分搜索行为从 PC 端向移动端转移（见图 E.31）。

网民手机端搜索行为与 PC 端有所差异：搜索方式上，手机搜索输入方式更加多样化，除了文字输入外，还有语音、二维码扫描等输入方式，且使用率快速增加。搜索内容上，除娱乐和阅读等内容外，用户在手机端搜索本地生活服务类信息和应用信息的需求更大，手机搜索已成为应用分发的重要渠道之一。

3. 手机微博网民规模下降，用户使用热度下降

截至 2013 年 12 月，我国手机微博用户数为 1.96 亿，与 2012 年年底相比减少了 596 万，下降 2.9%。手机微博使用率为 39.3%，相比 2012 年年底降低了 8.9 个百分点。由于手机端应用的使用独占性较强，类似平台性手机即时通信的快速发展及其对微博功能的高度重合分流了部分手机微博用户（见图 E.32）。

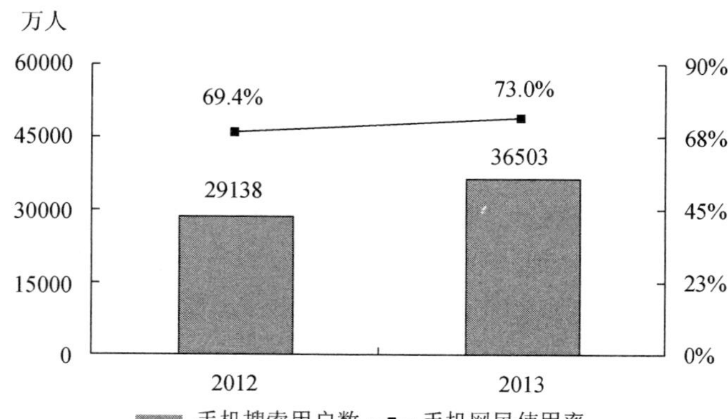

图E.31　2012—2013年中国手机搜索用户数及手机网民使用率

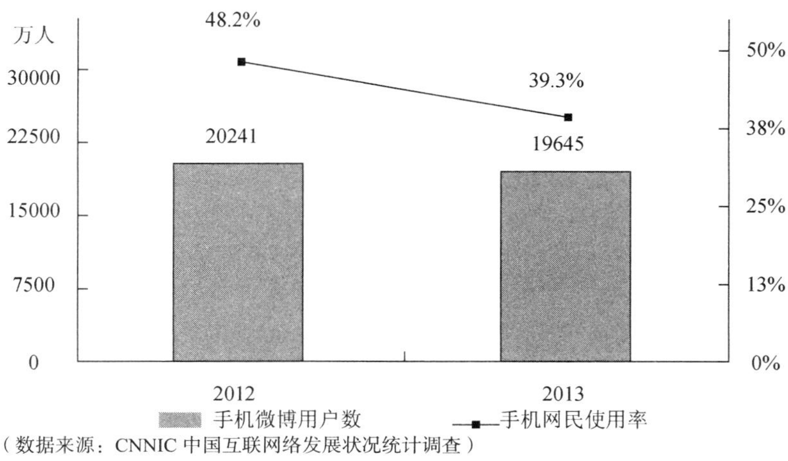

图E.32 2012—2013年中国手机微博用户数及手机网民使用率

4. 手机视频快速增长，成为移动互联网第五大应用

截至 2013 年 12 月，我国手机视频用户规模为 2.47 亿人，与 2012 年年底相比增长了 1.12 亿人，增长率 83.8%。网民使用率为 49.3%，相比 2012 年年底增长 17.3 个百分点（见图 E.33）。

手机视频快速增长主要由三方面原因促成：首先，整体网民互联网使用行为正在向手机端转换，庞大的移动网民规模为手机视频的使用奠定了用户基础；其次，手机视频的使用环境逐步完善，具体包括智能手机的发展、Wi-Fi 使用率的提升以及未来 4G 网络的落地，都成为手机视频增长的促进因素；最后，视频厂商在客户端的大力推广，提升了网民对于移动视频的认知，进而吸引更多网民使用手机视频。

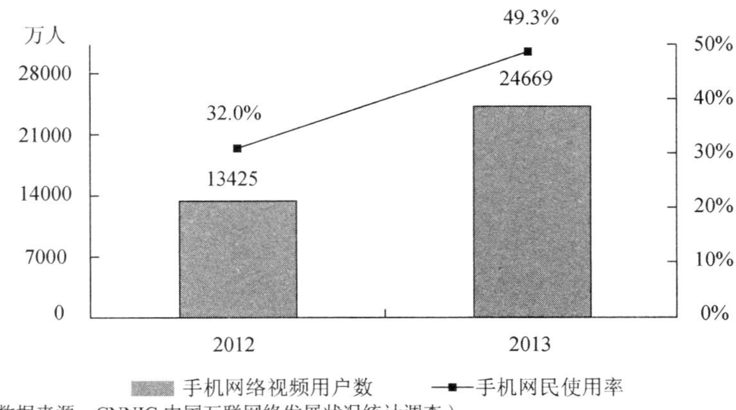

图E.33 2012—2013年中国手机网络视频用户数及手机网民使用率

5. 手机网络游戏爆发性增长，用户转换加快

截至 2013 年 12 月，我国手机网络游戏用户数为 2.15 亿，较 2012 年年底增长了 7594 万，年增长率为 54.5%。手机网络游戏使用率为 43.1%，较 2012 年年底提升了 9.9 个百分点（见图 E.34）。

2013 年手机网络游戏用户数出现爆发性增长，多方因素促成了手机网络游戏的快速发展。首先，游戏是人们日常生活的基本需求之一，随着智能手机快速普及和网络环境的加速建设，游戏需求不断从 PC 端向移动端转移。其次，手机网络游戏是变现能力最强的服务，因此类似手机即时通信、社交应用、分发渠道等都展开游戏推广，推动了手机网络游戏用户增长。最后，手机网络游戏使用门槛低、游戏时间碎片化的特性，对 PC 端游戏形成补充，满足了用户需求。

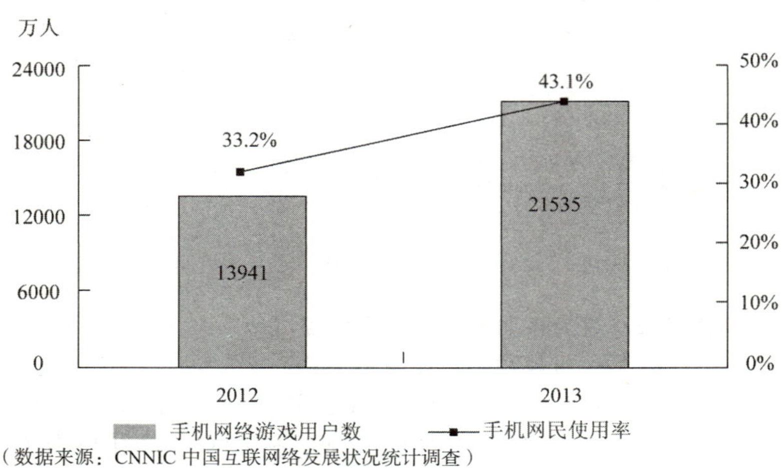

图E.34　2012—2013年中国手机网络游戏用户数及手机网民使用率

6. 移动商务彰显巨大潜力，使用率快速增长

2013 年，移动商务市场爆发出巨大的市场潜力。手机网络购物在移动端商务市场发展迅速，用户规模达到 1.44 亿人。作为 PC 端网络购物渠道的补充，手机网络购物用户规模增长迅速得益于以下三个因素：第一，手机独有的功能（扫码、扫图片等）和使用便利性提高了用户购物过程的决策效率。第二，电商企业在手机端的大力推广，对手机用户网络购物产生了一定的推动作用。第三，手机特有的本地化电子商务拓展了用户手机端购物渠道（见图 E.35）。

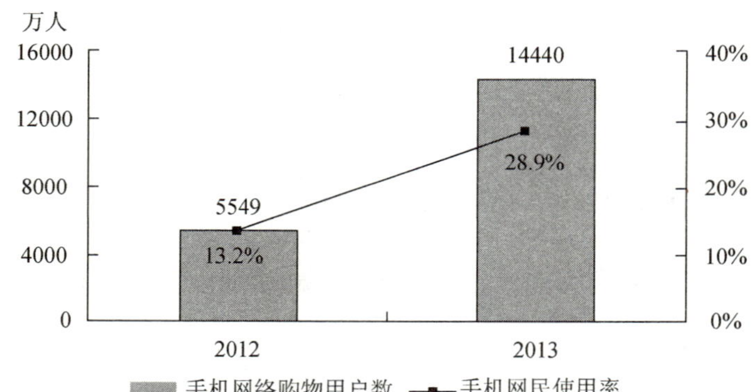

图E.35　2012—2013年中国手机网络购物用户数及手机网民使用率

2013年手机在线支付快速增长，用户规模达到1.25亿人，使用率为25.1%，较去年年底提升了11.9个百分点。推动手机在线支付快速发展的因素主要来自以下三方面：手机网民的高速增长为手机在线支付建立了用户基础；移动电子商务的发展推动了手机端支付的增长；在移动互联网和移动商务应用快速推动下，移动支付相关产业链各方积极布局而产生了联合推动效应。未来，像NFC近场通信和蓝牙Key等新技术将进一步推动以手机为载体的支付应用发展（见图E.36）。

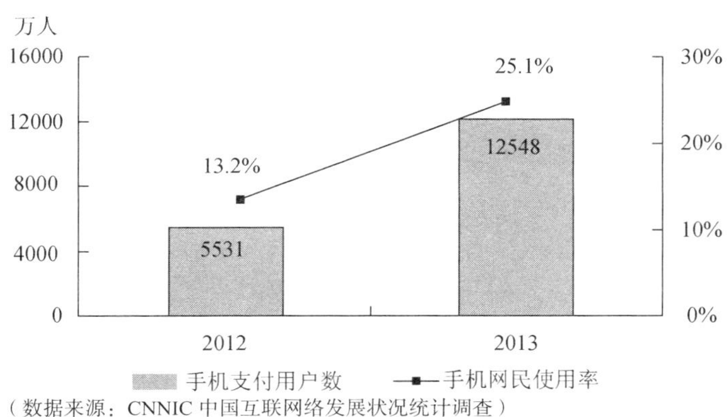

图E.36 2012—2013年中国手机支付用户数及手机网民使用率

（中国互联网络信息中心）

反侵权盗版声明

电子工业出版社依法对本作品享有专有出版权。任何未经权利人书面许可，复制、销售或通过信息网络传播本作品的行为；歪曲、篡改、剽窃本作品的行为，均违反《中华人民共和国著作权法》，其行为人应承担相应的民事责任和行政责任，构成犯罪的，将被依法追究刑事责任。

为了维护市场秩序，保护权利人的合法权益，我社将依法查处和打击侵权盗版的单位和个人。欢迎社会各界人士积极举报侵权盗版行为，本社将奖励举报有功人员，并保证举报人的信息不被泄露。

举报电话：（010）88254396；（010）88258888
传　　真：（010）88254397
E-mail:　dbqq@phei.com.cn
通信地址：北京市万寿路 173 信箱
　　　　　电子工业出版社总编办公室
邮　　编：100036